住房和城乡建设部"十四五"规划教材
高等学校系列教材

排 水 工 程

下册

（第六版）

赵庆良　　　　　主　编
季　民　章北平　副主编
金儒霖　　　　　主　审

中国建筑工业出版社

图书在版编目(CIP)数据

排水工程. 下册 / 赵庆良主编；季民，章北平副主编. -- 6 版. -- 北京：中国建筑工业出版社，2025.3. (住房和城乡建设部"十四五"规划教材)(高等学校系列教材). -- ISBN 978-7-112-30623-7

Ⅰ. TU992

中国国家版本馆 CIP 数据核字第 20256J450M 号

住房和城乡建设部"十四五"规划教材

高等学校系列教材

排 水 工 程

下册

（第六版）

赵庆良	主　编
季　民　章北平	副主编
金儒霖	主　审

*

中国建筑工业出版社出版、发行（北京海淀三里河路 9 号）

各地新华书店、建筑书店经销

北京红光制版公司制版

北京君升印刷有限公司印刷

*

开本：787 毫米×1092 毫米　1/16　印张：49¾　字数：1211 千字

2025 年 6 月第六版　　2025 年 6 月第一次印刷

定价：**135.00** 元（赠教师课件，数字资源）

ISBN 978-7-112-30623-7

(44088)

《排水工程》(下册)(第六版)主要内容分为3篇:总论、城市污水处理和工业废水处理。

第1篇总论。主要阐述污水及其污染物的形成,形态与分类,污染特征与污染指标;各类地表水体(河流、海洋、湖泊)被污染造成的危害及其自净的过程、规律及其数学模型;有关水质标准和水污染防治方面的法规等。

第2篇城市污水处理。本篇对城市污水处理技术做了全面、系统的阐述,包括:预处理的格栅与沉淀等物理处理技术;中间处理的活性污泥、生物膜和脱氮除磷等各类生物处理技术,内容涵盖传统的处理工艺和新开发的处理工艺,从其工艺原理、技术特征、设计计算和工程实例等方面做了全方位、系统地、详细与深入的阐述;后处理的污水消毒、深度处理与回用技术。此外,还对经污水处理过程所产生的污泥的处理处置与资源化技术做了全面的介绍。

第3篇工业废水处理。对工业废水的形成、分类、污染特征做了全面的介绍,并按物理处理法、化学处理法、物理化学处理法以及生物处理法对工业废水进行处理,分别做了系统、全面的阐述。

本书为高等学校本科给排水科学与工程、环境科学与工程等专业教学用书,也可作为从事给水排水工程及环境工程方面的设计、施工、运行与维护管理人员以及其他科技工作者参考书使用。

为便于教学、作者制作了与教材配套的课件,如有需求,可扫码下载。

教材PPT

*　　*　　*

责任编辑:王美玲

责任校对:张　颖

出　版　说　明

　　党和国家高度重视教材建设。2016年，中共中央办公厅、国务院办公厅联合印发了《关于加强和改进新形势下大中小学教材建设的意见》，提出要健全国家教材制度。2019年12月，教育部牵头制定了《普通高等学校教材管理办法》和《职业院校教材管理办法》，旨在全面加强党的领导，切实提高教材建设的科学化水平，打造精品教材。住房和城乡建设部历来重视土建类学科专业教材建设，从"九五"开始组织部级规划教材立项工作，经过近30年的不断建设，规划教材提升了住房和城乡建设行业教材质量和认可度，出版了一系列精品教材，有效促进了行业部门引导专业教育，推动了行业高质量发展。

　　为进一步加强高等教育、职业教育住房和城乡建设领域学科专业教材建设工作，提高住房和城乡建设行业人才培养质量，2020年12月，住房和城乡建设部办公厅印发《关于申报高等教育职业教育住房和城乡建设领域学科专业"十四五"规划教材的通知》（建办人函〔2020〕656号），开展了住房和城乡建设部"十四五"规划教材选题的申报工作。经过专家评审和部人事司审核，512项选题列入住房和城乡建设领域学科专业"十四五"规划教材（简称规划教材）。2021年9月，住房和城乡建设部印发了《高等教育职业教育住房和城乡建设领域学科专业"十四五"规划教材选题的通知》（建人函〔2021〕36号）（简称《通知》）。为做好规划教材的编写、审核、出版等工作，《通知》要求：（1）规划教材的编著者应依据《住房和城乡建设领域学科专业"十四五"规划教材申请书》（简称《申请书》）中的立项目标、申报依据、工作安排及进度，按时编写出高质量的教材；（2）规划教材编著者所在单位应履行《申请书》中的学校保证计划实施的主要条件，支持编著者按计划完成书稿编写工作；（3）高等学校土建类专业课程教材与教学资源专家委员会、全国住房和城乡建设职业教育教学指导委员会、住房和城乡建设部中等职业教育专业指导委员会应做好规划教材的指导、协调和审稿等工作，保证编写质量；（4）规划教材出版单位应积极配合，做好编辑、出版、发行等工作；（5）规划教材封面和书脊应标注"住房和城乡建设部'十四五'规划教材"字样和统一标识；（6）规划教材应在"十四五"期间完成出版，逾期不能完成的，不再作为《住房和城乡建设领域学科专业"十四五"规划教材》。

　　住房和城乡建设领域学科专业"十四五"规划教材的特点，一是重点以修订教育部、住房和城乡建设部"十二五""十三五"规划教材为主；二是严格按照专业标准规范要求编写，体现新发展理念；三是系列教材具有明显特点，满足不同层次和类型的学校专业教学要求；四是配备了数字资源，适应现代化教学的要求。规划教材的出版凝聚了作者、主审及编辑的心血，得到了有关院校、出版单位的大力支持，教材建设管理过程有严格保障。希望广大院校及各专业师生在选用、使用过程中，对规划教材的编写、出版质量进行反馈，以促进规划教材建设质量不断提高。

住房和城乡建设部"十四五"规划教材办公室

2021 年 11 月

第 六 版 前 言

《排水工程》(下册)(第五版)是在 2015 年 2 月出版发行的,先后印刷了 15 次。该教材出版后,既受到兄弟院校老师和同学们的关爱,也得到社会同行朋友们的青睐。本教材曾于 2020 年荣获首届黑龙江省教材建设奖优秀教材特等奖;于 2021 年被住房和城乡建设部列为"十四五"规划教材,于 2024 年被黑龙江省教育厅认定为"十四五"普通高等教育省级规划教材。

《排水工程》(下册)(第五版)自出版以来,历经了近 10 年。在此期间,中国共产党第十九次、第二十次全国代表大会,先后于 2017 年、2022 年在北京召开,大会报告分别指出要"加快生态文明体制改革,建设美丽中国""推动绿色发展,促进人与自然和谐共生";2020 年 9 月,中国明确提出 2030 年"碳达峰"与 2060 年"碳中和"目标;2021 年 5 月,住房和城乡建设部、国家市场监督管理总局联合颁布《室外排水设计标准》GB 50014—2021,取代了原国家标准《室外排水设计规范》GB 50014—2006 等。党和国家领导对生态文明与环境保护高度重视,对水污染防治与生态环境保护都提出了更高、更严的要求。在此形势下,《排水工程》(下册)(第五版)的修订势在必行。

《排水工程》(下册)(第五版)自出版以来,我们痛失了前五版作者张自杰(1926.11.15—2019.04.12)和林荣忱(1927.07.24—2018.12.09)两位先辈。两位先生德高品馨、淡泊名利,求真务实、严谨治学,成就名山、泽惠后学,他们的逝世是我国给水排水与环境保护事业领域的重大损失。我们共同缅怀两位行业泰斗,也谨以此教材修订寄托哀思与追忆。按照先生在第五版引言"特别是必须考虑的本书的传承问题"的部署,在出版社的热情鼓励与大力支持下,我们承担起《排水工程》(下册)(第五版)的修订工作,我们既做教材的使用者、修编者,更是做先辈精神财富的传承者。

《排水工程》(下册)(第六版)仍延续原来的篇章结构,主体内容基本保持不变,即包括总论、城市污水处理和工业废水处理等 3 篇。遵循全面性、系统性、科学性、严谨性、先进性、实用性、规范性及可读性的原则,遵循国家最新的水污染防治政策、法规与标准,保留了第五版的精华,与时俱进地增补了生物倍增、好氧颗粒污泥、废水资源化利用等高效低碳的处理技术。

《排水工程》(下册)(第六版)新增的特色:配备了篇章结构与内容的思维导图,使读者快速把握教材的整体脉络和核心知识点;各章设置了复习思考题,以供读者深入理解、消化和掌握关键内容;将部分工程案例等内容纳入书中数字资源,进一步提升了教材的可读性。此外,还采用了双色印刷形式,提升了教材的整体视觉效果;按照读者反馈的意见,修改了第五版中出现的排版印刷等错误。

《排水工程》(下册)(第六版)由赵庆良任主编,季民和章北平任副主编。参加编写的人员分工如下:第 1~3 章,章北平;第 4 章,赵庆良、金文标、张自杰;第 5~7 章,赵庆良、张自杰；第 8 章，赵庆良、章北平、张自杰；第 9 章，赵庆良、王宗平；第 10、11 章，章北平、王宗平；第 12～15 章，季民、林荣忱；第 16 章，孙井梅、林荣忱。

《排水工程》（下册）（第六版）由德高望重的资深专家金儒霖教授担任主审。

自《排水工程》（下册）（第五版）问世以来，有的读者指出了其中存在的印刷排版问题，还有的读者给出了增加某些内容的建议，我们在《排水工程》（下册）（第六版）都进行了考虑，使得该版教材质量再次得到了大幅度提升；修编过程中，还参阅了大量相关书籍与资料。在此，编者对有关读者和作者一并表示衷心的感谢。

虽经编写人员努力，因能力和水平所限，本书疏漏、欠妥与不当之处在所难免，诚恳地欢迎兄弟院校的老师、同学们和社会同行朋友们一如既往地多加批评指正。

编者

2024.12

第 五 版 前 言

《排水工程》（下册）（第四版）于 2000 年出版，出版后受到兄弟院校老师、同学们的厚爱，也得到社会同行朋友们的青睐。到 2007 年 12 月共进行了 22 次印刷，发行总数达 19 万册。本书荣幸地获建设部"九五"重点教材、高等学校推荐教材的荣誉，这些荣誉使我们编写人员"受宠若惊"，深受鞭策和鼓励。

《排水工程》（下册）（第四版）出版以来，历经了 14 年。在此期间，我国大力开展水环境污染防治工作，党和国家领导高度重视；广大群众认识到位，深入人心。全国各地，从北到南大建、广建污水处理厂，广泛采用效能强、功率高、能耗低、维护易的污水处理新工艺、新技术。大量采用了同步脱氮除磷的 A^2O 工艺系统（Bardenpho 工艺系统）、各种形式的氧化沟工艺系统、SBR 工艺系统及其衍生工艺系统，如 ICEAS 工艺、DAT-IAT 工艺、CASS 工艺、MSBR 工艺系统等，A-B 工艺系统、膜生物反应器（MBR）系统、曝气生物滤池（BAF）以及各种污泥处理处置技术也在生产实践中付诸应用，并进行深入地试验研究。此期间是污水处理厂在我国到处开花、广放异彩的年代，是我们污水处理工程技术人员心情舒畅、大显身手的年代。这种可喜的形势在我国仍在继续，而且还在发展。

在此期间，为了适应水污染控制、水环境质量改善和污水资源化利用的需要，国家适时地提高了城镇污水处理厂污染物的排放标准。由国家环境保护总局及国家质量监督检验检疫总局于 2002 年 12 月 24 日发布、2003 年 7 月 1 日开始实施的《城镇污水处理厂污染物排放标准》GB 18918—2002，对处理水规定了新的更高的水质要求。同样，国家环境保护总局于 2005 年 7 月 27 日发布、并于 2006 年 1 月 1 日开始实施了另一项国家标准，即《医疗机构水污染物排放标准》GB 18466—2005。

此外，由中华人民共和国国家质量监督检验检疫总局于 2002 年 12 月 20 日发布、于 2003 年 5 月 1 日实施的还有三项国家标准，包括：《城市污水再生利用　分类》GB/T 18919—2002；《城市污水再生利用　城市杂用水水质》GB/T 18920—2002；《城市污水再生利用　景观环境用水水质》GB/T 18921—2002。

作为国家标准，中华人民共和国住房和城乡建设部和中华人民共和国国家质量监督检验检疫总局于 2005 年 1 月 18 日联合发布了新修订的《室外排水设计规范》GB 50014—2006，于 2006 年 6 月 1 日开始实施，并于 2011 年和 2014 年再进行了 2 次修订。

党和国家非常重视科学技术研究工作，在水环境污染防治领域给予了大力支持和投入，有关科研部门和高等院校承担着属于水处理技术前沿问题的科研项目，如国家重大科技专项和国家"863"计划等。

在这种形势下，对《排水工程》（下册）（第四版）的修订势在必行。对此，得到出版社领导的同意和大力支持。

考虑本书的原编写人员年事已高，又已脱离教学及科研第一线的工作多年，特别是必须考虑本书的传承问题，决定邀请当前活跃于教学、科研第一线，成果显著、年富力强的中青年教师作为主力参与本书的修订工作，实际上这样做也是使本书修订工作进行顺利、保证本书修订质量的必要措施，此举得到了出版社领导的赞许。

为了使修订工作有序地进行，并考虑某些现实情况，在出版社有关部门领导的主持下，组织了修订编写组，参加人员除三位原编写人员外，还吸纳赵庆良、季民、章北平及其他中青年教师参加本书的修订编写工作。修订编写组的工作由张自杰、赵庆良二人主持和组织。

《排水工程》（下册）（第五版）的修订工作从 2012 年下半年正式开始实施。

《排水工程》（下册）（第五版）修订的全书统筹、统编工作由张自杰、赵庆良二人负责。全书由赵庆良统稿，张自杰定稿。

《排水工程》（下册）（第五版）修订编写工作的人员分工如下：

第 1～3 章，金儒霖；第 4 章，张自杰、金文标、赵庆良；第 5 章，张自杰、赵庆良；第 6、7 章，赵庆良、张自杰；第 8 章，张自杰、章北平；第 9 章，张自杰、王宗平；第 10 章，金儒霖；第 11 章，金儒霖、王宗平；第 12～14 章，林荣忱、季民；第 15 章，林荣忱、顾平；第 16 章，林荣忱、孙井梅。

在本书的修订过程中，得到魏亮亮、于航、李洋、辛明、王然登、程战利、秦可娜、涂仁杰、李茹莹、王芬、王灿、张光辉等大力协助，在此一并表示衷心的感谢。

虽经编写人员精心努力，但因水平所限，本书错误与不当之处在所难免，诚恳地欢迎兄弟院校的老师、同学和社会同行朋友们批评指正。

编者
2014.12

第 四 版 前 言

《排水工程》(下册)第三次修订版(推荐教材)于 1996 年 6 月出版。出版后受到兄弟院校的老师、同学以及社会同行们的喜爱,这对我们既是鼓励也是鞭策。

三年来随着我国教育改革的继续深入,在教材建设问题上,出现了重要的新情况,由国家确定了一批国家级及部委级的重点教材。本书荣幸地被定为建设部"九五"重点教材。

环境保护与可持续发展是我国国策,得到我国广大群众的衷心拥护,并已成为人们的自觉行为。我国水环境污染形势仍很严峻,国家对此制定了相应的政策,将三河(海河、淮河、辽河)、三湖(太湖、滇池、巢湖)定为重点限期达标治理对象,并对我国江、河、湖泊、近海污染防治以及城市污水与工业废水的处理率、回用率制定了近期和远期的明确指标。

几年来,在国内、外,水环境保护与污水处理理论与技术又取得了新的成就与发展。我国对国家标准《污水综合排放标准》GB 8978—88 和《室外排水设计规范》GBJ 14—87进行了修订与增补。在这种形势下,对《排水工程》(下册)的修订势在必行,并提出了更高质量的要求。

这次对本书修订的原则是:对本书某些内容做全面调整,使其能够与新修订颁布的国家标准和规范相适应;适量地纳入污水处理的新理论和行之有效的新技术、新工艺、新设备。力求使本书在内容上能够符合国家对重点教材提出的高质量要求。

本书的第一版(1981 年)和第二版(1986 年)由我国污水处理的先辈学者 陶葆楷 教授主审,钱易、黄铭荣二位先生审定。参加编写的,除本版三位编者外,还有: 李献文 、周帆 、廖文贵、马中汉、杨宝林等先生。

先辈学者和各位先生付出的辛劳为本书的第三版以至第四版的修订出版奠定了基础,这是不可磨灭的也是我们永志不忘的。

本书仍由张自杰、林荣忱、金儒霖三人执笔编写,张自杰主编,仍请德高望重的清华大学教授,中国工程院资深院士顾夏声先生担任主审。

编写人的具体分工仍同第三版。因水平所限,本书错误和不当之处,欢迎广大同行批评、指正。

编者

2000.6

第 三 版 前 言

《排水工程》（下册）修订第二版于 1986 年出版，迄今已近 10 年。此期间正值我国执行"七五""八五"两个 5 年计划期间。在我国经济高速发展的同时，污水处理事业也取得了较大的发展，已有一批城市兴建了污水处理厂，一大批工业企业建设了工业废水处理厂（站），更多的城市和工业企业在规划、筹建和设计污水处理厂。水污染防治、保护水环境，造福子孙后代的思想也更加深入人心。

近几十年来，污水处理技术无论在理论研究方面还是在应用方面，都取得了一定的进展，新工艺、新技术大量涌现，如在污水生物处理领域，出现了 AB 法工艺，间歇式（序列式）活性污泥法，脱氮、除磷的 A-O 系统，同步脱氮除磷的 A-A-O 系统等；氧化沟系统和高效低耗的污水自然处理技术，如各种类型的稳定塘、土地处理系统、湿地系统都取得了长足的进步和应用。

由于环境污染加剧且能源短缺，促进了厌氧生物处理技术的大发展，一批新型高效的厌氧生物处理反应器，如厌氧生物滤池、升流式厌氧污泥床、厌氧流化床等相继问世，受到了广泛的关注，把污水厌氧处理技术的理论与应用推向了新的高度。

这些新工艺、新技术已成为水污染防治领域的热门研究课题。我国"七五"（1986～1990）、"八五"（1991～1995）期间，在国家科委、建设部、国家环境保护局的组织与领导下，广泛、深入地开展了这些课题的科学研究工作，取得了一批令人瞩目的研究成果。

不应回避，我国面临水资源短缺的严重现实，北方一些城市人民生活水平的提高和工农业生产的发展已受到水资源不足的制约。城市污水和工业废水回用，以城市污水作为第二水源的趋势，不久将成必然。这就是我国污水事业面临的现实。

现在在高等学校本专业学习的和即将进入本专业学习的青年学子，是跨世纪的工程技术人才，必须使他们深刻地了解这种形势，掌握并发展污水处理新工艺、新技术。

为了适应污水处理技术领域的新形势，《排水工程》（下册），进一步修订、增补势在必行。

1990 年本专业第一届专业指导委员会第二次工作会议在长沙召开，会上制定并通过了"推荐教材编写与审查章程"，并对本专业第三轮教材作了规划、安排。经讨论决定，《排水工程》（上、下册），在第三轮教材中按推荐教材出版。

几年来，本书在编写、审查上严格按照"章程"规定的程序进行。本书由张自杰、林荣忱、金儒霖三人执笔，张自杰主编。1993 年完成了初稿，请清华大学钱易教授（中国工程院院士）、重庆建筑大学龙腾锐教授进行初审，编写人按初审意见作了修改。1994 年在太原召开的专业指导委员会第六次工作会议上，讨论、通过本书作为推荐教材出版，并确定请清华大学顾夏声教授（中国工程院院士）担任主审，1995 年 5 月定稿。

各篇、章编写人的具体分工是：金儒霖（第 1 篇第 1 章、第 2 章，第 2 篇第 3 章，第 8 章，共 4 章）；张自杰（第 2 篇第 4、5、6、7、9 章，共 5 章）；林荣忱（第 3 篇第 10、

11、12、13、14 章，共 5 章）。

在本书编写过程中，编写人之间保持着密切的联系，多次集体磋商、研究，讨论本书的体系、内容，将现在行之有效、工艺成熟的新技术尽行纳入，也适当地收入我国"八五"期间在污水处理领域所取得的某些科研成果，力争使本书在内容和体系上能够适应当前和今后一段时间水污染防治形势发展的需要，达到国家教委对推荐教材提出的高质量要求。

因编写人水平所限，本书错误和不当之处在所难免，欢迎广大同行批评、指正。

编者

1996.6

第 二 版 前 言

《排水工程》（下册）自1981年7月出版发行以来，我们陆续收到了来自高等院校和设计、科研单位对本书提出的修改意见。在此期间，国家颁布了《水污染防治法》和国家标准——《地面水环境质量三级标准》；在天津、长沙、桂林、西安、上海以及秦皇岛等城市增建和新建了一批城市污水处理厂；《室外排水设计规范》和《给水排水设计手册》都由有关部门组织专家进行了修订等。因此，本书修订再版的时机日趋成熟。

在1983年3月于苏州召开的给水排水专业教材编审委员会的首届全体会议上决定本书修订再版。

教育改革形势不断向前发展，每门课程在保证"基本要求"的前提下，各院校对教学内容有较广泛的自主权，本书力求适应这种形势发展的要求。经编写人员多次协商讨论，与第一版比较，本书在内容上主要作了如下的增补、删减和修改。

第一章加强了有关环境保护方面的内容，对《水污染防治法》和《地面水环境质量三级标准》以及国外的一些有关法规做了论述和介绍，比较多地增加了水环境质量评价的内容。

在污染物质的分类方面，本书改用了现在通行的方法，即有机污染物以是否易于生物降解，无机污染物以是否危害人体健康作为标志进行区分。

考虑污水处理程度计算的内容，没有多大的实际意义，故将其删去，但保留有机污染物在水体中耗氧和描述氧平衡的传统的数学模式。

第二章基本上保留原第一版的内容，只是在系统上作了调整，将沉砂池移前，本章也采纳了《给水排水设计手册》中的一些设计数据。

第三章增设的内容有：生物脱氮的基本原理与实际应用；劳伦斯—麦卡蒂方程式，二次沉淀池的固体通量设计法。活性污泥法的新进展也移于本章。

本章修改较大的内容有：有机物降解和生物增长动力学；曝气原理；二次沉淀池的设计等。

第四章内容作了较大的修改和补充。增设生物膜处理法在工艺、生物相等方面的特征内容，充实、更新了有关高负荷生物滤池的设计、计算，生物转盘的设计、计算等内容。

生物膜处理法是发展中的处理工艺，近年来发展较快，本章专设生物膜法新进展一节，主要对生物转盘的新进展和流化床做了介绍。

第五章基本上是重新编写的。近年来，氧化塘和土地处理系统在我国受到重视，有一批氧化塘投入使用，在科研、运行管理方面取得了进展；城市污水的土地处理被列为国家的重点科研项目。

氧化塘一节，叙述的中心环节仍然是设计与计算。但国外发表的经验公式，由于受到应用条件的限制，没有列入。

在土地处理一节内，列入了国外近年来在这个领域所取得的进展，如慢速渗滤、快速渗滤和地表漫流等。同时，在这一节内也保留了我国施行污水灌溉的某些特点。

第六章由于近年来厌氧消化处理在国内外受到重视，并在理论探讨和实践方面取得进展，本章对此作了适当的反映。本章新增加了污水的厌氧消化处理、厌氧反应动力学以及污泥的好氧消化等内容，后两项只做简要的介绍。

第七章是工业废水，内容较为繁多，共十二节，每节都是一个独立的工艺单元。对每节内容都作了适当的增加、删减和改写，其中主要的有：第三节改写了气浮基本概念的部分，撤换了部分附图，增加了气粒结合的几种方式的内容；第六节改写了中和在废水处理中应用的一部分，并增加了二氧化碳的吹脱去除；第七节考虑除磷技术日益受到重视，增加了这一部分内容；第九节增补了氯化法除硫、脱色、臭氧和光氧化等部分；第十一节删去了活性炭制造的内容，增补了影响吸附过程各种因素的部分；第十二节删减了渗析和反渗透机理部分，改写了反渗透在废水处理中应用的部分，并增加了例子等。

第八章增补了污水处理厂污泥处理高程计算的内容和污水处理厂用地指标参考数据。修改了污水处理厂污水处理高程计算的内容。

第九章是污水处理实验指导，原设于附录内，经几年试用，效果较好，在本版列入正文。在文章加强了有关瓦波呼吸仪的内容。

本书保留了原第一版所采用的系统，仍以城市污水为阐述主要对象。

本书一律采用法定计量单位，并使用国际符号，仅个别内容因不能换算，采用英制计量单位。

本书所采用的名词和各项设计参数，尽量与新修订的《室外排水设计规范》和《给水排水设计手册》保持一致。

参加本书编写的是：哈尔滨建筑工程学院张自杰（第一、二、四、五章），马中汉（第七章第一、二、三、四、五节）；天津大学林荣忱（第七章第九、十、十一节）、杨宝林（第七章第六、七、八、十二节）；武汉工业大学周帆（第八章）；北京建筑工程学院李献文（第九章）；武汉城市建设学院金儒霖（第六章）；天津大学建筑分校廖文贵（第三章）。

在本书的编写期间，由周帆承担了第六章的修订工作。

本书由张自杰主编，清华大学顾夏声教授主审，陶葆楷教授对全部书稿进行审阅。

由于编著者水平所限，书中错误、不妥之处，在所难免，深望高校及社会同行，广泛批评指正。

编者

1986.3

第 一 版 前 言

本书是土建类高等工科院校给水排水工程专业《排水工程》课第二部分"污水处理"的试用教材。

本书按各有关高等院校代表共同制定的《排水工程》教材大纲编写。

本教材重点讲述城市污水处理，但工业废水处理也安排了一定的分量。在内容上力求：加强基础理论，适当反映我国近年来在污水处理领域内所取得的技术经验和学术成就，吸取某些外国的先进技术。教材中也安排了一定数量的设计计算问题。

有关过滤、消毒、电渗析、离子交换等内容，重点在《给水工程》中讲述，本书仅介绍这些处理方法用于污水处理中的特点。

本教材还选编了部分"实验指导"内容，列于附录内供各校参考、选用。

参加本书编写的有哈尔滨建筑工程学院张自杰、马中汉、廖文贵（第一、二、三、四、五章及第七章第一、二、三、四、五节），天津大学林荣忱、杨宝林（第七章第六、七、八、九、十、十一、十二、十三、十四节），武汉建筑材料工业学院金儒霖、周帆（第六、八章），北京建筑工程学院李献文（附录Ⅱ）。本书由张自杰主编。

本教材由清华大学陶荷楷教授、顾夏声教授和黄铭荣副教授、钱易副教授主审。

在本教材编写过程中和历次审订会议上，兄弟院校和有关单位的同志们提出了许多宝贵意见，在此表示衷心感谢。

因编写人员的水平所限，书中缺点和错误在所难免，欢迎读者批评指正。

编　者

1980.11

篇章结构与内容思维导图

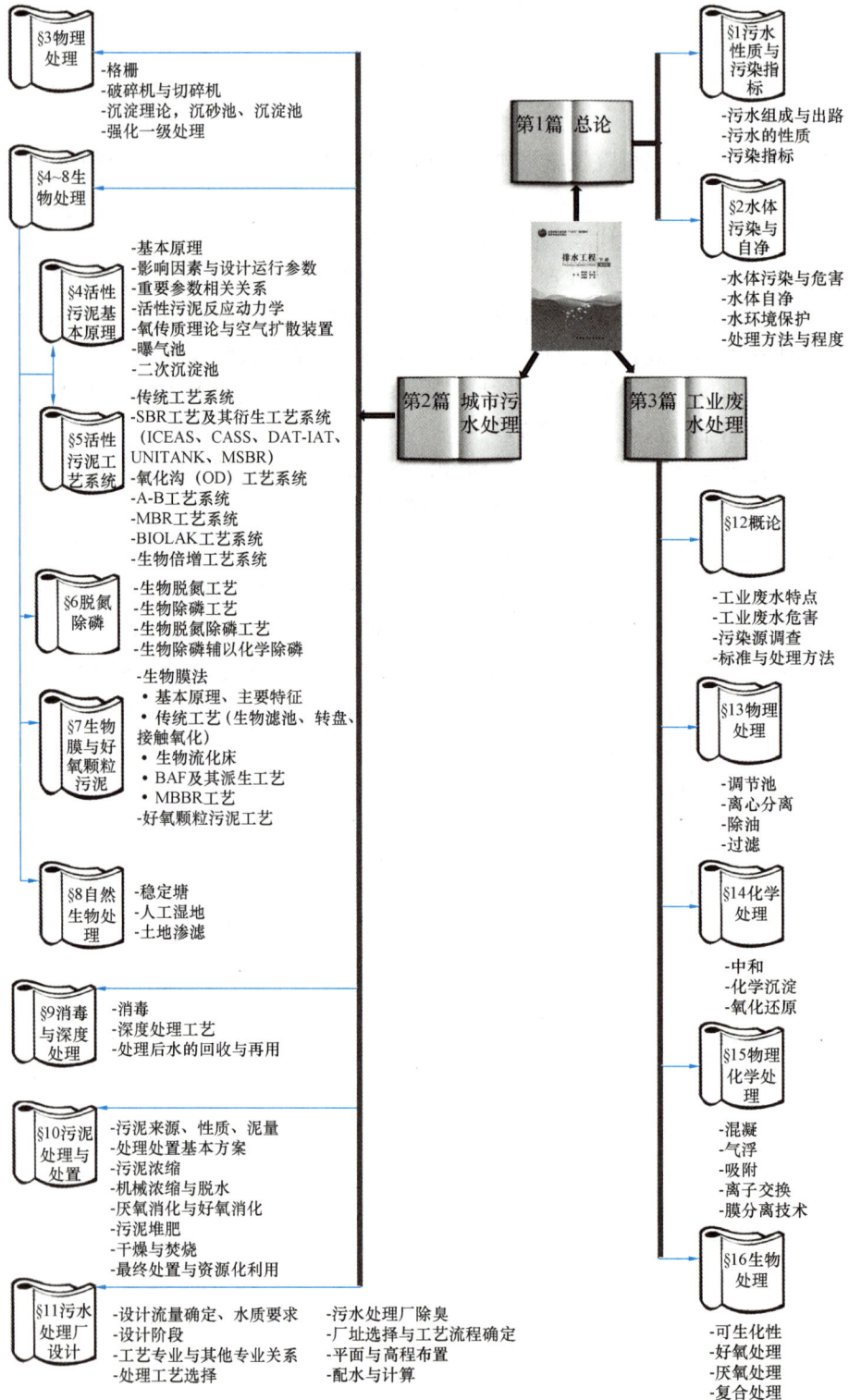

§3物理处理
-格栅
-破碎机与切碎机
-沉淀理论，沉砂池、沉淀池
-强化一级处理

§4~8生物处理

§4活性污泥基本原理
-基本原理
-影响因素与设计运行参数
-重要参数相关关系
-活性污泥反应动力学
-氧传质理论与空气扩散装置
-曝气池
-二次沉淀池

§5活性污泥工艺系统
-传统工艺系统
-SBR工艺及其衍生工艺系统（ICEAS、CASS、DAT-IAT、UNITANK、MSBR）
-氧化沟（OD）工艺系统
-A-B工艺系统
-MBR工艺系统
-BIOLAK工艺系统
-生物倍增工艺系统

§6脱氮除磷
-生物脱氮工艺
-生物除磷工艺
-生物脱氮除磷工艺
-生物除磷辅以化学除磷

§7生物膜与好氧颗粒污泥
-生物膜法
 • 基本原理、主要特征
 • 传统工艺（生物滤池、转盘、接触氧化）
 • 生物流化床
 • BAF及其派生工艺
 • MBBR工艺
-好氧颗粒污泥工艺

§8自然生物处理
-稳定塘
-人工湿地
-土地渗滤

§9消毒与深度处理
-消毒
-深度处理工艺
-处理后水的回收与再用

§10污泥处理与处置
-污泥来源、性质、泥量
-处理处置基本方案
-污泥浓缩
-机械浓缩与脱水
-厌氧消化与好氧消化
-污泥堆肥
-干燥与焚烧
-最终处置与资源化利用

§11污水处理厂设计
-设计流量确定、水质要求
-设计阶段
-工艺专业与其他专业关系
-处理工艺选择
-污水处理厂除臭
-厂址选择与工艺流程确定
-平面与高程布置
-配水与计算

第1篇 总论

§1污水性质与污染指标
-污水组成与出路
-污水的性质
-污染指标

§2水体污染与自净
-水体污染与危害
-水体自净
-水环境保护
-处理方法与程度

第2篇 城市污水处理

第3篇 工业废水处理

§12概论
-工业废水特点
-工业废水危害
-污染源调查
-标准与处理方法

§13物理处理
-调节池
-离心分离
-除油
-过滤

§14化学处理
-中和
-化学沉淀
-氧化还原

§15物理化学处理
-混凝
-气浮
-吸附
-离子交换
-膜分离技术

§16生物处理
-可生化性
-好氧处理
-厌氧处理
-复合处理

目　　录

第1篇 总 论

第1章 污水的性质与污染指标

1.1 污 水

污水由综合生活污水、工业废水和入渗地下水三部分组成。在合流制排水系统中，还包括被截留的雨水。

综合生活污水由居民生活污水和公共建筑污水组成。生活污水是居民生活活动所产生的污水，主要是厕所、洗涤和洗澡产生的污水。

工业废水是在工矿企业生产活动中使用过的受到不同程度污染的水，分为生产污水和生产废水两类。生产污水是指在生产过程中形成，并被生产原料、半成品或成品等废料所污染，包括热污染（指生产过程中产生的水温超过 60℃ 的水）；生产废水是指在生产过程中形成，但未直接参与生产工艺，未被生产原料、半成品或成品污染或只是温度稍有上升的水。生产污水需要净化处理与资源化回收利用；生产废水不需要净化处理或仅需做简单的处理，如冷却处理，即可回用或循环利用。

入渗地下水是指敷设于地下的排水管道及构筑物等，因密封不严或年久失修而由地下渗进管内的水。

被截留的雨水主要是指初期雨水。在合流制排水系统中，由于初期雨水冲刷了地表的各种污物，污染程度高，而经雨水溢流井截流进入污水处理厂，其水量决定于截流倍数。合流制排水系统晴天时输送的污水称旱流污水。

上述各种污水的混合污水，来自城市与县城的称为城市污水；来自乡镇街区的称为乡镇污水；来自乡镇村组的称为农村污水。

污水经过净化处理后，出路有三：①排放水体，作为水体的补给水；②灌溉田地；③重复使用。

排放水体是污水的自然归宿。由于水体具有一定的稀释与净化能力，使污水得到进一步净化，因此是最常用的出路，同时也是可能造成水体遭受污染的原因之一。

灌溉田地可使污水得到充分利用，但必须符合灌溉的有关规定，使土壤与农作物免遭污染。

重复使用是最合理的出路，可分为直接复用与间接复用两种。

直接复用又可分为循序使用和循环使用。工矿企业在生产过程中，甲工序产生的污水经适当处理后用于乙工序叫循序使用；经适当处理后，用于甲工序叫循环使用。

间接复用指地表水体接纳污水并对其做进一步净化处理后，作为沿岸城市与工矿企业的给水水源。

以城市污水为给水水源，经处理后作为生活饮用水，也是重复使用，但处理成本极高，极端缺乏水源的地区，才可考虑采用。

1.2　污水的性质与污染指标

污水的性质特征主要与下列因素有关：人们的生活习惯，气候条件，生活污水与生产污水所占的比例以及所采用的排水体制（分流制、合流制、半分流制等）。污水的一般物理性质、化学性质、生物性质及其指标分述如下。

1.2.1　污水的物理性质及指标

污水物理性质的主要指标是水温、色度、臭味和固体含量等。

1. 水温

污水的水温对污水的物理性质、化学性质及生物性质有直接的影响。所以水温是污水水质的重要物理性质指标之一。

我国虽然幅员广大，气温差异显著，但根据统计资料，各地生活污水的年平均温度差别不大，为 10～20℃。生产废水颜的水温与生产工艺有关，变化很大。因此，污水的水温与排入排水系统的生产污水水温及所占比例有关。污水的水温过低（如低于 5℃）或过高（如高于 40℃）都会影响污水生物处理的效果。

2. 色度

生活污水的颜色常呈灰色。但当污水中的溶解氧降低至零，污水所含有机物腐烂，则转呈黑褐色并有臭味。生产废水的颜色视工矿企业的性质而异，差别极大。如印染、造纸、农药、焦化、冶金及化工等的生产废水，都有各自的特殊颜色。颜色让人感觉不舒服。

水的颜色用色度作为指标。色度可由悬浮固体、胶体或溶解物质形成。悬浮固体（如泥砂、纸浆、纤维、焦油等）形成的色度称为表色。胶体或溶解物质（如染料、化学药剂、生物色素、无机盐等）形成的色度称为真色。

3. 臭味

臭味是物理性质的主要指标。生活污水的臭味主要由有机物腐败产生的气体造成。工业废水的臭味主要由挥发性化合物造成。

臭味大致有鱼腥味［胺类 CH_3NH_2，(CH_3N)］、氨臭（氨 NH_3）、腐肉臭［二元胺类 $NH_2(CH_2)_4NH_2$］、腐蛋臭（硫化氢 H_2S）、腐甘蓝臭［有机硫化物$(CH_3)_2S$］、粪臭（甲基吲哚 $C_8H_5NHCH_3$）以及某些生产污水的特殊臭味。

臭味给人以感观不悦，甚至会危及人体健康，如呼吸困难、倒胃胸闷、呕吐等。

4. 固体含量

污水中固体物质按存在形态的不同可分为：悬浮的、胶体的和溶解的三种；按性质的不同可分为：有机物、无机物与生物体三种。固体含量用总固体量作为指标（英文缩写为 TS）。一定量水样在 105～110℃烘箱中烘干至恒重，所得的质量即为总固体量。

悬浮固体（英文缩写为 SS）或悬浮物。悬浮固体中，颗粒粒径为 $0.1～1.0\mu m$ 者称为细分散悬浮固体；颗粒粒径大于 $1.0\mu m$ 者称为粗分散悬浮固体。把水样用定量滤纸过滤后，被滤纸截留的滤渣，在 105～110℃烘箱中烘干至恒重，所得质量称为悬浮固体；滤液中存在的固体物即为胶体和溶解固体。悬浮固体中，有一部分可在沉淀池中沉淀，形成沉淀污泥，称为可沉淀固体。

悬浮固体由有机物和无机物组成。有机物为其中的挥发性悬浮固体（英文缩写为 VSS）或称为灼烧减重；而无机物则为其中的非挥发性悬浮固体（英文缩写为 NVSS）或称为灰分。悬浮固体在马弗炉中灼烧（温度为 600℃）所失去的质量称为挥发性悬浮固体；残留的质量称为非挥发性悬浮固体。生活污水中，前者约占 70%，后者约占 30%。

胶体（颗粒粒径为 0.001～0.1μm）和溶解固体（英文缩写为 DS）或称溶解物也是由有机物和无机物组成。生活污水中的溶解性有机物包括尿素、淀粉、糖类、脂肪、蛋白质及洗涤剂等，溶解性无机物包括无机盐（如碳酸盐、硫酸盐、铵盐、磷酸盐）与氯化物等。工业废水的溶解性固体成分极为复杂，视工矿企业的性质而异，主要包括种类繁多的合成高分子有机物及金属离子等。溶解固体的浓度与成分对污水处理方法的选择（如生物处理法、物理—化学处理法等）及处理效果产生直接的影响。

1.2.2 污水的化学性质及指标

污水中的污染物质，按化学性质可分为无机物和有机物，按存在的形态可分为悬浮态与溶解态。

1. 无机物及指标

无机物包括酸碱度、氮、磷、无机盐类（硫酸盐与硫化物、氯化物）、非重金属无机有毒物质及重金属离子等。

（1）酸碱度

酸碱度用 pH 表示。pH 等于氢离子浓度的负对数。

pH＝7 时，污水呈中性；pH<7 时，污水呈酸性，数值越小，酸性越强；pH>7 时，污水呈碱性，数值越大，碱性越强。当 pH 超出 6～9 的范围时，会对人、畜造成危害，并对污水的物理、化学及生物处理产生不利影响。尤其是 pH 低于 6 的酸性污水，对管渠、污水处理构筑物及设备会产生腐蚀作用。因此 pH 是污水化学性质的重要指标。

碱度指污水中含有的能与强酸产生中和反应的物质，亦即 H^+ 的受体，主要包括三种：①氢氧化物碱度，即 OH^- 离子含量；②碳酸盐碱度，即 CO_3^{2-} 离子含量；③碳酸氢盐碱度，即 HCO_3^- 离子含量。污水的碱度可用下式表达：

$$[碱度]=[OH^-]+2[CO_3^{2-}]+[HCO_3^-]-[H^+] \tag{1-1}$$

式中　[　]——代表当量浓度，mmol/L。

污水所含碱度对于外加的酸、碱具有一定的缓冲作用，可使污水的 pH 维持在适宜于好氧菌或厌氧菌生长繁殖的范围内。如污泥厌氧消化处理时，要求碱度不低于 2000mg/L（以 $CaCO_3$ 计，即约 20mmol/L），以便缓冲有机物分解时产生的有机酸，避免 pH 降低。

（2）氮、磷

氮、磷是植物的重要营养物质，也是污水进行生物处理时，微生物所必需的营养物质，主要来源于人类排泄物及某些工业废水。氮、磷是导致湖泊、水库、海湾等缓流水体富营养化的主要物质。

1）氮及其化合物

污水中含氮化合物有四种：有机氮、氨氮、亚硝酸盐氮与硝酸盐氮。四种含氮化合物的总量称为总氮（英文缩写为 TN，以 N 计）。有机氮很不稳定，容易在微生物的作用下，分解成其他三种。在无氧条件下，分解为氨氮；在有氧条件下，分解为氨氮，再分解为亚硝酸盐氮与硝酸盐氮。

凯氏氮（英文缩写为 KN）是有机氮与氨氮之和。凯氏氮指标可以用来作为判断污水在进行生物法处理时氮营养是否充足的依据。生活污水中凯氏氮含量约 40mg/L（其中有机氮约 15mg/L，氨氮约 25mg/L）。

氨氮在污水中存在形式有游离氨（NH_3）与离子状态铵盐（NH_4^+）两种，故氨氮等于两者之和。污水进行生物处理时，氨氮不仅向微生物提供营养，而且对污水的 pH 起缓冲作用。但氨氮过高时，如超过 1600mg/L（以 N 计），对微生物产生抑制作用。

可见总氮与凯氏氮之差值，约等于亚硝酸盐氮与硝酸盐氮；凯氏氮与氨氮之差值，约等于有机氮。

2）磷及其化合物

污水中含磷化合物可分为有机磷与无机磷两类。有机磷的存在形式主要有：葡萄糖-6-磷酸、2-磷酸-甘油酸及磷肌酸等；无机磷都以磷酸盐形式存在，包括正磷酸盐（PO_4^{3-}）、偏磷酸盐（PO_3^-）、磷酸氢盐（HPO_4^{2-}）、磷酸二氢盐（$H_2PO_4^-$）等。

生活污水中有机磷含量约为 3mg/L，无机磷含量约为 7mg/L。我国几座城市污水中氮、磷含量列于表 1-1。

我国几座城市污水中氮、磷含量　　　　　　　　　　　　　　　　表 1-1

城市	总氮（mg/L）	氨氮（mg/L）	总磷（mg/L）	钾（mg/L）
北京市	49.2～70.3	34.7～54.2	5.3～9.4	5.2～11.7
上海市	30.1～82.8	22.3～58.1	2.0～13.6	10.1～19.5
天津市	53.5～79.3	44.6～69.4	4.2～12.7	10.0
哈尔滨市	36.2～58.3	22.3～43.9	3.9～9.4	19.5
武汉市	28.7～47.5	25.2～40.3	3.3～11.2	29.1
广州市	29.2～34.9	22.4～28.6	4.5～6.1	—
重庆市	47.4～77.1	33.5～59.2	5.3～9.1	—

某些工业废水中氮、磷含量，列于表 1-2。

某些工业废水中氮、磷含量　　　　　　　　　　　　　　　　表 1-2

工业废水	总氮（mg/L）	氨氮（mg/L）	总磷（mg/L）	钾（mg/L）
洗毛废水	584～997	120～640	—	—
含酚废水	140～180	2～10	3～17	8～13
制革废水	30～37	16～20	6～8	70～75
化工废水	30～76	28～56	1～12	1～16
造纸废水	20～22	4～8	8～12	10～15

（3）硫酸盐与硫化物

污水中的硫酸盐用硫酸根 SO_4^{2-} 表示。

生活污水的硫酸盐主要来源于人类排泄物；工业废水如洗矿、化工、制药、造纸和发酵等工业废水，含有较高的硫酸盐，浓度可达 1500～7500mg/L。

污水中的 SO_4^{2-}，在缺氧的条件下，由于硫酸盐还原菌、反硫化菌的作用，被脱硫还原成 H_2S，反应式如下：

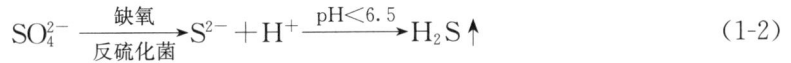

$$SO_4^{2-} \xrightarrow[\text{反硫化菌}]{\text{缺氧}} S^{2-} + H^+ \xrightarrow{pH<6.5} H_2S\uparrow \qquad (1\text{-}2)$$

在排水管道内，释出的 H_2S 与管顶内壁附着的水珠接触，在噬硫细菌的作用下形成 H_2SO_4，反应式如下：

$$H_2S + H_2O + O_2 \longrightarrow H_2SO_4 \qquad (1\text{-}3)$$

H_2SO_4 浓度可高达 7%，对管壁有严重的腐蚀作用，甚至可能造成管壁塌陷。污水生物处理的 SO_4^{2-} 允许浓度为 1500mg/L。

污水中的硫化物主要来源于工业废水（如硫化染料废水、人造纤维废水）和生活污水。硫化物在污水中的存在形式有硫化氢（H_2S）、硫氢化物（HS^-）与硫化物（S^{2-}）。当污水 pH 较低时（如低于 6.5），则以 H_2S 为主（H_2S 约占硫化物总量的 98%）；pH 较高时（如高于 9），则以 S^{2-} 为主。硫化物属于还原性物质，消耗污水中的溶解氧，并能与重金属离子反应，生成金属硫化物的黑色沉淀。

（4）氯化物

生活污水中的氯化物主要来自人类排泄物，每人每日排出的氯化物约 5～9g。工业废水（如漂染工业、制革工业等）以及沿海城市采用海水作为冷却水时，都含有很高的氯化物。氯化物含量高时，对管道及设备有腐蚀作用；如灌溉农田，会引起土壤板结；氯化物浓度超过 4000mg/L 时对生物处理的微生物有抑制作用。

（5）非重金属无机有毒物质

非重金属无机有毒物质主要是氰化物（CN）与砷（As）。

1）氰化物

污水中的氰化物主要来自电镀、焦化、高炉煤气、制革、塑料、农药以及化纤等工业废水，含氰浓度为 20～80mg/L。氰化物是剧毒物质，人体摄入致死量是 0.05～0.12g。

氰化物在污水中的存在形式是无机氰（如氢氰酸 HCN、氰酸盐 CN^-）及有机氰化物（称为腈，如丙烯腈 C_2H_3CN）。

2）砷化物

污水中的砷化物主要来自化工、有色冶金、焦化、火力发电、造纸及皮革等工业废水。

砷化物在污水中的存在形式是无机砷化物（如亚砷酸盐 AsO_2^-、砷酸盐 AsO_4^{3-}）以及砷化物（如三甲基砷）。对人体的毒性排序为有机砷＞亚砷酸盐＞砷酸盐。砷会在人体内积累，属致癌物质（致皮肤癌）之一。

（6）重金属离子

重金属指原子序数在 21～83 之间的金属或相对密度大于 4 的金属。污水中的重金属主要有汞（Hg）、镉（Cd）、铅（Pb）、铬（Cr）、锌（Zn）、铜（Cu）、镍（Ni）、锡（Sn）、铁（Fe）、锰（Mn）等。生活污水中的重金属离子主要来自人类排泄物；冶金、电子、电镀、陶瓷、玻璃、氯碱、电池、制革、照相器材、造纸、塑料及颜料等工业废水，都含有不同的重金属离子。上述重金属离子，在微量浓度时，有益于微生物、动植物及人类；但当浓度超过一定值后，即会产生毒害作用，特别是汞、镉、铅和铬等。

污水中含有的重金属难以净化去除。污水处理的过程中，重金属离子浓度的60％左右被转移到污泥中，有时会使污泥中某些重金属的含量超过《农用污泥污染物控制标准》GB 4284—2018。我国《污水排入城镇下水道水质标准》GB/T 31962—2015，对工业废水排入城市排水系统的重金属离子最高允许浓度有明确规定，超过此标准者，必须在工矿企业内进行处理。

2. 有机物

生活污水中的有机物主要来源于人类排泄物及生活活动产生的废弃物、动植物残片等，主要成分是碳水化合物、蛋白质、脂肪与尿素。组成元素是碳、氢、氧、氮和少量的硫、磷、铁等。由于尿素分解很快，故在生活污水中很少发现尿素。食品、饮料等工业废水中有机物成分与生活污水基本相同，其他工业废水所含有机物种类繁多。

有机物按被生物降解的难易程度，可分为两类四种：

第一类是可生物降解有机物，可分为两种：①对微生物无毒害或抑制作用的；②对微生物有毒害或抑制作用的。

第二类是难生物降解有机物，也可分为两种：①对微生物无毒害或抑制作用的；②难生物降解有机物，但对微生物有毒害或抑制作用的。

上述两类有机物的共同特点是都可被氧化成无机物。第一类有机物可被微生物氧化，第二类有机物可被化学氧化或被经驯化、筛选后的微生物氧化。

上述各类有机物及其生物化学特性论述如下。

（1）碳水化合物

污水中的碳水化合物包括糖、淀粉、纤维素和木质素等，主要成分是碳、氢、氧。其中淀粉较为稳定，但都属于可生物降解有机物，对微生物无毒害或抑制作用。

（2）蛋白质与尿素 $[CO(NH_2)_2]$

蛋白质由多种氨基酸化合或结合而成，分子量可达（2～2000）×10^4Da，主要成分是碳、氢、氧、氮，其中氮约占16％。蛋白质不很稳定，可发生不同形式的分解，属于可生物降解有机物，对微生物无毒害或抑制作用。

蛋白质与尿素是生活污水中氮的主要来源。

（3）脂肪和油类

脂肪和油类是乙醇或甘油与脂肪酸形成的化合物。主要成分是碳、氢、氧。生活污水中的脂肪和油类来源于人类排泄物及餐饮业洗涤水（含油浓度可达400～600mg/L，甚至1200mg/L），包括动物油和植物油。脂肪酸甘油酯在常温时呈液态称为油；在低温时呈固态称脂肪。脂肪比碳水化合物、蛋白质更稳定，属于难降解有机物，对微生物无毒害或抑制作用。炼油、石油化工、焦化、煤气发生站等工业废水中，含有矿物油即石油，具有异臭，属于难降解有机物，对微生物无毒害或抑制作用。

脂肪在污水中存在的物理形态有5种：① 浮油，静水时能上浮至液面，形成油膜，约占油脂总量的60％～80％；② 分散油，油粒直径大于5μm，较稳定地分散在污水中，油水界面间不存在表面活性剂；③ 乳化油，油粒直径大于5μm，但在油水界面间存在表面活性剂，因此更为稳定；④ 附着油，即附着在悬浮固体表面的油；⑤ 溶解油，包括溶解于水及油粒直径小于5μm的油珠。①、②、③、④ 类油脂一般可用隔油、气浮等物理方法去除，⑤ 类油主要可用生物法或气浮法去除。

（4）酚

炼油、石油化工、焦化、合成树脂、合成纤维等工业废水都含酚。酚类是芳香烃的衍生物。根据羟基的数目，可分为单元酚、二元酚与多元酚；根据能否随水蒸气一起挥发，可分为挥发酚与不挥发酚。挥发酚包括苯酚、甲酚、二甲苯酚等，属于可生物降解有机物，对微生物有毒害或抑制作用。不挥发酚包括间苯二酚、邻苯三酚等多元酚，属于难生物降解有机物，对微生物有毒害或抑制作用。

酚的水溶液与酚蒸气易被皮肤或呼吸道吸入人体引起中毒。

（5）有机酸、碱

有机酸工业废水含有短链脂肪酸、甲酸、乙酸和乳酸。人造橡胶、合成树脂等工业废水含有机酸、碱包括吡啶及其同系物质。都属于可生物降解有机物，但对微生物有毒害或抑制作用。

（6）表面活性剂

生活污水与表面活性剂制造工业废水中含有大量表面活性剂。表面活性剂有两类：① 烷基苯磺酸盐，俗称硬性洗涤剂（英文缩写为 ABS），含有磷并易产生大量泡沫，属于难生物降解有机物；② 烷基芳基磺酸盐，俗称软性洗涤剂（英文缩写为 LAS），属于可生物降解有机物，代替了 ABS，泡沫大大减少，但仍然含有磷。磷是致水体富营养化的主要元素之一。

（7）有机农药

有机农药有两大类，即有机氯农药与有机磷农药。有机氯农药（如 DDT、六六六等）毒性极大且难分解，会在自然界不断积累，造成持久性污染，现已禁止生产与使用。现在普遍采用有机磷农药（含杀虫剂与除草剂），约占农药总量的 80% 以上，种类有敌百虫、乐果、敌敌畏、甲基对硫磷、马拉酸磷对硫磷等，毒性大，属于难生物降解有机物，对微生物有毒害与抑制作用。

（8）取代苯类化合物

苯环上的氢被硝基、胺基取代后生成的芳香族卤化物称为取代苯类化合物。主要来源于染料工业废水（含芳香族胺基化合物，如偶氮染料、蒽醌染料、硫化染料等）、炸药工业废水（含芳香族胺基化合物，如三硝基甲苯、苦味酸等）以及电器、塑料、制药、合成橡胶等工业废水（含聚氯联苯 PCB、联苯氨、稠环芳烃 PAH、萘胺、三苯磷酸盐、丁苯等）。都属于难生物降解有机物，对微生物有毒害或抑制作用。

人工合成高分子有机化合物种类繁多，成分复杂。上述（4）～（8）仅是其中一小部分。这使污水的净化处理难度大大增加。这类物质中已被查明的三致物质（致癌、致突变、致畸形）有聚氯联苯、联苯氨、稠环芳烃与二噁英等多达 20 多种，疑致癌物质也超过 20 种。

3. 有机物污染指标

由于有机物种类繁多，现有的分析技术难以区分并定量。但可根据可被氧化这一共同特性，用氧化过程所消耗的氧量作为有机物总量的综合指标，进行定量。

生物化学需氧量或生化需氧量（Bio-Chemical Oxygen Demand，英文缩写为 BOD）。

化学需氧量（Chemical Oxygen Demand，英文缩写为 COD）。

总需氧量（Total Oxygen Demand，英文缩写为 TOD）。

总有机碳（Total Organic Carbon，英文缩写为 TOC）。

（1）生物化学需氧量或生化需氧量 BOD

在水温 20℃的条件下，由于微生物（主要是细菌）的生命活动，将有机物氧化成无机物所消耗的溶解氧量，称为生物化学需氧量或生化需氧量。生物化学需氧量代表了第一类有机物，即可生物降解有机物的数量。图 1-1 所示为可生物降解有机物的降解及微生物新细胞的合成过程示意图。

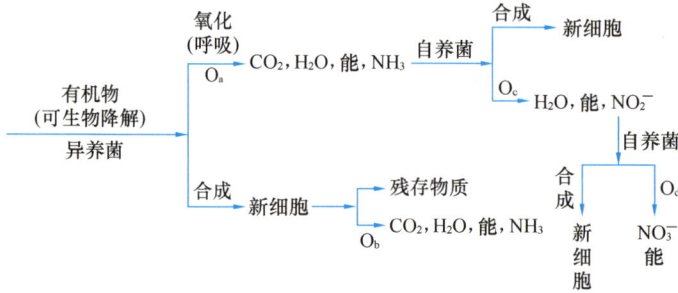

图 1-1　可生物降解有机物降解过程示意图

从图 1-1 可知，在有氧的条件下，可生物降解有机物的降解，可分为两个阶段：第一阶段是碳氧化阶段，即在异养菌的作用下，含碳有机物被氧化（或称碳化）为 CO_2、H_2O，含氮有机物被氧化（或称氨化）为 NH_3，所消耗的氧以 O_a 表示。与此同时，合成新细胞（异养型）；第二阶段是硝化阶段，即在自养菌（亚硝化菌）的作用下，NH_3 被氧化为 NO_2^- 和 H_2O，所消耗的氧量用 O_c 表示，再在自养菌（硝化菌）的作用下，NO_2^- 被氧化为 NO_3^-，所消耗的氧量用 O_d 表示。与此同时合成新细胞（自养型）。上述两个阶段，都释放出供微生物生活活动所需要的能。合成新细胞，在生命活动中，进行着新陈代谢，即自身氧化的过程，产生 CO_2、H_2O 与 NH_3，并释放出能及氧化残渣（残存物质），这种过程叫作内源呼吸，所消耗的氧量用 O_b 表示。

耗氧量 $O_a + O_b$ 称第一阶段生化需氧量（或称为总碳氧化需氧量、总生化需氧量、完全生化需氧量）用 S_a 或 BOD_u 表示。耗氧量 $O_c + O_d$ 称为第二阶段生化需氧量（或称为氮氧化需氧量、硝化需氧量）用硝化 BOD 或 NOD_u 表示。

上述两阶段氧化过程，也可用曲线图表示。在直角坐标纸上，以横坐标表示时间（d），纵坐标表示生化需氧量 BOD（mg/L），见图 1-2，曲线 a 表示第一阶段生化需氧量曲线（即总碳氧化需氧量曲线），曲线 b 表示第二阶段生化需氧量曲线（即氮氧化需氧量曲线）。

由于有机物的生化过程延续时间很长，在 20℃水温下，完成两阶段约需 100d 以上。从图 1-2 可见，5d 的生化需氧量约占总碳

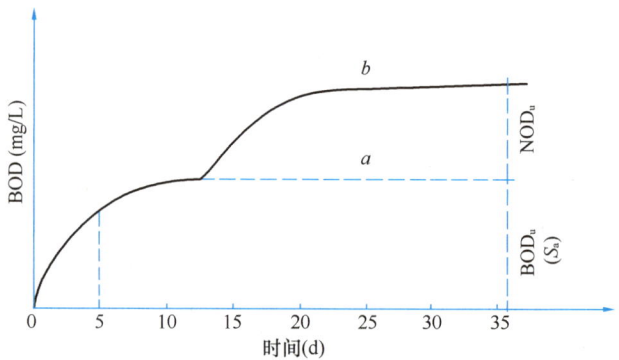

图 1-2　两阶段生化需氧量曲线

氧化需氧量 BOD_u 的 $70\% \sim 80\%$；20d 以后的生化反应过程速度趋于平缓，因此常用 20d 的生化需氧量 BOD_{20} 作为总生化需氧量 BOD_u，用符号 S_a 表示。在工程实际应用中，20d 时间太长，故用 5d 生化需氧量 BOD_5 作为可生物降解有机物的综合浓度指标。由于硝化菌的世代（即繁殖周期）较长，一般要在碳化阶段开始后的 $5 \sim 7d$，甚至 10d 才能繁殖出一定数量的硝化菌，并开始氮氧化阶段，因此，硝化需氧量不对 BOD_5 产生干扰。

图 1-3 列出生活污水及部分工业废水的 BOD_5 值，供参考。

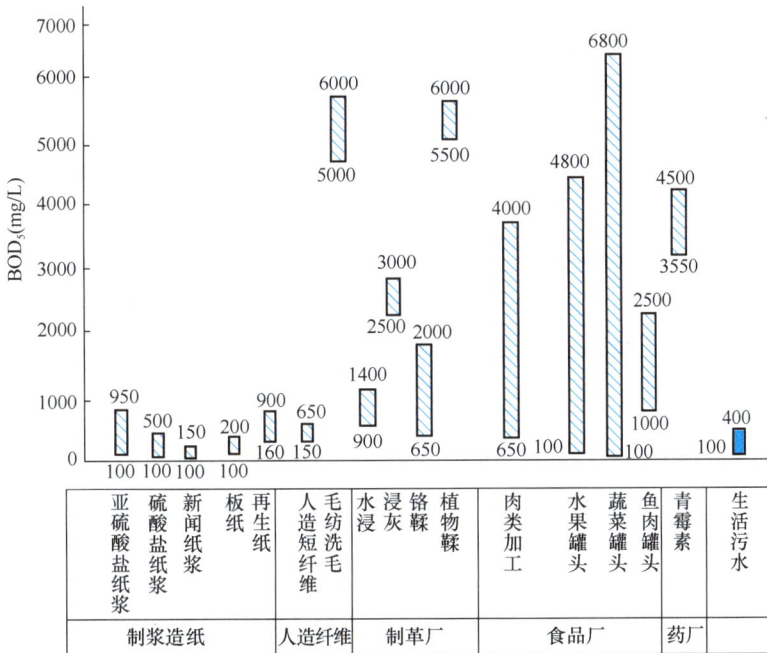

图 1-3　生活污水与部分工业废水的 BOD_5 值

（2）化学需氧量 COD

以 BOD_5 作为有机物的浓度指标，也存在着一些缺点：① 测定时间需 5d，时间太长，难以及时指导生产实践；② 如果污水中难生物降解有机物浓度较高，BOD_5 测定的结果误差较大；③ 某些工业废水不含微生物生长所需的营养物质，或者含有抑制微生物生长的有毒有害物质，影响测定结果。为了克服上述缺点，可采用化学需氧量指标。

COD 的测定原理是用强氧化剂（我国法定用重铬酸钾），在酸性条件下，将有机物氧化成 CO_2 与 H_2O 所消耗氧化剂中的氧量，称为化学需氧量，用 COD_{Cr} 表示，国际标准化组织（ISO）和我国规定为 COD。由于重铬酸钾的氧化能力极强，可较完全地氧化水中各种性质的有机物，如对低直链化合物的氧化率可达 $80\% \sim 90\%$。此外，也可用高锰酸钾作为氧化剂，但其氧化能力较重铬酸钾弱，测出的耗氧量也较低，故称为耗氧量，用 COD_{Mn} 或 OC 表示，国际和我国规定为高锰酸盐指数。

化学需氧量 COD 的优点是较准确地表示污水中有机物的含量，测定时间仅需数小时，且不受水质限制；缺点是不能像 BOD_5 那样反映出微生物氧化有机物，直接地从卫生学角度阐明被污染的程度。此外，污水中存在的还原性无机物（如硫化物）被氧化也需消耗氧，所以 COD 值也存在一定误差。

上述分析可知，COD 的数值大于 BOD_5，两者的差值大致等于难生物降解有机物量。差值越大，难生物降解的有机物含量越多，越不宜采用生物处理法。因此 BOD_5/COD，可作为该污水是否适宜于采用生物处理的判别标准，故把 BOD_5/COD 称为可生化性指标，比值越大，越容易被生物处理。

（3）总需氧量 TOD

由于有机物的主要组成元素是 C、H、O、N、S 等，被氧化后，分别产生 CO_2、H_2O、NO_2 和 SO_2，所消耗的氧量称总需氧量 TOD。

TOD 的测定原理是将一定数量的水样，注入含氧量已知的氧气流中，再通过铂钢为触媒的燃烧管，在 900℃ 高温下燃烧，使水样中的有机物被燃烧氧化，消耗掉氧气流的氧，剩余的氧量用电极测定并自动记录。氧气流原有含氧量减去剩余含氧量即等于总需氧量 TOD，测定时间仅需几分钟。由于在高温下燃烧，有机物可被彻底氧化，故 TOD 值大于 COD 值。

（4）理论需氧量 ThOD

如果有机物的化学分子式已知，则可根据化学氧化反应方程式，计算出理论需氧量 ThOD。如甘氨酸的分子式为 $CH_2(NH_2)COOH$，氧化过程为：

第一阶段——碳氧化反应方程式

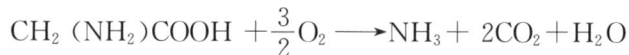

$$CH_2(NH_2)COOH + \frac{3}{2}O_2 \longrightarrow NH_3 + 2CO_2 + H_2O$$

第二阶段——氮氧化反应方程式

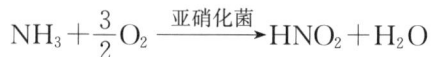

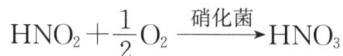

$$NH_3 + \frac{3}{2}O_2 \xrightarrow{\text{亚硝化菌}} HNO_2 + H_2O$$

$$HNO_2 + \frac{1}{2}O_2 \xrightarrow{\text{硝化菌}} HNO_3$$

可算得甘氨酸的理论需氧量 ThOD：

$$ThOD = \frac{3}{2} + \frac{3}{2} + \frac{1}{2} = \frac{7}{2} \text{mol } O_2/\text{mol 甘氨酸}$$

$$= 112\text{g } O_2/\text{mol 甘氨酸}$$

（5）总有机碳 TOC

总有机碳 TOC 是目前国内外开始使用的另一个表示有机物浓度的综合指标。TOC 的测定原理是先将一定数量的水样经过酸化，用压缩空气吹脱其中的无机碳酸盐，排除干扰，然后注入含氧量已知的氧气流中，再通过铂钢为触媒的燃烧管，在 900℃ 高温下燃烧，把有机物所含的碳氧化成 CO_2，用红外气体分析仪记录 CO_2 的数量并折算成含碳量，即等于总有机碳 TOC。测定时间仅几分钟。

TOD 与 TOC 的测定原理相同，但有机物数量的表示方法不同，前者用消耗的氧量表示，后者用含碳量表示。

水质比较稳定的污水，BOD_5、COD、TOD 和 TOC 之间，有一定的相关关系，数值大小的排序为 $ThOD > TOD > COD > BOD_u > BOD_5 > TOC$。生活污水的 BOD_5/COD 相对

稳定，工业废水的比值决定于工业性质，变化极大。一般认为该比值大于 0.3，可采用生化处理法；比值小于 0.25 不宜采用生化处理法；0.2～0.3 难生化处理。

难生物降解有机物不能用 BOD 作指标，只能用 COD、TOC 或 TOD 等作指标。

1.2.3　污水的生物性质及指标

污水中的有机物是微生物的食料，污水中的微生物以细菌与病菌为主。生活污水、食品工业污水、制革污水、医院污水等含有肠道病原菌（痢疾、伤寒、霍乱菌等），寄生虫卵（蛔虫、蛲虫、钩虫卵等），炭疽杆菌与病毒（脊髓灰质炎、肝炎、狂犬、腮腺炎、麻疹等）。如每克粪便中约含有 10^4～10^5 个传染性肝炎病毒。因此了解污水的生物性质有重要意义。

污水中的寄生虫卵，约有 80% 以上可在沉淀池中沉淀去除。但病原菌、炭疽杆菌与病毒等，不易沉淀，在水中存活的时间很长，具有传染性。

污水生物性质的检测指标有大肠菌群数（或称大肠菌群值）、大肠菌群指数、病毒及细菌总数。

1. 大肠菌群数（大肠菌群值）与大肠菌群指数

大肠菌群数（大肠菌群值）是每升水样中所含有的大肠菌群的数目，以个/L 计；大肠菌群指数是查出 1 个大肠菌群所需的最少水量，以毫升（mL）计。可见大肠菌群数与大肠菌群指数是互为倒数，即

$$大肠菌群指数 = \frac{1000}{大肠菌群数}（mL） \tag{1-4}$$

若大肠菌群数为 500 个/L，则大肠菌群指数为 1000/500 等于 2mL。

大肠菌群数作为污水被粪便污染程度的卫生指标，原因有两个：① 大肠菌与病原菌都存在于人类肠道系统内，它们的生活习性及在外界环境中的存活时间都基本相同。每人每日排泄的粪便中含有大肠菌约 10^{11}～$4×10^{11}$ 个，数量大大多于病原菌，但对人体无害；② 由于大肠菌的数量多，且容易培养检验，但病原菌的培养检验十分复杂与困难。故此，常采用大肠菌群数作为卫生指标。水中存在大肠菌，就表明受到粪便的污染，并可能存在病原菌。

2. 病毒

污水中已被检出的病毒有 100 多种。检出大肠菌群，可以表明肠道病原菌的存在，但不能表明是否存在病毒及其他病原菌（如炭疽杆菌）。因此还需要检验病毒指标。病毒的检验方法目前主要有数量测定法与蚀斑测定法两种。

3. 细菌总数

细菌总数是大肠菌群数、病原菌、病毒及其他细菌数的总和，以每毫升水样中的细菌菌落总数表示。细菌总数越多，表示病原菌与病毒存在的可能性越大。因此用大肠菌群数、病毒及细菌总数 3 个卫生指标来评价污水受生物污染的严重程度就比较全面。

1.2.4　生物脱氮、除磷的一般指标

2002 年《城镇污水处理厂污染物排放标准》GB 18918—2002 颁布，对城镇二级污水处理厂的排放水质作了更严格的规定，除了二级和三级排放标准外，还设置了更加严格的一级 A 标准（COD≤50mg/L，BOD_5≤10mg/L，SS≤10mg/L，总氮≤15mg/L，氨氮≤5mg/L，总磷≤0.5mg/L）和一级 B 标准（COD≤60mg/L，BOD_5≤20mg/L，SS≤

20mg/L，总氮≤20mg/L，氨氮≤8mg/L，总磷≤1.0mg/L）。故需要对污水进行脱氮、除磷处理。生物脱氮、除磷对污水 BOD_5/TN（即 C/N），BOD_5/P 有一定的要求。

1. BOD_5/TN（即 C/N）

C/N 是判别能否有效生物脱氮的重要指标。理论分析 C/N≥2.86 就能进行生物脱氮，实际工程宜 C/N 不小于 3.5 才能进行有效脱氮。

2. BOD_5/P

BOD_5/P 是衡量能否进行生物除磷的重要指标。《室外排水设计标准》GB 50014—2021 认为，BOD_5/TP 宜大于 17。比值越大，生物除磷效果越好。

复习思考题

1. 区别污水、生活污水、综合生活污水、城市污水、乡镇污水、农村污水、工业废水、入渗地下水、初期雨水的含义。简述污水净化处理后的三种出路。

2. 简述污水的物理、化学与生物学性质及指标，各指标的含义。

3. 污水生物脱氮除磷的特征指标及指标值是什么？

第 2 章　水体污染与自净

2.1　水体污染及其危害

水体污染是指排入水体中的污染物在数量上超过该物质在水体中的本底含量和水体的环境容量，导致水的物理、化学及微生物性质发生变化，使水体固有的生态系统和功能受到破坏。

造成水体污染的原因主要有：点源污染和面源污染（或称非点源污染）两类。点源污染来自未经妥善处理的城市污水集中排入水体。面源污染来自：农田肥料、农药以及城市地面的污染物，随雨水径流进入水体；随大气扩散的有毒有害物质，由于重力沉降或降雨过程，进入水体。

2.1.1　水体的物理性污染及危害

水体的物理性污染是指水温、色度、臭味、悬浮物及泡沫等。这类污染易被人们感官觉察，并使人们感官不悦。

1. 水温

高温度水，如温度超过 60℃ 的工业废水（直接冷却水），排入水体后，使水体水温升高，物理性质发生变化，危害水生动、植物的繁殖与生长，称为水体的热污染。造成的后果是：① 因水体的饱和溶解氧浓度与水温成反比关系，水温升高饱和溶解氧降低（图 2-1），水体中的亏氧量（在一定水温下，饱和溶解氧与实际溶解氧之间的差值）也随之减少，故大气中的氧，向水体传递的速率减慢，即水体复氧速率减慢；② 导致水体中的化学反应速率加快，水温每升高 10℃，化学反应速率会提高一倍，可引发水体物理化学性质，如电导率、溶解度、离子浓度和腐蚀性的变化，臭味加剧；③ 使水体中的细菌繁殖加速，该水体如作为给水水源时，所需投加的

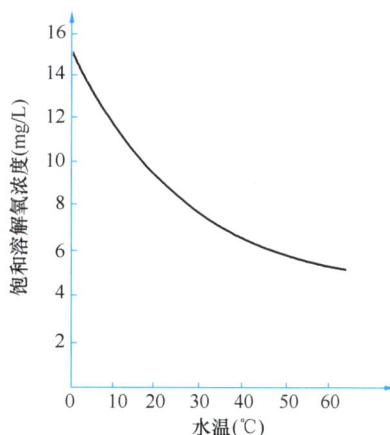

图 2-1　水中饱和溶解氧浓度和水温的关系

混凝剂与消毒剂量将增加，处理成本增高，特别是由于投氯量增加，可能导致有机氯化物更快地转化为三氯甲烷（$CHCl_3$，又称氯仿），有致癌作用；④ 加速藻类的繁殖，加快水体的富营养化进程。

2. 色度

城市污水，特别是有色工业废水，如印染、造纸、农药、焦化及有机化工废水，排入水体后，使水体形成色度，引起人们感官不悦。

由于水体色度加深，使透光性减弱，影响水生生物的光合作用，抑制其生长繁殖，妨

碍水体的自净作用。

3. 固体物质污染

固体物质包括悬浮固体与溶解固体。

水体受悬浮固体污染后，浊度增加，透光度减弱，产生的危害主要是：① 与色度形成的危害相似；② 悬浮固体可能堵塞鱼鳃，导致鱼类窒息死亡，如纸浆造成的此类危害最为明显；③ 由于微生物对有机悬浮固体的代谢作用，会消耗掉水体中的溶解氧；④ 悬浮固体中的可沉固体，沉积于水体底部，造成底泥积累与腐化，使水体水质恶化；⑤ 悬浮固体可作为载体，吸附其他污染物质，随水流迁移污染。

水体受溶解固体污染，使溶解性无机盐浓度增加，如作为给水水源，水味涩口，甚至引起腹泻，危害人体健康，故饮用水的溶解固体含量不高于 500mg/L。工业锅炉用水要求更加严格。农田灌溉用水，要求不宜超过 1000mg/L，否则会引起土壤板结。

2.1.2 无机物污染及危害

1. 酸、碱及无机盐污染

工业废水排放的酸、碱，以及降雨淋洗受污染空气中的 SO_2、NO_X 所产生的酸雨，都会使水体受到酸、碱污染。酸、碱进入水体后，互相中和产生无机盐类。同时又会与水体存在的地表矿物质如石灰石、白云石、硅石以及游离 CO_2 中和反应，产生无机盐类。如：

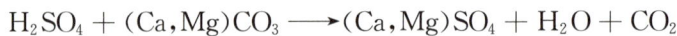

$$H_2SO_4 + (Ca,Mg)CO_3 \longrightarrow (Ca,Mg)SO_4 + H_2O + CO_2$$
$$2(Na,K)OH + SiO_2 \longrightarrow (Na,K)_2SiO_3 + H_2O$$
$$2(Na,K)OH + CO_2 \longrightarrow (Na,K)_2CO_3 + H_2O$$

故水体的酸、碱污染往往伴随无机盐污染。

酸、碱污染可能使水体的 pH 发生变化，微生物生长受到抑制，水体的自净能力受到影响。渔业水体的 pH 规定不得低于 6 或高于 9.2，超过此限值时，鱼类的生殖率下降甚至死亡。农业灌溉的 pH 为 5.5～8.5。

无机盐污染使水体硬度增加，造成的危害与前述溶解性固体相同。

另外，由于水体中往往都存在着一定数量的分子状态的碳酸（包括溶解的 CO_2 和未离解的 H_2CO_3 分子）、重碳酸根 HCO_3^- 和碳酸根 CO_3^{2-} 组成的碳酸系碱度，对外加的酸、碱具有一定的缓冲能力，以维持水体 pH 的稳定。但是这种缓冲能力是有限度的，缓冲能力的大小用缓冲容量表示。碳酸系缓冲容量用经典的韦伯-斯图姆（Weber-Stumm）公式计算：

$$\beta = 2.3 \left\{ \frac{\alpha([\text{alk}] - [OH^-] + [H^+])([H^+] + 4K_2 + K_1K_2/[H^+])}{K_1(1 + 2K_2/[H^+])} \right.$$

$$\left. + [H^+] + [OH^-] \right\}$$

$$\alpha = \frac{K_1}{K_1 + [H^+] + K_1K_2/[H^+]} \tag{2-1}$$

式中 β ——水体的缓冲容量，E(克当量)/(pH·L)；

  [alk]——水体的碱度，E(克当量)/L；

  $[OH^-]$——水体的氢氧根离子浓度，g/L；

  $[H^+]$——水体的氢离子浓度，g/L；

K_1, K_2——分别为碳酸的第 1、第 2 级电离常数。

碳酸的两级电离式为：

$$H_2CO_3 \Longleftrightarrow H^+ + HCO_3^- \Longleftrightarrow 2H^+ + CO_3^{2-}$$

第 1 级电离常数 $\quad K_1 = \dfrac{[H^+][HCO_3^-]}{[H_2CO_3]}$

第 2 级电离常数 $\quad K_2 = \dfrac{[H^+][CO_3^{2-}]}{[HCO_3^-]}$

当水温为 25℃时，$K_1 = 4.45 \times 10^{-7}$，$K_2 = 4.69 \times 10^{-11}$。

如果水温为 T℃，则 K_1、K_2 值用下式进行温度修正：

$$\lg\left(\frac{1}{K_{1T}}\right) = \frac{17052}{273+T} + 215.21[\lg(273+T)] - 0.12675(273+T) - 545.56 \tag{2-2}$$

$$\lg\left(\frac{1}{K_{2T}}\right) = \frac{2902.39}{273+T} + 0.02379(273+T) - 6.496 \tag{2-3}$$

式中　T——水温，℃；

　　　273——绝对温度，K；

K_{1T}、K_{2T}——分别为水温 T℃时的第 1、第 2 级电离常数。

如果水体的缓冲容量已知，外加的酸或碱浓度，即 H^+ 或 OH^- 离子浓度也已知，则可用下式计算出水体 pH 的变化值：

$$\Delta pH = \frac{\Delta C}{\beta} \tag{2-4}$$

式中　ΔC——外加的 H^+ 或 OH^- 离子浓度，g/L；

　　　ΔpH——水体 pH 的增、减量。

酸、碱污染对水体 pH 的影响用下例说明。

【例 2-1】某工厂的工业废水流量 20000m³/d，pH=3.5，水温 30℃。排入城市河流，该河流的流量为 200000m³/d(2.3148m³/s)，pH=7.5，碱度为 4×10^{-3} E(克当量)/L，水温 10℃。试求由于工业废水排入与河水混合后，河流 pH 下降多少？混合水的 pH 为多少？

【解】首先求出工业废水与河水混合后的水温，用加权平均法：

$$T = \frac{10 \times 20 + 30 \times 2}{20 + 2} = 11.8℃ \approx 12℃$$

用式 (2-2) 与式 (2-3) 求 K_{1T} 与 K_{2T} 值：

$$\lg\left(\frac{1}{K_{1T}}\right) = \frac{17052}{273+12} + 215.21[\lg(273+12)] - 0.12675(273+12) - 545.56$$

$$= 6.45 \approx 6.5$$

$K_{1T} = 10^{-6.5}$

$$\lg\left(\frac{1}{K_{2T}}\right) = \frac{2902.39}{273+12} + 0.02379(273+12) - 6.496 = 10.468 \approx 10.5$$

$K_{2T} = 10^{-10.5}$

然后确定河水的缓冲容量：

因河水的碱度 $[alk] = 4 \times 10^{-3}$ E（克当量）/L，$[H^+] = 10^{-7.5}$，则因 $[OH^-] =$

$10^{-14}/[H^+]=10^{-14}/10^{-7.5}=10^{-6.5}$，

代入 (2-1) 得 α 与缓冲容量 β：

$$\alpha=\frac{10^{-6.5}}{10^{-6.5}+10^{-7.5}+10^{-6.5}\times10^{-10.5}/10^{-7.5}}=0.908\approx0.91$$

河水的缓冲容量为：

$$\beta=2.3\left\{\frac{0.91(4\times10^{-3}-10^{-6.5}+10^{-7.5})(10^{-7.5}+4\times10^{-10.5}+10^{-6.5}\times10^{-10.5}/10^{-7.5})}{10^{-6.5}(1+2\times10^{-10.5}/10^{-7.5})}+\right.$$

$$\left.10^{-7.5}+10^{-6.5}\right\}$$

$$\approx8.48\times10^{-4}\text{E（克当量）}/(\text{pH}\cdot\text{L})$$

河流日缓冲总容量为：

$$\beta=8.48\times10^{-4}\times20\times10^4\times10^3=16.96\times10^4\text{E（克当量）}/(\text{pH}\cdot\text{d})$$

工业废水与河水混合后的 pH 变化值及最终 pH 的求定：

河流外加的 $[H^+]=\Delta C=10^{-\text{pH}}=10^{-3.5}\text{E（克当量）}/\text{L}$，或每日外加的 $[H^+]=\Delta C=10^{-3.5}\times2\times10^4\times10^3=2\times10^{3.5}=0.63\times10^4\text{E（克当量）}/\text{d}$。故工业废水与河水混合后，混合水的 pH 变化值可用式(2-4)求定：

$$\Delta\text{pH}=\frac{\Delta C}{\beta}=\frac{0.63\times10^4}{16.96\times10^4}=0.037\approx0.04$$

混合后的最终 pH 为：

$$\text{pH}=7.5-0.04=7.46$$

可见工业废水的排入对该河流的 pH 影响不大，仍符合水体 pH 的允许范围。

上述计算也可适用于酸、碱水排入城市排水系统后，是否会造成 pH 的增、减，而影响污水生物处理过程。

2. 氮、磷的污染

氮、磷属于植物营养物质，随污水排入水体后，会产生一系列的转化过程。

(1) 含氮化合物的转化

含氮化合物在水体中的转化可分为两个阶段：第一阶段为含氮有机物如蛋白质、多肽、氨基酸和尿素转化为无机氨氮，称为氨化过程；第二阶段是氨氮转化为亚硝酸盐与硝酸盐，称为硝化过程。两阶段转化反应都在微生物作用下完成。以蛋白质的转化为例：

蛋白质是由多种氨基酸分子组成的复杂有机物，含有羧基与氨基，并由肽键（R-CONH-R′）连接。蛋白质的降解首先是在细菌分泌的水解酶的催化作用下，水解断开肽键，脱除羧基与氨基形成氨 NH_3，完成氨化过程。

氨 NH_3 在亚硝化菌作用下被氧化为亚硝酸：

$$2NH_3+3O_2\xrightarrow{\text{亚硝化菌}}2HNO_2+2H_2O+619.6\times10^3\text{J}$$

接着在硝化菌作用下，亚硝酸氧化为硝酸

$$2HNO_2+O_2\xrightarrow{\text{硝化菌}}2HNO_3+200.97\times10^3\text{J}$$

如果水体缺氧，则硝化反应不能进行，而在反硝化菌的作用下，产生反硝化反应：

$$2HNO_3 \xrightarrow[-2H_2O]{+4H} 2HNO_2 \xrightarrow[-2H_2O]{+4H} (NOH)_2 \xrightarrow{-H_2O} N_2O \xrightarrow[-H_2O]{+2H} N_2 \uparrow$$

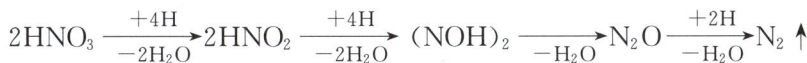

有机氮在水体中的转化过程一般可持续若干天。因此，水体中各种形态的氮随时间 t 的变化如图 2-2 所示的关系。

硝酸盐在缺氧、酸性的条件下，可还原成亚硝酸盐，亚硝酸盐与仲胺 $R_2=NH$ 作用，会形成亚硝胺，反应如下：

图 2-2 水体中不同形态氮随时间变化

$$NO_3^- \longrightarrow NO_2^- \quad （在缺氧条件下）$$

$$\underset{（仲胺）}{NO_2^- + R_2=NH} \longrightarrow \underset{（亚硝胺）}{R_2=N\text{-}NO}$$

例如

$$NO_2^- + \underset{\underset{CH_3}{|}}{\overset{\overset{CH_3}{|}}{N}}H \longrightarrow \underset{\underset{CH_3}{|}}{\overset{\overset{CH_3}{|}}{N}}\text{-}NO$$

$$\underset{（二甲胺）}{\qquad} \qquad \underset{（二甲亚硝胺）}{\qquad}$$

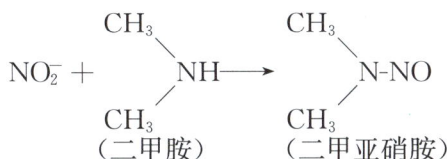

亚硝胺是三致（致畸、致癌、致突变）物质，这种反应也可在人胃内产生。

（2）磷化合物的转化

水体中的磷可分为有机磷与无机磷两大类。

有机磷多以葡萄糖-6-磷酸，2-磷酸-甘油酸及磷酸肌酸等形式存在，大多呈胶体和颗粒状。可溶性有机磷只占 30% 左右。

无机磷几乎都是以可溶性磷酸盐形式存在，包括：正磷酸盐（磷酸根）PO_4^{3-}，偏磷酸盐 PO_3^-，磷酸氢盐 HPO_4^{2-}，磷酸二氢盐 $H_2PO_4^-$ 以及聚合磷酸盐如焦磷酸盐 $P_2O_7^{4-}$、三磷酸盐 $P_3O_{10}^{5-}$ 等。

水体中的可溶性磷很容易与 Ca^{2+}、Fe^{3+}、Al^{3+} 等离子生成难溶性沉淀物沉积于水体底部成为底泥。沉积物中的磷，通过水流的湍流扩散再度稀释到上层水体中，或者当沉积物中的可溶性磷大大超过水体中的磷的浓度时，则可能重新释放到水体中。

所有含磷化合物都是首先转化成正磷酸盐 PO_4^{3-} 后，再测定 PO_4^{3-} 的含量，其结果即总磷，以 PO_4^{3-} 浓度表示。

（3）氮、磷污染与水体的富营养化

富营养化是湖泊分类和演化的一种概念，是湖泊水体老化的自然现象。湖泊由贫营养湖演变成富营养湖，进而发展成沼泽地和旱地，在自然条件下，这一历程需几万年至几十万年。但如受氮、磷等植物营养性物质污染后，可以使富营养化进程大大地加速。这种演变同样可发生在近海、水库甚至水流速度缓慢的江河。由于水体受到氮、磷等植物营养性物质的污染，可使夜光藻、蓝藻类铜锈囊藻及有毒裸甲藻疯长。呈胶质状藻类覆盖水面，色呈暗红，如发生在海域称"赤潮"，如发生在湖泊、水库、江河则称为"水华"，隔绝水面与大气之间的复氧，加上藻类自身死亡与腐化，消耗溶解氧，使水体溶解氧迅速降低。藻类堵塞鱼鳃与缺氧，造成鱼类窒息死亡。死亡的藻类沉积于水体底部，逐渐淤积，存活的藻类芽孢，开春以后复活，返回水体，周而复始，最终导致水体演变成沼泽甚至旱地。

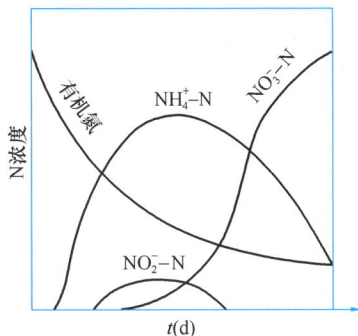

一般认为总磷与无机氮浓度分别达到 0.02mg/L 与 0.3mg/L 的水体，标志着已处于富营养化状态。也有人认为，水体营养物质的负荷量达到临界负荷量：总磷为 0.2～0.5mg/(L·a)，总氮为 5～10mg/(L·a)，即标志着水体已处于富营养化状态。

3. 硫酸盐与硫化物污染

水体中的硫酸盐以 SO_4^{2-} 浓度表示。饮用水中含少量硫酸盐对人体无甚影响，但超过 250mg/L 后，会引起腹泻。如果水体缺氧，则 SO_4^{2-} 在反硫化菌的作用下产生反硫化反应：

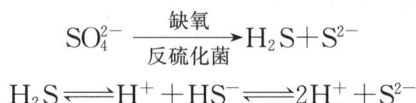

$$SO_4^{2-} \xrightarrow[\text{反硫化菌}]{\text{缺氧}} H_2S + S^{2-}$$

$$H_2S \rightleftharpoons H^+ + HS^- \rightleftharpoons 2H^+ + S^{2-}$$

当水体 pH 低时，以 H_2S 形式存在为主（如 pH<5，H_2S 占总硫化物的 98%）；当 pH 高时，以 S^{2-} 形式存在为主。H_2S 浓度达 0.5mg/L 时即有异臭。硫化物会使水色变黑。

4. 氯化物污染

水体受氯化物污染后，无机盐含量往往也高，水味变咸，对金属管道与设备有腐蚀作用，且不宜作为灌溉用水。

5. 重金属污染

水体受重金属污染后，产生的毒性有如下特点：① 水体中重金属离子浓度在 0.01～10mg/L 之间，即可产生毒性效应；② 重金属不能被微生物降解，反而可在微生物作用下，转化为有机化合物，使毒性猛增；③ 水生生物从水体中摄取重金属并在体内大量积累，经过食物链进入人体，甚至通过遗传或母乳传给婴儿；④ 重金属进入人体后，能与体内的蛋白质及酶等发生化学反应而使其失去活性，并可能在体内某些器官中积累，造成慢性中毒，这种积累的危害，有时需 10～30 年才显露出来。因此，我国《污水综合排放标准》GB 8978—1996、《地表水环境质量标准》GB 3838—2002、《农田灌溉水质标准》GB 5084—2021、《渔业水质标准》GB 11607—1989 等都对重金属离子的浓度作严格的限制，以便控制水污染，保护水资源。现就毒性较大的汞、镉、铬、铅等论述如下。

（1）汞（Hg）污染

汞对人体有较严重的毒害作用。可分为无机金属汞与有机汞两类。

无机金属汞有升华性能，可从液态、固态直接升华为汞蒸气，可被淀粉类果实、块根吸收并积累，经食物链、呼吸系统或皮肤摄入人体，在血液中循环，积累在肝、肾及脑中，酶蛋白的硫基与汞离子结合后，活性受抑制，细胞的正常代谢作用发生障碍。摄入体内的无机汞，可用药物治疗，使汞从泌尿系统排出。

有机汞主要来自有机汞农药及由无机汞转化。摄入人体的无机汞及水体底泥中的无机汞，在厌氧的条件下，由微生物的作用，转化为有机汞，如甲基汞（CH_3Hg）。水体中的有机汞，可被贝类摄入并富集，经食物链进入人体，在肝、肾、脑组织中积累，侵入中枢神经，毒性大大超过无机汞，并极难用药物排出。积累到一定浓度即引发"水俣"病。《地表水环境质量标准》GB 3838—2002 规定汞的浓度不大于 0.00005mg/L（Ⅰ类）至 0.001mg/L（Ⅴ类）（取决于水域功能分类），《渔业水质标准》GB 11607—1989 规定汞的浓度不大于 0.0005mg/L，《农田灌溉水质标准》GB 5084—2021 规定总汞的浓度不大于 0.001mg/L。

（2）镉（Cd）污染

镉是典型的富集型毒物。水体中的镉经食物链进入人体，在肾、骨骼中富集，使肾功能失调，骨骼中的钙被镉取代而疏松，造成自然骨折，疼痛难忍，即"骨痛病"。这种病的潜伏期可达 10～30 年，发病后难以治疗。

《地表水环境质量标准》GB 3838—2002 规定镉浓度不大于 0.001mg/L（Ⅰ类）至 0.01mg/L（Ⅴ类），《渔业水质标准》GB 11607—1989 规定镉浓度不大于 0.005mg/L 及《农田灌溉水质标准》GB 5084—2021 规定总镉浓度不大于 0.01mg/L。

（3）铬（Cr）污染

铬在水体中以六价铬和三价铬的形态存在，前者毒性大于后者。人体摄入后，会引起神经系统中毒。

《地表水环境质量标准》GB 3838—2002 规定六价铬浓度不大于 0.01mg/L（Ⅰ类）至 0.1mg/L（Ⅴ类），《渔业水质标准》GB 11607—1989 与《农田灌溉水质标准》GB 5084—2021 都规定六价铬浓度不得超过 0.1mg/L。

（4）铅（Pb）污染

铅也是一种富集型毒物，成年人每日摄入量少于 0.32mg 时，可被排出体外不积累；摄入量为 0.5～0.6mg 时，会有少量积累，但不危及健康；摄入量超过 1.0mg 时，有明显积累。铅离子能与多种酶络合，干扰机体的生理功能，危及神经系统、肾与脑，儿童比成人更容易受铅污染，造成永久性的脑受损。

《地表水环境质量标准》GB 3838—2002 规定铅的浓度不大于 0.01mg/L（Ⅰ类）至 0.1mg/L（Ⅴ类），《渔业水质标准》GB 11607—1989 规定铅的浓度不大于 0.05mg/L 与《农田灌溉水质标准》GB 5084—2021 规定总铅浓度不大于 0.2mg/L。

（5）其他重金属污染

锌、铜、钴、镍、锡等重金属离子，对人体也有一定的毒害作用。

表 2-1 列出水生生物对重金属的平均富集倍数（以水体中的含量为 1 单位计）。在水生生物中富集后，经食物链摄入人体。

水生生物对常见重金属的平均富集倍数 表 2-1

重金属	淡水生物			海水生物		
	淡水藻	无脊椎动物	鱼类	海水藻	无脊椎动物	鱼类
汞	1000	10^5	1000	1000	10^5	1700
镉	1000	4000	300	1000	250000	3000
铬	4000	2000	200	2000	2000	400
砷	300	330	330	330	330	230
钴	1000	1500	5000	1000	1000	500
铜	1000	1000	200	1000	1700	670
锌	4000	40000	1000	1000	10^5	2000
镍	1000	100	40	250	250	100

2.1.3 有机物污染及危害

有机物排入水体后，在有溶解氧的条件下，由于好氧微生物的呼吸作用，被降解为 CO_2、H_2O 与 NH_3，并合成新细胞，消耗掉水中的溶解氧。与此同时，大气中的氧不断溶入水体，使溶解氧得到补充，这种作用称为水面复氧。若排入的有机物量超过水体的环境容量，耗氧速度超过复氧速度，水体出现缺氧甚至无氧。在水体缺氧的条件下，由于厌氧微生物的作用，有机物被降解为 CH_4、CO_2、NH_3 及少量 H_2S 等有害有臭气体，使水质恶化"黑臭"。几种主要有机物的污染论述如下。

1. 油脂类污染

水体受油脂类物质污染后，会呈现出五颜六色，感官性状极差。油脂浓度高时，水面上结成油膜，膜厚达到 10^{-4}cm 时，能隔绝水面与大气接触，水面复氧停止，影响水生生物的生长与繁殖。油脂还会堵塞鱼鳃，造成窒息。当水面石油浓度为 0.01～0.1mg/L 时，对水生生物形成致死毒性。

《地表水环境质量标准》GB 3838—2002 规定石油类浓度不大于 0.05mg/L（Ⅰ类）至 1mg/L（Ⅴ类），《渔业水质标准》GB 11607—1989 规定石油类不得超过 0.05mg/L，《农田灌溉水质标准》GB 5084—2021 规定水作不大于 5mg/L，旱作不大于 10mg/L，蔬菜不大于 1mg/L。

2. 酚污染

酚污染主要是挥发酚，对水生生物（鱼类、贝类及海带等）有较大毒性。当水体含挥发酚浓度达到 1.0～2.0mg/L，使鱼类中毒。浓度为 0.1～0.2mg/L 时，鱼肉有酚味，不宜食用。浓度超过 0.002mg/L 的水体，若作饮用水源，加氯消毒时，氯与酚结合成氯酚，产生臭味。酚浓度超过 5mg/L 的水体，若灌溉农田，会导致作物减产甚至枯死。

《地表水环境质量标准》GB 3838—2002 规定挥发酚不大于 0.002mg/L（Ⅰ类）至 0.1mg/L（Ⅴ类），《渔业水质标准》GB 11607—1989 规定不得超过 0.005mg/L，《农田灌溉水质标准》GB 5084—2021 规定挥发酚不大于 1mg/L。

3. 表面活性剂污染

表面活性剂俗称洗涤剂，有硬性（ABS）与软性（LAS）两种，后者已逐步代替了前者。

《地表水环境质量标准》规定表面活性剂（LAS）不大于 0.2mg/L（Ⅰ类）至 0.3mg/L（Ⅴ类），《农田灌溉水质标准》GB 5084—2021 规定水作不大于 5mg/L，旱作不大于 8mg/L，蔬菜不大于 5mg/L。

4. 合成化工类污染

合成化工污染物如苯类、四氯化碳、苯并（a）芘、多氯联苯、邻苯二甲酸、（2-乙基己基）脂等，这类污染物质，都为有毒有害与三致物质，将会导致水体生态功能的破坏，并危害人体健康与安全生产。

2.1.4 病原微生物污染与危害

污水带给水体大量病原菌、寄生虫卵和病毒等。

病原菌污染的特点是数量多，分布广，存活时间长，繁殖速度快，随水流传播疾病。由于卫生保健事业的发展，传染病虽已得到有效控制，但对人类的潜在威胁仍然存在，必须高度重视病原菌的污染，特别是在传染病流行的时期。

2.2 水体自净的基本规律

2.2.1 水体的自净

污染物随污水排入水体后，经过物理、化学与生物化学的作用，使污染物的浓度降低或总量减少，受污染的水体部分或完全恢复原状，这种现象称为水体自净或水体净化。水体所具备的这种能力称为水体自净能力或自净容量。若污染物的数量超过水体的自净能力，就会导致水体污染。

水体自净过程非常复杂，按机理可分为3类：① 物理净化作用：水体中的污染物通过稀释、混合、沉淀与挥发，使浓度降低，但总量不减；② 化学净化作用：水体中的污染物通过净化还原、酸、碱反应、分解合成、吸附凝聚（属物理化学作用）等过程，使存在形态发生变化及浓度降低，但总量不减；③生物化学净化作用：水体中的污染物通过水生生物特别是微生物的生命活动，使其存在形态发生变化，有机物无机化，有害物无害化，浓度降低，总量减少。故生物化学净化作用是水体自净的主要原因。

1. 物理净化作用

物理净化作用如图 2-3 所示。

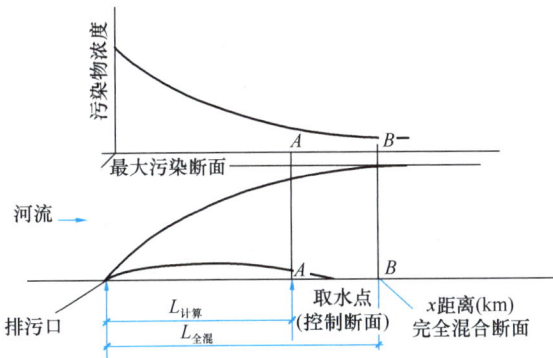

图 2-3　水体的物理净化作用过程图

（1）稀释

污水排入水体后，在流动的过程中，逐渐和水体水相混合，使污染物的浓度不断降低的过程称为稀释。在下游某个断面处污水与河水完全混合，该断面称为完全混合断面（见图 2-3，B-B 断面）。大江大河的河床宽阔，污水与河水不易达到完全混合，而只能与一部分河水相混合，并在排污口的一侧形成长度与宽度都较稳定的污染带。

稀释效果受两种运动形式的影响，即对流与扩散。

1）对流（或称平流）

污染物随水流方向（即纵向 x）运动称为对流（或称平流）。对流是沿纵向 x，横向 y（即河宽方向）和深度方向 z（竖向）运动的统称。污染物在水体内的任意单位面积上的移流率可用下式推求：

$$O_1 = U(x,t) \cdot C(x,t)$$

或　　　　　　　$$O_1 = U(x,y,z,t) \cdot C(x,y,z,t)$$　　　　　　（2-5）

式中　O_1——污染物在对流时的移流率，$mg/(m^2 \cdot s)$；

U、C——分别为水体断面平均流速与污染物平均浓度，m/s、mg/L。

2）扩散

扩散有3种方式：①分子扩散，由于污染物分子的布朗（Brownian）运动引起的物质分子扩散，使浓度降低称为分子扩散；② 紊流扩散，由于水体的流态（紊流）造成的污染物浓度降低称为紊流扩散；③ 弥散，由于水体各水层之间的流速不同，使污染物浓度分散称为弥散。湖泊、水库等静水体，在没有风生流、异重流（由温度差、浓度差引起）、行船等产生的紊动作用时，扩散稀释的主要方式是分子扩散。流动水体的扩散方式主要是紊流扩散与弥散，分子扩散可忽略不计。

紊流扩散与弥散作用符合胡克定律，可用式（2-6）推求污染物在纵向 x 的扩散通量：

$$O_2 = -D_x \frac{\partial C}{\partial x}$$　　　　　　　　（2-6）

式中　O_2——纵向 x 的扩散通量值，mg/(m²·s)；

　　　　D_x——纵向 x 的紊动扩散系数，m²/s；

　　　　$\dfrac{\partial C}{\partial x}$——纵向 x 的浓度梯度，mg/m⁴；

　　　　"—"——沿污染物浓度减少方向扩散。

三维方向的扩散通量为：

$$O'_2 = -D_x\frac{\partial C}{\partial x} + D_y\frac{\partial C}{\partial y} + D_z\frac{\partial C}{\partial z} \tag{2-7}$$

式中　　　　O'_2——三维综合的扩散通量值，mg/(m²·s)；

　　　　D_x,D_y,D_z—— x，y，z 向的紊动扩散系数，m²/s；

　　　　$\dfrac{\partial C}{\partial x},\dfrac{\partial C}{\partial y},\dfrac{\partial C}{\partial z}$—— x，y，z 向的浓度梯度，mg/m⁴；

　　　　"—"——沿污染物浓度减少方向扩散。

（2）混合

污水与水体水混合后，污染物浓度降低。河流的混合稀释效果，决定于混合系数 $\alpha = \dfrac{Q_混}{Q_总}$。若河水流量为 Q，污水流量为 q，能与污水混合的河水流量为 $Q_混$。大型河流 $Q_总 = q + Q_混$，中、小型河流的全部河水都能与污水混合，则 $Q_混 = Q$。

混合系数受河流形状、污水排污口形式（包括排污口构造、排污方式、排污量等）等因素的影响。

若要计算出排污口下游某特定断面处的混合系数，可采用式（2-8）。该特定断面称为计算断面或控制断面（如图 2-3，A-A 断面）：

$$\alpha = \frac{L_{计算}}{L_{全混}}(L_{计算} \leqslant L_{全混}) \tag{2-8}$$

式中　$L_{计算}$——排污口至计算断面（控制断面）的距离，km；

　　　　$L_{全混}$——排污口至全混合断面（控制断面）的距离，km；

　　　　α——混合系数，当 $L_{计算} \geqslant L_{全混}$，$\alpha = 1$。

表 2-2 为岸边排放时，排污口至全混合断面的距离统计数据，可作为参考。

岸边排污口至全混合断面的距离（km）　　　　　　　表 2-2

河水流量与污水流量之比值 Q/q	河水流量 Q（m³/s）			
	5	5～50	50～500	>500
(5:1)～(25:1)	4	5	6	8
(25:1)～(125:1)	10	12	15	20
(125:1)～(600:1)	25	30	35	50
>600	50	60	70	100

注：当污水在河心进行集中排污时，表列距离可缩短至 2/3；当进行分散式排污时，表列距离可缩短至 1/3。

完全混合断面污染物平均浓度为：

$$C = \frac{C_w q + C_R \alpha Q}{\alpha Q + q} \tag{2-9}$$

式中　C_w——原污水中污染物的浓度，mg/L；

22

q——污水流量，m^3/s；

　　C_R——河水中该污染物的原有浓度，mg/L；

　　Q——河水流量，m^3/s。

　　若 $C_R=0$，且河水流量远大于污水流量时，式（2-9）可简化为：

$$C = \frac{C_w q}{\alpha Q} = \frac{C_w}{n} \tag{2-10}$$

式中　n——河水与污水的稀释比，$n = \frac{\alpha Q}{q}$。

　　（3）沉淀与挥发

　　污染物中的可沉物质，可通过沉淀去除，使水体中污染物的浓度降低，但底泥中污染物的浓度增加，如果长期沉淀、淤积河床，一旦受到暴雨冲刷或扰动，可对河水造成二次污染。沉淀作用的大小可用下式表示：

$$\frac{dC}{dt} = -k_3 C \tag{2-11}$$

式中　C——水中可沉淀污染物浓度，mg/L；

　　k_3——沉降速率常数（沉淀系数），如果 k_3 取负值，表示已沉降物质再被冲起，d^{-1}。

　　若污染物属于挥发性物质，可由于挥发而使水体中的浓度降低。

　　2. 化学净化作用

　　（1）氧化还原

　　氧化还原是水体化学净化的主要作用。水体中的溶解氧可与某些污染物产生氧化反应。如铁、锰等重金属离子可被氧化成难溶解的氢氧化铁、氢氧化锰而沉淀。硫离子可被氧化成硫酸根随水流迁移。还原反应则多在微生物的作用下进行，如硝酸盐在水体缺氧条件下，由反硝化菌的作用还原成氮（N_2）而被去除。

　　（2）酸碱反应

　　水体中存在的地表矿物质（如石灰石、白云石、硅石）以及游离二氧化碳、碳酸系碱度等，对排入的酸、碱有一定的缓冲能力，使水体的 pH 维持稳定。当排入的酸、碱量超过缓冲能力后，水体的 pH 就会发生变化。若变成偏碱性水体，会引起某些物质的逆向反应。例如已沉淀于底泥中的三价铬、硫化砷（AsS，As_2S_3）等，可分别被氧化成六价铬（K_2CrO_4）、硫代亚砷酸盐（AsS_3^{2+}）而重新溶解；若变成偏酸性水体，上述反应逆向进行。

　　（3）吸附与凝聚

　　吸附与凝聚属于物理化学作用。产生吸附与凝聚净化作用的原因在于天然水中存在着大量具有很大表面能并带电荷的胶体颗粒。胶体颗粒有使能量变为最小及同性相斥、异性相吸的物理现象，它们将吸附和凝聚水体中各种阴、阳离子，然后扩散或沉降，达到净化的目的。

　　3. 生物化学净化作用

　　图 2-4 为水体生物化学净化过程示意图。

　　以含氮有机物为例，在有溶解氧存在的条件下，经好氧菌作用被氧化分解成 NH_4^+、NH_3、H_2O 和 CO_2。NH_4^+ 和 NH_3 在亚硝化菌作用下，被氧化成亚硝酸盐 NO_2^-；再在硝

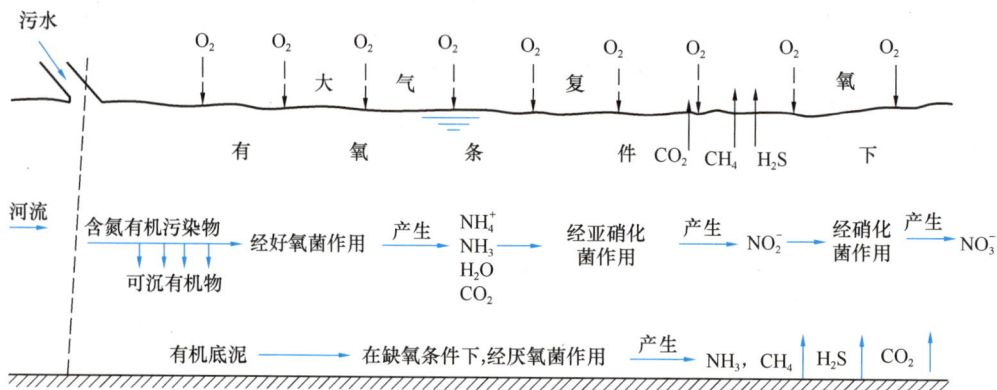

图 2-4　水体中含氮有机物生物化学净化示意图

化菌作用下，被氧化成硝酸盐 NO_3^-。被消耗掉的溶解氧，由水面复氧得到补充。可沉物沉淀后形成的有机底泥，由于底部缺氧，在厌氧细菌的作用下被分解为 NH_3、CH_4、CO_2 及少量 H_2S 等气体。这些气体部分游离于水体中，大部分逸入大气。

化学净化与生物化学净化机制的定量模式，有待进一步研究。目前还只能计算污水排入河流并流经一定距离后，污染物被生物化学净化的数量，可用下列模型表示。

$$S=KC \tag{2-12}$$

式中　S——每日生物化学净化量，$mg/(L \cdot d)$；

　　　C——可生物降解污染物初始浓度，mg/L；

　　　K——该污染物的生物化学降解速率常数，d^{-1}。

2.2.2　水体水质基本模型

水体水质的基本模型是表述水体中的污染物，在物理净化、化学净化与生物化学净化的作用下，迁移与转化的过程。这种迁移与转化受水体本身的复杂运动（如水体变迁、形状、流速与流量、河岸性质、自然条件等）的影响，故常用的水体水质基本模型要考虑污染物在水体中的物理净化过程，而对化学净化与生物化学净化过程，则采用综合分析的方法处理，然后再与物理净化过程相叠加，以便使模型简化。

水体水质基本模型有 5 种分类方法：① 按水体运动的空间分为零维、一维、二维、三维型；② 按水质组成分为单变量和多变量型；③ 按时间相关性分为稳态（与时间无关）型与动态（与时间有关）型；④ 按数学特征分为线性型与非线性型、确定性型与随机性型等；⑤ 按水体类型可分为河流、湖泊水库、河口、海湾与地下水等的水质模型。

水体水质变化的预测与预报的常用水质基本模型是上述第 1 种，即按水体运动的空间分为零维、一维、二维、三维水体水质模型。论述如下。

1. 零维水体水质模型

零维水体是指最简单的、水质完全混合均匀的、理想状态下的水体。零维水体水质模型即用于预测或预报这种水体的水质。

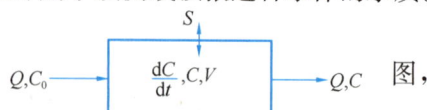

图 2-5　零维模型质量平衡图

根据质量守恒原理，可作出这种水体的质量平衡图，见图 2-5。

质量平衡方程式为：

$$V \frac{\mathrm{d}C}{\mathrm{d}t} = QC_0 - QC + S + kCV \tag{2-13}$$

式中　V——体系的体积，m^3；

　　　Q——流量，m^3/s；

　$C_0，C$——分别为流入、流出的污染物浓度，mg/L；

　　　S——流入、流出体系的其他污染物中的污染物量，mg/s；

　　　k——体系内污染物的反应速率常数，s^{-1}。

如略去流入、流出体系的其他污染物中的污染物量，即 $S = 0$，则式（2-13）可简化为：

$$V \frac{\mathrm{d}C}{\mathrm{d}t} = QC_0 - QC + kCV \tag{2-14}$$

2. 一维水体水质模型

一维水体是指河流宽度与深度不大的水体。视污染物在河流各断面的宽度与深度方向分布均匀，即认为污染物在 y 与 z 方向的浓度梯度为零，$\frac{\partial C}{\partial y} = 0$，$\frac{\partial C}{\partial z} = 0$，仅考虑纵向方向（$x$ 方向）的浓度变化。也可用质量平衡（包括河流流量平衡与污染物质量平衡）原理，推导出一维水体水质模型。

（1）流量平衡

设河床宽度为 b、断面面积为 A，取纵向（x 方向）距离为 Δx 的两相邻断面所包络的体积为计算单元体，见图 2-6。

根据质量平衡原理，当时间间隔为 Δt 时，在 Δx 内的质量变化为 Δm；

$$\Delta m = \rho_\mathrm{w} \cdot \Delta(A \cdot \Delta x) = \rho_\mathrm{w}[Q(x)\Delta t - Q(x + \Delta x)\Delta t] + [b \cdot \Delta x(R - E)\Delta t]$$
$$+ [(q - q_\mathrm{b})\Delta x \cdot \Delta t] \tag{2-15}$$

式中　　　　　　ρ_w——水的密度，g/cm^3；

　$Q(x)，Q(x + \Delta x)$——分别为流入、流出 Δx 的流量，m^3/s；

　　　　　　$R，E$——分别为降雨量、蒸发量，$m^3/(s \cdot m^2)$；

　　　　　　$q，q_\mathrm{b}$——分别为侧向流入、流出的流量，$m^3/(s \cdot m)$。

式（2-15）中等号右侧第 1 项为纵向流量项；第 2 项为降雨与蒸发量项；第 3 项为侧向流入与流出量项。等式两侧各除以 $\Delta x \cdot \Delta t$，并取 $\Delta t \to 0$，$\Delta x \to 0$，整理后得：

$$\frac{\partial A}{\partial t} = -\frac{\partial Q}{\partial x} + b(R - E) + (q - q_\mathrm{b}) \tag{2-16}$$

通常，忽略 R、E 与 q_b 不计，则式（2-16）可简化为：

$$\frac{\partial A}{\partial t} + \frac{\partial Q}{\partial x} = q \tag{2-17}$$

式（2-17）即为流量平衡一维模型。

（2）污染物质量平衡

类似于流量平衡一维模型的推导，可得出污染物扩散一维模型。图 2-7 为污染物质量平衡图。

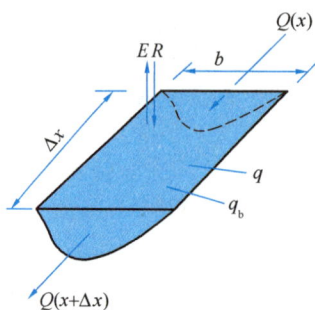

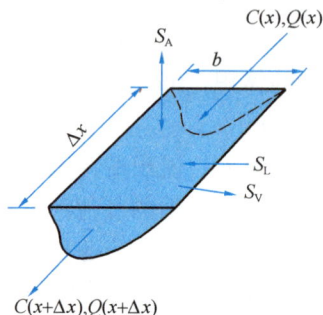

图 2-6 流量平衡图　　　　图 2-7 污染物质量平衡图

根据质量平衡原理，在 Δt 时间内，污染物的质量变化为 Δm_p，可用下式计算：

$$\Delta m_p = \left[Q(x) \cdot C(x)\Delta t - Q(x+\Delta x) \cdot C(x+\Delta x)\Delta t \right] + (S_L \cdot \Delta x \cdot \Delta t)$$
$$+ (S_A b \cdot \Delta x \cdot \Delta t) + (S_V A \cdot \Delta x \cdot \Delta t) \tag{2-18}$$

式中　　$Q(x), Q(x+\Delta x)$ ——分别为流入、流出 Δx 的流量，m^3/s；

　　　　$C(x), C(x+\Delta x)$ ——分别为流入、流出 Δx 的污染物浓度，mg/L；

　　　　　　　S_L ——单位时间、单位长度的旁侧污染物的增、减量，$mg/(s \cdot m)$；

　　　　　　　S_A ——单位时间、单位表面积的污染物的增、减量，$mg/(s \cdot m^2)$；

　　　　　　　S_V ——单位时间、单位体积的污染物增、减量，$mg/(s \cdot m^3)$。

式（2-18）右侧第 1 项为污染物在 Δx 时间内的变化量；第 2 项为旁侧污染物的增、减量；第 3 项为表面积的污染物的增、减量；第 4 项为体积污染物的增、减量。

式（2-18）两侧各除以 $\Delta x \cdot \Delta t$，并取 $\Delta t \rightarrow 0$，$\Delta x \rightarrow 0$，整理后得：

$$\frac{\partial(AC)}{\partial t} = -\frac{\partial(QC)}{\partial x} + S_L + bS_A + AS_V = -\frac{\partial(QC)}{\partial x} + \sum S \tag{2-19}$$

式中　　$\sum S$ ——等于 $S_L + bS_A + AS_V$。

式（2-19）即污染物迁移的一维水体水质模型。

如忽略增、减量不计，即 $\sum S = 0$，则式（2-19）可简化为：

$$\frac{\partial(AC)}{\partial t} = -\frac{\partial(QC)}{\partial x} \tag{2-20}$$

3. 二维水体水质模型

如果河流较大，污染物在河流各断面的深度方向分布均匀，即认为污染物在 z 向的浓度梯度为零，$\frac{\partial C}{\partial z} = 0$；而在 x 方向与 y 方向都存在着迁移和扩散。也可根据质量平衡原理得出二维水体水质模型：

$$\frac{\partial(C)}{\partial t} = -\left[\left(u_x \frac{\partial C}{\partial x} + u_y \frac{\partial C}{\partial y} \right) + \left(D_x \frac{\partial^2 C}{\partial x^2} + D_y \frac{\partial^2 C}{\partial y^2} \right) \right] + \sum S \tag{2-21}$$

式中　　C ——污染物浓度，mg/L；

　　　　t ——时间，s；

u_x，u_y——分别为 x，y 方向的水流速度，m/s；

D_x，D_y——分别为 x，y 方向的紊动扩散系数，m²/s；

$\sum S$——同前，可略去不计。

式 (2-21) 中，等号右侧 [ ] 内的第一项为在 Δt 时间内，由于流速引起污染物在 x 与 y 方向的浓度变化；第二项为由于紊动扩散引起污染物在 x 与 y 方向的浓度变化；$\sum S$ 项为旁侧污染物增、减量，可略去不计。

4. 三维水体水质模型

三维水体水质模型以"点"流量参数，不仅考虑水体中各点的"点"流量在 x、y、z 三维方向上，由于流速的变化，引起污染物浓度的迁移，并且还考虑污染物在 x、y、z 三维方向上，由于扩散引起的浓度变化。因此三维水体水质模型更符合水体的实际情况，所以适用于不同规模的河流。但是也更为复杂、可用计算机求解。根据质量平衡，可得出三维水体水质模型，即布洛克斯（Brooks）模型：

$$\frac{\partial (C)}{\partial t} = -\left[\left(u_x\frac{\partial C}{\partial x} + u_y\frac{\partial C}{\partial y} + u_z\frac{\partial C}{\partial z}\right) + \left(D_x\frac{\partial^2 C}{\partial x^2} + D_y\frac{\partial^2 C}{\partial y^2} + D_z\frac{\partial^2 C}{\partial z^2}\right)\right] + \sum S$$

(2-22)

式中 u_z——z 方向的水流速度，m/s；

D_z——z 方向的紊动扩散系数，m²/s；

其他符号同前。

式 (2-22) 中，等号右侧 [ ] 内的第 1 项为在 Δt 时间内，由于流速引起污染物在 x、y、z 三维方向上的浓度变化；第 2 项为由于紊动扩散引起污染物在 x、y、z 三维方向上的浓度变化；$\sum S$ 项为污染物增、减量，可略去不计。

2.2.3　二维水体水质模型的应用

1. 污水在河流中的扩散稀释及应用

污水在河流中扩散稀释时，可视 y 方向的流速 $u_y = 0$；x 方向的扩散系数 D_x 与 x 方向的流速 u_x 相比，所引起稀释作用甚微，可忽略不计；y 方向的扩散系数 D_y 为常数。则式 (2-21) 的求解式为：

$$C(x, y) = \frac{M\sqrt{h}}{\sqrt{2\pi \overline{u}}\sigma_y}\exp\left(-\frac{y^2}{2\sigma_y^2}\right)$$

(2-23)

$$\sigma_y^2 = 2D_y\frac{x}{u}$$

(2-24)

$$D_y = \alpha_y \overline{h}\,\overline{u}$$

(2-25)

$$u^* = \sqrt{g\overline{h}i}$$

(2-26)

式中 C——任意点 (x, y) 处的污染物浓度，mg/L；

M——排放源的强度，g/s；

$\overline{h}$——河流平均水深，m；

$\overline{u}$——河流平均流速，m/s；

σ_y——横向均方差；

α_y——无因次横向弥散系数；

u^*——摩阻流速，m/s；

i——河流平均水力坡度；

g——重力加速度，m/s^2；

$\exp\left(-\dfrac{y^2}{2\sigma_y^2}\right)$——指数函数。

污水排污口下游 x 处污染云横向增量为：

$$L_y = 4\sqrt{2t_x D_y} \tag{2-27}$$

式中　t_x——河水流到 x 处所需时间，s。

竖向混合系数为：

$$\partial_z = 0.067\overline{h}u^* \tag{2-28}$$

污水在竖向与河水完全混合所需时间为：

$$t_z = 0.4\frac{\overline{h}^2}{\partial_z} \tag{2-29}$$

此时污水的升流高度为：

$$L_z = \overline{u}t_z \tag{2-30}$$

式（2-23）是集中排放计算式，如为分散排放，排放孔间距为 p，排放孔数为 n，则排放源的强度应为 M/n。分散排放扩散稀释见图2-8。显然 x 轴处浓度最大，其增量为：

$$\Delta C(x,0) = \alpha + 2\sum_{i=1}^{\frac{n-1}{2}} \alpha \cdot \exp\left(-\frac{y_i^2}{2\sigma_y^2}\right) \tag{2-31}$$

$$\alpha = \frac{\dfrac{M}{n\cdot\overline{h}}}{\sqrt{2\pi u\sigma_y}} \tag{2-32}$$

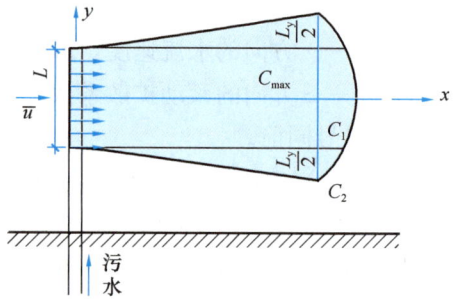

图 2-8　分散排放扩散稀释图

式中　i——序数 1，2，$\cdots$，$\dfrac{n-1}{2}$；

y_i——为 p_i；

p_i——i 排放孔与上游相邻排放孔间距。

设河流污染物浓度基值为 C_b，则在排污口下游 x 处的最大浓度为：

$$C_{max} = C_b + \Delta C \tag{2-33}$$

排污口下游 x 处扩散器两端的浓度增量为：

$$\Delta C_1\left(x,\frac{L}{2}\right) = \alpha + \sum_{i=1}^{n-1} \alpha \cdot \exp\left(-\frac{y_i^2}{2\sigma_y^2}\right) \tag{2-34}$$

式中　L——扩散器长度，m。

$$C_1 = C_b + \Delta C_1 \tag{2-35}$$

污染云边缘的污染物浓度增量为：

$$\Delta C_2\left(x,\frac{L+L_y}{2}\right) = \sum_{j=0}^{n-1} \alpha \cdot \exp\left(-\frac{y_j^2}{2\sigma_y^2}\right) \tag{2-36}$$

式中，$y_j = \dfrac{L_y}{2} + p_i$。

$$C_2 = C_b + \Delta C_2 \tag{2-37}$$

【例 2-2】某市污水量为 $5.4\text{m}^3/\text{s}$，经一级处理后，用多孔扩散器排入大江，排放水的 $BOD_5 = 280\text{mg/L}$。该大江宽 2000m，平均水深 20m，枯水期日平均流量 $6000\text{m}^3/\text{s}$，平均流速 0.1m/s，平均水力坡度 6.7×10^{-6}，江水 BOD_5 基值为 2.3mg/L。在排污口下游 8km 处已建有集中式取水口，距岸边 350m。计算污水排入后，对取水口水质的影响。

【解】由于大江宽度大，污水的 BOD_5 浓度也较高，故取扩散器的长度为 300m，分三段，每段长 100m，三段的管径分别为 DN2000、DN1600、DN1200，三段共设 45 个排出孔，孔径 175mm，孔距 6.5m，在平均水深的 1/3 处喷入江中。扩散器的末端距岸边 1000m。

由式（2-26）得

$$u^* = \sqrt{\overline{gh}i} = \sqrt{9.8 \times 20 \times 6.7 \times 10^{-6}} = 0.0362\text{m/s}$$

由式（2-28）得

$$\partial_z = 0.067\overline{hu}^* = 0.067 \times 20 \times 0.0362 = 0.0485\text{m}^2/\text{s}$$

由式（2-29）得

$$t_z = 0.4\frac{\overline{h}^2}{\partial_z} = 0.4 \times \frac{20^2}{0.0485} = 3300\text{s}$$

由式（2-30）得

$$L_z = \overline{u}t_z = 0.16 \times 3300 = 528\text{m}$$

根据现场示踪测定，大江在该市河段的 $\alpha_y = 0.5$，故用式（2-25）：

$$D_y = \alpha_y\overline{hu} = 0.5 \times 20 \times 0.0362 = 0.362\text{m}^2/\text{s}$$

每个排放孔的排放源强度为：

$$m = \frac{M}{n} = \frac{5.4 \times 280}{45} = 33.6\text{g/s}$$

根据题意要求，用式（2-23）～式（2-36）计算出沿河流方向 2km、4km 段与集中取水口 8km 处的 BOD_5 浓度变化值。计算值列于表 2-3。

二维水体水质模型应用计算表 　　　　　　　　　　　　　　　　　　　　表 2-3

应用公式	排放扩散器下游距离 x（km）	2	4	8
	流达时间 t_x（s）	12500	25000	50000
2-27	扩散宽度增量 L_y（m）	380	538	760
2-24	横向均方差 σ_y^2	9050	18100	36200
	σ_y	95	135	190
2-32	α（mg/L）	0.044	0.031	0.022
2-31	浓度增量 ΔC（mg/L）	1.41	1.16	0.90
2-33	最大浓度值 C_{max}（mg/L）	3.71	3.46	3.2
2-34	浓度增量 ΔC_1（mg/L）	—	—	0.7
2-35	C_1（mg/L）	—	—	3.0
2-36	ΔC_2（mg/L）	—	—	0.04
2-37	取水口处浓度 C_2（mg/L）	—	—	2.3+0.04=2.34

计算结果表明，取水口处于污染云的边缘，因江水基值 BOD_5 为 2.3mg/L，污水排

入后，随水流方向扩散至该处，BOD_5 浓度的增量为 0.04mg/L，故该处的江水 $BOD_5 =$ 2.3+0.04=2.34mg/L，仍属于 Ⅱ 类水体（$BOD_5 <$ 3mg/L）水环境质量标准。

2. 污水排海的扩散稀释及应用

由于海水的性质与江河不同，海水的含盐量高，密度大，水层上下温差大，有潮汐与洋流的回荡。因此污水排入海湾后，扩散稀释存在着初始轴线稀释、输移扩散稀释与大肠菌群的衰亡稀释等。

（1）初始轴线稀释

海水的相对密度一般为 1.01～1.03，远较污水相对密度（约为 1）大，故污水排入海水后，会立即引起密度流而向上升腾，如图 2-9 所示。在升腾过程中被扩散稀释，称为初始轴线稀释。

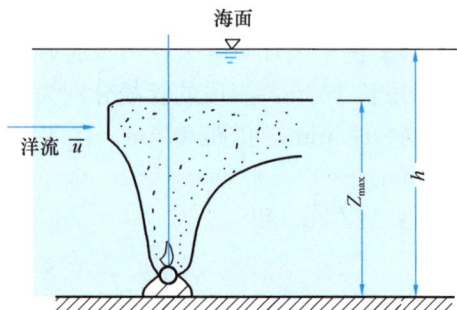

图 2-9　初始轴线稀释

初始轴线稀释可用初始轴线稀释度表示。

1）当海水密度均匀时，污水喷出后，羽状流可一直浮升至海面。有：

$$S_1 = S_C \left(1 + \frac{\sqrt{2}S_C q}{uh}\right)^{-1} \tag{2-38}$$

$$S_C = 0.38(g')^{\frac{1}{3}} h q^{-\frac{2}{3}} \tag{2-39}$$

式中　S_1——初始轴线稀释度；

　　　S_C——无水流时，即 $u=0$ 时的初始轴线稀释度；

　　　g'——由于海水与污水密度差引起的重力加速度差值，$g' = \frac{\rho_a - \rho_0}{\rho_0} g$；

　　　ρ_a——海水相对密度；

　　　ρ_0——污水相对密度；

　　　g——重力加速度，9.81m/s²；

　　　h——污水排放深度，m；

　　　q——扩散器单位长度的排放量，m³/(s·m)；

　　　u——海水流速，m/s。

2）海水密度随深度呈线性分布时，即海水密度自海面向海底呈线性逐渐增加，污水喷入海水后，羽状流上升至一定高度 Z_{max} 后，停止上升，此时污染云的密度比其上面的海水的密度大。则：

$$S_1 = S_C \left(1 + \frac{\sqrt{2}S_C q}{u Z_{max}}\right)^{-1} \tag{2-40}$$

$$S_C = 0.31(g')^{\frac{1}{3}} Z_{max} q^{-\frac{2}{3}} \tag{2-41}$$

式中　Z_{max}——污染云的最大浮升高度，m。

$$Z_{max} = 6.25(g'q)^{\frac{2}{3}} \left[\frac{\rho_0}{g(\rho_a - \rho_0)}\right] \tag{2-42}$$

（2）输移扩散稀释

海洋的流态较复杂，除主导洋流外，还有潮汐的影响。对于海域或宽阔的海湾，可不考虑潮汐的回荡作用，否则就应考虑回荡对稀释扩散的影响。此外，污水中有机污染物由海水中的生物化学降解作用远小于洋流引起的输移扩散稀释作用。因此生化降解作用可略去不计。又因为经初始轴线稀释后，可视深度方向的浓度是均匀的，故也可用二维水体水质模型计算。

1）不考虑回荡的影响

根据式（2-21），假设污染云随洋流的移动是单向的、连续的和均速的，污水的横向扩散混合可用具有水平扩散系数的扩散过程来描述，则式（2-21）求解式为：

$$S_2 = \frac{1}{\mathrm{erf}\sqrt{\dfrac{3/2}{\left(1+\dfrac{2}{3}\beta\dfrac{x}{L}\right)^3-1}}} \tag{2-43}$$

式中　S_2——输移扩散稀释度；

　　　$\mathrm{erf}(\varphi)$——误差函数；

　　　x——排污口至下游某点的水平距离，m；

　　　β——系数，$\beta=\dfrac{12E_0}{uL}$；

　　　L——扩散器长度，m；

　　　E_0——排污口处（$x=0$）的涡流扩散系数，$\mathrm{m^{2/3}/s}$。

E_0 的表达式为：

$$E_0 = 4.64\times10^{-4}L^{\frac{4}{3}} \tag{2-44}$$

为了使用方便，式（2-43）制成诺模图（Nomogram），见图2-10，可以根据距排污口（即扩散器）水平距离 x（m），扩散器长度 L（m），海水流速 u 等查出输移扩散稀释度 S_2 值。在查图2-10时，海水流速 u 的单位须用 m/min。

2）考虑回荡的影响

对于不太宽的潮汐海口，污水排入海水后，经过几次潮汐回荡，才能离开排污口向外海方向输移，此时的 S_2 为：

$$S_2 = C_1\left[\frac{u_\mathrm{E}(L+L_\mathrm{y})hC_\mathrm{p}+2nQC_0}{u_\mathrm{E}(L+L_\mathrm{y})h+2nQ}\right]^{-1} \tag{2-45}$$

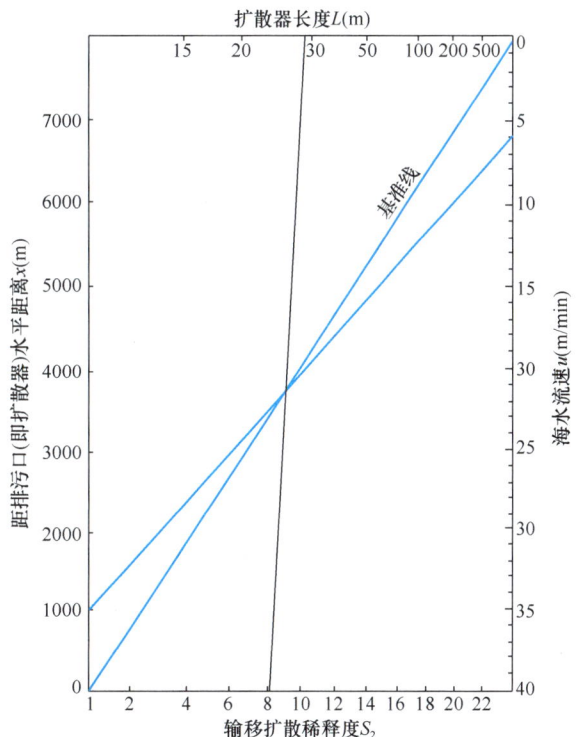

图 2-10　式（2-43）的诺模图

式中 C_1——经初始稀释后，污染云轴线上的浓度，mg/L；

C_0——污水中污染物的浓度，mg/L；

Q——排放的污水量，m^3/s；

C_p——海水中污染物的浓度，mg/L；

u_E——涨潮流速，m/s；

n——污染物在潮汐作用下的回荡次数。

$$n = \frac{\sum\limits_{i=1}^{K} \dfrac{u_{Ei}t_{Ei}}{u_{Fi}t_{Fi} - u_{Ei}t_{Ei}}}{K} \tag{2-46}$$

式中 t_{Ei}——第 i 个潮周的涨潮历时，s；

t_{Fi}——第 i 个潮周的落潮历时，s；

u_{Ei}，u_{Fi}——分别为第 i 个潮周的涨、落潮流速，m/s；

K——观测的潮周期数。

污染云经几次回荡后的横向增宽：

$$L_y = 4\sqrt{2ntD_y} \tag{2-47}$$

式中 t——涨落潮历时，$t = t_E + t_F$，s；

D_y——横向扩散系数，m^2/s。

对于潮汐海口，D_y 可用下式估算：

$$D_y = 0.96hu^* \tag{2-48}$$

式中 u^*——海口摩阻流速，m/s。

$$u^* = \sqrt{ghi} \tag{2-49}$$

式中 i——海床坡度；

h——污水排污口深度（参见图 2-9）。

规划设计时，从安全考虑，可忽略由横向扩散所增加的稀释作用或海口不宽，无充分空间让污染物横向扩散，即 $L_y = 0$，由此计算的扩散器长度，应满足水质目标 C_m 的要求。即

$$\frac{u_E LhC_p + 2nQC_0}{u_E Lh + 2nQ} \leq C_m \tag{2-50}$$

此时

$$S_2 = \frac{C_1}{C_m} = \frac{C_0}{S_1 C_m} \tag{2-51}$$

（3）大肠菌群的衰亡稀释

$$S_3 = \exp\left(\frac{2.3x}{t_{90}u \times 3600}\right) \tag{2-52}$$

式中 u——x 处的流速，m/s；

t_{90}——大肠菌群衰亡 90% 所需时间，h。

为了使用方便，式（2-52）制成诺模图（图 2-11），可以根据距排污口（即扩散

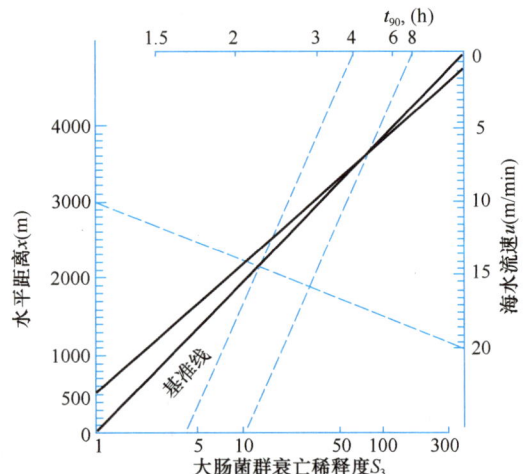

图 2-11 式（2-52）诺模图

器）水平距离 x（m），大肠菌群衰亡时间 t_{90}（h），海水流速 u（m/min）等查出大肠菌群衰亡稀释度 S_3。

（4）总稀释度

$$S_总 = S_1 \cdot S_2 \cdot S_3 \tag{2-53}$$

式中　$S_总$——总稀释度。

（5）污水排海的扩散器计算

海洋的流向比较多变，为使扩散器的布置方向能与洋流方向互相垂直，以便提高污水的扩散程度。故扩散器的布置形式大致可分为 3 种，即 I 形、T 形与 Y 形（适用于洋流无主导方向时），见图 2-12。

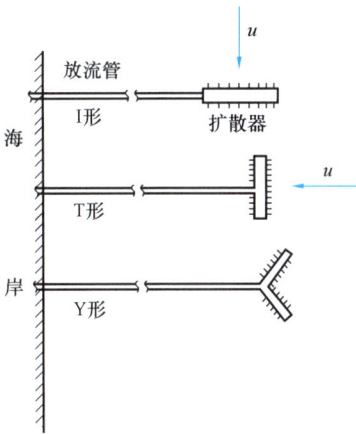

图 2-12　扩散器的布置形式

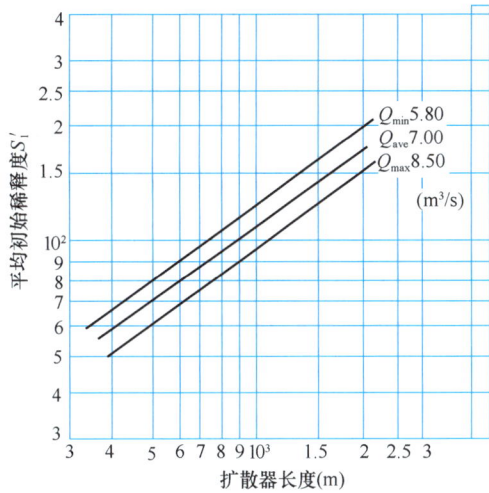

图 2-13　扩散器长度计算图

1）扩散器长度的计算

当不考虑潮汐回荡的影响并已知排放深度及静潮（或称憩潮）的初始轴向稀释度 S_C 时，扩散器的长度用式（2-43）或式（2-44），先计算出 q，然后根据排放污水量计算出扩散器长度，具体计算见【例 2-2】。如果污水量较大，则用式（2-54）计算出污染云的平均初始稀释度 S_1'，然后根据图 2-13 求出扩散器长度。

$$S_1' = \sqrt{2} S_C \left(1 + \frac{\sqrt{2} S_C q}{u Z_{\max}} \right)^{-1} \tag{2-54}$$

式中　S_1'——污染云平均初始稀释度，m^2/s。

当考虑潮汐回荡的影响并已知水体的水质目标及水文水质条件时，扩散器长度用式（2-50）计算。

2）喷孔数 m 的计算

海底排放时，扩散器上喷孔之间的间距约为排放深度的 1/3 时，其稀释能力较好，扩散器的长度可缩短，投资可减少。扩散器喷孔数

$$m = \frac{3L}{h} \tag{2-55}$$

式中　m——扩散器上喷孔数；

其他符号同前。

3）喷孔直径及所需总水头计算

计算图见图2-14。

扩散管内流速为0.6～3m/s，即处于不沉淀与不冲刷的流速之间，污水通过每一个喷孔的流量按下式计算：

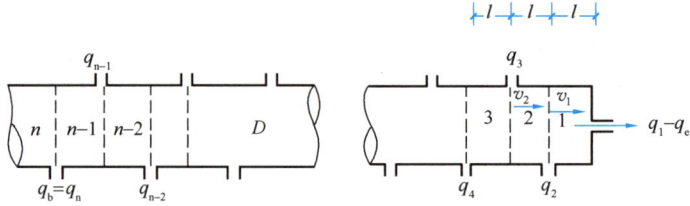

图2-14 喷孔及总水头计算图

$$q_n = C_D a_n \sqrt{2gE_n} \tag{2-56}$$

式中　q_n——从一个喷孔中排出的污水量，m^3/s；

　　　C_D——喷孔管嘴的流量系数，根据管嘴形式，如喇叭口、尖嘴口等不同查图2-15。

　　　由于扩散管内的流速是不断减小的，若计算值 $\dfrac{y_n^2}{2g}/E_n$ 小于0.01时，则喇叭口喷孔 C_D 值均取0.9，尖嘴喷孔 C_D 均取0.6；

　　　a_n——一个管嘴的过水断面面积，m^2；

　　　E_n——污水喷孔内的总水头，m；

　　　g——重力加速度，$9.81m/s^2$。

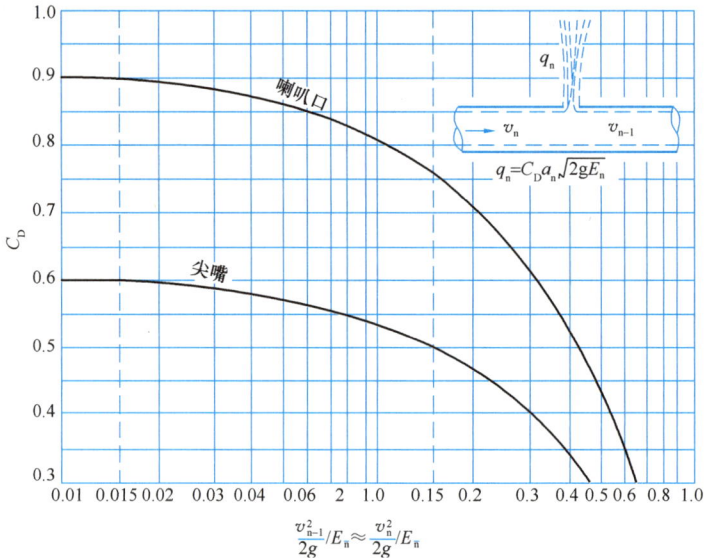

图2-15 两种管嘴形式的出口流量系数

如将最远的喷孔为1号，见图2-14，则自该喷孔流出的流量为：

$$q_1 = C_D a_1 \sqrt{2gE_1} = C_D \frac{\pi}{4} d_1^2 \sqrt{2gE_1} \tag{2-57}$$

式中 q_1——1 号喷孔的流量，m^3/s；

$\quad d_1$——喷孔的直径，m；

$\quad a_1$——1 号喷孔的面积，m^2；

$\quad E_1$——1 号喷孔的总水头。

$$E_1 = h_1 + \frac{v_1^2}{2g} \tag{2-58}$$

式中 h_1——1 号喷孔处，管内外压力差，m，其值等于喷孔出流所需的自由水头（可取 0.7m）加喷孔的局部水头损失（可取 0.3m）加沿程损失；

$\quad v_1$——扩散器内流向 1 号喷孔的管内流速，m/s。

$$v_1 = \frac{q_1}{\frac{\pi}{4}D^2} \tag{2-59}$$

式中 D——扩散器的直径，m。

依次计算 2 号喷孔处的管内总水头：

$$E_2 = E_1 + h_f + \frac{\rho_a - \rho_0}{\rho_0} \Delta Z_1 \tag{2-60}$$

式中 E_2——2 号喷孔处的管内总水头，m；

$\quad h_f$——1～2 号喷孔之间管内的水头损失 $h_f = f \dfrac{l v_2^2}{D_2 g}$，m；

$\quad f$——管材的摩阻系数，铸铁管为 0.022；

$\quad l$——相邻两喷孔的距离，m；

$\quad v_2$——1～2 号喷孔之间管内流速，m/s；

$\quad \rho_0$——管内污水的相对密度；

$\quad \rho_a - \rho_0$——海水和污水的密度差，污水比海水轻时 $\rho_a - \rho_0 > 0$，污水比海水重时 $\rho_a - \rho_0 < 0$，海水的相对密度 ρ_a 为 1.01～1.03；

$\quad \Delta Z_1$——两相邻喷孔间的高程差，m，顺坡时 $\Delta Z_1 > 0$，逆坡时 $\Delta Z_1 < 0$；

$\dfrac{\rho_a - \rho_0}{\rho_0} \Delta Z_1$——称为相对密度水头。

2 号喷孔的流量：

$$q_2 = C_D a_2 \sqrt{2gE_2} \tag{2-61}$$

式中 q_2——2 号喷孔流量，m^3/s；

$\quad a_2$——2 号喷孔面积，m^2。

由 1 号喷孔流向 2 号喷孔的管内流速：

$$v_2 = v_1 + \frac{q_2}{\frac{\pi}{4}D^2} \tag{2-62}$$

依照上述顺序，逐步地计算到最后一个喷孔，即第 n 个喷孔。可用计算机完成计算。

【例 2-3】某城市的污水量为 $1.4 m^3/s$，经一级处理后，$BOD_5 = 100mg/L$，排海。海水的相对密度为 1.026，污水的相对密度为 0.999，接近海底坡度 0.02，拟排海深度为 10m，海洋的洋流速度：近海区洋流平均流速为 0.3m/s，方向与海底垂直，岸边洋流流速为 0.03m/s。最大潮差 1.5m。规划要求排污水后，憩潮时污染云轴线初始稀释度 S_C 不得小于 85，请设计排放管、扩散器及近岸海水 BOD$_5$ 浓度的增量。

【解】排放管的计算

污水流量为 1.4m^3/s，若取排放管管径为 DN=1200mm，钢管，由《给水排水设计手册》（第三版）第 1 册《常用资料》，水力计算表得，管内流速为 1.238m/s，$1000i=1.294$m。

由于要求排海深度为 10m，海底坡度为 0.02，故排放管长度应为：

$$L_{排} = \frac{10}{0.02} = 500\text{m}$$

沿程水头损失为：

$$H_{排} = 500 \times \frac{1.294}{1000} = 0.65\text{m}$$

扩散器计算：

根据题意，海水密度均匀，所以污水排放后的初始稀释度用式（2-38）及式（2-39）计算，同时计算得扩散器单位长度排放量。

由式（2-39）$S_C = 0.38(g')^{\frac{1}{3}}hq^{-\frac{2}{3}}$

$$g' = \frac{\rho_a - \rho_0}{\rho_0}g = \frac{1.026 - 0.999}{0.999} \times 9.81 = 0.265\text{m/s}$$

所以　　$85 = 0.38 \times (0.265)^{\frac{1}{3}} \times 10 \times q^{-\frac{2}{3}}$

得　　　　　　　　　　$q = 0.00486\text{m}^3/(\text{s} \cdot \text{m})$

喷孔间距约为排海深度的 1/3，所以间距为 10/3=3.3m。故每个喷孔的排出量应为：

$$q_1 = 3.3 \times q = 3.3 \times 0.00486 = 0.016\text{m}^3/\text{s}$$

扩散器长度为：

$$L = \frac{Q}{q} = \frac{1.4}{0.00486} = 288\text{m}，取扩散器长度 300m。$$

扩散器喷孔数用式（2-55）计算：

$$m = \frac{3L}{h} = \frac{3 \times 300}{10} = 90 \text{ 个}$$

因洋流方向垂直于海岸，故采用 T 形扩散器，为了使扩散器内的流速均匀，分为 3 段，每段长 100m，喷孔 30 个，见图 2-16。

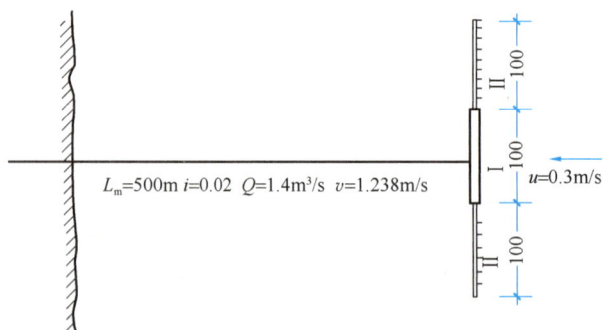

$L_m=500\text{m}$ $i=0.02$ $Q=1.4\text{m}^3/\text{s}$ $v=1.238\text{m/s}$

$u=0.3\text{m/s}$

图 2-16　排放管与扩散器计算图

Ⅰ段：两侧长度（图 2-16）分别为 50m，流量 $\frac{1.4}{2} = 0.7\text{m}^3/\text{s}$。若取管径为 DN900，由水力计算表得管内平均流速 1.1m/s，属经济流速，所取管径合格，$1000i=1.51$m，所以沿程水头损失为 0.076m。每旁长度喷出流量为 $50\text{m} \times 0.00486\text{m}^3/(\text{s} \cdot \text{m}) = 0.243\text{m}^3/\text{s}$。

Ⅱ段：长度 100m，进入Ⅱ段的

流量为 $0.7-0.243=0.457\text{m}^3/\text{s}$。若取管径 DN700，得管内平均流速为 1.2m/s，属经济流速，$1000i=2.4\text{m}$，所以沿程水头损失为 0.24m。

排放管起端所需总压力等于排放水深、各段沿程损失、自由水头、喷孔局部损失、T形三通损失、最大潮差之和，即

$$H=10+0.65+0.076+0.24+0.7+0.3+1.5+1.5=15\text{m}$$

轴线初始稀释度由式（2-38）计算：

$$S_1=S_C\left(1+\frac{\sqrt{2}S_Cq}{uh}\right)^{-1}=85\times\left(1+\frac{\sqrt{2}\times85\times0.00486}{0.3\times10}\right)^{-1}=71.15$$

输移扩散稀释度用式（2-43）计算：

因扩散器至海岸边 $x=500\text{m}$，由式（2-44）得

$$E_0=4.64\times10^{-4}\times L^{\frac{4}{3}}=4.64\times10^{-4}\times300^{\frac{4}{3}}=0.932\text{m}^{\frac{2}{3}}/\text{s}$$

近海岸处洋流流速为 0.03m/s。

所以

$$\beta=\frac{12E_0}{uL}=\frac{12\times0.932}{0.03\times300}=1.24$$

由式（2-43）得

$$S_2=\frac{1}{\operatorname{erf}\sqrt{\dfrac{3/2}{\left(1+\dfrac{2}{3}\beta\dfrac{x}{L}\right)^3-1}}}=\frac{1}{\operatorname{erf}\sqrt{\dfrac{3/2}{\left(1+\dfrac{2}{3}\times1.24\times\dfrac{500}{300}\right)^3-1}}}=\frac{1}{0.38}=2.63$$

也可从图 2-10 直接查出 S_2，因水平距离 $x=500\text{m}$，扩散器长度 $L=300\text{m}$，海水流速 $u=0.03\text{m/s}=1.8\text{m/min}$，查图 2-10 得 $S_2=2.63$。

大肠菌群衰亡稀释度的计算：已知 $x=500\text{m}$，海水流速 $u=0.03\text{m/s}=1.8\text{m/min}$，经试验得 $t_{90}=8\text{h}$，查图 2-11 得大肠菌群衰亡稀释度 $S_3=11$。

总稀释度的计算：

$$S_\text{总}=S_1S_2S_3=71.15\times2.63\times11=2058$$

海岸边海水的 BOD_5 增量 ΔC 的计算：

$$\Delta C=\frac{\text{BOD}_5}{S_\text{总}}=\frac{100}{2058}=0.05\text{mg/L}$$

可见，扩散器的水头损失是用每段扩散器内的平均流速进行计算的，但由于喷孔不断喷出污水，所以每段扩散器内的沿程流量不断减小，流速也不断减慢，故所需总水头及各喷孔排出的流量应逐孔逐段计算，计算公式用式（2-56）～式（2-62）。

2.2.4　河流氧垂曲线方程——菲尔普斯（Phelps）方程

1. 氧垂曲线

有机物排入河流后，可被水中微生物氧化分解，同时消耗水中的溶解氧（DO）。所以，受有机物污染的河流，水中溶解氧的含量受有机物的降解过程控制。溶解氧含量是使河流生态系统保持平衡的主要因素之一。溶解氧的急剧降低甚至消失，会影响水体生态系统平衡和渔业资源。DO 与 BOD_5 浓度变化模式见图 2-17。污水排入后，DO 曲线呈悬索状下垂，故称为氧垂曲线；BOD_5 曲线呈逐步下降状，直至排入前的基值浓度。

氧垂曲线可分为三段：第一段 $a\sim o$ 段，耗氧速率大于复氧速率，水中溶解氧含量大幅度下降，亏氧量增加，直至耗氧速率等于复氧速率。o 点处溶解氧量最低，亏氧量最

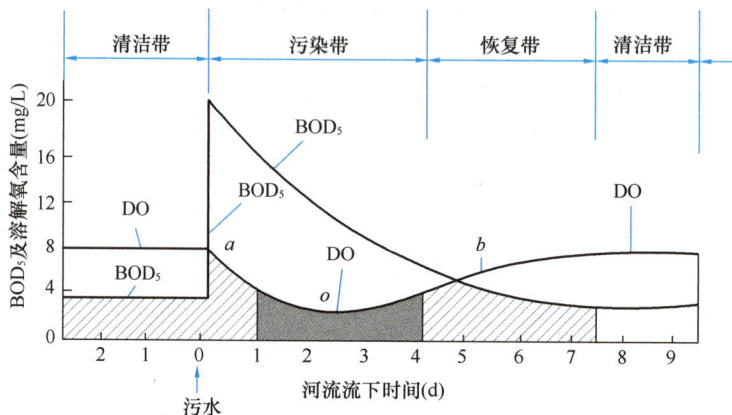

图 2-17　河流中 BOD_5 及 DO 的变化曲线

大，称 o 点为临界亏氧点或氧垂点；第二段 $o \sim b$ 段，复氧速率开始超过耗氧速率，水中溶解氧量开始回升，亏氧量逐渐减少，直至转折点 b；第三段 b 点以后，溶解氧含量继续回升，亏氧量继续减少，直至恢复到排污口前的状态。

2. 氧垂曲线方程——菲尔普斯方程

（1）有机物耗氧动力学

美国学者斯特里特（H. W. Streeter）和菲尔普斯（E. B. Phelps）于 1925 年对耗氧过程动力学研究分析后得出：当河流受纳有机物后，沿水流方向产生的输移有机物量远大于扩散稀释量，当河水流量与污水流量稳定，河水温度不变时，则有机物生化降解的耗氧量与该时期河水中存在的有机物量成正比，即呈一级反应，属一维水体水质模型，表达式为：

$$\frac{dL}{dt} = -K_1 L \qquad t = 0，L = L_0 \tag{2-63}$$

$$L_t = L_0 \exp(-K_1 t)$$

或

$$L_t = L_0 \times 10^{-k_1 t} \tag{2-64}$$

式中　L_0——有机物总量，即氧化全部有机物所需要的氧量，也即河水在允许亏氧量的条件下，可以氧化的最大有机物量；

L_t——t 时刻水中残存的有机物量；

t——时间，d；

k_1，K_1——耗氧速率常数，$k_1 = 0.434 K_1$。

耗氧速率常数 K_1 或 k_1 因污水性质不同而异，需经实验确定。生活污水排入河流后，k_1 值见表 2-4。

生活污水耗氧速率常数 k_1　　　　　　　　　　　　　　　　　　　　表 2-4

水温（℃）	0	5	10	15	20	25	30
k_1 值	0.03999	0.0502	0.0632	0.0795	0.1	0.1260	0.1583

表 2-4 中，不同水温时的耗氧速率常数 k_1 可用式（2-65）互相换算：

$$k_1 = k'_2 \theta^{(T_1 - T_2)} \text{ 或 } k_1 = k_{20} \theta^{(T_1 - T_{20})} \tag{2-65}$$

式中 k_1，k_2'——温度 T_1，T_2 时的耗氧速率常数；

θ——温度系数，$\theta=1.047$；

k_{20}——20℃时的耗氧速率常数，$k_{20}=0.1$。

（2）溶解氧变化过程动力学

通过河流水面与大气的接触，氧不断溶入河水中，当其他条件一定时，复氧速率等于亏氧速率，与亏氧量成正比例：

$$\frac{\mathrm{d}D}{\mathrm{d}t}=k_2 D \qquad t=0，D=D_0 \tag{2-66}$$

式中 k_2——复氧速率常数，亦为亏氧速率常数；

D——亏氧量，$D=C_0-C_x$；

C_0——一定温度下，水中饱和溶解氧，mg/L；

C_x——河水中溶解氧含量，mg/L。

菲尔普斯对被有机物污染的河流中溶解氧变化过程动力学进行了研究后得出结论，河水中亏氧量的变化速率是耗氧速率与复氧速率之和。在与耗氧动力学分析相同的前提条件下，亏氧方程式也属一级反应，可用一维水质模型表示：

$$\frac{\mathrm{d}D}{\mathrm{d}t}=k_1 L-k_2 D \qquad t=0，D=0，L=L_0 \tag{2-67}$$

式中 k_2——复氧速率常数，与水温、水文条件有关，其数值列于表 2-5 中。

复氧速率常数k_2值   表 2-5

河流水文条件	水温（℃）			
	10	15	20	25
缓流水体	—	0.110	0.15	—
流速小于 1m/s 水体	0.170	0.185	0.20	0.215
流速大于 1m/s 水体	0.425	0.460	0.50	0.540
急流水体	0.684	0.740	0.80	0.865

式（2-67）的积分解为：

$$D_t=\frac{k_1 L_0}{k_2-k_1}(10^{-k_1 t}-10^{-k_2 t})+D_0\cdot 10^{-k_2 t} \tag{2-68}$$

式中 D_t——t 时刻河流中亏氧量。

式（2-68）称为河流中氧垂曲线方程式，即菲尔普斯方程式。它的工程意义在于：

1）用于分析受有机物污染的河水中溶解氧的变化动态，推求河流的自净过程及其环境容量，进而确定可排入河流的有机物最大限量；

2）推算确定最大缺氧点即氧垂点的位置及到达时间，并依次制定河流水体防护措施。

氧垂曲线到达氧垂点的时间，可通过方程式（2-68）求定，即当 $\frac{\mathrm{d}D}{\mathrm{d}t}=0$ 时：

$$t_c=\frac{\lg\left\{\dfrac{k_2}{k_1}\left[1-\dfrac{D_0(k_2-k_1)}{k_1 L_0}\right]\right\}}{k_2-k_1} \tag{2-69}$$

式中 t_c——从排污点到氧垂点所需时间，d。

式（2-68）与式（2-69）在使用时应注意如下几点：

1）公式只考虑了有机物生化耗氧和大气复氧两个因素，故仅适用于河流截面变化不大、藻类等水生植物和底泥影响可忽略不计的河段；

2）仅适用于河水与污水在排放点处完全混合的条件；

3）所使用的 k_1、k_2 值必须与水温相适应；

4）如沿河有几个排放点，则应根据具体情况合并成一个排放点计算。

按氧垂曲线方程计算，在氧垂点的溶解氧含量达不到地表水最低溶解氧含量要求时，则应对污水进行适当处理。故该方程式可用于确定污水处理厂的处理程度。

3. 氧垂曲线方程——菲尔普斯方程的应用

氧垂曲线方程用于处理程度的确定与环境容量的计算，通过［例 2-4］说明。

【例 2-4】某城市人口 35 万人，排水量标准 150L/（人·d），每人每日排放于污水中的 BOD_5 为 27g，换算成 BOD_u 为 40g。河水流量为 $3m^3/s$，河水夏季平均水温为 20℃，在污水排放口前，河水溶解氧含量为 6mg/L，BOD_5 为 2mg/L（$BOD_u=2.9mg/L$）。根据溶解氧含量求该河流的自净容量和城市污水应处理的程度。排放污水中的溶解氧含量很低，可忽略不计。

【解】先确定各项原始数据

排入河流的污水量为：

$$q=350000\times0.150=52500m^3/d$$

污水排放口前河水中的亏氧量为：

$D=C_0-C_x=9.17-6.0=3.17mg/L$（20℃时的饱和溶解氧量为 9.17mg/L）。

污水排入河流后的最高允许亏氧量为：

$$9.17-4.0=5.17mg/L$$

求污水与河水混合后的 BOD_u 及 L_0：

根据表 2-4，因水温为 20℃，所以 $k_1=0.1$；由表 2-5，因流速较小，取 $k_2=0.2$；混合系数 α 取 0.5。

最高允许亏氧量为 5.17mg/L=D_t，采用式（2-68），仍有两个未知数 t 与 L_0，因此可用式（2-69）进行试算：

初步假设 $L_0=15mg/L$，代入式（2-69）得：

$$t_c=\frac{\lg\left\{\frac{0.2}{0.1}\left[1-\frac{3.17(0.2-0.1)}{0.1\times15}\right]\right\}}{0.2-0.1}=1.98d$$

将所得 t_c 值代入式（2-68）求 L_0 值：

$$5.17=\frac{0.1L_0}{0.2-0.1}(10^{-0.1\times1.98}-10^{-0.2\times1.98})+3.17\times10^{-0.2\times1.98}$$

得

$$L_0=\frac{5.17-1.27}{0.232}=16.8mg/L$$

试算所得出的 L_0 值与初步假设的 $L_0=15mg/L$ 相差较多。故需进行第二次试算。

将计算所得的 L_0 代入式（2-69），求出较为精确的 t_c 值：

$$t_c=\frac{\lg\left\{\frac{0.2}{0.1}\left[1-\frac{3.17(0.2-0.1)}{0.1\times16.8}\right]\right\}}{0.2-0.1}=2.1d$$

将 t_c=2.1d 代入式（2-68），做第二次试算得：

$$5.17 = \frac{0.1L_0}{0.2-0.1}(10^{-0.1\times2.1}-10^{-0.2\times2.1})+3.17\times10^{-0.2\times2.1}$$

所以

$$L_0 = \frac{5.17-1.21}{0.24} = 16.5\text{mg/L}$$

第二次试算所得 L_0=16.5mg/L，与第一次试算 L_0=16.8mg/L，非常接近，故可定 L_0=16.5mg/L。

因河水本身含有 BOD_u=2.9mg/L，因此水体能够接纳的污水所含 BOD_u 为：16.5−2.9=13.6mg/L。

为了确保氧垂点处的溶解氧含量不低于 4mg/L，河水每日可以接受的 BOD_u 总量，即水体的环境容量（自净容量）为：

$$13.6\times3\times0.5\times86400+16.5\times52500=2628810\text{g}=2628.81\text{kg}$$

每人每日允许排入水体的 BOD_u 量为：

$$\frac{2628810}{350000} = 7.51\text{g}$$

因每人每日产生的 BOD_u 值为 40g，排入水体前应去除的 BOD_u 量为：

$$40-7.51=32.49\text{g}$$

污水应达到的处理程度为：$\frac{32.49}{40}\times100\%=81.2\%$

污水的 BOD_u 浓度为：$\frac{40\times350000}{52500}=266.7\text{g/m}^3$（mg/L）

排放污水的 BOD_u 允许浓度为：266.7(1−0.812)= 50.1mg/L

故污水必须采取生物处理，BOD_u 的处理程度为81.2%。

2.2.5 湖泊、水库水体水质模型

湖泊、水库水体的主要污染源有：点源污染（生活污水、工业废水集中排入）；非点源污染（雨水径流、农田灌溉水的回流等）；大气降尘等。湖泊、水库内的水流主要是：河流入流口附近；大量污水排放口附近；风生流、异重流（由温度差、密度差引起）；人类活动（如行船、灌溉抽水、饮用取水等）造成的紊流。故湖泊、水库的水体运动规律十分复杂。

根据湖泊、水库的大小与水文条件不同，污水排入后，与湖水的混合情况可分为：完全混合型（即污水与湖水可完全混合），面积较小、水深较浅的湖泊存在这种可能；非完全混合型，面积较大、水深较深的湖泊存在这种情况。本书主要论述非完全混合型的水体水质模型。

1. A.B. 卡拉乌舍夫扩散模型

A.B. 卡拉乌舍夫采用圆柱坐标，见图 2-18，将二维水体水质模型［见式（2-21）］简化为一维水体水质模型，得出 A.B. 卡拉乌舍夫扩散模型，见式（2-70）。

$$\frac{\partial C}{\partial t} = \left(D-\frac{q}{\phi H}\right)\frac{1}{r}\frac{\partial C}{\partial r}+D\frac{\partial^2 C}{\partial r^2} \quad r=r_0, C=C_0 \qquad (2\text{-}70)$$

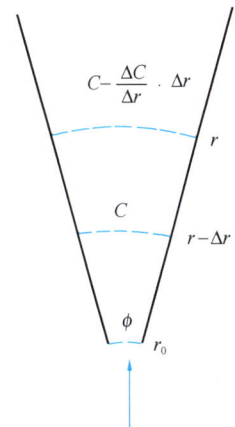

图 2-18　湖泊、水库扩散示意图

式中 q——入湖污水量，m^3/d；

     C——计算点污染物浓度，mg/L；

     H——污染物扩散区湖水平均深度，m；

   C_0——r_0 处（即排污口处）水体中污染物原有浓度或地表水环境质量标准，mg/L；

     r——湖泊某计算点离排污口距离，m；

     D——湖水的紊流扩散系数。

当排放量稳定，并代入边界条件 $r=r_0$，$C=C_0$，则式（2-70）积分解为：

$$C = C_0 \frac{1}{\partial - 1}(r^{1-\partial} - r_0^{1-\partial}) \tag{2-71}$$

$$\partial = 1 - \frac{q}{DH\phi}$$

2. 有机污染物自净方程

前已述及，湖、库紊动扩散能力很小，可以忽略不计，只考虑平流作用和有机污染物的生物降解作用，则可将式（2-70）中的扩散项略去，得：

$$q \frac{\mathrm{d}C}{\mathrm{d}r} = -KCH\phi r \qquad \frac{\partial C}{\partial t} = KC \qquad r = r_0, C = C_0 \tag{2-72}$$

式（2-72）的解为：

$$C = C_0 \exp\left(-\frac{K\phi H r^2}{2q}\right) \tag{2-73}$$

式中 K——湖、库水的自净速率系数，d^{-1}。

3. 溶解氧方程

湖、库水体中 DO 含量分布，主要决定于入湖、库污染物的生化耗氧与水体水面复氧；水生植物的光合作用产氧；其他增氧（如入湖、库河流的带入等）与耗氧（如水生动物的耗氧等）。

为简化方程的数学表达式和便于求解，只考虑有机污染物的生化降解与大气复氧作用，由圆柱坐标作一维氧垂曲线方程（图 2-16）：

$$q \frac{\mathrm{d}D}{\mathrm{d}r} = (k_1 L - k_2 D)H\phi r \qquad r = r_0, D = D_0 \tag{2-74}$$

式中 k_1——湖、库水体的耗氧速率常数，d^{-1}；

     k_2——湖、库水体的复氧速率常数，d^{-1}；

   D_0——排污口处的亏氧量，mg/L。

式（2-74）的积分解为：

$$D = \frac{k_1 L_0}{k_2 - k_1}(e^{-mr^2} - e^{-nr^2}) + D_0 e^{-nr^2} \tag{2-75}$$

式中 $m = \frac{k_2 \phi H}{2q}$，$n = \frac{k_1 \phi H}{2q}$。

2.3 水 环 境 保 护

水环境保护有量和质两个方面。以水质保护为主，合理利用水资源，通过规划提出各种措施与途径，使水体不受污染，以保证水资源的正常用途，满足水体主要功能对水质的要求。

2.3.1 水体水质评价

通过对水体的水质评价能够判明水体被污染的程度，为制定水体的综合防治方案提供科学依据。

水质评价是根据监测取得的大量资料，对水体的水质所作出的综合性的定量评价。水质评价的主要目的是：① 对不同地区各个时期水质的变化趋势进行分析；② 分析对工农业生产和生态系统的影响；③ 分析对人体健康的影响。

单项污染指标的具体浓度值，仅能反映这项指标的瞬间水质情况，而不能反映多种污染物共同排放所形成的复杂水质状况。故应采用综合指数对各种污染物的共同影响进行评价。评价分为现状评价和预断评价。

1. 现状评价

目前常用的水质评价方法有：综合污染指数（K）法和水质质量系数（P）法。

（1）综合污染指数（K）法

综合污染指数（K）法是表示各种污染物对水体综合污染程度的一种数量指标，计算式为：

$$K = \sum \frac{C_k}{C_{oi}} C_i \tag{2-76}$$

式中　C_k——地表水体各种污染物的统一最高允许指标，如对水库，此值为 0.1；

　　　C_{oi}——各种污染物的地表水环境质量标准，mg/L；

　　　C_i——各种污染物的实测浓度，mg/L。

计算结果，如果 $K<0.1$，说明各种污染物总含量之和未超过地表水环境质量标准，属未污染水体；当 $K\geqslant0.1$ 时，表明河水中各种污染物的总含量已相当于一种有毒物质超过地表水环境质量标准，称为污染水体。污染水体又分为轻度污染（$K=0.1\sim0.2$）、中度污染（$K=0.2\sim0.3$）和重度污染（$K>0.3$）。

【例 2-5】按酚、氰、砷、汞、铬等 5 项有毒物质指标，计算某河流综合污染指数，并据此判定其污染程度。该河流按Ⅳ类考虑。

按《地表水环境质量标准》GB 3838—2002，上述 5 项有毒物质的环境质量标准为：挥发酚 ≤ 0.01mg/L；氰化物 ≤ 0.2mg/L；砷 ≤ 0.1mg/L；汞 ≤ 0.001mg/L；铬 ≤ 0.05mg/L。通过实测，该河流中各项浓度为：挥发酚为"未检出"到 0.0015mg/L；总氰化物为"未检出"到 0.0005mg/L；总砷为"未检出"到痕量；汞为"未检出"到痕量；铬为 0.0052～0.017mg/L。

【解】用式（2-76），河流中各种污染物的实测浓度 C_i 均用上限，逐项进行计算后再叠加，得出该河流的综合污染指数。

$$K = \sum \frac{C_k}{C_{oi}} C_i = 0.0512 < 0.1$$

可见，该河流属未受污染水体，即仍为Ⅳ类。

（2）水质质量系数（P）法

水质质量系数（P）法的计算式为：

$$P = \sum \frac{C_i}{C_{oi}} \tag{2-77}$$

式中各符号的意义同式（2-76）。

对于确定有机污染物的水质质量系数（P）法是式（2-77）的具体应用：

$$P = \frac{BOD_i}{BOD_0} + \frac{COD_i}{COD_0} + \frac{NH_4^+ \text{-} N_i}{NH_4^+ \text{-} N_0} - \frac{DO_i}{DO_0} \qquad (2\text{-}78)$$

式中　　BOD_i，COD_i，$NH_4^+\text{-}N_i$，DO_i——水体各项指标的实测值，mg/L；

　　　　　BOD_0，COD_0，$NH_4^+\text{-}N_0$——地表水环境质量标准，mg/L；

　　　　　　　　　　　　DO_0——水体溶解氧最低允许浓度，mg/L。因 DO 所起作用是正效应，所以为"－"。

对于河流水体，以 $P<2$ 作为未受有机污染物污染的指标；$P \geqslant 2$ 作为受有机污染物污染的指标。P 值越大，受污染的程度越严重。

2. 预断评价

预断评价是指人类活动对水质可能产生的影响进行预先的评价。在建立新的工业基地时必须进行这一工作。

预断评价又分为一般评价和目标评价。一般评价是查明工业建设地区的环境现状、自净能力和环境容量，并以此作根据布置该地区的工业布局。目标评价指估算生产污水的水量、水质及对环境可能产生的影响。

预断评价的数学模式和生态系统模式，可参考有关文献。

2.3.2　水环境容量

水环境容量的定义是：在满足水环境质量标准的条件下，水体所能接受的最大允许污染物负荷量，又称水体纳污能力。

河流的水环境容量可用函数关系表示为：

$$W = f(C_0, C_N, x, Q, q, t) \qquad (2\text{-}79)$$

式中　　　　　W——水环境容量，用污染物浓度与水量之积表示，也可用污染物总量表示；

　　　　　　　C_0——河水中污染物的原有浓度，mg/L；

　　　　　　　C_N——地表水环境容量标准，mg/L；

x，Q，q，t——分别表示距离、河流流量、排放污水量和时间。

水环境容量一般包括两部分：差值容量与同化容量。水体稀释作用属差值容量；生化作用的去污容量称同化容量。

1. 河流水环境容量的推算

（1）中小河流水环境容量推算

假设污染物沿河呈线性衰减，并且：① 上游转输来的污物量是稳定的，即 C_0 是一定的；② 忽略河段中污染物的分解和沉降作用；③ 河流的流量是不变化的，计算时应选取一个设计枯水期流量，以保证安全。

根据污染物排入河流的方式，可分为单点排污，即河段中只有一个排污口；多点排污，即河段中有多个排污口；沿河段均匀排污，即面源污染或称非点源污染。

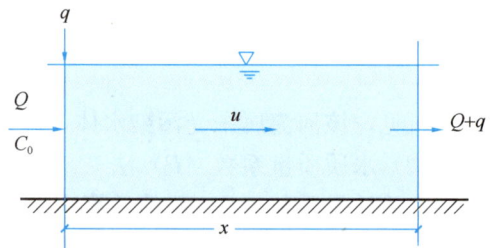

图 2-19　单点排污水环境容量计算图

1）单点排污水环境容量推算

单点排污的水环境容量计算图见图2-19。水环境容量计算式见式(2-80)或式(2-81)。

$$W_{点} = 86.4[C_N(Q+q) - C_0 Q] + k_1 \frac{x}{u} C_0 (Q+q) \tag{2-80}$$

或
$$W_{点} = 86.4\left(\frac{C_N}{\alpha} - C_0\right)Q + k_1 \frac{x}{u} C_0 (Q+q) \tag{2-81}$$

式中　$W_{点}$——单点排污的水环境容量，kg/d；

　　　C_0——河水中原有污染物浓度，mg/L；

　　　C_N——水环境的质量标准，kg/L；

　　　k_1——耗氧速率常数，d^{-1}；

　　　x，u——沿河流经的距离（m）与平均水流速度，m/d。

$\alpha = \dfrac{Q}{Q+q}$ 称为稀释流量比，其物理意义与"2.2.1 水体的自净"中所述的混合系数 α 相同。

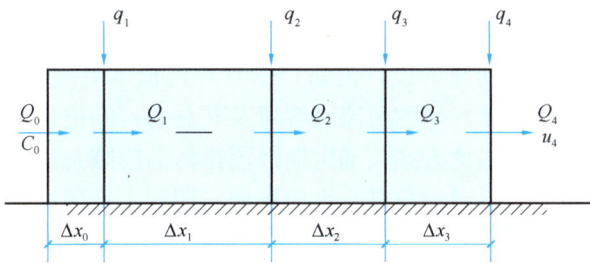

图 2-20　多点排污水环境容量计算图

$\left(\dfrac{C_N}{\alpha} - C_0\right)Q$ 称为差值容量。

$k_1 \dfrac{x}{u} C_0 (Q+q)$ 称为同化容量，对于难生物降解有机物，无同化容量项。

2）多点排污的水环境容量推算

多点排污的水环境容量的计算图，见图 2-20。水环境容量计算式，见式 (2-82)。

$$\Sigma W_{点} = 86.4(C_N - C_0)Q_0 + k_1 C_0 Q_0 \frac{\Delta x_0}{u_0} + 86.4 C_N \sum_{i=1}^{n} q_i + C_N \sum_{i=1}^{n-1}\left[k_1 \frac{\Delta x_i}{u_i} Q_i\right] \tag{2-82}$$

$$Q_1 = Q_0 + q_1, \quad Q_2 = Q_1 + q_2, \quad Q_i = Q_{i-1} + q_i$$

式中　Δx_i——各排污口断面之间的间距，m。

3）沿河段均匀排污的水环境容量推算

沿河段均匀排污的水环境容量计算图，见图 2-21。水环境容量计算式，见式 (2-83)。

沿河段均匀排污的水环境容量计算式是多点排污的水环境容量计算式 (2-82) 推算而得，即当 $n \to \infty$，$\Delta x_i \to 0$ 时，初始流量就等于河流流量 Q_0，河段末端流量为 Q_N。

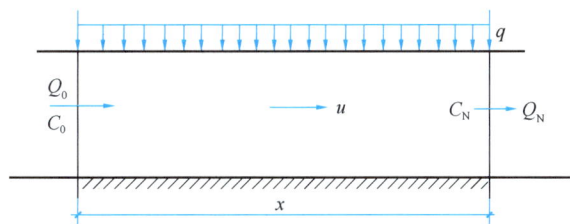

图 2-21　沿河均匀排污的水环境容量计算图

$$W_{最大} = 86.4[(C_N - C_0)Q_0 + C_N(Q_N - Q_0)] + \lim_{n \to \infty} k_i C_N \sum_{i=1}^{n-1} Q_i \frac{\Delta x_i}{u_i}$$

$$=86.4(C_{\mathrm{N}}Q_{\mathrm{N}}-C_0Q_0)+\frac{Q_0+Q_{\mathrm{N}}}{2}C_{\mathrm{N}} \cdot k_i \frac{x}{u} \tag{2-83}$$

式中 各符号意义同式（2-80）。

（2）大河流的水环境容量推算

大河流的流量大，宽深比大，流速也大，排入的污水流量相对很少，当进行岸边排放时，污水常形成岸边污染带，污染物质在河道内的横向扩散系数与河道流量、流速、水深以及排放形式有密切关系。水环境容量的计算方法一般采用简化后的二维水体水质模型，即式（2-23）进行。

（3）沿河段各排污口排放限量的确定

1）计算步骤

沿河段各排污口排放限量的计算步骤为：

① 首先应对河流的历史和现状，污染源与污染物进行综合调查，并作现状评价；②按河流的自然条件与功能，将河流划分为若干河段；③确定几项主要的水质指标，一般选择 DO、BOD、COD、NH_4^+-N、酚及 pH、水温等作为水质参数。根据地面标准确定上述各指标的标准；④确定排污口处的河流流量，从安全考虑，一般以 90%～95％频率的最枯月平均流量或连续 7d 最枯平均流量作为河流的设计流量；⑤计算河流水环境容量，先确定数学模式与系数，然后计算河段现有各排污口的河流点容量及其总和；⑥进行不同排放标准方案的经济效益和可行性比较，选择最优方案，确定向河流排污的削减总量及各排污口的合理分配率；⑦按最优排放限量方案，对河段进行水质预测，即预先推测执行排放限量后的河段水质状况。

2）关于削减总量的计算和分配

削减总量用下式计算

$$W_{\mathrm{k}}=W^{*}-\sum W_{点} \tag{2-84}$$

式中 W_{k}——削减总量，kg/d；

W^{*}——河段中每日排入河流的污染物总和，kg/d；

$\sum W_{点}$——多点排放的河段水环境容量总和，kg/d。

从式（2-84）可知：

当 $W^{*}<\sum W_{点}$，W_{k} 为负，即尚有一部分水环境容量未被利用。一般应预留 10%～20％作为安全容量，多余部分可作为今后发展用。

当 $W^{*}>\sum W_{点}$，W_{k} 为正，说明该河已超过负荷，各排污口应削减排污量，应削减的量按各排污口的污染物量比进行加权分配，即某排污口应削减排量为：

$$(W_{\mathrm{k}})_i=W_{\mathrm{k}}\frac{W_i}{W^{*}} \tag{2-85}$$

式中 W_i——某排污口每日排入河流的污染物量，kg/d；

$(W_{\mathrm{k}})_i$——该排污口应削减量，kg/d。

3）污水排入河流后，各污染指标的变化计算

当污水排入河流后，排污口上游及排污口下游某断面，有机污染物浓度的变化可用下式计算：

$$C_{\text{下}} = C_{\text{上}}\left(1 - 0.0116\frac{k_1 x}{u} + 0.0116\frac{W^*}{C_{\text{上}} Q}\right)\alpha \qquad (2\text{-}86)$$

式中　$C_{\text{上}}$——排污口上游河水中某有机污染物的浓度，mg/L；

　　　$C_{\text{下}}$——距排污口 x 处，该有机污染物的浓度，mg/L；

　　　W^*——该有机污染物每日排入河流的总量，mg/d；

　　　k_1——耗氧速率常数，d^{-1}；

　　　α——稀释流量比，$\alpha = \dfrac{Q}{Q+q}$；

　　　x——沿河流经的长度，km。

【例 2-6】 今有某城市的河流水体功能分段、水文资料及水质实测资料见表 2-6 及图2-22。

河流水体功能分段、水文资料及水质实测资料　　　　　表 2-6

河流节点编号	距离（km）	功能	质量标准 BOD₅ (mg/L)	DO (mg/L)	流量（m³/s）河水 P=90%	污水 q	稀释流量比 α	水质实测资料 BOD₅ (mg/L)	(kg/d)	COD (mg/L)	(kg/d)
断面 0-0	0	游览			4		0.8	2.5		7	
支流 1	2~5	游览	≤3	≥6	1.0			2.0	172.8①	8	691.2②
断面 1-1	3~0	游览									
排污口 1		渔				1.0	0.83	50	4320①	0	0
断面 2-2											
断面 3-3		业									
排污口 2			≤5.0	≥5		0.5	0.92	2	86.4①	0	0
支流 2		水			1.5		0.81	2	259.2①	7.5	972
断面 4-4							0.75				
断面 5-5		体									

① 因 $Q = 1\text{m}^3/\text{s} = 86400\text{m}^3/\text{d}$，所以 $86400 \times 0.002\text{kg/m}^3 = 172.8\text{kg/d}$。

② 因 $Q = 1\text{m}^3/\text{s} = 86400\text{m}^3/\text{d}$，所以 $86400 \times 0.008\text{kg/m}^3 = 691.2\text{kg/d}$。其他项计算相同。

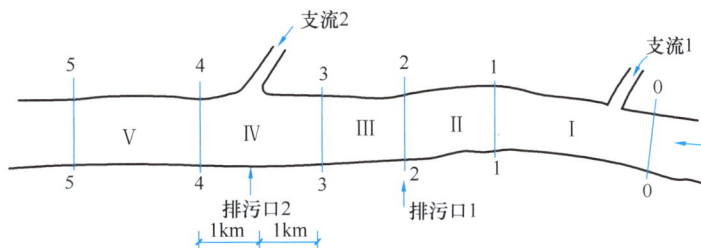

图 2-22　河流水环境容量计算图

由表 2-6 的水质实测资料可知，河流断面 1-1 以上的河段，BOD₅、DO 值均符合《地表水环境质量标准》GB 3838—2002 规定的标准。断面 1-1 以下各河段，有两个排污口及支流 2 汇入。请按《渔业水质标准》GB 11607—1989 计算排放量。

【解】根据各河段的水文资料（见表2-6），查表2-4、表2-5，选定各河段的耗氧速率常数 k_1 值与复氧速率常数 k_2 值。连同各河段的流速、长度一起，列入表2-7。

各河段的流速、长度及k_1、k_2值表   表 2-7

河段编号	流速（m/s）	河段长度（km）	耗氧速率常数 k_1（d^{-1}）	复氧速率常数 k_2（d^{-1}）
Ⅰ	0.45	3.0	0.25	0.60
Ⅱ	0.40	1.5	0.30	0.55
Ⅲ	0.35	1.5	0.35	0.50
Ⅳ	0.30	2.0	0.32	0.30
Ⅴ	0.25	2.0	0.37	0.40

求断面 1-1 处的 BOD_5 值：

断面 1-1 的污染源是支流 1 流入的 $BOD_5=172.8\text{kg/d}$，河段Ⅰ长度为 $x=3\text{km}$，流速 $u=0.45\text{m/s}$，耗氧速率常数 $k_1=0.25\text{d}^{-1}$（见表 2-7）。把上列已知数值代入式（2-86），计算出断面 1-1 处的 BOD_5 值〔即式（2-81）中的 C_0〕为：

$$BOD_{5,1-1}=2.5\Big(1-0.0116\times\frac{0.25\times3}{0.45}+0.0116\times\frac{172.8}{2.5\times4}\Big)\times0.8=2.362\text{mg/L}$$

再求河段Ⅱ排污口 1 前的水环境容量（以 BOD_5 计，下同）：

因该处的河流流量为干流流量加支流 1 的流量，即 $Q=$（4+1）$\text{m}^3/\text{s}=5\text{m}^3/\text{s}$、稀释流量比 $\alpha=0.83$（见表 2-6）。根据渔业水质标准，$C_N=5\text{mg/L}$，$C_0=2.362\text{mg/L}$，河段Ⅰ加河段Ⅱ的长度 $x=$（3+1.5）$\text{km}=4.5\text{km}$，河段流速 $u=0.4\text{m/s}$。无污水排入，$q=0$。上述各值代入式（2-81），可得排污口 1 前的水环境容量：

$$W_{点}=86.4\Big(\frac{C_N}{\alpha}-C_0\Big)Q+k_1\frac{x}{u}C_0(Q+q)$$

$$=86.4\Big(\frac{5}{0.83}-2.362\Big)\times5+0.3\times\frac{4.5}{0.4}\times2.362\times5$$

$$=1622\text{kg/d}<4320\text{kg/d}$$

从表 2-6 知，排污口 1 的排污量为 $BOD_5=4320\text{kg/d}$，远大于该处的河流水环境容量，故排污口 1 必须削减的排污量为 $4320-1622=2698\text{kg/d}$。

求断面 3-3 处的 BOD_5 值：

由于从断面 2-2 至断面 3-3 没有排污口，所以 $W^*=0$，$\alpha=1$，河段Ⅲ长度 $x=1.5\text{km}$，流速 $u=0.35\text{m/s}$，耗氧速率常数 $k_1=0.35\text{d}^{-1}$，故：

$$BOD_{5,3-3}=5\Big(1-0.0116\times\frac{0.35\times1.5}{0.35}\Big)=4.91\text{mg/L}\ 〔即式（2-81）中的 C_0〕$$

求河段Ⅳ的水环境总和：

本段实际排污量 BOD_5 包括排污口 2 与支流 2，即 $BOD_5=$（86.4+259.2）$\text{kg/d}=345.6\text{kg/d}$（见表 2-6）。本段各点水环境容量总和用式（2-82）计算：

$$\sum W_{点}=86.4(C_N-C_0)Q_0+k_1C_0Q_0\frac{\Delta x_0}{u_0}+86.4C_N\sum_{i=1}^{n}q_i+C_N\sum_{i=1}^{n-1}\Big[k_1\frac{\Delta x_i}{u_i}Q_i\Big]$$

$$=86.4(5-4.91)\times 6+0.32\times 4.91\times 6\frac{1.5}{0.3}+86.4\times 5(0.5+1.5)$$

$$+5\left[0.32\times\frac{1}{0.3}\times(6+0.5)+0.32\times\frac{1}{0.3}(6+0.5+1.5)\right]$$

$$=1035\text{kg/d}>345.6\text{kg/d}$$

计算可知，实际排污量 BOD_5 并未超过该河段各点的水环境容量总和，因此该河段不会超过《渔业水质标准》GB 11607—1989 的规定。

求排污口 2 处的水环境容量：

排污口 2 处的水环境容量用式（2-81）计算：

$$W_{点2}=86.4\left(\frac{C_N}{\alpha}-C_0\right)Q+k_1\frac{x}{u}C_0(Q+q)$$

$$=86.4\left(\frac{5}{0.92}-4.91\right)\times 6+0.32\times 4.91\times\frac{1}{0.3}\times(6+0.5)$$

$$=306.09\text{kg/d}$$

此处的实际排污量 $BOD_5=$（86.4+259.2）kg/d=345.6kg/d（包括排污口 2 及支流 2），故排污口 2 需要削减的排污量为：$BOD_5=$ 345.6−306.09=39.51kg/d。

2. 湖泊、水库水环境容量的推算

湖泊、水库根据排污口的多少，可分为单点排污的水环境容量推算与多点排污的水环境容量推算。

（1）单点排污的水环境容量推算

所谓湖泊、水库单点排污是指：只有一个排污口或者在一个排污口周围相当广阔的水域内没有其他污染源的情况。允许排污量即水环境容量可按单点排污的水环境容量计算。计算前应确定：① 排污口附近水域的水质标准，根据水体主要功能和污水中的主要污染物确定；② 污水入湖的扩散角度 ϕ；③ 计算点离排污口距离 r（m），应与有关部门共同商定；④ 按 90%～95% 保证率定出湖、库月平均水位、相应的安全设计容积及扩散区内的平均深度 H（m）；⑤ 用式（2-73）计算允许排污浓度 C，式中的自净速率系数 K 根据现场调查或室内实验确定。

允许排污量即水环境容量用下式计算：

$$W_{点}=C\cdot q \tag{2-87}$$

式中 C——允许排污浓度，mg/L；

q——入湖污水量，m³/d。

计算所得的水环境容量 $W_{点}$ 与实际排污量 W^* 作比较，如 $W_{点}>W^*$，则湖、库水质不受影响；如 $W_{点}\leqslant W^*$，则需要削减排污量，并应进行削减总量计算。

（2）多点排污的水环境容量推算

湖泊、水库周围常有多个排污口，在这种情况下，应进行多点排污的水环境容量推算，推算步骤如下。

1）调查与搜集资料：① 按 90%～95% 保证率定出湖、库月平均水位、相应的安全设计容积及平均深度 H（m）；② 枯水季的降雨量与年降雨量；③ 枯水季的入湖地表径流量及年地表径流量；④ 各排污口的排污量及主要污染物的种类和浓度；⑤ 湖泊、水库监测点的布设与监测资料。

2）进行湖、库水质现状评价，以湖、库的主要功能的水质作为评价的标准，并确定需要控制的污染物及可能的技术措施。

3）根据湖、库水质标准及水体水质模型，作主要污染物的允许排污量（即水环境容量）计算，计算式如下：

$$\Sigma W_{点} = C_0 \left(H \frac{Q}{V} + 10 \right) A \tag{2-88}$$

式中　$\Sigma W_{点}$——该湖、库水体对某种污染物的允许排污量，kg/a；

$\quad\quad C_0$——湖、库水体对某种污染物的允许浓度，g/m^3；

$\quad\quad Q$——进入该湖、库的年水量（包括流入湖、库的地面径流、湖面降雨与污水量），$10^4 m^3/a$；

$\quad\quad V$——$p=90\% \sim 95\%$ 保证率时的最枯月平均水位相应的湖、库水容积，$10^4 m^3$；

$\quad\quad H$——$p=90\% \sim 95\%$ 保证率的湖、库最枯月平均水位相应的平均深度，m；

$\quad\quad A$——$p=90\% \sim 95\%$ 保证率时的湖、库最枯月平均水位相应的湖泊面积，$10^4 m^2$。

4）将计算所得的水环境容量 $\Sigma W_{点}$ 与实际排污量 W^* 作比较，如 $\Sigma W_{点} > W^*$，则湖、库水质不受影响；如 $\Sigma W_{点} \leqslant W^*$，则需要削减排污量，并进行削减总量计算。

2.3.3　我国水环境法与标准

1. 我国的环境保护立法

我国自 1989 年经第七届全国人民代表大会常务委员会通过颁布《中华人民共和国环境保护法（试行）》、2014 年修订以来，环境保护立法工作有了很大进展，国家制定了预防为主防治结合，污染者出资治理与强化环境管理的三大政策。颁布了 30 余件环境法规和 100 余件环境行政法规，地方性环境法规 1000 余件，制定了 2000 余项生态环境标准，确定了环境评价、环境综合整治定量考核、污染物总量控制等有效的环境管理制度，基本形成了符合国情的环境政策、法律、标准和管理体系。

我国环境保护的法律体系可分为纵向体系与横向体系。

（1）我国环境保护法律的纵向体系

我国环境保护立法，从纵向分，共有 6 个层次，即根本法层次，环境保护法层次，单行法层次，行政法规层次，部门规章层次和地方性法规（规章）层次，见框图 2-23。

（2）我国环境保护立法的横向体系

我国环境保护立法的横向体系，也涉及给水排水的法律、法规，见框图 2-24。

2. 我国水环境标准

随着我国环境保护立法工作的不断完善，有关部门与地方制定了较详细的水环境标准，供规划、设计、管理、监测部门遵循。已制定的水环境标准如下。

（1）水环境质量标准

我国已有的水环境质量标准有：《地表水环境质量标准》GB 3838—2002，《渔业水质标准》GB 11607—1989，《农田灌溉水质标准》GB 5084—2021，《城市污水再生利用　城市杂用水水质》GB/T 18920—2020，《海水水质标准》GB 3097—1997，《地下水质量标准》GB/T 14848—2017。这些标准详细说明了各类水体中污染物的允许最高含量，以便

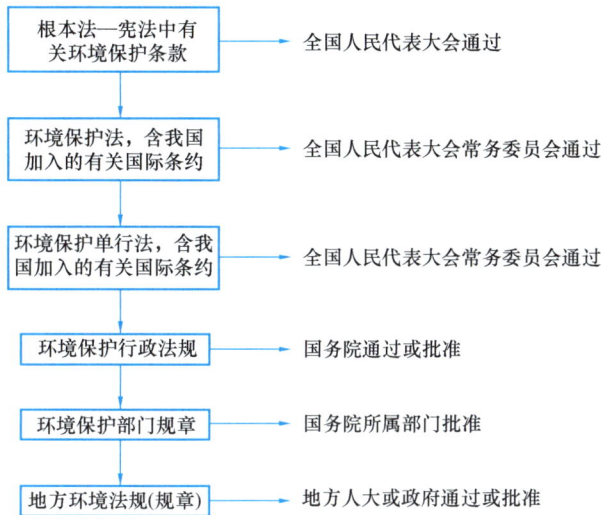

图 2-23　环境保护立法纵向层次框图

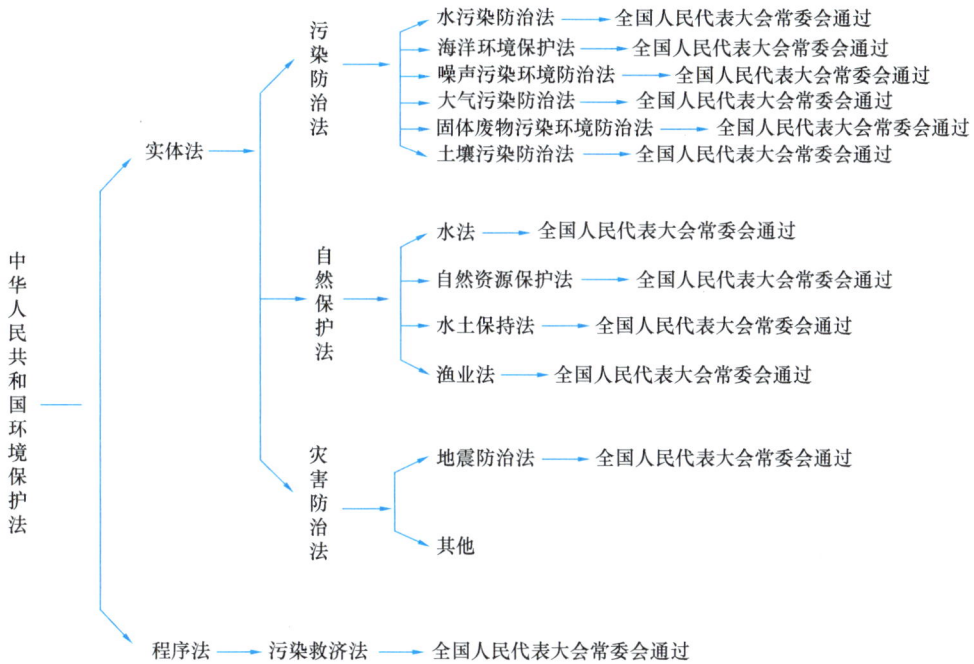

图 2-24　环境保护立法横向体系

保证水环境质量。

（2）污水排放标准

水体是国家的宝贵资源，必须严格保护，免受污染。因此当污水需要排入水体时，应处理到允许排入水体的程度。故我国有关部门，以水资源的科学理论为指导，以生态标准、经济可能、社会要求三者并重，综合平衡，全面规划，充分考虑可持续发展，有重点、有步骤地控制污染源，保护水体。为此而制定了污水的各种排放标准，可分为一般排放标准与行业排放标准两类。

一般排放标准有《城镇污水处理厂污染物排放标准》GB 18918—2002、《污水综合排放标准》GB 8978—1996、《农用污泥污染物控制标准》GB 4284—2018。

有关污水排放的行业标准涉及各类工业，如《制革及毛皮加工工业水污染物排放标准》GB 30486—2013、《医疗机构水污染物排放标准》GB 18466—2005、《肉类加工工业水污染物排放标准》GB 13457—1992、《制浆造纸工业水污染物排放标准》GB 3544—2008、《纺织染整工业水污染物排放标准》GB 4287—2012、《钢铁工业水污染物排放标准》GB 13456—2012、《合成氨工业水污染物排放标准》GB 13458—2013 等，可作为规划、设计、管理与监测的依据。

2.4 污水处理基本方法与处理程度分级

2.4.1 污水处理基本方法

污水处理的基本方法就是采用各种技术与手段，将污水中所含的污染物质分离去除、资源化回收利用，或将其转化为无害物质，使水得到净化。

现代污水处理技术，按原理可分为物理处理法、化学处理法、生物化学处理法等三类。此外，还有应用这三种原理的膜处理技术。

1. 物理处理法

物理处理法是利用物理作用分离污水中呈悬浮状态的固体污染物质的方法，有筛滤法、沉淀法、上浮法、气浮法、过滤法和反渗透法等。

2. 化学处理法

化学处理法是利用化学反应作用，分离回收污水中处于各种形态的污染物质（包括悬浮的、溶解的、胶体的等）的方法，主要有中和、混凝、电解、氧化还原、汽提、萃取、吸附、离子交换和电渗析等。

3. 生物化学处理法

生物化学处理法是利用微生物的代谢作用，使污水中呈溶解、胶体状态的有机污染物转化为稳定的无害物质的方法，主要方法可分为两大类，即利用好氧微生物作用的好氧法（好氧氧化法）和利用厌氧微生物作用的厌氧法（厌氧还原法），以及好氧与厌氧结合的方法。前者广泛用于处理城市污水及有机性生产污水，其中有活性污泥法和生物膜法两种；后者多用于处理高浓度有机污水与污水处理过程中产生的污泥，现在也开始用于处理城市污水与低浓度有机污水。

4. 膜处理技术

膜处理技术起源于 20 世纪 60 年代的海水淡化。成为 21 世纪优先发展的技术之一。目前已广泛应用于城市污水处理、工业废水处理及再生水处理领域。膜处理技术兼有分离、浓缩、提纯及净化功能。膜处理技术与生物化学法组合成膜生物反应器，即 MBR（Membrane Bioreactor），使微生物（活性污泥）与污水中的可降解有机物充分接触，氧化分解有机物，并使微生物生长繁殖。通过膜组件的机械筛分、截留等作用，对混合液进行固液分离。

分离、浓缩、提纯使用的膜法分为：微滤（MF），膜的孔径为 $0.02\sim10\mu m$，推动力为膜两侧的压力差 0.01~0.2MPa；超滤（UF），膜的孔径为 0.001~0.1μm，压力差 0.1~1.0MPa；纳滤（NF），膜的孔径平均为 2nm，推动力 0.1~2.0MPa；反渗透（RO），膜的孔径<0.002nm，压力差为 0.1~10MPa；电渗析（EDI），属于电化学分离过程，推动力为电位差。

膜生物反应器 MBR 分为 3 类：膜分离生化反应器、膜-曝气生化反应器和萃取 MBR。

2.4.2 处理程度分级

污水处理程度是指处理污水中不同性质的污染物，达到不同级别的净化目的与排放标准。

现代污水处理技术，按处理程度划分，可分为一级处理、强化一级处理、二级处理、三级处理和再生水处理等 4 个级别。

（1）一级处理：主要去除污水中呈悬浮状态的固体污染物质，物理处理法中大部分方法只能完成一级处理，属于二级处理的预处理。

（2）强化一级处理：强化一级处理是利用物理、化学或生物化学的方法，使污水中的悬浮物、胶体物质发生凝聚和絮凝，改善污染物质的可沉降性能，提高沉淀分离效果，从而改善一级处理出水水质的一种工艺。在一级处理的基础上，增加较少的投资，较大程度地提高污染物的去除率，削减总污染负荷，降低去除单位质量污染物的费用。

强化一级处理主要适用于两种情况：①合流制系统、雨季入流污水量大增时，为了确保二级处理的效果，需分流部分入流污水进行强化一级处理；②当污水处理厂分期建设时，先建强化一级处理，继而扩建成二级处理、三级处理。

（3）二级处理：指污水进行沉淀和生物处理的工艺，主要去除污水中呈胶体、悬浮和溶解状态的有机污染物质（即 BOD、COD 物质），去除率可达 90% 以上，并同时完成生物脱氮除磷，使处理出水的有机污染物、氮和磷达到排放标准。

（4）深度处理（三级处理）：是在一级、二级处理后，进一步处理难降解的有机物、磷和氮等能够导致水体富营养化的可溶性无机物。主要方法有化学法、脱氮除磷法、混凝沉淀法、砂滤法、膜滤法、活性炭吸附法、离子交换法和电渗析法等。三级处理是深度处理的同义语，但两者又不完全相同：三级处理常用于二级处理之后；而深度处理则以污水回收、再用为目的，在一级或二级处理后增加的处理工艺。

（5）再生水处理：污水经适当处理后，使其达到一定的水质标准且满足某种使用要求，属于再生水处理的范畴。再生水的回用范围很广，主要包括农业灌溉、工业生产、地下回灌和补充景观用水等。

2.4.3 污泥处理与处置

污泥是污水处理过程中的产物。城市污水处理产生的污泥含有大量有机物、肥分，可以作为农肥使用，无机物可作建材利用，但又含有大量细菌、寄生虫卵以及从生产污水中带来的重金属离子等，需要做减量、稳定与无害化及最终处置。

1. 污泥处理

污泥处理指对污泥进行减量、稳定与无害化的处理，主要方法有浓缩、脱水、消化、稳定、干化或焚烧等处理工艺。

2. 污泥处置

污泥处置指污泥的最终消纳方式，如农业利用、建筑材料、卫生填埋、裂解等。

复 习 思 考 题

1. 简述水体污染的类型及其危害，水体自净的机理。
2. 简述水体运动的不同维度水质模型方程及其作用。
3. 定义河流氧垂曲线，推导菲尔普斯方程并解释公式的意义与作用。
4. 水体质量评价、水环境容量计算的方法有哪些，各自用途是什么？
5. 我国有哪几类水环境法规与标准？
6. 污水处理、污泥处理与处置基本方法有几类？污水处理程度如何分级？

第2篇 城市污水处理

第3章 污水的物理处理

综合生活污水、工业废水与雨水都含有大量的漂浮物、悬浮物与可沉物质。由于污水来源广泛，其中的悬浮物质含量变化幅度很大，从每升几十到几千毫克，甚至达数万毫克。

污水物理处理法的去除对象是漂浮物、悬浮物与可沉物质。采用的处理方法与设备主要有：

筛滤截留法——筛网、格栅、滤池与微滤机等；

重力分离法——沉砂池、沉淀池、隔油池与气浮池等；

离心分离法——离心机与旋流分离器等。

本章主要阐述城市污水处理使用的格栅、沉砂池与沉淀池。其他设备将在第3篇有关章节中阐述。

3.1 格　　栅

格栅由一组平行的金属栅条或筛网制成，安装在污水渠道、泵房集水井的进口处或污水处理厂的端部，用以截留较大的悬浮物或漂浮物，如纤维、碎皮、毛发、木屑、果皮、蔬菜、塑料制品等，以便减轻后续处理构筑物的处理负荷，并使之正常运行。被截留的物质称为栅渣。栅渣的含水率约为 $70\%\sim80\%$，栅渣量约为 $0.03\sim0.1\mathrm{m^3/10^3m^3}$，容积密度约为 $750\mathrm{kg/m^3}$。

3.1.1 格栅分类

按形状，格栅可分为平面格栅、曲面格栅与阶梯式格栅。

平面格栅由栅条与框架组成。基本形式见图 3-1。图中 A 型平面格栅是栅条布置在框架的外侧，适用于机械清渣或人工清渣；B 型平面格栅是栅条布置在框架的内侧，在格栅的顶部设有起吊架，可将格栅吊起，进行人工清渣。

平面格栅的基本参数与尺寸包括宽度 B、长度 L、间隙净宽 e、栅条至外边框的距离 b。可根据污水渠道、泵房集水井进口管大小选用不同数值。格栅的基本参数与尺寸见表 3-1。

平面格栅的框架用型钢焊接。当平面格栅的长度 $L>1000\mathrm{mm}$ 时，框架应增加横向肋条。栅条用 A_3 钢制。机械清除栅渣时，栅条的直线偏差不应超过长度的 1/1000，且不大于 2mm。平面格栅型号表示方法，例如：

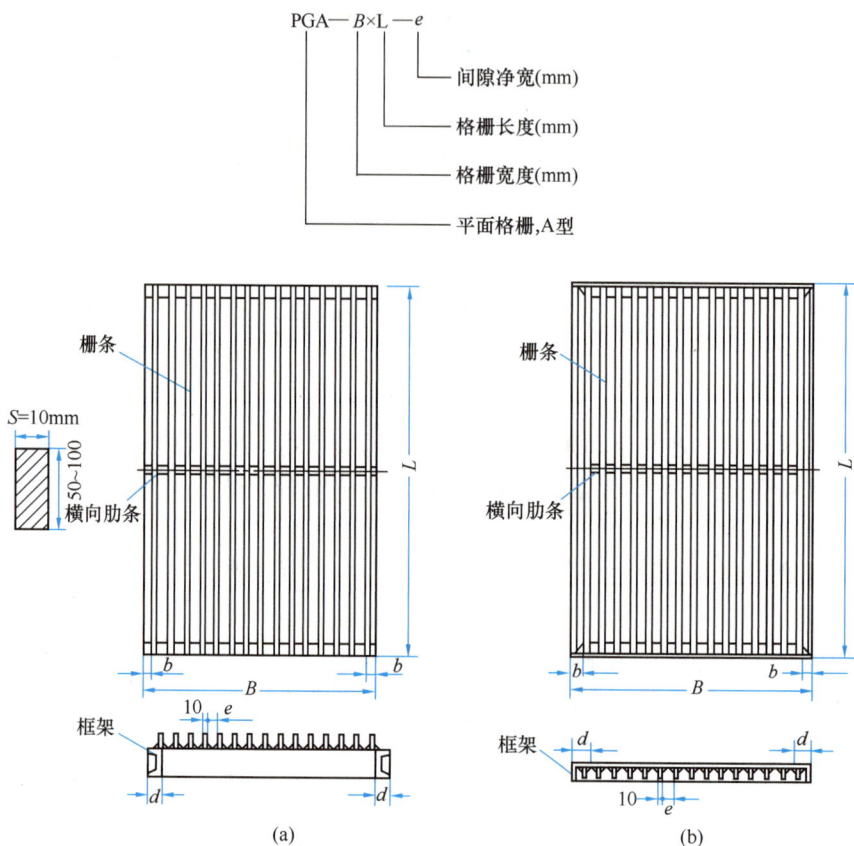

图 3-1 平面格栅

(a) A 型平面格栅；(b) B 型平面格栅

平面格栅的基本参数及尺寸　　　　　　　　　　　表 3-1

名　　称	数　　值（mm）
格栅宽度 B	600，800，1000，1200，1400，1600，1800，2000，2200，2400，2600，2800，3000，3200，3400，3600，3800，4000，用移动除渣机时，$B>4000$
格栅长度 L	600，800，1000，1200……以 200 为一级增长，上限值决定于水深
间隙净宽 e	10，15，20，25，30，40，50，60，80，100
栅条至外边框距离 b	b 值按下式计算： $$b = \frac{B - 10n - (n-1)e}{2}; \; b \leqslant d$$ 式中　B——格栅宽度； 　　　n——栅条根数； 　　　e——间隙净宽； 　　　d——框架周边宽度

平面格栅的安装方式见图 3-2，安装尺寸见表 3-2。

曲面格栅又可分为固定曲面格栅与旋转鼓筒式格栅两种，见图 3-3，图中（a）为固定曲面格栅，利用渠道水流速度推动除渣桨板。（b）为旋转鼓筒式格栅，污水从鼓筒内向鼓筒外流动，被截留的栅渣由冲洗水管冲入渣槽（带网眼）内排出。

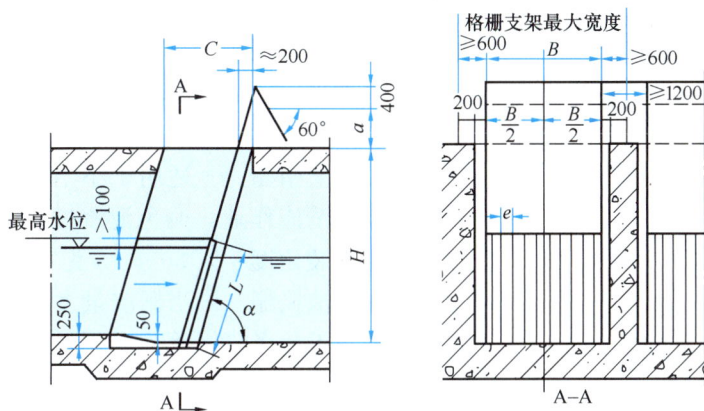

图 3-2　平面格栅安装方式

A 型平面格栅安装尺寸　　　　　　　　　　　　　　　　　　　　　　表 3-2

池深 H（mm）	800，1000，1200，1400，1600，1800，2000，2400，2800，3200，3600，4000，4400，4800，5200，5600，6000		
格栅倾斜角 α	60°，75°，90°		
清除高度 a（mm）	0	800，1000	1200，1600，2000，2400
运输装置	水槽	容器、传送带、运输车	汽车
开口尺寸 C（mm）	≥1600		

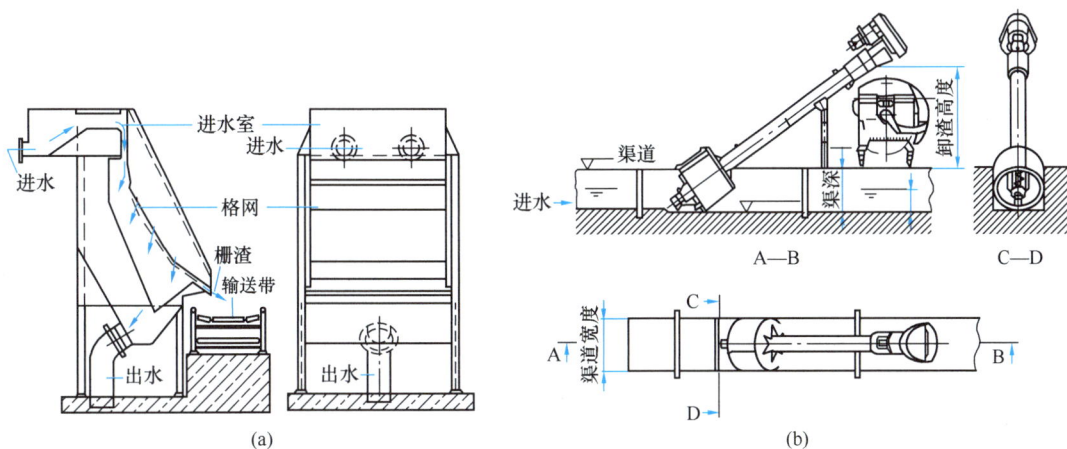

图 3-3　曲面格栅

（a）固定曲面格栅；（b）旋转鼓筒式格栅

　　阶梯式格栅见图 3-4，随着格栅的转动，栅渣被格栅截留后沿着阶梯一级一级地被带上而去除。

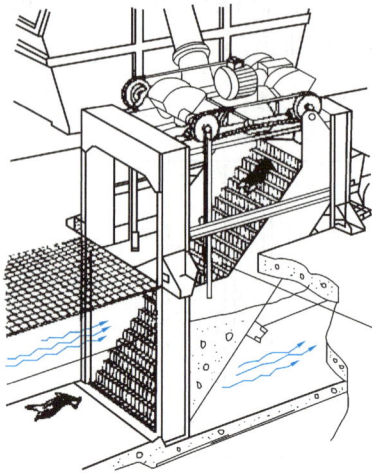

图 3-4 　阶梯式格栅

按格栅栅条的净间隙，可分为粗格栅（50～100mm）、中格栅（10～40mm）、细格栅（3～10mm）3 种。上述平面格栅与曲面格栅，都可做成粗、中、细 3 种。由于格栅是物理处理的重要构筑物，故新设计的污水处理厂一般采用粗、细 2 道格栅。

按清渣方式，可分为人工清渣和机械清渣两种。

人工清渣格栅——适用于小型污水处理厂。为了使工人易于清渣作业，避免清渣过程中的栅渣掉回水中，格栅安装角度 α 以 30°～45° 为宜。

机械清渣格栅——当栅渣量大于 $0.2 m^3/d$ 时，为改善劳动与卫生条件，都应采用机械清渣格栅。常用的清渣机械见图 3-5。

图 3-5（a）为固定式清渣机，清渣机的宽度与格栅宽度相等。电机 1 通过变速箱 2、3，带动滑轮 4，牵动钢丝绳 14、滑块 6 及齿耙 7，使沿导轨 5 上下滑动清渣。被刮的栅渣沿溜板 9，经刮板 11 刮入渣箱 13，用粉碎机破碎后，回落入污水中一起处理，8 为栅条，10 为导板，12 为挡板。

图 3-5（b）为活动清渣机，当格栅的宽度大，可采用活动清渣机，沿格栅宽度方向左右移动进行清渣。清渣机由平台及桁架 1，行走车架 2，齿耙 3，桁架的移动装置（4、6、9、10、11），齿耙升降装置（3、5、8）以及格栅 7 组成。在齿耙下降时，桁架会自动转离格栅，齿耙降至格栅底部时，桁架自动靠紧格栅，开始刮渣。齿耙升降装置的功率为 1.1～1.5kW，升降速度为 10cm/s，提升力约 500kg。

图 3-5（c）为回转耙式清渣机，格栅垂直安装，节省占地面积。图中 1 为主动二次链轮，2 为圆毛刷，可把齿耙上的栅渣刮入栅渣槽 4 内，并用皮带输送机送至打包机或破碎

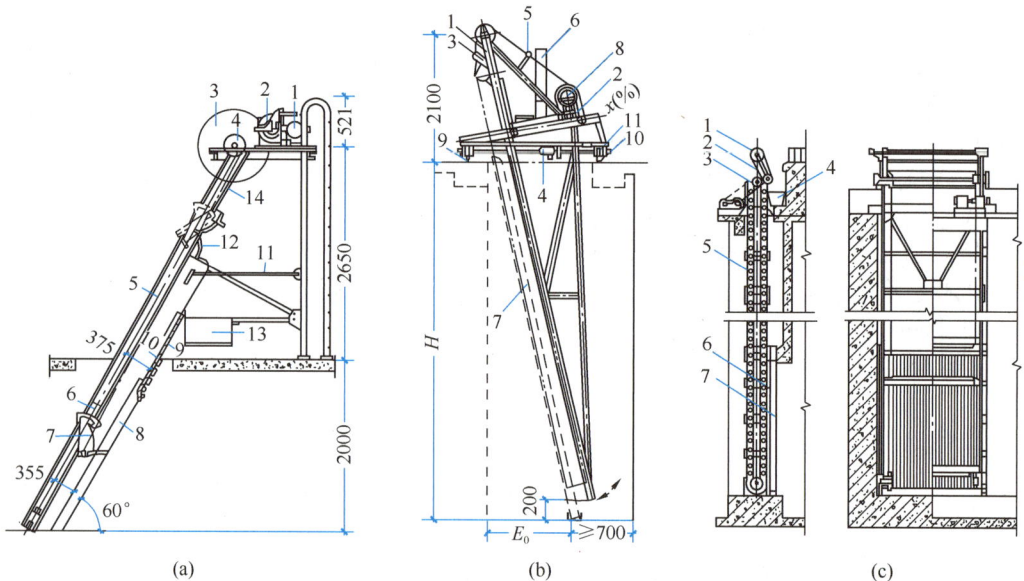

| (a) | (b) | (c) |

图 3-5 　机械清渣格栅

（a）固定式清渣机；（b）活动清渣机；（c）回转耙式清渣机

机，3 为主动大链轮带动齿耙 6，5 为链条，7 为格栅。

3.1.2　格栅的计算

格栅的计算包括尺寸计算、水力计算、栅渣量计算以及清渣机械的选用等。图 3-6 为格栅计算图。

平面格栅、回转式格栅（属于平面格栅的一种）、阶梯式格栅的栅室宽度及过栅水头损失计算式见表 3-3。

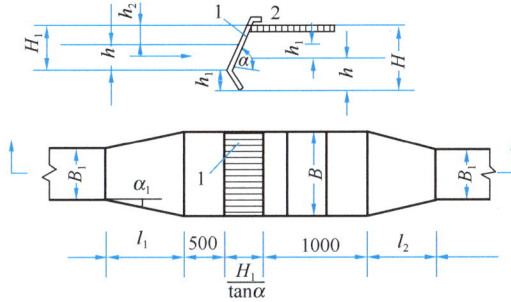

图 3-6　格栅计算图

1—栅条；2—工作平台

栅室宽度及过栅水头损失计算式　　　　　　　　　　　　　　　表 3-3

格栅形式	平面格栅	回转式格栅	阶梯式格栅
格栅宽度	$B = S(n-1) + en$ $n = \dfrac{Q_{max}}{ehv}\sqrt{\sin\alpha}$	按设备过流能力确定，选用时 Q_{max} 应为厂家标注过流能力的 80% 左右	$B = \dfrac{278Q}{v(h-60)\left(\dfrac{e}{e+s}\right)+10}$
过栅水头损失计算式	$h_0 = \xi\dfrac{v^2}{2g}\sin\alpha$ $h_1 = kh_0$ $\xi = \beta\left(\dfrac{S}{e}\right)^{4/3}$	$h_1 = Ckv^2$ $v = \dfrac{Q}{B_1 h}$	当 $e = 1\sim6$mm $v = 0.8\sim1.5$m/s h_1 为 $50\sim200$mm
符号说明	B—格栅槽宽，m； S—栅条厚度，m； e—格条净间隙宽度，m； n—栅条间隙数，个； Q_{max}—过栅最大流量，m³/s； α—格栅设置倾角，°； h—栅前水深，m； v—过栅流速，m/s；最大设计流量时为 0.8～1.0，平均设计流量时为 0.3； h_0—理论水头损失值，m； h_1—实际水头损失值，m； k—考虑格栅堵塞的水头损失增大系数，一般取 1～3； β—栅条形状系数，一般圆截面栅条为 1.79，矩形截面栅条为 2.42； ξ—栅条阻力系数	B_1—格栅净宽，m； h_1—实际计算水头损失，m； Q—过栅流量，m³/h； h—栅前水深，m； v—过栅流速，m/s； C—格栅设置倾角系数，a 为 45°、60°、75° 和 90° 时 C 值分别为 1.0、1.118、1.235 和 1.354； k—过栅水流系数，与栅条间隙和形状有关 表格： 间隙（mm） / k 1 / 0.91～1.17 3 / 0.40～0.55 6 / 0.32～0.41 10 / 0.50～0.60 15 / 0.31 30 / 0.29	Q—过栅流量，m³/h； v—过栅间隙流速，m/s； h—栅前水深，mm； e—净间隙宽度，mm； s—栅片厚度，mm； h_1—过栅实际水头损失，mm

59

为避免造成栅前壅水，故将栅后槽底下降 h_1 作为补偿，见图 3-6。

格栅总高度：

$$H = h + h_1 + h_2 \qquad (3-1)$$

式中　H——栅槽总高度，m；

　　　h——栅前水深，m；

　　　h_1——见表 3-3；

　　　h_2——栅前渠道超高，m，一般用 0.3m。

栅槽总长度：

$$L = l_1 + l_2 + 1.0 + 0.5 + \frac{H_1}{\tan\alpha} \qquad (3-2)$$

式中　L——栅槽总长度，m；

　　　H_1——栅前槽高，$H_1 = h + h_2$，m；

　　　l_1——进水渠道渐宽部分长度，$l_1 = \dfrac{B - B_1}{2\tan\alpha_1}$，m；

　　　B_1——进水渠道宽度，m；

　　　α_1——进水渠展开角，一般用 20°；

　　　l_2——栅槽与出水渠连接渠渐缩长度，$l_2 = \dfrac{l_1}{2}$，m。

每日栅渣量计算：

$$W = \frac{Q_{max} W_1 \times 86400}{K_{总} \times 1000} \qquad (3-3)$$

式中　W——每日栅渣量，m³/d；

　　　W_1——栅渣量（m³/10³m³ 污水），取 0.1～0.01，粗格栅用小值，细格栅用大值，中格栅用中值；

　　　$K_{总}$——综合生活污水量总变化系数，见表 3-4。

综合生活污水量总变化系数　　　　　　　　　　　　　　　　表 3-4

平均日流量（L/s）	5	15	40	70	100	200	500	≥1000
$K_{总}$	2.7	2.4	2.1	2.0	1.9	1.8	1.6	1.5

注：当污水平均日流量为中间数值时，总变化系数可用内插法求得。

【例 3-1】已知某城市的最大设计污水量 $Q_{max} = 0.2$m³/s，$K_{总} = 1.5$，计算格栅各部尺寸。

【解】格栅计算草图见图 3-6。设栅前水深 $h = 0.4$m，过栅流速取 $v = 0.9$m/s，用中格栅，栅条间隙 $e = 20$mm，格栅安装倾角 $\alpha = 60°$。

栅条的间隙数：

$$n = \frac{Q_{max}\sqrt{\sin\alpha}}{ehv} = \frac{0.2\sqrt{\sin60°}}{0.02 \times 0.4 \times 0.9} \approx 26$$

栅槽宽度：

根据表 3-3，平面格栅，取栅条厚度 $S = 0.01$m

$$B = S(n-1) + en = 0.01 \times (26-1) + 0.02 \times 26 = 0.8\text{m}$$

进水渠道渐宽部分长度：

若进水渠宽 $B_1=0.65\text{m}$，渐宽部分展开角 $\alpha_1=20°$，此时进水渠道内的流速为 0.77m/s，

$$l_1=\frac{B-B_1}{2\tan\alpha_1}=\frac{0.8-0.65}{2\tan 20°}\approx 0.21\text{m}$$

栅槽与出水渠道连接处的渐窄部分长度：

$$l_2=\frac{l_1}{2}=\frac{0.21}{2}=0.11\text{m}$$

过栅水头损失：

因栅条为矩形截面，取 $k=3$，并将已知数据代入表 3-3 平面格栅条公式：

$$h_1=2.42\times\left(\frac{0.01}{0.02}\right)^{\frac{4}{3}}\times\frac{0.9^2}{2\times 9.81}\times\sin 60°\times 3=0.108\text{m}$$

式中栅条形状系数 β，矩形截面取 2.42。

栅后槽总高度：

取栅前渠道超高 $h_2=0.3\text{m}$，栅前槽高 $H_1=h+h_2=0.7\text{m}$

栅槽总高度：

$$H=h+h_1+h_2=0.4+0.097+0.3=0.8\text{m}$$

栅槽总长度：

$$L=l_1+l_2+0.5+1.0+\frac{H_1}{\tan 60°}=0.22+0.11+0.5+1.0+\frac{0.7}{\tan 60°}=2.23\text{m}$$

每日栅渣量：

用式（3-3）计算，取 $W_1=0.07\text{m}^3/10^3\text{m}^3$

$$W=\frac{Q_{\max}\cdot W_1\times 86400}{K_{总}\times 1000}=\frac{0.2\times 0.07\times 86400}{1.5\times 1000}=0.8\text{m}^3/\text{d}$$

采用机械清渣。

3.2　破　碎　机

3.2.1　概述

破碎机见图 3-7，安装在：①格栅后；②污水泵前。切碎机见图 3-7 中 A-A 剖面，安装在：①消化池热交换器前；②污泥长距离输送泵前；③干燥器前。防止水泵堵塞或设备磨损；提高热交换效果并防止堵塞。

3.2.2　破碎机与切碎机的构造与安装

破碎机的主要部件是半圆柱形固定滤网与同心的圆柱形转动切割盘。构造与安装见图 3-7。污水流过时，半圆柱形固定滤网截留悬浮固体，然后被不断旋转的圆柱形转动切割盘切碎后，随水流走。

为了维修方便，在破碎机前、后的渠道上，安装平板闸门，并设置旁通渠及格栅。在停电、两台破碎机同时发生机械故障或污水流量超负荷时，停止使用破碎机，污水可从旁通渠流入后续处理构筑物。

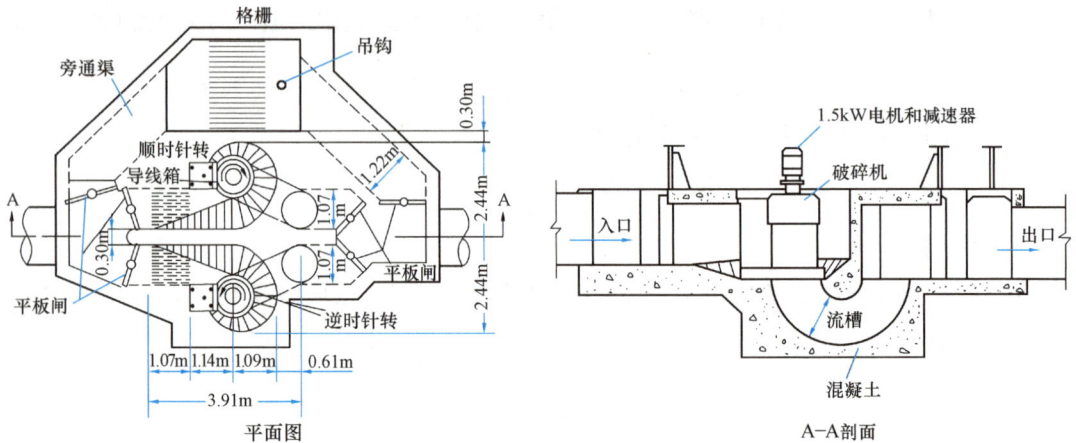

图 3-7　破碎机构造与安装图

3.3　沉　淀　理　论

3.3.1　概述

污水中的悬浮物质，可在重力的作用下沉淀去除。这是一种物理过程，简便易行，效果良好，是污水处理的重要技术之一。

根据悬浮物质的性质、浓度及絮凝性能，沉淀可分为 4 种类型。

第一类为自由沉淀，当悬浮物质浓度不高，在沉淀的过程中，颗粒之间互不碰撞，呈单颗粒状态，完成沉淀过程。典型例子是砂粒在沉砂池中的沉淀以及悬浮物质浓度较低的污水在初次沉淀池中的沉淀过程。自由沉淀过程可用牛顿第二定律及斯托克斯公式描述。

第二类为絮凝沉淀（也称干涉沉淀），当悬浮物质浓度约为 $50\sim500mg/L$ 时，在沉淀过程中，颗粒与颗粒之间可能互相碰撞产生絮凝作用，使颗粒的粒径与质量逐渐加大，沉淀速度不断加快，故实际沉速很难用理论公式计算，主要靠试验测定。这类沉淀的典型例子是活性污泥在二次沉淀池中的沉淀。

第三类为区域沉淀（或称成层沉淀，拥挤沉淀），当悬浮物质浓度大于 $500mg/L$ 时，在沉淀过程中，相邻颗粒之间互相妨碍、干扰、沉速大的颗粒也无法超越沉速小的颗粒，各自保持相对位置不变，并在聚合力的作用下，颗粒群结合成一个整体向下沉淀，与澄清水之间形成清晰的液—固界面，沉淀显示为界面下沉。典型例子是二次沉淀池下部的沉淀过程及浓缩池开始阶段。

第四类为压缩，区域沉淀的继续，即形成压缩。颗粒间互相支撑，上层颗粒在重力作用下，挤出下层颗粒的间隙水，使污泥得到浓缩。典型的例子是活性污泥在二次沉淀池的污泥斗中及浓缩池中的浓缩过程。

活性污泥在二次沉淀池及浓缩池的沉淀与浓缩过程中，实际上都顺次存在着第一、第二、第三、第四类型的沉淀过程，只是产生各类沉淀的时间长短不同而已。图 3-8 所示的沉淀曲线，即活性污泥在二次沉淀池中的沉淀过程。

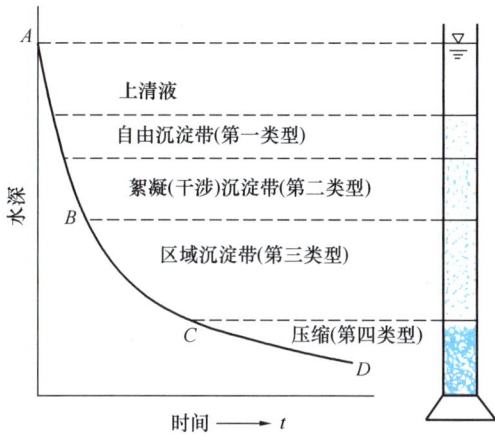

图 3-8　活性污泥在二次沉淀池中的沉淀过程　　　图 3-9　自由沉淀过程

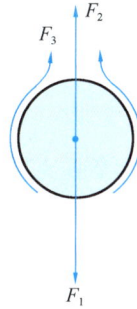

3.3.2　沉淀类型的分析

1. 自由沉淀

自由沉淀可用牛顿第二定律表述，为分析简便起见，假设颗粒为球形，见图 3-9。

$$m\frac{\mathrm{d}u}{\mathrm{d}t}=F_1-F_2-F_3 \tag{3-4}$$

式中　u——颗粒沉速，m/s；

　　　m——颗粒质量，g；

　　　t——沉淀时间，s；

　　　F_1——颗粒的重力，$F_1=\dfrac{\pi d^3}{6}g\rho_{\mathrm{g}}$；

　　　F_2——颗粒的浮力，$F_2=\dfrac{\pi d^3}{6}g\rho_{\mathrm{y}}$；

　　　F_3——下沉过程中受到的摩擦阻力，$F_3=\dfrac{C\pi d^2\rho_{\mathrm{y}}u^2}{8}=C\dfrac{\pi d^2}{4}\rho_{\mathrm{y}}\dfrac{u^2}{2}=CA\rho_{\mathrm{y}}\dfrac{u^2}{2}$；

　　　A——颗粒在垂直面上的投影面积；

　　　d——颗粒的直径，m；

　　　g——重力加速度，m/s²；

　　　C——阻力系数，是球形颗粒周围液体绕流雷诺数的函数，由于污水中颗粒直径较

　　　　　小，沉速不大，绕流处于层流状态，可用层流阻力系数公式 $C=\dfrac{24}{Re}$；

　　　Re——雷诺数，$Re=\dfrac{du\rho_{\mathrm{y}}}{\mu}$；

　　　μ——液体的黏滞度；

　　　ρ_{g}——颗粒的密度；

　　　ρ_{y}——液体的密度。

把上列各关系式代入式（3-4），整理后得：

$$m\frac{\mathrm{d}u}{\mathrm{d}t}=g(\rho_{\mathrm{g}}-\rho_{\mathrm{y}})\frac{\pi d^3}{6}-C\frac{\pi d^2}{4}\rho_{\mathrm{y}}\frac{u^2}{2} \tag{3-5}$$

颗粒下沉时，起始沉速为 0，逐渐加速，摩擦阻力 F_3 也随之增加，重力与阻力达到

平衡，加速度 $\dfrac{\mathrm{d}u}{\mathrm{d}t}=0$，颗粒呈等速下沉。故式（3-5）可改写为：

$$u=\left(\frac{4g}{3C}\cdot\frac{\rho_\mathrm{g}-\rho_\mathrm{y}}{\rho_\mathrm{y}}d\right)^{1/2}$$

代入阻力系数公式，整理后得：

$$u=\frac{\rho_\mathrm{g}-\rho_\mathrm{y}}{18\mu}gd^2 \tag{3-6}$$

式（3-6）即为斯托克斯（Stocks）公式。由式可知：① 沉速 u 的决定因素是 $\rho_\mathrm{g}-\rho_\mathrm{y}$，当 $\rho_\mathrm{g}<\rho_\mathrm{y}$ 时，u 呈负值，颗粒上浮；$\rho_\mathrm{g}>\rho_\mathrm{y}$ 时，u 呈正值，颗粒下沉；$\rho_\mathrm{g}=\rho_\mathrm{y}$ 时，$u=0$ 颗粒在水中随机，不沉不浮。② 沉速 u 与颗粒的直径 d^2 成正比，所以增大颗粒直径 d，可大大地提高沉淀（或上浮）效果。③ u 与 μ 成反比，μ 决定于水质与水温，在水质相同的条件下，水温高则 μ 值小，有利于颗粒下沉（或上浮）。④ 由于污水中颗粒非球形，故式（3-6）不能直接用于工艺计算，需要加非球形修正。

自由沉淀规律，可通过沉淀试验得到。试验方法有两种。

第一种试验方法：

取直径为 80～100mm，高度为 1500～2000mm 的沉淀筒 n 个（一般为 6～8 个）。将已知悬浮物浓度 C_0 与水温的水样，注入各沉淀筒 ［图 3-10（a）］，搅拌均匀后，同时开始沉淀试验。取样点设在水深 $H=1200\text{mm}$ 处。经沉淀时间 t_1，t_2，…，t_i，…，t_n 时，分别在 1 号，2 号，…，i 号，…，n 号沉淀筒取出水样 100mL，并分析各水样的悬浮物浓度 C_1，C_2，…，C_i，…，C_n。在直角坐标纸上，作去除率 $\eta_0=\dfrac{C_0-C_i}{C_0}\times100\%$ 与沉淀时间 t_i 之间的关系曲线、去除率 η_0 与沉速 $u_i=\dfrac{H}{t_i}$ 之间的关系曲线。所谓沉速 u_i 是指在沉淀时间 t_i 内，能从水面恰巧下沉到水深 H 处的最小颗粒的沉淀速度。两条关系曲线称为自由沉淀曲线，分别见图 3-10(b)、(c)。当已知沉淀时间，或已知需要去除的颗粒沉速，即可在图 3-10(b)、(c)曲线上查出去除率。

图 3-10 得出的去除率 η_0 为在 t 时间内全部下沉去除的颗粒的去除率，即 $u_\mathrm{t}\geqslant u_0\left(\dfrac{H}{t}\right)$ 的颗粒的去除率，不包括部分 $u_\mathrm{t}<u_0$ 颗粒的沉淀去除率。而 $u_\mathrm{t}<u_0$ 的颗粒，在相同的时

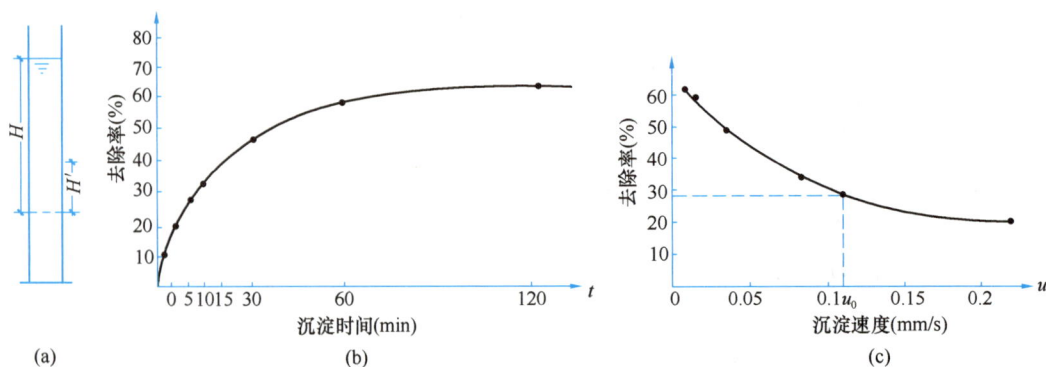

图 3-10　自由沉淀试验曲线

间 t 内能否被去除，决定于这些颗粒存在的位置：沉速 u_t 的颗粒若处于 H' 的范围内，则能沉淀去除；若处于 H' 以上，则同步下沉至 H' 范围内并存在于所取的水样中。由于所取水样悬浮物浓度为全部沉速小于 u_0 颗粒的总浓度，因此，去除率 η_0 没有包含这些颗粒的去除量。η_0 未包含的颗粒去除量，可由如下分析得出：因 $u_0=\dfrac{H}{t}$，所以 $t=\dfrac{H}{u_0}$；又因 $u_t=\dfrac{H'}{t}$，所以 $t=\dfrac{H'}{u_t}$，故 $\dfrac{H}{u_0}=\dfrac{H'}{u_t}$，$\dfrac{H'}{H}=\dfrac{u_t}{u_0}$，可见 $u_t<u_0$ 的那些颗粒的去除量，等于 $\dfrac{u_t}{u_0}$ 值，也等于颗粒所处位置的比值 $\dfrac{H'}{H}$。包含 $u_t<u_0$ 颗粒的沉淀总去除率，由如下分析得出。

将上述试验结果记录于表 3-5 中。水样中的悬浮物浓度 C_i 与污水原有悬浮物浓度 C_0 的比值称为悬浮物剩余量，简称剩余量，用 $P_0=\dfrac{C_i}{C_0}$ 表示，相应的去除量应为（$1-P_0$）。根据表 3-5 所列数值，在直角坐标纸上，纵坐标为剩余量 $P_0=\dfrac{C_i}{C_0}$，横坐标为沉速 u_t，作剩余量 P_0 与沉速 u_t 关系曲线，见图 3-11。若要求沉淀去除沉速为 $u_0=\dfrac{H}{t}$ 的颗粒，显然凡沉速 $u_t \geqslant u_0$ 的所有颗粒，都可被沉淀去除，去除量为（$1-P_0$）；$u_t<u_0$ 的那部分颗粒能被沉淀去除的量，作如下分析可得：设其中某特定粒径的颗粒的质量是悬浮物总量的 $\mathrm{d}P$，它能被沉淀去除的比值为 $\dfrac{u_t}{u_0}$，则被沉淀去除的数量应为 $\dfrac{u_t}{u_0}\mathrm{d}P$，可见 $u_t<u_0$ 的那部分颗粒的去除量应为 $\displaystyle\int_0^{P_0}\dfrac{u_t}{u_0}\mathrm{d}P$，因此总去除量应为（$1-P_0$）$+\dfrac{1}{u_0}\displaystyle\int_0^{P_0}u_t\mathrm{d}P$。

由此可得自由沉淀去除率公式：

$$\eta=(100-P_0)+\frac{100}{u_0}\int_0^{P_0}u_t\mathrm{d}P \tag{3-7}$$

式中　P_0——百分率。

沉淀试验记录

表 3-5

取样时间 （min）	悬浮浓度 （mg/L）	去除量 $1-P_0=\dfrac{C_0-C_i}{C_0}$	沉速 u_t		剩余量 $P_0=C_i/C_0$
			（mm/s）	（m/min）	
0	$C_0=400$	0	0	0	1
5	$C_1=240$	（400-240）/400=0.4	1200/（5×60）=4	0.24	240/400=0.6
15	$C_2=208$	0.48	1.33	0.08	0.52
30	$C_3=184$	0.54	0.67	0.04	0.46
45	$C_4=160$	0.60	0.44	0.027	0.40
60	$C_5=132$	0.67	0.32	0.020	0.33
90	$C_6=108$	0.73	0.22	0.013	0.27
120	$C_7=88$	0.78	0.17	0.01	0.22

根据表 3-5，在直角坐标纸上，纵坐标为剩余量 P_0，横坐标为沉速 u_t，作 P_0-u_t 关系曲线图 3-11，从图可知，$u_t\mathrm{d}P$ 是一块微小面积（图 3-11 阴影部分），$\displaystyle\int_0^{P_0}u_t\mathrm{d}P$ 是关系曲线与纵坐标所包围的面积，如把此包围的面积，划分成很多矩形小块，便可用图解的方法

求得去除率。

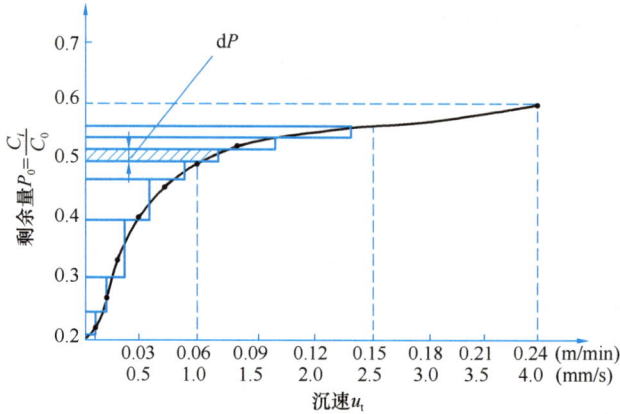

图 3-11　剩余量 P_0-沉速 u_t 关系曲线

第二种试验方法：

沉淀筒尺寸、数目及取样点深度与第一种试验方法相同，但取样的方法不同。第二种试验的取样方法是：在沉淀时间为 t_1，t_2，…，t_i，…，t_n 时，分别在 1 号、2 号，…，i 号，…，n 号沉淀筒内，取出取样点以上的全部水样，分析各水样的悬浮物浓度 C_1，C_2，…，C_i，…，C_n。

同样用 $P_0 = \dfrac{C_i}{C_0}$ 表示悬浮物剩余量，可得自由沉淀去除率公式：

$$\eta = 1 - P_0 = \frac{C_0 - C_i}{C_0} \times 100\% \tag{3-8}$$

【例 3-2】污水悬浮物浓度 $C_0 = 400\text{mg/L}$，用第一种试验方法试验的结果，见表 3-5，试求：① 需去除 $u_0 = 2.5\text{mm/s}$（0.15m/min）的颗粒的总去除率；② 需去除 $u_0 = 1\text{mm/s}$（0.06m/min）的颗粒的去除率。

【解】用图解法，把图 3-11 划分为 8 个矩形小块（划分越多，结果越精确），累计面积 $\int_0^{P_0} u_t \mathrm{d}P$ 计算结果，列于表 3-6。

$\int_0^{P_0} u_t \mathrm{d}P$ 图解计算值　　　　　　　　　　　　　　　　　　表 3-6

u_t（mm/s）	$\mathrm{d}P$	$u_t\mathrm{d}P$	u_t（mm/s）	$\mathrm{d}P$	$u_t\mathrm{d}P$
0.11	0.04	0.0044	0.88	0.03	0.0264
0.25	0.06	0.015	1.17	0.02	0.0234
0.37	0.10	0.037	1.67	0.02	0.0334
0.58	0.07	0.0406	2.30	0.02	0.046
		合计 $\int_0^{P_0} u_t \mathrm{d}P = 0.2262$			

（1）要求去除 $u_0 = 2.5\text{mm/s}$ 的颗粒的总去除率为：从图 3-11 查得 $u_0 = 2.5\text{mm/s}$ 时，剩余量 $P_0 = 0.56$；沉速 $u_t < u_0$（2.5mm/s）的颗粒去除量 $\int_0^{P_0} u_t \mathrm{d}P = 0.2262$（由表 3-6），总去除率为：

$$\eta = (100 - 56) + \frac{100}{2.5} \times 0.2262 = 44 + 9.05 = 53.05\%$$

取 53%。

即 $u_t \geq 2.5mm/s$ 的颗粒，可去除 44%，$u_t < 2.5mm/s$ 的颗粒，可去除 9%。

（2）要求去除沉速 $u_0 = 1mm/s$ 的颗粒的去除率：从图 3-11 查得 $u_0 = 1mm/s$ 时，$P_0 = 0.5$；$u_t < u_0$ 的颗粒去除量 $\int_0^{P_0} u_t \mathrm{d}P = 0.1234$，总去除率为：

$$\eta = (100 - 50) + \frac{100}{1} \times 0.1234 = 62.3\%$$

即 $u_t \geq u_0$ （1.0mm/s）的颗粒，可去除 50%，$u_t < u_0$ （1.0mm/s）的颗粒，可去除 12.3%。

2. 絮凝沉淀

絮凝沉淀试验是在一个直径为 150～200mm，高度为 2000～2500mm，在高度方向每隔 500mm 设取样口的沉淀筒内进行，见图 3-12（a）。将已知悬浮物浓度 C_0 及水温的水样注满沉淀筒，搅拌均匀后开始计时，每隔一定时间间隔，如 10min，20min，30min，…，120min，同时在各取样口取水样 50～100mL，分析各水样的悬浮物浓度，并计算出各自的去除率 $\eta = \dfrac{C_0 - C_i}{C_0} \times 100\%$，记录于表 3-7。

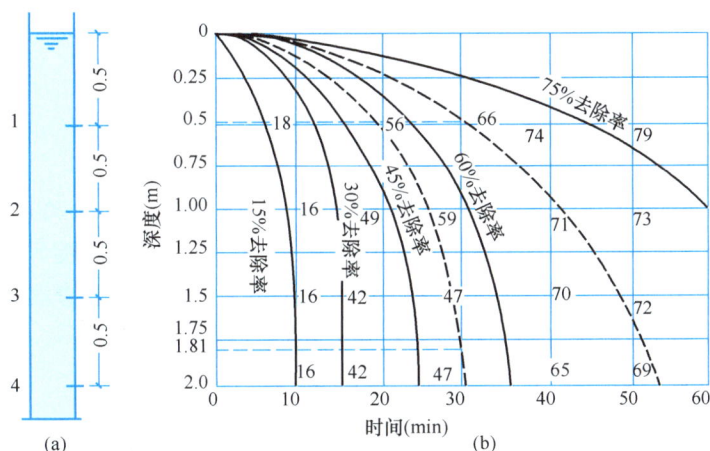

图 3-12 絮凝沉淀曲线

絮凝试验记录表   表 3-7

取样口编号	取样深度（m）	取样时间（min）							
		0		10		20		…	
		浓度（mg/L）	去除率（%）	浓度（mg/L）	去除率（%）	浓度（mg/L）	去除率（%）	浓度（mg/L）	去除率（%）
1	0.5	200	0	180	10	160	19	…	…
2	1.0	200	0	184	8	170	15	…	…
3	1.5	200	0	188	6	178	11	…	…
4	2.0	200	0	190	5	182	9	…	…

根据表 3-7，在直角坐标纸上，纵坐标为取样口深度（m），横坐标为取样时间（min），将同一沉淀时间、不同深度的去除率标于其上，然后把去除率相等的各点连接成等去除率曲线，见图 3-12（b）。从图 3-12（b）可求出与不同沉淀时间、不同深度相对应

的总去除率。求解方法，通过例题说明。

【例 3-3】 图 3-12（b）是某城市污水的絮凝沉淀试验得到的去除率曲线。求解沉淀时间 30min，深度 2m 处的总去除率。

【解】 先计算沉淀时间 $t=30$min，$H=2$m 处的沉速为 $u_0=\dfrac{H}{t}=\dfrac{2}{30}=0.067m/min=1.11$mm/s。故凡 $u_t \geqslant u_0$（0.067m/min）的颗粒都可被去除。由图 3-12（b）知，这部分颗粒的去除率 45%，$u_t < u_0$（0.067m/min）的颗粒的去除率可用图解法求得。图解法的步骤：①在等去除率曲线 45% 与 60% 之间作中间曲线［见图 3-12（b）上的虚线］，该曲线与 $t=30$min 的垂直线交点对应的深度为 1.81m，得颗粒的平均沉速为 $u_1=\dfrac{1.81}{30}=0.06m/min=1.0$mm/s；② 用同样的方法，在 60% 与 75% 两条曲线之间，作中间曲线，中间曲线与 $t=30$min 的垂直线交点对应的深度为 0.5m，得这部分颗粒的平均沉速为 $u_2=\dfrac{0.5}{30}=0.017m/min=0.28$mm/s。沉速更小的颗粒可略去不计。故沉淀时间 $t=30$min，$H=2$m 深度处的总去除率为：

$$
\begin{aligned}
\eta &= 45\% + \frac{u_1}{u_0}(60-45)\% + \frac{u_2}{u_0}(75-60)\% + \cdots \\
&= 45\% + \frac{1.0}{1.11} \times 15\% + \frac{0.28}{1.11} \times 15\% + \cdots \\
&= 62.3\%
\end{aligned}
$$

3. 区域沉淀与压缩

区域沉淀与压缩试验，可在直径为 100～150mm，高度为 1000～2000mm 的沉淀筒内进行。将已知悬浮物浓度 C_0（$C_0 > 500$mg/L，否则不会形成区域沉淀）的污水，装入沉淀筒内（深度为 H_0），搅拌均匀后，开始计时，水样会很快形成上清液与污泥层之间清晰的界面。污泥层内的颗粒之间相对位置稳定，沉淀表现为界面的下沉，而不是单颗粒下沉，沉速用界面沉速表达。

界面下沉的初始阶段，由于浓度较稀，沉速是悬浮物浓度的函数 $u=f(C)$，呈等速沉淀。随着界面继续下沉，悬浮物浓度不断增加，界面沉速逐渐减慢，出现过渡段。此时，颗粒之间的水分被挤出并穿过颗粒上升，成为上清液。界面继续下沉，浓度更浓，污泥层内的下层颗粒能够机械地承托上层颗粒，因而产生压缩区。区域沉淀与压缩试验结果，记录于表 3-8 中。根据表 3-8，在直角坐标纸上，以纵坐标为界面高度，横坐标为沉淀时间，作界面高度与沉淀时间关系图，即图 3-13。

通过图 3-13 曲线任一点，作曲线的切线，切线的斜率即为该点相对应的界面的界面沉速。分别作等速沉淀段的切线及压

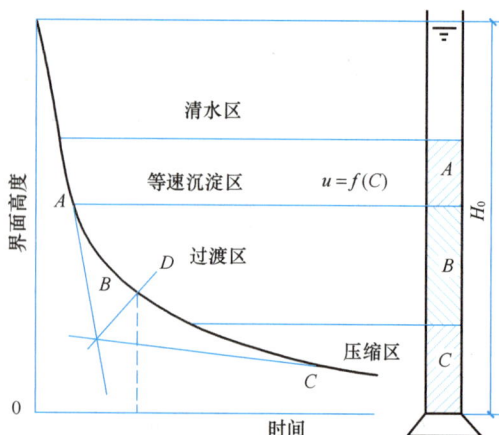

图 3-13　区域沉淀曲线及装置

A—等速沉淀区；*B*—过渡区；*C*—压缩区

缩段的切线，两切线交角的角平分线交沉淀曲线于 D 点，D 点就是等速沉淀区与压缩区的分界点。与 D 点相对应的时间即压缩开始时间。这种静态试验方法可用来表述动态二次沉淀池与浓缩池的工况，也可作为它们的设计依据（详见污泥重力浓缩）。

区域沉淀与压缩试验记录表　　　　　　　　　　　　表 3-8

沉淀时间 （min）	界面高度 H（mm）	界面沉速 （mm/min）	沉淀时间 （min）	界面高度 H（mm）	界面沉速 （mm/min）
$t=0$	H_0		t_6		
t_1			t_7		
t_2			…		
t_3			…		
t_4			…		
t_5			t_n		

3.3.3　理想沉淀池原理

上述 4 种类型的沉淀理论与实际沉淀池的运动规律及工程应用，尚有差距。为了分析悬浮颗粒在实际沉淀池内的运动规律和沉淀效果，提出了"理想沉淀池"这一概念。理想沉淀池的假设条件是：

① 污水在池内沿水平方向作等速流动，水平流速为 v，从入口到出口的流动时间为 t；② 在流入区，颗粒沿截面 AB 均匀分布并处于自由沉淀状态，颗粒的水平分速等于水平流速 v；③ 颗粒沉到池底即认为被去除。

1. 平流理想沉淀池

平流理想沉淀池见图 3-14。

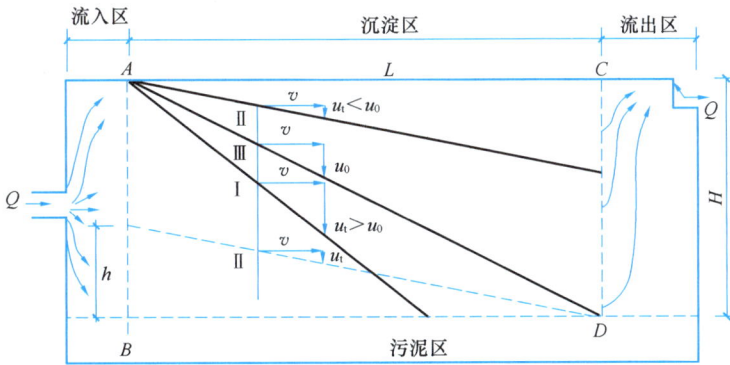

图 3-14　平流理想沉淀池

理想沉淀池分流入区、沉淀区、流出区和污泥区。从点 A 进入的颗粒，它们的运动轨迹是水平流速 v 和颗粒沉速 u 的矢量和。这些颗粒中，必存在着某一粒径的颗粒，其沉速为 u_0，刚巧能沉至池底。故可得关系式：

$$\frac{u_0}{v}=\frac{H}{L} \qquad u_0=v\frac{H}{L} \tag{3-9}$$

式中　u_0——颗粒沉速；

　　　v——污水的水平流速，即颗粒的水平分速；

　　　H——沉淀区水深；

L——沉淀区长度。

由图 3-14 与"3.3.2"节自由沉淀相同的原理进行分析，沉速 $u_t \geqslant u_0$ 的颗粒，都可在 D 点前沉淀，见轨迹 I 所代表的颗粒。沉速 $u_t < u_0$ 的那些颗粒，视其在流入区所处的位置而定，若处在靠近水面处，则不能去除，见轨迹 II 实线所代表的颗粒；同样的颗粒若处在靠近池底的位置，就能被去除，见轨迹 II 虚线所代表的颗粒。若沉速 $u_t < u_0$ 的颗粒的质量占全部颗粒质量的 dP%，可被沉淀去除的量应为 $\dfrac{h}{H}$dP%，因为 $h = u_t t$，$H = u_0 t$，所以 $\dfrac{h}{u_t} = \dfrac{H}{u_0}$，$\dfrac{u_t}{u_0}$dP $= \dfrac{h}{H}$dP，积分得 $\displaystyle\int_0^{P_0} \dfrac{u_t}{u_0} dP = \dfrac{1}{u_0}\int_0^{P_0} u_t dP$。可见，沉速小于 u_0 的颗粒被沉淀去除的量为 $\dfrac{1}{u_0}\displaystyle\int_0^{P_0} u_t dP$。理想沉淀池总去除量为：$(1 - P_0) + \dfrac{1}{u_0}\displaystyle\int_0^{P_0} u_t dP$，$P_0$ 为沉速小于 u_0 的颗粒占全部悬浮物颗粒的比值（即剩余量）。用去除率表示，可改写为：

$$\eta = (100 - P_0) + \frac{100}{u_0}\int_0^{P_0} u_t dP \tag{3-10}$$

可见式（3-10）与式（3-8）相同，式中 P_0 用百分数代入。

根据理想沉淀池的原理，可说明两点：

（1）设处理水量为 Q（m³/s），沉淀池的宽度为 B，水面面积为 $A = B \cdot L$（m²），故颗粒在池内的沉淀时间为：

$$t = \frac{L}{v} = \frac{H}{u_0} \tag{3-11}$$

沉淀池的容积为：$V = Qt = HBL$，因 $Q = \dfrac{V}{t} = \dfrac{HBL}{t} = A u_0$，所以

$$\frac{Q}{A} = u_0 = q \tag{3-12}$$

$\dfrac{Q}{A}$ 的物理意义是：在单位时间内通过沉淀池单位面积的水量，称为表面负荷或溢流率，用符号 q 表示。表面负荷或溢流率 q 的量纲是：m³/(m² · s) 或 m³/(m² · h)，也可简化为 m/s 或 m/h。表面负荷的数值等于颗粒沉速 u_0，若需要去除的颗粒的沉速 u_0 确定后，则沉淀池的表面负荷 q 值同时被确定。

（2）根据图 3-14，在水深 h 以下入流的颗粒，可被全部沉淀去除，因 $\dfrac{h}{u_t} = \dfrac{L}{v}$，所以 $h = \dfrac{u_t}{v}L$，则沉速为 u_t 的颗粒的去除率为：

$$\eta = \frac{h}{H} = \frac{\dfrac{u_t}{v}L}{H} = \frac{u_t}{vH} = \frac{u_t}{\dfrac{vHB}{LB}} = \frac{u_t}{\dfrac{Q}{A}} = \frac{u_t}{q} \tag{3-13}$$

从式（3-13）可知，平流理想沉淀池的去除率仅决定于表面负荷 q 及颗粒沉速 u_t，而与沉淀时间无关。

2. 圆形理想沉淀池

圆形理想沉淀池有辐流与竖流两种，如图 3-15 所示。

沉淀池的半径 R，中心筒半径为 r_1，沉淀区高度为 H。

辐流理想沉淀池中，取半径 r 处的任一点，有沉速为 u_t 的颗粒，该颗粒的沉淀轨迹

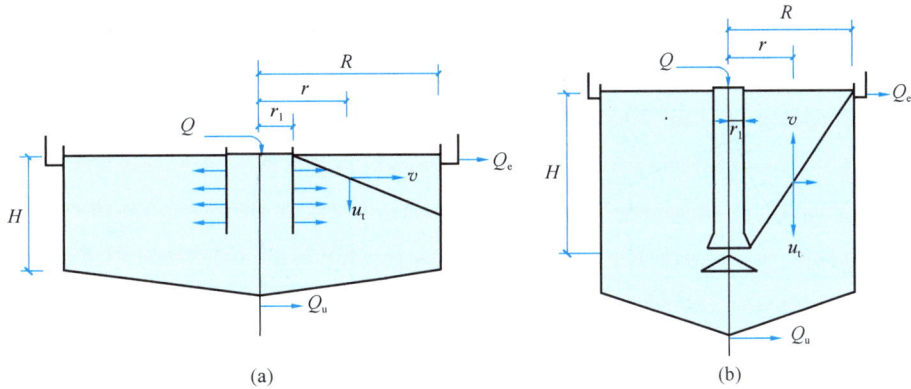

图 3-15　圆形理想沉淀池

(a) 辐流；(b) 竖流

是颗粒沉速 u_t 和 r 处的水平流速的矢量和，即：

$$dr=vdt, \quad dH=u_t dt$$

式中　v——半径 r 处的水平流速；

u_t——某颗粒的沉速；

t——沉淀时间。

该颗粒被沉淀去除的条件为：

$$\int_0^H \frac{dH}{u_t} \leqslant \int_{r_1}^R \frac{dr}{v} \tag{3-14}$$

在辐流理想沉淀池中，水平流速随半径的增加而减少，即 $v=\dfrac{Q}{2\pi rH}$，代入式（3-14）并积分整理后，可得：

$$u_1 \geqslant \frac{Q}{\pi(R^2-r_1^2)} = \frac{Q}{A} = u_0 = q \tag{3-15}$$

式中　A——沉淀区表面积。

可见式（3-15）与式（3-12）相同。由于辐流理想沉淀池的流态与平流理想沉淀池基本相同，故辐流理想沉淀池的去除率也可采用式（3-10），即：

$$\eta = (100-P_0) + \frac{100}{u_0}\int_0^{P_0} u_t dP$$

竖流理想沉淀池中，在半径 r 处的任一点，水流速度的垂直分速度为 v，$v=\dfrac{H}{t}$，t 为沉淀时间。凡是沉速 $u_t \geqslant v$ 的颗粒，即 $u_t \geqslant -\dfrac{H}{t}$（因颗粒下沉，方向与水流的垂直分速相反，故用"一"），$H=vt=-u_t t$ 的那些颗粒才能被沉淀去除；而 $u_t < v$ 的所有颗粒，都不可能被沉淀去除，若这部分颗粒的质量与全部颗粒的质量之比值为 P_0（即剩余量），因此竖流理想沉淀池的去除率仅为 $\eta = (100-P_0)$，而没有 $\dfrac{100}{u_0}\int_0^{P_0} u_t dP$ 项。

3.3.4　实际沉淀池与理想沉淀池之间的误差

实际沉淀池示意图见图 3-16、图 3-17。以平流沉淀池为例，沉淀区的有效水深为 H，有效长度为 L，池宽为 B。由于实际沉淀池在池宽与池深方向都存在着水流分布不均匀的问题；以及由于污水温差、风力、水流与池壁之间的摩擦阻力等原因造成紊流，使实际沉淀池的去除率低于理想沉淀池。

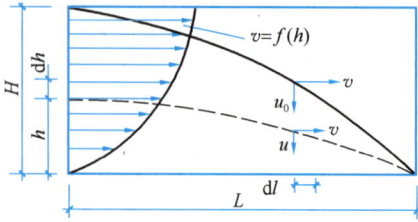

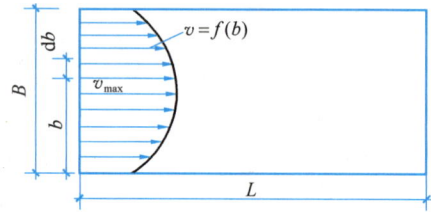

图 3-16　池深方向水平流速分布不均匀的影响　图 3-17　池宽方向水流速度分布不均匀的影响

1. 深度方向水平流速分布不均匀的影响

实际沉淀池中，水平流速沿深度方向分布不均匀见图 3-16，水平流速 v 表示为水深的函数，即 $v = f(h)$，沉速为 u_0 的颗粒，沉淀轨迹为：$dl = v dt$，$dh = u_0 dt$，可得

$$\frac{dl}{v} = \frac{dh}{u_0}, \ u_0 dl = v dh \tag{3-16}$$

由于水平流速沿深度不断减慢，所以颗粒的沉淀轨迹是下垂曲线，见图 3-16，式（3-16）积分得：

$$u_0 \int_0^L dl = \int_0^H v dh, \ u_0 L = \int_0^H v dh \tag{3-17}$$

凡 $u_t < u_0$ 的颗粒的去除率，决定于入流深度，即等于在深度 h 间入流的数量占它们总量的比例：

$$\eta = \frac{\int_0^h v dh}{\int_0^H v dh} = \frac{u_t L}{u_0 L} = \frac{u_t}{u_0} = \frac{u_t}{q} \tag{3-18}$$

式（3-18）与式（3-13）完全相同，可见沉淀池深度方向与水平方向分布不均匀，对去除率没有影响。

2. 宽度方向水流速度分布不均匀的影响

水平流速在宽度方向分布不均匀见图 3-17，水平流速 v 表示为池宽 B 的函数，即 $v = f(b)$。设宽度 b 和 $b + db$ 之间的微分面积上的水平流速是均匀的，相对应的水面积为 $A' = L db$，微分流量 $Q' = vH db$。根据式（3-11）、式（3-12）以及 $\eta = \dfrac{u}{q}$，$q = \dfrac{Q'}{A'}$ 等关系，可写出沉速为 u_t 的颗粒的去除率应为：

$$\eta_b = \frac{u_t}{\dfrac{Q'}{A'}} = \frac{u_t}{\dfrac{vH db}{L db}} = \frac{u_t L db}{vH db} = \frac{u_t L}{vH} \times 100\% \tag{3-19}$$

如果具有相同沉速 u_t 的颗粒处于沉淀池中心线附近，即该颗粒的去除率（用 η_0 表示）应为：

$$\eta_0 = \frac{u_t L}{v_{max} H} \times 100\% \tag{3-20}$$

显然　$\eta_0 < \eta_b$。

可见，沉淀池宽度方向的水平流速分布不均匀，是降低沉淀池去除率的主要原因。

3. 紊流对去除率的影响

由于紊流的存在，使颗粒不能均速下沉，并在沉淀池内的三维空间作不规则运动，使颗粒沉速或减慢或加速，影响去除率。这一影响很难用理论进行分析。

3.4 沉砂池

沉砂池的功能是去除相对密度较大的无机颗粒（如泥砂、煤渣等，它们的相对密度约为 2.65）。

沉砂池一般设于泵站、倒虹管前，以便减轻无机颗粒对水泵、管道的磨损；也可设于初次沉淀池前，以减轻沉淀池负荷及改善污泥处理构筑物的处理条件。常用的沉砂池有平流沉砂池、曝气沉砂池、多尔沉砂池和旋流沉砂池等。

3.4.1 平流沉砂池

平流沉砂池由入流渠、出流渠、闸板、水流部分及沉砂斗组成，如图 3-18 所示。它具有截留无机颗粒效果较好、工作稳定、构造简单、排沉砂较方便等优点。

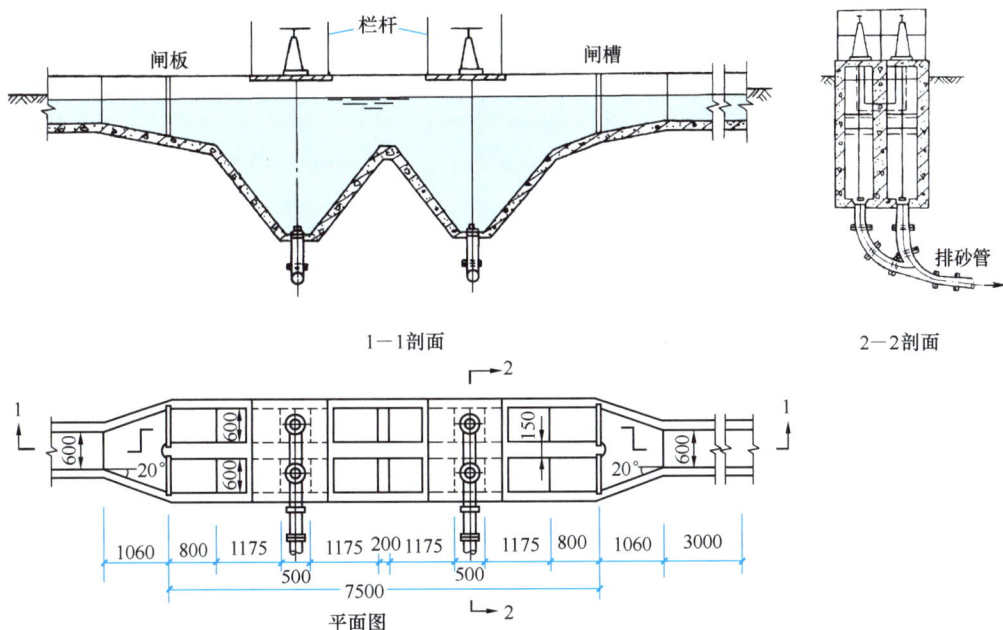

图 3-18 平流沉砂池工艺图

1. 平流沉砂池的设计

（1）平流沉砂池的设计参数

按去除相对密度为 2.65，粒径大于 0.2mm 的砂粒确定主要参数有：① 设计流量的确定：当污水自流入池时，应按最大设计流量计算；当污水用水泵抽升入池时，按工作水泵的最大组合流量计算；合流制处理系统，按降雨时的设计流量计算；② 设计流量时的水平流速：最大流速为 0.3m/s，最小流速为 0.15m/s。这样的流速范围，可基本保证无机颗粒能沉掉，而有机物不能下沉；③ 最大设计流量时，污水在池内的停留时间不少于

30s，一般为 30～60s；④ 设计有效水深不应大于 1.2m，一般采用 0.25～1.0m，每格池宽不宜小于 0.6m；⑤ 沉砂量的确定：生活污水按每人每天 0.01～0.02L 计，城市污水按每 1m³ 污水砂量为 0.03L 计，合流制污水的沉砂量应按实际情况确定。沉砂含水率约为 60%，容积密度 1.5t/m³，贮砂斗的容积按 2d 的沉砂量计，斗壁倾角 55°～60°；⑥ 沉砂池超高不宜小于 0.3m。

（2）计算公式

1）沉砂池水流部分的长度

沉砂池两闸板之间的长度为水流部分长度：

$$L = vt \tag{3-21}$$

式中　L——水流部分长度，m；

　　　v——最大流速，m/s；

　　　t——最大设计流量的停留时间，s。

2）水流断面积

$$A = \frac{Q_{max}}{v} \tag{3-22}$$

式中　A——水流断面积，m²；

　　　Q_{max}——最大设计流量，m³/s。

3）池总宽度

$$B = \frac{A}{h_2} \tag{3-23}$$

式中　B——池总宽度，m；

　　　h_2——设计有效水深，m。

4）沉砂斗容积

$$V = \frac{86400 Q_{max} t x_1}{10^5 K_{总}} \quad 或 \ V = N x_2 t' \tag{3-24}$$

式中　V——沉砂斗容积，m³；

　　　x_1——城市污水沉砂量，0.03L/m³；

　　　x_2——生活污水沉砂量，L/(人·d)；

　　　t'——清除沉砂的时间间隔，d；

　　　$K_{总}$——流量总变化系数；

　　　N——沉砂池服务人口数。

5）沉砂池总高度

$$H = h_1 + h_2 + h_3 \tag{3-25}$$

式中　H——总高度，m；

　　　h_1——超高，0.3m；

　　　h_3——贮砂斗高度，m。

6）验算

按最小流量时，池内最小流速 $v_{min} \geqslant 0.15$m/s 进行验算。

$$v_{min} = \frac{Q_{min}}{n \omega} \tag{3-26}$$

式中　v_{min}——最小流速，m/s；

Q_{min}——最小流量，m^3/s；

　　n——最小流量时，工作的沉砂池个数；

　　ω——工作沉砂池的水流断面面积，m^2。

2. 平流沉砂池的排砂装置

平流沉砂池常用的排砂方法主要有重力排砂与机械排砂两类。

图 3-18 所示为砂斗加底闸，进行重力排砂，排砂管直径 200mm。图 3-19 为砂斗加贮砂罐及底闸，进行重力排砂，图中 1 为钢制贮砂罐，2、3 为手动或电动蝶阀，4 为旁通水管，将贮砂罐的上清液挤回沉砂池，5 为运动小车。这种排砂方法的优点是排砂的含水率低，排砂量容易计算，缺点是沉砂池需要高架或挖下沉式小车通道。

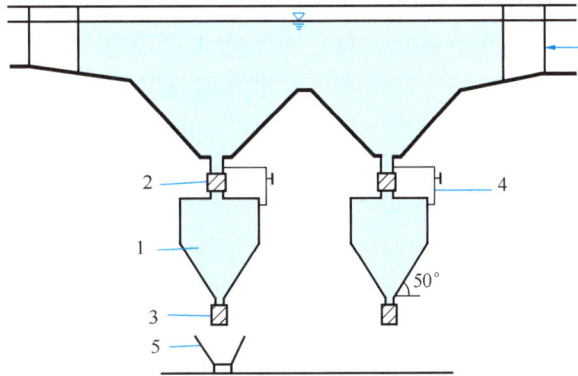

图 3-19　平流式沉砂重力排砂法

图 3-20 所示为机械排砂法的一种单口泵吸式排砂机。沉砂池为平底，砂泵 2，真空泵 5，吸砂管 7，旋流分离器 6，均安装在行走桁架 1 上。桁架沿池长方向往返行走排砂。经旋流分离器分离的水分回流到沉砂池，沉砂可用小车、皮带输送器等运至晒砂场或贮砂池。这种排砂方法自动化程度高，排砂含水率低，工作条件好。机械排砂法还有链板排砂法、抓斗排砂法等。中、大型污水处理厂应采用机械排砂法。

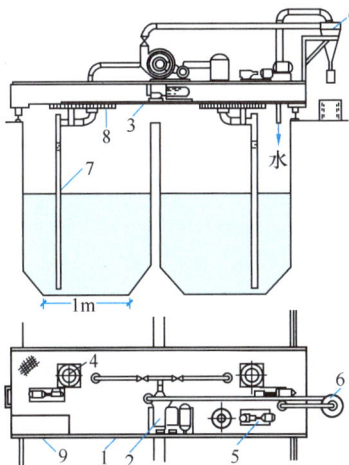

图 3-20　单口泵吸式排砂机

1—桁架；2—砂泵；3—桁架行走装置；4—回转装置；5—真空泵；6—旋流分离器；7—吸砂管；8—齿轮；9—操作台

3.4.2　曝气沉砂池

平流沉砂池的主要缺点是沉砂中约夹杂有 15% 的有机物，使沉砂的后续处理难度增加。故常需配洗砂机，把排砂经清洗后，有机物含量低于 10%，称为清洁砂，再外运。曝气沉砂池可克服这一缺点。

1. 曝气沉砂池的构造

曝气沉砂池呈矩形，池底一侧有 $i=0.1\sim0.5$ 的坡度坡向另一侧的集砂槽。曝气装置设在集砂槽侧，空气扩散板距池底 $0.6\sim0.9m$，使池内的水流作旋流运动，无机颗粒之间的互相碰撞与摩擦机会增加，把表面附着的有机物磨去。此外，由于旋流产生的离心力，把相对密度较大的无机颗粒甩向外层并下沉，相对密度较轻的有机物旋至水流的中心部位随水带走。可使沉砂中的有机物含量低于 10%。集砂槽中的砂可采用机械刮砂、空气提升器或泵吸式排砂机排除。曝气沉砂池断面见图 3-21。

2. 曝气沉砂池设计

（1）设计参数

① 旋流速度控制在 $0.25\sim0.30m/s$；② 最大时流量的停留时间应大于 2min、水平流

速为 0.1m/s；③ 有效水深为 2~3m，宽深比为 1.0~1.5，长宽比可达 5；④ 曝气装置，可采用压缩空气竖管连接穿孔管（穿孔孔径为 2.5~6.0mm）或压缩空气竖管连接空气扩散板，每立方米污水所需曝气量为 0.1~0.2m³ 或每平方米池表面积 3~5m³/h。

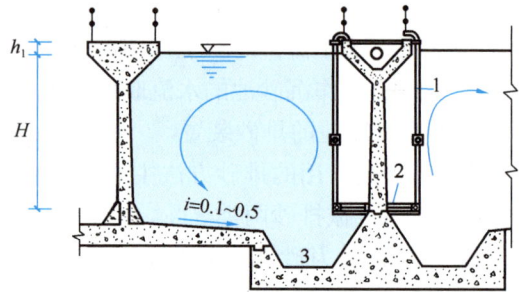

图 3-21 曝气沉砂池剖面图

1—压缩空气管；2—空气扩散板；3—集砂槽

（2）计算公式

1）总有效容积

$$V = 60Q_{max}t \qquad (3-27)$$

式中 V——总有效容积，m³；

Q_{max}——最大设计流量，m³/s；

t——最大设计流量时的停留时间，min。

2）池断面积

$$A = \frac{Q_{max}}{v} \qquad (3-28)$$

式中 A——池断面面积，m²；

v——最大设计流量时的水平前进流速，m/s。

3）池总宽度

$$B = \frac{A}{H} \qquad (3-29)$$

式中 B——池总宽度，m；

H——有效水深，m。

4）池长

$$L = \frac{V}{A} \qquad (3-30)$$

式中 L——池长，m。

5）所需曝气量

$$q = 3600DQ_{max} \qquad (3-31)$$

式中 q——所需曝气量，m³/h；

D——每立方米污水所需曝气量，m³/m³。

3.4.3 多尔沉砂池

1. 多尔沉砂池的构造

多尔沉砂池由污水入口和整流器、贮砂池、出水溢流堰、刮砂机、排砂坑、洗砂机、有机物回流机和回流管以及排砂机组成。工艺构造如图 3-22 所示。

沉砂被旋转刮砂机刮至排砂坑，用往复齿耙沿斜面耙上，在此过程中，把附在砂粒上的有机物洗掉，洗下来的有机物经有机物回流机及回流管随污水一起回流至沉砂池，沉砂中的有机物含量低于 10%，达到清洁沉砂的标准。

2. 多尔沉砂池的设计

（1）沉砂池的面积

沉砂池的面积根据要求去除的砂粒直径及污水温度确定，可查图 3-23。

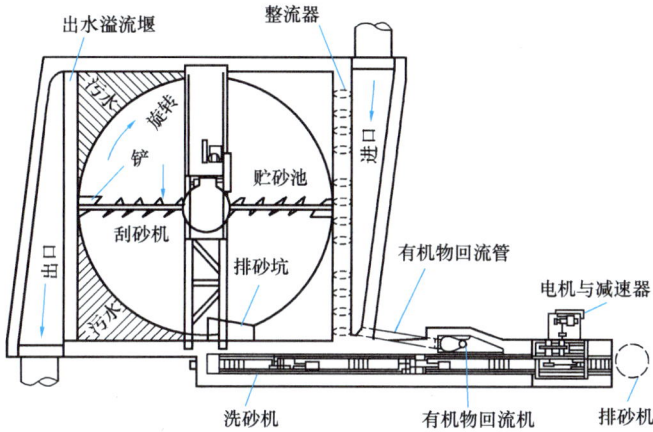

图 3-22　多尔沉砂池工艺图

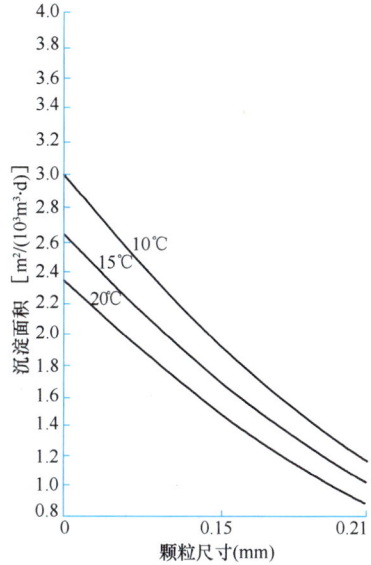

图 3-23　多尔沉砂池求面积图

（2）沉砂池最大设计流速

最大设计流速为 0.3m/s。

（3）主要设计参数（表 3-9）

多尔沉砂池设计参数　　　　　　　　　　　　　　　　　　　　　　表 3-9

沉砂池直径（m）	3.0	6.0	9.0	12.0
最大流量（m³/s） 求去除砂粒直径为 0.21mm 求去除砂粒直径为 0.15mm	 0.17 0.11	 0.70 0.45	 1.58 1.02	 2.80 1.81
沉砂池深度（m）	1.1	1.2	1.4	1.5
最大设计流量时的水深（m）	0.5	0.6	0.9	1.1
洗砂机宽度（m）	0.4	0.4	0.7	0.7
洗砂机斜面长度（m）	8.0	9.0	10.0	12.0

3.4.4　旋流沉砂池

旋流沉砂池有两种：钟式沉砂池与比氏沉砂池。

1. 钟式沉砂池

1）钟式沉砂池构造

钟式沉砂池是利用机械力控制水流流态与流速，加速砂粒沉淀并使有机物随水流带走的沉砂装置。沉砂池由流入口、流出口、沉砂区、砂斗及带变速箱的电动机、传动齿轮、压缩空气输送管和砂提升管以及排砂管、转盘与叶片组成。污水由流入口切线方向流入沉砂区，利用电动机传动装置带动转盘和斜坡式叶片，由于所受离心力的不同，把砂粒甩向池壁，掉入砂斗，砂斗的容积按 24h 沉砂量确定，有机物被送回污水中。调整转速，可达到最佳沉砂效果。沉砂用压缩空气经砂提升管，排砂管清洗后排除，清洗水回流至沉砂区，排砂达到清洁砂标准。钟式沉砂池工艺图见图 3-24。

2）钟式沉砂池的设计

钟式沉砂池的各部分尺寸标于图 3-25。根据设计污水流量的大小，有多种型号供设计选用。钟式沉砂池型号及尺寸见表 3-10。

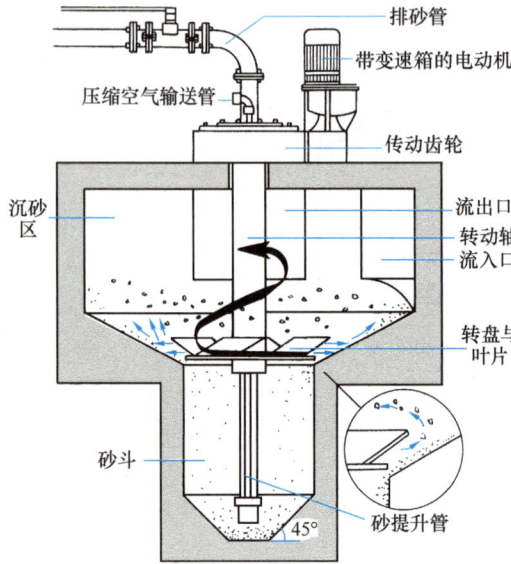

图 3-24　钟式沉砂池工艺图

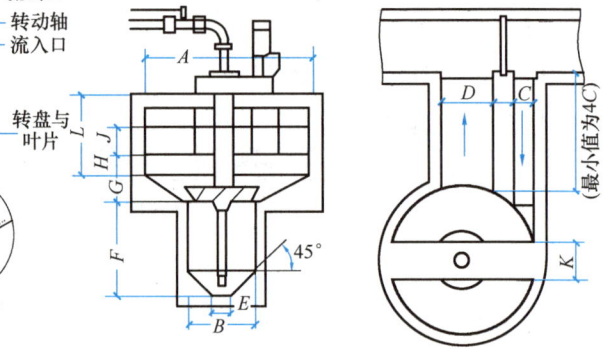

图 3-25　钟式沉砂池各部分尺寸图

钟式沉砂池型号及尺寸表（m）　　　　　　　　　　　　表 3-10

型号	流量 (L/s)	A	B	C	D	E	F	G	H	J	K	L
50	50	1.83	1.0	0.305	0.610	0.30	1.40	0.30	0.30	0.20	0.80	1.10
100	110	2.13	1.0	0.380	0.760	0.30	1.40	0.30	0.30	0.30	0.80	1.10
200	180	2.43	1.0	0.450	0.900	0.30	1.35	0.40	0.30	0.40	0.80	1.15
300	310	3.05	1.0	0.610	1.200	0.30	1.55	0.45	0.30	0.45	0.80	1.35
550	530	3.60	1.5	0.750	1.50	0.40	1.70	0.60	0.51	0.58	0.80	1.45
900	880	4.87	1.5	1.00	2.00	0.40	2.20	1.00	0.51	0.60	0.80	1.85
1300	1320	5.48	1.5	1.10	2.20	0.40	2.20	1.00	0.61	0.63	0.80	1.85
1750	1750	5.80	1.5	1.20	2.40	0.40	2.50	1.30	0.75	0.70	0.80	1.95
2000	2200	6.10	1.5	1.20	2.40	0.40	2.50	1.30	0.89	0.75	0.80	1.95

2. 比氏沉砂池

比氏（Pista）沉砂池由沉砂区与集砂区两部分组成，与钟式沉淀池的差别在于两区之间没有斜坡过渡，见图 3-26，螺旋桨叶片可以上、下调整。正常运转时，自动控制每 3～4h 排砂一次，每次排砂时间为 10～15min。

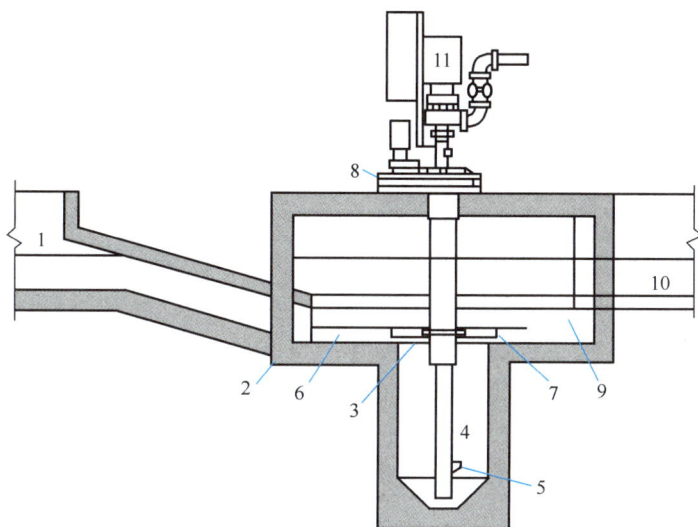

图 3-26 比氏沉砂池

1—进水渠；2—沉砂池壁；3—贮砂室；4—砂提升管；5—搅砂叶片；6—刮砂桨叶；
7—旋转叶片；8—减速器；9—沉砂室；10—出水渠；11—提砂泵

3.5 沉 淀 池

沉淀池按工艺布置的不同，可分为初次沉淀池和二次沉淀池。初次沉淀池是一级污水处理厂的主体处理构筑物，或作为二级污水处理厂的预处理构筑物设在生物处理构筑物的前面。处理的对象是悬浮物质（英文缩写为 SS，约可去除 $40\%\sim55\%$ 以上），同时可去除部分 BOD_5（约占总 BOD_5 的 $20\%\sim30\%$，主要是悬浮性 BOD_5），可改善生物处理构筑物的运行条件并降低其 BOD_5 负荷。初次沉淀池中的沉淀物质称为初次沉淀污泥；二次沉淀池设在生物处理构筑物（活性污泥法或生物膜法）的后面，用于沉淀去除活性污泥或腐殖污泥（指生物膜法脱落的生物膜），它是生物处理系统的重要组成部分。初沉池、生物膜法及其后的二沉池，对 SS 总去除率为 $60\%\sim90\%$，BOD_5 总去除率为 $65\%\sim90\%$；而初沉池、活性污泥法及其后的二沉池，对 SS 和 BOD_5 的总去除率分别为 $70\%\sim90\%$ 和 $65\%\sim95\%$。

沉淀池按池内水流方向的不同，可分为平流式沉淀池、辐流式沉淀池和竖流式沉淀池。

3.5.1 平流式沉淀池

1. 平流式沉淀池的构造

平流式沉淀池工艺见图 3-27，由流入装置、流出装置、沉淀区、缓冲层及污泥区等组成。

流入装置由设有侧向或槽底潜孔的配水槽、挡流板组成，起均匀布水与消能作用。挡流板入水深不小于 0.25m，水面以上 $0.15\sim0.20$m，距

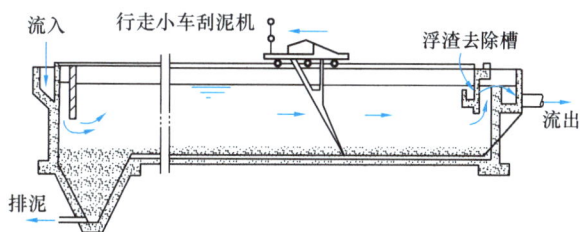

图 3-27 平流式沉淀池

79

流入槽 0.5m。

流出装置由流出槽与一挡板组成。流出槽设自由溢流堰，溢流堰严格水平，既可保证水流均匀，又可控制沉淀池水位。为此溢流堰常采用锯齿形堰，见图 3-28，溢流堰最大负荷不宜大于 2.9L/(m·s)（初次沉淀池）、1.7L/(m·s)（二次沉淀池）。为了减少负荷，改善出水水质，溢流堰可采用多槽沿程布置。如需阻挡浮渣随水流走，可在锯齿堰前设置挡渣板；或采用潜孔出流的流出堰。出流挡板入水深 0.3～0.4m，距溢流堰 0.25～0.5m。锯齿溢流堰及多槽出流装置见图 3-28。

缓冲层的作用是避免已沉污泥被水流搅起以及缓解冲击负荷。

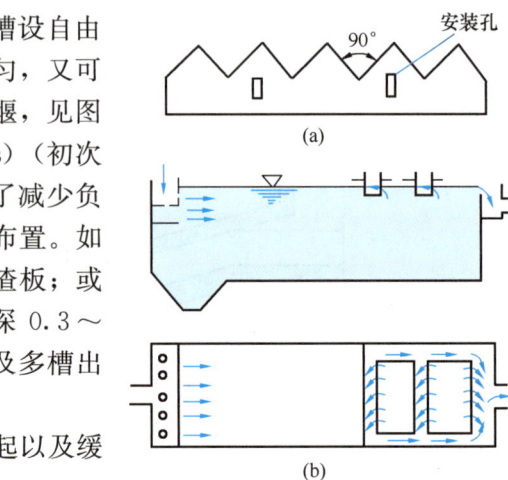

图 3-28　锯齿溢流堰及多槽出流装置

污泥区起贮存、浓缩和排泥的作用。

平流式沉淀池的排泥装置与方法一般有：

（1）静水压力法：利用池内的静水位，将污泥排出池外，见图 3-29。排泥管 1，直径 $d=200$mm，插入污泥斗，上端伸出水面以便清通。静水压力 $H=1.5$m（初次沉淀池）、0.9m（活性污泥法后二次沉淀池）、1.2m（生物膜法后二次沉淀池）。为了使池底污泥能滑入污泥斗，池底应有 $i=0.01～0.02$ 坡度，也可采用多斗式平流沉淀池，以减小池深，见图 3-30。

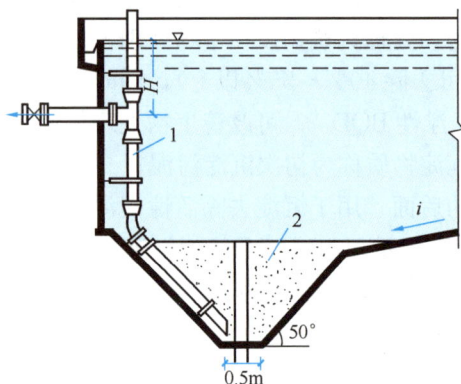

图 3-29　沉淀池静水压力排泥

1—排泥管；2—集泥斗

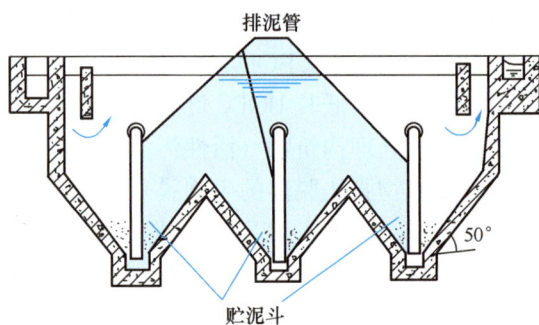

图 3-30　多斗式平流沉淀池

（2）机械排泥法：链带式刮泥机见图 3-31，链带装有刮板，沿池底缓慢移动，排泥机的行进速度为 0.3～1.2m/min，把沉泥缓缓推入污泥斗，当链带刮板转到水面时，又可将浮渣推向流出挡板处的浮渣槽。链带式的缺点是机件长期浸在污水中，易被腐蚀，且难维修。行走小车刮泥机见图 3-27，小车沿池壁顶的导轨往返行走，使刮板将污泥刮入污泥斗，浮渣刮入浮渣槽。由于整套刮泥机都在水面上，不易腐蚀，易于维修。被刮入污泥斗的沉泥，可用静水压力法或螺旋泵排出池外。

上述两种机械排泥法，主要适用于初次沉淀池。当平流式沉淀池用作二次沉淀池时，由于活性污泥的相对密度小，含水率高达 99％以上，呈絮状，不易被刮除，故可采用单

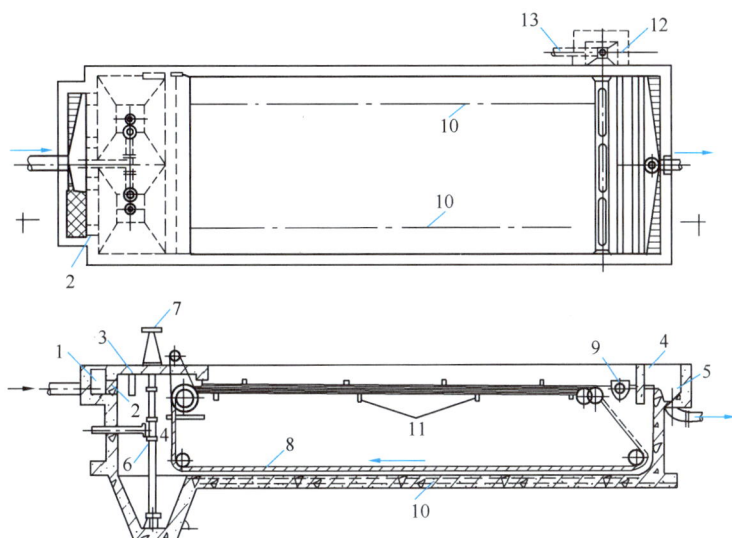

图 3-31　设有链带式刮泥机的平流式沉淀池

1—进水槽；2—进水孔；3—进水挡流板；4—出水挡流板；5—出水槽；

6—排泥管；7—排泥闸门；8—链带；9—排渣管槽（能够转动）；10—导轨；

11—支撑；12—浮渣室；13—浮渣管

口扫描泵吸式排泥机，使集泥与排泥同时完成，见图 3-32。图中吸口 1，吸泥泵与吸泥管 2，用猫头吊 8 挂在桁架 7 的工字钢上，并沿工字钢做横向往返移动，吸出的污泥排入安装在桁架上的排泥槽 4，通向污泥后续处理构筑物，因此可保持污泥的高程，便于后续处理。单口扫描泵吸式排泥机向流入区移动时吸、排污泥，向流出区移动时不吸泥。吸泥时的耗水量约占处理水量的 $0.3\% \sim 0.6\%$。由于排泥方法可有效解决，故平流式沉淀池可

作为二次沉淀池，如把曝气池的出口，直接作为二次沉淀池的入口，可使污水处理厂的水头损失大为减小。采用机械排泥法时，平流式沉淀池可采用平底，以便减小池深。

2. 平流式沉淀池的设计

设计内容包括流入装置、流出装置、沉淀区、污泥区、排泥和排浮渣设备选择等。

如前所述，实际沉淀池存在着水流在池宽与池深方向不均匀及紊流，流态与理想沉淀池大不相同。故不能完全按沉淀理论进行设计，而是以沉淀试验为依据并参考同类沉淀池的运行资料进行设计。

（1）沉淀区尺寸计算

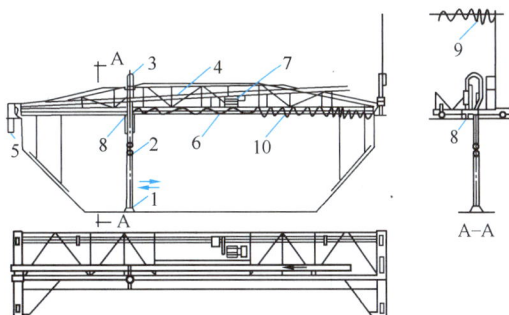

图 3-32　单口扫描泵吸式排泥机

1—吸口；2—吸泥泵与吸泥管；3—排泥管；

4—排泥槽；5—排泥渠；6—电机与驱动装置；

7—桁架；8—小车电机及猫头吊；9—桁架

电源引入线；10—小车电机电源引入线

沉淀区尺寸的计算方法有两种。

第一种方法：按沉淀时间和水平流速或表面负荷计算法，当无污水悬浮物沉淀试验资料时，可用本法计算。

1）沉淀区有效水深 h_2

$$h_2 = qt \qquad (3-32)$$

式中 h_2——有效水深，m；

q——表面水力负荷，即要求去除的颗粒沉速，如无试验资料，可参考表 3-11 选用；

t——污水沉淀时间，初次沉淀池 0.5～2h，二次沉淀池参见表 3-11。

沉淀区有效水深 h_2，一般用 2.0～4.0m，超高不应小于 0.3m。

2）沉淀区有效容积

$$V_1 = Ah_2 \qquad (3-33)$$
$$V_1 = Q_{max}t \qquad (3-34)$$

式中 V_1——有效容积，m^3；

A——沉淀区水面积，m^2，$A = \dfrac{Q_{max}}{q}$；

Q_{max}——最大设计流量，m^3/h。

3）沉淀区长度

$$L = 3.6vt \qquad (3-35)$$

式中 L——沉淀区长度，m；

v——最大设计流量时的水平流速，mm/s，一般不大于 5mm/s。

4）沉淀区总宽度

$$B = \frac{A}{L} \qquad (3-36)$$

式中 B——沉淀区总宽度，m。

5）沉淀池座数或分格数

$$n = \frac{B}{b} \qquad (3-37)$$

式中 n——沉淀池座数或分格数；

b——每座或每格宽度，与刮泥机有关，一般用 5～10m。

为了使水流均匀分布，沉淀区长度不宜大于 60m，一般采用 30～50m，长宽比不小于 4:1，长深比不小于 8，沉淀池的总长度等于沉淀区长度加前后挡板至池壁的距离。

第二种方法：按表面水力负荷计算法，当已有沉淀试验数据时采用。

1）沉淀区水面积 A

$$q = \frac{Q_{max}}{A}, \ A = \frac{Q_{max}}{q} \qquad (3-38)$$
$$q = u_0$$

式中 A——沉淀区水面积，m^2；

q——表面水力负荷，$m^3/(m^2 \cdot h)$，通过试验取得或参见表 3-11；

u_0——要去除的颗粒的最小沉速，m/h 或 mm/s。

2）沉淀池有效水深

$$h_2 = \frac{Q_{max}t}{A} = u_0 t \qquad (3-39)$$

式中　h_2——有效水深，m；

Q_{max}，t 同前。

（2）污泥区计算

按每日污泥量和排泥的时间间隔设计。

每日产生的污泥量

$$W = \frac{SNt}{1000} \tag{3-40}$$

式中　W——每日污泥量，m^3/d；

S——每人每日产生的污泥量，g/（人·d），城市污水的污泥量见表3-11；

N——设计人口数，人；

t——两次排泥的时间间隔，初次沉淀池按2d考虑。曝气池后的二次沉淀池按2h考虑。机械排泥的初次沉淀池和生物膜法处理后的二次沉淀池污泥区容积宜按4h的污泥量计算。

城市污水沉淀池设计数据及产生的污泥量表　　　　　　表 3-11

沉淀池类型		沉淀时间（h）	表面水力负荷 [$m^3/(m^2 \cdot h)$]	污泥量 [g/（人·d）]	污泥含水率（%）	固体负荷 [$kg/(m^2 \cdot d)$]
初次沉淀池		0.5～2.0	1.5～4.5	16～36	95～97	—
二次沉淀池	生物膜法后	1.5～4.0	1.0～2.0	10～26	96～98	≤150
	活性污泥法后	1.5～4.0	0.6～1.5	12～32	99.2～99.6	≤150

如已知污水悬浮物浓度与去除率，污泥量可按下式计算

$$W = \frac{Q_{max} 24(C_0 - C_1)100}{\gamma(100 - p_0)} t \tag{3-41}$$

式中　C_0，C_1——分别是进水与沉淀池出水的悬浮物浓度，kg/m^3，如有浓缩池、消化池及污泥脱水机的上清液回流至初次沉淀池，则式中的 C_0 应取其1.3倍，C_1 应取 $1.3C_0$ 的50%～60%；

p_0——污泥含水率，%，见表3-11；

γ——污泥密度，kg/m^3，因污泥的主要成分是有机物，含水率在95%以上，故 γ 可取 $1000kg/m^3$；

t——两次排泥的时间间隔，同上。

（3）沉淀池的总高度

$$H = h_1 + h_2 + h_3 + h_4 \tag{3-42}$$

式中　H——总高度，m；

h_1——超高，不小于0.3m；

h_2——沉淀区有效水深2.0～4.0m；

h_3——缓冲区高度，当无刮泥机时，取0.5m；有刮泥机时，缓冲层的上缘应高出刮板0.3m；一般采用机械排泥，排泥机械的行进速度为0.3～1.2m/min；

h_4——污泥区高度，m，根据污泥量、池底坡度、污泥斗几何高度及是否采用刮泥机决定。一般规定池底纵坡不小于0.01，机械刮泥时，纵坡为0，污泥斗倾角 α：方斗宜为60°，圆斗宜为55°。

（4）沉淀池数目

沉淀池数目不少于 2 座，并应考虑一座发生故障时，另一座能负担全部流量的可能性。

（5）沉淀池出水堰最大负荷

初次沉淀池不宜大于 2.9L/(s·m)；二次沉淀池不宜大于 1.7L/(s·m)。

（6）沉淀池应设置撇渣设施。

城市污水沉淀池的设计数据，根据表 3-11 选用。

【例 3-4】某工业区的工业废水量为 100000m³/d，悬浮物浓度 $C_0 = 250$mg/L，沉淀水悬浮物浓度不超过 50mg/L，污泥含水率 97%。通过试验取得的沉淀曲线见图 3-33。采用平流式沉淀池。

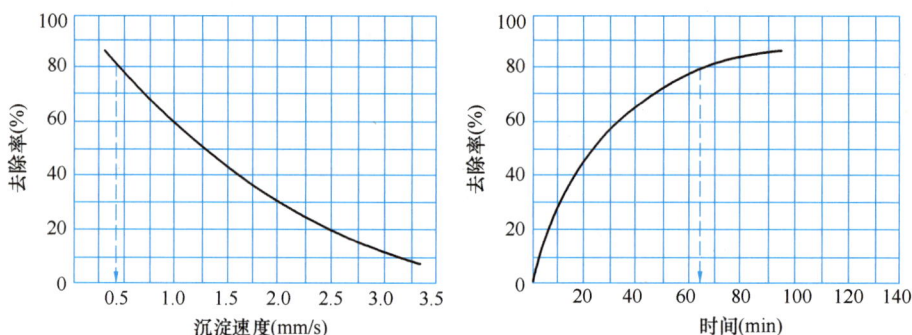

图 3-33　沉淀曲线

【解】（1）设计参数的确定

根据题意，沉淀池的去除率应为 $\eta = \dfrac{250-50}{250} \times 100\% = 80\%$，由图 3-33 可查得，当 $\eta = 80\%$ 时，应去除的最小颗粒的沉速为 0.4mm/s（1.44m/h），取表面水力负荷 $q = 1.5$m³/(m²·h)，沉淀时间 $t = 65$min。

设计表面水力负荷 $q_0 = 1.5$m³/(m²·h)。

由于 $q_0 = u_0$，故 $u_0 = 1.5$m/h $= 0.42$mm/s。

设计沉淀时间 $t_0 = \dfrac{65}{60} = 1.1$h

设计污水量 $Q_{max} = \dfrac{10^5}{24 \times 60 \times 60} = 1.157$m³/s $= 4166.7$m³/h

（2）沉淀区各部尺寸（计算草图见图 3-34）

总有效沉淀面积 $A = \dfrac{Q_{max}}{q_0} = \dfrac{4166.7}{1.5} = 2777.8$m²

采用 12 座沉淀池，每池表面积 $A_1 = 231.48$m²，每池的处理量为 $Q_1 = 347.2$m³/h

沉淀池有效水深，用式（3-39）计算

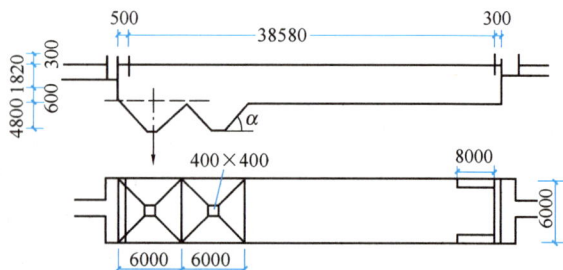

图 3-34　平流沉淀池计算图（单位：mm）

$$h_2 = \frac{Q_1 t}{A_1} = \frac{347.2 \times 1.1}{232} = 1.65 \text{m}$$

每个池宽为 b 取 6.0m，池长为

$$L = \frac{A_1}{b} = \frac{232}{6} = 38.7 \text{m}$$

长宽比核算 $\frac{38.7}{6} = \frac{6.45}{1} > \frac{4}{1}$ 合格。

（3）污泥区尺寸

每日产生的污泥量用式（3-41）计算

$$W = \frac{10^5 (250 - 50) \times 100}{1000 \times 1000 \times (100 - 97)} = 666.7 \text{m}^3$$

每座沉淀池的污泥量 $W_1 = \frac{666.7}{12} = 55.6 \text{m}^3$

污泥斗容积（用锥体体积公式）：

$$V = \frac{1}{3} h_4 (f_1 + f_2 + \sqrt{f_1 \cdot f_2}) \tag{3-43}$$

式中　f_1——污泥斗上口面积，m^2；

　　　f_2——污泥斗下底面积，m^2；

　　　h_4——污泥斗的高度，m。

本题的 $f_1 = 6 \times 6 = 36\text{m}^2$，$f_2 = 0.4 \times 0.4 = 0.16\text{m}^2$，污泥斗为方斗，$\alpha = 60°$，所以 $h_4 = 2.8 \times 1.734 = 4.86 \text{m}$（见图 3-34）。

每座沉淀池设两个污泥斗，每个斗的容积为：

$$V_1 = \frac{1}{3} \times 4.86 \times (36 + 0.16 + \sqrt{36 \times 0.16}) = 62.47 \text{m}^3$$

每座沉淀池的污泥斗可贮存 2d 的污泥量，满足要求。

（4）沉淀池的总高度用式（3-42）计算，采用机械刮泥，缓冲层高 $h_3 = 0.6\text{m}$（含刮泥板），平底，故：

$$H = h_1 + h_2 + h_3 + h_4 = 0.3 + 1.65 + 0.6 + 4.86 = 7.41 \text{m}$$

（5）沉淀池总长度

$$L = 0.5 + 0.3 + 38.7 = 39.5 \text{m}$$

式中　0.5——流入口至挡板距离；

　　　0.3——流出口至挡板距离。

（6）出水堰长度复核

见图 3-34，每池出水堰长度为 6m＋15m＋15m＝36m，出水堰负荷为 $347.2 \times \frac{1000}{3600 \times 36} = 2.7\text{L/(s} \cdot \text{m)} < 2.9\text{L/(s} \cdot \text{m)}$，合格。

3.5.2 普通辐流式沉淀池

1. 普通辐流式沉淀池的构造

普通辐流式沉淀池呈圆形或正方形，直径（或边长）6～50m，圆形直径不宜大于50m，池周水深1.5～3.0m，用机械排泥，池底坡度不宜小于0.05。辐流式沉淀池可用作初次沉淀池或二次沉淀池。工艺构造见图3-35，是中心进水，周边出水，中心传动排泥的辐流式沉淀池。为了使布水均匀，进水管设穿孔挡板，穿孔率为10%～20%。出水堰亦采用锯齿堰，堰前设挡板，拦截浮渣。

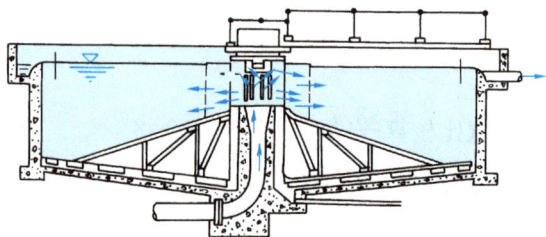

图3-35　普通辐流式沉淀池工艺图

刮泥机由桁架及传动装置组成。当池径小于20m时，用中心传动；当池径大于20m时，用周边传动，周边线速不宜大于3m/min，1～3r/h，将污泥推入污泥斗，然后用静水压力或污泥泵排除。当作为二次沉淀池时，沉淀的活性污泥含水率高达99%以上，不能被刮板刮除，可采用如图3-36所示的静水压力法排泥，图中1为穿孔挡板，2为排泥槽，槽内泥面与沉淀池水面有 h 的落差（h 约30cm），3为对称的两排泥槽之间的连接管，连接管通过密封装置将泥从排泥总管排出，4为沿底缓慢转动的排泥管，对称两边各4条，每条负担底部一个环区的排泥，依靠 h 静水压力，将底泥排入排泥槽2。

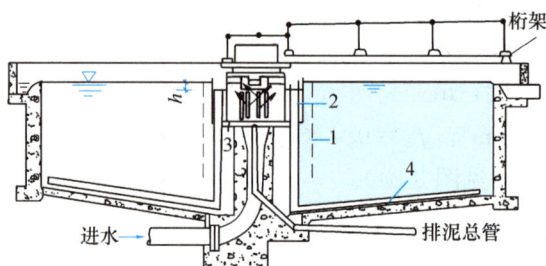

图3-36　静水压力排泥示意图

2. 辐流式沉淀池的设计

（1）每座沉淀池表面积和池径

$$A_1 = \frac{Q_{max}}{n q_0} \tag{3-44}$$

$$D = \sqrt{\frac{4A_1}{\pi}}$$

式中　A_1——每池表面积，m^2；

　　　　D——每池直径，m；

　　　　n——池数；

　　　　q_0——表面水力负荷，$m^3/(m^2 \cdot h)$，见表3-11。

（2）沉淀池有效水深

$$h_2 = q_0 t \tag{3-45}$$

式中　h_2——周边有效水深，m；

86

t——沉淀时间，见表 3-11。

池径与水深比宜用（6∶1）～（12∶1）。

（3）沉淀池总高度

$$H = h_1 + h_2 + h_3 + h_4 + h_5 \qquad (3\text{-}46)$$

式中 H——总高度，m；

　　h_1——保护高，取 0.3m；

　　h_2——有效水深，m；

　　h_3——缓冲层高，m，非机械排泥时宜为 0.5m；机械排泥时缓冲层上缘宜高出刮泥板 0.3m；

　　h_4——沉淀池底坡落差，m；

　　h_5——污泥斗高度，m。

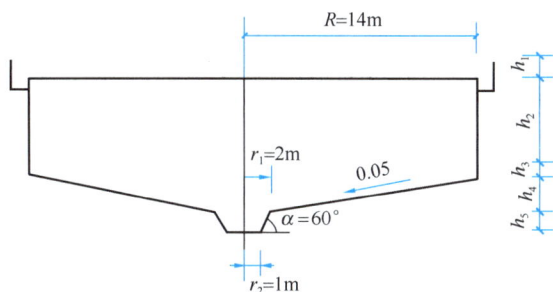

图 3-37　辐流式沉淀池计算图

【例 3-5】某城市污水处理厂的最大设计流量 $Q_{max} = 2450 m^3/h$，设计人口 $N = 34$ 万人，采用机械刮泥，初次沉淀池采用辐流式。

【解】 计算草图见图 3-37。

（1）沉淀池表面积

表面水力负荷参照表 3-11。取 $q_0 = 2 m^3/(m^2 \cdot h)$，$n = 2$ 座

$$A_1 = \frac{Q_{max}}{n q_0} = \frac{2450}{2 \times 2} = 612.5 m^2$$

池径 $D = \sqrt{\dfrac{4A_1}{\pi}} = \sqrt{\dfrac{4 \times 612.5}{\pi}} = 27.9 m$，取 28m

（2）有效水深

取沉淀时间 $t = 1.5h$

$$h_2 = q_0 t = 2 \times 1.5 = 3 m$$

（3）沉淀池总高度

每池每天污泥量用式（3-40）计算

$$W_1 = \frac{SNt}{1000n} = \frac{0.5 \times 34 \times 10^4 \times 4}{1000 \times 2 \times 24} = 14.2 m^3$$

式中 S 取 0.5L/（人·d）（查表 3-11 得：$\dfrac{16}{1000 \times (1 - 97\%)} = 0.5$），由于用机械刮泥，所以污泥在斗内贮存时间用 4h。污泥斗容积用几何公式计算

$$V_1 = \frac{\pi h_5}{3}(r_1^2 + r_1 r_2 + r_2^2) = \frac{\pi \times 1.73}{3}(2^2 + 2 \times 1 + 1^2) = 12.7 m^3$$

$$h_5 = (r_1 - r_2)\tan\alpha = (2 - 1)\tan 60° = 1.73 m$$

底坡落差 $h_4 = (R - r_1) \times 0.05 = 12 \times 0.05 = 0.6 m$

因此，池底可贮存污泥的体积为

$$V_2 = \frac{\pi h_4}{3}(R^2 + R r_1 + r_1^2) = \frac{\pi \times 0.6}{3}(14^2 + 14 \times 2 + 2^2) = 143.3 m^3$$

共可贮存污泥体积为 $V_1+V_2=12.7+143.3=156m^3>14.2m^3$，足够。

沉淀池总高度 $\quad H=0.3+3+0.5+0.6+1.73=6.13m$

（4）沉淀池周边处的高度为

$$h_1+h_2+h_3=0.3+3.0+0.5=3.8m$$

（5）径深比校核

$$D/h_2=28/3=9.3，合格$$

3.5.3 向心辐流式沉淀池

上述辐流式沉淀池的进水管设在池中心，流出槽设在池子四周，故称为中心进水周边出水辐流式沉淀池。因中心导流筒内的流速较大，可达 100mm/s，当作为二次沉淀池用时，活性污泥在中心导流筒内难以絮凝，并且这股水流向下流动的动能较大，易冲击池底沉泥，池的容积利用系数也较小（约48%）。

向心辐流式沉淀池流入区设在池周边，流出槽设在沉淀池中心部位的 $\frac{1}{4}R$、$\frac{1}{3}R$、$\frac{1}{2}R$ 或设在沉淀池的周边，称周边出水向心辐流式沉淀池。在一定程度上克服了普通辐流式沉淀池的缺点。

1. 向心辐流式沉淀池的功能分区

向心辐流式沉淀池可分为 5 个功能区，即 1 为流入槽，2 为导流絮凝区，3 为沉淀区，4 为流出槽，5 为污泥区，见图 3-38。

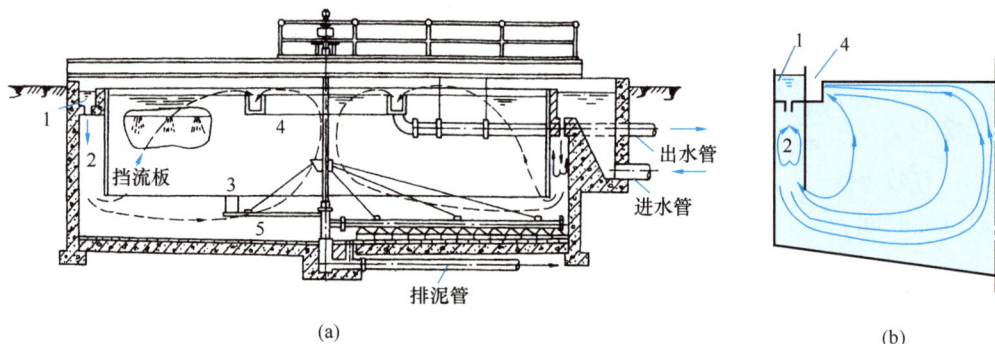

(a)　　　　　　　　　　　　　　　(b)

图 3-38　向心辐流式沉淀池

流入槽沿周边设置，槽底均匀地开设布水孔及短管，供布水用。

导流絮凝区主要作用：使进水导向沉淀区并使布水均匀；因进水自布水孔及短管进入导流絮凝区后，在区内形成回流，可促使活性污泥絮凝，加速沉淀区的沉淀；因该区的过水面积较大，故向下流的流速小，对池底污泥无冲击作用。

沉淀区的功能是沉淀作用，此外，由于沉淀区下部的水流方向是向心流，故可将沉淀污泥推向池中心的污泥斗，便于排泥。

流出槽的位置可设在：① 等于池的半径 R 处（图 3-38b）；② $\frac{R}{2}$ 处；③ $\frac{R}{3}$ 处（图 3-38a）；④ $\frac{R}{4}$ 处。根据实测资料，向心辐流式沉淀池的容积利用系数高于中心进水的辐流式沉淀池。不同流出槽位置，容积利用系数略有差别，见表 3-12 所列。

流出槽不同位置的容积利用系数表　　　　　　　　　表 3-12

出水槽位置	容积利用系数（%）	出水槽位置	容积利用系数（%）
R 处	93.6	$\frac{R}{3}$ 处	87.5
$\frac{R}{2}$ 处	79.7	$\frac{R}{4}$ 处	85.7

从表 3-12 可知，流出槽的较佳位置是设在 R 处，根据安装方面的原因，也可设在 $R/3$ 处或 $R/4$ 处。

2. 向心辐流式沉淀池的设计

流出槽：采用环形平底槽，等距设布水孔，孔径一般用 $50\sim100$mm，并加 $50\sim100$mm 长度的短管，管内流速 $0.3\sim0.8$m/s。

$$v_{n} = \sqrt{2t\nu}G_{m} \tag{3-47}$$

$$G_{m} = \left(\frac{v_1^2 - v_2^2}{2t\nu}\right)^{\frac{1}{2}} \tag{3-48}$$

式中　　v_{n}——配水孔平均流速，$0.3\sim0.8$m/s；

ν——污水的运动黏度，与水温有关，可查手册；

t——导流絮凝区平均停留时间，s，池周有效水深为 $2\sim4$m，t 取 $360\sim720$s；

G_{m}——导流絮凝区平均速度梯度，一般可取 $10\sim30$s^{-1}；

v_{1}——配水孔水流收缩断面的流速，m/s，$v_1 = \frac{v_n}{\varepsilon}$，$\varepsilon$ 为收缩系数，因设有短管，故取 $\varepsilon=1$；

v_{2}——导流絮凝区向下流速，m/s，$v_2 = \frac{Q_1}{f}$；

Q_{1}——每池的最大设计流量，m^3/s；

f——导流絮凝区环形面积，m^2。

为了施工安装方便，导流絮凝区的宽度 $B\geqslant0.4$m，与配水槽等宽，采用式（3-48）验算 G_{m} 值。若 G_{m} 值为 $10\sim30$s^{-1} 为合格。否则需调整 B 值再算。

沉淀区：向心辐流式沉淀池的表面负荷可高于普通辐流式的 2 倍，即可用 $3\sim4$m^3/(m$^2\cdot$h)。

流出槽：可用锯齿堰出水，使每齿的出水流速均较大，齿角处不易积泥或滋生藻类。其他设计同普通辐流沉淀池。

【例 3-6】某城市的设计污水量为 50000m^3/d，曝气池回流污泥比为 0.5，污水温度 20℃，采用向心辐流式沉淀池。

【解】　用两座池，表面负荷取 2m^3/(m$^2\cdot$h)，沉淀区面积为

$$A_1 = \frac{Q}{2q_0 \times 24} = \frac{50000}{2 \times 2 \times 24} = 521\text{m}^2$$

$$R = \sqrt{\frac{521}{\pi}} = 12.9\text{m}，取 D=25.8\text{m}$$

流入槽：设计流量应加上回流污泥量，即 $50000+0.5\times50000=75000$m^3/d。设流入

槽宽 $B=0.6\mathrm{m}$，水深 $0.5\mathrm{m}$，流入槽流速 $v=\dfrac{75000}{2\times24\times0.6\times0.5\times3600}=1.45\mathrm{m/s}$。取导流絮凝区停留时间为 $600\mathrm{s}$，$G_\mathrm{m}=20\mathrm{s}^{-1}$，因水温为 $20^\circ\mathrm{C}$，故 $\nu=1.06\times10^{-6}\mathrm{m}^2/\mathrm{s}$，

$$v_\mathrm{n}=\sqrt{2t\nu}\,G_\mathrm{m}=\sqrt{2\times600\times1.06\times10^{-6}}\times20=0.71\mathrm{m/s}$$

孔径用 $\phi50\mathrm{mm}$，每座池流入槽内的孔数：

$$n_1=\dfrac{75000}{2\times0.71\times\dfrac{\pi}{4}\times0.05^2\times86400}=312\text{ 个}$$

$$l=\dfrac{\pi(D+B)}{n_1}=\dfrac{\pi(25.8+0.6)}{312}=0.266\mathrm{m}$$

导流絮凝区：导流絮凝区的平均流速

$$v_2=\dfrac{Q}{n\pi(D+B)\times B\times86400}=\dfrac{75000}{2\pi(25.8+0.6)\times0.6\times86400}=0.009\mathrm{m/s}$$

式中　n——池数。

用式（3-48）核算 G_m，

$$G_\mathrm{m}=\left(\dfrac{v_1^2-v_2^2}{2t\nu}\right)^{\frac{1}{2}}=\left(\dfrac{0.71^2-0.009^2}{2\times600\times1.06\times10^{-6}}\right)^{\frac{1}{2}}=19.9\mathrm{s}^{-1}$$

G_m 在 $10\sim30\mathrm{s}^{-1}$ 之间，合格。

3.5.4　竖流式沉淀池

1. 竖流式沉淀池的构造

竖流式沉淀池可用圆形或正方形。为了池内水流分布均匀，池径不宜太大，一般采用 $4\sim7\mathrm{m}$，不大于 $10\mathrm{m}$。沉淀区呈柱形，污泥斗呈截头倒锥体。图 3-39 为圆形竖流式沉淀池。

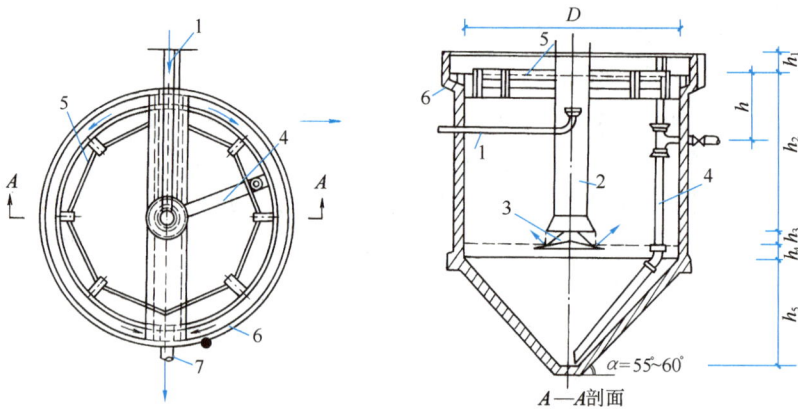

图 3-39　圆形竖流式沉淀池

图中 1 为进水管，污水从中心管 2 自上而下，经反射板 3 折向上流，沉淀水用设在池周的锯齿溢流堰，溢入流出槽 6，7 为出水管。如果池径大于 $7\mathrm{m}$，为了使池内水流分布均匀，可增设辐射方向的溢出槽。流出槽前设有挡板 5，隔除浮渣。污泥斗的倾角用 $55^\circ\sim60^\circ$。沉淀污泥依靠静水压力 h，将污泥从排泥管 4 排出，排泥管管径用 $200\mathrm{mm}$。作为初

次沉淀池用时，h 不应小于 1.5m；作为二次沉淀池用时，生物滤池后的不应小于 1.2m；曝气池后的不应小于 0.9m。

竖流式沉淀池的水流流速 v 是向上的，而颗粒沉速 u 是向下的，颗粒的实际沉速是 v 与 u 的矢量和，如前所述只有 $u \geqslant v$ 的颗粒才能被沉淀去除，因此比较平流与辐流式池，去除率少 $\dfrac{100}{u_0}\displaystyle\int_0^{P_0} u_t \mathrm{d}P$，但若颗粒具有絮凝性能，则由于水流向上，带着微颗粒在上升的过程中，互相碰撞，促进絮凝，颗粒变大，沉速随之增大，又有被去除的可能。故竖流式沉淀池作为二次沉淀池是可行的。竖流式沉淀池的池深较深，故适用于中小型污水处理厂。

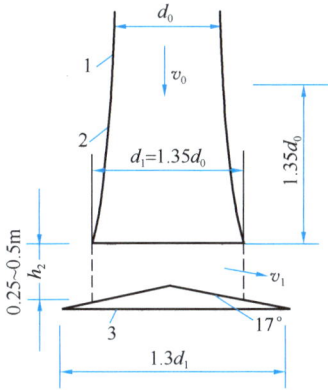

图 3-40 中心管及
反射板的结构尺寸

图 3-40 是竖流式沉淀池的中心管 1、喇叭口 2 及反射板 3 的尺寸关系图。中心管内的流速 v_0 不宜大于 30 mm/s，喇叭口及反射板起消能和使水流方向折向上流的作用。具体尺寸关系如图所示。污水从喇叭口与反射板之间的间隙流出的流速 v_1 不应大于 40mm/s。

为了保证水流自下而上作垂直流动，径（或正方形的一边）深比 $D : h_2$ 不大于 3。h_2 为有效水深，见图 3-39。

2. 竖流式沉淀池的设计

设计的内容包括沉淀池各部分尺寸。

（1）中心管面积与直径

$$f_1 = \frac{q_{max}}{v_0} \tag{3-49}$$

$$d_0 = \sqrt{\frac{4f_1}{\pi}}$$

式中　f_1——中心管截面积，m^2；

　　　d_0——中心管直径，m；

　　　q_{max}——每一个池的最大设计流量，m^3/s；

　　　v_0——中心管内的流速，m/s。

（2）沉淀池的有效沉淀高度，即中心管的高度

$$h_2 = 3600vt \tag{3-50}$$

式中　h_2——有效沉淀高度，m；

　　　v——污水在沉淀区的上升流速，mm/s，如有沉淀试验资料，v 等于拟去除的最小颗粒沉速 u，如无则 v 用 0.5～1mm/s，即 0.0005～0.001m/s；

　　　t——沉淀时间，一般采用 1.0～2.0h（初次沉淀池）；1.5～2.5h（二次沉淀池）。

（3）中心管喇叭口到反射板之间的间隙高度

$$h_3 = \frac{q_{max}}{v_1 \pi d_1} \tag{3-51}$$

式中　h_3——间隙高度，m；

　　　v_1——间隙流出速度，一般不大于 40mm/s；

　　　d_1——喇叭口直径，m。

（4）沉淀池总面积和池径

$$f_2 = \frac{q_{max}}{v}$$

$$A = f_1 + f_2$$

$$D = \sqrt{\frac{4A}{\pi}} \tag{3-52}$$

式中　f_2——沉淀区面积，m^2；

　　　　A——沉淀池面积（含中心管面积），m^2；

　　　　D——沉淀池直径，m。

（5）缓冲层高 h_4，采用 0.3m

（6）污泥斗及污泥斗高度

污泥斗的高度与污泥量有关。污泥量可根据式（3-40）、式（3-41）计算。污泥斗的高度用截头圆锥公式计算，参见平流式沉淀池。

（7）沉淀池总高度

$$H = h_1 + h_2 + h_3 + h_4 + h_5 \tag{3-53}$$

式中　　　　H——池总高度，m；

　　　　　　h_1——超高，采用 0.3m；

h_2、h_3、h_4、h_5——见图 3-39。

【例 3-7】某城市污水最大秒流量为 $q_{max} = 0.4\text{m}^3/\text{s}$，拟采用竖流式沉淀池作为初次沉淀池。

【解】　由于没有提供试验资料，故根据竖流式沉淀池的一般规定进行设计。

（1）中心管面积与直径

$$f_1 = \frac{q_{max}}{v_0} = \frac{0.4}{0.03} = 13.3\text{m}^2$$

若用 8 座沉淀池，则每座池中心管面积为 13.3/8＝1.7m^2

$$d_0 = \sqrt{\frac{4f_1}{\pi}} = \sqrt{\frac{4 \times 1.7}{3.14}} = 1.47\text{m}，\text{取 }1.5\text{m}$$

（2）沉淀池的有效沉淀高度，即中心管高度

$$h_2 = v \cdot t \times 3600 = 0.0007 \times 1.5 \times 3600 = 3.78\text{m}，\text{取 }3.8\text{m}$$

（3）中心管喇叭口到反射板之间的间隙高度

$$h_3 = \frac{q_{max}}{v_1 \pi d_1} = \frac{0.4/8}{0.04 \times 3.14 \times 2.0} = 0.2\text{m}$$

式中　$d_1 = 1.35d_0 = 1.35 \times 1.5 = 2.025\text{m}$，取 2.0m，$v_1$ 取 0.04m/s。

　　　反射板直径　　　　$d_2 = 1.3d_1 = 1.3 \times 2.0 = 2.6\text{m}$

（4）沉淀池总面积及沉淀池直径

每座沉淀池的沉淀区面积

$$f_2 = \frac{q_{max}}{v} = \frac{0.4/8}{0.0007} = 71.4\text{m}^2$$

故每座池的总面积为 $A = f_1 + f_2 = 84.7\text{m}^2$

每座直径 $D = \sqrt{\frac{4A}{\pi}} = \sqrt{\frac{4 \times 84.7}{\pi}} = 10.4$，取 10m

（5）污泥斗及污泥斗高度

取 $\alpha=60°$，截头直径 0.4m，则

$$h_5=\frac{10-0.4}{2}\tan60°=8.3m$$

（6）沉淀池的总高度

$$H=h_1+h_2+h_3+h_4+h_5=0.3+3.8+0.2+0.3+8.3=12.9m$$

3.5.5 斜板（管）沉淀池

1. 斜板（管）沉淀池的理论基础

如前所述，池长为 L，池深为 H，池中水平流速为 v，颗粒沉速为 u_0 的沉淀池中，在理想状态下，$\dfrac{L}{H}=\dfrac{v}{u_0}$。

可见，L 与 v 值不变时，池深 H 越浅，可被沉淀去除的悬浮物颗粒也越小。如用水平隔板，将 H 分为 3 等层，每层深 $H/3$，见图 3-41（a），在 u_0 与 v 不变的条件下，则只需 $L/3$，就可将沉速为 u_0 的颗粒去除，也即总容积可减小到 1/3。如果池长 L 不变，见图 3-41（b），由于池深 $H/3$，则水平流速可增加到 $3v$，仍能将沉速为 u_0 的颗粒沉淀去掉，也即处理能力可提高 3 倍。把沉淀池分成 n 层就可把处理能力提高 n 倍。这就是 20 世纪初，海曾（Hazen）提出的浅池沉淀理论。

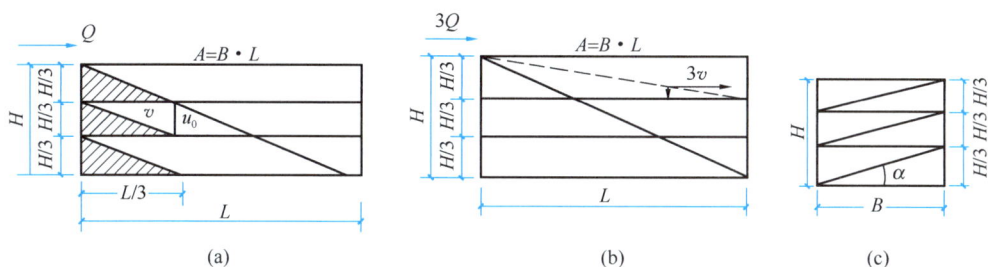

图 3-41 浅池沉淀原理

为了解决沉淀池的排泥问题，浅池理论在实际应用时，把水平隔板改成倾角为 α 的斜板（管），α 采用 $50°\sim60°$。所以把斜板（管）的有效面积的总和，乘以 $\cos\alpha$，即得水平沉淀面积：

$$A=\sum_{i=1}^{n}A_i\cos\alpha \tag{3-54}$$

为了创造理想的层流条件，提高去除率，需控制雷诺数 $Re=\dfrac{v\omega}{\nu P}$，式中 v 为流速，ω 为过水面积，ν 为动力黏度，P 为过水断面的湿周。斜板（管）由于湿周 P 长，故 Re 可控制在 200 以下，远小于层流界限 500。又从弗劳德数 $Fr=\dfrac{v^2P}{\omega g}$ 可知，由于 P 长，ω 小，Fr 数可达 $10^{-4}\sim10^{-3}$，确保了水流的稳定性。

2. 斜板（管）沉淀池的分类与设计

按水流方向与颗粒的沉淀方向之间的相对关系，可分为：① 侧向斜板（管）沉淀池，水流方向与颗粒的沉淀方向互相垂直，见图 3-42（a）；② 同向流斜板（管）沉淀池，水流方向与颗粒的沉淀方向相同，见图 3-42（b）；③ 逆向流斜板（管）沉淀池，水流方向

与颗粒的沉淀方向相反，见图 3-42（c）。

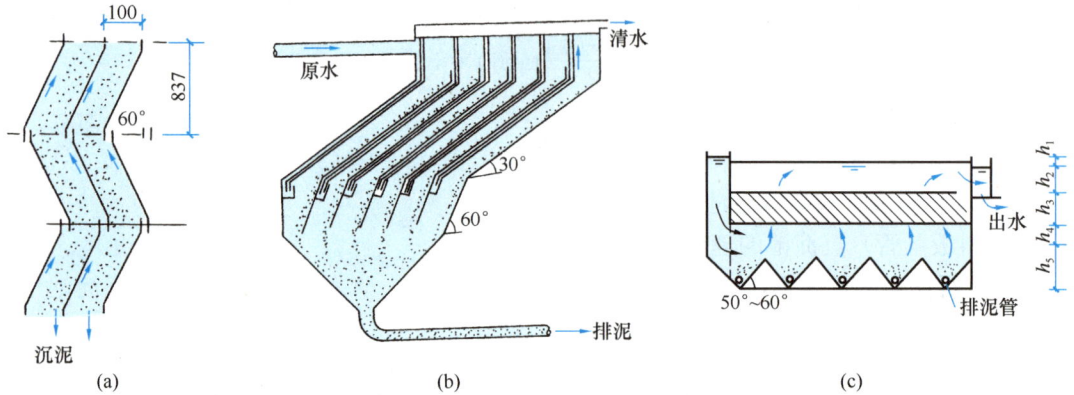

图 3-42　斜板（管）沉淀池

今以逆向（也称异向）流为例，说明设计步骤。

（1）沉淀池水表面积

$$A = \frac{Q_{max}}{nq_0 \times 0.91} \qquad (3-55)$$

式中　A——水表面积，m^2；

　　　n——池数，个；

　　　q_0——表面水力负荷，$m^3/(m^2 \cdot h)$，可用表 3-11 所列数字的一倍，但对于二次沉
　　　　　　池，尚应以固体负荷核算；

　　　Q_{max}——最大设计流量，m^3/h；

　　　0.91——斜板（管）面积利用系数。

（2）沉淀池平面尺寸

$$D = \sqrt{\frac{4A}{\pi}} \qquad (3-56)$$

或

$$a = \sqrt{A}$$

式中　D——圆形池直径，m；

　　　a——矩形池边长，m。

（3）池内停留时间

$$t = \frac{(h_2 + h_3)60}{q_0} \qquad (3-57)$$

式中　t——池内停留时间，min；

　　　h_2——斜板（管）区上部的清水层高度，m，一般用 0.7～1.0m；

　　　h_3——斜板（管）的自身垂直高度，m，一般为 0.866～1.0m。

（4）斜板（管）下缓冲层高

为了布水均匀并不会扰动下沉的污泥，h_4 一般采用 1.0m。

（5）沉淀池的总高度

$$H = h_1 + h_2 + h_3 + h_4 + h_5 \qquad (3-58)$$

式中　H——总高度，m；

94

h_5——污泥斗高度，m。

斜板（管）沉淀池具有去除率高，停留时间短，占地面积小等优点，故常用于：① 已有的污水处理厂挖潜或扩大处理能力时采用；② 当受到污水处理厂占地面积的限制时，作为初次沉淀池用。

斜板（管）沉淀池不宜作为二次沉淀池用，原因是：活性污泥的黏度较大，容易黏附在斜板（管）上，影响沉淀效果甚至可能堵塞斜板（管）。同时，在厌氧的情况下，经厌氧消化产生的气体上升时会干扰污泥沉淀，并把斜板（管）上脱落下来的污泥带至水面结成污泥层。在用地紧张或二沉池挖掘潜力时，可采用斜板（管）沉淀池。

3.6 强 化 一 级 处 理

污水强化一级处理，是在污水一级处理的沉淀法基础上，对污水沉淀过程进行化学、生物或化学生物絮凝的强化处理，其处理效果介于一级处理与二级处理之间。

3.6.1 强化一级处理的适用性

前已述及强化一级处理技术主要适用于合流制系统；用于分期建设的污水处理厂以及酸化水解难降解的有机物，提高二级处理效果。

强化一级处理的处理对象是呈悬浮或胶体状态的污染物，使其发生絮凝和凝聚，提高沉淀分离效果，改善一级处理出水水质。在普通一级处理的基础上，增加少量投资，较大程度地提高污染物的去除率，削减总污染负荷，降低去除单位质量污染物的费用。

强化一级处理技术可分为：化学强化一级处理、生物絮凝强化一级处理、化学生物絮凝强化一级处理，以及酸化水解等。

3.6.2 化学强化一级处理

化学强化一级处理是向污水中投加混凝剂、助凝剂，使污水中的微细悬浮颗粒与胶体颗粒凝聚与絮凝，提高去除率。

图 3-43 为昆明第七污水处理厂采用化学强化一级沉淀池。旱季作为普通初次沉淀池用。

雨季作为化学强化一级沉淀池用时，投加混凝剂（一般用铁盐或铝盐，投加量为 $190\sim375\mathrm{mg/L}$）、助凝剂（一般用 PAM，投加量为 $0.5\sim1.0\mathrm{mg/L}$）或微砂。

该化学强化一级沉淀池由混凝区、投加区、熟化区与沉淀区、刮泥机及水力旋流泥水分离器组成。

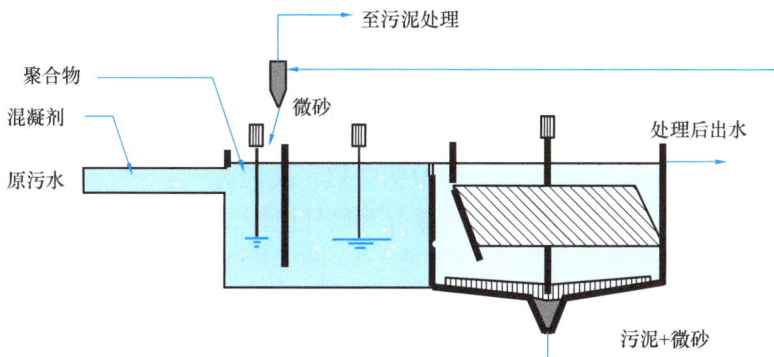

图 3-43 化学强化一级沉淀池

循环泵的循环率：循环率指微砂污泥与沉淀池水量之比值，采用3％～6％。

该化学强化一级沉淀池的设计与运行参数列于表3-13中，供参考。

化学强化一级沉淀池设计与运行参数 表3-13

项目		混凝区	投加区	絮凝区	沉淀区
格数		2	2	2	2
单池尺寸 $L \times B \times H$（m）		4×4×7	4×4×7	5.5×5.5×7	19.2×5.5×7
单池有效容积（m³）		112	112	212	741
停留时间（min）	旱季	1.61	1.61	3.05	
	雨季	1.15	1.15	2.17	
混凝剂 Al_2O_3 10％投加量（mg/L）	旱季	31		1	
	雨季	220～470			
微砂投加量（mg/L）	旱季		3.2		
	雨季		3.4		
NPMA 投加量（mg/L）		1		1	
斜管倾角（°）					60
斜管长度（m）					1.5
排泥浓度（g/L）	旱季				8.2
	雨季				6.8

3.6.3 生物絮凝强化一级处理

生物絮凝强化一级处理由短期曝气池（约30min）与沉淀池组成，回流少量活性污泥或腐殖污泥作为生物絮凝剂（回流比约为20％～25％）至短期曝气池，利用微生物的絮凝吸附作用，可降解部分溶解性有机物，提高沉降性能与系统对COD、SS、BOD_5的去除效果。

3.6.4 化学生物絮凝强化一级处理

化学生物絮凝强化一级处理是集上述两者的优点而成的一种强化一级处理技术。处理效果好、运行稳定可靠，药剂消耗量低，产生的污泥量少，从而降低运行成本。

化学生物絮凝强化一级处理由混合池、化学生物絮凝池、沉淀池组成，混合和絮凝均采用气动方式，回流污泥投加在化学生物絮凝池入口端。

混合池停留时间0.5～1.0min，速度梯度 G 值为 $500s^{-1}$，用压缩空气搅拌，化学生物絮凝池停留时间35min，速度梯度 G 值分为3段：前段为1.7～2.5min；中段为0.8～1.3min；末段为0.5～0.8min。采用微气曝气管供气搅拌、螺旋推流式。

絮凝剂采用聚合铝盐或铁盐。

沉淀池水力停留时间1.5h。

化学生物絮凝强化一级处理，COD去除率约为45％～70％，TP去除率为48％～84％，SS去除率为71％～90％。

96

3.6.5 酸化水解

酸化水解池的作用是使难降解有机物转化为易于生物降解，同时降低污水的色度。

为维持酸化水解池内的污泥浓度，需回流二次沉淀池的沉淀污泥。

酸化水解池停留时间一般采用12.5h，循环回流式，用潜水搅拌器推动循环流动，污泥回流比为50%～125%，污泥浓度2g/L。

污泥负荷为0.9～1.2kgCOD/(kgMLSS·d)。

复 习 思 考 题

1. 污水处理的格栅分几类，作用是什么？
2. 简述四种沉淀类型的悬浮物沉淀过程，以及该过程发生在沉淀池的什么空间位置。
3. 推导自由沉淀的斯托克斯（Stocks）公式，并解释公式的意义。
4. 简述自由沉淀、絮凝沉淀、区域沉淀与压缩试验方法，四种沉淀试验分别在沉淀池设计中的作用。
5. 理想沉淀池的基本原理在实际沉淀池设计中的作用是什么？理想与实际沉淀池之间存在什么差异？
6. 沉砂池有哪几种类型，应用时如何选择？
7. 图示表述不同类型污水沉淀池的构造、特点、应用选型的主要条件。

第 4 章　污水活性污泥处理工艺的基本原理

污水活性污泥处理工艺是 1914 年在英国曼彻斯特建成试验厂创始的。100 余年来，活性污泥工艺在几代专家学者和工程技术人员的精心努力下，通过对污水处理不断生产实践，在技术上取得了全方位的发展与进步。

活性污泥工艺在对生活污水、城市污水以及有机工业废水处理功能方面的优势，得到了充分的发挥，除对有机污染物的降解外，在生物脱氮、除磷理论上取得了显著成果，使活性污泥处理工艺赋有良好的脱氮、除磷功能。

在对活性污泥工艺系统组成、运行的改进方面也取得了突出成果，使活性污泥工艺系统的组成简化，运行灵活、多样，提高了工艺系统的科学性和实用性，开创出同步降解有机污染物、脱氮除磷的工艺系统。

当前，活性污泥工艺系统是污水生物处理领域中技术发展最迅速、工艺创新最显著、应用最广泛的一种处理技术，是城市污水和有机工业废水首选处理技术。可以预见，活性污泥工艺必将取得进一步的发展，也必将在我国的水环境污染防治事业中发挥更大的作用。活性污泥工艺系统在当前是水环境污染防治技术的主力军。

本章所阐述的是污水活性污泥处理工艺的基本概念、基本知识和基本理论，和污水活性污泥工艺密切相关的氧的传递理论，活性污泥反应器——曝气池，活性污泥泥、水分离器——二次沉淀池以及活性污泥培养及异常控制等问题。

4.1　活性污泥处理工艺的基本原理

4.1.1　活性污泥工艺系统的概念与基本工艺流程

活性污泥工艺系统是以"活性污泥"作为主体处理手段的污水生物处理工艺技术。

通过一个小型实验来认识"活性污泥"。将经过沉淀处理后的生活污水注入沉淀管（或适宜的器皿）中，然后注入空气对污水加以曝气，并使生活污水保持下列条件：水温在 20℃左右，水中溶解氧值为 1～3mg/L，pH 为 6～8，每日保留沉淀物，更换部分污水。注入经过沉淀处理后的新鲜生活污水。这样的操作持续一段时间（10～14d）后，在污水中将形成一种呈黄褐色的絮凝体，这种絮凝体易于沉降与水分离，使污水得到净化处理，水质澄清。这种絮凝体主要是由大量繁殖的以细菌为主体的微生物所构成，是一种生物性污泥，也就是"活性污泥"。

图 4-1 所示为活性污泥处理工艺系统的基本流程。本工艺系统的核心处理设备是活性污泥反应器——曝气池；还设有二次沉淀池、活性污泥回流系统、曝气系统与空气扩散装置等辅助性设备。

在工艺系统正式投入运行之前，必须在曝气池内进行以被处理污水作为培养基的活性污泥微生物的培养与驯化工作。

城市污水活性污泥工艺处理系统（以图 4-1 所示为例）的正式运行程序：

城市污水经格栅、沉砂池、沉淀池处理后，进入曝气池，与此同时，从二次沉淀池底部排出并通过污泥回流系统回流的部分污泥，也在同一端进入曝气池。

从空压机站送出的压缩空气，通过总干管、干管和支管等管道系统和安装在曝气池底部的空气扩散装置（曝气装置），以细小气泡的形式进入混合液中。其作用有二：其一是向混合液充氧以供混合液中好氧微生物的生理需求；其二是使曝气池内的污水、活性污泥处于剧烈混合、搅动、充分接触，使活性污泥反应得以正常进行。

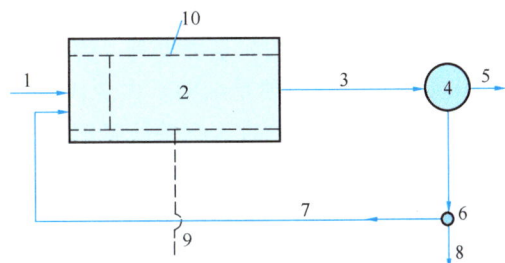

图 4-1　活性污泥工艺处理系统的基本流程
（活性污泥工艺的传统处理系统流程）

1—经预处理后的污水；2—活性污泥反应器——曝气池；
3—从曝气池排出的混合液；4—二次沉淀池；
5—处理后的水；6—污泥井；7—污泥回流系统；
8—剩余污泥；9—来自空压机站的空气；
10—曝气系统与空气扩散装置

在活性污泥反应器——曝气池内，由污水、回流活性污泥和空气（溶解氧）互相混合形成的液体，称之为混合液。

混合液经过活性污泥生化反应，其结果是：污水中的有机污染物（主要是呈溶解性、胶体性及微小颗粒状的有机污染物）被活性污泥微生物降解而去除，污水得到净化，水质清澈；活性污泥微生物则得以繁衍增殖，活性污泥本体得到增长。

经过活性污泥反应的混合液，从曝气池的另一端流出，进入二次沉淀池进行固液分离。活性污泥通过沉淀与污水分离，得到净化和澄清的上清液，作为处理水排出系统。沉淀的活性污泥从二次沉淀池池底排出，其中一部分作为接种污泥，通过污泥回流系统回流至曝气池首端，其余部分的活性污泥作为剩余污泥排出系统。

剩余污泥和在曝气池内增长的活性污泥，在数量上基本保持平衡，致使在曝气池内的活性污泥量基本上保持在一个较为恒定的数值。

4.1.2　活性污泥的形态与组成

活性污泥，在外观上是呈黄褐色的絮凝状颗粒——称之为"生物絮凝体"。颗粒尺寸取决于多项因素，如微生物的组成、数量、污染物质的特征；还有活性污泥反应器内的某些环境因素，如水动力条件及水温等。一般为 $0.02 \sim 0.2$mm。活性污泥具有较大的表面积，1mL 活性污泥的表面积大体上为 $20 \sim 100$cm^2。活性污泥含水率很高，一般都在 99％以上。其相对密度则因含水率不同而异，为 $1.002 \sim 1.006$。

活性污泥中固体物质所占比例为 1％以下，是由有机成分与无机成分所组成，其组成比例则因污水性质不同而异。如处理城市污水的活性污泥，其中有机成分占 75％～85％，无机成分则占 15％～25％。

活性污泥中固体物质的有机成分，主要是由栖息在活性污泥上的微生物群体所组成。此外，在活性污泥上还夹杂着由入流污水挟入的有机固体物质，其中也包含着某些惰性的难为细菌所摄取、利用的所谓"难降解有机物质"。微生物经过内源代谢、自身氧化后所形成的如细胞膜、细胞壁等菌体残留物，也属于"难降解有机物质"的范畴。

活性污泥的无机组成部分，全部都是由原污水所挟入的。至于在微生物体内存在的无机盐类，则因素量极少，一般都予以忽略不计。

由此可见，活性污泥是由下列4部分物质所组成：①具有代谢功能活性的微生物群体（M_a）；②微生物（主要是细菌）内源代谢、自身氧化的菌体残留物（M_e）；③由原污水挟入夹杂于活性污泥中的难为细菌所降解的惰性有机物质（M_i）；④由原污水挟入夹杂于活性污泥中的无机物质（M_{ii}）。

通过数学式表示，则为：$M＝M_a＋M_e＋M_i＋M_{ii}$。

4.1.3　活性污泥微生物

1. 参与活性污泥反应的微生物及其在反应过程中的作用

活性污泥反应就是由栖息在活性污泥上的微生物进行的生物反应。

活性污泥微生物是由细菌类、真菌类、原生动物、后生动物等异种群体所组成的。这几种不同的微生物群体在活性污泥上形成如图4-2所示的食物链和相对稳定的小生态系。

细菌是活性污泥微生物的主体，是进行活性污泥反应的主力军，以异养型的原核细菌为主。在正常成熟的活性污泥上栖息的细菌数为 $10^7 \sim 10^8$ 个/mL。细菌数的另一种表示方法：1g 干污泥的细菌含量为（$1×10^9$）～（$4×10^{10}$）。

经检测，能够在活性污泥上栖息的细菌较多，但是能够在活性污泥上形成优势的种属则和污水的类型有关。例如，在处理城市污水的活性污泥上检出的在数量上列于前4位的细菌种属是：假单胞菌属（*Pseudomonas*）、分枝杆菌属（*Mycobacterium*）、杆菌属（*Bacterium*）和芽孢杆菌属（*Bacillum*）。此外，还较多地栖息着假杆菌属（*Pseudobacterium*）和微球菌属（*Micro-coccu*）。

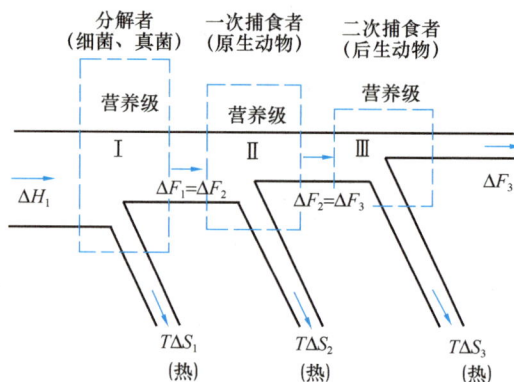

图 4-2　活性污泥微生物的食物链与能量传递

ΔH—热焓变化；$\Delta H＝\Delta F_i＋T\Delta S_i$；$\Delta S_i$—熵变化；$\Delta F_i$—自由能；$T$—温度

在处理石油工业废水、橡胶工业废水以及页岩加工废水的活性污泥上，也大量地栖息着假单胞菌属细菌，这说明，假单胞菌属对有机底物的降解功能有一定的广谱性。

参与活性污泥反应的细菌种属还有：产碱杆菌属（*Alcaliganes*）、动胶杆菌属（*Zooglea*）、黄杆菌属（*Flavobacterium*）、丛毛单胞菌属（*Comamonas*）和大肠埃希氏杆菌属（*Escherichia*）等。

在活性污泥反应系统，还可能出现的细菌种属有：无色杆菌属（*Achromobacter*）、气杆菌属（*Aerobacter*）、棒状杆菌属（*Coryhebacterium*）、诺卡氏菌属（*Nocardia*）、八叠球菌属（*Sarcina*）和螺菌属（*Spirillum*）等。

哪种细菌能成为活性污泥反应系统的优势种属，则取决于原污水中的有机污染底物的性质。含有大量糖类及烃类的污水，有利于假单胞菌属的生长繁殖；而含蛋白质多的污水，则将使产碱杆菌的增殖增速。

以上列举的各类种属的细菌都具有较高的增殖速率，在适宜的环境条件下，它们的世代时间一般仅为 20～30min。这些种属的细菌，还都拥有较强的降解有机底物并将其转化为稳定的无机物质的功能。

在活性污泥反应系统中，还存活不同种类与种属的原生动物。原生动物以细菌为主要的摄食对象，而且不同的原生动物种类对环境条件质量的要求也不同。因此，出现的原生动物，在种属上和数量上将随混合液中细菌的状态和水质的逐步改善而改变，并依次按肉足虫、鞭毛虫及纤毛虫的顺序出现。

在活性污泥反应系统启动的初期，活性污泥和菌胶团尚未得到良好的培育，混合液中的细菌多呈游离状态，混合液水质欠佳，此时最初出现的原生动物为肉足虫类，如根足变形虫（*Amoeba*）和辐射变形虫（*Amoeba radiosa*）等。继之，可能陆续有属于动物性鞭毛虫的梨波豆虫（*Bodo*）及跳侧滴虫（*Pleuromonas jaculans*）出现。在水环境条件质量进一步得到改善后，出现的原生动物将是游泳型纤毛虫，其中主要的可能有豆形虫（*Colpidium*）、漫游虫（*Lionotus*）、草履虫（*Parameeium*）、肾形虫（*Colpoda*）及楯纤虫（*Aspidisca*）等。

当活性污泥菌胶团培育成熟时，结构良好，混合液中的细菌多已"聚居"在活性污泥菌胶团上，混合液水质已接近于处理水应达到的水质，此时出现的将是以固着型纤毛虫为主体的原生动物，既有单个个体的小口钟虫（*Vorticella microstoma*），也有群体钟虫类，常见的有累枝虫（*Epistilis*）、盖纤虫（*Opercularia*）、聚缩虫（*Zoothamnium*）和独缩虫（*Carchesium*）等。

通过显微镜的镜检，能够观察到在活性污泥反应系统出现的原生动物，辨别认定其种属，据此判断处理水水质的优劣，因此，将原生动物称为活性污泥反应系统中的指示性微生物。图 4-3 所示即为在活性污泥反应进程中，出现原生动物的种类递变及数量变化的模式关系。

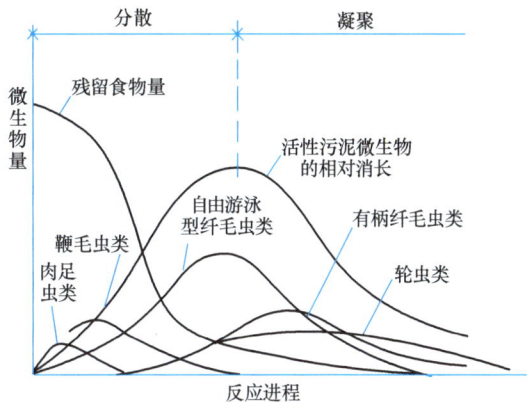

图 4-3　在活性污泥反应进程中原生动物出现的种类递变及数量变化模式图

通过显微镜对活性污泥反应系统中出现原生动物的生物相进行镜检，是判断评价处理水质的优劣和活性污泥质量的重要手段。

此外，原生动物还不断地摄食混合液中的游离细菌，起到了进一步净化水质的作用。细菌是活性污泥反应系统中净化水质的第一承担者，也是主要承担者，而摄食处理水中的游离细菌，使污水得到进一步净化的原生动物则是污水净化的第二承担者。

后生动物中的轮虫在活性污泥反应系统中不是经常出现的，一般多在处理水质优异的完全氧化型的活性污泥系统（如延时曝气活性污泥工艺系统）中出现。因此，轮虫的出现，说明待处理水已得到良好的净化处理，是处理水水质稳定的标志。

在活性污泥反应系统中，原生动物摄食细菌是活性污泥生态系统中的首次捕食者，而后生动物捕食原生动物则是生态系统的第二次捕食者（见图 4-2）。

在活性污泥反应系统中，不时地会有丝状细菌的出现，诸如球衣细菌。球衣细菌是好氧菌，而且对有机污染物有很强的分解功能，故在污水活性污泥处理系统中存活着某些数量的球衣细菌对有机污染物的降解是有利的。但是，如在活性污泥反应系统中大量繁殖增生，则会使活性污泥极度松散，使污泥浮力增强而难于沉淀浓缩，导致产生所谓的"污泥膨胀"现象，使活性污泥反应系统受到伤害，这是应当避免的。

2. 微生物（细菌）的增殖规律——微生物（细菌）增殖曲线

在活性污泥反应器——曝气器内，活性污泥反应的实质是活性污泥微生物（这里所指的是在活性污泥上存活的主体微生物——细菌）通过本身新陈代谢的生理功能活动，对混合液中的有机污染物进行降解，并将其转化为稳定的无机物质，使污水得到净化处理，这是实施活性污泥反应的首要目的。而活性污泥反应必然产生另一项结果——微生物（细菌）繁衍增殖，亦即活性污泥的增长、更新，使活性污泥反应活力延续与增强。

微生物（细菌）在反应器——曝气池内的增殖规律，是污水活性污泥工艺系统工程设计与运行维护的技术人员应予充分关注和掌握的。

纯种细菌的增殖规律，一般是通过其增殖曲线来进行研究探讨的。增殖曲线的绘制方法，是在细菌的培养器内，当某些关键性的环境因素（如温度、溶解氧含量、pH 等）均处于适宜于细菌增殖的正常值时，一次性充分投加充作细菌营养物质的有机物质，在这种环境条件下，对细菌进行培养，测录细菌种群随时间以量表示的增殖和衰减动态。

在微生物学领域，有关专家们通过增殖曲线的绘制，对纯菌种的增殖规律进行过多次的研究，并取得系列成熟的结果。

参与污水活性污泥处理工艺的是多种属的微生物群体，其增殖规律虽然较为复杂，但其增殖规律的总趋势，仍与纯种微生物的增殖规律是一致的。对此，纯种细菌的增殖曲线可作为活性污泥多种属微生物群体增殖规律的范例，对活性污泥微生物增殖规律的研究探讨，是具有一定参考价值的。

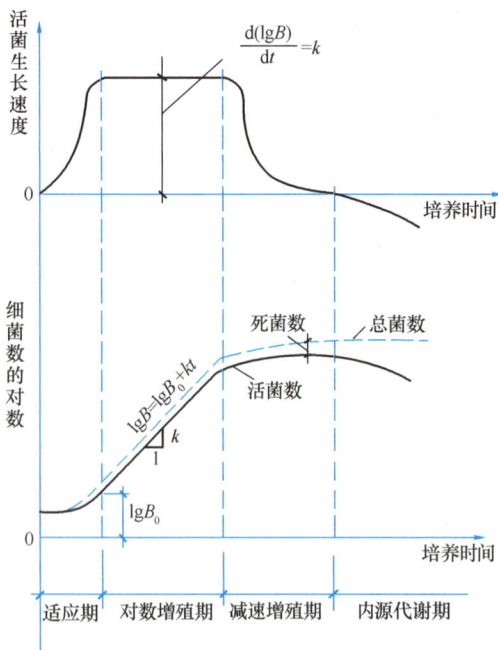

图 4-4 微生物增殖的模式曲线

图 4-4 所示即为纯种微生物通过上述的培养方式，所取得的增殖模式曲线。

根据曲线的走向，可以将整个增殖曲线划分为 4 个时段（期）。

（1）适应期，亦称为调整期或停滞期。这是微生物培养的最初阶段，是微生物细胞内各酶系统对新环境条件的适应过程。在本阶段的初期，微生物不裂殖，在数量上不增加，但在质的方面开始出现变化，如个体增大，酶系统对新的环境条件逐渐适应。在本阶段的后期，酶系统对新环境条件已经适应，微生物个体发育也达到了一定的程度，细胞开始裂殖，微生物（细菌）开始增殖。

本阶段延续时间的长短，在各项环境要素完全适宜的条件下，主要取决于培养基（污水）的主要成分和微生物对它的适应性。这个问题对新投入处理的污水有着很重要的实际意义。

（2）对数增殖期，又称增殖旺盛期。一项必备的条件是，存在于反应系统内的营养物质（有机污染物）非常丰富，不能成为微生物增殖的控制因素。微生物以最高速度摄取营养物质，也以最高速度进行增殖，微生物细胞数按几何级数增加。其增殖关系可通过下式表示，即：

$$B = B_0 \times 2^n$$

式中　B_0 及 B——分别为培养起始（B_0）及达到 t 时的细菌数（B）；

　　　　n——细菌的世代数，$n = t/G$；

　　　　G——世代时间；

　　　　t——培养延续时间。

代入上式，并进行换算：

$$B = B_0 \times 2^{t/G}$$

$$\lg B = \lg B_0 + \frac{t}{G} \lg 2$$

设 $\dfrac{\lg 2}{G} = k$，

则

$$\lg B = \lg B_0 + kt$$

由图 4-4 可见，微生物（细菌）在本期的增殖速度与时间呈直线关系，细菌增殖速度为常数值 k，其值即为直线的斜率。据此，对数增殖期又称之为等速增殖期。

在本期内，衰亡的微生物量相对较少，在实际中可以不予考虑。世代时间短小的微生物，其增殖速度快。种属不同的微生物在不同的环境条件下，其世代时间也有所不同，一般介于 20min 到几个小时。表 4-1 所列举的是可能在活性污泥反应系统栖息（或在生物膜处理工艺系统出现）的某些微生物（细菌）在最佳的培养环境条件下的世代时间。

（3）减速增殖期，又称稳定期或平衡期。经对数增殖期，细菌大量繁衍、增殖，培养液（混合液）中的营养物质被大量耗用，以致营养物质逐步地成为细菌增殖的控制因素。在这种情况下，在本期将出现微生物增殖过程中的两项重要特征：其一是由于细菌的增殖速度减缓、减慢，并达到其增殖速度和衰亡速度相等的时段，在本期出现微生物的活体数达到最高值，但同时也趋于稳定的现象；其二是处于本期的微生物（细菌）开始为自身细胞体吸取积备肝糖、脂肪粒、异染颗粒等一类的物质，为下一阶段（内源代谢期）的生理活动贮备物质。

某些微生物（细菌）的增殖的世代时间　　　　　　　　　　　　　　　　表 4-1

微生物（细菌）种属名称	培养基	温度（℃）	世代时间（min）
大肠杆菌	肉汤	37	17
枯草杆菌	葡萄糖肉汤	25	26～32
极毛杆菌	肉汤	37	34
巨大芽孢杆菌 B. megaterium	肉汤	30	31
蕈状芽孢杆菌 B. mycoides	肉汤	37	28

在本期的末端，由于增殖的微生物活体的细胞数抵不上衰亡的细胞数，活体细菌的增殖曲线开始出现下降的趋势。

（4）内源代谢期，又称内源呼吸期或衰亡（老）期。培养液（混合液）中的营养物质继续下降，并达到近乎耗尽的程度。由于得不到充足的营养物质，微生物便开始利用自身体内贮备的物质或已衰死的菌体，进行内源代谢以营生理活动。

在此期，多数细菌进行自身内源代谢而逐步衰亡，只有少数细菌细胞继续裂殖，活菌体数大为下降，增殖曲线呈显著下降趋势。在细菌形态方面，在此期也多呈退化状态，并往往产生芽孢。

对微生物增殖曲线的绘制过程进行分析与探讨，能够得出下列概念。决定活性污泥微生物（细菌）增殖曲线上升、下降走向及其幅度的主要因素有二，其一是其周围环境（培养液或混合液）中所含有机营养物（有机底物）量（此值以 F 表示）的高低，其二则是当时存活的活菌体量（此值以 M 表示）。这样，通过对混合液中营养物质（以 BOD_5 表示的有机污染物质）量的控制，就能够起到对活性污泥微生物增殖（活性污泥增长）曲线的走向和增殖曲线各期延续时间的控制作用。由于对具体的活性污泥反应系统而论，M 值为设计已定值，对此，将上述二项影响因素通过比值式 F/M 加以综合考虑，是适宜的。

通过增殖曲线所表示的活性污泥微生物增殖规律，亦即活性污泥增长规律，对活性污泥反应系统有着重要的实际意义。F/M 是活性污泥工艺处理技术重要的设计、运行参数，将在后面详论。

3. 活性污泥絮凝体的形成

活性污泥在其反应器——曝气池内是以絮凝体的形态存在的。在曝气池内形成发育良好、活性强劲的活性污泥絮凝体，是使活性污泥工艺系统保持正常的净化功能的关键。

活性污泥絮凝体也称为生物絮凝体，其基干部分是由千万个细菌为主体结合形成称之为"菌胶团"的团粒。菌胶团对活性污泥的形成以及其各项功能的发挥，起着十分重要的作用。只有在菌胶团发育正常的条件下，活性污泥絮凝体才能很好地形成，其对周围环境（混合液）中有机污染物的吸附、凝聚、代谢以及沉降等各项功能与特性，才能得到正常的发挥。

关于活性污泥絮凝体的形成机理，有多家学说。活性污泥絮凝体的主体成分是活性污泥微生物（细菌），絮凝体的形成和发育也必然和当时细菌在反应系统中所处的状态有关。关于活性污泥絮凝体是在细菌增殖曲线的哪一个期内形成和得到良好发育的，所得结论是：当曝气池内混合液中残存的有机污染物质（以 BOD_5 值表示）量较低，营养物量与细菌数量之比 F/M 处于低值，细菌增殖进入减速增殖期的后段或内源代谢期，活性污泥才得到良好的形成和发育。这一事实说明，活性污泥絮凝体的形成和曝气池内能量多寡密切相关。

细菌的外壁细胞膜是由脂蛋白所形成，它易于离子化并带有负电荷，这样，在两个菌体之间存在着电的斥力。但是，在两个菌体之间还存在着范德华引力。这两种力对菌体的作用程度，因菌体间的距离不同而有显著的不同，当两个菌体之间的距离达到使范德华引力成为主导作用力时，两个菌体即行结合。

当曝气池内的有机营养物质（F 值）充沛，能的含量高，细菌增殖处于对数增殖期，即处于"壮龄"阶段，运动能量高，动能大于范德华引力，菌体不易结合，在这种条件下，活性污泥絮凝体不能很好地形成。

当曝气池内的有机营养物质（F值）降低，能的含量降低到某种程度，细菌增殖速度低下或需要通过内源代谢作用获取进行增殖的能量状态。细菌增殖处于减速增殖期的后段或内源代谢期，即已处于"老龄"阶段，运动能量低弱，动能很低，不能与范德华引力相抗衡，并且在布朗运动的作用下，菌体互相碰撞，相互结合，形成菌胶团，继之则形成初期的凝聚体；初期的凝聚体又与细菌相结合，凝聚体之间也相互粘结、结合，凝聚速度加快，最终形成颗粒较大的活性污泥絮凝体。

在活性污泥絮凝体形成的过程中，某些活性污泥微生物（细菌）本身也起到一定的作用，如属于动胶杆菌属的枝状动胶杆菌（*Zooglea ramigera*），以及其他的某些细菌，能够分泌出具有黏性的胶体物质，不仅使细菌互相粘结，形成菌胶团，并对微小颗粒及可溶性有机物也有着一定的吸附与粘结作用。这也对活性污泥絮凝体的形成起到有力的促进作用。

专家们对能够促进活性污泥絮凝体形成的细菌进行过大量的试验与研究工作，判定出有多种细菌具有促进活性污泥絮凝体形成的功能，其中除前述的枝状动胶杆菌外，还有：蜡状芽孢杆菌（*Bacillus cereus*）、中间埃希氏菌（*Escherichia intermidium*）、放线形诺卡氏菌（*Nocardia actinomorphy*）以及多种假单胞菌（*Pseudomonas*）及黄杆菌属（*Flavobacterium* sp.）等。

4.1.4 活性污泥净化反应过程

在污水活性污泥工艺处理系统中，有机污染物从污水中去除过程的实质就是有机污染物作为营养物质为活性污泥微生物摄取、代谢与利用的过程，也就是所谓"活性污泥反应"过程。

"活性污泥反应"过程是比较复杂的，它是由物理、化学、物理化学以及生物化学等反应的综合过程所组成，大致可分为吸附和代谢两个阶段。

1. 活性污泥反应的初期吸附作用

在活性污泥反应系统中，原污水与活性污泥接触后的较短时间（5～15min）内，污水中的有机污染物即被大量去除，出现很高的 BOD_5 去除现象，这种初期的高速去除作用，是由活性污泥微生物菌体表面所具有的物理吸附和生物吸附交织在一起的综合吸附作用所导致。这一现象说明，活性污泥表面具有很强的吸附功能。

活性污泥拥有很大的表面积（介于 2000～10000 m^2/m^3 混合液），在表面富集着大量的细菌，在其外侧覆盖着多糖类黏质层。当污水与其接触时，污水中呈微小悬浮、胶体以及溶解状态的有机污染物即被活性污泥微生物所凝聚和吸附，从而得到大量去除，这就是活性污泥反应的初期吸附作用。

在系统运行正常的情况下，活性污泥反应的初期吸附过程能够在 30min 内完成，污水 BOD_5 的去除率可达 70％以上。为了使初期吸附去除过程取得良好的效果，在活性污泥工艺系统正常环境条件下，还应当特别关注下列两项因素：① 活性污泥微生物的活性程度；② 反应器内水动力运作情况与水力扩散程度。前项因素决定活性污泥微生物的吸附与凝聚功能的强弱，对此，活性污泥微生物所处的增殖期起着决定性作用，一般处在"饥饿"状态内源代谢期的微生物，其"活性"最强，吸附能力也最强。后项因素则保证活性污泥絮凝体能够与有机污染物保持着良好的高频率的密切接触。

被吸附在活性污泥微生物菌体表面的有机污染物，在经过一段时间的曝气反应后，相继地被摄入微生物菌体内，因此，被"初期吸附"作用去除的有机污染物，在数量上是有一定限度的。对此，应对回流污泥进行充分的曝气反应，将微生物细胞表面和菌体内的有机污染物充分地加以代谢，使活性污泥微生物充分地进入内源代谢阶段，即使活性污泥得到充分地再生，提高活性。但如对回流污泥曝气过量，活性污泥微生物自身氧化过分，也可能会使初期吸附去除过程受到伤害。

2. 活性污泥微生物的代谢反应

栖息在曝气池内的活性污泥微生物，连续不断地从其周围环境的混合液中，摄取有机污染物质作为营养。

混合液中含有的呈微小颗粒、胶体和溶解状态的有机污染物被凝聚、吸附在活性污泥表面（实际就是微生物菌体表面）后，在微生物透膜酶的催化作用下，透过菌体的细胞壁进入微生物体内。如果是小分子的有机污染物，能够直接透过细胞壁进入菌体内部；如果是淀粉、蛋白质等大分子，则必须在胞外酶——水解酶的作用下，将其分解为若干小分子后，再被微生物摄入体内。

被摄入微生物菌体内的有机污染物，在各种胞内酶（如脱氢酶、氧化酶）的催化反应作用下，微生物对其进行分解及合成两种代谢反应。

活性污泥微生物对有机污染物的一部分进行分解代谢反应，最终形成 CO_2 和 H_2O 等稳定的无机物质，并从中获取合成新细胞物质所需的能量，这一反应过程可用下列化学方程式表示。

$$C_xH_yO_z + \left(x + \frac{y}{4} - \frac{z}{2}\right)O_2 \xrightarrow{\text{酶}} xCO_2 + \frac{y}{2}H_2O - \Delta H \qquad (4\text{-}1)$$

式中　$C_xH_yO_z$——有机污染物。

另一部分有机污染物被活性污泥微生物用于进行合成代谢反应，即合成菌体新细胞，所需能量则取自分解代谢。这一代谢反应可以通过下列化学方程式表示。

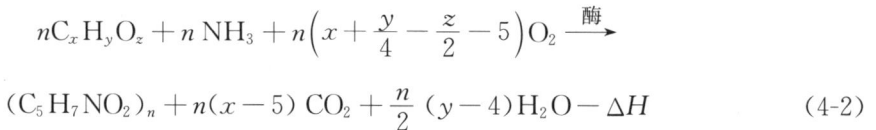

$$nC_xH_yO_z + nNH_3 + n\left(x + \frac{y}{4} - \frac{z}{2} - 5\right)O_2 \xrightarrow{\text{酶}}$$

$$(C_5H_7NO_2)_n + n(x-5)CO_2 + \frac{n}{2}(y-4)H_2O - \Delta H \qquad (4\text{-}2)$$

式中　$C_5H_7NO_2$——微生物细胞组织的化学式。

在曝气池的末端，由于营养物质的极端匮乏，活性污泥微生物可能已进入内源代谢增殖期，其化学反应方程式为

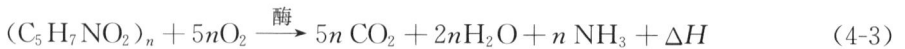

$$(C_5H_7NO_2)_n + 5nO_2 \xrightarrow{\text{酶}} 5nCO_2 + 2nH_2O + nNH_3 + \Delta H \qquad (4\text{-}3)$$

图 4-5 所示为活性污泥微生物菌体内进行分解代谢及合成代谢进程及其产物的模式图。

在活性污泥反应器内，微生物进行的分解代谢和合成代谢，都能够去除污水中的有机污染物，使混合液的 BOD_5 值下降，污水得到净化处理，但产物却有所不同。分解代谢的产物是稳定的 CO_2 和 H_2O，可以直接排出系统进入环境；而合成代谢的产物则是新增殖的微生物细胞，也就是新增长的活性污泥，这一反应使系统内的活性污泥量有所增加。为

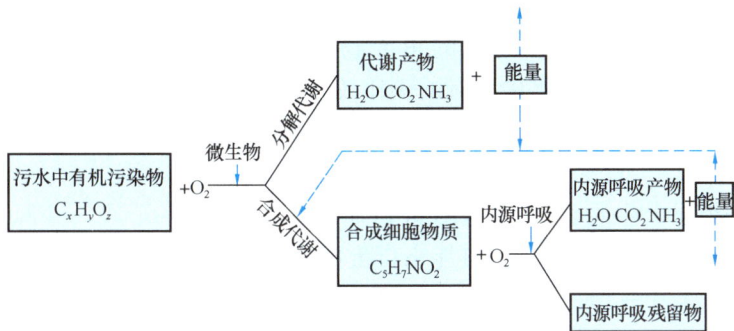

图 4-5 活性污泥微生物菌体内进行分解代谢及合成代谢进程及其产物模式图

了使活性污泥反应系统内的活性污泥量保持恒定值，则需要从系统中定时、定量地排出与增长的活性污泥量同量的老化活性污泥，即剩余污泥，并应对其进行妥善处理，避免造成二次污染。

美国污水生物处理专家麦金尼（Ross E. Mckinney）教授，针对活性污泥微生物在曝气池内所进行的有机物氧化分解、细胞合成以及内源代谢 3 项代谢反应，提出了如图 4-6 所示的数量关系，可供参考。

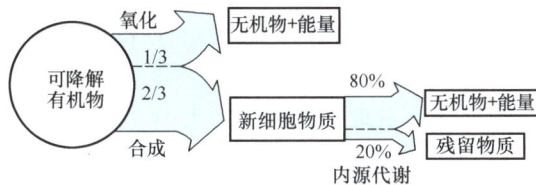

图 4-6 在曝气池内微生物 3 项代谢反应之间的数量关系
［麦金尼（Ross E. Mckinney）教授提出］

从图 4-6 可见，在活性污泥微生物的作用下，可降解有机物的 1/3 为微生物所分解，并形成无机物和释放出能量；2/3 为微生物用于合成代谢，合成新细胞，自身增殖；微生物菌体的内源代谢，80% 的细胞质被分解为无机物质并释放出能量，20% 为不能分解的菌体残留物，其中主要是由多糖、脂和蛋白组成的细胞壁和壁外的黏液层。

麦金尼教授认为内源代谢反应对微生物增殖的影响不可忽视，它贯穿于微生物的整个生命期，在计算微生物的增殖量时应予以考虑。

4.2 活性污泥工艺系统的影响因素与主要设计、运行参数

4.2.1 活性污泥工艺系统的影响因素

活性污泥工艺系统的影响因素，实际上就是对活性污泥微生物生理活动的影响因素，主要包括营养物质、溶解氧、pH、温度以及有毒有害物质等。本节将分别加以阐述。

1. 营养物质平衡

参与活性污泥反应活动的微生物，在其生命（理）活动的过程中，需要不断地从混合液中吸取所必需的营养物质：碳源、氮源、无机盐类及某些生长素等。这些物质一般是主

要由进入活性污泥工艺系统的原污水挟入。

碳（C）是构成微生物菌体细胞的重要物质，如以污水的 BOD_5 值计，不宜低于 $100mg/L$。生活污水和城市污水中含有的碳比较充足，可满足微生物的需求。对含碳量低的工业废水，在采用活性污泥工艺处理时，需补充投加碳源，如生活污水、淘米水以及淀粉等。

氮（N）是组成微生物菌体细胞内蛋白质和核酸的重要元素。氮源可能来自 N_2、NH_3、NO_3^- 等无机含氮化合物，也可能来自蛋白质、胨、氨基酸等有机含氮化合物，其需要量可按 BOD_5：N $=100$：5 考虑。对于生活污水，其中氮源是足够的；但对于工业废水，则应进一步了解其所含氮源是否满足活性污泥微生物的需求，如不满足则应另行投加，如尿素、硫酸铵等。

微生物对无机盐类的需求量很少，但却是必需的，可分为主要和微量两类。主要需求的无机盐类中首推者为磷，其次则有钠、钾、镁、钙、铁、硫等，这些元素是菌体细胞结构的组成成分，参与能量的转移以及控制原生质的胶态等行为；微量无机盐类则有铜、锌、钴、锰、钼等，这些元素是酶辅基的组成部分，或是酶的活化剂。

磷（P）是微生物需求量最多的无机元素，在菌体细胞的组成中，磷占全部所需无机盐元素量的 50%。磷是合成核蛋白、卵磷脂及其他含磷化合物的必要元素，在微生物代谢反应和物质转化过程中起着重要的作用。磷源不足将影响酶的活性，从而使微生物的生命活动受到不良影响。辅酶Ⅰ、辅酶Ⅱ以及三磷酸腺苷（ADP 及 ATP）等都含有磷。

微生物对磷的需求量可按式 BOD_5：N：P $=100$：5：1 计算求得。

微生物主要从无机磷化合物中获取磷。生活污水中含磷量较高，但有较多类型的工业废水却缺乏磷，需要时应另行投加磷酸钾、磷酸钙、过磷酸钙以及磷酸等。

表 4-2 所列举的是在补充投加氮、磷等元素时，可以考虑采用的药剂及其氮、磷的含量，据此可计算出所需投加的药剂量。

含有微生物营养物质（氮、磷）的化合物 表 4-2

化合物	干燥物质中的含量（%）	
	氮（N）	磷（P_2O_5）
硫酸铵	20.8	
硝酸铵	26.0	
尿素	46.0	
氨水	20.5	
过磷酸钙		19
磷酸		54

钠（Na）在微生物菌体细胞中起着调节细胞与混合液之间的渗透压以及微生物代谢功能的作用。

钾（K）是多种酶的激化剂，具有促进蛋白质和糖的合成作用，还能够控制细胞质的胶态和细胞膜的渗透性。

镁（Mg）在细胞质合成和糖分解的反应过程中，起着活化作用，参与菌绿素的合成。

钙（Ca）具有降低细胞质的渗透性、调节酸度及中和其他阳离子所造成危害程度的作用。

铁（Fe）是菌体细胞色素氧化酶和过氧化氢酶结构的一部分，在氧的活化过程中起着重要的催化作用。

硫（S）是菌体细胞合成蛋白质不可缺少的元素，辅酶 A 也含有硫。

生活污水是活性污泥微生物最佳的营养源，其 BOD_5：N：P 为 100：5：1，经过初次沉淀池或水解酸化工艺等预处理后，其 BOD_5 值有所降低，N 与 P 值却有所增高，BOD_5：N：P 将为 100：20：25。这就是说，经过预处理工艺处理后的生活污水，其营养物质含量将是高于所需要的。

2. 混合液的溶解氧（DO）浓度

参与活性污泥反应系统活动的微生物是以好氧呼吸的好氧菌为主体的微生物种群。对此，在活性污泥反应器——曝气池内必须保持有足够的溶解氧。

运行经验数据表明，若使曝气池内的活性污泥微生物保持正常的生理活动，溶解氧浓度一般应保持不低于 2mg/L 的程度（推流式曝气池以出口处为准）。在推流式曝气池的进口区，有机污染物相对集中，浓度高，耗氧速率高，溶解氧不易保持 2mg/L，可以有所降低，但不宜低于 1mg/L。

一般来说，在活性污泥反应器——推流式曝气池内混合液的溶解氧浓度以保持在 1～3mg/L 为宜。

应当说明，在曝气池混合液内的溶解氧浓度也不宜过高。溶解氧浓度过高能够导致有机污染物分解过快，微生物营养缺乏，活性污泥易于老化，结构松散等。此外，溶解氧过高，耗能过量，在经济上也是不适宜的。

3. 混合液的 pH

微生物的生理活动与周围环境的酸碱度（氢离子浓度）密切相关，只有在适宜的酸碱度条件下，微生物才能进行正常的生理活动。

微生物进行生理活动，其最佳的 pH 范围是 6.5～8.5。

若 pH 过高地偏离上述最佳值，将改变微生物细胞膜的电荷性质，从而使微生物菌体细胞摄取营养物质的功能发生变化；微生物酶系统的催化功能就会降低，甚至消失；等电点也会发生变化，这时微生物的呼吸作用和其对营养物质的代谢功能就会出现障碍。

此外极高的氢离子浓度（即较低的 pH），可导致微生物菌体表面的蛋白质和核酸产生水解反应而变性。

不同种属的微生物，适宜于其生理活动的 pH 都有一定范围，还可进一步划分为最低 pH、最适 pH 及最高 pH。在最低或最高 pH 的环境中，微生物虽然能够成活，但生理活动减弱，易于死亡，增殖速率将会大为降低。

对活性污泥反应器——曝气池内的混合液保持适宜的 pH，是十分必要的。在一般情况下，生活污水或城市污水都有可能保持着适宜的 pH，但也应当常备不懈地保留调节 pH 的设备。对工业废水处理，则必须考虑设 pH 调节设备。

4. 混合液的温度

在影响微生物生理活动的诸多因素中，温度的作用非常重要。温度适宜，能够促进、强化微生物的生理活动；温度不适宜，则能够使微生物的生理活动降低、减弱，甚至遭到破坏；严重不适宜的温度，还能导致微生物形态和生理特性改变，甚至可能使微生物死亡。

微生物的最宜温度是指在这一温度的环境条件下，微生物的生理活动强劲、旺盛，增殖速度快，世代时间短。表4-3列举的是大肠杆菌（活性污泥反应参与微生物）在不同温度条件下的世代时间。

从表4-3所列数据可见，对大肠杆菌的最适温度段是37～40℃。在这个温度段内，大肠杆菌的世代时间最短，为17～19min。

参与活性污泥反应的微生物，多属嗜温菌，其生理活动最适温度为10～45℃。从安全考虑，一般将活性污泥反应有效温度控制在15～35℃。

在常年或多半年处于低温的地区，在采用活性污泥处理工艺时，应考虑将处理设备建在室内；建在室外露天的曝气池，则应考虑采取适当的保温措施。此外，在设计方面则以采用低值为宜。

大肠杆菌在不同温度下的世代时间 表4-3

温度（℃）	世代时间（min）	温度（℃）	世代时间（min）
20	60	40	19
25	40	45	32
30	29	50	不裂殖
37	17		

5. 有毒有害物质

有毒有害物质一般是指对微生物生理活动产生抑制作用的某些无机物质和有机物质。

（1）重金属离子，如铅（Pb）、镉（Cd）、铬（Cr）、铁（Fe）、铜（Cu）、锌（Zn）等，对微生物都能够产生毒害作用。它们能够和菌体细胞的蛋白质相结合，并使其变性或沉淀。汞（Hg）、银（Ag）、砷（As）的离子对微生物有较强的亲和力，能够与微生物酶蛋白的-SH基相结合，进而抑制微生物正常的代谢活动。

（2）酚类化合物对菌体细胞膜有伤害作用，并能使菌体蛋白凝固。此外，酚类化合物能够对微生物菌体的某些酶系统，如脱氢酶和氧化酶，产生抑制作用，破坏菌体细胞正常的代谢活动。酚的某些衍生物（如对位、偏位、邻位甲酚，丙基酚，丁基酚等）都有较强的杀灭菌体的功能。

（3）甲醛能够与蛋白的氨基相结合，并使蛋白变性，破坏菌体细胞的细胞质。

应当说明的是，有毒有害物质对微生物菌体的毒害作用，有一个量的概念，即只有当环境中的有毒有害物质达到某一浓度时，其对微生物菌体的毒害作用才能显露出来。这一浓度值称之为"有毒物质极限允许浓度"。但是还应当指出，对于有毒物质极限允许浓度，迄今还没有对污水活性污泥处理工艺系统建立具有绝对权威性的统一标准，这还需要通过实验和实际运行，不断总结，不断完善。

表4-4所列出的是某些被认为有毒有害物质在处理污水的活性污泥工艺系统中的允许极限浓度，仅供参考。如果缓慢地逐步地向处理系统中投加某种有毒有害物质，使该物质在系统中的浓度逐渐提高，同时通过检测注视系统中微生物的生理活动动态和系统中该物质浓度的变化情况，这样可能使系统中的微生物逐渐适应，并得到驯化、变异，有可能承受较高浓度的有毒有害物质，甚至达到完全驯化的程度，以该物质作为营养，使其降解。

例如含酚类化合物的污水，能够通过活性污泥工艺进行有效的处理。

有关有毒有害物质问题，本书拟作以下各项补充阐述。

钠盐、锂盐、锰盐的毒害作用较小，在污水（或混合液）中的浓度只要不超过 10mg/L，就不会产生毒害作用。

某些有机物质其极限允许浓度虽然很低，但本身却是属于难生物降解的物质，如氟利昂-253，其最低极限值高达 100mg/L，但其 BOD_{20}/COD 却为 0，说明氟利昂-253 只简单地通过反应器，对反应器内的生化反应不产生任何毒害作用。

还有一些物质，其对微生物生理活动的最低极限值较低，但是却有着较高的 BOD_{20}/COD 比值。例如乙酰苯，其最低极限值为 0.1mg/L，但其 BOD_{20}/COD 却高达 0.425。

污水活性污泥工艺处理系统有毒有害物质的极限允许浓度　　　表 4-4

有毒有害物质名称	极限允许浓度（mg/L）	有毒有害物质名称	极限允许浓度（mg/L）
铍（Be）	0.01	硝酸银	5000
钛（Ti）	0.01	硫酸根	5000
铋（Bi）	0.1	乙酸根	100～150
钒（V）	0.1	硫（S）	10～30
四乙铅	0.001	氨	100～1000
硫酸铜	0.2	苯	100
铬酸盐	5～20	酚	100
砷酸盐	20	甲醛	100～150
亚砷酸盐	5	丙酮	9000
氰化钾	2		

有毒有害物质的毒害作用还与周围环境 pH、水温、溶解氧、有无其他有毒有害物质、微生物的数量以及是否经过驯化等因素有关。

除以上各项因素外，有机底物的化学结构对微生物的生理功能和生物降解的过程也有着较实际的影响。

总之，有毒有害物质对微生物生命活动毒害作用的原因、效果都比较复杂，取决于的因素也较多，应予以慎重对待。

4.2.2　活性污泥工艺系统的控制指标与设计、运行参数

1. 活性污泥工艺系统应达到的控制要求

活性污泥工艺系统是通过采取一系列人工强化与控制技术措施、保障活性污泥微生物以有机物氧化与分解代谢为主体的生理功能得到充分发挥、使污水得到净化的生物工程技术体系。

为了使活性污泥工艺系统能够正常的运行，人工强化、控制技术的全面、认真的实施是至关重要的条件。

首先，通过人工控制，对前节所阐述的各项影响因素，应当是得到切实考虑和认真实施。再经人工强化，使活性污泥反应系统能够全面地达到下列各项目标。

（1）被处理的原污水的水质、水量得到控制，使其能够切实地适应活性污泥反应系统的各项要求；

（2）活性污泥微生物在数量上应保持一定，并相对稳定；

（3）曝气池各区段的混合液中，应保持着满足活性污泥微生物要求的溶解氧（DO）浓度；

（4）曝气池内混合液中的活性污泥微生物、有机污染物、溶解氧三者能够得到充分接触，以强化传质过程。

对各项目标都制定有特定的控制指标。这些指标也是对活性污泥的评价指标，在工程上也是活性污泥工艺系统的设计与运行参数。

2. 表示及控制混合液中活性污泥微生物量的指标

在活性污泥反应器的混合液中稳定地保持着一定数量的活性污泥，是通过活性污泥适量地从二次沉淀池回流和作为剩余污泥排放以及在曝气池内的增长等过程而实现的。对此，使用下列两项指标用以表示和控制混合液中的活性污泥浓度（量）。

（1）混合液悬浮固体浓度（Mixed Liquor Suspended Solids，MLSS）

混合液悬浮固体浓度（MLSS）又称混合液污泥浓度，它所表示的是在曝气池单位容积混合液中所含有的活性污泥固体物质的总质量，即：

$$MLSS = M_a + M_e + M_i + M_{ii} \qquad (4-4)$$

式中 M_a、M_e、M_i 和 M_{ii} 的物理意义见 4.1.2 节。单位为 mg/L，或 g/L，或 g/m³，或 kg/m³。

由于 MLSS 指标中既含有 M_i、M_e 两项非活性物质，也包括 M_{ii} 无机物质，因此本项指标不能精确地表示具有活性的活性污泥量，所表示的仅是活性污泥量的相对值。

混合液悬浮固体浓度（MLSS）是活性污泥工艺系统重要的设计与运行参数。

（2）混合液挥发性悬浮固体浓度（Mixed Liquor Volatile Suspended Solids，MLVSS）

混合液挥发性悬浮固体浓度（MLVSS）所表示的是混合液活性污泥中有机性固体物质部分的浓度，即：

$$MLVSS = M_a + M_e + M_i \qquad (4-5)$$

在表示活性污泥活性部分的数量上，本项指标在精确度方面是进了一步，但那也仅是相对于指标 MLSS 而言。在本项指标中仍然包括 M_e、M_i 两项惰性有机物质，因此，也不能精确地表示具有活性的活性污泥微生物量，它表示的仍然是活性污泥量的相对值。

MLVSS 与 MLSS 的比值，以 f 表示，即：

$$f = MLVSS / MLSS \qquad (4-6)$$

在一般情况下，f 值比较固定，对生活污水，f 值为 0.75 左右。以生活污水为主体的城市污水也可取此值。

MLVSS 与 MLSS 两项指标，虽然在表示具有活性的活性污泥微生物量方面不够精确，但是由于测定方法简单易行，而且能够在一定程度上表示相对的活性污泥微生物量值，因此，广泛地用于活性污泥工艺系统的设计和运行管理。

3. 活性污泥的沉降性能及其评定指标

良好的沉降性能是发育正常的活性污泥所应具有的特性之一。

发育良好并有一定浓度的活性污泥，在经过絮凝沉淀、成层沉淀和压缩等全部过程后，能够形成浓度极高的浓缩污泥。

发育正常、质地良好的活性污泥在 30min 内（含 30min）即可完成絮凝沉淀和成层沉淀两个阶段过程，并进入压缩阶段。压缩（亦称浓缩）的进程比较缓慢，需时较长，达到完全浓缩的程度需时更长。

根据活性污泥在沉降—浓缩方面所具有的上述特性，建立了以活性污泥 30min 静置沉淀为基础的两项指标，以表示活性污泥的沉降—浓缩性能。

（1）污泥沉降比（Settling Velocity，SV）

本项指标又称为"30min 沉降率"。它所表示的是：搅拌混合良好的混合液在 1000mL 量筒内静置 30min 后所形成沉淀污泥的容积占原混合液容积的百分率，以％表示。

污泥沉降比（SV）能够反映在活性污泥反应系统的正常运行过程中，在活性污泥反应器——曝气池内的活性污泥量，可用以控制、调节剩余污泥的排放量，还能通过它及时地发现污泥膨胀等异常现象的发生，具有相当高的实用价值与意义。SV 是活性污泥反应系统重要的运行参数，也是评定活性污泥数量和质量的重要指标。

污泥沉降比（SV）的测定方法简单易行，可以在污水处理厂的曝气池现场进行。

（2）污泥容积指数（Sludge Volume Index，SVI）

本项指标又称"污泥指数"。本项指标的物理意义是：曝气池出口处的混合液，在经过 30min 静沉后，1g 干污泥所形成的沉淀污泥所占有容积，以 mL 计。

污泥容积指数（SVI）的计算式为：

$$SVI = \frac{混合液(1L)30min\,静沉形成的活性污泥容积(mL)}{混合液(1L)\,中悬浮固体干重(g)} = \frac{SV(mL/L)}{MLSS(g/L)}$$

SVI 的表示单位为 mL/g，在习惯上，只称数字，而把单位略去。

SVI 值能够反映活性污泥的凝聚、沉降性能，对生活污水及城市污水，此值为 70～100 为宜。SVI 值过低，说明活性污泥颗粒细小，无机物质含量高，这样的活性污泥，活性较低；SVI 值过高，说明活性污泥的沉降性能欠佳，或者已出现产生膨胀现象的可能。

通过对已取得试验研究及运行大量数据的分析，有关专家认为，影响 SVI 值的最重要因素是活性污泥微生物群体的增殖速度，也就是微生物群体所处在的增殖期。一般说来，微生物群体处在内源代谢期的活性污泥，其 SVI 值最低。

在工程上，针对 SVI 值与活性污泥工艺系统的其他几项参数，对设计与运行方面具有重要实际意义的两种关系如下。

其一是 SVI 值与 BOD—污泥负荷率之间的关系。图 4-7 所示即为处理城市污水的活性污泥工艺系统（曝气池）的 BOD—污泥负荷率与 SVI 值之间的关系。

从图 4-7 可见，当 BOD—污泥负荷率介于 0.5～1.5kgBOD/（kgMLSS·d）高值时，SVI 值突出最高值，活性污泥沉降效果极端欠佳，应避免采用这一区段的 BOD—污泥负荷值。

其二是 SVI 值、MLSS 浓度及污泥回流比 3 项参数之间的关系。活性污泥的 SVI 值增高，则活性污泥在二次沉淀池内的浓缩极限浓度就要降低。对此，为了使在曝气池内混合液的活性污泥浓度保持稳定的一定值，就需要加大活性污泥的回流量。图 4-8 所示就是 SVI 值、MLSS 浓度值及污泥回流比 3 项参数之间的关系。

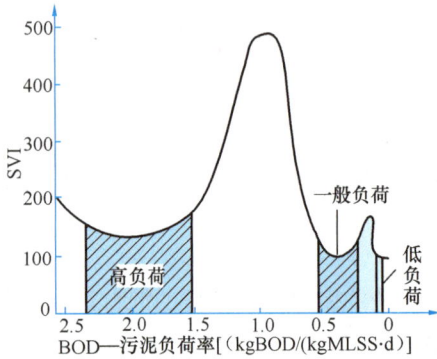

图 4-7　SVI 值与 BOD—污泥
负荷之间的关系

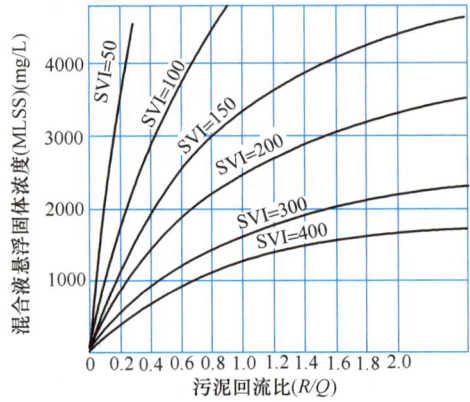

图 4-8　SVI 值、MLSS 浓度值及污泥回流比
3 项参数之间的关系

从图 4-8 可见，在混合液悬浮固体浓度（MLSS）为一定值的条件下，SVI 值越高，所应采取的污泥回流比也越大。当 SVI 值达 400 以上时，从污泥回流比的要求来看，活性污泥工艺系统在实际上是难于成立的。

4. 污泥龄（Sludge Age）（生物固体平均停留时间）

为使活性污泥反应系统保持着正常、稳定运行的一项必要的条件，就是必须在反应器——曝气池内保持着相对稳定的悬浮固体（MLSS）量。但是，活性污泥反应必然要产生的一项结果是活性污泥微生物的增殖和活性污泥在量上的增长。这样，就必须每天从反应系统中排除相当于增长量的活性污泥量。

此外，在曝气池内，与一批新生的活力强劲的微生物菌体细胞生成的同时，也要产生一批活性衰退、菌体细胞老化的活性污泥微生物。为了使在反应器内经常保持着具有高度活性的活性污泥微生物，每天都必须从反应系统中排除一定数量的作为剩余活性污泥的老化污泥。每日排除的剩余污泥量，应等于每日增长的污泥量。此外，每日处理水排放也不可避免地要挟走部分活性污泥。

这样，每日从反应系统排除的活性污泥量应按下式计算：

$$\Delta X = Q_w X_r + (Q - Q_w) X_e \tag{4-7}$$

式中　ΔX——曝气池内每日增长的活性污泥量，即作为剩余污泥，每日应从反应系统排除的污泥量，g/d；

Q_w——作为剩余污泥，系统排除的活性污泥量，m^3/d；

X_r——剩余污泥浓度，mg/L；

Q——污水流量，m^3/d；

X_e——排放处理水中的悬浮固体浓度，mg/L。

曝气池内活性污泥总量（VX）与每日排除污泥量之比，称之为污泥龄（θ_c），即活性污泥在曝气池内的平均停留时间（SRT），又称为"生物固体平均停留时间"，即：

$$\theta_c = \frac{VX}{\Delta X} \qquad (4-8)$$

式中 θ_c——污泥龄（生物固体平均停留时间），d。

将式（4-7）代入式（4-8），则有：

$$\theta_c = \frac{VX}{Q_w X_r + (Q - Q_w) X_e} \qquad (4-9)$$

在一般条件下 X_e 值极低，可忽略不计，因此，上式可简化为：

$$\theta_c = \frac{VX}{Q_w X_r} \qquad (4-10)$$

X_r 值是二次沉淀池底部排出的污泥浓度，回流至曝气池的污泥浓度和剩余污泥的浓度均同此值。活性污泥特性及二次沉淀池沉淀效果均影响 X_r 值，可由下式求得其近似值：

$$(X_r)_{max} = \frac{10^6}{SVI} \qquad (4-11)$$

污泥龄（生物固体平均停留时间）是活性污泥工艺系统设计、运行的重要参数，在理论上也有重要意义。

污泥龄与污泥去除负荷（N_{rs}）成反比关系（参见式 4-24）。污泥龄还与活性污泥微生物的存活状况及对其增殖的要求有关，如世代时间长于污泥龄的微生物在曝气池内不可能繁衍成为优势菌种属，例如硝化菌在 20℃ 条件下，其世代时间为 3d，当系统运行条件为 $\theta_c < 3d$ 时，硝化菌就不可能在曝气池内大量增殖，不能成为优势种属，就不能在该反应器内产生硝化反应。

5. BOD_5－污泥负荷与 BOD_5－容积负荷

参与活性污泥反应的物质有：作为微生物载体的活性污泥，作为微生物营养物质的有机污染物和保证活性污泥微生物正常生理活动的溶解氧。

在正常的活性污泥反应进程中，这三种物质都要在数量上产生变化。即：由于活性污泥微生物的增殖，使活性污泥得到增长；有机污染物为微生物所摄取、利用，得到降解，使其在混合液中的含量降低；溶解氧为微生物连续利用，必须连续不间断地予以补充提供等。

在活性污泥反应系统中，决定活性污泥的增长速度、有机污染物的降解速度以及溶解氧的被利用速度这 3 项最主要的因素，是有机污染物量（有机底物量）与活性污泥量的比值 $\left(\dfrac{F}{M}\right)$。比值 $\left(\dfrac{F}{M}\right)$ 是活性污泥工艺系统在设计、运行方面最重要的一项参数。

在活性污泥工艺系统的设计、运行的具体工程上，比值 $\left(\dfrac{F}{M}\right)$ 是以 BOD_5－污泥负荷（又称 BOD_5－SS 负荷）率（N_s）表示：

$$\frac{F}{M} = N_s = \frac{QS_0}{XV} \left[kgBOD_5 / (kgMLSS \cdot d)\right] \qquad (4-12)$$

式中 Q——污水流量，m^3/d；

S_0——原污水中有机污染物（BOD_5）的浓度，mg/L；

V——曝气池的容积，m^3；

X——混合液悬浮固体（MLSS）浓度，mg/L。

BOD_5－污泥负荷所表示的是：在活性污泥反应器——曝气池内，单位质量（kg）活性污泥在单位时间（d）内能够接受并将其降解到预定程度的有机污染物量（以 BOD_5 表示）。

对活性污泥工艺系统的设计与运行，还使用另一项负荷参数，即曝气池 BOD_5－容积负荷（N_v）：

$$N_v = \frac{QS_0}{V} \left[kgBOD_5 / (m^3\ 曝气池 \cdot d) \right] \tag{4-13}$$

BOD_5－容积负荷所表示的是：在活性污泥反应器——曝气池内，单位容积（m^3）在单位时间（d）内能够接受并将其降解到所预定达到程度的有机污染物量（以 BOD_5 表示）。

BOD_5－污泥负荷（N_s）与 BOD_5－容积负荷（N_v）之间的关系是：

$$N_v = N_s X \tag{4-14}$$

N_s 与 N_v 是活性污泥工艺系统设计、运行最基本的参数。具有一定的工程应用价值。

N_s 是影响有机污染物降解、活性污泥增长的重要因素。采用高额的 N_s，将加速有机污染物的降解速度与活性污泥的增长速度，降低反应器——曝气池的容积，建设投资低，但处理水的水质未必能达到预定的要求（标准）。采用低额的 N_s，有机污染物的降解速度和活性污泥的增长速度都将降低，曝气池的容积将有所增高，建设投资也将增高，但处理水的水质可能更易于达到标准。

选定适宜的 N_s 至关重要，既要满足处理水的各项指标要求，又要考虑节省建设投资的经济因素。

4.3　活性污泥工艺系统几项重要参数之间的相关关系

4.3.1　有机污染物降解与活性污泥增长之间的关系

活性污泥微生物的增殖是微生物进行合成代谢与内源代谢反应这两项生理活动的综合结果，即活性污泥的净增殖量，是这两项生理活动的差值，通过数学式表示则为：

$$\Delta X = aS_r - bX \tag{4-15}$$

式中　ΔX——活性污泥微生物的净增殖量，kg/d；

　　　S_r——在活性污泥微生物的分解代谢作用下被降解、去除的有机污染物量（BOD_5 值），kg/d，$S_r = S_0 - S_e$；

　　　S_0——混合液中含有的有机污染物量（BOD_5 值），kg/d；

　　　S_e——处理水中残留的有机污染物量（BOD_5 值），kg/d；

　　　a——微生物合成代谢产生的降解有机物的污泥转换率（污泥产率）；

　　　b——微生物内源代谢反应的自身氧化率；

　　　X——曝气池内混合液含有的活性污泥量，kg/d。

污泥转换率，因有机污染物的组成不同而异。表 4-5 列举的是不同物质的污泥转换率，表 4-6 列举的则是生活污水及某些工业废水的 a、b 值。

生活污水的污泥转换率 a 值，因城市不同及生活方式差异，也有所不同，一般为 0.49～0.73；自身氧化率 b 值为 0.07～0.075，差别很小。

工业废水的污泥转换率及自身氧化率，宜通过试验确定。

某些有机物的污泥转换率　　　　　　　　　　　　　表 4-5

物质名称	污泥转换率 a	物质名称	污泥转换率 a
碳氢化合物	0.65～0.85	牛奶	0.50～0.52
乙醇	0.52～0.66	葡萄糖	0.44～0.64
氨基酸	0.32～0.68	蔗糖	0.58～0.68
有机酸	0.10～0.60		

生活污水及某些工业废水的污泥转换率（a）及自身氧化率（b）　　表 4-6

污、废水类型	污泥转换率 a	自身氧化率 b	污、废水类型	污泥转换率 a	自身氧化率 b
生活污水	0.49～0.73	0.075	制药废水	0.72～0.77	—
炼油废水	0.49～0.62	0.10～0.16	石油化工废水	0.31～0.72	0.05～0.18
酿造废水	0.56	0.10			

活性污泥微生物增殖的快慢可用增殖速度表示。由于微生物菌体细胞的内源代谢和合成代谢是同步进行的，故单位曝气池容积内活性污泥的净增殖速度为：

$$\left(\frac{\mathrm{d}X}{\mathrm{d}t}\right)_g = \left(\frac{\mathrm{d}X}{\mathrm{d}t}\right)_s - \left(\frac{\mathrm{d}X}{\mathrm{d}t}\right)_e \tag{4-16}$$

式中　　$\left(\dfrac{\mathrm{d}X}{\mathrm{d}t}\right)_g$——活性污泥微生物的净增殖速度；

$\left(\dfrac{\mathrm{d}X}{\mathrm{d}t}\right)_s$——活性污泥微生物的合成代谢速度，其值为：

$$\left(\frac{\mathrm{d}X}{\mathrm{d}t}\right)_s = Y\left(\frac{\mathrm{d}S}{\mathrm{d}t}\right)_u \tag{4-17}$$

$\left(\dfrac{\mathrm{d}S}{\mathrm{d}t}\right)_u$——活性污泥微生物对有机物的利用（降解）速度；

Y——产率系数，即微生物每代谢 $1\mathrm{kgBOD_5}$ 所合成的 MLVSS 的千克数；

$\left(\dfrac{\mathrm{d}X}{\mathrm{d}t}\right)_e$——活性污泥微生物内源代谢速度，其值为：

$$\left(\frac{\mathrm{d}X}{\mathrm{d}t}\right)_e = K_d X_v \tag{4-18}$$

K_d——活性污泥微生物的自身氧化率，亦称衰减系数，$\mathrm{d^{-1}}$；

X_v——MLVSS 的浓度，$\mathrm{kg/m^3}$。

根据上列各式，活性污泥微生物增殖速度的基本方程式将为下式：

$$\left(\frac{\mathrm{d}X}{\mathrm{d}t}\right)_g = Y\left(\frac{\mathrm{d}S}{\mathrm{d}t}\right)_u - K_d X_v \tag{4-19}$$

活性污泥微生物每日在曝气池内的净增殖量为：

$$\Delta X = Y(S_0 - S_e)Q - K_d V X_v \tag{4-20}$$

式中 ΔX——每日增长（排放）的挥发性污泥量（MLVSS），kg/d；

$Q(S_0 - S_e)$——每日降解的有机污染物量，kg/d；

VX_v——曝气池容积 V（m^3）内，混合液挥发性悬浮固体（MLVSS）总量，kg；

X_v——MLVSS 的浓度，kg/m^3。

将上式各项以 VX_v 除之，则上式可表示为下列形式：

$$\frac{\Delta X_v}{X_v V} = Y\frac{QS_r}{X_v V} - K_d \tag{4-21}$$

而

$$\frac{QS_r}{X_v V} = \frac{Q(S_0 - S_e)}{X_v V} = N_{rs} \tag{4-22}$$

称之为 BOD_5—污泥去除负荷，以 N_{rs} 表示之，其单位为 $kgBOD_5 / (kgMLVSS \cdot d)$。

此外，$\frac{\Delta X}{X_v V}$ 为污泥龄（生物固体平均停留时间）的倒数，即：

$$\frac{\Delta X}{X_v V} = \frac{1}{\theta_c} \tag{4-23}$$

对此，式（4-21）可改写为：

$$\frac{1}{\theta_c} = YN_{rs} - K_d \tag{4-24}$$

从式 4-24 可见，污泥龄（θ_c）与 BOD_5—污泥去除负荷（N_{rs}）成反比关系。

应当说明，式（4-15）中的 a 值（污泥转换率）、b 值（菌体自身氧化率）与式（4-21）中的 Y 值（污泥产率）、K_d 值（衰减系数）之间的相关关系，从物理意义方面考虑，a 值与 Y 值、b 值与 K_d 值是一致的，a 值即 Y 值，b 值即 K_d 值，但在应用基准方面考虑，存在某些差异。a 与 b 值主要应用于工程设计方面，以 MLSS 作为基准，而 Y 值与 K_d 值则主要应用于科学研究与学术探讨方面，且多以 MLVSS 作为计算基准。

Y 值与 K_d 值是以试验或实际生产设备运行所取得的数据作为基础，按式（4-21）通过图解法求定。将式（4-21）按直线方程 $y = ax + b$ 考虑，以 $\frac{\Delta X}{X_v V}$ 为纵轴，以 $\frac{Q(S_0 - S_e)}{X_v V}$ 为横轴，将数据点入，即可得如图 4-9 所示的坐标图，直线的斜率为 Y 值，纵轴的截距则为 K_d 值。

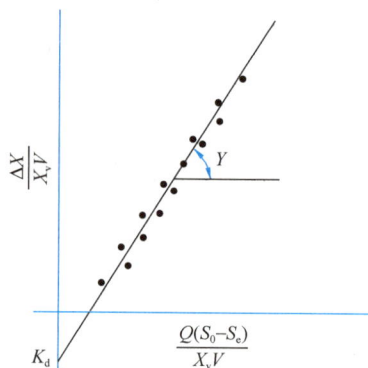

图 4-9　Y、K_d 值的图解求定法

对生活污水，Y 值一般为 $0.5 \sim 0.65$，K_d 值则为 $0.05 \sim 0.1$。城市污水的 Y 值低于生活污水，一般为 $0.4 \sim 0.5$，K_d 值也较低，可取值 0.07 左右。

工业废水因工种类型繁多而成分各异，其 Y 值及 K_d 值介于很大的范围内，其中某些废水如酿造废水，Y 值高达 0.93。对工业废水，其 Y、K_d 值以通过实际测定确定为宜。

4.3.2　有机污染物降解与需氧之间的关系

在活性污泥反应器——曝气池内，活性污泥微生物对有机污染物的分解代谢及其菌体本身在内源代谢期内的自身氧化都是耗氧过程。这两次氧化过程所需要的氧量，一般通过下式求定：

$$O_2 = a'QS_r + b'VX_v \qquad (4\text{-}25)$$

式中　　O_2——曝气池内混合液的需氧量，kg O_2/d；

　　　　a'——活性污泥微生物对有机污染物分解代谢反应需氧率，即活性污泥微生物每氧化分解 1kgBOD$_5$ 所需要的氧量，kg；

　　　　Q——污水流量，m³/d；

　　　　S_r——被降解的有机污染物量，以 BOD$_5$ 值计；

　　　　b'——活性污泥微生物在内源代谢期进行菌体自身氧化的需氧量，每千克活性污泥每日自身氧化所需要的氧量，以"kg"计；

　　　　V——曝气池容积，m³；

　　　　X_v——单位曝气池容积内的挥发性悬浮固体（MLVSS）量，kg/m³。

上式可改写为下列两种形式

$$\frac{O_2}{X_vV} = a'\frac{QS_r}{X_vV} + b' = a'N_{rs} + b' \qquad (4\text{-}26)$$

或

$$\frac{O_2}{QS_r} = a' + \frac{X_vV}{QS_r}b' = a' + b'\frac{1}{N_{rs}} \qquad (4\text{-}27)$$

式中　　N_{rs}——BOD$_5$—污泥去除负荷，kgBOD$_5$/(kgMLVSS·d)；

　　$\dfrac{O_2}{X_vV}$——单位质量活性污泥的需氧量，kgO$_2$/(kgMLVSS·d)；

　　$\dfrac{O_2}{QS_r}$——每降解 1kgBOD$_5$ 的需氧量，kgO$_2$/(kgBOD$_5$·d)。

从式（4-27）可以看出，当活性污泥工艺系统在高 BOD$_5$—污泥去除负荷值条件下运行时，活性污泥的污泥龄（生物固体平均停留时间）较短，每降解单位质量（1kg）BOD$_5$ 的需氧量就较低。这是因为在高负荷条件下，一部分被吸附在菌体表面而未被摄入菌体细胞内的有机污染物随剩余污泥排出；另一方面，活性污泥微生物的自身氧化作用较低。与上述情况相反，当 BOD$_5$—污泥去除负荷值较低，污泥龄较长，微生物对有机污染物的分解代谢反应、微生物自身氧化作用都较强，在这种情况下，单位 BOD$_5$ 降解的需氧量就较高。

从式（4-26）可以看出，当 BOD$_5$—污泥去除负荷为高值、污泥龄为低值时，每千克活性污泥的需氧量较高，从而使每单位容积曝气池的需氧量也增高。

a'、b' 值，按式（4-26）通过图解法求定。以 $\dfrac{QS_r}{X_vV}$ 为横坐标，$\dfrac{O_2}{X_vV}$ 为纵坐标，将试验所得或实际生产设备运行所获数据点入，得直线，斜率为 a' 值，纵轴的截距为 b' 值（图4-10）。系数 a'、b' 值是活性污泥工艺处理系统重要的设计与运行参数。

生活污水的 a' 值为 0.42～0.53，b' 值为 0.11～0.188。式（4-26）及式（4-27）对活性污泥工艺系统有着重要的实际应用与理论意义。

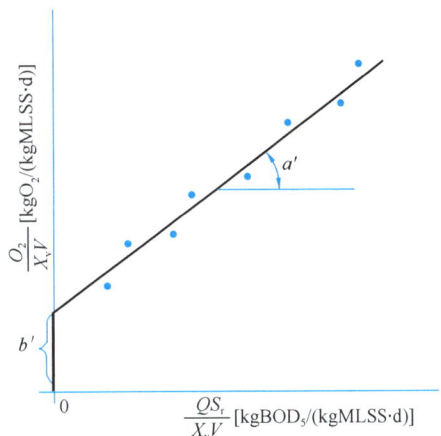

图 4-10　a'、b' 值的图解求定法

4.4 活性污泥反应动力学基础

4.4.1 活性污泥反应动力学研究的对象、内容与目的

活性污泥反应动力学研究的对象就是活性污泥反应速度和有机底物浓度、活性污泥（微生物）浓度之间的关系，确定它们之间的动力学变化规律，并以动力学方程式将其表达，即建立活性污泥反应动力学模式（型）。根据这一动力学模式，人们能够进一步对活性污泥反应器或反应系统进行优化设计和组织优化的运行管理。

活性污泥反应动力学的开发、建立与发展，推动了活性污泥反应理论的进步与发展，也使活性污泥工艺系统的设计与运行管理更加合理化和科学化。

活性污泥反应动力学，主要包括下列几个方面：

（1）有机底物降解反应动力学，主要研究有机底物降解速度与底物浓度、活性污泥微生物量之间的关系与规律；

（2）活性污泥微生物增殖（活性污泥增长）动力学，主要研究的是活性污泥微生物增殖（活性污泥增长）速度与底物浓度、活性污泥微生物量等因素之间的关系与规律；

（3）有机底物降解、活性污泥微生物增殖与耗氧及营养平衡之间的关系与规律。

在推导活性污泥反应动力学时，一般均作如下各项的假设：

（1）活性污泥反应器——曝气池内混合液的流态为完全混合型；

（2）入流污水中的有机底物的浓度是稳定的，不随时间而变动，而且其中所有可生物降解的有机底物都是可溶性的；

（3）在入流污水中不含有在浓度上足以能够抑制活性污泥微生物活性的有毒物质；

（4）二次沉淀池中的活性污泥没有活性，不进行代谢的生理活动、不积累，固液分离良好；

（5）活性污泥工艺系统运行稳定、正常。

在这里，着重介绍的活性污泥反应动力学模式是：莫诺（Monod）模式和劳伦斯—麦卡蒂（Lawrence-McCarty）模式。

4.4.2 莫诺（Monod）模式

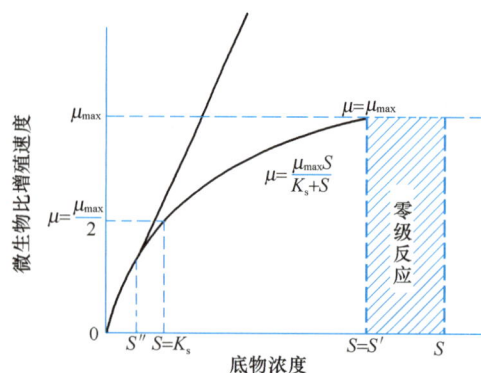

图 4-11　莫诺试验结果曲线、莫诺方程式
及其 $\mu = f(S)$ 关系曲线

1. 莫诺模式基本方程式

在建立活性污泥反应动力学模式的名家学者中应首推莫诺（Monod）。

莫诺于 1942 年用连续培养器以纯种的微生物和单一的有机底物进行了微生物增殖速度与底物浓度之间关系的试验。以底物浓度为横坐标，以微生物比增殖速度为纵坐标，试验结果取得了如图 4-11 所示的形式。这个结果和米凯利斯—门滕（Michaelis-Menten）于 1913 年通过试验所取得的以酶促反应动力学为基础的底物浓度与酶促反应速度之间关系的结果是一致的。因此莫诺认为，可以通过经典的米凯利

斯—门滕方程式表述微生物比增殖速度与底物浓度之间的关系。

对此，莫诺提出的微生物比增殖速度与底物浓度之间的关系式为：

$$\mu = \mu_{max} \frac{S}{K_s + S} \tag{4-28}$$

式中　μ——微生物的比增殖速度，即单位生物量的增殖速度，d^{-1}；

μ_{max}——微生物最大比增殖速度，d^{-1}；

K_s——饱和常数，当 $\mu = 1/2\mu_{max}$ 时的底物浓度，称为半速度常数，质量/容积；

S——有机底物浓度。

以后某些专家的试验确证，用异种微生物群体的活性污泥对单一底物进行的微生物增殖试验，也取得了符合莫诺论断的结果。

可以设定，微生物的比增殖速度（μ）与有机底物的比降解速度（v）成比例关系，即下式成立：

$$\mu \propto v \quad \text{或} \quad \mu = \gamma v \tag{4-29}$$

因此，与微生物比增殖速度 μ 相对应的底物比降解速度 v，也可以用米凯利斯—门滕方程式表示，即：

$$v = v_{max} \frac{S}{K_s + S} \tag{4-30}$$

式中　v——底物比降解速度，d^{-1}；

v_{max}——底物的最大比降解速度，d^{-1}；

其余各符号的意义同前。

莫诺模式试验的基本目的是求定微生物比增殖速度，式（4-28）为其基本模式。但是，对污水处理工艺而论，其基本目的是对有机底物的降解、去除，而微生物的增殖（活性污泥的增长）只是有机底物降解去除所产生的必然结果。因此，对污水处理领域而言，有机底物的降解去除更为实际，针对性更强，式（4-30）应是我们研究讨论的重点。

有机底物的比降解速度，按物理意义考虑，下式成立：

$$v = -\frac{1}{X} \frac{dS}{dt} = \frac{d(S_0 - S)}{Xdt} \tag{4-31}$$

式中　S_0——混合液中有机底物的原始浓度；

S——经 t 时反应后混合液中残存的有机底物浓度；

t——混合液活性污泥反应历时；

X——混合液中活性污泥总量。

根据式（4-30）及式（4-31），下式成立：

$$-\frac{dS}{dt} = v_{max} \frac{XS}{K_s + S} \tag{4-32}$$

式中　$\dfrac{dS}{dt}$——有机底物降解速度。

2. 莫诺模式的推论

莫诺模式所描述的是微生物比增殖速度与有机底物浓度之间的函数关系。对这种函数关系在两种极限条件下进行推论，能够得出如下结论。

（1）在高底物浓度的条件下，由于下式成立：

$$S \gg K_s$$

则莫诺方程式（4-30）及式（4-32）中分母中的 K_s 值，与 S 值相较，其值低至可忽略不计，于是式（4-30）可简化为：

$$v = v_{max} \qquad (4-33)$$

而式（4-32）则简化为：

$$-\frac{dS}{dt} = v_{max} X = K_1 X \qquad (4-34)$$

式中　v_{max} 为常数值，以 K_1 表示之。

上述式（4-33）及图 4-11 说明，在高浓度有机底物的条件下，有机底物以最高的速度进行降解去除，而与有机底物的浓度无关，呈零级反应关系。即在图 4-11 上所表示的 S'—S 区段。底物浓度即或再行提高，底物降解速度也不会提高，因为在这种条件下，微生物处于对数增殖期，其酶系统的活性部位都为有机底物所饱和。

式（4-34）说明，在高浓度有机底物的条件下，有机底物的降解速度与活性污泥浓度（活性污泥微生物量）有关，并呈一级反应关系。

（2）在低底物浓度的条件下，由于下式成立：

$$S \ll K_s$$

则在式（4-30）及式（4-32）分母中的 S 值，与 K_s 值相较，可忽略不计。这样，式（4-30）及式（4-32）能够分别地简化为下列二式：

$$v = v_{max} \frac{S}{K_s} = K_2 S \qquad (4-35)$$

$$-\frac{dS}{dt} = K_2 X S \qquad (4-36)$$

式中　$K_2 = \dfrac{v_{max}}{K_s}$。

对公式（4-36）加以分析可见，有机底物降解遵循一级反应，有机底物浓度成为有机底物降解速度的控制因素。在这种条件下，在混合液中的有机底物浓度已经不高，活性污泥微生物增殖处于减速增殖期或内源呼吸期，微生物菌体的酶系统多未被饱和，在图4-11中即为横坐标 $S=0$ 到 $S=S''$ 这一区段内。这个区段的曲线的表现形式为一通过原点的直线，其斜率即为 K_2。

莫诺模式是通过单一底物对纯种细菌培养实验而确定得出的。实际运行的活性污泥工艺系统的活性污泥微生物，是多种属的微生物群体，混合液中的有机底物也是多种类型混合的，莫诺模式是否能够应用于实际运行的活性污泥工艺系统？对此，在 20 世纪六七十年代，劳伦斯（Lawrence）等专家将莫诺模式引入实际运行的污水生物处理领域，证实了莫诺方程式完全适用于活性污泥工艺系统。莫诺模式得到越来越多的污水生物处理领域的专家、技术人员的认定与接受。

3. 莫诺模式对完全混合活性污泥工艺系统的应用

图 4-12 所示为完全混合活性污泥工艺系统。

在工艺系统运行稳定的条件下，对系统中的有机底物进行物料平衡，下式成立：

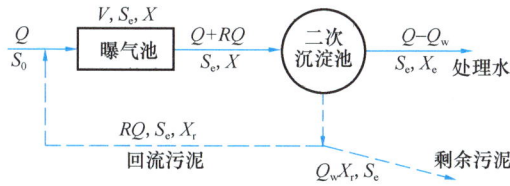

图 4-12 完全混合活性污泥工艺系统的物料平衡

$$S_0 Q + RQS_e - (Q+RQ)S_e + V\frac{dS}{dt} = 0 \qquad (4\text{-}37)$$

经整理后，得：

$$\frac{Q(S_0 - S_e)}{V} = -\frac{dS}{dt} \qquad (4\text{-}38)$$

式中　R——活性污泥回流比；

　　　RQ——回流活性污泥量；

　　　V——曝气池容积，m^3。

其他符号表示意义同前。

在运行稳定的条件下，完全混合曝气池内各质点的有机底物降解速度是一个常数，其值如式（4-36）所示。

将式（4-36）代入式（4-38）中，S 以 S_e 代之，得：

$$\frac{Q(S_0 - S_e)}{XV} = \frac{S_0 - S_e}{Xt} = K_2 S_e \qquad (4\text{-}39)$$

根据完全混合曝气池的特征，将式（4-32）加以改写，即将式中的 S 以 S_e 代之，得：

$$-\frac{dS}{dt} = v_{max}\frac{XS_e}{K_s + S_e} \qquad (4\text{-}40)$$

将式（4-40）代入式（4-38），得：

$$\frac{Q(S_0 - S_e)}{XV} = \frac{S_0 - S_e}{Xt} = v_{max}\frac{S_e}{K_s + S_e} \qquad (4\text{-}41)$$

以 BOD 去除量为基础的 BOD—污泥去除负荷率（N_{rs}）为：

$$N_{rs} = \frac{S_0 - S_e}{Xt} = K_2 S_e = v_{max}\frac{S_e}{K_s + S_e} \qquad (4\text{-}42)$$

BOD—容积去除负荷率（N_{rv}）为：

$$N_{rv} = \frac{S_0 - S_e}{t} = K_2 X S_e = v_{max}\frac{XS_e}{K_s + S_e} \qquad (4\text{-}43)$$

对式（4-39）进行整理、归纳，可得：

$$\frac{S_e}{S_0} = \frac{1}{1 + K_2 Xt} \qquad (4\text{-}44)$$

或

$$\eta = 1 - \frac{S_e}{S_0} = \frac{K_2 Xt}{1 + K_2 Xt} \qquad (4\text{-}45)$$

式中　　　Q——污水流量，m^3/d；

　　　　　V——完全混合式曝气池容积，m^3；

$$t = \frac{V}{Q} \quad \text{——反应时间，d；}$$

$$\eta = \frac{S_0 - S_e}{S_0} \quad \text{——有机底物降解率，\%。}$$

上列式中的 K_2、$v_{\max}$ 及 K_s 等各值，对一定的污水来说，均为常数值，在一般的情况下，是通过对实际运行污水处理厂的运行数据或试验数据进行分析、加工推导得出的。

4. 常数值 K_2、$v_{\max}$ 及 K_s 的求定

（1）常数值 K_2 的求定

对常数值 K_2 可用式（4-42）（BOD－污泥去除负荷值），通过图解法求定。方法如下：

将式 $\frac{S_0 - S_e}{Xt} = K_2 S_e$ 按通过原点的直线方程式 $y = ax$ 的形式考虑。以 $\frac{S_0 - S_e}{Xt}$ 为纵坐标，以 S_e 为横坐标，将从实际运行的污水处理厂或通过试验取得的 S_0、S_e、X、t 等各项数据，加以整理分组，点入坐标图内，可得出如图 4-13 所示的关系图。

直线通过坐标原点，其斜率即为 K_2 值。

（2）常数值 $v_{\max}$、K_s 的求定

对常数值 $v_{\max}$、K_s，一般也通过图解法求定。方法如下：

取式（4-41）的倒数，得：

$$\frac{Xt}{S_0 - S_e} = \left(\frac{K_s}{v_{\max}}\right)\left(\frac{1}{S_e}\right) + \frac{1}{v_{\max}} \tag{4-46}$$

将上式按直线方程式 $y = aX + b$ 考虑，可见，$\frac{Xt}{S_0 - S_e}$ 项是 $\frac{1}{S_e}$ 项的线性函数。

以 $\frac{Xt}{S_0 - S_e}$ 项为纵坐标，以 $\frac{1}{S_e}$ 项为横坐标，将从实际运行的污水处理厂或通过试验所取得的数据，按式（4-46）的格式加以归纳、整理，并将所得各组数据点入坐标，得出如图 4-14 所示的坐标图。

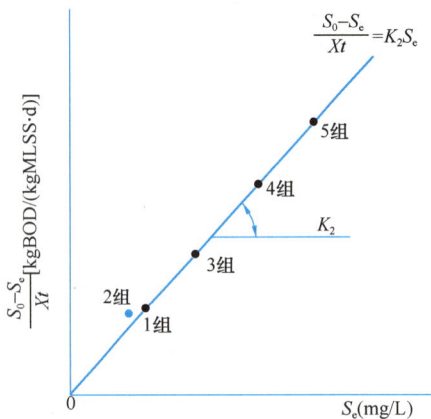

图 4-13　图解法求定 K_2 值　　　　图 4-14　图解法求定 $v_{\max}$、K_s 值

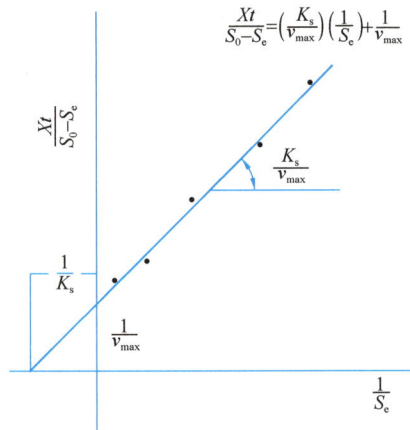

直线的斜率为 $\frac{K_s}{v_{\max}}$，在纵坐标的截距为 $\frac{1}{v_{\max}}$，在横坐标的截距则为 $-\frac{1}{K_s}$，通过所得

数据可以求定出常数值 υ_{max}、K_s。

4.4.3 劳伦斯—麦卡蒂（Lawrence-McCarty）模式

1. 与劳伦斯—麦卡蒂模式有关的几个概念

劳伦斯—麦卡蒂以活性污泥微生物的增殖和对有机底物的利用作为基础，于1970年建立了活性污泥反应动力学模式。

劳伦斯—麦卡蒂接受了莫诺的论点，并在自己的动力学模式中纳入了莫诺模式。

劳伦斯—麦卡蒂在建立自己的活性污泥反应动力学模式过程中，提出了以下几项新的概念。

（1）劳伦斯—麦卡蒂推荐的排泥方式

图4-15所示为完全混合式活性污泥工艺系统流程。

劳伦斯—麦卡蒂建议的排泥方式，即由标记（Ⅰ）改为（Ⅱ），能够减轻二次沉淀池的负荷，还有利于污泥浓缩。

（2）劳伦斯—麦卡蒂对"污泥龄"这一参数提出了新的概念

劳伦斯—麦卡蒂提出的有关污泥龄的概念是：单位质量的活性污泥微生物量在活性污泥反应系统中的平均停留时间。为此建议将污泥龄易名为"生物固体平均停留时间"或"细胞平均停留时间"，以 θ_c 表示之。

劳伦斯—麦卡蒂还建议通过"活性污泥反应系统中的活性微生物总量（生物量）与每日排出系统的活性微生物量的比值"以确定此值，即：

$$\theta_c = \frac{(X)_T}{\left(\dfrac{\Delta X}{\Delta t}\right)_T} \tag{4-47}$$

式中　$(X)_T$ ——活性污泥反应系统中活性微生物量；

$\left(\dfrac{\Delta X}{\Delta t}\right)_T$ ——每日排出系统的活性微生物总量，可取值每日增殖的微生物量（增长的活性污泥量）。

根据劳伦斯—麦卡蒂对生物固体停留时间这一概念所作的定义，下式成立（参照图4-15）：

$$\theta_c = \frac{VX_a}{Q_w X_a + (Q - Q_w)X_e} \tag{4-48}$$

式中各项符号见图4-15。

劳伦斯—麦卡蒂于20世纪70年代初提出了这一概念，由于它在理论、设计和运行各方面都有着一定的优越性，因此，很快就得到了各国有关学者和工程技术人员的认同，并在污水处理厂的设计与运行方面取得应用。

（3）劳伦斯—麦卡蒂提出"单位底物利用率"概念

劳伦斯—麦卡蒂提出了"单位底物利

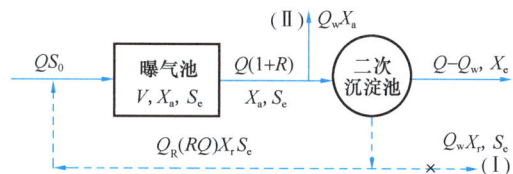

图 4-15　完全混合式活性污泥工艺处理系统流程

Q—原污水流量；S_0—原污水中有机底物浓度；V—反应器（曝气池）容积；X_a—曝气池内活性污泥微生物浓度；S_e—处理水中有机底物浓度；R—污泥回流比；$Q_R(RQ)$—回流污泥量；Q_w—排泥量；X_r—二次沉淀池底流中活性污泥微生物浓度；X_e—二次沉淀池出流水中的活性污泥浓度（微生物浓度）。

注：在两处（Ⅰ）（Ⅱ）标记排泥：排泥方式（Ⅰ）是从污泥回流系统中排除，这是传统的排泥方式；排泥方式（Ⅱ）是劳伦斯—麦卡蒂建议的排泥方式。

用率"概念，并认定：单位活性污泥微生物质量的底物利用率为一常数，并建议此参数以 q 表示之。

劳伦斯—麦卡蒂认为，与任一时间增量（Δt）相对应的底物浓度的变化量（ΔS）与微生物浓度（X）成正比关系，即：

$$\Delta S \propto X \, \Delta t \tag{4-49}$$

引入比例常数 q，对上式加以整理、变换，则可得：

$$\frac{\left(\dfrac{\mathrm{d}S}{\mathrm{d}t}\right)_{\mathrm{u}}}{X_{\mathrm{a}}} = q \tag{4-50}$$

式中　X_{a}——单位体积活性污泥微生物质量；

$\left(\dfrac{\mathrm{d}S}{\mathrm{d}t}\right)_{\mathrm{u}}$——活性污泥微生物对有机底物的降解（利用）速度。

（4）劳伦斯—麦卡蒂提出了微生物的比增殖速率概念

劳伦斯—麦卡蒂认为：与任一时间增量（Δt）相对应的微生物浓度的增量值（ΔX）与原有微生物浓度（X）之间成正比关系，即：

$$\Delta X \propto X \, \Delta t \tag{4-51}$$

引入比例常数 μ，并加以整理、变换，则可得：

$$\frac{\left(\dfrac{\mathrm{d}X}{\mathrm{d}t}\right)}{X} = \mu \tag{4-52}$$

上式说明，在任一时刻的单位微生物量的相对增殖率为一常数，并以 μ 表示之，称之为微生物量的比增殖速率或单位微生物量的比增殖速率。

2. 劳伦斯—麦卡蒂模式的第一及第二基本方程式

劳伦斯—麦卡蒂模式是以生物固体平均停留时间（θ_{c}）及单位底物利用率（q），作为基本参数，并以第一、第二两个基本方程式表示的。

（1）劳伦斯—麦卡蒂模式的第一基本方程式

在讨论劳伦斯—麦卡蒂模式第一基本方程式之前，对劳伦斯—麦卡蒂提出的微生物比增殖速率（μ）（式 4-52）及生物固体停留时间（θ_{c}）（式 4-47）的表达式进行分析，可得：

$$\mu = \frac{1}{\theta_{\mathrm{c}}} \quad \text{或} \quad \theta_{\mathrm{c}} = \frac{1}{\mu} \tag{4-53}$$

即：微生物比增殖速率（μ）与生物固体停留时间（θ_{c}）互为倒数关系。

劳伦斯—麦卡蒂模式的第一基本方程式表示的是活性污泥微生物净增殖速率与有机底物被活性污泥微生物利用速率之间的关系式。

在微生物增殖各项因素完全正常的条件下，运行中活性污泥反应系统内的异养微生物群体的浓度必然有所提高，这是由于微生物增殖而提高、但同时又因菌体的内源代谢反应而减少的综合结果。若增殖的微生物群体不从系统中排除，则其浓度的净变化速度可通过下式表示（推导过程见本书 4.3.1 节）：

$$\left(\frac{\mathrm{d}X}{\mathrm{d}t}\right)_{\mathrm{g}} = Y\left(\frac{\mathrm{d}S}{\mathrm{d}t}\right)_{\mathrm{u}} - K_{\mathrm{d}}X_{\mathrm{v}} \tag{4-19}$$

劳伦斯—麦卡蒂模式的第一基本方程式就是在式（4-19）基础上，经过归纳、整理并引入他所提出的有关 θ_{c}、q、μ 几项概念形成的，其表达式呈下列形式：

$$\frac{1}{\theta_c} = Yq - K_d \qquad (4\text{-}54)$$

式中　θ_c——生物固体平均停留时间，d；

　　　Y——微生物产率，mg 微生物量/mg 被微生物降解的有机底物量；

　　　q——单位微生物量的底物利用率；

　　　K_d——微生物的自身氧化率，在劳伦斯—麦卡蒂模式中称之为衰减系数。

劳伦斯—麦卡蒂模式的第一基本方程式所表示的是：生物固体平均停留时间（θ_c）与产率（Y）、单位底物利用率（q）以及微生物的衰减系数（K_d）等参数之间的关系。

已知：$q = \mu/Y$，代入式（4-54）可得：

$$\frac{1}{\theta_c} = \mu - K_d \qquad (4\text{-}55)$$

这是劳伦斯—麦卡蒂模式第一基本方程式的另一种表达式。

（2）劳伦斯—麦卡蒂模式的第二基本方程式

劳伦斯—麦卡蒂模式的第二基本方程式，是在莫诺模式的基础上建立的，其基本概念是：有机底物的降解速率等于其被微生物利用的速率，即下式成立：

$$v = q \qquad (4\text{-}56)$$

式中　v——有机底物的降解速度。

劳伦斯—麦卡蒂接受莫诺模式，因此，下式成立

$$q = v_{max} \frac{S}{K_s + S} \qquad (4\text{-}57)$$

已知
$$q = \frac{\left(\dfrac{\mathrm{d}S}{\mathrm{d}t}\right)_u}{X_a} \qquad (4\text{-}58)$$

经过归纳，移项整理，并以 K 代替 v_{max}，则得：

$$\left(\frac{\mathrm{d}S}{\mathrm{d}t}\right)_u = \frac{KX_aS}{K_s + S} \qquad (4\text{-}59)$$

式中　S——活性污泥微生物周围的有机底物浓度，质量/容积；

　　　K——单位微生物量的最高有机底物利用速率（在高底物浓度条件下所得），d^{-1}；

　　　K_s——系数，其值等于 $q = 1/2\,K$ 时的底物浓度，又称之为半速率系数。

上式即为劳伦斯—麦卡蒂模式的第二基本方程式，它所表示的是有机底物利用率（降解率）与反应器（曝气池）内活性污泥微生物的浓度及与微生物周围的底物浓度之间的关系。

劳伦斯—麦卡蒂模式在污水生物处理学术领域得到比较广泛的认定、接受与应用。

3. 劳伦斯—麦卡蒂模式的推论

劳伦斯—麦卡蒂以自己提出的第一、第二反应动力学方程式为基础，通过对活性污泥工艺系统的物料衡算，导出了以生物固体平均停留时间（θ_c）为中心的与有关参数之间具有一定应用意义的各项关系式：

（1）处理水中有机底物浓度（S_e）与生物固体平均停留时间（θ_c）的关系：

$$S_e = \frac{K_s\left(\dfrac{1}{\theta_c} + K_d\right)}{Yv_{max} - \left(\dfrac{1}{\theta_c} + K_d\right)} \qquad (4\text{-}60)$$

上式中的 K_s、K_d、Y 及 v_{max} 等各值均为常数值，处理水有机底物的含量值 S_e 仅取决于生物固体平均停留时间 θ_c 一项，对此，说明了正确地确定各常数值的重要意义。

（2）反应器（曝气池）内活性污泥微生物的浓度（X_a）与生物固体平均停留时间（θ_c）之间的关系：

$$X_a = \frac{\theta_c Y(S_0 - S_e)}{t(1 + K_d \theta_c)} \tag{4-61}$$

式中　t —— 污水在反应器（曝气池）内历经的反应时间，d。

（3）污泥回流比（R）与生物固体平均停留时间（θ_c）的关系：

$$\frac{1}{\theta_c} = \frac{Q}{V}\left(1 + R - R\frac{X_r}{X_a}\right) \tag{4-62}$$

式中　X_r —— 从二次沉淀池底部排出、回流到曝气池的活性污泥浓度。

通过公式（4-11）计算出的 X_r 值为悬浮固体值（MLSS），应将其换算为挥发性悬浮固体值（MLVSS）。

（4）按莫诺模式的推论，在低浓度有机底物的条件下，有机底物的降解速度遵循一级反应规律，即式 $v = K_2 S$ 成立。

按劳伦斯-麦卡蒂论点，有机底物的降解速度等于其被微生物的利用速度，即下式成立：

$$q = K_2 S \tag{4-63}$$

把 $q = \dfrac{\left(\dfrac{\mathrm{d}S}{\mathrm{d}t}\right)_u}{X_a}$ 代入式(4-63)

故可写成

$$\frac{\left(\dfrac{\mathrm{d}S}{\mathrm{d}t}\right)_u}{X_a} = K_2 S$$

或

$$\left(\frac{\mathrm{d}S}{\mathrm{d}t}\right)_u = K_2 S X_a \tag{4-64}$$

在稳定的条件下，下式成立

$$\left(\frac{\mathrm{d}S}{\mathrm{d}t}\right)_u = \frac{S_0 - S_e}{t} = \frac{Q(S_0 - S_e)}{V} \tag{4-65}$$

于是，对完全混合曝气池可写成：

$$\frac{Q(S_0 - S_e)}{V} = K_2 X_a S_e \tag{4-66}$$

或

$$\frac{Q(S_0 - S_e)}{X_a V} = K_2 S_e = q \tag{4-67}$$

（5）活性污泥的产率（合成产率 Y 及表观产率 Y_{obs}）与生物固体平均停留时间（θ_c）的关系：

产率是活性污泥微生物摄取、利用、代谢一个质量单位有机底物而使自身增殖的质量，一般通过 Y 表示。

Y 值所表示的是微生物增殖总量，没有去除由于微生物内源呼吸作用而使其本身质量消亡的那一部分，所以这个产率也称之为合成产率。

实测所得微生物增殖量，实际上都没有包括由于内源呼吸作用而减少的那部分微生物质量，也就是微生物的净增殖量，这一产率称之为表观产率，以 Y_{obs} 表示之。

经过推导、整理，Y、Y_{obs} 及 θ_c 各值之间的关系用下列公式表示：

$$Y_{obs} = \frac{Y}{1 + K_d \theta_c} \tag{4-68}$$

在工程实践中，Y_{obs} 是一项重要的参数，它对设计、运行管理都有较重要的意义，也有一定的理论价值。

4. 劳伦斯—麦卡蒂模式在计算上的应用

有关劳伦斯—麦卡蒂模式在计算上的应用，通过下列例题加以阐述。

【例 4-1】某城镇日排污水 10000m³，决定采用活性污泥工艺进行处理，并采用完全混合式曝气池。试通过劳伦斯—麦卡蒂模式进行计算。

[原始数据] 污水流量：$Q = 10000m^3/d$；原污水 BOD_5 值：$S_0 = 200mg/L$；处理水要求达到的 BOD_5 值：$S_e = 10mg/L$。

[其他各项参数值] $X_a = 2000mg/L$；$Y = 0.5$；$K_d = 0.1$；$K_2 = 0.1$；$R = 30\% \sim 40\%$；$MLVSS = 0.8 MLSS$。

[计算求定] ①曝气池容积 V；②运行的生物固体平均停留时间 θ_c；③当 SVI 值为 80～160 时，在不调整运行 θ_c 值的条件下，确定其对处理效果的影响。

【解】

①计算求定曝气池容积 (V)，公式为式 (4-63) 及式 (4-67)

$$q = K_2 S_e = 0.1 \times 10 = 1.0$$

$$V = \frac{Q(S_0 - S_e)}{X_a q} = \frac{10000(200 - 10)}{2000 \times 1.0} = 950m^3$$

②计算求定生物固体平均停留时间 (θ_c)，按公式 (4-54)

$$\frac{1}{\theta_c} = Yq - K_d = 0.5 \times 1.0 - 0.1 = 0.4$$

$$\theta_c = 2.5d$$

③计算求定 $(X_r)_{max}$，按公式 (4-11)

$$(X_r)_{max} = \frac{10^6}{SVI}$$

当 $SVI = 80$，$(X_r)_{max} = 12500mg/L$；

当 $SVI = 160$，$(X_r)_{max} = 6250mg/L$。

④确定在 SVI 值变动时，对污水处理效果的影响

按 $\theta_c = 2.5d$ 的条件，通过式 (4-62) 计算在不同 SVI 值及 R 值条件下的 X_r 值及 X_a 值。计算结果记录在下列计算表 4-7 内。

X_r 与 X_a 计算结果　　　　　表 4-7

SVI	R	$(X_r)_{max} = 10^6 / SVI$		X_a (mg/L)
		MLSS (mg/L)	MLVSS (mg/L)	
80	0.3	12500	10000	2376
80	0.4	12500	10000	2938
160	0.3	6250	5000	1188
160	0.4	6250	5000	1468

⑤计算求定在不同 X_a 值条件下的 q 值

计算公式为式（4-67），并根据求得的 q 值计算求定 S_e 值。

首先将式（4-67）改变为下列形式，并以 $\dfrac{q}{K_2}$ 代替 S_e 值，即：

$$q = Q \frac{\left[S_0 - \left(\dfrac{q}{K_2} \right) \right]}{X_a V}$$

继之，计算 X_a 为 2376mg/L 的 q 值及 S_e 值。代入各值：

$$q = \frac{10000 \left[200 - \left(\dfrac{q}{0.1} \right) \right]}{2376 \times 950} = 0.88 d^{-1}$$

于是：　　　　　　　　$S_e = 0.88 \times 10 = 8.8 mg/L$

用同样的计算程序，求定其他各 X_a 值条件下的 q 值及 S_e 值，计算结果记录在表 4-8 内。

S_e 计算结果　　　　　表 4-8

SVI	R	X_a (mg/L)	S_e (mg/L)
80	0.3	2376	8.8
80	0.4	2938	7.2
160	0.3	1188	16.6
160	0.4	1468	13.7

⑥ 对计算结果的分析

从表 4-8 所列数据可见：

当 SVI 值为 80 时，在 $R = 0.3 \sim 0.4$ 的条件下，X_a 值为 2376～2938mg/L，保持着正常的 MLVSS 值，处理后水的 BOD_5 值均在 10mg/L 以下，满足排放要求。

当 SVI 值提高为 160 时，X_a 值大为降低，随之处理后水的 S_e 值均高于 10mg/L，均未能满足排放要求。

在这种情况下，需要采取补救措施，加大回流比 R 值，或是调整生物固体平均停留时间 θ_c 值。

4.5　活性污泥工艺系统的氧传质理论与空气扩散装置

活性污泥工艺是采取人工措施、创造适宜条件、强化活性污泥微生物的新陈代谢功能、加速污水中有机物降解的污水生物处理技术。对此，重要的人工措施之一是向活性污泥反应器曝气池中的混合液送入足够的溶解氧，并使混合液中的活性污泥与污水充分接触，这两项任务都是通过曝气这一手段实现的。在曝气过程中，氧分子通过气、液界面由气相转移到液相，在界面两侧存在着气膜和液膜。本节首先从氧传质原理进行阐述。

4.5.1 氧传质基本原理

1. 菲克（Fick）定律

通过曝气，空气中的氧从气相传递到混合液的液相中，这既是一个传质过程，也是一个物质扩散过程。扩散过程的推动力是物质在界面两侧的浓度差，物质的分子从浓度较高的一侧向较低的一侧扩散、转移。扩散过程的基本规律可以用菲克定律加以概括，即：

$$v_d = - D_L \frac{dC}{dx} \tag{4-69}$$

式中　v_d——物质的扩散速度，在单位时间内单位断面上通过的物质数量；

D_L——扩散系数，表示物质在某种物质中的扩散能力，主要取决于扩散物质和介质的特性及温度；

C——物质浓度；

x——扩散过程的长度；

$\frac{dC}{dx}$——浓度梯度，即单位长度内的浓度变化值。

式（4-69）表明，物质的扩散速率与浓度梯度成正比关系。

2. 双膜理论

以 M 表示在时间 t 内通过界面扩散的物质数量，以 A 表示界面面积，则下式成立：

$$v_d = \frac{\frac{dM}{dt}}{A} \tag{4-70}$$

代入式（4-69），则得：

$$\frac{\frac{dM}{dt}}{A} = - D_L \frac{dC}{dx} \tag{4-71}$$

$$\frac{dM}{dt} = - D_L A \frac{dC}{dx} \tag{4-72}$$

在曝气过程中，氧分子通过气、液界面由气相转移到液相，在界面两侧存在着气膜和液膜。气体分子通过气膜和液膜的传质理论，为污水生物处理科技界所接受的是刘易斯（Lewis）和怀特曼（Whitman）于 1923 年建立的"双膜理论"。这一理论的基本点可归纳如下（参见图 4-16）：

（1）在气、液两相接触的界面两侧存在着处于层流状态的气膜和液膜，在其外侧则分别为气相主体和液相主体，两个主体均处于紊流状态。气体分子以分子扩散方式从气相主体通过气膜与液膜进入液相主体。

（2）由于气、液两相的主体均处于紊流状态，

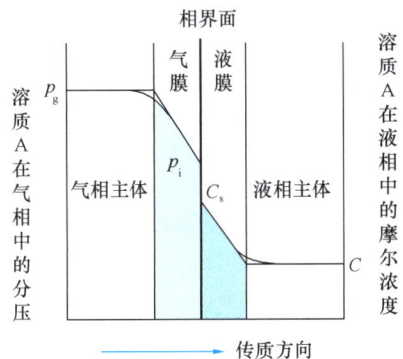

图 4-16　双膜理论模型

p_g、p_i——溶质 A 在气相主体和气膜中的分压；C、C_s——溶质 A 在液相主体和液膜中的摩尔浓度

其中物质浓度基本上是均匀的，不存在浓度差，也不存在传质阻力，气体分子从气相主体传递到液相主体，阻力仅存在于气、液两层层流膜中。

（3）在气膜中存在氧的分压梯度，在液膜中存在着氧的浓度梯度，它们是氧转移的推动力。

（4）氧难溶于水，因此，氧转移决定性的阻力又集中在液膜上。因此，氧分子通过液膜是氧转移的控制步骤，通过液膜的转移速度是氧转移过程的控制速度。

在气膜中，氧分子的传递动力很小，气相主体与界面之间的氧分压差值（$p_g - p_i$）很低，一般可以认为 $p_g \approx p_i$。这样，界面处的溶解氧浓度值 C_s，是在氧分压 P_g 条件下的溶解氧的饱和浓度值。如果气相主体中的气压为一个大气压，则 p_g 就是一个大气压中的氧分压（约为一个大气压的 1/5）。

设液膜厚度为 X_f（此值极低），则在液膜溶解氧浓度的梯度为：

$$-\frac{dC}{dx} = \frac{C_s - C}{X_f} \tag{4-73}$$

代入式（4-72），得：

$$\frac{dM}{dt} = D_L A \left(\frac{C_s - C}{X_f} \right) \tag{4-74}$$

式中 $\dfrac{dM}{dt}$——氧传递速率，kgO_2/h；

D_L——氧分子在液膜中的扩散系数，m^2/h；

A——气、液两相接触界面面积，m^2；

$\dfrac{C_s - C}{X_f}$——在液膜内溶解氧的浓度梯度，$kgO_2/(m^3 \cdot m)$。

设液相主体的容积为 V（m^3），式（4-74）除以 V 得：

$$\frac{\frac{dM}{dt}}{V} = \frac{D_L A}{X_f V}(C_s - C) \tag{4-75}$$

$$\frac{dC}{dt} = K_L \frac{A}{V}(C_s - C) \tag{4-76}$$

式中 $\dfrac{dC}{dt}$——液相主体中溶解氧浓度变化速率（或氧转移速率），$kgO_2/(m^3 \cdot h)$；

K_L——液膜中氧分子传质系数，m/h；$K_L = \dfrac{D_L}{X_f}$。

由于 A 值难以测定，采用总传质系数 K_{La} 代替 $K_L \dfrac{A}{V}$，因此，式（4-76）改写为：

$$\frac{dC}{dt} = K_{La}(C_s - C) \tag{4-77}$$

式中 K_{La}——氧总转移系数。

K_{La} 值表示在曝气过程中氧的总传递性，当传递过程中阻力大时，则 K_{La} 值低，反之则 K_{La} 值高。

K_{La} 的倒数 $\dfrac{1}{K_{La}}$ 的单位为 h，它表示曝气池中溶解氧浓度从 C 提高到 C_s 所需的时间。

当 K_{La} 值低时，$\dfrac{1}{K_{La}}$ 值高，使混合液内溶解氧浓度从 C 提高到 C_s 所需时间长，说明氧传递速率慢；反之，则传递速率快，所需时间短。

这样，为了提高 $\dfrac{dC}{dt}$ 值，可从以下两方面考虑：

（1）提高 K_{La} 值。需要加强液相主体的紊流程度，降低液膜厚度，加速气、液界面的更新，增大气、液接触面积等。

（2）提高 C_s 值。提高气相中的氧分压，如采用纯氧曝气、深井曝气等。

3. 影响因素

从式（4-74）可以看到，氧的转移速度与氧分子在液膜的扩散系数 D_L、气液界面面积 A、气液界面与液相主体之间的氧饱和差（C_s-C）等参数成正比关系，与液膜厚度 X_f 成反比关系。影响上述各项参数的因素也必然是影响氧转移速度的因素，现将其主要因素阐述如下。

（1）污水水质

污水中含有各种杂质，它们对氧的转移产生一定的影响，特别是某些表面活性物质，如短链脂肪酸和乙醇等。这类物质的分子属于两亲分子（极性端亲水、非极性端疏水），它们将聚集在气液界面上，形成一层分子膜，阻碍氧分子的扩散转移，总转移系数 K_{La} 值将下降。为此，引入一个小于 1 的修正系数 α 进行修正。

$$\alpha = \frac{\text{污水中的} K'_{La}}{\text{清水中的} K_{La}} \tag{4-78}$$

即

$$K'_{La} = \alpha K_{La} \tag{4-79}$$

由于在污水中含有盐类，因此，氧在水中的饱和度也受水质的影响，引入另一数值小于 1 的系数 β 予以修正。

$$\beta = \frac{\text{污水中的} C'_s}{\text{清水中的} C_s} \tag{4-80}$$

即

$$C'_s = \beta C_s \tag{4-81}$$

上述的修正系数 α、β，均可通过对污水、清水的曝气充氧试验予以测定。

利斯特（Lister）和布恩（Boon）于 1973 年对处理城市污水的推流式曝气池进行了测定，得出池首端的修正系数 α 为 0.30，末端为 0.80。表 4-9 所列举的是施图肯贝格（Stukenberg）等于 1977 年对处理城市污水的完全混合曝气池进行测定所取得的 α 及 β 值。

修正系数 α 及 β 值　　　　　　　　　　　　　　　　表 4-9

耗氧速度[mg/（L·h）]	温度（℃）	α	βC (mg/L)
40	19.8	0.89	7.9
41	19.8	0.86	7.9
36	19.8	0.85	7.9
40	18.7	0.78	8.2
43	19.0	0.90	8.2

耗氧速度[mg/(L·h)]	温度(℃)	α	βC (mg/L)
48	19.4	0.89	8.1
56	19.0	0.93	8.0
50	19.5	0.93	8.0
64	20.5	0.90	7.9
59	20.6	0.94	7.9
52	19.3	0.84	8.0
53	20.0	0.99	7.9

（2）水温

水温对氧的转移影响较大。水温上升，水的黏滞性降低，扩散系数提高，液膜厚度随之降低，K_{La}值增高，反之，则K_{La}值降低，其间的关系式为：

$$K_{La(T)} = K_{La(20)} \cdot 1.024^{(T-20)} \tag{4-82}$$

式中　$K_{La(T)}$——水温为T℃时的氧总转移系数；

　　　$K_{La(20)}$——水温为20℃时的氧总转移系数；

　　　T——设计温度，℃；

　　　1.024——温度系数。

水温对溶解氧饱和度C_s值也产生影响，C_s值因温度上升而降低（参见表4-10）。K_{La}值因温度上升而增大，但液相中氧的浓度梯度却有所降低。因此，水温对氧转移有两种相反的影响，但并不能两相抵消。总的来说，水温降低有利于氧的转移。

氧在蒸馏水中的溶解度（饱和）

表 4-10

水温 T（℃）	溶解度（mg/L）	水温 T（℃）	溶解度（mg/L）
0	14.62	16	9.95
1	14.23	17	9.74
2	13.84	18	9.54
3	13.48	19	9.35
4	13.13	20	9.17
5	12.80	21	8.99
6	12.48	22	8.83
7	12.17	23	8.63
8	11.87	24	8.53
9	11.59	25	8.38
10	11.33	26	8.22
11	11.08	27	8.07
12	10.83	28	7.92
13	10.60	29	7.77
14	10.37	30	7.63
15	10.15		

在运行正常的曝气池内，当混合液温度在15～30℃时，混合液溶解氧浓度C能够保持在1.5～2.0mg/L。最不利的情况将出现在气温为30～35℃的盛夏。

（3）氧分压

C_s 值受氧分压或气压的影响。气压降低，C_s 值也随之下降；反之则提高。因此，在气压不是 $1.013 \times 10^5 \mathrm{Pa}$ 的地区，C 值应乘以如下的压力修正系数：

$$\rho = \frac{\text{所在地区实际气压(Pa)}}{1.013 \times 10^5} \tag{4-83}$$

对鼓风曝气池，安装在池底的空气扩散装置出口处的氧分压最大，C_s 值也最大；但随气泡上升至水面，气体压力逐渐降低，降低到一个大气压，而且气泡中的一部分氧已转移到液体中。鼓风曝气池中的 C_s 值应是扩散装置出口处和混合液表面两处的溶解氧饱和浓度的平均值，按下列公式计算：

$$C_{sb} = C_s \left(\frac{P_b}{2.026 \times 10^5} + \frac{O_t}{42} \right) \tag{4-84}$$

式中　C_{sb}——鼓风曝气池内混合液溶解氧饱和度的平均值，mg/L；

　　　C_s——在大气压力条件下，氧的饱和度，mg/L；

　　　P_b——空气扩散装置出口处的绝对压力（Pa），其值等于下式：

$$P_b = P + 9.8 \times 10^3 H \tag{4-85}$$

　　　H——空气扩散装置的安装深度，m；

　　　P——大气压力，$P = 1.013 \times 10^5 \mathrm{Pa}$。

气泡在离开池面时，氧的百分比按下式求定：

$$O_t = \frac{21(1 - E_A)}{79 + 21(1 - E_A)} \times 100\% \tag{4-86}$$

式中　E_A——空气扩散装置的氧的转移效率，一般为 6%～12%。

上述各项因素，基本上是自然形成的，不宜用人力加以改变，只能通过在计算上的修正去适应它，并降低其所造成的影响。

此外还有一系列能够通过人们的行为，而使氧转移速率得以强化的因素。

氧的转移还与气泡的大小、液体的紊流程度和气泡与液体的接触时间有关。气泡粒径大小由空气扩散器的性能所决定。气泡尺寸小，则接触面积 A 较大，将提高 K_{La} 值，有利于氧的转移；但气泡小却不利于紊流，对氧的转移也有不利的影响。紊流程度强，接触充分，K_{La} 值增高，氧转移速率也将有所提高。

综上所述，氧的转移速度取决于下列各项因素：气相中氧分压梯度，液相中氧的浓度、梯度，气液之间的接触面积和接触时间，水温，污水的性质以及水流的紊流程度等。

当混合液中氧的浓度为零时，由于具有最大的推动力，因此氧的转移率最大。

氧从气泡中转移到液体中，逐渐使气泡周围的液膜的氧含量饱和，这样，氧的转移速度又取决于液膜的更新速度。紊流和气泡的形成、上升、破裂，都有助于气泡液膜的更新和氧的转移。

鼓风曝气的气泡尺寸减小，气液之间接触面积增大，气泡与液体接触的时间加大，也都有助于氧的转移。

4.5.2　氧转移速率与供气量的计算

在稳定条件下，氧的转移速度应等于活性污泥微生物的需氧速度（R_r）：

$$\frac{\mathrm{d}C}{\mathrm{d}t} = \alpha K_{La(20)} \cdot 1.024^{(T-20)} (\beta \cdot \rho \cdot C_{s(T)} - C) = R_r \tag{4-87}$$

生产厂家提供空气扩散装置的氧转移参数是在标准条件下测定的，所谓标准条件是：水温 20℃，气压为 $1.013 \times 10^5 \text{Pa}$（标准大气压），测定用水是脱氧清水。因此，必须根据实际条件对厂商提供的氧转移速度等数据加以修正。

在标准条件下，转移到曝气池混合液的总氧量（R_0，kg/h）为：

$$R_0 = K_{\text{La}(20)} C_{\text{s}(20)} V \tag{4-88}$$

而在实际条件下，转移到曝气池的总氧量 R 为：

$$R = \alpha K_{\text{La}(20)} \left[\beta \rho \, C_{\text{s}(T)} - C \right] 1.024^{(T-20)} V = R_\text{r} V \tag{4-89}$$

解上二式得：

$$R_0 = \frac{R C_{\text{s}(20)}}{\alpha \left[\beta \rho \, C_{\text{sb}(T)} - C \right] 1.024^{(T-20)}} \tag{4-90}$$

由于 $R = R_\text{r} V$，R_r 可以根据式（4-25）求定。因此，R_0 值可以求出。

在一般情况下：

$$\frac{R_0}{R} = 1.33 \sim 1.61$$

即实际工程较标准条件下转移到曝气池混合液的总氧量低 33%～61%。

氧转移效率（氧利用效率）为：

$$E_\text{A} = \frac{R_0}{S} \times 100\% \tag{4-91}$$

$$S = G_\text{s} \times 0.21 \times 1.33 = 0.28 G_\text{s} \tag{4-92}$$

式中　S——供氧量，kg/h；

　　　G_s——供气量，m^3/h；

　　0.21——氧在空气中所占体积百分比；

　　1.33——标准条件下氧的密度，kg/m^3。由标准状况（℃，$1.013 \times 10^5 \text{Pa}$）下氧的摩尔质量（32g/mol）与摩尔体积（22.4L/mol），根据理想气体状态方程计算得到。

对鼓风曝气，各种空气扩散装置在标准状态下 E_A 值，是厂商提供的，因此供气量可以通过式（4-91）和式（4-92）确定，即：

$$G_\text{s} = \frac{R_0}{0.28 E_\text{A}} \times 100 \tag{4-93}$$

R_0 值根据公式（4-90）确定。

对机械曝气各种叶轮在标准条件下的充氧量与叶轮直径及其与线速度的关系，也是厂商通过实际测定确定并提供的。如泵型叶轮的充氧量与叶轮直径及叶轮线速度的关系，按下式确定：

$$Q_{\text{os}} = 0.379 v^{2.8} D^{1.88} K \tag{4-94}$$

式中　Q_{os}——泵型叶轮在标准条件下的充氧量，kg/h；

　　　v——叶轮线速度，m/s；

　　　D——叶轮直径，m；

　　　K——池型结构修正系数。

$Q_{\text{os}} = R_0$，R_0 值则按式（4-90）确定。所需叶轮直径可以通过公式（4-94）求定（泵型叶轮），其他类型的叶轮的充氧量则通过相应的公式或图表求出。

【例 4-2】某城镇污水量 $Q = 10000 \text{m}^3/\text{d}$，原污水经初次沉淀池处理 BOD_5 值 $S_\text{a} =$

150mg/L，要求处理水 BOD_5 值 $S_e=15mg/L$，去除率 90%，求定鼓风曝气时的供气量和采用机械曝气时所需的充氧量。有关的设计参数为：

混合液活性污泥浓度（挥发性）$X_v=2000mg/L$，曝气池出口处溶解氧浓度 $C=2mg/L$，计算水温 25℃。

有关设计的各项系数为：$a'=0.5$，$b'=0.1$；$\alpha=0.85$；$\beta=0.95$；$\rho=1$；$E_A=10\%$。

经计算，曝气池有效容积 $V=3000m^3$，空气扩散装置安设在水下 4.5m 处。

【解】

（1）求定需氧量

按公式（4-26）

$$R = O_2 = a'Q(S_0 - S_e) + b'X_vV$$

代入各值

$$R = O_2 = \frac{10000 \times 0.5(150-15)}{1000} + 0.1\frac{2000 \times 3000}{1000} = 1275 kgO_2/d$$

（2）计算曝气池内平均溶解氧饱和度，按公式（4-84），即：

$$C_{sb} = C_s \left(\frac{P_b}{2.026 \times 10^5} + \frac{O_t}{42} \right)$$

计算，为此，确定式中各参数值：

1）求定空气扩散装置出口处的绝对压力 P_b 值，按公式（4-85）：

$$P_b = 1.013 \times 10^5 + 9.8 \times 4.5 \times 10^3 = 1.454 \times 10^5 Pa$$

2）求定气泡离开池表面时，氧的百分比 O_t 值，按公式（4-86）：

$$O_t = \frac{21(1-0.1)}{79 + 21(1-0.1)} \times 100\% = 19.3\%$$

3）确定计算水温 20℃和 25℃条件下的氧的饱和度，查表 4-10，得：

$$C_s(20℃) = 9.17mg/L$$
$$C_s(25℃) = 8.38mg/L$$

代入各值，得：

$$C_{sb(25℃)} = 8.38 \left(\frac{1.454}{2.026} + \frac{19.3}{42} \right) = 9.86mg/L$$

$$C_{sb(20℃)} = 9.17 \left(\frac{1.454}{2.026} + \frac{19.3}{42} \right) = 10.8mg/L$$

（3）计算 20℃时脱氧清水的需氧量，按公式（4-90），代入各值，得：

$$R_0 = \frac{1275 \times 9.17}{0.85[0.95 \times 1 \times 9.86 - 2]1.024^{(25-20)}}$$

$$= 1658 kgO_2/d = 69kg/h$$

（4）计算供气量，按公式（4-93）：

$$G_s = \frac{1658}{0.28 \times 10} \times 100 = 59214m^3/d = 41.1m^3/min$$

（5）求定采用表面机械曝气时，所需的充氧量。计算按公式（4-90），代入各值。

1）计算 20℃时脱氧清水的需氧量，按公式（4-90）计算，代入各值，得：

$$R_0 = \frac{1275 \times 9.17}{0.85 \left[0.95 \times 1 \times 8.38 - 2\right] 1.024^{(25-20)}}$$

$$= 2049.47 \text{kgO}_2/\text{d} = 85.39 \text{kg/h}$$

2）需氧量：

$$Q_{os} = 85.39 \text{kg/h}$$

可以按公式（4-94）计算或按图表查出叶轮尺寸。

4.5.3 供氧方式的选择

当前广泛用于污水好氧生物处理的供氧方式分为鼓风曝气和机械曝气两大类，而空气扩散装置是该系统中至关重要的设备之一，可根据工程实际需要进行供氧方式的选择。

空气扩散装置在曝气池内的主要作用是：

（1）充氧。将空气中的氧（或纯氧）转移到混合液中的活性污泥絮凝体上，以供应微生物呼吸之需；

（2）搅拌、混合。使曝气池内的混合液处在剧烈的混合状态，使活性污泥、溶解氧、污水中的有机污染物三者充分接触。同时，也起到防止活性污泥在曝气池内沉淀的作用。

表示空气扩散装置技术性能的主要指标是：

（1）动力效率（E_p）：每消耗 1kWh 电能转移到混合液中的氧量，以"$\text{kgO}_2/(\text{kW} \cdot \text{h})$"计；

（2）氧的利用效率（E_A）：通过鼓风曝气转移到混合液中的氧量，占总供氧量的百分比（％）；

（3）氧的转移效率（E_L）：也称为充氧能力，通过机械曝气装置的转动，在单位时间内转移到混合液中的氧量，以"kgO_2/h"计；

对鼓风曝气系统性能按（1）、（2）两项指标评定，对机械曝气装置性能则按（1）、（3）两项指标评定。

4.5.4 鼓风曝气系统与空气扩散装置

鼓风曝气系统由空压机、空气扩散装置和一系列连通的管道组成。空压机将空气通过一系列管道输送到安装在曝气池底部的空气扩散装置，经过扩散装置，使空气形成不同尺寸的气泡。气泡在扩散装置出口处形成，尺寸则取决于空气扩散装置的类型，气泡经过上升和随水循环流动，最后在液面处破裂，在这一过程中产生氧向混合液中转移的作用。

鼓风曝气系统的空气扩散装置主要分为：微气泡、中气泡、大气泡、水力剪切、水力冲击及水下空气扩散装置等类型。

1. 微气泡空气扩散装置

微气泡空气扩散装置也称为多孔性空气扩散装置，多是用多孔性材料如陶粒、粗瓷等掺以适当的如酚醛树脂一类的胶粘剂，在高温下烧结成为扩散板、扩散管及扩散罩的形式。这一类扩散装置的主要性能特点是产生微小气泡，气、液接触面大，氧利用率较高，一般都可达 10％以上，其缺点是气压损失较大，易堵塞，送入的空气应预先经过滤处理。

以下简要阐述我国通行采用的几种类型的微气泡空气扩散装置。

（1）扩散板

扩散板呈正方形，尺寸多为 300mm × 300mm × 35mm。

扩散板多采用如图 4-17 所示的板匣的形式安装，每个板匣有各自的进气管，便于维护管理、清洗和置换。

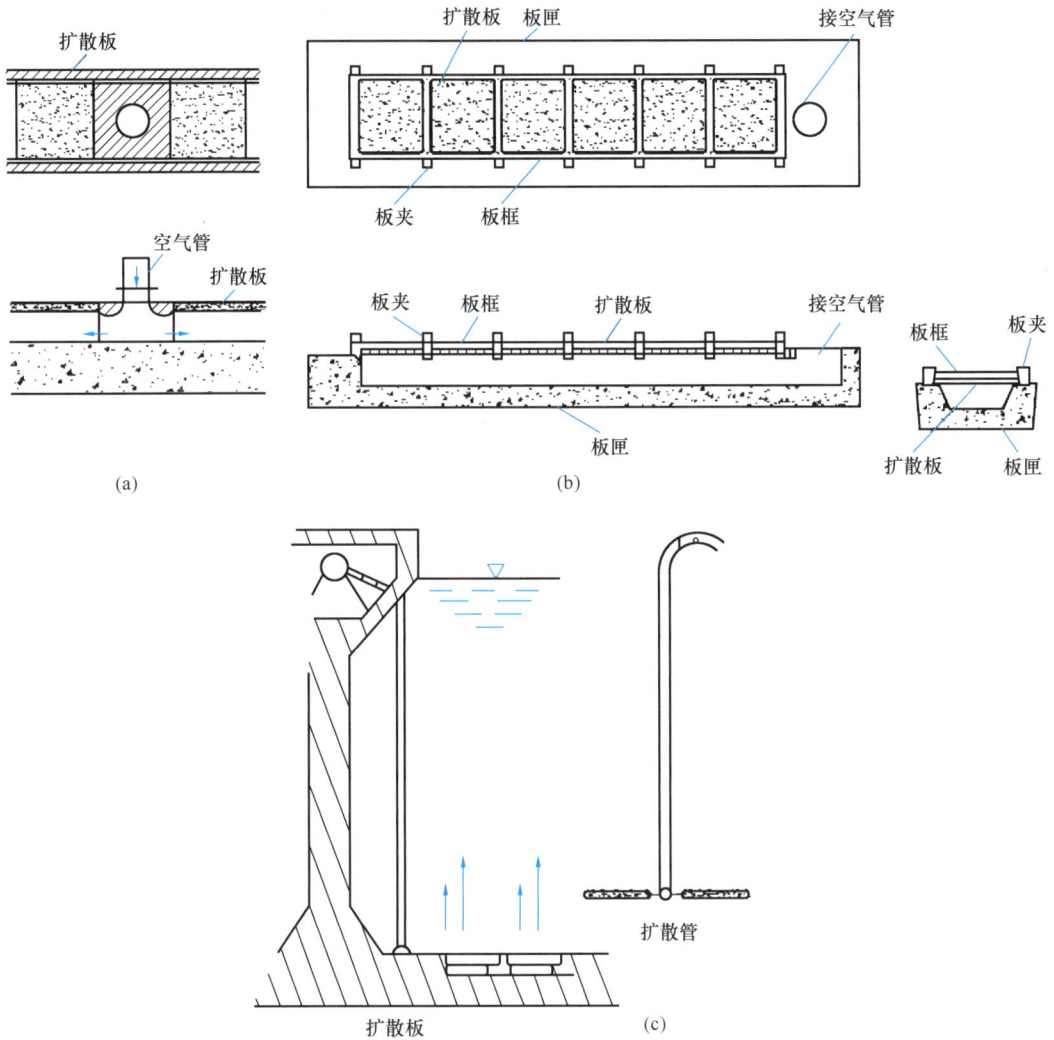

图 4-17　扩散板空气扩散装置

（a）扩散板沟安装方式；（b）扩散板匣安装方式；（c）扩散板与扩散管

　　扩散板一般沿曝气池廊道的一侧或两侧布置安装，其有效面积应按压缩空气量计算，一般为曝气池池底面积的 $1/15 \sim 1/9$。

　　当曝气池水深小于 4.8m 时，氧利用率为 $7\% \sim 14\%$，动力效率则为 $1.8 \sim 2.5 kgO_2/kWh$。

　　（2）扩散管

　　扩散管一般采用的管径为 $60 \sim 100mm$，长度为 $500 \sim 600mm$，常以组装形式安装，以 $8 \sim 12$ 根管组装成一个管组（图 4-18），便于安装、维修。其布置形式同扩散板。

　　扩散管的氧利用率为 $10\% \sim 13\%$，动力效率约为 $2 kgO_2/kWh$。

　　（3）固定式平板型微孔空气扩散器

　　固定式平板型微孔空气扩散器主要组成包括：扩散板、通气螺栓、配气管、三通短管、橡胶密封圈、压盖等，如图 4-19 所示。

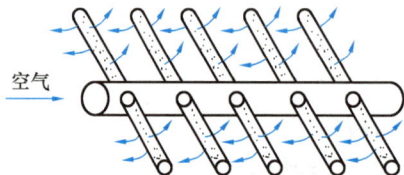

图 4-18　扩散管组安装图

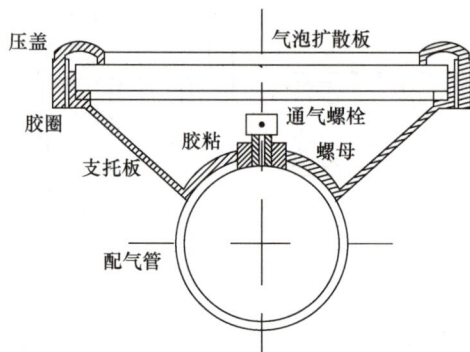

图 4-19　固定式平板型微孔空气扩散器

我国生产的平板型微孔空气扩散装置有 HWB-1 型、HWB-2 型和 BYW-1 型等，其各项主要参数为：平均孔径 $100\sim200\mu m$，服务面积 $0.3\sim0.75m^2/$个，动力效率 $4\sim6kgO_2/kWh$，氧利用率为 $20\%\sim25\%$。

扩散器占曝气池面积系数比例为 $6.2\%\sim7.75\%$。

（4）固定式钟罩型微孔空气扩散器

目前我国生产的钟罩型微孔空气扩散器有 HWB-3 型和 BGW-1 型等，如图 4-20 所示，其技术参数与平板型基本相同。

上述两种微孔空气扩散器多采用刚性材料，如陶瓷、刚玉等材料制造，氧利用率和动力效率都较高，但存在一些缺点，如：易被堵塞，空气需要净化等。

（5）膜片式微孔空气扩散器

德国研究开发的 REXJFU 膜片式微孔空气扩散器，其构造如图 4-21 所示。

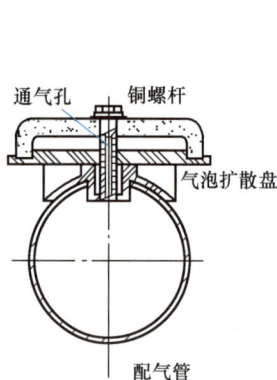

图 4-20　固定式钟罩型微孔空气扩散器

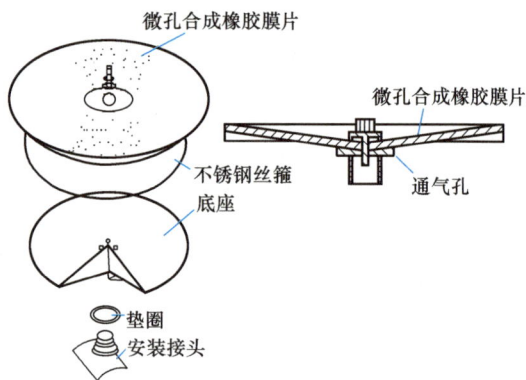

图 4-21　膜片式微孔空气扩散器

空气扩散器的底部为由聚丙烯制成的底座，用合成橡胶并采用特殊工艺加工制成的微孔膜片则被金属丝箍固定在底座上。在膜片上开有按同心圆形式布置的孔眼。鼓风时，空气通过底座上的通气孔，进入膜片与底座之间，使膜片微微鼓起，孔眼张开，空气从孔眼逸出，达到空气扩散的目的。供气停止，压力消失，在膜片的弹性作用下，孔眼自动闭合，并且由于水压的作用，膜片压实在底座之上。曝气池中的混合液不能倒流，不会使孔眼堵塞。这种空气扩散器可扩散出直径为 1.5～3.0mm 的气泡，因此少量的尘埃也可以通过孔眼，不会堵塞，也无须设除尘设备。

这种空气扩散装置，主要的技术参数有：直径 520mm，每个装置的服务面积为 1～3m^2，动力效率 3.4kgO$_2$/kWh，氧利用率 27％～38％。

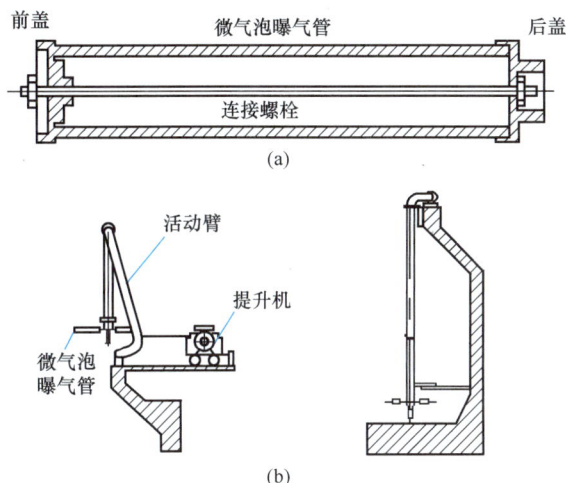

图 4-22　摇臂式微孔空气扩散器

(a) 微气泡空气扩散管；(b) 摇臂

为了便于维护管理，在运行过程中能随时或定期将扩散器提出水面，加以清理，开发了提升式微孔空气扩散器。

(6) 摇臂式微孔空气扩散器

目前我国生产的摇臂式微孔空气扩散器是 PE-Ⅲ 型，它是由微孔扩散管、活动臂及提升机 3 部分所组成 (图 4-22)。

微孔管直径 70mm，总长 500mm，由聚乙烯特别加工制成，其气孔径为 80～120μm，每个微孔管服务面积为 2m^2，动力效率可达 4.4～5.45kgO$_2$/kWh。氧利用率为 18％～30％。

活动摇臂就是可以提升的配管系统，微孔扩散管安装在支管上，一般呈栅格状。活动臂的底座固定在池臂上，活动立管伸入池中，支管落在池底部，并由支架支撑。空气扩散器提升机，为活动式电动卷扬机，起吊小车可随意移动，将摇臂提起。

(7) 无泡空气扩散装置

无泡曝气工艺是一种新型的曝气供氧技术。所谓无泡曝气供氧是相对于传统的鼓泡式供氧方式而言，是指液相内无肉眼可见气泡的供氧方式。

无泡空气扩散装置的主体是无泡供氧组件，一般是致密的选择性透气材料和疏水性中空纤维微孔膜，该纤维膜起着提高气泡稳定性的作用。其原理是：让空气（或纯氧）在一束疏水性中空纤维微孔膜的管腔内流动，保持氧气压力低于膜的泡点（在曝气过程中产生肉眼可见气泡时的最小气压），水相在管外流动，在膜两侧氧分压差的推动下，管腔内的氧透过膜壁上的微孔扩散进入管外的水体中。由于膜微孔的孔径小且孔密度高，气体在膜内被高度分散，传氧过程中无肉眼可见的气泡产生，传质达到最佳状况。

该扩散装置在不产生肉眼可见气泡的情况下，直接把氧溶解到水中，因而具有能耗低、曝气效率高和氧利用率高的优点。同时，由于在曝气过程中不产生气泡，可以避免在供氧过程中产生泡沫并带出水中的挥发性有机物。

根据气相在中空纤维膜中的流通方式，无泡供氧装置可以分为流通式和死端式，如图 4-23 所示。水流速和气相压力是影响无泡曝气传质系数的 2 个主要参数。

2. 中气泡空气扩散装置

(1) 穿孔管

应用较为广泛的中气泡空气扩散装置是穿孔管，由管径为 25～50mm 的钢管或塑料

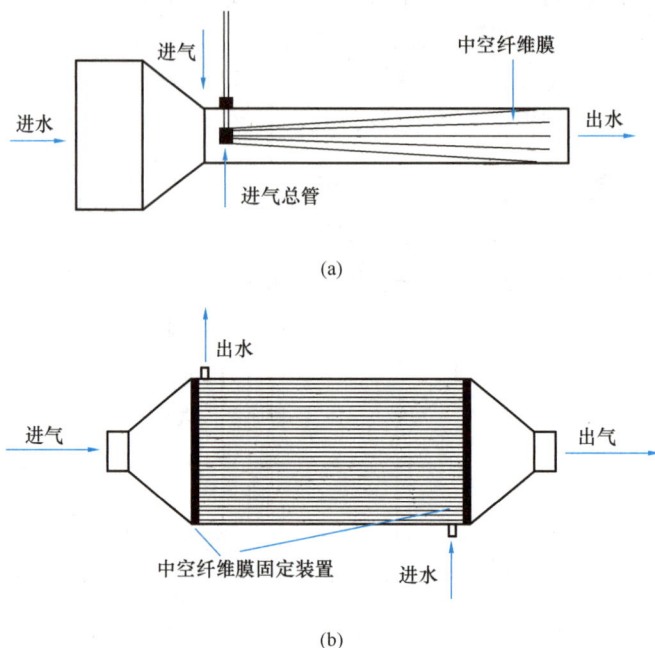

(a)

(b)

图 4-23　无泡供氧装置

（a）流通式逆向平行流无泡供氧装置；（b）死端式同向平行流无泡供氧装置

管制成，由计算确定，在管壁两侧向下相隔45°角，留有直径为 3～5mm 的孔眼或缝隙，间距 50～100mm，空气由孔眼逸出。

这种扩散装置构造简单，不易堵塞，阻力小，但氧的利用率较低，只有 4%～6%，动力效率亦低，约 1kgO$_2$/kWh。

穿孔管扩散器多组装成栅格型，一般多用于浅层曝气的曝气池（图 4-24）。

（2）W$_M$-180 型网状膜空气扩散装置

国内某些设计单位研制、生产出几种属

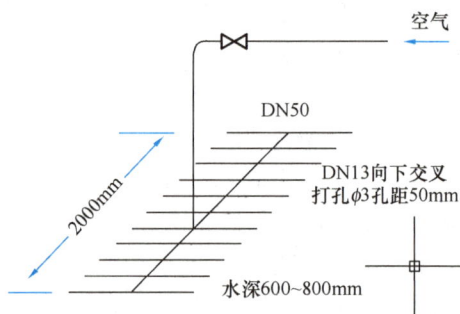

图 4-24　穿孔管扩散器组装图
（用于浅层曝气的曝气栅）

于中气泡的空气扩散装置。这些装置的特点是不易堵塞、布气均匀，构造简单，便于维护管理，氧的利用率较高，W$_M$-180 型网状膜空气扩散装置即为其中具有代表性的产品（图 4-25）。

W$_M$-180 型网状膜空气扩散装置由主体、螺盖、网状膜、分配器和密封圈所组成。主体骨架用工程塑料注塑成型，网状膜则由聚酯纤维制成。

该装置由底部进气，经分配器第一次切割并均匀分配到气室，然后通过网状膜进行二次分割，形成微小气泡扩散到混合液中。

W$_M$-180 型网状膜空气扩散装置的各项参数如下：每个扩散器的服务面积 0.5m^2，动力效率 2.7～3.7kgO$_2$/kWh，氧利用率 12%～15%。

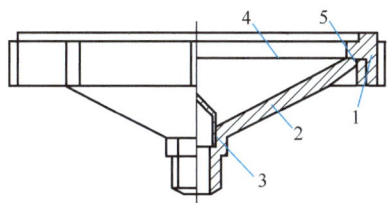

图 4-25　W_M-180 型网状膜
空气扩散装置

1—螺盖；2—扩散装置本体；3—分配器；
4—网膜；5—密封垫

3. 大气泡空气扩散装置

一般采用竖管曝气（图 4-26）。竖管曝气是在曝气池的一侧布置以横管分支成梳形的竖管，竖管直径在 15mm 以上，离池底 150mm 左右。由于大气泡在上升时形成较强的紊流并能够剧烈地翻动水面，从而加强了气泡液膜层的更新和从大气中吸氧的过程。图 4-26 为一种竖管扩散器及其布置的示意图。

通常扩散器的气泡越大，氧的传递速率越低，然而它的优点是堵塞的可能性小，空气一般也不需净化，养护管理比较方便。微小气泡扩散器由于氧的传递速率高，反应时间短，曝气池的容积可以缩小，因而选择何种扩散器应因地制宜。

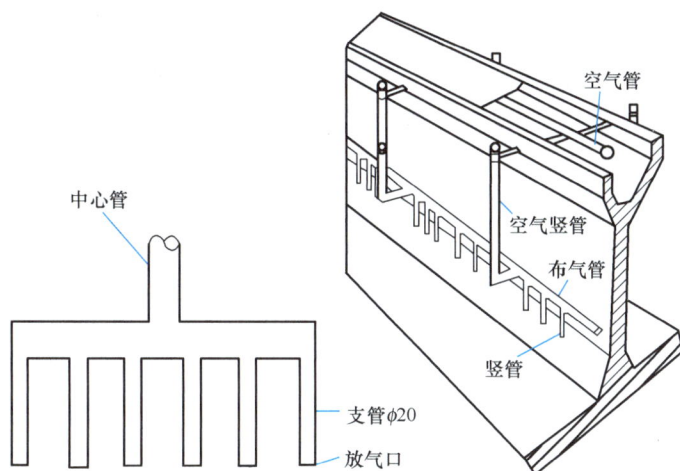

图 4-26　竖管曝气装置

4. 水力剪切式空气扩散装置

利用装置本身的构造特征，产生水力剪切作用，在空气从装置吹出之前，将大气泡切割成小气泡。在我国通用的属于此种类型的空气扩散装置有：倒盆式空气扩散装置、固定螺旋式空气扩散装置和金山型空气扩散装置等。

（1）倒盆式空气扩散装置

倒盆式空气扩散装置由盆形塑料壳体、橡胶板、塑料螺杆及压盖等组成，其构造如图 4-27 所示。空气由上部进气管进入，由盆形壳体和橡胶板间的缝隙向周边喷出，在水力剪切的作用下，空气泡被剪切成小气泡。停止供气，借助橡胶板的回弹力，使缝隙自行封口，防止混合液倒灌。

该式扩散器的各项技术参数：服务面积 6m×2m，氧利用率 6.5%～8.8%，动力效率 1.75～2.88kgO_2/kWh，氧总转移系数 4.7～15.7min^{-1}。

（2）盆形曝气器

SX-I 型盆形曝气器由下部充气，其中部有 10 个三角形排气孔，空气连续通过三角形小孔而被切割成较细气泡；另外在中部出气管座上安设有圆球，充气时圆球被举起

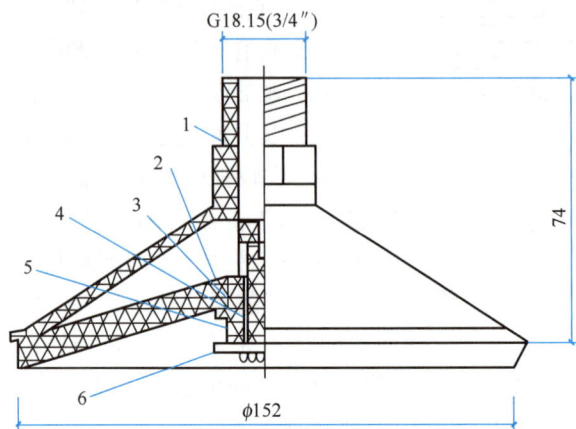

图 4-27　塑料倒盆式空气扩散装置

1—倒盆式塑料壳体；2—橡胶板；3—密封圈；4—塑料螺杆；

5—塑料螺母；6—不锈钢开口销

而让开出气孔口，当停止充气时，圆球即借自重落入出气孔的管座上，使出气孔封堵，从而可防止污泥倒灌和堵塞出气孔。工作时空气沿盆形壳体周边向四周喷出，呈一般喷流旋转上升。SX-Ⅱ型盆形曝气器是由 ABS（工程塑料）注塑成型。由于喷头的特殊形状和结构特点，气泡在从形成到逸入水的过程中，不断被曝气头剪成小气泡，故充氧能力高。因有独特的浮球密封结构，使用时不易堵塞，且具有良好的冲击韧性、耐腐蚀性和耐热性，是活性污泥法曝气池和生物接触氧化池最理想的曝气装置。装置结构如图 4-28 所示。

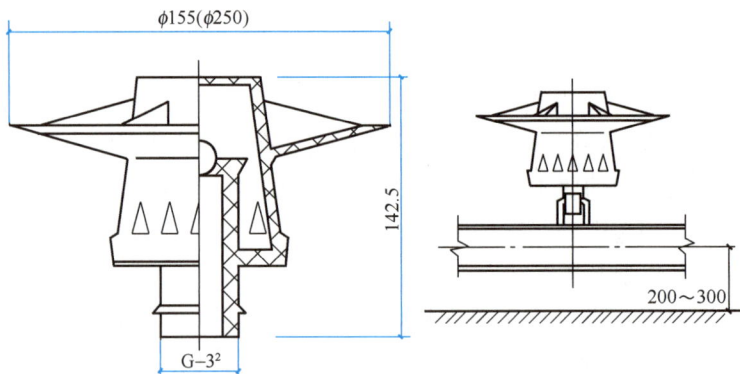

图 4-28　盆形曝气器

主要技术参数：

SX-Ⅰ型：服务面积 1～2m²/个，供气量 20～25m³/h，氧利用率 6%～9%，氧动力效率 1.5～2.2kgO₂/kWh。

SX-Ⅱ型：服务面积 1～1.5m²/个（或达 2.5～3m²/个），供气量 4～5m³/(h·个)［或达 6～10m³/(h·个)］，氧利用率 15%～20%，动力效率 1.5～2.2kgO₂/kWh，适用水深 3～5m。

144

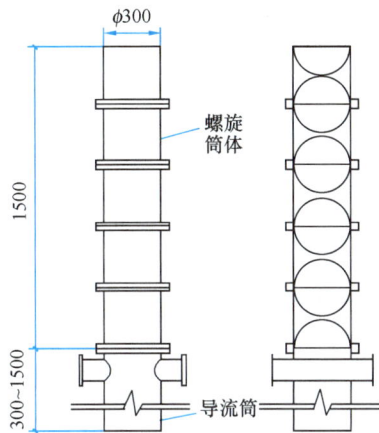

图 4-29 固定单螺旋空气扩散装置

（3）固定螺旋空气扩散装置

由圆形外壳和固定在壳体内部的螺旋叶片组成，每个螺旋叶片的旋转角为180°，两个相邻叶片的旋转方向相反。空气由布气管从底部的布气孔进入装置内，向上流动，由于壳体内外混合液的密度差，产生提升作用，使混合液在壳体内外不断循环流动。空气泡在上升过程中，被螺旋叶片反复切割，形成小气泡。

市场出售的固定螺旋空气扩散装置有：固定单螺旋、固定双螺旋及固定三螺旋等3种空气扩散装置，其构造分别示于图4-29、图4-30和图4-31中，而其规格、工艺参数和技术性能则分别列于表4-11中。

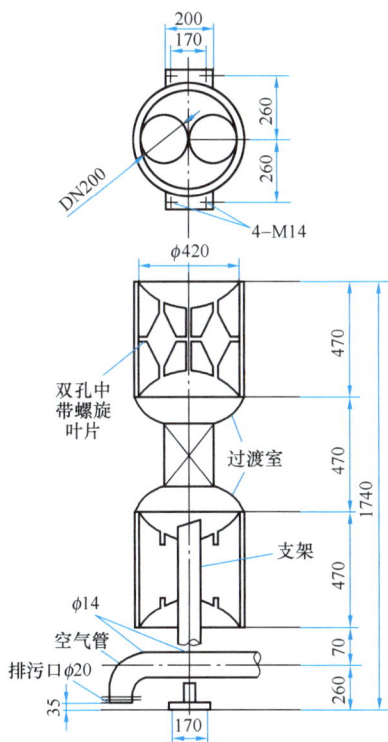

图 4-30　固定双螺旋空气扩散装置

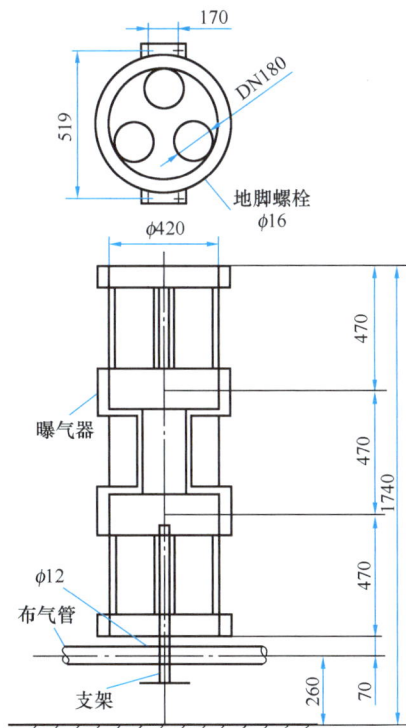

图 4-31　固定三螺旋空气扩散装置

（4）金山Ⅰ型空气扩散装置

金山Ⅰ型空气扩散装置（图4-32）在外形上呈圆锥形倒莲花状，由高压聚乙烯注塑成型。空气由上部连接管进入，被内壁肋剪切，形成小气泡，提高了氧的转移率。

145

名称	规格	材质	服务面积 (m²)	氧利用率 (%)	动力效率 (kgO₂/kWh)
固定单螺旋空气扩散装置	Φ200 单螺旋 XH1500	硬聚氯乙烯	3～9	7.4～11.1	2.24～2.48
固定双螺旋空气扩散装置	Φ200 双螺旋 X1740	不饱和聚酯玻璃钢 硬聚氯乙烯	4～8 (一般 5～6)	9.5～11.0	1.5～2.5
固定三螺旋空气扩散装置	3-Φ180XH1740 3-Φ185XH1740	玻璃钢聚丙烯 玻璃钢	3～8	8.7	2.2～2.6

本扩散装置，构造简单，便于维护管理，但氧利用率较低，适用于中、小型污水处理厂。各项技术参数主要是：每个扩散器的服务面积 $1m^2$，氧利用率 8% 左右，每个扩散装置的充氧能力为 $0.41kgO_2/h$。

（5）动态曝气器

动态曝气器主要由曝气筒体、空气分配盘、橡胶止回阀、小球体、多孔板组成（图 4-33）。其工作原理是：通过高速气流紊流运动和多个小球体旋转碰撞切割成小气泡来实现高效充氧目的。空气扩散板由丙烯腈一丁二烯一苯乙烯共聚物 ABS 或其他塑料材质制成，空气扩散板上均匀分布空气通道孔径有 0.8mm、2mm 等规格，其空气通道较短，光滑不易堵塞，正常使用期间曝气气泡均匀一致。

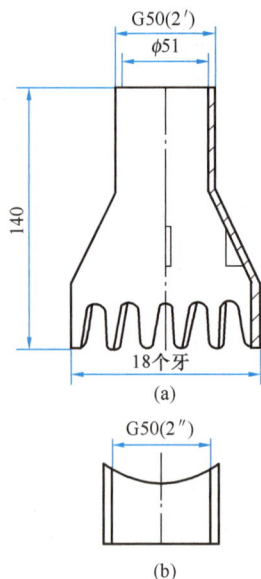

图 4-32 金山Ⅰ型空气
扩散装置
（a）扩散装置；（b）钢管接头

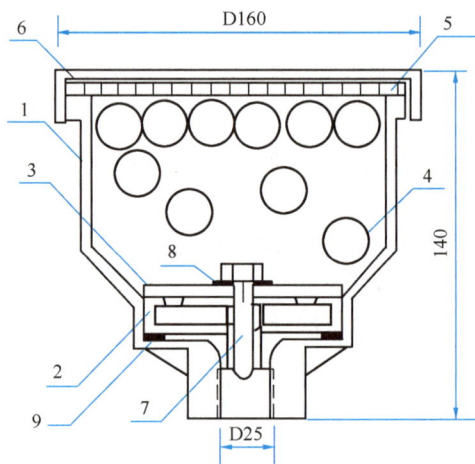

图 4-33 动态曝气器
1—筒体；2—环缝；3—空气分配盘；4—小球体；5—多孔板；6—止回板；7—螺栓；8—垫圈；9—环形密封垫

技术优势：服务面积大，充氧能力好，氧利用率高；不易堵塞，停止使用后小球体漂浮堵住格网，污泥不能进入曝气筒体；筒体材质性能稳定，使用寿命长，可半永久性使用；系统维护、维修方便；适应能力强，适用范围广。

技术参数（160 型）：供气量 $18m^3/h$，氧利用率 15% 左右，充氧能力 $1kgO_2/(m^3 \cdot h)$，动

力效率 1.5kgO₂/kWh 左右，氧总转移系数 $K_{La}=0.15min^{-1}$，服务面积 0.36～0.5m²/个。

可用于接触氧化池、活性污泥曝气池、预曝气池以及其他需要充氧的场所，将大大提高系统的充氧效率。

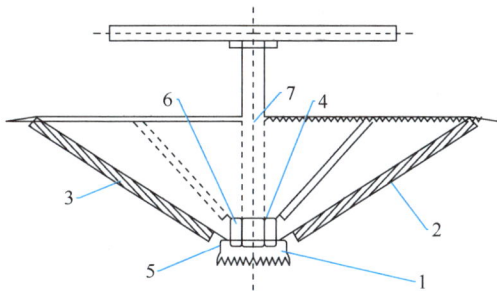

图 4-34　散流式曝气器

1—锯齿形曝气头；2—散流罩；3—导流隔板；
4—外螺母；5—垫圈；6—内螺母；7—进气管

（6）散流式曝气器

散流式曝气器由齿形曝气头、齿形带孔散流罩、导流板、进气管及锁紧螺母等部件组成。装置结构如图 4-34 所示。

玻璃钢或 ABS 整体成型，具有良好的耐腐蚀性。带有锯齿的散流罩为倒伞形，伞形中圆处有曝气孔，起到补气再度均匀整个散流罩的作用，可减少能耗，并将水气混合均匀分流，减少曝气器对安装水平度的要求。散流罩周边布有向下微倾的锯齿以求进一步切割气泡。空气由上部进入，经反复切割，提高氧利用率。

散流式曝气器特点：①液体的剧烈混掺作用使气体由管道输送至曝气器，经过内孔通过锯齿曝气头，作为水气第一次切割。经散流罩并被周边锯齿再次切割后，带动周围静止水体上升，由于能量差而引起气液的剧烈混掺，除此而外由于曝气器分布池底，曝气后上升的气泡与下降的水流发生对流，又增加了气液的混掺，加速了气液界面处水膜的更新。②气泡经过两次锯齿切割及气液混掺作用，气泡直径变小，气液接触面积增加，有利于氧的转移。③散流罩的扩散作用使散流罩将几种一束出来的气体扩散成圆柱状，改变了池底部的布气状态，增大了布气面积，而且加剧了底部气泡的扩散与底部的气液混掺，更有利于曝气充氧。

技术参数：服务面积 0.8～1.5m²/个。充氧效率：当水深 4m 时，氧转移效率 8%～9%，充氧能力 0.3～0.41kgO₂/（h·个）。

（7）旋混式曝气器

旋混式曝气器是一种新型曝气装置，是在螺旋空气扩散装置、散流式曝气器、金山型曝气器的基础上改进的一种新型曝气器（图 4-35）。旋混式曝气器采用多层螺旋切割的形式进行充氧曝气，当气流进入旋混式曝气器时，气流首先通过二道螺旋切割系统切割后进入下层的多层锯齿形布气头，进行多层切割，使气泡切割成微气泡，这样大大提高了氧的利用率，具有布气均匀、充氧效率高的特点。该曝气机适用于各大、中、小型的工业废水和城市生活污水的活性污泥工艺、生物接触氧化法污水处理的曝气器装置以及调节池的预曝气，广泛适用于生化处理的推流式的混合型的各种曝气池内。

技术优势：该设备具有不堵塞、气阻损耗小的特性，可长期保持细泡均匀密布稳定运行；和微孔曝气器相比，不存在效率逐渐变差的后顾之忧；环向受力，受力均匀，阻力损耗小；排气、导流采用的是大孔，由多种结构作用对气流进行分割扩散，是一种先进的曝气扩散方式；材质不易老化，不需清洗、更换和维修。

主要技术参数：接管开口直径 5～6mm，每个装置的服务面积为 0.25～0.55m²，充氧能力 0.077kgO₂/h，氧利用率 20%～21%，阻力损失 1985Pa。

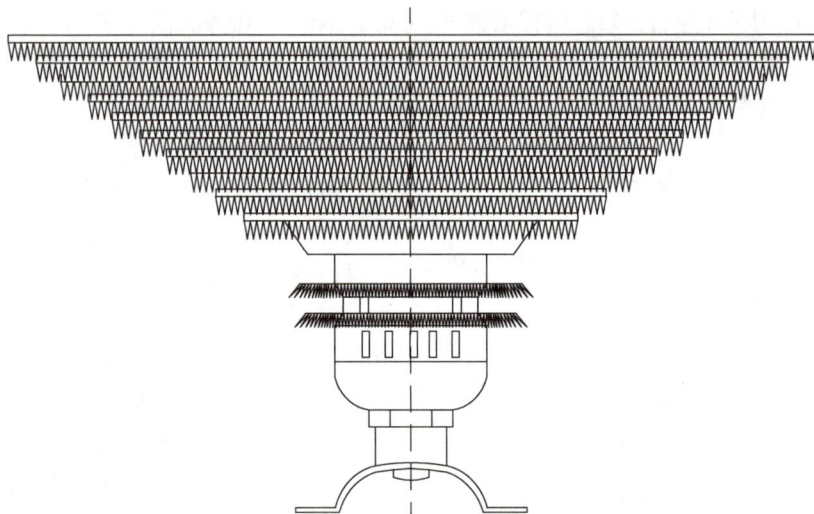

图 4-35　旋混式曝气器

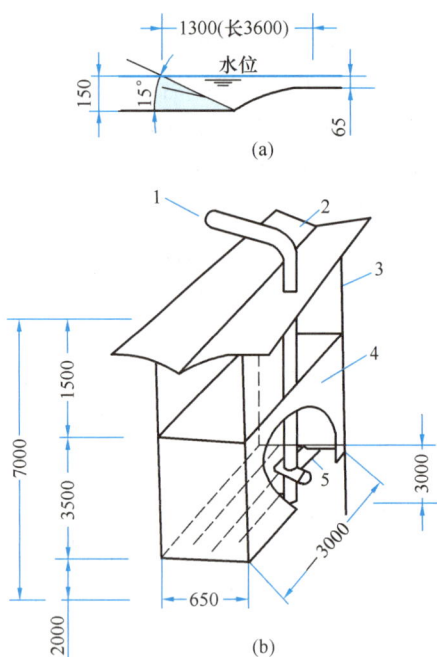

图 4-36　密集多喷嘴空气扩散装置
(a) 反射板剖面图；(b) 装置轴侧图
1—空气管；2—支柱接工作台；3—反射板；
4—曝气筒；5—喷嘴

5. 水力冲击式空气扩散装置

现行的水力冲击式空气扩散装置有密集多喷嘴空气扩散装置和射流式空气扩散装置两种。

（1）密集多喷嘴空气扩散装置

如图 4-36 所示，本装置由钢板焊接制成，外形呈长方形，主要部件有：进水管、喷嘴、曝气筒和反射板等。喷嘴安设在曝气筒的中、下部，空气由喷嘴向上喷出，使曝气筒内混合液上、下循环流动。喷嘴的直径一般为 5～10mm，数目可达数百个，出口流速为 80～100m/s。

密集多喷嘴空气扩散装置氧的利用率较高，且不易堵塞。

（2）射流式空气扩散装置

射流式空气扩散装置是利用水泵打入的泥水混合液的高速水流的动能，吸入大量空气，泥、水、气混合液在喉管中强烈混合搅动，使气泡粉碎成雾状，继而在扩散管内，由于速头变成压头，微细气泡进一步压缩，氧迅速地转移到混合液中，从而强化了氧的转移过程，氧的转移率可高达 20％以上，但动力效率不高（图 4-37）。

6. 水下空气扩散装置

水下空气扩散装置又称为水下曝气器。装置安装在曝气池底部的中央部位。由空压机送入空气，在叶轮的剪切及强烈的紊流作用下，空气被切割成微细的气泡，并按放射方向

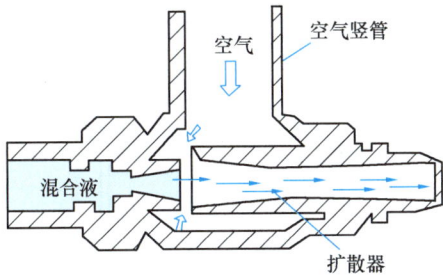

图 4-37　射流式水力冲击式
空气扩散装置

向水中分布。由于紊流强烈、气液接触充分、气泡分散良好，氧转移率较高。

根据污水从装置中流出的方向，这种装置分为上流式（图 4-38）及下流式（图 4-39）两种类型。

这种类型的空气扩散装置具有如下特征：无堵塞之虑；既可用于充氧曝气，也可以用于污水搅拌，因此，可兼用于好氧处理和厌氧处理系统；可以在确定的范围内，调节空气量；对负荷变动有一定的适应性。

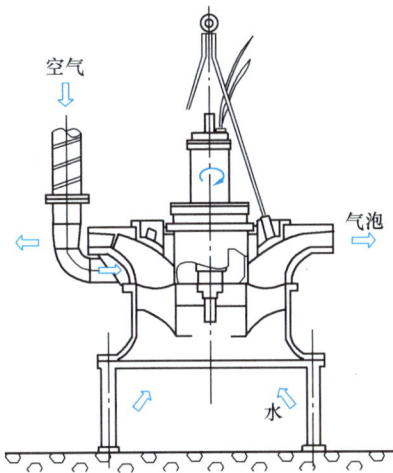

图 4-38　上流式水下空气扩散装置

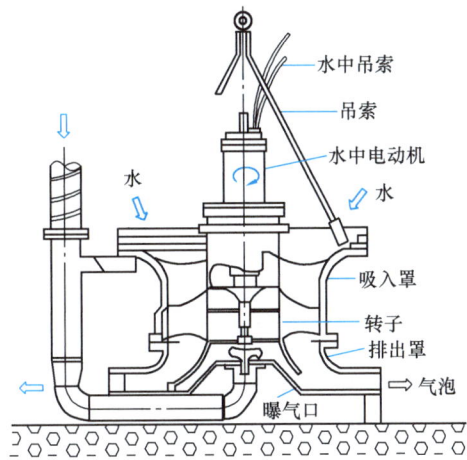

图 4-39　下流式水下空气扩散装置

图 4-40 所示为安装下流式水下空气扩散装置的曝气池，分别在曝气及搅拌的场合污水在池内的流向。

此外，这种设备组成的部件少，易于维护管理。

7. 悬挂链式曝气器

悬挂链式曝气器又称百乐克技术（Bi-olak），是改良型 A/O 工艺（活性污泥生化工艺）的核心设备。悬挂链式曝气器由供气软管、漂浮布气道、悬挂软管、橡胶膜管曝气单元组成。曝气膜片采用三元乙

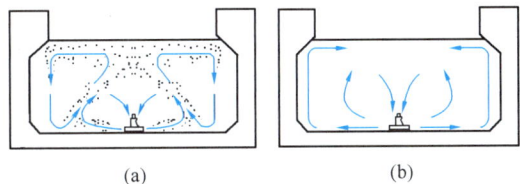

图 4-40　安装下流式水下空气扩散装置的曝气池
(a) 曝气的场合；(b) 搅拌的场合

丙橡胶、硅橡胶材质，悬挂通气软管是高强度聚氯乙烯管，浮管为抗紫外线硬壁可弯曲 PE 管（图 4-41）。该装置有效地作用于池子的各个部位，供氧均匀，氧利用率高，能耗低。悬挂链式曝气器与其他曝气技术的区别在于：布气管道漂浮于水面，橡胶膜管曝气单

元通过悬挂软管与漂浮布气管相连，在曝气过程中橡胶膜管曝气单元在水下可自由摆动，具有高效低耗、维修方便的显著特点。

主要技术参数：有效服务面积 3～5m²/套；膜片厚度 1.7～2mm，通气量7～15m³/套；氧利用率大于 28%，动力效率 6.5kgO₂/kWh，供氧量 0.68kgO₂/h，阻力损失 2000～3000Pa，气孔密度 34000 个/套，形成气泡直径 0.2～3mm。

适用范围：悬挂链曝气器是石化、纺织、炼油、焦化、造纸、印染、屠宰、酿造、制药、制革等工业废水及城市生活污水生化处理工程中新型节能曝气设备；在已运行的曝气器的效率低或堵塞频繁不便维修时，可用悬挂链曝气器进行改造，提高增氧能力和搅拌效果；用于污水调节池的预曝气，防止大颗粒泥砂沉积，并可去除部分有机物。

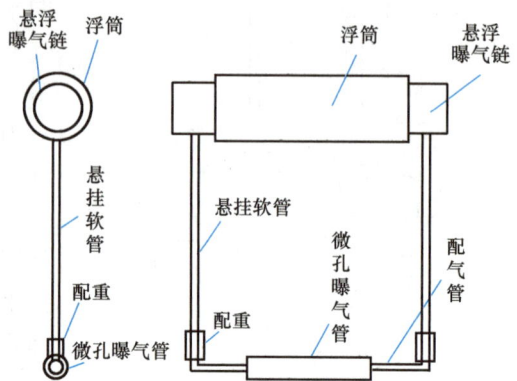

图 4-41　悬挂链式曝气器

4.5.5　机械曝气装置

机械曝气装置安装在曝气池水面上下，在动力的驱动下进行转动，通过下列 3 项作用使空气中的氧转移到污水中去。

（1）曝气装置（曝气器）转动，水面上的污水不断地以水幕状由曝气器周边抛向四周，形成水跃，液面呈剧烈的搅动状，使空气卷入；

（2）曝气器转动，具有提升液体的作用，使混合液连续地上、下循环流动，气、液接触界面不断更新，不断地使空气中的氧向液体内转移；

（3）曝气器转动，其后侧形成负压区，能吸入部分空气。

按传动轴的安装方向，机械曝气器可分为竖轴（纵轴）式机械曝气器和卧轴（横轴）式机械曝气器两类。

1. 竖轴式机械曝气装置

竖轴式机械曝气装置又称竖轴叶轮曝气机，在我国应用比较广泛。常用的有泵形、K 形、倒伞形、双环伞形和平板形等，现就其构造、工艺特征、计算方法等加以阐述。

（1）泵形叶轮曝气器

泵形叶轮曝气器是由叶片、上平板、上压罩、下压罩、导流锥顶以及进气孔、进水口等部件所组成，如图

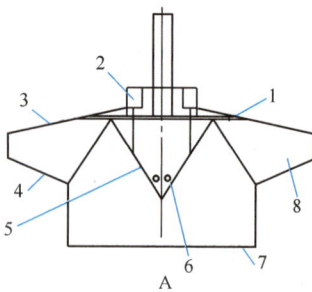

图 4-42　泵形叶轮曝气器
构造示意图

1—上平板；2—进气孔；3—上压罩；
4—下压罩；5—导流锥顶；6—引气孔；
7—进水口；8—叶片

4-42 所示。其结构尺寸如图 4-43 所示。表 4-12 所列举的则是叶轮各部分尺寸与叶轮直径 D 的比例关系。

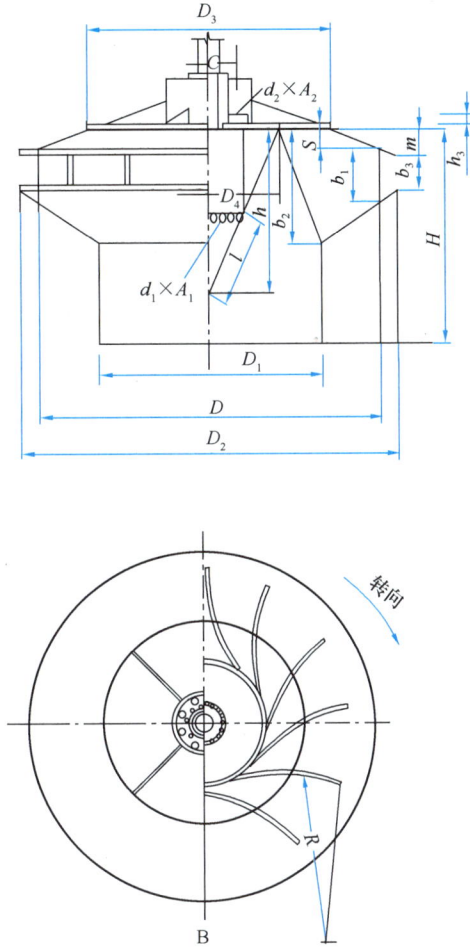

图 4-43　泵形叶轮曝气器结构尺寸图

泵形叶轮曝气器各部分尺寸与叶轮直径 D 的比例关系　　　表 4-12

代号	尺寸	代号	尺寸	代号	尺寸	代号	尺寸
D	D	D_2	$1.110D$	D_4	$0.412D$	m	$0.0343D$
D_1	$0.729D$	D_5	$0.729D$	S	$0.0243D$	h	$0.299D$
l	$0.139D$	H	$0.396D$	b_3	$0.0497D$	A_2	$>A_1$
d_1	$\Phi 3$	b_1	$0.0868D$	A_1	$\leqslant 0.008\dfrac{\pi D^2}{4}$	C	$0.139D$
R	$0.503D$	b_2	$0.177D$	d_2	$\Phi 16$	h_s	$0\sim40\text{mm}$

泵形叶轮的充氧量和轴功率可按下列经验公式计算：

$$Q_s = 0.379K_1 v^{2.8} D^{1.88} \tag{4-95}$$

$$N_z = 0.0804K_2 v^3 D^{2.08} \tag{4-96}$$

式中　Q_s——在标准条件（水温 20℃，一个大气压）清水的充氧量，kgO_2/h；

N_z——叶轮轴功率，kW；

v——叶轮周边线速度，m/s；

D——叶轮公称直径，m；

K_1——池形结构对充氧量的修正系数；

K_2——池形结构对轴功率的修正系数。

池形修正系数 K_1、K_2 见表 4-13。

池形修正系数 K_1、K_2 值 表 4-13

K	池形			
	圆池	正方池	长方池	曝气池
K_1	1	0.64	0.90	0.85~0.98
K_2	1	0.81	1.34	0.85~0.87

叶轮外缘最佳线速度应在 $4.5\sim5.0 \text{m/s}$ 的范围内。如线速度小于 4m/s，在曝气池中有可能导致污泥沉积。叶轮的浸没度，应不大于 4cm，过深要影响充氧量，而过浅则易于引起脱水，运行不稳定。叶轮不可反转。

（2）K 形叶轮曝气器

由后轮盘、叶片、盖板及法兰所组成，后轮盘呈流线形，与若干双曲率叶片相交成液流孔道，孔道从始端至末端旋转 90°。后轮盘端部外缘与盖板相接，盖板大于后轮盘和叶片，其外伸部分和各叶片的上部形成压水罩（图 4-44）。

K 形叶轮的最佳运行线速度在 4.0m/s 左右，浸没度（水面距叶轮出水口上边缘间的距离）为 $0\sim1\text{cm}$。叶轮直径与曝气池直径或正方形边长之比大致为 $(1:10)\sim(1:6)$。

（3）倒伞形叶轮曝气器

如图 4-45 所示，倒伞形叶轮曝气器由圆锥体及连在其外表面的叶片所组成。叶片的末端在圆锥体底边沿水平伸展出一小段，使叶轮旋转时甩出的水幕与池中水面相接触，从而扩大了叶轮的充氧、混合作用。为了提高充氧量，某些倒伞形叶轮在锥体上邻近叶片的后部钻有进气孔。

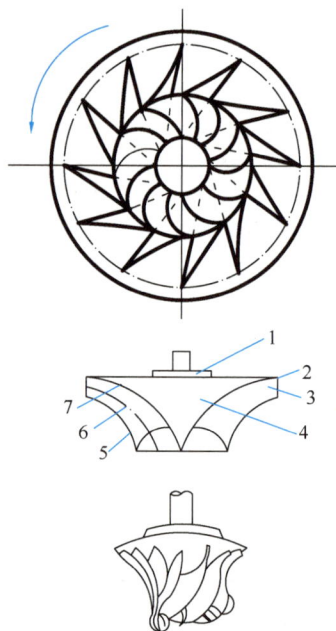

图 4-44　K 形叶轮曝气器结构图

1—法兰；2—盖板；3—叶片；

4—后轮盘；5—后流线；

6—中流线；7—前流线

倒伞形叶轮曝气器构造简单，易于加工。

倒伞形叶轮转速为 $30\sim60\text{r/min}$，动力效率为 $2.13\sim2.44 \text{kgO}_2/\text{kWh}$。目前国内最大的倒伞形叶轮直径为 3000mm，转速为 33.5r/min，叶轮外缘线速度为 5.25m/s。

（4）双环伞形曝气器

双环伞形曝气器是由聚乙烯塑料板热压加工而成，其组成部分有环形锯齿曝气头、伞形罩、空气竖管等（图 4-46）。环形锯齿曝气头是由两个直径不同、锯齿不同而高度相同的环组成，其作用是切割、分散空气，搅动水体；外环进一步强化对气泡的切割和水气的

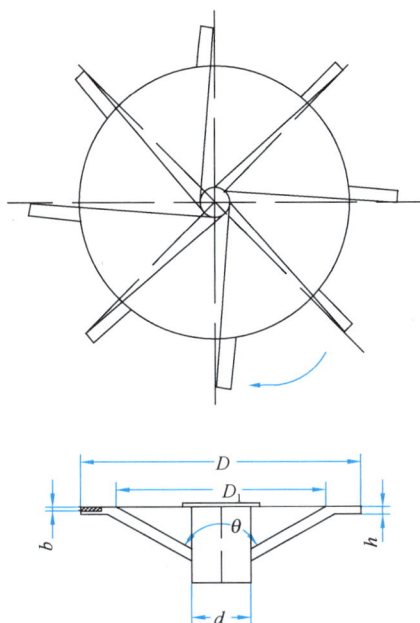

D	D_1	d	b	h	θ	叶片数
叶轮直径	7/9D	1075/90D	5/95D	4/90D	130°	8

图 4-45　倒伞形叶轮结构及其尺寸

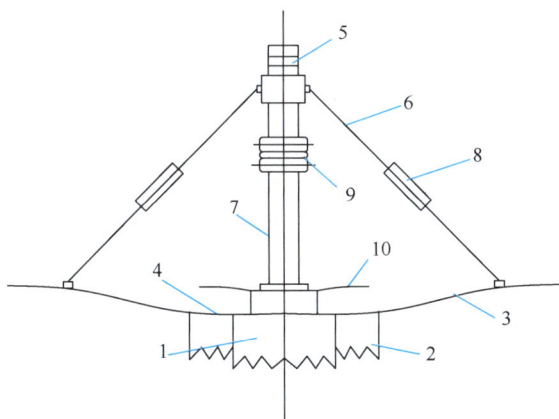

图 4-46　双环伞形曝气器

1—内环；2—外环；3—伞形罩；4—通气孔；5—活接头；6—水平调节杆；7—空气竖管；

8—调节杆上正反丝扣；9—胶接头；10—小伞罩

混掺作用。该曝气器的特征在于：由两个带锯齿的环组成的环形锯齿布气头装在带有锯齿的伞形罩的中下部，内环与装在伞形罩中上部的空气竖管相通，外环内侧的伞形罩板上开有通气孔；小伞罩固定在空气竖管的下部，通气孔的上方；水平调节杆经正反扣，一端固定在伞形罩上，一端与空气竖管相连。此种曝气器结构合理、简单、不堵塞、耐腐蚀，施工安装调度简单，维修管理方便，造价低廉，充氧性能好。

技术参数：氧利用率 8.4%，充氧能力 19.34kgO_2/h，动力效率 2.81kgO_2/kWh。曝气器尺寸见表 4-14。

双环伞形曝气器尺寸　　　　　　　　　　　　表 4-14

产品类型		ϕ600mm			ϕ400mm		
		直径 （mm）	高度 （mm）	齿数 （个）	直径 （mm）	高度 （mm）	齿数 （个）
锯齿环	内	90	60	20	90	90	20
	外	200	60	40	200	90	40
锯齿伞	小	250	50	50	250	50	50
	大	600	50	120	400	50	80

（5）平板形叶轮曝气器

由平板、叶片和法兰构成。叶片与平板半径的角度一般为 0°～25°，最佳角度为 12°。平板形叶轮曝气器构造简单，制造方便，不堵塞。

图 4-47 所示为平板形叶轮曝气器构造图，而图 4-48 所示则为其改进型。

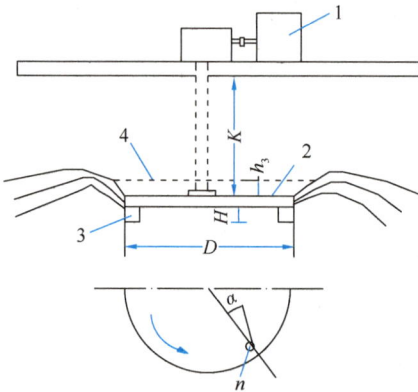

图 4-47　平板形叶轮曝气器构造示意图
1—驱动装置；2—进气孔；3—叶片；
4—停转时水位线

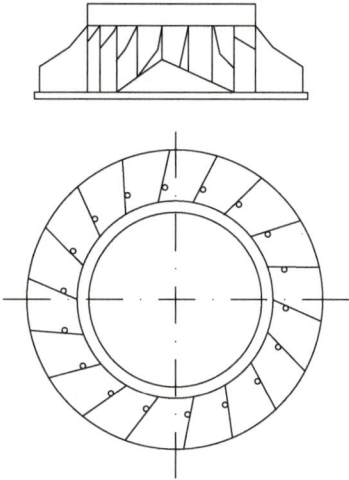

图 4-48　改进型平板形叶轮
曝气器构造示意图

2. 卧轴式机械曝气装置

（1）转刷曝气器

现在应用的卧轴式机械曝气器主要是转刷曝气器。

转刷曝气器主要用于氧化沟，它具有负荷调节方便，维护管理容易，动力效率高等优点。

转刷曝气器由水平转轴和固定在轴上的叶片所组成，转轴带动叶片转动，搅动水面溅成水花，空气中的氧通过气液界面转移到水中。

图 4-49 所示为转刷曝气器的一种，应用较多，其特点是将位于同一圆周上的转刷叶片用螺栓连接成为一个整圆，在螺栓的作用下，转刷叶片紧紧地夹住转轴，并传递转矩。

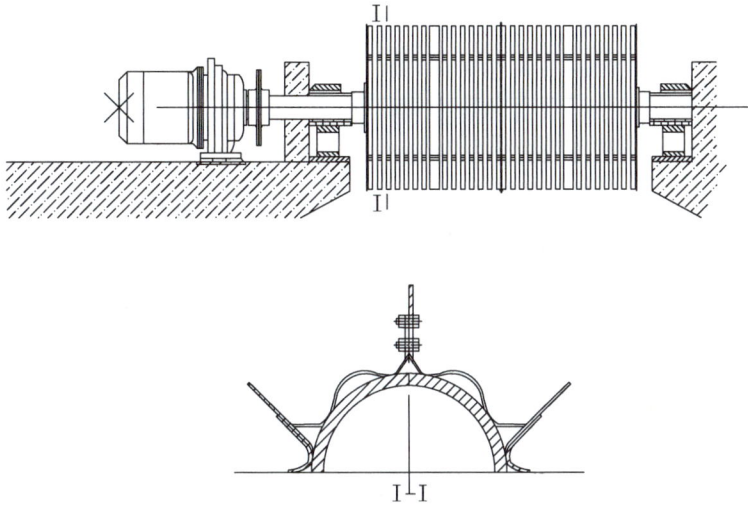

图 4-49　转刷曝气器

表 4-15 所列举的是国内部分转刷曝气器电动机输入功率测定数据。

国内部分转刷曝气器电动机输入功率测定数据   表 4-15

序号	转刷直径（mm）	叶片排数	每排刷数	刷宽（mm）	刷距（mm）	转速（r/min）	浸没深度（cm）	传动形式	电动机输入功率（kW）	配用电动机功率（kW）
1	800	6	26	50	50	72.3	15	三角皮带—JZQ型双级齿轮减速器	4.12	7.5
2	800	6	26	50	50	55.6	15	涡轮减速器	3.04	5.5
3	800	6	12	—	—	70	20	JTC减速电动机	2.1	6.6

图 4-50 所示为丹麦克鲁格公司制造的转刷曝气器及其特性曲线，其规格及技术参数列举于表 4-16 中。该公司制造的转刷曝气器已在我国某城市污水处理厂应用。

丹麦克鲁格公司转刷曝气器技术参数表   表 4-16

技术指标	型号		
	Maxi6.5	Maxi7.5	Maxi9.0
转刷直径（mm）	1000	1000	1000
转刷长度 A/装置长度 B（mm）	6440/7890	7640/9090	9140/10590
电机功率（kW）	37	37	45

技术指标	型号		
	Maxi6.5	Maxi7.5	Maxi9.0
转速（标准转速）（r/min）	73	73	73
转速（二级转速）（r/min）	73/48	73/48	73/48
净重（kg）	2340	2550	2855

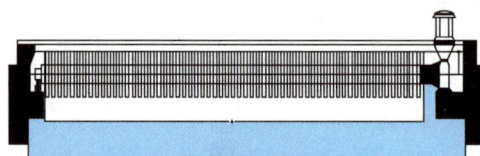

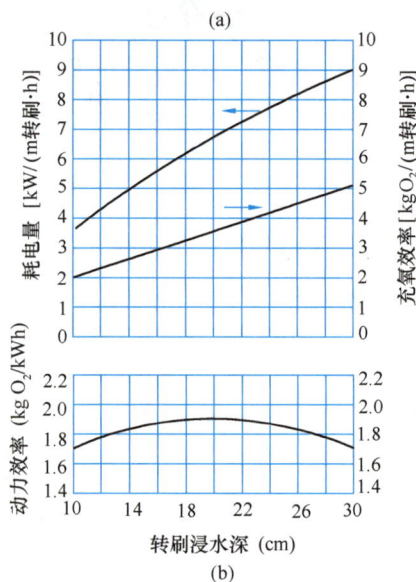

图 4-50　丹麦克鲁格公司转刷曝气器及其特性曲线

（a）转刷；（b）特性曲线

（2）转碟曝气机

转碟曝气机又名曝气转盘，属于机械曝气机中的水平轴盘式表面推流曝气器。转碟曝气机是氧化沟的专用环保设备，对污水进行充氧，可以防止活性污泥的沉淀，有利于微生物的生长。在保证满足混合液推流速率及充氧效果的条件下，适用有效水深可达 4.3～5.0m。转碟曝气机由曝气转碟、水平轴、轴承座、柔性联轴器、减速器和电动机构成。转碟一般由抗腐蚀的玻璃钢或高强度的工程塑料制成，盘片面上有大量规则排列的三角形或梯形凸出物和不穿透小孔（曝气孔），用以增加和提高推进混合的效果和充氧效率。转碟曝气机的水平轴采用厚壁无缝钢管制造，表面做特种玻璃钢防腐处理。目前生产的水平轴直径有三种规格：Φ1：152mm×（12～14）mm；Φ2：219mm×（14～16）mm；Φ3：325mm×（16～18）mm。可根据用户要求加工成各种的长度，完全满足各种大、中、小型氧化沟对转盘曝气机的需求。装置结构见图 4-51。

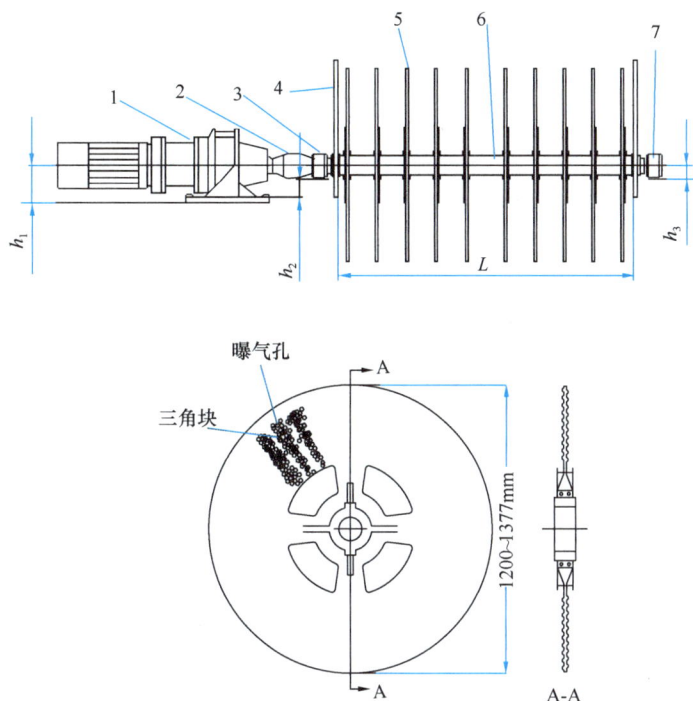

图 4-51　转碟曝气机
1—电机；2—减速器；3—柔性联轴器；4—防溅板；5—转碟；6—主轴；7—轴承座

转盘曝气机转碟的安装密度可以调节，便于根据需氧量调整机组上转碟的安装数量，每个转碟可独立拆装，设备维护保养方便。

主要技术参数如下。

曝气转碟直径：1400mm，1500mm。

转碟曝气机适用转速：50～65r/min；经济转速：55r/min。

曝气转碟最佳浸没深度：400～530mm；经济浸没深度：510mm。

在标准状况下：曝气转碟工作水深 5.2m，浸没水深 51cm，转速 55r/min，加设导流板。

曝气转碟单片标准清水充氧能力：$1.85kgO_2/(h \cdot 碟)$。

转碟曝气机充氧效率（动力效率）：$3.35kgO_2/kWh$（以消耗功率计）。

4.6　活性污泥反应器——曝气池

曝气池是活性污泥反应器，是活性污泥工艺系统的核心设备，活性污泥工艺系统的净化效果，在很大程度上取决于曝气池的功能是否能够正常发挥。

曝气池从以下几方面分类：

（1）从混合液流动形态方面，曝气池分为推流式、完全混合式和循环混合式 3 种；

（2）从平面形状方面，可分为长方廊道形、圆形、方形以及环状跑道形等4种；

（3）从采用的曝气方法方面，可分为鼓风曝气池、机械曝气池以及两者联合使用的机械—鼓风曝气池；

（4）从曝气池与二次沉淀池之间的关系，可分为曝气—沉淀池合建式和分建式2种。

本节首先按（1）的分类，对各种类型曝气池的工艺与构造特征进行阐述。然后，详细介绍曝气池（区）容积和鼓风曝气系统的设计计算。

4.6.1　推流式曝气池

推流式曝气池呈长方廊道形。所谓推流，就是污水（混合液）从池的一端流入，在后继水流的推动下，沿池长度流动，并从池的另一端流出池外。对这种类型曝气池，在工艺、构造等方面，应考虑下列各项问题。

1. 关于曝气系统与空气扩散装置

推流式曝气池多采用鼓风曝气系统，也可以考虑采用表面机械曝气装置。

采用鼓风曝气系统时，传统的做法是将空气扩散装置安装在曝气池廊道底部的一侧，如图 4-52（a）所示，这样的做法可使水流在池内呈旋转状流动，提高气泡与混合液的接触时间，对此，曝气池廊道的宽深比值一般要在 2 以下，多为1.0~1.5。如果曝气池的宽度较大，则应考虑将空气扩散装置安设在廊道的两侧，如图 4-52（b）所示。也可以按一定的形式，如相互垂直的正交形式或呈梅花形交错式均衡地布置在整个曝气池底。

采用表面机械曝气装置时，则沿池长在池中线每隔一定距离设置一台曝气装置，其间距取决于每台曝气装置的服务面积。

采用表面机械曝气装置时，混合液在曝气池内的流态，就每台曝气装置的服务面积来讲是完全混合，但就整体廊道而言又属于推流。在这种情况下，相邻两台曝气装置的旋转方向应相反（图 4-53），否则两台装置之间的水流相互冲突，可能形成短路。

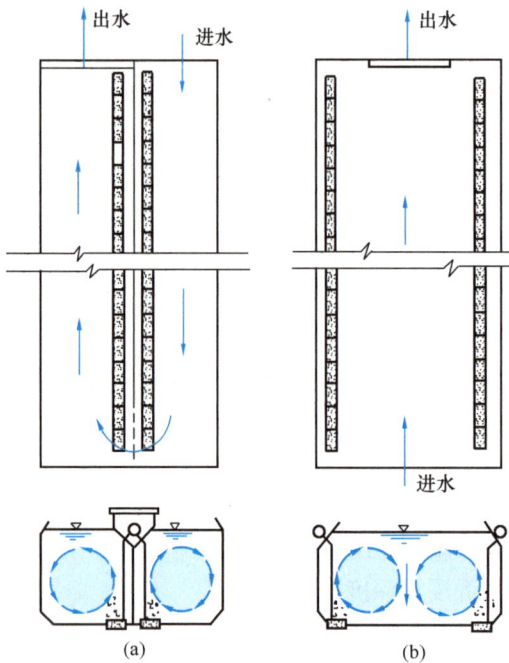

图 4-52　推流式鼓风曝气池空气扩散装置
布置形式与水流在横断面的流态
(a) 在池底一侧；(b) 在池底的两侧

如果沿曝气池廊道的长度，按每台曝气装置的服务面积设隔墙，将曝气池分为若干曝气室（图 4-54），则每个曝气室内的混合液都保持着独立的完全混合流态，而与相邻曝气室的水流互无干扰，在这种情况下，曝气装置都可以保持同一的转向。

2. 关于曝气池的数目及廊道的排列与组合

曝气池的数目随污水处理厂的规模而定，一般在结构上分成若干单元，每个单元包括

158

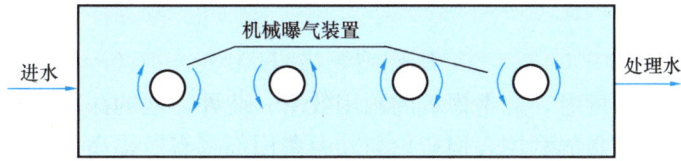

图 4-53　采用表面曝气装置的推流式曝气池

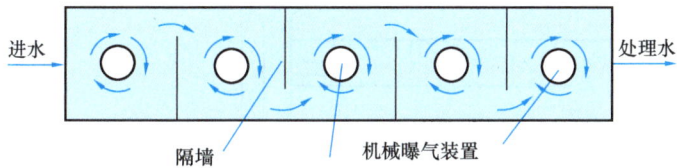

图 4-54　设置隔墙的采用表面曝气装置的推流式曝气池

一座或几座曝气池，每座曝气池常由1~5个廊道组成（图4-55）。当廊道数为单数时，污水的进、出口分别位于曝气池的两端；而当廊道数为双数时，则位于廊道的同一侧。

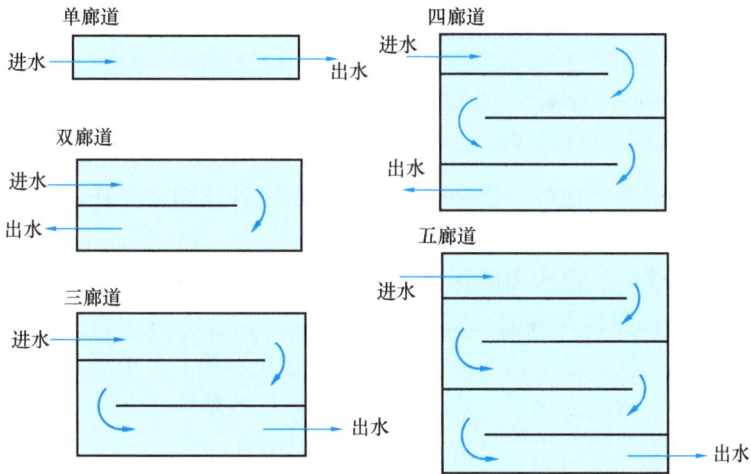

图 4-55　曝气池的廊道组合

如在曝气池的进水与出水两侧，增设污水配水渠道，并用中间渠道连通（图4-56），则可以采用多种运行方式，进、出口的设置位置更为灵活多样。

3. 关于曝气池廊道的长度、宽度和深度

曝气池廊道的长度主要根据污水处理厂所在地址的地形条件与总体布置而定。在水流运动方面则应考虑不产生短流，就此，长度可达100m，但以50~70m为宜。

长度（L）与池宽度（B）之间以保持下列关系为宜：

$$L \geqslant (5 \sim 10)B \tag{4-97}$$

当空气扩散装置安设在廊道底部的一侧时，池宽度与池深度（H）之间宜保持下列关系：

$$B = (1 \sim 2)H \tag{4-98}$$

在确定曝气池的深度时，应考虑氧的利用效率；此外，池的深度与造价及动力费用密切相关。池深大有利于氧的利用，但造价与动力费用都将有所提高。反之，造价及运行费用降低，但氧的利用率也将降低。

此外，还应考虑土建结构和曝气池的功能要求，允许占用的土地面积，能够购置的空压机所具有的压力等因素。

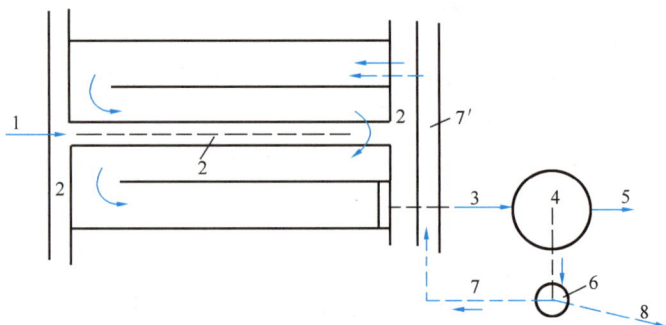

图 4-56　设有配水渠道（进、出水两侧及中间）
的推流式曝气池（4 廊道）

1—经预处理后的污水；2—配水渠道（前、后及中间）；3—从曝气池
流出的混合液；4—二次沉淀池；5—处理后污水；6—污泥泵站；
7—回流污泥；7′—回流污泥渠道；8—剩余污泥排放

综上所述，推流式曝气池的深度必须综合考虑上述各项因素，并进行技术经济比较后确定。

当前我国对推流式曝气池采用的深度多为 4~7m。

4. 关于在曝气池内设横向隔墙分室问题

在曝气池内沿其长度设若干横向隔墙，将曝气池分为若干个小室，混合液逐室串联流动，混合液在每个小室内呈完全混合式流态，而从曝气池整体来看则是推流式流态。

采取这种技术措施能够产生以下效益：

（1）消除混合液在曝气池内的纵向混合，并使混合液在曝气池的整体内形成真正的推流流态；

（2）消除水流死角；

（3）处理水水质稳定。

横向隔墙设置方式有二：①第一室隔墙的一端紧靠池壁，另一端则与池壁之间留有一定的间距，逐室交替，混合液在室内除完全混合外，还呈横向流动，如图 4-57（a）所示；②第一室的隔墙上端高出水面，下端则与池底之间留有间距，第二室下端紧接池底，上端在水位之下，以后逐室交替，最后的小室必须是由底部出水，如图 4-57（b）所示，混合液在小室内，除完全混合外，还呈上、下流流动。

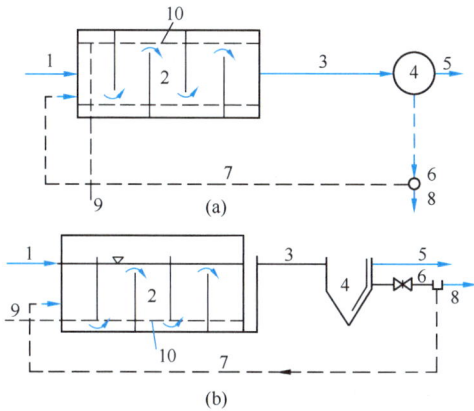

图 4-57　设有横向隔墙分室的曝气池

1—经预处理后的污水；2—活性污泥反应器（曝气池）；
3—从曝气池流出的混合液；4—二次沉淀池；5—处理水；
6—污泥泵站；7—回流污泥系统；8—剩余污泥排出；
9—来自空压机站的空气；10—曝气系统及空气扩散装置

推流式曝气池的进水口与进泥口均设于水下，采用淹没出流方式，以免形成短路，并设闸门，以调节流量（图 4-58）。

推流式曝气池的出水，一般都采用溢流堰的方式，处理水流过堰顶，溢流流入排水渠道。

4.6.2　完全混合式曝气池

完全混合式曝气池多采用表面机械曝气装置，也可以应用鼓风曝气系统。

在完全混合曝气池中，首推合建式完全混合曝气沉淀池，简称曝气沉淀池。其主要特点是，曝气反应与沉淀固液分离在同一处理构筑物内完成。

曝气沉淀池有多种结构形式，图 4-59 所示为在我国自 20 世纪 70 年代以来广泛使用的一种形式。

5. 关于曝气池的顶部与底部

为了使混合液在池内的旋转流动能够减少阻力，并避免形成死角，将廊道横剖面的 4 个角（墙顶与墙脚）做成 45°斜面。

在曝气池水面以上应在墙面上考虑 0.5m 的超高。在池顶部隔墙上可考虑建成渠道状，此渠道可作为配水渠道使用，也可以充作空气干管的管沟，渠道上安设盖板，作为人行道。

在池底部应考虑排空措施，按纵向留 2‰ 左右的坡度，并设直径为 80～100mm 的放空管。此外，考虑在活性污泥培养、驯化时周期排放上清液的要求，在距池底一定距离处（根据具体情况拟定）设 2～3 根排水管，管径也是 80～100mm。

6. 关于曝气池的进水、进泥与出水设备

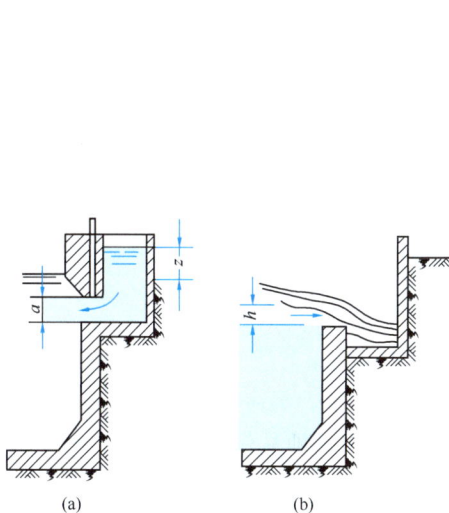

图 4-58　推流式曝气池的进水、出水设备

（a）曝气池进水口；（b）曝气池出水堰

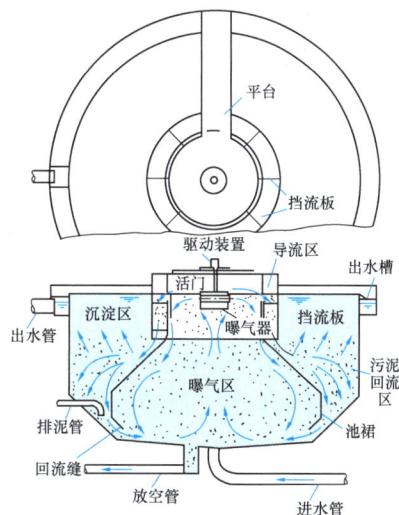

图 4-59　圆形曝气沉淀池剖面示意图

曝气沉淀池在表面上多呈圆形，偶见方形或多边形。

从图 4-59 可见，曝气沉淀池是由曝气区、导流区和沉淀区 3 部分所组成。

（1）曝气区。考虑表面机械曝气装置的提升能力，深度一般在 4m 以内为宜。曝气装置设于池顶部中央，并深入水下某一深度。污水从池底部进入，并立即与池内原有混合液完全混合，并与从沉淀区回流缝回流的活性污泥充分混合、接触。经过曝气反应后的污水从位于顶部四周的回流窗流出并流入导流区。回流窗的大小可以调节，以调节流量。

（2）导流区。位于曝气区与沉淀区之间，其宽度通过计算确定，一般在 0.6m 左右，内设竖向整流板，其作用是阻止从回流窗流入的水流在惯性作用下的旋流，并释放混合液中的气泡，使水流平稳地进入沉淀区，为固液分离创造良好条件。

导流区的高度在 1.5m 以上。

（3）沉淀区。位于导流区和曝气区的外侧，其功能是泥水分离，上部为澄清区，下部为污泥区。澄清区的深度不宜小于 1.5m，污泥区的容积一般应不小于 2h 的存泥量。澄清的处理水沿设于四周的出流堰流出进入排水槽，出流堰多采用锯齿状的三角堰。

污泥通过回流缝回流到曝气区，回流缝一般宽 0.15～0.20m。在回流缝上侧设池裙，以避免死角。

在污泥区的一定深度设排泥管，以排出剩余污泥。

图 4-60 所示为表面为方形的曝气沉淀池。在曝气池内设中心管，表面机械曝气器设于中心管上侧，在它的转动作用下，混合液在中心管内呈上升流，并从上出口外溢，在池内形成循环流，处理水经设于上侧的出水管进入沉淀区的中心管，混合液由中心管下部溢出进行沉淀固液分离。在沉淀池污泥区与曝气区中心管之间有回流污泥管连接，在表面机械曝气器形成的抽升力的作用下，回流污泥被抽升与污水同步进入曝气区的中心管。

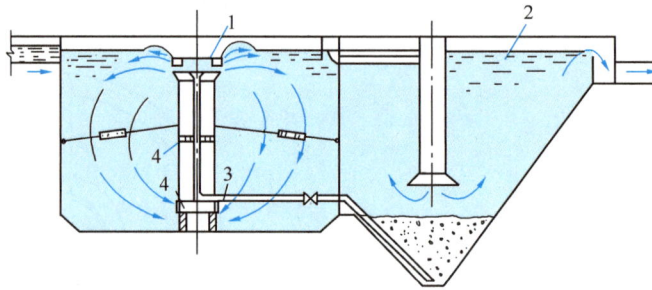

图 4-60　方形曝气沉淀池

1—曝气区；2—沉淀区；3—抽吸回流污泥管；4—污水进水窗

这种设备适用于规模较小的污水处理站。

图 4-61 所示为长方形的曝气沉淀池，一侧为曝气区，另一侧为沉淀区，采用鼓风曝气系统。原污水从曝气区的一侧均匀地进入，处理水均匀地从沉淀区溢出。

完全混合式的曝气沉淀池具有结构紧凑、流程短、占地少、无需回流设备、易于管理等优点，在国内外得到广泛应用。

曝气沉淀池的沉淀区在构造上存在一定的局限性，泥水分离、污泥浓缩以及污泥回流等环节还存在一些尚待解决的问题。

在实践中还有与沉淀池分建的完全混合曝气池，如图 4-62 所示，曝气池采用表面机械曝气装置。将曝气池分为一系列相互衔接的方形单元，每个单元设一台表面机械曝气装置。污水与回流污泥沿曝气池池长均匀引入，并均匀地排出混合液进入二次沉淀池，但需设污泥回流系统。

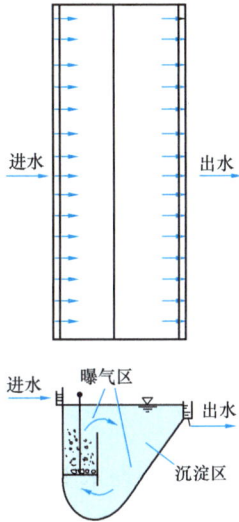

图 4-61　长方形曝气沉淀池　　　　图 4-62　分建式完全混合曝气池

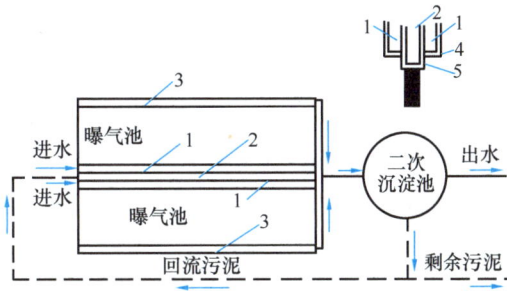

1—进水槽；2—进泥槽；3—出水槽；4—进水孔口；5—进泥孔口

4.6.3　曝气池（区）容积的计算

曝气池（区）容积的计算，较普遍采用的是按 BOD_5—污泥负荷率（N_s）来确定。依据 N_s 的表达式（式 4-12），可计算出曝气池（区）容积为：

$$V = \frac{QS_0}{XN_s} \tag{4-99}$$

曝气池（区）容积，还可以按照 BOD_5—容积负荷率（N_v）进行计算。依据 N_v 的表达式（式 4-13），可计算出曝气池（区）容积为：

$$V = \frac{QS_0}{N_v} \tag{4-100}$$

式中各物理符号释义同前。

一般来讲，与未考虑微生物浓度影响的经验性的 N_v 相比，采用包含微生物代谢有机物理论含义的 N_s 所设计出的曝气池（区）容积更为准确。从式（4-99）可见，合理和适当地确定 N_s 和混合液悬浮固体 MLSS 浓度（X），是正确计算曝气池（区）容积的关键。

（1）N_s 的确定

N_s 在微生物对有机污染物降解方面的实质即为 F/M 值。微生物增殖期不同，N_s 也不同，有机物降解效果也不同。因此，确定 N_s，首先必须考虑处理水的 BOD_5 值（S_e）。

对完全混合式的曝气池（区），污泥处在减速增长期，N_s 与处理水 BOD_5 浓度（S_e）之间的关系通过下列数学推导过程确定。

由污水 BOD_5 的去除效率 η 表达式：

$$\eta = \frac{S_0 - S_e}{S_0}$$

可知
$$S_0 = \frac{S_0 - S_e}{\eta} \qquad (4\text{-}101)$$

将式（4-101）代入式（4-12），并考虑活性污泥中具有活性的微生物量占比 f（＝MLVSS/MLSS），基于公式（4-39），可得 N_s 的计算公式如下：

$$N_s = \frac{QS_0}{XV} = \frac{S_0 - S_e}{Xt\eta} = \frac{K_2 S_e f}{\eta} \qquad (4\text{-}102)$$

由式（4-102）得知，对完全混合式曝气池，确定 N_s 的关键环节是正确选定 K_2 值。对于城市污水，完全混合曝气池的 K_2 值为 0.0168～0.0281。对于工业废水，因其来源不同而异，采用完全混合曝气池处理的 K_2 值为 0.0672（合成橡胶废水）、0.00144（化学废水）、0.036（脂肪精制废水）和 0.00672（石油化工废水）。

对推流式曝气池，在污水流经曝气池全长的过程中，经历微生物增殖期各个阶段的全（或大半）过程，F/M 值沿池长是变化的，K_2 值也并非常数，用数学推导出具有普遍意义的 N_s 与处理水 S_e 之间的关系式是不现实的。在实际应用上，可以近似地使用通过完全混合式推导的计算式。

其次，确定 N_s，还必须考虑污泥的凝聚、沉淀性能。亦即根据处理水 BOD_5 值确定的 N_s 值，应进一步复核其相应的 SVI 值是否在正常运行的允许范围内。对城市污水可按图 4-7 复核。至于工业废水，可按图 4-63 进行复核，必要时应通过试验确定。

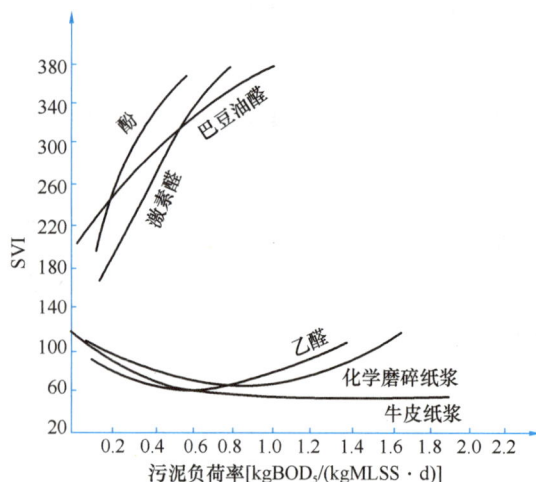

图 4-63　几种工业废水的 N_s 与 SVI 之间的关系

当对处理水要求达到硝化阶段时，还必须结合污泥龄（生物固体平均停留时间）考虑 N_s。例如在 20℃ 的条件下，硝化菌的世代时间是 3d 左右，与 N_s 相应的污泥龄必须大于 3d。

一般来说，对城市污水，N_s 取值多为 0.3～0.5kgBOD$_5$/（kgMLSS·d）。BOD_5 去除率可达 90% 以上，污泥的吸附性能和沉淀性能都较好，SVI 值为 80～150。对剩余污泥不便处理与处置的污水处理厂，应采用较低的 N_s，一般不宜高于 0.2kgBOD$_5$/（kgMLSS·d），这样能强化污泥自身氧化过程，减少污泥产量。

在寒冷地区修建的活性污泥法系统，其曝气池也应当采用较低的 N_s，这样能够在一定程度上补偿由于低温对生物降解反应带来的不利影响。

（2）X 的确定

曝气池内混合液悬浮固体（MLSS）的浓度 X，是活性污泥处理系统重要的设计与运行参数，采用较高的 X 能够缩小曝气池的有效容积，但也会带来一系列不利的影响。在选用这一参数时，应考虑下列各项因素。

1）供氧的经济与可能。由于非常高的 X 会改变混合液的黏滞性，增加扩散阻力，供氧的利用率下降，因此在动力费用方面是不经济的。另外，需氧量是随 X 的提高而增加的，X 越高，供氧量就越大，所以采用非常高的 X 将会使通过空气供氧产生困难。

2）活性污泥的凝聚沉淀性能。因为混合液中的污泥来自于回流污泥，X 不可能高于回流污泥浓度（X_r），而回流污泥来自二次沉淀池，其污泥浓度与沉淀性能以及它在二次沉淀池中浓缩的时间有关。一般来讲，混合液在量筒中沉淀 30min 后形成的污泥，基本上可以代表混合液在二次沉淀池中形成的污泥。

回流污泥浓度（X_r，mg/L）可近似地按下式确定（参见式 4-11）：

$$X_r = \frac{10^6}{SVI} \cdot r \tag{4-103}$$

式中 r 是考虑污泥在二次沉淀池中停留时间、池深、污泥厚度等因素的有关系数，一般取值 1.2 左右。

由式（4-103）可以看出，X_r 值与 SVI 成反比。在一般情况下，SVI 值在 100 左右，X_r 值为 8000~12000mg/L。而对于易于生化降解的工业废水，SVI 值较高，X_r 将相应降低，X 也必然降低。

3）沉淀池与回流设备的造价。污泥浓度 X 高，会增加二次沉淀池的负荷，从而使其造价提高。此外，对于分建式曝气池，X 越高，则维持平衡的污泥回流量也越大，从而使污泥回流设备的造价和动力费增加。

参照式（4-37）物料平衡关系，可得出 X、X_r 和污泥回流比（R）之间的关系：

$$RQX_r = (Q + RQ)X$$

$$X = \frac{R}{1+R} X_r \tag{4-104}$$

将式（4-103）代入式（4-104），可得出估算 X 的公式：

$$X = \frac{R}{1+R} \cdot \frac{10^6}{SVI} \cdot r \tag{4-105}$$

传统曝气池的 X 值一般为 1500~3000mg/L，而延时曝气池的 X 值甚至在 5000~8000mg/L，取决于具体的活性污泥处理工艺形式（详见第 5 章）。

除了上面按 BOD_5—污泥负荷率（N_s）来计算曝气池（区）容积外，还可以按污泥龄（θ_c）进行计算。按照公式（4-61），并考虑污水在曝气池内的反应时间 $t = V/Q$，则曝气池（区）容积计算公式为：

$$V = \frac{Q\theta_c Y(S_0 - S_e)}{X_a(1 + K_d\theta_c)} \tag{4-106}$$

式中 Q——曝气池的设计流量，m^3/d；

θ_c——设计污泥龄，d，高负荷时取值 0.2~2.5，中负荷时为 5~15，低负荷时为 20~30；

Y——污泥产率系数，在 20℃时，若有机污染物以 BOD_5 计，则 $Y = 0.4~0.8$；如处理系统无初次沉淀池，则 Y 值须通过试验确定；

S_e——处理水的 BOD_5 值，mg/L；

X_a——曝气池内活性污泥微生物浓度，mgMLVSS/L；

K_d——衰减系数，d^{-1}，20℃时其值为 0.040~0.075。

一般来讲，K_d 值还应按当地冬季和夏季的污水温度加以修正，其修正公式为：

$$K_{dT} = K_{d20} (\theta_T)^{T-20} \tag{4-107}$$

式中　K_{dT}——T℃时的 K_d 值，d^{-1}；

K_{d20}——20℃时的 K_d 值，d^{-1}；

θ_T——温度系数，取值 1.02～1.06。

4.6.4 曝气池及其鼓风曝气系统的设计计算

曝气池及其鼓风曝气系统的设计计算内容，主要包括确定曝气池尺寸、设计鼓风曝气系统，其具体设计计算步骤通过以下例子详细说明。

在给出具体的例题之前，首先介绍一下如何计算污水的处理程度。

活性污泥处理系统处理水中的 BOD_5 值（S_e），由残存的溶解性 BOD_5 和非溶解性 BOD_5（主要为生物污泥残屑）组成。对处理水要求达到的 BOD_5 值，应是总 BOD_5（溶解性 BOD_5＋非溶解性 BOD_5）。因活性污泥系统的净化功能是去除溶解性 BOD_5 的，故应将非溶解性 BOD_5 从处理水的总 BOD_5 值中减去。处理水中非溶解性 BOD_5 值可用下列公式求定：

$$BOD_5 = 5(1.42bX_aC_e) = 7.1bX_aC_e \tag{4-108}$$

式中　b——微生物自身氧化率，d^{-1}，取值范围为 0.05～0.1d^{-1}；

X_a——处理水悬浮固体中活性微生物所占比例，高负荷活性污泥处理系统为 0.8，
延时曝气系统为 0.1，其他活性污泥处理系统在一般负荷条件下可取值 0.4；

C_e——处理水中悬浮固体浓度，mg/L；

5——常数，即指 BOD 的 5d 培养期；

1.42——微生物降解 1g 有机物（BOD_5）所需要的氧量，g/g。

处理水的总 BOD_5 含量为：

$$BOD_5 = S_e + 7.1bX_aC_e \tag{4-109}$$

应当说明的是，如果 S_e 值是从滤后水水样测出的，则处理水的总 BOD_5 值应按式（4-108）计算；如果 S_e 值是从静沉的水样测得，则式（4-108）中的 C_e 值应按静沉下污泥后测定；如果 S_e 值是从搅拌过的水样中测出，则所得的 S_e 值即为处理水的总 BOD_5 值。

【例 4-3】某城市日排污水量 30000m^3，时变化系数 1.4，原污水 BOD_5 值 225mg/L，要求处理水 BOD_5 值为 25mg/L，拟采用活性污泥工艺系统处理。试计算并确定曝气池主要部位尺寸，计算并设计鼓风曝气系统。

【解】

1. 污水处理程度的计算及曝气池的运行方式

（1）污水处理程度的计算

原污水的 BOD_5 值（S_0）为 225mg/L，经初次沉淀池处理，BOD_5 按降低 25％考虑，则进入曝气池污水的 BOD_5 值（S_0）为 225×（1-25％）＝169mg/L。

按式（4-108），取 C_e 值为 25mg/L、b 为 0.09、X_a 为 0.4，则处理水中非溶解性 BOD_5 值为 7.1×0.09×0.4×25≈6.4mg/L，于是求得处理水中溶解性 BOD_5 值（S_e）为 25-6.4＝18.6mg/L。

于是，得出污水处理的程度（BOD_5 去除率 η）为（169 - 18.6）/169＝0.890，取其近似值90％。

（2）曝气池的运行方式

在本设计中应考虑曝气池运行方式的灵活性和多样化，既可以传统活性污泥法系统作

为基础，又可按阶段曝气系统和再生—曝气系统运行。

2. 曝气池容积计算与各部位尺寸确定

在本设计中，曝气池 BOD_5－污泥负荷率（N_s）计算。

（1）N_s 的确定

拟定采用的 N_s 为 $0.3 kgBOD_5/(kgMLSS \cdot d)$。

为稳妥计，采用式（4-102）对 N_s 取值加以校核。取 $K_2 = 0.0185$，$f = 0.75$，则 N_s 为：

$$N_s = \frac{K_2 S_e f}{\eta} = \frac{0.0185 \times 18.6 \times 0.75}{0.90} = 0.29 kgBOD_5/(kgMLss \cdot d)$$

上述计算结果表明，N_s 取值 $0.3 kgBOD_5/(kgMLSS \cdot d)$ 是适宜的。

（2）确定混合液污泥浓度（X）

根据已确定的 N_s 值，查图 4-7 得相应的 SVI 值为 $100 \sim 120$，取值 120。

按式（4-105）计算确定混合液污泥浓度值 X。取 $r = 1.2$，$R = 50\%$，代入各值，得：

$$X = \frac{0.50}{1 + 0.50} \times \frac{10^6}{120} \times 1.2 = 3333 mg/L$$

最终确定混合液污泥浓度 X 值约为 $3300 mg/L$。

（3）确定曝气池容积 V，

按式（4-99）计算 V，得

$$V = \frac{30000 \times 169}{3300 \times 0.3} = 5121 m^3$$

最终确定曝气池容积 V 为 $5120 m^3$。

（4）确定曝气池各部位尺寸

设 2 组曝气池，则每组容积为 $5120/2 = 2560 m^3$。

池深 H 取 $4.2 m$，则每组曝气池的面积 F 为 $2560/4.2 = 609.5 m^2$。

池宽 B 取 $4.5 m$，$B/H = 4.5/4.2 = 1.07$，$1 < 1.07 < 2$，符合有关规定［参见式（4-98）］。

池长 $L = F/B = 609.5/4.5 = 135.4 m$，$L/B = 135.4/4.5 = 30$，$30 > 10$，符合有关规定（参见式 4-97）。

设五廊道式曝气池，每个廊道长 $L_1 = 135.4/5 = 27.1 m$，近似取其值为 $27 m$。

超高取 $0.5 m$，则曝气池总高度为 $4.2 m + 0.5 m = 4.7 m$。

在曝气池面对初次沉淀池和二次沉淀池的一侧，各设横向配水渠道（图 4-64），并在池中部设纵向中间配水渠道与横向配水渠道相连接。在两侧横向配水渠道上设进水口，每组曝气池共有 5 个进水口。在面对初次沉淀池的一侧（前侧），在每组曝气池的一端，廊道 I 进水口处设回流污泥井，井内设污泥空气提升器，回流污泥由污泥泵站送入井内，由此通过空气提升器回流曝气池。

（5）曝气池多种运行方式的实现

按图 4-64 所示的曝气池平面布置，该曝气池可有多种运行方式。

1）按传统活性污泥法系统运行，污水及回流污泥同步从廊道 I 的前侧进水口进入；

2）按阶段曝气系统运行，回流污泥从廊道 I 的前侧进入，而污水则分别从两侧配水渠道的 5 个进水口均量地进入；

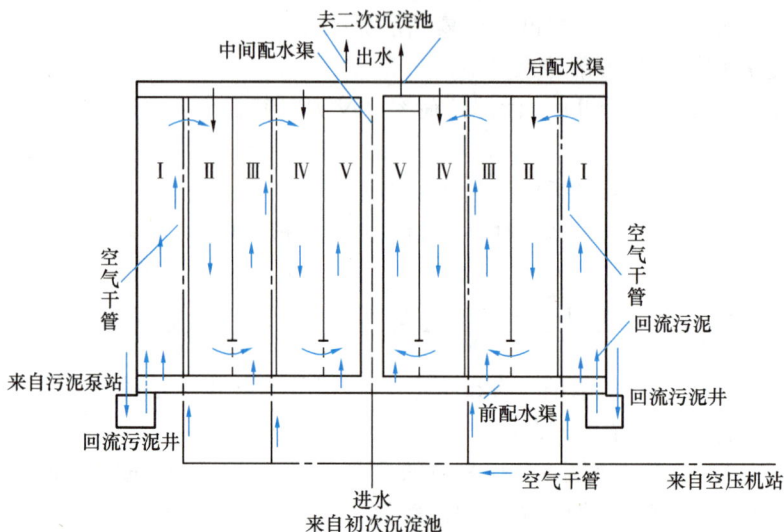

图 4-64　曝气池平面图

3）按再生-曝气系统运行，回流污泥从廊道Ⅰ的前侧进入，以廊道Ⅰ作为污泥再生池，污水则从廊道Ⅱ的后侧进水口进入，在这种情况下，再生池为全部曝气池的20%，或者以廊道Ⅰ及廊道Ⅱ作为再生池，污水则从廊道Ⅱ的前侧进水口进入，此时，再生池为40%；

4）还可能有其他的运行方式，可灵活运用。

3. 曝气系统的计算与设计

本设计采用鼓风曝气系统。

（1）平均时需氧量 O_2

按式（4-26），取 $a'=0.5$，$b'=0.15$，则

$$O_2 = 0.5 \times 30000 \times \frac{169-25}{1000} + 0.15 \times 5120 \times \frac{3300 \times 0.75}{1000} = 4061 \text{kg/d}$$

即所确定的平均时需氧量 O_2 为 4061kg/d，或约 169kg/h。

（2）最大时需氧量 $O_{2,\max}$

根据所给出条件，时变化系数 $K=1.4$，将其代入式（4-26），则

$$O_{2,\max} = 0.5 \times 30000 \times 1.4 \times \frac{169-25}{1000} + 0.15 \times 5120 \times \frac{3300 \times 0.75}{1000} = 4925 \text{kg/d}$$

即所确定的最大时需氧量 $O_{2,\max}$ 为 4925kg/d，或约 205kg/h。

（3）每日去除的 BOD_5 值

$$BOD_5 = 30000 \times \frac{169-25}{1000} = 4320 \text{kg/d}$$

（4）去除每千克 BOD_5 的需氧量

$$\Delta O_2 = \frac{4061}{4320} = 0.94 \text{ kgO}_2/\text{kgBOD}_5$$

（5）最大时需氧量与平均时需氧量之比

$$\frac{O_{2,\max}}{O_2} = \frac{205}{169} = 1.2$$

168

4. 供气量的计算

采用网状膜型中微孔空气扩散器（参见图 4-25），敷设于距池底 0.2m 处，淹没水深 4.0m，计算温度定为 30℃。

查表 4-10，得 20℃ 和 30℃ 时水中溶解氧饱和度分别为 $C_{s(20)}=9.17$mg/L 和 $C_{s(30)}=7.63$mg/L。

（1）空气扩散器出口处的绝对压力（P_b）按式（4-85）计算，得

$$P_b = 1.013 \times 10^5 + 9.8 \times 10^3 \times 4.0 = 1.405 \times 10^5 \text{Pa}$$

（2）空气离开曝气池面时，氧的百分比按式（4-86）计算，对网状膜型中微孔空气扩散器，氧转移效率 E_A 取值 12％，可得

$$O_t = \frac{21(1-0.12)}{79+21(1-0.12)} \times 100\% = 18.96\%$$

（3）曝气池混合液中平均氧饱和度，按最不利的温度条件（30℃）考虑，依据式（4-84），则有

$$C_{sb(30)} = 7.63 \left(\frac{1.405 \times 10^5}{2.026 \times 10^5} + \frac{18.96}{42} \right) = 8.74 \text{mg/L}$$

（4）换算为在 20℃ 条件下脱氧清水的充氧量，按式（4-90）计算，并取值 $\alpha=0.82$、$\beta=0.95$、$C=2.0$ 和 $\rho=1.0$，则有

$$R_0 = \frac{170 \times 9.17}{0.82 \times (0.95 \times 1.0 \times 8.74 - 2.0) \times 1.024^{(30-20)}} = 238 \text{kg/h}$$

相应的最大时需氧量为：

$$R_{0,max} = \frac{238 \times 9.17}{0.82 \times (0.95 \times 1.0 \times 8.74 - 2.0) \times 1.024^{(30-20)}} = 333 \text{(kg/h)}$$

（5）曝气池平均时供气量，按式（4-93）计算，则得

$$G_s = \frac{238}{0.28 \times 12} \times 100 = 7083 \text{m}^3/\text{h}$$

（6）曝气池最大时供气量：

$$G_{s,max} = \frac{333}{0.28 \times 12} \times 100 = 9911 \text{m}^3/\text{h}$$

（7）去除每千克 BOD_5 的供气量：

$$\frac{7083}{4320} \times 24 = 39.35 \text{(m}^3 \text{ 空气 /kgBOD)}$$

（8）每立方米污水的供气量：

$$\frac{7083}{30000} \times 24 = 5.67 \text{(m}^3 \text{ 空气 /m}^3 \text{ 污水)}$$

（9）本系统的空气总用量：

除采用鼓风曝气外，本系统还采用空气在回流污泥井提升污泥，空气量按回流污泥量的 8 倍考虑，污泥回流比 R 取值 60％，这样，总需气量则为：

$$9911 + \frac{8 \times 0.6 \times 30000}{24} = 15911 \text{m}^3/\text{h}$$

5. 空气管系统计算

活性污泥系统的空气管道系统是从空压机的出口到空气扩散装置的空气输送管道，一般使用焊接钢管。小型污水处理站的空气管道系统一般为枝状，而大、中型污水处理厂则宜联成环状，以策安全供气。

空气管道一般敷设在地面上，接入曝气池的管道，应高出池水面 0.5m 以免产生回水现象。空气管道的流速，干、支管为 10～15m/s，通向空气扩散装置的竖管、小支管为 4～5m/s。

空气管道和空气扩散装置的压力损失，一般控制在 14.7kPa 以内，其中空气管道总损失控制在 4.9kPa 以内，空气扩散装置的阻力损失为 4.9～9.8kPa。

空气管道计算，可查阅空气管计算图，根据空气量（Q）、流速（v）选定管径（D），然后再核算压力损失，调整管径。

1. 空气管计算图

按图 4-64 所示的曝气池平面图，布置空气管道，在相邻的两个廊道的隔墙上设一根干管，共 5 根干管。在每根干管上设 5 对配气竖管，共 10 条配气竖管。全曝气池共设 50 条配气竖管。每根竖管的供气量为：

$$\frac{9911}{50} = 198(\text{m}^3/\text{h})$$

曝气池平面面积为：

$$27 \times 45 = 1215\text{m}^2$$

每个空气扩散器的服务面积按 0.49m² 计，则所需空气扩散器的总数为

$$\frac{1215}{0.49} = 2480 \text{ 个}$$

为安全计，本设计采用 2500 个空气扩散器，每个竖管上安设的空气扩散器的数目为：

$$\frac{2500}{50} = 50 \text{ 个}$$

每个空气扩散器的配气量为

$$\frac{9911}{2500} = 3.96\text{m}^3/(\text{h} \cdot \text{个})$$

将已布置的空气管路及布设的空气扩散器绘制成空气管路计算图（参见图 4-65），用以进行计算。

选择一条从鼓风机房开始的最远最长的管路作为计算管路。在空气流量变化处设计算节点，统一编号后列表进行空气管道计算（表 4-17）。

空气干管和支管以及配气竖管的管径，根据通过的空气量和相应的流速加以确定。计算结果列入表 4-17 中第 6 项。

空气管路的局部阻力损失，根据配件的类型按下式折算成当量长度损失 l_0：

$$l_0 = 55.5KD^{1.2} \tag{4-110}$$

式中　l_0——管道的当量长度，m；

　　　D——管径，m；

　　　K——长度换算系数（表 4-18）。

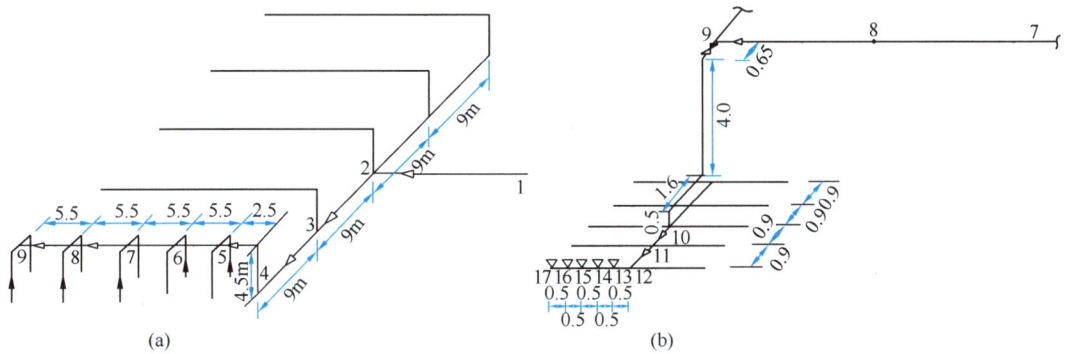

图 4-65　空气管路计算图

(a) 节点 1~9；(b) 节点 7~17

考虑管段长度 l，即可计算出管道的计算长度为 $l+l_0$（m）。计算结果列入表 4-17 中的第 8、9 两项。

空气管道的沿程阻力损失，根据空气管的管径、空气量、计算温度和曝气池水深确定，结果列入表 4-17 的第 10 项。

将第 9 项与第 10 项相乘，可得压力损失 h_1+h_2，结果列入表 4-17 中第 11 项。将表 4-17 中第 11 项各值累加，得空气管道系统的总压力损失为：

$$\sum(h_1+h_2)=201.79\times9.8(\text{Pa})=1.98\text{kPa}$$

网状膜空气扩散器的压力损失为 5.88kPa，则总压力损失为

$$1.98+5.88=7.86\text{kPa}$$

为安全计，设计取值 9.8kPa。

6. 空压机的选定

空气扩散装置安装在距曝气池池底 0.2m 处，因此，空压机所需压力为：

$$P=(4.2-0.2+1.0)\times9.8=49\text{kPa}$$

空压机最大时供气量：

$$9911\text{m}^3/\text{h}+6000\text{m}^3/\text{h}=15911\text{m}^3/\text{h}=265.2\text{m}^3/\text{min}$$

空压机平均时供气量：

$$7083\text{m}^3/\text{h}+6000\text{m}^3/\text{h}=13083\text{m}^3/\text{h}=218.1\text{m}^3/\text{min}$$

根据所需压力及空气量，决定采用 13083LG60 型空压机 6 台。该型空压机风压 50kPa，风量 60m³/min。正常条件下，4 台工作，2 台备用，高负荷时 5 台工作，1 台备用。

管段编号	管段长度 l (m)	空气流量		空气流速 v (m/s)	管径 D (mm)	配件	管段当量长度 l_0 (m)	管段计算长度 l_0+l (m)	压力损失 h_1+h_2	
		(m³/h)	(m³/min)						9.8 (Pa/m)	9.8 (Pa)
1	2	3	4	5	6	7	8	9	10	11
17～16	0.5	3.37	0.06	—	32	弯头1个	0.62	1.12	0.18	0.2
16～15	0.5	6.74	0.11	—	32	三通1个	1.18	1.68	0.32	0.54
15～14	0.5	10.11	0.17	—	32	三通1个	1.18	1.68	0.65	1.09
14～13	0.5	13.48	0.22	—	32	三通1个	1.18	1.68	0.90	1.51
13～12	0.25	16.85	0.28	—	32	三通1个，异形管1个	1.27	1.52	1.25 0.38	1.90
12～11	0.9	33.70	0.56	4.5	50	三通1个，异形管1个	2.18	3.08	0.50	1.54
11～10	0.9	67.40	1.12	3.2	80	四通1个，异形管1个	3.83	4.73	0.38	1.80
10～9	6.75	168.50	2.81	5.0	100	闸门1，弯头3个，三通1个	11.30	18.05	0.70	12.33
9～8	5.5	337.0	5.62	12.5	100	四通1个，异形管1个	6.41	11.91	2.50	29.78
8～7	5.5	674.0	11.23	11.5	150	四通1个，异形管1个	10.25	15.75	0.90	14.18
7～6	5.5	1011.0	16.85	9.5	200	四通1个，异形管1个	14.48	20.00	0.45	9.00
6～5	5.5	1348.0	22.47	12.0	200	四通1个，异形管1个	14.48	19.98	0.80	16.00
5～4	7.0	1685.0	28.08	13.0	200	四通1个，弯头2个，异形管1个	20.92	27.92	1.25	37.40
4～3	9.0	4685.0	78.10	11.0	400	三通1个，异形管1个	33.27	42.27	0.28	11.28
3～2	9.0	6370.0	106.16	14.0	400	三通1个，异形管1个	33.27	42.27	0.70	29.59
2～1	30	14418.0	240.3	15.0	600	四通1个，异形管1个	54.12	84.12	0.40	33.65
合计										201.79

计算管道当量长度的换算系数 表 4-18

配件	长度换算系数
三通：气流转弯	1.33
直流异口径	0.42～0.67
直流等口径	0.33
弯头	0.4～0.7
大小头	0.1～0.2
球阀	2.0
角阀	0.9
闸阀	0.25

4.7 活性污泥处理系统的泥水分离器——二次沉淀池

4.7.1 二次沉淀池的作用

二次沉淀池设置于曝气池之后，是活性污泥系统重要的组成部分，它的作用是：（1）澄清，通过泥水分离（沉淀）产生清洁出水；（2）浓缩，提供浓缩和回流活性污泥；（3）

污泥贮存，根据水量、水质的变化暂时贮存活性污泥。其工作效果直接影响活性污泥系统的出水水质和回流污泥浓度。

在污水处理设计过程中，二次沉淀池作为一个独立的处理单元，通常情况下有辐流式、平流式、竖流式三种形式，池形则可分为圆形、方形。大、中型污水处理厂多采用机械吸泥的圆形辐流式沉淀池，中型污水处理厂也有采用多斗式平流沉淀池的，小型污水处理厂则比较普遍采用竖流式沉淀池。

1. 二次沉淀池的特点

进入二次沉淀池的活性污泥混合液在性质上有其特点。活性污泥混合液的浓度高（2000~4000mg/L），具有絮凝性能，属于成层沉淀。沉淀时泥水之间有清晰的界面，絮凝体结成整体共同下沉，初期泥水界面的沉速固定不变，仅与初始浓度 C 有关 $[u=f(C)]$。

活性污泥的另一特点是质轻，易被出水带走，并容易产生二次流和异重流现象，使实际的过水断面远远小于设计的过水断面。因此，设计平流式二次沉淀池时，最大允许的水平流要比初次沉淀池的小 50%；池的出流堰常设在离池末端一定距离的范围内；辐流式二次沉淀池可采用周边进水的方式以提高沉淀效果；此外，出流堰的长度也要相对增加，使单位堰长的出流量不超过 5~8m³/（m·h）。

进入二次沉淀池的混合液是泥、水、气三相混合体，因此在中心管中的下降流速不应超过 0.03m/s，以利于气、水分离，提高澄清区的分离效果。曝气沉淀池的导流区，其下降流速还要小些（0.015m/s 左右），这是因为其气、水分离的任务更重的缘故。

由于活性污泥质轻、易腐变质等，采用静水压力排泥的二次沉淀池，其静水头可降至 0.9m；污泥斗底坡与水平夹角不应小于 50°，以利于污泥顺利滑下和排泥通畅。

2. 影响二次沉淀池运行的主要因素

影响二沉池运行效果的影响因素很多，并且某些影响因素相互联系，彼此制约。在沉淀过程中的影响因素有：

（1）污水自身特点：流量、水温；

（2）自然条件：水力条件、水波和自然风等；

（3）沉淀池参数：进水形式、池形、池高度、表面积、出流量、溢流堰长度及负荷、污泥收集系统特征；

（4）污泥自身特点：污泥负荷、区域沉淀速度、污泥容积指数、硝化程度等；

（5）生物处理情况：活性污泥模式、BOD 负荷等。

在浓缩过程中的影响因素有：

（1）污水自身特点：混合液流量；

（2）池体特征：池表面积、池高、污泥收集系统；

（3）污泥特征：沉速、SVI、混合液浓度和负荷、回流比、污泥槽高度等。

3. 二次沉淀池功能的实现

（1）澄清功能

一个设计运行较好的二次沉淀池出水中通常包含近 5~15mg/L 的 SS，考虑典型生物反应器中 MLSS 浓度一般为 1500~4000mg/L，故二次沉淀池对 SS 的去除率可达到 99%~99.9%。上述去除率的实现应满足 2 个关键因素：①二次沉淀池能够产生促进污泥絮凝和活性污泥絮体捕获小颗粒的条件；②二次沉淀池澄清区的流态应该一致，特别是在出水槽和堰周围，这样可以最小限度地降低高浓度深层上升水流与出水混合。

（2）浓缩功能

部分沉淀在二次沉淀池底部的污泥需要被连续地回流至生物反应区，当回流污泥（RAS）浓度越高时，则所需的回流污泥量就越小。设计运行良好的二次沉淀池可产生 $7\sim12kgTSS/m^3$ 的高浓度回流污泥。当回流污泥的浓度过低时，则每天需要高流量的回流，增加能耗；相反，浓缩后过高的污泥浓度则表明污泥的稳定性下降。

（3）存储功能

典型的活性污泥法污水处理系统中，大多数的污泥都保持在生物反应区，与此同时，生物反应器与二次沉淀池间亦保持着一个持续的污泥交换。如果进水流量突然增加或者污泥致密程度下降，都将使反应器中的部分污泥流入澄清池中，使澄清内污泥层变高。当污泥被贮存在澄清池的污泥层后，将其输送回反应器则需要更多的时间（并可能需要操作人员的干预）。污泥在二次沉淀池中的贮存能够有效应对临时性超负荷。

4.7.2　二次沉淀池的工艺类型

为提升泥水分离效果和促进污泥絮凝成团，二次沉淀池应为污水提供相对静止的或缓慢变化的水力条件。通常情况下，二次沉淀池的形状、结构、进出水位置、污泥去除机制以及内部折流形式等均会影响污泥的沉降性能。

1. 辐流式圆形二次沉淀池

由于设计原理简单，圆形二次沉淀池是目前最受欢迎的池形之一。圆形二次沉淀池中流速大致是呈辐射状分布的，由内向外不断变小，所以二次沉淀池中心的线速度很高。从生物池进入的混合液通常从二次沉淀池中心的絮凝井或静水井中注入，由于其密度较大，在流向外围四周时通常会作为"密度流"在底层污泥层上面流动，这就形成了一个圆形流态，故圆形二次沉淀池流态的控制通常通过在进出水点附近设置分流结构或阻碍物来实现。圆形二次沉淀池出水通过外围的三角堰（水平且均匀分布）排出，而其溢流则被收集在水槽中。污泥会沉降在池子底部，被污泥收集装置收集，继而在污泥斗中被去除。

最典型的污泥收集设备是刮泥机或吸泥机。它可以利用圆形池的优点，在外围驱动力的作用下，每小时均匀旋转若干次达到吸泥或刮泥的效果。

2. 平流式矩形沉淀池

由于矩形沉淀池可采用共用隔墙的形式建造，将大大地节约占地面积，故广泛用于大型污水处理厂。矩形沉淀池的进水和出水可在不同位置布设，但污水流态总体上呈水平状态。混合液从进水口流入，出水则在另一侧被排出，这就使得沉淀池内污水的流态以纵向流为主，与此同时，相对较弱的密度流和环形流也同时存在。在矩形沉淀池中污泥的去除设备通常是一个机械刮泥机或是链板。

3. 竖流式沉淀池

竖流式深层沉淀的一个独特功能是床层过滤——MLSS在污泥层下被注入沉淀池，当水流在竖直方向流过时会使污泥床层流化，在这个过程中小的颗粒将被捕获并过滤掉。因此无论水力负荷如何变化，这种沉淀池都可以产出清洁的水，而且其出水固体含量低，同时污泥床层也不会扩展到堰口。竖流式沉淀池的最大特点是流态将以竖直为主，且高径比较大，该类沉淀池在德国广泛应用。

4. 二次沉淀池的改进

（1）絮凝井

设计良好的絮凝井通过絮凝作用将显著降低出水悬浮固体的浓度，典型的设计值是
20min 的水力停留时间和 $15s^{-1}$ 的平均速度梯度 G，絮凝井并不存在于所有澄清池中。

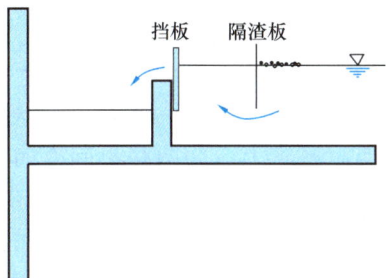

图 4-66　隔渣板示意图

（2）隔渣板

浮渣多由初沉或生物处理段没有被去除的轻细碎屑，或者由于污泥中包裹气体而产生的较轻的微生物固体（例如由于污泥层中的反硝化而产生的氮气被污泥捕集），或者是生物产生的泡沫（例如诺卡菌就会产生一定的泡沫）而引起，为去除漂浮在二次沉淀池表面的浮渣，常通过在二次沉淀池内设置隔渣板（图 4-66）的方式来改善出水水质。

（3）挡板

挡板是用来分流和消散能量的部件，可以是实心的也可以是带狭缝或开口的。尽管有些设计将挡板置于池体的中部以减轻密度流的效应，但大多数时候被置于二次沉淀池靠近进水口或出水口的地方。

4.7.3　二次沉淀池的设计计算

1. 二次沉淀池表面面积

表面水力负荷 q 是设计计算二次沉淀池表面积的重要参数之一，其表达式如下：

$$q = \frac{Q_{max}}{A} \tag{4-111}$$

可见，在处理水量一定时，沉淀池表面面积与表面水力负荷成反比。为了保持较低的出水 SS 值和 BOD 值，我国《室外排水设计标准》GB 50014—2021 中规定活性污泥法后二次沉淀池表面的水力负荷为 $0.6 \sim 1.5 m^3 / (m^2 \cdot h)$。德国水协（DWA）标准则规定 $q = 0.8 \sim 1.5 m^3 / (m^2 \cdot h)$；日本对表面水力负荷 q 的取值范围为 $20 \sim 30 m^3 / (m^2 \cdot d)$；而英国则取 $q = 33 \sim 49 m^3 / (m^2 \cdot d)$。

二次沉淀池表面面积 A（m^2）可由下式计算：

$$A = \frac{Q_{max}}{q} = \frac{Q_{max}}{3.6u} \tag{4-112}$$

式中　Q_{max}——污水最大时流量，m^3/h；

　　　q——表面负荷，$m^3 / (m^2 \cdot h)$；

　　　u——正常活性污泥成层沉淀之沉速，mm/s。

沉速 u 值因污水水质和混合液浓度而异，其值为 $0.2 \sim 0.5 mm/s$。生活污水中含有一定的无机物，可采用稍高的 u 值；有些工业废水溶解性有机物较多，活性污泥质轻，SVI 值较高，因此 u 值宜低些。混合液污泥浓度对 u 值有较大的影响，浓度高时 u 值偏小，反之则大。表 4-19 所列举的是 u 值与混合液浓度之间关系的实测资料，可供设计时参考。表中不同的混合液浓度与对应的 u 值，若近似地换算成固体通量，则都接近于 $90 kg/(m^2 \cdot d)$。由此可见，采用表中 u 值计算出的沉淀池面积，既能起澄清作用又能起一定的浓缩作用。

混合液污泥浓度 MLSS（mg/L）	沉速 u（mm/s）	混合液污泥浓度 MLSS（mg/L）	沉速 u（mm/s）
2000	≤0.5	5000	0.22
3000	0.35	6000	0.18
4000	0.28	7000	0.14

计算沉淀池面积时，设计流量应为污水的最大时流量，而不包括回流污泥量。这是因为一般沉淀池的污泥出口常在沉淀池的下部，混合液进池后基本上分为两路不同方向流出：一路通过澄清区从沉淀池上部的出水槽流出；另一路通过污泥区从下部排泥管流出。前一路流量相当于污水流量，后一路流量相当于回流污泥量和剩余污泥量，所以采用污水最大时流量作为设计流量是能够满足要求的。但是中心管（合建式的导流区）的设计则应包括回流污泥量在内，否则将会增大中心管的流速，不利于气水分离。

2. 二次沉淀池有效水深

澄清区要保持一定的水深，以维持水流的稳定。有效水深 H（m）一般可按沉淀时间（t）计算：

$$H = \frac{Q t}{A} = q t \tag{4-113}$$

式中　Q——污水流量，m^3/h；

　　　t——水力停留时间，h，一般取值 1.5～4.0h；

其他各符号意义同前。

3. 二次沉淀池的高度

沉淀池总高度 H'（以辐流式沉淀池为例）：

$$H' = h_1 + h_2 + h_3 + h_4 + h_5 \tag{4-114}$$

式中　h_1——沉淀池超高，一般取 0.3m；

　　　h_2——沉淀池有效水深 H，m；

　　　h_3——缓冲层高度，非机械排泥时宜为 0.5m；机械排泥时，应根据刮泥板高度确定，且缓冲层上缘宜高出刮泥板 0.3m；

　　　h_4——沉淀池坡底落差，m（池底坡度一般取 0.05）；

　　　h_5——污泥斗高度，m（沉淀池底面与污泥斗壁的夹角一般大于 55°）。

4. 二次沉淀池沉淀区有效容积与污泥量

（1）二次沉淀池沉淀区有效容积：

$$V = A \cdot h_2 \tag{4-115}$$

式中　A——二次沉淀池表面面积，m^2。

（2）污泥量 V'（m^3/d）：

$$V' = \frac{S \cdot N \cdot T}{1000 \times 24 \times n} \tag{4-116}$$

式中　S——每人每天产生的污泥量，一般取 0.3～0.8L/（人·d）；

　　　N——设计人口总数；

T——两次排泥间隔，h；

n——沉淀池座数。

4.7.4 二次沉淀池的污泥回流系统

为了使活性污泥处理系统的净化功能保持稳定，必须使系统中曝气池内的污泥浓度保持平衡，这可由二次沉淀池的污泥回流来实现。

此外，每日须从系统中排除一定数量的剩余污泥，其量等于每日增长的污泥量（$Q_s = \dfrac{\Delta X}{f X_r}$，其中 Q_s 为每日从系统中排出的剩余污泥量，$\mathrm{m^3/d}$；ΔX 为挥发性剩余污泥量，干重，$\mathrm{kg/d}$；$f = \mathrm{MLVSS/MLSS}$，生活污水或城市污水约为 0.75；X_r 为回流污泥浓度，$\mathrm{g/L}$），含水率高达 99%，应对其进行妥善处理与处置（详见第 10 章）。

分建式曝气池污泥从二次沉淀池回流需设污泥回流系统，其中包括污泥提升装置和污泥输送的管渠系统。

污泥回流系统的计算与设计内容包括回流污泥量的计算和污泥提升设备的选择和设计。

1. 回流污泥量的计算

回流污泥量 Q_R 值的计算式为：

$$Q_R = R \cdot Q \tag{4-117}$$

R 值可通过式（4-62）确定，也可以通过下式求定：

$$R = \frac{X}{X_r - X} \tag{4-118}$$

由式（4-118）可见，回流比 R 值取决于混合液污泥浓度（X）和回流污泥浓度（X_r），而 X_r 值又与 SVI 值有关。根据式（4-103）和式（4-105），并令 r 值为 1.2，则可以推算出随 SVI 值和 X 值而变化的回流污泥浓度值（X_r），并据此可以按式（4-118）求定出污泥回流比（R）值。

在实际运行的曝气池内，SVI 值在一定的幅度内变化，而且混合液浓度（X）也需要根据进水负荷的变化而加以调整。因此，在进行污泥回流系统的设计时，应按最大回流比考虑，并使其具有能够在较小回流比条件下工作的可能，亦即回流污泥量可在一定幅度内变化。

2. 污泥提升设备的选择与设计

污泥回流系统常用的污泥提升设备主要是污泥泵、空气提升器和螺旋泵。

污泥泵的主要型式是轴流泵，运行效率较高，可用于较大规模的污水处理工程。在选择时，首先应考虑的因素是不破坏活性污泥的絮凝体，使污泥能够保持其固有的特性，运行稳定可靠。采用污泥泵时，将从二次沉淀池流出的回流污泥集中到污泥井，从那里再用污泥泵抽送至曝气池，大、中型污水处理厂则设回流污泥泵站。泵的台数视条件而定，一般采用 2~3 台，此外，还应考虑适当台数的备用泵。

空气提升器是利用升液管内外液体的密度差而使污泥提升的（图 4-67），结构简单，管理方便，而且有利于提高活性污泥中的溶解氧和保持活性污泥的活性，多为中、小型污水处理厂所采用。

空气提升器一般设在二次沉淀池的排泥井中或在曝气池进口处专设的回流井中。在每座回流井内只设 1 台空气提升器，而且只接受 1 座二次沉淀池污泥斗的来泥，以免造成二次沉淀池排泥量的相互干扰，污泥回流量则通过调节进气阀门加以控制。

根据图 4-67，淹没水深为 h_1，拟提升高度为 h_2，则升液筒在回流井中最小的淹没深度（$h_{1,\min}$）可按下式计算得出：

$$h_{1,\min} = \frac{h_2}{n-1} \qquad (4-119)$$

式中　n——相对密度系数，一般取值 $2 \sim 2.5$。

在一般情况下，

$$\frac{h_1}{h_1 + h_2} \geqslant 0.5 \qquad (4-120)$$

空气用量（Q_u）一般为最大提升污泥量的 $3 \sim 5$ 倍，也可以按下式计算：

$$Q_u = \frac{K_u Q_s h_1}{231 g \dfrac{h_1 + 10}{10} \eta} \qquad (4-121)$$

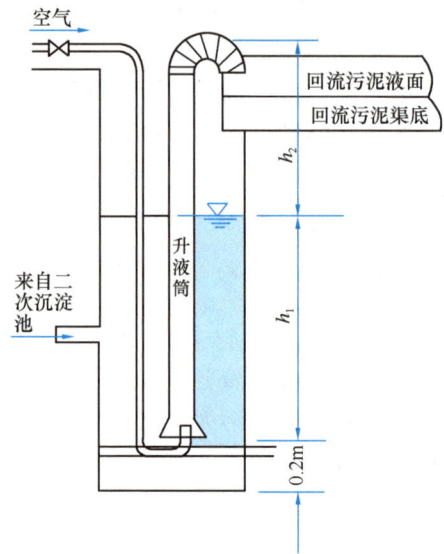

图 4-67　空气提升器构造示意图

式中　Q_u——空气用量，m^3/h；

K_u——安全系数，一般采用 1.2；

Q_s——每台空气提升器设计提升流量，m^3/h；

η——效率系数，一般为 $0.35 \sim 0.45$。

空气压力应大于淹没深度 h_1，在 3kPa 以上。升液筒的最小直径为 75mm，而空气管的最小管径为 25mm。

螺旋泵在污泥回流系统中比较广泛地使用。螺旋泵是由泵轴、螺旋叶片、上下支座、导槽、挡水板和驱动装置所组成（图 4-68）。

采用螺旋泵提升的污泥回流系统，具有以下各项特征：效率高，且稳定，即使进泥量有所变化，仍能够保持较高的效率；能够直接安装在曝气池与二次沉淀池之间，不必另设污泥井及其他附属设备；不因污泥而堵塞，维护方便，节省能源；转速较慢，不会打碎活性污泥絮凝体颗粒。

螺旋泵提升回流污泥，常使用无级变速或有级变速的传动装置，以便能够改变提升流量，也可以应用电子计算机来控制回流污泥量。

螺旋泵的最佳转速（v_j，r/min）和工作转速（v_g，r/min）可分别由下式求定：

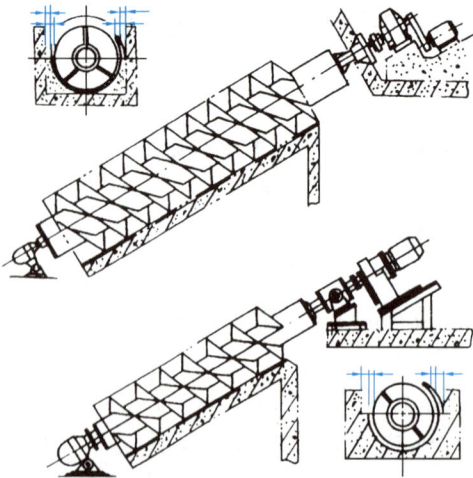

图 4-68　螺旋泵的基本构造示意图

$$v_j = \frac{50}{\sqrt[3]{D^2}} \qquad (4-122)$$

$$0.6v_j < v_g < 1.1v_j \tag{4-123}$$

式中　D——螺旋泵的外缘直径，m。

螺旋泵安设的倾斜角一般为 $30°\sim38°$。

螺旋泵的导槽可用混凝土砌造，亦可采用钢构件。当使用混凝土导槽时，混凝土的强度等级不得低于 C28。泵体外缘与导槽内壁之间必须保持一定的间隙（δ，mm），δ 值可按下式计算：

$$\delta = 0.1420\sqrt{D} \pm 1 \tag{4-124}$$

螺旋泵的基本参数包括外缘直径、转速和流量等，供设计时参考。

2. 螺旋泵基本参数

4.8　活性污泥的培养驯化与异常控制

4.8.1　活性污泥处理系统的投产与活性污泥的培养驯化

活性污泥处理系统在工程完工之后和投产之前，需进行验收工作。在验收工作中，首先用清水进行试运行。这样可以提高验收质量，对发现的问题可做最后修整；同时，还可以做一次脱氧清水的曝气设备性能测定，为运行提供资料。

在处理系统准备投产运行时，运行管理人员不仅要熟悉处理设备的构造和功能，还要深入掌握设计内容与设计意图。对于城市污水和性质与其相类似的工业废水，投产前首先需要进行的是培养活性污泥；对于其他工业废水，除培养活性污泥外，还需要使活性污泥适应所处理废水的特点，对其进行驯化。

当活性污泥的培养和驯化结束后，还应进行以确定最佳运行条件为目的的试运行工作。

1. 活性污泥的培养与驯化

活性污泥处理系统在验收后正式投产前的首要工作是培养与驯化活性污泥。

活性污泥的培养和驯化可归纳为异步培驯法、同步培驯法和接种培驯法数种。异步法即先培养后驯化；同步法则培养和驯化同时进行或交替进行；接种法系利用其他污水处理厂的剩余污泥，再进行适当培驯。对城市污水一般都采用同步培驯法。

培养活性污泥需要有菌种和菌种所需要的营养物。对于城市污水，其中菌种和营养物都具备，因此可直接进行培养。方法是先将污水引入曝气池进行充分曝气，并开动污泥回流设备，使曝气池和二次沉淀池接通循环。经 $1\sim2d$ 曝气后，曝气池内就会出现模糊不清的絮凝体。为补充营养和排除对微生物增长有害的代谢产物，要及时换水，即从曝气池通过二次沉淀池排出 $50\%\sim70\%$ 的污水，同时引入新鲜污水。换水可间歇进行，也可以连续进行。

间歇换水一般适用于生活污水所占比例不太大的城市污水处理厂。每天换水 $1\sim2$ 次。这样一直持续到混合液 30min 沉降比达到 $15\%\sim20\%$ 时为止。在一般的污水浓度和水温在 15℃ 以上的条件下，经过 $7\sim10d$ 便可大致达到上述状态。成熟的活性污泥，具有良好的凝聚沉淀性能，污泥内含有大量的菌胶团和纤毛虫原生动物，如钟虫、等枝虫、盖纤虫等，并可使 BOD_5 的去除率达 90% 左右。当进入的污水浓度很低时，为使培养期不致过长，可将初次沉淀池的污泥引入曝气池或不经初次沉淀池将污水直接引入曝气池。对于性质类似的工业废水，也可按上述方法培养，不过在开始培养时，宜投入一部分作为菌种的粪便水。

连续换水适用于以生活污水为主的城市污水或纯生活污水。连续换水是指边进水、边出水、边回流的方式培养活性污泥。

对于工业废水或以工业废水为主的城市污水，由于其中缺乏专性菌种和足够的营养，因此在投产时除用一般菌种和所需要营养培养足量的活性污泥外，还应对所培养的活性污泥进行驯化，使活性污泥微生物群体逐渐形成具有代谢特定工业废水的酶系统。

在工业废水处理站，可先用粪便水或生活污水培养活性污泥。因为这类污水中细菌种类繁多，本身所含营养也丰富，细菌易于繁殖。当缺乏这类污水时，可用化粪池和排泥沟的污泥、初次沉淀池或消化池的污泥等。采用粪便水培养时，先将浓粪便水过滤后投入曝气池，再用自来水稀释，使 BOD_5 浓度控制在 500mg/L 左右，进行静态（闷曝）培养。同样经过 1～2d 后，为补充营养和排除代谢产物，需及时换水。对于生产性曝气池，由于培养液量大，收集比较困难，一般均采取间歇换水方式，或先间歇换水，后连续换水。而间歇换水又以静态操作为宜。即当第一次加料曝气并出现模糊的絮凝体后，就可停止曝气，使混合液静沉，经过 1～1.5d 沉淀后排除上清液（其体积约占总体积的 50%～70%），然后再往曝气池内投加新的粪便水和稀释水。粪便水的投加量应根据曝气池内已有的污泥量在适当的 N_s 值范围内进行调节（即随污泥量的增加而相应增加粪便水量）。在每次换水时，从停止曝气、沉淀到重新曝气，总时间以不超过 2h 为宜。开始宜每天换水一次，以后可增加到两次，以便及时补充营养。

连续换水仅适用于就地有生活污水来源的处理站。在第一次投料曝气后或经数次闷曝而间歇换水后，就不断地往曝气池投加生活污水，并不断将出水排入二次沉淀池，将污泥回流至曝气池。随着污泥培养的进展，应逐渐增加生活污水量，使 N_s 值在适宜的范围内。此外，污泥回流量应比设计值稍大些。

当活性污泥培养成熟，即可在进水中加入并逐渐增加工业废水的比例，使微生物在逐渐适应新的生活条件下得到驯化。开始时，工业废水可按设计流量的 10%～20% 加入，达到较好的处理效果后，再继续增加其比例。每次增加的百分比以设计流量的 10%～20% 为宜，并待微生物适应巩固后再继续增加，直至满负荷为止。在驯化过程中，能分解工业废水的微生物得到发展繁殖，不能适应的微生物则逐渐淘汰，从而使驯化过的活性污泥具有处理该种工业废水的能力。

上述先培养后驯化的方法即所谓异步培驯法。为了缩短培养和驯化的时间，也可以把培养和驯化这两个阶段合并进行，即在培养开始就加入少量工业废水，并在培养过程中逐渐增加比例，使活性污泥在增长的过程中，逐渐适应工业废水并具有处理它的能力。这就是所谓"同步培驯法"。这种做法的缺点是，在缺乏经验的情况下不够稳妥可靠，出现问题时不易确定是培养上的问题还是驯化上的问题。

在有条件的地方，可直接从附近污水处理厂引入剩余污泥，作为种泥进行曝气培养，这样能够缩短培养时间；如能从性质相同的废水处理站引入活性污泥，更能提高驯化效果，缩短时间。这就是所谓的接种培驯法。

工业废水中，如缺乏氮、磷等养料，在驯化过程中则应把这些物质投加入曝气池中。实际上，培养和驯化这两个阶段不能截然分开，间歇换水与连续换水也常结合进行，具体培养驯化时应依据净化机理和实际情况灵活进行。

2. 试运行

活性污泥培驯成熟后，就开始试运行。试运行的目的是确定最佳的运行条件。在活性污泥系统的运行中，作为变数考虑的因素有混合液污泥浓度（MLSS）、空气量、污水注入的方式等；如采用生物吸附法，则还有污泥再生时间和吸附时间之比值；采用再生—曝气系统，则需要初步确定回流污泥再生池所占的比例，这一数值在曝气池正式运行过程中还可以进一步调整。如采用曝气沉淀池还要确定回流窗孔开启高度；如工业废水养料不足，还应确定氮、磷的投量等。将这些变数组合成几种运行条件分阶段进行试验，观察各种条件的处理效果，并确定最佳的运行条件，这就是试运行的任务。

活性污泥法要求在曝气池内保持适宜的营养物与微生物的比值，供给所需的氧，使微生物很好地和有机污染物相接触，并保持适当的接触时间等。如前所述，营养物与微生物的比值一般用污泥负荷率加以控制，其中营养物数量由流入污水量和浓度所定，因此应通过控制活性污泥的数量来维持适宜的污泥负荷率。不同的运行方式有不同的污泥负荷率，运行时的混合液污泥浓度就是以其运行方式的适宜污泥负荷率作为基础确定的，并在试运行过程中确定最佳条件下的 N_s 值和 MLSS 值。

MLSS 值最好每天都能够测定，如 SVI 值较稳定时，也可用污泥沉降比暂时代替 MLSS 值的测定。根据测定的 MLSS 值或污泥沉降比，便可控制污泥回流量和剩余污泥量，并获得这方面的运行规律。此外，剩余污泥量也可以通过相应的污泥龄加以控制。

关于空气量，应满足供氧和搅拌这两者的要求。在供氧上应使最高负荷时混合液溶解氧含量保持在 $1\sim2mg/L$，也可以超过 $2mg/L$ 不过会造成能量的浪费。搅拌的作用是使污水与污泥充分混合，因此搅拌程度应通过测定曝气池表面、中间和池底各点的污泥浓度是否均匀而定。

前已述及，活性污泥处理系统有多种运行方式，在设计中应予以充分考虑，各种运行方式的处理效果，应通过试运行阶段加以比较观察，并从中确定出最佳的运行方式及其各项参数。但应当说明的是，在正式运行过程中，还可以对各种运行方式的效果进行验证。

4.8.2　活性污泥处理系统运行效果的检测

试运行确定最佳条件后，即可转入正常运行。为了经常保持良好的处理效果，积累经验，需要对处理情况定期进行检测。检测项目有以下几项。

（1）反映处理效果的项目：进出水总的和溶解性的 BOD、COD，进出水总的和挥发性的 SS，进出水的有毒物质（对应工业废水）；

（2）反映污泥情况的项目：污泥沉降比（SV%）、MLSS、MLVSS、SVI、微生物观察等；

（3）反映污泥营养和环境条件的项目：氮、磷、pH、水温、溶解氧等。

一般 SV% 和溶解氧最好 $2\sim4h$ 测定一次，至少每班一次，以便及时调节回流污泥量和空气量。微生物观察最好每班一次，以预示污泥异常现象。除氮、磷、MLSS、MLVSS、SVI 可定期测定外，其他各项应每天测一次。水样除测溶解氧外，均取混合水样。

此外，每天要记录进水量、回流污泥量和剩余污泥量，还要记录剩余污泥的排放规律、曝气设备的工作情况以及空气量和电耗等。剩余污泥（或回流污泥）浓度也要定期测定。上述检测项目如有条件，应尽可能进行自动检测和自动控制。

4.8.3 活性污泥处理系统运行中的异常与控制

活性污泥处理系统在运行过程中，有时会出现种种异常情况，处理效果降低，污泥流失。下面将在运行中可能出现的几种主要的异常现象和相应采取的措施加以简要阐述。

1. 污泥膨胀

正常的活性污泥沉降性能良好，含水率在99%左右。当污泥变质时，污泥不易沉淀，SVI值增高，污泥的结构松散和体积膨胀，含水率上升，澄清液稀少（但较清澈），颜色也有异变，这就是"污泥膨胀"。污泥膨胀主要是因丝状菌大量繁殖所引起，也有由污泥中结合水异常增多导致的污泥膨胀。一般污水中碳水化合物较多，缺乏氮、磷、铁等养料，溶解氧不足，水温高或pH较低等，都容易引起丝状菌大量繁殖，导致污泥膨胀。此外，超负荷、污泥龄过长或有机物浓度梯度小等，也会引起污泥膨胀。排泥不通畅则易引起结合水性污泥膨胀。

由此可知，为防止污泥膨胀，首先应加强操作管理，经常检测污水水质、曝气池内溶解氧、污泥沉降比、污泥容积指数和进行显微镜观察等，如发现不正常现象，就需立即采取预防措施。一般可调整、加大空气量，及时排泥，在有可能时采取分段进水，以减轻二次沉淀池的负荷等。

当污泥发生膨胀后，可针对引起膨胀的原因采取措施。如缺氧、水温高等可加大曝气量，或降低进水量以减轻负荷，或适当降低MLSS值，使需氧量减少等；如污泥负荷率过高，可适当提高MLSS值，以调整负荷。必要时还要停止进水，"闷曝"一段时间。如缺氮、磷、铁养料，可投加硝化污泥液或氮、磷等成分。如pH过低，可投加石灰等调节pH。若污泥大量流失，可投加5~10mg/L氯化铁，帮助凝聚，刺激菌胶团生长；也可投加漂白粉或液氯（按干污泥的0.3%~0.6%投加），抑制丝状菌繁殖，特别能控制结合水性污泥膨胀。也可投加石棉粉末、硅藻土、黏土等惰性物质，降低污泥指数。污泥膨胀的原因很多，甚至有些原因迄今还没有认识到。以上介绍只是对污泥膨胀的一般处理措施，仅供参考。

2. 污泥解体

处理水质浑浊、污泥絮凝体微细化、处理效果变差等则是污泥解体现象。导致这种异常现象的原因有运行中的问题，也有可能是由于污水中混入了有毒物质。

运行不当，如曝气过量，会使活性污泥生物—营养的平衡遭到破坏，使微生物量减少并失去活性，吸附能力降低，絮凝体缩小致密，一部分则成为不易沉淀的羽毛状污泥，处理水质浑浊，SVI值降低等。当污水中存在有毒物质时，微生物会受到抑制或伤害，净化功能下降或完全停止，从而使污泥失去活性。一般可通过显微镜观察来判别产生的原因。当鉴别出是运行方面的问题时，应对污水量、回流污泥量、空气量和排泥状态以及SV%、MLSS、DO、N_s等多项指标进行检查，加以调整。当确定是污水中混入有毒物质时，应考虑这是新的工业废水混入的结果，需查明来源，责成其按国家排放标准进行局部处理。

3. 污泥腐化

在二次沉淀池有可能由于污泥长期滞留而产生厌氧发酵生成气体（H_2S、CH_4等），从而使大块污泥上浮的现象。它与污泥脱氮上浮不同，污泥腐败变黑，产生恶臭。此时也不是全部污泥上浮，大部分污泥都是正常地排出或回流。只有沉积在死角长期滞留的污泥才腐化上浮。防治的措施有：①安设不使污泥外溢的浮渣清除设备；②消除沉淀池的死角区；③加大池底坡度或改进池底刮泥设备，不使污泥滞留于池底。

4. 污泥上浮

污泥在二次沉淀池呈块状上浮的现象，并不是由于腐败所造成的，而是由于在曝气池内污泥泥龄过长，硝化程度较高（一般硝酸盐达 5mg/L 以上），在沉淀池底部产生反硝化，硝酸盐的氧被利用，氮即呈气体脱出附于污泥上，从而使污泥相对密度降低，整块上浮。所谓反硝化是指硝酸盐被反硝化菌还原成氨和氮的作用。反硝化作用一般在溶解氧低于 0.5mg/L 时发生，并在试验室静沉 30～90min 以后发生。因此为防止这一异常现象发生，应增加污泥回流量或及时排除剩余污泥，在脱氮之前即将污泥排除；或降低混合液污泥浓度，缩短污泥龄和降低溶解氧等，使之不进行到硝化阶段。

此外，如曝气池内曝气过度，使污泥搅拌过于激烈，生成大量小气泡附聚于絮凝体上，也可能引起污泥上浮。这种情况机械曝气较鼓风曝气多。另外，当流入大量脂肪和油时，也容易产生这种现象。防止措施是将供气控制在搅拌所需要的限度内，而脂肪和油则应在进入曝气池之前加以去除。

5. 泡沫问题

曝气池中产生泡沫，主要原因是污水中存在大量合成洗涤剂或其他起泡物质。泡沫可给生产操作带来一定困难，如影响操作环境，带走大量污泥。当采用机械曝气时，还能影响叶轮的充氧能力。消除泡沫的措施有：分段注水以提高混合液浓度；进行喷水或投加除沫剂（如机油、煤油等，投量约为 0.5～1.5mg/L）等。此外，用风机机械消泡，也是有效措施。

复 习 思 考 题

1. 什么是活性污泥？其一般的理化特性、组成如何？
2. 参与活性污泥反应活动的微生物包括哪些？在活性污泥反应过程中各自有哪些作用？
3. 微生物（细菌）在曝气池内的增殖曲线可划分为哪 4 个时段（期）？
4. 活性污泥对有机污染物的去除包括哪两个主要作用？
5. 活性污泥工艺系统的主要影响因素有哪些？一般其值控制在什么范围？
6. 表示及控制混合液中活性污泥量的指标有哪些？评价活性污泥沉降性能的指标都是什么？
7. 分别写出污泥龄、BOD_5—容积负荷、BOD_5—污泥负荷的数学表达式，并对式中各物理量进行释义。
8. 画出活性污泥工艺处理系统的基本流程图并说明其各组成单元的功能。
9. 有机物降解与活性污泥增长、有机物降解与需氧量之间各自存在怎样的数学关系？
10. 活性污泥反应动力学主要揭示哪些规律？在研究推导有关动力学模式时做出哪些条件假设？
11. 试写出 Monod 模式的基本方程式。写出与比增殖速率 μ 相对应的底物比降解速率 v 的表达式。给出 Monod 模式在两种极限条件下（高、低底物浓度）的表达式并加以分析讨论。
12. 试写出劳伦斯—麦卡蒂的第一、第二基本方程式，并对其各物理量进行释义。
13. 曝气扩散过程的基本规律可用菲克（Fick）定律来描述，其公式表达形式是什么？
14. "双膜理论"的基本内容包括哪些？
15. 影响氧转移速率的主要因素有哪些？
16. 曝气池内空气扩散装置的主要作用是什么？主要有哪些类型？

17. 机械曝气装置是如何将空气中的氧转移到水中去的?

18. 从混合液流态角度来讲,曝气池的种类包括哪些?

19. 二次沉淀池的作用是什么?影响其运行的主要因素有哪些?

20. 污泥的培养和驯化有几种方法?过程是什么?

21. 活性污泥处理系统运行中会有哪些异常现象?什么是污泥膨胀?引起污泥膨胀的主要原因有哪些?如何预防和解决污泥膨胀?

第5章　污水活性污泥处理的工艺系统

污水活性污泥处理工艺开创 100 余年来，通过污水处理的生产实践，在技术上得到了长足的发展和进步。在 20 世纪 30～50 年代，活性污泥工艺在城市污水处理方面得到了广泛应用且效果显著，在城市污水处理技术领域稳占一席之地，在技术上也取得大幅度的进步，相继开发出阶段曝气、完全混合曝气等一系列有效的工艺系统和技术。从 20 世纪 50～60 年代开始到现在，针对活性污泥工艺系统的科学研究成果显著，进而促进了活性污泥工艺系统在技术上的大发展，也扩大了活性污泥工艺系统的应用范围。在生物脱氮、除磷方面，建立了生物脱氮、除磷工艺的理论基础，开发出了同步脱氮除磷的工艺系统。

本章主要阐述的污水活性污泥处理技术的工艺系统可大致划分为 3 个类别。第 1 类是在 20 世纪 30～40 年代在城市污水处理热潮中涌现出来的去除有机污染物效果优异的活性污泥工艺系统，如阶段曝气、延时曝气及纯氧曝气等，统称之为活性污泥处理的传统工艺系统；第 2 类是以活性污泥工艺为基础开发的序批式活性污泥工艺系统及其多项衍生工艺，在全世界范围内应用较为广泛；第 3 类也是以活性污泥工艺为基础开发的应用效果显著或有一定的理论意义和相应发展前景的几种工艺系统，如氧化沟工艺系统、吸附—生物降解（A-B）工艺系统、带有膜分离的活性污泥工艺系统及生物倍增工艺系统等。

针对上述各工艺系统，在着重阐述其开发基础、降解有机污染物的优势特征和应用效果的同时，还探讨了如何使这些系统也具有脱氮和除磷功能。鉴于当今污水脱氮除磷的重要性，第 6 章将重点阐述有关污水脱氮除磷的基本原理和相应的其他工艺系统。

5.1　活性污泥处理的传统工艺系统

5.1.1　普通活性污泥工艺系统

图 5-1 是普通活性污泥处理工艺系统的流程，主要由活性污泥反应器——曝气池及泥水分离器——二次沉淀池组成，其工艺过程可参见 4.1.1 节。

本工艺系统具有如下各项特征。

（1）本工艺系统对一般城市污水的处理效果良好，BOD$_5$ 的降解率可达 90% 以上，适于处理净化程度和稳定程度要求高的污水。

（2）污水中的有机污染物在活性污泥

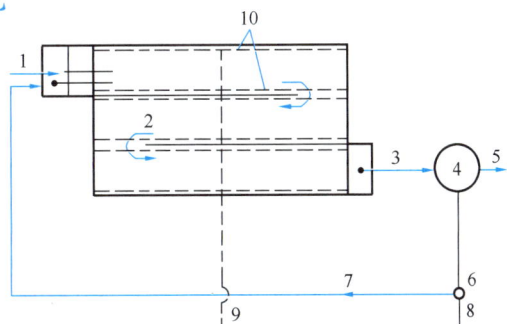

图 5-1　普通活性污泥工艺系统流程

1—经预处理后的污水；2—活性污泥反应器（三廊道曝气池）；3—从曝气池流出的混合液；4—二次沉淀池；5—处理后的污水；6—污泥泵站；7—回流污泥系统；8—剩余污泥；9—来自空压机站的空气；10—曝气系统与空气扩散装置

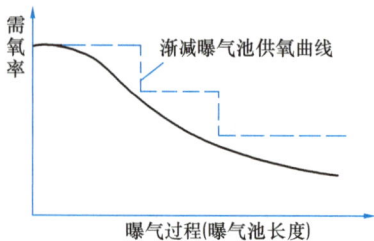

图 5-2 普通活性污泥法工艺系统
曝气池内耗氧率的变化

反应器内，经历了被吸附和被代谢，是一个完整的降解过程。栖息在活性污泥中的微生物则经历了从曝气池首端的对数增殖期到池中间部位的减速增殖期，一直到池末端的内源呼吸期，是一个比较完整的生长期。回流活性污泥中的微生物基本上都处在内源呼吸期。

（3）由于污水中的有机污染物含量沿曝气池的长度逐渐降低，需氧速度也将是沿池长度逐渐降低（图 5-2）。因此，在曝气池首端和前段混合液中的溶解氧浓度较低，甚至有可能是不足的，溶解氧含量沿池长度逐渐增高，在池的末端，溶解氧含量就已经很充足了，可能达到规定的 2mg/L。

经多年运行实践证实，普通活性污泥法工艺系统，存在着下列各项问题：

（1）反应器首端有机污染物负荷高，耗氧速度也高。为了避免出现由于缺氧所形成的厌氧状态，进水有机污染物负荷不宜过高，故设计的曝气池容积较大，占用的土地面积较大，基建费用高。

（2）沿反应器长度，耗氧速度是变化的（图 5-2），而供氧速度又难以与其相吻合与适应。这样，在反应器前段的混合液中，可能出现耗氧速度高于供氧速度的现象。而在后段的混合液中，又可能出现溶解氧过剩的现象。对此，可以考虑采用渐减供氧的方式，能够在一定程度上缓解上述现象。

（3）普通活性污泥法工艺系统，对进入原污水水质、水量变化的适应性较低，运行效果易受原污水水质、水量变化的影响。

《室外排水设计标准》GB 50014—2021 对处理城市污水的传统活性污泥法的普通曝气工艺系统反应器——曝气池规定的设计数据：

（1）BOD_5—污泥负荷 N_s：0.2～0.4kg BOD_5/(kgMLSS·d)；

（2）混合液悬浮固体平均浓度 X：1.5～2.5gMLSS/L；

（3）BOD_5—容积负荷 N_v：0.4～0.9kg/(m³·d)；

（4）污泥回流比：25%～75%；

（5）总处理效率：90%～95%；

（6）污泥产率系数 Y：无试验资料时取值 0.4～0.8kgVSS/kgBOD_5；

（7）衰减系数 K_d：20℃ 时的数值为 0.04～0.075d^{-1}；

（8）设计污泥龄 θ_c：3～15d。

5.1.2 阶段曝气活性污泥工艺系统

阶段曝气活性污泥工艺系统又称分段进水活性污泥工艺系统或多段进水活性污泥工艺系统，其工艺系统流程如图 5-3 所示。

阶段曝气活性污泥工艺系统，是针对普通活性污泥法工艺系统存在的问题、在工艺流程方面做了某些改进的活性污泥工艺系

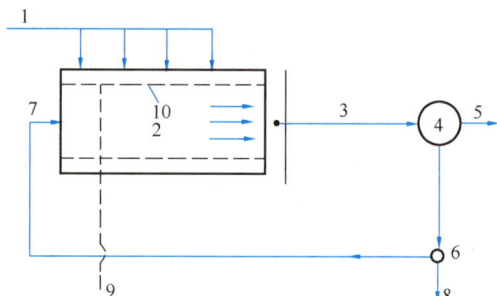

图 5-3 阶段曝气活性污泥工艺系统流程

1—经预处理后的原污水；2—活性污泥反应器（曝气池）；3—从曝气池流出的混合液；4—二次沉淀池；5—处理后污水；6—回流污泥泵站；7—回流污泥系统；8—剩余污泥排放；9—来自空压机站的空气；10—曝气系统与空气扩散装置

统。本工艺系统与普通活性污泥工艺系统主要的区别是原污水沿反应器的长度分散又均衡地注入。这种运行方式，能够产生如下各项效应。

（1）在反应器内，有机污染物的负荷及耗氧速度取得一定的均衡效果，也一定程度地缩小了耗氧速度与充氧速度之间的差距（图5-4）。这样，有助于节省能耗，活性污泥微生物对有机污染物的降解功能，也得以正常地发挥。

（2）提高了活性污泥反应器对原污水水质、水量冲击负荷的适应能力。

（3）混合液中的活性污泥浓度，沿反应器的长度逐步降低，反应器出流混合液（即处理水）保持较低的浓度，有利于提高二次沉淀池固、液分离的效果。

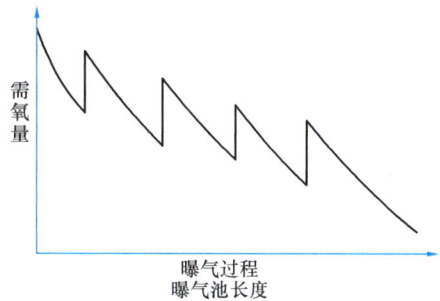

图5-4　阶段曝气活性污泥工艺系统
反应器内耗氧量的变化工况

阶段曝气活性污泥工艺系统，1939年在美国纽约开始生产应用，至今已有80多年的历史。应用广泛，效果良好。

《室外排水设计标准》GB 50014—2021对处理城市污水的传统活性污泥阶段曝气工艺系统反应器——曝气池规定的设计数据：

（1）BOD_5—污泥负荷N_s：$0.2\sim0.4kg\ BOD_5/$（$kg\ MLSS \cdot d$）；

（2）混合液悬浮固体平均浓度X：$1.5\sim3.0gMLSS/L$；

（3）BOD_5—容积负荷N_v：$0.4\sim1.2kg/$（$m^3 \cdot d$）；

（4）污泥回流比：$25\%\sim75\%$；

（5）总处理效率：$85\%\sim95\%$。

Y、K_d和θ_c的取值范围同普通活性污泥工艺系统。

5.1.3　回流污泥再生曝气活性污泥工艺系统

本工艺系统是普通活性污泥法工艺系统的一种变形。在工艺系统方面的主要特征，是将活性污泥反应器一分为二，即曝气池及再生池。图5-5所示即为回流污泥再生曝气活性污泥工艺系统。

经过预处理的原污水直接进入曝气池。从二次沉淀池排出的回流污泥，则不直接进入曝气池，而是先进入再生池进行曝气，使回流污泥得到充分的再生反应，活性得到充分的恢复。然后再进入曝气池与进入的原污水相混合，形成混合液，使活性得到恢复和强化的回流污泥与污水中的有机污染物相碰撞、接触，进行高效的有机污染物的降解反应。

建立这种工艺系统的主要考虑因素是：为了保证在曝气池内混合液中的活性污泥能够保持足量（设计值）的浓度，如$2500\sim3000mg/L$，就必须使回流污泥在二次沉淀池底部滞留一段时间，以进行浓缩。但是这样考虑又会出现另一项问题，即沉淀的活性污泥在缺氧环境的二次沉淀池底部沉淀、浓缩、滞留，会使其活性受到某种程度的"伤害"，微生物的代谢功能受到抑制。处于这种状态的污泥回流至曝气池，其活性需要经过再生后才能得到恢复，而且由于原污水和回流污泥形成了混合液，回流污泥的再生过程会受到污水中一些因素的干扰，而得不到充分的再生，微生物的降解功能也得不到充分的发挥。

根据这种情况，专设再生池，使经过浓缩达到一定浓度的回流污泥暂不与原污水合流，

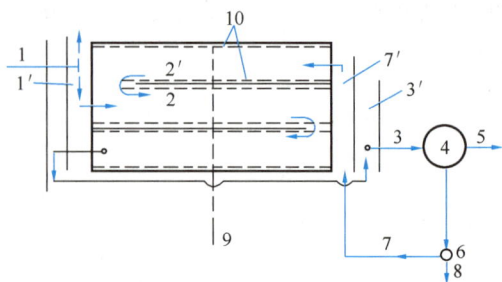

图 5-5　回流污泥再生曝气活性污泥工艺系统

1—经预处理后的原污水；1′—进入曝气池的原污水渠道；
2—曝气池；2′—再生池；3—从曝气池流出的混合液；
3′—混合液出流渠道；4—二次沉淀池；5—排出的处理后
污水；6—回流污泥泵站；7—回流污泥系统；8—排出系
统的剩余污泥；9—引自空压机站的空气管道；10—曝气
系统和空气扩散装置

而在专设的再生池内进行曝气处理，使微生物充分地进入内源呼吸期的后期，回流活性污泥的活性得到彻底的恢复，甚至还得到强化。处于这种状态的活性污泥，在进入曝气池后，与污水相碰撞、接触，其对有机污染物的吸附、凝聚、降解代谢以及沉降等各项功能，都能得到充分的发挥。这样，无疑会加快活性污泥的净化反应进程，提高反应效果。

回流污泥再生曝气工艺系统的设计与运行，需考虑以下各项。

对回流污泥再生曝气工艺系统的设计参数同普通活性污泥法工艺系统。在一般情况下，再生池无须另行增设，而是将通过工艺计算所确定的活性污泥反应器的容积中，分出一部分（1/4、1/3 或 1/2）作为再生池。图 5-5 所示的回流污泥再生曝气工艺系统，再生池所占容积为活性污泥反应器总容积的 1/3，即三廊道的推流式曝气池，将其中的一个廊道作为再生池考虑。

再生池部分在活性污泥反应器总容积中所占比例，可以根据运行效果的实际情况，在运行过程中进行调整。

回流污泥再生曝气工艺系统的曝气池，按普通活性污泥工艺系统曝气池方式运行，即活性污泥微生物对有机污染物进行完整的吸附、代谢、降解过程，而活性污泥本身也经历完整的生长周期。

回流污泥在再生池内得到充分的再生反应，活性完全恢复，因此在曝气池内进行的活性污泥代谢、降解反应迅速而充分。

回流污泥再生曝气工艺系统，规模从几千到数百万立方米每天不等，处理水水质良好，而且效果稳定，BOD_5 去除率可达 90％以上。

5.1.4　吸附—再生活性污泥工艺系统

本工艺系统称为生物吸附活性污泥工艺系统，或接触稳定活性污泥工艺系统。本工艺系统流程如图 5-6 所示。

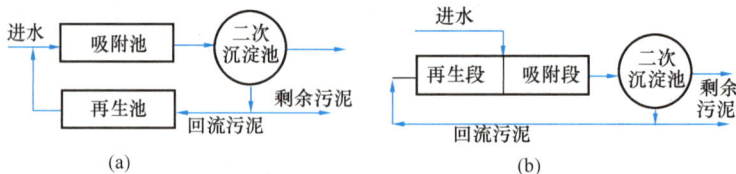

图 5-6　吸附—再生活性污泥工艺系统

（a）分建式吸附—再生活性污泥工艺系统；（b）合建式吸附—再生活性污泥工艺系统

20 世纪 40 年代末本活性污泥工艺系统首先在美国出现。

吸附—再生活性污泥工艺系统的主要特点，是将活性污泥对污水中的有机污染物降解的两个过程——吸附与代谢稳定，分别在各自的反应器内进行。

为了便于对本工艺系统基本原理的说明，先从史密斯（Smith）的试验说起。史密斯曾将含有溶解性和非溶解性有机污染物的混合污水和活性污泥一起进行曝气，发现污水的 BOD_5 值随曝气时间的降解工况，呈图 5-7 所示的状态，BOD_5 值在 5～15min 时间内急剧下降，然后略升起，随后又缓慢下降。

经过分析研究，史密斯对这种现象作出如下的解释。BOD_5 值的第一次急剧下降，是活性很强的活性污泥对污水中有机污染物吸附的结果，这一现象称之为"初期吸附去除"。随后的略升起，是由于胞外水解酶将吸附的非溶解状态的有机污染物加以水解，使

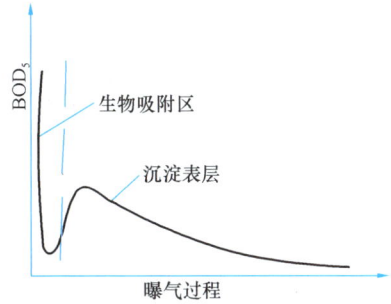

图 5-7　污水与活性污泥混合曝气后污水 BOD_5 值的变化工况

其成为溶解性的小分子。部分被溶解的有机污染物又溶于污水中，从而使污水的 BOD_5 值上升。此时，活性污泥微生物处于营养过剩的对数增殖期，能量水平很高，活性污泥微生物处于分散状态，在污水中存活着大量的游离细菌，这种现象也进一步使污水的 BOD_5 值上升。随着降解反应的持续进行，污水中的有机污染物浓度下降，活性污泥微生物进入减速增殖期，继之又进入内源呼吸期，污水的 BOD_5 值再行缓慢下降。

吸附—再生活性污泥工艺系统，就是以上述现象作为基础而开创的。如图 5-6 所示，污水与在再生池经过充分的再生反应，活性增强的回流污泥，同步进入吸附池，在这里污水与回流污泥相互之间充分地碰撞、接触 30～60min，使污水中含有的部分呈悬浮、胶体和溶解状态的有机污染物为活性污泥所吸附，污水得到了一定程度的净化处理。

经吸附反应处理的混合液进入二次沉淀池，在这里进行泥水分离过程，作为处理水的澄清水排放，回流污泥则由二次沉淀池的底部进入再生池。在这里，活性污泥的微生物进行第二阶段的分解和合成代谢反应，使本身再次进入内源呼吸期，污泥则经过充分的再生反应，活性得到充分的恢复与增强。进入吸附池与污水相接触后，能够再次充分发挥其强劲的吸附功能。

与普通活性污泥工艺系统对比，吸附—再生活性污泥工艺系统具有如下各项特征。

（1）污水与回流污泥在吸附池内的接触反应时间较短，一般为 30～60min，因此，吸附池的容积一般较小，而再生池接纳的是排除剩余污泥的回流污泥，故再生池的容积也较小。吸附池与再生池容积之和，仍低于普通活性污泥工艺系统的曝气池的容积。

（2）本工艺系统对原污水水质、水量的冲击负荷，有一定的承受能力。当在吸附池的活性污泥遭到"伤害"时，可由再生池的活性污泥予以补救。

本工艺系统存在的主要问题是：对污水的处理效果低于普通活性污泥工艺系统。此外，本工艺系统不适宜于处理溶解性有机污染物含量高的污水。

《室外排水设计标准》GB 50014—2021 对处理城市污水的传统活性污泥法吸附再生曝气工艺系统反应器——曝气池规定的设计数据：

（1）BOD_5—污泥负荷 N_s：0.2～0.4kgBOD$_5$／（kgMLSS·d）；

（2）混合液悬浮固体平均浓度 X：2.5～6.0gMLSS/L；

（3）BOD$_5$—容积负荷 N_v：0.9～1.8kg/（m^3 · d）；

（4）污泥回流比：50%～100%；

（5）总处理效率：80%～90%。

Y、K_d 和 θ_c 的取值范围同普通活性污泥工艺系统。

5.1.5 延时曝气活性污泥工艺系统

延时曝气活性污泥工艺系统又称完全氧化（或完全处理）活性污泥工艺系统，是 20 世纪 50 年代在美国开始应用于生产的。

本工艺系统的主要特征是：BOD$_5$—污泥负荷非常低，曝气反应时间长，一般多在 24h 以上。在反应器内的活性污泥，长期处在内源呼吸期，剩余污泥量少而且稳定，无须再考虑对污泥的处理问题。对此，也可以说本工艺系统是污水、污泥综合处理技术设备。此外，本工艺系统，还具有处理水水质稳定性高、对原污水水质水量的冲击负荷有较强的适应性和无须设初次沉淀池等优点。

本工艺系统的主要缺点也很明显：曝气反应时间长，反应器容积大，占用较大的土地面积，基建费用和维护运行费用都有所提高。

本工艺系统只适用于处理对排放的处理水水质要求高、又不宜采用污泥处理技术的小城镇的城市污水或工业废水，水量一般不宜超过 1000m^3/d。

延时曝气活性污泥法工艺，一般都采用完全混合式反应器。

应当说明的是，从理论上来讲，本工艺系统是不产生污泥的，但实际上仍有剩余污泥产生。污泥主要是由一些难于生物降解的微生物内源代谢残留物所组成，如细胞膜和细胞壁等物质。

5.1.6 高负荷活性污泥工艺系统

与延时曝气活性污泥工艺系统相对，本工艺系统又称之为短时活性污泥工艺系统或不完全处理活性污泥工艺系统。

本工艺系统的主要特点是 BOD$_5$—污泥负荷率高，曝气反应时间短，处理效果较低，一般 BOD$_5$ 的去除率不超过 75%。因此，本工艺又称之为不完全处理活性污泥工艺系统。与此相对，能够将污染指标 BOD$_5$ 的降解率达到 90% 以上、处理水的 BOD$_5$ 值降至20mg/L 以下的活性污泥工艺系统，称之为完全处理活性污泥工艺系统。

本工艺系统在系统组成及反应器构造等方面与普通活性污泥法工艺系统相同。普通活性污泥工艺系统也可以按高负荷活性污泥工艺系统方式运行。

本工艺系统适用于对处理水水质要求不高的地区。

5.1.7 完全混合活性污泥工艺系统

本工艺系统的主要特征，是在系统中应用完全混合式的曝气池（图 5-8）。

污水与回流污泥分别、同步地进入曝气池后，立即与池内已存在的混合液相混合，并达到完全、充分混合的程度。可以认定，完全混合曝气池内的混合液，是已经降解处理、但未经泥水分离的处理水。

本工艺系统具有如下各项特征：

（1）进入曝气池的原污水，很快为池内已存在的混合液所稀释、均化，原污水在水质、水量方面的变化，对本工艺反应过程产生的影响将降至最小的程度，因此，本工艺系统对冲击负荷有较强的适应能力。本工艺系统适宜用于处理工业有机废水，特别是浓度较高的工业有机废水。

（2）污水及其所含有的有机污染物在曝气池内分布均匀，在反应器内各部位的水质相同、F/M 值相等，微生物群体的组成和数量也几近一致。在这种条件下，有机污染物在各部位的降解工况，能够认为是相同的。对此，我们还能够认定，此时反应器整体的工作点是相同的，位于微生物增殖曲线的某一个点上。这样，我们就有可能通过对 F/M 值的调整，将曝气池的工作整体地控制在条件最佳的点上。如此，活性污泥的降解功能得以充分地发挥，其承受的负荷率也高于推流式反应器。

（3）在曝气池内，混合液的耗氧速度均衡，动力消耗低于推流式曝气池。

完全混合活性污泥工艺系统存在的主要问题是：正如前已叙及，在反应器的混合液内，各部位的有机污染物质量相同，能的含量也相同，活性污泥微生物的组成与数量也近乎相同。在这种条件下，微生物对有机污染物的降解动力也较低，这样的活性污泥易于产生膨胀现象。与此相对，在推流式反应器内，相邻的两个过水断面，由于后一断面上的有机污染物浓度、微生物的质与量均高于前者，存在着有机污染物的降解动力，因此，活性污泥产生膨胀现象的可能性较低。

此外，在一般情况下，完全混合活性污泥工艺系统的处理水水质低于推流式曝气池的活性污泥工艺系统。

完全混合活性污泥工艺系统，拥有进入污水、回流污泥与池内原存在混合液相混合的曝气池和泥水分离并使污泥回流的二次沉淀池这两种反应器。这样，完全混合活性污泥法工艺的两种反应器，在结构上可为分建式和合建式两种形式。合建式完全混合活性污泥工艺反应器的构造简单，也便于运行，应用比较广泛。

《室外排水设计标准》GB 50014—2021 对处理城市污水的传统活性污泥法合建式完全混合曝气工艺系统反应器——曝气池规定的设计数据：

（1）BOD_5—污泥负荷 N_s：0.25~0.5kgBOD$_5$/（kgMLSS·d）；

（2）混合液悬浮固体平均浓度 X：2.0~4.0kgMLSS/L；

（3）BOD_5—容积负荷 N_v：0.5~1.8kg/（m^3·d）；

（4）污泥回流比：100%~400%；

（5）总处理效率：80%~90%；

（6）沉淀区的表面水力负荷宜为 0.5~1.0m^3/（m^2·h）。

Y、K_d 和 θ_c 的取值范围同普通活性污泥工艺系统。

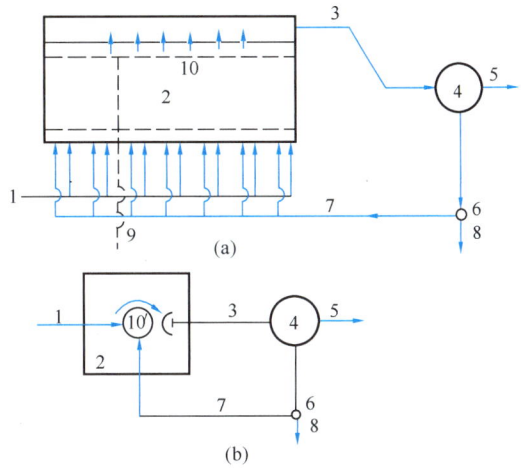

图 5-8　完全混合活性污泥工艺系统

（a）采用鼓风曝气装置的完全混合式曝气池；（b）采用表面机械曝气装置的完全混合式曝气池

1—经预处理后的原污水；2—完全混合式曝气池；3—从曝气池流出的混合液；4—二次沉淀池；5—排出的处理后污水；6—回流污泥泵站；7—回流污泥系统；8—排出系统的剩余污泥；9—来自空压机站的空气管道；10—曝气系统和空气扩散装置；10′—表面机械曝气器

生物反应池宜采用圆形，曝气区的有效容积应包括导流区部分。

5.1.8 多级活性污泥工艺系统

图 5-9 所示即为多级（二级）活性污泥工艺系统。

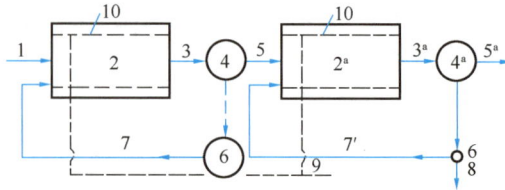

图 5-9　多级（二级）活性污泥工艺系统

1—经预处理后的原污水；2—一级反应器（曝气池）；2ᵃ—二级反应器（曝气池）3—一级曝气
池出流的混合液；3ᵃ—二级曝气池出流的混合液；4—一级系统的二次沉淀池；4ᵃ—二级系统的
二次沉淀池；5—一级系统的处理水；5ᵃ—二级系统的处理水；6—污泥泵站；7—一级系统的
污泥回流系统；7′—二级系统的污泥回流系统；8—排出系统的剩余污泥；9—来自空压机站的
空气管道；10—曝气系统和空气扩散装置

当原污水含有浓度较高的有机污染物时，可以考虑采用多级（二级或三级）的活性污泥工艺系统。

多级活性污泥工艺系统，每级都是独立的处理系统，每级都拥有各自的二次沉淀池和污泥回流系统，这样考虑有利于回流污泥对进入污水的适应和接种。剩余污泥则可以考虑集中于最后一级排放。

运行经验证实，当原污水 BOD_5 值在 300mg/L 以上时，多级活性污泥法工艺系统的首级反应器以采用完全混合型者为宜，因为完全混合曝气池对原污水在水质水量方面的冲击负荷有较强的适应能力。如原污水的 BOD_5 值在 300mg/L 以下时，首级反应器可考虑采用推流式曝气池，对此，建议采用阶段曝气运行式曝气池。

二级反应器的运行方式在选择上可随意一些，也可以考虑二级（也可以考虑包括三级）反应器都采用完全混合运行式的曝气池。

采用多级活性污泥工艺系统，可以取得高质量的处理水，但建设费及运行费都较高，只有在非常必要时方可考虑采用。

5.1.9 深水曝气活性污泥工艺系统

深水曝气活性污泥工艺系统的主要特征，是采用深度在 7m 以上的深水曝气池。这种反应器具有的效益是：

（1）由于水压增大，加强了溶解氧的传递速率，提高了混合液的饱和溶解氧的浓度，有利于活性污泥微生物的增殖和对有机污染物的降解；

（2）曝气池向竖向深度发展，节省占用的土地面积。

本工艺系统一般采用下列两种形式的反应器。

（1）深水中层曝气活性污泥反应器

反应器水深在 10m 左右，但空气扩散装置设于水深 4m 左右处，这样仍可采用风压为 5m 的风机。为了使在反应器内形成环流和避免在底部水层形成死角，在池中心处设导流板或导流筒（图 5-10）。

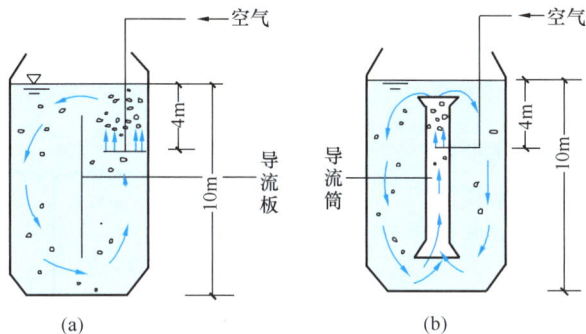

图 5-10　深水中层曝气活性污泥反应器
(a) 设导流板；(b) 设导流筒

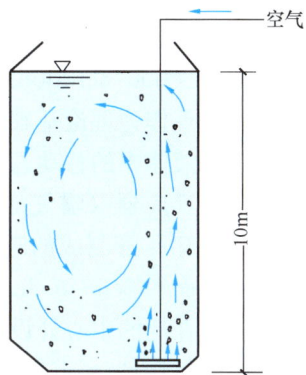

图 5-11　深水底层曝气活性
污泥反应器

（2）深水底层曝气活性污泥反应器

水深仍维持 10m 左右，空气扩散装置也设置于池底部，对此需要使用高风压的风机。由于在池内自然形成环流，因此在池内无须设导流板或导流管（图 5-11）。

5.1.10　深井曝气活性污泥工艺系统（反应器）

深井曝气活性污泥工艺系统又名超水深曝气活性污泥工艺系统，单体反应器称之为"深水曝气井"或简称"曝气井"。本工艺开创于 20 世纪 70 年代，首建于英国的皮林翰姆市。

图 5-12 所示即为本工艺系统的单体反应器：深井曝气反应器。深井曝气反应器深度可达 50～100m，直径一般为 1～6m。在井中间设隔墙，将井一分为二，或在井中心设内井筒，将井分为内、外两部分。在前者的一侧（图 5-12），后者的外环部，设空气提升装置，使混合液上升。而在前者的另一侧（图 5-12），或后者的内井筒内，则产生降流。这样，在井隔墙的两侧，或内井筒内外，污水形成由下向上的流动。

本工艺系统，水的深度大，充氧能力强，可达常规法的 10 倍，氧的利用率高，有机污染物降解速度快，效果显著。动力效应高，节省用地，处理功能不受气候条件制约，可考虑不设初次沉淀池。

本工艺系统适用于处理高浓度的有机废水。

中国工程建设标准化协会制定了《深井曝气工程技术规程》T/CECS 42—2021。对深井曝气的工艺流程、工艺参数、设法、运行方式以及监测控制等都作了具体

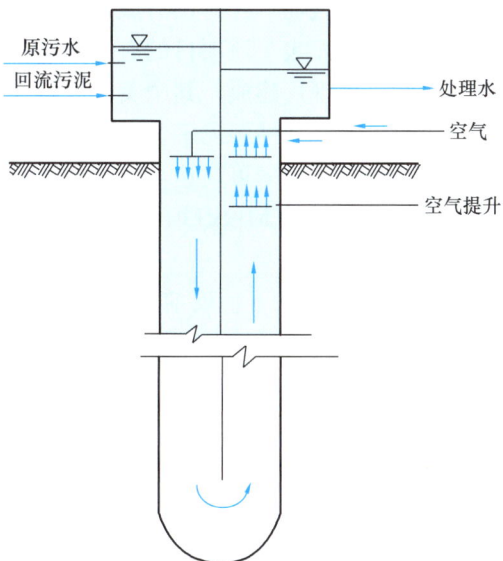

图 5-12　深井曝气活性污泥工艺
系统（深水曝气井）

的规定。对深井结构设计和深井施工也提出了要求。

5.1.11 浅层曝气活性污泥工艺系统

浅层曝气（Inka aeration）活性污泥工艺（图 5-13）由瑞典一公司所开发。本工艺系统是以下列论点作为理论基础。即：气泡只在其形成和破碎的一瞬间，产生最高的氧转移率，而与其在液体中的移动高度无关。

浅层曝气反应器（曝气池）使用的空气扩散装置，多为由穿孔管制成的曝气栅，设于曝气池的一侧，距水面约 0.6～0.8m 的深度。为了使池内形成环流，在池的中心处设导流板。

对浅层曝气活性污泥工艺曝气池可使用低压鼓风机，充氧能力可达 $1.8～2.0kgO_2/kWh$，有利于节省能耗。

5.1.12 纯氧曝气活性污泥工艺系统（反应器）

纯氧曝气活性污泥工艺系统又名富氧曝气活性污泥工艺系统。

空气中氧含量为 21％，而所谓纯氧（或富氧），其中氧含量为 90％～95％，纯氧的氧分压比空气高 4.4～4.7 倍，使用纯氧进行曝气能够大幅度地提高氧向混合液的传递效率。对此，早在 20 世纪 40 年代，就有有关专家提出用纯氧代替空气进行曝气，以提高曝气池内的生化反应的效率。

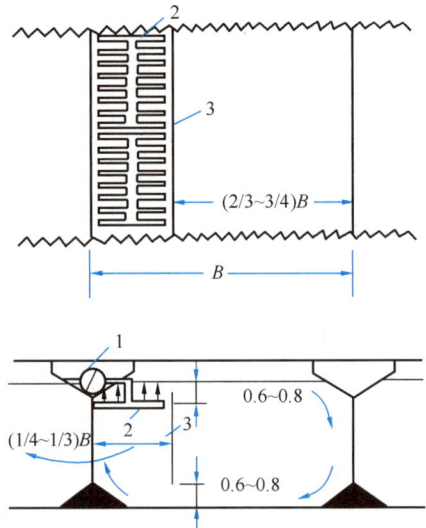

图 5-13　浅层曝气活性污泥工艺系统（反应器）

1— 空气管；2—曝气栅；3—导流板

1968 年在美国纽约州的巴塔维亚污水处理厂，建成了一座规模为 $10000m^3/d$ 的以纯氧进行曝气的曝气池，并与设有鼓风曝气系统的曝气池进行了对比试验。1971 年，美国水质管理委员会发表了该项目的对比试验报告。世界上已有多座以纯氧曝气活性污泥工艺为主体的污水处理厂建成，其中美国底特律污水处理厂的规模为 $230×10^4m^3/d$。

采用纯氧曝气活性污泥工艺系统，产生的主要效益是：

（1）氧的利用效率可高达 80％～90％，而鼓风曝气仅为 10％左右；

（2）反应器内的 MLSS 值可达 4000～7000mg/L，能够大幅度地提高反应器的容积负荷；

（3）在一般情况下，反应器内混合液的 SVI 值都低于 100，较少发生污泥的膨胀现象；

（4）产生的剩余污泥量少。

图 5-14 所示为有盖封闭式纯氧曝气的曝气池。

在当前，对纯氧曝气的曝气池采用的构造形式，多为有盖封闭式，以防氧气外逸和可燃气体的渗入。池内分成若干个小室，各室间串联运行，每室混合液的流态均为完全混合型。池内气压应略高于池外，以防池外空气的渗入，同时，在池内产生的如 CO_2 一类的废气得以排出。

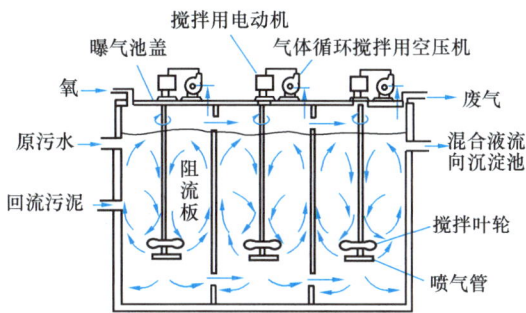

图 5-14 有盖封闭式纯氧曝气曝气池

图 5-15 所示为改造型圆顶式纯氧曝气曝气池，这种曝气池主要是对原有曝气池改造后所形成的形式。设圆顶式池盖，气态氧从新安设的喷射扩散器进行曝气，同时设循环空压机抽出盖内的气态氧，通入新设的空气扩散装置，进行气态氧的循环。

这种设备的优点是投资较省，但是由于装置内不分室，氧分压较前述的有盖密闭式纯氧曝气曝气池为低。

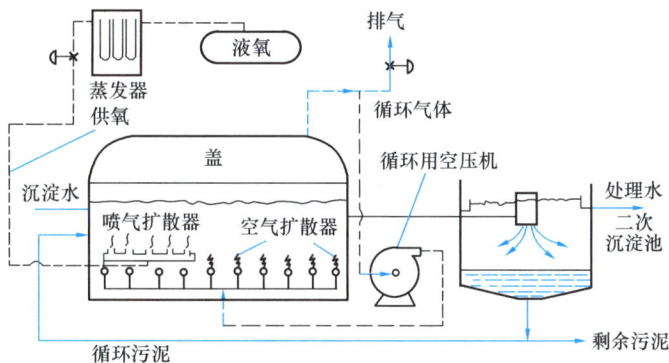

图 5-15 改造型圆顶式纯氧曝气曝气池

3. 异重流混合型射流曝气活性污泥系统

5.2 序批式活性污泥工艺系统（SBR 工艺系统）

5.2.1 概述

现今，运行中的各种形式的传统活性污泥工艺系统多是连续流的。但是，开创伊始的活性污泥工艺系统采用的却曾是间歇式的运行方式。即"进水—排水"（fill-draw）方式。在嗣后进行的具体生产性运行过程中，由于当时技术条件所限，生产运行中的一些技术问题还得不到妥善的解决，才采用了连续进水推流（或完全混合）排水的运行方式。

近20～30年来，电子计算机及相应的软件得到飞跃式的发展与应用，各类精密的仪器设备诸如溶解氧测定仪、氧化还原电位测定仪（ORP meter）以及电动阀、气动阀、定时器等设备的开发与应用，使得在20世纪初开创的间歇运行的活性污泥工艺长期未能克服的技术问题得到解决。于是间歇运行的活性污泥工艺又行问世，并且因其系统紧凑、占地面积小等突出的优越性，受到水环境污染防治领域界人士们的极大重视，得到广泛的应用，并且在较短的时间内，派生出多种各具特色的新工艺系统和变型工艺，形成了独特的SBR 系列工艺。大量的SBR 工艺系统的污水处理厂建成，投入生产运行，既成功地用于生活污水和城市污水处理，也有效地处理工业废水，取得了丰富的运行经验和可靠的技术参数。"序批式活性污泥工艺系统"（Sequencing Batch Reactor Activated Sludge Process, SBRASP，简称为SBR）得以正式命名。

正是因为SBR活性污泥工艺系统拥有一系列的优点，才受到水环境污染保护领域科学技术人员的重视，在世界范围内得到了越来越多的推广应用。

SBR活性污泥工艺系统在我国也受到极大的重视。在1985年就建成投产了第一座以SBR活性污泥工艺系统为核心技术的污水处理厂，此后在各地相继建成一大批SBR活性污泥工艺系统污水处理厂。除城市污水外，还广泛地用于处理工业废水。

截至目前，以常规的SBR工艺为基础进行改进，开发出一系列各具特色的属于SBR工艺变型的新工艺，诸如ICEAS、CASS、DAT-IAT以及UNITANK等。在本章将一一予以阐述。

5.2.2　SBR工艺的基本原理及其工艺系统流程

1. SBR工艺系统的基本运行操作

图5-16所示为城市污水处理的以序批式反应器为核心工艺的SBR工艺系统流程。

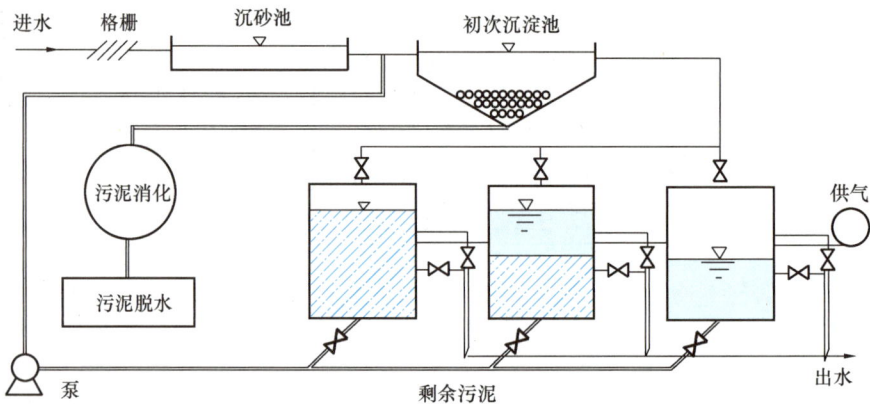

图5-16　处理城市污水的SBR工艺系统流程

SBR工艺系统最主要的技术特征，是将原污水入流、有机底物降解反应、活性污泥沉淀的泥水分离、处理水排放等各项污水处理过程在统（唯）一的序批式反应器（也称为SBR工艺反应器或SBR反应器）内实施并完成。

SBR工艺系统在运行工况上的主要特征是间歇式操作，即所谓的序列间歇式操作。序列间歇式操作包括两项含义：首先，在实际的运行中，原污水都是连续入流的，而且在流量上可能还有一定的波动，就此，SBR反应器在数量上的设置，至少应是2台或多台（图5-16），与这种实际情况相对应，原污水将是按序排列的方式进入每台反应器。这也就是说，运行操作在空间上是按序排列的间歇式；其次，对每台SBR反应器，一般应按基本运行模式的5个阶段（进水、反应、沉淀、排水及闲置）来操作，即所谓的一个运行周期进行运行。实际上SBR工艺系统的运行操作，在时间上也是按序排列的间歇式。

根据上述可知，SBR工艺系统由5个阶段组成一个周期的运行模式操作，都在统一的一座SBR工艺反应器内实施与完成，使SBR工艺系统的组成大为简化，不设二次沉淀池，省却污泥回流系统。此外，还无须设水量水质调节池。

2. SBR 工艺系统 5 个阶段的运行模式

序批式工艺（SBR 工艺）这一称谓源自对序批式反应器（SBR 反应器）的运行操作，是按 5 个阶段周期模式的顺序实施的。图 5-17 所示即为序批式反应器运行操作典型的 5 个阶段，本节对各个阶段的操作运行要点及其功能加以阐述。

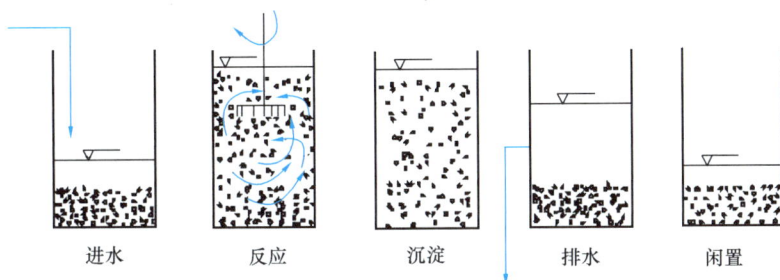

图 5-17　SBR 工艺反应器一个运行周期的运行操作

（1）进水阶段

5 个阶段周期模式是从进水阶段开始的。在原污水进水注入之前，反应器处于 5 个阶段中最后的闲置阶段（亦称待机阶段）。经处理后的污水已经在前一排水阶段排放，反应器内，残存着高浓度的活性污泥混合液。

原污水注入，达到标准后，再进入下一阶段的反应（曝气）阶段。从这个意义来说，反应器起到了调节设备的作用；也说明 SBR 工艺反应器对污水的水质及水量的变动，具有一定的调节功能。

原污水注入，水位持续上升，在这个过程中，可以根据其他后续反应工艺的要求，相应配合进行其他的操作过程，如进行曝气操作。对此，可分为非限制性曝气和限制性曝气两种方式，采用哪一种方式，主要取决于下一阶段的反应要求。一般的非限制曝气，是边注入污水边对污水进行适量曝气，可取得污水预曝气的效果，或可取得使污泥再生、恢复或增强其活性的效果；如在下阶段进行的是去除 BOD、硝化等反应，则采用非限制性曝气措施，进行较强力的曝气操作，以满足活性污泥微生物的活性要求；如在下一步反应阶段进行的是脱氮或释放磷等反应，则应采取限制性曝气的措施，不进行曝气，只进行缓速搅拌。

进水延续时间由设计人员确定，主要取决于原污水的水质特征、处理应达到的水质目标以及实际排水情况、设备特征与条件等因素。从工艺效果方面要求，注入时间以短促为宜。

（2）反应阶段

反应阶段是 SBR 工艺最主要的一个阶段，是活性污泥微生物与污水中应去除的底物组分进行反应和微生物本身进行增殖反应的过程。实际上，这一阶段应当是从进水阶段即行开始进行。这一阶段可以与进水阶段联合称之为"进水＋反应阶段"，进水阶段结束后，反应阶段仍应继续进行，一直进行到混合液的水质达到对污水处理反应的目的与要求时为止。

在反应阶段，根据污水处理目的和要求，SBR 工艺能够通过调整设计和模拟多种的

197

运行方式，采取相应的反应操作措施，以取得处理水的水质达到处理要求的效果。

1）当污水处理目的是 BOD 降解的碳氧化，则对反应阶段采取的技术措施是曝气，并且可以考虑从进水阶段即行开始，对进水阶段，采取边注水边曝气的非限制性曝气方式。至于反应阶段的延续时间，则由执行人员根据计算确定，但进水阶段的曝气作用应予以适当考虑。

SBR 工艺系统的 COD 去除率一般可达 85%～90%，而 BOD 值的降解率则可达 90%～95%。

2）当污水处理目的不仅是碳氧化，还包括硝化、反硝化脱氮的反应时，则对反应阶段采取的技术操作就稍复杂。对此，可以考虑对 SBR 反应器采用 A1/O/A2 方式。就此加以如下阐述。

在本阶段开始前，上周期已脱氮的处理水已经排放，留在 SBR 反应器内的是留作种泥的活性污泥，在污泥中还夹杂着某些量的 NO_3^--N，应考虑予以去除。对此，首先采用短时段的缺氧（A1），只搅拌不曝气，使反硝化脱氮反应继续实施一些时间。进水阶段也应采取限制性曝气方式。进入污水中的含碳有机物作为电子供体，有利于反硝化菌的需求，无须另行投加碳源。

继之开始曝气，进入氧化的好氧时段（O），应考虑实施强力氧化，反应器内混合液的 DO 浓度水平应维持在 2.0～3.0mg/L。水力停留时间（HRT）一般应大于 4.0h。

继之再次停止曝气，实施搅拌，进入反硝化脱氮反应时段（A2），混合液的溶解氧浓度应保持在 0.2mg/L 以下。在缺氧的条件下，使 NO_3^--N 还原为气态 N_2。在反硝化反应的进程中，反硝化菌能够利用在其细胞内贮存的碳源作为电子供体进行反硝化反应，也可以考虑引入部分原污水作为碳源，还可以考虑投加甲醇（CH_3OH）。投加甲醇，有可能使 BOD 值再行提高，而需要考虑再行一次后曝气处理，以期去除增加的 BOD_5 值。

采用这种运行方式的 SBR 工艺系统时，其脱氮率一般能够在 92% 以上。

3）当污水处理的目的是除磷，则可以在 SBR 工艺反应器模拟连续流的 A_PO 工艺系统（厌氧—好氧除磷工艺）进行操作运行。

本阶段开始前，SBR 工艺反应器内经过除磷处理的处理水已经排放，作为剩余污泥的部分富含磷的污泥也已排放，在反应器内作为种泥还留存着有丰富聚磷菌存活的污泥。对本工艺系统，进水阶段应采取限制性曝气方式。

本工艺系统的初期是使聚磷菌释放磷的阶段，SBR 工艺反应器内混合液应维持厌（缺）氧条件，DO 浓度应保持在 0.2mg/L 以下。从进水阶段开始就进行搅拌（不曝气），使流入污水与反应器内种泥充分混合、接触。

本工艺系统的厌（缺）氧时段的延续时间由设计人员确定。

继之 SBR 工艺反应器转入好氧时段，进行强力曝气，使混合液的 DO 浓度上升并保持在 2.0mg/L 以上。在此时段，聚磷菌超量地吸收磷并进行自身的增殖，同时在反应器内也进行含碳有机物的生物降解。聚磷菌存活在活性污泥中，经过沉淀，在反应器内形成大量富含磷的污泥，部分污泥作为剩余污泥排出系统。磷就是通过这种方式得以从污水中去除的。

本工艺系统除磷效果较好，处理水中残存的磷含量一般都在 1.0mg/L 以下，去除率一般能达到76%。

反应时间一般在3~6h，通过实际运行经验确定。反应器内污泥浓度一般可保持在2700~3000mg/L，污泥肥效好，SVI值≤100，易沉淀、不膨胀。沉淀污泥不宜停留时间过长，以免产生聚磷菌释放磷的作用。

本工艺系统除磷效果不易提高，聚磷菌吸收磷即或是过量吸收，也是有限度的。特别是对污泥产量低的污水，如P/BOD值高的污水。

4）当污水处理目的是碳氧化并同时脱氮除磷时，则对反应阶段采取的技术操作就更复杂了。就此，应模拟连续流的A-O-A-O系统（Bardenpho工艺流程）或A-A-O（A²O，即Anaerobic-Anoxic-Oxic）系统。

如果污水处理的目的是反硝化，则采用的反应技术是缓速搅拌，并根据需要达到的程度，以决定反应的延续时间。

如果根据要求，应使反应器连续地进行BOD降解——→硝化——→反硝化反应，则对BOD降解——→硝化二道反应，采用的反应技术措施是曝气，反应的延续时间应根据要求确定。在达到目的并进入反硝化反应阶段时，应停止曝气，使反应器形成缺氧或厌氧状态，同时还应对混合液进行缓速搅拌。此时，为了向混合液补充电子供体，应向反应器内投加甲醇或少量原生污水。

在本阶段的后期，在进入下一道沉淀阶段之前，还要对混合液进行短暂的微量曝气，以吹脱污泥近旁的气泡或氮，使污泥能够正常地沉淀，不受干扰。

如果需要从SBR工艺系统排除剩余污泥，一般也在本工序后期进行。

（3）沉淀阶段

本阶段相当于传统活性污泥法工艺系统的二次沉淀池。停止曝气和搅拌，使混合液处于静止状态，活性污泥与水分离。由于本阶段是静止沉淀，沉淀效果一般良好。

（4）排水阶段

经沉淀后产生的上清液，作为处理水排放，一直排到最低水位。作为种泥，在反应器内残留部分活性污泥。

（5）闲置阶段

闲置阶段又称待机阶段，是5阶段周期运行模式最后的一个阶段。设闲置阶段，能够提高运行周期的灵活性，特别是对设有多座反应器的SBR工艺系统尤为重要。在闲置阶段，还可以为下一个运行周期的工艺要求进行某些准备性（或先期性）的工作，如对保留在反应器内的活性污泥进行搅拌或曝气等操作。闲置阶段时间的长短，可根据系统的实际要求确定。

闲置阶段之后是新周期的进水阶段，新一轮的循环周期，即行启动。

5.2.3 SBR工艺系统的特点

1. SBR工艺系统的优点

（1）SBR工艺系统流程简化，基建与维护运行费用较低

原则上SBR工艺系统的主体工艺设备，只是一座间歇运行的SBR反应器。与传统活性污泥工艺系统相比较，其工艺流程显著地被简化，无须设二次沉淀池，无须设污泥回流系统及相应的各种设备，在一般情况下也无须设调节池，甚至初次沉淀池也可以考虑不设。对如此简化的SBR工艺系统流程，建设费用和运行管理费用皆可得到节省。据统计，

采用 SBR 工艺系统处理小城镇污水，要比采用传统的活性污泥工艺系统能够节省建设投资 30%。

不仅如此，采用如此简化的 SBR 工艺系统，由于工艺流程紧凑，还能够取得节省占地面积的效益。

（2）SBR 工艺系统运行方式灵活，脱氮除磷的效果好

SBR 工艺系统，能够通过不同的操作控制，灵活地进行不同方式的运行，以取得对污水不同处理目的的效能。例如，为了使反应器内的混合液维持好氧、缺氧或厌氧交替的环境条件，在进水阶段就可以采用限制曝气方式、非限制曝气方式或半限制曝气方式。对反应阶段，控制手段就更多了，可以曝气、搅拌或二者交替进行，也能够改变曝气强度以改变混合液中的溶解氧浓度（DO），还可以改变、调整运行阶段的时间以改变污泥龄的大小和污泥的沉淀效果等。

对同一个反应器按上述不同运行方式的改变是通过在时间上的管控来实现的。很明显，这种在时间上的控制方式比在空间上的控制方式，更为灵活、简单。应当说，这是 SBR 工艺系统独特的优点。

可以通过下述的脱氮除磷工艺过程，深刻地体会到这种方式的优越性。

SBR 工艺系统具有的这种在时间上灵活掌控环境条件改变的功能，为其有效地实施脱氮、除磷工艺过程，创造了非常有利的条件。

生物脱氮除磷反应需要好氧（$DO>0$）、缺氧（$DO\approx0$，$NO_x>0$）、厌氧（$DO=0$，$NO_x=0$）等状态交替的环境条件；为了强化硝化反应过程和使聚磷菌过量摄取磷的过程顺利完成，需要在反应阶段好氧条件下，增大曝气量，延长污泥龄和反应时间等操作。上述工况，SBR 工艺系统都能够比较容易地在反应器混合液内予以实现。

SBR 工艺系统还能够在进水阶段实施搅拌操作，以强化聚磷菌释放磷的进程；还能够在缺氧环境条件下，向混合液投放原污水（或投加甲醇）提供充足的有机碳源作为电子供体，或通过提高污泥浓度等方式使反硝化反应进程快速顺利完成等。

一般来讲，同步生物脱氮除磷工艺在传统活性污泥工艺系统采用的是 A-O-A-O 工艺系统（Bardenpho 工艺），这是一条比较复杂的工艺流程。而对 SBR 工艺系统，一座 SBR 反应器、通过一个周期的运行就可以一气呵成。其操作如下：进水阶段，搅拌操作（厌氧环境条件，活性污泥微生物释放磷）→反应阶段，曝气操作（好氧环境条件，有机污染物降解、硝化、摄取磷）、排泥操作（除磷）、搅拌操作和投加有机碳源（缺氧环境条件，反硝化脱氮）、再曝气操作（好氧环境条件，去除残余有机污染物）→沉淀阶段→排水阶段→闲置阶段。继之则进入另一周期。

如果污水中的 P/BOD$_5$ 值过高，采用传统的 A-O 工艺进行处理，难以取得理想的除磷效果。根据 Phostrip 的除磷原理，采用 SBR 工艺系统进行处理，只要增加一步混凝沉淀工艺，即可取得高效的除磷效果。

（3）SBR 工艺系统本身具有抑制活性污泥膨胀的条件

现在已经得到公认，污泥膨胀是污水处理厂运行中最经常出现和最难解决的问题。活性污泥膨胀原于丝状菌大量增殖，并在活性污泥系统中成为优势种群所导致。

当前也得到公认，在活性污泥工艺系统中，间歇式是最不易发生污泥膨胀现象的工艺系统，而完全混合则是最容易产生膨胀现象的工艺系统，传统推流式运行工艺系统和阶段

曝气运行工艺系统的排位则介于间歇式和完全混合式之间的第 2 和第 3。

这就说明，SBR 工艺系统是防止活性污泥膨胀的最佳工艺之一。就此，从以下几方面进行论证。

1）SBR 工艺反应过程中存在着较大的底物浓度梯度

运行实践证实，反应器内混合液中的 F/M 梯度（即有机底物的梯度）是影响活性污泥膨胀的重要因素。完全混合式工艺系统的混合液中，基本上不存在底物梯度，所以它是最容易发生污泥膨胀的工艺；推流式混合液中存在着一定的底物梯度，所以对活性污泥的膨胀具有一定的控制效应。由于 SBR 工艺在其反应过程中，其混合液处于时间上的理想推流状态，其中的 F/M 梯度也达到较大值，因此 SBR 工艺对污泥膨胀具有比推流式工艺更强的控制能力。

有关研究结果进一步证实，缩短 SBR 工艺的进水时间，反应前底物浓度更高，其后的底物梯度值更大，SVI 值更低，对污泥膨胀控制能力将更强。

2）SBR 工艺系统反应器内有机底物浓度高

球衣菌属的丝状菌与其他类型微生物在生存竞争中能够取胜的一项重要原因是，它的比表面积大于菌胶团，摄取低浓度底物的能力比较强，丝状菌能够在底物浓度低的完全混合工艺反应器内占优势，成为优势种属。

SBR 工艺系统在整个反应阶段内，基本上都是处于底物"双高"（梯度高和浓度高）的环境中，只有在反应即将结束并将进入沉淀阶段的反应阶段末期，底物"双高"才会下降到与完全混合工艺相同的程度。这就是说，在 SBR 工艺系统的整个反应阶段内不存在丝状菌"用武"之地（环境条件）。

3）SBR 工艺系统是好氧、缺氧状态交替并存

绝大多数球衣菌属的丝状菌是绝对好氧菌，而活性污泥反应系统中则有近半数的细菌为兼性菌。在传统的活性污泥工艺系统中，好氧反应和缺氧反应在各自的反应器内进行，互不干扰；而在 SBR 工艺系统，则是好氧反应与缺氧反应共同在一座反应器内交替地进行。这样，专性好氧菌的丝状菌的大量增殖就要不时地受到抑制，而多数的好氧微生物则不会受到影响。

上述 3 项能够抑制丝状菌增殖的综合作用结果，使丝状菌不能大量增殖，不能成为优势种属，从而使 SBR 工艺系统具有抑制污泥膨胀现象发生的条件。

（4）SBR 工艺耐冲击负荷能力强，具有处理高浓度有机污水及有毒废水的能力

SBR 工艺系统在时间上，是一个理想推流工艺系统，但是就其在反应器内水流状态来论，则是一个典型的完全混合工艺系统。完全混合工艺在耐冲击负荷和处理高浓度有机废水方面，具有一定的优势，强于推流式工艺系统。这样，SBR 工艺系统除了具有反应动力大的优势外又拥有耐冲击负荷的能力。此外，SBR 工艺在沉淀阶段是静置沉淀，沉淀条件优越，效果好，而且在无须污泥回流的条件下，就能够在反应器内维持较高的 MLSS 值，在同样条件下，较高的 MLSS 值能够使 F/M 值降低。这样，能够使 SBR 工艺系统具有更强的耐冲击负荷及处理高浓度有机废水或有毒废水的能力。

在进水阶段，采用边进水边曝气的非限制曝气的运行方式，能够使 SBR 工艺系统大幅度地提高耐冲击负荷能力和处理高浓度有机污水及有毒废水的能力，原因有：其一，在

进水阶段，反应器内存在的是作为种污泥（即回流污泥）存留的活性污泥，是它们在接受入流的原污水，使 F/M 值长时间在低值徘徊；其二，在非限制曝气方式条件下运行，在进水的同时，就开始启动有机污染物或有毒物质的生物降解，这种情况又进一步地缓解有机负荷 F/M。

国外应用这种方式运行的 SBR 工艺系统对高浓度有机废水或有毒废水进行处理，并取得良好效果的实例很多，这也是对 SBR 工艺系统研究开发的一大热点。

（5）SBR 工艺系统拥有的几项较小但也应予以重视的优点

1）Irvine 等研究的结果表明，在 SBR 工艺系统活跃的微生物，其体内的 RNA（ribonucleic acid）（核糖核酸）的含量是传统活性污泥微生物含量的 3～4 倍。RNA 的含量是评定微生物活性的重要指标，这也是 SBR 工艺系统微生物降解有机污染物效率高的一项重要原因。

2）在进水阶段和反应阶段初期，反应器内混合液的溶解氧（DO）含量很低。根据活性污泥反应动力学的原则，在 DO 含量很低的条件下，微生物以游离氧作为电子受体，污泥产率较低。此外，微生物在缺氧条件下，进行反硝化反应，以 NO_x 作电子受体进行无氧呼吸，污泥产率要更低一些。污泥产率低，降低了剩余污泥量，节省了污泥的处理费用。

混合液的 DO 含量低，反应阶段氧的浓度梯度高，氧转移效率就高。

3）SBR 工艺系统能够根据入流污水的水质和对处理水的水质要求，灵活地变动曝气反应时间，也能够根据实际情况，降低反应器内的有效水深，节省曝气费用。此外，在结构方面，SBR 工艺反应器本体适合于组件构造方式，便于污水处理厂的改造。

2. SBR 工艺系统存在的问题

美国国家环境保护局曾于 1999 年在 SBR 工艺技术说明书中，比较系统地总结出 SBR 工艺的某些在运行和工程技术方面的问题：①具有更为复杂的设备和控制系统，尤其是对于大型污水处理厂；②对复杂的控制系统，要求更高的维护管理；③某些滗水设备可能产生漂浮物和污泥外排的问题；④周期间歇运行可能造成曝气设备的堵塞；⑤后续处理工艺可能需要水量均衡。

SBR 工艺系统在我国应用比较广泛，受到有关污水处理行业的重视，并曾对 SBR 工艺从理论到运行各方面进行了深入的探讨，肯定了 SBR 工艺拥有的优势，扩展了 SBR 工艺的应用范围。但也发现 SBR 工艺还存在某些待解决的问题，其中包括：

（1）SBR 工艺反应器的容积利用率较低；

（2）SBR 工艺系统控制设备较复杂，运行维护要求高；

（3）SBR 工艺系统流量不均匀，处理水排放水头损失较大，与后续处理工段协调困难；

（4）从综合效益来看，SBR 工艺不宜用于大型污水处理厂，因为 SBR 工艺单体反应器面积不宜过大，再则是 SBR 工艺单体反应器数量不宜过多。

5.2.4　SBR 工艺系统的设计计算

SBR 工艺系统设计计算的内容主要包括计算 SBR 反应池的容积、确定各工序的时间等。

1. SBR 反应池容积

SBR 反应池容积 V（m^3）可按式（5-1）计算：

$$V = \frac{QS_0}{1000 N_s X \frac{t_R}{24}}$$

（5-1）

式中　Q——每个周期进水量，m^3；

S_0——生物反应池进水五日生化需氧量浓度，mg/L；

X——生物反应池内混合液悬浮固体平均浓度，mgMLSS/L；

t_R——每个周期反应时间，h；

N_s——生物反应池的 BOD_5—污泥负荷，$kgBOD_5$/（kgMLSS·d）。

依据《室外排水设计标准》GB 50014—2021，N_s 的取值如下：

以脱氮为主要目标时，宜按 $N_s = 0.05 \sim 0.10 kgBOD_5$/（kgMLSS·d），总氮负荷率为 0.05 kgTN/（kgMLSS·d）；

以除磷为主要目标时，宜按 $N_s = 0.40 \sim 0.70 kgBOD_5$/（kgMLSS·d）；

同时脱氮除磷时，宜按 $N_s = 0.05 \sim 0.10 kgBOD_5$/（kgMLSS·d）。

2. SBR 工艺各工序的时间

（1）进水时间

进水时间可按式（5-2）计算：

$$t_F = \frac{t}{n}$$

（5-2）

式中　t_F——每池每个周期所需要的进水时间，h；

t——一个运行周期所需要的时间，h；

n——每个系列反应池个数。

（2）反应时间

反应时间可按式（5-3）计算：

$$t_R = \frac{24 m S_0}{1000 N_s X}$$

（5-3）

式中　m——充水比（每个周期进水体积和反应池容积之比），仅需除磷时宜为 $0.25 \sim$ 0.50，需脱氮时宜为 0.15~0.30。

其他符号意义同前。

（3）沉淀时间

沉淀时间 t_S 宜为 1.0h。

（4）排水时间

排水时间 t_D 宜为 1.0~1.5h。

（5）周期时间

一个周期所需时间 t 可按式（5-4）计算：

$$t = t_R + t_S + t_D + t_I$$

（5-4）

式中　t_I——闲置时间，h。

其他符号意义同前。

3. 其他规定

反应池宜采用矩形池，水深宜为 4.0～6.0m；反应池长度和宽度之比宜为（1∶1）～（2∶1）（间歇进水）或（2.5∶1）～（4∶1）（连续进水时）。

SBR 反应池的数量不宜少于 2 个。

每天的周期数宜为正整数。

连续进水时，反应池的进水处应设置导流装置。

反应池应设置固定式事故排水装置，可设在滗水结束时的水位处。

反应池应采用有防止浮渣流出设施的滗水器；同时，宜有清除浮渣的装置。

5.3 SBR 工艺的各种衍生工艺系统

基于对 SBR 工艺系统和传统活性污泥工艺系统的优点和不足之处的分析与研究，继而又开发出一系列既能综合、保持上述两种工艺系统的优点，又能克服它们各自的不足之处的新工艺、新系统，也就是 SBR 工艺系统的各种衍生工艺系统。

这一系列新开发的工艺系统，都各自凸显出相应的优点，既能够减少占地面积，节省能耗，又具有高效地脱除碳、氮、磷等物质。这使得其在污水处理领域已成为占有主导地位的活性污泥工艺系统，在技术上更加成熟和日臻完美，并形成了一个工艺技术的大家族。

新开发的 SBR 工艺系统的各种衍生工艺系统有：间歇循环延时曝气活性污泥工艺系统（ICEAS 工艺系统）（Intermittently Cycle Extended Aeration System）、循环活性污泥工艺系统（CASS 工艺系统）（Cycle Activated Sludge System）、连续进水间歇曝气活性污泥工艺系统（DAT-IAT 工艺系统）（Demand Aeration Tank-Intermittent Aeration Tank）、一体化活性污泥工艺系统（UNITANK 工艺系统）以及改良型序批式活性污泥工艺系统（MSBR 工艺系统）（modified SBR system）等。

这一系列序批式活性污泥工艺系统的新工艺、新系统的主要特征，可归纳为下列各项。

（1）一般都不采用二次沉淀池及污泥回流系统一类的附属设备。就此，能够少占用大量的土地面积及节省相应的工程投资。

（2）都采取措施，使泥水分离这一环节是在静置沉淀的状态下实施，从而使处理水的水质清澈良好。

（3）都满足连续进水及连续滗水的要求，克服了普通 SBR 工艺反应器所采用的间歇进水和间歇滗水的缺点。

（4）都是在恒水位的条件下运行，克服了普通 SBR 工艺反应器必须在变水位的条件下运行的弊端。

（5）都能够对厌氧、缺氧、好氧等处理工艺做到时空的灵活调控，满足对处理污水的除碳、脱氮及除磷的功能要求。

（6）都能够采取措施，便于利用计算机及其软件系统调控运行操作。

本节将对各项工艺系统作简要的阐述。

5.3.1　间歇循环延时曝气活性污泥工艺系统（ICEAS工艺系统）

1. ICEAS工艺系统的开发与应用

开发初期的SBR工艺系统，是在统一的一座SBR反应器内，将进水、曝气反应、沉淀、滗（排）水、排泥等既定的运行操作工序、按规定的时序安排，间歇地控制操作运行。为了使连续流入的污水得到及时的处理，就必须设置两座以上的SBR反应器，连续更替地向各反应器进水。如果需要取得脱氮、除磷的效果，就必须在运行周期中增加缺氧、厌氧阶段的时段，从而需要相应地延长运行周期的时间。此外，还必须通过精确的计算，以确定入流污水在各反应器间时间的分配。

就是在这样考虑的基础上，出现了连续进水的ICEAS工艺系统，即间歇循环延时曝气活性污泥工艺系统。

ICEAS工艺系统是SBR工艺的一种变型、衍生工艺。1968年澳大利亚新南威尔士大学与美国ABJ公司合作开发了"采用间歇反应器体系连续进水、周期排水、延时曝气好氧活性污泥工艺"，简称为ICEAS工艺。1976年建成世界上第一座ICEAS工艺系统的污水处理厂。此后，因其具有工艺设备简单、管理方便的优点，在美国、加拿大、澳大利亚和日本等国得到了广泛的应用。1987年，昆士兰大学联合美国、南非等国的专家对ICEAS工艺加以改进，使之具有脱氮除磷的功能。迄今为止，在全世界已建有500座以上的连续进水的ICEAS工艺设备在运行。1986年ICEAS工艺系统得到美国环境保护局的正式承认，定其为革新代用技术（I/A）。

ICEAS工艺系统在我国昆明市得到了应用。图5-18所示就是以ICEAS工艺系统为核心的城市污水处理厂污水处理流程图。

2. ICEAS工艺系统的构造及其运行操作模式

ICEAS工艺系统与传统SBR工艺在构造上的主要区别之处，也就是ICEAS工艺系统改进之处，是将反应器区分为预反应区及主反应区两部分，区分方法是在沿SBR反应器的长度方向设一道隔墙，预反应区为小容积区，占反应器总容积的10%～15%，主反应区则为大容积区，占总容积的85%～90%。二者连通的措施是在隔墙的底端设小型的连接孔。图5-19所示为ICEAS工艺系统活性污泥反应器剖面构造图。

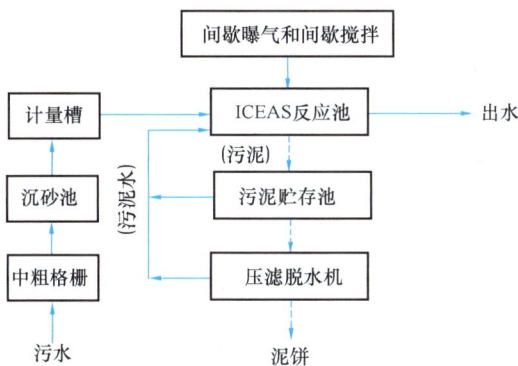

图5-18　以ICEAS工艺为核心处理设备的城市污水处理厂污水处理流程图

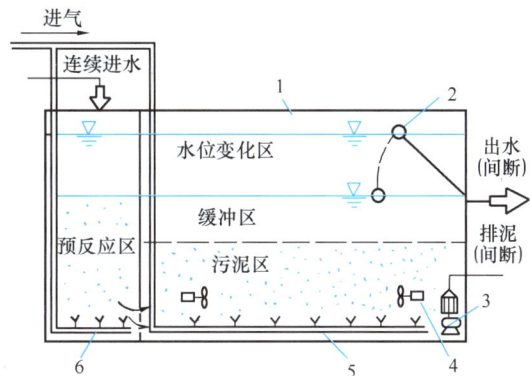

图5-19　ICEAS工艺系统活性污泥反应器剖面构造图
1—主反应区；2—滗水器；3—污泥泵；4—水下搅拌器；5—微孔曝气器；6—大气泡扩散器

经格栅处理后的原污水连续地进入预反应区，然后，也是连续地通过隔墙底端的小型连接孔口，以平流的流态进入主反应区的底层，并从底层向前和向上扩散。预反应区在此起调节水流的作用，对主反应区的混合液基本上不造成搅动作用。主反应区是连续进水，而曝气反应、沉淀（泥水分离）、滗（排）水等运行周期过程却都是间歇的，如要求取得脱氮、除磷效果，在运行周期中适当地增加缺氧、厌氧时段，并相应地延长运行周期，就能够取得需要的效果。即使是在连续进水的条件下，对污水处理的正常反应进程不产生影响。特别是在小水量的条件下，效果可能更好。一座 SBR 反应器就可以使污水处理达到预期的效果。

3. ICEAS 工艺系统去除有机污染物的过程

ICEAS 工艺系统不设初次沉淀池，对城市污水，其预处理工艺一般仅设格栅。也不设二次沉淀池，也无须设污泥回流系统。

ICEAS 工艺系统为连续进水工艺。原污水（指市污水）经格栅处理后即进入 ICEAS 工艺反应器的预反应区。预反应区具有以下多项有利于污水处理进程的作用。

其一，最主要的一项作用是向主反应区配水，而且对主反应区进行的各项反应进程不产生任何干扰和影响。进入的污水在预反应区经过一定的反应后，通过隔墙底端的连通小孔口，以平流的流态进入主反应区，在主反应区的底部向前和向上扩散。

其二，预反应区具有生物选择和防止产生污泥膨胀现象这两项重要的功能。ICEAS 工艺反应器处于缺氧状态，能够起到生物选择器的作用，选择出高度适应入注污水中有机污染物降解、絮凝、吸附功能强劲的微生物种属。处于缺氧状态的预反应区，能够抑制产生污泥膨胀"祸根"的属于绝对好氧菌的丝状菌的生长繁育，消除了产生污泥膨胀的"祸根"，防止产生污泥膨胀现象。这样，使活性污泥微生物在预反应区经历一次高负荷的生物絮凝、吸附反应作用（有机底物积累）过程，在此反应过程的基础上，随后进入主反应区能够有效地再经历一次低负荷的有机底物的降解反应过程，进而完成整个底物降解的全过程。

其三，混合作用，连续进入的原污水和回流到预反应区的各种液流，如污泥处理和脱水产生的液体等，得到良好的混合后再进入主反应区。

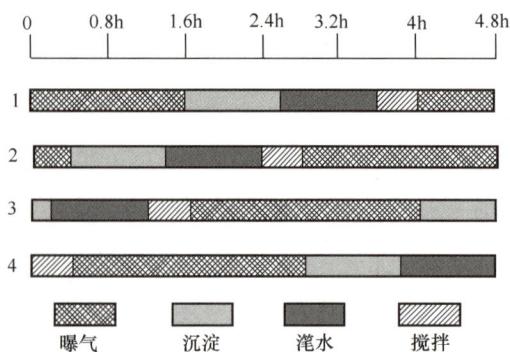

图 5-20 ICEAS 工艺系统主反应区
脱氮除磷周期运行程序

从预反应区注入主反应区的污水，在主反应区和存留的活性污泥相混合，形成混合液。在主反应区，混合液按 4 个时段（阶段）：搅拌—曝气—沉淀—滗水的程序周期反复地循环运行，完成污水中有机底物降解反应的全过程。

图 5-20 所示即为 ICEAS 工艺反应器脱氮除磷工序周期运行操作程序。下面按时段顺序加以简要阐述。

搅拌时段：搅拌时段与曝气时段反复交替进行，在一个周期内，曝气/搅拌要反复交替进行 3~4 次，使活性污泥微生物周期性地处于高浓度与低浓度有机底物交替的环境中，进行并完成对有机底物的降解反应。主反应区也相应地形成厌氧—缺氧—好氧环境的交替过程，使主反应区不仅具有降解有机底物和硝化反应的功能，而且还具有良好的反硝化脱氮功能和一定的除磷效果。在搅拌时段停止曝气，使主反应区形成缺氧环境，进行反硝化反应，由连续进入的污水向反硝化反应提供所需要的碳源。

曝气时段：由设于鼓风机房的风机向主反应区的混合液进行曝气，使混合液转为好氧状态，并使经选定的活性污泥微生物和混合液中的有机底物充分接触，进行强力的生物氧化、降解反应，有机底物浓度连续降低，也要产生强力的硝化反应和对磷的吸收。

沉淀时段：停止曝气，污泥在静置状态下进行沉淀，在反应器底部逐渐形成污泥层。停止曝气，混合液及污泥层形成缺氧和厌氧状态，为反硝化反应及聚磷菌释放磷提供了有利的条件，取得脱氮及除磷的双重效果。

滗水时段：反应器内的混合液在经过一段时间的静置沉淀后，获得水质良好的上清液，启动滗水器，将上清液排出系统。聚磷菌释放的磷进入污泥层，如需要在这个阶段也可以通过排泥取得除磷的效果。这个阶段也可以称之为滗水排磷阶段。

4. ICEAS工艺系统的特征

关于ICEAS工艺的特征，本节拟用对比的方式，从下列3方面进行阐述。

第1方面的特征是ICEAS工艺系统与传统SBR工艺在构造上的区别。

ICEAS工艺系统最基本的工艺反应单元分为小、大两部分的矩形反应器。小部分为预反应区，大部分为主反应区。主、预反应区之间设隔墙，隔墙底部设有穿孔花墙，污水以极低的流速由预反应区通过穿孔花墙进入主反应区，对主反应区不造成冲击。为了适应这种要求，反应器必须建成为长方形。

与传统SBR工艺相较，ICEAS工艺系统在工艺运行方面具有如下特点。

（1）ICEAS工艺系统采用连续进水系统，即或在主反应区进入沉淀阶段，也不停止进水。这样，减少了运行操作的复杂性，但是，就此也改变了污水在传统SBR工艺反应器内的静置沉淀的理想沉淀特性。为了降低进水对沉淀过程带来的扰动，ICEAS工艺系统的反应器必须采用长方形，使混合液接近于平流式沉淀池的条件进行沉淀过程。

（2）ICEAS工艺系统所设的预反应区处于缺氧状态，起到了选择区的作用。能够选定适于在主反应区成活和降解污水中所含有机底物、并且能够形成比较坚实菌胶团的微生物种属。

（3）连续进水的ICEAS工艺系统，无须在进水阀门之间切换，易于控制，从而适用于规模较大的污水处理厂。

第2方面的特征是，与其他类型工艺相比较，ICEAS工艺系统具有以下几项优势。

（1）ICEAS工艺所有的各项反应都相继地在统一的一座反应器内进行，不设初次及二次沉淀池，池体容积小，占地面积少。土建投资亦低。

（2）ICEAS工艺系统是一种经过改进的延时曝气系统，运行时曝气时间短，氧的利用率高。此外，无需回流污泥的管路系统以及回流泵及回流污泥的控制设备。因此所用设备少，能耗低。

（3）由于是连续进水，每座主反应区（器）所承受的水质、水量是相同和均衡的。因此，拥有较强的耐冲击负荷功能，运行灵活。能够通过调节运行周期来适应进水水量和水质的变化。

（4）ICEAS工艺在沉淀阶段，以反应器充作沉淀池，此阶段已停止曝气，而且只有进水而无出水，进水对沉淀的混合液无冲击作用。沉淀过程处于半静止状态，沉淀时间充分，效果好，泥水分离效率高。

第3方面的特征是，与传统的脱氮除磷工艺系统相比较，ICEAS工艺所拥有的优势。

在脱氮除磷方面，与传统的脱氮除磷工艺（如 A^2/O、氧化沟等）相比较，ICEAS 工艺拥有下列各项优势：占地面积小，基建投资低，操作灵活，管理方便，维护运行费用少，适应性强，应用面宽。

综合以上各项因素，使 ICEAS 工艺系统成为采用脱氮、除磷技术污水处理厂的首选工艺系统。

5. ICEAS 工艺系统对污水的处理效果

表 5-1 所列举的是经归纳得出的 ICEAS 工艺系统对污水的处理效果。

ICEAS 工艺系统对污水的处理效果

表 5-1

污染指标	进水水质（mg/L）		处理水水质（mg/L）		去除率（%）
	平均值	最高值	平均值	最高值	
BOD$_5$	370	490	40	80	89
SS	360	480	60	120	83
NH$_4^+$-N	39	57	20	25	49
TN	24	51	20	40	17
TP	8.6	10	10	15	—
色度	125	200	200	300	—
Cd	0.005	0.016	0.005	0.01	—
Cr	0.15	0.34	0.05	0.1	67
Cu	0.17	0.27	0.05	0.1	71
Fe	2.6	4，8	2.0	4.0	23
Pb	0.05	0.24	0.05	0.1	—
Hg	0.0003	0.0017	0.0005	0.001	—
Ni	0.04	0.28	0.05	0.1	—
Zn	0.26	0.46	0.1	0.2	62
E. Coli	1×10^7/100mL	—	1×10^4/100mL	—	99.5

从上表所列数据可见，对某些污染指标，特别是重金属，ICEAS 工艺系统对其去除效果不够理想。

5.3.2 循环活性污泥工艺系统（CASS 工艺系统）

1. CASS 工艺系统的开发与应用

循环活性污泥工艺系统（CASS 工艺系统），又可称为 CAST 工艺和 CASP 工艺，是传统 SBR 工艺的变型。本工艺是戈龙西（Goronszy）教授在 20 世纪 60～70 年代经过研究所开发的，并于 1984 年和 1989 年分别在美国和加拿大取得本工艺的专利。

CASS 工艺系统的实质是传统的 SBR 工艺与生物选择器（Bioselector）的有机结合。

CASS 工艺系统是在 20 世纪 70 年代开始应用于污水处理实际工程的。由于本工艺对污水处理的效果良好，基建投资省，维护费用低，尤其是本工艺具有一定的脱氮与除磷功能，得到污水处理领域的重视。

2. CASS 工艺系统的组成与运行模式

CASS 工艺系统的反应操作单元为一座间歇式运行的反应器。活性污泥的各项反应进程，泥水分离和滗水等，都在这一座反应器内进行。为了保证各项反应的正常进行，按生物反应动力学的原理，污水在反应器内的流动（态），在周期开始的阶段呈整体推流流态，在其后的各反应阶段，则为完全混合流态。污水按由各阶段组成的周期程序进行反应，最终达到对污水理想的处理效果。

CASS 工艺系统反应器是由 3 个分区所组成。第 1 分区为生物选择区，第 3 分区为主反应区，二者中间为第 2 区。生物选择区位于反应器的最前端，入流的原污水与从第 3 主反应区回流的污泥在这里汇流混合，一般多通过水力措施加以混合，也可以使用机械进行混合搅拌。第 1 区是处于缺氧或厌氧状态下运行，水力停留时间一般为 0.5～1.0h。第 2 区具有对生物选择区的各项作用起辅助性作用的功能，还对进入污水的水质、水量变化起到缓冲作用。此区基本上也是在缺氧或厌氧状态下运行，但根据实际情况的要求，也可按好氧状态运行。主反应区是活性污泥微生物实施生物氧化反应、使有机底物降解的区域，本区是在好氧状态下运行。

第 1、第 2 和第 3 分区容积比的参考值为 1：2：17。

CASS 工艺系统的一个循环过程包括 3 个阶（时）段：进水曝气阶段、沉淀阶段、滗水排放阶段，如加上闲置阶段，则为 4 个阶段。一个运行周期如为 4.0h，则其中进水曝气为 2.0h，沉淀阶段及滗水排放阶段各为 1.0h。图 5-21 所示为 CASS 工艺系统的一个典型的循环操作周期。

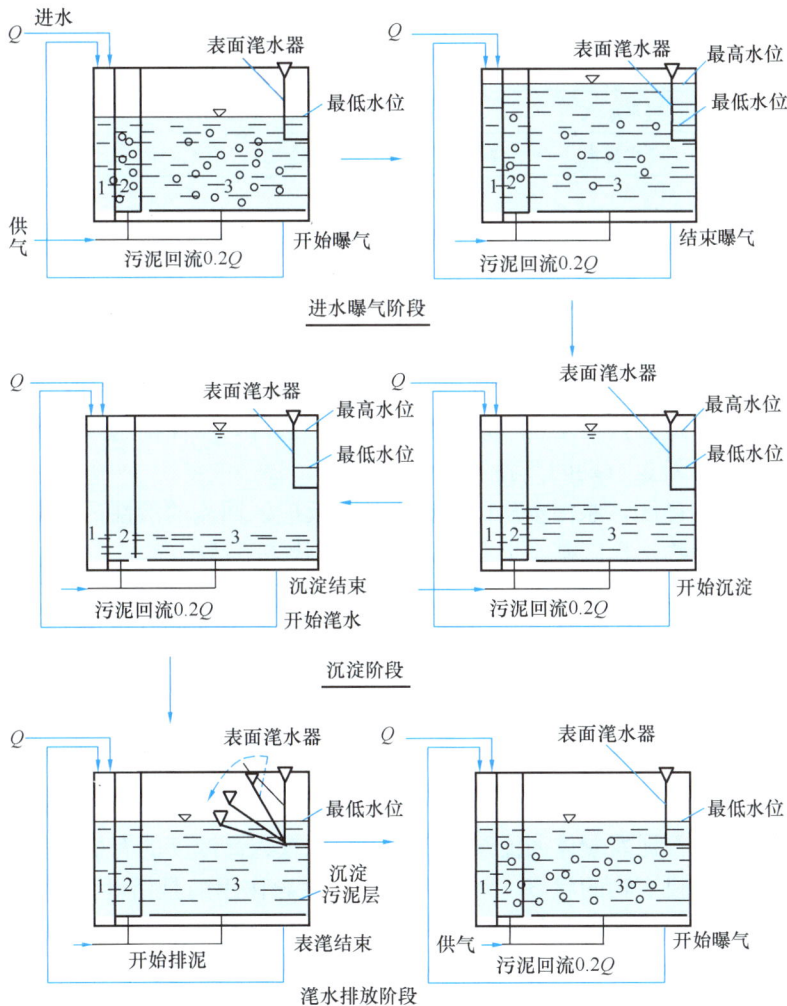

图 5-21 CASS 工艺系统的循环操作过程
1—生物选择区；2—缓冲区；3—主反应区

进水曝气阶段，曝气与进水同时启动，反应器内的水位随着进水由最低设计水位逐渐上升到最高设计水位，属变容积运行。曝气阶段结束，曝气停止，混合液中的活性污泥在静置的条件下进行絮凝沉淀，沉淀阶段结束，启动装设在表面的滗水装置，排出反应器内的上清液，并使水位重新降至最低设计水位的位置。新的周期开始运行。为了保证本工艺系统的正常运行，应考虑定时排泥。

CASS 工艺系统的主反应区内混合液中的活性污泥浓度（MLSS）为 3500～5000mg/L时，经沉淀后可达 15000mg/L，剩余污泥量少于传统的活性污泥工艺。

为了使 CASS 工艺系统能够实现连续进水的要求，应设两座以上的反应器。当设置两座反应器时，第一座反应器处于进水曝气阶段，则另一座反应器处于沉淀滗水阶段，可以达到连续进水的要求。表 5-2 所列举的是采用 4 座反应器的 CASS 工艺系统，通过合理地选择循环过程，将各反应器调节在不同的运行阶段，达到连续进水和连续排水的效果。

4 座反应器 CASS 工艺系统合理的运行周期　　　　　　　　　　　表 5-2

反应器	循环阶段			
反应器 1	进水曝气		沉淀	滗水排水
反应器 2	沉淀	滗水排水	进水曝气	
反应器 3	进水曝气	沉淀	滗水排水	进水曝气
反应器 4	滗水排水	进水曝气		沉淀

CASS 工艺系统在运行方式方面非常灵活，即使原污水在水质水量方面有较大的波动，也能够根据进水情况的变化做适当的调整，选择合适的操作方案。当出现高浓度有机底物的冲击负荷时，能够通过延长曝气反应时间，增加循环操作周期的时间，以保证污水的处理效果。当在雨季可能出现水力负荷大增的情况时，可以通过缩短曝气反应时间，增加滗水、排水阶段的频率，实施大流量、低负荷的运行方式。缺氧、厌氧的生物选择区的运行，在恒容条件下进行，但是也可以在变容条件下进行，以保证选择的有效性为准。

3. CASS 工艺系统运行期间其各区产生的反应

第 1 区是生物选择区，原污水从此入流，从主反应区回流的活性污泥也回流至此，与原污水汇流混合。生物选择区基本上是在缺氧/厌氧状态下运行。

在进水曝气运行阶段，控制供氧强度和在反应区混合液内的溶解氧（DO）浓度，使活性污泥絮凝体（菌胶团）的外缘处于好氧状态，能够产生有机底物降解以至硝化反应。由于氧向絮凝体深部的渗透受到限制，絮凝体的深部还可能处在缺氧/厌氧的状态，而较高的硝酸盐浓度则能够较好地渗透到菌胶团的深部。此外，通过生物吸附作用，在絮凝体内还积聚了丰富的碳源。于是，可以认定，活性污泥絮凝体深部具有良好的进行反硝化反应的条件。通过污泥回流，回流污泥挟出的剩余硝酸盐也在生物选择区进行反硝化反应。

活性很高的活性污泥絮凝体回流至此，因原污水挟入高浓度的有机底物，所以生物选择区是处于高负荷有机底物的状态，对各项反应起主导作用的是活性污泥微生物。首先，根据回流污泥的生物吸附和网捕作用，在其自身的表面吸附大量的可降解的呈溶解状以及微小悬浮状的有机底物，使进入污水得到某种程度的处理。继之，根据酶反应机理，进行可降解溶解性的有机底物快速的降解反应。降解的有机底物被转化为微生物细胞的胞内物质，如糖原质、多羟基丁酸盐等，然后转化为能使活性污泥具有黏状性外部细胞蛋白质的复合物。由于絮状微生物起主导作用，抑制了丝状菌的生长繁殖，有利于主反应区克服污泥膨胀现象的产生。由于厌氧微生物有较高的活性，使得生物选择区内氧化还原电位（ORP）迅速降低。

应当说明的是，向生物选择区回流的污泥量仅为进入污水量的 20%，与其他恒定容积的连续流系统相比要低得多，因此能耗相对也较低。

第 2 区为缓冲区，当其作为生物选择区的辅助区时，按缺氧/厌氧状态运行，也可以作为预反应区与主反应区同步运行，此时则按好氧状态运行。第 2 区也可以考虑不设。

第 3 区为主反应区，有机底物降解以及脱氮、除磷的各项反应，都在本反应区内实施。对此，通过曝气手段以供氧进行调节，使本区混合液根据工艺反应的需要，反复地经历好氧—缺氧—厌氧等状态。在开始进水与曝气的历时 2.0h 内，在本反应区内混合液中溶解氧（DO）的含量控制在 0～2.5mg/L，以确保同步进行硝化、反硝化和磷的吸收。图 5-22 所示为澳大利亚 Rottnest Island 所属的一座采用 CASS 工艺的污水处理厂，在进水、曝气阶段历时 2.0h

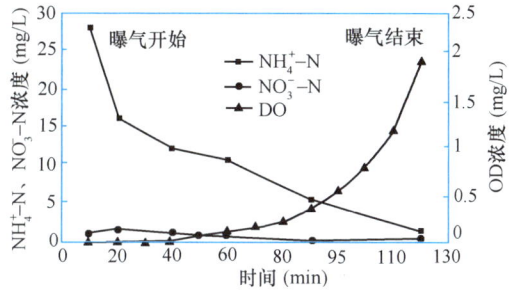

图 5-22　在进水、曝气阶段的 2.0h 内主反应区混合液内 NH_4^+-N、NO_3^--N 及 DO 等各项指标变化动态

内，氨氮（NH_4^+-N）、硝态氮（NO_3^--N）、溶解氧（DO）浓度的变化动态。

在停止曝气 0.5h 后，主反应区混合液即将逐步转为缺氧/厌氧状态。混合液及沉淀污泥絮凝体进行反硝化脱氮反应，沉淀污泥还将释放所含有的磷；与此同时，被污泥所吸附的可降解的呈悬浮状态的有机底物进行水解反应。此外，在缺氧/厌氧状态下能够抑制丝状菌的生长、繁殖，有效地防止污泥膨胀现象的产生。

当 CASS 工艺系统需要进行脱氮除磷反应时，反应周期应延长为 6.0h。

4. CASS 工艺的优点和存在的主要问题

CASS 工艺系统具有的优点是明显的，但是也存在着某些待解决、待改进的问题。

综合考虑，现行的 CASS 工艺系统具有以下几方面的优点：

（1）工艺系统不设初次沉淀池，也不设二次沉淀池，活性污泥回流系统规模较小，工艺流程简单，基建工程造价低，维护管理费用省；

（2）以去除 BOD_5、COD 为主体的污水处理工艺系统，运行周期较短（一般为 4.0h），而且处理效果良好；

（3）脱氮、除磷操作易于控制，处理水水质优于传统活性污泥工艺；

（4）生物选择区的设置，选定适宜的微生物种群，抑制了丝状菌的生长繁殖，使工艺避免污泥膨胀的产生，有利于工艺的正常运行；

（5）采用可变容积，提高了系统对水质水量变化的适应性与运行操作的灵活性；

（6）自动控制程度高，便于管理也易于维护运行；

（7）结构可采用组合式模块，构造简单，布置紧凑、节省占地面积，易于分期分批建设。

现行的 CASS 工艺系统为单一污泥悬浮生长系统，而且是在同一反应器内混合微生物种群进行有机底物的氧化、硝化、反硝化和生物除磷等多种反应。由于多种功能的相互影响，在实际的应用中，限制了反应效能的充分发挥，对控制手段也提出严格的要求，在工程实践中，难以实现工艺稳定、高效的运行。

根据上述，现行的CASS工艺系统存在着以下应考虑予以改进之处。

（1）生物脱氮的效果有待提高。应当认定，现行的CASS工艺系统，在反应器内产生的硝化反应是不够完全的。作用于硝化反应的硝化菌，是一种化能自养菌，进行有机底物降解反应的则是异养菌。当这两种细菌混合培养时，硝化菌处于不利的境地，难以成为优势种群。首先，存在着两种种群对有机底物与溶解氧的竞争。在对氨的同化代谢速率问题上，异养氧化菌远高于硝化细菌。原污水通过生物选择区进入主反应区，大大地提高了主反应区的有机底物负荷，在工艺系统中本来就占有优势的异养氧化菌，就会大力地利用氨物质进行合成代谢，使自己的种群更加强大，并且大量地耗用溶解氧，在这种情况下，硝化菌受到抑制。其次，硝化反应进程要慢于异养氧化菌对有机底物的氧化反应，硝化反应需要较长的时间。此外，硝化菌受温度、pH等环境的影响也比较敏感。

反硝化反应进行得不彻底，是现行的CASS工艺系统脱氮效果欠佳的另一项原因。在现行的CASS工艺系统中，有20%的硝态氮是通过回流污泥在生物选择区进行反硝化反应的，其余的硝态氮是通过同步硝化反硝化，在沉淀、闲置阶段实施反硝化反应的。在沉淀、闲置阶段期间，污泥与混合液未能进行良好地混合，从而使部分硝态氮未能和反硝化微生物相接触，达不到还原的要求。此外，在此时期，有机底物已充分降解，反硝化反应所需的碳源不足，也限制了反硝化反应效果的提高。

综上，现行的CASS工艺系统中进行脱氮反应，硝化反应效果欠佳的原因：一是与异养氧化菌相较，硝化菌是弱势种群，其硝化功能得不到充分发挥；二是反硝化反应进行得不够彻底。

（2）生物除磷的效果也有待提高。对CASS工艺系统，可以考虑通过下述3条途径提高其生物除磷的效果。其一，提高聚磷菌体内所含有的聚合磷酸盐的含量；其二，增加活性污泥中聚磷菌的数量，从而能够提高剩余污泥中聚磷菌的数量；其三，加大排泥量。

通过控制适宜的好氧吸收磷和厌氧释放磷的环境条件，能够提高聚磷菌体内所含有的聚合磷酸盐的含量，就此能够满足第一条所提出的要求。通过提高磷负荷能够促进聚磷菌的生长增殖，从而能够提高聚磷菌在活性污泥微生物中所占的比例，第二条的要求也能够达到。这两种技术措施在常规的CASS工艺系统中是都能够实现的。若这两条得以实现，第三条的要求就是实施的问题了。

但是，在CASS工艺系统中还要进行由硝化菌实施的硝化反应和由异养氧化菌实施的有机底物降解反应，硝化菌的世代期较一般异养氧化菌长，为了使硝化反应得以充分进行，就必须采用较长的污泥龄，而这样又不利于除磷。

在厌氧释磷的环境中，如有硝态氮存在的场合，必然要在聚磷菌和反硝化菌二者之间形成对碳源竞争的局面，使聚磷菌释放磷的作用受到抑制，而对磷的不完全释放，又将使聚磷菌过量吸收磷的功能受到影响。在CASS工艺系统中，是使污泥回流至生物选择区与进入污水相混合的，但由于硝化反应是在主反应区发生的，回流污泥中必然会含有硝态氮，也必然要发生反硝化反应，又必然会对磷的释放造成影响，从而使除磷效果降低。

5. CASS工艺系统的工艺设计与运行调控

（1）CASS工艺系统处理城市污水的主要设计参数

反应器座数：2座以上；

生物选择区与主反应区的容积比：10%～15%：90%～85%；

污泥回流比：20%～30%；

污泥负荷：0.05～0.1kgBOD$_5$/（kgMLSS·d）；

生物固体停留时间：20～30d；

混合液污泥浓度：3000～4000mg/L；

需氧量：1.3～2.0kgO$_2$/kgBOD$_5$；

周期工作时间：2h、4h、6h；

排水比：1/3、1/6。

（2）CASS工艺系统处理效果

CASS工艺系统处理效果见表5-3。

CASS工艺系统处理效果　　　　　　　　　　　　　　　　　表5-3

水样指标	COD（mg/L）	BOD$_5$（mg/L）	SS（mg/L）	TN（mg/L）	TP（mg/L）
进水	300～800	100～650	200～620	50～100	10
处理水	≤150	≤60	≤100	≤25	≤1

（3）CASS工艺系统设计要点

对一般的CASS工艺系统反应器，最高滗水速率为30mm/min，固液分离阶段时间为1.0h，污泥容积指数为140mL/g（在实际上，一般低于80mL/g）。CASS工艺系统反应器内最高水位时混合液中的污泥浓度，与传统活性污泥法工艺反应器内的污泥浓度基本相同，在进入沉淀阶段，停止曝气后，整个反应器的表面均用于泥水分离，表面水力负荷低。此外，在CASS工艺系统的沉淀阶段无污水进入，沉淀过程是在完全静置条件下进行，固液分离的效果能够得到保证。

对CASS工艺系统强化除磷效果，可考虑投加铝盐或铁盐，所产生的污泥为化学污泥，其在反应器内的浓度为1.7～2.0g/L，压缩性较高。

（4）CASS工艺系统的运行调控

CASS工艺系统可以根据要求，实现部分自动控制或完全自动控制。例如，可以通过在线测量耗氧速率来调节工艺运行，控制供氧强度和曝气时间，使工艺运行稳定。根据设计的污泥龄和反应器内污泥浓度，能够预先设定在每一循环中剩余污泥的排除时间，并通过自控系统将工艺过程产生的剩余污泥自动足量的予以排除。沉淀阶段结束后，移动式滗水器自动启动将上清液排出系统。整个操作过程能够完全自动进行，使工艺操作大为简化，减少工艺操作人员。

在CASS工艺系统的实际运行中，自控系统应当根据系统运行过程相关参数的变化，及时地自动地调整系统的运行状态，使系统运行能够始终保持着优化状态。这就需要具有智能化过程控制系统，即将系统运行过程中的各种相关因素作为逻辑变量进行判断和计算，确定出最佳的控制方案并自动执行，使系统达到优化运行的目的。例如，在CASS工艺系统中，为了加强反硝化反应，需要调节曝气强度以控制氧化还原电位，可采用溶解氧传感器在线监测溶液中的溶解氧浓度，通过变频装置来自动调节风机的曝气速率，从而取得降低能耗的效果。

当前，建设的包括 CASS 工艺系统在内的污水处理工程，基本上还是以采用程序控制为主，智能控制是今后污水处理工程自控系统的发展方向。实现智能控制技术，将会使 CASS 工艺系统的优势更为突出。

5. CASS工艺系统的应用举例——德国波茨坦污水处理厂

5.3.3 连续进水间歇曝气活性工艺系统（DAT-IAT 工艺系统）

DAT-IAT 工艺系统是由 SBR 工艺系统发展的一种变型工艺。它的反应机理和对有机底物的降解机制与传统的 SBR 工艺系统相同，只是处理构筑物的组成和运行操作有所不同。

DAT-IAT 工艺系统在污水处理技术及功能方面，介于传统活性污泥和传统 SBR 工艺之间，既拥有传统活性污泥工艺的连续性和高效性，又具有 SBR 工艺的灵活性，适用于水量、水质变化大的中、小城镇污水和工业废水处理。

1. DAT-IAT 工艺系统的组成与运行流程

（1）DAT-IAT 工艺系统的组成

DAT-IAT 工艺系统的组成与工艺流程如图 5-23 所示。

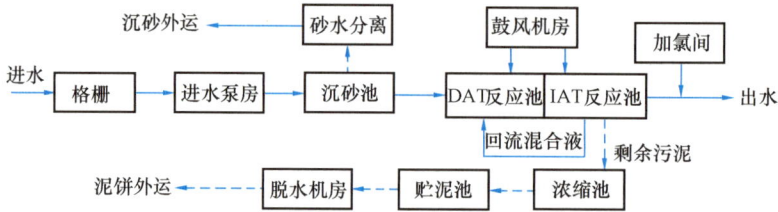

图 5-23　DAT-IAT 工艺系统的组成与工艺流程

从图 5-23 可见，DAT-IAT 工艺系统的主体反应构筑物是由 1 座连续曝气反应器（DAT）（Demand Aeration Tank）和 1 座间歇曝气反应器（IAT）（Intermittent Aeration Tank）串联组成。

DAT 反应器，呈好氧状态，原污水连续流入，同时还有从 IAT 反应器回流的混合液入注，进行连续曝气，也可以根据进水与出水水质进行间歇曝气。DAT 反应器充分发挥其活性污泥的生物降解功能，使污水中大部分的可溶性有机底物得到降解去除。DAT 反应器对进入污水的水质进行了调节与均衡作用，其处理水进入 IAT 反应器。

IAT 反应器按传统 SBR 反应器运行方式进行周期运行，由 DAT 反应器流入的污水水质稳定，有机污染物负荷低，提高了其对水质变化的适应性。此外，IAT 反应器内混合液的 C/N 比较低，有利于硝化菌的生长繁殖，能够产生硝化反应。由于实施间歇曝气，能够在时序上形成好氧/缺氧/厌氧交替出现的环境条件，这样在使 BOD_5 降解的同时，还能取得脱氮和除磷的效果。应当说，IAT 反应器的反应机理和对各项污染指标的去除机理，基本上与传统 SBR 工艺相同，但是反应器为连续进水，曝气则是周期性的。

（2）DAT-IAT 工艺系统的运行操作

图 5-24 所示为 DAT-IAT 工艺系统的运行操作示意图。

DAT-IAT 工艺系统是 DAT 反应器与 IAT 反应器结合成为 1 组的双反应器系统。2

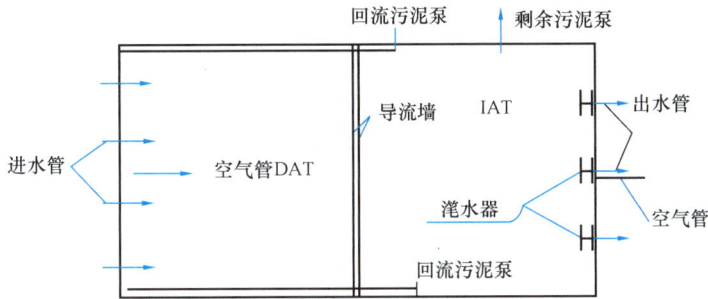

（a）

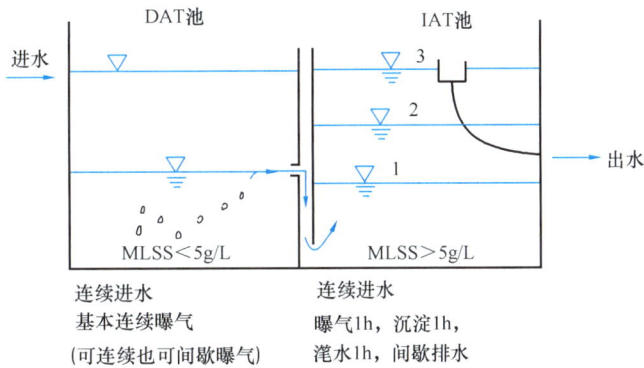

（b）

图 5-24　DAT-IAT 工艺系统的运行操作示意图

（a）反应器平面布置图；（b）反应器剖面图

座反应器进行不同的操作。

对 DAT 反应器的运行操作是连续不分阶段进行的。在运行时，原污水连续进入，连续曝气，连续从 IAT 反应器回流混合液，器内混合液呈完全混合流态。其处理水通过两反应器中间的双层导流墙进入 IAT 反应器（图 5-24），由于流速很小，不会影响 IAT 反应器内混合液的沉淀过程，也不会扰动沉淀污泥。

对 IAT 反应器的运行操作则与传统 SBR 工艺相同，由进水、反应、沉淀、排水及闲置等 5 个阶段所组成。

1）进水阶段

经格栅及沉砂池处理后的原污水连续地进入 DAT-IAT 工艺系统的 DAT 反应器，经曝气初期处理后的污水再通过导流设施进入 IAT 反应器。

对 IAT 反应器，进水阶段为其接纳污水的过程。在此之前，IAT 反应器处于上一周期的排水阶段或闲置阶段。此时，反应器关闭排水口停止排水，在 IAT 反应器内的水位处于最低状态，并在排水阶段规定的时间内达到最高水位。但是，在进水阶段规定的时间段内，在 IAT 反应器内所进行的不是单一的进水和使水位上升的过程，存留在反应器内的污泥混合液具有回流污泥的作用：进行曝气，则产生好氧反应，进行微生物的降解有机底物的生化反应；进行搅拌，则产生厌氧或缺氧反应，抑制好氧反应进行。

2）反应阶段

反应阶段开始后，其效能首先出现在 DAT 反应器。DAT 反应器在连续进入原污水和从 IAT 反应器回流的混合液，同时在连续曝气，反应器内水流呈完全混合状态。在进入的原污水与回流的活性污泥接触后的较短时间内，即在二者之间产生物理吸附及生物吸附反应，污水中呈悬浮状态及胶体状态的有机底物即为活性污泥凝聚与吸附，并从污水中去除。

被吸附在活性污泥微生物表面的有机底物，又被微生物摄入体内。这种吸附作用对整个工艺系统来说反应是初步的，但是对均衡水质是重要的一步。

主要反应产生在 IAT 反应器。在 DAT 反应器经过初步生化反应的污水，通过双层配水装置连续地进入 IAT 反应器。按工艺的要求，进行曝气达到进一步降解 BOD_5 及硝化反应的效果。在一般情况下，DAT 反应器与 IAT 反应器需氧量之比为 65：35。为了取得更好的沉淀效果，在进入沉淀阶段之前，对 IAT 反应器内的混合液作短时间的曝气，以吹脱去除附着在污泥表面上的氮气，存活在 IAT 反应器内活性污泥微生物继续将周围污水中的有机底物加以摄取、氧化，持续地进行分解代谢与合成代谢。

IAT 反应器持续曝气，使活性污泥微生物对细胞表面上和体内的有机底物充分地加以代谢，微生物进入内源呼吸期，可使活性污泥再生，提高活性，并回流到 DAT 反应器。IAT 反应器向 DAT 反应器的混合液回流比应视水质与 MLSS 质量而定，一般为 100%～450%。在包括有除磷要求的运行周期时，剩余污泥则宜于在本阶段结束后，沉淀阶段开始前，从 IAT 反应器排除。

3）沉淀阶段

在 DAT-IAT 工艺系统，沉淀在 IAT 反应器内操作实施。应当考虑这样的一个现实，混合液中活性污泥絮凝体颗粒质轻，易受扰动和被出流处理水挟出。因此，为了避免对沉淀过程产生扰动现象，采取下列几项措施：其一，当在 IAT 反应器停止曝气、活性污泥絮凝体开始静态沉淀与上清液分离时，污水通过在 DAT-IAT 工艺系统采用的独特的双隔墙导流系统从 DAT 反应器向 IAT 反应器流入；其二，在设计中，对从 DAT 反应器向 IAT 反应器流入污水，采用非常低的流速值，这样能够有效地防止在污水从 DAT 反应器向 IAT 反应器流入时，出现水力短流和扰动已沉污泥层的现象，保证取得良好的沉淀效果。

IAT 反应器内的活性污泥混合液，质量浓度为 2～4g/L，具有絮凝性能，能够形成成层沉淀。沉淀过程，在泥水之间形成清晰的界面，活性污泥絮凝体结成一个沉淀的整体，能够取得澄清上清液和浓缩混合液的效果。

4）排水阶段

排水阶段也是在 IAT 反应器内操作实施。当 IAT 反应器内的水位上升到设计的最高水位时，即开始启动设于反应器末端的滗水器，将经沉淀形成的上清液排出。在反应器内水位降至设计最低水位时即停止滗水。IAT 反应器底部保留的沉降活性污泥作为种污泥，用于下个处理周期，而部分污泥连续回流至 DAT 反应器。

5）闲置阶段

IAT 反应器滗水操作停止是一个运行周期完成的标志。两个周期之间的间歇时间，就是闲置（也称待机）阶段。本阶段可以根据污水的水质及对处理水的水质要求，确定其时间的长短或取消。

污水在两座反应器中历经生化反应、沉淀、滗水、排泥、闲置等阶段，完成一个循环后重新启动一个新的循环，周而复始，不断运行。

DAT-IAT 工艺系统是变水位运行的，在每个运行周期之间水位变化情况是：最高水位——最低水位——最高水位。在水位变化的同时，水面、污泥面也都在变动，如图 5-25 所示。这种现象说明，在动态运行中各种过程相互协调进行与完成。由于电子计算机及软件的应用，这种难为人工操作完成的过程，表现得灵活可行。

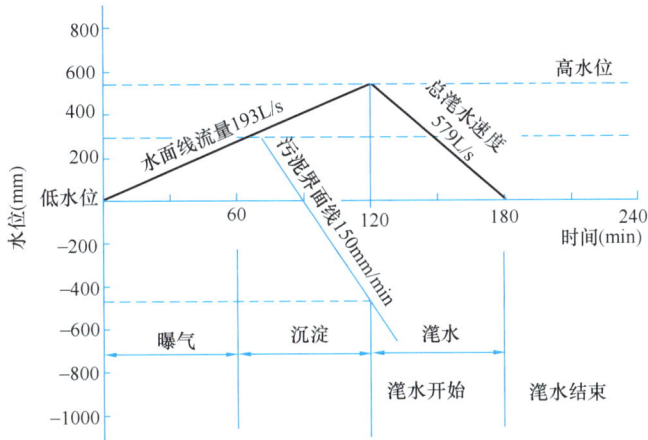

图 5-25　DAT-IAT 工艺系统运行周期水位变化示意图

2. DAT-IAT 工艺系统的特点

(1) DAT-IAT 工艺系统的优点

DAT-IAT 工艺系统具有下列各项主要优点。

1) 处理功能的稳定性较强。DAT 反应器连续进水，连续曝气，对进水水质起到均衡作用，强化了对有机底物的降解强度，相对地缩短了运行周期，提高了处理功能的稳定性。

2) 运行工艺灵活性高，可调节性强。DAT-IAT 工艺系统连续进水和连续曝气，可以根据原污水水质、水量的变化和对污水处理的要求，设立与调整 IAT 反应器的运行周期，使其处于最佳工况。由于原污水只进入 DAT 反应器，只从 IAT 反应器排出处理水，增强了系统的可调节性。

3) 具有脱氮、除磷功能。IAT 反应器内混合液的 C/N 值较低，有利于硝化菌的生长繁殖，易于产生硝化反应。通过间歇曝气，能够在时间上形成好氧/缺氧/厌氧的交替环境条件，可以取得同步 BOD_5 降解、脱氮、除磷的效果。

4) 容积利用率高、基建投资省。DAT-IAT 工艺系统省去了二沉池等处理构筑物，具有较高的曝气容积比，一般可达 66.7%。传统工艺及 SBR 工艺一般可达 60%，可以说 DAT-IAT 工艺系统是节省基建投资的污水处理工艺。

5) 负荷变化影响小。DAT 反应器只进水不直接排放处理水，起到了调节、缓冲水质、水量变化给工艺造成影响的作用。

(2) DAT-IAT 工艺系统不足之处

DAT-IAT 工艺系统具有一系列优点，但也存在某些不足之处。

1）污泥回流量大，能耗高。为了使在 DAT 反应器内保持较高的活性污泥微生物浓度，需要在 IAT 反应器内设置污泥泵连续地将器内污泥抽送回流至 DAT 反应器，而且回流率比较高。

2）脱氮、除磷需要延长运行周期和增加搅拌操作。脱氮、除磷工艺需要好氧/缺氧/厌氧交替的环境条件，而本工艺的缺氧、厌氧环境是从好氧环境转变过去的，而且只产生在滗水阶段的末期，反硝化反应和磷的释放不够充分，脱氮、除磷的效果不佳。对此，应根据需求延长缺氧/厌氧反应时间和增设搅拌装置，相应地延长运行周期。

3）除磷效果欠佳。IAT 反应器的厌氧环境条件只产生在滗水阶段的末期，而且持续时间很短，反应器内残余的溶解氧和 NO_x-N 对其也形成不利的影响，因此磷的释放不够充分；此外，在滗水阶段末期，反应器内残留的微生物可资利用的有机底物浓度很低，聚磷菌缺乏足够的碳源营养；再有就是，DAT-IAT 工艺系统属长污泥龄工艺。这些不利条件，使得 DAT-IAT 工艺系统除磷效果欠佳。

3. DAT-IAT 工艺系统的控制指标——主要设计参数

（1）DAT-IAT 工艺系统主要参数的选定

1）混合液悬浮固体浓度（MLSS）

MLSS 值不宜过低，过低可能导致反应器容积 V 增大，相应能耗增高；但也不宜过高，过高势必需要提高 IAT 向 DAT 污泥回流比例，增大 IAT 容积和回流污泥电耗。在一般情况下，DAT 的 MLSS 取值 2500～4500mg/L，IAT 的 MLSS 取值 3500～5500mg/L。

2）BOD_5—污泥负荷

BOD_5—污泥负荷一般取值为 0.05～0.10kgBOD_5/（kgMLSS·d）。当污水处理要求达到硝化、反硝化、污泥好氧稳定时，取低值 0.05kgBOD_5/（kgMLSS·d）；当污水处理只要求去除含碳有机物时，取高值 0.10kgBOD_5/（kgMLSS·d）。

3）污泥龄

污泥龄的长短，具体取决于污水处理达到的目标。当在去除的目标物仅是含碳有机物时，污泥龄最短；如要求取得硝化与反硝化的效应，要求较长的污泥龄；如要求污泥同步稳定，则需要更长的污泥龄。

（2）DAT-IAT 工艺系统主要的设计参数

1）有机物—污泥负荷

只要求去除含碳有机物，有机物—污泥负荷取值 0.1kgBOD_5/（kgMLSS·d）；

只要求进行硝化反应，有机物—污泥负荷取值 0.07～0.09kgBOD_5/（kgMLSS·d）；

要求进行硝化反应与反硝化反应，有机物—污泥负荷取值 0.07kgBOD_5/（kgMLSS·d）；

要求污泥同步好氧稳定，有机物—污泥负荷取值 0.05kgBOD_5/（kgMLSS·d）。

2）混合液悬浮固体浓度

DAT 反应器的 MLSS 取值 2500～4500mg/L，IAT 反应器的 MLSS 取值 3500～5500mg/L。

3）回流比

回流比取值 100%～400%。

4）污泥龄

只要求去除含碳有机物，污泥龄取值 6～8d 或 8d 以上；

只要求进行硝化反应，污泥龄取值 >10d；

要求进行硝化反应与反硝化反应，污泥龄取值 >12d；

要求污泥同步好氧稳定，污泥龄取值 > 20d。

5）DAT/IAT 容积比

只要求去除含碳有机物，DAT/IAT 容积比取值 1；

只要求进行硝化反应，DAT/IAT 容积比取值 >1；

要求进行硝化反应与反硝化反应，DAT/IAT 容积比取值 <1；

要求污泥同步好氧稳定，DAT/IAT 容积比取值 >1。

6. DAT-IAT工艺系统的工程实例——抚顺市三宝屯污水处理厂

5.3.4 一体化活性污泥工艺系统（UNITANK 工艺系统）

1. UNITANK 工艺的开发与工艺原理

UNITANK 工艺系统是在 1987 年英特布鲁（Interbrew）与鲁汶（K. U. Leuven）合作，以三沟氧化沟为基础所开发的一种污水处理新工艺。其技术专利于 1989 年为比利时 SEGHERS 环境工程公司所获取，并在生产实践中开始应用。

UNITANK 工艺系统是 SBR 工艺的一种变型和新发展。该工艺将传统活性污泥工艺和 SBR 工艺运行模式的优点加以综合，将连续流系统的空间推流与 SBR 工艺的时间推流过程合二为一，使系统在整体上保持连续进水和连续出水状态，但每座反应器单体则相对为间歇进水和间歇排水。通过对时间和空间的灵活控制，并适当改变曝气搅拌方式和提高水力停留时间，可取得良好的脱氮除磷效果。

UNITANK 工艺，整体系统呈一体化形式。本工艺结构紧凑、运行操作简单易行，污水处理效果良好，智能化控制也取得良好效果，因此受到污水处理领域的青睐，得到了广泛的应用。

2. UNITANK 工艺系统的组成与工艺结构

图 5-26 所示为以 UNITANK 为主体处理工艺的污水处理厂典型工艺流程。

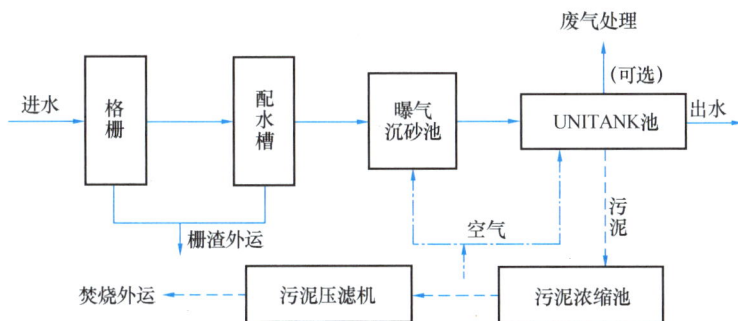

图 5-26　UNITANK 工艺污水处理厂
典型处理工艺系统流程图

从图 5-26 可见，UNITANK 工艺系统流程比较简单，未设初次沉淀池，预处理工艺系统只设格栅及沉砂池，污水从沉砂池出流直接进入 UNITANK 反应器。污泥则经过浓缩及压缩处理，外运至焚烧厂。

UNITANK 工艺反应器为一座三沟式氧化沟，三沟结构相同，尺寸一致并相互连通。

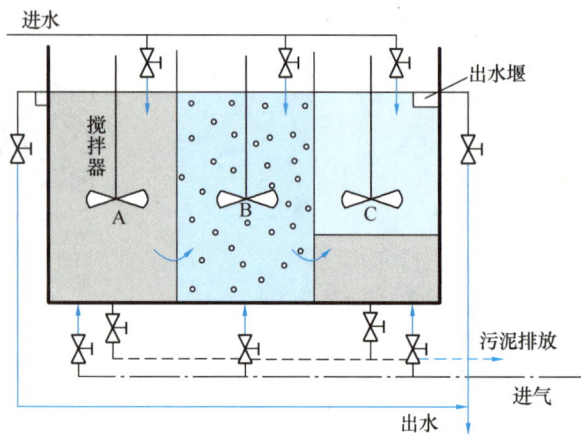

图 5-27　单段式 UNITANK 工艺结构

根据工艺结构，UNITANK 工艺系统可分为单段式和两段式两种形式。当进水负荷低时采用单段式 UNITANK 工艺系统，两段式 UNITANK 工艺系统则用于进水负荷高的条件。

图 5-27 所示为典型的单段式 UNITANK 工艺系统，该系统是一座被隔成为 3 个各部位尺寸相等的矩形单元反应器，3 个单元反应器之间水力相通。每个单元都能够接受原污水的进入，也都设有曝气系统（鼓风机曝气或机械表面曝气）和空气扩散装置，外侧的 2 个单元设置出水堰和剩余污泥排放装置，这 2 个单元交替地变换充作曝气反应单元和沉淀——泥、水分离单元，中间单元则只充作曝气反应单元。

单段式 UNITANK 工艺系统，连续进水，周期交替运行。通过对系统运行的调整，能够实现对污水处理过程的时间和空间的控制，形成好氧、缺氧和厌氧条件以达到污水处理应取得的效果。

两段式 UNITANK 工艺系统由并列的两座并且拥有共用隔墙的单段 UNITANK 工艺系统所组成（图 5-28），分为高负荷氧化和低负荷氧化两段。高负荷氧化段，要在厌氧或好氧条件下运行，低负荷氧化段则只在好氧条件下运行。

3. UNITANK 工艺系统的运行方式

（1）单段 UNITANK 工艺系统好氧反应的运行方式

单段 UNITANK 工艺系统好氧运行方式（图 5-29）的每一个周期包括：两个主体运行阶段和两个较短的过渡阶段。两个主体运行阶段，运行功能相同但运行方向相反。

1）第 1 主体运行阶段

原污水入注单元 A，进行曝气反应。该单元在上一个主要运行阶段，曾经充作为沉淀——泥、水分离单元，在单元内积累着大量的已

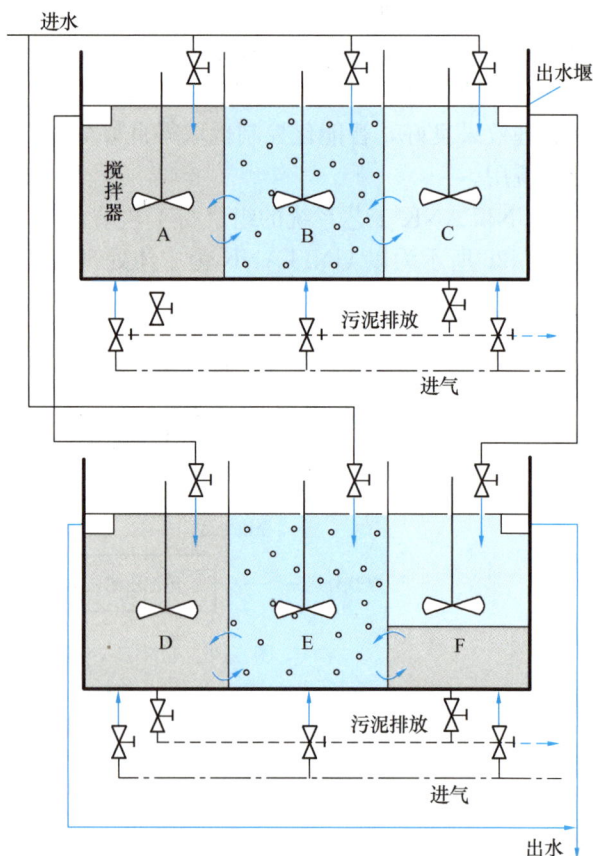

图 5-28　两段式 UNITANK 工艺结构

经过再生反应、吸附性能极强的活性污泥，污水中的有机污染物通过活性污泥的强力吸附，而得到部分的去除。

随后，混合液通过隔墙底部的通水口入流持续实施曝气反应的单元 B，在这里有机污染物进一步进行降解。

继之，已经 A、B 两反应单元处理过的混合液进入不曝气、不搅拌的单元 C，混合液在这里静置沉淀，完成泥、水分离的功能，作为处理水的上清液，从出水堰排出系统，完成污水处理的过程。

经过浓缩的老化污泥也从这里排出，进入污泥处理系统。在反应器单元 A 通过微生物增殖而增长形成的活性污泥，通过空间的推流过程，取得在单元 B 和单元 C 重新分配的效果。

2）第 1 过渡阶段

本阶段的设立目的是使系统交替转换进入第 2 主体运行阶段，调整水流方向，并为了防止单元 A 及单元 B 的活性污泥流失和使单元 C 内的污泥积累排出系统而设立的短暂的过渡时（阶）段（图 5-29）。

原污水开始从单元 B 进入系统，反应器单元 A 及单元 C 同时都按静置沉淀、泥水分离运行，经过短暂的过渡后进入第 2 主体运行阶段。

3）第 2 主体运行阶段和第 2 过渡运行阶段

第 2 主体运行阶段和第 2 过渡运行阶段，只是水流方向进行 180°的转变，其工作原理与操作过程与第 1 主体运行阶段和第 1 过渡运行阶段完全相同（图 5-29）。

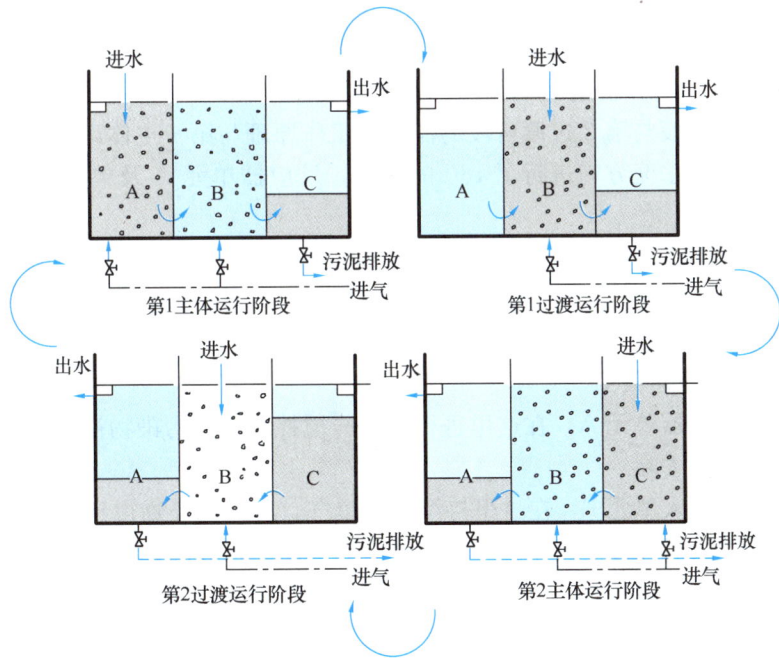

图 5-29　单段式 UNITANK 工艺系统的运行方式

（2）单段 UNITANK 工艺系统脱氮、除磷的运行方式

单段 UNITANK 工艺系统脱氮、除磷的运行方式与前述的好氧运行方式相类似，脱

氮、除磷运行的每一周期也是由两个运行方向相反的主体运行阶段和两个短暂的过渡阶段所组成（图 5-29）。

1）第 1 脱氮、除磷反应主体运行阶段

原污水进入反应器单元 A，这时单元 A 的环境条件处于缺（厌）氧状态，不进行曝气，仅进行搅拌。在反应器内进行反硝化脱氮反应，混合液中成活的反硝化菌以进水中的有机污染物充作碳源，对上一周期硝化阶段累积贮存在混合液中的硝酸氮进行反硝化反应，使硝酸氮转化为气态氮释放脱出。在反硝化反应完成后，混合液中的聚磷菌即行释放磷。继之，混合液流入持续进行曝气的反应器单元 B，在这里进行有机污染物的降解和相继由硝化菌对氨化氮进行的硝化以及聚磷菌的吸收磷等 3 项反应，最后混合液流入完成沉淀过程、进行泥水分离的单元 C，上清液排放，作为剩余污泥的富含磷污泥进行排除，完成这段污水的脱氮除磷任务。

随后，原污水仍由单元 A 入流，但由只搅拌不曝气的行为状态改变为边搅拌边曝气的状态，使环境条件形成好氧状态，在反应器单元 A 内进行有机污染物降解、氨氮硝化为硝酸氮、聚磷菌吸收磷等 3 种反应，反应器 B 及反应器 C 两单元的行为不变。

继之，原污水保持不变仍由单元 A 入流，但单元 A 改变为只搅拌不曝气的运行方式，处于缺氧的环境条件，反应器 B、C 两单元的行为仍然不变。

2）第 1 过渡阶段

反应器单元 A 停止原水的入流和对混合液的搅拌，开始承担混合液沉淀及泥、水分离的行为。原污水开始从反应器单元 B 进入，单元 B 及单元 C 的功能不变。

继之原污水改由单元 C 入流，单元 C 停止曝气，只保持搅拌行为，也就是经过短暂的过渡阶段，系统进入脱氮除磷反应的第 2 主体运行阶段。

3）脱氮除磷反应第 2 主体运行阶段与第 2 过渡阶段

第 2 主体运行阶段与第 2 过渡阶段的流程及工作原理与第 1 主体运行阶段与第 1 过渡阶段完全相同，只是水流方向进行了 180°的转变，反应器单元 A 及单元 C 交替互换了各自的功能作用。

（3）两段式 UNITANK 工艺反应系统的好氧运行方式

两段式 UNITANK 工艺反应系统好氧运行的每个周期也分为两个主体运行阶段（图 5-30），分别阐述如下。

1）第 1 主体运行阶段

原污水入流反应器单元 A，在这里进行曝气与搅拌，有机污染物被降解，部分有机污染物被活性污泥降解去除。

接着，混合液流入单元 B，在这里持续进行曝气，有机污染物得到进一步的降解。

随后，混合液最后入流沉淀单元 C，在这里进行泥、水分离，剩余污泥排放。处理水继续入流低负荷段反应器进行深入处理。以上运行 3 步除处理水继续进行处理外，其余运行各项同单段 UNITANK 工艺反应系统。

由单元 C 排出的水进入低负荷段正在进行曝气反应的单元 F，处理水中残余的难降解有机污染物在这里得到低负荷段微生物的吸附和代谢降解。

继之，混合液继续流入单元 E，在这里持续进行曝气反应，有机污染物得到进一步的降解处理。

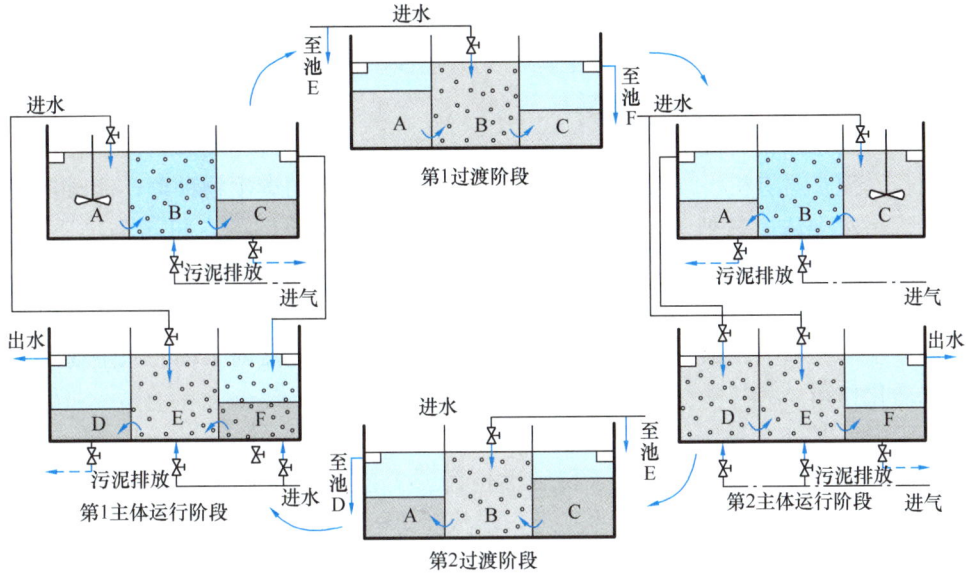

图 5-30　两段式 UNITANK 工艺反应系统运行方式

最后，混合液最后进入静置沉淀单元 D，在这里进行泥、水分离，处理水从溢流堰排出系统，同时剩余污泥也排出。

2）第 1 过渡阶段

反应器单元 A 及单元 C 均作为沉淀单元，不进行搅拌也不曝气，污水进入持续进行曝气的单元 B，反应器单元 D、E、F 反应状态不变，此过渡阶段很短。随即，关闭单元 B 的进水阀门，启动反应器单元 C 的进水阀门，并开始曝气，改由单元 C 进水，进入第 2 主体运行阶段。

3）第 2 主体运行阶段

进入第 2 主体运行阶段，水流方向进行 180°的转变。其运行周期与第 1 主体运行阶段完全相同。

经过短暂的过渡阶段进行调整后，又重新转到由反应器单元 A 进水，从单元 D 排出处理水。

4.UNITANK 工艺去除有机污染物的过程与机理

（1）单段式 UNITANK 工艺系统

在单段式 UNITANK 工艺系统，原污水连续从两侧反应器单元进入，顺序地通过各反应器单元，周期交替地处于好氧、缺氧、厌氧等环境状态，与相应有关的微生物种群相接触，并相应地产生有机污染物降解、硝化、反硝化以及释放磷、吸收磷等各项反应，取得有机污染物去除、脱氮以及除磷的效果。

（2）两段式 UNITANK 工艺系统

两段式 UNITANK 工艺系统分为高负荷段和低负荷段，分别在这两段内，培育、驯化、诱导出与各自阶段污水负荷特性相适应的微生物种群。在高负荷段，对生物固体平均停留时间（污泥龄）采用低值，培育出的多是增殖速度快、世代时间短的微生物种群。世代时间长的如硝化菌一类的微生物和原生动物、后生动物等都不能存活，被分选出的则是抗冲击负荷能力强的原核微生物，经它们代谢降解的多是易于（可）生物降解的有机污染物。经高负荷段处理后的污水，其可生化性有所改善，水质、水量稳定。这些条件都有利于后续的低负荷段生物降解反应的进行。

在低负荷段，采用高值的生物固体平均停留时间（污泥龄），能够培育出增殖速度慢、世代时间长、但是对有机污染物具有高效深度代谢降解功能的微生物种群，能够比较有效地降解去除污水中浓度较低（或经过驯化）、但属于难生物降解的有机污染物质。这样，在低负荷段内具有产生硝化反应的条件，拥有脱氮除磷的功能。

在低负荷条件下运行的 UNITANK 工艺反应器内，能够存活包括纤毛虫类在内的各种类型的原生动物以至轮虫一类的后生动物，它们捕食在反应器内游动的微生物，发挥一定的污水净化作用。

5. UNITANK 工艺系统的特点

UNITANK 工艺系统综合采纳了传统活性污泥工艺、普通（传统）SBR 工艺的某些优点，并在其基础上又进行了一定的改进，形成了 UNITANK 工艺系统自身具有的某些风格和特点，摘其主要各项阐述于下。

（1）污水净化反应构筑物一体化，结构紧凑，各反应器体均宜于采用长方形。长方形反应器（池）体可共用池壁，对此能够减少占地面积，相应地能够节省土建费用。共用池壁有利于保温，共用水平底板还能够提高反应器体结构的稳定度。

（2）系统整体在恒定水位下运行，水力负荷稳定。对此能够产生下列各项效益：反应器的容积能够得到充分地有效利用；能够降低对管道阀门等设备的要求，节省开支；能够采用表面曝气设备，便于对曝气系统的维护管理；能够采用构造简单固定的排水堰，避免采用价格昂贵的滗水器，可以节省较大的一笔投资；工艺系统中的各反应器得到连续运作，无须考虑设置闲置阶段。

（3）所有反应器均为同一的矩形，用共同池壁，3 座反应器之间水力相同，中间反应器不受单向水压，土建无须采取措施，占地面积小。

（4）系统无须设污泥回流系统。在多数情况下，对 UNITANK 工艺系统可以考虑不设调节池，也可以考虑不设初次沉淀池。

（5）能够根据溶解氧、氧化还原电位等在线监测数据，通过改变供氧量以变换好氧、缺氧及厌氧反应时间等控制手段，寻求确定在时间和空间上最佳的反应条件，使本系统取得高效去除污水中碳源有机污染物以及脱氮除磷的效果。

UNITANK 工艺系统具有以上诸多优点，但是还存在以下几方面尚待改进与进一步解决的问题。

（1）UNITANK 工艺除磷效果不够理想。本工艺系统无专设厌氧区，而是通过沉淀阶段的末期或在曝气反应阶段的中间插入停止曝气，以形成缺（厌）氧状态，这样比较难于形成生物除磷所需要的缺（厌）氧条件。在插入的停止曝气期，水中存在的硝酸盐能够消耗溶解性 BOD，使有效的 BOD/P 值降低，聚磷菌摄取不到足够的 BOD 量，磷的释放不彻底，聚磷菌的生物除磷功能得不到充分保证。

为解决这一问题，可考虑在 UNITANK 工艺系统设前置缺（厌）氧反应单元，并接受入流原污水及回流富含硝酸氮的溶液。对此，UNITANK 工艺系统的周期运行方式也将相应地有所改变。

（2）UNITANK 工艺系统对反应器容积的有效利用率较低。3 座反应器并列互联、容积相等，在连续进水和连续出水情况下，中间单元的利用率较高（可达 100%），两侧的两个单元在一个反应运行周期内将交替地作为曝气反应单元和沉淀泥水分离单元，实际上相当于在一个反应运行周期内，有一座侧反应器完全在充当着沉淀泥水分离单元。此外，再加上排放处理水之前还要考虑安设沉淀时间，两侧单元反应器的有效利用率实际上低于 50%，UNITANK 工艺系统反应器单元的总体利用率将低于 3/4，即低于 75%。

解决这一问题的对策，是可以考虑采纳扩大中间反应器容积的方案，如将中间反应器的容积增大一倍，两侧反应器的容积相等，各为中间反应器容积的 1/2。

（3）UNITANK 工艺系统管道布置较为复杂，特别是当系统进行脱氮、除磷时，除了对溶解氧和氧化还原电位进行必要的监测外，还需要进行大量水的进与出阀门、空气阀门以及剩余污泥阀门的切换，过于频繁，需要高度的自动监测和自动控制。

7. UNITANK 工艺系统的工程实例——广东佛山大沥污水处理厂

（4）需对 UNITANK 工艺系统提出准确的数学模型，实现本系统更高层次的自动控制。

5.3.5 改良型序批式活性污泥工艺系统（MSBR 工艺系统）

MSBR 是由 Yang 等结合 SBR 和传统活性污泥工艺特征所开发的一种污水处理新工艺。本工艺可看作 A-A-O 工艺（参见 6.3.1）和 SBR 工艺系统的联合，并且结合了传统活性污泥和 SBR 工艺系统的优点，连续进水和出水，还省却了多单元工艺所需要的连接管、阀门和泵等设备。

MSBR 工艺系统不设初沉池及二沉池。采用单池多单元的方式，在外观上为一矩形反应器。反应器内部被分隔成多个不同处理功能的处理单元，反应器能够在各处理单元全部充满，并在恒定水位下连续进出水运行。

有关中间试验及生产性试验的结果证实，MSBR 工艺是运行可靠、处理效果良好、易于实现计算机在线控制的污水处理工艺。

MSBR 工艺被认为是集约化程度最高的污水处理工艺，流程简单、控制灵活，单元操作方便。在土建工程量、总装机容量、节能、降低运行成本和节约用地等方面，也均具有明显优势。

MSBR 工艺从 20 世纪 80 年代初开发至今，经过不断地改进与完善，已经发展到第三代，并出现 4~9 处理单元等多种工艺构型。这里主要对第三代 MSBR 工艺的工艺流程及工作原理进行阐述（图 5-31）。

1. MSBR 工艺流程与工作原理

污水首先进入厌氧处理单元 4，从污泥浓缩单元 2 及缺氧处理单元 3 回流的活性污泥也进入厌氧处理单元 4，污泥中的聚磷菌在此充分释磷。接下来，混合液进入缺氧处理单元 5，在这里进行反硝化反应，经过反硝化反应的混合液进入好氧处理单元 6，在这里进行全方位的好氧反应，有机底物被氧化分解、硝化，活性污泥中的聚磷菌则进行吸收磷。接下来，经过好氧反应和吸收磷的混合液分别地进入两座传统的 SBR 反应器 1 及 7，在这两座 SBR 反应器交替地进入沉淀阶段和继续反应阶段，进入沉淀阶段的 SBR 反应器（SBR 反应器 1），完成沉淀、滗水和排出上清液的工作；继续反应的 SBR 反应器 7，则使

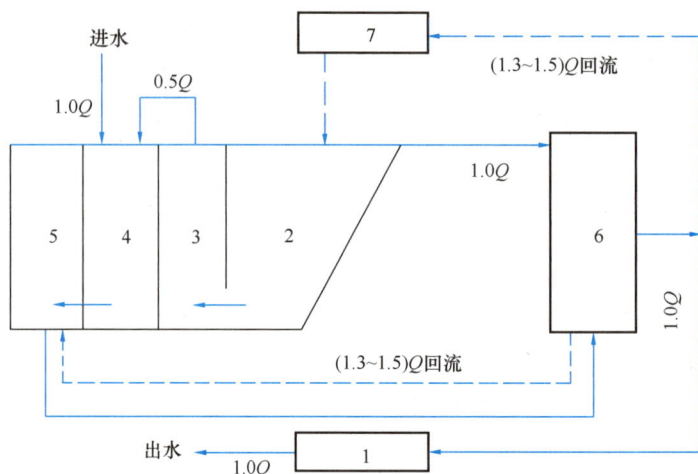

图 5-31　MSBR 工艺流程及工作原理示意图

1、7—SBR 反应器；2—污泥浓缩单元；3、5—缺氧处理单元；4—厌氧处理单元；6—好氧处理单元

混合液在反应器内继续进行反硝化反应、硝化反应和静置沉淀，进行初步预沉。经过预沉的混合液进入污泥浓缩单元 2，静沉上清液返流至好氧处理单元 6。经浓缩的污泥则先进入缺氧处理单元 3，在这里充分完成反硝化脱氮反应和比较彻底地消耗回流污泥中的溶解氧、硝酸盐，为随后进入厌氧处理单元 4 进行释磷反应创造条件。

交替作为继续反应的 SBR 反应器，也称之为外循环 SBR 反应器，其回流量一般为 $(1.3 \sim 1.5) Q$。

从前述的 MSBR 工艺的工艺流程及工作原理可见，MSBR 工艺可同步实现有机底物降解（除碳）和生物脱氮除磷。

2. MSBR 工艺的结构形式及其运行方式

（1）MSBR 工艺反应器的结构形式

在污水处理的工程实践中，一般是将 MSBR 工艺整体设计成为一座一体化的矩形反应器。图 5-32 所示为 MSBR 工艺一体化反应器的典型平面布置图。

（2）MSBR 工艺的运行方式

MSBR 工艺的运行周期与时段是以 SBR 反应器的工作体制为基准划分的，即将 SBR 反应器的一个工作周期分为 6 个时段，由 3 个时段组成一个半周期。在两个相邻的半周期内，除 SBR 工艺反应器的运行方式外，其余各处理单元的运行方式完全相同。

半周期每时段的持续时间为：时段 1 和时段 4 为 40min，时段 2 和时段 5 为 50min，时段 3 和时段 6 为 30min。每半个周期的持续时间为 120min。

MSBR 工艺各处理单元在一个周期内每个时段的工作状态列举于表 5-4。

MSBR 工艺各处理单元在一个周期每个时段的工作状态　　　　　　　表 5-4

时段	持续时间 (min)	单元 1	单元 2	单元 3	单元 4	单元 5	单元 6	单元 7
1	40	搅拌	浓缩	搅拌	搅拌	搅拌	曝气	沉淀
2	50	曝气	浓缩	搅拌	搅拌	搅拌	曝气	沉淀

时段	持续时间（min）	单元1	单元2	单元3	单元4	单元5	单元6	单元7
3	30	预沉	浓缩	搅拌	搅拌	搅拌	曝气	沉淀
4	40	沉淀	浓缩	搅拌	搅拌	搅拌	曝气	搅拌
5	50	沉淀	浓缩	搅拌	搅拌	搅拌	曝气	曝气
6	30	沉淀	浓缩	搅拌	搅拌	搅拌	曝气	预沉

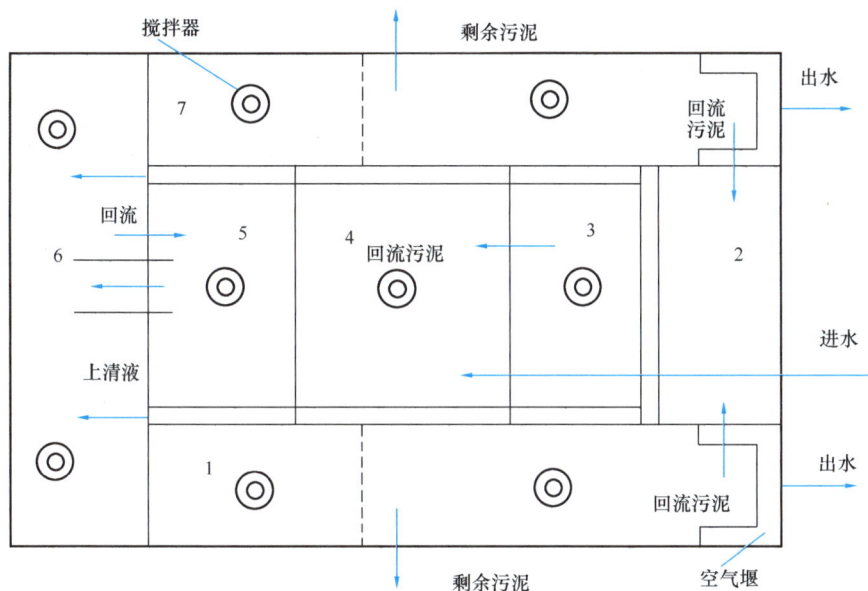

图 5-32　MSBR 工艺一体化反应器的典型平面布置图

1、7—SBR 反应器；2—污泥浓缩单元；3、5—缺氧处理单元；4—厌氧处理单元；6—好氧处理单元

在前半个运行周期，原污水从厌氧处理单元 4 进入反应器，经缺氧/厌氧处理单元 5 及好氧处理单元 6 的反应处理，从单元 1（SBR 反应器）出水，在后半个周期从单元 7 出水。单元 1 和单元 7 分别是前半个和后半个周期起沉淀作用的单元（图 5-33）。

两座 SBR 反应器的形状与结构形式完全相同，二者交替地同为一个运行周期完成反应阶段及沉淀出水阶段的工艺过程。一个运行周期的所需时间，则根据进水水质情况及处理应达到的标准确定，一般为 4.0h、6.0h、8.0h 不等。反应阶段的运行方式可以根据实际需要设定。以 4.0h 为一个运行周期，其 SBR 反应器的运行时间分配列于表 5-5。

在一个运行周期内 SBR 反应器运行时间分配　　　　　　　　　表 5-5

SBR 反应器 1			SBR 反应器 2			上清液泵
反应状态	反应时间（min）	回流泵	反应状态	反应时间（min）	回流泵	
缺氧搅拌	50	开启	沉淀出水		关闭	开启
好氧曝气	40	开启	沉淀出水		关闭	开启
静置沉淀	30	关闭	沉淀出水		关闭	关闭
沉淀出水		关闭	缺氧搅拌	50	开启	开启
沉淀出水		关闭	好氧曝气	40	开启	开启
沉淀出水		关闭	静置沉淀	30	关闭	关闭

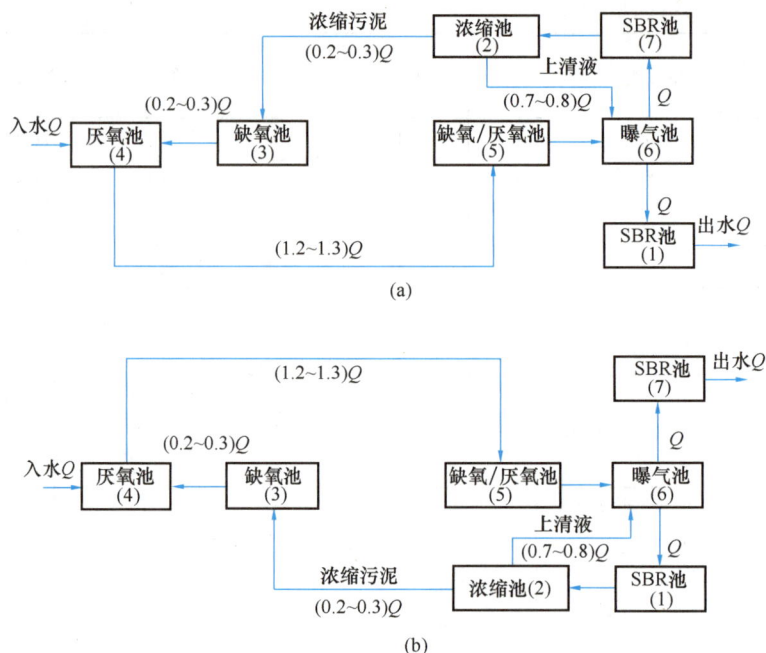

图 5-33　MSBR 系统流程图

（a）前半个运行周期的工艺流程；（b）后半个运行周期的工艺流程

MSBR 工艺系统共有两条回流系统：污泥回流系统及混合液回流系统。污泥回流系统具有两条回流路径：浓缩污泥回流路径和上清液回流路径。MSBR 系统的污泥回流情况见表 5-6。上清液回流则较为简单，在各时段均为从单元 6 到单元 5，再由单元 5 回流到单元 6。

<table>
<tr><td colspan="3" style="text-align:center">MSBR 工艺系统的回流系统</td><td style="text-align:right">表 5-6</td></tr>
<tr><td>时段</td><td colspan="2">回流类别</td><td>回流途径</td></tr>
<tr><td rowspan="2">1</td><td colspan="2">浓缩污泥回流</td><td>1—2—3—4—5—6—1</td></tr>
<tr><td colspan="2">上清液回流</td><td>1—2—6—1</td></tr>
<tr><td rowspan="2">2</td><td colspan="2">浓缩污泥回流</td><td>1—2—3—4—5—6—1</td></tr>
<tr><td colspan="2">上清液回流</td><td>1—2—6—1</td></tr>
<tr><td rowspan="2">3</td><td colspan="2">浓缩污泥回流</td><td>无</td></tr>
<tr><td colspan="2">上清液回流</td><td>无</td></tr>
<tr><td rowspan="2">4</td><td colspan="2">浓缩污泥回流</td><td>7—2—3—4—5—6—7</td></tr>
<tr><td colspan="2">上清液回流</td><td>7—2—6—7</td></tr>
<tr><td rowspan="2">5</td><td colspan="2">浓缩污泥回流</td><td>7—2—3—4—5—6—7</td></tr>
<tr><td colspan="2">上清液回流</td><td>7—2—6—7</td></tr>
<tr><td rowspan="2">6</td><td colspan="2">浓缩污泥回流</td><td>无</td></tr>
<tr><td colspan="2">上清液回流</td><td>无</td></tr>
</table>

3. MSBR 工艺系统去除污染物的过程

原污水从厌氧反应器（单元 4）进入 MSBR 工艺系统，回流的浓缩污泥也从本单元进入 MSBR 系统，并在本单元中利用原污水中有机物的快速降解完成磷的释放。污水由单元 4 进入单元 5，单元 5 是缺氧反应器，污水与由曝气单元 6 回流至此的混合液相混合，并在此完成脱氮过程。单元 6 是好氧单元，其功能是对污水中有机物实施全方位的氧化作用和充分的硝化反应，聚磷菌也在本单元超量地吸收磷。

单元6的处理水则进入两座传统的SBR反应器。

MSBR工艺系统的两座SBR反应器（在图5-32中所示为单元1及单元7）的功能也是相同的，即好氧氧化、缺氧反硝化、预沉淀和沉淀作用。单元2是污泥浓缩单元，浓缩的活性污泥进入单元3，富含硝酸盐的上清液则回流至好氧单元6，或入流单元5。

4. MSBR工艺系统的特征

与普通SBR工艺系统相比较，MSBR工艺系统具有如下各项特征。

（1）在脱氮除磷方面，MSBR工艺系统综合了A-A-O、SBR等工艺的优点，是一种高效率的反应器，结构简单紧凑，占地面积小，土建造价低廉，自动控制程度高。

（2）因为生物化学反应都与反应物的浓度有关，向连续运行的厌氧反应器进水，就加速了厌氧反应速率。经过厌氧反应处理后的污水进入缺氧反应器，其后再进入好氧反应曝气池，这样就提高了在缺氧反应器内的反应速率及在好氧曝气反应器内进行的BOD_5降解速率和硝化反应速率，从而使系统整体的污水处理效果得到改善，处理水的水质得到提高。同时，系统的容积效率也大为提高，也就是系统的容积负荷和F/M值大为提高。

（3）MSBR工艺系统是从连续运行的厌氧单元进水，而不是从SBR工艺进水，这样就将大部分的好氧反应转移到连续运行的主曝气反应器中，改善了设备的利用率。

（4）从连续运行单元进水，极大地改善和提高了系统承受水力及有机物冲击负荷的能力；进水冲击负荷在经过多级处理单元后，对处理水水质的影响也将会大为降低。

（5）MSBR工艺系统采用的是低水头、低能耗的回流系统，从而使系统中各单元的MLSS值的均匀性大为改善。

（6）MSBR工艺系统的SBR反应器的水力条件是经过特殊处理的，这就是在SBR反应器中间设置了底部挡板，避免了水力射流的影响，改善了水力状态，使SBR反应器前端的水流状态是由下向上，而非呈一般的平流状态。这样，SBR反应器在出水时所起到的是悬浮污泥床的过滤作用，而非通常的沉淀作用。

综上，MSBR工艺系统处理水水质良好、稳定，并有着很高的净化潜力。

5. MSBR工艺系统的工艺参数与设计要点

MSBR工艺系统具有比较良好的生物脱氮、除磷功能，因此其设计参数应以脱氮除磷的要求作为基础加以确定。

污泥龄：一般控制在7～20d。当污水处理以生物脱氮为主时，取高值；当以生物除磷为主时，则取低值。在实际运行中可以根据进、出水的水质，调整混合液污泥浓度来调整污泥龄。

混合液污泥浓度（MLSS）：一般为2200～3000mg/L。但在计算供氧量时，则应按MLSS=4000～5000mg/L计算。

水力停留时间：一般为12～14h。此值应按进水水质与处理要求考虑确定。

浓缩污泥回流量：（0.3～0.5）Q。

混合液回流比：内回流和外回流的回流比为（1.3～1.5）Q。

MSBR工艺反应器单池最大处理水量为50000m^3，超过此值则应考虑分组。反应器水深一般为3.5～6.0m，而缺氧反应器及厌氧反应器的水深甚至

8. MSBR工艺系统的工程实例——北京市五里坨污水处理厂

可达 8.0m。

5.4 氧化沟活性污泥工艺系统（OD 工艺系统）

5.4.1 概述

氧化沟工艺属活性污泥工艺系统的一个变形。所以称之为氧化沟，是因为本工艺的活性污泥反应器在表面上呈环状的沟渠形而得名，被处理污水与活性污泥形成的混合液，在连续进行曝气的环状沟渠内不停地循环流动，所以又被称为循环曝气池。

氧化沟活性污泥工艺系统（简称氧化沟工艺系统或氧化沟工艺）是在 20 世纪 50 年代，由荷兰的巴斯维尔（I. A. Pasveer）博士所开发，并于 1954 年在荷兰的福尔斯霍藤（Voorschoten）市建成了第一座氧化沟工艺系统的污水处理厂。该工艺采用间歇的运行方式，将有机污染物的降解、泥水分离、污泥稳定等项反应进程全部集中于统一的反应器（氧化沟）内进行，BOD_5 的降解率高达 97%，运行稳定，维护方便。氧化沟活性污泥工艺系统被认定为效果优异的污水处理技术，受到多数国家的重视，并得到广泛的应用。

多数污水处理厂运行的实践证实，氧化沟工艺系统处理城市污水的效果显著。目前，除城市污水外，氧化沟活性污泥工艺系统已有效地用于化工废水、造纸废水、印染废水、制药废水等多种工业废水的处理。

氧化沟工艺系统在进一步地完善，配套设施也在不断地更新，使得本项工艺的应用范围越来越广泛。当前，在世界的范围内，处理规模在 $10 \times 10^4 m^3/d$ 以上的氧化沟工艺系统的污水处理厂已比较普遍。

我国于 20 世纪 80 年代引进氧化沟工艺系统，首先在邯郸市建成一座规模为 $10 \times 10^4 m^3/d$ 的氧化沟工艺系统，采用的是交替式氧化沟工艺系统，处理效果良好。以后又陆续在上海、广州、杭州、苏州、唐山、西安、昆明等十数座城市建成采用氧化沟工艺系统的污水处理厂。采用的氧化沟类型包括在世界上流行的所有类型。氧化沟工艺系统现在已成为我国城市污水采用的主要处理工艺之一。

5.4.2 氧化沟工艺系统的工作原理及技术特征

1. 氧化沟工艺系统的基本流程、构造形式与运行方式

图 5-34 所示为城市污水氧化沟工艺典型系统流程图。

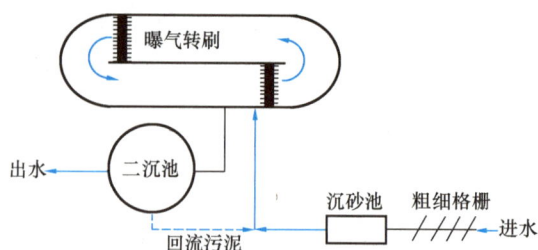

图 5-34 城市污水氧化沟工艺系统
典型处理流程图

由图 5-34 可见，氧化沟工艺系统的主体反应器为氧化沟，系统内不设初沉池；作为预处理技术，设格栅及沉砂池。经过格栅及沉砂池处理后的原污水与从二沉池回流的回流污泥进入反应器氧化沟，形成的混合液，以 0.25～0.35m/s 的流速在氧化沟内向前水平流动。

氧化沟的表面呈沟渠形的环状，平面多为椭圆形或圆形，周壁由钢筋混凝土筑成。氧化沟的通水断面的几何形状、具体尺寸与所选定的曝气与推进装置密切相关，所以要根据所选定的曝气装置和混合设备校核、确定。例如氧化沟的深度就主要取决于所

采用的曝气与推进装置，一般为 2.5～5.5m，最深可达 8.0m。

曝气与推进装置是氧化沟工艺系统非常重要的设备，主要的功能有三：一是推动沟渠内的混合液能够保持着 0.25～0.35m/s 的流速向前流动；二是使混合液中的有机底物、活性污泥微生物能够得到充分的高频率的接触；三是连续地向混合液充氧，以满足活性污泥微生物生命活动的需求。

氧化沟工艺系统一般按传统活性污泥工艺的延时曝气方式运行，水力停留时间可取 24h，生物固体平均停留时间（污泥龄）一般取值 20～30d。

曝气与推进装置安设的台数及各自的位置以及原污水进水装置、处理水排放装置、回流污泥进入装置的位置等，都需要根据该氧化沟对污水处理目的的不同要求，统一全面考虑，周密进行安排，以求实效。如果是单纯地要求去除 BOD 值，原污水进入装置以安装在曝气与推进装置的上游为宜，回流污泥可与原污水同步进入，处理水排出装置则应安装在进水装置的上游，与进水装置保持一定的距离。

2. 氧化沟工艺系统的技术特征

（1）在工艺方面的特征

为了便于讨论氧化沟工艺系统在工艺方面的特征，首先罗列出处理城市污水的氧化沟工艺系统一般所采用的基本运行参数值：水力停留时间为 10～24h；污泥龄为 10～30d；BOD_5—污泥负荷率为 0.05～0.10kgBOD$_5$/（kgMLSS·d）；BOD_5—容积负荷率为 0.2～0.4kgBOD$_5$/（m^3·d）；混合液中活性污泥浓度值为 2000～6000mg/L 等。再结合前节对氧化沟工艺系统在有关系统组成、运行方式、工作效果等项阐述的内容来综合考虑，氧化沟工艺系统在工艺各方面具有如下各项的技术特征。

1）氧化沟工艺系统的处理工艺流程简易

氧化沟工艺系统的处理工艺流程简易，由此可获得一定的效益。以处理城市污水的氧化沟工艺系统为例，预处理工艺简化，不设初次沉淀池，仅设粗、细格栅及沉砂池，去除污水中的较大的悬浮杂质及砂石等无机杂质。原污水挟入的悬浮杂质，一般以有机物居多，由于在氧化沟内的停留时间较长，在较强的水力冲刷作用下，被分解为微小颗粒，最终为活性污泥微生物所摄取与分解，或得到一定程度的稳定处理。

在氧化沟内混合液存留的悬浮物质，由于停留时间长，在量上减少，而且受到一定程度的稳定化处理，这样能够降低剩余污泥的产量，而且无须对其进一步采取污泥处理的技术措施。

可以考虑将二次沉淀池与氧化沟合建，这样能够省却建设独立的活性污泥回流系统，使氧化沟工艺系统流程更为简化、紧凑。

2）氧化沟工艺系统的污水处理水水质稳定，效果优良

按规定，氧化沟内的混合液是按延时曝气的参数运行，其各项运行参数值前已列举，对城市污水进行处理时，其处理水水质的各项主要污染指标应当是能够达到下列数值：BOD_5 为 10～15mg/L，SS 为 10～20mg/L，NH_4^+-N 为 1～3mg/L。

表 5-7 所列举的是美国国家环保局（EPA）对 29 座以氧化沟工艺系统为主体处理技术的污水处理厂污水处理效果的年平均统计数据。表 5-8 所列出的则是氧化沟工艺系统与其他生物处理工艺对污水处理效果数据的比较。

对我国邯郸市东污水处理厂多年的运行数据进行分析证实：处理水 BOD_5 值及悬浮物

质浓度值（SS）低于 30mg/L 出现的频率分别为 92％和 96％。

上列数据能够充分说明氧化沟工艺系统处理城市污水，在降解 BOD_5 及去除悬浮物质方面的效果是优异的。

美国 29 座污水处理厂处理水年平均水质指标数据　　　　　　　　表 5-7

污染指标	处理水浓度（mg/L）			去除率（％）		
	冬季	夏季	年平均	冬季	夏季	年平均
BOD_5	15.2	1.2	12.3	92	94	93
SS	13.6	9.3	11.5	93	94	94

氧化沟工艺系统与其他类型生物处理系统处理效果相比较数据　　　　表 5-8

工艺系统	处理水浓度低于下列数值的时间比例（％）					
	10mg/L		20mg/L		30mg/L	
	TSS	BOD_5	TSS	BOD_5	TSS	BOD_5
氧化沟工艺系统	65	65	85	90	94	96
普通活性污泥系统	40	25	75	70	90	85
生物转盘系统	22	30	45	60	70	90

不仅如此，利用氧化沟工艺系统在工艺方面的某些特征，能够扩大氧化沟工艺系统的净化功能范围。如在氧化沟系统采用的较长的污泥龄参数（一般可达 15～30d，为普通活性污泥法工艺系统的 3～6 倍），能够存活、繁殖世代时间长、增殖速度慢的微生物，如硝化菌。此外，在氧化沟内曝气器的下游，随着与曝气器的距离逐步增大，混合液中的溶解氧浓度将不断地降低，氧化沟工艺系统可能出现好氧区与缺氧区的交替变化，这些特征相结合，再经人为有效调整与控制，就能够在氧化沟工艺系统中产生硝化反应及反硝化反应，取得脱氮的效果。

此外，如在氧化沟工艺系统适当区段增设厌氧区，能够提高系统的除磷功能。又如将氧化沟工艺作为 A-B 活性污泥工艺系统的 B 段，能够提高系统的整体负荷，提高处理水的水质。

综上所述，可以认定：氧化沟工艺系统工艺流程简单，运行操作有很强的灵活多样性。

（2）在构造方面的特征

氧化沟一般多呈环形沟渠状，平面多为椭圆形或圆形，也有采用马蹄形、同心圆形和平行多渠道形的。过水断面多采用矩形，也有采用梯形或单侧梯形的。氧化沟的总长可达几十米，甚至在 100m 以上。单沟道宽度一般为水深度的 2 倍，沟道的深度则取决于曝气装置的强度，一般为 2～6m。

单一氧化沟的进水装置比较简单，只要伸进一根进水管即可，如双座氧化沟平行工作时，则应设配水井，以求均匀配水。采用交替工作氧化沟系统时，在配水井内还要设置自动控制装置，以变换水流方向。

氧化沟的出水，一般采用溢流堰式，宜于采用可升降式的，以调节氧化沟内的水深。

采用交替工作氧化沟系统时，溢流堰应能自动启闭，并与进水装置相呼应，以控制氧化沟内的水流方向。

（3）在水流混合流态方面的特征及其效益

在水流流态方面，氧化沟是独特的，介于完全混合与推流之间。污水流入氧化沟内，在曝气装置的推动作用下（必要时在沟渠底部设水下推进装置），迅速并均匀地与沟内原有混合液相混合，并随同在沟道内循环流动。

混合液在沟渠内的流速为 $0.25\sim0.35m/s$，以平均流速为 $v=0.3m/s$ 考虑，当氧化沟总长度为 $L=90\sim350m$ 时，则混合液完成一个循环所需时间为 $5\sim20min$，如污水在氧化沟内的停留时间定为 $24h$，则在整个停留时间内，要进行 $72\sim288$ 次循环。对此，可以认定，在氧化沟内混合液的水质是几近一致的，从这种情况来判断，混合液在氧化沟内的流态可按完全混合型考虑。

但是，在流动的氧化沟内，混合液在氧化沟的某些区段，确实又存在着推流式流态的特征。如在曝气装置之后的下游，混合液的溶解氧含量从高浓度向低浓度变化，甚至可能出现缺氧和完全缺氧的区段，在氧化沟的某些区段内存在着明显的溶解氧浓度的梯度。

氧化沟的这种独特的流态，在同一的活性污泥反应器内存在着好氧区、缺氧区和完全缺氧区的条件。这样就有可能在同一个氧化沟反应器内，实现硝化和反硝化，取得反硝化脱氮的效果。据此，可以取得下列各项效益，即：能够利用硝酸盐中的氧，节省供氧量；通过反硝化反应恢复硝化反应消耗的部分碱度；使反硝化区段与原污水进口相邻，可以直接应用原污水中的碳源。这些技术措施，能够取得节省能源和化学试剂用量的效益。

以下将就当前在国内、外广泛应用并行之有效的 6 种类型的氧化沟工艺系统加以阐述。

5.4.3 巴斯维尔（Pasveer）氧化沟工艺系统

1. 巴斯维尔氧化沟工艺系统的基本流程与工艺特征

巴斯维尔氧化沟工艺系统由荷兰的巴斯维尔（I. A. Pasveer）博士所开发并作为主体污水处理构筑物，也可以称之为"传统氧化沟工艺系统"（图 5-34）。

巴斯维尔（Pasveer）氧化沟工艺系统拥有氧化沟工艺系统所应有的各项基本特征。

（1）采用间歇的运行方式，将有机污染物降解、泥水分离、污泥稳定等项反应进程全部集中于统一的反应器（氧化沟）内实施。

（2）具有氧化沟所应具有的独特的水流特征，即同时具有完全混合及推流两种流态的特征，有利于克服短流现象和提高缓冲能力。由于在水流过程形成明显的溶解氧梯度，沿水流方向即形成富氧区、需氧积累区和缺氧区，据此能够根据要求，设硝化反应区及反硝化反应区。对此，为了满足反硝化反应应有充足碳源的要求，原污水进水点应设于缺氧区前。

（3）采用卧式转刷曝气器，既推动沟内混合液以不低于 $v=0.3m/s$ 的流速向前流动，又连续地向混合液充氧。在氧化沟形成两个能量区，在设置曝气器的水区为高能区，平均速度梯度 $G>100s^{-1}$，功率密度达 $106\sim212W/m^3$，这有利于氧的转移与混合液的混合；在环流的低能区，平均速度梯度 $G<30s^{-1}$，这有利于污泥絮凝体的良好形成，提高了污

泥的性能。

(4) 系统整体的推流体积功率较低，可节省能量。沟内混合液在曝气器的推动下，克服摩擦阻力和弯道阻力，在独特的环状惯性作用下，可保持混合液的流动和使活性污泥处于良好的悬浮状态。

(5) 当巴斯维尔氧化沟的深度有必要加大时，可考虑设置水下推进装置。这种措施要增加设备和提高能耗，但却也能够提高氧化沟运行的灵活性，在必要与可能时，可使水下推进装置单独运行。

以上各项是巴斯维尔氧化沟工艺系统所具备的技术特征，应当说也是传统氧化沟工艺系统所具备的技术特征。也可以进一步认定，这些技术特征也应当是其他各类型氧化沟工艺所具备的，因为无论哪一种类型氧化沟，都拥有一项共同的技术设备——循环流动反应器。

2. 巴斯维尔氧化沟工艺系统在技术上的改进

巴斯维尔氧化沟工艺系统应用后，由于处理效果良好，受到好评。同时，在技术上也得到改进。首先是延长氧化沟的长度，将间歇式的运行改进为连续式运行，如图 5-35 所示。再次开创出带侧渠的氧化沟工艺系统（图 5-36），集有机底物降解去除与污泥沉淀于一体，开"一体化"氧化沟工艺系统的先河，保持连续进水与连续出水的运行方式，两座侧渠交替充作沉淀池运行。充作沉淀池的侧渠，关闭转刷曝气器，开启排出水溢流堰。当启动另一座侧渠作为沉淀池运行时，则关闭出水溢流堰，启动转刷曝气器，搅起已沉淀污泥，使污泥回流氧化沟工艺系统，无须另设污泥回流系统。

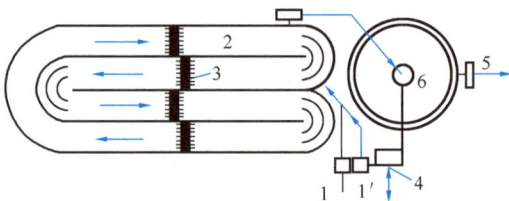

图 5-35　连续运行的巴斯维尔氧化沟工艺系统

1—污水泵站；1′—回流污泥泵站；2—氧化沟；
3—转刷曝气器；4—剩余污泥排放；5—处理水排放；
6—二次沉淀池

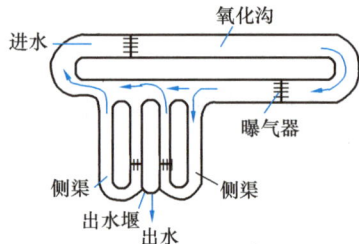

图 5-36　带侧渠的氧化沟
工艺系统

5.4.4　卡罗塞（Carrousel）氧化沟工艺系统

1. 基本型卡罗塞氧化沟工艺系统及其应用简况

基本型卡罗塞氧化沟工艺系统，是由多沟渠串联的氧化沟和二次沉淀池、污泥回流系统所组成，图 5-37 所示为 2～8 渠道串联的几种基本型卡罗塞氧化沟工艺系统的平面示意图。

图 5-38 所示则为 6 渠道基本型卡罗塞氧化沟工艺系统图，是采用竖轴表面曝气器的普通型卡罗塞氧化沟工艺系统。氧化沟分为 3 组，在每组的转弯处设置一台竖轴式表面曝气器。

第一代基本型卡罗塞氧化沟工艺系统是在 20 世纪 60 年代后期由荷兰 DHV 技术咨询公司所开发。迄今为止，在世界上已有 800 多座以卡罗塞氧化沟工艺系统作为基本处理工艺的污水处理厂投入生产运行,应用领域行业广泛,污水处理厂规模从 $400m^3/d$ 到 $113 \times 10^4 m^3/d$。

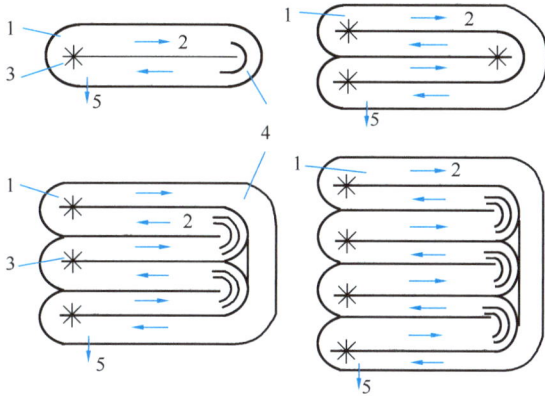

图 5-37　卡罗塞氧化沟工艺系统平面示意图

1—原污水进入；2—氧化沟；

3—表面机械曝气器；4—导向隔墙；

5—流向二次沉淀池

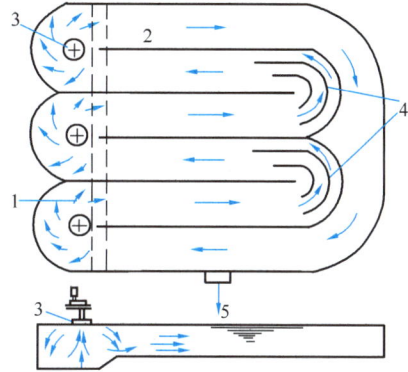

图 5-38　卡罗塞氧化沟工艺系统

(6 沟渠基本型卡罗塞氧化沟工艺系统)

1—原污水进入；2—氧化沟；3—表面机械曝气器；

4—导向隔墙；5—流向二次沉淀池

2. 基本型卡罗塞氧化沟工艺系统的主要工艺特征及其产生的效应

(1) 与传统的巴斯维尔氧化沟工艺最主要的区别,是卡罗塞氧化沟工艺采用特殊设计的竖轴表面曝气器(简称竖轴表曝器)。由于采用竖轴表曝器,使卡罗塞氧化沟工艺系统拥有以下各项工艺效应。

1) 防止短流的产生,而且能够充分发挥氧化沟工艺特有的完全混合流态的作用,使卡罗塞氧化沟工艺系统具有很强的耐冲击负荷能力。

2) 竖轴表曝器的单机功率大(可达 150kW),可使卡罗塞氧化沟工艺系统减少使用设备的数量,简化工艺系统,便于管理。更主要的是氧化沟的深度加大到 4.5～5.0m,减少占地面积。输氧效率可达 $2.1kgO_2/kWh$,曝气功率密度大。

(2) 卡罗塞氧化沟工艺系统的表曝器一般都安装在沟的一端,通过对表曝器的设计与实际的操作控制和在氧化沟所特有推流流态的条件下,能够产生下列效应。

1) 靠近表曝器的混合液下游呈富氧状态,形成富氧区段,随着混合液以不低于 0.3m/s 的流速下流,则流动的混合液将依次地降为适氧区段和低氧区段,而在表曝器上游则将形成缺氧区段,这种流态可以产生硝化反应与反硝化反应的效应,从而能够取得脱氮的效果。

2) 能够使流至处理水出水堰处的混合液形成质地良好的生物絮凝体,从而能够显著地提高二沉池泥、水分离的澄清效果。

(3) 污水处理效果良好,BOD_5 的去除率可达 95% 以上,脱氮率达 90% 以上,除磷效果可达 50%,如配合投加铁盐措施,则可达 95%。

卡罗塞氧化沟工艺在世界各地应用广泛,规模大小不等。在我国不同时期也得到应用,用于初建或升级改造,处理对象主要是城市污水,也有有机工业废水,现将其中主要应用列举于表 5-9 中。

污水处理厂	处理对象	规模（m³/d）	形式及功能特征
昆明市兰花沟污水处理厂	城市污水	55000	6 廊道用于脱氮除磷
河南驻马店污水处理厂	城市污水	100000	氧化沟前加厌氧池
安徽淮南首创第一污水处理厂	城市污水	100000	2000 型
福建省建宁县污水处理厂	城市污水	25000	氧化厌氧区前加选择区
湖北荆门夏家湾污水处理厂	城市污水	50000	6 廊道

对其中的昆明市兰花沟污水处理厂，拟作以下补充说明。该厂处理对象为城市污水，日处理污水量为 55000m³。该厂是按脱氮除磷的目标进行设计的，采用 6 廊道沟渠式。出水各项指标的设计目标值为：$BOD_5 \leqslant 15mg/L$，$COD \leqslant 50mg/L$，$SS \leqslant 15mg/L$，$TN \leqslant 10mg/L$，$TP \leqslant 1.0mg/L$。

该污水处理厂于 1991 年 4 月建成，5 月通水，7 月运行基本稳定，出水水质均达到设计要求，污泥沉降性能良好。

3. 卡罗塞氧化沟工艺系统的演变与发展

为了进一步提高卡罗塞氧化沟工艺系统净化功能的稳定性和脱氮、除磷效果，DHV 公司及其美国的专利特许公司 EIMCO 公司在卡罗塞氧化沟工艺系统的基础上，进行了多层次的改进与开发，使卡罗塞氧化沟工艺系统发生了多层次的演变，提高了其处理功能，降低了运行能耗。

（1）AC 卡罗塞氧化沟工艺系统

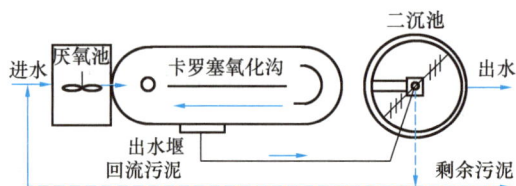

图 5-39　AC 卡罗塞氧化沟工艺系统

AC 卡罗塞氧化沟工艺系统如图 5-39 所示，在卡罗塞氧化沟前设厌氧池，这一措施可产生下列各项效应：

1）抑制活性污泥膨胀；

2）为生物除磷创造条件，进行磷的先行释放，继之进行聚磷菌对磷的过量摄取，提高系统的除磷效果，可使处理水的磷含量降至 2mg/L 以下。

（2）卡罗塞氧化沟 2000（Carrosel 2000）型工艺系统

本工艺系统是在 1993 年所开发的。在功能上，实际与传统活性污泥工艺系统的脱氮 A/O 工艺系统相同。

本工艺系统在构造上的主要特征，是在卡罗塞氧化沟本体前以巧妙独特的连接方式增设一呈缺氧状态的前置预反硝化区（图 5-40）。前置预反硝化区，其容积为本系统总体容积的 15%。前置预反硝化区外壁（亦即氧化沟外壁）与表曝机旁设的导流板之间的一侧留设一条有一定宽度的缝隙，在系统的两侧各形成一导流通道，前置预反硝化区就是通过这一导流通道与氧化沟本体工

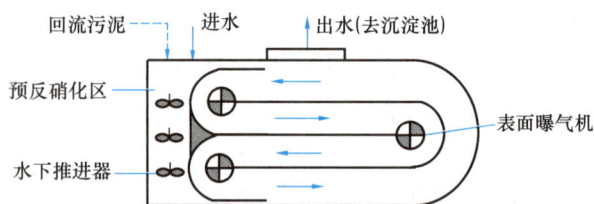

图 5-40　卡罗塞氧化沟 2000 型工艺系统

艺系统相连接的。

在卡罗塞工艺本体系统内的混合液转弯处均设竖轴表曝器，在前置预反硝化区池底可适当考虑设水下推进器，以保证混合液在氧化沟及预反硝化区内的正常流动。在卡罗塞工艺本体系统内混合液能够反复几度出现富氧—适氧—缺氧状态，到达最后一座竖轴表曝器前的混合液，已取得高度的硝化反应效应，混合液已成为富含硝酸盐的硝化液。

原污水进口、回流污泥入口都设置在最后竖轴表曝器之后，而排水堰则设在竖轴表曝器之前。

成为富含硝酸盐硝化液的混合液，在最后表曝机的作用下，分成 3 股在最后表曝机前流向各方，一部分混合液通过出水堰排出氧化沟流向二次沉淀池，在那里进行泥水分离，处理水排出系统，部分污泥则回流至氧化沟工艺系统；另一部分混合液继续在氧化沟工艺系统循环流动；第三部分混合液，则通过由氧化沟本体和前置预反硝化区形成的导流通道进入前置预反硝化区，在那里进行反硝化脱氮反应。

原污水及回流污泥直接进入前置预反硝化区。在前置预反硝化区产生下列各项反应：含富硝酸盐的混合液在预反硝化区与进入的原污水相混合接触，原污水中的有机污染物（以 BOD_5 值表示）作为碳源提供给反硝化反应，与硝酸盐相结合的氧则耗于对原污水中 BOD_5 的氧化降解。分解出来的气态氮则向空气中释放。

卡罗塞氧化沟 2000 型工艺系统是一项先进的经济的硝化—反硝化脱氮工艺。通过设在表曝机周围导流板与氧化沟外壁形成的导流通道，充分地利用卡罗塞氧化沟工艺系统渠道已有的流速，在不增加任何回流提升动力的条件下，能够将相当于 400% 进水流量的硝化液回流到前置预反硝化区与原污水混合，并进行强烈的反硝化反应。本工艺还使反硝化反应进程的一切优点都得到充分发挥，如由原污水向反硝化反应提供需要的碳源，在缺氧条件下，利用与硝酸盐结合的氧氧化去除 BOD_5，节省曝气能耗，活性污泥性能也相应地得到改善等。

卡罗塞氧化沟 2000 型工艺系统，最显著的优点是在无须增加任何回流提升动力的条件下，实现硝化液的高回流比。

经卡罗塞氧化沟 2000 型工艺系统处理的城市污水，其处理水的各项主要污染指标一般可达：$BOD_5 \leqslant 10mg/L$，$TSS \leqslant 15mg/L$，$TN = 7 \sim 10mg/L$。

（3）A^2C/卡罗塞氧化沟 2000 型工艺系统

本工艺系统是在完全保持卡罗塞氧化沟 2000 型工艺系统的基础上，再增设一前置厌氧反应区（池），其目的是取得脱氮除磷的双重处理效果（图 5-41）。原污水及回流污泥都首先进入增设的前置厌氧反应区。

在增设的厌氧反应区产生下列各项反应：

1）兼性反硝化菌异化原污水及回流污泥中含有的硝酸盐及亚硝酸盐，得以脱氮；

2）在兼性菌的作用下，可溶性有机污染物（BOD_5 值）转化为 VFA（挥发性脂肪酸），聚磷菌获取 VFA，将其同化成 PHB（聚羟基丁酸酯），所需能量来源于聚磷菌的水解并导致磷酸盐的释放。

在厌氧反应区后继的前置反硝化（缺氧）区内产生下列反应：

1）兼性反硝化菌异化由厌氧区流入及由卡罗塞氧化沟工艺系统本体分流过来的硝酸盐及亚硝酸盐，使脱氮反应得到进一步强化；

2）聚磷菌利用由卡罗塞氧化沟工艺系统本体分流过来混合液中的硝酸盐及亚硝酸盐所提供的电子吸收磷，避免了产生同时进行反硝化反应和吸收磷反应所出现的碳源（由有机污染物提供）不足问题。在后继的卡罗塞氧化沟工艺系统水体的流动过程，实施并完成降解有机污染物（去除 BOD_5 值）、硝化、吸收磷等反应过程。

据实测，A^2C/卡罗塞氧化沟 2000 型工艺系统对污水的处理效果优异，处理水的各项主要指标如 BOD_5、TSS、TN 和 TP 可分别达到 10mg/L、15mg/L、7～10mg/L 和 1～2mg/L。

（4）4 阶段卡罗塞—巴登弗（Carrousel-Bardenpho™）氧化沟工艺系统

本系统是在卡罗塞氧化沟 2000 型工艺系统后增设二次缺氧池和再曝气池（图 5-42）以求得更深程度的脱氮效果。其处理水可达到的处理效果为：BOD_5、TSS 和 TN 分别为 10mg/L、15mg/L 和 3mg/L。

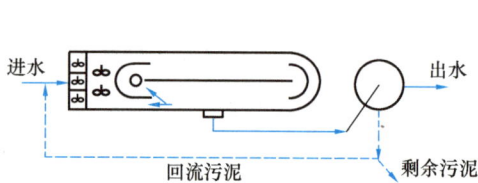

图 5-41　A^2C/卡罗塞氧化沟
2000 型工艺系统

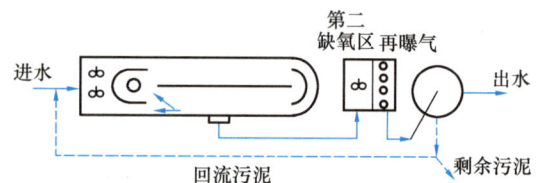

图 5-42　4 阶段卡罗塞—巴登弗
氧化沟工艺系统

（5）5 阶段卡罗塞—巴登弗（Carrousel-Bardenpho™）氧化沟工艺系统

本系统是在 A^2C/卡罗塞氧化沟 2000 型工艺系统后，增设二次缺氧池和再曝气池，以求取得更深程度的脱氮、除磷效果。其处理水可达到的处理效果为：BOD_5、TSS、TN 和 TP 分别为 10mg/L、15mg/L、3mg/L 和 1mg/L 以下。

（6）卡罗塞氧化沟 3000 型工艺系统

这是最新开发的、占地面积小、运行高度灵活的卡罗塞氧化沟工艺系统，其平面布置示之于图 5-43。荷兰 Leidsche Rijn 污水处理厂采用的就是卡罗塞氧化沟 3000 型工艺系统。在该污水处理厂，建成的是水深 7.5m 直径 49m 的圆形一体化式卡罗塞 3000 型工艺系统反应器，共建 3 座。处理能力为 155000 人口当量，最高处理污水流量为 110000m³/d。

原污水在进入本卡罗塞氧化沟 3000 型工艺系统反应器之前，经过格栅及沉砂池等预处理设备的处理，经本工艺设备处理后的处理水进入二沉池，部分沉淀污泥回流至本工艺反应器。

基于图 5-43 和 Leidsche Rijn 污水处理厂的运行，发现卡罗塞氧化沟 3000 型工艺系统反应器具有如下各项特征。

1）反应器整体外观呈 4 层同心圆形，水深达 7.5m，各项反应工艺单元集中于一体。采用圆形一体化紧凑的构造，使得在本反应器内不需设置管线即可实施处理污水在不同工艺单元之间的流动及对回流污泥的分配。

2）反应器的组成及混合液的流程包括以下各项反应工艺单元：圆心设原污水进水井及回流污泥井；原污水及回流污泥均由此进入反应器，并在此形成混合液。混合液由此相

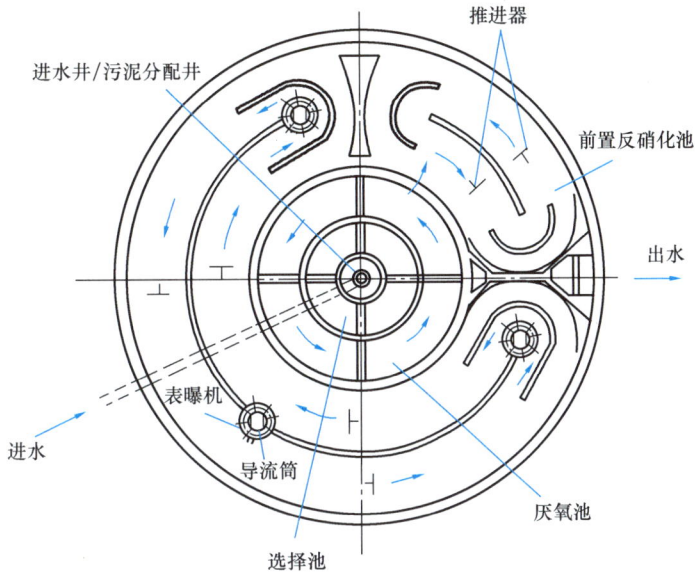

图 5-43　卡罗塞氧化沟 3000 型工艺系统反应器平面构造示意图

继进入均由 4 部分组成的生物选择区及厌氧区，继之则是进入设有前置预反硝化区及 3 台表面曝气器的卡罗塞氧化沟 2000 型工艺系统。

3）经过在生物选择区及厌氧区的反应，使混合液避免了产生污泥膨胀的可能，为生物除磷创造良好条件。在厌氧区进行反应，在持续低浓度硝酸盐的条件下，有助于对磷具有过量富集和积累功能的细菌种群的选择增殖，两相结合，对生物除磷作用十分有利。

4）在前置预反硝化区，原污水中的有机污染物（BOD_5）作为碳源得到优先利用，促进了反硝化反应的进程，可保证在最低水温为 7℃ 的条件下处理水 TN 的含量仍可低于 10mg/L。

5）该厂对卡罗塞氧化沟 3000 型工艺系统采用的是 Oxyrator® 表曝机，应用该表曝机的氧化沟的最大深度为 5.0m，而卡罗塞氧化沟 3000 型工艺的深度为 7.5m。对此，该厂是采取两项技术措施加以解决的：其一是在表曝机的正下方竖直安设延伸到沟底的导流筒，使表曝机能够从沟底抽吸起缺氧的混合液，并在整个沟长度上保证充分混合的效果；其二是在沟道底部安设水下推进器，以补偿由于安设导流筒而使沟道中推流流动所受到的局部影响。

在深水沟道中安设水下推进器，既能够保证卡罗塞氧化沟 3000 型工艺的反应器中的水流保持足够高的流速，还能对沟道中混合液的混合起到辅助作用。

6）对充氧量能够灵活控制也是该污水处理厂所设表曝机的一大优点。该厂对卡罗塞氧化沟 3000 型工艺系统采用的是由变频装置驱动可控速度的表曝机，并根据在线的溶解氧、硝酸盐测量仪表的测定值控制表曝机的转速，能够灵活控制充氧量。

7）圆形一体化的设计，使卡罗塞氧化沟 3000 型工艺系统不需设置专用的管线，即能够实现混合液及回流污泥在不同工艺单元之间进行流动和分配。

5.4.5　奥贝尔（Orbal）氧化沟工艺系统

奥贝尔氧化沟工艺系统，是在 20 世纪 60 年代于南非开发的。70 年代开始在美国应用，并得到推广。图 5-44 所示为典型的奥贝尔氧化沟工艺系统。

1. 奥贝尔氧化沟工艺系统的构造特征

（1）奥贝尔氧化沟工艺系统反应器，是由几条同心圆或椭圆的沟渠所组成，沟渠之间通过隔墙分开，形成多条环形沟渠状的反应器。

本氧化沟工艺系统运行时，原污水首先进入氧化沟最外层的沟渠第1沟，在循环流动的同时，通过水下的传输孔道进入下一层沟渠的第2沟，依次再进入下一道的第3沟。最后，混合液则由位于氧化沟

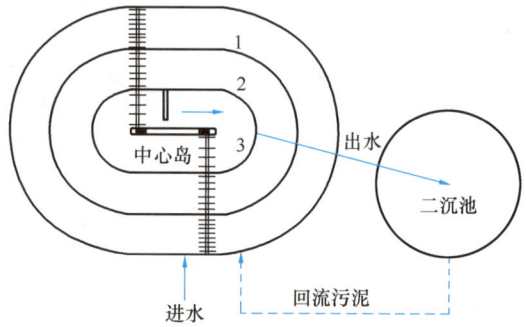

图 5-44　典型的奥贝尔氧化沟工艺系统

中心的中心岛排出，进入二沉池。对此可以认定，奥贝尔型氧化沟是一系列串联的环状反应器的组合体。

根据实际需要和条件，奥贝尔型氧化沟可设2条、3条或4条沟渠，最经常采用的是3条沟渠式的奥贝尔型氧化沟（图5-44）。

奥贝尔氧化沟的第1条沟渠，其容积为总容积的60%～70%，第2条沟渠容积占总容积的20%～30%，第3条沟渠容积则占氧化沟总容积的10%左右。

（2）奥贝尔氧化沟工艺的设计深度一般在4.0m以内，采用的曝气装置是水平转轴的曝气转碟（简称转碟）。转碟是用高强度工程塑料制成的，厚125mm，最大直径可达1400mm，转碟的淹没深度一般取值230～530mm。沟内水平流速为0.3～0.6m/s。

转碟转轴为实心碳钢，其直径为150mm，最大长度可达6.0m，每根转轴可安装1～26片曝气转碟，转碟间距应大于230mm，曝气转碟的转速为43r/min、49r/min及55r/min三档。

（3）为了使奥贝尔氧化沟工艺系统获得降解 BOD_5、脱氮以及节能的效果，在运行中应使溶解氧（DO）在第1、第2、第3各沟渠内的浓度，保持着由 0→1.0mg/L→2.0mg/L逐步递增的态势。在一般情况下，可保持第1沟 DO=0～0.5mg/L，第2沟 DO=0.5～1.5mg/L，第3沟 DO=1.5～2.0mg/L。这样，既可使奥贝尔氧化沟拥有良好的脱氮功能，又可以节省能耗。

调节转碟的淹没深度即可调节各沟渠内混合液的 DO 值，在标准条件下，转碟的动力效率可达 $18kgO_2/kWh$。

2. 奥贝尔氧化沟工艺系统具有很强的生物氧化功能

奥贝尔氧化沟工艺的第1沟，其容积为整体容积的50%以上，进入的原污水与回流污泥形成的混合液在其中循环数十次以至数百次，才能由水下的传输孔道进入第2沟。在奥贝尔氧化沟工艺的第1沟内，能够根据混合液中溶解氧的含量分成区段，靠近转碟的区段为富氧区段，在这一区段的混合液内产生比较强的有机物（BOD）降解和硝化反应，氨氮（NH_4^+-N）被硝化菌氧化为硝酸盐氮（NO_3^--N）。距离转碟较远的沟渠区段，混合液中DO的含量可能会始终处在接近于"0"的状态，形成缺氧段，这种缺氧条件非常有利于脱氮细菌的生长繁殖。此类细菌以有机碳作为碳源和能源，并以硝酸盐作为能量代谢过程的电子受体。在奥贝尔氧化沟的第1沟内，由于原污水注入，混合液中有机底物（BOD）含量高，无须另行投加碳源，在这种条件下，反硝化反应进行也比较强烈。这样，在奥贝尔氧化沟的第

1 沟内能够产生比较强劲的有机物降解、硝化及反硝化等项反应。

第 2 沟是第 1 沟的继续，就是继续进行在第 1 沟尚未来得及完成的各项生物氧化反应。经第 1 沟和第 2 沟的生物氧化反应后，污水中绝大部分的有机底物及氨氮都能够得到去除。第 3 沟的任务就是对处理水充氧和排放了。

3. 奥贝尔氧化沟工艺系统的效果

（1）奥贝尔氧化沟工艺系统在第 1、第 2、第 3 沟内混合液之间存在着较大的溶解氧（DO）含量梯度，使容积占总体容积 50％以上的第 1 沟拥有较强的溶解氧驱动力，提高了充氧的动力效率，而使容积占总体容积 10％的第 3 沟内混合液的溶解氧含量提高到 2mg/L，所以能够认定，奥贝尔氧化沟工艺的总能耗较低。

（2）奥贝尔氧化沟工艺具有良好的脱氮效果，硝化-反硝化脱氮的碱度平衡也较好，奥贝尔氧化沟工艺处理水质良好而且稳定。

（3）奥贝尔氧化沟工艺兼具完全混合及推流两种流态的优点，有利于有机底物的去除和减少污泥膨胀现象的发生。

（4）奥贝尔氧化沟工艺系统的设计要点与数据

奥贝尔氧化沟工艺适用于中、小型污水处理厂。沟深以 2.0～3.6m 为宜。各沟宜于采用相同的宽度，沟深不超过沟宽。直线段尽可能以短为宜，弯曲部分应占总容积 80％～90％。可考虑采用圆形氧化沟。

对 3 条沟的氧化沟系统，一般第 1 沟的容积可占总体容积的 50％～70％。如对第 1 沟的容积比取值 50％，则对 3 条沟容积比的取值以 50：33：17 为宜。

对 3 条沟的氧化沟系统，DO 值的控制比取值为：（0～0.5mg/L）：（1.0～1.5mg/L）：（1.5～2.0mg/L）。充氧量的分配比则以 65：25：10 为宜。

曝气转碟的作用，是向混合液充氧，推动混合液以保持不低于 0.3m/s 的速度在沟渠内向前流动，并使混合液中的悬浮固体呈悬浮和良好混合状态。按曝气转碟具有的功能，能够满足上述各项要求，但是所达到的程度与曝气转碟的转速、浸没深度和转动方向有关。对此，由曝气转碟的生产厂家提出应用数据。

确定氧化沟的宽度，计算出各条沟的需氧量，就能够计算出各条沟所需要的曝气转碟个数，并根据转碟的转动效率选定相应的电机型号和规格。曝气转碟的最低间距为 250mm。

5.4.6 DE 型氧化沟工艺系统

1. DE 型氧化沟工艺系统的工艺特征

图 5-45 所示为 DE 型双沟式氧化沟工艺系统的平面示意图。DE 型双沟式氧化沟工艺系统具有如下各项技术特征。

（1）DE 型氧化沟是专为脱氮而开发的一种双沟式氧化沟系统。设有独立的二沉池和污泥回流系统，双沟交替地进行硝化与反硝化反应。

（2）DE 型氧化沟使用卧式转刷曝气器。组成双沟系统的 2 座氧化沟，相互连通，串联运行，并且是交替切换进出水。沟内转刷曝气器可按高速和低速两种速度

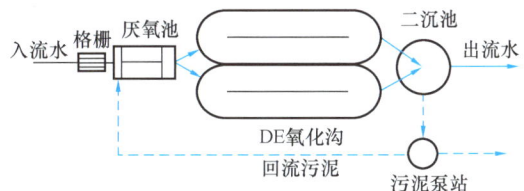

图 5-45　DE 型双沟式氧化沟工艺系统示意图

运行，在高速运行时，既推动混合液以不低于 0.3m/s 的速度向前流动，也向混合液充氧；而在低速运行时，只推动混合液向前流动，不进行充氧，这样可使 2 沟内的混合液互相交替地处于好氧及缺氧状态，为硝化与反硝化反应创造条件，以取得脱氮的效果。

（3）DE 型氧化沟工艺系统不仅能够去除污水中的有机底物，还可取得生物脱氮的良好效果，使处理水的 BOD_5 值和总氮值降低，达到要求的标准。若在氧化沟之前增设厌氧反应器，则还能够使本工艺系统实现同步脱氮除磷。

（4）DE 型氧化沟工艺系统的剩余污泥已达到一定程度的稳定，无须进行消化处理，可直接进行机械脱水处理。

（5）DE 型氧化沟工艺系统处理水的各项主要污染指标可以达到下列数值：$BOD_5 <$ 15mg/L，$TN < 8mg/L$，$TP < 1.5mg/L$。

DE 型双沟式氧化沟工艺系统，适于中、小型污水处理厂采用。

2. DE 型双沟式氧化沟工艺系统的生物脱氮运行方式与效果

图 5-46 所示为 DE 型双沟式氧化沟工艺系统生物脱氮反应运行方式。

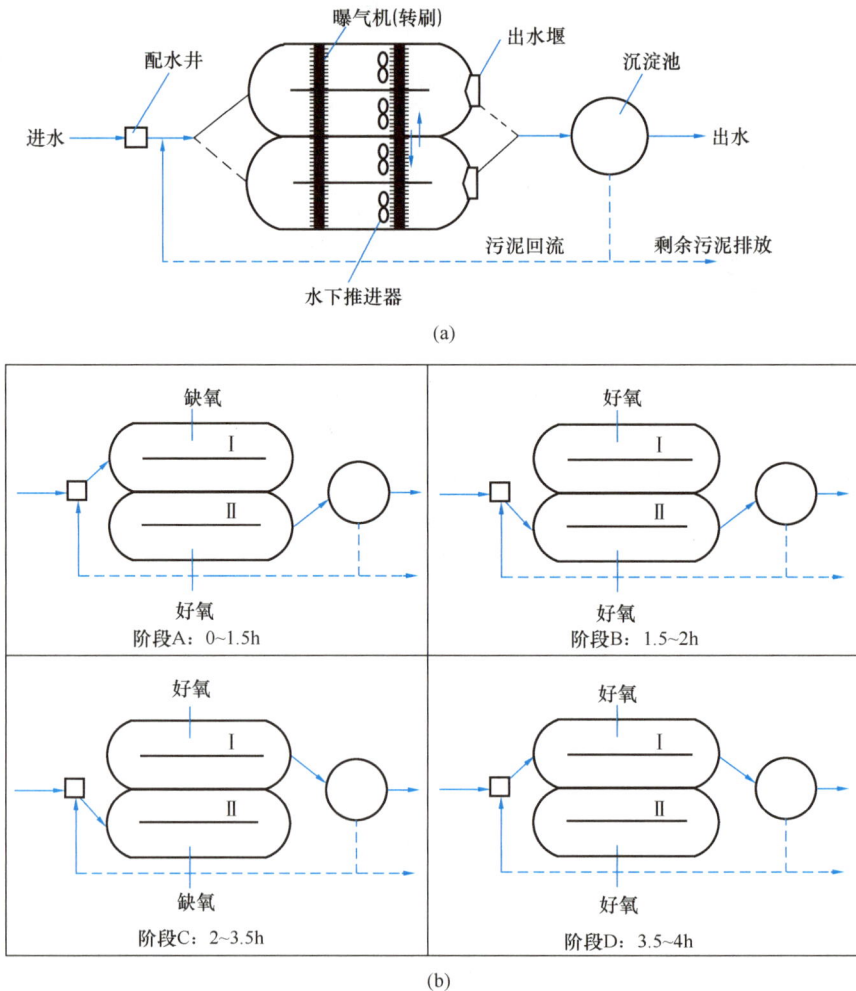

(a)

(b)

图 5-46　DE 型双沟式氧化沟工艺系统脱氮反应运行方式

（a）DE 型氧化沟平面布置示意图；（b）DE 型氧化沟运行模式

从图 5-46 可见，DE 型氧化沟工艺系统是通过 2 座氧化沟之间切换进、出水口，交替进行硝化与反硝化反应而取得生物脱氮效果的。氧化沟系统的污泥龄较长，一般为 10～30d，硝化反应进行得比较充分、彻底。污水中的 NH_3 几乎全部都能够被氧化为硝酸盐氮，下一步就是进行反硝化反应，其条件是需要形成缺氧的环境条件和提供有机物碳源，使反硝化菌得以大量增殖。

在 DE 型氧化沟工艺系统，硝化与反硝化反应的脱氮过程按 A→B→C→D 的 4 个阶段进行（图 5-46b）。从图 5-46 可见，氧化沟 I 及氧化沟 II，交替切换进水口与出水口。当氧化沟内混合液进行硝化反应时，转刷曝气器应以高速转动，在氧化沟内混合液进行反硝化反应时，转刷曝气器则改用低速转动。

每循环一次 4 个阶段的全过程大致需要 4～8h。

3. DE 型双沟式氧化沟工艺系统的同步脱氮除磷运行方式与效果

拥有同步脱氮除磷功能的 DE 型双沟式氧化沟工艺系统的运行方式示之于图 5-47。

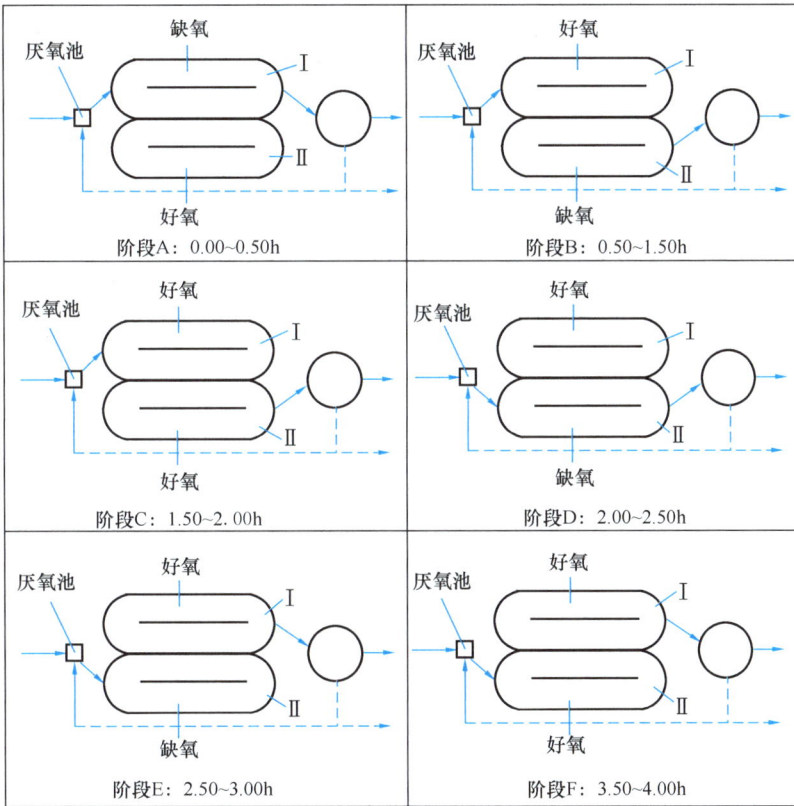

图 5-47　DE 型双沟式氧化沟工艺系统同步脱氮除磷运行方式

为了使 DE 型氧化沟工艺系统具有除磷功能，就必须在 DE 型氧化沟工艺系统之前增设厌氧反应器，原污水及回流污泥都首先进入厌氧反应器，并在这里交汇混合，形成混合液。

前置厌氧反应器也称为生物选择器，具有以下两项功能：其一是抑制丝状菌的繁衍增殖，防止在氧化沟工艺系统中出现污泥膨胀现象；其二则是对生物除磷工艺过程产生重要的作用。

在回流污泥中不乏含有聚磷菌。聚磷菌在厌氧环境条件下受到抑制，将贮存于自身体内的聚磷酸盐加以分解，并将单磷酸盐以溶解形态释放出来。在聚磷酸盐分解与释放的过程中，还伴随着有能量的产生，聚磷菌利用其中的大部分能量，将由原污水挟入的呈可溶性分子状态的脂肪酸加以吸收，合成 PHB 并储于体内，使聚磷菌即或在厌氧不利的条件下也得以生存。当聚磷菌有条件进入好氧环境，它又将储于体内的 PHB 加以分解，并将能量释放，以满足其正常生理活动的需求。在好氧环境下，聚磷菌进行自身的裂殖、繁衍，并对混合液中的溶解性磷加以吸收，合成聚磷酸盐储于自身体内。聚磷菌在好氧条件下吸收的磷要显著地多于在厌氧条件下释放的磷，因此，混合液中的磷通过聚磷菌的过量吸收，形成一定数量的富磷活性污泥和富磷剩余污泥。通过对富磷剩余污泥的排放，使污水中的磷得到去除。

DE 型双沟式氧化沟工艺系统就是以这一原理作为基础，在整个系统前增建一座厌氧反应器以取得除磷的效果，并使本工艺系统拥有同步脱氮除磷的功能。

原污水有机底物（BOD$_5$）经过反应也得以下降。

在氧化沟底部设水下搅拌器，以防止污泥沉积。污水经过厌氧—好氧反应区段的处理达到除磷的目的，而再与缺氧区段—富氧区段相联合则能够取得同步脱氮、除磷的效果。DE 型氧化沟工艺系统的同步脱氮除磷运行方式就是按此原理进行运行的，整个运行过程分为由 A→B→C→D→E→F 的 6 个阶段进行，全过程大致需要 10～13.5h。

5.4.7　T 型氧化沟工艺系统

T 型氧化沟工艺系统又称为三沟式交替运行氧化沟工艺系统。它是由 3 座各部位尺寸、容积完全相同的氧化沟并行排列组成的组合体，三者之间通过管道或沟壁之间的孔道相连通。图 5-48 所示为 T 型三沟式交替运行氧化沟工艺系统组成平面示意图。

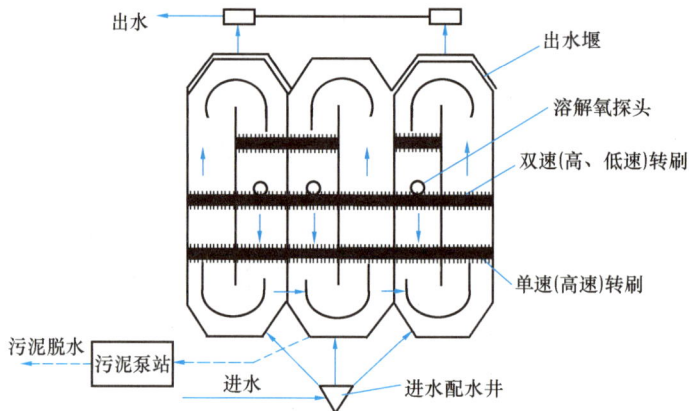

图 5-48　T 型三沟式交替运行氧化沟工艺系统平面示意图

1. T 型氧化沟工艺系统的基本工艺特征

T 型氧化沟工艺系统具有下列各项基本工艺特征。

（1）T 型氧化沟工艺系统容积较大，在曝气状态下，氧化沟内循环流速较高，一般可达 0.3～0.5m/s，氧化沟内泥水混合均匀，属完全混合流态型氧化沟，具有较强的耐冲击负荷功能。

（2）T 型氧化沟工艺系统的运行比较灵活，根据工艺要求，3 座氧化沟分别承担曝气反应（有机底物降解、硝化）、反硝化、沉淀等各项功能。在 3 座氧化沟中，位于中间的氧化沟始终按曝气反应氧化沟运行，而其两侧的氧化沟则交替地按曝气反应和沉淀过程运行。由于沉淀过程直接在氧化沟内实施，所以 T 型氧化沟工艺系统无须设置二沉池和污泥回流系统。

（3）T 型氧化沟工艺系统使用卧式转刷曝气器，在工艺上要求考虑脱氮的氧化沟则应安设双速转刷曝气器，低速转刷仅用于混合和推动混合液向前流动。

本氧化沟工艺系统的转刷应用率较高，当 3 座氧化沟的容积相等、污泥浓度均匀时，T 型氧化沟工艺系统的有效性系数（f_a）为 0.583。对实际运行中的 T 型氧化沟工艺系统，由于 3 座氧化沟之间的污泥浓度不相等，实际的 f_a 值在 0.40 左右。

（4）T 型氧化沟工艺系统的原污水进水配水井内设 3 个自动控制进水堰，根据工艺要求交替地向各氧化沟配水。T 型氧化沟的水深取值 3.5m。两侧氧化沟设置可调节出水堰（旋转堰门），用于排出处理水和调节转刷叶片的浸没深度。调节转刷叶片的浸没深度，能够取得调整氧化沟内混合液充氧量和输入功率的效果。

（5）T 型氧化沟工艺系统的剩余污泥一般直接从中间氧化沟排出处理。

2. T 型氧化沟工艺系统运行的在线控制

前已叙及，T 型氧化沟工艺系统的基本运行方式是两侧氧化沟交替切换按曝气反应（降解 BOD、硝化和反硝化）及沉淀运行，中间氧化沟则连续地进行曝气反应。曝气转刷只在曝气反应阶段（快速）和反硝化阶段（慢速）转动，经过曝气反应及反硝化处理后的混合液在沉淀氧化沟内进行沉淀处理，处理后的污水经自动调节出水堰流出，并排出系统。

上述工艺运行程序输入可编程序控制器内，运行方式即由可编程序控制器控制，在时间程序的基础上，按程序自动切换进水方式和改变混合液在氧化沟内的运行方式。对溶解氧（DO）含量的控制则根据已设定的在氧化沟内的 DO 值的范围，自动启动或停止部分转刷转动来实现。

3. T 型氧化沟工艺系统硝化与反硝化反应的运行方式

T 型氧化沟工艺系统硝化与反硝化反应的脱氮工艺运行过程示之于图 5-49，分为 A→B→C→D→E→F 6 个阶段进行。

阶段 A，延续 2.5h，原污水进入氧化沟 I（后简称沟 I），在本沟内进行反硝化反应。沟内转刷以低速转动，仅使沟内混合液处于使污泥呈悬浮状态流动，并处于低（缺）氧状态，溶解氧浓度不足以使沟内有机底物氧化。活性污泥微生物利用上阶段产生的硝态氮中的结合氧，将有机底物氧化，硝态氮则还原成气态氮，逸出水面。混合液通过水下通道进入中间氧化沟（后简称沟 II）。在沟 II 进行的是全方

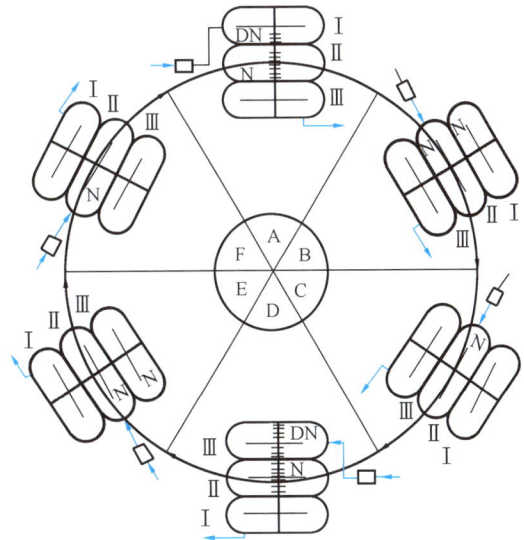

图 5-49 T 型氧化沟工艺系统硝化与反硝化反应脱氮工艺的运行过程

DN—反硝化，缺氧；N—硝化，好氧

位的有机底物氧化反应和硝化反应，沟内的转刷在高速转动。所提供的溶解氧量足以使有机底物受到氧化，使 NH_3 转化成硝酸氮。继之混合液进入氧化沟Ⅲ（后简称沟Ⅲ），在本阶段的沟Ⅲ起着沉淀池的作用，转刷停转，进行泥、水分离，出水堰降低，处理水通过出水堰从沟Ⅲ排出系统。

阶段 B，延续 0.5h，原污水从沟Ⅰ改由沟Ⅱ进入氧化沟系统。沟Ⅱ的转刷仍保持着高速转动，沟Ⅰ的转刷也开始改高速运转。开始，沟Ⅰ内仍处于缺氧状态，随着供氧量的逐步增高，逐步成为好氧状态和富氧状态。沟Ⅰ的混合液流入沟Ⅱ，和沟Ⅱ内经过处理的混合液一道流入沟Ⅲ。在本阶段，沟Ⅲ始终保持着混合液沉淀与泥、水分离的功能不变，处理水仍由沟Ⅲ排出。

阶段 C，延续 1.0h，本阶段为实施泥、水分离作用的沟Ⅲ向沟Ⅰ转移的过渡期。原污水仍进入沟Ⅱ，在沟Ⅱ混合液仍进行着强力的有机物氧化反应及硝化反应。处理水仍由沟Ⅲ排出，但沟Ⅰ的转刷停止转动，混合液转变为静置状态，泥、水分离作用开始实施。

阶段 D，延续 2.5h，原污水开始改为从沟Ⅲ进入。沟Ⅰ的出水堰降低，处理水改由沟Ⅰ排出。沟Ⅲ转刷开始以低速转动，沟Ⅲ内的混合液进入缺氧状态，产生反硝化反应，实施脱氮作用。混合液由沟Ⅲ进入沟Ⅱ，在沟Ⅱ仍在保持进行高效的有机底物氧化及氨氮转化为硝态氮的硝化反应。本阶段与阶段 A 相似，只是实施混合液沉淀，泥、水分离作用的氧化沟，由沟Ⅲ切换给沟Ⅰ，实施反硝化功能的氧化沟则由沟Ⅰ切换给沟Ⅲ。

阶段 E，延续 0.5h，原污水再次改由沟Ⅱ进入，沟Ⅱ的转刷仍保持高速转动，沟Ⅲ的转刷则改为高速运行，沟内混合液逐渐由缺氧转变为富氧状态。在本阶段沟Ⅱ和沟Ⅲ进行高效的有机底物氧化反应及硝化反应。沟Ⅰ则保持混合液沉淀与泥、水分离的功能不变。

阶段 F，延续 1.0h，本阶段工艺运行与阶段 C 相似，为泥、水分离工艺向沟Ⅲ转移的过渡期。原污水仍从沟Ⅱ进入，在沟Ⅱ混合液仍进行高效的有机物氧化反应及硝化反应。沟Ⅲ转刷停止转动，混合液转变为静置状态，泥、水分离作用开始，但处理水仍由左沟Ⅰ排出。

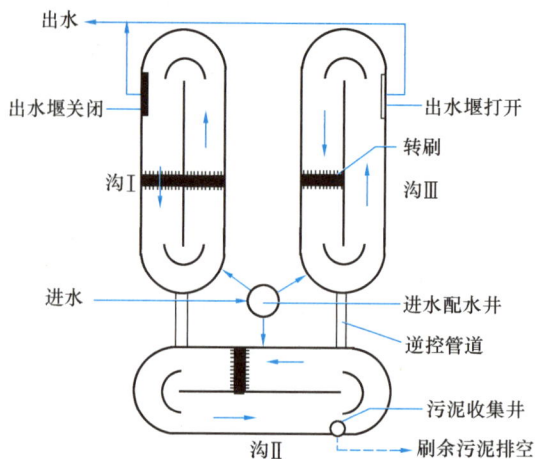

图 5-50 T 型氧化沟工艺系统
平面布置的另一种形式

一个周期为 8.0h，各工作阶段的延续时间，可以根据水质的实际情况进行调整。从以上阐述可以认定，T 型氧化沟工艺系统实际上即为 A-O 活性污泥工艺系统，依靠 3 座氧化沟工作状态的切换，能够完成有机底物的降解、硝化及反硝化反应过程，取得良好的去除 BOD 和脱氮效果，而且无须设置二沉池及污泥回流系统。

图 5-50 所示为在平面上呈另一种布置形式的 T 型氧化沟工艺系统。

T 型氧化沟工艺系统一般适用于中、小型城市污水处理厂。

5.4.8 一体化氧化沟工艺系统

1. 一体化氧化沟工艺系统的技术特征

一体化氧化沟工艺系统，是将泥、水分离及污泥回流等项功能集中建于统一的氧化沟内，不另单建二次沉淀池。这是美国在20世纪70年代开始开发、至今几十年来仍在发展的氧化沟污水处理工艺，在生产实践中得到应用，并显示出广阔的发展前景。英文称之为Interchannel Clarifier Oxidation Ditch（沟内沉淀式氧化沟）缩写为ICC-OD。美国环境保护局将这一技术冠以"革新代用技术（I/A）"的称谓。

一体化氧化沟工艺系统，也称为合建式氧化沟工艺系统。

一体化氧化沟工艺系统具有如下各项技术特征。

（1）工艺流程简短，既不设初沉池、调节池，也不设二沉池和污泥回流系统，污泥自动回流。占地少，能耗低，投资省，便于维护管理。

（2）污水处理效果良好、稳定，对BOD_5及SS的去除率均可达90%～95%或更高，COD的去除率也在85%以上。硝化、脱氮效果显著。

（3）泥、水分离效果好，剩余污泥量少，性质稳定，易脱水，无须进行消化处理。

（4）污泥回流及时、方便，降低产生污泥膨胀的可能性。

（5）造价低，投资少，能耗低，占地少，便于运行管理。

2. 一体化氧化沟工艺系统技术的进一步开发与发展

一体化氧化沟工艺开发至今，得到一定的发展和在生产实践中的有效应用。具有代表性、技术比较成熟的一体化氧化沟工艺系统有：由美国Burns and McDonnell咨询公司研究开发的命名为"BMTS"的一体化氧化沟工艺，由美国联合工业公司早期研究开发的安装船式泥水分离器（BOAT）的合建式氧化沟工艺等。

（1）BMTS一体化氧化沟工艺系统

如图5-51所示，BMTS一体化氧化沟工艺的隔墙不在氧化沟的正中心，而是偏向一侧，使设置泥、水分离装置一侧的沟宽大于另一侧。泥、水分离装置横跨整个沟的宽度，在其两侧设隔墙，循环流动的混合液只能从分离装置的底部流过。在分离装置的底部设一排呈三角形的导流板，在导流板之间留有间隙，混合液的一部分通过间隙由底部进入分离装置。分离装置的底部构件，能够减轻沉淀区中、下层水流的紊动，适度的紊动能够清除构件上的沉淀物。在分离装置的水面设集水管。混合液在分离装置内进行沉淀，实施泥水分离，澄清处理水通过集水管流出系统，沉淀污泥则返回底流与流动的混合液合流。

（2）船式一体化氧化沟工艺系统

安装船式泥水分离装置（BOAT）的一体化氧化沟工艺系统，简称船式一体化氧化沟工艺系统，已在美国获得专利，并形成尺寸系列标准化的氧化沟工艺系统，应用较为广泛。

图5-52所示即为船式一体化氧化沟构造示意图。本装置的优点较为突出，完全省去了一般二次沉淀池所必需安设的机电设备，既无须设置除泡沫及刮泥装置，也无须设污泥回流设备。其中污泥沉降区比较窄，像一条悬架在氧化沟内的船，故称之为船式一体化氧化沟工艺。"船"首与氧化沟内混合液的流向相迎，"船"尾部敞开，内设浮渣挡板，两侧周边以排除浮渣。混合液从敞开船尾部进入"船"体，起到一定的消能作用，显著地减少泡沫的挟入，就此，均有利于混合液的泥水分离。在"船"首部设溢流堰，澄清水汇入并

作为处理水排出系统。"船"的底部由系列敞口小型泥斗组成，泥斗下并接以排泥短管。这样的构造能够完全省去普通二次沉淀池所必需设置的机械电气设备，无须设污泥回流设备，也无须设刮除泡沫装置。

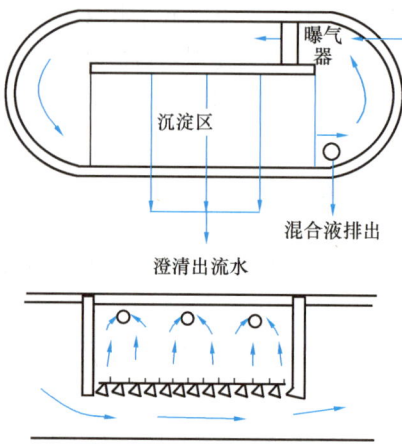

图 5-51　BMTS一体化氧化沟构造示意图

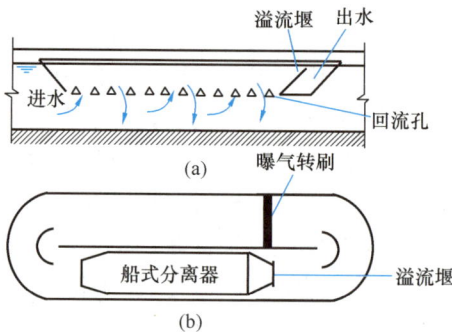

图 5-52　船式一体化氧化沟构造示意图
（a）剖面图；（b）平面图

图 5-53 所示为装设在船式一体化氧化沟内"船"的示意图。

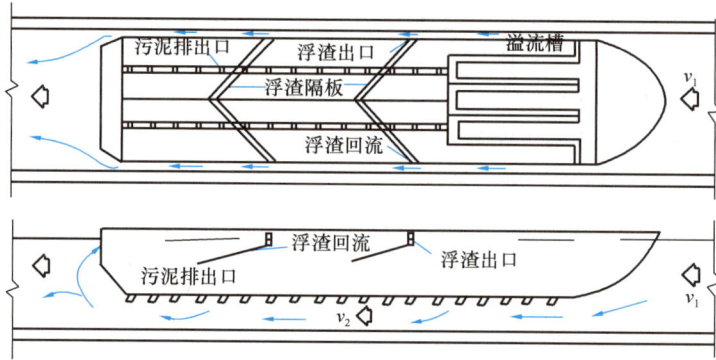

图 5-53　装设在船式一体化氧化沟内"船"的示意图

混合液在船型分离器内进行泥、水分离，沉淀污泥通过分离器下部泥斗及排泥短管迅速地回流到运行中的氧化沟中去。由于进入泥水分离器的混合液仍处于富氧状态，沉淀污泥回流迅速。船型泥水分离器所占容积较小，一般仅占氧化沟容积的 8%～10%。

在氧化沟内进行环流的混合液在流经泥水分离区时，必须从分离区的底部流过。在流过时，将有部分混合液通过分离区底部三角形构件的空隙进入分离区，分离区的混合液呈静止状态，有利于污泥的沉淀，沉淀污泥通过底部三角形构件的空隙流出，并直接回流混合液。混合液在船型泥水分离设备内的流向与在氧化沟内的流向相反。其流速 v_1 应为在船型泥水分离设备底流速 v_2 的 60%。

一体化氧化沟活性污泥工艺系统集有机污染物去除及泥水分离两种功能于一体，能够降低占地面积，无须建设污泥回流系统，这是这种工艺的主要特征。

5.4.9　氧化沟工艺系统的设计计算

依据《室外排水设计标准》GB 50014—2021，延时曝气氧化沟的主要设计参数宜根据试验资料确定；当无试验资料时，可采用经验数据或按表 5-10 的规定取值。

延时曝气氧化沟的主要设计参数　表 5-10

项目	单位	参数值
污泥浓度（MLSS）X	g/L	$2.5\sim4.5$
污泥负荷 N_s	$kgBOD_5/(kgMLSS \cdot d)$	$0.03\sim0.08$
污泥龄 θ_c	d	>15
污泥产率 Y	$kgVSS/kgBOD_5$	$0.3\sim0.6$
需氧量 O_2	$kgO_2/kgBOD_5$	$1.5\sim2.0$
水力停留时间（HRT）	h	$\geqslant16$
污泥回流比 R	%	$75\sim150$
总处理效率 η　BOD_5	%	>95

当采用氧化沟进行脱氮除磷时，宜符合《室外排水设计标准》GB 50014—2021 对厌氧/缺氧/好氧法（AAO 或 A^2O 法）有关条款的规定。

氧化沟的有效水深，应考虑曝气、混合和推流的设备性能，宜采用 3.5～4.5m。

氧化沟内的平均流速，宜大于 0.25m/s。

氧化沟系统宜采用自动控制，如曝气转刷的开启和溶解氧水平的控制等。

5.5　吸附—生物降解活性污泥工艺系统（A-B 工艺系统）

吸附—生物降解活性污泥工艺系统，简称 A-B 工艺。本工艺系统是在 20 世纪 70 年代中期，由德国亚琛工业大学宾克（Bohnke）教授开发的活性污泥污水处理的新工艺、新技术，从 80 年代开始推广应用于污水处理的生产实践。

5.5.1　A-B 工艺系统的基本流程、主要参数与工艺效应

1. A-B 活性污泥工艺系统的基本流程及工艺参数

（1）A-B 工艺系统的基本流程

图 5-54 所示为 A-B 工艺系统的基本流程。

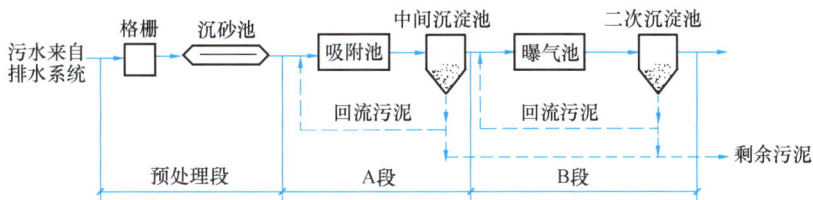

图 5-54　A-B 活性污泥工艺系统的工艺流程

与传统活性污泥工艺系统流程相较，A-B 活性污泥工艺系统的工艺流程具有下列各项主要特征。

1）A-B 工艺系统的全部工艺流程分为预处理段、A 段、B 段 3 段。在预处理段不设

初次沉淀池，只设格栅、沉砂池等。

2）A 段是由吸附反应器及中间沉淀池所组成，B 段则是由生物降解（曝气）反应器及二次沉淀池所组成。

3）A 段与 B 段完全分开，各自拥有独立的污泥回流系统，每段能够培育出各自独特的、适于本段水质特征并适应本段污水处理工艺要求的微生物种群。

（2）A-B 工艺系统 A 段及 B 段采取的主要工艺参数值（用于城市污水处理）

对 A 段设计与运行采取的主要参数值：

1）BOD_5—污泥负荷 N_s：较多采用 3～6$kgBOD_5$/（kgMLSS·d），为普通活性污泥工艺系统的 10～20 倍，建议值为 4～5$kgBOD_5$/（kgMLSS·d）；

2）BOD_5—容积负荷 N_v：较多采用 6～10$kgBOD_5$/（m^3·d），建议值为 8$kgBOD_5$/（m^3·d）；

3）污泥龄 θ_c：0.3～0.5d；

4）吸附反应器内污泥浓度 MLSS：2000mg/L；

5）污泥回流比：采用 50%～100%；

6）回流污泥浓度 20g/L；SVI 值为 40～60；

7）水力停留时间 HRT：30min（不含回流污泥）；

8）吸附反应器内的溶解氧 DO 浓度：0.2～0.7mg/L；

9）A 段沉淀池的水力停留时间（HRT）：1.5～2.0h。

对 B 段设计与运行采取的主要参数值：

1）BOD_5—污泥负荷 N_s：采用居多者为 0.15～0.3$kgBOD_5$/（kgMLSS·d），建议值为 0.15～0.25$kgBOD_5$/（kgMLSS·d）；

2）BOD_5—容积负荷 N_v：采用居多者为 0.3～0.9$kgBOD_5$/（m^3·d），建议采用值为 0.53～0.7$kgBOD_5$/（m^3·d）；

3）污泥龄 θ_c：15～25d；

4）生物降解反应器混合液内 MLSS：建议值为 3500mg/L；

5）污泥回流比：建议取值 35%～75%，平均值可取 50%；

6）生物降解反应器内混合液的溶解氧 DO：1～2mg/L；

7）B 段沉淀池的水力停留时间（HRT）：采用居多者为 3～6h，一般取值 2.5～5.0h，建议取值 4～5h。

2.A-B 工艺系统 A 段及 B 段产生的主要效应及净化功能

（1）A-B 工艺 A 段及 B 段产生的主要效应

在 A 段可产生如下 5 个方面的主要效应。

1）A 段絮凝及吸附反应器在高负荷条件下工作，其有机污染物负荷为 $F/M>$ 2$kgBOD_5$/（kgMLSS·d），为普通活性污泥工艺系统的 50 倍，并在缺氧条件下运行，污泥龄 θ_c 取值 0.3～0.5d。

2）A 段前不设初次沉淀池，原污水只经过简易的预处理（格栅及沉砂池）。

3）本工艺系统不设初沉池，不仅简化了污水的预处理过程，而且使系统的 A 段成为一个开放性的生物动力学系统，从城市排水系统接受的经过优选的微生物种群在本段对污水进一步加以处理。

在这种情况下，在 A 段能够成活的微生物只是某些世代短的原核细菌，这些微生物的世代期短，每繁殖一代的时间平均为 20～30min。

4）A 段为增殖速度快的微生物种群提供了良好条件，能够在 A 段成活繁衍的微生物种群，是抗冲击负荷能力强的原核细菌，而原生动物和后生动物都不可能成活。

5）A 段具有高额的污泥产率，污泥具有一定的吸附能力。

在 B 段则产生如下 4 个方面的主要效应。

1）B 段反应器接受 A 段反应器的处理水，水质、水量都比较稳定，冲击负荷已不再影响 B 段，B 段的净化功能得以充分发挥。但是，B 段的各项效应与净化功能的发挥，都是以 A 段正常运行作为首要条件的。

2）B 段反应器是在低负荷条件下运行，承受的负荷是总负荷的 30%～60%，与普通活性污泥工艺反应器（曝气池）的容积相较，B 段反应器的容积可减少 40% 左右。

3）对有机污染物进行生物降解，是 B 段的主要净化功能。

4）B 段的污泥龄较长，氮在 A 段已得到了部分的去除，在 B 段 BOD：N 的比值有所降低，因此，B 段可能具有产生硝化反应的条件。

（2）A-B 工艺 A 段及 B 段的主要净化功能

A 段的净化功能有：

1）A 段对污水中污染物的去除，主要依靠生物污泥的吸附作用。某些重金属及难降解的有机物质以及氮、磷等植物性的营养物质，都能够在 A 段通过污泥的吸附作用而得到一定的去除。对此，能够一定程度地减轻 B 段的负荷。

2）A 段用于城市污水的处理，其对 BOD_5 的去除为 40%～70%，经 A 段处理后的污水，其可生化性有所提高，有利于后续 B 段的生物降解作用。

3）由于 A 段对污染物质的去除主要是通过以物理化学功能为主导的吸附作用，因此，A 段对温度、pH、负荷以及有毒物质伤害等作用都具有一定的适应与抵御能力。

B 段的净化功能主要是对有机污染物质深入地降解、去除，并使处理水达到要求的水质标准。

5.5.2 A-B 工艺系统的理论特征

A-B 工艺系统的开创，在理论基础方面有着二项最明显的有别于传统污水生物处理理论的工艺特征：其一是不设初次沉淀池，而是将整个庞大的城市排水管网系统作为"中间反应器""生物选择器"纳入污水处理的环节予以考虑；其二是将传统的微生物对有机污染物降解过程分为细胞外的絮凝、吸附及细胞内的代谢、分解两个过程，并建立各自独立的污泥回流系统的 A 段（生物絮凝与生物吸附）和 B 段（生物降解）。

1. A-B 工艺系统是一个开放性的污水处理系统

城市排水工程系统（不包括降水）在传统上是由污水管网系统和污水处理系统两部分所组成。污水管网系统的功能和任务是对污水进行收集、集中、输送，并最终将污水输送到污水处理厂。

城市污水除含有有机污染物和无机污染物外，也存活着具有生命力的微生物。城市污水从排放口到污水处理厂，需要流经长达几千米甚至是几十千米的管道和沟渠，流动的污水可能呈好氧状态或厌氧状态，但多呈缺氧状态。污水流经的管道和沟渠中也存活着大量的微生物。在管道和沟渠的环境条件下，存活的应是以兼性营养型细菌为主的微生物种群。在城市排水系统中将连续地、长期地进行着微生物的适应、优选、淘汰、增殖的过程，从而能够培育、诱导、驯化出与原污水水质相适应的微生物种群。

在原污水中存活并经过排水管网系统的优选、诱导、驯化，已完全适应于进入 A 段污水水质状态的微生物，具有一定的自发絮凝性能。在其进入 A 段的反应器后，在 A 段反应器内原有菌胶团的诱导下，其絮凝性能得到强化，并与菌胶团相结合形成新的絮凝体，成为 A 段污泥中主要的组成部分。这种污泥具有较强的絮凝、吸附能力和良好的沉降性能。

A-B 工艺系统不设初沉池，使在排水管网经过优选、驯化形成的微生物种群得以比较完整地进入 A 段反应器，在反应器内其所具有各项功能够得到充分的发挥和进一步的强化和更新。可以认定，A 段已成为一个开放性的、连续地由原污水中得到优化微生物充实的生物动态系统。还可以进一步认定，A-B 工艺系统实际上也是一个由污水排水管道系统和污水处理系统组成的开放性系统。

2. 将传统对有机底物一段式的降解过程分在 A-B 两段实施

将传统一段式的污水活性污泥工艺分为两段实施，这是 A-B 工艺的另一项在理论上和工艺操作上的创举。微生物对有机污染物降解、去除的生化过程，是由在菌体外的絮凝、吸附和在菌体内的代谢、降解两个步骤实施和完成的。传统的污水生物处理工艺（包括活性污泥和生物膜处理工艺）就是通过这种生物反应过程完成有机污染物降解与去除的。参与两步反应的只是一种微生物，完成兼性菌体外的絮凝、吸附反应和菌体内的代谢、降解反应。参与常规污水生物处理工艺反应的微生物，纯好氧菌，世代时间较长，只宜于在较低的污泥负荷和较长的污泥龄环境条件下存活和参与反应。

A-B 工艺的 A 段与 B 段则与此有所不同。在 A 段和 B 段成活并参与反应的不是同一种属的微生物，而且是在特性方面也有差别的两种微生物种属。

B 段反应器接受 A 段反应器的处理水，进一步对混合液（污水）进行深入的净化处理，并使处理水达到规定的水质要求。B 段系统对污水的净化功能在一定程度上是受制于 A 段，但与此同时，B 段反应器接受经过 A 段反应器处理后的混合液，接替 A 段对污水的净化工作，应是大大地受益于 A 段。经过 A 段系统处理后的混合液，水质、水量都完全是稳定的，冲击负荷以及一切毒害作用都已不再危及 B 段，B 段的各项效应和净化功能都得以充分地发挥。不仅如此，经 A 段系统处理后，使 B 段的负荷大为减轻，B 段系统对有机污染物的降解负荷为 A-B 工艺全部负荷的 40%，而且某些在 A 段未能被降解、去除的有机底物，在经过 A 段系统微生物的"加工"后，能够易为 B 段微生物所摄取，并加以代谢。

3. A-B 工艺在 AB 两段微生物的组成与各段的特性

A-B 工艺虽然也属于活性污泥工艺系统范畴，但是由于其在工艺系统方面的某些独到的特点，使得该工艺系统在微生物的种群组成、生物相等方面与常规、传统活性污泥工艺存在着差异，而且在 A 段与 B 段之间也存在着差异。

（1）A 段微生物的组成及其特性

作为开放性系统，A 段连续地接受来自排水管网系统的经过优选、诱导和驯化的微生物种群。据测定，在 A 段反应器内约有不低于 15% 的微生物来自排水管网系统。此外，A 段处于营养异常丰富的状态，其设计污泥负荷值多高于 $2kgBOD_5/(kgMLSS \cdot d)$，而污泥龄（SRT）一般取值小于0.5d。在这种环境条件下，高等微生物的成活将受到一定的限制，A段成活的优势微生物种将属原核微生物，具体微生物表现的生理特性有下列各项。

1）微生物个体微小，结构简单，具有较大的比表面积，吸附能力强劲。

2）微生物群种菌落数量多，一般是传统活性污泥工艺主导微生物的20倍，由这种微生物为主形成的A段污泥产量大，其污泥产率系数$Y=0.924$，远高于B段的Y值（0.614）和传统活性污泥工艺的Y值（0.5～0.65）。A段产生的污泥还具有良好的沉降性能，其污泥指数为70～100。

3）微生物生理活性强，具有极强的增殖能力，世代时间短，条件适宜可缩短为20min。

4）微生物代谢活性高，一般较传统活性污泥工艺优势微生物高40%～50%。特别是对聚合物的降解，也有极强的活性，而聚合物往往是COD主要成分。

5）微生物具有较强的变异能力，对环境适应的条件也较宽，多为兼性微生物，能够在缺氧条件下（溶解氧含量为0.2～0.7mg/L）进行生理活动。

6）微生物多与人类及动物排泄物中成活的细菌相类似。

正是具有上述各项优良性能的微生物和由这种微生物为主体形成的活性污泥，使得处理城市污水的A-B工艺的A段在超高负荷和较短的水力停留时间条件下，去除污水中60%～70%的有机污染物。有测试表明，其中50%是通过吸附作用去除的，30%是经过絮凝、沉淀作用去除的，通过微生物代谢作用降解、去除的有机污染物只占20%。

应当指出的是，城市污水经过A段处理后，还可能残留着30%～40%的主要处于溶解状态的有机污染物，这部分有机污染物随混合液进入B段，必然能够通过B段的微生物代谢反应的生理活动加以降解去除。应当说明，这部分有机污染物在A段的过程中，也经过A段微生物的"加工"，使其能够适宜于为B段微生物所摄取。

（2）B段微生物的组成及其特性

A-B工艺B段的功能主要是对有机污染物（BOD_5）深入地降解去除。就此，在B段采取较低的污泥负荷，一般为0.15～0.30kgBOD_5/（kgMLSS·d），还采取长达15～20d的污泥龄。B段反应器（曝气池）接受A段流来的处理水，在经过A段的调节与处理后，进水水质与水量稳定。B段反应器内呈优势种群的微生物世代时间长，并对有机污染物具有强劲的代谢功能，其特性应与传统活性污泥工艺中延时曝气工艺的主导微生物种群的特性相近。此外，由于处理水水质良好，在B段还能使钟虫类的原生动物和轮虫类的后生动物大量增殖，这些微型动物大量吞食处理水中的游离细菌，能够进一步提高处理水的水质。

5.5.3 A-B工艺系统的功能特征

A-B工艺系统之所以能够在开发后的短时间内，就迅速地在一些国家的实际污水处理工程中得到应用，是因为这种工艺具有多种优良的特征。本工艺对污水中的各类污染物质具有高度的去除、降解效果，特别是还具有良好的脱氮、除磷功能；本工艺在运行上具有较强的稳定性，对原污水的水量、水质方面的冲击负荷，有着较强的适应能力；此外，还有着投资省、运行费用低的优点。

1. A-B工艺系统对COD及BOD_5具有高效的去除效果

国内外大量的科学试验研究数据和实际污水处理厂的运行数据表明，A-B工艺系统对

COD 及 BOD₅ 具有高效的去除效果，显著地高于传统的普通活性污泥工艺，特别是对 COD 值的高效去除更是明显。

对这一情况列举下列实例予以证实。

实例之 1：A-B 工艺系统开创人 B. Bohnke 教授领导的团队，曾对 16 种不同的城市污水进行了 25 次中间试验研究和 5 次生产性试验研究，所得的试验结果如下：

当 A-B 工艺系统 B 段的 BOD_5 —污泥负荷为 $0.3kgBOD_5/(kgMLSS \cdot d)$ 时，其处理水的 BOD_5 值，相当于 BOD_5 —污泥负荷为 $0.15kgBOD_5/(kgMLSS \cdot d)$ 的传统、普通活性污泥工艺处理水的 BOD_5 值。

当 A-B 工艺 B 段的 BOD—污泥负荷为 $0.15kgBOD_5/(kgMLSS \cdot d)$ 时，其处理水的 BOD_5 值，相当于 BOD—污泥负荷为 $0.05kgBOD_5/(kgMLSS \cdot d)$ 的传统、普通活性污泥工艺处理水的 BOD_5 值。

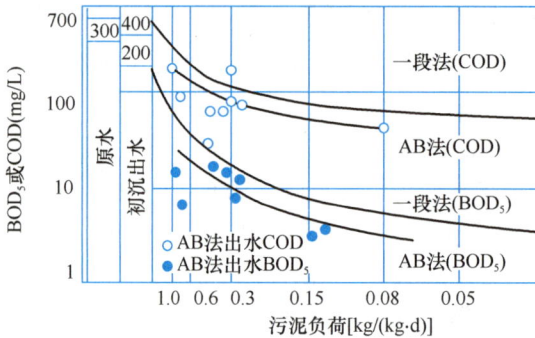

图 5-55　A-B 工艺与传统活性污泥一段工艺对 BOD_5 及 COD 降解去除效果的对比

实例之 2：表 5-11 所列举的是 B. Bohnke 教授对以 A-B 工艺系统为处理主体的 7 座污水处理厂对 BOD_5 及 COD 两项污染指标的降解、去除效果。

实例之 3：图 5-55 所示为 Bohnke 等在大量广泛研究结果的基础上所得出的 A-B 工艺的 B 段与传统、普通活性污泥一段工艺的污泥负荷和处理水 BOD_5 及 COD 值的比较。可见在同一污泥负荷的条件下，A-B 工艺的处理效果显著地优于传统一段式活性污泥工艺的处理效果。

A-B 工艺对 7 座污水处理厂去除 BOD_5、COD 的效果汇总　　　　表 5-11

污水处理厂	原污水浓度 (mg/L)		BOD_5 —污泥负荷 $[kgBOD_5/(kgMLSS \cdot d)]$		总去除率 (%)	
	BOD_5	COD	A 段	B 段	BOD_5	COD
莱茵豪森（Rheinhausen）	454	814	8.9	0.32	94.9	90.7
亚琛（Aachen）	104	244	3.44	0.14	96.2	81.6
诺因基兴（Neuenkirehen）	240	505	5.6	0.15	96.7	81.8
鹿特丹（Rotterdam）	316	733	4.61	0.2	95.0	90.2
博尔肯（Borken）	301	585	8.68	0.30	96.3	81.5
鲁梅尔恩（Rumeln）	392	1013	4.9	0.49	91.3	86.0
克罗伊茨塔尔（Kreuztal）	561	1042	6.2	0.87	98.6	91.1

A-B 工艺系统对 COD 及 BOD_5 具有高效的去除效果的原因，可归因于下列两个方面。

（1）在一般情况下，A 段内混合液的溶解氧含量为 $0.2 \sim 0.7mg/L$，是在兼性条件下运行的。

前已叙及，原污水未经初沉池处理，因此进入 A 段的污水中所含有的有机污染物质

254

将处于各种状态：如悬浮、胶体和溶解等。应当说 BOD₅ 值和 COD 的组成是复杂的，特别是 COD 的组成更为复杂，其中不乏存在着难于生物降解的成分，A-B 工艺的 A 段所面对的就是这样的结构复杂的 BOD₅ 值和 COD 值。A-B 工艺的 A 段处在缺氧的状态，在其中成活的兼性微生物经过管网系统优化、诱导和驯化，世代时间短，能够在缺氧环境条件下实施反应活动，且具有自体絮凝和强力吸附功能。对污水的净化反应，主要是借助于生物絮凝及物理化学吸附功能。混合液通过 A 段在高负荷条件下的处理，一部分结构较为复杂的有机污染物质转化成易于降解的物质，一部分的有机污染物质（特别是那些组成 COD 的有机污染物质），则直接被污泥吸附而去除。

（2）污水经过 A 段的处理后，为 B 段的微生物提供了良好适宜的水质条件，使在 B 段活动的微生物能够充分地发挥自身对有机污染物的降解功能。

总体而言，A-B 活性污泥工艺对 BOD₅ 的去除率一般为 90%～95%，对 COD 的去除率为 80%～90%。

2. A-B 工艺系统的脱氮、除磷功能

A-B 工艺系统是具有一定程度的脱氮、除磷净化功能的。运行数据证实，对城市污水进行处理的 A-B 工艺系统，其总氮的去除率可达 30%～40%，总磷的去除率可达 50%～70%。很明显，这些数据是达不到标准要求的。

A-B 工艺系统基本上已具备脱氮、除磷所需要的运行条件，只要经过适当的改建或增建，就能够取得脱氮、除磷的效果。

当根据对处理水水质的要求、A-B 工艺系统应提高其所具有脱氮、除磷或同步脱氮除磷功能时，需要分别地对 A-B 工艺系统的某些环节，进行包括改建或增建反应器在内的技术强化。

（1）当对 A-B 工艺系统要求进一步强化脱氮功能、提高脱氮效果时，应采取的技术措施是将 B 段改建为具有前置反硝化反应器的生物脱氮系统。对此，为了保证反硝化反应对碳源的需求，可考虑缩短 A 段反应的进程，使反硝化反应器的容积达到 A-B 工艺系统反应器总容积的 50%。

（2）当对 A-B 工艺系统要求提高其除磷功能、增强其除磷效果时，可以考虑分别对 A 段及 B 段采取强化除磷措施。首先对 A 段，考虑的是在 A 段的混合液流程中，既有聚磷菌在存活，也有大量增殖快、世代短的微生物在活动，将 A 段的运行改为好氧环境，就能够强化聚磷菌和一般微生物对磷的吸收，使磷通过形成污泥在中间沉淀池中沉降而去除，这样，能够使 A 段的除磷达到 50% 的效果。

然后是对 B 段，为了使 A-B 工艺系统进一步取得除磷的效果，将 B 段改造成为 A-O 系统。在改建后的厌氧反应器内，水力停留时间取值 2.0h，聚磷菌大量地释放磷。在进入好氧反应器后，聚磷菌又过量地摄取磷。在厌氧反应器内，聚磷菌每释放 1.0mg/L 磷，则在好氧反应器内就要吸收 2.0～2.4mg/L 磷。被吸收的磷随剩余污泥的排放而得以去除。在 B 段建立 A-O 系统，可使 A-B 工艺的除磷率提高到 80%。必要时，仍需考虑增设化学工艺除磷措施。

（3）当对 A-B 工艺系统要求具有同步脱氮、除磷的功能、同步提高脱氮、除磷的效果时，应采取的有效技术措施是，在 A-B 工艺系统的 B 段设 A-A-O（厌氧-缺氧-好氧工艺系统）。这样，连同 A 段工艺系统，组成了具有高效地去除 COD、BOD₅、SS 以及 N、

P 等同步降解有机污染物及脱氮除磷的复合工艺系统。

在本复合工艺系统的反应进程中，对反硝化反应有着重要影响的因子是 BOD_5/N 比值。污水经 A 段处理后，其处理水的 BOD_5/N 比值有所下降。为了保证反硝化反应过程有足够的碳源，Bohnke 教授认为 $\Delta BOD_5/\Delta N$ 比值应大于 3（其中 ΔBOD_5 为可资利用于反硝化反应的 BOD_5 量，ΔN 为需通过反硝化反应过程予以去除的硝态氮量）。

A-B 工艺系统的处理水能否保证达到 $\Delta BOD_5/\Delta N$ 不小于 3 的工艺要求，取决于 A 段 BOD_5—污泥负荷、BOD_5 的去除效果以及 DO 值等因素。

试验结果及生产实践证实，只要 A 段的处理水能够切实满足式 $\Delta BOD_5/\Delta N \geqslant 3$ 的要求，则就能够保证同步脱氮、除磷复合工艺系统 B 段的硝化反应条件。污泥中的硝化菌比例明显增高，硝化与反硝化速度大为增高，其反应器的容积与常规活性污泥工艺曝气池的容积相较，可缩减 $15\%\sim20\%$。此外，除磷效果也高于常规活性污泥工艺，如再适当结合化学处理工艺，向处理水中投加铁盐或铝盐混凝剂，则除磷效果可提高到 90% 以上，使处理水中的磷含量完全达到规定的排放标准。

5.5.4　A-B 工艺系统的工艺设计与技术参数

1. 对 A-B 工艺系统设计应考虑的基本条件

A-B 活性污泥工艺系统在技术上的一大特点是不设初次沉淀池，仅仅通过简易的预处理后，污水进入 A-B 工艺系统 A 段反应器。A-B 工艺系统所接纳的城市污水应是以生活污水为主，工业废水所占比例不宜过大，而且工业废水应当是根据要求经过预处理，如 pH、高色度经过调整，重金属离子经过去除等。混合污水的 BOD_5/COD 比值不应过低。

2. A-B 工艺系统设计流量的确定

A-B 工艺系统中 A 段的设计是一个重要环节，特别是在确定设计流量方面，A 段的设计更是关键所在。因为对 A 段采用的水力停留时间都较短，一般都不超过 1.0h，进水水量的变化都将对工艺系统产生一定的影响，应予以特别关注。

A 段所设反应器及中间沉淀池的设计流量，应根据其所在城市采用排水体制不同而区别对待：对分流制排水管网，其设计流量应按最大时流量考虑，即平均流量乘以总变化系数 K_{max}；对合流制排水管网，其采用的设计流量应是旱季最大流量。

对 A-B 工艺系统中 B 段所设反应器及沉淀池，由于 B 段各反应器所采用的水力停留时间都较长，一般 HRT 值都在 5.0h 以上，而且 B 段接受 A 段的来水，污水流量已经 A 段的缓冲处理，因此 B 段反应器的设计流量可按平均流量考虑，或根据设计对象的实际情况，采纳一项比较合理的变化系数。

B 段所设二次沉淀池，是保证处理水水质的关键所在，应保证其具有良好的泥、水分离效果。因此，在确定其设计流量问题上，应慎重从事，应按最不利的条件考虑。对分流制排水管网，同 A 段的设计流量，取最大时设计流量；对合流制排水系统，设计流量应取雨季最大流量（即平均流量与其乘以截流倍数 n 的两项之和）。

3. A-B 工艺系统 A 段及 B 段的设计参数

（1）A 段反应器

水力停留时间（HRT）：按晴天平均流量或按晴天最大流量计，取值为 $0.5\sim3.8h$，多采用 $0.5\sim0.8h$；按雨季流量计，一般取值多为 $0.25\sim0.5h$。设计建议取值：若按晴天最大流量计，并且不含回流污泥，可考虑采纳 0.5h。

污泥负荷：采用值为 $2.0 \sim 16.0 kgBOD_5 / (kgMLSS \cdot d)$，较多采用值为 $3.0 \sim 6.0 kgBOD_5 / (kgMLSS \cdot d)$，设计建议取值 $4.0 \sim 5.0 kgBOD_5 / (kgMLSS \cdot d)$。

容积负荷：采用值为 $5.1 \sim 12.8 kgBOD_5 / (m^3 \cdot d)$，较多采用值为 $6 \sim 10 kgBOD_5 / (m^3 \cdot d)$，设计建议取值 $8 kgBOD_5 / (m^3 \cdot d)$。

污泥浓度（MLSS 值）：设计建议取值 2000mg/L。

污泥龄：设计建议取值 $0.3 \sim 0.5d$。

回流污泥：回流比 $50\% \sim 60\%$；污泥浓度 20g/L；回流污泥容积指数（SVI 值）$40 \sim 60$。

沉淀池（中沉池）：水力停留时间（HRT）取值为 $1.0 \sim 4.0h$，采用居多者为 $1.0 \sim 2.0h$，设计建议取值 $1.5 \sim 2.0h$。

（2）B 段反应器

水力停留时间（HRT）：采用数据范围很大，为 $1.24 \sim 64h$，采用较多的为 $3.0 \sim 6.0h$，设计建议取值 $2.5 \sim 5.0h$。

污泥负荷：设计取值多为 $0.15 \sim 0.30 kgBOD_5 / (kgMLSS \cdot d)$，个别取值为 $0.07 kgBOD_5 / (kgMLSS \cdot d)$ 的低值，建议取值 $0.15 \sim 0.25 kgBOD_5 / (kgMLSS \cdot d)$。

容积负荷：设计取值多为 $0.3 \sim 0.9 kgBOD_5 / (m^3 \cdot d)$，建议取值 $0.5 \sim 0.7 kgBOD_5 / (m^3 \cdot d)$。

污泥浓度（MLSS 值）：建议取值 3500mg/L。

污泥龄（θ_C）：建议取值 $15 \sim 25d$。

回流污泥比：取值多为 $35\% \sim 75\%$，建议取值 50%。

沉淀池：水力停留时间（HRT）取值高者达 $10.0 \sim 16.5h$，但以取值 $3.0 \sim 6.0h$ 者居多。设计建议取值 $4.0 \sim 6.0h$。

当对 B 段考虑生物除磷时，可选用 A-A-O 工艺，或采用改良 UCT 工艺（modified UCT process）。

将 B 段工艺分为厌氧、缺氧、好氧 3 个区，再将缺氧区一分为二，形成缺氧区 1 及缺氧区 2。B 段沉淀池污泥回流缺氧区 1（流量 q_1），缺氧区 1 的混合液回流至厌氧区；好氧区的混合液回流至缺氧区 2（流量 q_2），形成具有脱磷功能的 A-A-O 工艺系统。其中，以 $q_1 / q_2 = 0.1$ 为宜。

9.A-B工艺系统的工程实例——德国克雷菲尔德污水处理厂

5.6 带有膜分离的活性污泥工艺系统（MBR 工艺系统）

5.6.1 概述

膜生物反应器（Membrane Bioreactor，MBR）是一种将膜分离与传统污水生物处理技术相结合的新型污水处理工艺。该技术由美国的史密斯（Smith）等人于 1969 年提出，其最大的特点便是使用膜分离来取代常规活性污泥法中的二沉池。

传统的活性污泥法中泥水分离主要靠重力作用完成，在一定程度上受到活性污泥自身的沉降性能限制。由于污泥沉降性的提升需通过严格控制曝气池操作条件来完成，故通过改善污泥沉降性能而加速泥水分离的技术受到了技术和自控等方面的制约。传统的活性污泥法不仅污泥产量高，而且有污泥膨胀之虞；此外，所产生污泥的处理处置费用占到了污水处理厂运行费用的 25%～40%。针对上述问题，MBR 创造性地将膜分离技术应用于传统的污水处理，以高效膜分离作用取代传统活性污泥法中的二沉池，同时实现了泥水分离和污泥浓缩。由于 MBR 工艺不用特别考虑污泥的沉降性能，可大幅提升污泥混合液浓度，提高污泥龄（θ_c 或 SRT），从而降低剩余污泥产量，提升出水水质。该工艺对悬浮固体、病原细菌和病毒的去除尤为显著。

自 MBR 工艺问世以来，国内外学者对其特性、净化效能、膜渗透速率影响因素、膜污染防治及组件的清洗等进行了大量研究，加速了 MBR 工艺的工程化应用进程。MBR 工艺的商业化应用最早是在 20 世纪 70 年代末期的北美，随后相继在日本、南非和欧洲出现。自进入 90 年代后，膜可靠性大为提升，膜价格大幅下降，膜技术市场得到有效开拓，管式膜和浸没式膜生物反应器得到有效开发应用。目前在世界范围内，实际运行的 MBR 工艺系统已超过 1000 套，同时还有大量的建设中及规划建设的 MBR 工程。该工程在日本的商业化应用发展最快，其余的 MBR 工程主要在北美和欧洲。

5.6.2　MBR 工艺系统的特点

MBR 工艺用膜分离代替传统活性污泥法的二沉池，实现了活性污泥中大分子溶解性物质和微生物絮体的分离，并在膜组件的分离与过滤作用下，最终实现了泥水分离。该技术将污水的生物处理和物理分离过程有机结合，相较于传统的污水生化处理具有以下各项优点。

（1）处理效果好，对水量水质变化具有很大的适应性

MBR 工艺中的膜组件能够高效实现固液分离，大幅度去除细菌和病毒，处理出水中 SS 浓度将低于 5mg/L，浊度低于 1NTU，分离效果远优于传统沉淀池，出水可直接作为非饮用市政杂用水进行回用；膜分离将微生物全部截留在生物反应器内，有效地提高了反应器对污染物的整体去除效果；另外，MBR 反应器耐冲击负荷能力强，对进水的水量及水质变化具有很好的适应性。

（2）剩余污泥量少、污泥膨胀几率降低

MBR 工艺可以在高容积负荷、低污泥负荷下运行，系统中剩余污泥产量低，后续污泥处理处置费用大幅降低。此外，由于膜组件的截留作用，反应器内可保持较高的生物量，在一定程度上遏制了污泥膨胀。

（3）可高效去除氨氮及难降解有机物

MBR 的总污泥龄一般为 15～30d，有利于将增殖缓慢的微生物（如硝化细菌等）截留在反应器内，保证系统的硝化效果。此外，MBR 能延长一些难降解有机物（特别是大分子有机物）在反应器中的水力停留时间（HRT），有利于去除该类污染物。

（4）占地面积小，不受应用场合限制

MBR 反应器内能维持高浓度的生物量，因而能承受较高的容积负荷，致使反应器容积小，大大节省占地面积。如城镇污水处理中的 MBR 可获得高达 25000mg/L 的混合液浓度。MBR 工艺流程简单、结构紧凑、占地面积小，不受应用场所限制，可做成地上式、半地下式和地下式。

（5）运行控制趋于灵活，能够实现智能化控制

MBR 工艺实现了 HRT 与污泥停留时间（SRT）的完全分离，实际运行控制可根据

进水特征及出水要求灵活调整，可实现计算机智能化控制，方便操作管理。

（6）可用于传统工艺升级改造

MBR 工艺可作为传统污水处理工程的深度处理单元，在城市二级污水处理厂升级改造及出水深度处理等方面具有广阔的应用前景。

MBR 工艺在实际工程应用过程中尚存在以下几个方面的不足。

（1）膜组件造价高，导致 MBR 反应器基建投资明显高于传统污水处理工艺。如常规的污水处理厂处理规模越大，单位体积的污水处理成本越低，而通常情况下膜组件的价格却与污水处理规模成正比。

（2）膜组件容易被污染，需要有效的反冲洗措施以保持膜通量。MBR 泥水分离过程须保持一定的膜驱动压力，使得部分大分子有机物（特别是疏水性有机物）滞留于膜组件内部，造成膜污染，降低了膜通量，这时一般需要配备有效的膜清洗措施。

（3）系统运行能耗高。MBR 系统内污泥浓度较高，要保持足够的传氧速率就必须增大曝气强度；此外，为了提高膜通量、减轻膜污染，还必须进一步增大流速冲刷膜表面。以上两个方面因素均使得 MBR 工艺能耗高于传统的生物处理工艺。

5.6.3 MBR 工艺系统的类型

膜依其孔径和功能可划分为微滤膜、超滤膜、纳滤膜和反渗透膜，将一定面积及数量的膜以某种形式组合即可形成膜组件（参见 15.5 节）。

MBR 膜组件的选用要结合待处理污水特征，综合考虑其成本、装填密度、膜污染及清洗、使用寿命等因素合理选择技术参数。在设计中一般有如下要求：①对膜提供足够的机械支撑，保证水流通畅，没有流动死角和静水区；②能耗较低，膜污染进程慢，并应尽量减少浓差极化，提高分离效率；③尽可能保证较高的膜组件的装填密度，并且保证膜组件的清洗；④具有足够的机械强度以及良好的化学和热稳定性。

根据膜组件的不同设置位置，可将 MBR 工艺划分为分置式膜生物反应器（Recirculated Membrane Bioreactor，rMBR）和一体式膜生物反应器（Submerged Membrane Bioreactor，sMBR）两种基本类型。

rMBR 也称分离式膜生物反应器，将生物反应器和膜组件分置于两个处理单元，如图 5-56 所示。在实际运行过程中，生物反应器中的泥水混合液经循环泵增压后泵送至膜组件过滤端，在压力作用下实现固液分离。混合液中通过膜组件的液体成为系统处理出水，而被膜截留的污泥絮体、固形物、大分子物质等则随浓缩液回流到生物反应器内。

rMBR 具有运行稳定可靠，膜通量较大 $[30\sim45L/(m^2 \cdot h)]$，膜组件易于反冲洗、更换及增设等优点。为减少污染物在膜表面的沉积，延长膜的清洗周期，需要用循环泵提供较高的膜面错流流速，水流循环量大、动力费用高，能耗普遍偏高。此外，泵的高速旋转产生的剪切力会使某些微生物菌体产生失活现象，进而影响反应器对污染物的去除效果。

sMBR 又叫浸没式膜生物反应器，它是把膜组件置于生物反应器内部，进水中的大部分污染物被混合液中的活性污泥降解去除，再在外压作用下由膜过滤出水（图 5-57）。这种形式的膜生物反应器由于省去了混合液循环系统，并且靠抽吸出水，能耗相对较低，占地较分置式更为紧凑，因而，近年来在污水处理领域应用较为广泛。sMBR 的不足之处在于其膜通量一般相对较低 [15～25L/(m² · h)]，容易发生膜污染，膜污染后不容易清洗和更换。

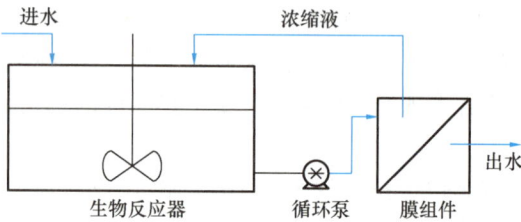

图 5-56　分离式膜生物反应器

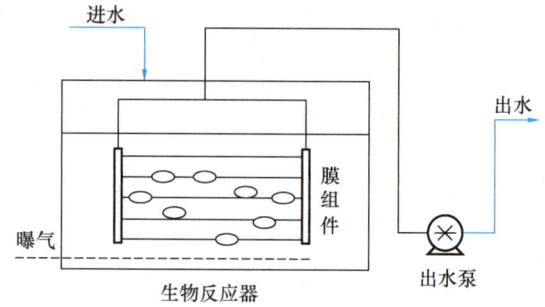

图 5-57　浸没式膜生物反应器

还有一种复合式膜生物反应器，其在形式上也属于浸没式膜生物反应器，所不同的是在生物反应器内加装填料，从而改变了反应器的某些性能，如图 5-58所示。

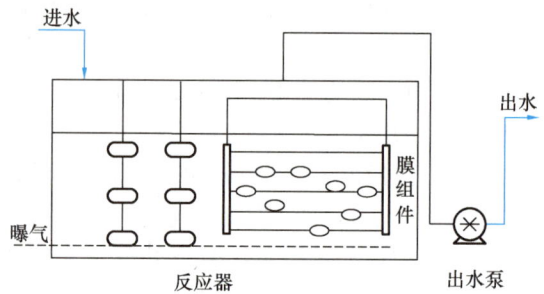

图 5-58　复合式膜生物反应器

5.6.4　MBR 工艺系统的设计参数与计算

1. 反应器容积与膜面积

MBR 工艺反应器容积（V）可由式(5-5)所示的污泥负荷率（N_s）确定，其所需的相应的膜面积（A）则取决于其处理规模稳态运行时的膜通水能力（Q'）和膜通量（J）。

$$N_s = \frac{QS_0}{XV} \tag{5-5}$$

$$A = \frac{Q'}{J} \tag{5-6}$$

式中　N_s——污泥负荷率，$kgBOD_5 / (kgMLSS \cdot h)$；

　　　Q——处理规模，m^3/h；

　　　V——反应器容积，m^3；

　　　S_0——反应器进水的 BOD_5 值，mg/L；

　　　X——反应器中 MLSS 浓度，mg/L，一般为 $6000～15000mg/L$（中空纤维膜）或 $10000～20000mg/L$（平板膜）；

　　　A——膜面积，m^2；

　　　Q'——稳态运行时的膜通水能力，m^3/h；

　　　J——稳态运行时的膜通量，$m^3 / (m^2 \cdot h)$。

在实际 MBR 工程设计中，须保证膜组件的处理能力与反应器容积相匹配，即单位时间内反应器的处理水量（Q）应与膜组件的通水能力（Q'）相等，据此则有：

$$\frac{V}{A} = \frac{JS_0}{N_s X} \tag{5-7}$$

目前 MBR 工艺实际运行过程中，采用的污泥负荷取值范围多在 $0.05\sim0.4\text{kgBOD}_5/(\text{kgMLSS}\cdot\text{d})$ 之间，通常低于传统活性污泥（CAS）工艺；实际运行过程中，rMBR 运行时稳态膜通量一般为 $30\sim45\text{L}/(\text{m}^2\cdot\text{h})$，而 sMBR 运行时约为 $15\sim25\text{L}/(\text{m}^2\cdot\text{h})$。

在稳态运行条件下，膜截面的污泥浓度将达到临界值（X_m）而不再变化。此时，膜通量可表示为：

$$J = k\ln\left(\frac{X_m}{X}\right) \tag{5-8}$$

在实际运行操作中，由于 MBR 反应器中污泥浓度将随运行时间逐步提高，导致实际运行负荷下降，进而引起混合液污泥特性变化，而综合膜的截留、污泥浓度及性质变化和浓差极化（乃至膜污染的发生）等因素，又将导致膜通量的降低，即最终导致 MBR 的有效膜面积降低，并使膜组件的实际通水能力远远小于进水量。因此，必须通过合理地控制其中的相关参数，以尽可能地使运行处于稳定状态，其中关键的和具有可操作性的控制因子应当是反应器中的污泥浓度。

2. 膜通量、截留率和回收率

膜通量（J）是指 MBR 反应器内单位时间内通过单位膜面积上的液体量。截留率反映了 MBR 反应器运行过程中固液分离的难易程度，分为表观截留率（R_j）和本征截留率（R_j'）。R_j' 为反应器正常运行条件下的截留效率，而 R_j 是指在发生浓差极化工况下膜组件所具有的截留效率。回收率（R_h）反映了膜组件的过滤能力，通过透过液量与进液量之比来表征。

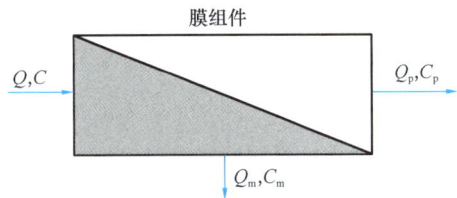

图 5-59 膜组件运行过程中物料平衡示意图

假设 MBR 反应器运行过程中，混合液（Q）中污染物初始浓度为 C，膜界面内截留液（Q_m）中污染物浓度为 C_m，透过液（Q_p）中污染物浓度为 C_p（图 5-59），则 MBR 膜组件在运行过程中存在以下物料平衡：

$$Q = Q_m + Q_p \tag{5-9}$$
$$QC = Q_m C_m + Q_p C_p \tag{5-10}$$

故截留率（R_j 和 R_j'）、膜通量（J）和回收率（R_h）可分别由以下各式表示：

$$R_j = (1 - C_p/C)\times100\% \tag{5-11}$$
$$R_j' = (1 - C_p/C_m)\times100\% \tag{5-12}$$
$$J = \frac{V}{At} \tag{5-13}$$
$$R_h = \frac{Q_p}{Q}\times100\% \tag{5-14}$$

式中　R_j——表观截留率，%；

R_j'——本征截留率，%；

C_p——污染物在膜透过液中的浓度，mg/L；

C_m——污染物在混合液膜面内侧的浓度，mg/L；

C——污染物在混合液主体液中的浓度，mg/L；

J——膜通量，$\text{m}^3/(\text{m}^2\cdot\text{s})$；

V——膜透过液体积，m³ 或 L；

A——膜的有效面积，m²；

t——分离时间，s 或 h；

R_h——回收率，%。

3. 膜通量及其变化

MBR 膜组件的运行成本与膜通量密切相关，膜通量越大，则处理单位规模的污水所需的膜组件面积越小。若在实际操作中维持较高的膜通量，并尽可能减少膜的更换面积，则可有效地降低运行成本。

膜通量的计算是基于膜在纯水中没有污染的前提下进行的，一般用 Darcy 方程描述（式5-15）。以微滤膜为例，其膜阻力 R_m 除与膜自身特性有关外，还取决于其厚度（δ_m）及有效孔半径（r_m）（式5-16）。相应地，膜通量可用式（5-17）来计算。

$$J = \frac{\Delta P}{\mu R_m} \tag{5-15}$$

$$R_m = \frac{8\theta\delta_m}{fr_m^2} \tag{5-16}$$

$$J = \frac{fr_m^2 \Delta P}{8\mu\theta\delta_m} \tag{5-17}$$

$$f = \frac{n\pi r_m^2}{A} \tag{5-18}$$

式中　　ΔP——膜两侧的压力差，kPa；

R_m——膜在纯水中的阻力，m⁻¹；

f——膜表面孔隙率；

μ——水的绝对黏滞系数，g/（cm·s）；

θ——膜毛细孔曲率因子；

δ_m——膜的有效厚度，μm；

r_m——有效孔半径，μm；

n——膜孔数；

A——膜面积，m²。

由式（5-17）可知，膜通量与压力差成正比，而与膜厚成反比，所以不对称膜在制造过程中需保证膜表皮层尽可能的薄，而多孔支撑层孔隙尺寸则尽可能大。在 MBR 膜组件实际运行中，所处理污水中的不溶性大分子、溶解性有机物和胶体类物质在分离过程中将在膜表面逐步富集，使膜通量下降，所以膜通量并非与膜孔径保持线性关系。显而易见，膜组件的有效孔径越大，则膜通量就越大。

在污水处理过程中，随着运行时间的延续，膜表面截留的物质将出现积聚，膜的有效孔半径减小甚至堵塞；同时，膜通量也将随着膜的浓差极化及压实效应而逐步降低（图5-60）。为了描述膜通量随着运行时间 t 的变化规律，引入衰减系数

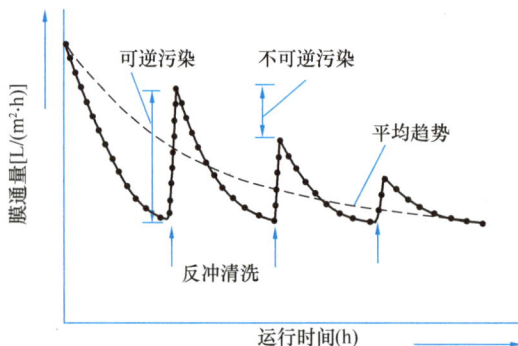

图 5-60　膜运行过程中膜通量的衰减趋势

（m）反映这一过程。

$$J_t = J_1 \cdot t^m \tag{5-19}$$

式中　J_t——运行 t 小时后的膜通量，L/（$m^2 \cdot h$）；

J_1——运行 1h 后的膜通量，L/（$m^2 \cdot h$）；

t——运行时间，h。

式（5-19）中 m 数值的大小一般需通过具体的试验测定。

膜通量与膜组件运行温度亦存在一定的关系，并符合阿累尼乌斯（Arrhenius）关系式：

$$J_T = J_{20} e^{\frac{s}{(273+T)}} \tag{5-20}$$

式中　J_T——温度为 $T℃$时的膜通量，L/（$m^2 \cdot h$）；

J_{20}——基准温度 20℃ 条件下的膜通量，L/（$m^2 \cdot h$）；

T——运行温度，℃；

s——经验常数，需结合膜的特征和运行条件经试验确定。

温度升高有利于膜通量的增加，通常情况下温度每升高 1℃ 时，膜通量可提高 2%。

4. 浓差极化

膜组件在混合液分离过程中，外加压力的推动使颗粒物或其他待分离物被膜截留，致使膜表面截留物浓度（C_m）高于其在待分离的混合液（C_b）中的浓度。浓度差（$C_m - C_b$）的存在使截留在膜表面的物质向主体液中扩散，使分离阻力增大，并形成边界层（δ），进而导致膜通量下降。当单位时间内主体液中以对流方式传递到膜面的物质量与膜表面以扩散方式返回到主体液中的物质量相等时，出现了浓度分布相对稳定的状态，该现象称为浓差极化（图 5-61）。

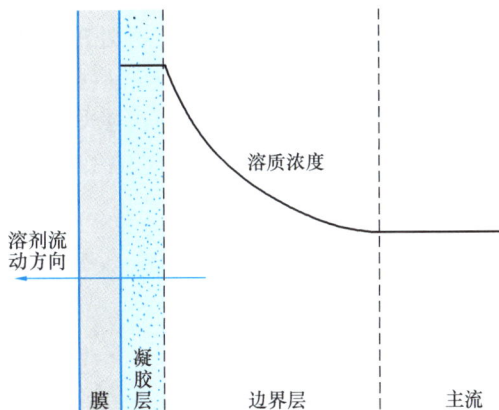

图 5-61　膜过滤过程中的浓差极化现象

浓差极化的发生将导致膜组件的通量明显下降，此时，膜通量与平衡浓度的关系如下：

$$J_w = \frac{D_B}{\delta} \ln\left(\frac{C_m}{C_b}\right) = k \ln\left(\frac{C_m}{C_b}\right) \tag{5-21}$$

式中　J_w——浓差极化条件下的膜通量，L/（$m^2 \cdot h$）；

D_B——布朗扩散系数，m^2/s；

k——传质系数，即 $\dfrac{D_B}{\delta}$，m/s。

浓差极化现象的出现，将严重影响膜组件的运行。浓差极化会减少对流传质的推动力；在膜组件表面形成凝胶层，增大分离阻力，增加运行过程中的能耗；截留在膜表面的污染物，改变膜分离的特性；有可能导致膜阻塞。在实际操作中，可通过下列方式予以避免：按照膜组件的说明，严格控制通水量；增大待分离液在膜面的流速；间歇降低压力或间歇停止运行；安装湍流促进器或使用脉冲法；反冲法或采用流化床法。

5. 污泥浓度与污泥龄

MBR 反应器中的污泥浓度远高于传统活性污泥工艺，这有利于保证良好的处理效果（如高效硝化和脱氮等）。然而，过高的污泥浓度会使反应器长期处于低负荷运行，污泥活性降低，进而导致污泥絮体分散、解体或使其胞外聚合物溶出，加速膜的污染。有研究表明，MBR 膜通量（J）与混合液污泥浓度（X）存在如下关系：

$$J = -\alpha \lg X + \beta \tag{5-22}$$

式中 α、β——常数（根据所采用的模型确定）。

根据膜分离浓差极化模型可知，MBR 反应器运行中膜通量的变化（J_B）可表示为：

$$J_B = \frac{\Delta P}{\mu(R_m + R_f)} \tag{5-23}$$

式中 R_f——膜污染产生的阻力，m^{-1}；

μ——水的绝对黏滞系数，$g/(cm \cdot s)$；

ΔP——膜两侧的压力差，kPa；

其他物理量意义同前。

式（5-22）表明，过高的污泥浓度可能会影响膜组件的膜通量。由于采用 MBR 处理污水的目标不同（如有的旨在提高处理效率，而有的则在实现污泥减量化），目前对 MBR 反应器中 MLSS 的控制范围尚无统一的认识。一般须控制在 $4000 \sim 20000mg/L$，以 $6000 \sim 8000mg/L$ 为宜。当 MLSS 超过 $40000mg/L$ 时，将对膜通量产生诸多不利的影响。

有学者在研究 sMBR 处理城市污水时，提出 MBR 反应器中污泥浓度与其他运行参数之间存在如下关系式：

$$X = 1000 \times Y_{obs}\theta_c \left(\frac{S_0 - S_e}{t} - \frac{S_0 - S_{sup}}{\theta_c} \right) \tag{5-24}$$

$$k = \frac{\ln S_0 - \ln S_{sup}}{X\theta_c} \tag{5-25}$$

式中 Y_{obs}——污泥表观产率，$kgMLSS/kgBOD_5$；

X——污泥浓度，mg/L；

θ_c——污泥龄，d；

S_0——进水 COD 浓度，mg/L；

S_e——出水 COD 浓度，mg/L；

S_{sup}——上清液 COD 浓度，mg/L；

t——HRT，h。

污泥浓度的控制可通过合理选择污泥龄 θ_c 来实现。因此，应该对 MBR 反应器进行定期排泥，以减轻膜的负荷，降低系统的动力消耗。

6. 水力停留时间

对于相同面积的膜组件，膜通量是衡量 MBR 工艺处理污水能力的限制性因素。一般情况下，MBR 工艺运行中膜通量保持动态平衡，因而其水力停留时间（HRT）将出现小幅波动。有研究表明，HRT 小幅度的变化对 MBR 处理效果影响较小，但过短的 HRT 会导致反应器内溶解性有机物的累积，进而使得膜通量下降。溶解性有机物、SS 和胶体物质对膜过滤阻力的贡献分别约为 25%、25% 和 50%，溶解性有机物浓度对膜通量的影响存在以下关系式：

$$J = \alpha' \lg S_s + \beta' \tag{5-26}$$

式中　S_s——溶解性有机碳（DOC）的浓度，mg/L；

　　α'、β'——实验常数，与所用模型及污废水类型等有关。

因此，对 MBR 工艺中 HRT 的控制，应尽量维持系统内溶解性有机物的平衡，但同时须考虑一定的调节容量。

7. 操作压力、膜面流速

膜组件的操作压力和膜面流速对膜通量具有较大的影响，且两者的影响相互交叉、相互制约。在未发生浓差极化的情况下，保持膜面流速一定，此时 MBR 膜组件的膜通量随压力的增大而呈线性增加；但当发生浓差极化后，压力的增大一方面可提高膜通量，但同时膜的通水阻力将进一步增加，将破坏上述线性关系。当操作压力一定时，膜面流速的提高将增加膜通量，但在污泥浓度较高的情况下，膜面流速提高到一定值后，由于膜面泥饼等阻力，膜通量提高的速率将随膜面流速的提高而降低。

为便于膜组件的清洗，一般应将操作压力控制在 0.1～0.5MPa，并尽可能将其控制在低压高流速的条件下运行，以控制膜的浓差极化，减轻其污染。膜面流速的控制主要针对 rMBR 工艺而言，一般情况下，膜面流速应控制在 1.5～2.5m/s，其中好氧 MBR 应取低值，而厌氧 MBR 则应取高值。

5.6.5　MBR 工艺系统的膜污染与控制

膜污染是指混合液中的微粒、胶体粒子或溶质大分子由于与膜存在物理、化学或机械作用，从而引起膜面或膜孔内吸附、沉积，造成膜孔径变小或堵塞，使膜产生透过流量与分离特性不可逆变化现象。膜污染是影响 MBR 推广应用的主要因素，会导致膜通量和分离性能下降，能耗增大，进而增加 MBR 的运行费用，并在一定程度上缩短膜组件的使用寿命。当膜通量下降到一定程度时，继续过滤已经不再有任何经济性，这时候就有必要进行膜清洗或膜更换。在实际运行操作过程中，可通过一定的措施来延缓污染发生，减轻膜污染程度，以尽可能地提高其处理能力。目前，防止膜污染的途径主要有：选用抗污染能力较强的膜；采用适宜的运行条件；进行必要的定期冲洗或清洗。

膜污染可分为可逆污染和不可逆污染两类，其中可逆污染主要由浓差极化引起的凝胶层形成所引起，而不可逆污染则由不可逆吸附及堵塞所导致，两类污染共同的作用致使膜通量衰减。

1. 膜污染的成因

膜污染的成因非常复杂，它取决于混合液浓度、温度、pH、离子强度、氢键、偶极间作用力等因素，涉及复杂的物理化学和生物学作用机理。

尽管膜污染和具体所使用的膜材料以及工艺过程有关，但是总的来说，由进料液中的蛋白质、胶体和颗粒物质所引发，物理化学堵塞占主导地位（即和生物生长无关）。对于不同材质的微滤膜（特别是疏水性的聚丙烯膜），胶体和颗粒物质常引起膜组件的物理结构变化，而蛋白质和胞外聚合物等容易引起更严重的污染，并且最终导致蛋白质在膜面的沉积和在膜材料中的渗透达到一种不可逆的程度。超滤膜相对不易被大分子物质堵塞，因为其孔径太小，不足以使大分子渗入进去。不管是对超滤膜还是微滤膜，膜表面物理化学特性，特别是膜的亲水性能和表面电荷，在膜污染中起了重要作用。

2. 膜污染的影响因素

（1）膜的性质

膜的性质主要是指膜材料的物化性能，如膜材料的分子结构决定了膜表面的电荷性、憎水性、膜孔径大小和粗糙度等。膜的结构与表面性质和膜污染有着密切的联系，膜孔径或孔隙率越高（特别是膜的表层孔径大、内层孔径小时），膜通量下降得越快。由于与膜孔径相当的污染物颗粒对膜污染影响较大，在选用膜时应充分考虑活性污泥混合液中的悬浮物颗粒大小和分布状况。

膜的表面电性和活性污泥混合液中带电荷的胶体颗粒和杂质等存在吸附或排斥的作用，也可以通过静电排斥来缓解膜污染。此外，膜污染还和膜本身的亲水和疏水性密切相关。

（2）混合液的性质

与膜污染密切相关的混合液性质主要包括混合液的 pH、固体颗粒粒径及其性质、溶解性有机物亲水性和疏水性等。活性污泥混合液的性质复杂，故膜组件的污染较难控制。污泥黏度也会通过影响膜表面附近的湍动程度和膜表面的速度梯度而间接影响膜通量。污泥黏度反过来又受污泥浓度的影响，所以污泥的浓度会影响膜通量。

（3）运行方式

运行方式对膜污染的影响最大，正确的运行方式可以延缓膜堵塞。起始操作通量或膜驱动压力的增加会加强胶体颗粒等污染物在膜表面凝胶层中的积累和凝胶层的压实，从而导致起始通量很快下降。MBR 运行中存在一临界通量，当不超过此值时，膜污染与自清洗处于接近动态平衡的状态，膜通量与压力成正比；一旦超过临界通量值则会发生较严重的污染。膜组件的停抽造成的压力释放会使膜表面的污染物反向传递，有利于污染物的清除，但该过程不宜持续太长；曝气扰动可缓解污染物在膜表面的吸附和积累，但进一步增加曝气量时效果并不明显，且可能导致活性污泥絮体粒径减小，影响过滤。在保持一定的膜通量时，上述因素对膜通量的影响呈现出：抽停时间＞曝气扰动。

3. 减轻膜污染的措施

一般而言，可以通过采用预处理、降低膜通量、增强混合液的湍流程度等措施来减轻膜污染。

在膜生物反应器中，由于引起 MBR 堵塞的有机物占待处理废水中有机负荷的很大一部分，故通过预处理方式减轻膜堵塞虽然在理论上可行，但实际操作过程中成本较高。

正确选择初始膜通量或跨膜压差（TMP）对降低膜堵塞速率非常重要。假设存在一临界膜通量，MBR 反应器启动时，膜通量只有在高于某个临界值后膜通量才会随着时间下降，其值对不同的系统而言差异明显。因此，降低膜通量可以在一定程度降低膜污染，一般适合膜通量较小的一体式膜生物反应器。

MBR 中混合液的湍流程度的提高可降低膜污染，因为它可以促进膜表面的冲刷，从而减轻堵塞层的形成和膜通量的下降。对于一体式膜生物反应器，提高曝气强度会降低水力学边界层的厚度从而降低膜污染；对于分置式膜生物反应器，加大错流速率从而增加湍动程度可以降低膜污染速率。

此外，在加工膜的时候预先处理膜的表面（如改变膜的表面极性和电荷）也可以起到减轻膜污染的作用。例如聚砜膜可用大豆卵磷脂的酒精溶液预先处理，醋酸纤维膜用阳离子表面活性剂处理，降低膜污染。

4. 膜的清洗

膜的可逆污染一般可通过物理方法进行控制，其中水力反冲洗是一种常用的防止和减轻膜污染的措施，该法简单易行，运行成本较低。所谓的水力反冲洗就是利用高速水流对膜进行冲洗，或将膜组件提升至水面以上用喷嘴喷水冲洗，同时用海绵球机械擦洗和反洗。通过水力反冲洗可有效地除去膜表面的泥饼及其他污染物，维持较为稳定的膜通量。

采用水力反冲洗时，合适的反冲洗速度、压力和冲洗周期对控制膜污染至关重要。较高的反冲洗流速有利于膜通量的恢复，但该法能耗较高，一般宜将冲洗流速控制在 2.0m/s。此外，宜采用低压操作方式，以防止膜（丝）的损坏。

反冲洗周期（T）的确定和控制对保持膜通量意义显著。过短的反冲洗周期将增大其用水量而降低通水效率，而过长的反冲洗周期又将影响膜的通水能力，并易引起膜污染问题。相关研究者确定的最佳反冲洗周期的理论计算式如下：

$$t_f = \frac{Q_f - Q_w}{J(t) - t_w} \tag{5-27}$$

$$J(t_f) = \frac{Q_f - Q_w}{t_f + t_w} \tag{5-28}$$

式中　　t_f——处理工艺的反冲洗周期（即两次反冲洗间的通水时间），h；

t_w——反冲洗持续时间，h；

Q_f——反冲洗周期内膜的通水量［随 $J(t)$ 而变化］，L；

Q_w——反冲洗用水量（一般情况是相对固定的值），L；

$J(t_f)$——膜通量随时间变化的单调函数，随膜阻力而变化，与分离混合液的温度、污泥浓度及其性质、工作压力和膜面流速等有关。

最佳反冲洗周期是使 MBR 工艺具有最大有效通水效率的反冲洗周期。由式（5-28）可知，获得上述目标的条件是使 $J(t_f)$ 与 $(Q_f - Q_w)/(t_f + t_w)$ 的比值相等，此时的反冲洗持续时间即为最佳反冲洗周期。设 $T = t_f$，则有：

$$T = \frac{Q_f - Q_w}{J(T) - t_w} \tag{5-29}$$

膜的不可逆污染一般需要通过化学清洗来实现。常用的化学反冲洗剂包括 0.01～0.1mol/L 的稀酸和稀碱以及酶、表面活性剂、络合物和次氯酸钠等，这些溶剂能够破坏膜面凝胶层和膜孔内的污染物，将其中吸附的金属离子和有机物等氧化、溶出。例如使用酸性清洗剂时，可使膜中吸附或截留的矿物质和 DNA 等得以溶解而去除；而使用碱性清洗剂时，则可有效地去除膜内的蛋白质。在实际工程中，一般通过将水力反冲洗和化学药剂清洗结合，以同时获得对可逆污染和不可逆膜污染的综合控制。

在 MBR 工艺的实际应用中，通常根据膜及其所截留污染物的特性来选择适宜的化学清洗药剂，以达到有效的清洗效果，具体见表 5-12。膜离线清洗的废液经适当处理后，应返回污水处理构筑物做进一步处理。

清洗后膜组件的膜通量的恢复程度常用纯水透水率恢复系数表示：

$$R = \frac{J}{J_0} \times 100\%$$ (5-30)

式中 R——恢复系数,%;

J——反冲洗后膜在纯水中的膜通量,$m^3/(m^2 \cdot h)$;

J_0——新膜在纯水中的膜通量,$m^3/(m^2 \cdot h)$。

膜污染的化学清洗方法、选用药剂及去除对象   表 5-12

清洗方法	主要药剂	主要清洗对象
碱洗	氢氧化钠、磷酸钠、硅酸钠	油脂、二氧化硅垢
酸洗	盐酸、硝酸、硫酸、氨基磺酸、氢氟酸	金属氧化物、水垢、二氧化硅垢
络合剂清洗	聚磷酸盐、柠檬酸、乙二胺四乙酸、氨氮三乙酸	铁的氧化物、碳酸钙及硫酸钙垢
表面活性剂清洗	低泡型非离子表面活性剂、乳化剂	油脂
消毒剂清洗	次氯酸钠、过氧化氢	微生物、活性污泥、有机物
聚电解质清洗	聚丙烯酸、聚丙烯酸胺	碳酸钙及硫酸钙垢
有机溶剂清洗	三氯乙烷、乙二醇、甲酸	有机污垢

膜清洗后若暂时不用,应贮存在含有甲醛的清水中,以防止细菌生长。

5. 膜的更换

由于 MBR 工艺运行成本和膜的更换频率密切相关,适当延长膜的使用寿命、减少膜更换频率是非常必要的。一般而言,陶瓷膜的使用寿命要长于有机膜。因为膜材料价格差异较大,是否进行膜的更换应综合考虑膜生物反应器的运行工况等。

5.6.6 MBR 工艺的工程应用

广州某污水处理厂工程设计规模 $10 \times 10^4 m^3/d$,污水处理采用 MBR 工艺。污水处理厂土建布置采用地下式组团布置形式,主要处理构筑物设于地下,地上用作绿化景观。

1. 工程概况

广州某污水处理厂是广州市河涌整治重点工程项目之一,占地约 $1.7 hm^2$。服务面积为 $15.7 km^2$,服务人口 13.03 万人。污水处理厂设计规模 $10 \times 10^4 m^3/d$,采用膜生物反应器(MBR)工艺,其出水排入沙河涌,作为沙河涌的景观补水水源。

2. 工艺设计

该污水处理厂的设计进水水质见表 5-13 所列。出水水质标准须满足《城镇污水处理厂污染物排放标准》GB 18918—2002 一级 A 标准和广东省地方标准《水污染物排放限值》DB 44/26—2001 第二时段的一级标准的要求。

工程设计进出水水质   表 5-13

项目	BOD$_5$	COD	SS	NH$_4^+$-N	TN	TP	粪大肠菌群数
进水(mg/L)	160	270	220	30	35	4.5	10^4 个/L
出水(mg/L)	10	40	10	5	15	0.5	1000 个/L
去除率(%)	93.8	85.2	95.5	83.3	57.1	88.9	—

该污水处理厂采用的具体工艺流程如图 5-62 所示。即污水由厂外泵站提升、经压力管输送进入厂区,经处理后就近排入沙河涌左支流,作为沙河涌景观补水。污水处理采用 MBR 工艺,污泥处理采用机械一体化污泥离心浓缩脱水机,消毒采用紫外线消毒工艺、

除臭采用微生物除臭工艺。

（1）细格栅、曝气沉砂池及精细格栅

细格栅、曝气沉砂池与精细格栅合建，设计规模为 $10\times10^4\mathrm{m^3/d}$，土建尺寸 $48\mathrm{m}\times22.35\mathrm{m}\times6.2\mathrm{m}$。细格栅渠设 3 台转鼓式细格栅，鼓栅直径 2m，栅隙宽 $b=5\mathrm{mm}$，安装角度 $\alpha=35°$，栅前水深 $h=1.3\mathrm{m}$，过栅流速 $v=0.9\mathrm{m/s}$。

曝气沉砂池设 1 座，分 2 格，停留时间 3.75min，水平流速 0.1m/s，曝气

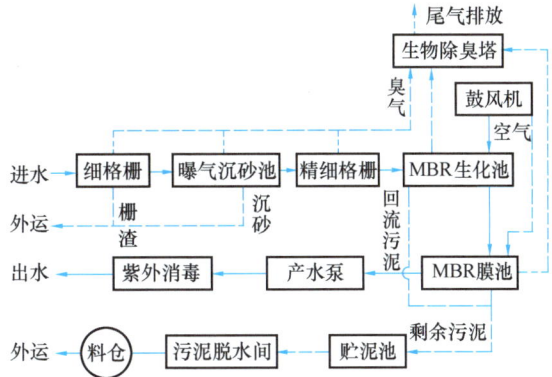

图 5-62　污水处理厂工艺流程

量 $0.2\mathrm{m^3}$ 空气 $/\mathrm{m^3}$ 污水，曝气沉砂池鼓风机房设于沉砂池旁，选用罗茨鼓风机 2 台，1 用 1 备，单台 $Q=20\mathrm{m^3/min}$，$H=35\mathrm{kPa}$，$N=22\mathrm{kW}$。

为了保护膜组件，进一步降低进入 MBR 池的 SS，设 6 台转鼓式精细格栅，鼓栅直径 2.4m，栅隙宽 $b=1\mathrm{mm}$，安装角度 $\alpha=35°$，栅前水深 $h=1.55\mathrm{m}$，过栅流速 $v=0.75\mathrm{m/s}$。

（2）MBR 生化系统生化池

设 2 座 MBR 生化池，采用改良型 A^2/O 生化池，单座平面尺寸 $36.5\mathrm{m}\times60.58\mathrm{m}$，水深 7m，生化区 $MLSS=5\sim7\mathrm{g/L}$，膜区 $MLSS=6\sim8\mathrm{g/L}$，污泥负荷 $N_s=0.07\sim0.1\mathrm{kgBOD_5/(kgMLSS\cdot d)}$，污泥龄 $\theta_c=15\sim20\mathrm{d}$，$HRT=7.43\mathrm{h}$，其中厌氧池为 0.99h，缺氧区 1.99h，好氧区为 4.45h（包括膜池 1.6h）。膜池污泥回流比 $R=150\%\sim300\%$，好氧区混合液回流比 $R=150\%\sim400\%$，缺氧区至厌氧区回流比 $R=100\%$。

（3）MBR 生化系统膜池

设 2 座 MBR 膜池，位于改良型 A^2/O 生化池的后端，对生化后污水进行泥水分离。本工程采用聚偏氟乙烯（PVDF）中空纤维帘式膜，设计膜通量为 $14.5\mathrm{L/(m^2\cdot h)}$，膜孔径 $\leqslant0.1\mu\mathrm{m}$，共设 20 个膜处理单元，每单元设 10 个膜组件。MBR 生化系统平面布置如图 5-63 所示。

（4）MBR 生化系统设备间

设备间配置 MBR 膜组件系统配套的出水、反洗、循环、剩余污泥排放等设施。产水泵 $Q=320\mathrm{m^3/h}$，$H=14\mathrm{m}$，$N=22\mathrm{kW}$，共 22 台，2 台备用；反洗泵 $Q=360\mathrm{m^3/h}$，$H=12\mathrm{m}$，$N=18.5\mathrm{kW}$，2 台，1 用 1 备；循环泵 $Q=350\mathrm{m^3/h}$，$H=10\mathrm{m}$，$N=18.5\mathrm{kW}$，2 台；剩余污泥泵 $Q=100\mathrm{m^3/h}$，$H=15\mathrm{m}$，$N=7.5\mathrm{kW}$，2 台；真空泵 $Q=3.4\mathrm{m^3/min}$，真空度 700mmHg，2 台，1 用 1 备；中水水泵 $Q=50\mathrm{m^3/h}$，$H=30\mathrm{m}$，$N=7.5\mathrm{kW}$，3 台，2 用 1 备；空压机 $Q=0.8\mathrm{m^3/min}$，$P=0.65\mathrm{MPa}$，$N=7.5\mathrm{kW}$，2 台，1 用 1 备；贮气罐 $V=2.5\mathrm{m^3}$，$P=0.8\mathrm{MPa}$，1 座。

（5）紫外消毒

本工程 MBR 系统超滤膜能有效截留绝大部分细菌（粒径 $0.2\sim50\mu\mathrm{m}$）和部分病毒，出水基本可以达到粪大肠菌群数 $\leqslant1000$ 个/L 的排放标准。为安全起见，仍考虑设管式紫外线消毒设备，严格控制出水粪大肠菌群数。管式紫外线消毒装置 $Q=2.5\times10^4\mathrm{m^3/d}$，$N=45\mathrm{kW}$，设 4 套，安装于 MBR 设备间。

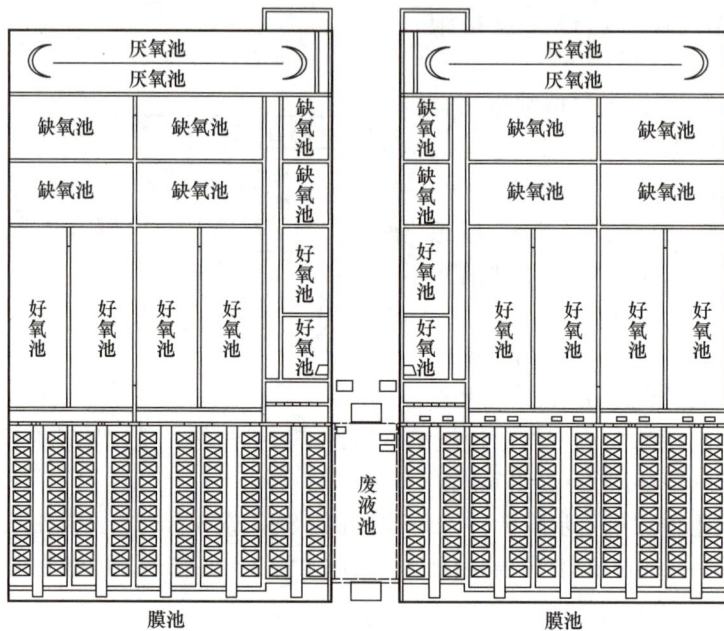

图 5-63　MBR 生化系统平面布置

（6）鼓风机房

鼓风系统为生化供氧和膜吹扫供风，土建尺寸为 29.4m×21.75m×8.1m，安装 8 台空气悬浮离心鼓风机，其中生化鼓风机 $Q=158m^3/min$，$H=79kPa$，4 台，3 用 1 备；膜曝气鼓风机 $Q=171m^3/min$，$H=59kPa$，4 台，3 用 1 备。

（7）膜清洗加药间

MBR 生化系统配套设 1 座清洗加药间，土建尺寸为 14.7m×13.74m×5.15m，设置 3 个贮药罐，$V=20m^3$，分别储备酸、碱和 NaClO 三种药剂，加药系统分在线和离线两种方式。离线清洗泵 $Q=20m^3/h$，$H=0.12MPa$，$N=4kW$，2 台，1 用 1 备；在线清洗计量泵 $Q=1m^3/h$，$H=0.4MPa$，$N=0.37kW$，6 台，3 用 3 备。

（8）除磷加药间

设 1 座除磷加药间，为生物反应池投加除磷药剂，土建尺寸为 14.7m×13.74m×5.15m，除磷药剂采用液体硫酸铝，贮药池容积 $V=68.5m^3$，贮存时间 30d，加药泵 $Q=800L/h$，$H=30m$，$N=2.25kW$，3 台，2 用 1 备。

（9）污泥浓缩脱水间及贮存系统

按 10 万 m³/d 设计，土建尺寸为 19.25m×22.5m×5.8m，污泥量 12.94tDS/d，进泥含水率 99.2%，出泥含水率 75%～78%。内部设 2 座贮泥池，土建尺寸为 9.3m×3m×3.3m，贮泥时间为 1h，安装 2 台搅拌器，单机功率 $N=2.2kW$。脱水间安装 3 台一体化离心浓缩脱水机，单机 $Q=55m^3/h$，主机功率 $N=55kW$，辅助电机功率 $N=11kW$。脱水污泥设 2 个料仓贮存，单个料仓有效容积 $V=100m^3$。

（10）生物除臭

设计对该厂采用全面除臭，预处理区、生化处理区及污泥处理区均进行臭气收集，分区集中除臭，采用填料式生物除臭系统。生化处理区设 2 套除臭装置，$Q=4000\mathrm{m}^3/\mathrm{h}$；预处理区、污泥处理区共用 1 套除臭装置，$Q=22000\mathrm{m}^3/\mathrm{h}$。

3. 工艺设计特点

高效而稳定的泥水分离效果，出水水质好且稳定。实现生物反应池水力停留时间（HRT）和污泥龄（SRT）的完全分离，使运行控制更加灵活稳定。具有很高的污泥浓度，抗冲击负荷的能力强，反应池体积小，占地少。模块化设计，结构紧凑，易于实现一体化控制，便于管理。

4. 技术经济指标

该污水处理厂工程项目总投资 5.96 亿元，其中工程费用 3.27 亿元，单位总成本 1.705 元/m^3，单位经营成本 0.843 元/m^3，厂区用地面积 1.7hm^2，单位水量占地指标为 0.17m^2/（m^3/d）。

5.7 百乐克活性污泥处理工艺系统（BIOLAK 工艺系统）

5.7.1 概述

百乐克活性污泥处理工艺（简称 BIOLAK 工艺系统），就是采用天然池体或人工湖处理污水。该工艺最初产生于 20 世纪 70 年代，通常情况下由曝气池（可选设除磷区）、沉淀池、稳定池（包含二次曝气区）等三部分组成，其中的曝气池和稳定池可采用土池防渗结构。BIOLAK 工程采用生化和澄清一体化生物处理工艺，主要特点是利用了特殊的曝气装置（曝气池两侧悬挂的悬链式曝气头），该曝气方式使得曝气池中不会发生明显的气体侵蚀现象，使得曝气池可采用土池防渗结构建造（采用不同规格的 HDPE 膜片），从而大幅节省土建投资。该工艺基于多级 A/O 理论和非稳态理论，通过在同一构筑物中设置多个 A/O 段，使污水能够经过多次的缺氧与好氧过程，提高了污泥的活性并兼有脱氮效果。

BIOLAK 工艺适用于城市污水和工业有机废水的处理。该工艺的日处理污水能力由最初的数千吨达到了目前的几十万吨不等，可满足不同规模的污水处理需求。

5.7.2 BIOLAK 工艺系统的特点

相较于其他污水处理工程的钢筋混凝土结构，BIOLAK 工艺在实际工程建设中可考虑采用土池或人工湖，故可以简化施工，减少建造成本，并可尽量减少投资费用与运行管理费用。另外，BIOLAK 由于灵活的工艺参数的选择，出水能够达到较高的水质要求，能够实现高效的除碳、脱氮和除磷。在这个池（人工湖）内，安装着一种特殊的悬挂索（链）的曝气系统，以延时曝气方式，按照所需预期达到的目的进行运行操作（如厌氧、缺氧、好氧方式），故运行简便易控。

采用 BIOLAK 技术处理城市污水的工艺流程如图 5-64 所示：

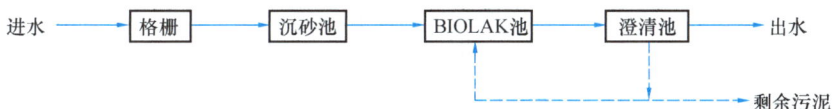

图 5-64 BIOLAK 系统的工艺流程简图

BIOLAK 池也可以与澄清池建造在一起，从而使得整个流程更加趋于简单。相较于传统的污水生物处理工艺，BIOLAK 工艺具有下列各项优点。

（1）污泥负荷较低、污泥产量低。BIOLAK 工艺污泥回流量大，污泥浓度较高，生物量大，相对曝气时间较长，所以该工艺整体来说污泥负荷较低。BIOLAK 在处理污水过程中通常不设置初沉池，且多采用延时曝气工艺，从而使得该工艺耐冲击能力强，剩余污泥量小，并具有一定的脱氮作用。如国内某 BIOLAK 污水处理厂 BOD_5 污泥负荷率为 $0.057kgBOD_5/(kgMLSS \cdot d)$，污泥浓度为 4000mg/L，污泥龄为 29d，该污水处理厂运行过程中不仅污水处理效果好，且剩余污泥量很少。

（2）净化效率高。BIOLAK 工艺既可进行传统的二级处理去除含碳化合物，又具有脱氮、除磷功能。运行良好的工艺对污水中 BOD_5 的去除率可达 99.7%，TP 为 85%，NH_4^+-N 为 98.5%，TN 为 80%，出水水质良好。

（3）基建投资低，占地面积小。在采用天然池体或人工湖的情况下，BIOLAK 工艺的基建费用仅占污水处理厂总投资的 20%～25%，远低于传统污水处理工艺的基建费用比例（>50%）。BIOLAK 工艺采用的悬挂在浮管上的微孔曝气头避免了在池底、池壁穿孔安装曝气设备，这种敷设曝气设备的方法使得 HDPE 防渗膜能够顺利敷设，并具有良好的适用性和较长的使用寿命。另外，BIOLAK 工艺不需单独设置初沉池，不需单独设置污泥处理系统，澄清池可与曝气池合建在一起，从而大幅降低了工程占地面积。

（4）曝气效率高。BIOLAK 曝气装置为微孔曝气形式，改变了传统曝气系统的固定模式，曝气器由浮管牵引，悬挂在池中，曝气器与布气管间用软管连接。通气时，曝气器由于受力不均在水中产生运动，从而在反应池中交替形成好氧区和厌氧区，除具有良好的有机污染物去除性能外，兼有脱氮、除磷的效果。BIOLAK 曝气系统自身具有以下优点：①曝气装置在水中的运动使池中不存在氧的过饱和区域，提高了氧的利用率；②曝气器产生的微气泡在水中的运行距离长，停留时间长，使氧的利用率明显提高；③曝气器不容易堵塞；④曝气器不会对池子的某一部分造成局部侵蚀；⑤曝气器维修管理方便；⑥曝气能耗较低（$1.5W/m^3$），供氧能力大幅提升（$2.5kgO_2/kWh$）。

（5）剩余污泥量少，污泥稳定性好。由于 BIOLAK 工艺的污泥在曝气池中的停留时间长，污泥回流比例高，剩余污泥的量很少；由于 BIOLAK 池内的污泥处于完全稳定状态，不易腐烂，容易处置。

（6）维修简单易行。BIOLAK 系统的维修可将小船直接划至维修点将曝气头提起即可，且不影响整个系统的运行。

（7）对地形适应性强。BIOLAK 池体的设计和布置自由度大，可以利用坑、塘、淀、洼以及其他一些劣地，对地形的适应性较强，且易于布置。

5.7.3 BIOLAK 工艺系统组成与效能

1. BIOLAK 工艺系统组成

BIOLAK 工艺的系统由曝气池（可选设除磷区）、沉淀池、稳定池等单元组成。预处理单元和常规的活性污泥法基本一致，但通常情况下系统内不设置初沉池。生化单元是为了去除 BOD_5、氮和磷而设计的，为强化除磷效果，污水先进入厌氧池，再自流至多级曝气池。曝气池内总体流态呈推流，活性污泥在交替出现的好氧区、缺氧区、厌氧区内进行一系列硝化、反硝化反应。出水单元通常有稳定池和消毒池。具体工艺流程见图 5-65。

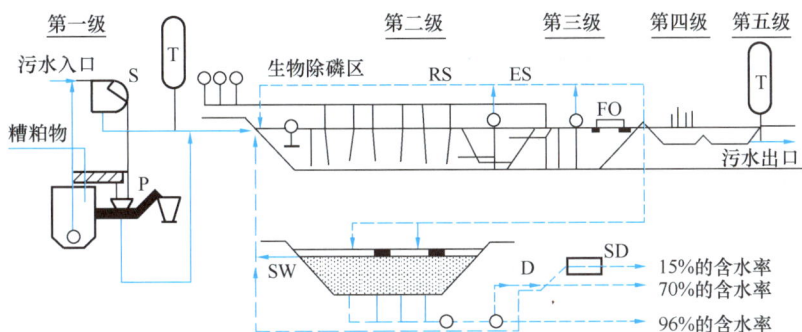

图 5-65　BIOLAK 工艺流程图

S—细筛；P—压制；T—悬浮气浮罐；RS—回流污泥；ES—剩余污泥；

FO—溢流浮子；SW—过量水；D—输送器；SD—污泥干燥

（1）厌氧池

城市污水经过预处理后进入厌氧池，同步进入的还有稳定池排出的含磷回流污泥。厌氧池内设置搅拌机，流态为完全混合，其主要的功能是释放磷和实现部分有机物的氨化，厌氧池的水力停留时间一般保持在 2.5h 左右。

（2）曝气池

污水经过厌氧段处理后均匀分配进入曝气池，曝气采用悬挂链曝气装置（图 5-66）和池面漂浮可移动的通气链。悬挂链端固定在曝气池两侧，悬挂链在水中可以蛇形运动，自然的摆动可有效混合污水。通气时，曝气器产生的气泡直径约 $50\mu m$，大幅地提高了氧气接触面积，增大了氧传质效率。悬浮式曝气链系统在运行操作时，进行左右摇摆，当向左摆动时，则左侧为曝气增氧区，即好氧区，而右侧则为缺氧区，或厌氧区，由 DO 控制而定。曝气器系统左右摇摆，使两侧水区分别交替进行生物好氧反应与缺氧反应，进行生物脱氮除磷。此外，由于水流波动和链条的混合搅拌作用，使悬浮在池底的曝气头在一定范围内运动，气泡斜向上升，使得气泡在水中的停留时间延长到 10s 以上（表 5-14），达到固定式曝气头的 3 倍。此外，通过控制局部曝气头的供气方式在池内可形成多级曝气反应段，进行一系列硝化、反硝化的循环反应，不需要硝化液回流，就可以实现反硝化脱氮。

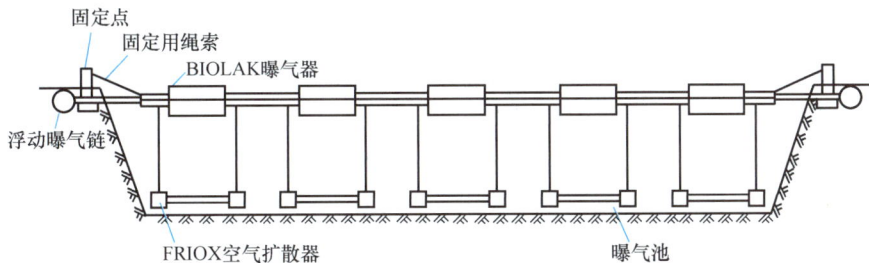

图 5-66　BIOLAK 工艺的悬挂曝气装置

通常情况下，一池内可安装几根悬浮式曝气链系统，曝气链的多少取决于负荷和处理后水质要求。每条曝气链只在池内一定范围运动。

BIOLAK 工艺与其他工艺及曝气器比较　　　　　　表 5-14

项目	B1OLAK	SBR	氧化沟（转刷、转碟）
曝气方式	悬挂链式曝气器	固定式曝气器	表曝式
氧利用率（%）	25～35	15～25	≤20
动力效率（kgO$_2$/kWh）	6～8	4.5	≤3.0
气泡停留时间（s）	11	5～6	—
处理构筑物	土地铺设防渗膜	钢筋混凝土	钢筋混凝土
维修方式	在不影响曝气的情况下，将单套曝气器直接提出水面进行维修	系统完全停止运行，且需要放空池体中的水	停止设备运转，降低水位以后才能维修
工程投资（元/m³）	600～1000	1000～1300	1000～1500
运行费用（元/m³）	0.3～0.5	0.7	0.75

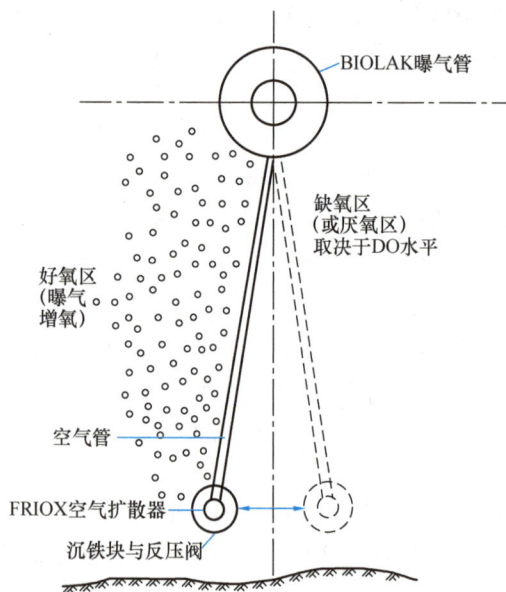

图 5-67　BIOLAK 工艺的曝气装置运行状况

BIOLAK 曝气器置于浮筒中，由空气管将空气导入 FRIOX 空气扩散器。FRIOX 空气扩散器为专利装置，由 0.03mm 的纤维和聚合物制成，其表面的 20% 为纤维表面，其余均为出气表面。由于出气表面所占比例大，故空气扩散器出气流畅。图 5-67 所示为 BIOLAK 曝气器系统的运行状况。

曝气池在运行过程中多采用低污泥负荷，一般为 0.05～0.30kgBOD$_5$/（kgMLSS·d），寒冷地区采用 0.02～0.10kgBOD$_5$/（kgMLSS·d），水力停留时间为 12～48h，MLSS 浓度为 2000～5000mg/L。

（3）沉淀池

沉淀池除了进行泥水分离外，还具有污泥浓缩、贮存污泥的功能。BIOLAK 合建的沉淀池配水在池体长边方向，水流以较低的流速经过絮凝层，大部分污泥被截留并在池底沉积浓缩，由吸泥车的潜水泵提升至生化池进水处，小部分剩余污泥排入污泥处理单元。

鉴于 BIOLAK 合建的沉淀池单边进水，单边出水，流程较短，表面负荷取值偏低，所以建议将百乐克生化池和终沉池分开建设。

（4）稳定池

稳定池分为曝气段和沉淀段。据相关资料，出水达到一级标准的污水处理厂应设置稳定池；出水水质需达到二级标准的污水处理厂可以不设置稳定池。

2.BIOLAK 工艺系统处理效果

（1）生物脱氮效果

BIOLAK 工艺悬浮曝气链在浮动过程中，池体各个部位出现缺氧、好氧交替的多级

A/O，在理论上满足硝化反硝化功能的实现。但是实际处理过程中，由于反硝化需要碳源，但 BIOLAK 工艺的延时曝气设计（整个曝气池水力停留时间大于 24h），使得曝气池后段碳源不足，在一定程度上限制了反硝化作用。

（2）生物除磷效果

BIOLAK 工艺中带有缺氧段，进行多级硝化、反硝化反应的 BIOLAK 工艺比其他系统的生物除磷率要高。运行反硝化时，低溶氧的缺氧特性会在足够进行反硝化作用时形成厌氧特性，同时 BIOLAK 工艺厌氧/缺氧/好氧的交替进行会强化除磷菌对磷的吸收。在这一区域，生成有机酸是生物除磷的重要先决条件。若在活性污泥池的入口处设有生物脱磷区，污水不需输入氧直接和回流污泥混合，生物除磷可以取得很好的结果。

对于市政污水，只要在生物除磷区域保持约 2h 的水力停留时间就可保证有效除磷。满足除磷效率除需要合理的工艺设计之外，还取决于实际运行时污水中 BOD_5/TP 的比例。进水必须满足 $BOD_5/TP > 25$，否则需投加 $FeCl_3$ 进行化学辅助除磷。

与传统的其他活性污泥处理工艺相比较，BIOLAK 工艺的性能和处理效果见表 5-15。

BIOLAK 工艺的性能和处理效果 表 5-15

工艺	A/O*	A/A/O*	氧化沟	A-B	CASS	BIOLAK
BOD_5 去除率（%）	90~95	90~95	93~98	90~95	90~95	85~90
TN 去除	较好	好	较好	一般	较好	一般
TP 去除	一般	好	一般	一般	较好	较好
SS 去除	一般	一般	较好	较差	较好	好
污泥量	低	低	低	高	低	少
耐冲击力	好	好	好	一般	极好	强
稳定性	一般	高	高	较高	高	较高
是否满足复用	不满足	满足	部分满足	不满足	满足	不满足
工艺流程	简单	简单	一般	简单	复杂	简单
成熟度	高	高	较高	较高	较高	较高
占地面积	一般	一般	较大	较小	较小	大
一次性投资	较高	较高	一般	较低	较低	大
运行维护费用	较低	较低	低	较低	一般	低
技术要求	低	低	较低	高	高	一般

＊ 详见第 6 章。

5.7.4　BIOLAK 工艺系统的设计

1. 污泥负荷与停留时间

BIOLAK 工艺在国外（尤其是在美国）的应用中污泥负荷极低，曝气池的停留时间一般都在 20h 以上。污泥负荷过低，必然导致占地面积增大，过高则处理效果不佳。在国内污泥负荷的取值可以参照延时曝气法确定，这样就可使停留时间控制在 30h 以内。通常情况下，BIOLAK 工艺的主要技术参数如下：

有机物容积负荷：0.2～0.4kgBOD$_5$/（m^3·d）；

有机物污泥负荷：0.05～0.2kgBOD$_5$/（kgMLSS·d）；

活性污泥浓度：2000～4000mg/L；

污泥回流比：50％～150％；

回流污泥浓度：8000～13000mg/L；

水力停留时间：30h 以内；

污泥龄：30～180d。

2. 结构设计

防渗层的设计，根据地质条件的不同采用不同规格的 HDPE 膜片（在垃圾填埋场被广泛使用）。但是这样的防渗结构仍有以下两点不足：一是与混凝土或管道接口处的处理比较麻烦，且不均匀沉降和由温度变化引起的伸缩都有可能造成膜片撕裂；二是在地下水位比较高的情况下，当放空检修时地下水会把防渗层不均匀顶起，将影响构筑物的继续正常使用。根据近几年的经验，对于中、小型污水处理厂而言，采用土池加 HDPE 的结构是可靠的，而大型污水处理厂采用混凝土池结构则更为安全合理。

3. 沉淀池池型

BIOLAK 工艺系统虽然停留时间相对较长，但是占地面积相对于其他工艺并不处于劣势，这主要是因为它对构筑物平面形状的要求不严格，而且采用了数池合建的方式（沉淀池两侧池壁与曝气池、稳定池共用）。应该说这样的布置十分简洁，建造也十分方便，对于小型城市污水处理厂尤其适用。由于沉淀池为长边进水、长边出水，容易造成有效水流距离不足，致使出水中悬浮物含量升高。因此，在设计中也可采用其他形式的沉淀池，具体情况视进水水质和对出水指标的要求而定。

4. 稳定池

一般来说，要求出水水质达到《城镇污水处理厂污染物排放标准》GB 18918—2002一级 A 标准的污水处理厂应设稳定池，而出水水质需达到二级标准的污水处理厂可不设稳定池。

5. 污泥处理系统

BIOLAK 工艺属于延时曝气工艺范畴，污泥龄较长，因此剩余污泥量较少且稳定，在欧洲很多小型污水处理厂仅设污泥贮池而不设污泥脱水机房。污泥贮池的容积一般按照 30～45d 剩余污泥量考虑。对于有除磷要求的污水处理厂污泥，长时间停留还会造成磷的释放，影响除磷效果。因此，大、中型或有除磷要求的污水处理厂单纯采用贮泥池进行污泥干化处理显然是不合适的，可以采用小型贮泥池加机械脱水或沿用传统的浓缩池加机械脱水的处理方式。

10. BIOLAK
工艺系统的
工程实例

5.8　生物倍增工艺系统（BioDopp 工艺系统）

5.8.1　概述

生物倍增工艺（BioDopp）是一种改良的活性污泥工艺，结合氧化沟工艺的全液内回流、AAO 工艺的不同功能分区和 CASS 工艺的前置微生物选择区等优势，集曝气、沉淀、泥水分离和污泥回流功能于一身，形成了高污泥浓度的一体化生化反应池。

BioDopp 工艺最主要的技术特点就是采用大比表面积、均匀微孔曝气（微气泡直径≤1mm）的高效曝气技术，在增大气泡比表面积的同时延长了气水接触时间，有效增大了氧转移效率，使系统在较低 DO 浓度（≤0.3mg/L）的条件下运行成为可能。高污泥浓度、低溶解氧运行模式，使得在曝气阶段既有利于硝化又有利于反硝化。在相同池容的情况下，污泥龄更长，因而能有效减少污泥产量；而在相同污泥龄的情况下，又可减小池容，节省占地。当采用 BioDopp 工艺时，整套工艺流程短，构筑物少，操作简单，占地可节省 40% 以上。

2007 年，国内首座采用 BioDopp 工艺的泗阳某污水处理厂投产运行，设计规模为 $2.5×10^4 m^3/d$，设计进水 BOD_5 为 200mg/L、NH_4^+-N 为 20mg/L、TN 为 35mg/L、TP 为 10mg/L，出水可稳定达到《城镇污水处理厂污染物排放标准》GB 18918—2002 一级 B 排放标准。2018 年，雄安新区某污水处理厂的升级改造完成，设计进水 COD 为 166.6mg/L、NH_4^+-N 为 30.5mg/L、TN 为 41.7mg/L、TP 为 6.2mg/L，通过将原有 AAO 改造为 BioDopp 工艺，并在低温期投加丛毛单胞菌（250mg/L，共计 12500kg），实现了原位升级，出水水质达到准 IV 类标准，即 COD<30mg/L，NH_4^+-N<1.5mg/L，TN<10mg/L，TP<0.3mg/L。改造后水处理成本仅提高 0.06 元/m^3。截至 2021 年，BioDopp工艺累计应用规模超过 $200×10^4 m^3/d$，广泛应用于全国 70 余个项目，覆盖工业废水、市政及工业园区污水各领域。

5.8.2 BioDopp 工艺的基本原理及其特征

1. BioDopp 工艺的基本原理

BioDopp 工艺在结构上结合了一体化氧化沟的循环流流态、固液分离单元内置及气提式环流反应器以空气为循环动力源的特点，将生化区和澄清区合建在同一池体内，集曝气、沉淀、泥水分离和污泥回流功能于一体，实现了污泥的无泵自动回流。处理城市污水时，BioDopp 工艺设计成含厌氧区、气提区、曝气区、释气区、澄清区 5 个功能单元。图 5-68所示为城市污水处理的 BioDopp 工艺平面示意图。

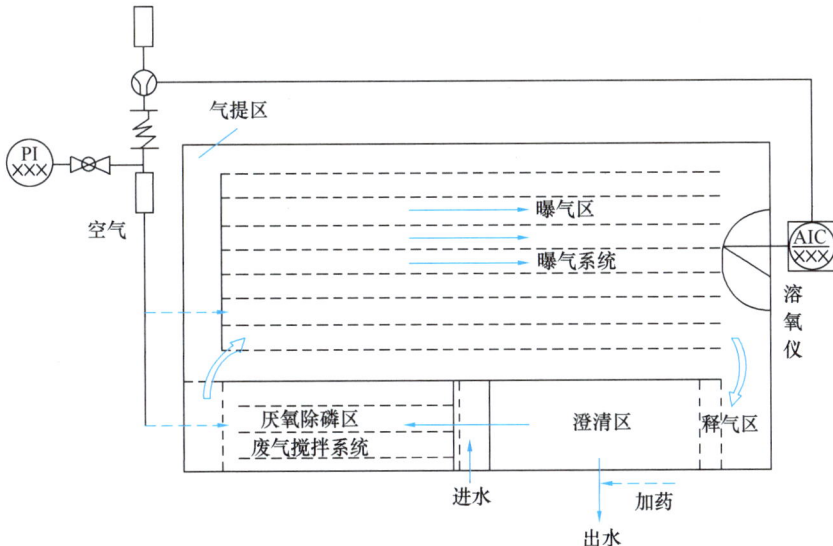

图 5-68 处理城市污水的 BioDopp 工艺示意（平面图）

BioDopp 工艺的工艺流程为：预处理单元出水首先经泵提升至进水区进行均匀布水，并与来自澄清区底部的循环混合液瞬间混合稀释后进入严格密闭的厌氧区。厌氧区采用水封设计保证无分子氧混入，其底部纵列若干组废气软管。厌氧产生的废气由单独的集气室收集后，送入鼓风机房的耐腐蚀风机进行加压，再通过单独的供气管道将收集的废气鼓入软管，在池底对混合液进行气体搅拌，使活性污泥始终处于悬浮状态。引入废气搅拌的优点是经由水解发酵后的废气的鼓入能使搅拌更充分，更有利于促进微生物对有机碳源的利用和磷的释放。在此阶段，污水中非溶解态有机物还可以水解为易于生化降解的 COD，提高污水的 BOD_5/COD 比，有利于后续好氧处理。

完成释磷后的泥水混合液由设置在气提区的气提装置提升至曝气区（图 5-69）。气提区的作用为：通过空气提升装置形成的密度差提升污水，通过池底上方可提升的框架式空气扩散装置还可方便调节泥水混合液的提升量；通过调整鼓风机气量控制全部池体的大循环稀释比，一方面可稀释进水，另一方面也可为微生物创造稳定的生长环境；对来自厌氧区的污泥絮体进行曝气湍流剪切，使絮体平均尺寸变小，有助于强化水、气、泥三相传质从而提高污泥活性。

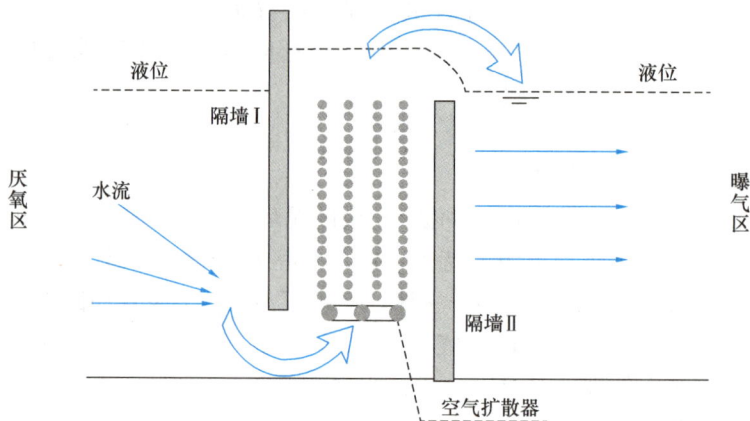

图 5-69　气提区气提原理示意（剖面）

曝气区采用大表面积微曝气技术和溶解氧实时自动控制技术。微孔曝气软管充气直径为 65mm，通过池底固定床结构按奇数列和偶数列设 2 组，沿池长纵向平行排列。溶氧仪通过支架被固定在曝气池末端，在一定扇形区域内可自由移动。通过溶氧仪-鼓风机控制回路，实时监测跟踪溶氧仪反馈信号（AIC），采用均值法经可编程序控制器（PLC）进行模数转换、数字滤波处理及运算后，实时控制变频调速器调节鼓风机转速，从而按照工艺要求调节供风量，使池内溶解氧浓度稳定在工艺规定的范围内。

在曝气区完成生化反应的污水被引入释气区，其内停留时间较短，将在曝气区可能带来的富余氧气在此释放。来自曝气区具有一定流速的混合液进入斜板斜管构建的固液分离区，根据恒定总流连续性方程 $v_1 \cdot \omega_1 = v_2 \cdot \omega_2 = Q$（$v$、$\omega$ 分别代表过水断面平均流速和面积），由于过水流速会迅速增大，在澄清区前端造成冲击，将填料内的待沉污泥顶出。因此释气区的另一作用是消能。释气区下方设有污泥排放口，控制整个系统污泥量。

澄清区由清水区、填料区和底部循环通道三部分组成。在此发挥泥水分离功能的是上层斜管、下层斜板装置组成的填料区（图 5-70）。断面的突缩，其迎水面制成坡形，防止混合液在澄清区前由于截面突缩出现漩涡流。填料区内相对静止的水流与填料区下方水流间产生的压力差形成了抽吸作用，其是污泥回流的主要推动力。

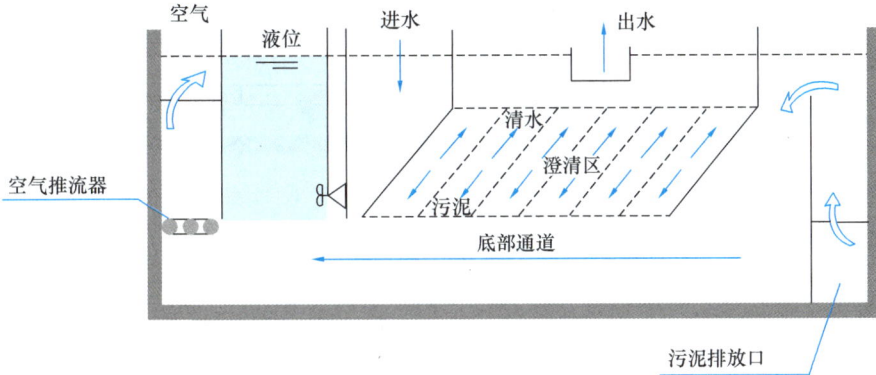

图 5-70　澄清区剖面示意（纵剖面）

填料区下方设有反冲洗装置，可对管（板）壁进行周期性冲洗以防堵塞。循环液从底部通过，经由斜板斜管完成泥水分离。清水由上部清水区的锯齿形溢流堰收集排出，污泥沉入池底继续参与循环。其下部通道循环流速控制在 0.3mg/L 以上，以避免污泥在此淤积及发生厌氧发酵。

经过澄清区的混合液和来自均匀布水区的进水大比例混合后，开始下一周期的循环。

为保证 TP 出水稳定，在出水总渠上设置加药装置，必要时投加混（助）凝剂使 P 出水达标。

系统出水口的跌水设置，可使出水迅速富氧至 DO 在 2mg/L 以上。

2. BioDopp 工艺的曝气软管

1988 年～1990 年，德国的 Wilke Engelbart 发明的"对液体大表面积微气泡气化的工艺及装置"分别在欧美和中国获得专利授权。这种由弹性膜材质制成的薄壁、直通道曝气软管（供氧特性参数见表 5-16），具有内外表面光滑透明、耐油、耐腐蚀、耐曲挠、质量轻、抗老化，以及运输、安装、使用方便的特点。

曝气软管可被水平密集固定在任意尺寸和区域的构筑物底部，提供均匀曝气，而自身无须占用太大空间。膜孔呈狭缝状，可自动开闭。不曝气时受静水压力被压扁避免污泥倒灌。

安装时，软管一端被扎紧，另一端接入供气管道。每根软管由特定的阀门控制空气开关。当软管壁上的膜孔遇到来自压缩空气及水中的污染物造成堵塞时，可有选择地拉紧或放松软管，随时清理膜孔堵塞。软管通过拉伸可比其静止状态时延长 15%～25%，以此降低为达到均匀曝气所需的压力损失。

当曝气管有损坏，只需关闭控制该管的阀门，打开连接卡箍，将软管提升上来即可进行不停车检修或更换，整个过程只需十几分钟（图 5-71）。

新型软管的曝气及安装方式，使常规曝气装置普遍存在的易堵、压力损失大、氧的利用效率低、占据池体空间大、维护成本高等问题得到了有效解决。

新型软管曝气装置是 BioDopp 工艺的核心设备。

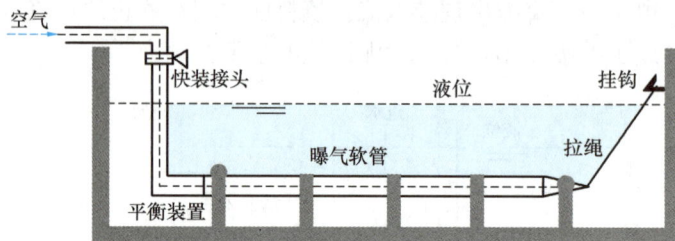

图 5-71　曝气软管的安装方式

曝气软管的特性参数　　　　　　　　　　　　　　表 5-16

项目	气孔密度 （个/m）	微孔直径 （mm）	气泡直径 （mm）	通气量 [m³/(m·h)]	服务面积 （m²/m）	氧利用率 （%）	阻力损失 （Pa）	动力效率 [kgO₂/(kW·h)]
指标	3300	<1	～1	0.5～1	0.1～0.4	30	<3000	>5

3. BioDopp 工艺的特征

BioDopp 工艺基于氧化沟的流态、AAO 的功能分区、气提回流、低氧曝气的优点，进行一体化设计，具有占地面积小、能耗低、基建投资较低、运行管理简便等特征。

（1）BioDopp 工艺一体化的结构设计省去了二沉池和污泥外回流泵房及管线，运用空气的气提实现了高回流比，进而使得曝气池的活性污泥量浓度较高（5～8g/L），占地面积较小；池体呈矩形，易于新建和改扩建工程的实施。

（2）BioDopp 工艺只设有厌氧—低氧曝气段，并没有独立的缺氧段。从运行设计上看，高 MLSS 和低 DO 控制，使得在曝气段就提供了既有利于硝化又有利于反硝化的环境。

（3）BioDopp 工艺采用的曝气软管及其布设方式具有曝气均匀的特点。常规曝气池底部曝气装置多采用大间距布置方式，通气量较大，容易形成混合的快速上向流，气泡在液相中的停留时间较短，上升途中容易发生聚并，如要满足充分供氧，需提供较高的能耗使曝气器垂直上方供氧充足的一部分混合液，填补到未被充分供氧的部分，这使氧利用率较低。BioDopp 相邻两曝气管间距，较常规曝气器小 70%～85%，且控制低通气量，这样就形成了沿整个池体密集分布的、尺寸均一、低速上升的微气泡群，增大了气液接触面积，延长了气液接触时间，提高了氧的总转移系数。维持低通气量，还有利于延长曝气软管的使用寿命。

（4）空气推流系统实现泥水混合液循环。从鼓风机房引出两条空气管路至气提区与曝气区，处理城市污水时，前者供气量被设计为总供气量的 5% 左右。自控系统可随进水变化同步调整曝气区供风量及循环流量，有利于均衡污染物负荷，避免需氧量的大幅波动，利于低溶解氧的实时控制。采用气提代替传统的推流装置和泵提升，气提单元产生的大量气泡，形成气水对流和紊流等多种错流流动，使经过推流的污水混合比较均匀。相对于泵型推流装置，气提可避免絮体承受剧烈的剪切，有利于为微生物生长创造一个稳定的环境。另外，气提单元易于维护，运行费用低，能耗也较低。

（5）工艺流程简单，自控程度高，人力成本低。

5.8.3　BioDopp 工艺系统的工程实例

某城镇污水处理厂一期工程设计处理规模为 $3.5×10^4 m^3/d$，出水 COD 和 NH_4^+-N 需分别满足《地表水环境质量标准》GB 3838—2002 中的 Ⅵ 和 Ⅴ 类标准的限值，BOD$_5$、TN、TP 和 SS 等执行《城镇污水处理厂污染物排放标准》GB 18918—2002 中的一级 A 标准，工程主体采用 STCC（STandard Combination Charcoal）碳系载体生物滤池工艺，其设计总停留时间为 17.63h，其中厌氧除磷池为 1.88h、缺氧池为 3.77h、生化池为 5.47h、应急反应池为 0.4h、斜管沉淀池为 2.2h、脱氮池为 1.47h、微曝气滤池为 1.13h、过滤池为 1.31h。

该污水处理厂提标扩建需求迫切，原因如下：随着服务区域内工业区、居民区不断发展，污水处理厂负荷趋近饱和（2018 年度平均负荷率达 85%，雨季期间时常超负荷运行），污水处理厂的规模亟待扩大。再者，由于厂区进水 C/N 失衡，当前工艺难以保证高负荷下 COD、TN 和 NH$_4^+$-N 等指标稳定达标，还常需补充碳源维持生化系统正常运行。此外，一期 STCC 生化处理单元内厌氧池的除磷材料、脱氮池的脱氮材料以及微曝气滤池的不饱和炭材料大部分均已失效（2013 年以来未更换或添加过），设备设施老化严重，生化处理能力下降。最后就是由于污水处理规模大幅增加，需将处理后出水的排放口由入河改至入江（长江保留区）。

结合综合定额指标和分项指标预测法，考虑污水处理厂规模应留有一定余地，并根据服务片区内开发建设的实际情况，确定二期扩建工程规模为 $6 \times 10^4 \mathrm{m^3/d}$，即总工程规模达到 $9.5 \times 10^4 \mathrm{m^3/d}$。根据长江保留区断面纳污负荷要求，NH$_4^+$-N 和 TP 的排放标准均需要同步提高。提标扩建后设计进、出水水质见表 5-17。

扩建后设计进、出水水质指标　　　　　　　　　　表 5-17

项目	BOD$_5$	COD	NH$_4^+$-N	SS	TN	TP
进水（mg/L）	180	400	35	280	40	5
出水（mg/L）	≤6	≤30	≤1.5	≤10	≤15	≤0.3
处理程度（%）	96.7	92.5	95.7	96.4	62.5	94

1. 污水处理厂提标扩建工艺流程的确定

在综合考虑进水水质、气候、环境、占地、运行管理等影响因素后，选择具有占地面积小、抗冲击负荷能力强、操作管理简单便捷、运行成本低等优势的 BioDopp 工艺，作为扩建工程的主体工艺。提标改造后的工艺流程如图 5-72 所示。

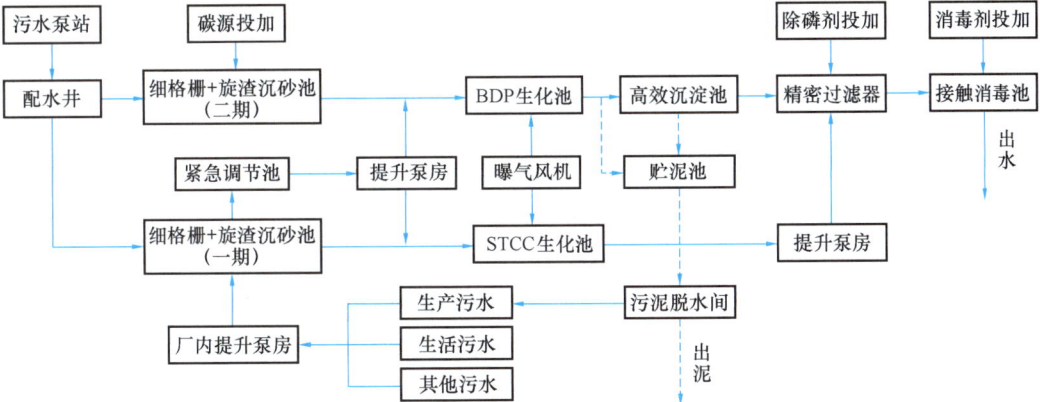

图 5-72　提标改造后的工艺流程

服务片区和厂区内污水进入厂区配水区域后，分流至一期和二期。

污水分流至一期后，进入细格栅-旋流沉砂池（一期）去除部分浮渣、悬浮物和砂砾，随后进入 STCC 生化池进行脱氮除磷、降解有机污染物，斜管沉淀后上清液流向二期高效沉淀池进一步去除 SS 和 TP，再由精密过滤单元降低 SS 后进入接触消毒池消毒，尾水经由出水泵房提升至入江泵站排江。

污水分流至二期后，在细格栅-旋流沉砂池（二期）作沉渣去砂预处理后直接进入 BioDopp 生化池，依次经由厌氧除磷区、气提区、曝气区和快速澄清区去除各类污染物，澄清区出水进入高效沉淀池-精密过滤器-接触消毒池作深度处理，进一步去除 TP、SS 和粪大肠杆菌等，接触消毒池出水经由出水泵房提升至入江泵站排江。

在污泥处理方面，一期 STCC 生化池剩余污泥、二期 BioDopp 生化池剩余污泥、高效沉淀池剩余污泥分别排至贮泥池进行浓缩，再经离心脱水机或带式脱水机进行脱水至 80% 含水率，产生的泥饼外运处置，贮泥池上清液、压滤液、冲洗水直接回流至厂区污水泵房后进行再处理。

2. 提标扩建工程主要构筑物设计

(1) 预处理单元

进水配水井。为均匀分配一期、二期进水流量，新建 1 座进水配水井，地上钢筋混凝土结构，池体尺寸为 7.5m×3.5m×5.5m。一期、二期总设计流量 $Q_{max}=1.3×95000m^3/d=5146m^3/h$；堰上水头取 0.25m；一期堰长 2.45m、二期堰长 4.2m。

细格栅及旋流沉砂池。合建，共设 1 座，地上钢筋混凝土结构，池体尺寸为 30.1m×13m×5m。采用 2 台内进流式非金属孔板细格栅，外形尺寸为 2550mm×1400mm×4450mm。栅格间隙 6mm，栅前最大水深 750mm，最大过水量 3400m³/h，电机功率 1.1kW。旋流沉砂池采用封闭设计，设置 1 座，分为可独立运行的 2 个沉砂池。单个沉砂池直径 4.2m，砂斗以上池深 2.4m，砂斗直径 1.5m，砂斗深度 2m。每池中间设有 1 台可调速的桨叶式旋流沉砂器，采用空气提砂，气源由两台小型空压机提供，每台风量 2.0m³/min，风压 60kPa。

(2) 生化处理单元

BioDopp 生化处理单元设置 1 组 2 座 BioDopp 生化池，2 座池体并联运行。单个 BioDopp 池的池体尺寸为 66.0m×44.5m×7.5m。池体内可分为厌氧释磷区、曝气区、气提区、快速澄清区。预处理后污水进入 BioDopp 生化池，首先流经厌氧释磷区进行厌氧释磷过程，进入气提区后经由空气推流进入曝气区，在曝气区进行脱氮、除磷降解 COD。泥水混合物溢流至快速澄清区进行泥水分离，上清液自流至后续深度处理单元，沉降污泥则经由快速澄清区上设置的桁车式刮吸泥机回流至曝气区前段或外排至贮泥池。

厌氧释磷区。净尺寸为 23.5m×22.0m×8.0m，顶部加盖板形成密闭环境，每座池内设置 3 台潜水推流搅拌器进行推流搅拌，电机功率为 7.5kW。

气提区。净尺寸为 22.0m×5.8m×7.5m，采用两堵厚墙隔离，溢流隔墙顶端距离常运行液位 1.0m。气提区内采用可移动框架式空气推流器，向空气推流器鼓入合适的空气量来确保与工艺相匹配的提升流量，气提可避免絮体受剧烈的剪切力影响，从而为微生物创造一个稳定的生长环境。

曝气区。净尺寸 66.0m×22.0m×7.5m，HRT 为 7.39h，容积负荷为 1.30kgCOD/

（m³·d），设计风量为 5834Nm³/h。采用两台扭叶螺杆鼓风机，$Q=100$m³/min，$P=160$kW，2 用 1 备。

快速澄清区。净尺寸 44.0m×23.5m×7.5m。设置波纹斜板、蜂窝斜管，总垂高为 2.7m，其中框架式波纹斜板 1 层，垂高 1.2m，纤维增强复合材质（FRP），板间距 120mm，板厚 1.5mm；蜂窝斜管安装总垂高 1.5m，孔径 80mm，厚度 1.0mm，聚丙烯材质（PP），设计表面负荷为 1.60m³/(m²·h)，斜板底端距离池底为 2.4m。澄清区横向均匀设置出水支槽，采用不锈钢材质三角溢流堰。

（3）深度处理单元

高效沉淀池。一期与二期合建，设置 1 组 2 座池体并联运行，单座池体按 $5×10^4$m³/d 处理规模设计，分为混合区、絮凝区和沉淀区 3 个部分。混合区池体尺寸为 3.6m×3.6m×3.65m，旱季高峰混合反应时间为 1.4min，配置 1 台快速搅拌器，$D=1.8$m，$P=7.5$kW；絮凝区池体尺寸为 14.5m×4.5m×8.5m，旱季高峰絮凝反应时间为 15min，配置 3 台慢速搅拌机，$D=1$m，$P=1.1$kW；沉淀区池体尺寸为 14.5m×17.5m×8.5m，沉淀区入口处流速 0.025m/s，旱季高峰澄清水区上升流速 11.85m/h，斜管斜长 1.0m，内切圆 DN100，安装倾角 60°，PP 材质。

精密过滤单元。精密过滤池采用一期、二期合建 1 座池体，池体尺寸为 21.9m×13.1m×3m。精密过滤池设计流量为 $Q=4000$m³/h，$Q_{max}=5500$m³/h；设计进水（高效沉淀池出水）SS≤20mg/L，出水 SS≤10mg/L。共设置 5 台精密过滤器，设备主体模块为 304L 不锈钢，核心过滤模块为 316L 不锈钢，单台驱动功率均为 0.75kW。转盘过滤器安装在池内，管道连接，进出水渠设有配水堰板均匀配水，每台过滤器配置 1 台反冲洗水泵，水泵参数为 $Q=60$m³/h，$H=80$m，$P=3.0$kW。

接触消毒池。一期现状紫外消毒渠改为接触消毒，一期与二期合建 1 座接触消毒池，池体尺寸为 33.3m×15.5m×7.2m，设计流量为 $Q=4000$m³/h，$Q_{max}=5200$m³/h。接触消毒池采用投加次氯酸钠消毒，接触时间不小于 30min。接触消毒池北侧设置的次氯酸钠加药间尺寸为 10m×8.5m×4.1m，其内配套 2 座次氯酸钠贮药罐，聚乙烯材质（PE），单座贮罐容积 10m³。计量加药泵 3 台（1 用 2 备），设备参数为 $Q=200$L/h，$P=0.5$MPa，$N=0.25$kW。

3. 工程运行结果

该提标扩建工程自调试完成投入运行以来（2022 年 4 月），设备与设施运转正常，处理效果良好，出水水质稳定，其中 COD、BOD_5、NH_4^+-N 和 TP 等污染物满足《地表水环境质量标准》GB 3838—2002 中的Ⅳ类水标准限值要求，TN 和 SS 则达到了《城镇污水处理厂污染物排放标准》GB 18918—2002 中的一级 A 排放标准。工程实际运行费用为 0.94 元/m³，与国内同类工程相比具有一定的低运行成本优势。

复 习 思 考 题

1. 活性污泥处理工艺的传统工艺系统有哪些？

2. SBR 工艺在技术上、运行工况方面具有哪些特征？SBR 工艺衍生的变形工艺有哪些？试归纳出这些新工艺、新系统的主要特征。

3. 在绘出城市污水氧化沟工艺典型系统流程图的基础上，阐述氧化沟系统的主要技术特征。国内外常用的氧化沟工艺系统有哪些？

　　4. 与传统活性污泥工艺流程系统相比，吸附—生物降解（A-B）活性污泥工艺系统具有哪些主要特征？

　　5. MBR 工艺系统具有哪些特点？减轻 MBR 膜污染的主要措施有哪些？

　　6. 生物倍增工艺（BioDopp）的基本原理是什么？其主要工艺特征有哪些？

第6章　污水的生物脱氮除磷处理工艺

随着世界各国制订污水处理厂出水水质标准的不断严格，对污水的脱氮除磷要求也越来越提高。

众所周知，氮、磷是导致自然水体富营养化的"祸根"，其结果是严重地破坏了水体的生态环境及恶化水质，造成水产养殖业等巨大损失。水体的富营养化一旦发生，往往需要很长的时间才能恢复到水体的正常状态。为了防止处理后水排入敏感水域而引致水体富营养化，或满足其回注地下与其他回用的水质要求，污水的脱氮除磷就成为必要环节。

由于游离氨在水体中对鱼类具有较强的毒性作用，故对于硝化和反硝化的研究开始得较早。随着城市化在全球范围的迅速发展，城市污水的日排放量将同步增加，以去除有机污染物为目的的传统活性污泥法显然已不能满足目前的环境质量标准。欧美很多国家早已提出，对现有的生物处理系统必须进行改造，以满足其对脱氮除磷的要求。污水的生物脱氮除磷，可以由各种活性污泥处理工艺系统（参见第5章）在去除有机污染物的同时来实现，也可以是在活性污泥或生物膜去除碳源污染物后，再附加生物脱氮除磷工艺。

目前，在污水处理工程领域中常用的脱氮除磷工艺主要依赖于生物技术，必要时还需要辅以化学除磷。

6.1　污水的生物脱氮处理工艺

6.1.1　污水的生物脱氮原理

现行的以传统活性污泥工艺为代表的污水好氧生物处理工艺，其处理功能主要是降解、去除污水中呈溶解性的有机污染物。至于污水中的氮、磷，只能是通过活性污泥微生物的摄取，去除微生物细胞由于生命活动的需求而吸收的数量，这样，氮的去除率仅仅能够达到 $20\% \sim 40\%$，而磷的去除率则更低，约为 $5\% \sim 20\%$。

在自然界普遍存在着氮循环的自然现象。在采取适当的运行条件后，能够在活性污泥反应系统中将这一自然现象加以模拟，赋予活性污泥反应系统以脱氮的功能。

1. 氨化反应与硝化反应

在未经处理的新鲜污水中，含氮化合物存在的主要形式是：①有机氮，如蛋白质、氨基酸、尿素、胺类化合物、硝基化合物等；②氨态氮（NH_3 或 NH_4^+）。一般以前者为主。

含氮化合物在相应的微生物作用下，相继产生下列各项反应。

（1）氨化反应

有机氮化合物，在氨化菌的作用下，被分解、转化为氨态氮，这一过程称之为"氨化反应"，以氨基酸为例，其化学反应式为：

$$RCHNH_2COOH + O_2 \xrightarrow{\text{氨化菌}} RCOOH + CO_2 + NH_3 \qquad (6\text{-}1)$$

（2）硝化反应

氨态氮在硝化菌的作用下，进行硝化反应，进一步被分解、氧化。这一反应，也分为两个阶段进行。首先是在亚硝酸菌的作用下，使氨（氨态氮）（NH_4^+）转化为亚硝酸氮，其反应式为：

$$NH_4^+ + 3/2O_2 \xrightarrow{\text{亚硝酸菌}} NO_2^- + H_2O + 2H^+ - \Delta F \quad (\Delta F = 278.42kJ) \qquad (6-2)$$

继之，亚硝酸氮在硝酸菌的作用下，进一步转化为硝酸氮，其反应式为：

$$NO_2^- + 1/2O_2 \xrightarrow{\text{硝酸菌}} NO_3^- - \Delta F \quad (\Delta F = 72.27kJ) \qquad (6-3)$$

硝化反应的总反应式为：

$$NH_4^+ + 2O_2 \rightarrow NO_3^- + H_2O + 2H^+ - \Delta F \quad (\Delta F = 351kJ) \qquad (6-4)$$

（3）硝化菌

亚硝酸菌和硝酸菌统称为硝化菌。硝化菌是化能自养菌，革兰氏染色阴性，不生芽孢的短杆状细菌，广泛存活在土壤中，在自然界的氮循环中起着重要的作用。这类细菌的生理活动不需要有机性营养物质，从 CO_2 获取碳源，从无机物的氧化中获取能量。

（4）硝化反应正常进行应保持的环境条件

硝化菌对环境条件的变化极为敏感，为了使硝化反应进行正常，必须保持硝化菌所需要的环境条件，其中有：

1）好氧环境，满足"硝化需氧量"规定的溶解氧量，并保持一定的碱度。

由式（6-4）可以看到，在硝化反应进程中，1mol 原子氮（N）氧化成为硝酸氮，需 2mol 分子氧（O_2），即：1g 氮完成硝化反应，转化成硝酸氮，需氧 4.57g，这个需氧量称之为"硝化需氧量"（NOD）。一般建议硝化反应器内混合液中溶解氧含量应大于 2.0mg/L。

其次，在硝化反应过程中，将向混合液释放出 H^+ 离子，致使混合液中的 H^+ 离子浓度增高，从而使混合液的 pH 下降。硝化菌对 pH 的变化极为敏感，为了使混合液保持适宜的 pH，应当在混合液中保持足够的碱度，以保证在硝化反应过程中，对 pH 的变化起到缓冲的作用。一般来讲，1g 氨态氮（以 N 计）完全硝化，需碱度（以 $CaCO_3$ 计）7.14g。

2）混合液中有机污染物含量不应过高，BOD_5 值应为 15～20mg/L。

硝化菌属自养型细菌，有机物浓度不是它生长增殖的限制因素，故在硝化反应过程中，混合液中含碳有机污染物的浓度不应过高，一般混合液中的 BOD_5 值应在 20mg/L 以下。若 BOD_5 值过高，将使增殖速度较高的异养型细菌迅速增殖，并成为优势菌种，从而使自养型的硝化菌不能成为优势菌种，硝化反应将异常迟缓。

（5）硝化反应过程应保持的各项指标数据

1）溶解氧（DO）

氧是硝化反应进程的电子受体，反应器内混合液的溶解氧含量，必将影响硝化反应的进程与效果。大量的实验结果证实，硝化反应器内混合液的 DO 值不得低于 2.0mg/L。

2）温度

在 5～30℃ 的温度范围内，随着温度的提高，硝化反应速度也随之增高，在 30℃ 时，硝化反应速度即行下降，这是因为温度超过 30℃ 时，蛋白质变性，使硝化菌活性降低。

15℃以下时，硝化反应速度下降；4℃以下，硝化反应完全停止。

3）pH

硝化菌对环境条件 pH 的变化异常敏感，当 pH 在 7.0～8.1 时活性最强，超出这个范围，活性就要降低，当 pH 降到 5.0～5.5 时硝化反应即将停止。脱氮反应的硝化阶段通常是将 pH 控制在 7.2～8.0。

在最佳 pH 环境条件下，硝化反应速度、硝化菌最大的比增殖速度均可达最高值。

4）生物固体平均停留时间（污泥龄）

为了使硝化菌的种群能够在连续流反应器系统内存活，硝化菌在反应器内的停留时间 $(\theta_c)_N$ 必须大于自养型硝化菌最小的世代时间 $(\theta_c)_N^{min}$，否则硝化菌的流失率将大于净增殖率，将使硝化菌从系统中流失殆尽。

对 $(\theta_c)_N$ 的取值，至少应为硝化菌最小世代时间的 2 倍，即安全系数应大于 2。此外，$(\theta_c)_N$ 值与温度密切相关，温度低，$(\theta_c)_N$ 应提高取值。

5）对硝化反应产生抑制作用的物质

对硝化菌有抑制作用的重金属有 Zn、Cu、Hg、Cr、Ni、Ag、Co、Cd、Pd 等。对硝化菌有抑制作用的无机物质有 CN^-、ClO_4^-、硫氰酸盐、HCN、叠氮化钠、K_2CrO_4、三价砷及氟化钠等。

对硝化菌有抑制作用的还有下列物质：高浓度的 NH_4^+-N、高浓度的 NO_x^--N、有机物质以及络合阳离子等。

2. 反硝化反应

（1）反硝化反应过程与反硝化菌

反硝化反应的实质是硝酸氮（NO_3^--N）和亚硝酸氮（NO_2^--N）在缺氧的环境条件下，在反硝化菌参与作用下，被还原成为气态氮（N_2）或 N_2O、NO 的生物化学过程。

反硝化菌是属于异养型兼性厌氧菌的细菌，在自然环境中几乎无处不在，参与污水生物处理过程的微生物中，如假单胞菌属（*Pseudomonas*）、产碱杆菌属（*Alcaligenes*）、芽孢杆菌属（*Bacillus*）和微球菌属（*Micrococcus*）等都是反硝化细菌。这些微生物多属于兼性细菌，在混合液中有分子态溶解氧存在时，这些反硝化细菌氧化分解有机物，利用分子氧作为最终电子受体；在不存在分子态氧的情况下，利用硝酸盐（N 为 +5 价）和亚硝酸盐（N 为 +3 价）中的氮作为能量代谢中的电子受体（被还原），氧（-2 价）作为受氢体生成 H_2O 和 OH^- 碱度，有机物作为碳源及电子供体提供能量并得到氧化稳定。

反硝化反应的生物化学过程示之于图 6-1。

生物反硝化进程可以用下列二式表示：

$$NO_2^- + 3H（电子供体有机物）\longrightarrow 1/2N_2 + H_2O + OH^- \qquad (6-5)$$

$$NO_3^- + 5H（电子供体有机物）\longrightarrow 1/2N_2 + 2H_2O + OH^- \qquad (6-6)$$

反硝化反应过程中，NO_2^- 和 NO_3^- 的转化是通过反硝化细菌的同化作用（合成代谢）和异化作用（分解代谢）来完成的。同化作用是 NO_2^- 和 NO_3^- 被还原成 NH_4^+-N，用以新微生物细胞的合成，氮成为细胞质的成分。异化作用是 NO_2^- 和 NO_3^- 被还原成为 NO、N_2O 和 N_2 等气态物质，而主要是 N_2。通过异化作用去除的氮，约占去除量的 70%～75%。

硝酸盐的反硝化还原过程如下式所示：

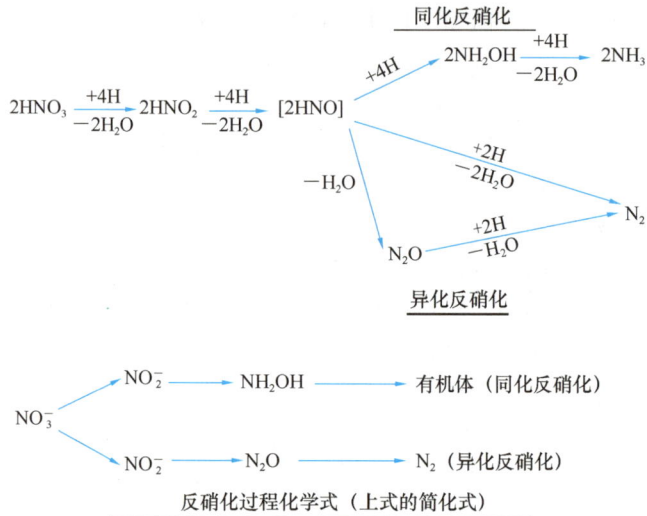

图 6-1　反硝化的生物化学过程

$$NO_3^- \rightarrow NO_2^- \rightarrow NO \rightarrow N_2O \rightarrow N_2 \tag{6-7}$$

反硝化反应过程的产物，因参与反应的微生物种属和环境因素等条件不同而有所不同。例如，当 pH 低于 7.3 时，NO_2^- 的产量将有所提高。

（2）影响反硝化反应的环境因素

1）温度

反硝化反应的适宜温度是 20～40℃，低于 15℃时，反硝化菌的增殖速率降低，代谢速率也行降低，从而反硝化反应速率也行降低。

在冬季低温季节，为了保持一定的反硝化反应速率，应考虑提高反硝化反应系统的污泥龄（生物固体平均停留时间 θ_c），降低负荷率，提高污水的停留时间。

2）溶解氧（DO）

反硝化菌是异养兼性厌氧菌，只有在无分子氧而同时存在硝酸和亚硝酸离子的条件下，它们才能够利用这些离子中的氧进行呼吸，使硝酸盐还原。如反应器内溶解氧含量较高，反硝化菌则利用氧进行呼吸，抑制反硝化菌体内硝酸盐还原酶的合成，或者氧成为电子受体，阻碍硝酸氮的还原。但另一方面，反硝化菌体内某些酶系统组分只有在有氧条件下才能合成，这样，反硝化菌宜在厌氧、好氧交替的环境中生活，溶解氧以控制在 0.5mg/L 以下为宜。

3）pH

反硝化反应过程的最适宜 pH 为 7.0～7.5，不适宜的 pH 能够影响反硝化菌的增殖速率和酶的活性。当 pH 低于 6.0 或高于 8.0，反硝化反应过程将受到严重的抑制。

在反硝化反应的过程中，要产生一定量的碱度，这一现象有助于使 pH 保持在适宜的范围内，并有利于补充在硝化反应过程中所消耗的部分碱度。在理论上，每还原 $1gNO_3^-$-N，要生成 3.57g 碱度（以 $CaCO_3$ 计），在实际操作上要低于此值。对活性污泥工艺型反硝化反应系统，此值为 2.89。美国环境保护局建议在工程设计中采用 $3.0gCaCO_3/gNO_3^-$-N。

4）碳源有机物

反硝化反应是由异养型微生物执行并完成的生物化学反应。它们在溶解氧浓度极低的条件下，利用硝酸盐中的氮作为电子受体，有机物作为碳源及电子供体。应用的碳源物质不同，反硝化速率也不同。

在实施反硝化反应过程中，经常采用的碳源有机物有生活污水、甲醇和糖蜜等。

一般认为，当污水中 $BOD_5/TN>3$ 时（一般调整为 4），即可认为碳源充足，无须外加碳源；而当原污水中碳、氮比值过低，如 $BOD_5/TN≤3$，即需另投加有机碳源（常用甲醇）。

表 6-1 所列举的是生物脱氮工艺中，各种生化反应的特性。

生物脱氮反应过程各项生化反应特征 表 6-1

生化反应类型	去除有机物（好氧分解）	硝化反应		反硝化反应
		亚硝化	硝化	
微生物	好氧菌和兼性菌（异养型细菌）	*Nitrosomonas* 自养型细菌	*Nitrobacter* 自养型细菌	兼性菌 异养型细菌
能源	有机物	化学能	化学能	有机物
氧源（H 受体）	O_2	O_2	O_2	NO_3^-、NO_2^-
溶解氧	1～2mg/L 以上	2mg/L 以上	2mg/L 以上	0～0.5mg/L
碱度	没有变化	氧化 $1mgNH_4^+$-N 需要 7.14mg 的碱度	没有变化	还原 $1mgNO_3^-$-N，NO_2^--N 生成 3.57mg 碱度
氧的消耗	分解 1mg 有机物（BOD_5）需要 2mg	氧化 $1mgNH_4^+$-N 需氧 3.43mg	氧化 $1mgNO_2^-$-N 需氧 1.14mg	分解 1mg 有机物（COD）需要 NO_2^--N 0.58mg，NO_3^--N 0.35mg，以提供化合态的氧
最适 pH	6～8	7～8.5	6～7.5	6～8
最适水温	15～25℃ $θ=1.0～1.04$	30℃ $θ=1.1$	30℃ $θ=1.1$	34～37℃ $θ=1.06～1.15$
增殖速率（d^{-1}）	1.2～3.5	0.21～1.08	0.28～1.44	好氧分解的 1/2～1/2.5
分解速度	70～870mg BOD_5/（gMLSS·h）	$7mgNH_4^+$-N/（gMLSS·h）	$1.31gNO_2^-$-N/（gMLVSS·d）	2～8mgNO_3^--N/（gMLSS·h）
产率	16%CH_3OH/g $C_5H_7O_2N$	0.04～0.13mg VSS/mgNH_4^+-N，能量转换率为 5%～35%	0.02～0.07mg/mg NO_2^--N，能量转换率为 10%～30%	16%CH_3OH/g $C_5H_7O_2N_8$

6.1.2 硝化及反硝化反应动力学

目前一般认为，在活性污泥法中所发生的硝化及反硝化反应服从活性污泥反应动力学，下面将概括论述悬浮培养中一些常用的硝化及反硝化反应动力学方程式。

微生物的增殖方程：

$$\mu = \mu_{max} \frac{S}{S+K_s} \tag{6-8}$$

式中 μ——微生物的比增殖率，d^{-1}；

μ_{max}——微生物的最大比增长率，d^{-1}；

S——底物浓度，mg/L；

K_s——饱和常数，mg/L。

底物的去除方程：

$$q = q_{max} \frac{S}{S + K_s} \tag{6-9}$$

式中　q——底物的比去除率，mg/（mg·d）；

q_{max}——底物的最大比去除率，mg/（mg·d）。

微生物增殖与底物去除的关系：

$$q_{max} = \frac{\mu_{max}}{Y_g} \tag{6-10}$$

式中　Y_g——微生物的产率，mg/mg。

底物的利用率可以由下式计算：

$$q = \frac{S_0 - S}{(HRT)X} \tag{6-11}$$

式中　S、S_0——反应器和原水中的底物浓度，mg/L；

X——反应器中的微生物浓度，mg/L；

HRT——水力停留时间，d。

设计的微生物细胞停留时间：

$$\frac{1}{\theta_d} = Y_g q - K_d \tag{6-12}$$

式中　θ_d——设计的硝化或反硝化反应所需的细胞停留时间，d；

K_d——微生物的内源呼吸代谢速率，d^{-1}。

要求的最小的细胞停留时间：

$$\frac{1}{\theta_{min}} = Y_g q_{max} - K_d \tag{6-13}$$

式中　θ_{min}——硝化或反硝化反应所需的最小细胞停留时间，d。

在应用前面所述的有关硝化及反硝化动力学方程式时，需要首先获得各式中所包含的动力学常数。表 6-2 中汇总了在纯硝化悬浮生长反应器中所得到的硝化细菌的动力学常数，而表 6-3 则列举了反硝化细菌的一些动力学参数，供参考。

在 20℃ 时纯悬浮培养中硝化细菌的动力学常数　　　　　　　　表 6-2

常数		单位	范围	
			一般	典型
亚硝酸菌	μ_{max}	1/d	0.3~2.0	0.7
	K_s	$mgNH_4^+$-N/L	0.2~2.0	0.6
硝酸菌	μ_{max}	1/d	0.4~3.0	1.0
	K_s	$mgNH_4^+$-N/L	0.2~5.0	1.4
总的反应	μ_{max}	1/d	0.3~3.0	1.0
	K_s	$mgNH_4^+$-N/L	0.2~5.0	1.4
	Y_g	$mgVSS/mgNH_4^+$-N	0.1~0.3	0.2
	K_d	1/d	0.03~0.06	0.05

常数	单位	范围	
		一般	典型
μ_{max}	1/d	0.3～0.9	0.3
K_s	$mgNH_4^+-N/L$	0.06～0.20	0.10
Y_g	$mgVSS/mgNH_4^+-N$	0.4～0.9	0.8
K_d	1/d	0.04～0.08	0.04

6.1.3 生物脱氮处理工艺

生物脱氮处理工艺以生物法脱氮原理为基础，主要包括以下三个生化反应过程：①污水中一部分氮通过微生物的合成代谢转化为微生物量，进而通过泥水分离从污水中得以去除；②污水中的氨氮及有机氮通过微生物的硝化反应而转变为硝酸盐；③在缺氧或厌氧条件下，硝化反应所产生的硝酸盐将由反硝化细菌把它们最终转化为氮气而从污水中去除。生物脱氮处理工艺的设计必须保证上述三个生化反应过程的顺利进行。

1. 硝化—反硝化工艺的基本流程

常用的硝化工艺分为一段硝化和两段硝化过程。

所谓一段硝化是指硝化反应在活性污泥曝气池内进行，其基本工艺流程如图 6-2 所示。在一段硝化法中，BOD 降解与硝化反应均在同一曝气池内进行。由于硝化细菌的世代时间比好氧异养菌

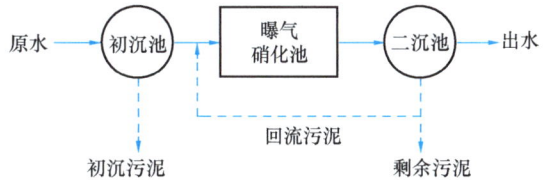

图 6-2　一段硝化反应流程

长得多，因此为了保证硝化反应的顺利进行，污泥停留时间一般须控制在 3d 以上。另一方面，硝化细菌在与好氧异养菌竞争溶解氧中处于劣势，只有当曝气池内有机负荷降低到一定水平以下时，硝化反应才能进行。基于上述理由，目前在实际中倾向于应用复合式一段硝化法，即在曝气池内添加某种载体，以此固定硝化细菌，这样可以大大缩短系统的运行周期。

所谓两段硝化是指硝化反应并不在使有机物降解的曝气池内进行，而是在另外一个硝化反应池内完成，其基本工艺流程如图 6-3 所示。在该系统中，首先利用高速率活性污泥去除污水中的 BOD，然后在 SRT 较长的第二段进行硝化。为了给第二段的硝化过程提供 BOD 物质和悬浮活性污泥，可将初沉池的一部分出水超越第一段直接进入第二段的硝化池。两段硝化法克服了一段硝化法的不足，BOD 去除与硝化反应分别在两个不同的曝气池内进行，是目前应用较为广泛的硝化反应工艺流程之一。

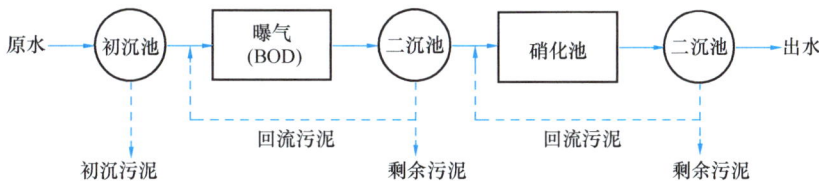

图 6-3　两段硝化反应流程

污水经过硝化反应后，氮的污染物只是形式上发生了变化，但并没有从水体中去除。当硝化反应与反硝化反应相结合时，最终可将硝化反应生成的亚硝酸盐及硝酸盐通过反硝化反应转化为氮气，并从水体中去除。一般来讲，所有的生物脱氮工艺都包括一个好氧硝化池（区）及具有一定容积或时间段的缺氧池（区），后者用以发生生物反硝化作用来达到脱氮的目的。在生物脱氮过程中，包括了 NH_4^+-N 氧化成 NO_x^--N 和 NO_x^--N 还原成 N_2 这两个过程。硝酸盐还原所需的电子供体可以是进水的 BOD，也可以外加碳源（通常为甲醇）。

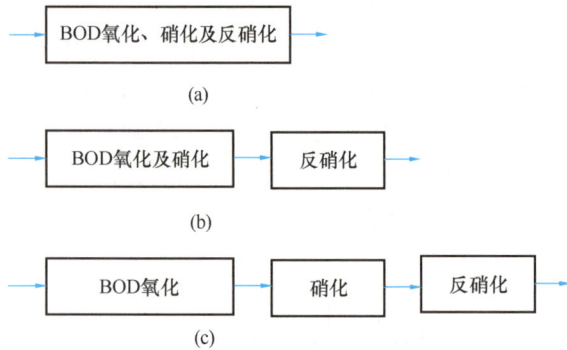

图 6-4　生物脱氮基本流程

(a) 一段 BOD 氧化—硝化—反硝化流程；
(b) 两段 BOD 氧化及硝化—反硝化流程；
(c) 三段分离式 BOD 氧化—硝化—反硝化流程

目前应用最为广泛的硝化—反硝化流程主要有三种基本形式，分别是一段 BOD 氧化—硝化—反硝化流程（图 6-4a）、两段 BOD 氧化及硝化—反硝化流程（图 6-4b）和三段分离式 BOD 氧化—硝化—反硝化流程（图 6-4c）。在实际中可以根据具体情况选择相应的工艺流程。

目前污水处理实际应用中的硝化—反硝化工艺基本上都是在图 6-4 所示三种基本流程的基础上发展起来的，下面将分节介绍几种工业化流程供实际应用参考。

2. 三级活性污泥法脱氮工艺

活性污泥法脱氮的传统工艺是由巴思（Barth）开创的所谓三级活性污泥法流程，它是以氨化、硝化和反硝化 3 项反应过程为基础建立的。其工艺流程示之于图 6-5。

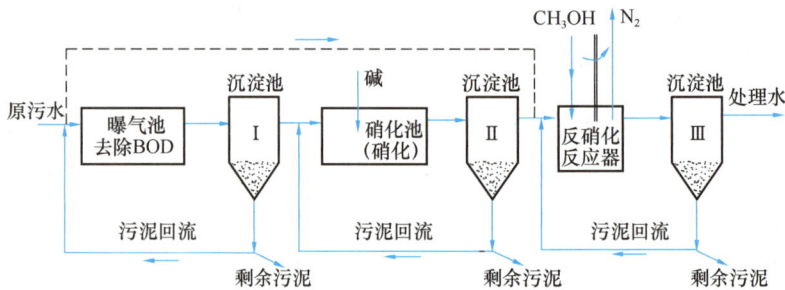

图 6-5　传统活性污泥法脱氮工艺（三级活性污泥法流程）

对上述流程作如下说明：

第一级曝气池为一般的二级处理曝气池，其主要功能是去除 BOD、COD，使有机氮转化，形成 NH_3、NH_4^+，即完成氨化过程。经过沉淀后，污水进入硝化曝气池，进入硝化曝气池的污水，BOD_5 值已降至 $15\sim20mg/L$ 较低的程度。

第二级硝化曝气池，在这里进行硝化反应，使 NH_3 及 NH_4^+ 氧化为 NO_3^--N。如前述，硝化反应要消耗碱度，因此需要投碱，以防 pH 下降。

第三级为反硝化反应器，在缺氧条件下，NO_3^--N 还原为气态 N_2，并逸往大气，在这一级应采取厌氧—缺氧交替的运行方式。既可投加 CH_3OH（甲醇）作为外投碳源，亦可引入原污水充作碳源。

当以甲醇作为外投碳源时，其投入量按下列公式计算：

$$C_m = 2.47N_0 + 1.53N + 0.87D \tag{6-14}$$

式中　C_m——需投加的甲醇量，mg/L；

　　　N_0——初始的 NO_3^--N 浓度，mg/L；

　　　N——初始的 NO_2^--N 浓度，mg/L；

　　　D——初始的溶解氧浓度，mg/L。

在这一系统的后面，为了去除由于投加甲醇而带来的 BOD 值，设后曝气池，经处理后，排放处理水。

这种系统的优点是有机物降解菌、硝化菌、反硝化菌，分别在各自反应器内生长增殖，环境条件适宜，而且各自回流在沉淀池分离的污泥，反应速度快且比较彻底。但处理设备多，造价高，管理不够方便。

除上述三级生物脱氮系统外，在实践中还使用两级生物脱氮系统，即将 BOD 去除和硝化两道反应过程放在统一的反应器内进行，如图 6-6 所示（虚线所示为可能实施的另一方案，沉淀池 I 也可以考虑不设）。

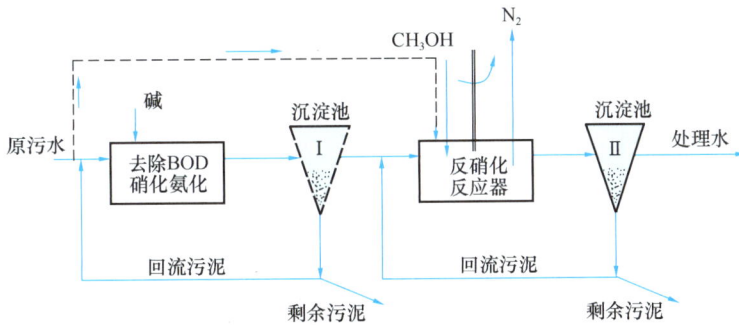

图 6-6　两级生物脱氮系统

3. 缺氧—好氧活性污泥法脱氮工艺（A/O 法脱氮工艺）

（1）工艺流程与特征

A/O 法脱氮工艺，是在 20 世纪 80 年代初开创的工艺流程，其主要特点是将反硝化反应器放置在系统之首，故又称为前置缺氧反硝化生物脱氮系统，这是目前采用比较广泛的一种脱氮工艺。

图 6-7 所示为分建式缺氧—好氧活性污泥脱氮系统，即反硝化、硝化与 BOD 去除分别在两座不同的反应器内进行。

硝化反应器内的已进行充分反应的硝化液的一部分回流至反硝化反应器，而反硝化反应器内的脱氮菌以原污水中的有机物作为碳源，以回流液中硝酸盐的氧作为电子受体，进行呼吸和生命活动，将硝态氮还原为气态氮（N_2），不需外加碳源（如甲醇）。

设内循环系统，向前置的反硝化池回流硝化液是本工艺系统的一项特征。

如前所述，在反硝化过程中，还原 1mg 硝态氮能产生 3.57mg 的碱度，而在硝化反应过程中，将 1mg 的 NH_4^+-N 氧化为 NO_3^--N 要消耗 7.14mg 的碱度，因此，在缺氧—好

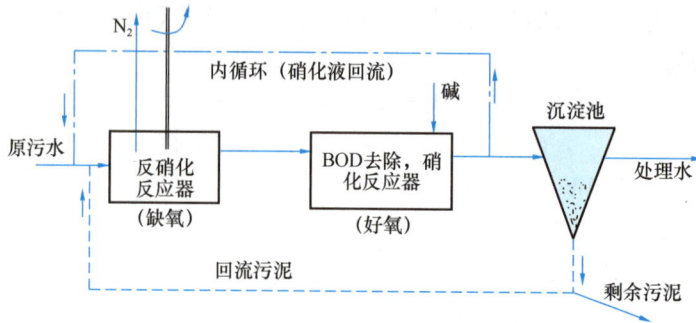

图 6-7　分建式缺氧—好氧活性污泥脱氮系统

氧系统中，反硝化反应所产生的碱度可补偿硝化反应消耗的碱度的一半左右。因此，对含氮浓度不高的污水（如生活污水、城市污水）可不必另行投碱以调节 pH。

此外，本系统硝化曝气池在后，使反硝化残留的有机污染物得以进一步去除，提高了处理水水质，而且无须增建后曝气池。

由于流程比较简单，装置少，无须外加碳源，因此，本工艺建设费用和运行费用均较低。

本工艺还可以建成合建式装置，即反硝化反应及硝化反应、BOD 去除都在一座反应器内实施，但中间隔以挡板进行分区，如图 6-8 所示。

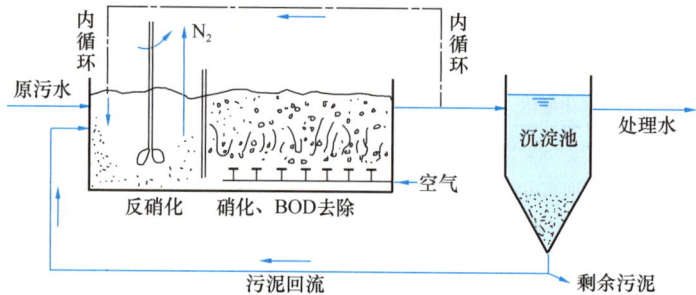

图 6-8　合建式缺氧—好氧活性污泥法脱氮系统

采用合建式，便于对现有推流式曝气池进行改造。

本工艺主要不足之处是因该流程的处理水来自硝化反应器，故在处理水中含有一定浓度的硝酸盐，如果沉淀池运行不当，在沉淀池内也会发生反硝化反应，使污泥上浮，使处理水水质恶化。

此外，如欲提高脱氮率，必须加大内循环比，这样做势必使运行费用增高。此外，内循环液来自曝气池（硝化池）含有一定的溶解氧，使反硝化段难以保持理想的缺氧状态，影响反硝化进程，一般脱氮率很难达到 90%。

（2）A/O 法脱氮工艺的设计计算

当污水仅需脱氮处理时，宜采用缺氧/好氧法（A/O 法）。

生物反应池中好氧区（池）的容积，可采用 BOD_5—污泥负荷率 N_s［参见式（4-99）］或污泥龄 θ_c［参见式（4-106）］计算，其中反应池中缺氧区（池）的水力停留时间宜为 2～10h。

当采用硝化、反硝化动力学计算生物反应池的容积时，其计算公式如下：

1) 缺氧区（池）容积：

$$V_N = \frac{0.001Q(N_k - N_{te}) - 0.12\Delta X_a}{k_{de}X}$$ (6-15)

$$k_{de(T)} = k_{de(20)} 1.08^{(T-20)}$$ (6-16)

$$\Delta X_a = Y \frac{Q(S_0 - S_e)}{1000}$$ (6-17)

式中　　　V_N——缺氧区（池）容积，m^3；

Q——生物反应池的设计流量，m^3/d；

N_k——生物反应池进水总凯氏氮浓度，mg/L；

N_{te}——生物反应池出水总氮浓度；mg/L；

ΔX_a——排出生物反应池系统的微生物量（$kgMLVSS/d$）；

k_{de}——脱氮速率[$kgNO_3^- \text{-}N/(kgMLSS \cdot d)$]，宜根据试验资料确定，无试验资料时20℃的$k_{de}$值可采用$0.03 \sim 0.06 kgNO_3^- \text{-}N/(kgMLSS \cdot d)$，并按式(6-16)进行温度修正；

$k_{de(T)}$、$k_{de(20)}$——分别为T℃和20℃时的脱氮速率；

X——生物反应池内混合液悬浮固体平均浓度，$gMLSS/L$；

T——设计温度，℃；

Y——污泥产率系数（$kgVSS/kgBOD_5$），宜根据试验资料确定，无试验资料时可取$0.3 \sim 0.6$；

S_0——生物反应池进水BOD_5浓度，mg/L；

S_e——生物反应池出水BOD_5浓度，mg/L。

2) 好氧区（池）容积：

$$V_O = \frac{Q(S_0 - S_e) - \theta_{co}Y_t}{1000X}$$ (6-18)

$$\theta_{co} = F \frac{1}{\mu}$$ (6-19)

$$\mu = 0.47 \frac{N_a}{K_n + N_a} e^{0.098(T-15)}$$ (6-20)

式中　V_O——好氧区（池）容积，m^3；

θ_{co}——好氧区（池）设计污泥龄，d；

Y_t——污泥总产率系数（$kgMLSS/kgBOD_5$），宜根据试验资料确定，无试验资料时宜取$0.3 \sim 0.6$（有初次沉淀池时）或$0.8 \sim 1.2$（无初次沉淀池时）；

F——安全系数，宜为$1.5 \sim 3.0$；

μ——硝化细菌比生长速率，d^{-1}；

N_a——生物反应池进水氨氮浓度，mg/L；

K_n——硝化作用中氮的半速率常数，mg/L；

0.47——15℃时硝化细菌最大比生长速率，d^{-1}。

其他符号意义同前。

混合液回流量可按下式计算：

$$Q_{Ri} = \frac{1000V_N k_{de} X}{N_t - N_{ke}} - Q_R$$ (6-21)

式中　Q_{Ri}——生物反应池的设计流量，m^3/d；

N_t——生物反应池进水总氮浓度，mg/L；

N_{ke}——生物反应池出水总凯氏氮浓度；mg/L；

Q_R——回流污泥量，m^3/d。

其他符号意义同前。

依据《室外排水设计标准》GB 50014—2021，A/O 法生物脱氮的主要设计参数宜根据试验资料确定；当无试验资料时，可采用经验数据或按表 6-4 的规定取值。

缺氧/好氧法（A/O 法）生物脱氮的主要设计参数　　　　　　　　表 6-4

项目		单位	参数值
BOD_5—污泥负荷 N_s		$kgBOD_5/(kgMLSS \cdot d)$	$0.05 \sim 0.10$
总氮负荷率		$kgTN/(kgMLSS \cdot d)$	$\leqslant 0.05$
污泥浓度（MLSS）X		g/L	$2.5 \sim 4.5$
污泥龄 θ_c		d	$11 \sim 23$
污泥产率 Y		$kgVSS/kgBOD_5$	$0.3 \sim 0.6$
需氧量 O_2		$kgO_2/kgBOD_5$	$1.1 \sim 2.0$
水力停留时间（HRT）		h	$9 \sim 22$
			$2 \sim 10$(其中缺氧段)
污泥回流比 R		$\%$	$50 \sim 100$
混合液回流比 R_i		$\%$	$100 \sim 400$
总处理效率 η	BOD_5	$\%$	$90 \sim 95$
	TN	$\%$	$60 \sim 85$

（3）影响因素与主要参数

1）水力停留时间

试验与运行数据证实，硝化反应与反硝化反应进行的时间对脱氮效果有一定的影响。为了取得 70%～80% 的脱氮率，硝化反应需时较长，一般不应低于 6h，而反硝化反应所需时间则较短，在 2h 之内即可完成。

硝化与反硝化的水力停留时间比以 3：1 为宜。

2）循环比（R）

在本工艺系统中，内循环回流的作用是向反硝化反应器提供硝态氮，使其作为反硝化反应的电子受体，从而达到脱氮的目的。内循环回流比不仅影响脱氮效果，而且也影响本工艺系统的动力消耗，是一项非常重要的参数。

循环比的取值与要求达到的处理效果以及反应器类型有关，应当说，适宜的循环比，应通过试验或对运行数据的分析确定。

运行数据确证，循环比在 50% 以下，脱氮率很低，循环比在 200% 以下，脱氮率随循环比增高而显著上升。循环比高于 200% 以后，脱氮率提高就比较缓慢了。一般循环比取值不宜低于 200%。对活性污泥系统最高取值可达 600%，而对流化床，为了使载体流化，要求更高的循环比。

3）MLSS 值

反应器内的 MLSS 值，一般应在 3000mg/L 以上，低于此值，脱氮效果将显著降低。

4）污泥龄（生物固体平均停留时间）

应保证在硝化反应器内保持足够数量的硝化菌，因此采取较长的污泥龄，一般取值在 30d 以上。

5）N/MLSS 负荷率

N/MLSS 负荷率应低于 0.03gN/(gMLSS·d)，高于此值脱氮效果将急剧下降。

6）进水总氮浓度

应在 30mg/L 以下，否则脱氮率将下降到 50％以下。

4. 分段进水 A/O 工艺

分段进水缺氧/好氧工艺也可采用前置缺氧区。与用于去除 BOD 和进行硝化反应的分段式活性污泥工艺类似，为了实现脱氮，污水可从不同进水位置引入（图 6-9）。对于大多数采用分段进水去除 BOD 和硝化的工艺，很容易将其改建为分段进水缺氧/好氧生物脱氮工艺。此时，进水点和反应器内每个廊道内的容积都是固定的，池体布局一般也是对称的，且每一个廊道的容积都相等。对一个新池体的设计来说，采用非对称进水设计也是可能的，其进水口几乎相同，但每一个廊道的容积随着混合液浓度从第一个廊道到最后一个廊道的递减而增大。例如对于一个 4 廊道的系统来说，进水流量分配可以为 15:35:30:20。由于该水流在好氧区产生的硝酸盐不会减少，则最后一个缺氧/好氧区内的水流十分关键，因而也确定了最终出水 $NO_3^- -N$ 浓度。出水 $NO_3^- -N$ 浓度可以低于 8mg/L。在非对称进水设计方法中，由于每一个廊道采用相同的 F/M 比，故使反应池的容积利用更加有效。

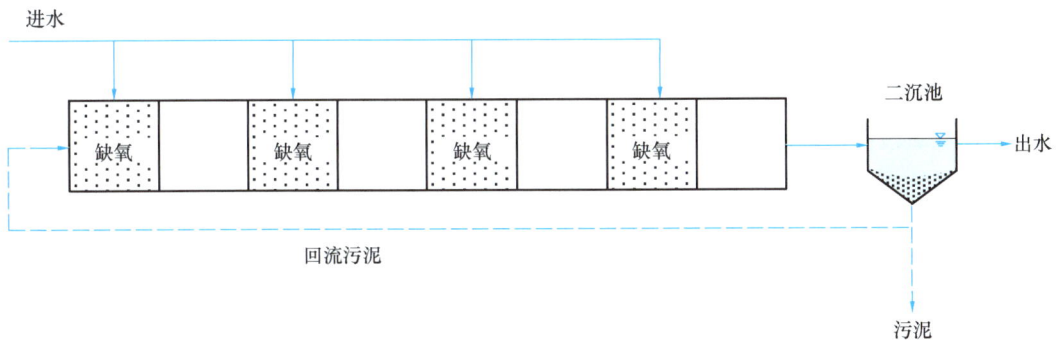

图 6-9　分段进水生物脱氮工艺的示意图

对于一个现有的反应器，进行分段进水生物脱氮工艺设计的变量包括廊道间的流量分配、缺氧池和好氧池容积的相对划分、最后一个廊道的 MLSS 浓度。最后一个廊道内的 MLSS 浓度的选择一般根据二沉池可接受的活性污泥负荷而定。整个系统的 SRT 值取决于最后廊道的 MLSS 浓度、活性污泥回流比、进水流量分配及污水特性，一旦系统的 SRT 值已知，混合液中生物量和硝化菌的浓度就可以确定下来，进而可以确定系统的硝化反硝化能力。

分段进水工艺非常适用于满足出水总氮低于 10mg/L 的情况。然而，对于采用内循环分段进水生物脱氮工艺来讲，在缺氧/好氧分段进水工艺的最后一个廊道内，理论上可以实现出水总氮浓度小于 3～5mg/L，一般出水 TN 能达到 5～8mg/L。必须控制来自好氧区的溶解氧以减少流到缺氧区内的溶解氧量。就分段进水工艺而言，需要更多的 DO 控制点。进水流量需要分别进行测量和控制，以优化用于脱氮的分段进水反应器容积。

5. 后置缺氧反硝化脱氮工艺

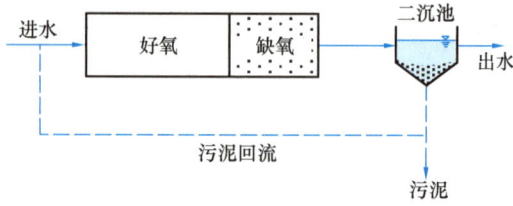

图 6-10　单级后置缺氧反硝化脱氮工艺

在后置缺氧反硝化脱氮工艺中(图 6-10)，缺氧段位于好氧区的后面，可以在有或无外部碳源存在的条件下运行，氮的去除是通过在好氧硝化作用后增加一个混合缺氧池来完成的。在无外碳源加入的条件下运行时，后置缺氧工艺依赖于活性污泥的内源呼吸作用，为硝酸盐还原提供电子供体。与前置缺氧工艺采用原水 BOD 作为电子供体相比，后置缺氧工艺的反硝化速率非常低，因而为实现较高脱氮效率往往需要设计较长的停留时间。

在单级活性污泥系统中的硝化工艺后接几个分体式水池，可以实现后置缺氧反硝化作用。Bardenpho 工艺是这一原理在具体应用中的典型实例（图 6-11）。

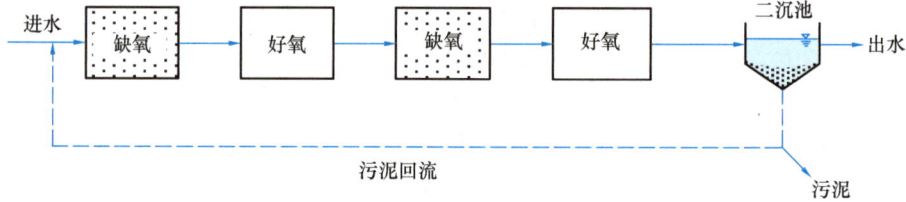

图 6-11　Bardenpho 工艺（4 段）

Bardenpho 工艺是一种将前置缺氧段和后置缺氧段反硝化作用结合起来的一套工艺，该工艺于 20 世纪 70 年代中叶兴起并应用于南非的一些水厂中，直到 1978 年才被引入美国。后置缺氧段停留时间约等于或大于前置缺氧区的停留时间，好氧区出水的 NO_3^--N 浓度一般可以从 5～7mg/L 降低到 3mg/L 以下。

在 Bardenpho 工艺的硝化作用结束后，易生化降解 COD 被完全生物降解，且大多数的颗粒状的可生化降解 COD 也被降解，而这一点又取决于系统的 SRT 值。这样一来，通过活性污泥的内源呼吸作用，可以产生硝酸盐还原所需的电子供体。有研究表明，在内源呼吸作用下的比反硝化速率（$SDNR_b$）值在 $0.01～0.04gNO_3^--N/gMLVSS$ 内变化，而在缺氧条件下的内源耗氧速率约为好氧条件下的 50%。据此，内源呼吸条件下的比反硝化速率（$SDNR_b$）可通过内源呼吸衰减系数得出：

$$SDNR_b = \frac{1.42K_d}{2.86}\eta = 0.5\,K_d\,\eta \qquad (6-22)$$

式中　1.42——$gO_2/gVSS$ 生物量；

2.86——gO_2 当量/gNO_3^--N；

η——可以利用 NO_3^--N 代替 O_2 作为电子受体的微生物量；

K_d——微生物内源呼吸衰减系数，$gVSS/(gVSS \cdot d)$。20℃时的 K_d 值为 0.05～0.15gVSS/(gVSS \cdot d)[典型值 0.08gVSS/(gVSS \cdot d)]，温度校正系数为 1.03～1.08(典型值为 1.04)。

此外，$SDNR_b$ 还与微生物的浓度有关，当 SRT 增加时，参与反应的微生物量（以 MLVSS 计）逐渐减少，故由 MLVSS 浓度决定的 SDNR 值也将减少。

20℃时，基于总 MLVSS 浓度的内源呼吸 SDNR 值与 SRT 的经验函数关系式可由下式表示：

$$SDNR_{MLVSS} = 0.12(SRT)^{-0.706} \qquad (6-23)$$

式中　$SDNR_{MLVSS}$——$gNO_3^--N/(gMLVSS \cdot d)$。

Bardenpho 工艺（4 段）的设计运行参数为：SRT = 10～20d；MLSS = 3000～4000mg/L；总 HRT = 7.5～20h（其中第一缺氧段为 1～3h，第二好氧段为 4～12h，第三缺氧段为 2～4h，第四好氧段为 0.5～1h）；回流污泥占进水平均流量的 50%～100%，内循环量占进水量的 200%～400%。

采用投加甲醇的 Bardenpho 工艺和后置缺氧工艺，能使出水总氮低于 3mg/L。由于 Bardenpho 工艺的第二个缺氧区的反硝化速率非常低，这将导致整个反应器的容积利用率也非常低，为此向第二个缺氧区投加甲醇，可减少对反应器容积的需求。

6. 外加碳源的硝化—反硝化工艺

通常，由于硝化反应后的出水中 BOD 量微乎其微，所以一般需外加碳源来为硝化菌的繁殖与代谢提供能量。对于后置缺氧反硝化工艺来说（图 6-12），硝化后的出水与外加碳源（通常为甲醇）一起进入混合缺氧池进行反硝化。为了使作为电子受体的 NO_3^--N 来消耗甲醇并保证絮体具有良好的沉降和浓缩性能，需要提供足够的水力停留时间和 SRT（通常至少 5d）。缺氧池后还应设置一个约为 10～20min 的短时曝气时间使混合液中的氮气释放出去，以保证终沉池在最大程度上去除悬浮固体。

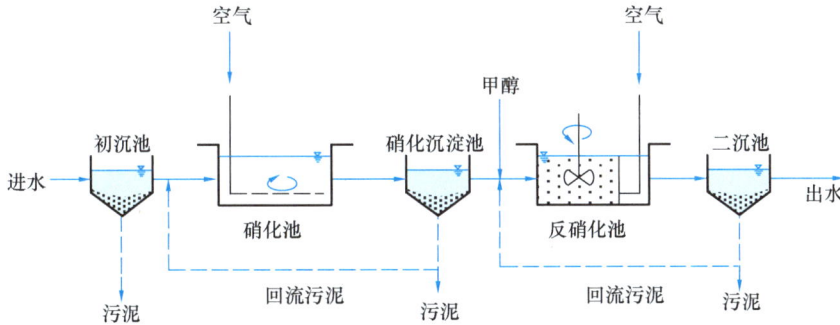

图 6-12　外加碳源的两级硝化反硝化脱氮工艺

投加外碳源（一般为甲醇）的后置缺氧段设计，早在 20 世纪 70 年代就已十分流行。活性污泥缺氧区在经过 1～3h 的混合后，再经过一个少于 30min 的曝气时间来吹脱絮体中夹杂着的氮气，同时好氧条件也有利于提高后续沉淀池固液分离效果。甲醇是常用的底物，因为按去除每单位硝酸盐的费用，甲醇优于其他底物。尽管它的绝对费用比葡萄糖、乙酸盐都高，从整体角度看，甲醇也是最便宜的，因为它具有相对较低的生物产量。较低的生物产量意味着大量甲醇都被用于还原 NO_3^--N，因此每投加 1g 底物，硝酸盐的消耗率就越高。常见的甲醇与硝酸盐去除量之比为 3.0～4.0g/g，这取决于原水中的 DO 量以及缺氧系统的 SRT 值。SRT 设计得越长，通过内源呼吸氧化的生物量就越多，该过程要消耗硝酸盐，因此甲醇与硝酸盐消耗之比也就越低。由于甲醇易燃，因此使用甲醇需要有特殊的贮备监控预警措施。

后置缺氧反硝化工艺的设计与活性污泥法的设计类似，电子供体作为生长的底物，硝酸盐代替溶解氧作为电子受体。由于硝酸盐只有在小于 0.3mg/L 的极低浓度下才成为工艺动力学的限制条件，故应根据甲醇的降解动力学进行工艺设计。该工艺是针对完全混合活性污泥进行设计的，故应利用可生化降解 COD 动力学系数来表达甲醇的消耗和生物量的增长；利用类似于完全混合活性污泥工艺中的供氧方式表达硝酸盐的消耗量。

在投加甲醇的前提下，外加碳源的后置缺氧反硝化工艺典型的动力学系数见表 6-5。

在 10℃ 和 20℃ 时甲醇作为底物时的反硝化动力学系数 表 6-5

参数	单位	温度	
		10℃	20℃
合成产率，Y	gVSS/gCOD	0.17	0.18
内源呼吸衰减率，K_d	gVSS/（gVSS·d）	0.04	0.05
最大比增长速率，μ_m	gVSS/（gVSS·d）	0.52	1.86
最大比底物利用率，r_{max}	gbCOD/（gVSS·d）	3.1	10.3
半速度常数，K_s	g/m³	12.6	9.1

外加碳源的后置缺氧反硝化工艺的工艺设计步骤包括：确定需要还原的 $NO_3^- $-N 量；合理选择缺氧池的 SRT 值；根据设计的 SRT 值和动力学系数，计算缺氧池内剩余甲醇浓度；根据将要被去除的硝酸盐量和将被消耗的原水溶解氧浓度来确定甲醇的剂量；计算总活性污泥产量；根据活性污泥产量和 SRT 值确定缺氧池容积；选择一个位于澄清池前的后曝气池的停留时间。

外加碳源的后置缺氧反硝化工艺的优点在于能使出水氮含量低于 3mg/L；可与出水过滤设备形成处理系统。其局限性是由于添加了甲醇，则运行费用较高；需要安装投加甲醇的控制器。选择后置缺氧工艺的原因主要考虑现场布局、已有反应器结构和设备等方面因素。

6.1.4 新型生物脱氮工艺

传统的生物脱氮工艺需要大量的氧气和能量，近年来通过引入一些新型微生物而研发的生物处理工艺符合可持续发展的理念，在降低有机物需求量、氧气和能量消耗方面均有较大的改进。由于污水本身所含有的有机碳源相当有限，从高浓度氨氮污水中完全脱氮需要为反硝化过程补充大量碳源；此外，大多数现有的污水处理设施并非为脱氮而设计的，要在这些设施中实现硝化—反硝化阶段是很困难的，因而许多污水处理厂不能满足现行的污水排放标准（10mgN/L）。这些因素都是驱使研究者努力研发新型廉价高氮污水生物处理工艺的主要原因。到目前为止研发的新型生物脱氮工艺主要包括短程亚硝化脱氮技术、厌氧氨氧化（ANAMMOX）等。

1. 短程亚硝化脱氮——SHARON® 工艺

在污水中的氨氮发生硝化反应的过程中，如果能够通过控制形成硝酸盐而直接从亚硝酸盐进行反硝化，将会减少对碳源的需求、降低曝气过程中的能量消耗、因反应途径缩短从而缩小反应器的体积、最大程度地降低工艺运行成本。

为了评价短程亚硝化脱氮的可行性，首先应对硝化反应动力学有一个很好的认识，然后找到一种可以促进亚硝酸盐在生物硝化系统中积累的方法。目前已经发现的影响亚硝酸盐积累的因素至少有 3 种：在生物膜系统中，亚硝化菌与硝化菌所具有的相对生长速率比 μ_{Ns}/μ_{Nb}；载体表面亚硝化菌与硝化菌的初始相对比率；游离氨的浓度，尤其是当游离氨的浓度高于 0.1mgN/L 时，会抑制亚硝酸盐的氧化。此外，基于生长速率不同引致的硝化菌流失可能是又一种控制亚硝酸盐积累的方法。在相对较高温度条件下（>15℃），亚硝化菌的生长速率大于硝化菌的生长速率。有研究表明，严格地控制污泥龄可以很好地实现不完全硝化反应，并可以保持其运行的稳定。另外，氧对硝化菌的亲和力要小于其对亚硝化菌的亲和力，这便可以通过控制溶解氧的浓度来选择性地抑制硝化菌的生长。

SHARON® 工艺是一个基于亚硝酸盐去除高浓度氨氮的单级反应器系统。硝化—反硝化反应可能发生的物质变化途径，如图 6-13 所示。

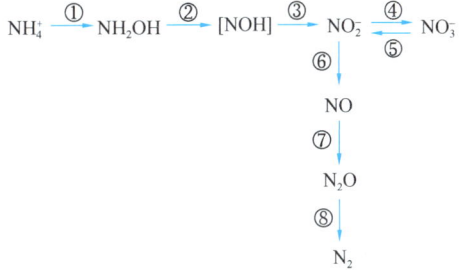

图 6-13　硝化和反硝化可能发生的物质转化途径

①—硝化过程中铵被氧化为羟胺；

②、③—羟胺被氧化为亚硝酸盐；

④—亚硝酸盐转化为硝酸盐；

⑤—在反硝化过程中，硝酸盐还原成亚硝酸盐；

⑥、⑦、⑧—亚硝酸盐转变成 NO、N_2O、N_2

在 SHARON® 工艺中，由于通过控制适当的条件可使亚硝化菌的相对生长速率高于硝化菌的生长速率，因而硝化反应得到了大大地强化。实质上，SHARON® 工艺是一个恒化系统，在此系统中，控制稀释率的水平高于硝化菌的最大生长速率而低于亚硝化菌的生长速率，从而有利于亚硝酸盐在反应器中的积累并发生部分硝化反应。

由于氨的氧化是一个酸化过程，控制合适的 pH 对防止反应过程受到抑制是十分重要的。亚硝酸盐氧化菌对 pH 的变化特别敏感，当 pH 降到 6.5 以下时，由于 NH_3 和 NH_4^+ 浓度间存在着依赖于 pH 的平衡关系，此时氨氧化反应将不再发生。当 pH 降得太低时，游离氨的浓度也会变得很低，此时氨氧化菌就不能充分生长。尽管在低 pH 下亚硝酸盐氧化菌比氨氧化菌生长得快，在高 pH 下相反，但为了使处理后水具有较低的 NH_4^+ 浓度，还是应控制反应有较高的 pH。然而当 pH 大于 8 时，硝化反应速率也会下降，因为过多的 NH_3 显然对亚硝酸盐氧化菌具有毒性作用。改变反应器中 pH 使其为 6.5~7.5，SHARON® 工艺中出水的氨与亚硝酸盐比会受到很大的影响。

SHARON® 工艺已经成功地应用于处理高浓度含氮污水的组合脱氮工艺中。厌氧消化活性污泥脱水的回流液具有 NH_4^+-N 浓度高（>1000mg/L）、温度和 pH 也相对较高的特点，这使得污水处理厂的进水 NH_4^+-N 负荷增加了 15%~20%。根据短程硝化—反硝化的原理，可以采用 SHARON® 工艺，在一个停留时间相对较短的反应器内用生物方法去除消化池回流液中的氨氮，见图 6-14。

SHARON® 工艺利用了高温对硝化动力学影响的有利条件，即氨氧化菌比亚硝酸盐氧化菌的生长更快。为了实现这个反应，研究者设计并运行了一个没有污泥回流的完全混合反应器，使其在间歇曝气的条件下实现硝化与反硝化。由于回流液中 BOD 相对于 NH_4^+-N 浓度较低，故要在缺氧段加入甲醇以提供电子供体，从而实现硝酸盐的还原。另一方面亚硝酸盐可被回流到先头工序为抑制臭味提供电子供体。在对这一工艺的小试研究中，当温度为 $35℃$、SRT 为 1.5d、曝气 80min 和缺氧接触 40min 时，氮的去除率可以达到 $80\%\sim85\%$。SHARON®工艺同样也可以在没有缺氧段和甲醇加入的条件下运行，产生一个富含亚硝酸盐的回流，该回流液可以注入前置缺氧区或处理厂的首端。

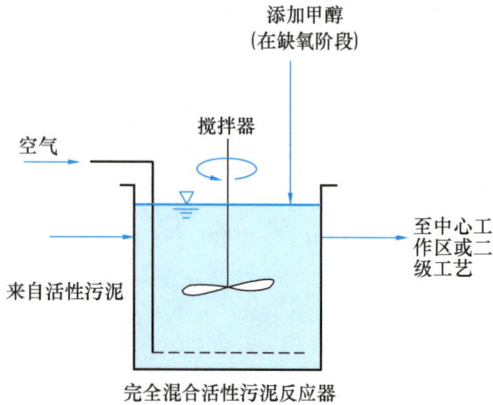

图 6-14　SHARON®工艺

SHARON®工艺具有如下一些特点：它是高 NH_4^+-N 浓度污水经亚硝酸盐代谢途径进行生物脱氮处理的新工艺；因温度高（$30\sim40℃$），反应器内微生物增殖速率快，好氧停留时间短，一般仅为 1d 左右；微生物活性高，而 K_s 值也相当高，使出水 NH_4^+-N 浓度仅为几十毫克每升；进、出水浓度无相关性，进水浓度越高，去除率越高；因高温下硝酸菌较亚硝酸菌增长慢，亚硝酸盐型氧化受阻，系统无生物体污泥停留（SRT＝HRT），所以只需简单地限制 SRT 就能实现氨氧化而亚硝酸盐不氧化；因进水

NH_4^+-N 浓度高，会产生大量热量，这一点在设计中应考虑到；因工艺无污泥停留，出水悬浮固体不影响工艺运行；只需单个反应器，使处理系统简化。

2. 厌氧氨氧化——ANAMMOX 工艺

厌氧氨氧化（ANAMMOX）工艺已在环境工程领域有广泛报道，是一种很有发展前景的新型污水脱氮工艺，可以用来处理含有高浓度氨氮污水，具有经济有效、节约空间的特点。

在一实验室规模的用于处理产甲烷反应器出水的厌氧流化脱氮床中，发现了厌氧氨氧化（ANAMMOX）反应。研究中观察到，大量的氨消失了，硝酸盐的消耗和 N_2 的产量同时升高了，见式（6-24）。此后有研究者观察到，亚硝酸盐是完成这一反应的较适合的电子受体。在厌氧氨氧化过程中，氨氮以亚硝酸氮作为电子受体直接被氧化成为氮气，该过程中无须外加碳源，其反应见式（6-25）。

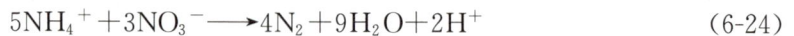

$$5NH_4^+ + 3NO_3^- \longrightarrow 4N_2 + 9H_2O + 2H^+ \tag{6-24}$$

$$NH_4^+ + NO_2^- \longrightarrow N_2 + 2H_2O \tag{6-25}$$

厌氧氨氧化反应的主要产物是 N_2，但有 10% 的氮供体（亚硝酸盐和氨）将转化为 NO_3^-。对氮进行总的平衡（式 6-26，CH_2O 代表生物量）表明，NH_4^+ 转化量与 NO_2^- 转化量之比为 1：（1.31 ± 0.06）；NO_2^- 转化量与 NO_3^- 生成量之比为 1：（0.22 ± 0.02）。

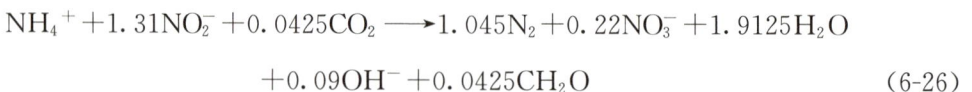

$$NH_4^+ + 1.31NO_2^- + 0.0425CO_2 \longrightarrow 1.045N_2 + 0.22NO_3^- + 1.9125H_2O$$
$$+ 0.09OH^- + 0.0425CH_2O \tag{6-26}$$

在 ANAMMOX 富培养情况下，有研究者基于物料平衡建立了 ANAMMOX 化学计量式：

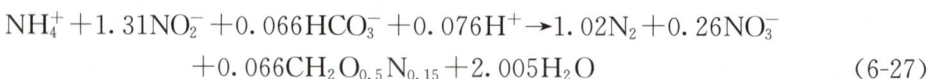

$$NH_4^+ + 1.31NO_2^- + 0.066HCO_3^- + 0.076H^+ \rightarrow 1.02N_2 + 0.26NO_3^-$$
$$+ 0.066CH_2O_{0.5}N_{0.15} + 2.005H_2O \tag{6-27}$$

厌氧氨氧化反应中可能的代谢途径如图 6-15 所示。在此反应中，亚硝酸盐作为电子受体而无需额外补充碳源，羟胺和联胺被认定是最重要的中间产物，二氧化碳是 AN-AMMOX 细菌生长的主要碳源。

早期，研究者们并不了解能够在厌氧条件下将氨氧化的细菌，将其称之为"自然界中丢失的无机营养菌"。后来人们发现了这种无机营养菌并作了鉴定，它们是 *Planctomy-cete* 种中的一类新型自养菌。承担厌氧铵盐氧化反应的两种 ANAMMOX 细菌分别暂时被命名为"*Brocadia anammoxidans*"和"*Kuenenia stuttgartiensis*"，前者在荷兰被发

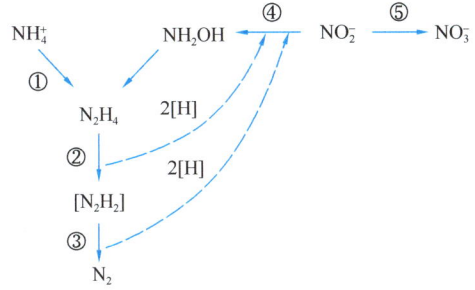

图 6-15　厌氧氨氧化反应中可能的代谢途径
（H_2O 和 H^+ 的消耗和生成没有标出）

①—氨通过羟胺转换成联胺被氧化；②、③、④—从 N_2H_4 中得到的还原产物将亚硝酸盐还原成更多的羟胺和氮气；⑤—硝酸盐形成可能为生物生长提供还原产物

现，而后者在德国和瑞士的几座污水处理设施中发现。这两种细菌非常相似，有着相同的整体结构，都能利用羟胺产生联胺。在 pH 为 6.4～8.3、温度为 20～43℃ 范围时，都观察到了两种细菌具有很高的 ANAMMOX 活性，且具有类似的最佳生长的 pH 和温度。在 pH 为 8、温度为 40℃ 时，*B. anammoxidans* 的 ANAMMOX 最大活性为 $55nmolN_2$/（mg 蛋白质·min）；而在 pH 为 8、温度为 37℃ 下，*K. stuttgartiensis* 的 ANAMMOX 最大活性是 $26.5nmolN_2$/（mg 蛋白质·min）。尽管 *K. stuttgartiensis* 比 *B. anammoxidans* 的 ANAMMOX 最大活性低，但是 *K. stuttgartiensis* 对亚硝酸盐有更强的忍耐力，即使在低细胞密度条件下活性也较强，而且不易受磷酸盐抑制。两种细菌的倍增时间为 11d，产率系数为 $0.11gVSS/gNH_4^+$-N，可见其增殖的速率相当低。

在次优条件下，承担厌氧氨氧化的生物群落的倍增时间大于 3 周。ANAMMOX 菌对氧极为敏感，甚至是 0.03mg/L 的痕量氧气便可以抑制该过程的进行，然而一旦氧被去除或耗尽后，厌氧氨氧化菌便可以恢复其新陈代谢的功能，这种专性厌氧的特性与好氧氨氧化菌泛谱的新陈代谢功能形成了鲜明的对比。厌氧氨氧化过程还会受到亚硝酸盐的抑制，与氨和硝酸盐却无关，如当亚硝酸盐浓度超过 100mgN/L 时，厌氧氨氧化过程将失效。

ANAMMOX 工艺用于去除污泥消化液中的氨氮具有很好的潜力，固定床和流化床是比较理想的反应器构型。ANAMMOX 工艺也可以采用气提反应器，对氮的去除率可达 8.9kgN/（m^3·d），比小试研究得到的去除率高出 20 倍。

3. SHARON—ANAMMOX 联合工艺

ANAMMOX 工艺可以与不完全硝化工艺（如 SHARON® 工艺）联合应用，形成 SHARON-ANAMMOX 工艺，可以将氨氮直接转化为氮气。采用 SHARON-ANAM-MOX 联合工艺处理污泥消化液的小试研究取得成功。SHARON-ANAMMOX 联合工艺可以长时间地稳定运行，其生产实际规模的工艺系统处理污泥上清液也正处于实施阶段。

SHARON-ANAMMOX 联合工艺（图 6-16）的工作原理是：含氨氮污水在 SHAR-ON 反应器中仅有 50% 进水中的氨氮被氧化成亚硝酸盐，剩余的氨氮和所生成的亚硝酸盐的混合液在后续的 ANAMMOX 反应器内反应生成 N_2 和水，有关的反应方程式如下：

$$NH_4^+ + HCO_3^- + 0.75O_2 \rightarrow 0.5NH_4^+ + 0.5NO_2^- + CO_2 + 1.5H_2O \qquad (6\text{-}28)$$

$$0.5NH_4^+ + 0.5NO_2^- \rightarrow 0.5N_2 + H_2O \qquad (6\text{-}29)$$

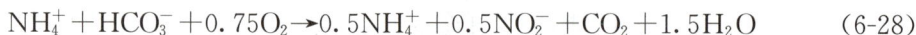

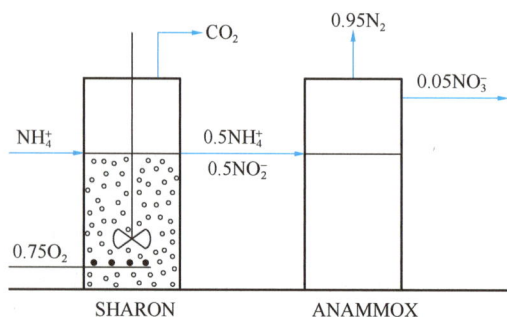

图 6-16　SHARON-ANAMMOX 联合工艺

ANAMMOX 工艺所需的氨氮和亚硝酸盐之比约是 1。对于污泥上清液，由于其内含有碳酸氢盐作为铵的反离子，因而不需任何 pH 控制即可达到这个比例。当污泥上清液中 50% 的氨氮发生转化时，水中的碱度消耗殆尽，从而导致系统 pH 下降，阻止硝化反应的进一步进行。SHARON-ANAMMOX 联合工艺适用于处理浓缩的上清液和含高氨氮、低有机碳的工业废水，工程设计时通常采用两个不同的反应器或单个的反应器。采用此联合工艺除氮，只需少量氧气（$1.9kgO_2/kgN$，而不是 $4.6kgO_2/kgN$）、无需碳源（而不是 $2.6kgBOD_5/kgN$）、污泥产量低（$0.08kgVSS/kgN$，而不是约 $1.0kgVSS/kgN$），可以避免一些传统反硝化工艺中所遇到的诸如需要外加电子供体的问题。这种组合工艺还可以在生物膜反应器中实现。

SHARON-ANAMMOX 联合工艺对于污水处理的改进有很大的推动作用。由于工艺中不需要 COD，COD 和氮的去除可以分别达到优化。与传统的硝化-反硝化相比，联合工艺可节省 50% 的供氧量、100% 的外加碳源，还可减少 100% 以上的 CO_2 释放量（事实上，联合工艺是消耗 CO_2）。总体说来，联合工艺比传统工艺的费用节省 90%。可以预见，SHARON-ANAMMOX 联合工艺是一种可以用来处理高氨氮、低 BOD 污水的极具发展前景的生物处理技术。

4. 新型生物脱氮工艺与传统硝化—反硝化工艺的比较

新型生物脱氮工艺比以自养硝化和异养反硝化为基础的传统脱氮工艺有着更多的优势，表 6-6 比较了新型生物脱氮工艺与传统硝化—反硝化工艺的特征。从表 6-6 中可以看出，新型工艺（SHARON 工艺、ANAMMOX 工艺、SHARON-ANAMMOX 联合工艺）都可以减少能源需求、化学药品投加量，相对于传统处理方法产泥量少。这些工艺的出现表明在生物技术治理氮污染方面又迈上一个重要台阶。

新型脱氮工艺与传统硝化—反硝化工艺的比较　　　　　　　　　　　　　　　表 6-6

工艺系统	传统硝化—反硝化	SHARON 工艺	ANAMMOX 工艺
反应器	2	1	1
原水	污水	污水	铵盐、亚硝酸盐
出水	NO_2^-、NO_3^-	NH_4^+、NO_2	NO_3^-、N_2
操作条件	好氧、缺氧	好氧	缺氧
需氧量	高	低	无
pH 控制	需要	不需要	不需要
生物停留	无	无	有
COD 需求	有	无	无
产泥量	高	低	低
细菌	硝化菌+各种异养菌	好氧氨氧化菌	厌氧氨氧化菌

6.2 污水的生物除磷处理工艺

6.2.1 污水的生物除磷原理

根据霍尔默斯（Holmers）提出的化学式，活性污泥的组成是：$C_{118}H_{170}O_{51}N_{17}P$，或 $C：N：P=46：8：1$。

如原污水中 N、P 的含量低于此值，则需要另行从外部投加；如恰等于此值，则在理论上应当是能够全部摄取而加以去除的。

所谓生物除磷，是利用聚磷菌一类的微生物（包括 *Acinetobacter*、*Pseudomonas*、*Aerobacter*、*Moraxella*、*E.Coli*、*Mycobacterium* 和 *Beggiatoa* 等），能够过量地、在数量上超过其生理需要，从外部环境摄取磷，并将磷以聚合的形态贮藏在菌体内，形成高磷污泥，排出系统外，达到从污水中除磷的效果。

生物除磷机理比较复杂，还有待于进一步去研究、探讨，现将其基本过程阐述如下。

（1）好氧条件下的无机磷的过量摄取

在好氧条件下，聚磷菌营有氧呼吸，不断地氧化分解其体内贮存的有机物，同时也不断地通过主动输送的方式，从外部环境向其体内摄取有机物，由于氧化分解，又不断地放出能量，能量为 ADP 所获得，并结合 H_3PO_4 而合成 ATP（三磷酸腺苷），即：

$$ADP+H_3PO_4+能量 \rightarrow ATP+H_2O \qquad (6-30)$$

H_3PO_4，除一小部分是聚磷菌分解其体内聚磷酸盐而取得的外，大部分是聚磷菌利用能量，在透膜酶的催化作用下，通过主动输送的方式从外部将环境中的 H_3PO_4 摄入体内的，摄入的 H_3PO_4 一部分用于合成 ATP，另一部分则用于合成聚磷酸盐。这种现象就是"磷的过剩摄取"，参见图 6-17。

（2）厌氧条件下无机磷的释放

在厌氧条件下（$DO \approx 0$，$NO_x^- \approx 0$），聚磷菌体内的 ATP 进行水解，放出 H_3PO_4 和能量，形成 ADP，即：

$$ATP+H_2O \rightarrow ADP+H_3PO_4+能量 \qquad (6-31)$$

这样，聚磷菌具有在好氧条件下过剩摄取 H_3PO_4，在厌氧条件下释放 H_3PO_4 的功能（参见图 6-18）。生物除磷技术就是利用聚磷菌这一功能而开创的。

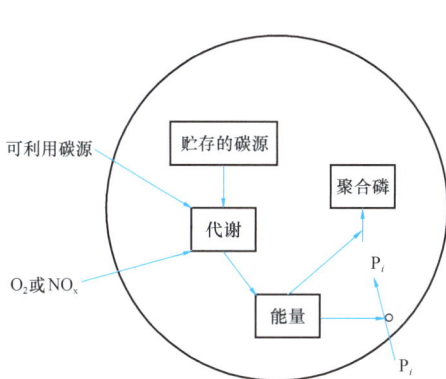

图 6-17 好氧条件下微生物对无机磷的利用

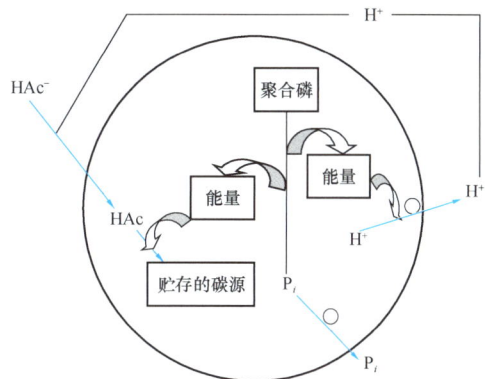

图 6-18 厌氧条件下以醋酸盐为有机碳源时无机磷的释放

6.2.2 影响生物除磷的主要因素

1. 溶解氧

在生物除磷工艺中，聚磷菌的吸磷、放磷主要是由水中溶解氧浓度决定的。溶解氧是影响除磷效果最重要的因子，好氧吸磷池溶解氧最好控制在 $3\sim4mg/L$，厌氧放磷池溶解氧应小于 $0.2mg/L$。

2. $NO_3^- $-N 浓度

生物除磷系统中 NO_3^--N 的存在，会抑制聚磷菌微生物的放磷作用。处理水中 NO_3^--N 浓度高，除磷效果差，除磷效果一般与 NO_3^--N 浓度呈负相关。为此，常采用同步脱氮除磷工艺，该工艺的主导思想是先除磷，如采用厌氧—好氧—厌氧—好氧—沉淀工艺。

3. BOD_5/TP 值

污水中的 BOD_5/TP 值是影响生物除磷系统去磷效果的重要因素之一。每去除 $1mgBOD_5$ 约去除磷 $0.04\sim0.08mg$。为使出水总磷小于 $1mg/L$，应满足污水中的 BOD_5/TP 值大于 20，或溶解性 BOD_5/溶解性 P 大于 $12\sim15$，这样可取得较好的除磷效果。

4. pH

生物除磷系统的适宜 pH 范围为中性至弱碱性。

5. 污泥龄

污泥龄的长短对聚磷菌的摄磷作用和剩余污泥排放量有直接的影响，从而对除磷效果产生影响。污泥龄越长，污泥中的磷含量越低，加之排泥量的减少，会导致除磷效果降低。相反，污泥龄越短，污泥中的磷含量越高，加之产泥率和剩余污泥排放量的增加，除磷效果越好。因此，在生物除磷系统中，一般采用较短的污泥龄（$3.5\sim7d$），但污泥龄太短又达不到 BOD 和 COD 去除的要求。

6.2.3 污水的生物除磷工艺

生物法除磷工艺的设计必须综合考虑生物法除磷原理，任何一种生物除磷工艺流程都应满足微生物对周期性好氧及厌氧环境的需要。下面介绍 2 种目前广泛应用的生物除磷工艺流程，供参考。

1. 厌氧—好氧法除磷工艺（A/O 法除磷工艺）

（1）A/O 法除磷工艺流程

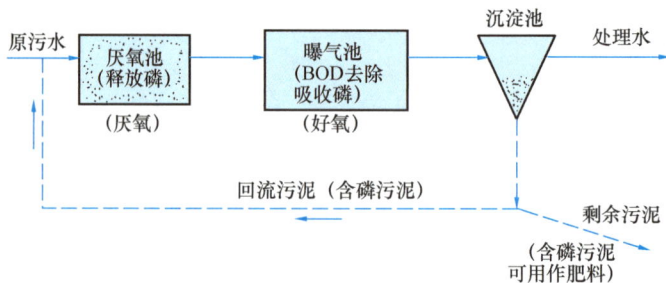

图 6-19 厌氧—好氧法除磷工艺流程（A/O 法）

从图 6-19 可见，本工艺流程简单，既不投药，也无须考虑内循环，因此建设费用及运行费用都较低；而且由于无内循环的影响，厌氧反应器能够保持良好的厌氧（或缺氧）

状态。

（2）A/O法除磷工艺的特征

1）在反应器内的停留时间一般为3~6h，是比较短的。

2）反应器（曝气池）内污泥浓度一般在2700~3000mg/L。

3）BOD的去除率大致与一般的活性污泥系统相同。磷的去除率较好，处理水中磷含量一般都低于1.0mg/L，去除率大致在76%。

4）沉淀污泥含磷率约为4%，污泥的肥效好。

5）混合液的SVI值≤100，易沉淀，不膨胀。

6）除磷率难于进一步提高，因为微生物对磷的吸收，即使是过量吸收，也是有一定限度的，特别是当进水BOD值不高或污水中含磷量高（即P/BOD值高）时，由于污泥的产量低，将更是这样。

7）在沉淀池内容易产生磷的释放的现象，特别是当污泥在沉淀池内停留时间较长时更是如此，应注意及时排泥和回流。

（3）A/O法除磷工艺的设计计算

当污水仅需除磷处理时，宜采用厌氧/好氧法（A/O法）。

生物反应池中好氧区（池）的容积，可采用BOD$_5$—污泥负荷率 N_s［参见式（4-99）］或污泥龄 θ_c［参见式（4-106）］计算。

生物反应池中厌氧区（池）的容积，可按下式计算：

$$V_P = \frac{Q t_P}{24} \tag{6-32}$$

式中　V_P——厌氧区（池）容积，m^3；

　　　Q——生物反应池的设计流量，m^3/d；

　　　t_P——厌氧区（池）停留时间，h，宜为1~2h。

依据《室外排水设计标准》GB 50014—2021，A/O法生物除磷的主要设计参数宜根据试验资料确定；当无试验资料时，可采用经验数据或按表6-7的规定取值。

厌氧/好氧法（A/O法）生物除磷的主要设计参数　　　　表6-7

项目		单位	参数值
BOD—污泥负荷 N_s		kgBOD$_5$/(kgMLSS·d)	0.4~0.7
污泥浓度（MLSS）X		g/L	2.0~4.0
污泥龄 θ_c		d	3.5~7.0
污泥产率 Y		kgVSS/kgBOD$_5$	0.4~0.8
污泥含磷率		kgTP/kgVSS	0.03~0.07
需氧量 O_2		kgO$_2$/kgBOD$_5$	0.7~1.1
水力停留时间（HRT）		h	5~8
			1~2（其中厌氧段）
污泥回流比 R		%	40~100
总处理效率 η	BOD$_5$	%	80~90
	TN	%	75~85

2. 弗斯特利普（Phostrip）除磷工艺

弗斯特利普除磷工艺是在1972年开创的，实质上这是生物除磷与化学除磷相结合的一种工艺。这项工艺具有很高的除磷效果。

（1）弗斯特利普除磷工艺流程

弗斯特利普除磷工艺流程见图6-20。

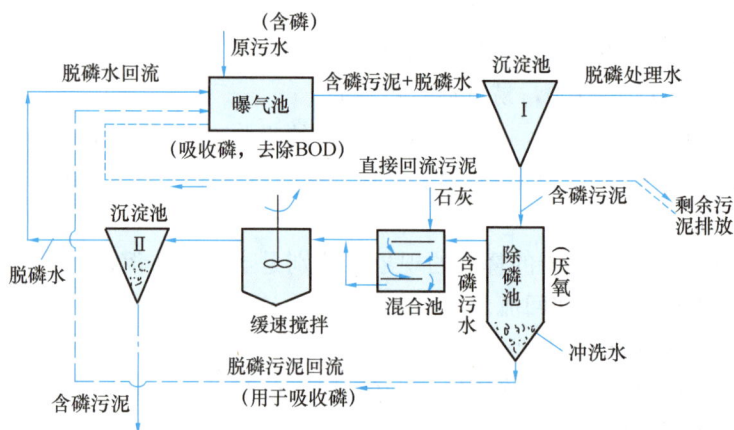

图6-20　弗斯特利普除磷工艺流程

本工艺各设备单元的功能分述如下。

1）含磷污水进入曝气池，同步进入曝气池的还有由除磷池回流的已释放磷但含有聚磷菌的污泥。曝气池的功能是：使聚磷菌过量地摄取磷，去除有机物（BOD或COD），还可能出现硝化作用。

2）从曝气池流出的混合液（污泥含磷，污水已经除磷）进入沉淀池（Ⅰ），在这里进行泥水分离，含磷污泥沉淀，已除磷的上清液作为处理水而排放。

3）含磷污泥进入除磷池，除磷池应保持厌氧状态，即 $DO \approx 0$，$NO_x^- \approx 0$，含磷污泥在这里释放磷，并投加冲洗水，使磷充分释放，已释放磷的污泥沉于池底，并回流曝气池，再次用于吸收污水中的磷。含磷上清液从上部流出进入混合池。

4）含磷上清液进入混合池，同步向混合池投加石灰乳，经混合后进入搅拌反应池，使磷与石灰反应，形成磷酸钙[$Ca_3(PO_4)_2$]固体物质，即用化学法除磷。

5）沉淀池（Ⅱ）为混凝沉淀池，经过混凝反应形成的磷酸钙固体物质在这里与上清液分离。已除磷的上清液回流曝气池，而含有大量 $Ca_3(PO_4)_2$ 的污泥排出，这种含有高浓度 PO_4^{3-} 的污泥宜于充作肥料。

（2）弗斯特利普除磷工艺的特点

弗斯特利普除磷工艺已有很多应用实例，根据它们的实际运行数据，可对本工艺总结出如下各项特征。

1）本法是生物除磷与化学除磷相结合的工艺，除磷效果良好，处理水中含磷量一般都低于1mg/L。

2）产生的污泥中，含磷量（率）约为2.1%～7.1%，是比较高的。污泥回流应经过除磷池。

3）石灰用量一般为 21~31.8mgCa(OH)$_2$/m³ 污水，是比较低的。

4）SVI 值<100，污泥易于沉淀、浓缩、脱水、污泥肥分高，丝状菌难于增殖，污泥不膨胀。

5）可以根据 BOD$_5$/P 比值来灵活地调节回流污泥与混凝污泥量的比例。

6）本工艺流程复杂，运行管理比较麻烦，投加石灰乳，运行费用有所提高，建设费用也高。

7）沉淀池 I 的底部可能形成缺氧状态，而产生释放磷的现象，因此应当及时地排泥和回流。

6.3 污水的同步生物脱氮除磷处理工艺

6.3.1 A²/O 法同步脱氮除磷工艺

（1）A²/O 法工艺流程

A²/O 工艺，亦称 A/A/O 工艺，是英文 Anaerobic-Anoxic-Oxic 第一个字母的简称。按实质意义来说，本工艺称为厌氧—缺氧—好氧法（A-A-O 工艺）（图 6-21）更为确切。

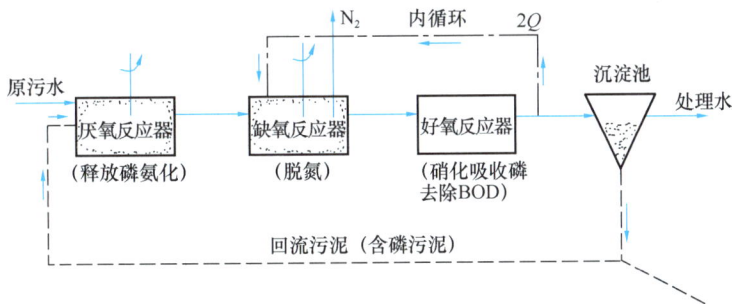

图 6-21 A²/O 法同步脱氮除磷工艺流程

本法是在 20 世纪 70 年代，由美国的一些专家在厌氧—好氧（A-O）法脱氮工艺的基础上开发的，其宗旨是开发一项能够同步脱氮除磷的污水处理工艺。

（2）A²/O 各反应器单元功能与工艺特征

1）厌氧反应器，原污水进入，同时进入的还有从沉淀池排出的含磷回流污泥。本反应器的主要功能是释放磷，同时部分有机物进行氨化。

2）污水经过第一厌氧反应器进入缺氧反应器，本反应器的首要功能是脱氮，硝态氮是通过内循环由好氧反应器送来的，循环的混合液量较大，一般为 2Q（Q——原污水流量）。

3）混合液从缺氧反应器进入好氧反应器——曝气池，这一反应器单元是多功能的，去除 BOD、硝化和吸收磷等项反应都在本反应器内进行。这三项反应都是重要的，混合液中含有 NO$_3^-$-N，污泥中含有过剩的磷，而污水中的 BOD（或 COD）则得到去除。流量为 2Q 的混合液从这里回流至缺氧反应器。

4）沉淀池的功能是泥水分离，污泥的一部分回流至厌氧反应器，上清液作为处理水排放。

A^2/O 工艺具有以下各项特点。

1）在系统上可以称为最简单的同步脱氮除磷工艺，总的水力停留时间小于其他同类工艺。

2）在厌氧（缺氧）、好氧交替运行条件下，丝状菌不能大量增殖，无污泥膨胀之虞，SVI 值一般均小于 100。

3）污泥中含磷浓度高，具有很高的肥效。

4）运行中无须投药，两个 A 段只用轻缓搅拌，以不增加溶解氧浓度，运行费用低。

A^2/O 工艺也存在如下各项的待解决问题。

1）除磷效果难于再行提高，污泥增长有一定的限度，不易提高，特别是当 P/BOD 值高时更是如此。

2）脱氮效果也难于进一步提高，内循环量一般以 $2Q$ 为限，不宜太高。

3）进入沉淀池的处理水要保持一定浓度的溶解氧，减少停留时间，防止产生厌氧状态和污泥释放磷的现象出现。但溶解氧浓度也不宜过高，以防循环混合液对缺氧反应器的干扰。

（3）A^2/O 法同步脱氮除磷工艺的设计计算

当采用 A^2/O 法对污水进行同步脱氮除磷时，生物反应池中好氧区（池）、缺氧区（池）和厌氧区（池）的容积计算，可分别参考 A/O 法脱氮工艺的设计计算（6.1.3 节）、A/O 法除磷工艺的设计计算（6.2.3 节）。

依据《室外排水设计标准》GB 50014—2021，A^2/O 法生物脱氮除磷的主要设计参数宜根据试验资料确定；当无试验资料时，可采用经验数据或按表 6-8 的规定取值。

厌氧/缺氧/好氧法（A^2/O 或 A/A/O 法）生物脱氮除磷的主要设计参数　　　表 6-8

项目		单位	参数值
BOD—污泥负荷 N_s		$kgBOD_5/(kgMLSS \cdot d)$	0.05～0.10
污泥浓度（MLSS）X		g/L	2.5～4.5
污泥龄 θ_c		d	10～22
污泥产率 Y		$kgVSS/kgBOD_5$	0.3～0.6
需氧量 O_2		$kgO_2/kgBOD_5$	1.1～1.8
水力停留时间（HRT）		h	10～23
			1～2（其中厌氧段）
			2～10（缺氧段）
污泥回流比 R		%	20～100
混合液回流比 R_i		%	≥200
总处理效率 η	BOD_5	%	85～95
	TP	%	60～85
	TN	%	60～85

6.3.2　Bardenpho 脱氮除磷工艺

本工艺是以高效率同步脱氮、除磷为目的而开发的一项技术，其工艺流程见图 6-22。

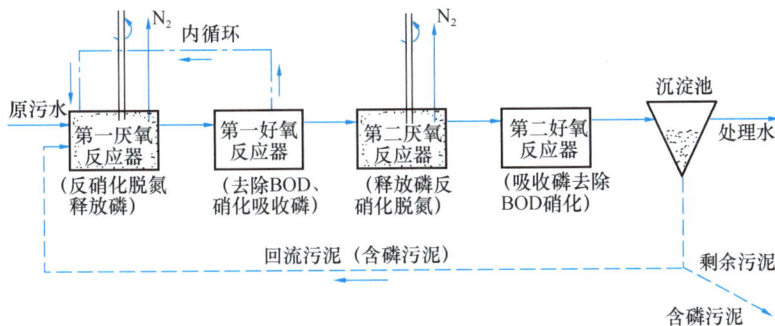

图 6-22 Bardenpho 脱氮除磷工艺流程

本工艺各组成单元的功能如下:

(1) 原污水进入第一厌氧反应器,本单元的首要功能是脱氮,含硝态氮的污水通过内循环来自第一好氧反应器,本单元的第二功能是污泥释放磷,而含磷污泥是从沉淀池排出回流来的。

(2) 经第一厌氧反应器处理后的混合液进入第一好氧反应器,它的功能有三:首要功能是去除 BOD,去除由原污水带入的有机污染物;其次是硝化,但由于 BOD 浓度还较高,因此,硝化程度较低,产生的 $NO_3^- -N$ 也较少;第三项功能则是聚磷菌对磷的吸收。按除磷机理,只有在 NO_x^- 得到有效的脱出后,才能取得良好的除磷效果,因此,在本单元内,磷吸收的效果不会太好。

(3) 混合液进入第二厌氧反应器,本单元功能与第一厌氧反应器同,一是脱氮,二是释放磷,以前者为主。

(4) 第二好氧反应器,其首要功能是吸收磷,第二项功能是进一步硝化,再其次则是进一步去除 BOD。

(5) 沉淀池,泥水分离是它的主要功能,上清液作为处理水排放,含磷污泥的一部分作为回流污泥,回流到第一厌氧反应器,另一部分作为剩余污泥排出系统。

从前可以看到,无论哪一种反应,在系统中都反复进行二次或二次以上。各反应单元都有其首要功能,并兼行其他项功能。因此本工艺脱氮、除磷效果很好,脱氮率达 90%~95%,除磷率 97%。

本工艺主要缺点是工艺复杂,反应器单元多,运行烦琐,成本高。

6.3.3 UCT 工艺和 Johannesburg 工艺

UCT 工艺 (图 6-23a) 是首先在南非开普敦大学开发的处理工艺并以此命名,其目的是减小污水进入厌氧接触区时硝酸盐的影响。UCT 工艺与 A^2/O 工艺十分类似,但有两处不同。回流活性污泥被循环至缺氧区而不是厌氧区,而且内循环是从缺氧区回流至厌氧区。通过将活性污泥回流至缺氧区,进入厌氧区的硝酸盐含量减少,因而改善了厌氧区磷的吸收。内循环为增加厌氧区对有机物的利用提供了保证。缺氧区的混合液含有大量溶解性 BOD 但没有硝酸盐,缺氧区混合液的循环为厌氧区的发酵吸收提供了最佳条件。由于厌氧区混合液浓度很低,厌氧区停留时间一般为 1~2h。厌氧循环速率一般为进水流量的 2 倍。

在改良型 UCT 工艺中 (图 6-23b),它是在 UCT 工艺基础上增设一个缺氧池,回流活性污泥直接进入缺氧反应器，不接纳内部循环硝酸盐。在这个反应器中硝酸盐浓度被降低，其内混合液被循环至厌氧反应器。在第一个缺氧反应器后是第二个缺氧反应器，接纳来自曝气池的内部硝酸盐回流量，从而去除大量硝酸盐。该工艺可通过提高好氧池至第二缺氧池混合液回流比来提高系统脱氮率，由第一缺氧池至厌氧池的回流则强化了除磷效果。

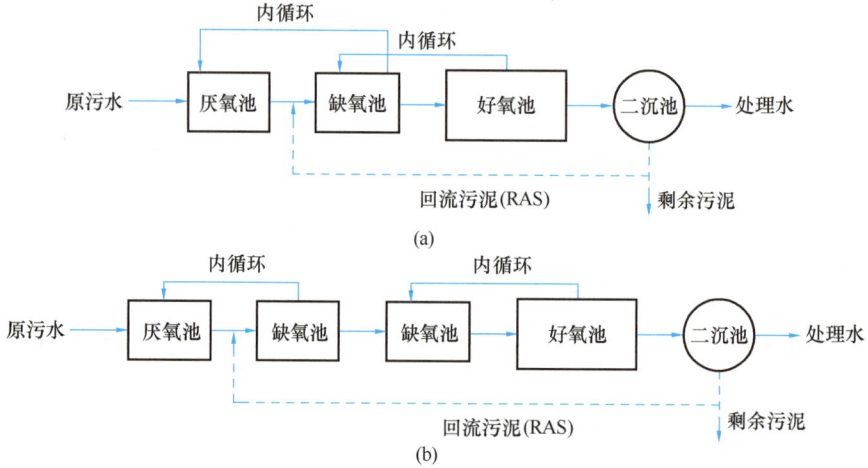

图 6-23　UCT 及改良型 UCT 除磷工艺
(a) UCT 工艺；(b) 改良型 UCT 工艺

UCT 工艺的设计运行参数为：SRT＝10～25d；MLSS＝3000～4000mg/L；厌氧区 HRT＝1～2h，缺氧区 HRT＝2～4h，好氧区 HRT＝4～12h；RAS 占进水平均流量的 80％～100％；缺氧和好氧内循环水量分别占进水流量的 200％～400％和 100％～300％。

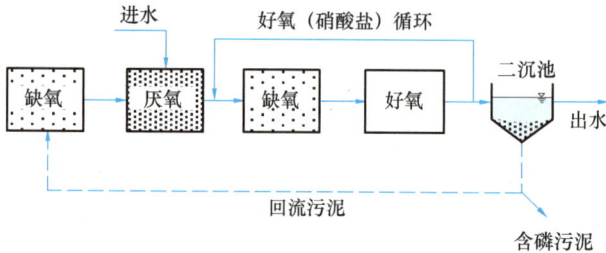

图 6-24　Johannesburg 工艺

此外，UCT 工艺或改良型 UCT 工艺的另外一种变形工艺是源于南非约翰内斯堡的 Johannesburg 工艺（图 6-24），其目的是减少流入缺氧区的硝酸盐含量，使低浓度污水的生物除磷效率达到最大。在 Johannesburg 工艺中，回流活性污泥直接进入缺氧段，这样在混合液进入缺氧区前有足够的停留时间减少其中的硝酸盐浓度。硝酸盐的减少是依靠混合液的内源呼吸作用实现的，在缺氧区内的停留时间取决于混合液浓度、温度以及回流污泥中的硝酸盐浓度。与 UCT 工艺相比，在厌氧区内可以维持较高的 MLSS 浓度，停留时间约为 1h。

6.3.4　VIP 工艺

VIP 工艺（图 6-25）以 Virginia Initiative Plant 的首写字母而命名。除了回流方式不同外，其余比较类似于 A²/O 和 UCT 工艺。在 VIP 工艺中，所有区都为分段式，各段由至少两个完全混合单元串联形成。回流污泥与来自好氧段的硝化液回流一起进入缺氧区的首端，而缺氧区中的混合污泥被回流至厌氧区的首端。VIP 工艺也可被设计成高效反应系统，采用较短的 SRT，使生物除磷效率达到最大。

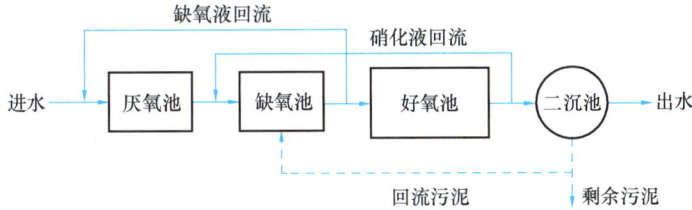

图 6-25　VIP 除磷工艺

VIP工艺的设计运行参数为：SRT=5～10d，其中厌氧和缺氧区的SRT一般为1.5～3d；MLSS=2000～4000mg/L；厌氧区HRT=1～2h，缺氧区HRT=1～2h，好氧区HRT=4～6h；RAS占进水平均流量的80%～100%；缺氧和厌氧内循环水量分别占进水流量的100%～200%和100%～300%。

在VIP工艺中，厌氧段的硝酸盐负荷被降低，因而增加了除磷能力；污泥沉降性好；需要比UCT更低的BOD_5/P比。然而，它的运行复杂，需要额外的回流系统，分段运行需要更多的设备。

6.3.5　生物转盘同步脱氮除磷工艺

生物转盘（见第7.2.2节）具有脱氮功能，也能够用于除磷。为此，须在其处理系统中增建某些补充设备，图6-26所示即为具有脱氮除磷功能的生物转盘工艺流程。

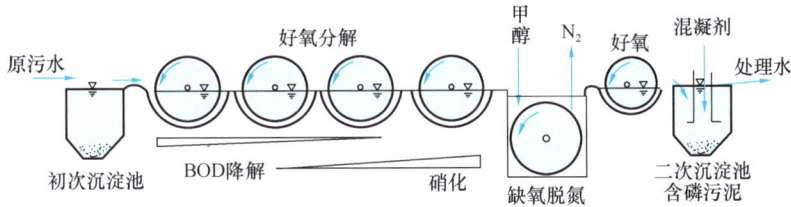

图 6-26　具有脱氮除磷功能的生物转盘工艺流程

经预处理后的污水，在经前两级生物转盘处理后，BOD已得到一定的降解，在后两级的转盘中，硝化反应逐渐强化，并形成亚硝酸氮和硝酸氮。其后增设淹没式转盘，使其形成缺氧状态，在这里产生反硝化反应，使氮以气态形式逸出，以达到脱氮的目的。为了补充缺氧反应所需的碳源，向淹没式转盘设备中投加甲醇，过剩的甲醇使BOD值有所上升，为了去除这部分的BOD值，在其后补设一座生物转盘。为了截留处理水中的脱落生物膜，其后设二次沉淀池。在二次沉淀池的中央部位设混合反应室，投加的混凝剂在其中进行反应，产生除磷效果，从二次沉淀池排放含磷污泥。

6.4　污水的生物除磷辅以化学沉淀除磷技术

污水经过二级生化处理或采用生物除磷后，其总磷达不到排放或利用标准要求时，可辅以化学沉淀除磷对水中的磷做进一步的去除。污水经过一级处理或者污泥处理过程中产生的消化液或脱水液有除磷要求时，也可以采用化学沉淀除磷。

6.4.1　污水的化学沉淀除磷原理

磷不同于氮，具有以固体形态和溶解形态互相循环转化的性能，从污水中进行化学沉淀除磷技术就是以磷的这种特性为基础而开发的。所谓的化学沉淀除磷，就是将污水中溶解性的磷通过化学反应转化成为不溶性的固体沉淀物，进而从污水中分离出去。

将污水中的溶解性磷通过化学沉淀络合途径从水体中去除，目前经常应用的沉淀络合剂是高价金属化合物，如铝盐、铁盐及石灰等（表6-9），在实际应用时需要根据具体情况做出适当的选择。

化学沉淀除磷的沉淀络合剂 表 6-9

类型	名称	分子式	状态
铝盐	硫酸铝	$Al_2(SO_4)_3 \cdot 18H_2O$	固体
		$Al_2(SO_4)_3 \cdot 14H_2O$	液体
		$nAl_2(SO_4)_3 \cdot xH_2O + mFe_2(SO_4)_3 \cdot yH_2O$	固体
	氯化铝	$AlCl_3$	液体
		$AlCl_3 + FeCl_3$	液体
	聚合氯化铝	$[Al_2(OH)_nCl_{6-n}]_m$	液体
二价铁盐	硫酸亚铁	$FeSO_4 \cdot 7H_2O$	固体
		$FeSO_4$	液体
三价铁盐	氯化硫酸铁	$FeClSO_4$	液体（约40%）
	氯化铁	$FeCl_3$	液体（约40%）
熟石灰	氢氧化钙	$Ca(OH)_2$	约40%的乳液

1. 铝盐除磷

铝离子与正磷酸根离子化合，形成难溶的磷酸铝，可通过沉淀加以去除。

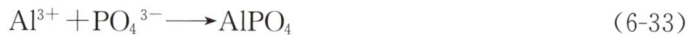

$$Al^{3+} + PO_4^{3-} \longrightarrow AlPO_4 \tag{6-33}$$

当使用硫酸铝作为混凝剂时，其产生的反应是：

$$Al_2(SO_4)_3 + 2PO_4^{3-} \longrightarrow 2AlPO_4 + 3SO_4^{2-} \tag{6-34}$$

此外，硫酸铝还和污水中的碱度产生如下的反应。

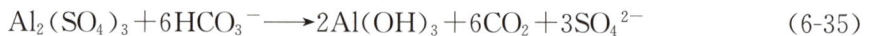

$$Al_2(SO_4)_3 + 6HCO_3^- \longrightarrow 2Al(OH)_3 + 6CO_2 + 3SO_4^{2-} \tag{6-35}$$

这样，由于硫酸铝对碱度的中和，pH下降，游离出 CO_2，形成氢氧化铝絮凝体。胶体粒子为絮凝体吸附而去除，在这一过程中磷化合物也得到去除。

硫酸铝的投加量，按反应式（6-33），根据污水中磷的浓度及对处理水中磷含量的要求以及污水的特性确定。

除硫酸铝外，除磷使用的铝盐还有聚氯化铝（PAC）和铝酸钠（$NaAlO_2$）。聚氯化铝与磷产生的反应与硫酸铝相同，但pH不下降。

铝酸钠是硬水的优良混凝剂，它与正磷酸离子的反应如下式所示：

$$2NaAlO_2 + 2PO_4^{3-} + 4H_2O \longrightarrow 2AlPO_4 + 2NaOH + 6OH^- \tag{6-36}$$

由式（6-36）可知，在反应过程中放出 OH^-，因此pH是上升的。

磷酸铝 $AlPO_4$ 的溶解度与pH有关：当pH为6时，溶解度最小为0.01mg/L；pH为5时，为0.03mg/L；pH为7时，为0.3mg/L。

在化学法除磷技术中，以使用铝盐者居多，使用铝盐除磷，应注意下列各项。

（1）混合液的pH对除磷效果产生影响，但pH为5～7，则不会产生影响，无须调整。

（2）投加铝盐，按式（6-35）进行反应，混合液碱度降低，pH 亦行降低，降低幅度不足以影响反应的进程，但应注意排放水体对 pH 的要求。

（3）沉淀污泥回流，因污泥中含有氢氧化铝，能够与 PO_4^{3-} 产生下列反应：

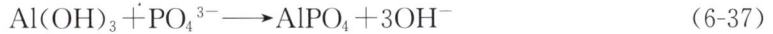

$$Al(OH)_3 + PO_4^{3-} \longrightarrow AlPO_4 + 3OH^- \tag{6-37}$$

因此能够提高磷的去除率和絮凝体的沉淀效果。

反应形成的絮凝体宜通过重力沉淀加以去除。沉淀池一般采用面积负荷进行计算，当处理水中悬浮物含量要求在 10mg/L 以下时，面积负荷取值 $20m^3/(m^2 \cdot d)$ 以下；如处理水中悬浮物含量要求在 20mg/L 以下时，面积负荷则可取值在 $50m^3/(m^2 \cdot d)$ 以下。

2. 铁盐除磷

铁离子有二价与三价之分，三价铁离子与磷的反应和铝离子与磷的反应相似，生成物主要是 $FePO_4$、$Fe(OH)_3$。此外生成的产物还可能有 $Fe_3(PO_4)_2$、$Fe_x(OH)_y(PO_4)_3$、$Fe(OH)_2$、$Fe(OH)_3$ 和 $Fe_x(OH)_y(PO_4)_z$ 等。

二价铁离子与磷的反应较三价铁离子的反应要复杂些。

为了比较彻底地从污水中去除铁和磷，就必须对二价铁离子和三价铁离子加以氧化，因此需要充足的氧。

作为二价铁混凝剂的有氯化亚铁、硫酸亚铁；作为三价铁混凝剂的则有氯化铁和硫酸铁。在铁的酸洗废水中含有氯化亚铁（铁含量为 9%）和硫酸亚铁（铁含量 6%～9%）。这种废水可以作为混凝剂用于除磷。

当 pH 为 5 时，$FePO_4$ 的最小溶解度为 0.1mg/L。

3. 石灰除磷

向含磷污水投加石灰，由于形成氢氧根离子，污水的 pH 上升。与此同时，污水中的磷与石灰中的钙产生反应。形成 $[Ca_5(OH)(PO_4)_3]$（羟磷灰石），其反应式如下：

$$5Ca^{2+} + 4OH^- + 3HPO_4^{2-} \longrightarrow Ca_5(OH)(PO_4)_3 + 3H_2O \tag{6-38}$$

实践证明，处理水中的磷含量，随 pH 上升而呈对数降低之势。

在与钙的沉淀反应中，磷可能形成的多元磷的络合沉淀物的形式还有 $Ca_3(PO_4)_2$、$Ca_{10}(OH)_2(PO_4)_6$、$CaHPO_4$ 以及副产物 $CaCO_3$ 等。

6.4.2　化学沉淀除磷的影响因素

从根本上讲，化学沉淀除磷是典型的化学沉淀反应，因此影响式（6-33）～式（6-38）所列反应进行的任何因素都将最终影响到磷的去除效率。研究表明，影响化学沉淀法除磷效率的最直接因素是水的 pH，不同的沉淀剂所要求的 pH 范围显著不同。例如，在用石灰作为沉淀剂沉淀磷的工艺中，水的 pH 须达到 10～11，而当选用三价铁盐或铝盐时，pH 一般控制在 6.5～8.0。

例如，对石灰混凝沉淀除磷效果的影响因素，主要有 pH、磷的形态、原污水中钙的浓度等。

pH 是影响除磷效果最大的因素，如欲使处理水中磷的含量在 1mg/L 以下时，对二级处理水，pH 应在 9.5 以上，对原污水则应在 11 以上。

磷的形态以正磷酸盐与聚磷酸盐两种形式为主。聚磷酸盐的去除率低于正磷酸盐。在聚磷酸盐中，去除程度的顺序是：焦磷酸盐＜三聚磷酸盐＜偏磷酸盐。如聚磷酸盐与正磷酸盐共存，则聚磷酸盐的去除效果将同正磷酸盐。

原污水中钙的浓度对磷的去除效果有影响。当 pH 为 10.5、待处理水中的钙含量在 40mg/L 以上时，处理后水中磷的含量将在 0.25mg/L 以下。

6.4.3　化学沉淀除磷的工艺流程

以石灰混凝沉淀除磷为例，其处理工艺流程如图 6-27 所示。

石灰混凝沉淀除磷处理工艺的过程，可分为 3 个阶段，即石灰混凝沉淀、再碳酸化和石灰污泥的处理与石灰再生。当需要除氨时，在混凝沉淀与再碳酸化之间，还应设脱氨气装置。

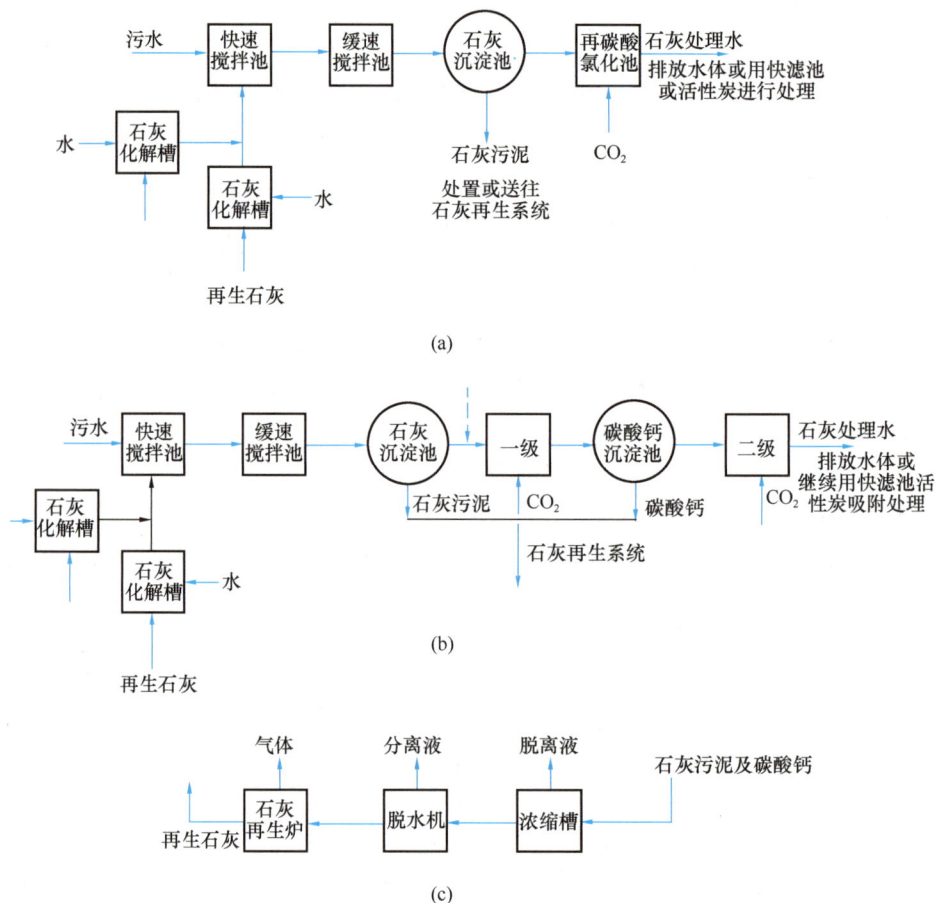

图 6-27　石灰混凝沉淀除磷处理系统

(a) 一级石灰混凝沉淀；(b) 二级石灰混凝沉淀；(c) 石灰污泥处理石灰再生

石灰混凝沉淀处理流程由快速搅拌池、缓速搅拌池和沉淀池等 3 个单元组成。污水中的磷、悬浮物及有机物为由钙所形成的絮凝体所吸附，并通过絮凝体的沉淀而得以去除。如使污泥回流，则还能够提高除磷的效果。

再碳酸化是向 pH 高的混凝沉淀上清液吹入 CO_2 气体，使 pH 中和，产生下列反应：

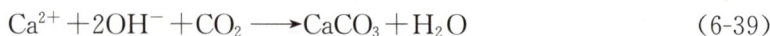

$$Ca^{2+} + 2OH^- + CO_2 \longrightarrow CaCO_3 + H_2O \tag{6-39}$$

$$OH^- + CO_2 \longrightarrow HCO_3^- \tag{6-40}$$

再碳酸化有一级处理和二级处理2种方式。一级处理是使石灰混凝沉淀水的pH直接达到中性附近，而二级处理是首先使pH降到9.5～10。在一级处理不进行回收，二级处理使pH降到中性附近，再行回收碳酸钙。

对在石灰沉淀池和二级处理方式的碳酸钙沉淀池产生的沉渣，进行浓缩脱水，用离心机作为脱水装置，回收纯度较高的$CaCO_3$沉渣，对其用800℃的高温加热，产生下列反应：

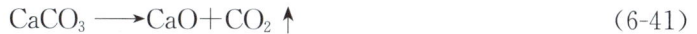

$$CaCO_3 \longrightarrow CaO + CO_2 \uparrow \tag{6-41}$$

石灰混凝沉淀除磷处理工艺，以熟石灰[$Ca(OH)_2$]作为混凝剂效果优于生石灰(CaO)，因此，由上式所得的生石灰应加水使其形成熟石灰，即：

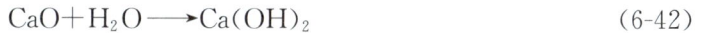

$$CaO + H_2O \longrightarrow Ca(OH)_2 \tag{6-42}$$

石灰混凝沉淀除磷工艺比较复杂，产生的石灰污泥需要进一步处理，回收再生石灰，否则可能造成二次污染。

6.4.4 化学沉淀除磷的药剂投加方案

在典型的污水处理系统的工艺流程中，有多种可能的方案引入化学法除磷工艺。

根据药剂投加的位置，投加方案主要包括以下几种：①在污水进入一沉池前投加除磷化学试剂；②在一沉池出水中投加除磷化学试剂；③在生物处理池出水中投加除磷化学试剂；④在二沉池出水中投加除磷化学试剂；⑤同时在多点投加除磷化学试剂。

具体来讲，化学沉淀除磷工艺可划分为前置除磷、同步除磷和后置除磷。

1. 前置化学沉淀除磷

前置化学沉淀除磷，是将化学药剂投加在沉砂池，或初沉池的进水渠（管），或文丘里渠（利用涡流）中，一般需要设置产生涡流的装置或者供给能量以满足混合的需要。相应产生的沉淀产物在初沉池中通过沉淀被分离。如果后续的生化处理段采用的是生物滤池，一般不采用铁盐药剂，以防止生成黄锈对填料产生危害。

前置化学沉淀除磷工艺由于仅在现有工艺前端增加化学除磷措施，比较适合于现有污水处理厂的改建。通过这一工艺不仅可以实现除磷，而且可以减少后续生物处理设施的负荷。常用的化学药剂主要是石灰和金属盐药剂。

控制前置化学沉淀除磷的剩余磷酸盐的含量为1.5～2.5mg/L，可以完全满足后续生物处理对磷的需要。

2. 同步化学沉淀除磷

同步化学沉淀除磷是目前使用最广泛的化学除磷工艺，在国外约占所有化学除磷工艺的50%。该工艺是将化学药剂投加在曝气池出水或二沉池进水中，个别情况也有将药剂投加在曝气池进水或回流污泥渠（管）中。目前已确定，对于活性污泥法工艺和生物转盘工艺可采用同步化学除磷方法。

3. 后置化学沉淀除磷

后置化学沉淀除磷是将沉淀、絮凝以及被絮凝物质的分离在一个与生物处理单元相分离的设施中进行，因此也称之为二段法工艺。一般将化学药剂投加到二沉池后的一个混合池中，并在其后设置絮凝池和沉淀池（或气浮池）。

对于要求不严的受纳水体，在后置除磷工艺中可采用石灰乳液药剂，但必须对出水pH加以控制，如可采用CO_2进行中和。

采用气浮池可以比沉淀池更好地去除悬浮物和总磷，但因为需要恒定供应空气因而运行费用较高。

前置、同步和后置化学沉淀除磷三种工艺的优缺点见表 6-10，在实际应用时应根据具体情况作出选择。

各种化学沉淀除磷药剂投加方案的比较

表 6-10

工艺类型	优点	缺点
前置除磷工艺	(1) 能降低生物处理构筑物负荷，平衡负荷的波动变化，从而降低能耗； (2) 与同步除磷相比，活性污泥中有机成分不会增加； (3) 现有污水处理厂易于实施改造	(1) 总污泥产量增加； (2) 因底物分解过多可能影响反硝化反应； (3) 对改善污泥容积指数不利
同步除磷工艺	(1) 通过污泥回流可以充分利用除磷药剂； (2) 如果将药剂投加到曝气池中，可采用价格较便宜的二价铁盐药剂； (3) 金属盐药剂会使活性污泥质量增加，从而可以避免污泥膨胀； (4) 同步除磷设施的工程量较小	(1) 采用同步除磷工艺会增加污泥产量； (2) 采用酸性金属盐药剂会使 pH 下降到最佳范围以下，对硝化反应不利； (3) 硝酸盐污泥和剩余污泥混合在一起，回收磷酸盐较为困难，此外在厌氧状态下污泥中磷会再释放； (4) 回流泵会破坏絮体，但可通过投加高分子絮凝助凝剂减轻这种危害
后置除磷工艺	(1) 硝酸盐的沉淀与生物处理过程相分离，互不影响； (2) 药剂投加可以按磷负荷的变化进行控制； (3) 产生的磷酸盐污泥可以单独排放，并可以加以利用	(1) 后置除磷工艺所需投资大、运行费用高； (2) 当新建污水处理厂时，采用后置除磷工艺可以减小生物处理二沉池的尺寸

在化学法除磷过程中，磷是以金属沉淀物的形式从水体中去除的，因此化学法除磷的同时势必增加了系统内污泥的总产量。据估计，在加入铁或铝盐后，若将设有二沉池的活性污泥法的出水中的总磷降到 1mg/L，这时所产生的污泥总质量和体积分别增加了 26％和 35％。再者，污泥的产量将随出水总磷浓度的降低而显著增加，例如在用铝盐作为沉淀剂时，出水总磷浓度为 0.2mg/L 时的污泥产率为出水总磷浓度为 1.9mg/L 时污泥产率的 3 倍。

复 习 思 考 题

1. 试结合有关反应方程式阐述污水生物脱氮的原理（包括氨化、硝化、反硝化）。影响硝化、反硝化的因素分别有哪些？

2. SHARON-ANAMMOX 联合工艺的工作原理是什么？

3. 污水生物除磷的基本过程是什么？影响生物除磷的因素包括哪些？

4. 图示 A^2/O 同步脱氮除磷的工艺流程，简述该工艺的特点。

5. 污水的生物除磷辅以化学除磷，基于药剂投加位置的投加方案有哪些？

第7章　污水的生物膜处理法与好氧颗粒污泥工艺

污水的生物膜处理法是与活性污泥法并列的一种污水好氧生物处理技术。这种处理法的实质是使细菌和菌类相关的微生物和原生动物、后生动物一类的微型动物附着在滤料或某些载体上生长繁育，并在其上形成膜状生物污泥，即生物膜。污水与生物膜接触，污水中的有机污染物，作为营养物质，为生物膜上的微生物所摄取，污水得到净化，微生物自身也得到繁衍增殖。污水的生物膜处理法既是古老的，又是发展中的污水生物处理技术。迄今为止，属于生物膜处理法的工艺主要有生物滤池（普通生物滤池、高负荷生物滤池、塔式生物滤池）、生物转盘、生物接触氧化设备、生物流化床、曝气生物滤池（BAF）及派生工艺、移动床生物膜反应器（MBBR）等。好氧颗粒污泥（AGS）工艺，也可视作为无需载体、自固定化的生物膜法。

7.1　生物膜处理法的基本原理与主要特征

根据生物膜处理工艺系统内微生物附着生长载体的状态，生物膜工艺可以划分为固定床和流动床两大类。在固定床中，附着生长载体固定不动，在反应器内的相对位置基本不变；而在流动床中，附着生长载体不固定，在反应器内处于连续流动的状态。基于操作时是否有氧气的参与，各生物膜工艺或者处于好氧状态，或者处于缺氧和厌氧状态。

7.1.1　生物膜法对有机底物的降解过程

污水与滤料或某种载体流动接触，在经过一段时间后，后者的表面将会为一种膜状污泥——生物膜所覆盖。随后生物膜逐渐发展成熟，其标志是：生物膜沿水流方向的分布，在其上由细菌及各种微生物组成的生态系统以及其对有机物的降解功能都达到了平衡和稳定的状态。从开始形成到成熟，生物膜要经历潜伏和生长两个阶段，一般的城市污水，在20℃左右的条件下需要30d左右的时间。

生物膜是高度亲水的物质，在污水不断在其表面更新的条件下，在其外侧总是存在着一层附着水层。生物膜又是微生物高度密集的物质，在膜的表面和一定深度的内部生长繁殖着大量的各种类型的微生物和微型动物，并形成有机污染物—细菌—原生动物（后生动物）的食物链。

生物膜在其形成与成熟后，由于微生物不断增殖，生物膜的厚度不断增加，在增厚到一定程度后，在氧不能透入的里侧深部转变为厌氧状态，形成厌氧性膜。这样，生物膜便由好氧和厌氧两层组成。好氧生物膜层厚度一般为2mm左右，有机物的降解主要是在好氧层内进行。

附着在生物滤池滤料上的生物膜的构造如图7-1所示。在生物膜内、外，生物膜与水层之间进行着多种物质的传递过程。空气中的氧溶解于流动水层中，从那里通过附着水层传递给生物膜，供微生物用于呼吸；污水中的有机污染物则由流动水层传递给附着水层，

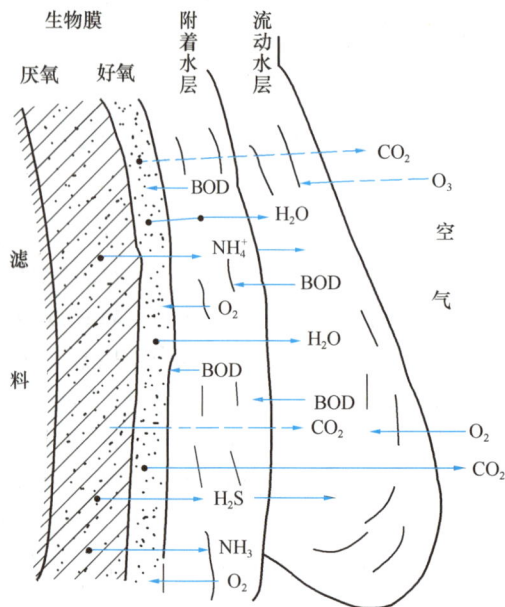

图 7-1　附着在生物滤池滤料上的生物膜的构造

然后进入生物膜，并通过细菌的代谢活动而被降解，这样就使污水在其流动过程中逐步得到净化。微生物的代谢产物如 H_2O 等则通过附着水层进入流动水层，并随其排走，而 CO_2 及厌氧层分解产物如 H_2S、NH_3 以及 CH_4 等气态代谢产物则溶解于水中或从水层逸出进入空气中。

当厌氧层还不厚时，它与好氧层保持着一定的平衡与稳定关系。好氧层能够维持正常的净化功能，但当厌氧层逐渐加厚并达到一定的程度后，其代谢产物也逐渐增多。这些产物向外侧逸出，必然要透过好氧层，使好氧层的生态系统的稳定状态遭到破坏，从而失去了这两种膜层之间的平衡关系；又因气态代谢产物的不断逸出，减弱了生物膜在载体、填料上的固着力，处于这种状态的生物膜即为老化生物膜。老化生物膜净化功能较差且易于脱落。生物膜脱落后生成新的生物膜，新生生物膜需在经过一段时间后才能充分发挥其净化功能。生物膜在运行过程中比较理想的情况是：减缓生物膜的老化进程，不使厌氧层过分增长，加快好氧膜的更新，而且尽量使生物膜不集中脱落。

7.1.2　生物膜处理法的主要特征

1. 微生物相特征

（1）参与净化反应微生物多样化

生物膜处理法的各种工艺，都具有适于微生物生长栖息、繁衍的安静稳定环境，生物膜上的微生物无须像活性污泥那样承受强烈的搅拌冲击，宜于生长增殖。生物膜固着在滤料或填料上，其生物固体平均停留时间（污泥龄）较长，因此在生物膜上能够生长世代时间较长、比增殖速度很慢的微生物，如硝化菌等。在生物膜上还可能大量出现丝状菌，但是却没有污泥膨胀之虞。线虫类、轮虫类以及寡毛虫类的微型动物出现的频率也较高。

在日光照射到的部位能够出现藻类，在生物滤池上，可能还会出现像苍蝇（滤池蝇）这样的昆虫类生物。

综上所述，在生物膜上生长繁育的生物类型广泛，种属繁多，食物链长且较为复杂。

表 7-1 所列举的是在生物膜和活性污泥上出现的微生物在类型、种属和数量上的比较。

生物膜和活性污泥上出现的微生物在类型、种属和数量上的比较　　　　表 7-1

微生物种类	活性污泥法	生物膜法	微生物种类	活性污泥法	生物膜法
细菌	++++	++++	其他纤毛虫	++	+++
真菌	++	+++	轮虫	+	+++
藻类	−	++	线虫	+	++
鞭毛虫	++	+++	寡毛类	−	++
肉足虫	++	+++	其他后生动物	−	+
纤毛虫绿毛虫	++++	++++	昆虫类	−	++
纤毛虫吸管虫	+	+			

（2）生物的食物链长

在生物膜上生长繁育的生物中，动物性营养一类生物所占比例较大，微型动物的存活率亦高。这就是说，在生物膜上能够栖息高次营养水平的生物，在捕食性纤毛虫、轮虫类、线虫类之上还栖息着寡毛类和昆虫，因此，在生物膜上形成的食物链要长于活性污泥上的食物链。正是这个原因，在生物膜处理系统内产生的污泥量也少于活性污泥处理系统。

污泥产量低是生物膜处理法各种工艺的共同特征，并已为大量的实际数据所证实：一般说来，生物膜处理法产生的污泥量较活性污泥处理系统少 1/4 左右。

（3）能够存活世代时间较长的微生物

硝酸菌和亚硝酸菌的世代时间都比较长，比增殖速度较小，如亚硝化单胞菌属（*Nitrosomonas*）、硝化杆菌属（*Nitrobacter*）的比增殖速度分别为 $0.21d^{-1}$ 和 $1.12d^{-1}$。在一般生物固体平均停留时间较短的活性污泥法处理系统中，这类细菌是难以存活的。在生物膜处理法中，生物污泥的生物固体平均停留时间与污水的停留时间无关。因此，硝化菌和亚硝化菌也得以繁衍、增殖。因此，生物膜处理法的各项处理工艺都具有一定的硝化功能，采取适当的运行方式，还可能具有反硝化脱氮的功能。

（4）分段运行与优占种属

生物膜处理法多分段进行，在正常运行的条件下，每段都繁衍与进入本段污水水质相适应的微生物，并形成优占种属，这种现象非常有利于微生物新陈代谢功能的充分发挥和有机污染物的降解。

2. 处理工艺方面的特征

（1）对水质、水量变动有较强的适应性

生物膜处理法的各种工艺，对流入污水水质、水量的变化都具有较强的适应性。这种现象已为多数运行的实际污水处理设施所证实，即或有一段时间中断进水，对生物膜的净化功能也不会造成致命的影响，通水后能够较快地得到恢复。

（2）污泥沉降性能良好，易于固液分离

由生物膜上脱落下来的生物污泥所含动物成分较多，相对密度较大，而且污泥颗粒个体较大，故污泥的沉降性能良好，易于固液分离。但是，如果生物膜内部形成的厌氧层过厚，在其脱落后将有大量的非活性的细小悬浮物分散于水中，使处理水的澄清度降低。

（3）能够处理低浓度的污水

活性污泥法处理系统，不适宜处理低浓度的污水，如原污水的 BOD_5 值长期低于 $50\sim60mg/L$，将影响活性污泥絮凝体的形成和增长，净化功能降低，处理水水质低下。但是，生物膜处理法对低浓度污水，也能够取得较好的处理效果，运行正常的处理设施可使原污水 $20\sim30mg/L$ 的 BOD_5 降低至 $7\sim10mg/L$。

（4）易于维护运行、节能

与活性污泥处理系统相较，生物膜处理法中的各种工艺都是比较易于维护管理的，而且像生物滤池、生物转盘等工艺，在运行过程中动力费用较低，能够节省能源，去除单位质量 BOD_5 的耗电量较少。

7.2 生物膜处理法的传统工艺

7.2.1 生物滤池

生物滤池是以土壤自净原理为依据，在污水灌溉的实践基础上，经较原始的间歇砂滤池和接触滤池而发展起来的人工生物处理技术，已有百余年的发展史。

污水长时间以滴状喷洒在块状滤料层的表面上，在污水流经的表面上就会形成生物膜，待生物膜成熟后，栖息在生物膜上的微生物即摄取流经污水中的有机物作为营养，从而使污水得到净化。

进入生物滤池的污水，必须通过预处理，去除原污水中的悬浮物等能够堵塞滤料的污染物，并使水质均化。处理城市污水的生物滤池，须设初次沉淀池。

滤料上的生物膜，不断脱落更新，脱落的生物膜随处理水流出。因此，生物滤池后也应设沉淀池（二次沉淀池）予以截留。

早期出现的生物滤池，负荷低，水量负荷只达 $1\sim4m^3/(m^2 \cdot d)$，BOD_5 负荷也仅为 $0.1\sim0.4kg/(m^3$ 滤料 $\cdot d)$。其优点是净化效果好，BOD_5 去除率可达 $90\%\sim95\%$。主要的缺点是占地面积大，且易于堵塞，在使用上受到限制。

为了在一定程度上解决生物滤池占地大、易于堵塞等问题，可在运行方面采取以下措施，即将水量负荷提高到 $5\sim40m^3/(m^2$ 滤池 $\cdot d)$，也就是 10 倍以上，BOD_5 负荷也提高到 $0.5\sim2.5kg/(m^3$ 滤料 $\cdot d)$。条件是将进水 BOD_5 浓度限制在 $200mg/L$ 以下，为此采取处理水回流措施，降低进水浓度，加大水量，使滤料不断受到冲刷，生物膜连续脱落，不断更新。

提高负荷后的生物滤池称为高负荷生物滤池，与此相对，前者称为普通生物滤池。

20 世纪 50 年代，在原民主德国有人按化学工业中的填料塔方式，建造了直径与高度比为（1∶6）～（1∶8）、高度达 $8\sim24m$ 的塔式生物滤池，通风畅行，净化功能良好。这种滤池的问世，使占地大的问题进一步得到解决。由于塑料工业的发展，开始使用由塑料制备的列管式或蜂窝式轻质滤料，促进了生物滤池的发展。

生物滤池也可以有效地用于工业有机废水处理，其预处理技术则不局限于沉淀池，视原废水水质而定。

综合以上情况，生物滤池在发展过程中经历了几个阶段，从低负荷发展为高负荷，突破了传统采用的滤料层高度，扩大了应用范围。

1. 普通生物滤池

普通生物滤池又名滴滤池，是生物滤池早期出现的类型，即第一代的生物滤池。

普通生物滤池由池体、滤料、布水装置和排水系统等四部分组成。

普通生物滤池池体在平面上多呈方形或矩形。四周筑墙称之为池壁，池壁具有围护滤料的作用，应当能够承受滤料压力，一般多用砖石筑造。为了防止风力对池表面均匀布水的影响，池壁一般应高出滤料表面 $0.5\sim0.9m$。池体的底部为池底，它的作用是支撑滤料和排除处理后的污水。

滤料是生物滤池的主体，它对生物滤池的净化功能有直接影响。

普通生物滤池一般多采用实心拳状滤料，如碎石、卵石、炉渣和焦炭等。一般分工作层和承托层两层充填，总厚度约为 1.5～2.0m。工作层厚 1.3～1.8m，粒径为 25～40mm；承托层厚 0.2m，滤料粒径为 70～100mm。

生物滤池布水装置的首要任务是向滤池表面均匀地洒布污水。此外，还应具有适应水量变化、不易堵塞和易于清通以及不受风、雪影响等特征。普通生物滤池传统的布水装置是固定喷嘴式布水装置系统。

生物滤池的排水系统设于池的底部，它的作用有二：一是排除处理后的污水；二为保证滤池的良好通风。排水系统包括渗水装置、汇水沟和总排水沟等。底部空间的高度不应小于 0.6m。

普通生物滤池的设计与计算一般分为两部分进行。其一是滤料的选定，滤料容积的计算以及滤池各部位如池壁、排水系统的设计；其二则是布水装置系统的计算与设计。

普通生物滤池的滤料容积一般按负荷率进行计算。有两种负荷率：一是 BOD_5—容积负荷率；二是水力负荷率。

BOD_5—容积负荷率：在保证处理水达到要求质量的前提下，$1m^3$ 滤料在 ld 内所能接受的 BOD_5 量，其单位为 $gBOD_5/(m^3$ 滤料·$d)$。

水力负荷率：在保证处理水达到要求质量的前提下，$1m^3$ 滤料或 $1m^2$ 滤池表面在 ld 内所能够接受的污水水量(m^3)，其单位为 $m^3/(m^3$ 滤料·$d)$ 或 $m^3/(m^2$ 滤池表面·$d)$。

当处理对象为生活污水或以生活污水为主体的城市污水时，BOD_5—容积负荷率可按表 7-2 所列数据选用。

普通生物滤池 BOD₅—容积负荷 表 7-2

年平均气温(℃)	BOD₅—容积负荷[gBOD₅/(m³·d)]	年平均气温(℃)	BOD₅—容积负荷[gBOD₅/(m³·d)]
3～6	100	>10	200
6.1～10	170		

注：1. 本表所列负荷率适用于处理生活污水或以生活污水为主体的城市污水的普通生物滤池。

2. 当处理工业废水含量较多的城市污水时，应适当降低上表所列举的负荷率值。

3. 若冬季污水温度不低于6℃，则上表所列负荷率值应乘以 $T/10$（T 为污水在冬季的平均温度）。

处理生活污水或以生活污水为主体的城市污水时，水力负荷值可取 $1～3m^3/(m^2·d)$。BOD_5—容积负荷为 $0.15～0.30kgBOD_5/(m^3·d)$。

普通生物滤池一般适用于处理每日污水量不高于 $1000m^3$ 的小城镇污水或有机性工业废水。其主要优点是：①处理效果良好，BOD_5 的去除率可达 95%以上；②运行稳定、易于管理、节省能源。主要缺点是：①占地面积大、不适于处理量大的污水；②滤料易于堵塞，当预处理不够充分或生物膜季节性大规模脱落时，都可能使滤料堵塞；③产生滤池蝇，恶化环境卫生，滤池蝇是一种体型小于家蝇的苍蝇，它的产卵、幼虫、成蛹、成虫等生殖过程都在滤池内进行，它的飞行能力较弱，只在滤池周围飞行；④喷嘴喷洒污水，散发臭味。正是因为普通生物滤池具有以上这几项的实际缺点，它在应用上受到不利影响，近年来已很少新建了。

2. 高负荷生物滤池

（1）高负荷生物滤池的特征

高负荷生物滤池是生物滤池的第二代工艺，它是在解决、改善普通生物滤池在净化功能和运行中存在的实际弊端的基础上而开创的。

首先，高负荷生物滤池大幅度地提高了滤池的负荷率，其 BOD_5—容积负荷率高于普通生物滤池 $6\sim8$ 倍，水力负荷率则高达 10 倍。高负荷生物滤池的高滤率是通过限制进水 BOD_5 值和在运行上采取处理水回流等技术措施而达到的。

进入高负荷生物滤池的 BOD_5 值必须低于 $200mg/L$，否则用处理水回流加以稀释。处理水回流可以产生以下各项效应：①均化与稳定进水水质；②加大水力负荷，及时地冲刷过厚和老化的生物膜，加速生物膜更新，抑制厌氧层发育，使生物膜经常保持较高的活性；③抑制滤池蝇的过度滋长；④减轻散发的臭味。

回流水量（Q_R）与原污水量（Q）之比称为回流比，用 R 表示：

$$R = \frac{Q_R}{Q} \tag{7-1}$$

喷洒在滤池表面上的总水量（Q_T）为：

$$Q_T = Q + Q_R \tag{7-2}$$

总水量（Q_T）与原污水量（Q）之比称为循环比，用 F 表示：

$$F = \frac{Q_T}{Q} = 1 + R \tag{7-3}$$

采取处理水回流措施，原污水的 BOD_5 值（或 COD 值）被稀释，进入滤池污水的 BOD_5 浓度根据下列关系式计算：

$$S_a = \frac{S_0 + RS_e}{1 + R} \tag{7-4}$$

式中　S_a ——向滤池喷洒污水的 BOD_5 值，mg/L；

　　　S_0 ——原污水的 BOD_5 值，mg/L；

　　　S_e ——滤池处理水的 BOD_5 值，mg/L；

　　　R ——回流比。

表 7-3 所列举的是艾肯费尔德对回流比提出的建议值。

高负荷生物滤池的回流比值（艾肯费尔德建议值）　　　　表 7-3

污水的 BOD_5 值 (mg/L)	高负荷生物滤池的回流比值		
	一段	二级	
		各段	
<150	0.75~1.0	0.5	
150~300	1.5~2.0	1.0	
300~450	2.25~3.0	1.5	
450~600	3.0~4.0	2.0	
600~700	3.75~5.0	2.5	
750~900	4.5~6.0	3.0	

采取处理水回流措施，可使高负荷生物滤池具有多种多样的流程系统。

（2）高负荷生物滤池的构造特点

在构造上，高负荷生物滤池与普通生物滤池基本相同，但也有不同之处，其中主要有下列各项。

1）高负荷生物滤池在表面上多为圆形。如使用粒状滤料，其粒径也较大，一般为

40～100mm，孔隙率较高。滤料层高一般为 2.0m，滤料粒径和相应的层厚度如下。

工作层：层厚 1.80m，滤料粒径 40～70mm；

承托层：层厚 0.2m，粒径 70～100mm。

当滤层厚度超过 2.0m 时，一般应采用人工通风措施。

现对高负荷生物滤池，也已广泛使用由聚氯乙烯、聚苯乙烯和聚酰胺等材料制成的呈波形板状、列管状和蜂窝状等人工滤料。这种滤料质轻、高强、耐蚀，1m³ 滤料质量 43kg 左右，表面积可达 200m²，孔隙率可高达 95%（表 7-4）。

塑料滤料各项特征及参数（国外推荐资料）　　　　　　　　　　表 7-4

形状	种类	特性和排列	比表面积（m²/m³）	孔隙率（%）
波纹	"Flocor"	塑料薄板制成 1m×1m×0.6m	85①	98
	"Surfpac"	聚苯乙烯薄片 做成紧密装填 1m×1m×0.55m	187	94
管式	"Cloisonylc"	塑料管状连续， 长度方向 与水平呈直角排列	220	94
蜂窝	"Surfpac"	聚苯乙烯薄片 1m×1m×0.55m	82	94

① Flocor 填料，国内计算比表面积为 110m²/m³。

2）高负荷生物滤池多使用旋转式的布水装置，即旋转布水器（图 7-2）。

污水以一定的压力流入位于池中央处的固定竖管，再流入布水横管，横管有 2 根或 4 根，横管中轴距滤池池面 0.15～0.25m，横管绕竖管旋转。在横管的同一侧开有一系列间距不等的孔口，中心较疏，周边较密，须经计算确定。污水从孔口喷出，产生反作用力，从而使横管按与喷水相反的方向旋转。

横管与固定竖管连接处是旋转布水器的重要部位，既应保证污水从竖管通畅地流入横管，又应使横管在水流反作用力的作用下，顺利地进行旋转，而且应当封闭良好，污水不外溢。

这种布水装置所需水头较小，一般为 0.25～0.8m，也可以使用电力驱动。

（3）高负荷生物滤池的需氧与供氧

1）生物膜量

生物滤池滤料表面生成的生物膜污泥，相当于活性污泥法曝气池中的活性污泥。单位容积滤料的生物膜质量，相当于曝气池内混合液浓度，能够用以表示生物滤池内的生物量。

生物膜污泥量是难以精确计算的，除了原污水的水质、负荷率等因素能够影响生物膜

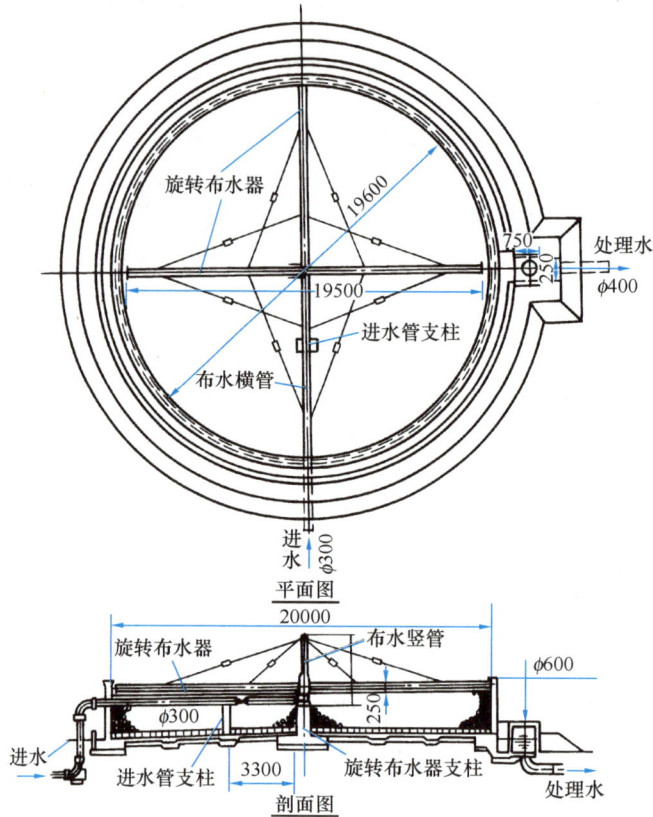

图 7-2 采用旋转布水器的高负荷生物滤池平面与剖面示意图

污泥的数量外，活性生物膜（生物膜好氧层）厚度的不同和其沿滤池深度分布的不同，也给生物膜污泥量的计算造成困难。生物膜污泥量的数据，应通过实测取得，沿滤池的深度，按池上、下层分别测定，取其平均值作为设计、运行数据。

生物膜好氧层的厚度，一般认为是在 2mm 左右，含水率按 98% 考虑。

据霍伊克勒基安（Heukelekian）的实测，处理城市污水的普通生物滤池的生物膜污泥量是 4.5～7.0kg/m³，高负荷生物滤池则为 3.5～6.5kg/m³。

粒状滤料的生物膜污泥量的计算方式如下：

如滤料的粒径以 5cm 计，球形率 $\Phi=0.78$，则 1m³ 滤料的表面积将约为 80m²，如生物膜厚为 2mm，含水率以 98% 计，则经过计算，1m³ 滤料上的活性生物膜量为 3.2kg/m³。在滤池的下层，生物膜的厚度如以 0.5mm 计，若按以上计算，则 1m³ 滤料上的生物膜量为 0.8kg/m³。

塑料滤料的生物膜污泥量，可根据生产厂家提供的滤料比表面积和滤料表面上覆盖生物膜的厚度以及有关数据进行计算。

2）生物滤池的需氧量

生物滤池单位容积滤料的需氧量按下列公式确定：

$$O_2 = a'\mathrm{BOD_r} + b'P\,[\mathrm{kg/(m^3\,滤料 \cdot d)}] \tag{7-5}$$

式中　a'——1kgBOD₅ 完全降解所需要的氧量，kg，对城市污水，此值在 1.46 左右；

BOD_r——在生物滤池中去除的 BOD_5 值；

b'——单位质量活性生物膜的需氧量，此值大致是 0.18kg/kg 活性生物膜；

P——1m³ 滤料上覆盖着的活性生物膜量，kg/m³ 滤料。

例如，1m³ 滤料的 BOD_5 负荷率为 1.2kg/d，BOD_5 去除率为 90%，1m³ 滤料上的活性生物膜量平均值为(3.2+0.8)÷2=2kg/m³。将上述各值代入式(7-5)，则得 O_2 = 1.46 ×(1.2×0.9)+0.18×2=1.94kg/(m³ 滤料·d)。

3）生物滤池的供氧

影响生物滤池通风状况的因素很多，主要有滤池内外温差、风力、滤料类型及污水的布水量等，其中特别是第一项，能够决定空气在滤池内的流速、流向等。滤池内部的温度大致与水温相等，在夏季，滤池内温度低于池外温度，空气向下流动，冬季则相反。

滤池的内、外温差与空气流速的关系，可用下列经验关系式决定：

$$v = 0.075 \times \Delta T - 0.15 \qquad (7\text{-}6)$$

式中　v——空气流速，m/min；

ΔT——滤池内、外温差，℃。

由上式可见，当 $\Delta T=2$℃时，$v=0$，空气流通停止。在一般情况下，ΔT 值为 6℃，按上式计算，则空气流通速度为 $v=0.3$m/min=432m/d。即 1m³ 滤料每天通过的空气量为 432m³，1m³ 空气中氧气的含量为 0.28kg，则向生物膜提供的氧量约为 120.96kg，氧气的利用率以 5% 考虑，则实际上能够利用的氧量为 6.048kg，当 BOD_5 负荷率为 1.2kg/(m³ 滤料·d) 时，氧是充足的。

由此可以得出结论，运行正常、通风良好的生物滤池，供氧充足。

（4）高负荷生物滤池的工艺计算与设计

高负荷生物滤池的工艺计算与设计分为两部分，一是滤池池体的计算与设计；二是旋转布水器的计算与设计。这里仅就前者加以介绍。

滤池池体的工艺计算与设计的实质性内容，是确定滤料容积，决定滤池深度和计算滤池表面面积。

滤池池体的工艺计算有多种方法，这里仅就使用较为广泛的负荷率法加以阐述。

滤池池体的负荷率计算法，按日平均污水量进行计算。进入的污水，其 BOD_5 必须低于 200mg/L，否则应采取处理水回流措施。回流比通过计算确定。

对高负荷生物滤池池体的工艺计算，常用的负荷率有：

BOD_5—容积负荷率：每立方米滤料在每日内所能接受的 BOD_5 值，以 $gBOD_5$/(m³ 滤料·d) 计，此值一般不宜高于 1200$gBOD_5$/（m³ 滤料·d）；

BOD_5—面积负荷率：每平方米滤池表面在每日所能够接受的 BOD_5 值，以 $gBOD_5$/（m² 滤池表面·d）计，一般取值为 1100～2000$gBOD_5$/（m² 滤池表面·d）。

水力负荷率：每平方米滤池表面每日所能够接受的污水量，一般为 10～30m³/（m² 滤池表面·d）。

以上 3 种负荷率的取值，都是以处理水水质达到一定指标要求为前提的。

在进行工艺计算前，首先应确定进入滤池的污水经回流水稀释后的 BOD_5 值和回流稀释倍数。

经处理水稀释后，进入滤池污水的 BOD_5 值为：

$$S_a = \alpha S_e \tag{7-7}$$

式中 S_a、S_e——同式（7-4）；

α——系数，按表7-5所列数据选用。

系数 α 表 7-5

污水冬季平均温度（℃）	年平均气温（℃）	滤料层高度（m）				
		2.0	2.5	3.0	3.5	4.0
8~10	<3	2.5	3.3	4.4	5.7	7.5
10~14	3~6	3.3	4.4	5.7	7.5	9.6
>14	>6	4.4	5.7	7.5	9.6	12.0

回流稀释倍数（n）：

$$n = \frac{S_0 - S_e}{S_a - S_e} \tag{7-8}$$

式中 S_0——原污水的 BOD_5 值，mg/L。

若按 BOD_5—容积负荷计算，则有：

滤池容积 V：

$$V = \frac{Q(n+1)S_a}{N_v} \tag{7-9}$$

式中 N_v——BOD_5—容积负荷率，$gBOD_5/(m^3$ 滤料·d）；

Q——原污水日平均流量，m^3/d。

滤池表面积：

$$A = \frac{V}{H} \tag{7-10}$$

式中 H——滤料层高度，m。

若按 BOD_5—面积负荷率计算，则有：

滤池面积：

$$A = \frac{Q(n+1)S_a}{N_A} \tag{7-11}$$

式中 N_A——BOD_5—面积负荷率，$gBOD_5/(m^2$ 滤料·d）；

滤料容积：

$$V = H \cdot A \tag{7-12}$$

若按水力负荷率计算，则有：

滤池表面积：

$$A = \frac{Q(n+1)}{N_q} \tag{7-13}$$

式中 N_q——滤池表面水力负荷，$m^3/(m^2$ 滤池表面·d）。

3. 塔式生物滤池

塔式生物滤池（塔滤），也简称滤塔，是在 20 世纪 50 年代初由原民主德国环境工程专家应用气体洗涤塔原理所开创的，属第三代生物滤池。由于本工艺具有某些独到特征，受到污水生物处理领域的重视，得到较为广泛的应用。

图 7-3 为塔式生物滤池的构造示意图。

塔式生物滤池一般高达 8～24m，直径 1～3.5m。径高比为 (1:8)～(1:6)，呈塔状。在平面上塔式生物滤池多呈圆形。在构造上由塔身、滤料、布水系统以及通风及排水装置所组成。

塔身主要起围挡滤料的作用，一般可用砖砌筑，也可以在现场浇筑钢筋混凝土或预制板构件在现场组装。也可以采用钢框架结构，四周用塑料板或金属板围嵌，这样能够使池体质量大为减轻。

塔式生物滤池宜于采用轻质滤料。表 7-6 所列举的是我国在塔式生物滤池工艺的试验中曾采用过的滤料及其各项参数特征。在我国使用比较多的是用环氧树脂固化的玻璃布蜂窝滤料。这种滤料的比表面积较大，结构比较均匀，有利于空气流通与污水的均匀配布，流量调节幅度大，不易堵塞。

塔式生物滤池的布水装置与一般的生物滤池相同，对大、中型塔滤多采用电机驱动的旋转布水器，也可以用水流的反作用力驱动。对小型滤塔则多采用固定式喷嘴布水系统，也可以使用多孔管和溅水筛板布水。

塔式生物滤池一般都采用自然通风，塔底有高度为 0.4～0.6m 的空间，并且周围留有通风孔，其有效面积不得小于滤池面积的 7.5%～10%。这种塔式的构造，使滤池内部形成较强的拔风状态，因此通风良好。

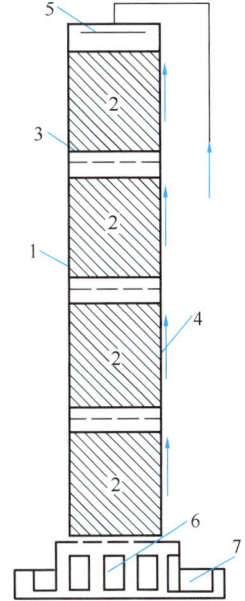

图 7-3 塔式生物滤池
构造示意图

1—塔身；2—滤料；
3—格栅；4—检修口；
5—布水器；6—通
风孔；7—集水槽

国内塔滤试验用滤料　　　　　　　　　　　　　　　　表 7-6

名称	规格 (mm)	密度 (kg/m³)	比表面积 (m²/m³)	强度 (kg/m²)	孔隙率 (%)
纸蜂窝	孔径 19	20～25	217.5	6～9	95.8
玻璃布蜂窝	孔径 25	—	—	—	—
聚氯乙烯料 交错波纹板	20×40	140	148	—	92.7
焦炭	粒径 30×50	450～600	—	—	—
瓷环	25×25 50×50	673	110 200	—	—
炉渣	50×80	—	100	—	—
陶粒	30×50	—	—	—	—
石棉瓦	波形瓦	—	168.5	—	—

滤塔也可以考虑采用机械通风，特别是当处理工业废水、吹脱有害气体时，可考虑采用人工机械通风。当采用机械通风时，在池上部和下部装设吸气或鼓风的风机，此时要注意空气在滤池表面上的均匀分布，并防止冬天寒冷季节池温降低，影响效果。

塔式生物滤池内部通风情况良好，污水从上向下滴落，水流紊动强烈，污水、空气、滤料上的生物膜三者接触充分，充氧效果良好，污染物质传质速度快，这些现象都非常有助于有机污染物质的降解，是塔式生物滤池的独特优势。这一优势使塔式生物滤池具有以下各项主要工艺特征。

（1）高负荷率

塔式生物滤池的水力负荷率可达 $80\sim200m^3/(m^2\cdot d)$，为一般高负荷生物滤池的 $2\sim10$ 倍，BOD_5—容积负荷率达 $1000\sim2000gBOD_5/(m^3$ 滤料 $\cdot d)$，较高负荷生物滤池高 $2\sim3$ 倍。高额的有机物负荷率使生物膜生长迅速，高额的水力负荷率又使生物膜受到强烈的水力冲刷，从而使生物膜不断脱落、更新。这样，塔式生物滤池内的生物膜能够经常保持较好的活性。但是，生物膜生长过快，易于导致滤料的堵塞。对此，宜将进水的 BOD_5 值控制在 $500mg/L$ 以下，否则需采取处理水回流稀释措施。

（2）滤层内部的分层

塔滤滤层内部存在着明显的分层现象，在各层生长繁育着种属各异、但适应流至该层污水特征的微生物群集，这种情况有助于微生物的增殖、代谢等生理活动，更有助于有机污染物的降解、去除。由于具有这种分层的特征，塔滤能够承受较高的有机污染物的冲击负荷，对此，塔滤常用于作为高浓度有机工业废水二级生物处理的第一级工艺，较大幅度地去除有机污染物，以保证第二级处理技术保持良好的净化效果。

塔式生物滤池适用生活污水和城市污水处理，也适用于处理各种有机的工业废水，但只适宜于小规模水量污水的处理，一般不宜超过 $10000m^3/d$。

塔式生物滤池的计算与设计主要按 BOD_5—容积负荷率进行。

图 7-4 是根据我国某生活污水处理站的塔滤约一年的运行数据，绘制的 BOD_5—容积负荷与处理水 BOD_5 值之间的关系曲线。在设计处理低浓度 BOD_5 生活污水的塔滤时，可

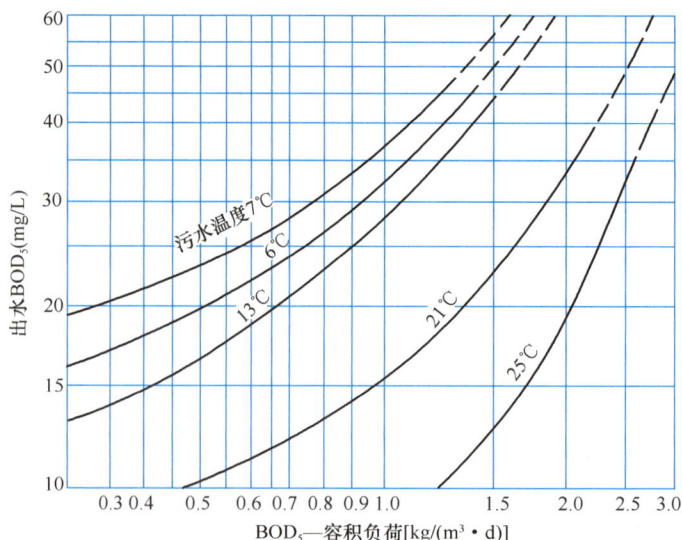

图 7-4　BOD_5—容积负荷在不同水温条件下与处理水 BOD_5 值的关系
（$Q\leqslant200m^3/d$，进水 $BOD_5<100mg/L$）

330

作为选定污水处理装置容积负荷率的参考。

塔滤的工艺设计可以按 BOD_u—容积允许负荷率进行，这个参数取决于对处理水 BOD_u 值的要求和污水在冬季的平均温度。图 7-5 所示就是这三者间的关系曲线，可供设计处理城市污水的塔滤时参考。

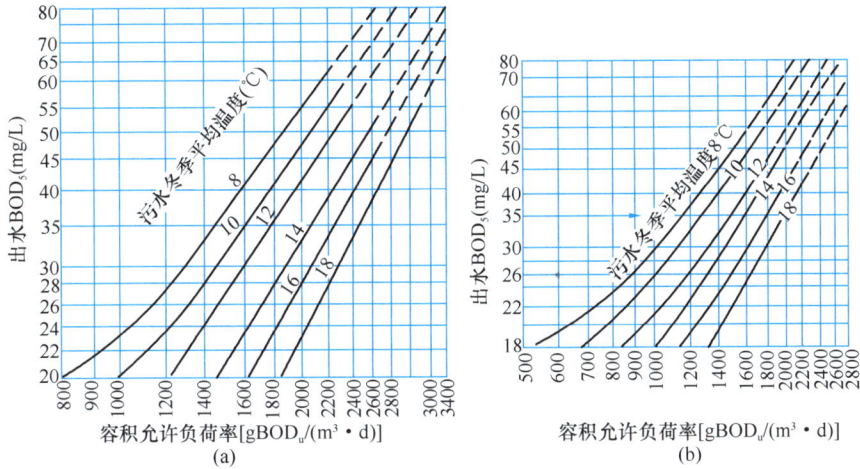

图 7-5　滤塔 BOD_u—容积允许负荷率与处理水 BOD_u 及水温之间的关系曲线
(a) $Q=400\sim50000\text{m}^3/\text{d}$ 的滤塔；(b) $Q=200\sim400\text{m}^3/\text{d}$ 的滤塔

图 7-5（a）适用于污水量大于 $400\text{m}^3/\text{d}$ 的滤塔的工艺设计，而图 7-5（b）则适用于小水量（$Q<400\text{m}^3/\text{d}$）的塔滤的工艺设计。

在负荷率值确定后，可根据以下公式进行计算。

（1）塔滤的滤料容积

$$V=\frac{S_aQ}{N_a} \tag{7-14}$$

式中　V——滤料容积，m^3；

　　　S_a——进水 BOD_5，也可按 BOD_u 考虑，g/m^3；

　　　Q——进水流量，取平均日污水量，m^3/d；

　　　N_a——BOD_5—容积负荷率或 BOD_u—容积允许负荷率，$\text{gBOD}_5/（\text{m}^3\text{滤料}\cdot\text{d}）$ 或 $\text{gBOD}_u/（\text{m}^3\text{滤料}\cdot\text{d}）$。

（2）塔滤的表面面积

$$A=\frac{V}{H} \tag{7-15}$$

式中　A——塔滤的表面面积，m^2；

　　　H——塔滤的工作高度，m，其值根据表 7-7 所列数据确定。

进水 BOD_u 与塔滤高度的关系　　　　　　　　　　　　　表 7-7

进水 BOD_u（mg/L）	250	300	350	450	500
塔滤高度（m）	8	10	12	14	>16

（3）塔滤的水力负荷

$$q = \frac{Q}{A} \tag{7-16}$$

式中　q——水力负荷，$m^3/(m^2 \cdot d)$。

当有条件时，水力负荷 q 应由试验确定，并用式（7-16）进行校核。如通过试验所得到的水力负荷值 $q=q'$，说明设计是可行的；如 $q>q'$，则可考虑适当降低滤池高度；如 $q<q'$，则应考虑加大滤池高度或采用回流或多级滤池串联。

7.2.2　生物转盘

生物转盘是于 20 世纪 60 年代在原联邦德国所开创的一种污水生物处理技术。生物转盘技术具有一系列的优点，在其构造形式、系统组成、计算理论等各方面都得到了一定的发展。

生物转盘初期用于生活污水处理，后推广到城市污水处理和有机性工业废水的处理。处理规模也从几百人口当量发展到数万人口当量，转盘构造和设备也日益完善。

1. 生物转盘的构造及其对污水净化作用原理与特征

生物转盘处理系统中，除核心装置生物转盘外，还包括污水预处理设备和二次沉淀池。二次沉淀池的作用是去除经生物转盘处理后的污水所挟带的脱落生物膜。

生物转盘是由盘片、接触反应槽、转轴及驱动装置所组成（图 7-6）。盘片串联成组，中心贯以转轴，转轴两端安设在半圆形接触反应槽两端的支座上。转盘面积的 40% 左右浸没在槽内的污水中，转轴高出槽内水面 10~25cm。

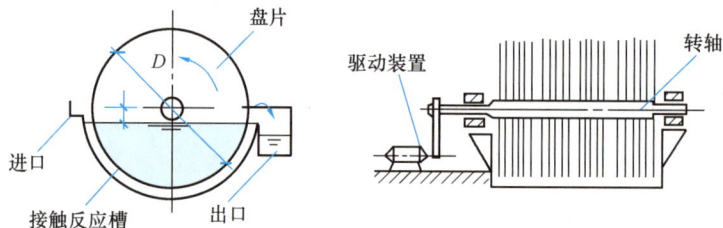

图 7-6　生物转盘构造图

由电机、变速器和传动链条等部件组成的驱动装置，驱动转盘以较低的线速度在接触反应槽内转动。接触反应槽内充满污水，转盘交替地和空气与污水相接触。在经过一段时间后，在转盘上即将附着一层栖息着大量微生物的生物膜。微生物的种属组成逐渐稳定，其新陈代谢功能也逐步地发挥出来，并达到稳定的程度，污水中的有机污染物为生物膜所吸附降解。

转盘转动离开污水与空气接触，生物膜上的固着水层从空气中吸收氧，固着水层中的氧是过饱和的，并将其传递到生物膜和污水中，使槽内污水的溶解氧含量达到一定的浓度，甚至可能达到饱和。

在转盘上附着的生物膜与污水以及空气之间，除有机物（BOD、COD）与 O_2 外，还进行着其他物质（如 CO_2、NH_3 等）的传递。生物转盘净化反应过程与物质传递过程见图 7-7。

生物膜逐渐增厚，在其内部形成厌氧层，并开始老化。老化的生物膜在污水水流与盘面之间产生的剪切力的作用下而剥落，剥落的破碎生物膜在二次沉淀池内被截留。生物膜

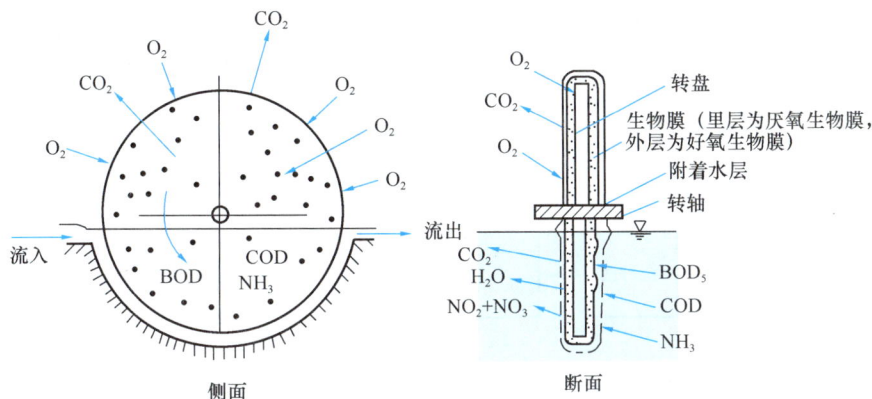

图 7-7 生物转盘净化反应过程与物质传递示意图

脱落形成的污泥，密度较高、易于沉淀。

除有效地去除有机污染物外，如运行得当，生物转盘系统能够具有硝化、脱氮与除磷的功能。

作为污水生物处理技术，生物转盘之所以能够被认为是一种效果好、效率高、便于维护、运行费用低的工艺，是因为它在工艺和维护运行方面具有如下特征。

（1）微生物浓度高，特别是最初几级的生物转盘，据一些实际运行的生物转盘的测定统计，转盘上的生物膜量如折算成曝气池的 MLVSS，可达 $40000\sim60000mg/L$，F/M 比为 $0.05\sim0.1$，这是生物转盘高效运行的主要原因之一。

（2）生物相分级，在每级转盘生长着适应于流入该级污水性质的生物相，这种现象对微生物的生长繁殖、有机污染物降解非常有利。

（3）污泥龄长，在转盘上能够增殖世代时间长的微生物，如硝化菌等，因此生物转盘具有硝化、反硝化的功能。

采取适当措施，生物转盘还可用以除磷，由于无须污泥回流，可向最后几级接触反应槽或直接向二次沉淀池投加混凝剂去除水中的磷。

（4）对 BOD_5 达 $10000mg/L$ 以上的超高浓度有机废水到 $10mg/L$ 以下的超低浓度污水，都可以采用生物转盘进行处理，并能够得到较好的处理效果。因此，本法是耐冲击负荷的。

（5）在生物膜上的微生物的食物链较长，因此产生的剩余污泥量较少，为活性污泥处理系统的 1/2 左右。在水温为 $5\sim20℃$，BOD_5 去除率为 90% 的条件下，去除 $1kg$ BOD_5 的产泥量约为 $0.25kg$。

（6）接触反应槽不需要曝气，污泥也无须回流，因此动力消耗低，这是本法最突出的特征之一。据有关运行单位统计，每去除 $1kg$ BOD_5 的耗电量约为 $0.7kWh$，运行费用低。

（7）不需要经常调节生物污泥量，不产生污泥膨胀，复杂的机械设备也比较少，因此，便于维护管理。

（8）设计合理、运行正常的生物转盘，不产生滤池蝇，不出现泡沫，也不产生噪声，不存在发生二次污染的现象。

（9）生物转盘的流态，从一个生物转盘单元来看是完全混合型的，在转盘不断转动的条件下，接触反应槽内的污水能够得到良好的混合，但多级生物转盘又应作为推流式，因此生物转盘的流态应按完全混合—推流来考虑。

处理城市污水的生物转盘系统的基本工艺流程如图7-8所示。

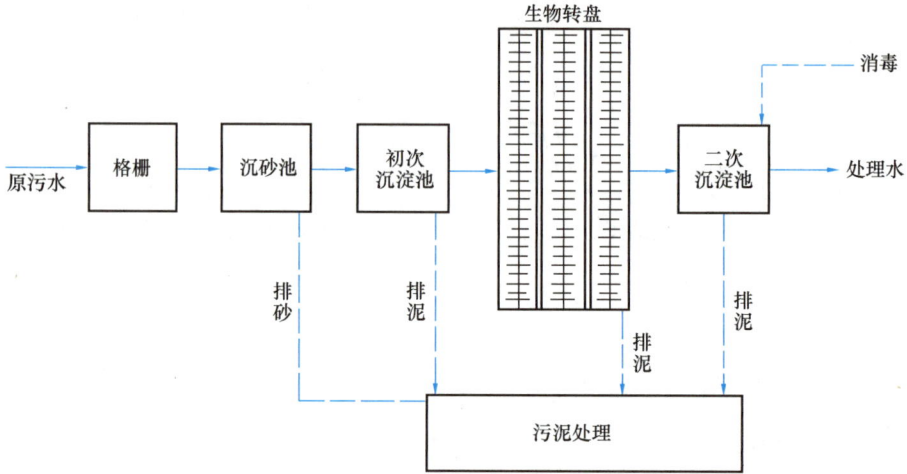

图 7-8　生物转盘处理系统基本工艺流程

2. 工艺参数与设计计算

（1）工艺参数

进行生物转盘的计算与设计，应充分掌握污水水质、水量方面的资料并将其作为原始数据。此外，还应合理地确定转盘在其构造和运行方面的一些参数和技术条件，例如：盘片形状、直径、间距、浸没率、盘片材质；转盘的级数、转速；接触反应槽的形状、所用材料以及水流方向等。

生物转盘计算的主要内容是确定所需转盘的总面积，以这一参数为基础进一步确定转盘总片数、接触氧化槽总容积、转轴长度以及污水在接触反应槽内的停留时间等参数。

当前，确定转盘总面积的通行方法有负荷率法、经验公式法和经验图表法等。这里以负荷率计算法说明其计算过程。

首先将与负荷率计算法有关的工艺参数的物理意义及其计算公式加以说明。

1）BOD_5—面积负荷率（N_A）

单位盘片表面积（m^2）在1d内能够接受并使转盘处理达到预期效果的BOD_5值，即：

$$N_A = \frac{QS_0}{A} \quad [gBOD_5/(m^2 \cdot d)] \tag{7-17}$$

式中　S_0——原污水的BOD_5值，g/m^3 或 mg/L；

　　　A——盘片总面积，m^2。

其他各项水质指标，如COD、SS、NH_4^+-N 等也可以用面积负荷率表示。

2）表面水力负荷率（N_q）

单位盘片表面积$1m^2$在1d内能接受并使转盘达到预期处理效果的污水量，即：

$$N_q = \frac{Q}{A} [m^3/(m^2 \cdot d)] \tag{7-18}$$

此值取决于原污水的BOD_5值，原污水BOD_5值不同，此值有较大的差异，这一点是应该考虑到的。对于一般城市污水，此值多为 $0.08\sim0.2\ \mathrm{m^3/(m^2 \cdot d)}$。

3）平均接触时间（t_a）

污水在接触氧化槽内与转盘接触并进行净化反应的时间，即：

$$t_a = \frac{V'}{Q} \times 24 \qquad (7\text{-}19)$$

式中　t_a——平均接触时间，h；

　　　V'——氧化槽有效容积，$\mathrm{m^3}$；

　　　Q——污水流量，$\mathrm{m^3/d}$。

接触时间对污水的净化效果有着直接影响，增加接触时间，能够提高净化效果。接触时间也可以作为生物转盘计算的基础参数。

（2）设计计算

生物转盘计算用的 BOD_5—面积负荷率值，原则上应当通过一定规模的试验来确定。当前国内外发表了大量的运行数据，在其基础上绘制了各种图表，可以作为确定 BOD_5—面积负荷率值的参考。表 7-8 所列举的是国外采用生物转盘处理生活污水，根据处理效果所采纳的 BOD_5—面积负荷率值。

国外生物转盘处理生活污水所采用的 BOD_5—面积负荷率值　　　　表 7-8

处理水水质	BOD_5—面积负荷率［$gBOD_5/(m^2 \cdot d)$］
$BOD_5 \leqslant 60mg/L$	$20\sim40$
$BOD_5 \leqslant 30mg/L$	$10\sim20$

图 7-9 所示为原联邦德国施特尔斯（Steels）公司在归纳、分析大量运行数据的基础上按进水 BOD_5 值、处理水 BOD_5 值和 BOD_5—面积负荷率三者关系所绘制的曲线，可作为设计参考。

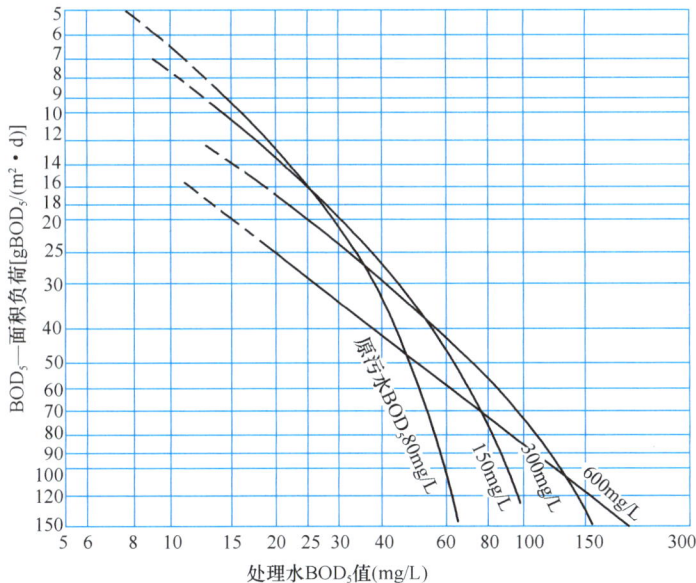

图 7-9　处理水 BOD_5 值与 BOD_5—面积负荷率之间的关系

依据《室外排水设计标准》GB 50014—2021，生物转盘的设计负荷宜根据试验资料确定；当无试验资料时，以盘片面积计的 BOD_5—面积负荷率宜为 $0.005\sim0.020kgBOD_5/$

$(m^2 \cdot d)$，首级转盘不宜超过 $0.030 kgBOD_5/(m^2 \cdot d)$；表面水力负荷宜为 $0.04 \sim 0.20 m^3/(m^2 \cdot d)$。

在国外，采用生物转盘处理城市污水，比较普遍的是采用水力负荷率计算法，并积累了一定的可供计算生物转盘时参考的运行数据。

图 7-10 所示为在不同的原污水 BOD_5 浓度值的条件下，表面水力负荷率与去除率之间的关系，此图可供计算转盘时参考。

在确定负荷率值（BOD_5—面积负荷率或表面水力负荷率）后，即可按下列各项公式计算生物转盘的各项设计参数。

1）转盘总面积

按 BOD_5—面积负荷率计算：

$$A = \frac{QS_0}{N_A} \quad (m^2) \qquad (7\text{-}20)$$

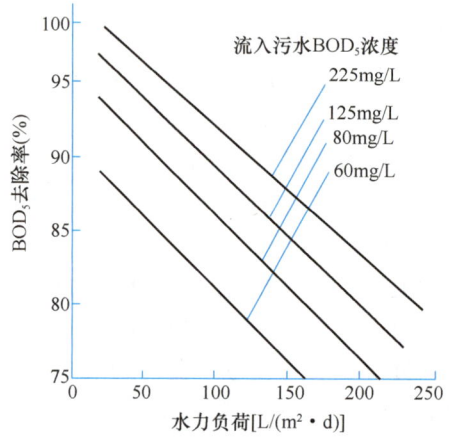

图 7-10　城市污水水力负荷与
BOD_5 去除率关系

式中　A——盘片总面积，m^2；

　　　Q——平均日污水量，m^3/d；

　　　S_0——原污水的 BOD_5 值，g/m^3 或 mg/L；

　　　N_A——BOD_5—面积负荷率，$gBOD_5/(m^2 \cdot d)$。

按表面水力负荷率计算：

$$A = \frac{Q}{N_q} \quad (m^2) \qquad (7\text{-}21)$$

式中　N_q——表面水力负荷率，$m^3/(m^2 \cdot d)$。

2）转盘总片数

当采用的转盘为圆形时，转盘的总片数按下列公式计算：

$$M = \frac{4A}{2\pi D^2} = 0.637 \frac{A}{D^2} \qquad (7\text{-}22)$$

式中　M——转盘总片数；

　　　D——圆形转盘直径，m。

当所采用的转盘为多边形或波纹板时，应按一般常规法计算出每片转盘的面积 a（或厂家提供）。转盘的总片数为：

$$M = \frac{A}{2a} \qquad (7\text{-}23)$$

式中　a——每片多边形转盘或波纹板转盘的面积。

对其他形式的转盘则根据具体情况决定。

在确定转盘总片数后，可根据现场的具体情况并参照类似条件的经验，决定转盘的级数，并求出每级（台）转盘的盘片数 m。

3）每台转盘的转轴长度

$$L = m(d + b)K \qquad (7\text{-}24)$$

式中　L——每台（级）转盘的转轴长度，m；

　　　m——每台（级）转盘的盘片数；

d——盘片间距，m；

b——盘片厚度，与所采用的转盘材料有关，根据具体情况确定，一般取值为 0.001～0.013m；

K——考虑污水流动的循环沟道的系数，取值 1.2。

4）接触反应槽容积

此值与槽的形式有关，当采用半圆形接触反应槽时，其总有效容积 V（m³）为：

$$V = (0.294 \sim 0.335)(D+2\delta)^2 \cdot L \tag{7-25}$$

而净有效容积 V'（m³）为

$$V' = (0.294 \sim 0.335)(D+2\delta)^2 \cdot (L-mb) \tag{7-26}$$

式中 δ——盘片边缘与接触反应槽内壁之间的净距，m。

当 $\dfrac{r}{D} = 0.1$ 时，系数取 0.294；当 $\dfrac{r}{D} = 0.06$ 时，系数取 0.335。其中，r 为转轴中心距水面高度，一般为 150～300mm。

5）转盘的旋转速度

转盘旋转的主要目的是使接触氧化槽内的污水得到充分混合，如水力负荷大，转速过小，即得不到充分的混合。

依据《室外排水设计标准》GB 50014—2021，生物转盘转速宜为 2.0～4.0r/mim，盘体外缘线速度宜为 15～19m/min。

为达到混合目的的转盘的最小转速 $n_{\min}$（r/min）的计算公式为：

$$n_{\min} = \frac{6.37}{D} \times \left(0.9 - \frac{1}{N_h}\right) \tag{7-27}$$

式中 N_h——容积水力负荷率，即单位接触氧化槽容积在一日内所能承受并使转盘达到预期处理效果的污水量，m³/(m³·d)。

6）电机功率

所需电机功率 N_P（kW）可由下式计算得到：

$$N_P = \frac{3.85R^4 n_{\min}^2}{d \times 10^{12}} m\alpha\beta \tag{7-28}$$

式中 R——转盘半径，cm；

m——一根转轴上的盘片数；

α——同一电机带动的转轴数；

β——生物膜厚度系数，分别可取 2（膜厚度为 0～1mm）、3（膜厚度为 1～2mm）和 4（膜厚度为 2～3mm）。

3. 工艺发展

生物转盘处理技术开创于 20 世纪 50～60 年代，迄今为止仍属于发展中的污水处理技术，近些年来在工艺方面仍有某些进展，现择其主要各项加以阐述。

（1）空气驱动生物转盘

空气驱动生物转盘是利用空气的浮力使转盘旋转（图 7-11）。在转盘的外周设空气罩，在转盘下侧设

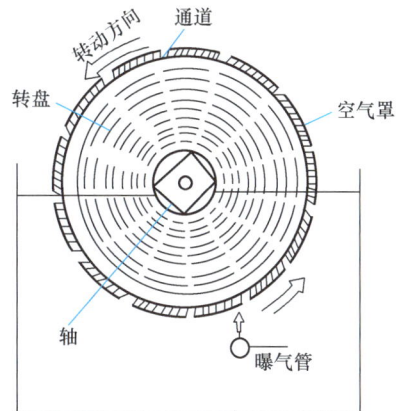

图 7-11 空气驱动生物转盘剖面图

曝气管，在管上均等地安装扩散器，空气从扩散器均匀地吹向空气罩，产生浮力使转盘转动。

这种生物转盘的特点：①槽内污水含有较高的溶解氧，在相同的负荷率条件内，BOD_5 的去除率较高；②生物膜较薄，有较强的活性；③通过调节空气量改变转盘的转数，采用气量调节装置，根据槽内溶解氧的变化自动运行；④易于维修管理。

（2）生物转盘与其他处理设施相组合

近年来人们为了提高二级处理工艺的效率，节省用地，提出了生物转盘与其他类型处理设备相结合的方案，其中主要有其与沉淀池相组合或与曝气池相组合的生物转盘 2 种形式。

图 7-12 所示为与作为二次沉淀池的平流式沉淀池相组合的生物转盘。

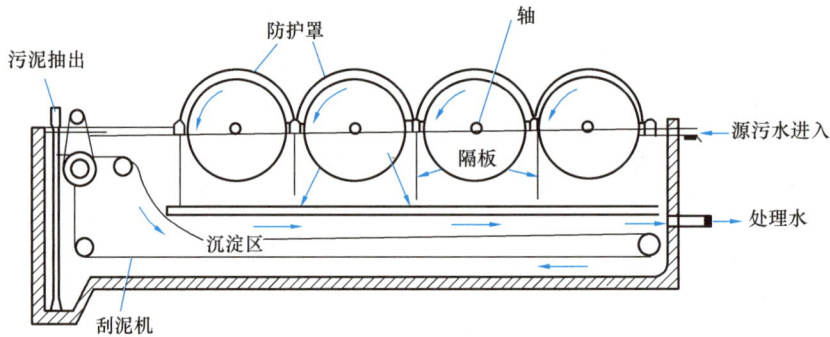

图 7-12 与平流式沉淀池（作为二次沉淀池）相结合的生物转盘

在平流沉淀池池深的中部设隔板，使池分为上、下两部分，生物转盘设在上部，池下部为沉淀池。

图 7-13 所示为将生物转盘与初次沉淀池、二次沉淀池组合在统一构筑物内的方案。生物转盘设置在两座沉淀池的上部，初次沉淀池和二次沉淀池并排设于底部，中间隔以隔墙。这种设备适用于小型生活污水处理站。

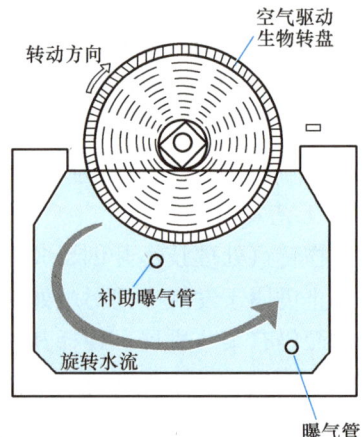

与曝气池相组合的生物转盘是一种效果好、效率高、比较经济的处理设备。图 7-14 所示为与曝气池相组合的生物转盘的剖面示意图，这是提高曝气池处理效率的一种新措

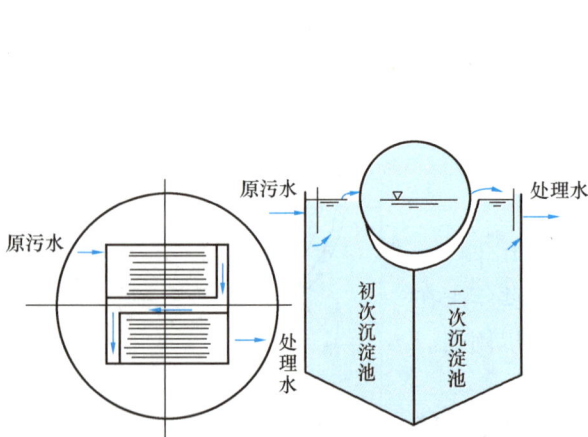

图 7-13 生物转盘与初次沉淀池和二次沉淀池相组合的方案　图 7-14 与曝气池相组合的生物转盘

施。在曝气池上侧设生物转盘，转盘用空气驱动，盘片40％的面积浸没于水中。

（3）藻类生物转盘

这是为了去除二级处理水中的无机营养物质、控制水体富营养化而提出的一种方案。

藻类生物转盘的主要特点是加大了盘间距离，增加受光面，接种经筛选的藻类，在盘面上形成藻菌共生体系。藻类的光合作用释放的氧，提高了水中的溶解氧，为好氧菌提供了丰富的氧源；而微生物代谢所放出的 CO_2 成为藻类的主要碳源，又促进了藻类的光合作用。

在菌藻的共生作用下，污水得到净化。

这种设备的出水中溶解氧的含量高，一般可达近饱和的程度，此外还有去除 NH_4^+-N 的功能，可达到深度处理的要求。

7.2.3 生物接触氧化

1. 生物接触氧化的实质与特征

生物接触氧化处理技术的实质：一是在池内充填填料，已经充氧的污水浸没全部填料，并以一定的流速流经填料。在填料上布满生物膜，污水与生物膜广泛接触，在生物膜上微生物的新陈代谢作用下，污水中有机污染物得到去除，污水得到净化，因此，生物接触氧化处理技术，又称为"淹没式生物滤池"；二是在曝气池内充填供微生物栖息的填料，采用与曝气池相同的曝气方法，向微生物提供其所需的氧（并起到搅拌与混合作用），故该技术又称"接触曝气法"。

综上所述，生物接触氧化是一种介于活性污泥法与生物滤池两者之间的生物处理技术，也可以说是具有活性污泥法特点的生物膜法，并兼具两者的优点，深受污水处理工程领域人们的重视。

生物接触氧化处理技术在工艺、运行以及功能等方面具有下列主要特征。

（1）在工艺方面的特征

1）本工艺使用多种形式的填料，由于曝气，在池内形成液、固、气三相共存体系，溶解氧充沛，有利于氧的转移，适于微生物增殖，故生物膜上微生物是丰富的，除细菌和多种原生动物和后生动物外，还能够生长氧化能力较强的丝状菌（球衣菌属），且无污泥膨胀之虑。

2）在生物膜上能够形成稳定的生态系统与食物链。

3）填料表面全为生物膜所布满，形成了生物膜的主体结构，由于丝状菌的大量滋生，有可能形成一个呈立体结构的密集的生物网，污水在其中通过起到类似"过滤"的作用，能够有效地提高净化效果。

4）由于进行曝气，生物膜表面不断地接受曝气吹脱，这样有利于保持生物膜的活性，抑制厌氧膜的增殖，提高氧的利用率，因此能够保持较高浓度的活性生物量。据实验资料，$1m^2$ 填料表面上的活性生物膜量可达125g，如折算成 MLSS，则达13g/L。正因为如此，生物接触氧化处理技术能够接受较高的有机负荷率，处理效率较高，有利于缩小池容，减少占地面积。

（2）在运行方面的特征

1）对冲击负荷有较强的适应能力，在间歇运行条件下，仍能够保持良好的处理效果，对排水不均匀的企业，更具有实际意义。

2）操作简单，运行方便，易于维护管理，无须污泥回流，不产生污泥膨胀现象，也不产生滤池蝇。

3）污泥生成量少，污泥颗粒较大，易于沉淀。

（3）在功能方面的特征

生物接触氧化处理技术具有多种净化功能，除有效地去除有机污染物外，如运行得当还能够用以脱氮，因此可作为三级处理技术。

生物接触氧化处理技术的主要缺点是：如设计或运行不当，填料可能堵塞；此外，布水、曝气不易均匀，局部部位出现死角。

近年来，生物接触氧化处理技术在国内外得到了迅速的发展和应用，广泛地用于处理生活污水、城市污水和食品加工等有机工业废水，而且还用于处理微污染的地表水源水。

2. 生物接触氧化的工艺流程

生物接触氧化处理技术的工艺流程一般可分为：一段（级）处理流程、二段（级）处理流程和多段（级）处理流程。上述几种处理工艺流程的特点和适用条件概述如下。

（1）一段（级）处理流程

见图 7-15，原污水经初次沉淀池处理后进入接触氧化池，经接触氧化池的处理后进入二次沉淀池，在二次沉淀池进行泥水分离；从填料上脱落的生物膜，在这里形成污泥排出系统，澄清水则作为处理水排放。

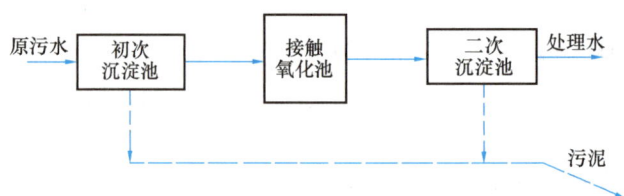

图 7-15　一段生物接触氧化处理流程

接触氧化池的流态为完全混合型，微生物处于对数增殖期和减速增殖期的前段，生物膜增长较快，有机物降解速率也较高。

一段处理流程的生物接触氧化处理技术流程简单，易于维护运行，投资较低。

（2）二段（级）处理流程

如图 7-16 所示，二段处理流程的每座接触氧化池的流态都属于完全混合型，而结合在一起考虑又属于推流式。

图 7-16　二段生物接触氧化处理流程

在一段接触氧化池内 F/M 值应高于 2.1，微生物增殖不受污水中营养物质的含量所制约，处于对数增殖期，BOD_5—容积负荷率亦高，生物膜增长较快。

在二段接触氧化池内 F/M 值一般为 0.5 左右，微生物增殖处于减速增殖期或内源呼吸期。BOD_5—容积负荷率降低，处理水水质提高。

中间沉淀池也可以考虑不设。

（3）多段（级）处理流程

多段（级）生物接触氧化处理流程如图 7-17 所示，是由连续串联 3 座或 3 座以上的接触氧化池组成的系统。

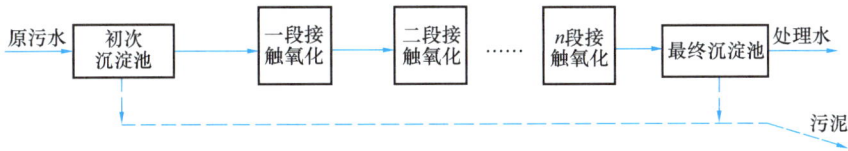

图 7-17　多段生物接触氧化处理流程

本系统从总体来看，其流态应按推流考虑，但每一座接触氧化池的流态又属完全混合。

由于设置了多段接触氧化池，在各池间明显地形成有机污染物的浓度差，这样在每池内生长繁殖的微生物，在生理功能方面，适应于流至该池污水的水质条件，这样有利于提高处理效果，能够取得非常稳定的处理水。

经过适当运行，这种处理流程除去除有机污染物外，还具有硝化、脱氮功能。

3. 生物接触氧化池的构造

接触氧化池是生物接触氧化处理系统的核心处理构筑物。接触氧化池是由池体、填料、支架及布气装置、进出水装置以及排泥管道等部件所组成，其基本构造见图 7-18。

（1）池体

接触氧化池的池体在平面上多呈圆形和矩形或方形，用钢板焊接制成或用钢筋混凝土浇灌砌成。各部位的尺寸为：池内填料高度为 3.0～3.5m；底部布气层高为 0.6～0.7m；顶部稳定水层 0.5～0.6m，总高度约为 4.5～5.0m。

（2）填料

填料是生物膜的载体，所以也称之为载体。填料区是接触氧化处理工艺的关键部位，它直接影响处理效果，同时，它的费用在接触氧化

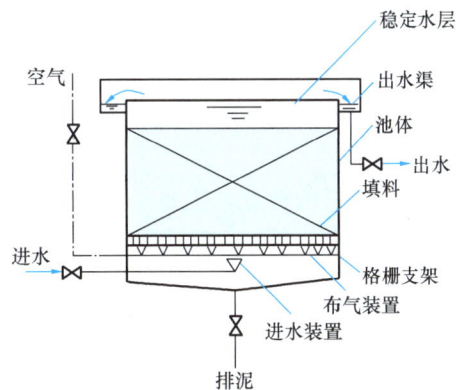

图 7-18　接触氧化池的基本构造图

系统的建设费用中占的比例较大，所以选定适宜的填料是具有经济和技术意义的。

对填料的要求有下列各项。

1）在水力特性方面，比表面积大、空隙率高、水流通畅、良好、阻力小、流速均一。

2）在生物膜附着性方面，应当有一定的生物膜附着性，就此有物理和物理化学方面的影响因素。在物理方面的因素主要是填料的外观形状，应当是形状规则、尺寸均一、表面粗糙度较大等。

生物膜附着性还与微生物和填料表面的静电作用有关，微生物多带负电，填料表面电位越高，附着性也越强；此外，微生物为亲水的极性物质，因此在亲水性填料表面易于附着生物膜。

3）化学与生物稳定性较强，经久耐用，不溶出有害物质，不产生二次污染。

4）在经济方面要考虑货源、价格，也要考虑便于运输与安装等。

填料可按形状、性状及材质等方面进行区分。

在形状方面，可分为蜂窝状、束状、筒状、列管状、波纹状、板状、网状、盾状、圆环辐射状以及不规则粒状以及球状等。按性状分，可分为硬性、半软性、软性等。按材质则有塑料、玻璃钢、纤维等。

当前在我国常用的填料有下列几种。

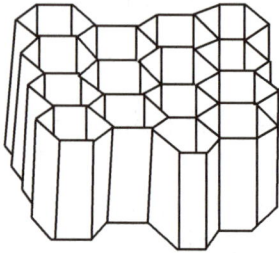

图 7-19 蜂窝状填料

1）蜂窝状填料（图 7-19）。材质为玻璃钢及塑料，这种填料具有一系列的特征，其中主要是比表面积大，从 $133m^2/m^3$ 到 $360m^2/m^3$（根据内切圆直径而定）；孔隙率高，达 97%～98%；质轻但强度高，堆积高度可达 4～5m；管壁光滑无死角，衰老生物膜易于脱落等。

蜂窝状填料的主要缺点是：当选定的蜂窝孔径与 BOD 负荷率不相适应，生物膜的生长与脱落失去平衡，填料易于堵塞；当采用的曝气方式不适宜时，蜂窝管内的流速难以均一，等等。对此，应采取适当的对策，主要包括选定的蜂窝孔径应与 BOD 负荷率相适应，采取全面曝气方式，采取分层充填等措施。此外，在两层中间留有 200～300mm 的间隙，每层高不超过 1.5m，使水流在层间再次分配，形成横流与紊流，使水流得到均匀分布，并防止中下部填料因受压而变形（待膜放空时更易如此）。

2）波纹板状填料（图 7-20）。我国采用的波纹板状填料，是以英国的"Flocor"填料为基础，用硬聚氯乙烯平板和波纹板相隔粘结而成，其规格和主要性能列举于表 7-9 中。

这种填料的特点，主要是孔径大，不易堵塞；结构简单，便于运输、安装，可单片保存，现场黏合；质轻高强度，防腐性能好。其主要缺点仍是难以得到均一的流速。

波纹板状填料规格和性能　　　　　　　　　　　　表 7-9

型号	材质	比表面积（m^2/m^3）	空隙率（%）	单位体积质量（kg/m^3）	梯形断面孔径（mm）	规格（mm）
立波—Ⅰ型	硬聚氯乙烯	113	＞96	50	50×100	1600×800×50
立波—Ⅱ型		150	＞93	60	40×85	1600×800×40
立波—Ⅲ型		198	＞90	70	30×65	1600×800×30

3）软性填料（图 7-21）。软性填料就是软性纤维状填料，是 20 世纪 80 年代初我国自行开发的填料。这种填料一般是用尼龙、维纶、涤纶、腈纶等化纤编结成束并用中心绳连接而成。软性填料的特点是比表面积大、质量轻、高强度，物理、化学性能稳定，运输方便，组装容易等。在实际使用中发现，这种填料的纤维束易于结块，并在结块中心形成厌氧状态。

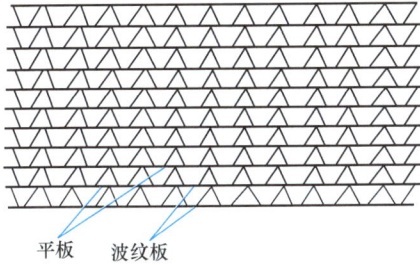

图 7-20　波纹板状填料

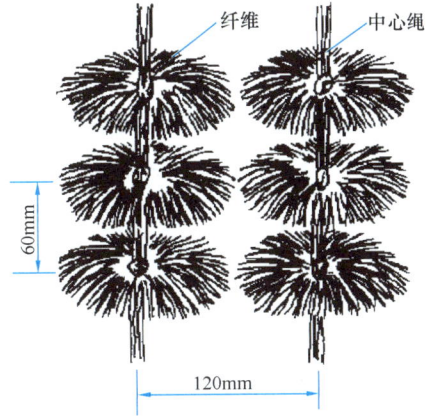

图 7-21　软性纤维状填料

4) 半软性填料。由变性聚乙烯塑料制成，它既有一定的刚性，也有一定的柔性，保持一定的形状，同时又有一定的变形能力。

这种填料具有良好的传质效果，对有机物去除效果高、耐腐蚀、不堵塞、易于安装。表 7-10 所列举的为半软性填料的技术指标。

半软性填料技术指标　　　　　　　　　　　　　表 7-10

材质	比表面积 （m²/m³）	孔隙率 （%）	单位体积质量 （kg/m³）	单片尺寸 （mm）
变性聚乙烯塑料	87～93	97.1	13～14	$\phi120$, $\phi160$、100×100, 120×120, 150×150

5) 盾形填料（图 7-22）。这是我国自行开发的，它是由纤维束和中心绳所组成，而纤维束由纤维及支架所组成，支架用塑料制成，中留孔洞，可通水、气。中心绳中间嵌套塑料管，用以固定距离及支承纤维束。这种填料的纤维固定在塑料支架上，这样能够经常处在松散的状态，避免了软性纤维填料出现的结团现象，布水、布气作用也好，与污水接触及传质条件良好。

6) 不规则粒状填料，这是早期使用现在仍在沿用的填料，其中有砂粒、碎石、无烟煤、焦炭以及矿渣等，粒径一般由几毫米到数十毫米。这类填料的主要特点是表面粗糙，易于挂膜，截留悬浮物的能力较强，易于就地取材，价格便宜。存在的问题是水流阻力大，易于产生堵塞现象，对此，应正确地选择填料及其粒径。

7) 球形填料。这是新开发的一种填料，呈球状，直径不一，在球体内设多个呈规律状或不规律的空间和小室，使其在水中能够保持动态平衡。这种填料便于充填，但要采取措施，防止其出现向出口处集结的现象。

4. 接触氧化池的形式

目前，接触氧化池在形式上，按曝气装置的位置，分为分流式与直流式；按水流循环方式，又分为填料内循环与外

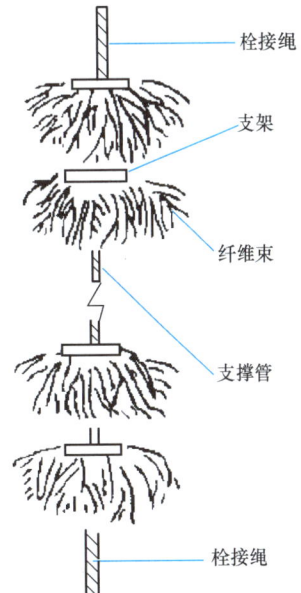

图 7-22　盾形纤维填料

343

循环式。国外多采用分流式，图 7-23 所示是标准分流式接触氧化池。

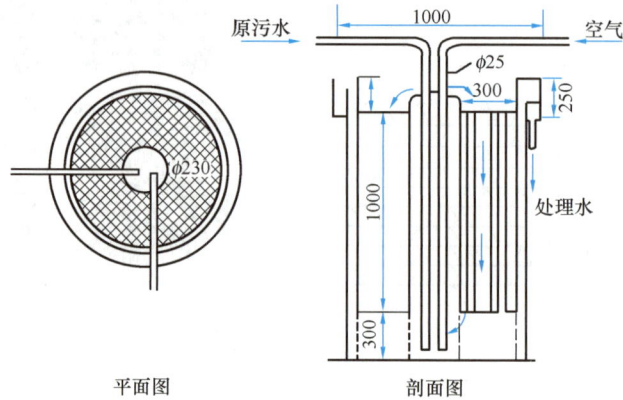

图 7-23　标准分流式接触氧化池

　　分流式接触氧化池，就是使污水在单独的隔间内进行充氧，在这里进行激烈的曝气和氧的转移过程，充氧后污水又缓缓地流经充填着填料的另一隔间，与填料和生物膜充分接触。这种外循环方式，使污水多次反复地通过充氧与接触两个过程，溶解氧是充足的，营养条件良好，再加上安静的环境，非常有利于微生物的生长繁殖。但是，这种装置在填料间水流缓慢，冲刷力小，生物膜更新缓慢，而且逐渐增厚易于形成厌氧层。可能产生堵塞现象，在 BOD_5—容积负荷率高的情况下不宜采用。

　　分流式接触曝气池根据曝气装置的位置又可分为中心曝气型与单侧曝气型两种。图 7-23 所示亦为典型的鼓风曝气中心曝气型接触氧化池，而图 7-24 所示则是设表面机械曝气装置的中心曝气型接触氧化池。

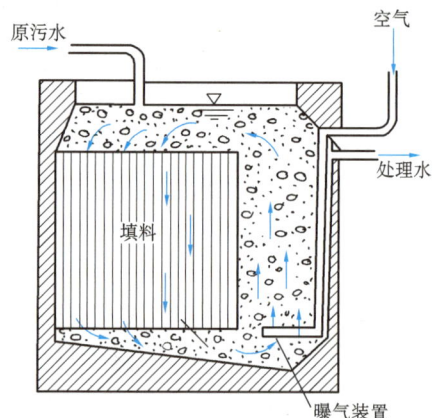

　　中心曝气接触氧化池，池中心为曝气区，其周围外侧为充填填料的接触氧化区，处理水在其最外侧的间隙上升，从池顶部溢流排走。

　　单侧曝气型接触氧化池如图 7-25 所示，填料设在池的一侧，另一侧为曝气区。原污

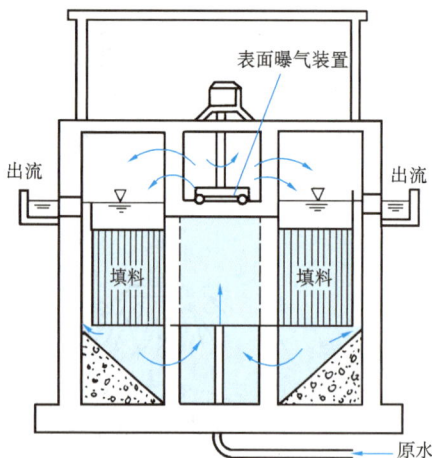

图 7-24　设表面机械曝气装置的中心曝气
型接触氧化池

图 7-25　单侧曝气型（鼓风曝气）
接触氧化池

水首先进入曝气区，经曝气充氧后从填料上流下经过填料，污水反复在填料区和曝气区循环往复，处理水则沿设于曝气区外侧的间隙上升进入沉淀池。

在国内，一般多采用直流式的接触氧化池（图7-26）。

这种形式接触氧化池的特点是直接在填料底部曝气，在填料上产生上向流，生物膜受到气流的冲击、搅动，加速脱落、更新，使生物膜经常保持较高的活性，而且能够避免堵塞现象的产生。此外，上升气流不断地与填料撞击，使气泡反复切割，粒径减小，增加了气泡与污水的接触面积，提高了氧的转移率。

图7-27所示为我国采用的外循环式直流生物接触氧化池。在填料底部设密集的穿孔管曝气，在填料体内、外形成循环，均化负荷，效果良好。

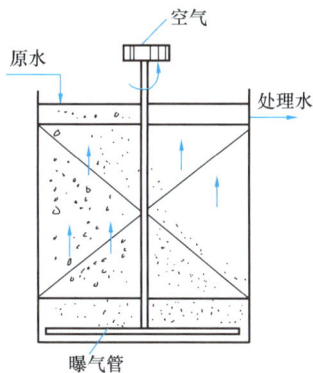

图7-26　鼓风曝气直流式接触氧化池　　　图7-27　外循环直流式接触氧化池

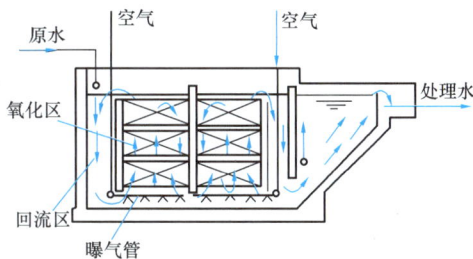

在工程实践中，还可以采用多段串联生物接触氧化技术为主体的生活污水处理设备系列，见图7-28。

本设备系统在调节池后，污水进入水解酸化池，污水在这里进行水解酸化反应，大分子有机污染物转变为微生物能够直接摄取的小分子，部分有机物转换成为以乙酸为主的低级有机酸，这一反应对后续的接触氧化处理十分有利。

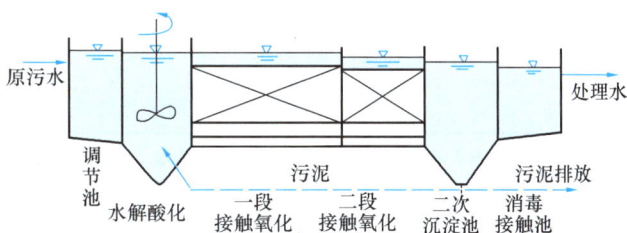

水解酸化反应的主导微生物

图7-28　以多段（二段）串联生物接触氧化为主体的
生活污水处理设备系统

为兼性菌，在水解酸化池应保持低溶解氧状态（0.5mg/L以下）。为了使污水在池内进行良好的混合，在池内设缓速搅拌器。二次沉淀池的沉淀污泥（主要是脱落的生物膜），可考虑回流至水解酸化池，这样能够提高水解酸化反应的效果，并可减轻污泥处理的负担。

本设备系统可制成地埋式，也可设于地上，已在国内一些小区应用，效果良好。

5. 生物接触氧化池的设计计算

生物接触氧化池是本工艺系统的核心处理构筑物，也是本工艺系统的设计、计算的核心，这里主要阐述接触氧化池的计算。

（1）生物接触氧化池设计与计算应考虑的一些因素

1）按平均日污水量进行计算；

2）池座数一般不应少于2座，并按同时工作考虑；

3）应采用对微生物无毒害、易挂膜、质轻、高强度、抗老化、比表面积大和空隙率高的填料；

4）填料层总高度一般取3m，当采用蜂窝填料时，应分层装填，每层高1m，蜂窝内切孔径不宜小于25mm；

5）有效水深宜为3～6m；

6）池中污水的溶解氧含量一般应维持在2.5～3.5mg/L，采用池底均匀曝气方式时气水比宜为（6:1）～（9:1）；

7）为了保证布水、布气均匀，每池面积一般应在25m² 以内；

8）污水在池内的有效接触时间不得少于2h；

9）生物接触氧化池的填料体积可按 BOD_5—容积负荷率计算，亦可按接触时间计算。

（2）填料体积——BOD_5—容积负荷率计算法

表7-11 所列举的是我国采用接触氧化技术处理城市污水及其他有机废水，计算接触氧化池填料体积所采用的 BOD_5—容积负荷率值。

国内接触氧化池填料体积计算 BOD_5—容积负荷率值的建议值　　　　　　　表 7-11

污水类型	BOD_5—容积负荷 $[kgBOD_5/(m^3 \cdot d)]$	污水类型	BOD_5—容积负荷 $[kgBOD_5/(m^3 \cdot d)]$
城市污水（二级处理）	3.0～4.0	酵母废水	6.0～8.0
印染废水	1.0～2.0	涤纶废水	1.5～2.0
农药废水	2.0～2.5		

BOD_5—容积负荷率与处理水水质有密切的关系，表7-12所列举的是我国在这方面所积累的资料数据，可供设计时参考。

BOD_5—容积负荷率与处理水水质关系数据　　　　　　　表 7-12

污水类型	处理水 BOD_5 (mg/L)	BOD_5—容积负荷率 $[kgBOD_5/(m^3 \cdot d)]$	污水类型	处理水 BOD_5 (mg/L)	BOD_5—容积负荷率 $[kgBOD_5/(m^3 \cdot d)]$
城市污水	30	5.0	印染废水	50	2.5
城市污水	10	2.0	粘胶废水	10	1.5
印污废水	20	1.0	粘胶废水	20	3.0

下面列举出国外在接触氧化池处理城市污水所采用的有关 BOD_5—容积负荷率方面的资料，供参考。

城市污水二级处理，采用的 BOD_5—容积负荷率为 1.2～20$kgBOD_5/(m^3 \cdot d)$，当处理水 BOD_5 值要求达到30mg/L以下时，采取的负荷率为 0.8$kgBOD_5/(m^3 \cdot d)$。

城市污水三级处理，采用的 BOD_5—容积负荷率为 0.12～0.18$kgBOD_5/(m^3 \cdot d)$，当处理水 BOD_5 值要求达到10mg/L以下时，采取的负荷率为 0.2$kgBOD_5/(m^3 \cdot d)$。

依据《室外排水设计标准》GB 50014—2021，生物接触氧化池的 BOD_5—容积负荷，宜根据试验资料确定；无试验资料时，碳氧化宜为 2.0～5.0$kgBOD_5/(m^3 \cdot d)$，碳氧化/硝化

宜为 $0.2\sim2.0\mathrm{kgBOD}_5/(\mathrm{m}^3\cdot\mathrm{d})$。

1）生物接触氧化池填料的容积：

$$W = \frac{QS_0}{N_\mathrm{w}} \tag{7-29}$$

式中　W——填料的总有效容积，m^3；

$\quad\ Q$——日平均污水量，m^3/d；

$\quad\ S_0$——原污水 BOD_5 值，$\mathrm{g/m}^3$ 或 $\mathrm{mg/L}$；

$\quad\ N_\mathrm{w}$——BOD_5—容积负荷率，$\mathrm{gBOD}_5/(\mathrm{m}^3\cdot\mathrm{d})$。

2）接触氧化池总面积：

$$A = \frac{W}{H} \tag{7-30}$$

式中　A——接触氧化池总面积，m^2；

$\quad\ H$——填料层高度，m，一般取 $3\mathrm{m}$。

3）接触氧化池座（格）数：

$$n = \frac{A}{f} \tag{7-31}$$

式中　n——接触氧化池座（格）数，一般 $n\geqslant2$；

$\quad\ f$——每座（格）接触氧化池面积，m^2，一般 $f\leqslant25\mathrm{m}^2$。

4）污水与填料的接触时间：

$$t = \frac{nfH}{Q} \tag{7-32}$$

式中　t——污水在填料层内的接触时间，h。

5）接触氧化池的总高度

$$H_0 = H + h_1 + h_2 + (m-1)h_3 + h_4 \tag{7-33}$$

式中　H_0——接触氧化池的总高度，m；

$\quad\ h_1$——超高，m，一般取 $0.5\sim1.0\mathrm{m}$；

$\quad\ h_2$——填料上部的稳定水层深，m，一般取 $0.4\sim0.5\mathrm{m}$；

$\quad\ h_3$——填料层间隙高度，m，一般取 $0.2\sim0.3\mathrm{m}$；

$\quad\ m$——填料层数；

$\quad\ h_4$——配水区高度，m，当考虑需要入内检修时取 $1.5\mathrm{m}$，当不需要入内检修时取 $0.5\mathrm{m}$。

（3）接触氧化池按接触时间计算

生物接触氧化处理工艺，是微生物反应，BOD 去除速率与 BOD 浓度有关，两者之间呈一次反应关系，即：

$$\frac{\mathrm{d}S}{\mathrm{d}t} = -kS \tag{7-34}$$

两侧积分后，得

$$t = K\ln\frac{S_0}{S_\mathrm{e}} \tag{7-35}$$

式中　t——接触反应时间，h；

　　　S_0——原污水 BOD_5 值，mg/L；

　　　S_e——处理水 BOD_5 值，mg/L；

　k、K——比例常数。

从式（7-35）可以看出，接触反应时间与原污水水质成正比关系，与处理水水质成反比关系，即对处理水质要求越高（S_e 值越低），所需的接触反应时间也越长。

关于 K 值，许多专家基于对生物接触氧化法研究结果，提出下列经验公式：

$$K = 0.33S_0^{0.46} \tag{7-36}$$

还要考虑这样的一个因素，即在接触氧化池内填料的标准充填率为池容积的 75%，而实际的充填率为 $P\%$，于是，式（7-36）应改写为：

$$K = 0.33\frac{P}{75} \cdot S_0^{0.46} \tag{7-37}$$

而式（7-35）应改写为：

$$t = 0.33\frac{P}{75} \cdot S_0^{0.46} \cdot \ln\frac{S_0}{S_e} \tag{7-38}$$

【例 7-1】某居民小区，污水量 500m³/d，BOD_5 值为 200mg/L，采用生物接触氧化技术处理，填料充填率为 75%，处理水 BOD_5 值应达到 60mg/L。按一段处理工艺和二段处理工艺分别确定所需接触反应时间。

【解】

（1）按一段处理工艺计算，按式（7-38）可得：

$$t = 0.33 \times \frac{75}{75} \times 200^{0.46} \times \ln\frac{200}{60} = 4.5\text{h}$$

（2）按二段处理工艺计算，设第一段处理水 BOD_5 值为 100mg/L，第二段处理水则应为 60mg/L，按式（7-38）计算可得：

第一段

$$t_1 = 0.33 \times \frac{75}{75} \times 200^{0.46} \times \ln\frac{200}{100} = 2.6\text{h}$$

第二段

$$t_2 = 0.33 \times \frac{75}{75} \times 100^{0.46} \times \ln\frac{100}{60} = 1.4\text{h}$$

总接触反应时间

$$2.6 + 1.4 = 4.0\text{h}$$

计算结果表明，当原污水 BOD_5 值及处理水应达到的 BOD_5 值均已定时，采用一段处理工艺所需的接触反应时间大于二段处理工艺所需的总接触时间。

处理城市污水，宜于采用二段处理工艺，第一段接触氧化池的接触反应时间约占总时间的 2/3，第二段则占 1/3。

11. 生物接触氧化处理工艺的工程实例

7.3 生物流化床工艺

生物流化床工艺是借助流体（液体、气体）使表面生长着微生物的生物颗粒（固体）呈流态化，同时进行去除和降解有机污染物的生物膜法处理技术。它是 20 世纪 70 年代开始应用于污水处理的一种高效的生物处理工艺。高效运行的生物流化床工艺的关键技术条件为：①提高处理设备单位容积内的生物量；②强化传质作用，加速有机物从污水中向微生物细胞的传递过程。

对第一项条件采取的技术措施，是扩大微生物栖息、繁殖的表面积，提高生物膜量，同时还相应地提高对污水的充氧能力。

对第二项条件采取的技术措施，是强化生物膜与污水之间的接触，加快污水与生物膜之间的相对运动。

生物流化床工艺的发展过程，就是对这两项条件采取的具体技术措施的过程。

7.3.1 生物流化床的工作原理及特征

流化床最初用于化工领域，从 20 世纪 70 年代初期开始，一些国家将这一技术应用于污水生物处理领域，开展了多方面的科学研究工作。结果确证，这种工艺的应用，取得了进一步提高污水生物处理强化上述两项条件的效果，因此，受到污水生物处理领域的重视，并认为生物流化床可能成为污水生物处理技术的发展方向。

生物流化床（图 7-29）多以砂、活性炭、焦炭一类的较小的惰性、轻质颗粒为载体，充填在床内，载体表面被覆着生物膜，污水以一定流速从下向上流动，使载体处于流化状态。载体颗粒小，总体的表面积大（$1m^3$ 载体表面积可达 $2000 \sim 3000m^2$），以 MLSS 计算的生物量高于任何一种其他生物处理工艺，能够满足对生物处理技术强化提出的第一项要求。

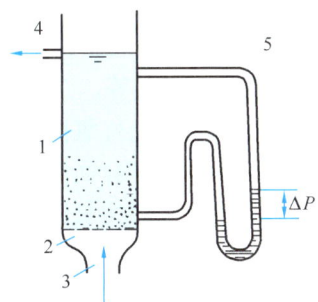

图 7-29 生物流化床示意图

1—液体；2—分布板；3—进水管；4—出水管；5—压差计

载体处于流化状态，污水从其下部、左、右侧流过，广泛而频繁多次地与生物膜相接触，又由于载体颗粒小，在床内比较密集，互相摩擦碰撞，因此，生物膜的活性也较高，强化了传质过程。又由于载体不停地在流动，还能够有效地防止堵塞现象。这样第二项条件也得到一定程度的满足。

待处理污水在流经床层时，将出现下述三种不同的运行状态。

1. 固定床阶段

当液体以很小的速度流经床层时，固体颗粒处于静止不动的状态，床层高度基本维持不变，这时的床层称固定床。在该一阶段，液体通过床层的压力降 ΔP 随空塔速度 v 的上升而增加，并呈幂函数关系。

当液体流速增大到压力降 ΔP 大致等于单位面积床层质量时，固体颗粒间的相对位置略有变化，床层开始膨胀，固体颗粒仍保持接触且不流态化。

载体在床内的装填高度通常为 0.7m 左右。

2. 流化床阶段

当液体流速持续增大时，床层不再维持于固定床状态，颗粒被液体托起而呈悬浮状态，且在床层内各个方向流动，在床层上部有一个水平界面，此时由颗粒所形成的床层完全处于流态化状态，这类床层称流化床。在该阶段，流化层的高度是随流速上升而增大，床层压力降 ΔP 则基本上不随流速改变。能够满足流化床中填料初始流化状态的流体速度称为临界流态化流速，用 v_{min} 表示。临界速度值随颗粒的大小、密度和液体的物理性质而异。

在这种情况下，滤床膨胀率通常为 20%～70%，颗粒在床中作无规则自由运动，滤床孔隙率比原来固定床的高得多，载体颗粒的整个表面都将和污水相接触，致使滤床内载体具有了更大的可为微生物与污水中有机物接触的表面积。

3. 液体输送阶段

当液体流速提高至一定程度后，流化床中的生物载体上部界面消失，载体随液体从流化床带出，该阶段称液体输送阶段。在水处理工艺中，这种床称"移动床"或"流动床"。此临界点的流速称为颗粒带出速度 (v_{max})，或最大流化速度。流化床的正常操作应控制在 v_{min} 和 v_{max} 之间。

国内、外的试验研究结果表明，生物流化床用于污水处理具有 BOD_5—容积负荷率高、处理效果好、效率高、占地少以及投资省等优点，而且运行适当还可取得脱氮的效果。

7.3.2 生物流化床的工艺类型

1. 两相生物流化床

两相生物流化床，运行过程中以液流（污水）为动力使载体流化，在生物流化床反应器内只有作为污水的液相和作为生物膜载体的固相相互接触。按照进入生物流化床的污水是否预先充氧曝气，两相生物流化床又可能处于好氧状态或厌氧状态，前者主要用于去除污水中有机污染物和氨氮等，而后者主要用于处理污水中的有机物、亚硝酸盐和硝酸盐等。

这里主要讨论好氧操作的两相生物流化床，如图 7-30 所示。本工艺以纯氧或空气为氧源，原污水与部分回流水在专设的充氧设备中与氧或空气相接触，氧转移至水中。水中溶解氧含量因使用的氧源和充氧设备不同而异。如以纯氧为氧源，而且配以压力充氧设备时，水中溶解氧含量可达 30mg/L 以上。如采用一般的曝气方式充氧，污水中溶解氧含量

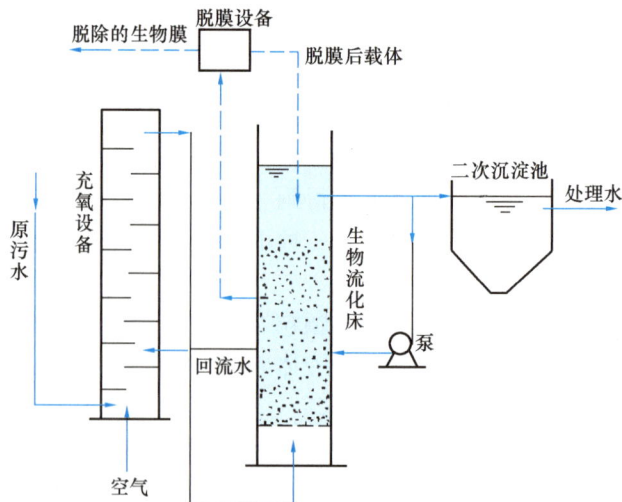

图 7-30 两相生物流化床（液流动力流化床）

较低，一般为 8～10mg/L。

经过充氧后的污水与回流水的混合污水，从底部通过布水装置进入两相生物流化床，缓慢而又均匀地沿床体横断面上升，一方面推动载体使其处于流化状态，另一方面又广泛、连续地与载体上的生物膜相接触。处理后的污水从上部流出床外，进入二次沉淀池，分离脱落的生物膜，处理水得到澄清。

两相生物流化床主要由床体、载体及脱膜装置、布水装置等组成。

（1）床体

床体平面多呈圆形，多由钢板焊制，有时也可以由钢筋混凝土浇灌砌制。

（2）载体及脱膜装置

载体是生物流化床的核心部分，表 7-13 所列举的是常用载体及其物理参数，表中所列数据是载体无生物膜覆盖条件下的数据，当载体为生物膜所包覆时，生物膜的生长情况对其各项物理参数（特别是膨胀率）产生明显的影响，这时的各项参数应根据具体情况实地测定确定。

常用载体及其物理参数 表 7-13

载体	粒径 (mm)	密度 (g/cm³)	载体高度 (m)	膨胀率 (%)	空床时水上升速度 (m/h)
聚苯乙烯球	0.5～0.3	1.005	0.7	50 100	2.95 6.90
活性炭 (新华8号)	ϕ (0.96～2.14) × L (1.3～4.7)	1.50	0.7	50 100	84.26 160.50
焦炭	0.25～3.0	1.38	0.7	50 100	56 77
无烟煤	0.5～1.2	1.67	0.45	50 100	53 62
细石英砂	0.25～0.5	2.50	0.7	50 100	21.60 40

载体上的老化生物膜应及时脱除，为此，在工艺流程中需另设脱膜装置（图 7-31）。脱膜装置间歇工作，脱除老化生物膜的载体再次返回流化床，脱除下来的生物膜作为剩余污泥排出系统外。

生物流化床内的载体，全为生物膜所包覆，生物高度密集，耗氧速率很高，因此，对污水的一次充氧往往不足以保证系统对氧的需要。此外，单纯依靠原污水的流量不足以使载体流化，因此要使部分处理水循环回流。

回流水循环率（R）一般按生物流化床的需氧量确定，计算公式为：

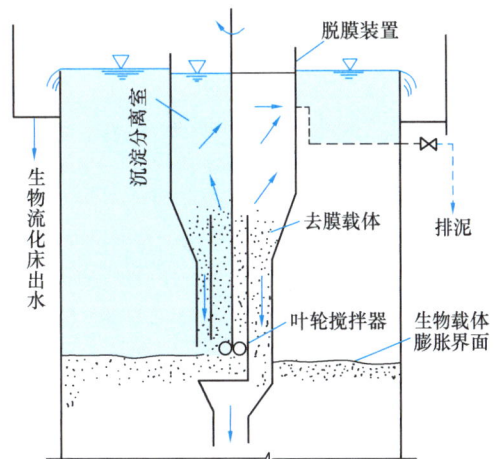

图 7-31 叶轮脱膜装置

$$R = \frac{(S_0 - S_e)D}{O_0 - O_e} - 1 \tag{7-39}$$

式中 S_0——原污水的 BOD_5 值，mg/L；

S_e——处理出水的 BOD_5 值，mg/L；

D——去除 1kgBOD$_5$ 所需的氧量，kg，对城市污水，此值一般为 1.2～1.4；

O_0——原污水的溶解氧含量，mg/L；

O_e——处理水的溶解氧含量，mg/L。

R 值确定后，还应通过试验校核载体是否流化。一般 R 值应以使载体流化为准。以空气为氧源，由于水中溶解氧含量较低，往往需要采用较大的循环率，动力消耗较大。

（3）布水装置

布水装置通常位于滤床底部，它既起到布水作用，同时又要承托载体颗粒，因而是生物流化床的关键技术环节。布水的均匀性对床内的流态产生重大的影响，不均匀布水可能导致部分载体堆积而不流化，甚至破坏整个床体工作。作为载体的承托层，又要求在床体因停止进水不流化时而不至于使载体流失，并且保证再次启动时不发生困难。目前在生物流化床的试验与应用中常采用多孔板、多孔板上设砾石粗砂承托层、圆锥布水结构及泡罩分布板的方式布水，见图 7-32。

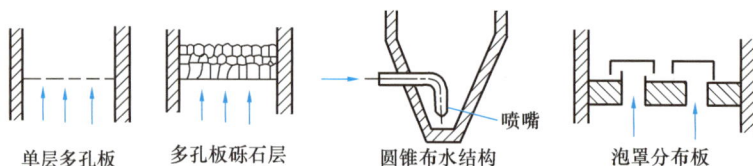

单层多孔板　　多孔板砾石层　　圆锥布水结构　　泡罩分布板

图 7-32　生物流化床的布水装置

2. 三相生物流化床

三相生物流化床以气体为动力使载体流化，在流化床反应器内液相（污水）、固相（生物膜载体）和气相（空气或纯氧）三相相互接触。实际运行经验表明，三相生物流化床能高效快速去除有机物，BOD_5—容积负荷率可高达 5kgBOD$_5$/（m³·d），处理水 BOD_5 可保证在 20mg/L 以下。

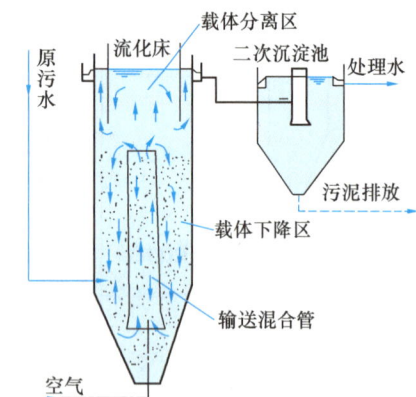

图 7-33　三相生物流化床
（气流动力流化床）

三相生物流化床在结构上具有如下特点：便于维护运行，对水量和水质波动具有一定的适应性；占地少，在同一进水水量和水质条件下并达到同一处理水质要求时设备占地面积仅为活性污泥法的 20% 以下。

三相生物流化床由三部分组成（图 7-33），在床体中心设输送混合管，其外侧为载体下降区，其上部则为载体分离区。

空气由输送混合管的底部进入，在管内形成气、液、固混合体，空气起到空气扬水器的作用，混合液上升，气、液、固三相间产生强烈的混合与搅拌作用，载体之间也产生强烈的摩擦作用，外层生物膜脱落，输送混合管起到了脱膜作用。

本工艺一般不采用处理水回流措施，但当原污水浓度较高时，可考虑处理水回流，稀释原污水。

本工艺的技术关键之一，是防止气泡在床内并合，形成大气泡，影响充氧效果，对此，可采用减压释放氧气和采用射流曝气充氧来解决该问题。

三相生物流化床具有如下各项特征：高速去除有机污染物，BOD_5—容积负荷率可高达 $5kg/(m^3 \cdot d)$，处理水 BOD_5 值可保证在 $20mg/L$ 以下（对城市污水）；便于维护运行，对水质、水量变动有一定的适应性；占地少，在同一水量水质的条件下，在同一出水水质的要求下，设备占地面积只为活性污泥法的 $1/8 \sim 1/5$；不需另设专门的脱膜装置。

本工艺存在的主要问题是，脱落在处理水中的生物膜，颗粒细小，用单纯沉淀法难于全部去除，如在其后用混凝沉淀法或气浮法进行固液分离，则能够取得优质的处理水。

生产运行实践证实，在适当的运行条件下，本工艺还具有硝化及脱氮的功能。

3. 机械搅拌生物流化床

机械搅拌生物流化床又称悬浮粒子生物膜处理工艺，见图 7-34。池内分为反应室与固液分离室两部分，池中央接近于底部安装有叶片搅动器，由安装在池面上的电动机驱动转动以带动载体，使其呈流化悬浮状态。充填的载体为粒径为 0.1~0.4mm 的砂、焦炭或活性炭，粒径小于一般的载体。一般采用空气扩散装置充氧。

本工艺具有如下各项特征：降解速率高，反应室单位容积载体的比表面积较大，可达 8000~9000m^2/m^3；用机械搅动的方式使载体流化、悬浮，反应可保持均一性，生物膜与污水接触的效率较高；MLVSS 值比较固定，无需通过运行加以调整。

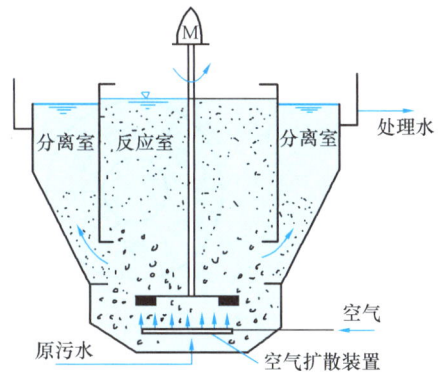

图 7-34 机械搅拌流化床（悬浮粒子生物膜处理工艺）

因本工艺采用的处理设备为反应、沉淀一体化，在计算时应用 $120m^3/(m^2 \cdot d)$ 的水面负荷率加以核对。

本工艺有多种形式的处理设备，应用时可参考有关文献、资料。

7.3.3 生物流化床的工艺参数与设计计算

在好氧生物流化床（具体构造见图 7-35）的设计过程中，相关工艺参数及设计计算过程如下。

降流区与升流区面积之比（A_d/A_r）宜为 1~1.5，其中降流区面积 $A_d = A_{d1} + A_{d2} + A_{d3} + A_{d4}$，升流区面积 $A_r = A_{r1} + A_{r2} + A_{r3}$。

在各参数的设计过程中，对好氧反应区隔板下端距流化床底部的底隙（B）最佳设置距离为 600mm，载体分离器下部空间距离（E）宜为 B 值的 1.0~1.2 倍，载体分离器上部空间距离（G）宜为 E 值的 0.3~0.5 倍，气体分离器中的距离（D_3）宜为进水管管径的 3~5 倍。

1. 好氧反应区容积 V_1

$$V_1 = Q(S_0 - S_e)/N_v \tag{7-40}$$

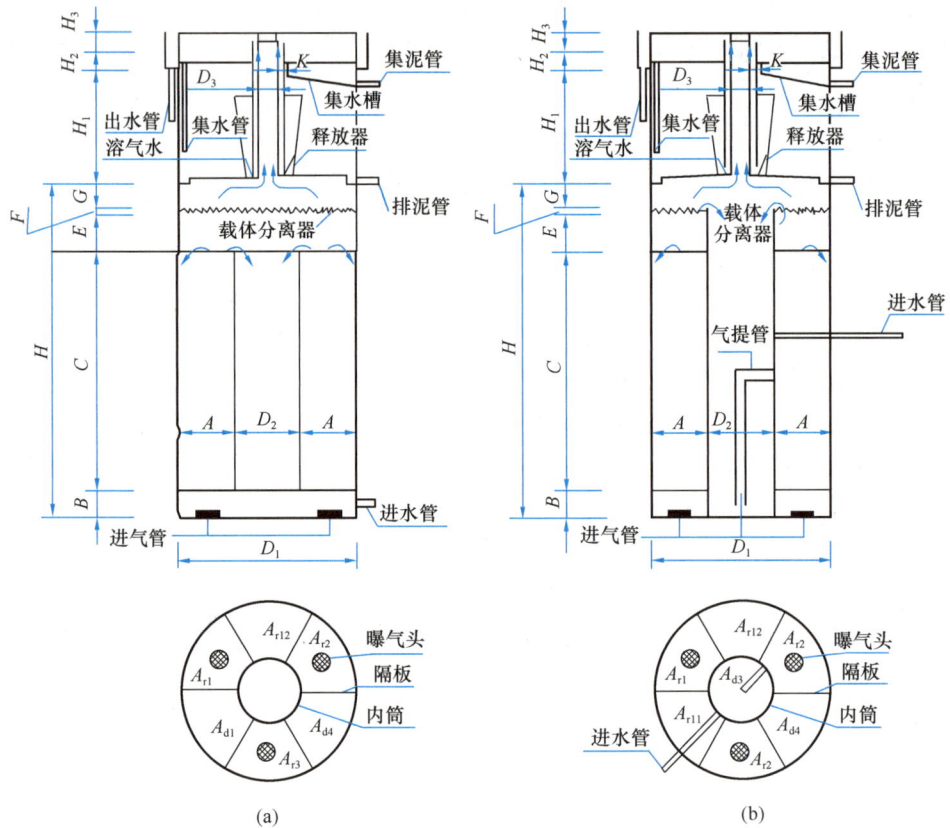

图 7-35 好氧生物流化床构造图

(a) 好氧；(b) 好氧—缺氧

式中 V_1——流化床好氧反应区容积，m^3；

Q——污水设计流量，m^3/d；

S_0——原污水的 BOD_5 值，mg/L；

S_e——处理出水的 BOD_5 值，mg/L；

N_v——容积负荷，$kgBOD_5/(m^3 \cdot d)$，当待处理污水 $BOD_5/COD > 0.45$(易降解)时，可取 $3.2 \sim 4.5 kgBOD_5/(m^3 \cdot d)$；当 $BOD_5/COD < 0.3$(较难降解)时，可取 $0.9 \sim 1.2 kgBOD_5/(m^3 \cdot d)$。

当用水力停留时间 HRT 来确定好氧反应区的容积时，应按式（7-41）计算：

$$V_1 = Q \cdot HRT \tag{7-41}$$

式中 V_1——流化床好氧反应区容积，m^3；

HRT——水力停留时间，h，对于生活污水可取 $2 \sim 3h$，对于工业废水可取 $3 \sim 4h$。

求出 V_1 后应校核负荷。

2. 缺氧反应区容积 V_2

$$V_2 = V_1 \frac{D_2^2}{D_1^2 - D_2^2} \tag{7-42}$$

式中 V_1——流化床好氧反应区容积，m^3；

$\quad V_2$——流化床缺氧反应区容积，m^3；

$\quad D_1$——流化床直径，m；

$\quad D_2$——缺氧反应区直径，m；

流化床直径与缺氧反应区直径之比宜为（1.87～2.0）：1。

3. 好氧反应区高径比

$$\frac{H}{D_1} = \frac{H}{2d/n} = \frac{nH}{2d} \tag{7-43}$$

式中 H——流化床高度，m；

$\quad D_1$——流化床直径，m；

$\quad H/D_1$——好氧反应区高径比；

$\quad n$——流化床分隔数，应为偶数，可取 4、6、8 等；

$\quad d$——好氧反应区横截面积相等的圆的直径，m，流化床好氧反应区的高径比宜为 3～8。

4. 载体投加量

$$C_s = \frac{X_v}{1000m_1} \times 100\% \tag{7-44}$$

式中 C_s——投加载体体积占好氧反应区的体积比，该值宜为 15%～30%；

$\quad X_v$——流化床内混合液挥发悬浮固体平均浓度，gMLVSS/L；

$\quad m_1$——单位体积载体上的生物量，g/mL。

5. 流化床所需生物浓度

$$X = \frac{N_v}{N_s} \tag{7-45}$$

式中 X——流化床内生物浓度，$kgMLVSS/m^3$；

$\quad N_v$——容积负荷，$kgCOD/(m^3 \cdot d)$；

$\quad N_s$——污泥负荷，$kgCOD/(kgMLVSS \cdot d)$，该值宜为 0.2～1.0$kgCOD/(kgMLVSS \cdot d)$。

6. 单位体积载体上的生物量

$$m_1 = \frac{\rho \rho_c}{\rho_s}\left[\left(\frac{r+\delta}{r}\right)^3 - 1\right] \tag{7-46}$$

式中 m_1——单位体积载体上的生物量，g/mL；

$\quad \rho$——生物膜干密度，g/mL；

$\quad \rho_c$——载体的堆积密度，g/mL；

$\quad \rho_s$——载体的真实密度，g/mL；

$\quad \delta$——膜厚，μm；

$\quad r$——圆形颗粒平均半径。

通常情况下，载体的形状应尽量接近球形，表面应比较粗糙，其级配以 $d_{max}/d_{min} < 2$ 为佳；载体上的生物膜宜控制在 100～200μm，以 120～140μm 为佳。

12. 生物流化床的工程应用实例

7.4 曝气生物滤池 (BAF) 及派生工艺

曝气生物滤池 (Biological Aerated Filter, BAF) 是由滴滤池发展而来，属于生物膜法范畴。该工艺集曝气、高滤速、截留悬浮物、定期反冲洗等特点于一体，最开始用于三级处理，后来发展成直接用于二级处理。自 20 世纪 90 年代初在欧洲建成第一座城市污水处理厂后，已在欧美和日本等发达国家广为流行，目前世界上已有数百座不同规模的污水处理厂应用了这种技术。随着研究的深入，曝气生物滤池从单一的工艺逐渐发展成系列综合工艺。目前世界范围普遍采用的两种 BAF 系统是 Biostyr 型和 Biofor 型派生工艺，均为周期性运行，从开始过滤至反冲洗完毕为一完整周期。

7.4.1 曝气生物滤池 (BAF 工艺)

曝气生物滤池 (BAF 工艺) 也叫淹没式曝气生物滤池 (Submerged Biological Aerated Filter, SBAF)，是在普通生物滤池、高负荷生物滤池、生物滤塔、生物接触氧化法等生物膜法的基础上发展而来的，被称为第三代生物滤池。曝气生物滤池是新开发的一种生物膜法污水处理技术，是集生物降解、固液分离于一体的污水处理设备。

1. BAF 工艺的构造与运行特性

曝气生物滤池与给水处理中的快滤池相类似。池内底部设承托层，其上部则是作为滤料的填料。在承托层设置曝气用的空气管及空气扩散装置，处理水集水管兼作反冲洗水管也设置在承托层内。

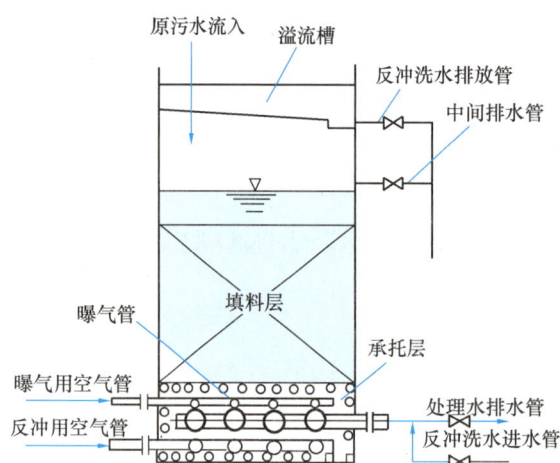

图 7-36 曝气生物滤池的构造示意图

曝气生物滤池根据进水方向，可以分为上向流和下向流两种形式。目前，常用的是上向流，其进水和进气共同向上流动，这有利于气与水的充分接触并提高氧的转移速率和底物的降解速率。

曝气生物滤池可采用钢筋混凝土结构或用钢板焊制，它的基本构造由滤料层、工艺用气布气系统、底层布气布水装置、反冲洗排水装置和出水口等部分组成，见图 7-36。

（1）滤料层

曝气生物滤池的滤料多采用粒状的陶粒、无烟煤、石英砂、膨胀页岩等。作为曝气生物滤池的滤料，应满足强度、耐磨、耐水、耐腐蚀等方面的要求，多选用相对密度较小的滤料。相对密度小的滤料在反冲洗时容易松动，滤料层容易被冲洗干净，节省冲洗水量，避免滤料层引起严重的积泥现象，影响处理效果。陶粒是一种多孔性材料，吸水后的相对密度约为 1.1，无烟煤和石英砂的相对密度分别约为 1.5 和 2.6，故陶粒是一种较好的滤料，无烟煤次之。滤料表面粗糙的程度，与滤料的工作性能也有关系，表面粗糙的滤料，过滤性能好，但不易冲洗干净。

滤料的粒径关系到处理效果的好坏和运行周期的长短。粒径越小，处理效果越好，但因其孔隙小易被堵塞，使运行周期缩短，引起反冲水量增加，并给运行管理带来麻烦。为方便运行管理，反冲周期一般定为 24h。将曝气生物滤池用于城市污水二级生物处理时，建议滤料粒径为 4~6mm；将其用于三级生物处理时，建议滤料粒径采用 3~5mm。

滤料层的高度可取为 1.8~3.0m，一般情况下常用 2.0m。

（2）工艺用气布气系统

曝气生物滤池多采用穿孔管布气系统，穿孔管应使用塑料或不锈钢材质，设置在距滤料层底面以上约 0.3m 处，使在滤料层的底部有一小段距离内不进行曝气，不受空气泡的扰动。工艺用气的风机应设有备用风机。

（3）底部的布气布水装置

曝气生物滤池的底部为反冲洗的布气、布水和出水区，要求布气、布水均匀。有 3 种不同的设计构造，见图 7-37。

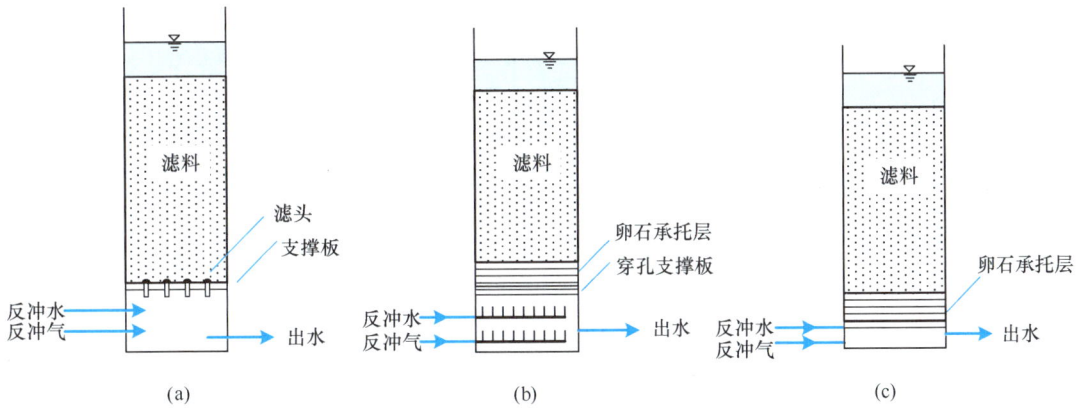

图 7-37　曝气生物滤池的底部布水、布气装置示意图

（a）滤头；（b）穿孔板；（c）大阻力

图 7-37（a）是采用滤头进行布气、布水的装置。滤头固定在水平承重板上，每平方米板上设置的滤头约 50 个。气和水通过滤头混合，从滤头的缝隙中均匀喷出。这种装置在给水处理的滤池中和国外的曝气生物滤池中已有采用，但要求施工严格，工程造价高。

图 7-37（b）是一种穿孔板布气、布水装置。在水平承重板上均匀地开设许多小孔，板上铺设一层卵石承托层，不使滤料通过小孔下漏，进一步地起到布气、布水作用。在穿孔板下设反冲洗气管和反冲洗水管。这种装置可起到良好的布气、布水作用，但若冲洗不当，会使卵石层发生移动，搅动卵石承托层和滤料层。

图 7-37（c）是一种大阻力布气、布水系统，其构造与给水滤池中的大阻力布水系统完全一致。反冲洗气管和反冲洗水管（可兼作出水管）都埋设在卵石承托层中，无需水平承重板。这种装置的水头损失较大，但施工方便，工程造价低。

（4）反冲洗排水装置

反冲水可采用设置在滤料层上部的排水槽连续排除，为防止滤料流失，可采用翼形排水槽，也可采用虹吸管排水。这些装置的设计方法同给水滤池。

（5）出水口

出水口的最高标高应与滤料层的顶面持平或稍高，以保证反冲洗完毕，开始运行时，滤料层上有约 0.15m 的水深，避免滤料外露。

曝气生物滤池的运行特性，可概括为以下 3 个过程。

1）生物氧化降解过程：污水在垂直方向通过滤料层时，利用滤料的高比表面积带来高浓度生物膜的氧化降解能力对污水进行快速净化。

2）截留作用：污水流经滤料层时，滤料呈压实状态，利用滤料粒径较小的特点及生物膜的生物絮凝作用，过滤截留污水中的悬浮物，且保证脱落的生物膜不会随水漂出。

3）反冲洗过程：运行一定时间后，因水头损失的增加，利用处理后的出水对滤池进行反冲洗，以释放截留的悬浮物并更新生物膜，排除增殖的活性污泥。

2. BAF 工艺的流程

曝气生物滤池的工艺流程由初次沉淀池、曝气生物滤池、反冲洗水泵和反冲贮水池以及鼓风机等组成，见图 7-38。

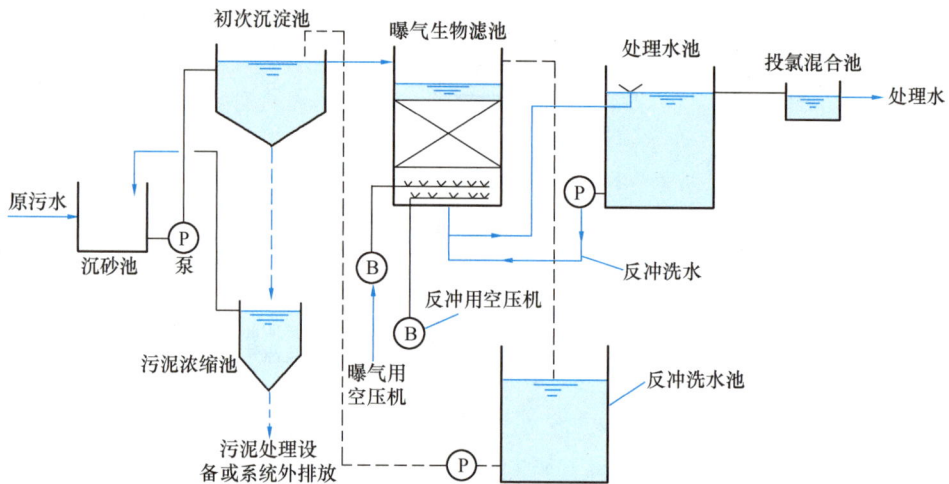

图 7-38 采用曝气生物滤池的污水处理工艺流程

初次沉淀池的主要功能是降低曝气生物滤池进水中的悬浮固体浓度，避免滤料层发生过早堵塞，并降低曝气生物滤池的 BOD_5 负荷，节省电耗。初次沉淀池前可不投加混凝剂，若要求有较高的除磷效果，可在沉淀池前投加铁盐或铝盐混凝剂，常用 $FeCl_3$ 作为混凝剂，投加的铁与污水中磷的比例为 2：1。

被沉淀池处理的出水从池顶部进入曝气生物滤池。水流自上而下通过滤料层（下向流 BAF），滤料表面有由微生物栖息形成的生物膜。在污水滤过滤料层的同时，池下部工艺用空压机，向滤料层进行曝气，空气由滤料的间隙上升，与向下流的污水相接触，空气中的氧转移到污水中，向生物膜上的微生物提供充足的溶解氧和丰富的有机物。在微生物的新陈代谢作用下，有机污染物被降解，污水得到处理。原污水中的悬浮物及由于生物膜脱落形成的生物污泥，被填料所截留，滤层具有二次沉淀池的功能。

出水进入反冲水池后再外排，在反冲水池内贮存一次反冲一格滤池所需的反冲水量，反冲水池可兼作加氯消毒的接触池。曝气生物滤池经过一段时间的运行，滤料层中的固体物质，包括进水中被截留的悬浮固体和由于生物膜脱落形成的生物污泥，逐渐增多，引起水头损失增加，需要对滤层进行反冲洗，以清除大量多余的固体物质。反冲洗采用气、水反冲洗的方法，反冲洗出水返回初次沉淀池处理。由于反冲洗的时间很短，反冲水的流量很大，反冲洗排水可先进入反冲出水贮存池，再用水泵均匀地抽入初次沉淀池避免冲击负荷。

3. BAF 工艺的特征

曝气生物滤池采用人工强制曝气，代替自然通风；采用粒径小、比表面积大的滤料，显著提高了生物浓度；采用生物处理与过滤处理联合方式，省去了二次沉淀池；采用反冲洗的方式，免去了堵塞的可能，同时提高了生物膜的活性；采用生化反应和物理过滤联合处理的方式，同时发挥了生物膜法和活性污泥法的优点。具有生物氧化降解和过滤的作用，因而可获得很高的出水水质，可达到回用水水质标准，适用于生活污水和工业有机废水的处理及资源化利用。

具体来说，曝气生物滤池具有如下优点。

（1）处理能力强，容积负荷高。以 3～5mm 的小颗粒作为滤料，比表面积大，微生物附着力强，在填料上附着的生物量折算成 MLVSS 可达 8000～23000mg/L。后置反硝化曝气生物滤池表面水力负荷可达到 8～12m^3/(m^2·h)；碳氧化曝气生物滤池的容积负荷可达 2.5～6.0kgBOD_5/(m^3·d)，故曝气生物滤池在较短的水力停留时间下（单级可达到 0.5～0.66h），可有效去除水中 COD、BOD、SS 和 NH_4^+-N 等。

（2）较小的池容和占地面积，节省基建投资。曝气生物滤池水力停留时间短，池容较小，加之自身具有截留原污水中悬浮物与脱落的生物污泥的功能，无须设置沉淀池，占地面积仅为活性污泥法的 1/5～1/3，其基建投资比常规工艺至少节省 20%～30%，适用于土地紧张的地方使用。

（3）运行费用低。气液在滤料间隙充分接触，由于气、液、固三相接触，曝气生物滤池氧的利用效率可达 20%～30%，曝气量小，为传统活性污泥法的 1/20，为氧化沟的 1/6，为 SBR 的 1/4～1/3，供氧动力消耗低。

（4）抗冲击负荷能力强，耐低温。曝气生物滤池可在正常负荷 2～3 倍的短期冲击负荷下运行，而其出水水质变化很小。曝气生物滤池一旦挂膜成功，可在 6～10℃水温下运行，在低温条件下亦能够达到较好的去除效率。

（5）易挂膜，启动快。曝气生物滤池在水温 15℃左右，2～3 周即可完成挂膜过程。

（6）运行管理方便。无须污泥回流，也无污泥膨胀之虞；曝气生物滤池采用模块化结构，运行管理方便，便于维护和进行后期的改、扩建。

（7）采用自动化控制，易于管理。

（8）臭气产生量少，环境质量高。曝气生物滤池的面积不大，反冲水池和反冲水贮存池都可加盖埋设在地下，污水处理厂产生的臭气较少，卫生条件好。

尽管曝气生物滤池有诸多优点，但也具有以下一些缺点。

（1）对进水 SS 要求较严。根据运行经验，曝气生物滤池进水 SS 以不超过 100mg/L 为宜，最好控制在 60mg/L 以下。

（2）水头损失较大，水的总提升高度大。曝气生物滤池水头损失根据具体情况，每一级为 1～2m。

（3）进水悬浮物较多时，运行周期短，反冲洗频繁。

（4）产生的污泥稳定性差，进一步处理比较困难。

曝气生物滤池的运行效果受进水水质、水温、pH、溶解氧、水力负荷、水力停留时间等诸多因素影响，此外曝气方式、填料类型、结构特点和填料比表面积等都会对处理效果产生影响。

（1）水温：在温度较高的夏季，曝气生物滤池处理的效果最好；而在冬季水温低，生物膜的活性受到抑制，处理效果受到影响。

（2）pH和碱度：对好氧微生物来说，进水的pH为6.5～8.5较为适宜。对于硝化细菌，其适宜的pH为7.0～8.5。

（3）水力负荷：水力负荷越小，水与填料接触的时间越长，处理效果越好，反之处理效果变差。然而，因水力停留时间与工程造价密切相关，在满足处理要求的前提下，应尽可能缩短水力停留时间。

（4）溶解氧：当溶解氧低于2mg/L时，好氧微生物生命活动受到限制，对有机物和氨氮的氧化分解不能正常进行。因此，控制曝气量的大小就显得尤为重要。曝气量大，滤池中的溶解氧高，可提高好氧微生物的活性和生物膜内氧化分解有机物的速率。此外，加大曝气量后，气流上升产生的剪切力有助于老化的生物膜的脱落，防止生物膜过厚，提高滤池中的传质效率。但是过大的曝气量也会对生物膜的生长产生负面影响，将使得微生物难以在填料表面附着生长。

4. BAF的工艺参数与设计计算

（1）BAF工艺的负荷

依据《室外排水设计标准》GB 50014—2021，曝气生物滤池设计参数宜根据试验资料确定；当无试验资料时，可采用经验数据或按表7-14取值。根据BAF所承担的功能及其类型，表7-14中分别给出了滤池表面水力负荷、BOD_5负荷、硝化负荷和反硝化负荷的取值范围，可供工艺设计时参考。

曝气生物滤池设计参数

表7-14

类型	功能	参数	单位	取值
碳氧化曝气生物滤池	降解污水中含碳有机物	滤池表面水力负荷（滤速）	$m^3/(m^2 \cdot h)$或m/h	3.0～6.0
		BOD_5负荷	$kgBOD_5/(m^3 \cdot d)$	2.5～6.0
碳氧化/硝化曝气生物滤池	降解污水中含碳有机物并对氨氮进行部分硝化	滤池表面水力负荷（滤速）	$m^3/(m^2 \cdot h)$或m/h	2.5～4.0
		BOD_5负荷	$kgBOD_5/(m^3 \cdot d)$	1.2～2.0
		硝化负荷	$kgNH_4^+\text{-}N/(m^3 \cdot d)$	0.4～0.6
硝化曝气生物滤池	对污水中氨氮进行硝化	滤池表面水力负荷（滤速）	$m^3/(m^2 \cdot h)$或m/h	3.0～12.0
		硝化负荷	$kgNH_4^+\text{-}N/(m^3 \cdot d)$	0.6～1.0
前置反硝化生物滤池	利用污水中的碳源对硝态氮进行反硝化	滤池表面水力负荷（滤速）	$m^3/(m^2 \cdot h)$或m/h	8.0～10.0（含回流）
		反硝化负荷	$kgNO_3^-\text{-}N/(m^3 \cdot d)$	0.8～1.2
后置反硝化生物滤池	利用外加碳源对硝态氮进行反硝化	滤池表面水力负荷（滤速）	$m^3/(m^2 \cdot h)$或m/h	8.0～12.0
		反硝化负荷	$kgNO_3^-\text{-}N/(m^3 \cdot d)$	1.5～3.0

（2）气水比

气水比的大小与进水水质、曝气生物滤池功能和形式、滤料粒径大小和滤层厚度等因素有关。曝气生物滤池气水比一般采用（1～3）∶1，但也有高达 10∶1 者。气水比大，一方面容易使截留在滤料中的悬浮物在短时间内穿透滤料层，影响出水水质；另一方面由于生物滤池氧的利用率高，将增加能耗。

（3）滤料层体积

$$V = \frac{QS_0}{1000N}$$ (7-47)

式中 V——滤料体积，m^3；

Q——进水流量，m^3/d；

S_0——进水 BOD_5 或氨氮的浓度，mg/L；

N——相应于 S_0 的 BOD_5 或氨氮容积负荷，$kgBOD_5/(m^3 \cdot d)$ 或 $kgNH_4^+\text{-}N/(m^3 \cdot d)$。

（4）单格滤池面积

曝气生物滤池分格数一般不应少于 3 格，每格最大平面面积一般小于 $100m^2$。

$$\omega = \frac{V}{nH_1}$$ (7-48)

式中 ω——每格滤池的平面面积，m^2；

n——分格数；

H_1——滤料层高度，m。

（5）滤池的高度

$$H = H_1 + H_2 + H_3 + H_4 + H_5$$ (7-49)

式中 H——滤池的总高度，m，宜为 5～9m；

H_2——底部布气、布水区高度，m；

H_3——滤层上部最低水位，约 0.15m；

H_4——最大水头损失，约 0.6m；

H_5——保护高度，约 0.5m。

（6）空气用量

曝气生物滤池的工艺用气量可采用下式进行估算：

$$Q_a = a \cdot \Delta sBOD_5 + b \cdot \Delta pBOD_5$$ (7-50)

式中 Q_a——单位时间的空气用量，Nm^3/h；

$\Delta sBOD_5$——单位时间内去除溶解性 BOD_5 的量，kg/h；

$\Delta pBOD_5$——单位时间内去除颗粒性 BOD_5 的量，kg/h；

a——去除单位质量溶解性 BOD_5 所需的空气量，Nm^3/kg；

b——去除单位质量颗粒性 BOD_5 所需的空气量，Nm^3/kg。

式（7-50）中 a 和 b 的系数与滤料层的高度和污水的性质等因素有关，对于一般的城市污水，当滤料层的高度为 2.0m 时，可取 $a = 48.7Nm^3/kg$，$b = 27.9Nm^3/kg$。若无 $sBOD_5$ 的实测资料，对于城市污水可取 $sBOD_5/BOD_5 = 0.4～0.5$。

（7）污泥产量

污泥产量可用下式进行估算：

$$W = a' \cdot \Delta sBOD_5 + b' \cdot \Delta SS \qquad (7-51)$$

式中　W——污泥产量，kgSS/d；

$\Delta sBOD_5$——单位时间去除溶解性 BOD_5 的量，kg/d；

ΔSS——单位时间去除 SS 的量，kg/d；

a'——去除每千克 $sBOD_5$ 产生的实际污泥量，$kgSS/kgsBOD_5$；

b'——去除每千克 SS 产生的实际污泥量，kgSS/kgSS。

a' 和 b' 可根据试验测得，若无试验资料，对于一般的城市污水可取 $a' = 0.62kgSS/kgsBOD_5$，$b' = 0.81kgSS/kgSS$。

依据《室外排水设计标准》GB 50014—2021，曝气生物滤池用于二级处理时，污泥产率系数可为 $0.3 \sim 0.5kgVSS/kgBOD_5$。

（8）气水反冲洗系统

反冲洗空气量可由下式计算：

$$Q_1 = S \cdot q_1 \qquad (7-52)$$

式中　Q_1——反冲洗用气量，L/s；

S——需要冲洗的滤池面积，m^2；

q_1——反冲洗空气强度，一般取 $10 \sim 15L/(s \cdot m^2)$。

反冲洗用水量可由下式计算：

$$Q_2 = S \cdot q_2 \qquad (7-53)$$

式中　Q_2——反冲洗用水量，L/s；

q_2——反冲洗水强度，一般取 $<8L/(s \cdot m^2)$。

反冲洗水使用的是曝气生物滤池正常工作时的处理水，由水泵加压供给，反冲洗水头由下式计算：

$$h = h_0 + h_1 + h_2 + h_3 + h_4 + h_5 \qquad (7-54)$$

式中　h——反冲洗需要的水头，m；

h_0——冲洗排水槽顶与反冲洗水池最低水位的高程差，m；

h_1——反冲洗水池与滤池间冲洗管道的沿程与局部水头损失之和，m；

h_2——管式大阻力配水系统水头损失，m；

h_3——承托层水头损失，m；

h_4——过滤层在冲洗时的水头损失，m；

h_5——备用水头，一般取 1.5～2.0m。

反冲水池和反冲出水贮存池的有效容积不得小于反冲一格滤池所需的总水量。若反冲水池兼作消毒接触池，其容积还应满足消毒接触所需停留时间的要求。

7.4.2　BIOFOR 型 BAF 工艺

1. BIOFOR 型 BAF 工艺的构造及特点

上向流曝气生物滤池（BIOFOR 型 BAF）是由法国 Degremont 公司开发的，该反应器内填充的滤料密度大于水，呈自然堆积状，滤板和专用长柄滤头在滤料层下部，用以支

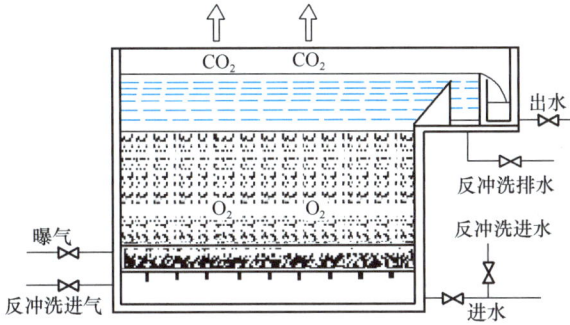

图 7-39 BIOFOR 型 BAF 构造示意图

撑滤料。BIOFOR 型 BAF 的结构见图 7-39，该反应器底部为气水混合区，之上为滤板和专用长柄滤头、承托层、滤料，曝气器位于承托层。

完整的 BIOFOR 型 BAF 工艺流程见图 7-40。污水经格栅、沉砂池后进入初沉池进行初步沉淀，出水从底部进入第一级 BIOFOR，进行 BOD、COD 的降解以及部分氨氮的氧化，滤池采用上向流态。第一级 BIOFOR 出水从底部进入第二级 BIOFOR，进行剩余 BOD、COD 的降解及氨氮的完全氧化，接着再从底部进入第三级 BIOFOR，通过在第三级滤池进水端投加碳源（如甲醇等）和化学除磷剂（如 $FeCl_3$ 等），进行反硝化脱氮和化学除磷，其出水便可稳定达标或回用。

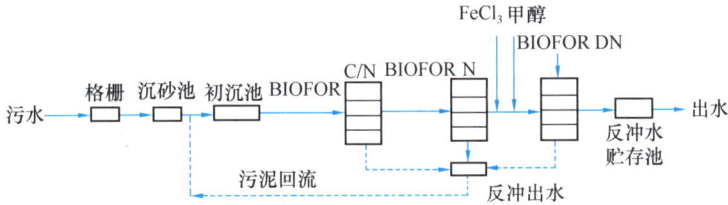

图 7-40 完整的 BIOFOR 型 BAF 工艺流程图

该工艺中除生物滤池外，另外需建两池，一为反冲水贮存池，另一为反冲排水缓冲池。BIOFOR 每运行一定周期即需进行反冲洗，反冲洗水采用正常运行时的达标排放水，反冲排水则需进入排水缓冲池，以缓冲反冲排水对初沉池造成的冲击负荷，并按定量连续的方式最终回流进入初沉池。BIOFOR 反冲污泥具有较强的生物活性，表现为具有一定吸附悬浮有机物颗粒的作用，可作为一种生物絮凝剂，将其回流到初沉池进水端，和原污水充分混合后，将大大有助于原污水中 SS 的沉降及 COD 的去除。

总体上，BIOFOR 型 BAF 的特点如下。

（1）占地面积省，土建费用较低。BIOFOR 型 BAF 的 BOD_5 —容积负荷可达到 3～6$kgBOD_5$/（$m^3 \cdot d$），占地面积只有活性污泥法或接触氧化法的 1/10 左右，相应的土建费用也将大幅降低，使基建费用大大低于常规二级生物处理。

（2）出水水质好，处理流程简化。在 BOD_5 —容积负荷为 6$kgBOD_5$/（$m^3 \cdot d$）时，其出水 SS 和 BOD_5 可保持在 20mg/L 以下，COD 可保持在 60mg/L 以下，可满足国家《城镇污水处理厂污染物排放标准》GB 18918—2002 的一级 B 标准。同时，由于上向流曝气生物滤池的截留作用，出水中活性污泥很少，故不需设置二沉池和污泥回流泵房，处理流程大为简化。

（3）运行费用节省，操作管理方便。反应区粒状填料使得充氧效率提高，可节省能源消耗。由于该技术流程短、池容积小和占地少，且上向流曝气生物滤池抗冲击负荷能力很强，没有污泥膨胀问题，微生物也不会流失，能保持池内较高的微生物浓度，因此其日常运行管理简单。

（4）设施可间断运行。由于大量的微生物生长在粒状填料的粗糙多孔的内部和表面，微生物不会流失，容易在短时间内恢复运行。

2. BIOFOR 型 BAF 工艺的设计

（1）滤池池体

滤池池体的作用是容纳被处理水量和围挡滤料，并承托滤料和曝气装置。根据对池体材料的选择不同，池体可分为钢制结构和钢筋混凝土结构。钢制结构的曝气生物滤池，一般用于小规模的污水处理工程中。在设计中，池体的厚度和结构必须按钢结构或土建结构强度要求进行计算，池体高度由计算出的滤料体积、承托层、布水布气系统、配水区、清水区的高度来确定，同时也要考虑鼓风机的风压和污水泵的扬程。一般滤料层高度为 2.5～4.5m，承托层高度为 0.3～0.4m，配水区高度 1.2～1.5m，清水区高度 1.0～1.3m，超高 0.3～0.5m，所以池体总高度一般为 5～7.5m。

（2）滤料

BIOFOR 型 BAF 中添加的滤料主要采用密度大于水的无机颗粒滤料，呈自然堆积状，可采用陶粒、无烟煤和石英砂等材料作为滤料。目前国内曝气生物滤池工艺中采用的滤料主要以球形轻质多孔生物陶粒为主，国外则多以膨胀硅铝酸盐颗粒为主。

（3）承托层

承托层的设置主要是为了支撑滤料、防止滤料流失和反冲洗时滤料混床而导致堵塞滤头。承托层粒径比所选专用滤头的滤帽缝隙要大 4 倍以上，并根据滤料直径的不同来选取承托层的颗粒大小和高度。承托层的填装必须有一定的级配，一般从上到下粒径逐渐增大，高度为 0.3～0.4m，承托层的级配一般为：直径 4～8mm，厚度 100mm；直径 8～16mm，厚度 100mm；直径 16～32mm，厚度 150mm。承托层一般选用卵石或大颗粒的陶粒。

（4）布水系统

曝气生物滤池的布水系统主要包括滤池最下部的配水室、滤板以及滤板上的配水滤头，布水系统是曝气生物滤池能否发挥最大作用的关键之一。其中的配水滤头应采用滤帽缝隙较宽（2.0mm±0.1mm）的曝气生物滤池专用长柄滤头。

（5）反冲洗系统

曝气生物滤池反冲洗系统与给水处理中的 V 形滤池类似，采用气—水联合反冲洗，其设计计算可参照给水滤池的有关设计资料进行。反冲洗气、水强度可根据所选用滤料通过试验得出或根据有关经验公式计算得出，一般建议水的冲洗强度为 5～6L/（m² · s），气的冲洗强度为 10～15L/（m² · s），采用依次经过气洗、气—水联合洗、清水漂洗三个过程，每过程历时 5～8min。

（6）出水系统

曝气生物滤池出水系统可采用周边出水和采用单侧堰出水等，同时有反冲洗排水与正常出水共槽或分格的布置形式。在大、中型污水处理工程中，为了工艺布置方便，一般采用单侧堰，且反冲洗排水和正常出水分梢布置得较多，并将出水堰口处设计为 60° 斜坡，以降低出水口处的水流流速。

（7）曝气系统和曝气装置

曝气生物滤池一般采用鼓风曝气形式，通常采用专用空气扩散器系统，如德国 Phillip Muller 公司的 OXAZUR 空气扩散器、安徽某环保公司的单孔膜空气扩散器。在国内的工程应用中以单孔膜空气扩散器为主，其主要技术参数指标见表 7-15。

BIOFOR 型 BAF 单孔膜空气扩散器性能指标   表 7-15

项目	性能指标	项目	性能指标
材质	工程塑料	氧利用率（%）	22.637
规格尺寸（mm）	$\phi 60 \times 45$	理论动力效率（kg/kWh）	5.021
供气量[m³/(个·h)]	0.24~0.43	阻力损失（kPa）	≤2.5
充氧能力（kg/h）	0.549	安装密度（个/m²）	36~49

3. BIOFOR 型 BAF 工艺的设计参数

在实际工程应用中，BIOFOR 型 BAF 的主要设计技术参数见表 7-16。

BIOFOR 型 BAF 的工艺特性参数   表 7-16

指标	数值	指标	数值
过滤滤速(m/h)	2~11	硝化负荷[kg/(m³·d)]	1.5(20℃)
空气流速(m/h)	4~15	反硝化负荷[kg/(m³·d)]	2.5(10℃)
TSS 负荷(kg/m³)	4~7	反硝化负荷[kg/(m³·d)]	6.0(20℃)
COD 负荷[kg/(m³·d)]	12	氧利用率(%)	20~30
BOD₅ 负荷[kg/(m³·d)]	6	反冲洗水(占处理水量%)	3~8
硝化负荷[kg/(m³·d)]	1(10℃)	污泥产率(kg/kg)	0.75

7.4.3 BIOSTYR 型 BAF 工艺

1. BIOSTYR 型 BAF 工艺原理

BIOSTYR 型 BAF 是法国 OTV 公司设计完成的，其构造见图 7-41，过滤模式及反冲洗模式下工艺运行见图 7-42。

该工艺系统中，滤料为相对密度小于 1 的球形有机颗粒，漂浮在水中。经预处理的污水与经硝化的滤池出水按一定回流比混合后进入滤池底部。曝气在滤池中间进行，根据反硝化程度的不同将滤池分为不同体积的好氧和缺氧部分。BIOSTYR 型 BAF 在运行过程中，在缺氧区反硝化菌利用进水中的有机物作为碳源，将滤池中的 $NO_3^- \text{-} N$ 转化为 N_2，实现反硝化，同时，滤料上的微生物利用进水中的溶解氧和反硝化产生的氧降解 BOD。与此同时，一部分 SS 被截留在滤床内，这样便减轻了好氧段的固体负荷。经过缺氧段处理的污水进入好氧段，在好氧段微生物利用从气泡转移到水中的溶解氧进一步降解 BOD，硝化菌将 $NH_4^+ \text{-} N$ 氧化为 $NO_3^- \text{-} N$，滤床继续截留在缺氧段没有被去除的 SS。流出滤层的水经上部滤头排出，滤池出水

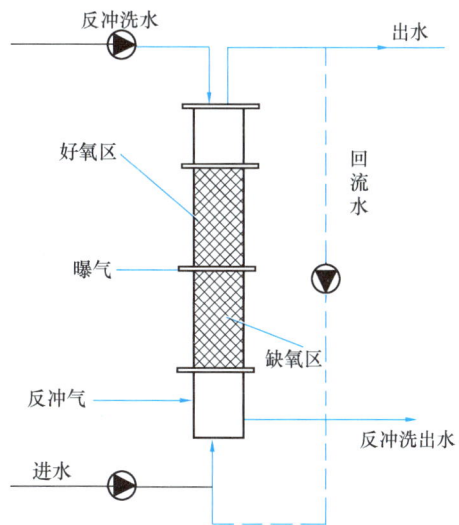

图 7-41　BIOSTYR 型 BAF 工艺构造示意图

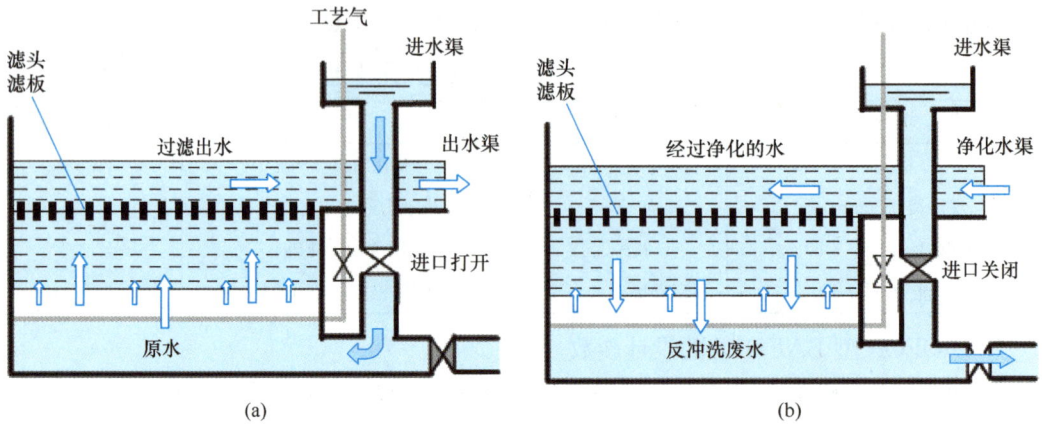

图 7-42　过滤模式及反冲洗模式下 BIOSTYR 型 BAF 工艺运行示意图

(a) 过滤模式；(b) 反冲洗模式

除按回流比与原水混合进行反硝化及用作反冲洗外，其余均排出处理系统。

2. BIOSTYR 型 BAF 工艺的特征

如果在 BIOSTYR 型 BAF 工艺中，仅进行单独硝化或反硝化，只需将曝气管的位置设置在滤池底部即可。BIOSTYR 型 BAF 工艺中随着过滤的进行，其水头损失增加与运行时间成正相关。当水头损失达到极限水头损失时，应及时进入反冲洗以恢复滤池处理能力。由于 BIOSTYR 型 BAF 工艺中没有形成表面堵塞层，其工艺运行时间相对较长。其反冲水为贮存在滤池上部出水区的达标排放水，自上而下进行反冲。

相比而言，BIOSTYR 型 BAF 工艺有如下优点：

(1) 水力流反冲洗无需反冲泵，节省动力；

(2) 滤头布置在滤池顶部，与处理后水接触不易堵塞，同时滤头可从滤板上部直接拆卸，便于更换；

(3) 硝化、反硝化可在同一池内完成。

表 7-17 为 BIOSTYR 型 BAF 工艺处理生活污水（规模大于 $50000\mathrm{m}^3/\mathrm{d}$）的特征。

BIOSTYR 型 BAF 工艺处理生活污水的特征　　　　　　　　　　表 7-17

项目		BIOSTYR 生物滤池工艺
投资费用	土建工程	很小
	设备及仪表	设备量稍大
	征地费	很小
	总投资	很小
运行费用	水头损失	3～3.5m
	污泥回流	无
	曝气量	比 BIOCARBONE 工艺低 20%～30%（参见 7.4.5 节）
	出水的消毒	消毒剂消耗较小
	总运行成本	较低

项目		BIOSTYR 生物滤池工艺
工艺效果	出水水质	SS 可达 15mg/L 以下，BOD₅ 可达 15mg/L 以下，TKN 可达 15mg/L 以下，COD 可达 40mg/L 以下
	产泥量	产泥量相对于活性污泥法稍大，污泥稳定性稍差
	污泥膨胀	无
	流量变化影响	受过滤速度限制有一定影响
	冲击负荷影响	可承受日冲击负荷
	温度变化影响	滤池从底部进水，上部封闭，水温波动小，低温运行稳定
运行管理	自动化程度	连续进水系统，可实现供氧量和回流比的自动调节，自动化程度高
	日常维护	设备和管道位于廊道内，厂区面积小，采用穿孔管曝气，不堵塞，维护巡视简单
	大修	滤池数量较多，停一个滤池进行依次大修对出水水质受出水水量影响很小
	管理操作人员	较少
未来扩建	增加处理量	全部模块化结构、扩建非常容易，所需占地和土建工程量很小，工期很短
	提高出水水质	现有构筑物即可实现
环境影响	臭气问题	生化处理部分为封闭式，臭味对周围环境影响极小
	噪声问题	主要风机水泵设备位于廊道内，对周围环境影响极小
	外观环境	占地极小，很容易进行全厂覆盖，视觉和景观效果好

3. BIOSTYR 型 BAF 工艺的设计参数

BIOSTYR 型 BAF 工艺在实际运行过程中，可采用如下设计参数。

(1) COD 负荷：通常取 2～5.5kgCOD/（m³ 滤料·d）；

(2) NH_4^+-N 负荷：通常取值不超过 1.1kgNH_4^+-N/（m³ 滤料·d）；

(3) 单池面积：不超过 100m²；

(4) 流速：通常取 1～2.2m/h；

(5) 好氧区/缺氧区高度比：通常取（1.5～4.0）：1；

(6) 回流比：通常取 100%～300%；

(7) 气水比：通常取（1～3）：1。

图 7-43 为以 BIOSTYR 型 BAF 为核心处理单元的工艺流程图及运行参数。

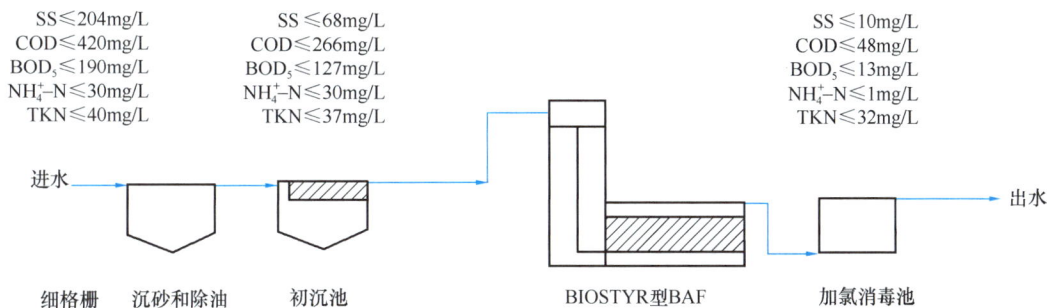

图 7-43 以 BIOSTYR 型 BAF 为核心处理单元的污水处理工艺流程

7.4.4 BIOPUR 型 BAF 工艺

BIOPUR 型 BAF 工艺是由瑞士 VATA TECH WABAG Winterthur 公司在 20 世纪

80 年代开发出的一种新型生物滤池，采用具有三维结构的 Sulzer 填料。该填料几何形状规整，呈波纹状，比表面积可达 $125\sim500m^2/kg$。该工艺在运行过程中可根据处理水质，将不同功能的填料组合运用。

BIOPUR 型 BAF 工艺可分为降流式和升流式两种方式运行，曝气空气管道的布置与其他形式的 BAF 基本相同，亦可根据处理要求设置在滤料床的不同高度处，以实现不同的处理目标。由于该工艺选用的滤料过滤功能较差，需要使用滤头作为过滤装置，以去除污水中的 SS。图 7-44 为该工艺的构造和运行示意图。

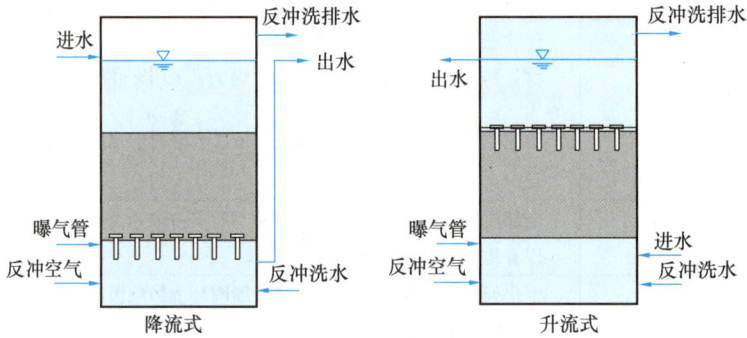

图 7-44　BIOPUR 型 BAF 工艺构造与运行原理

BIOPUR 型 BAF 工艺最大的特点是使用了非粒状的过滤介质，同时根据不同的处理要求与其他粒状滤料组合使用。

当该工艺使用规整波纹板填料时，一般采用降流式运行方式。被处理污水由填料顶部向下流动，与底部曝气形成气水对流，借助于填料的较大的孔隙率可获得较大的氧气利用率，实现较高的有机物的吸收和氧化降解。规整波纹板固定在反应器中，其对水气的剪切作用使气水分布更为均匀。此外，填料较高的孔隙率不易造成堵塞，水头损失较小，运行周期长，且对进水中的 SS 预处理要求较低，适用于较高浓度的污水处理。但出水需经滤头过滤以降低 SS 值。

当该工艺采用粒径为 $2\sim8mm$ 的陶粒填料时，BIOPUR 型 BAF 工艺可以升流式或降流式运行，但多采用升流式运行方式。由于陶粒填料具有比规整波纹板高得多的比表面积（$600\sim1200m^2/kg$），因而能够达到更高的 SS 去除率和有机物去除率，出水也无须进一步过滤处理。

当该工艺采用石英砂作为滤料时，可对氮、磷和 SS 均达到较高的去除效率。

各填料的基本参数及主要功能见表 7-18。

BIOPUR 型 BAF 工艺使用的填料特性与功能　　　　表 7-18

填料类型	基本特性	主要特点	应用范围
规整波纹板	高 $3\sim6m$，滤速可达 $25m/h$，反冲周期 $24\sim72h$，单格滤池面积 $1\sim80m^2$	水头损失小，运行周期长，对预处理要求低	除碳、硝化和反硝化
陶粒填料	高 $3\sim6m$，滤速达 $20m/h$，反冲周期 $24\sim48h$，单格滤池面积 $1\sim80m^2$	SS 截留能力强，同时除磷，对预处理要求高	除碳、硝化和预反硝化
石英砂	单层或多层滤料，高度 $1.2\sim2.5m$，滤速达 $20m/h$，反冲周期 $24\sim48h$	运行可靠稳定，反冲洗耗水少	絮凝过滤、后续反硝化

BIOPUR 型 BAF 可根据处理要求，对填料进行组合，不同 BIOPUR 型 BAF 组合工艺流程见表 7-19。

BIOPUR 型 BAF 组合工艺流程及出水水质   表 7-19

组合流程	出水水质
进水→BIOPUR BAF（C）→出水 填料：规整波纹板；功能：除碳	BOD_5：10～25mg/L SS：10～30mg/L
进水→BIOPUR BAF（C）[(1)]→BIOPUR BAF（N）[(2)]→出水 （1）填料：规整波纹板；功能：除碳；（2）填料：陶粒；功能：硝化	BOD_5：5～15mg/L SS：10～15mg/L
进水→BIOPUR BAF(DN)[(1)]→BIOPUR BAF（N）[(2)]→出水 （1）填料：规整波纹板；功能：反硝化；（2）填料：陶粒；功能：硝化	BOD_5：5～15mg/L SS：10～15mg/L TP：0.5～0.8mg/L NH_4^+-N：1～2mg/L
进水→BIOPUR BAF(DN)[(1)]→BIOPUR BAF（N）[(2)]→砂滤→出水 （1）填料：规整波纹板；功能：反硝化；（2）填料：陶粒；功能：硝化	BOD_5：5～10mg/L TP：0.2～0.5mg/L NH_4^+-N：1～2mg/L

BIOPUR 型 BAF 工艺适用于城市污水、工业废水等的处理，并可通过运行参数的合理设置实现脱氮除磷，其主要工艺运行参数见表 7-20。表 7-21 则为 BIOPUR 型 BAF 工艺根据所要达到的处理功能而确定的运行参数。

BIOPUR 型 BAF 工艺主要运行参数   表 7-20

参数	指标	参数	指标
BOD_5 负荷[kg/(m^3·d)]	2～10	运行操作	可自控
停留时间(h)	0.5～1.0	对周围环境影响	小
气水比	(2～3)∶1(城市污水)	维修管理	简单
脱氮除磷	较强	施工难易	简单
反应器体积	活性污泥工艺的1/20	适应性	强
出水水质	高且稳定性好	滤料污泥量(kg/m^3)	3～5

BIOPUR 型 BAF 工艺不同处理目标下运行参数   表 7-21

处理功能及工艺组合条件		负荷 [kg/(m^3·d)]	备注
去除有机物	BOD_5/COD>0.6	6～10	二级曝气生物滤池
	BOD_5/COD<0.6	3～6	
去除有机物＋硝化	第一级去除有机物	3～6	去除有机物
	第二级硝化	0.5～1	BOD_5/TKN=2～3
硝化和反硝化	第一级硝化	1.5～3	BOD_5/TKN=5～6
	第二级反硝化	0.5～1	BOD_5/TKN=5～6
除磷	出水 TP<1mg/L	—	BOD_5/TP>10
	出水 TP<0.5mg/L	—	BOD_5/TP>20

硝化和反硝化 备注列：回流比 100%～300%
除磷 备注列：需加 $FeCl_3$

BIOPUR 型 BAF 系统内污泥的含量较高，特别是当采用波纹板填料时，其污泥浓度可高达 10000mg/L，故该工艺的 BOD 负荷可达到常规活性污泥工艺的 3～5 倍。同时，由于填料表面具有丰富的生物相，形成了稳定的食物链，故在保持较高的 MLSS 的同时，污泥产生量亦相对较少，仅为常规活性污泥工艺的 50％～60％。

BIOPUR 型 BAF 反冲洗频率约为每 2～3 天 1 次，运行周期较长，反冲洗水量约为处理水量的 5％～10％，冲洗水的 SS 质量浓度约为 1500～2000mg/L，其反冲洗强度见表 7-22。

BIOPUR 型 BAF 所需的反冲洗强度 表 7-22

气反冲洗		水反冲洗	
强度[m³/(m²·h)]	60～150	强度[m³/(m²·h)]	70～120
气量(m³/m²)	25～50	气量(m³/m²)	波纹板：8.0～10.0；陶粒：6.0～8.0；砂粒：6.0

7.4.5 BIOCARBONE 型 BAF 工艺

BIOCARBONE 型 BAF 工艺的滤料为膨胀板岩或球形陶粒，密度比水大，其构造见图 7-45，类似于普通快滤池。在运行过程中，经预处理的污水从滤池顶部流入并向下流出，而气体从滤池中下部曝气进入，气水处于逆流状态。在反应器中，有机物被微生物氧化分解，NH_4^+-N 被氧化成 NO_3^--N，另外由于在生物膜内部存在厌氧/兼氧环境，在硝化的同时能实现部分反硝化。在系统无脱氮要求的情况下，经处理后从滤池底部的出水可直接排出系统。如果有脱氮要求，出水需进入下一级后置反硝化滤池，或回流至前端的前置反硝化滤池，同时需外加碳源供反硝化菌用。一般情况下，在单个 BIOCARBONE 型 BAF 中不能同时取得理想的硝化/反硝化效果。

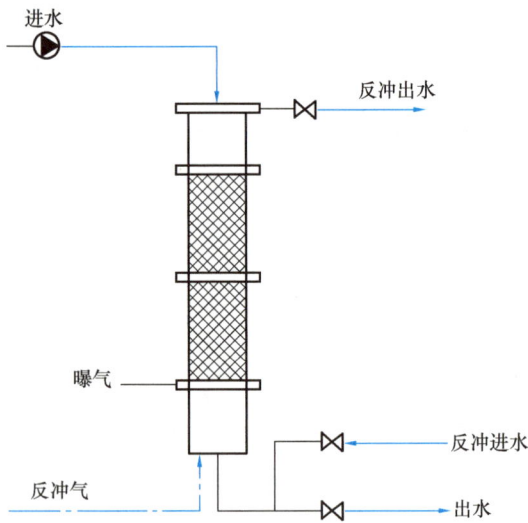

图 7-45 BIOCARBONE 型 BAF 构造示意图

随着滤池运行时间的延长，填料表面新产生的生物量越来越多，同时滤层中截留的 SS 不断增加。在开始阶段水头损失增加缓慢，当固体物质积累达到一定程度时，在滤层上部形成表面堵塞层，阻止气泡的释放和水的向下过滤，导致水头损失迅速上升，很快达到极限水头损失。此时，应立即对滤料层进行反冲洗，以去除滤床内过量的生物膜及 SS，恢复处理能力。

该生物滤池的反冲洗采用气水联合反冲洗，反冲洗水为经处理后的达标水，反冲洗水从滤池底部进入而从上部流出，反冲洗空气则来自底部单独的反冲气管，反冲洗时水气交替单独反冲，最后用水漂洗。在反冲洗过程中，滤层有轻微的膨胀，在气、水对滤料的水力冲刷和滤料间的相互摩擦下，老化的生物膜与被截留的 SS 与填料分离，随反冲洗排水一起排出滤池，并被回流至预处理段进行分离。

BIOCARBONE 型 BAF 工艺对生活污水中 COD、BOD_5、SS、NH_4^+-N、TN 均具有一定的去除效果，其中对 COD、BOD_5、SS 去除效果佳，主要集中在反应器表层。

7.4.6　BAF 工艺的工程应用实例

江苏省某污水处理厂污水处理工程的工艺是水解（酸化）—曝气生物滤池工艺，其工艺流程见图 7-46。工程总处理规模 $5 \times 10^4 m^3/d$，一期处理规模 $2.5 \times 10^4 m^3/d$。工程设计污水处理厂进水水质为：COD 400mg/L，BOD_5 200mg/L，SS 250mg/L，NH_4^+-N 30mg/L，pH6～9，TP（以磷酸盐计）3mg/L。污水处理厂出水水质需达到 COD＜60mg/L，BOD_5＜20mg/L，SS＜20mg/L，NH_4^+-N＜15mg/L，pH6～9，TP（以磷酸盐计）0.5mg/L。经污水处理厂处理后的水直接排入附近的河道。

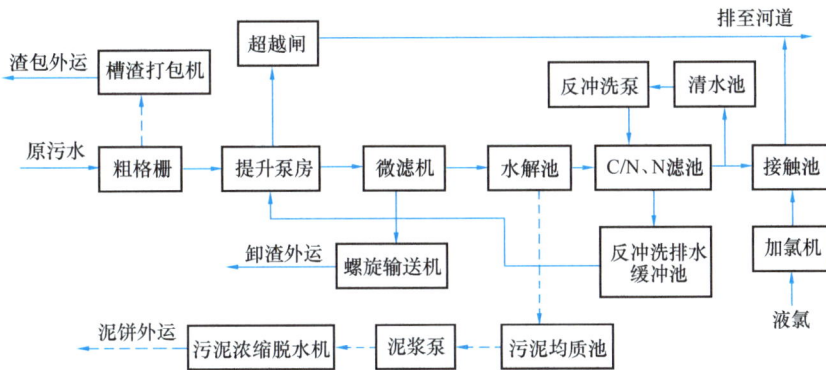

图 7-46　某污水处理厂污水处理工艺流程图

主要生产构筑物包括：污水预处理设施——粗格栅、提升泵房、微滤机；生物处理设施——水解池、曝气生物滤池；污泥处理设施——污泥均质池、污泥脱水机房；污水消毒设施；辅助构筑物——综合办公楼、食堂、机修间、配电室等。

各主要构筑物的设计尺寸如下。

（1）粗格栅间及进水泵房

回转式固液分离机过栅流量 Q_{max}＝440L/s，设备数量 2 台，设备宽度 0.9m；栅渠宽度 1.0m；栅条间隙 20mm；栅前水深 1.0m；安装倾角 75°；电机功率 1.5kW；过栅允许水位差 200mm。

渠道方闸门（配手、电两用启闭机）4 台，设备尺寸 800mm×800mm。

无轴螺旋输送压榨机 1 套；输送及压榨能力 $3m^3/h$；电机功率 1.5kW。

潜水排污泵共 5 台，其中一期 3 台；启动方式为日模式；流量为 $600m^3/h$，H＝18m，N＝45kW；一期 2 用 1 备，其中 1 台变频调速；远期增加 2 台泵，共同组成 4 用 1 备。

（2）微滤机

微滤机 4 台；过栅流量 Q＝140L/s，滤筒尺寸 ϕ900mm×2000mm；栅条间隙 0.5mm；电机功率 1.5kW。

（3）生物处理设施

1）水解（酸化）池共 1 座，半地上式钢筋混凝土结构，下部为多槽布水区，上部为悬浮污泥层区和出水区。水解池池体尺寸为长 39.6m，宽 19.5m，高 5m。内部分成 4 格，其中每格的净尺寸为长 19.55m，宽 9.5m。污泥区混合液浓度 20000mg/L，有效停留时间 3h；上升流速（分离区）1.4m/h；配水形式为多槽布水系统；排泥形式为穿孔管排泥，排泥位置为活性污泥层中上部。

2）C/N 曝气生物滤池共 1 座，半地下式钢筋混凝土结构，池内承托滤板下部为配水室，承托滤板上部填装有轻质球形生物陶粒，作为微生物载体；轻质球形生物陶粒层底部安装有单孔膜曝气器，以供给微生物养分。C/N 曝气生物滤池总尺寸为长 37m，宽 9m，高 7.3m，内分 5 格，每格尺寸 9m×7m×7.3m。

主要设计参数分述如下。

配水形式：专用滤头布水系统；

出水类型：栅型稳流器、单堰出水；

排泥形式：反冲洗排泥；

曝气形式：单孔膜空气扩散器；

空气来源：鼓风机；

反冲洗形式：气—水联合反冲洗；

反冲洗周期：根据实际运行情况而定，一般取 24～48h。

容积负荷为 2.3kgBOD$_5$/（m³ 滤料·d），轻质球形生物陶粒比表面积大于 3m²/g，粒径 4～7mm；数量 1260m³；滤层有级配；堆积密度 0.8～0.85kg/L，容积密度（1.8～2.15）×10³kg/m³。

反冲排水含 SS 量为 600～650mg/L，反冲洗水速 4L/（m²·s）。

主要设备及材料如下。

空气扩散器 13230 个；膜孔直径 1mm；空气流量 0.25～0.3m³/（h·个）；安装密度 42 个/m²。

滤池专用长柄滤头 11340 个；滤头楔形缝隙 2.5mm，滤头长度 440mm；安装密度 36 个/m²。

3）N 曝气生物滤池共 1 座，半地下式钢筋混凝土结构，池内承托滤板下部为配水室，承托滤板上部填装有轻质球形生物陶粒，作为微生物的载体；轻质球形生物陶粒层底部安装有单孔膜曝气器，以供给微生物养分。N 曝气生物滤池长 37m，宽 9m，总高度 6.25m，内分 5 格，每格尺寸 9m×7m×6.25m。

硝化负荷为 0.6kgNH$_4^+$-N/（m³ 滤料·d），反冲洗周期根据实际运行情况而定，一般取 48～72h。反冲排水 SS 含量为 450～500mg/L。该池装填的轻质球形生物陶粒比表面积大于 3m²/g，粒径 3～5mm；数量 1024m³；滤层有级配；堆积密度 0.8～0.85kg/L，密度（1.8～2.15）×10³kg/m³。

4）单孔膜空气扩散器 9450 个；膜孔直径 1mm；空气流量 0.25～0.3m³/（h·个）；安装密度 30 个/m²。

5）滤池专用长柄滤头 11340 个；滤头楔形缝隙 2.5mm，滤头长度 440mm；安装密度 36 个/m²。

（4）除磷加药间、反冲洗清水池及缓冲池

除磷加药间除磷药剂选用 FeSO$_4$，投加量 30mg/L。除磷加药间与反冲洗水泵房合建，总平面尺寸为长 25m，宽 7.2m，室内净高 6m。

主要设备及性能如下。

1）溶药搅拌桶：玻璃钢结构，直径为 1.4m，高 1.2m，共 1 套，电机功率 0.75kW。

2）反冲洗清水池：6.8m×6.7m×5m；数量 1 座。$H=20m$，$N=0.55kW$。采用半地下式钢筋混凝土结构。反冲洗水泵主要设备及性能为单级双吸离心泵，3 台（2 用 1 备）；单台流量 $Q=432m^3/h$；扬程 $H=12m$，电机功率 $N=18.5kW$。

3）反冲洗排水缓冲池：采用地下式钢筋混凝土结构（与 C/N 池合建），用以贮存反冲洗排水，尺寸为 6.8m×6.7m×4.7m，数量 1 座。

4）反冲洗排水泵：潜污泵，2 台（1 用 1 备）；单台流量 $Q=100m^3/h$，扬程 $H=12m$；电机功率 $N=7.5kW$。

5）接触池：钢筋混凝土结构，平面尺寸 18.6m×16m，有效水深 4m。设计参数：污水处理规模 $Q=5×10^4 m^3/d$；停留时间 30min。

6）加氯间及氯库：污水处理规模 $Q=5×10^4 m^3/d$；加氯量 10mg/L；氯库贮存时间 10d。加氯间为砖混结构，平面尺寸 20m×6m，内设加氯间、氯库。

（5）污泥均质池

污泥均质池为钢混结构，平面尺寸 9m×6m，有效深度 2.5m，池内装潜水搅拌机 1 台。

7.5　移动床生物膜反应器（MBBR）

移动床生物膜反应器（Moving Bed Biofilm Reactor，MBBR）工艺是一种将活性污泥法（悬浮生长）和生物膜法（流化态附着生长）相结合的新型污水处理工艺。该工艺开发于 20 世纪 80 年代中期，其原理为将密度接近于水、可悬浮载体填料投加到曝气池中作为微生物生长载体，填料通过曝气作用处于流化状态后可与污水充分接触，微生物处于气、液、固三相生长环境中，此时载体内厌氧菌或兼性厌氧菌大量生长，外部则为好氧菌，每个载体均形成一个微型反应器，使硝化反应和反硝化反应同时存在。MBBR 工艺结合了传统流化床和生物接触氧化法两者的优点，解决了固定床反应器需要定期进行反冲洗、流化床需要将载体流化、淹没式生物滤池易堵塞需要清洗填料和更换曝气器等问题。该工艺因悬浮的填料能与污水频繁接触而被称为"移动的生物膜"。

MBBR 工艺适用于城市污水和工业有机废水处理。目前已投入使用的 MBBR 的组合工艺包括 LINPOR MBBR 系列工艺和 Kaldnes MBBR 系列工艺，从提高处理效果、强化氮磷去除等方面对传统活性污泥法进行了改进。

7.5.1　MBBR 工艺的特征

MBBR 工艺中附着生长在悬浮载体中的长泥龄生物膜为生长缓慢的硝化菌提供了有利生存环境，可实现有效的硝化效果；悬浮生长的活性污泥泥龄相对较短，主要起去除有机物的作用，因此也避免了传统工艺为实现硝化作用而保持较长泥龄时易出现的污泥膨胀现象。其污泥负荷比单纯的活性污泥工艺低，而处理效率更高，运行更稳定。

采用 MBBR 技术处理城市污水的工艺流程见图 7-47。

MBBR 工艺既具有活性污泥法的高效性和运转灵活性，又具有传统生物膜法耐冲击

进水 → 格栅 → 初沉池 → MBBR池 → 二沉池 → 出水
　　　　　　　　　　　　　　　　　　　　　　　→ 剩余污泥

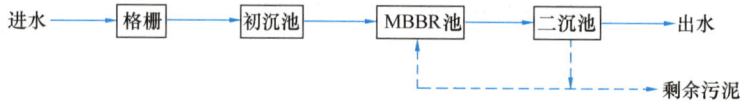

图 7-47　MBBR 系统的工艺流程简图

负荷、泥龄长、剩余污泥少的特点。该工艺具有以下主要特征。

（1）污泥负荷低。附着生长在悬浮载体中的长泥龄生物膜为生长缓慢的硝化菌提供了非常有利的生存环境，可实现高效硝化作用，而悬浮生长的活性污泥泥龄相对较短，可有效去除有机物。因此，这种悬浮态和附着态微生物共池生长的工艺，污泥负荷远低于单纯的活性污泥工艺，处理效率更高，运行更稳定。

（2）有机物去除率高。由于悬浮载体具有较大的比表面积，附着在其表面及内部的微生物数量大、种类多，一般情况下反应器内污泥浓度为普通活性污泥法的 $5\sim10$ 倍，总浓度高达 $30\sim40g/L$，从而可大幅提高有机物去除效率。

（3）脱氮效果好。MBBR 反应器中悬浮和附着在载体表面的微生物处于好氧状态，将氨氮氧化为硝酸盐氮，而载体内部的兼氧和厌氧区利于反硝化细菌生长而起到反硝化脱氮的作用，对氨氮的去除有良好的效果。

（4）易于维护管理。悬浮填料在曝气池内无须设置填料支架，便于对填料以及池底的曝气装置的维护，节省投资及占地面积。

（5）不易产生污泥膨胀。悬浮填料受到水流和气流的冲刷，保证了生物膜的活性，促进了新陈代谢，反应池中随水流化的填料上，可能生长大量丝状菌，从而减少了污泥膨胀发生的可能性。

7.5.2　MBBR 工艺系统的设计

依据《室外排水设计标准》GB 50014—2021，MBBR 的设计应该考虑以下几个方面。

（1）表面负荷率。MBBR 应采用悬浮填料的表面负荷进行设计。表面负荷宜根据试验资料确定；当无试验资料时，在 $20℃$ 的水温条件下，BOD_5 表面有机负荷宜为 $5\sim15gBOD_5/(m^2\cdot d)$，表面硝化负荷宜为 $0.5\sim2.0gNH_4^+\text{-}N/(m^2\cdot d)$。

（2）填料及填充率。悬浮填料应满足易于流化、微生物附着性好、有效比表面积大、耐腐蚀、抗机械磨损的要求，其填充率不应超过反应池容积的 $2/3$。

（3）拦截筛网。MBBR 悬浮填料的投加区域，应设拦截筛网。

（4）水平流速与长宽比。MBBR 池内水平流速不应大于 $35m/h$，长宽比宜为 $(2\sim4):1$。当不满足此条件时，应增设导流隔墙和弧形导流隔墙，强化悬浮填料的循环流动。

7.5.3　MBBR 工艺及效能

1. LINPOR MBBR 工艺

LINPOR MBBR 工艺通过在传统活性污泥工艺曝气池中，投加一定数量的多孔泡沫塑料颗粒作为生物膜载体而实现。该工艺有效改进了传统活性污泥工艺中进水水质、水量波动导致的曝气池中污泥流失、数量不足和污泥膨胀等问题，在强化 COD、BOD_5 去除的同时，提高了氨氮和总氮的去除效率。

根据所处理废水类型及处理要求的不同，LINPOR 工艺分为 LINPOR-C MBBR、LINPOR-C/N MBBR 和 LINPOR-N MBBR 工艺。

图 7-48 所示为 LINPOR-C MBBR 工艺流程图。该工艺设施组成类似典型的活性污泥法工艺，由曝气池、二沉池、污泥回流系统和剩余污泥排放系统等部分组成，工艺中的生物总量包括附着于多孔塑料泡沫的生物膜和悬浮于混合液中的游离态活性污泥。载体表面生物量约为 $10 \sim 18 g/L$，最大可高达 $30 g/L$。附着载体表面的生物量具有较高的 SVI 值，反应器中悬浮的生物量为 $4 \sim 7 g/L$。曝气池末端出水口处设置格栅，用于截留曝气池中的填料载体。该工艺适用于对超负荷运行的城市污水和工业废水活性污泥法处理厂的改造。

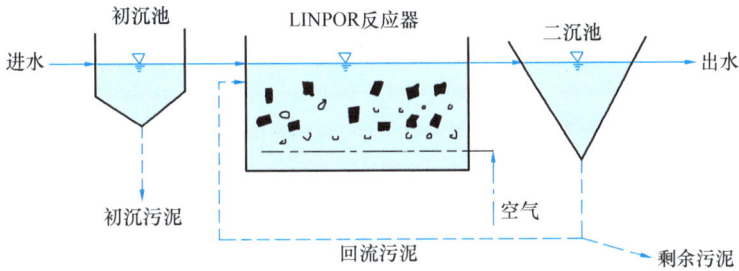

图 7-48　LINPOR-C MBBR 工艺流程

图 7-49 所示为 LINPOR-C/N MBBR 工艺流程图。该工艺具有同时去除废水中有机物和氮的双重功能，该系统中存在大量的附着生长型硝化细菌，且停留时间较悬浮型生物长。曝气池中投加的 LINPOR 载体填料内部存在良好的缺氧区，而外部为好氧区，从而在一个反应器中同时发生硝化反硝化作用，具有同时去除废水中有机物和氮的双重效果。

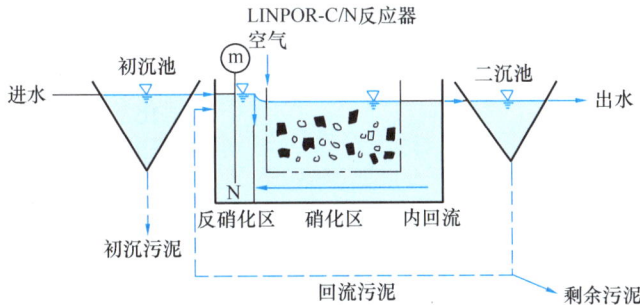

图 7-49　LINPOR-C/N MBBR 工艺流程

图 7-50 所示为 LINPOR-N MBBR 工艺流程图。该工艺常用于经二级处理后工业废水和城市污水的深度处理。由于待处理的二沉池出水中有机物的含量普遍较低，因此该工艺几乎只存在附着生长的生物量。运行过程中无须污泥沉淀分离和回流，故可节省沉淀分离和回流设备。

2. Kaldnes MBBR 工艺

Kaldnes MBBR 工艺适用于包括城市污水、工业废水和微污染水体等在内的多种污水处理，同时也适用于对超负荷运行的活性污泥法处理工艺系统的改造和扩建。该工艺核心同 LINPOR MBBR 工艺一样，但其所用材料由聚乙烯制成，比表面积高达 $800 m^2/m^3$，载体用量一般为反应器有效容积的 $20\% \sim 50\%$，15℃ 时的硝化和反硝化效率分别为 $400 g/(m^3 \cdot d)$ 和 $670 g/(m^3 \cdot d)$，BOD_5 氧化效率为 $6000 g/(m^3 \cdot d)$，去除率大于

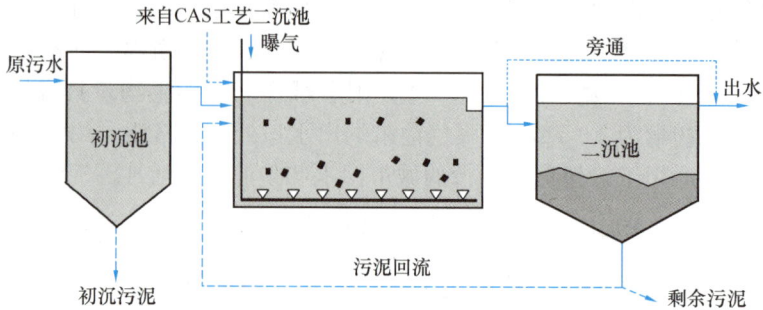

图 7-50　LINPOR-N MBBR 工艺流程

80％。通常在反应器的出口处设置细格栅以拦截反应器中的载体。

　　Kaldnes MBBR 工艺有三种不同的工艺运行方式，即完全 Kaldnes P-MBBR 工艺、Kaldnes HYBAS™-MBBR 工艺和生物膜—活性污泥 BAS-MBBR 工艺，分别在提高处理效果、强化脱氮除磷方面对活性污泥法工艺进行了改进。

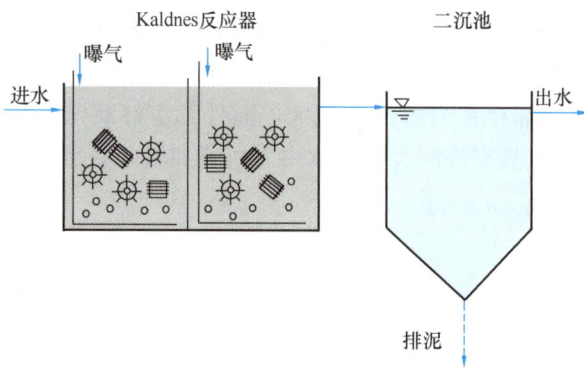

图 7-51　Kaldnes P-MBBR 工艺流程

　　Kaldnes P-MBBR 工艺（图 7-51）类似于 LINPOR-N 工艺，所有微生物均以生物膜形式附着生长在悬浮载体的表面，适用于城市污水或工业废水中有机物和氮的去除，也适用于老厂升级改造。该工艺采用的载体根据不同的功能而选择，进行反硝化脱氮时，采用较大尺寸的载体，使载体内部形成良好的缺氧条件；而进行强化硝化时，一般选用小尺寸载体。

　　Kaldnes HYBAS™-MBBR 工艺通过在曝气池中投加一定量的悬浮载体（图 7-52），使自由态悬浮生长的活性污泥和附着态生长的微生物在同一系统中共存，附着生长的微生物由于固体停留时间和反应器水力停留时间分离，具有较长的污泥龄，有利于硝化或反硝化进行。该工艺适用于对现有超负荷运行的活性污泥工艺的改造和满足严格出水水质要

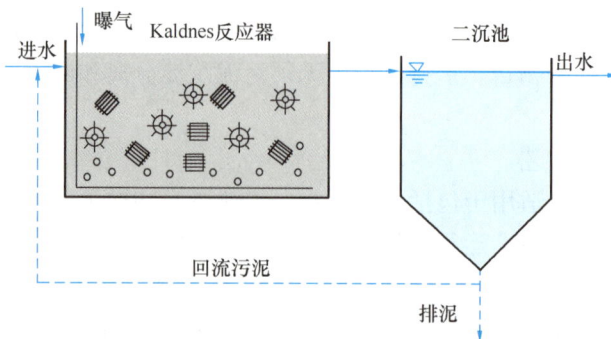

图 7-52　Kaldnes HYBAS™-MBBR 工艺流程

求，无须扩大其原有处理设施容积，可有效提高低温污水处理效果。

图 7-53 所示为生物膜—活性污泥 BAS-MBBR 工艺流程。BAS-MBBR 用于活性污泥法工艺的预处理工艺，目的是提高进入曝气池的有机负荷。该工艺同 AB 工艺类似，A 段中微生物以附着形式存在，可有效降低 BOD$_5$50%～70%，有效改善污泥沉降性能，降低污泥量 30%～50%，适用于对原有活性污泥工艺的升级改造。

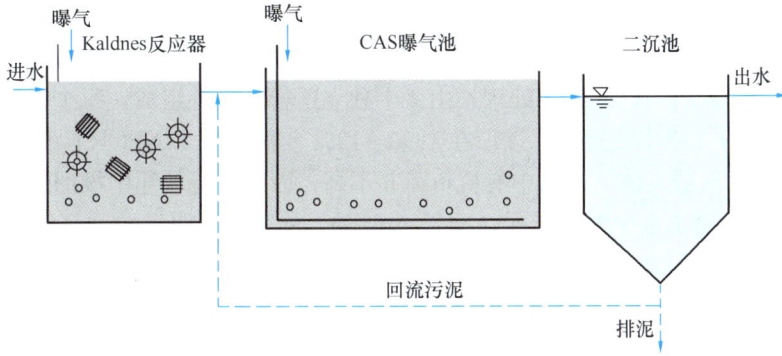

图 7-53　生物膜—活性污泥 BAS-MBBR 工艺流程

7.5.4　MBBR 工艺的工程实例

德国慕尼黑市的 Groβlappen 污水处理厂原采用典型的活性污泥法工艺，其设计污染负荷为 230×10⁴ 人口当量，曝气池总容积为 39300m³，共分 3 组独立运行，而每组又分为 9 个曝气池并联运行，每个曝气池的容积均为 1500m³。在运行过程中，该厂由于水量的增加而存在处理出水超标等问题。针对出现的问题，该市决定对原厂进行改造，并于 1986～1987 年间将其中的两组改造成了 LINPOR-C MBBR 工艺。改造完成后，两组系统的曝气池中分别投加 30% 和 10% 的多孔性泡沫塑料载体，使得处理出水的 COD 和 BOD$_5$ 分别达到了出水要求。表 7-23 显示 30% 载体材料的 LINPOR-C MBBR 工艺的运行监测结果。改造后的反应器实际运行过程中有机负荷（COD 或 BOD$_5$）大大超过设计值，但经过 24h 连续采样，其监测结果表明，改造后的工艺对 COD 和 BOD$_5$ 的去除率以及出水的浓度大大优于设计值。

德国慕尼黑市污水处理厂 LINPOR-C MBBR 工艺运行结果　　　　　　表 7-23

指标		检测结果范围（平均值）	设计值（要求）
MLSS(g/L)	悬浮 MLSS	1.8～3.4(2.5)	2.9
	附着 MLSS	6.9～11.8(9.9)	16.0
	总 MLSS	3.5～5.6(4.6)	6.8
污泥容积指数 SVI		62～84(76)	150
污泥回流比（%）		34～53(40)	60
BOD$_5$	进水（mg/L）	223～334(291)	200
	出水（mg/L）	15～25(21)	25
	去除率（%）	91～94(93)	88

指标		检测结果范围(平均值)	设计值(要求)
COD	进水(mg/L)	313~576(478)	400
	出水(mg/L)	70~96(86)	115
	去除率(%)	78~84(82)	71
BOD$_5$ 容积负荷[kg/(m^3 · d)]		2.17~4.04(3.45)	2.66
污泥负荷(BOD$_5$/TSS)[kg/(kg · d)]		0.48~0.94(0.70)	0.40

日本尾西市一家纺织厂的废水处理站由 4 个独立运行的系统组成，每个系统曝气池的总容积为 5500m^3，分 4 格串联运行。该厂在 1990~1991 年间利用 LINPOR-C/N MBBR 工艺将其中一套工艺进行改造。该厂进水中有机负荷并不高，因而在曝气池中投加的载体填料量仅为 10%。改造后处理出水中各项指标（NO$_3^-$-N 除外）均得到了明显的改善（表 7-24）。

日本尾西市某纺织厂废水处理站改造前后处理效果的比较 表 7-24

指标		改造前(范围)	改造后(范围)
COD	进水(mg/L)	136(122~151)	136(122~151)
	出水(mg/L)	65(50~85)	49(43~55)
	去除率(%)	50(35~60)	64(59~72)
TKN	进水(mg/L)	25(19~35)	25(19~35)
	出水(mg/L)	9.6(5~17)	3.1(0.5~7)
	去除率(%)	55(15~83)	85(65~99)
NO$_3^-$-N	进水(mg/L)	0.26(0.05~0.71)	0.26(0.05~0.71)
	出水(mg/L)	1.40(0.58~2.71)	2.30(1.50~2.92)
TN	进水(mg/L)	25.1(19.1~35.1)	25.1(19.1~35.1)
	出水(mg/L)	9.8(1.8~17.6)	5.5(1.6~9.5)
	去除率(%)	54(13~95)	75(53~96)

1996~1997 年，LINDE AG 公司在美国新泽西州的埃奇沃特（Edgewater）污水处理厂进行了 LINPOR-C/N 和 LINPOR-N 工艺的中试研究，该工艺流程中增设了一个旁通，以使该工艺可分别按 LINPOR-C/N 和 LINPOR-N 工艺方式运行。当该工艺以 LINPOR-N 方式运行时，其 LINPOR 反应器的进水为来自活性污泥法工艺二沉池的出水，由于其在极低的负荷条件下运行，硝化菌均以附着生长的方式固定在载体的内部，而水中则无悬浮生长的生物体，因而其处理出水不经二沉池直接排放（表 7-25）。

美国新泽西州的埃奇沃特污水处理厂 LINPOR-C/N 和 LINPOR-N
中试工艺的运行数据 表 7-25

运行参数		LINPOR-C/N	LINPOR-N
进水情况	BOD$_5$(mg/L)	169	22.8
	COD(mg/L)	406	—
	TSS(mg/L)	201	18.0
	TKN(mg/L)	31	14.7

运行参数		LINPOR-C/N	LINPOR-N
进水情况	NH_4^+-N(mg/L)	17.1	10.5
	NO_3^--N(mg/L)	0.3	—
	碱度($CaCO_3$)(g/L)	168	167
	pH	6.9	6.4
出水情况	BOD_5(mg/L)	10.7	5.4
	COD(mg/L)	62.5	—
	TSS(mg/L)	23.2	13.8
	TKN(mg/L)	2.0	1.9
	NH_4^+-N(mg/L)	0.1	0.6
	NO_3^--N(mg/L)	15.7	11.6
	碱度($CaCO_3$)(g/L)	59.4	85.3
	pH	6.8	—
工艺参数	时间(h)	5.4	3.2
	温度(℃)	15～26	20～26
	BOD_5负荷[g/(m^3·d)]	76.4	169.8
	TKN负荷[g/(m^3·d)]	139.4	120
	载体用量(%)	20	20
	MLSS(mg/L)	7292	5564

7.6 好氧颗粒污泥（AGS）工艺

7.6.1 概述

好氧颗粒污泥（Aerobic Granular Sludge，AGS）是微生物在一定环境下自发凝聚、增殖而形成的颗粒状生物聚合体，也可以视作为无需载体、自固定化的生物膜。好氧颗粒污泥工艺（AGS 工艺），就是采用好氧颗粒污泥处理污水的生物处理工艺。该工艺产生于20 世纪 90 年代初期（1991 年），日本学者 Mishima 等在连续流升流式好氧污泥床反应器（Aerobic Upflow Sludge Bed Reactor，AUSB）中培养出了 AGS，但由于采用纯氧曝气等导致运行条件苛刻、能耗过高和难度较大，在随后的数年间并未能推广。直到 1997 年，慕尼黑大学莫根罗特（E. Morgenroth）教授与代尔夫特理工大学马克·范·洛斯德莱特（Mark van Loosdrecht）教授在《Water Research》上联合发表了"序批式反应器中的好氧颗粒污泥"，证实 AGS 可以在序批式反应器 SBR 中成功培养出来，开启了 AGS 里程碑式的发展。30 余年来，国内外学者在 AGS 的理化特性、好氧颗粒化的影响因素、形成机制及水处理工程应用等方面，开展了大量的研究，取得了许多积极有效的成果。至 2022年初，在欧洲、非洲、澳大利亚、北美和南美洲，已运行的 SBR 好氧颗粒污泥工艺系统（Nereda®工艺）污水处理设施已有 50 多座，总处理能力超过 1300 万人口当量（约 260×10^4 m^3/d）。工程实践结果表明，AGS 技术确实可显著降低土建规模及运行费用，表现出良好的污染物去除效果，因而被认为是极具发展前景的污水/废水生物处理技术。然而，如何解决 AGS 形成条件苛刻、工艺运行稳定性不足等问题，仍然是制约该技术大规模应用的主要瓶颈。

7.6.2　AGS 的理化特性及其工艺特征

1. AGS 的理化特性

（1）外观形态

成熟的 AGS 多呈球形或椭球形，轮廓清晰、表面光滑，其粒径一般为 0.2～5mm。以模拟污水为底物所培养出的 AGS 多为淡黄色、橙黄色或黄色，而以实际污水或废水培养或驯化出的 ACS，会呈现黄色、黄红色、深褐色或黑褐色等。

（2）沉降性能

AGS 的沉降速度常为 25～70m/h，明显大于活性污泥的沉降速度（一般在 10m/h 左右）。稳定的 AGS 的 SVI 通常为 20～90，表明相同质量的 ACS 所占的容积远远小于活性污泥 SVI（一般为 50～120）。成熟 AGS 的 SV_{30} 与 SV_5 的偏差一般小于 10%，可用来判断 AGS 的稳定性及沉降性能好坏。

（3）胞外聚合物

AGS 的胞外聚合物（EPS）是微生物细胞为抵抗外界不利因素影响而分泌的黏性物质，成分较复杂，包括多聚糖（PS）、蛋白质（PN）、核酸和脂类，一般可用 PS 及 PN 二者含量之和代表其含量。根据细胞与 EPS 的结合程度，EPS 可分为松散结合型 EPS（LB-EPS）及紧密结合型 EPS（TB-EPS）。EPS 有利于细胞之间相互聚集，影响污泥的絮凝沉降性能、脱水性能、表面特性等，并对 AGS 的稳定性产生重要影响。

（4）含水率及细胞表面疏水性

稳定的 AGS 的含水率一般为 97%～98%，远低于传统活性污泥的含水率（常在 99% 以上）。在同等干重的情况下，AGS 所占的容积比活性污泥至少减少一半。AGS 的细胞表面疏水性要远高于活性污泥，且污泥好氧颗粒化过程中常伴随着细胞表面疏水性的增大。从热力学角度分析，细胞疏水性能的增加能够降低细胞表面自由能，促使细胞聚集。

（5）生物相及其分布

AGS 内部具有丰富的生物相，具体微生物包括球菌、杆菌和丝状真菌等，此外还有原生动物等。其种群分布与 AGS 结构及所处理底物密切相关，但主要为细菌及古菌。受传质影响，AGS 内微生物呈现出特殊的空间分层结构，普遍认为 EPS 构成了颗粒的骨架，大量微生物包裹在其周围。颗粒外层由异养菌及好氧氨氧化细菌（AOB）组成，其中 AOB 主要分布在 AGS 表面以下 70～100μm 区域内，内部主要由兼性细菌、厌氧菌、死细胞及无机物组成。厌氧菌主要分布在颗粒表面以下 800～900μm 区域。

2. AGS 工艺特征

AGS 工艺实质是在好氧条件下，由颗粒污泥实现污水中有机物去除、硝化/反硝化、除磷或同步脱氮除磷的方法。AGS 工艺具有以下主要工艺特征。

（1）污泥浓度高，生物量大，处理效果好。传统活性污泥法的污泥浓度一般为 3000～5000mg/L，MBR 工艺可将污泥浓度提升至 8000～10000mg/L，而国外好氧颗粒污泥反应器中的污泥量一般大于 10000mg/L，有的甚至能达到 15000mg/L。污泥浓度高，处理高效，反应器占地面积小，结构也相对简单，能耗也可大幅降低。再者，因为 AGS 呈现团聚状，相对普通絮状污泥，不容易发生污泥膨胀等。

（2）可同步降解有机物和脱氮除磷。一个颗粒污泥的内部一般为缺氧/厌氧区，主要为反硝化菌和聚磷菌；外部为好氧区，主要为氨氧化菌和生物氧化菌群。也就是说，同一位置上的同一颗粒，就可以起到脱氮除磷和降解有机物的作用。

（3）污泥沉降性能优越。活性污泥的沉降性能一般以SV_{30}表示，而颗粒污泥沉速极快，一般3~5min就可以沉降完毕。所以，对于好氧颗粒污泥的沉降性能，可以用SV_8（即静置沉淀8min的污泥占比）来表示。优越的沉降性能使好氧颗粒污泥能高效沉淀，可省去后续的沉淀池，大幅度缩小工程占地面积。

3. AGS的形成假说

AGS的形成过程很复杂，目前尚不明确AGS形成的具体机制，截至目前对好氧颗粒化的诠释仍只停留在假说层面。

（1）选择压假说

选择压是生态学中的概念，指两个相对的性状一个被淘汰，而另一个被保留下来的优势。在AGS的形成过程中，这些相对的性状有沉降快/沉降慢、疏水/亲水、致密/疏松等。通过控制筛选条件（如沉降时间、曝气量、污染物负荷等），为反应器中不同特性的微生物生长创造了一定的"选择压"，只有那些疏水性高、沉降速度快的污泥才能被保留于系统中，并逐渐得到富集，最终形成AGS。AGS的形成需要较高的选择压，如较短的沉降时间、较大的表观上升气速（SGV，cm/s）等。然而，该假说主要侧重于颗粒化过程中污泥的物理特性变化，未考虑颗粒化过程中生物变化所起的作用。

（2）晶核假说

该假说认为接种污泥、惰性物质（如EPS）、无机盐（如$CaCO_3$）等都可作为晶核，微生物在这些载体上不断发育、生长最终形成AGS。然而，晶核假说不能解释的是，即便没有所谓的晶核，也可以形成AGS。

（3）丝状菌假说

丝状菌假说认为丝状菌的生长是AGS形成的主要驱动力。丝状菌具有较大的表面积，它们包埋、缠绕一些球菌、杆菌等形成初始框架，其他微生物通过附着在这种框架上并不断生长，在外部高选择压作用下最终形成AGS。然而，通过观察AGS的微观结构，发现并不是总可以观察到丝状菌的存在，多数情况是AGS内的微生物主要由长短不一的杆菌或球菌组成。

（4）胞外聚合物假说

该假说认为AGS的形成得益于好氧颗粒化过程中微生物分泌了大量的黏性EPS，而这些EPS起到了"生物胶水"的作用，它们通过吸附、架桥等作用促进细胞之间的相互凝聚。然而，并没有证据表明EPS是好氧颗粒化的决定因素，只是表明了EPS对好氧颗粒化有促进作用。

（5）自凝聚假说

自凝聚假说认为微生物细胞在一定的环境下会发生自我凝聚、聚集现象。这种现象是一个逐步进化的过程，但必须是在适宜的条件下微生物才会慢慢地进化，并最终形成AGS。结合选择压理论，自凝聚假说可以较好地解释絮状污泥形成AGS的原因，但却无法说明为什么较低选择压下AGS会出现不稳定、甚至解体的现象。

除了上述的选择压假说、晶核假说、丝状菌假说、胞外聚合物假说和自凝聚假说外，还有学者认为可从以下的假说来解释 AGS 的形成机制。

(1) 细胞疏水性假说

细胞疏水性假说的理论基础是热力学中的 Gibbs 自由能原理，即细胞表面能的降低有助于表面疏水性的增加，从而为细胞之间的相互凝聚创造了条件。虽然细胞表面疏水性的增加是微生物细胞之间相互集聚的重要驱动力，但并没有证据能证明较低的表面疏水性就必定不能形成 AGS。因此，现有研究只能推测细胞表面疏水性的增加有助于 AGS 的形成，但并不是好氧颗粒化的决定性因素。

(2) 信号分子假说

信号分子假说认为信号分子引起的群体感应在 AGS 的形成过程中发挥了重要作用。信号分子是指生物体内的某些化学分子，它们主要是用来在细胞间和细胞内传递信息，通过与细胞受体结合传递细胞信息。细菌能自发产生、释放一些特定的信号分子，并能感知其浓度变化，调节微生物的群体行为，这一调控系统称为群体感应。目前研究最多的信号分子是乙酰高丝氨酸内酯（AHL）、寡肽（AIP）及自诱导物-2（AI-2）。在一定条件下，这些信号分子能引发细胞的定向移动。研究表明，AHL 和 AI-2 能促进细胞之间的相互黏附并刺激 EPS 分泌。同时，AHL 中的群体感应淬灭酶的产生可裂解自诱导分子，影响颗粒的形成。

(3) 四阶段假说

该假说认为，AGS 的形成依序包括以下四阶段：①细胞之间开始相互接触，主要驱动力有细胞运动、流体扩散、重力等；②在范德华力、氢键、表面张力等综合作用下，形成松散的颗粒前驱物——微生物聚集体；③微生物在苛刻的生存环境下，通过分泌大量的 EPS，形成结构较紧密的生物聚合体；④在较高的水力剪切力作用下，最终形成具有规则的三维空间结构的 AGS。四阶段假说吸收了多种假说的积极成果，考虑了多种因素的协同作用效果。

4. AGS 的培养

基于 AGS 形成的选择压假说和晶核假说，AGS 可采用选择压培养方法、添加钙镁等金属离子、投加絮凝剂或惰性载体促进 AGS 形成，也可以是接种不同特性的污泥（成熟或破碎 AGS、活性污泥或厌氧颗粒污泥等）。

(1) AGS 的选择压培养方法

AGS 的选择压培养方法主要是通过控制筛选条件（如 SBR 的沉降时间、污染物负荷等）促进 AGS 形成，目前广泛采用。根据对沉降时间的调控，可以是固定较短的沉降时间，再则是逐步缩短沉降时间。以模拟废水为底物时，AGS 的培养多需 30d 以上，而若以实际废水为底物，则耗时往往更长一些。

(2) 进水中添加钙镁等金属离子促进 AGS 形成

由于多价阳离子可通过与带负电的细胞之间中和或吸附架桥形成晶核促进厌氧颗粒化进程，同样 Ca^{2+}（如 $50\sim100mg/L$）和 Mg^{2+}（如 $10\sim50mg/L$）等阳离子亦可加速 AGS 的形成。通过采用 X 射线光电子能谱（XPS）及傅里叶转换红外线光谱（FTIR）研究 AGS 中钙、镁离子的存在形态发现，Ca^{2+} 极易与 EPS 中多聚糖的羟基相结合，而 Mg^{2+} 则被蛋白质中的酰胺基强烈吸引。另外 Ca^{2+} 和 Mg^{2+} 等的投加可促进细胞分泌更多的

EPS，而这些 EPS 起到了"生物胶水"的作用，通过吸附、架桥等作用促进细胞之间的相互凝聚。根据晶核理论，金属离子形成的无机盐[如 $CaCO_3$ 或 $Ca_5(PO_4)_3(OH)$]可作为颗粒污泥形成的原始晶核、并加速颗粒化的进程。然而截至目前，进水中添加钙镁等金属离子促进 AGS 的形成，几乎只源于小试反应器研究的成果。

（3）投加絮凝剂或惰性载体促进 AGS 的形成

基于晶核假说，通过投加混凝剂或惰性载体等作为诱导核，可加速 AGS 的形成。活性炭因具有良好的吸附性能，是最常用的载体。例如，在培养前期（前 7d）反应器排水后投加 20g/L 的聚合氯化铝（PAC），第 25 天时实现完全颗粒化；将 PAC 改为培养中期（8~14d）投加，亦取得相似快速培养结果；投加 PAC 和高分子电解质进行 AGS 培养，反应器内 10d 后首次观察到颗粒聚合体，23d 时 AGS 粒径达到 2.3mm。再如，通过投加 1%（体积分数）粒径在 0.1~0.3mm 的颗粒活性炭，20d 后于小试 SBR 中可培养出 0.3~0.8mm 的 AGS；再如，颗粒活性炭的投加大大缩短了好氧颗粒化的进程，而投加粉末活性炭并未明显加速好氧颗粒化。

（4）接种 AGS 促进好氧颗粒化

接种不同特性的污泥（成熟或破碎 AGS、活性污泥或厌氧颗粒污泥）对好氧颗粒化的进程有明显影响。接种部分成熟 AGS 或破碎 AGS，可大大缩短 AGS 形成所需时间。目前，接种部分 AGS 促进好氧颗粒化，主要是采用预投加方式，即在反应器启动时和其他污泥一起接种。例如，接种 15% 的成熟 AGS 及 85% 的活性污泥，20d 后基本实现好氧颗粒化；再如，接种 50% 破碎 AGS 的反应器最快可在 18d 内实现完全颗粒化，而接种 5% 的破碎 AGS 需 133d，未接种时始终没有实现好氧颗粒化。通过荧光标记探索接种部分 AGS 促进好氧颗粒化的机理，借助荧光显微镜（EFM）及扫描电镜（SEM）成功观测到絮状污泥黏附接种 AGS 表面现象，表明接种 AGS 充当了新颗粒形成的晶核，从而加速了 AGS 的形成。

7.6.3　AGS 工艺系统组成和 Nereda® 工艺配置

1. AGS 工艺系统组成

AGS 工艺系统一般由预处理（如格栅、进水缓冲池等）、AGS 反应器等单元组成。为了保证或达到更高的出水标准，AGS 反应器后通常还设置砂滤池。预处理单元和常规的活性污泥法基本一致，但通常情况下不设置初沉池。此外，还设有污泥缓冲池和污泥浓缩单元。

目前，绝大多数的 AGS 反应器都是采用柱状的升流式结构设计，高径比也较大（H/D 一般在 4~24），其中以 SBR 反应器形式最为常用。SBR 反应器为 AGS 的生长提供了理想环境，因其可同时实现空间上的完全混合和时间上的理想推流，致使其内部混合液与上升气流形成连续、均匀的环状流和局部环流，污泥处于一定的水力剪切状态有利于形成 AGS。

以独立运行的 SBR 好氧颗粒污泥系统（Nereda® 工艺）为主体的 AGS 工艺流程见图 7-54。

2. Nereda® 系统的典型工艺配置

为了满足新建、提标改造等项目建设需求，Nereda® 系统都能依据不同的配置来满足。Nereda® 系统的典型工艺配置示意见图 7-55，这 4 种工艺配置在已经运行的 Nereda® 项目中均有成功案例。

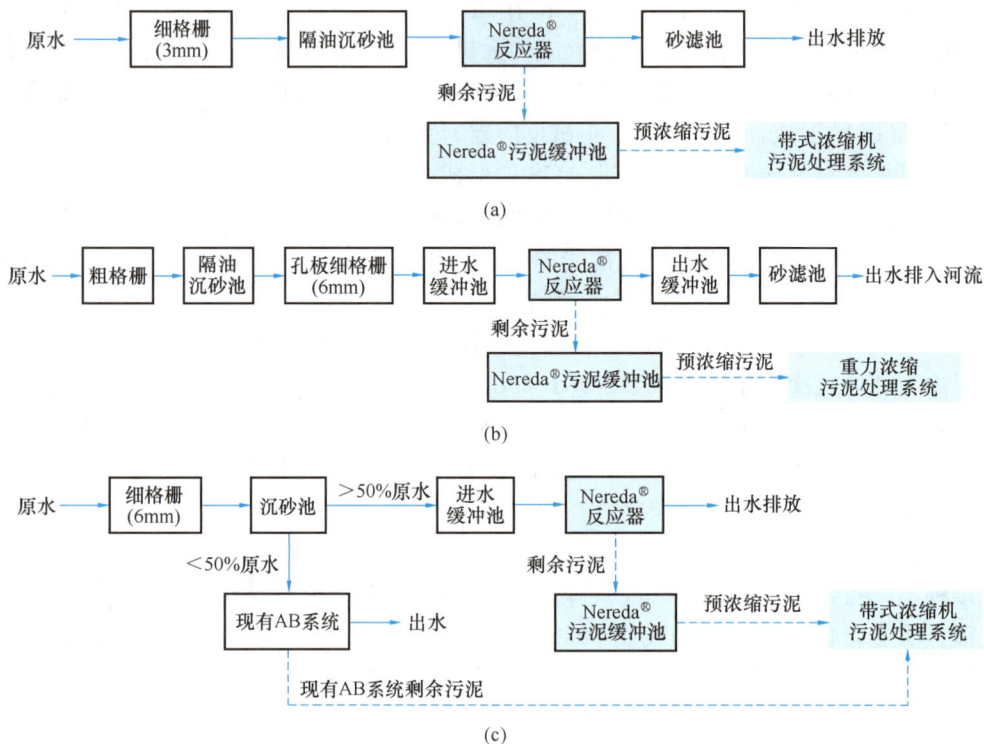

图 7-54　典型 Nereda® 工艺流程

（a）荷兰 Epe 污水处理厂（设计平均处理量为 8000m³/d）；（b）荷兰 Utrecht 污水处理厂

（设计平均处理量为 76300m³/d）；（c）荷兰 Garmerwolde 污水处理厂（新增规模为 28600m³/d）

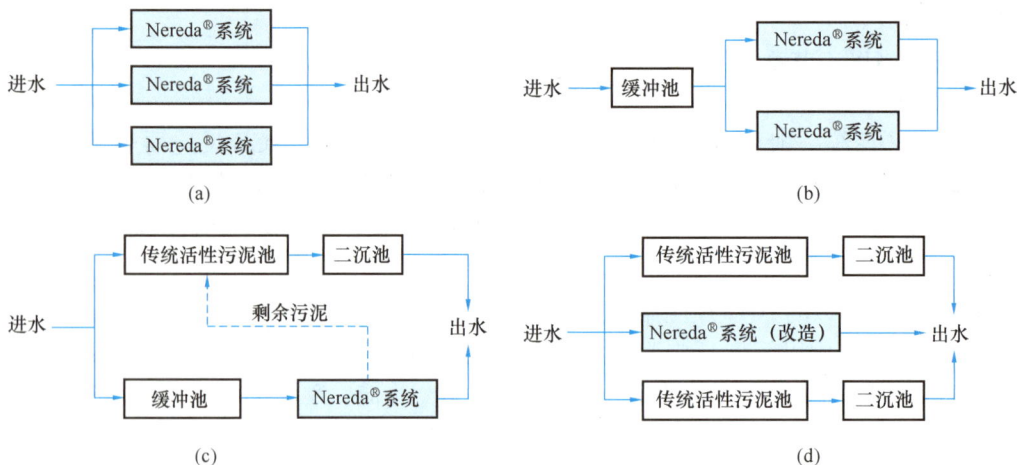

图 7-55　Nereda® 系统的典型工艺配置示意

（a）并联式；（b）前置缓冲式；（c）并行扩容式；（d）传统工艺替代式

（1）三个 Nereda® 反应器并联式

新建 3 个或以上的 Nereda® 反应器，任何时刻至少有一个 Nereda® 反应器在进水。该配置方式适用于重力流或者有压泵送连续进水的系统，其优点是可以实现连续进水和出

384

水，允许完全靠重力流进水，每个Nereda®反应器的进水流量变化完全和上游来水的日变化规律一致。如美国Wolf Creek污水处理厂（其规模约7570m³/d），采用的就是这种布置。

（2）缓冲池加2个以上Nereda®反应器

新建，适用于采用泵送的进水系统。在水量不大或者处理流量波动较大的工业废水等场合，有可能只需要1个Nereda®反应器。此种配置已被证明是最常见和最经济的配置方式之一，原因在于有进水缓冲池的情况下，留给Nereda®反应器的生物反应时间可以更长，因而其池容往往可以做得更小，曝气风机的风量也可以更小。因Nereda®反应器涉及较多的特殊内件，从经济性角度考虑，增加其池容往往比增加进水缓冲池池容的造价更高。所以，是否增设进水缓冲池、增加缓冲池和Nereda®反应器的池容，通常需要通过系统经济性衡量来确定。另外，当来水流量或者负荷波动较大时，在Nereda®反应器前设置缓冲池可以更好地削峰，也有利于整个系统的稳定运行。如巴西Deodoro污水处理厂采用的就是这种布置，分两期建设，一期设计处理水量为64800m³/d，已于2016年投入使用。二期处理水量将达到6400m³/d。

（3）Nereda®系统与活性污泥系统平行运行

新建Nereda®系统与现有的常规活性污泥系统平行运行，此种配置也叫混合扩容或者并行扩容。在此种配置中，新的Nereda®系统只接收部分原水，而其余部分由现有的常规处理系统处理。与并行扩容稍有不同的是，混合扩容通过将Nereda®剩余污泥投加到常规活性污泥反应池，用以强化普通污泥的性能，增大系统处理能力和增强生物脱氮除磷性能。

（4）改造现有活性污泥池或SBR池成Nereda®反应器

这种配置利用了现有的基础设施，同时可增加系统处理能力，并减少能源和化学品的使用。例如，爱尔兰Ringsend污水处理厂采用的就是工艺配置（3）和（4），原设计处理量为164×10⁴人口当量，流量为11.3m³/s。升级改造之后，处理量将为240×10⁴人口当量和60×10⁴m³/d的废水，峰值流量为13.8m³/s。

7.6.4 影响AGS工艺系统设计与运行的因素

AGS反应器内好氧颗粒污泥的形成受诸多因素影响，如运行周期、水力剪切力、污泥沉降时间和有机负荷率（OLR）等，在设计和运行中须予以充分考虑。

1. AGS反应器的有机负荷率

AGS反应器SBR的有机负荷率（OLR）范围较宽，一般在2.50~22.50kgCOD/(m³·d)。

尽管AGS可以在更低的OLR下形成，但耗时往往更长。OLR对好氧颗粒化的进程没有明显影响，但对培养出的AGS的稳定性、理化性质却有较大影响，如较大的OLR会培养出较大粒径的AGS，但颗粒强度会随之下降。另外，过高的OLR会增加混合液的相对密度，不利于污泥的沉降，并容易引起丝状菌膨胀。

2. AGS反应器的沉降时间

AGS反应器SBR的静态沉淀过程为污泥筛选提供了极佳的环境，而沉淀时间被认为是为好氧颗粒化提供了最重要的水力选择压。沉降快的污泥在较短的沉淀时间内会沉至排水口以下，从而保留在反应器内；而沉降慢的污泥在沉至排水口之前即随出水排出。因此，通过逐渐缩短沉降时间，沉降性能好的菌胶团或颗粒污泥将逐渐得到富集。一般来讲，沉淀时间控制在 10min 以上时，虽会出现 AGS，但絮状污泥占绝对优势；只有当沉淀时间小于 5min 时，反应器内 AGS 才能处于主导地位。

3. AGS 反应器的运行周期

AGS 反应器 SBR 的运行周期时长一般为 3～12h。过长的周期意味着长时间曝气，容易造成 AGS 结构松散；过短的周期意味着高排泥频率，容易导致污泥流失。

AGS 反应器 SBR 中的好氧生化反应通常包括两个阶段，一是进水中有机物从最大值被降解直至浓度达到最小值的富营养期，随后是可利用的底物被降解完后的贫营养期。研究表明：贫富营养期并不是 AGS 形成的必要条件，因为在出水 COD 较高的情况下亦可培养出松散的 AGS；过长的好氧饥饿期会导致反应器内生物量大量减少，而过短的好氧饥饿期会导致污染物降解不彻底，并容易造成丝状菌过度生长。适当的贫富营养期可降低细胞亲水性、促进 EPS 的分泌，从而有利于好氧颗粒化。

4. AGS 反应器的水力剪切力

AGS 反应器 SBR 中，曝气量的大小不仅会影响反应器内的供氧量及能量消耗，而且决定了反应器对混合液的水力剪切力。在 AGS 的培养过程中，表观上升气速（SGV）定量表征了水力剪切力的大小，其实质为单位时间、单位截面积上的曝气量 $[cm^3/(cm^2 \cdot s)]$。SGV 越大，则水力剪切力越大。

AGS 反应器 SBR 中形成 AGS 的最小 SGV 值为 1.20cm/s，且在一定的范围内，SGV 与 AGS 的比摄氧速率（SOUR）、EPS 的分泌量、细胞表面疏水性等成正相关；另外，SGV 越大，则所形成的 AGS 结构更加密实、紧凑，外形则更加规则。通常，AGS 反应器 SBR 内可保持很高的 DO 浓度，甚至接近饱和。然而，较大的 SGV 意味着较高的曝气能耗。

7.6.5　AGS 工艺系统的工程实例

Garmerwolde 污水处理厂位于荷兰北部的格罗宁根市东北，规模约为 $7.4 \times 10^4 m^3/d$，污水来源主要为市政污水，主体工艺采用 A-B 法，原工艺设计排放标准为 TN<12mg/L、TP<1mg/L，出水排入附近河道。

1. Garmerwolde 污水处理厂提标改造工艺流程

为应对不断增加的污水量和更加严格的排放标准，该厂于 2013 年新增独立运行的 SBR 好氧颗粒污泥系统（Nereda® 工艺）进行提标改造，新增规模为 $2.86 \times 10^4 m^3/d$。这是该厂继 2005 年通过增加旁侧 SHARON 工艺改造、以解决污泥消化液处理问题的第二次提标改造。提标改造工艺流程见图 7-56。新建 AGS 工艺设计出水标准为 COD<125mg/L、BOD_5<20mg/L、SS<30mg/L、TN<7mg/L、TP<1mg/L。

2. Nereda® 工艺的主要原理

Nereda® 工艺主要以 SBR 方式运行，一个典型运行周期示意见图 7-57。

Nereda® 工艺的主要原理为：通过控制沉淀时间、进水时间、进水流速等，在反应器中形成并控制选择压，以促进好氧颗粒污泥的形成、生长和稳定。

（1）同时进水和出水。在进水阶段，原水自反应器底部进入，并通过特殊的布水内件在接近柱塞流流态下穿过沉降的颗粒污泥床层。由于进水为柱塞流的流态，反应器顶端的经上一周期处理并净化好的水与底部进入的污水之间没有掺混，使得经过处理的污水能够被置换（或者说"推出"）而成为出水，亦即反应器在出水的同时也在不断进水。不同于

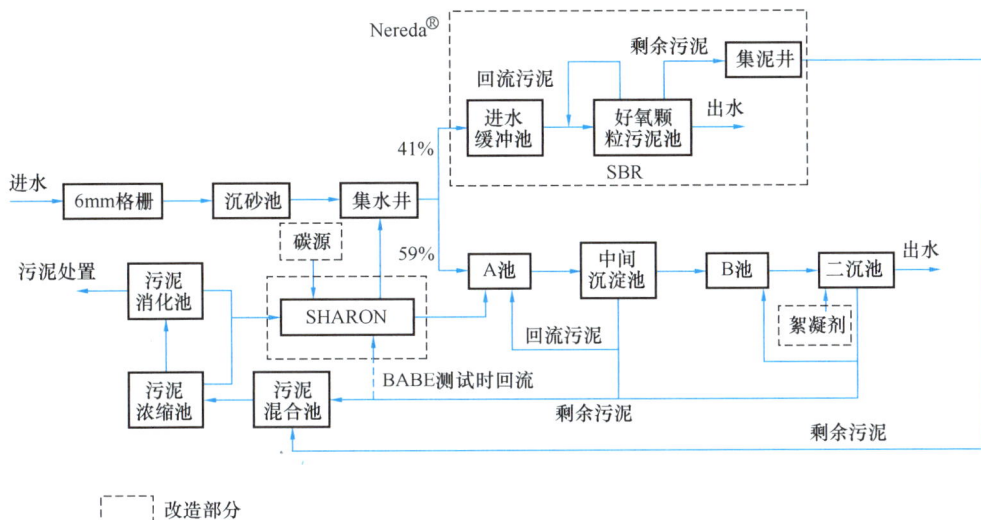

图 7-56　Garmerwolde 污水处理厂提标改造工艺流程图

传统的 SBR 工艺，Nereda® 反应器使用的是静态固定滗水器（而非移动滗水器），且可以同时进水和出水，不需要单独设置耗时的滗水阶段。另外，滗水过程中反应器水位固定，也避免了传统 SBR 系统水位变化造成的水头"浪费"。

（2）曝气反应。所有的生物处理过程几乎都发生在曝气反应阶段，通常采用微孔曝气工艺。由于颗粒污泥体积较大，在其结构由外至内会产生氧浓度梯度，颗粒污泥最外层的有机污染物被高效氧化，同时硝化细菌也聚集在颗粒外层，将氨氮转化为硝态氮。硝化产生的硝态氮扩散到颗粒内部的缺氧层

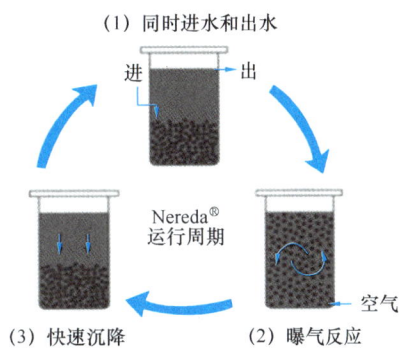

图 7-57　典型 Nereda® 工艺的运行周期

后会发生反硝化反应，实现脱氮；此外，超常的生物吸磷过程也同时发生。

（3）快速沉降。在这个阶段，颗粒污泥与处理过的污水会实现泥水分离。由于颗粒污泥优异的沉降特性，因此所需的沉降时间很短，通常为 5～30min。泥水分离后，将曝气阶段生长和积累而形成的剩余污泥排出系统。

3. Garmerwolde 污水处理厂 AGS 系统及运行

Garmerwolde 污水处理厂的 AGS 系统（Nereda® 工艺）主要由 2 组 SBR 系统和 1 个进水缓冲池组成。旱季最大流量为 4200m³/h。

进水缓冲池：用于缓存暴雨期间污水量，有效容积为 4000m³。

SBR 反应器：圆形主体，单体直径为 41m、高 7.5m、有效容积 9600m³。在线监控系统进行运行控制。

SBR 实际运行一个周期（亦可以根据进水水质、产泥率、出水要求、颗粒污泥培养选择压等动态调整）：旱季，进水（同时出水）为 1h、曝气为 5h、沉淀为 15～30min；雨季，进水（同时出水）为 1.5h、曝气为 1h、沉淀为 15～30min。

两组 SBR 系统交替运行以保证连续处理，设计进水时间通常为 0.5～1.5h，流速为 2～10m/h，相关运行参数见表 7-26。

Garmerwolde 污水处理厂好氧颗粒污泥系统运行参数　　表 7-26

参数	单位	值	参数	单位	值
污泥龄（SRT）	d	20～38	最大回流率	—	0.3
干重	kg/m^3	6.5～8.5	Fe（Ⅲ）/P^d	—	0.18
灰分含量	%	25	单位容积磷摄取率^b	kg P/(m^3·d)	0.011
总污泥负荷^a	kgCOD/(kg TSS·d)	0.10	最大单位容积磷摄取率^c	kg P/(m^3·d)	0.24
污泥生物负荷^b	kgCOD/(kg TSS·d)	0.12	单位容积氮摄取率^b	kg N/(m^3·d)	0.058
污泥产量	kg/d	390	最大单位容积氮摄取率^c	kg N/(m^3·d)	0.17
水力停留时间	h	17	能量	kWh/(m^3·a)	0.17
容积负荷	m^3/(m^3·d)	1.45	能量	kWh/(kg·N)	3.6
总氮负荷	kgN$_{tot}$/(kg TSS·d)	0.011	能量^e	kWh/(PE$_{150}$·a)	13.9

注：a. 反应器中现有总生物量每天接受的 COD 量；b. 在曝气时间测得；c. 在 20℃下一个周期内测得的实际值；
　　d. 只有在暴雨期间测该值；e. PE 为人口当量。

实际运行操作控制要点：进水上升流速约为 3～3.3m/h；通过在水面以下 0.5m 处（刚刚在出水堰以下）的磷酸盐浓度来实时控制短流，当磷酸盐浓度达到设计限定值后立刻停止进水；有效容积交换率受到进水推流模式影响，经验值为 65%，而在旱季为 30%～40%；曝气阶段 DO 控制在 1.9mg/L，当氨氮降低到设定值后减小曝气量以强化反硝化速率；当总氮和总磷均达到要求后进入下一个周期。

4. Garmerwolde 污水处理厂 AGS 系统运行效果

接种污泥：来自于另一个好氧颗粒污泥污水处理厂的剩余污泥（SVI$_{30}$ 为 140mL/g 左右，无明显颗粒污泥）。系统的实际运行根据颗粒化程度和处理效果分为两个阶段：

（1）启动阶段（2013 年 9 月～2014 年 2 月），为确保出水水质达到阶段值（TN≤15mg/L，TP≤1mg/L），需逐渐提升容积负荷率、不断缩减单个运行周期时间，同时使好氧污泥颗粒化率稳步提升。实践表明，在某些情况下，启动阶段容积负荷率必须适当地降低。为确保在该阶段出水 TP 达到标准，须在干燥或者大雨气候下于运行周期结束后添加絮凝剂以辅助除磷。在该阶段末期，出水 TN 和 TP 平均值已经可以分别达到 6.9mg/L 和 0.9mg/L。SVI$_5$ 和 SVI$_{30}$ 分别从接种污泥的 145mL/g 和 90mL/g 降到 70mL/g 和 50mL/g，生物量从 3kg/m^3 增加到 6.5kg/m^3，颗粒化率从 30% 增长到大于 80%。

（2）正常运行阶段（2014 年 3 月～12 月），容积负荷率逐渐达到设计值，系统稳定运行，颗粒化正常，相关出水水质达到标准（表 7-27）。当 Fe（Ⅲ）/P（摩尔质量比）为 0.18 时，TP 去除率达到 90%。在正常雨量和干燥天气下，TP 完全由生物去除，不添加絮凝剂。SVI$_5$ 和 SVI$_{30}$ 稳定在 45mL/g 和 35mL/g，生物量增长到大于 8kg/m^3，80% 的颗粒污泥粒径大于 0.2mm，60% 的颗粒污泥粒径大于 1mm。荧光原位杂交（FISH）测试表明有大量的聚磷菌（PAOs）存在于好氧颗粒污泥中，而很难发现聚糖菌（GAOs）。运行中，利用选择压来促进好氧颗粒污泥的形成，同时排出絮体，剩余污泥中仅发现有少量0.2mm左右的颗粒污泥。系统中的混合液污泥见图7-58。

Garmerwolde 污水处理厂好氧颗粒污泥系统进出水水质　　　　表 7-27

指标	进水(mg/L)	出水(mg/L)	设计标准(mg/L)
COD_{Cr}	145~715(506)	64	125
BOD_5	60~620(224)	9.7	20
NH_4^+-N	13.4~56.5(39)	1.1	—
TN	14~81(49.4)	6.9	7
SS	101~465(236)	20	30
TP	1.9~9.7(6.7)	0.9	1
PO_4^{3-}-P	1.5~6.8(4.4)	0.4	—

注：（ ）内数据为平均值。

5. Garmerwolde 污水处理厂 AGS 系统带来的效益

实际运行中，好氧颗粒污泥系统的流量负荷在旱季达到总流量负荷的60%。

通过新建好氧颗粒污泥工艺处理设施，该厂处理能力提高了40%（新增14万人口当量）。

在荷兰气候条件下，出水水质能满足要求（TN 为 7mg/L，TP 为 1mg/L），在夏冬季节生物量能保持在较高水平（>8g/L）、SVI_5 稳定在 45mL/g，温度对

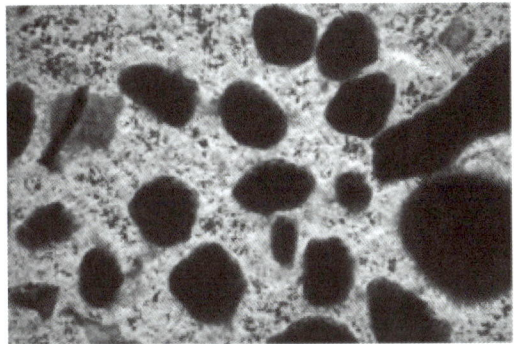

图 7-58　AGS 系统中的混合液污泥形态

于好氧颗粒污泥的影响比传统活性污泥小。由于好氧颗粒污泥较高的生物量，处理设施的容积负荷率大大增加，好氧颗粒污泥系统处理相同水量所需的容积比普通活性污泥法减少33%〔原处理工艺负荷为 0.8m^3/（m^3·d），而好氧颗粒污泥系统为 1.2 m^3/（m^3·d）〕。

该厂原 A-B 法电耗约为 0.33kWh/m^3（污泥处置电耗除外），好氧颗粒污泥法的能耗约为 0.17kWh/m^3（污泥处置电耗除外），节能约 49%。好氧颗粒污泥系统的电能消耗量为 13.9kWh/（PE_{150}·a），这比当地的普通活性污泥法少约 58%~63%。

该厂好氧颗粒污泥系统建造费用约 2000 万欧元（0.07 欧元/m^3）。原 A-B 法运行费用约为 0.07 欧元/m^3，好氧颗粒污泥系统运行费用约为 0.03 欧元/m^3，节省约 50%。

复 习 思 考 题

1. 污水的生物膜处理法的实质是什么？属于生物膜处理法的工艺有哪些？
2. 生物膜处理法的主要特征有哪些？
3. 图示并说明生物滤池中生物膜对污水中有机污染物的降解过程。
4. 试比较普通生物滤池、高负荷生物滤池和塔式生物滤池在负荷率方面的差异。生物滤池的供氧是

如何实现的?

    5. 生物转盘的组成是什么? 简述其净化污水的基本原理、在工艺与运行方面的特征。

    6. 试写出生物转盘的 BOD_5—面积负荷率与水力负荷率的数学表达式。

    7. 试简述生物接触氧化法的实质及其在工艺、功能与运行方面的主要特征。

    8. 生物接触氧化池的设计计算应考虑哪些因素?

    9. 什么是生物流化床工艺? 如何保障其高效运行? 其主要的工艺形式有哪几种?

    10. 图示典型曝气生物滤池 (BAF) 的构造,概述其运行特性。

    11. 简述移动床生物膜反应器 (MBBR) 的工艺原理和特征。

    12. 简述好氧颗粒污泥 (AGS) 的理化特性及其工艺特征。

    13. 关于好氧颗粒污泥 (AGS) 的形成,截至目前有哪些假说?

    14. 影响好氧颗粒污泥 (AGS) 工艺系统设计与运行的因素主要有哪些?

第8章 污水的自然生物处理

污水的自然生物处理，是一种利用自然生态或人工生态功能净化污水的工艺技术。在污水的生态处理系统中，污染物的去除主要是依靠土壤或人工填料的物理、化学与物理化学作用，再加上自然生物的净化功能和水生植物的综合作用，共同来完成对污水的净化。对于城镇污水经过二级处理后仍需进行深度净化处理，或对于污水量较小的城镇或乡村，在环境影响评价和技术经济比较合理时，可考虑采用污水的自然生物处理。

污水自然生物处理必须考虑对周围环境及水体的影响，不得降低周围环境的质量，应根据地区特点选择适宜的污水自然生物处理方式。污水采用自然生物处理时，应采取防渗措施，严禁污染地下水。

污水的自然生物处理，因其对水中污染物有一定的去除作用，加之运行维护成本较低，在气候及土地等条件非受限制地区而被广泛应用，其工艺技术也较为成熟。本章将逐一介绍污水自然生物处理的主要功能性设施，包括稳定塘、人工湿地和土地渗滤处理系统等。

8.1 稳 定 塘

8.1.1 概述

稳定塘（Stabilization Ponds），在我国曾长期习惯称氧化塘（Oxidation Ponds），又名生物塘（Biological Ponds）。

稳定塘是经过人工适当修整土地、设围堤和防渗层的污水池塘，主要依靠自然生物净化功能使污水得到净化。除其中个别类型（如曝气塘）外，在提高其净化功能方面，不采取实质性的人工强化措施。污水在塘中的净化过程，与自然水体的自净过程相近。污水在塘内缓慢地流动、较长时间地贮留，通过在污水中存活微生物的代谢活动和包括水生植物在内的多种生物的综合作用，使有机污染物降解，污水得到净化。其净化全过程，包括好氧、兼性和厌氧3种状态。好氧微生物生理活动所需要的溶解氧，主要由塘内以藻类为主的水生浮游植物所产生的光合作用以及水体表面复氧提供。

稳定塘是一种比较古老的污水处理技术，从19世纪末即已开始使用，在20世纪50年代以后才得到较快的发展。

各国的实践证明，稳定塘能够有效地用于生活污水、城市污水和各种有机工业废水的处理。能够适应各种气候条件，如热带、亚热带、温带甚至于高纬度的寒冷地区。稳定塘现多作为二级处理工艺考虑，可以作为活性污泥法或生物膜法后的深度处理工艺，也可以作为一级处理工艺。如将其串联起来，能够完成一级、二级以及深度处理全部系统的净化功能。

作为污水生物处理技术，稳定塘具有下述一系列较为显著的优点。

（1）能够充分利用地形，工程简单，建设投资省。

建设稳定塘，可以利用农业开发价值不高的废河道、沼泽地、峡谷等地段，因此，能够整治国土、绿化、美化环境。在建设上也具有周期短、易于施工的优点。

（2）能够实现污水资源化，使污水处理与利用相结合。

稳定塘处理后的污水，一般能够达到农业灌溉的水质标准，可用于农业灌溉。

稳定塘内能够形成藻菌、水生植物、浮游生物、底栖动物以及虾、鱼、水禽等多级食物链，组成复合的生态系统。将污水中的有机污染物转化为鱼、水禽等物质，供给人类食用。

利用稳定塘处理污水，环境效益、社会效益与经济效益都是十分明显的。

（3）污水处理能耗少，维护方便，成本低廉。

稳定塘依靠自然功能处理污水，能耗低，便于维护，运行费用低廉。

稳定塘也具有弊端，主要有下列各项。

（1）占地面积大，没有空闲的余地是不宜采用的。

（2）污水净化效果，在很大程度上受季节、气温、光照等自然因素的控制，不够稳定。

（3）防渗处理不当，地下水可能遭到污染。

（4）易于散发臭气和滋生蚊蝇等。

稳定塘有多种分类方式，根据塘水中微生物优势群体类型和塘水的溶解氧工况，可划分为下述几种类型。

（1）好氧稳定塘，简称好氧塘，深度较浅，一般不超过 0.5m，阳光能够透入塘底，主要由藻类供氧，全部塘水都呈好氧状态，由好氧微生物承担有机污染物的降解与污水的净化作用。

（2）兼性稳定塘，简称兼性塘，塘水较深，一般在 1.0m 以上。从塘面到一定深度（0.5m 左右），阳光能够透入，藻类光合作用旺盛，溶解氧比较充足，呈好氧状态；塘底为沉淀污泥，处于厌氧状态，进行厌氧发酵；介于好氧与厌氧之间为兼性区，存活大量的兼性微生物。兼性塘的污水净化是由好氧、兼性、厌氧微生物协同完成的。

兼性稳定塘是城市污水处理最常用的一种稳定塘。

（3）厌氧稳定塘，简称厌氧塘，塘水深度一般在 2.0m 以上，有机负荷率高，整个塘水基本上都呈厌氧状态，在其中进行水解、产酸以及甲烷发酵等厌氧反应全过程。净化速度低，污水停留时间长。

厌氧稳定塘一般用作为高浓度有机废水的首级处理工艺，继之还设兼性塘、好氧塘甚至深度处理塘。

（4）曝气稳定塘，简称曝气塘，塘深在 2.0m 以上，由表面曝气器供氧，并对塘水进行搅动，在曝气条件下，藻类的生长与光合作用受到抑制。

曝气塘又可分为好氧曝气塘及兼性曝气塘两种。好氧曝气塘与活性污泥处理法中的延时曝气法相近。

除上述几种类型的稳定塘以外，在应用上还存在一种专门用以处理二级处理后出水的深度处理塘。这种塘的功能是进一步降低二级处理水中残余的有机污染物（BOD、COD）、SS、细菌以及氮、磷等植物性营养物质等。在污水处理厂和受纳水体之间起到缓冲作用。深度处理塘一般采用大气复氧或藻类光合作用的供氧方式。

根据处理水的出水方式，稳定塘又可分为连续出水塘、控制出水塘与贮存塘 3 种类型。上述的几种稳定塘，在一般情况下，都按连续出水方式运行，但也可按控制出水塘和贮存塘（包括季节性贮存塘）方式运行。

控制出水塘的主要特征是人为地控制塘的出水，在年内的某个时期内，如结冰期，塘内只有污水流入，而无处理水流出，此时塘可起蓄水作用。在某个时期内，如在灌溉季节，又将塘水大量排出，出水量远超过进水量。

控制出水塘适用于下列地区：结冰期较长的寒冷地区；干旱缺水、需要季节性利用塘水的地区；稳定塘处理水季节性达不到排放标准或水体只能在丰水期接纳塘出水的地区。

原则上，好氧、兼性和厌氧塘都可按控制出水塘方式运行，但实际上控制出水塘多为兼性塘。

贮存塘，即只有进水而无处理水排放的稳定塘，主要依靠蒸发和微量渗透来调节塘容。这种稳定塘需要的水面积很大，只适用于蒸发率高的地区。

贮存塘水中盐类物质的浓度将与日俱增，最终将抑制微生物的增殖，导致有机物降解效果降低。

8.1.2　稳定塘的净化机理

1. 稳定塘中的生物及其生态系统

（1）稳定塘中的生物

在稳定塘塘水中存活并对污水起净化作用的生物有：细菌、藻类、微型动物（原生动物与后生动物）、水生植物以及其他水生动物。

1）细菌

和活性污泥法、生物膜法等人工生物处理技术相同，在稳定塘内对有机污染物降解起主要作用的是细菌。

在好氧塘和兼性塘好氧区以及兼性区内活动的细菌中，绝大部分属兼性异养菌。这类细菌以有机化合物（如碳水化合物、有机酸等）作为碳源，并以这些物质分解过程中产生的能量作为维持其生理活动的能源，至于营养中的氮源，既可以是有机的氮化合物，也可以是无机的氮化合物。

除兼性异养菌外，稳定塘水中还存活着好氧菌、厌氧菌以及自养菌。

在稳定塘内常见的细菌有如下几种。

① 好氧菌和兼性菌

在好氧塘内和兼性塘的好氧区内活动主要的种属是：无色杆菌属（*Achromobacter*）、产碱杆菌属（*Alcaligenes*）、黄杆菌属（*Flavobacterium*）、假单胞菌属（*Pseudomonas*）、动胶杆菌属（*Zooglea*）。

此外，还存活着浮游球衣菌（*Sphaerotilusnatans*）和白色贝氏硫细菌（*Beggiatoa alba*）等菌。

② 产酸菌

产酸菌属兼性异养菌，在缺氧的条件下，可将有机物分解为乙酸、丙酸、丁酸等有机酸和醇类。产酸菌对温度及 pH 的适应性较强，在兼性塘的较深处和厌氧塘内都可发现。

③ 厌氧菌

厌氧菌常见于厌氧塘和兼性塘污泥区。产甲烷菌即是其中之一，它将有机酸转化为甲烷和二氧化碳，但甲烷水溶性极差，将很快地逸出水面。在厌氧塘内常见的还有绝对厌氧的脱硫弧菌，它能使硫酸盐还原生成硫化氢。

④ 硝化菌

硝化菌是绝对好氧菌，世代时间长，生长缓慢，只有在供氧充分、有机物含量很低、一般细菌不能成为优势种属时，硝化菌才会大量增殖成为优势种属。硝化菌一般只存活在深度处理塘中。

此外，在稳定塘内还可能出现蓝细菌和紫硫菌等。

2）藻类

稳定塘是菌藻共生体系，藻类在稳定塘内起着十分重要的作用。藻类具有叶绿体，含有叶绿素或其他色素，能够借这些色素进行光合作用，是塘水中溶解氧的主要提供者。

在稳定塘内，在光照充足的白昼，藻类吸收二氧化碳放出氧；在黑暗的夜晚，藻类营内源呼吸，消耗氧并放出二氧化碳。这种菌藻共生关系，构成了稳定塘的重要的生态特征。

稳定塘内存活的藻类种属很多，但主要有以下 3 种：

① 绿藻

这是稳定塘内最常见的藻类，是单细胞或多细胞的绿色藻类，宜于在微碱性的环境中生长。在稳定塘内最常出现的绿藻主要有小球藻属（Chlorella）、衣藻属（Chlamydomonas）和栅列藻属（Scenedesmus）等。

② 蓝绿藻

蓝绿藻又名蓝藻，是机体构造最简单的一群藻类，藻体为单细胞以及丝状体等。分布广、适应性强，有些种属能在水温高达 80℃ 的温泉中生长，另一些种属则能够在南北两极地区存活。

蓝绿藻对污水净化有一定的积极作用，它能够代谢硫化氢，在缺少氮的环境中能够将大气中的氮加以固定。

在污水中出现的蓝绿藻主要是分布极广的颤藻属（Oscillatoria）。当颤藻大量生长时，水的颜色变成蓝绿色，还会发出霉味。

③ 褐藻

除上述两种藻类外，在稳定塘内有时还出现褐藻，但不能成为优势藻类。

3）原生动物和后生动物

在稳定塘内，有时也出现原生动物和后生动物等微型动物，但不像在活性污泥系统中那样有规律，数量也不等。因此，对稳定塘，原生动物和后生动物不宜作为指示性生物考虑。

在稳定塘内存活的属于微型动物的还有枝角类中的水蚤。水蚤捕食藻类和菌类，防止其过度增殖，本身又是良好的鱼饵。

若在稳定塘内出现大量的水蚤，此时稳定塘的处理水将清澈透明。原因之一是水蚤类动物能够吞食藻类、细菌及呈悬浮状有机物；其二是水蚤类动物能够分泌黏性物质，促进细小悬浮物产生凝聚作用，使水澄清。

在稳定塘的底栖动物中的摇蚊幼虫能够摄取底泥中的微生物，使底泥量减少。

稳定塘中滋生蚊虫，对人类生活造成危害，应采取措施予以防止。

4）水生植物

在稳定塘内种植水生维管束植物，能够提高稳定塘对有机污染物和氮、磷等无机营养物的去除效果，水生植物收获后也可以利用，取得一定的经济效益。

在稳定塘内可种植的有下列 3 种水生植物。

① 浮水植物

这种水生植物自由漂浮在水面，直接从大气中吸取氧和二氧化碳，从塘水中吸取营养盐类。

常在稳定塘内种植的浮水植物是凤眼莲（*Eichhornia Crassipes*），俗称水葫芦。凤眼莲具有较强的耐污性，去污能力也强，叶片呈卵圆形或心形，茎 6～12cm，叶柄长10～20cm，叶柄中部以下膨胀成葫芦状的浮囊。既水平生长又垂直生长，丛生。

空气中的氧通过凤眼莲的叶和茎送到其根部，释放出来并溶于水中，细菌及原生动物则聚集其根部。除微生物的新陈代谢作用外，凤眼莲本身也能够直接吸收水中的有机污染物（包括营养盐、重金属、酚、氰等），使水中的 BOD 和 COD 值下降。

有凤眼莲生长的稳定塘，其水层保持好氧条件，但底层呈厌氧状态，这样为硝化和反硝化作用提供了有利条件。

凤眼莲收获后可作为青贮饲料，用于堆肥和厌氧发酵回收沼气。

除凤眼莲外，可在稳定塘内种植的浮水植物还有水浮莲、水花生、浮萍、槐叶萍等，也能够起到改善水质的作用。这些植物去污能力不如凤眼莲，适宜在负荷较低的稳定塘内种植，而凤眼莲则可以种植在有机负荷较高的稳定塘内。

② 沉水植物

沉水植物根生于底泥中，茎、叶则全部沉没于水中，仅在开花时，花出于水面。沉水植物在光照透射不到的区域不能生长，只能在塘水深度较小及有机负荷较低的塘中种植。

沉水植物在稳定塘内的作用同浮水植物。此外，沉水植物多为鱼类和鸭鹅的良好饲料，可以考虑在种植沉水植物的稳定塘内放养水禽动物，建立良好的生态系统。

常见的沉水植物有马来眼子菜（*Potamogetonmalinus*）、叶状眼子菜（*Potamogeton-foliosus*）等。

③ 挺水植物

挺水植物根生长于底泥中，茎、叶则挺出水面。最常见的挺水植物是水葱（*Scirpus lacustris*）和芦苇（*Phragmitescommunis*）。

水葱呈深绿色，茎圆柱形，高 1～1.5m。芦苇为淡绿色，茎也是圆柱形，高可达 3.0m。芦苇用途颇广，是优良的护堤植物，也是纸浆和人造纤维的原料，地下茎可供药用。

水葱和芦苇在稳定塘内的作用与上述两种植物相同，但挺水植物只能生长于浅水中，而且在收割季节还需要将水放空，因此，在稳定塘内种植受到限制。

5）其他水生动物

为了使稳定塘具有一定的经济效益，可以考虑利用塘水养鱼和放养鸭、鹅等水禽。

在稳定塘内宜于放养杂食性鱼类（如鲤鱼、鲫鱼），它们捕食水中的食物残屑和浮游动物；而鲢、鳙一类的滤食性鱼类以及如草鱼一类的草食性鱼类等，它们能够控制藻类的过度增殖。

水禽如鸭、鹅等也是以水草为食的，鸭还能够食用浮游动物和小型鱼类，在稳定塘内放养水禽，是建立良好的生态系统、获取经济效益的有效途径。

（2）稳定塘生态系统

如前述，在稳定塘内存活着类型不同的生物，由它们构成了稳定塘内的生态系统。不同类型的稳定塘所处的环境条件不同，其中形成的生态系统又有各自的特点。

稳定塘是以净化污水为目的的工程设施，因此，分解有机污染物的细菌在生态系统中具有关键的作用。

藻类在光合作用中放出氧，向细菌提供足够的氧，使细菌能够进行正常的生命活动。

菌藻共生体系是稳定塘内最基本的生态系统。其他水生植物和水生动物的作用则是辅助性的，它们的活动通过不同的途径强化了污水的净化过程。

典型的兼性稳定塘的生态系统，包括好氧区、厌氧区（污泥层）及两者之间的兼性区，如图8-1所示。

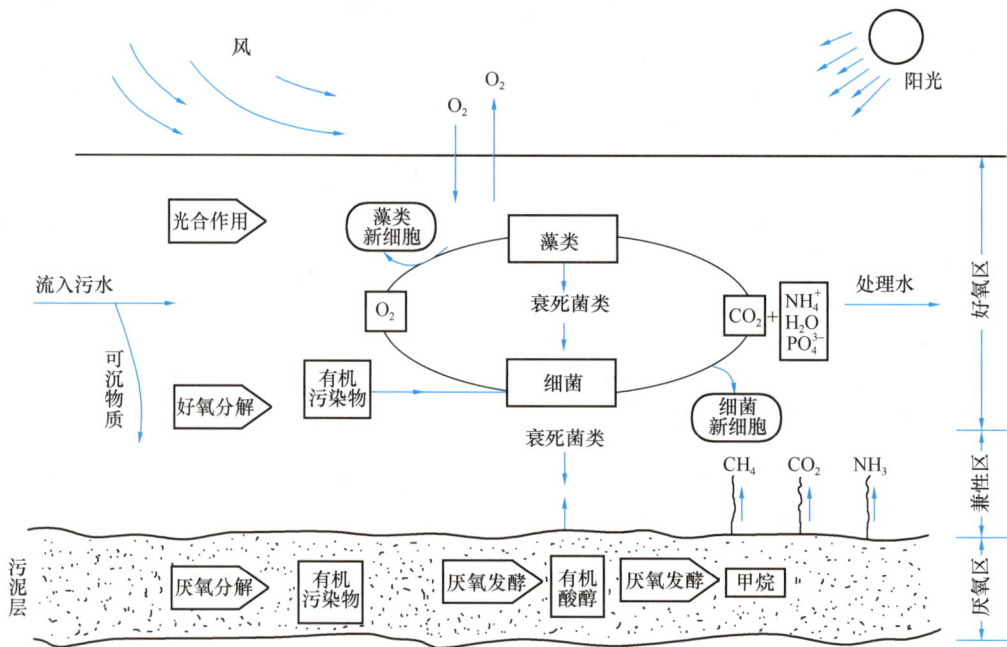

图 8-1 稳定塘内典型的生态系统

1）稳定塘内生态系统中不同种群的相互关系

稳定塘内生态系统中的各种生物种群的作用各不相同，但它们之间却存在着互相依存、互相制约的关系。

① 菌藻共生关系

在稳定塘内对溶解性有机污染物起降解作用的是异养菌，降解反应按下式进行：

$$C_{17}H_{28}O_7N + 20O_2 + 2H^+ \longrightarrow 17CO_2 + 13H_2O + NH_4^+ \tag{8-1}$$

按此式，每分解 1g 有机物需氧 1.79g，放出 CO_2 2.09g，生成 H_2O 0.65g 和 NH_4^+ 0.05g。

植物性浮游生物藻类的光合成反应，就是在阳光能量作用下的细胞增殖与放氧反应，即在其本身增殖的同时，并放出氧。对这一反应不同专家提出了不同的反应式，如斯顿姆（Stumm）和摩根（Morgan）提出，藻类的分子式近似地为：

$$C_{106}H_{263}O_{110}N_{16}P$$

而藻类的光合成反应式则为：

$$106CO_2 + 16NO_3^- + HPO_4^{2-} + 122H_2O + 18H^+ \longrightarrow C_{106}H_{263}O_{110}N_{16}P + 138O_2 \quad (8\text{-}2)$$

由式（8-2）可以计算出，每合成1g藻类，释放出1.244g氧。

从式（8-1）和式（8-2）可见，细菌代谢活动所需的O_2由藻类通过光合作用提供，而其代谢产物CO_2又提供给藻类用于光合反应。在稳定塘内细菌和藻类之间就是保持着这样的互相依存又互相制约的关系。

通过光合作用反应，应当注意到这样的一个现实，即流入的一部分有机污染物，虽被降解，但却形成了藻类。藻类也是有机体，由于藻类的合成是以水中的CO_2作为碳源，故生成的藻类（有机体）的数量，有可能大于流进的有机污染物的数量。因此，可以认为，在氧化塘内有机污染物的降解反应，也是溶解性有机污染物转换为较稳定的另一种形态的有机体——藻类细胞的过程。

② 稳定塘内的食物链网

在稳定塘内存在着多条食物链，这些食物链纵横交错结成食物链网（图8-2）。

在稳定塘内，从食物链来考虑，细菌、藻类以及适当的水生植物是生产者，细菌与藻类为原生动物及枝角类动物所食用，并不断繁殖，它们又为鱼类所吞食。藻类主要是大型藻类和水生植物，既是鱼类的饵料，又可能成为鸭鹅等水禽类的饲料。在稳定塘内，鱼、水禽处在最高营养级。如果各营养级之间保持适宜的数量关系，能够建立良好的生态平衡，就可使污水中有机污染物得到降解，污水得到净化，其产物得到充分利用，最后得到鱼、鸭和鹅等水禽产物。

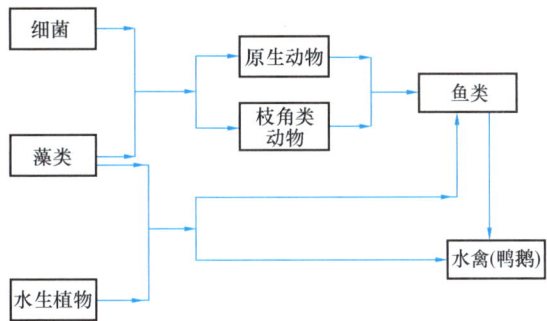

图8-2　稳定塘内主要的食物链网

2）稳定塘内各种物质的迁移与转化

在稳定塘生态系统中，各种物质不断地进行迁移和转化，使有害的某些物质转化为无害的物质。其中主要的是碳（C）、氮（N）及磷（P）的迁移转化和循环，以下分别加以阐述。

① 碳的转化与循环

碳主要以溶解性有机碳的形式随原污水进入稳定塘，在塘内进行转化与循环（图8-3）。

碳的转化途径主要包括以下4个方面。

a. 通过细菌的新陈代谢作用，使溶解性有机碳转化为无机碳（CO_2），又通过合成作用使细菌本身得到增殖。

b. 藻类通过光合作用吸收无机碳，本身机体得到增殖，当无光照射时，藻类通过呼吸作用释放无机碳（CO_2）。

c. 由于衰亡，细菌、藻类的机体沉入塘底，在厌氧发酵作用下，分解为溶解性有机

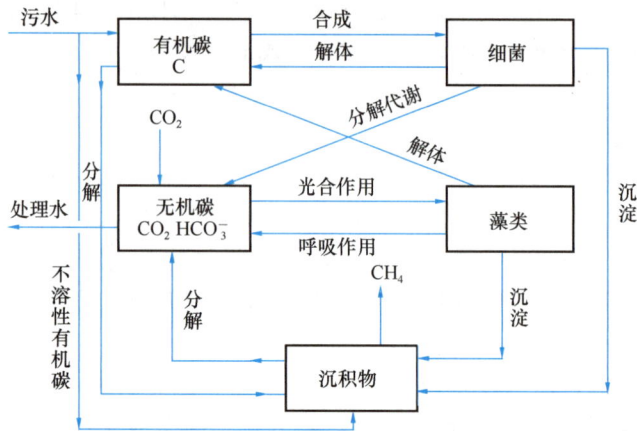

图 8-3　稳定塘内碳元素的转化和循环

碳和无机碳。

　　d. 塘底的厌氧发酵反应对不溶性有机碳进行分解，形成溶解性有机碳和无机碳。

　　上述各项作用的结果是溶解性有机物的降解和细菌、藻类的增殖。

　　细菌和藻类的活动还要影响稳定塘水中碳酸盐缓冲体系的平衡，使塘水的 pH 发生变化，碳酸盐缓冲体系的基本化学式如下：

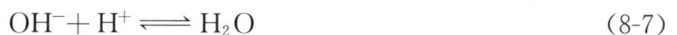

$$CO_2 + H_2O \rightleftharpoons H_2CO_3 \rightleftharpoons HCO_3^- + H^+ \tag{8-3}$$

$$M(HCO_3)_2 \rightleftharpoons M^{2+} + 2HCO_3^- \tag{8-4}$$

$$HCO_3^- \rightleftharpoons CO_3^{2-} + H^+ \tag{8-5}$$

$$CO_3^{2-} + H_2O \rightleftharpoons HCO_3^- + OH^- \tag{8-6}$$

$$OH^- + H^+ \rightleftharpoons H_2O \tag{8-7}$$

式中　M——金属离子。

　　在白昼，光合作用强烈，CO_2 被耗用，式（8-3）的平衡向左移行，导致 H^+ 和 HCO_3^- 降低，式（8-6）向右移行，结果使 H^+ 减少和 OH^- 增加，pH 上升。在夜间，光合作用停止，CO_2 又行积累，式（8-3）向右移行，式（8-6）向左移行，pH 又行降低。

　　② 氮的转化及循环

　　氮是以有机氮化合物和氨氮的形态随污水进入稳定塘的。氮在稳定塘内的转化及循环过程见图 8-4。

　　氮在稳定塘内的转化与循环途径主要包括以下 6 个方面。

　　a. 氨化作用，即有机氮化合物在微生物作用下分解为氨氮。氨氮不稳定仍要进行硝化反应。

　　b. 硝化作用，即氨氮在硝化菌的作用下，转化为硝酸盐氮。硝化菌属自养型菌，世代时间较长。硝化反应式为：

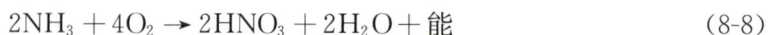

$$2NH_3 + 4O_2 \rightarrow 2HNO_3 + 2H_2O + 能 \tag{8-8}$$

　　c. 反硝化作用，即硝酸盐氮在反硝化菌的作用下，还原成分子态氮。反硝化菌为异养厌氧菌。反硝化反应式为：

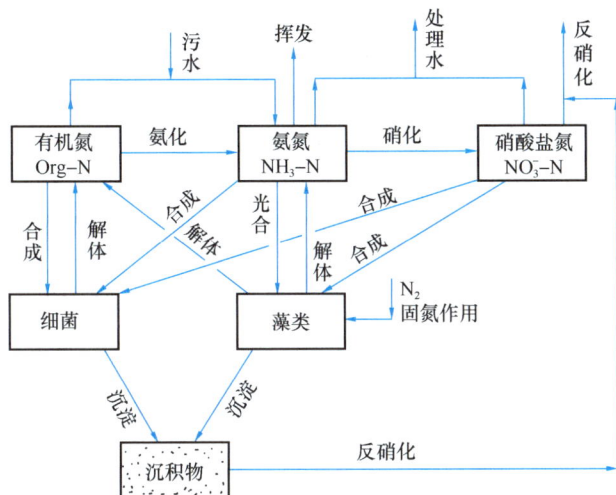

图 8-4　氮在稳定塘内的转化与循环过程

$$2HNO_3 + CH_3COOH \rightarrow 2H_2O + 2HCO_3^- + N_2 \uparrow \qquad (8-9)$$

式中　CH_3COOH 为所需要的有机碳源。

d. 挥发作用，在 pH 较高、水力停留时间较长、温度较高的环境下，水中的 NH_3 能够向大气挥发，其量可达 21%。

e. 吸收作用，微生物及各种水生植物，吸收氨氮或硝酸盐氮作为营养，合成其本身的机体。

f. 分解作用，衰亡的细菌和藻类经解体后会形成溶解性的有机氮和沉淀物。沉淀在沉积层中的有机氮在厌氧菌的作用下，也可能得到分解。

③ 磷的转化及循环

污水中既含有有机磷化合物，也含有溶解性的无机磷酸盐，进入稳定塘的磷，其转化和循环途径示之于图 8-5。

由图 8-5 可见，磷在稳定塘内的转化与循环有以下 3 个途径。

a. 细菌、藻类及其他生物吸收无机磷化合物以满足其生命活动的需要，并将其转化为有机磷。

b. 溶解性磷与不溶解磷之间的互相转化。首先，白昼光照充分，光合作用强烈，塘水 pH 上升，磷酸盐易于沉淀；夜晚光合

图 8-5　磷在稳定塘内的转化与循环

作用停止，塘水 pH 降低，部分已沉淀磷酸盐又可能重新溶于水中。其次，水中如存在有三价铁化合物，可与溶解性磷酸盐结合形成磷酸铁沉淀。第三，如水中存在硝酸盐，它也可能促使沉积中的磷转化为溶解性磷。

c. 有机磷在细菌作用下的氧化分解。

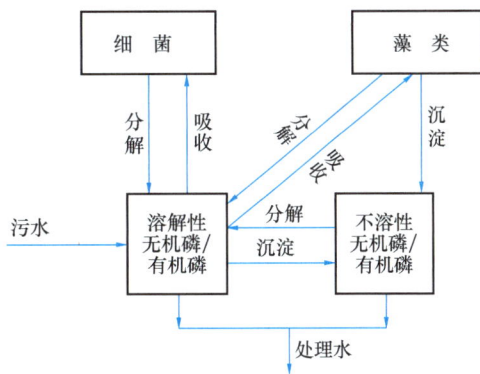

稳定塘对磷的去除率可达 $50\%\sim70\%$，效果较好。

④ 有害物质的转化

随工业废水可能进入稳定塘的有害物质，主要有合成有机物和重金属离子等。它们在一定的环境条件下，也会发生转化，稳定塘对其也有一定的去除效果。这类物质在稳定塘内的转化及去除包括以下 3 种途径。

a. 生物降解作用。微生物对苯、酚、腈、有机染料、农药、多氯联苯等有害物质，在适宜的环境条件下，可能具有一定的降解功能。

b. 吸附与吸收作用。水生植物的根系，适宜于微生物的附着与生长，能够通过吸附作用去除一部分有害物质，根系也具有吸收重金属等有害物质的能力，可使重金属离子富集，降低塘水中重金属离子的浓度。

c. 螯合及沉淀作用。重金属离子还能够与其他化合物形成螯合物而沉淀于塘底。

应当指出，上述 3 项作用在程度上是有限的，在浓度上也有限制。如有害物质在塘水中浓度过高，将危害塘水中各种生物的生理活动，严重时可能使稳定塘的净化功能遭到破坏。此外，有害物质（特别是重金属离子），只是"转移"而不是降解和转化。含有重金属离子的污泥或水生植物，在处置上非常困难，如不慎会造成二次污染，如该物质进入食物链，还将危害人们的健康。因此，含有有害物质和重金属的工业废水，应严格地加以控制，力求在厂内进行局部处理，将有害物质和重金属去除，不使其进入稳定塘。

2. 稳定塘对污水的净化作用

稳定塘通过以下 6 个方面作用对污水产生净化。

（1）稀释作用

污水进入稳定塘后，在风力、水流以及污染物的扩散作用下，与塘内已有塘水进行一定程度的混合，使进水得到稀释，降低了其中各项污染指标的浓度。

稀释作用是一种物理过程，稀释作用并没有改变污染物的性质，但却为进一步的净化作用创造条件，如降低有害物质的浓度，使塘水中生物净化过程能够进行正常。

（2）沉淀和絮凝作用

污水进入稳定塘后，由于流速降低，其所挟带的悬浮物质，在重力作用下沉于塘底，使污水的 SS、BOD_5、COD 等各项指标都得到降低。此外，在稳定塘的塘水中含有大量的生物分泌物，这些物质一般都具有絮凝作用，在它们的作用下，污水中的细小悬浮颗粒产生了絮凝作用，小颗粒聚集成为大颗粒，沉于塘底成为沉积层。沉积层则通过厌氧分解进行稳定。

自然沉淀与絮凝沉淀在稳定塘对污水的净化过程中起到一定的作用。

（3）好氧微生物的代谢作用

在稳定塘内，污水净化最关键的作用，仍是在好氧条件下异养型好氧菌和兼性菌对有机污染物的代谢作用，绝大部分的有机污染物都是在这种作用下得以去除的。

当稳定塘内生态系统处于良好的平衡状态时，细菌的数目能够得到自然的控制。当采用多级稳定塘系统时，细菌数目将随着级数的增加而逐渐减少。

稳定塘由于好氧微生物的代谢作用，能够取得很高的有机物去除率，BOD_5 可去除 90% 以上，COD 去除率也可达 80%。

（4）厌氧微生物的代谢作用

在兼性塘的塘底沉积层和厌氧塘内，溶解氧全无，厌氧细菌得以存活，并对有机污染物进行厌氧发酵分解，这也是稳定塘净化作用的一部分。

在厌氧塘和兼性塘的塘底，有机污染物一般能够经历厌氧发酵 3 个阶段的全过程，即水解阶段、产氢产乙酸阶段和产甲烷阶段的全过程，最终产物主要是 CH_4 和 CO_2 以及硫醇等。

CH_4 的水溶性较差，要通过厌氧层、兼性层以及好氧层从水面逸出。厌氧反应生成的有机酸，有可能扩散到好氧层或兼性层，由好氧微生物或兼性微生物进一步加以分解。在好氧层或兼性层内的难降解物质，可能沉于塘底，在厌氧微生物的作用下，转化为可降解的物质而得以进一步降解。因此可以说，在稳定塘内，有机污染物是在好氧微生物、兼性微生物以及厌氧微生物协同作用下得以去除的。

在厌氧微生物的分解作用下，塘底污泥沉积层在量上得以降低，这一作用是应予以考虑的。

（5）浮游生物的作用

在稳定塘内存活着多种浮游生物，它们各自从不同的角度对稳定塘的净化功能发挥着作用。

藻类的主要功能是供氧，同时也起到从塘水中去除某些污染物（如氮、磷）的作用。

原生动物、后生动物及枝角类浮游动物在稳定塘内的主要功能是吞食游离细菌和细小的悬浮状污染物和污泥颗粒，可使塘水进一步澄清。此外，它们还分泌能够产生生物絮凝作用的黏液。

底栖动物如摇蚊等摄取污泥层中的藻类或细菌，可使污泥层的污泥数量减少。

放养的鱼类的活动也有助于水质净化，它们捕食微型水生动物和残留于水中的污物。

各种生物处于同一生物链中，互相制约，它们的动态平衡有利于水质净化。

（6）水生维管束植物的作用

在稳定塘内，水生维管束植物主要在以下几方面对水质净化起作用。

1）水生植物吸收氮、磷等营养，使稳定塘去除氮、磷的功能有所提高。

2）水生植物的根部具有富集重金属的功能，可提高重金属的去除率。

3）每一株水生植物都像一台小小的供氧机，向塘水供氧。

4）水生植物的根和茎，为细菌和微生物提供了生长介质，去除 BOD 和 COD 的功能有所提高。

3. 稳定塘净化过程的影响因素

稳定塘的净化功能为一系列因素所制约，其中有自然方面的因素，也有水质方面的因素和维护管理方面的因素。某些因素可以人为加以控制，有些则难为人所控制，只能在顺其自然的条件下，采取必要的措施。

（1）温度

温度对稳定塘净化功能的影响是十分重要的，因为温度直接影响细菌和藻类的生命活动。

好氧菌能在 10～40℃ 的范围内存活并营生命活动，其最佳温度范围则是 25～35℃。藻类正常的存活温度范围是 5～40℃，最佳生长温度则是 30～35℃。在温度为 5～30℃ 的正常范围内，每升高 10℃，微生物的代谢速率将提高一倍。

厌氧菌的存活温度范围是 15～60℃，其有两个适宜温度，一是 33℃ 左右，一是 53℃ 左右。

稳定塘的主要热源之一是太阳辐射。在稳定塘形成温度分层现象，塘表面的温度高，但随季节和阳光的强弱、白昼和黑夜而有较大的变化。塘底部温度较稳定，但较低。

稳定塘的另一热源可能是进水，但如与塘水温差大，可能在塘内形成异重流。

稳定塘内水温的降低主要有蒸发、对流、风力和与地下水接触等原因，对此，可考虑采取相应的技术措施。此外，在气温低的季节，应考虑采取降低负荷率、减少进水浓度、延长污水在塘内的停留时间等措施。

（2）光照

光是藻类进行光合作用的能源，藻类必须获得足够的光才能将各种物质转化为细胞的原生质。藻类对光的利用有一限值，称为光饱和值。藻类不同，光饱和值也不同，一般介于 5380～53800lm/m² 。由于日光的强度往往超过藻类所能利用的光照强度，因此，藻类有从稳定塘表面向深层移动的习性，以寻求对其最适合的光照强度。

据有关资料报道，当光饱和值为 6400lm/m² 时，藻类的最大产量为 79g/（m²·d），当光饱和值为 8600lm/m² 时，藻类产量为 105g/（m²·d）。由于稳定塘对光的利用率平均仅为 41%，因此，藻类的实际产量约为 33～43g/（m²·d）。

（3）混合

进水与原有塘水的混合，对充分发挥稳定塘的净化功能至关重要。混合能使营养物质与溶解氧均匀分布，能使有机物与细菌充分接触。

使塘水混合的重要因素是风力，对水面较大、深度较浅的稳定塘，风力的推动，可使塘水流速达 10m/h。风力推动塘表面水层到塘的一端，并转向塘底。表层水中的溶解氧比较充足，转向塘的深部，能够使溶解氧得到混合分布，营养物质也可以得到一定的混合。因此，稳定塘的塘址一般应选在四季都能借助风力的场所。

此外，还应为稳定塘创造产生良好水力条件的技术措施，以有助于塘水的混合，如塘型的规划、进出口装置的形式与位置以及在适当位置设导流板等。

当稳定塘不能借助风力、混合情况不佳时，应考虑采取人工搅拌、混合等措施。

（4）营养物质

如使稳定塘内微生物保持正常的生理活动，必须充分满足其所需要的营养物质。微生物所需要的营养元素主要是碳、氮、磷、硫及其他某些微量元素，如铁、锰、钾、钼、钴、锌和铜等。

正常的细菌，其原生质中含氮量达 11% 左右，含磷 2%；藻类原生质含氮约 10%～11%，含磷约 2%～3%。

城市污水基本上能够满足微生物对各种营养元素的需要。如氮、磷含量过多时，可能会导致藻类的过量增殖，这也是应当避免的。

（5）有毒物质

应对稳定塘进水中的有毒物质的浓度加以限制，可参考有关文献资料。

（6）蒸发量和降雨量

应当综合考虑蒸发和降雨两方面的因素。降雨能够使稳定塘中污染物质浓度得到稀释，促进塘水混合，但也缩短了污水在塘中的停留时间。蒸发的作用则相反，塘的出水量将小于进水量，水力停留时间将大于设计值，但塘水中的污染物质，如无机盐类的浓度，由于浓缩而有所提高。

（7）污水的预处理

稳定塘工艺属生物处理技术范畴，相当于二级处理工艺。有机污染物在塘内的去除，主要依靠微生物的新陈代谢功能。为了使稳定塘的净化功能不受影响，能够正常工作，进入稳定塘的污水，应进行适当的预处理。预处理的目的是使污水水质更适应稳定塘净化功能的要求，包括：去除悬浮物，特别是可沉性的悬浮物和油脂；调整 pH，使进水的 pH 处于中性左右；去除污水中的有毒有害物质，使其浓度降至允许数值以下。对城市污水主要考虑的是第一项。

可沉悬浮物能够在塘内沉淀，并在塘底形成污泥沉积层，在沉积层内进行厌氧发酵反应，使沉泥量减少，但这一进程缓慢。如污水未经去除悬浮物的预处理，污泥沉积与降解不能平衡，沉积层仍将形成，并逐渐增厚，进入兼性区或好氧区。此外，污泥沉积层厌氧发酵反应产物（如 CO_2、H_2S 等）在逸出大气层时，通过兼性区和好氧区，将影响这两个区域的正常工作。因此，如沉积层过厚，严重时可使兼性区和好氧区的净化功能遭到破坏。

城市污水稳定塘处理系统，将以去除可沉悬浮物为目的的预处理纳入是完全必要的，但在厌氧塘前则无须考虑预处理。

城市污水稳定塘处理所采用的预处理工艺包括：格栅、沉砂池、沉淀池，必要时还应增设除油池。

试验结果认定，水解酸化工艺可以作为稳定塘系统的预处理技术。

在水解酸化池内，污水只进行厌氧反应的第一阶段——水解酸化。通过水解酸化，污水中的复杂的有机物转化为有机酸，如乙酸、丙酸等，难降解的有机物也被分解为比较容易降解的物质，对后续的稳定塘的净化功能可起到强化作用。

8.1.3　好氧塘

1. 概述

图 8-1 所示的好氧区即为好氧塘的功能模式。

好氧塘的深度一般在 0.5m 左右，阳光能透入池底，采用较低的有机负荷值，塘内存在着藻—菌及原生动物的共生系统。在阳光照射时间内，塘内生长的藻类在光合作用下，释放出大量的氧，塘表面也由于风力的搅动进行自然复氧，这一切使塘水保持良好的好氧状态。在水中繁殖生育的好氧异养微生物，通过其本身的代谢活动对有机物进行氧化分解，而它的代谢产物 CO_2 充作藻类光合作用的碳源。藻类摄取 CO_2、N、P 等无机盐类，并利用太阳光能合成其本身的细胞质，并释放出氧。

在好氧塘内高效地进行着光合成反应和有机物的降解反应，溶解氧是充足的，但在一日内是变化的。在白昼，藻类光合作用放出的氧远远超过藻类和细菌所需要的，塘水中氧的含量很高，可达到饱和状态；晚间光合作用停止，由于生物呼吸所耗，水中溶解氧浓度下降，在凌晨时最低；阳光开始照射，光合作用又行开始，水中溶解氧再行上升。

在好氧塘内 pH 也是变化的。在白昼 pH 上升，夜晚又行下降。

好氧塘内的生物相，在种类与种属方面比较丰富，属于植物性的微生物有菌类和藻类，属于动物性的则有原生动物、后生动物等微型动物。微生物在数量上也是相当可观的，每 1mL 水中的细菌数可高达 $1 \times 10^8 \sim 5 \times 10^9$ 个。

好氧塘的优点是净化功能较强，有机污染物降解速率高，污水在塘内停留时间短。进水应进行比较彻底的预处理，去除可沉悬浮物，以防形成污泥沉积层。好氧塘的缺点是占地面积大，处理水中含有大量的藻类，需进行除藻处理，对细菌的去除效果也较差。

根据有机物负荷率的高低，好氧塘还可以分为高负荷好氧塘、普通好氧塘和深度处理好氧塘 3 种。

高负荷好氧塘，有机物负荷率高，污水停留时间短，塘水中藻类浓度很高，这种塘仅适于气候温暖、阳光充足的地区采用。

普通好氧塘，即一般所指的好氧塘，有机负荷率较前者为低，以处理污水为主要功能。深度处理好氧塘，以处理二级处理工艺出水为目的，有机负荷率很低，水力停留时间也较前者低，处理水质良好。

2. 好氧塘的设计

（1）一般规定

1）根据城市规划，在有可供污水处理利用的湖塘、洼地，气温适宜、日照条件良好的地方，可以考虑采用好氧塘。

2）好氧塘可作为独立的污水处理技术，也可以作为深度处理技术，设置在人工生物处理系统或其他类型稳定塘（兼性塘或厌氧塘）之后。

3）作为独立的污水处理技术的好氧塘，污水在进塘之前必须进行旨在去除可沉悬浮物的预处理。

4）好氧塘分格，不宜少于两格，可串联或并联运行。

5）好氧塘的水深应保证阳光透射到塘底，使整个塘容都处于好氧状态。但不宜过浅，过浅会在运行上产生问题，例如：水温不易控制，变动频繁，对藻类生长不利；光合作用产生的氧不易保持；冲击负荷造成的影响较大等。

6）塘内污水应进行良好的混合，混合不好将产生热分层现象。热分层现象出现后，塘水上层温度高，水的密度降低，一些不能自由浮动的藻类在深度的某个部位形成密集层，阻碍阳光透入，不利于藻类的光合产氧。

因风是稳定塘塘水混合的主要动力，故好氧塘应建于高处通风良好的地域；每座塘的面积以不超过 $4 \times 10^4 m^2$ 为宜。

7）塘表面以矩形为宜，长宽比取值(2:1)～(3:1)，塘堤外坡(4:1)～(5:1)，内坡(3:1)～(2:1)，堤顶宽度取 1.8～2.4m。

8）以塘深 1/2 处的面积作为设计计算平面，还应取 0.5m 以上的超高。

9）可以考虑处理水回流措施，这样可以在原污水中接种藻类，增加溶解氧浓度，有利于稳定塘净化功能的提高。

10）塘底有污泥沉积是不可避免的。为了避免底泥发生厌氧发酵，影响好氧塘的净化功能，塘底污泥应定期清除。

11）好氧塘处理水含有藻类，必要时应进行除藻处理。

（2）好氧塘的计算

好氧塘的计算，主要内容是确定塘的表面面积。

在好氧塘内进行着多项复杂的反应，而这些反应又在多方面取决于当地的自然条件，因此，对好氧塘建立严密的以理论为基础的计算方法，还有一定困难。当前，好氧塘的计算仍以经验数据为准进行，即按 BOD_5—面积负荷率进行计算。计算公式为：

$$A = \frac{QS_0}{N_A} \qquad (8\text{-}10)$$

式中　A——好氧塘的有效面积，m^2；

　　　Q——污水设计流量，m^3/d；

　　　S_0——原污水 BOD_5 浓度，kg/m^3；

　　　N_A——BOD_5—面积负荷率，$kg/(m^2 \cdot d)$。

BOD_5—面积负荷率应根据试验或相近地区污水性质相近的好氧塘的运行数据确定。表 8-1 所列数据可供参考选用。

除 BOD_5—面积负荷率法外，好氧塘的计算还有奥斯瓦尔德（Oswald）及维纳—维廉（Wehner-Wilhelm）提出的经验公式计算法，对此本书从略，可参阅有关资料。

好氧塘典型设计参数　　　　　　　　　　　　　　　　　　表 8-1

参数	类型		
	高负荷好氧塘	普通好氧塘	深度处理好氧塘
BOD_5 面积负荷率[$kg/(m^2 \cdot d)$]	0.004~0.016	0.002~0.004	0.0005
水力停留时间(d)	4~6	2~6	5~20
水深(m)	0.3~0.45	~0.5	0.5~1.0
BOD_5 去除率(%)	80~90	80~95	60~80
藻类浓度(mg/L)	100~260	100~200	5~10
回流比	—	0.2~2.0	—

表 8-2 所列数据为根据我国"七五"国家重点攻关项目各地中试资料，对兼性塘后继好氧塘所整理出来的运行参数，可供设计参考。

兼性塘后好氧塘中试运行数据　　　　　　　　　　　　　　表 8-2

参数	数值及范围	参数	数值及范围
BOD_5 面积负荷率[$kg/(m^2 \cdot d)$]	0.004~0.006	BOD_5 去除率(%)	30~50
水力停留时间(d)	4~12	处理水 BOD_5(mg/L)	15~40
水深(m)	0.6~0.9	进水 BOD_5(mg/L)	100~500

8.1.4　兼性塘

1. 概述

典型的兼性塘净化功能模式可参见图 8-1。

在各种类型的氧化塘中，兼性塘是应用最为广泛的一种。兼性塘一般深 1.0~2.0m，在塘的上层，阳光能够照射透入的部位，为好氧区，其所产生的各项指标的变化和各项反应与好氧塘相同，由好氧异养微生物对有机污染物进行氧化分解；藻类的光合作用旺盛，释放大量的氧。在塘的底部，由沉淀的污泥和衰死的藻类和菌类形成了污泥层，在这层里由于缺氧，而进行由厌氧微生物起主导作用的厌氧发酵，从而称为厌氧区。

好氧区与厌氧区之间，存在着一个兼性区，在这里溶解氧量很低，而且是时有时无，一般在白昼有溶解氧存在，而在夜间又处于厌氧状态。在这层里存活的是兼性微生物，这一类微生物既能够利用水中游离的分子氧，也能够在厌氧条件下从 NO_3^- 或 CO_3^{2-} 中摄取氧。

在兼性塘内进行的净化反应是比较复杂的，生物相也比较丰富。

在厌氧区，与一般的厌氧发酵反应相同，是在产酸、产氢产乙酸和产甲烷 3 种细菌的连续作用下，相继经过产酸、产氢产乙酸和产甲烷三个阶段的反应。液态代谢产物如 H_2O、氨基酸、有机酸等与塘水混合，而气态的代谢产物（如 CO_2、CH_4 等）则逸出水面，或在通过好氧区时为细菌所分解，为藻类所利用。

厌氧区也有降解 BOD 的功能。据估算，约有 20% 的 BOD 是在厌氧区去除的。此外，厌氧区通过厌氧发酵反应，可以使沉泥得到一定程度的降解，减少塘底污泥量。

在好氧区进行的各项反应与存活的生物相基本同好氧塘。但由于污水的停留时间长，有可能生长繁育多种种属的微生物，其中包括世代时间较长的种属，如硝化菌等。除有机物降解外，这里还可能进行更为复杂的反应，如硝化反应等。

兼性塘的主要优点是：对水量、水质的冲击负荷有一定的适应能力；在达到同等的处理效果条件下，其建设投资与维护管理费用低于其他生物处理工艺。

兼性塘的净化功能是多方面的。实际运行资料证明，除能分解城市污水、生活污水中的有机污染物外，兼性塘还能够比较有效地去除某些较难降解的有机化合物，如木质素、合成洗涤剂、农药以及氮、磷等植物性营养物质。因此，兼性塘也在某种程度上适用于处理木材化工、制浆造纸、煤化工、石油化工等有机工业废水。

2. 兼性塘的计算与设计

兼性塘计算的主要内容也是求定塘的有效面积。对兼性塘现仍多采用经验数据进行计算。

（1）设计参数的参考值

本书所列举的是用于城市污水处理的兼性塘的各项设计参数，供参考。为了便于选用，对每项参数作以下说明。

1）兼性塘可以作为独立处理工艺考虑，也可以作为生物处理系统中的一个处理单元，或者作为深度处理塘的预处理工艺。

2）塘深一般采用 1.2～2.5m。此外还应考虑污泥层的厚度以及为容纳流量变化和风浪冲击的保护高度，在北方寒冷地区还应考虑冰盖的厚度。

污泥层厚度取值 0.3m，在有完善的预处理工艺的条件下，这个厚度可容纳 10 年左右的积泥。

保护高度按 0.5～1.0m 考虑。

冰盖厚度由地区气温而定，一般为 0.2～0.6m。

3）停留时间，应根据地区的气象条件、原水水质、对处理水的水质要求等具体条件，从技术及经济两方面综合考虑确定。一般规定为 7～180d，幅度很大。高值用于北方，即使冰封期高达半年以上的高寒地区也可以采用。低值用于南方，但也能够保持处理水水质达到规定的要求。

4）BOD_5—面积负荷率。按 0.0002～0.010kg/(m²·d) 考虑。低值用于北方寒冷地区，高值用于南方炎热地区。我国幅员广大，表面负荷率也处于较大的范围。

表 8-3 所列举的是根据我国"七五"国家重点科研攻关课题"氧化塘"所得的研究成果整理出来的数据。

冬季月平均气温 （℃）	BOD_5—面积负荷率 $[kg/(10^4m^2 \cdot d)]$	停留时间 （d）	冬季月平均气温 （℃）	BOD_5—面积负荷率 $[kg/(10^4m^2 \cdot d)]$	停留时间 （d）
>15	70～100	>7	−10～0	20～30	120～40
10～15	50～70	20～7	−20～−10	10～20	150～120
0～10	30～50	40～20	−20 以下	<10	180～150

应当说明，负荷率的选定应以最冷月份的平均温度作为控制条件。但也应当认识到，正常运行的塘系统，在最冷月份处理水的水质并不一定是最差的，将有一定的时间滞后，滞后时间的长短视塘容积而定，即与停留时间有关。这一点是应当充分估计到的。

5）BOD_5 去除率一般可达 70%～90%。

6）藻类浓度取值 10～100mg/L。

7）如采取处理水循环措施，循环率可为 0.2‰～2.0‰。

（2）在塘构造方面应考虑的因素

1）塘形以矩形为宜，矩形塘易于施工和串联组合，有助于风对塘水的混合，而且死角少。如四角做成圆形，死区更少，长宽比 2∶1 或 3∶1 为宜。

不宜采用不规则的塘形。

2）塘数，除小规模的兼性塘可以考虑采用单一的塘进行处理外，一般不宜少于 2 座。宜采用多级串联，第一塘面积大，约占总面积的 30%～60%，采用较高的负荷率，以不使全塘都处于厌氧状态为限。串联可得优质处理水。

也可以考虑并联，并联式流程可使污水中的有机污染物得到均匀分配。

3）进水口，若采用矩形塘，进水口应尽量使塘的横断面上配水均匀，宜采用扩散管或多点进水。

4）出水口，与进水口之间的直线距离应尽可能地大，一般在矩形塘按对角线排列设置，以减少短路。

进、出水口的设计应参照有关资料进行。

8.1.5　厌氧塘

1. 厌氧塘的特征与控制条件

图 8-6 所示为厌氧塘功能模式。

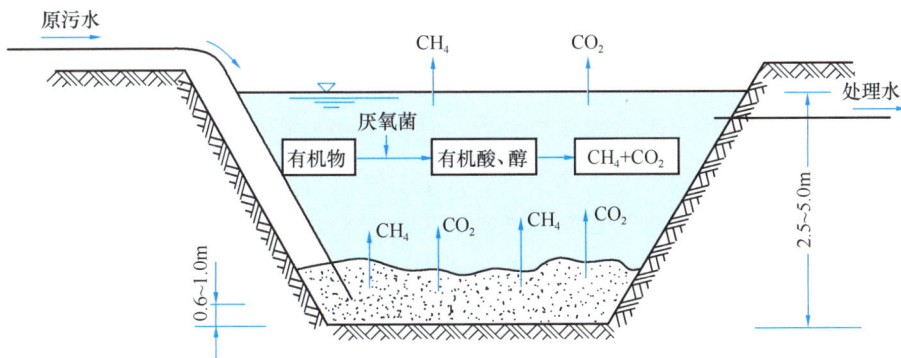

图 8-6　厌氧塘功能模式图

厌氧塘是依靠厌氧菌的代谢功能使有机污染物得到降解，因此，厌氧塘在功能上受厌氧发酵的特征所控制，在构造上也应服从厌氧反应的要求。

关于厌氧发酵的机理将在本书第10章做详细的阐述，在本节仅就其主要特征做概要的说明。

（1）在参与反应的生物方面，只有细菌，不存在其他任何生物。在系统中有产酸菌、产氢产乙酸菌和产甲烷菌共存，但三者之间不是直接的食物链关系，而是产酸菌和产氢产乙酸菌的代谢产物——有机酸、乙酸和氢是产甲烷菌的营养物质，产甲烷菌用以营生理活动。产酸菌和产氢产乙酸菌是由兼性菌和厌氧菌组成的菌群，产甲烷菌则是专性厌氧菌，它们能够从 NO_3^-、NO_2^- 以及 SO_4^{2-} 和 CO_3^{2-} 中获取氧。

（2）在反应进程方面，由于产甲烷菌的世代时间长，增殖速度缓慢，因此，厌氧发酵反应的速度慢，产酸菌和产氢产乙酸菌的世代时间短，增殖速度较快。在三种细菌之间，应保持动态的平衡关系。否则有机酸大量积累，pH 下降，使甲烷发酵反应受到抑制。

（3）在能量方面，厌氧反应，无论是其中间产物或最终产物，都含有相当的能量，反应过程释放的能量较少，用于菌体增殖的能量也较少。最终产物 CH_4 可作为能量而加以回收。

（4）根据产酸、产氢产乙酸及产甲烷三种微生物在生理和功能上的特征，必须以甲烷发酵反应作为厌氧发酵的控制阶段，必须创造适应产甲烷菌要求的条件，其中主要有以下几个方面。

1）要在产酸、产氢产乙酸、产甲烷 3 个阶段之间保持平衡，为此，要控制有机污染物的投入，使有机物负荷率处于适宜的范围内，一般此值应通过试验确定。有机酸在系统中的浓度应控制在 3000mg/L 以下。

2）pH 为 6.5～7.5。

3）C∶N 一般小于 20∶1，但这个数值不是绝对的，可以根据不同的具体条件确定。

4）污水中不得含有能够抑制细菌活动的物质，如重金属和有毒物质。

5）产甲烷菌对温度有比较严格的要求，但厌氧塘对温度实际上是无法控制的，只是应当考虑采用措施，使塘内温度不要有剧烈的变动。

此外，厌氧塘对周围环境存在以下某些不利的影响，应予注意。

1）厌氧塘内污水的污染浓度高，深度大，易于污染地下水，因此，必须做好防渗措施。

2）厌氧塘一般多散发臭气，应使其远离住宅区，一般应在 500m 以上。

3）某些废水（如肉类加工废水）用厌氧塘处理，在水面上可能形成浮渣层。浮渣层对保持塘水温度有利，但有碍观瞻，而且在浮渣上滋生小虫，又有碍环境卫生，应考虑采取适当的措施。

厌氧塘多用以处理浓度高水量不大的有机废水，如肉类加工、食品工业、牲畜饲养场等废水。城市污水由于有机污染物含量较低，一般很少采用厌氧塘处理。此外，厌氧塘的处理水，有机物含量仍很高，需要进一步通过兼性塘和好氧塘处理。在这种情况下，以厌氧塘为首塘无须进行预处理，以厌氧塘代替初次沉淀池，这样做有下列几项效益：有机污染物降解一部分，约 30％；一部分难降解有机物转化为可降解物质，有利于后续塘处理；通过厌氧发酵反应使有机物降解，可降低污泥量，减轻污泥处理与处置工作。

2. 厌氧塘的设计

(1) 设计的经验数据

迄今为止，厌氧塘是按经验数据设计的。现将用于厌氧塘设计的经验数据加以介绍，并作简要说明。

1) 有机物负荷率。对厌氧塘，由于有机物厌氧降解速率是停留时间的函数，而与塘面积关系较小，因此，以采用 BOD_5—容积负荷率 $[kgBOD_5/(m^3 塘容 \cdot d)]$ 为宜。对 VSS 含量高的废水，还应用 VSS 容积负荷率进行设计。但对城市污水厌氧塘的设计，一般多采用 BOD_5—表面负荷率。

①BOD_5—表面负荷率

厌氧塘为了维持其厌氧条件，应规定其最低容许 BOD_5—表面负荷率。如果厌氧塘的 BOD_5—表面负荷率过低，其工况就将接近于兼性塘。

最低容许 BOD_5—表面负荷率与 BOD_5—容积负荷率、气温有关。我国北方可采用 $300kgBOD_5/(10^4 m^2 \cdot d)$，南方可采用 $800kgBOD_5/(10^4 m^2 \cdot d)$。

②BOD_5—容积负荷率

表 8-4 所列举的是美国 7 个州处理城市污水厌氧塘的设计 BOD_5—容积负荷率与水力停留时间两项参数。塘深为 3~4.5m。

美国 7 个州厌氧塘处理城市污水设计参数 表 8-4

州名	纬度 (°)	BOD_5 容积负荷 $[kgBOD_5/(m^3 \cdot d)]$	水力停留时间 (d)	预计去除率 (%)
佐治亚州	30.4~35	0.048[①]，0.24[②]	—	60~80
伊利诺伊州	37~42.5	0.24~0.32	5	60
艾奥瓦州	40.6~43.5	0.19~0.24	5~10	60~80
蒙大拿州	45~49	0.032~0.16	10 (最小)	70
内布拉斯加州	40~43	0.19~0.24	3~5	75
南达科他州	43~46	0.24	—	60
得克萨斯州	26~36.4	0.4~1.6	5~30	50~100

①不回流；②1:1 回流

③VSS 容积负荷率

VSS 容积负荷率用于厌氧塘处理 VSS 含量高废水的设计。

下面所列举的是国外对几种工业废水厌氧塘处理所采用的 VSS 容积负荷。

家禽粪水　　　　　　　　$0.063~0.16kgVSS/(m^3 \cdot d)$

奶牛粪水　　　　　　　　$0.166~1.12kgVSS/(m^3 \cdot d)$

猪粪水　　　　　　　　　$0.064~0.32kgVSS/(m^3 \cdot d)$

菜牛屠宰废水　　　　　　$0.593kgVSS/(m^3 \cdot d)$

2) 水力停留时间，污水在厌氧塘内的停留时间，采用的数值介于很大的幅度内，无成熟数据可以遵循，应通过试验确定。

(2) 厌氧塘的形状和主要尺寸

1) 厌氧塘表面仍以矩形为宜，长宽比(2:1)~(2.5:1)。

2）塘深，厌氧塘的有效深度（包括污泥层深度）为 3～5m，当土壤和地下水条件适宜时，可增大到 6m。

处理城市污水用厌氧塘的塘深为 1.0～3.6m。由于厌氧塘是通过阳光对塘水加热的，塘水温度的垂直分布梯度是－1℃/0.3m，因此，深度也不宜过大。

用以处理城市污水的厌氧塘底部贮泥深度，不应小于 0.5m，污泥量按 50L/（人·a）计算。污泥清除周期为 5～10 年。

3）保护高度 0.6～1.0m。

4）塘底略具坡度，堤内坡(1∶1)～(1∶3)。

5）厌氧塘的单塘面积不应大于 8000m²。

6）厌氧塘一般位于稳定塘系统之首，截留污泥量较大，因此，宜设并联的厌氧塘，以便轮换清除塘泥。

7）厌氧塘进出水口，厌氧塘进水口一般设在高于塘底 0.6～1.0m 处（参见图 8-6），使进水与塘底污泥相混合。塘底宽度小于 9m 时，可以只用一个进口，宽塘应采用多个进口。进水管径 200～300mm。出水口为淹没式，深入水下 0.6m，不得小于冰层厚度或浮渣层厚度。

3. 厌氧塘的处理效果

（1）厌氧塘对有机污染物的去除率取决于水温、负荷率、水力停留时间以及污水性质等因素。

（2）厌氧塘具有去除重金属离子的能力，塘水中的硫化物（S^{2-}）与污水中的重金属离子 Cu^{2+}、Zn^{2+}、Pb^{2+}、Cd^{2+}、Ni^{2+} 等化合，成为重金属硫化物而沉淀。

（3）产气量和所产气体的成分与水温有关。由于厌氧塘水温一般都不高，多为 15～20℃，所以气体成分多是 N_2 和 CO_2，CH_4 的含量较低。

据奥斯瓦尔德的报告，当厌氧塘的塘底水温为 15℃时，产气量仅为 53m³/（$10^4 m^2$·d）；塘底水温为 20℃时，产气量约为 280m³/（$10^4 m^2$·d）；塘底水温达 23℃时，产气量可以提高到 455m³/（$10^4 m^2$·d）。

厌氧塘的单位产气量不高，CH_4 含量又低，无使用价值，所以一般不设集气设备回收。

8.1.6 曝气塘

1. 概述

曝气塘是经过人工强化的稳定塘。采用人工曝气装置向塘内污水充氧，并使塘水搅动。人工曝气装置多采用表面机械曝气器，但也可以采用鼓风曝气系统。

曝气塘可分为好氧曝气塘和兼性曝气塘两类，主要取决于曝气装置的数量、安设密度和曝气强度。当曝气装置的功率较大、足以使塘水中全部生物污泥都处于悬浮状态、并向塘水提供足够的溶解氧时，即为好氧曝气塘。如果曝气装置的功率仅能使部分固体物质处于悬浮状态，而有一部分固体物质沉积塘底，进行厌氧分解，曝气装置提供的溶解氧也不敷全部需要，则即为兼性曝气塘（图 8-7）。

曝气塘虽属于稳定塘的范畴，但又不同于其他以自然净化过程为主的稳定塘。实际上，曝气塘是介于活性污泥法中的延时曝气法与稳定塘之间的处理工艺。

由于经过人工强化，曝气塘的净化功能、净化效果以及工作效率都明显地高于其他一

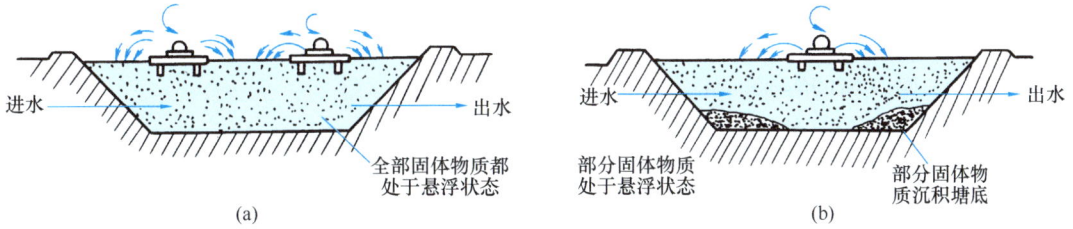

图 8-7　好氧曝气塘与兼性曝气塘

（a）好氧曝气塘；（b）兼性曝气塘

般类型的稳定塘。污水在塘内的停留时间短，曝气塘所需容积及占地面积均较小，这是曝气塘的主要优点；但由于采用人工曝气措施，耗能增加，运行费用也有所提高。

实践证明，对深度为 3～5m 的曝气塘，采用表面机械曝气器，其比功率为 6kW/1000m³ 污水时，可以使塘水中全部固体物质处于悬浮状态；而采用比功率为 1kW/1000m³ 污水的表面曝气器，仅能够使部分固体物质处于悬浮状态。

2. 曝气塘的设计与计算

（1）基本参数

曝气塘也用表面负荷率进行计算，就此采用下列参数。

BOD 表面负荷率，对城市污水处理的建议取值是 30～60gBOD$_5$/（m²·d）。

塘深，与采用的表面机械曝气器的功率有关，一般为 2.5～5.0m。

停留时间，好氧曝气塘为 1～10d，兼性曝气塘为 7～20d。

塘内悬浮固体（生物污泥）浓度为 80～200mg/L。

（2）计算公式

曝气塘在工艺和有机物降解机理等方面与活性污泥法的延时曝气法相近。因此，有关活性污泥法的计算理论，对曝气塘也适用。

对曝气塘，下列几项假定是适宜的：

1）塘内污水的流态为完全混合型；

2）有机物在塘内的降解呈一级反应；

3）无污泥回流系统。

因此，下式成立：

$$\frac{\mathrm{d}S}{\mathrm{d}t} = -KS \tag{8-11}$$

上式可改写为下列形式

$$\frac{S_0 - S_e}{t} = -KS_e \tag{8-12}$$

式中　S_0、S_e——为原污水和处理水中有机污染物浓度（以 BOD、COD 或 TOC 表示），
　　　　　mg/L；

　　　　t——污水在塘内的停留时间，d；

　　　　K——有机污染物降解速率常数。

411

同时，从物料平衡关系考虑，下式成立：

$$S_0Q - S_eQ = (KS_e)V \qquad (8\text{-}13)$$

式中　V——曝气塘的容积，m^3。

将 $\dfrac{V}{Q} = t$ 及 $\dfrac{S_0 - S_e}{S_0} \times 100 = E$ 两式代入式（8-13），并加以整理，得：

$$E = \frac{Kt}{1 + Kt} \times 100 \qquad (8\text{-}14)$$

及

$$t = \frac{E}{K(100 - E)} \qquad (8\text{-}15)$$

由上式可见，污水在曝气塘内的停留时间主要取决于去除率 E 及有机污染物的降解速率常数 K 值。

将式（8-13）加以移项整理，可得：

$$S_e = \frac{S_0}{1 + Kt} \qquad (8\text{-}16)$$

对兼性曝气塘，由于塘底污泥产生厌氧分解，部分有机污染物还原并进入塘水中，从而使曝气塘处理水的 BOD 值有所提高，考虑这一因素，在上式中引入一个系数 F，即：

$$S_e = \frac{S_0}{1 + Kt}F \qquad (8\text{-}17)$$

式中　F——考虑塘底污泥产生厌氧分解、使部分有机污染物还原并进入塘水中、处理水 BOD 值增高的比值，该比值受温度影响较大，夏季为 1.4，冬季取 1.0。

在曝气塘的计算中，K 值是一个重要的数据。对处理城市污水的曝气塘，此值为 $0.05 \sim 0.8$，如欲求得准确的数值，应通过试验确定。

水温对 K 值的影响很大，一般以 20℃ 为准，如不是 20℃ 则应通过下列公式加以修正：

$$K_{(T)} = K_{(20)} \times \theta^{T-20} \qquad (8\text{-}18)$$

式中　$K_{(T)}$——温度为 T 的 K 值；

　　　$K_{(20)}$——温度为 20℃ 的 K 值；

　　　T——曝气塘的设计温度，℃；

　　　θ——温度系数，其值因污水类型不同而异，一般为 $1.065 \sim 1.09$。

应当说明，在曝气塘的塘水中含有浓度约为 $80 \sim 200 mg/L$ 的生物污泥，由于量少，而且其活性也较低，因此在上述计算中未予考虑，以简化计算过程。这种考虑对计算结果无多大影响。

8.1.7　深度处理塘

1. 概述

深度处理塘又称三级处理塘、熟化塘。深度处理塘的处理对象是常规二级处理工艺（如活性污泥法、生物膜法）的处理水以及处理效果与二级处理技术相当的稳定塘出水，使处理达到更高的水质标准，以适应受纳水体或回用对水质的要求。

深度处理塘能够在污水处理厂和受纳水体之间起缓冲作用。

深度处理塘设置在二级处理工艺之后或稳定塘系统的最后。

深度处理塘一般多采用好氧塘的形式，也有采用曝气塘形式的，用兼性塘形式的则较少。

进入深度处理塘进行处理的污水水质，一般 BOD_5 不大于 30mg/L，COD 不大于 120mg/L，而 SS 则为 30～60mg/L。

通过深度处理塘的处理，可使 BOD、COD 等指标进一步降低；进一步去除水中的氮、磷等植物性营养物质；进一步降低水中的细菌和藻类浓度。

（1）BOD、COD 的去除

污水通过一级处理工艺处理后，处理水中 BOD_5、COD 等值已不高，而且残余的 BOD、COD 都是难以降解的，故深度处理塘对这些指标的去除效率不可能太高。一般 BOD 的去除率为 30%～60%，残留的 BOD_5 值可能还为 5～20mg/L；COD_5 的去除率更低，一般为 10%～25%，出水中残留 COD 值可能在 50mg/L 以上。

（2）细菌的去除

稳定塘对大肠杆菌、结核杆菌、葡萄球菌属以及酵母等都有良好的去除效果。深度处理塘对这些细菌也有较好的去除能力。

深度处理塘去除细菌的效果，受到水温、光照强度和时间的影响。高温除菌效果好于低温；阳光有较强的灭菌效果。

（3）藻类的去除

未经除藻处理的深度处理塘的处理水，仍含有大量藻类。这种处理水的 BOD、COD 值仍很高，不符合排放或回用的要求，而且在氯化后生成三氯甲烷等三致物质。

稳定塘除藻问题是一项待解决的问题。效果比较好的方法就是在稳定塘内养鱼，通过养鱼使塘水中藻类含量降低，又可从养鱼中取得效益。塘水中的藻类为动物性浮游生物的食料，浮游生物又是鱼类的良好饵料，这样在塘水中就形成藻类—动物性浮游生物—鱼类这一生态系统与食物链。

就这一问题，应考虑下列各项。

1）深度处理塘的进水水质，除 BOD_5、SS 以外，其他各项指标应达到渔业水域水质标准的要求。

2）放养的鱼种应以动物性浮游生物为食的鱼类为主，如花鲢、白鲢，并配以鳙、鲤、罗非鱼等。

3）放养方式是先饲养鱼种，待鱼体长达 10～15cm 后再转移到水质良好的塘内饲养成商品鱼。商品鱼上市前都要在清洁水域中饲养一段时间，以利释放残毒。对商品鱼应做残毒分析。

4）放养鱼的深度处理塘，出水的藻类含量可降至 1000 个/mL 左右。

（4）氮磷的去除

在稳定塘内氮、磷的去除，主要依靠塘水中藻类的吸收。在夏季，塘水中藻类含量高，氮、磷的去除率亦高。在盛夏季节，硝酸盐氮的去除率可达 30% 左右，磷的去除率高达 70% 以上。在冬季低温季节，氮的去除率不足 10%，磷的去除率也降至 2%～27%。

除藻类的吸收外，氮还能够通过反硝化反应而去除。如在底部有污泥层的浅塘，在泥水交界面上，硝酸氮就有可能通过反硝化过程而去除。

磷酸盐的大部分是由于光合作用形成高 pH 的环境、进而通过沉淀而从水中去除的。在冬季和夜间，pH 下降，塘底污泥中的磷，可能返溶重新入水。

2. 深度处理塘的计算

深度处理塘的计算在当前仍采用负荷率进行，根据去除对象的不同而采用不同的负荷率及其他各项设计参数。

（1）以去除 BOD_5、COD 为主要目的的深度处理塘，采用表 8-5 所列举的各项参数。

以去除 BOD_5 值为目的的好氧塘和兼性塘型深度处理塘的设计参数　　　表 8-5

类型	BOD_5 表面负荷 [kg/($10^4 m^2 \cdot d$)]	水力停留时间 (d)	深度 (m)	BOD_5 去除率 (%)
好氧塘	20～60	5～25	1～1.5	30～55
兼性塘	100～150	3～8	1.5～2.5	40

至于曝气塘型深度处理塘所采取的 BOD_5—表面负荷率值，一般都在 $100kgBOD_5/(10^4 m^2 \cdot d)$ 以上，应根据试验确定。

（2）养鱼的深度处理塘，BOD_5—表面负荷率可取值 $20～35kgBOD_5/(10^4 m^2 \cdot d)$，水力停留时间应不小于 15d。

（3）以去除氨氮为目的的深度处理塘，BOD_5—表面负荷率不高于 $20kgBOD_5/(10^4 m^2 \cdot d)$，水力停留时间不少于 12d，氨氮的去除率可达 65%～70%。

（4）除磷为目的的深度处理塘，BOD_5—表面负荷率取值在 $13kgBOD_5/(10^4 m^2 \cdot d)$ 左右，水力停留时间为 12d，磷酸盐去除率可按 60% 考虑。

8.1.8　控制出水塘

1. 概述

设于北方寒冷地区的稳定塘，在冬季低温季节，生物降解功能极度低下，处理水水质难以达到排放要求，因而在这个季节处理水不能排放，将污水加以贮存，待天气转暖，降解功能恢复正常，处理水水质达到排放标准，稳定塘开始正常运行，这种稳定塘就是控制出水塘。

控制出水塘多是兼性塘类型，很少是好氧塘和厌氧塘。控制出水塘的实质，是按一种特定的排放处理水制度运行的稳定塘。控制出水塘的主要运行特点有下列各项。

（1）控制出水塘在低温季节按贮存塘考虑，不排放处理水，此期间的具体时间和长短根据当地的具体条件确定。

（2）为了保证冬贮容量，在冰封前或处理水质达不到排放标准前，必须将塘水排空或排放到塘内某一特定水深。为此，应提前做好准备，即在处理水达标期间加大排放量。

（3）在冰封期，冰层下的水温仍可保持 2～5℃，在耐低温的某些微生物的作用下，有机污染物仍可降解。当塘的有效水深在 2.5m 以上时，冰层全部融化后测定，BOD_5 去除率（相对于排入的污水水质平均值）可达 50% 左右。

（4）从冰融到塘的净化功能完全恢复之前的期间，仍不得排放处理水，稳定塘应能容纳此期间的污水。

（5）在冬贮期间，在进水区应有一定范围的活水区，使流入污水能够漫流在结冰区的冰层上。

（6）在夏季，控制出水塘可按一般稳定塘的设计类型进行。用于处理城市污水的控制出水塘，在夏季运行期间均可达到排放要求。

2. 控制出水塘的设计要点

作为控制出水塘考虑的稳定塘，在设计上应考虑的因素及一般要求简要阐述如下。

（1）设计应考虑的因素

1）塘深应大于该地区冰冻深度 1m，在冰层下应保证有 1.0m 深的水层。

2）多塘系统的控制出水塘，各塘应逐级降低塘底标高，以利排放塘水。

3）在塘底应考虑高为 0.3~0.6m 的贮泥层。

4）进出水口应设在污泥层之上，冰冻层之下。

（2）一般要求

1）污水进塘前须经过格栅及旨在去除悬浮物的一级处理工艺进行处理。

2）多级塘宜于布置为既可按串联方式运行，又可按并联方式运行。

3）塘数不得少于 2 座。

4）控制出水塘根据地形条件，可采用任何的表面形状，但应尽量避免产生短流现象。

（3）设计方法与数据

城市污水控制出水塘仍按 BOD_5—表面负荷率进行计算。表 8-6 所列举的是对控制出水塘（兼性塘）设计所采用的参考数据。

控制出水塘的设计数据　　　　　　　　　　　　表 8-6

参数	有效水深 （m）	水力停留时间 （d）	BOD_5—面积负荷率 $[kg/(10^4m^2 \cdot d)]$	BOD_5 去除率 （%）
数值	2.0~3.5	30~60	10~80	20~40

8.2 人 工 湿 地

8.2.1 概述

1. 污水人工湿地处理含义

污水人工湿地处理系统属于污水自然生态处理范畴，是通过人工控制将污水投配在人工湿地上，通过人工填料—植物系统，进行一系列物理、化学、物理化学、生物化学与植物净化过程，使污水得到净化的一种污水处理工艺，人工湿地处理系统是一种人工营造的环境生态工程。

2. 污水人工湿地处理系统的组成

人工湿地处理系统是以人工湿地净化场为核心单元的污水处理工艺系统，由以下部分组成：

（1）污水预处理设施与设备；

（2）污水调节、贮存设施与设备；

（3）污水输送、配水、控制系统与设备；

（4）人工湿地净化场，包括净化场体、湿地填料、湿地植物、布水与集水系统；

（5）净化水收集、利用系统。

8.2.2　人工湿地处理污水机理

人工湿地对污水的净化作用是一个十分复杂的综合过程。其中包括：物理过滤、物理吸附与物理化学吸附、化学反应、化学沉淀、微生物代谢与植物净化等作用。

1. 物理过滤

人工湿地填料颗粒间的孔隙具有截留、滤除水中悬浮颗粒的性能。污水流经填料，悬浮物被截留，污水得到净化。影响人工湿地物理过滤净化效果的主要因素有：填料颗粒的尺寸、颗粒间孔隙形状、大小及其分布，污水中悬浮颗粒的性质、数量与粒度分布等。如悬浮颗粒过大与过多以及微生物代谢产物过多等都能导致填料颗粒的堵塞。

2. 物理吸附与物理化学吸附

在非极性分子之间的范德华力作用下，填料中的矿物颗粒能够吸附污水中的中性分子。污水中的部分重金属离子在填料表面，因阳离子交换作用而被置换吸附，并生成难溶性的物质固定在矿物的晶格中。

污水中金属离子与填料中的无机胶体、生物代谢和植物根系腐烂的有机胶体颗粒，由于螯合作用而形成螯合化合物；有机物与无机物的复合化而生成复合物；重金属离子与填料颗粒之间进行阳离子交换而被吸附；某些有机物与填料中重金属生成可吸性螯合物而固定在填料矿物的晶格中。

3. 化学反应与化学沉淀

重金属离子与填料的某些组分进行化学反应生成难溶性化合物而沉淀；如果调整与改变填料的氧化还原电位，能够生成难溶性化合物；改变 pH，能够生成金属氢氧化物；某些化学反应还能够生成金属磷酸盐等物质，而沉积于填料中。

4. 微生物代谢作用

在湿地填料中生存着种类繁多、数量巨大的微生物，它们对污水中固态和溶解态有机物具有很强的降解与转化能力，是人工湿地具有很强净化污水能力的主要原因。

5. 植物净化作用

湿地填料中生长着多种类型的植物，湿地植物通过物理过滤、吸收营养物质、生物降解、抑制藻类生长以及富集和转化污染物等多种机制协同净化污水。

物理过滤作用：湿地植物交错发达的根系形成密集过滤层，截留悬浮泥砂，促进不溶性胶体、重金属和悬浮颗粒等的吸附沉降。

吸收营养物质：湿地植物生长吸收大量氮、磷、二氧化碳和有机物，植物根部和茎叶吸收污水中的营养盐，调节水体 pH、溶解氧与稳定水质。

生物降解作用：植物根系分泌物能促进根系表面微生物的生长，有效降解和代谢污水有机污染物。

抑制藻类生长：湿地植物通过与藻类竞争营养物质及光热条件等环境因素，抑制藻类的生长。此外，植物还能分泌抑制藻类生长的化感物质，影响藻类细胞膜结构、呼吸作用、光合作用、酶活性及基因表达，从而达到抑制藻类生长的目的。

富集和转化污染物：湿地植物通过富集吸收污染物，吸收固定 Pb、Zn 等重金属，或转化为低毒结合态物质等功能净化污水。

8.2.3 人工湿地处理基本工艺

"湿地"一词最早由美国联邦政府 1956 年开展湿地清查时使用，现已在学术界与管理界得到广泛使用。关于湿地的定义，各国学者有不同的解释。据 Dugan 统计，目前仅学术界就大约有 50 种。无论是国内还是国际对湿地都还没有一个确切而统一的定义。已有的定义大多都将湿地界定为一个自然综合体或过渡地带。从湿地的内涵与外延来看，湿地大体可分为广义和狭义两种定义。狭义定义认为湿地是陆地与水域之间的过渡地带。广义定义则包括地球上海水水深不超过 6m 的海域在内的所有水体。

按系统的自然度，可将湿地划分为：自然湿地（或天然湿地）、人工次生湿地（或半人工湿地）和人工湿地（或工程湿地）。

1. 自然湿地

自然湿地指天然存在于地表之上的生态性质和结构，包含水体（水深大于 6m 的海域除外）及水陆过渡带，具有多种环境功能的生态系统。

自然湿地系统利用天然洼淀、苇塘、湖滨与海岸等加以人工修整而成。自然湿地中可设置导流土堤，使进水沿一定方向流动。自然湿地水深一般为 30～80cm，不超过 1m，其净化作用类似于好氧塘。自然湿地属于人类生态保护区域，也是城市休闲景观与旅游观光场所，尽管它具有一定的截纳净化污水污染物质的功能，但不宜作为直接接纳污水的处理系统，只宜作为城市污水处理厂处理出水的深度净化。进入自然湿地系统的处理出水，必须经过消毒处理，防止有害生物的入侵。

2. 人工次生湿地

人工次生湿地又称为半人工湿地。人工次生湿地可定义为：对自然湿地生态系统进行一定程度的改造，使其适合于人类需求的、受人为与自然双重主导作用控制的湿地生态系统。据此，人工次生湿地也被称为半人工湿地。一般地，人工次生湿地选择的是原始地表基质（土壤），通过改变基底地形状况，使表层的水按照"预定"流路运动的方式运行。

比较典型的人工次生湿地是城市湿地公园，譬如武汉东湖和杭州西溪国家湿地公园。此外，在我国东部平原地区，地下采矿造成地表沉陷，冒出地下水，或收集、截留和贮存雨季的降水，以及区域内工业废水、生活废水等，形成大面积的季节性或常年积水的采矿沉陷区。这在客观上已经改变了原地域的生态环境，使单一的陆生生态系统演替为"水—陆复合型"次生湿地生态系统。人工次生湿地系统往往作为城市湿地公园，因此只宜用于城市污水处理厂出水的深度净化。

3. 人工湿地

人工湿地系统是指通过模拟天然湿地的空间结构与生态功能，选择一定的地理位置与地形，根据功能需要人为设计与建造的湿地系统。从国内外文献看，学术界普遍将人工湿地理解为人工污水湿地生态处理系统或工艺，认为它是一种通过模拟天然湿地的结构与功能，由人工建造和监控的、类似沼泽地的地表，将污水有控制地投配到人工土壤（填料）—植物—微生物复合生态系统，并使土壤经常处于水饱和状态，污水在沿一定方向流动过程中，在耐湿植物、土壤和微生物联合作用下得到充分净化的处理工艺。

人工湿地污水处理系统由预处理单元和人工湿地单元组成。通过合理设计可将 COD、BOD、SS、营养盐、原生动物、金属离子和其他物质处理达到二级和高级处理水平。

4. 庭院湿地

庭院湿地系统是一种小型人工湿地系统。庭院人工湿地是通过形成一种"土壤—植物—微生物"生态系统，利用植物、动物、微生物和土壤的共同作用，逐级过滤、吸收与降解除粪便以外的其他家庭"灰水"，如日常生活中产生的沐浴水、洗衣水、洗碗水等，从而达到净化污水和美化家园的双重效果。庭院人工湿地对于污水中COD、BOD、氨氮、总磷、阴离子表面活性剂、粪大肠菌群等的去除率均能达到90%以上，净化效果明显。庭院人工湿地可针对性地用于乡村居民生活污水、城镇边缘分散居民生活污水和乡村卫生院污水等的处理。庭院湿地系统可形成居住空间内独特的庭院景观。

8.2.4 人工湿地处理系统

人工湿地是一个综合的生态系统，它应用生态系统中的物种共生与物质循环再生原理、结构与功能协调原则，在促进污水污染物质良性循环的前提下，充分发挥资源的再生潜力，使污水得到有效处理与资源化利用。人工湿地处理系统具有缓冲容量大、处理效果好、工艺简单、投资省、运行费用低等特点，非常适合中、小城镇与农村的污水处理。

人工湿地处理系统可以分为以下几种类型：①表面流人工湿地处理系统；②水平潜流人工湿地处理系统；③波形潜流人工湿地处理系统；④垂直流人工湿地处理系统；⑤复合垂直流人工湿地处理系统。

1. 表面流人工湿地系统

表面流人工湿地通常是利用天然沼泽、废弃河道等洼地改造而成的，也可以用池塘或渠道等构造而成。其底部有由黏土层或其他防渗材料构成的不透水层，或者常用一些不同种类的水下屏障来防止渗漏和预防有害物质对地下水造成的潜在危害。填以渗透性较好的土壤或者其他适合的介质作为基质，生长着各种挺水植物和沉水植物，污水以比较缓慢的流速和较浅的水深流过土壤表面，这种浅水、低流速并且有植物茎秆和枯枝落叶存在的湿地系统调节和控制着水流状态，特别是当有较长且狭窄渠道的存在时，湿地的水流则呈现推流状态。

表面流湿地全年或一年中的大多数时间都有表面水存在，植物占据的孔隙率较少，因而停留时间较长。此外，藻类和其他的浮游植物可以在自由水体表面生长，光合作用使水体中的溶解氧增加，并呈碱性，促进了磷酸盐浓度下降和氨气的挥发，同时植物的凋落物也为反硝化提供了附加的碳源。然而，由于土壤基质和植物根系与废水的接触不充分，致使表面流人工湿地的净化效果不很理想，加上这类湿地系统的卫生条件较差，易在夏季滋生蚊蝇，产生臭味而影响周围环境，在冬季或北方地区则易发生表面结冰以及处理效果受温差变化影响大等问题，因而在实际工程中较少单独应用。

表面流人工湿地对污水的处理过程也就是湿地的植物、基质和内部微生物之间的物理、化学、生物相互作用的过程。表面流处理湿地作为土地集约型的生物处理系统，其进水中包含的颗粒和溶解的污染物通过由大面积的水和挺水植物组成的区域时，缓慢地流动和向四周扩散。颗粒物一般采用总悬浮固体（TSS）来测量，它由于流速被降低和对风的屏蔽作用被捕获而倾向于沉降。这些颗粒物包含生物化学需氧量（BOD）的成分、被固定形态的总氮和总磷以及微量水平的重金属和有机物。这些非溶解性污染物进入湿地水体和表面土壤的生物地球化学元素循环之中。与此同时，溶解性的BOD、TN、TP和微量元素中的一部分被整个湿地环境中的土壤和有活性的微生物以及植物群落所吸收，并且这些溶解性元素也进入湿地生态系统中的全部矿质循环之中。

在不同人工湿地类型中，表面流人工湿地具有成熟期短、基建运行费用低、类似于天然湿地等优点，适宜于河网地区的湿地改造和湖泊的富营养化控制。与挺水、沉水植物相比，浮水植物由于其浮于水面，有较大的水深适应范围，繁殖能力强，能有效去除氮磷，便于种植、收割和日常管理，因而浮水植物是表面流人工湿地采用的重要植物类型。

由于不需要砂和砾石作介质，只要将现有的河道稍加改造即可形成自由表面流人工湿地，改造后也不影响原有河网的防洪、泄洪功能，因此表面流人工湿地的造价较低，比潜流型人工湿地更符合湖泊周边河网地区的实际需要。近年来，生物浮床修复污染河道技术（类似于表面流湿地）因植物直接吸收水中营养物质，同时兼有美化绿化水面的效果已经引起了较多的关注。

表面流人工湿地已经广泛地应用于以下几个方面：处理生活污水、养殖污水，蓄积和净化暴雨径流，控制面源污染，恢复和重建河流、湖泊湿地，净化与修复受污河、湖水等。

2. 水平潜流人工湿地系统

目前世界上最为流行湿地污水处理系统就是水平潜流人工湿地（图8-8），它是在挖掘的池塘内或者在陆地上建造的池子中填满多孔介质，这些介质通常是砂子、砾石或者岩石，水位被保持在稍微低于多孔介质的顶层，多孔介质作为挺水植物根系的支撑基质。水平潜流人工湿地系统最为流行的水生植物品种有香蒲、纸莎草和多种芦苇。香蒲和纸莎草是美国通常使用的植物，它们的根穿透深度大约分别为300mm和600mm。芦苇是欧洲通常使用的植物，它的根系穿透深度大约等于450mm。根的穿透深度取决于多孔介质的厚度和水流的深度。我国采用较多的植物为香蒲、芦苇、美人蕉、菖蒲、芦竹与纸莎草等。

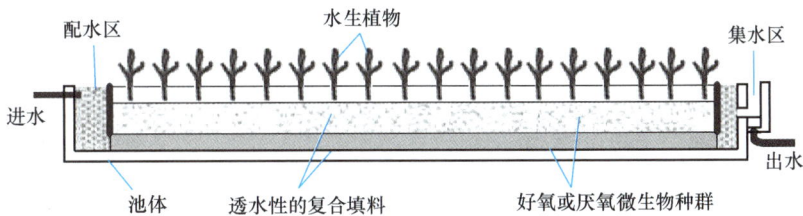

配水区　　水生植物　　集水区
进水　　池体　　透水性的复合填料　　好氧或厌氧微生物种群　　出水

图 8-8　水平潜流湿地结构图

水平潜流人工湿地是水在填料表面以下的潜流系统，它充分利用整个系统的协同作用，且具有卫生条件较好，占地较少，处理效果较好等特点。水平潜流人工湿地因污水从一端水平流过填料床而得名，它由一个或几个填料床组成，床体填充基质，与自由表面流人工湿地相比，水平潜流人工湿地的水力负荷和污染负荷大，对COD、BOD、SS、重金属等污染指标的去除效果好，且很少有恶臭和滋生蚊蝇现象，是目前国际上较多研究和应用的一种湿地处理系统。它的缺点是控制相对复杂，对废水氨氮的硝化和除磷的效果不如垂直流人工湿地。

水平潜流人工湿地系统可以用来处理多种类型的污水，包括生活污水、城市污水、工业废水、农业和城市雨水径流、合流制管网溢流污水和填埋场渗滤液以及其他类型受污染的水。

3. 波形潜流人工湿地系统

波形潜流人工湿地（Wavy Subsurface-flow Constructed Wetland，W-SFCW）是一种新型潜流构造湿地（图 8-9），在湿地中沿垂直水流方向设多个挡板，不断改变水流方向，使湿地中水流流态呈波形曲线形状而得名。波形潜流人工湿地由污水配水区、污水净化反应区、表层砂土区与集水区组成。反应区内填充透水性复合基质，主要为 30～60mm 粒径的砾石，根据去除对象添加部分其他填料，如沉淀磷的钙质填料（石灰石、火山岩等），吸附污染物质的碳系填料（如活性炭、竹炭、炉渣等），出水过滤悬浮固体的砂粒填料等。波形潜流人工湿地采用水平潜流湿地类似配伍的植物。

波形潜流人工湿地经隔板或隔墙导流，使池内水流在每格池内呈对角线流动，污水与基质充分接触，湿地容积利用率高，池内的物理、化学、生物与植物净化作用得到充分发挥。又有复合基质的特定净化作用，使污水中的有机物、氮和磷有效去除。波形潜流人工湿地的水力负荷、污染负荷与水平潜流湿地相当。平行测试，波形湿流人工湿地污染物去除效果明显优于水平潜流人工湿地，COD、NH_4^+-N 与 TP 去除率分别高于水平潜流人工湿地的 8.2%、13.1%和 6.6%。

4. 垂直流人工湿地系统

垂直流人工湿地（图 8-10）是指污水由表面纵向流至床底，床体处于不饱和状态，大气中氧气可以通过灌溉期的排水、停灌期的通风和植物传输进入湿地系统，通过湿地生态系统中基质、湿地植物和基质内的微生物三者的物理、化学、生物和植物作用达到净化污水的目的。垂直流人工湿地被认为是污水净化的可靠自然处理系统。

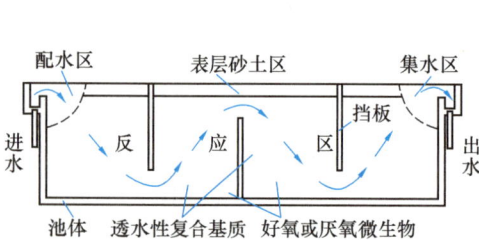

图 8-9　波形潜流人工湿地结构图　　　　图 8-10　垂直流人工湿地结构图

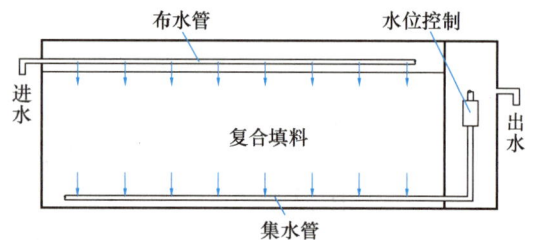

垂直流人工湿地基于其特殊的水流方式，其硝化能力较其他类型湿地均要好，可用于处理氨氮含量较高的污水；但是较短的水力停留时间又会影响其处理出水水质。因此，需要强化垂直流人工湿地基质的去除能力，目前普遍采用粒径较小的基质。垂直流湿地占地面积比水平流湿地的占地面积小 1/3 以上。同时，垂直流人工湿地具有相对较少的死区，如果进水分布均匀，对水体的复氧有一定的作用。

垂直流人工湿地对有机物的去除能力不如水平潜流人工湿地；落干/淹水时间较长，夏季会滋生蚊蝇；尽管建造成本低于二级生物处理工艺，但与其他湿地工艺相比，垂直流人工湿地的控制相对复杂，建造要求较高。

垂直流人工湿地根据水流方向，可以分为垂直下行流人工湿地和垂直上行流人工湿地。在垂直下行流人工湿地中，污水经过布水管向下流经各基质层，最后由底部的集水管收集排出。而在垂直上行流人工湿地中，污水则由下至上依次经过基质层后，由上部收集管收集排出。

　　垂直下行流人工湿地具有较强的复氧能力，溶解氧高于上行流人工湿地，微生物类群数目也较多，因此，下行流人工湿地净化污水的作用大于上行流人工湿地。下行池是有机物的主要降解空间，不同层次对有机物去除的贡献率不同，其中以表层贡献率较大。垂直下行流人工湿地表层具有最强的硝化作用，也是硝化作用作为氮素主要转化途径的基质层。下行池表层具有很强的物理、化学和生物作用，持留了污水中最大部分的氮素，此后各基质层氮素持留量逐渐降低。然而下行流人工湿地的上层填料容易出现堵塞，使下行池表面出现积水层，阻碍了空气中的氧气进入基质层，降低了垂直下行流中的好氧微生物活性。

　　垂直上行流人工湿地复氧能力差，溶解氧浓度低，好氧微生物活性较差、对有机污染物去除效果较差，且出水缓慢，出水有氨臭现象，整个系统的处理能力比较低；但同时，上行池中溶解氧低的特点为反硝化作用的进行创造了较好的厌氧（缺氧）环境，有利于总氮的去除。将垂直下行流和垂直上行流二者组合集成复合垂直流人工湿地系统，优势互补，有效提高湿地的处理效率。

　　5. 复合垂直流人工湿地系统

　　复合垂直流人工湿地处理系统（Integrated Vertical Flow Constructed Wetland，IVCW）是中科院水生生物研究所、德国科隆大学、奥地利维也纳农业大学等合作的欧盟项目研究提出的一种具有独特下行流—上行流复合水流方式的湿地系统，它使水流更加充分的流过整个处理基质，解决了以往渗滤湿地"短路"的问题，并且形成了好氧与厌氧条件并存的复合水处理结构，显著提高了系统的处理效果。下行流—上行流方式的人工湿地对污水中有机物、悬浮物和氮、磷等营养物质均具有较好的去除效果，是一种有效的水污染控制技术。出水的溶解氧明显高于进水的溶解氧，可改善受纳水体水质，促进退化的水生态系统恢复。

　　复合垂直流人工湿地处理系统（图8-11）的流程为：经沉淀池预处理的污水首先流入位于第一池砂层表面中央的多孔布水管，使进水均匀分布在第一池整个表面上，随后污水垂直向下依次流过第一池的砂层、砾石层。由于整个系统底部有一定的倾斜度，污水自流进入第二池底部，并向上经过第二池的砂层、砾石层，由位于

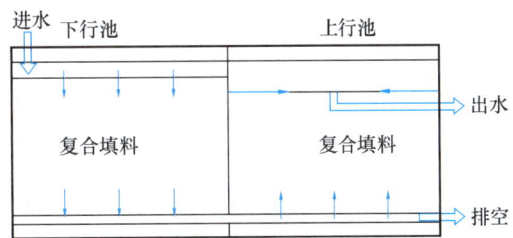

图8-11　复合垂直流人工湿地结构图

第二池表面多孔集水管均匀收集，最后从第二池上部集水管流出系统。污水在复合垂直流人工湿地中的流动完全不需要动力，依靠两池中的水位差推动水流。在复合垂直流人工湿地中的这种独特的水流方式能确保流入湿地的污水基质和植物根系的充分接触，事实上，流入湿地的污水经过了两次处理，这有利于提高湿地的净化效果。

　　根据需要，复合垂直流人工湿地可以建设成单系统、串联系统、并联系统以及复合垂直流人工湿地与氧化塘、推流床等的组合系统。单池系统设计简单，建造经济，但是运行灵活性差；串联系统可以用于污水的深度处理与污水处理厂出水提标处理；并联系统运行灵活，是最主要的形式。污水根据水力负荷按比例分配到各池中，当某一池需要维修时，

其他各池仍可正常工作。

在复合垂直流人工湿地中，下行池脱氮效果较好，这可能是因为下行池溶解氧高于上行池，系统硝化作用进行得较充分所致。上行池溶解氧偏低，限制了硝化作用的进行，而系统本身生物降解过程中有氮的释放，导致上行池的总氮浓度变化缺乏规律性。

提高复合垂直流人工湿地的脱氮效率关键在于改善上行池的充氧能力，可采用曝气、分段进水或对污水进行预处理以提高湿地系统的硝化能力，为反硝化反应提供足够的硝态氮。此外，通过改善湿地中植物和基质的状况，同时增加上行池有机碳源的浓度，均可以提高系统的反硝化效率。

8.2.5　人工湿地处理系统设计

1. 人工湿地处理系统

（1）设计原则

人工湿地处理系统设计必须遵守相关的标准和技术规范，除应遵守《人工湿地污水处理工程技术规范》HJ 2005—2010 外，还应符合国家现行的有关标准和技术规范的规定。

1）基础数据可靠。认真研究基础资料、基本数据，全面分析各项影响因素，充分掌握水质特性和地域特点，合理选择好人工湿地设计参数，为工程设计提供可靠的依据。

2）选择适宜工艺。针对水质特点选择技术先进、运行稳定、投资和处理成本合理的人工湿地处理工艺，采用经过实践证明行之有效的新材料和新设备，使处理工艺先进，运行可靠，处理后水质稳定达标排放。

3）避免二次污染。尽量避免或减少人工湿地滋生蚊蝇、散发气味等对环境的二次污染。

4）运行管理方便。建、构筑物布置合理，处理过程的自动控制，力求安全可靠、经济适用，以利提高管理水平，降低劳动强度和运行费用。

5）坚持生态优先。人工湿地系统具有保持水土、净化水质、除洪防旱、调节气候和维持生物多样性等重要生态功能。健康的湿地生态系统是属地生态安全体系的重要组成部分和社会经济可持续发展的重要基础。设计中应坚持生态优先原则。

6）其他注意事项。严格执行国家环境保护有关规定，使人工湿地处理后的水达标排放或满足循环用水或深度处理要求。

（2）设计方法

1）一般规定

人工湿地的表面积设计应考虑最大污染负荷和水力负荷，可按水力负荷、COD、TN、NH_4^+-N 与 TP 的表面负荷率进行计算，取计算结果中的最大值，并校核水力停留时间是否满足设计要求。

人工湿地的进水，宜控制 COD≤200mg/L，SS≤80mg/L。

人工湿地污水处理工程接纳的污水中含有有毒、有害物质时，其浓度应符合《污水综合排放标准》GB 8978—1996 中第一类污染物最高允许排放浓度的有关规定。

人工湿地前的预处理程度应根据具体水质情况与污水处理技术政策，选择一级处理、强化一级处理和二级处理等适宜工艺，其设计必须符合《室外排水设计标准》GB

50014—2021 中的有关规定。

2）工艺形式

① 自由表面流人工湿地

水面在人工湿地填料表面以上，水流从池体进水端水平流向出水端的人工湿地（图 8-12）。自由表面流人工湿地由于占地面积较大及存在一定的环境卫生问题，在实际污水处理工程中应用较少，本章不作详细论述。

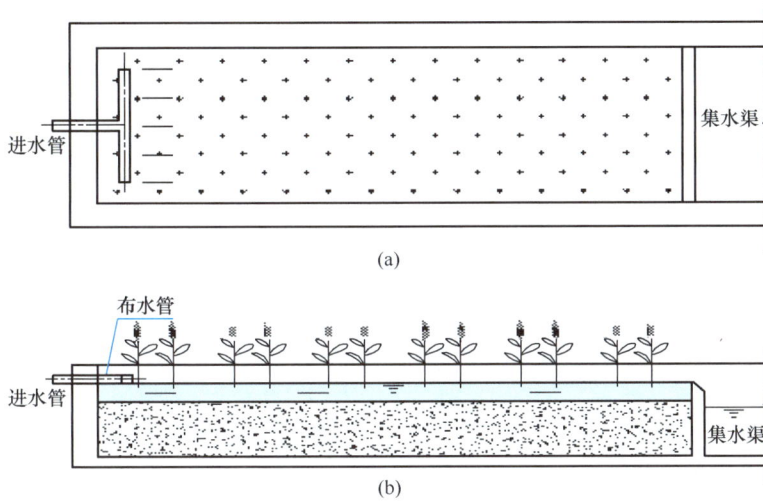

图 8-12　自由表面流人工湿地结构图

（a）平面图；（b）剖面图

② 水平潜流人工湿地

水面在人工湿地填料表面以下，水流从池体进水端沿填料孔隙水平流向出水端的人工湿地（图 8-13）。

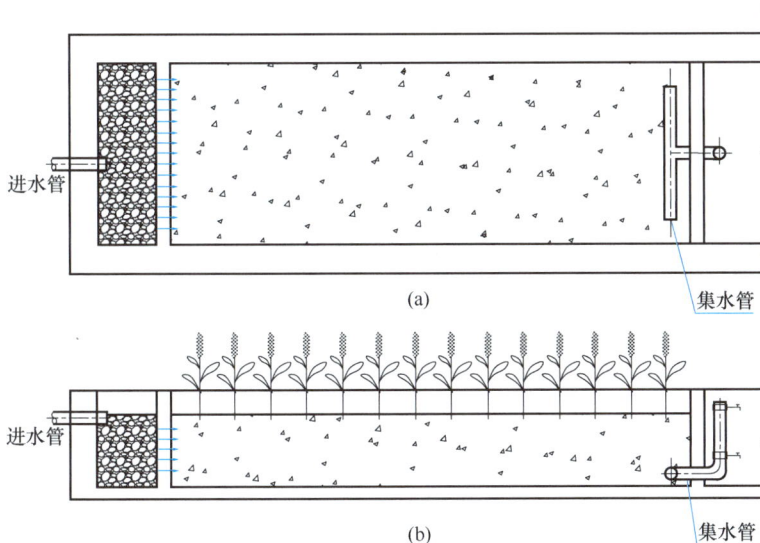

图 8-13　水平潜流人工湿地结构图

（a）平面图；（b）剖面图

423

③ 垂直潜流人工湿地

垂直潜流人工湿地（图 8-14）是一种污水从人工湿地表面垂直流过填料层的人工湿地，分单向垂直流型人工湿地和复合垂直流型人工湿地两种。单向垂直流型人工湿地一般采用间歇进水运行方式，复合垂直流型人工湿地一般采用连续进水运行方式。

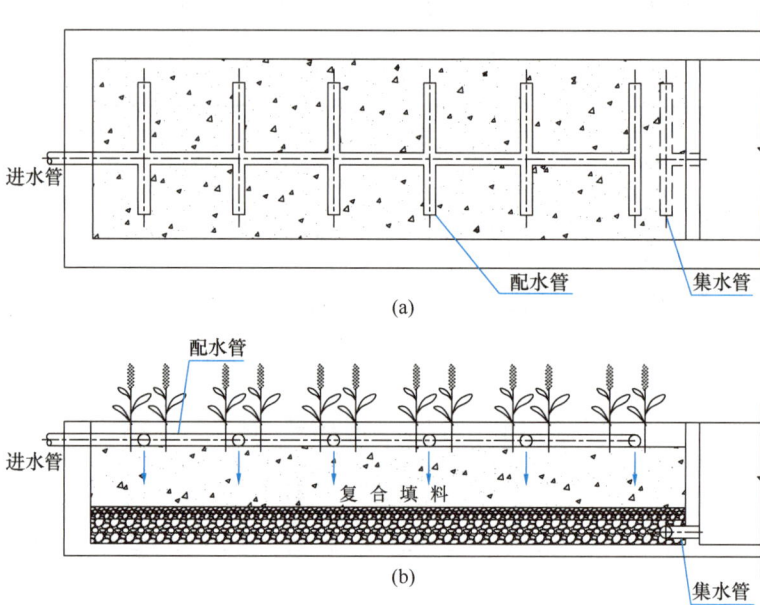

图 8-14　垂直潜流人工湿地结构图
（a）平面图；（b）剖面图

④ 组合式人工湿地

由多个同类型或不同类型的人工湿地池体组合构成的人工湿地处理系统。

（3）设计参数及公式

1）水平潜流人工湿地主要设计参数

生活污水或类似性质的污水，经过一级处理和二级处理后可直接采用水平潜流人工湿地进行处理，相应的人工湿地作为二级处理和深度处理设施，其主要设计参数见表 8-7。

水平潜流人工湿地主要设计参数　　　　　　　　　　表 8-7

设计参数	二级处理	深度处理
COD—表面负荷率 N_{COD} [g/(m² · d)]	≤16	≤16
TN—表面负荷率 N_{TN} [g/(m² · d)]	2.5～8	2.5～8
NH_4^+-N—表面负荷率 $N_{NH_4^+-N}$ [g/(m² · d)]	2～5	2～5
TP—表面负荷率 N_{TP} [g/(m² · d)]	0.3～0.5	0.3～0.5
水力负荷率 N_q [L/(m² · d)]	≤40	≤200～500
停留时间 t（d）	≥3	≥0.5
池底坡度 i（%）	≥0.5	≥0.5
填料深度 h（mm）	700～1000	700～1000

人工湿地污染负荷有 COD、TN、NH_4^+-N 与 TP 的表面负荷。用污染负荷率计算人工湿地面积为：

$$A = \frac{Q(C_0 - C_e)}{N} \qquad (8\text{-}19)$$

式中　Q——污水流量，m^3/d；

C_0——进水污染物浓度，mg/L 或 g/m^3；

C_e——出水污染物浓度，mg/L 或 g/m^3；

N——污染物表面负荷率，$g/(m^2 \cdot d)$。

用水力负荷率计算人工湿地面积为：

$$A = \frac{Q}{N_q} \qquad (8\text{-}20)$$

式中　N_q——水力负荷率，$L/(m^2 \cdot d)$。

水力停留时间 t 计算为：

$$t = \frac{lbhn}{Q} \qquad (8\text{-}21)$$

式中　l——人工湿地长度，m；

b——人工湿地宽度，m；

h——人工湿地深度，m；

n——人工湿地填料孔隙率。

2）垂直潜流人工湿地主要设计参数见表 8-8。

垂直潜流人工湿地的面积、水力停留时间计算公式同水平潜流人工湿地。

垂直潜流人工湿地主要设计参数　表 8-8

设计参数	二级处理	深度处理
COD—表面负荷率 N_A [$g/(m^2 \cdot d)$]	≤20	≤20
水力负荷率 N_q [$L/(m^2 \cdot d)$]	≤80	≤100~300
TN—表面负荷率 N_{TN} [$g/(m^2 \cdot d)$]	3~10	3~10
NH_4^+-N—表面负荷率 $N_{NH_4^+\text{-N}}$ [$g/(m^2 \cdot d)$]	2.5~8	2.5~8
TP—表面负荷率 N_{TP} [$g/(m^2 \cdot d)$]	0.3~0.5	0.3~0.5
停留时间 t（d）	≥2	≥1
池底坡度 i（%）	≥0.5	≥0.5
填料深度 h（mm）	800~1400	800~1400

（4）结构设计

1）人工湿地池体可采用混凝土、砖、毛石或黏土结构，采用混凝土和砖砌结构时池底需要设置不低于 100mm 厚的 C10 混凝土垫层，采用黏土结构时，防渗要求需要符合有关规定。

2）水平潜流人工湿地的单元长宽比宜控制在（3∶1）~（10∶1），垂直潜流人工湿地长宽比宜控制在（1∶1）~（3∶1）。对于长宽比小于 1 或不规则的潜流人工湿地，应考虑人工湿地均匀布水和集水的问题。

3）潜流人工湿地设计中如采用多个人工湿地单元时，独立单元面积不宜大于 800m²。多个人工湿地并联时，各单元面积应平均分布，并保证配水均匀。

4）潜流人工湿地应保持一定深度，以保证人工湿地单元中植物的生长及必要的好氧条件。在设计人工湿地时，应考虑雨季暴雨径流带来的超高水位，此时淹没的最大深度应保证大部分植物能够生存并发挥功能，淹没深度宜控制在 200mm 以下。

5）在冬季易发生冻害的地区，人工湿地设计时应考虑以下两种保温防冻措施：

低温环境时将人工湿地水位上升至人工湿地表面上不小于 50mm 位置，形成表面冰层对人工湿地填料区及水生植物根系进行保温；在人工湿地表面覆盖树叶、树枝或农用塑料薄膜进行隔离，减少人工湿地热量散失。

6）人工湿地防堵塞设计时，应综合考虑污水的悬浮物浓度、有机负荷、投配方式、基质粒径、植物、微生物、运行周期等因素。可采用以下方法降低堵塞的概率：

人工湿地采用多个单元并联运行时，可以考虑每隔 5~7d 对部分人工湿地停止进水1~2d，采取间歇运行的方式。

可对污水进行预曝气，提高人工湿地基质中的溶解氧，更好地发挥微生物的分解作用，防止土壤中胞外聚合物的蓄积。

选择合适的基质粒径及级配，基质粒径及级配的选择应综合考虑净化效果和防止堵塞因素。

7）潜流人工湿地水位控制应保证其接纳最大设计流量时，进水端不能出现雍水现象，防止发生表面流。

8）人工湿地出水排放应按照当地有关部门要求设置排放口，排放口应采取防冲刷、消能、加固等措施。

（5）防渗设计

1）人工湿地建设时，应在底部和侧面进行防渗处理。

2）当原有土层渗透系数大于 10~8m/s 时，应构建防渗层，一般采取下列措施：

水泥砂浆或混凝土防渗：砖砌或毛石砌后底面和侧壁用防水水泥砂浆防渗处理，或采用混凝土底面和侧壁，按相应的建筑工程施工要求进行建造。

塑料薄膜防渗：薄膜厚度宜大于 1.0mm，两边衬垫土工布，以降低植物根系和紫外线对薄膜的影响。宜优选 PE 膜，敷设要求应满足《聚乙烯（PE）土工膜防渗工程技术规范》SL/T 231—1998 等专业规范要求。

黏土防渗：采用黏土防渗时，黏土厚度应不小于 600mm，并进行分层压实。亦可采取将黏土与膨润土相混合制成混合材料，敷设不小于 600mm 的防渗层，以改善原有土层的防渗能力。

3）对于渗透系数小于 10~8m/s，且有厚度大于 600mm 的土壤或致密岩层时，可不需采取其他防渗措施。工程建设中，应对湿地底部和侧壁 600mm 厚度范围进行渗透性测定。

（6）人工湿地填料

1）人工湿地填料应能为植物和微生物提供良好的生长环境，并具有良好的透水性。填料装填后湿地孔隙率不宜低于 0.3。

2）人工湿地常用的填料有石灰石、矿渣、蛭石、沸石、砂石、炉渣、页岩等，碎砖瓦、混凝土块经过加工、筛选后也可作为填料使用。

3）填料应预先清洗干净，按照设计确定的级配要求充填。

4）为提高人工湿地对磷的去除率，可在人工湿地进口、出口等适当位置装填具有吸磷功能的填料，强化除磷。

5）水平潜流人工湿地沿进水方向分为进水区、主体区与出水区，填料层的结构设置，沿着水流方向铺设粒径分别为：50～80mm，10～50mm，50～80mm；填料厚度均为：0.6～1.6m。

6）垂直潜流人工湿地填料层的结构设置，一般从下到上分为配水层、主体层、过渡层和排水层，配水层由粒径为10～30mm砾石构成，厚度为200～300mm；主体层由粒径2～6mm砂砾构成，厚度400～1400mm；过渡层由粒径5～10mm砂砾构成，厚度为200～300mm；排水层由粒径10～30mm砾石构成，厚度为200～300mm。

7）为避免布水对滤料层的冲失，可在布水系统喷流范围内局部铺设50mm厚的覆盖层，粒径为8～16mm的砾石。

（7）湿地植物选配

1）人工湿地植物的选择宜符合下列要求：根系发达，输氧能力强；适合当地气候环境，优先选择本土植物；耐污能力强、去污效果好；具有抗冻、抗病害能力；具有一定经济价值；容易管理；有一定的景观效应。

2）人工湿地常用的植物有芦苇、香蒲、菖蒲、旱伞草、美人蕉、水葱、灯芯草、水芹、茭白、黑麦草等。

3）植物种植时间宜选择在春季。为提高低温季节净化效果，人工湿地植物宜采取一定的轮作方式，秋冬季节可种植黑麦草、水葱、水芹等具有耐低温性能的植物。

4）植物种植初期的密度可根据植物种类进行选择，芦苇行距、株距分别为30cm、30cm；香蒲行距、株距分别为30cm、30cm；菖蒲行距、株距分别为25cm、20cm；旱伞草行距、株距分别为30cm、30cm；美人蕉行距、株距分别为30cm、20cm；水葱行距、株距分别为30cm、20cm；灯芯草行距、株距分别为30～45cm、30～45cm；水芹行距、株距分别为5～8cm、5～8cm；茭白行距、株距分别为50cm、50cm；黑麦草行距为15～30cm。

5）植物种植时，应保持池内一定水深，植物种植完成后，逐步增大水力负荷使其驯化适应湿地进水水质。

6）同一批种植的植物植株大小应均匀，不宜选用苗龄过小的植物。

（8）布水与集水方式

1）为保证人工湿地配水、集水的均匀性，配、集水系统宜采用穿孔配（集）水管、配（集）水堰等方式。

2）当水平潜流人工湿地采用多池并联运行时，进水区可设置V形槽或溢流堰，各池应均匀配水。

3）水平潜流人工湿地可采用穿孔花墙配水、并联管道多点布水或穿孔管布水等方式，保证水流从进口起沿水平方向流过填料层后均匀流出。穿孔花墙孔口流速不宜大于0.2m/s。穿孔管流速宜为1.5～2.0m/s，配水孔宜斜向下45°交错布置，孔口直径不小于5mm，孔口流速不小于1m/s。

4）垂直潜流人工湿地宜采用穿孔管配水，穿孔管应均匀布置。穿孔配水管应设置在滤料层上部（见图 8-14），配水管流速及配水孔要求同前。

5）水平潜流人工湿地与垂直潜流人工湿地宜采用穿孔管集水，穿孔集水管应设置在末端底层填料层，集水管流速不宜小于 0.8m/s，集水孔口宜斜向下 45°交错布置，孔口直径不小于 10mm。

（9）强化吸磷

1）为提高人工湿地除磷效果，设计时应考虑利用具有良好吸磷性能的填料强化吸磷。

2）人工湿地吸磷填料宜采用含钙、镁较为丰富的高炉炉渣、石膏、粉煤灰陶粒、蛭石、石灰石等，吸磷填料的种类及数量应通过试验确定。

3）吸磷填料宜布置在人工湿地中部或末端，级配应与主体填料级配基本一致，以保证水流状态均匀。

4）为减轻吸磷填料的饱和与堵塞问题，宜选用空隙率较高、具有良好附着性能的填料；吸磷填料应便于清理和置换。

（10）消毒及中水回用设施

1）人工湿地用于城市污水和生活污水处理时，应设置消毒设施。

2）人工湿地污水处理工程的消毒设施和有关建筑物的设计，应符合《室外排水设计标准》GB 50014—2021 中的有关规定。

3）在特殊情况，如传染病暴发或对病菌有较高出水要求时，应对出水进行消毒处理。消毒要求应符合《室外排水设计标准》GB 50014—2021 中的有关规定。

4）人工湿地污水处理工程的出水作为再生水利用时，应符合《城镇污水再生利用工程设计规范》GB 50335—2016 中的有关规定。

2. 废弃地次生湿地恢复利用

废弃地，简言之就是弃置不用的土地，包括在工业与农业生产、城市建设等土地利用的过程中，由于自然或人为作用所产生的各种废弃闲置的土地。工业废弃地是其中最主要的形式之一，是指受工业生产活动直接影响失去原来功能而废弃闲置的用地及地上设施。在外延范畴上，工业废弃地包括废弃工业用地，废弃的专为工业生产服务的仓储用地、对外交通用地和市政公用设施用地，以及沿用资源生产技术方法所成的采掘沉陷区用地、废弃露天采场用地、工业废弃物堆场用地等。

在我国东部平原地区，地下采矿造成地表沉陷，使地下水冒出或收集、截留、贮存了雨季的降水及区域内工业废水、生活污水等，形成大面积的季节性或常年积水的采矿沉陷区。这在客观上已经改变了原地域的生态环境，使单一的陆生生态系统演替为"水—陆复合型"次生湿地生态系统。

鉴于湿地所具有的重要生态意义，需要对采矿沉陷区被动形成的次生湿地采取必要的维护措施，以提升生态环境质量，促进生态系统进化。

（1）采矿沉陷区次生湿地维护方法

与一般意义的湿地相同，采矿沉陷区次生湿地也是由水体、基质和生物群落三部分基本要素构成，典型剖面见图 8-15。

1）次生湿地水体维护

水体是支持和保护湿地生态系统的结构、功能、生态过程及生物多样性的基本要素。

采矿沉陷区次生湿地的水源来自于地表下沉后冒出的地下水、煤矿排出的疏干水、截留的雨水、工业企业排出的工业废水、附近居民点排放的生活废水等。湿地水体维护面临的主要问题是保障稳定的水资源量和水质质量。因此，首先需要对水源勘测、分析、明确水资源的补给关系，并据此制定湿地水资源平衡保障技术措施。其次，根据对水体污染情况的调查和水质监测，明确水质现状和污染特征，研究和制定水体污染治理和水质维持的实施技术措施。

图 8-15　次生湿地典型剖面图

2）次生湿地基质维护

湿地基质由土壤、砂、卵石、碎石等构成，基质表面为微生物生长提供了稳定的依附层，也为水生植物提供了载体和营养物质。湿地基质维护的主要措施是采取物理、化学和生物技术消除或固化基质中存在的污染物，修复基质土壤，增强土壤肥力，使生物群落具有健康的生存和演替环境。

3）次生湿地生物群落维护

湿地生物群落由湿地植被、动物和微生物构成，植被是生物群落存在和动态演替的前提和基础。对于湿地生物群落的维护，一方面，引种湿地植被应强调土著性、净化能力和较好的经济价值；另一方面，应着力构建更复杂的食物链网结构，维护生态系统的动态平衡并保护生物多样性。

（2）采矿沉陷区次生湿地的类型

类型 1：环保型次生湿地

该类次生湿地的主导功能是净化水质和土壤，主要针对受城市工业和生活污水、废水排放影响严重的地域，适宜在中度和轻度沉陷区（积水深度在 0.5m 以上）建设。研究表明，积水深度约 0.5m 的水体，通过栽种挺水植物构建具有环保功效的"芦苇湿地"，能够对工业和生活污水、废水进行深度净化处理，利用植物的吸收、吸附作用去除或消减水中的重金属离子、有机污染物、细菌和病毒等；在积水深度 1.0m 以上的水域可以引种一些沉水植物来净化水质。环保型湿地不仅净化了环境，实现了污水、废水的再资源化，而且湿地水生植被可以产生良好的经济效益，作为造纸、建材、药品、化工等多种产品的原材料。

类型 2：观赏型次生湿地

这种湿地类型适宜在人类活动可达性较高、污染程度低、环境景观较好的轻度沉陷区（常年水深在 0.5m 以下）建设。在生态安全框架下，通过地貌和水体形状的轻度改造，引种观赏价值较高的水生和近岸植被，在净化水质和土壤的基础上设计组装结构和功能完整的生态系统，引发微生物的萌生，吸引昆虫、水禽、两栖动物、小型哺乳动物的迁移和聚集，提升环境的生物多样性和空间趣味性，营构具有亲水、观赏、休憩等综合功能的开放空间。

类型 3：养殖型次生湿地

对于常年积水较深（3m 以上）且周边环境缺乏地形梯度渐次变化的深度沉陷区，引种挺水植物、浮水植物和沉水植物难度较大，不适于建设环保型次生湿地和观赏型次生湿地，宜建设成以渔业养殖为主导功能的养殖型次生湿地。

类型4：复合型次生湿地

在多数情况下，采矿沉陷区面积大，分布格局类型多样，地形、地貌和水文地质情况错综复杂。如果以整个沉陷区作为设计对象，次生湿地的维护模式大多表征为多种类型并存的复合型次生湿地。

在对次生湿地进行生态维护的基础上，可以在规划布局上因地制宜布置保护区、观赏游憩区、科学研究区、科普宣传教育区、垂钓区、游客参与建设区等，从而在收益上兼有环境和经济收益，见表8-9。

次生湿地的综合收益   表8-9

收益类型		收益内容
环境收益	生态环境收益	提高和保护生物多样性；降解污染净化水质、土壤，改善空气质量；减缓地表径流；调节区域小气候
	视觉环境收益	美化视觉环境
经济收益		水体再资源化收益；旅游开发收益；渔业养殖收益 水生植物被用作原材料收益

8.3 土 地 渗 滤

土地渗滤处理系统是一种通过自然土壤—植物系统综合作用净化污水的工艺系统，属于污水自然生态处理范畴。污水土地渗滤处理系统既可经济有效地净化污水，亦能利用污水中营养物质和水，供养农作物、牧草和林木，利于水产和畜产业，裨益土地复绿、"双碳"达标，是一种环境友好性自然生态治污工程。

13. 土地渗滤

复 习 思 考 题

1. 什么是稳定塘（或氧化塘或生物塘）？根据塘水中微生物优势群体类型和溶解氧工况，稳定塘一般划分为哪几类？

2. 简述稳定塘的工艺特征。

3. 图示典型的兼性稳定塘的生态系统，说明其净化污水的过程。

4. 简述人工湿地净化污水的机理。

5. 图示表述人工湿地处理系统的类型、构型、功能及用途。

第9章　污水的消毒与深度处理工艺

污水经过常规的二级处理工艺系统处理后，通常还会含有致病菌，主要有病原性细菌、肠道病毒和蠕虫卵，此外还可能含有原生动物孢子和胞囊等，这就需要对水做进一步消毒处理。另一方面，若经过生化处理后的水仍达不到所规定的排放标准或回用要求，通常还需要进行深度处理，以去除残存的悬浮物、胶体和溶解性物质。本章主要介绍污水消毒、深度处理工艺和处理后水的回收再用。

9.1　污水的消毒处理

9.1.1　概述

城市污水经二级处理后，细菌含量大幅度减少，但细菌的绝对值仍较大，并存在有病原菌的可能，因此在排放水体前或在农田灌溉时，应进行消毒处理，特别是在城市水源地的上游或旅游区，夏季或流行病流行季节，应进行严格的连续消毒。非上述地区或季节，在经过卫生防疫部门的同意后，也可考虑采用间歇消毒或酌减消毒剂投加量。

9.1.2　污水处理厂消毒指标及标准

消毒（Disinfection）有别于灭菌，在消毒过程中，细菌不是全部被杀灭，它仅要求杀灭致病菌；而灭菌则是指杀灭全部细菌。污水中的病原体主要有 3 类：病原性细菌、肠道病毒和蠕虫卵。

世界上许多国家和地区已经根据实际情况制定了不同的消毒标准。目前美国大部分州对经过二级生化处理后的污水出水的消毒指标为粪大肠菌群不超过 200 个/100mL，极个别州的标准为粪大肠菌群不超过 400 个/100mL 或 1000 个/100mL。欧盟国家现行标准中的总大肠菌群不超过 10000 个/100mL，且粪大肠菌群不超过 2000 个/100mL。目前欧盟正在对这一标准进行修改，预计新标准中的粪大肠菌群数将修订为不超过 1000 个/100mL。我国于 1996 年就颁布了《污水综合排放标准》GB 8978—1996，又于 2002 年颁布《城镇污水处理厂污染物排放标准》GB 18918—2002，该标准规定执行二级标准和一级 B 类标准的污水处理厂排放要求是粪大肠菌群不超过 10000 个/L（即 1000 个/100mL），执行一级 A 类标准的污水处理厂排放要求为不超过 1000 个/L（即 100 个/100mL）。2003 年 5 月 4 日，国家环境保护总局要求城镇污水处理厂出水应结合实际，采取加氯或紫外线等消毒灭菌处理，出水水质粪大肠菌群数小于 10000 个/L。另外，为提倡城镇污水的再生利用，2002 年以来，国家还颁布了《城市污水再生利用　城市杂用水水质》GB/T 18920—2020、《城市污水再生利用　景观环境用水水质》GB/T 18921—2019、《城市污水再生利用　地下水回灌水质》GB/T 19772—2005 和《城市污水再生利用　工业用水水质》GB/T 19923—2024 等标准，各标准中对出水的粪大肠菌群数均有明确的规定。

表 9-1 列出了部分国家和地区尾水消毒指标，供参考。

国家或地区	指标值*	标准
美国国家环保局（EPA）	200 个/100mL	二级生化处理后的出水
欧盟	2000 个/100mL	浴场水指导准则
日本	总大肠菌群数 1000 个/mL	水污染环境质量标准——二级标准，渔业一级标准
中国《城镇污水处理厂污染物 排放标准》 GB 18918—2002	10000 个/L	二级标准
	1000 个/L	一级标准 A 类
	10000 个/L	一级标准 B 类
中国《污水综合排放标准》 GB 8978—1996	5000 个/L	医院、兽医院及医疗机构含病原体污水；三级标准
	1000 个/L	医院、兽医院及医疗机构含病原体污水；二级标准
	500/L	医院、兽医院及医疗机构含病原体污水；一级标准
	1000 个/L	传染病、结核病医院；三级标准
	500 个/L	传染病、结核病医院；二级标准
	100 个/L	传染病、结核病医院；一级标准
中国《城市污水再生利用 城市杂用水水质》 GB/T 18920—2020	大肠埃希氏菌不得检出	城市污水再生用作杂用水
中国《城市污水再生利用 景观环境用水水质》 GB/T 18921—2019	1000 个/L	观赏性景观环境用水　河道、湖泊、水景类
	1000 个/L	景观湿地环境用水
	1000 个/L	娱乐性景观环境用水　河道、湖泊类
	3 个/L	娱乐性景观环境用水　水景类

注：＊除注明外均为粪大肠菌群数。

9.1.3　常用的污水消毒技术

常用的消毒技术有化学药剂法和光化学消毒法，目前应用较为广泛的为氯消毒、二氧化氯消毒、臭氧消毒和紫外消毒等。

1. 液氯消毒

（1）液氯消毒概述

氯气呈黄绿色，约为空气密度的 2.48 倍。液氯为琥珀色，约为水的密度的 1.44 倍。在实际应用中，氯是以液氯的形式贮存在各种压力容器中的。

加氯消毒系统包括加氯机、混合设备、氯瓶和接触池等部分。

由于消毒后污水中尚有一定的余氯存在，液氯消毒具有剩余消毒能力。液氯技术方法成熟，设备故障率低，运行费用低，是目前国内最普遍的城市污水消毒方法。加氯消毒最大的问题是消毒过程中产生有毒的副产物（DBPs）。DBPs 被认为有致癌作用且在较低的浓度（小于 0.1mg/L）就会对环境产生危害，北美地区要求氯消毒出水必须进行脱氯处理。

（2）液氯消毒机理

氯容易溶解于水（20℃和98kPa时，溶解度为7160mg/L），氯气通入水中即成为氯水，下列反应几乎同时发生：

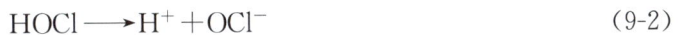

$$Cl_2 + H_2O \longrightarrow HOCl + HCl \tag{9-1}$$

$$HOCl \longrightarrow H^+ + OCl^- \tag{9-2}$$

所产生的次氯酸，是极强的消毒剂，可以杀灭细菌和病原体。消毒的效果与水温、pH、接触时间、混合程度、污水浊度及所含干扰物质、有效氯浓度有关。

（3）液氯消毒设计计算

对于生活污水，加氯量可根据经验确定。参用下列数值：一级处理水排放时，投氯量为20～30mg/L；不完全二级处理水排放时，投氯量为10～15mg/L；二级处理水排放时，投氯量为5～10mg/L。

混合池的设计可参考《给水工程》。混合时间为5～15s，当用鼓风混合，鼓风强度为$0.2m^3/(m^3 \cdot min)$。当用隔板式混合池时，池内平均流速不应小于0.6m/s。

接触池的计算公式同竖流沉淀池。接触时间30min，沉降速度采用1～1.3mm/s。保证余氯量不少于0.5mg/L。

【例 9-1】某城市污水处理厂日处理量$10 \times 10^4 m^3$，二级处理后采用液氯消毒，投氯量按7mg/L计，仓库贮量按15d计算，试设计加氯系统。

（1）加氯量 G

$$G = 0.001 \times 7 \times 100000/24 = 29.2 \text{kg/h}$$

（2）贮氯量

$$W = 15 \times 24 \times G = 15 \times 24 \times 29.2 = 10512 \text{kg}$$

（3）加氯机和氯瓶

采用投加量为0～20kg/h加氯机3台，两用一备，并轮换使用。液氯的贮存选用容量为1000kg的钢瓶，共12只。

（4）加氯间和氯库

加氯间和氯库合建（图9-1）。加氯间内布置3台加氯机及其配套投加设备，2台水加压泵。氯库中12只氯瓶两排布置，设6台称量氯瓶质量的液压磅秤。为搬运氯瓶方便，氯库内设CD12-6D单轨电动葫芦一个，轨道在氯瓶上方，并通过氯库大门外。

氯库外设事故池，池中长期贮水，水深1.5m。加氯系统的电控柜，自动控制系统均安装在值班控制室内。为了方便观察巡视，值班与加氯间设大型观察窗及连通的门。加氯间和氯库的通风设备根据加氯间、氯库工艺设计，加氯间总容积$V_1 = 4.5 \times 9.0 \times 3.6 = 145.8m^3$，氯库容积$V_2 = 9.6 \times 9 \times 4.5 = 388.8m^3$。为保证安全每小时换气8～12次。

加氯间每小时换气量$G_1 = 145.8 \times 12 = 1749.6m^3$

氯库每小时换气量$G_2 = 388.8 \times 12 = 4665.6m^3$

故加氯间选用一台T30-3通风轴流风机，配电功率0.25kW。

氯库选用两台T30-3通风轴流风机，配电功率0.4kW，并各安装一台漏氯探测器，位置在室内地面以上20cm。

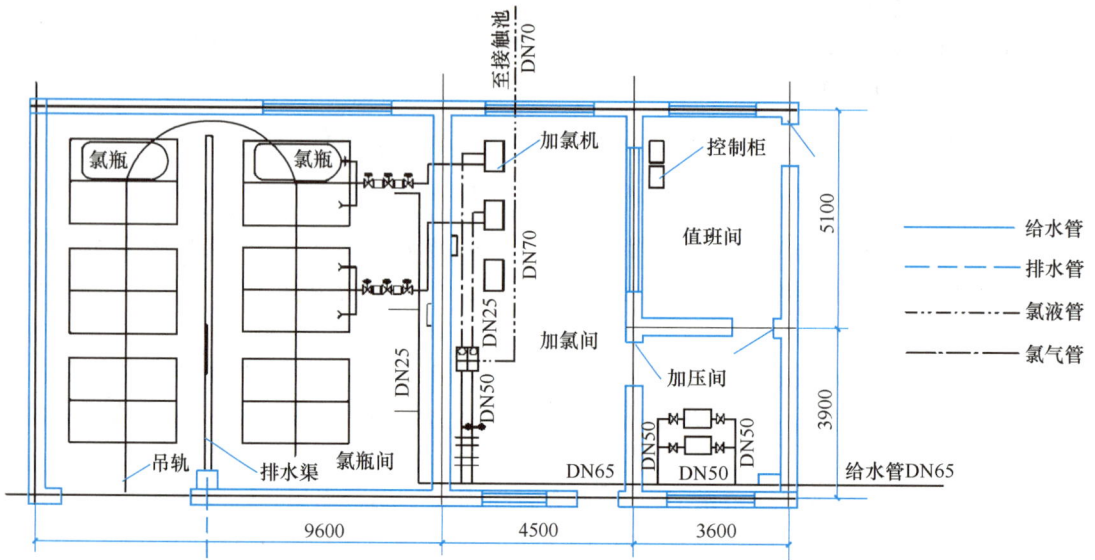

图 9-1 加氯间、氯库平面布置图（单位：mm）

2. 次氯酸钠消毒

（1）次氯酸钠消毒概述

次氯酸钠是一种高效、广泛、安全的强力灭菌、杀病毒药剂，它同水的亲和性很好，能与水任意比互溶，它不存在液氯等的安全隐患，可作为农村等一些小型污水处理厂的消毒设备。

（2）次氯酸钠消毒机理

次氯酸钠是一种强氧化剂，在溶液中生成次氯酸根离子，通过水解反应生成次氯酸，具有与氯的其他衍生物相同的氧化和消毒作用，但其消毒效果不如 Cl_2。

$$NaOCl + H_2O \longrightarrow HOCl + NaOH \tag{9-3}$$

（3）次氯酸钠的制备

因次氯酸钠所含的有效氯受日光、温度的影响而分解，故一般采用次氯酸钠发生器现场制取，就地投加。

次氯酸钠以海水或食盐水的电解液电解产生：

$$2NaOH + Cl_2 \longrightarrow NaOCl + NaCl + H_2O \tag{9-4}$$

从次氯酸钠发生器发出的次氯酸可直接注入污水，进行接触消毒。

3. 二氧化氯消毒

（1）二氧化氯消毒概述

二氧化氯作为强氧化剂，可将废水中的少量还原性酸根氧化除去，也可将一些金属离子及它们与酚类、CN^- 形成的络合物除去。因此，二氧化氯可广泛应用于含氯、酚、硫、有机物、金属离子等工业废水处理以及医院、生活污水杀菌消毒。二氧化氯是氯系列消毒最理想的更新替代产品，其杀菌能力是氯气的 5 倍，是次氯酸钠的 50 倍。二氧化氯具有极强的杀菌能力，且不会产生致癌、致突、致畸物质，在 pH 为 6～9 的范围内，二氧化氯均保持了很强的杀菌能力。低浓度二氧化氯在水中扩散快，渗透能力强，消毒过程中用量少、作用快、杀菌率高，且有很强的持续消毒能力。

二氧化氯消毒主要问题是成本较高，目前主要用于小型城市污水处理厂，对于即时生产的二氧化氯来说，普遍存在成分不纯和成本过高的缺点。

二氧化氯对细胞壁有较强的吸附穿透能力，可有效地氧化细胞内含巯基的酶，还可以通过快速地抑制微生物蛋白质的合成来破坏微生物。

（2）二氧化氯制备技术

二氧化氯具有易挥发、易爆炸的特点，故不宜贮存，以现场制取和使用为主。二氧化氯的制备方法主要有化学法和电解法两种，其中化学法制备二氧化氯的技术已趋于成熟，电解法正在发展中。用于水处理领域的小型化学法二氧化氯发生器主要有两种：以氯酸钠、盐酸为原料的复合型二氧化氯发生器和以亚氯酸钠、盐酸为原料的纯二氧化氯发生器，其中前者应用最为广泛，主要的反应是：

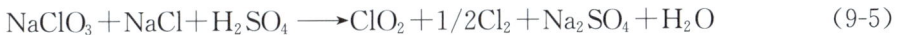

$$NaClO_3 + NaCl + H_2SO_4 \longrightarrow ClO_2 + 1/2Cl_2 + Na_2SO_4 + H_2O \tag{9-5}$$

$$5NaClO_2 + 4HCl \longrightarrow 4ClO_2 + 5NaCl + 2H_2O \tag{9-6}$$

（3）二氧化氯消毒设计计算

二氧化氯的投加量、接触时间、混合方式与液氯相同。二级处理出水的加氯量应根据试验资料或类似运行经验确定。无试验资料时，二级处理出水可采用 $6 \sim 15mg/L$，再生水的加氯量按卫生学指标和余氯量确定。二氧化氯投加后接触时间不应小于 $30min$。

【例 9-2】某污水处理厂处理水量 $Q = 300m^3/h$，经生物处理后，拟采用二氧化氯消毒，试设计二氧化氯消毒系统。

（1）投药量 G　按有效氯计算，每立方米水中投加 7g 的氯。

$$G = 0.001 \times 7 \times 300 = 2.1kg/h$$

（2）设备选型　拟采用化学法制备二氧化氯，即采用氯酸钠和盐酸反应生成二氧化氯和氯气的混合气体。

选用 2 台 HB-3000 型二氧化氯发生器，每台产气量 3000g/h，一用一备，日常运行时，交替使用。

（3）耗药量及药液贮槽　根据设备要求，HB-3000 型二氧化氯发生器的药液配制浓度：$NaClO_3$ 为 30%。市售的氯酸钠为袋装 50kg 的纯固体粉末，盐酸为稀盐酸，浓度为 31%。

理论计算，产生 1g 二氧化氯需要消耗 0.5g 的 $NaClO_3$ 和 1.3gHCl。但在实际运行中氯酸钠和盐酸不可能完全转化，经验数据为氯酸钠在 70% 以上，盐酸为 80% 左右。

氯酸钠消耗量 $G_{氯酸钠} = 0.65 \times 3000 \div 70\% = 2785.7g/h$

盐酸消耗量 $G_{盐酸} = 1.3 \times 3000 \div 80\% = 4875g/h$

配制成 30% 的溶液，则药液的体积为：

$$V_{氯酸钠} = 2785.7 \div 30\% \times 10^{-6} = 0.0093m^3/h$$

$$V_{盐酸} = 4875 \div 30\% \times 10^{-6} = 0.016m^3/h$$

由于处理厂规模小，每日耗药量较小，所以选用 2 个容积为 200L 的药液贮槽，每日配药 1 ~ 2 次。

（4）贮药量 W　药剂贮量按 15d 设计。
$$W_{氯酸钠}＝24×2.7857×15＝1002.85kg$$
按市售 50kg 袋装氯酸钠计约需 20 袋。
$$W_{盐酸}＝24×4.875×15＝1755kg$$
按市售浓度为 31% 的稀盐酸计约需 5661kg，即 4.92m³（浓度 31% 的稀盐酸密度为 1.15t/m³）。

4. 臭氧消毒

（1）臭氧消毒概述

臭氧首先是在法国于 20 世纪初期用于给水消毒，随着近年来臭氧发生技术的进展，臭氧已用于污水消毒并日益显示出经济性。

臭氧（O_3）是氧（O_2）的同素异形体，在常温常压下为淡蓝色气体，液态呈深蓝色。臭氧具有特殊的刺激性气味，在浓度很低时呈新鲜气味。O_3 具有很强的氧化能力（仅次于氟），能氧化大部分有机物。

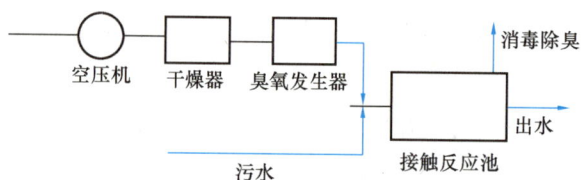

图 9-2　臭氧消毒工艺流程图

臭氧消毒系统由以下部分组成：①电源；②空压机或纯氧；③臭氧发生装置；④接触反应装置；⑤尾气消除装置。臭氧消毒的一般工艺流程如图 9-2 所示。由于臭氧是一种特别刺激而又有毒的气体，因此接触池排出的尾气必须处理，以消除残余臭氧。

臭氧作为消毒剂或氧化剂时，若有溴化物存在时，可能产生溴化的 DBPs。DBPs 的去除较复杂，如果溴化的 DBPs 带来的问题比较严重，则应考虑采用其他消毒方法。

（2）臭氧消毒机理

臭氧分解时产生出原生态氧：
$$O_3 → O_2 + [O] \tag{9-7}$$

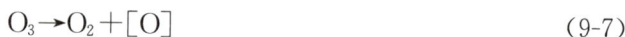

[O] 具有极强的氧化能力，是氟以外最活泼的氧化剂，对具有顽强抵抗能力的微生物如病毒、芽孢等都有强大的杀伤力。[O] 除具有很强的杀伤力外，还具有很强的渗入细胞壁的能力，从而破坏细菌有机体链状结构导致细菌的死亡。

（3）臭氧的制备技术

臭氧可采用电解作用、光化学作用、放射化学作用和电荷放电产生。目前最有效的生产臭氧的方法是放电法。

（4）臭氧消毒设计计算

臭氧发生器的选择：臭氧发生量（kgO_3/h）：
$$D＝1.06aQ \tag{9-8}$$

式中　a——臭氧投加量，kg/m^3；

Q——处理水量，m^3/h；

1.06——安全系数。

另需考虑 25%～30% 的备用，但不得少于 2 台备用。

臭氧发生器的工作压力 H：

$$H \geqslant h_1 + h_2 + h_3 \tag{9-9}$$

式中　h_1——接触池水深，m；

　　　h_2——布气装置的水头损失，m；

　　　h_3——臭氧化空气输送管的水头损失，m。

臭氧发生器所产生的臭氧化空气中的臭氧浓度约为 $10\sim20g/m^3$。

消毒接触时间一般为 $5\sim10min$，当需要可靠消灭病毒时，可用双格接触池。第一格接触时间 $4\sim6min$，第二格接触时间 $4min$，布气量可按 $6:4$ 分配，从经济考虑，臭氧进入液相的传输效率是极重要的考虑因素，接触池水深一般为 $4\sim6m$。

臭氧接触池容积 V（m^3）：

$$V = QT/60 \tag{9-10}$$

式中　Q——设计流量，m^3/h；

　　　T——水力停留时间，min。

【例 9-3】污水处理厂二级处理出水采用臭氧消毒，设计水量 $Q=1450m^3/h$，经试验确定其最大投加量为 $3mg/L$，试设计臭氧消毒系统。

（1）所需臭氧量 D

$$D = 1.06aQ = 1.06 \times 0.003 \times 1450 = 4.61kgO_3/h$$

考虑臭氧的实际利用率只有 $70\%\sim90\%$，确定需要臭氧发生器的产率为：$4.61/70\% = 6.59kgO_3/h$

（2）臭氧接触池

设计水深 $4.5m$，超高 $0.5m$，第一、二格池容按 $6:4$ 分配，容积分别为 $145.00m^3$、$96.67m^3$，接触池面积为：

$$A = V/h_1 = 241.67/4.5 = 53.7m^3$$

池宽取 $5m$，池长为 $11m$，则接触池容积为：

$$V = 11 \times 5.0 \times 4.5 = 247.5m^3 > 241.7m^3$$

接触池详细尺寸如图 9-3 所示。

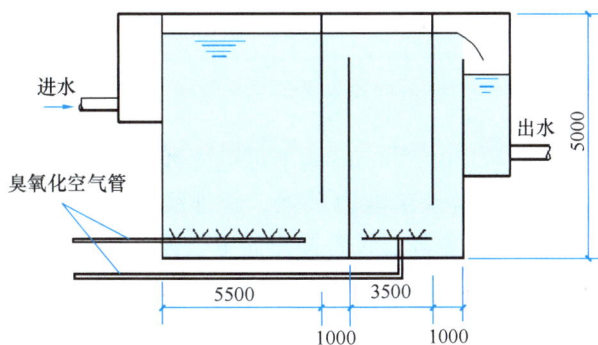

图 9-3　臭氧接触池计算图（单位：mm）

微孔扩散器的数量 n：

设臭氧发生器产生的臭氧化空气中的臭氧的浓度为 $20g/m^3$，则臭氧化空气的流量为

$$Q_{气}=1000\times6.59/20=329.5m^3/h$$

折算成发生器工作状态（$t=20℃$，$p=0.08MPa$）下的臭氧化气流量

$$Q'=0.614Q_{气}=0.614\times329.5=202.3m^3/h$$

选用刚玉微孔扩散器，每个扩散器的鼓气量为 $1.2m^3/h$，则扩散器的个数为 $n=Q'_{气}/1.2=202.3/1.2=169$ 个。

臭氧发生器的工作压力 H：

接触池设计水深 $h_1=4.5m$。

布气装置的水头损失查表 9-2，$h_2=17.2kPa=1.72mH_2O$。

臭氧化空气管路损失 h_3。根据臭氧化空气流量、管径、管路布置计算管路的沿程和局部水头损失，取 $h_3=0.5m$。

选择设备：选用 4 台卧管式臭氧发生器，三用一备，每台臭氧产量为 3500g/h。

尾气处理：采用霍加特催化剂分解尾气中臭氧，每 1kg 药剂可分解约 27kg 以上的臭氧，选用 2 个装置 15kg 催化剂的钢罐，交替使用，隔 100h 将药剂取出，烘干后继续使用。

国产微孔扩散材料压力损失实测值   表 9-2

材料型号及规格	不同过气流下的压力损失（kPa）							
	0.2	0.45	0.93	1.65	2.74	3.8	4.7.	5.4
	[L/(cm² · h)]							
WTDIS 型钛板（孔径小于 10μm，厚 4mm）	5.80	6.00	6.40	6.80	7.06	7.333	7.60	8.00
WTDZ 型微孔钛板（孔径 10~20μm，厚 4mm）	6.53	7.06	7.60	8.26	8.80	8.93	9.33	9.60
WTD3 型微孔钛板（孔径 25~40μm，厚 4mm）	3.47	3.73	4.00	4.27	4.53	4.80	5.07	5.20
锡青铜微孔板（孔径未测，厚 6mm）	0.67	0.93	1.20	1.73	2.27	3.07	4.00	4.67
刚玉石微孔板（厚 20mm）	8.26	10.13	12.00	13.86	15.33	17.20	18.00	18.93

5. 紫外消毒

（1）紫外消毒概述

紫外线是一种波长范围为 136~390nm 的不可见光线，在波长为 240~280nm 时具有杀菌作用，尤以波长 253.7nm 时杀菌能力最强。紫外线消毒技术始于 20 世纪 60 年代，由于该技术具有消毒速度快、效率高、设备操作简单、无有毒有害副产物、便于运行管理和实现自动化等优点，因此从 80 年代开始在城市污水消毒处理中大量应用。

根据消毒装置与被消毒介质是否直接接触，可将紫外线消毒系统分为接触式和非接触式两大类。接触式，即紫外灯（外包石英套管）直接与水接触；非接触式系统因不适用于污水处理或较大水量的处理，已被淘汰。接触式紫外消毒系统从消毒器结构上可分为封闭管道式紫外消毒系统和明渠式紫外消毒系统。目前全球安装使用的紫外污水消毒系统有 95％以上为明渠式紫外消毒系统。紫外线消毒的照射强度为 $0.19\sim0.25W\cdot s/cm^2$，污水

层深度为 0.65～1.0m。

紫外消毒主要存在的问题是不具有剩余消毒能力，当处理水离开反应器之后，一些被紫外线杀伤的微生物在光复活机制下会复活再生，但大剂量的紫外线辐射可避免细菌光复活；紫外消毒效果受石英管紫外线穿透率（UVT）影响较大，在紫外消毒系统的管理上应特别注意石英套管外壁的清洗工作，以保证较高的紫外线透过率。

（2）紫外消毒机理

紫外线消毒主要是通过对微生物（细菌、病毒、芽孢等病原体）的辐射损伤和破坏核酸（RNA 或 DNA）的功能使微生物致死，同时还可引起微生物其他结构的破坏，从而达到消毒目的。当细菌和原生动物的 DNA 和病毒的 RNA 吸收了 UV 光子时，由相邻 DNA 的胸腺嘧啶或 RNA 的尿嘧啶可能会形成共价的双键，从而破坏 DNA 或 RNA 的复制过程，使生物体不再繁殖，以致灭活。

（3）紫外消毒设计计算

紫外线剂量是紫外消毒系统重要的指标，紫外线剂量的确定是紫外系统设计的关键，其大小直接关系紫外消毒系统设计的成败和投资的多少。

微生物在紫外消毒器中通过时接收到的紫外线剂量定义如下：

$$Dose = \int_0^T I dt \tag{9-11}$$

式中　$Dose$——紫外线剂量，mJ/cm^2；

　　　I——微生物在其运动轨迹上某一点接收到的紫外照射光强，mW/cm^2；

　　　t——曝光时间或滞留时间，s。

紫外线消毒光照时间为 10～100s，消毒水渠中的水流尽可能保持推流状态。水位可由固定溢流堰或自动水位控制器控制。消毒器中水流流速最好不小于 0.3m/s，以减小套管结垢，可采用串联运行，以保证所需的接触时间。

【例 9-4】某污水处理厂日处理水量 $Q=20000m^3/d$，$K=1.5$，二级处理出水拟采用紫外消毒，试设计紫外消毒系统。

（1）峰值流量

$$Q_{峰}=20000\times1.5=30000m^3/d$$

（2）灯管数

根据流量及紫外消毒设备参数确定灯管数量。加拿大 Trojan 公司生产的紫外消毒系统设备参数见表 9-3。

加拿大 Trojan 公司生产的紫外消毒系统的主要参数　　　　表 9-3

设备型号		UV3000PTP	UV3000PLUS	UV4000PLUS
处理水量（m^3/d）	峰值	95～5700	5700～7600	7600 以上
	均值	40～2900	2900～3800	3800 以上
性能		二级出水，每 3800m^3/d 需 28 根灯管	二级出水，每 3800m^3/d 需 14 根灯管	二级出水，每 3800m^3/d 需 2.5 根灯管

设备型号	UV3000PTP	UV3000PLUS	UV4000PLUS
出水水质要求	TSS：10~30mg/L UVT≥45%	TSS：10~30mg/L UVT=45%~70%	TSS：10~30mg/L UVT>15%
每模块灯管数（根）	2、4	4、6、8	6~24
每根灯管功率（W）	44	250	2800
灯管清洗方式	手动	机械加化学自动清洗	在线机械加化学自动清洗

初步选用 UV3000PLUS 紫外消毒设备，每 3800m³/d 需 14 根灯管，故

$$n_平=\frac{20000}{3800}\times14=5.26\times14=74\ 根$$

$$n_峰=\frac{30000}{3800}\times14=7.89\times14=110\ 根$$

拟选用 6 根灯管为一个模块，则模块数 N

$$12.33\ 个<N<18.33\ 个$$

（3）消毒渠设计

按设备要求渠道深度为 129cm，设渠中水流速度为 0.3m/s。

渠道过水断面积

$$A=\frac{Q}{v}=\frac{30000}{0.3\times24\times3600}=1.16m^2$$

渠道宽度

$$B=\frac{A}{H}=\frac{1.16}{1.29}=0.89m，取\ 0.9m$$

若灯管间距为 8.89cm，沿渠道宽度可安装 10 个模块，故选取用 UV3000PLUS 系统，2 个 UV 灯组，每个 UV 灯组 9 个模块。

渠道长度：每个模块长度为 2.46m，两个灯组间距 1.0m，渠道出水设堰板调节。调节堰与灯组间距 1.5m，进水口到灯组间距 1.5m，则渠道总长 L 为：

$$L=2\times2.46+1.0+1.5+1.5=8.92m$$

复核辐射时间

$$t=\frac{2\times2.46}{0.3}=16.4s（符合\ 10~100s）$$

紫外线消毒渠道布置如图 9-4 所示。

6. 其他消毒技术

（1）电化学消毒

电化学氧化方法已开始被运用在污水的处理中，包括去除水中的有色物质、腐殖酸。它不仅能有效地氧化去除水中的一些难降解有机物，而且在杀菌灭藻方面也具有很好的效果。同其他污水消毒技术相比，电化学消毒方法具有能耗低，费用少，杀菌率高，不需投

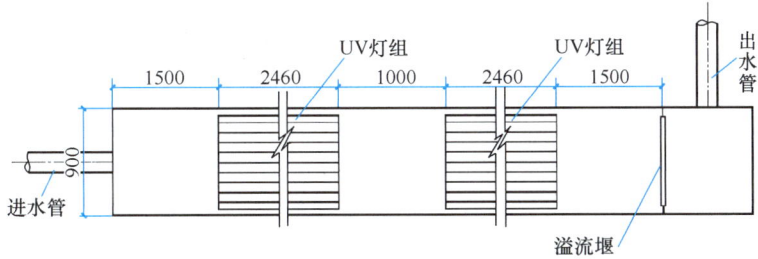

图 9-4　紫外线消毒渠道布置（单位：mm）

加药剂，处理装置紧凑，反应池占地面积少，操作维护简单等优点，但由于其作用机理和适用范围仍不甚清楚、反应设备效果不稳定等原因，目前尚未推广应用。

（2）光催化消毒

纳米 TiO_2 受光的照射，可以产生反应活性很高的过氧负离子、过氧化氢自由基和羟基自由基，它们具有很强的氧化、分解能力，可破坏有机物中的 C—H、N—H、C—O 等键，用于杀菌、除臭、消毒等，比常用的氯气、次氯酸等具有更强的分解微生物、杀死微生物活性的效力。纳米 TiO_2 光催化剂，对绿藻（Green algae）、大肠杆菌（Escherichia-cole）、酵母菌（Saccharomyees cerevisiae）、噬菌体 MS2（MS2 phage）和脊髓灰质炎病毒（Poliovirus）等，有抑制繁殖和杀灭作用。

虽然已有大量文献报道了光催化杀菌效果，但由于光催化材料的固载化问题，至今尚未见到光催化应用于城市污水消毒报道。

（3）复合消毒技术

1）二氧化氯与氯联合消毒技术

二氧化氯消毒时一部分被还原为可能会对人体健康产生不良影响的 ClO_2^-，而且制造成本较高，氯消毒会产生三氯甲烷等消毒副产物。为了克服单种消毒技术的缺点，以氯酸钠和盐酸为原料，制备以二氧化氯为主、氯气为辅的消毒剂，应用于经不完全二级生物处理后的城市污水。

二氧化氯与氯联合用于污水消毒，保持了 ClO_2 和 Cl_2 各自的优点，减少了各自的缺点，增强了回用污水的环境安全性；残余的二氧化氯量增加，使该复合消毒剂对污水中的细菌具有持续杀菌能力。

2）紫外与氯联合消毒技术

虽然紫外线消毒比氯消毒产生更少的消毒副产物，但紫外线消毒技术存在没有持续消毒能力的问题。近年来，紫外线和氯对污水的复合消毒技术得到了一些研究。紫外线和氯在消毒方面有协同作用，因此两者的组合效果大于两者的简单加和。将氯消毒与紫外线消毒相结合，既减小了氯消毒的生态风险性，又弥补了紫外线消毒无持续消毒能力的不足，保证了水质的安全性。

（4）过氧乙酸（PAA）消毒技术

过氧乙酸［PAA，分子式 $CH_3C(O)OOH$］是一种有机过氧化物，无色透明，同时带有强烈的刺激性气味。商用过氧乙酸溶液是 PAA、乙酸（CH_3COOH）和 H_2O_2 的混合液，由 CH_3COOH 和 H_2O_2 在酸性条件下催化产生。PAA 本身是一种强氧化剂，对多

441

种微生物都具有良好的灭活效果。相较于其他消毒方式，PAA 消毒技术设备要求更为简单，对污水的理化性质及成分依赖性更低，成本效益更好，很少或几乎不会产生消毒副产物。

（5）活化亚硫酸盐氧化消毒技术

活化亚硫酸盐氧化法是一种新兴的高级氧化方法，可通过产生硫酸根自由基（$SO_4^-\cdot$）氧化难降解有机物。与活化过硫酸盐法相比，其成本更低，无次生污染，且更绿色环保，因此在水污染治理领域得到了更多关注。亚硫酸盐的活化方法主要有过渡金属、紫外光辐射等，目前研究较多的是过渡金属活化法。该方法相比其他高级氧化方法有许多优势，例如体系内自由基种类多，可降解的有机物种类更多，体系适用 pH 范围广，酸性、碱性与中性条件下均能发挥效果。

9.2　污水的深度处理工艺

污水经过二级生物处理（如活性污泥法）、脱氮与除磷等处理后，在它的处理水中还会含有相当数量的污染物质，如 COD$50\sim60$mg/L，BOD$_5$ $10\sim20$mg/L，SS$10\sim20$mg/L，NH_4^+-N$5\sim8$mg/L，TP$0.5\sim1$mg/L。此外，处理后水中还可能含有少量的细菌和重金属等有毒有害物质。

含有以上污染物质的处理水，如排至湖泊、水库等缓流水体会导致水体的富营养化；排至具有较高经济价值的水体（如养鱼水体），会使其遭到破坏。这种处理水更不适合回用。

如欲达到以上目的，就必须对其进一步进行深度处理，使其经过深度处理后，能够满足以下目标之一：

（1）排至包括具有较高经济价值水体及缓流水体在内的任何水体，补充地面水源；

（2）回用于农田灌溉、市政杂用，如浇灌城市绿地，冲洗街道、车辆，景观用水等；

（3）居民小区中水回用于冲洗厕所；

（4）作为冷却水和工艺用水的补充用水，回用于工业企业；

（5）用于防止地面下沉或海水入浸，回灌地下。

9.2.1　二级处理水中残余组分与深度处理工艺

生化处理后的二级出水中仍含有一定量的污染物，为方便不同操作和工艺的比较，将二级处理水中需除去的残余组分归为四类：有机胶体、无机胶体及悬浮固体；溶解性有机组分；溶解性无机组分；生物组分。表 9-4 列出了二级处理水中常见的残余组分及其影响作用。

表 9-5 列举了各单元操作工艺中主要去除的残余组分，供实际工艺选择时参考。

二级处理水中残余组分及其影响作用　　　　　　　　　　　表 9-4

残余组分		影响作用
有机胶体、无机胶体及悬浮固体	悬浮固体	造成污泥沉积或影响出水澄清；通过屏蔽有机物影响消毒
	胶体	影响出水的浊度
	有机物质（不溶）	在消毒的过程中屏蔽细菌，并且是耗氧源

残余组分		影响作用
溶解性有机组分	总有机碳	耗氧源、消毒副产物前体物质
	高熔点有机物	对人体有毒、致癌，消毒副产物前体物质
	挥发性有机化合物	对人体有毒、致癌，可以形成光化学氧化剂
	药用化合物	影响水生生物及人体健康（例如内分泌紊乱、产生抗药性）
	表面活性剂	产生泡沫
溶解性无机组分	氨氮（NH_4^+-N）	增加消毒氯气用量； 耗氧源，可以转化成硝酸盐氮（NO_3^--N）； 与磷一起作用，可以导致水体富营养化； 对鱼有害
	硝酸盐氮（NO_3^--N）	加速藻类和水生生物的生长； 可以引起婴儿的高铁血红蛋白症
	磷	加速藻类和水生生物的生长； 妨碍水的软化
	钙和镁	增加硬度
	氯化物	增加水中盐的含量
	总溶解性固体	妨碍工农业生产
生物组分	细菌	容易引起人畜疾病
	原生动物	容易引起人畜疾病
	病毒	容易引起人畜疾病

二级处理水中主要残余组分及去除工艺 表 9-5

残余组分		深层过滤	表面过滤	微滤和超滤	反渗透	电渗析	吸附	气提	离子交换	高级氧化	蒸馏	化学沉淀	化学氧化
有机胶体、无机胶体及悬浮固体	悬浮固体	✓	✓	✓	✓	✓	✓		✓		✓	✓	
	胶体	✓	✓	✓	✓	✓	✓		✓		✓	✓	
	有机物质（不溶）				✓	✓					✓		✓
溶解性有机组分	总有机碳				✓	✓	✓		✓	✓	✓	✓	✓
	高熔点有机物				✓	✓					✓		
	挥发性有机化合物				✓	✓		✓		✓	✓		
溶解性无机组分	氨氮（NH_4^+-N）				✓	✓					✓		
	硝酸盐氮（NO_3^--N）				✓	✓			✓		✓		
	磷	✓			✓	✓					✓	✓	
	总溶解性固体				✓	✓			✓		✓		
生物组分	细菌			✓	✓	✓					✓		
	原生动物	✓		✓	✓	✓	✓		✓		✓	✓	
	病毒				✓	✓					✓		

9.2.2 过滤在污水深度处理中的应用

过滤是指在粒状滤料滤床处理污水过程中，滤料滤床对污水中悬浮物和胶体杂质进行

过滤
├ 深层过滤：慢砂滤 / 多孔滤料快滤 / 多孔滤料间歇滤 / 多孔滤料循环过滤
├ 表面过滤：硅藻土过滤 / 滤布过滤
└ 膜过滤：微滤 / 超滤 / 纳滤

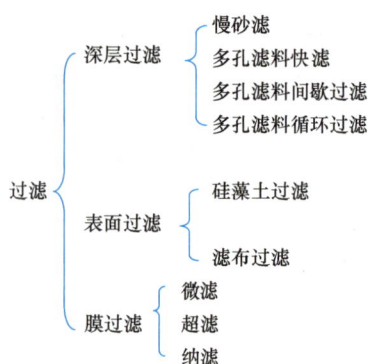

图9-5　过滤的基本工艺类型

去除的一种物理化学过程。在污水深度处理过程中常用的过滤工艺主要包括深层过滤、表面过滤及膜过滤等，参见图9-5。

1. 深层过滤

过滤是饮用水处理工艺系统中的基础处理单元，目前被广泛用于污水的深度处理。该工艺运行的主要目的是通过拦截、沉淀、惯性、扩散和水动力学作用，使水中颗粒被截留在滤料层中去除生化处理出水中残存的悬浮固体，降低浊度，并在一定程度上去除部分有机物、细菌乃至病毒等。深层过滤可为滤后消毒创造良好条件，同时也可以作为膜过滤的预处理步骤。

滤池运行一段时间后，表层滤料间孔隙将发生堵塞，过滤阻力急剧增大，水头损失达到极限值；此外，当过滤阻力增大时，滤层表面可因受力不均而使泥膜产生裂缝，将导致大量水流自裂缝中流出，使出水水质恶化。上述条件有一个满足时，须终止过滤，并进行必要的反冲洗。反冲洗应采用较大的流速，使整个滤层达到流态化状态，且具有一定的膨胀度。

截留于滤层中的污物，在水流剪切和滤料颗粒碰撞摩擦双重作用下，从滤料表面脱落下来，然后被冲洗水带出滤池。为了提高冲洗效果，表面助冲和气、水反冲洗通常在反冲洗过程中联合应用。在多数的污水处理厂的流程中，含有悬浮物质的滤池反冲水一般需返回到初沉池或生物处理工艺。

滤料是深层过滤滤池中承担截留水中污染物的主体。由于待过滤水的水质复杂，悬浮物浓度一般较高、黏度较大，易致滤料堵塞，选择滤料时应遵循以下的基本原则。

（1）滤料粒径应大些。采用石英砂为滤料时，砂粒直径可取为 0.5～2.0mm，相应的滤池冲洗强度亦大，可达 18～20L/(m² • s)。

（2）滤料耐腐蚀性应强些。滤料耐腐蚀尺度的确定，可用浓度为 1％的 Na_2SO_4 水溶液将恒重后滤料浸泡 28d，其质量减少值以不大于 1％为宜。

（3）滤料的机械强度好，成本低。

滤料可采用石英砂、无烟煤、陶粒、大理石、白云石、石榴石、磁铁矿石等颗粒材料及近年来开发的纤维球、聚氯乙烯或聚丙烯球等。

滤池的分类方式主要根据滤床层厚（浅层、常规及深层滤床）、使用滤料（单一、双层及多层滤料）、滤料是否分层以及操作方式（上向流式和下向流式）等进行分类。

污水处理中最常用的滤池为下向流式滤池、下向流式深层滤池、上向流式连续反冲洗深层滤池等。

下向流式滤池一般可分为单一、双层及多层滤料滤池（图9-6）。单一滤池中通常选用石英砂或者无烟煤作为滤料，双层滤池中上层滤料通常选用无烟煤，下层为石英砂。其他双层滤料还有：活性炭和石英砂；树脂和石英砂；树脂和无烟煤。多层滤池中的滤料通常为上层无烟煤，中层石英砂，下层重质矿石（石榴石或钛铁矿）。其他适用于多层滤池的组合滤料主要包括：活性炭＋无烟煤＋石英砂；加重的球形树脂颗粒＋无烟煤＋石英砂；活性炭＋石英砂＋石榴石。

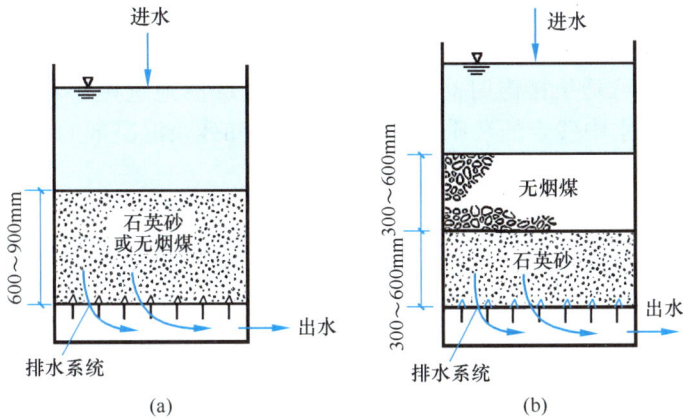

图 9-6　单一滤料及双层滤料的下向流式滤池
(a) 单一滤料；(b) 双层滤料

下向流式深层滤池与常见的下向流式滤池结构基本相似，仅滤床深度和滤料颗粒（无烟煤）的尺寸比相应常见滤池的值大，杂质易在滤床中被截留且过滤时间更长。

依据《室外排水设计标准》GB 50014—2021，石英砂滤料滤池、无烟煤和石英砂双层滤料滤池的设计应符合下述有关规定。

（1）采用均匀级配石英砂滤料的 V 形滤池，滤料厚度宜采用 1200～1500mm，滤速宜为 5～8m/h，应设气水联合反冲洗和表面扫洗辅助系统，表面扫洗强度宜为 2～3L/(m^2·s)。单独气冲强度宜为 13～17L/(m^2·s)，历时 2～4min；气水联合冲洗时气冲强度宜为 13～17L/(m^2·s)，水冲强度宜为 3～4L/(m^2·s)，历时 3～4min；单独水冲强度宜为 4～8L/(m^2·s)，历时 5～8min。滤池的过滤周期应为 12～24h。

（2）无烟煤和石英砂双层滤料滤池，滤速宜为 5～10m/h，宜采用先气冲洗后水冲洗方式，气冲强度宜为 15～20L/(m^2·s)，历时 1～3min；水冲强度宜为 6.5～10.0L/(m^2·s)，历时 5～6min。

（3）单层细砂滤料滤池，滤速宜为 4～6m/h，宜采用先气冲洗后水冲洗方式，气冲强度宜为 15～20L/(m^2·s)，历时 1～3min；水冲强度宜为 8～10L/(m^2·s)，历时 5～7min。

在上向流式连续反冲洗深层滤池（图 9-7）中，污水从滤池底部进入，经过穿孔管均匀布水，水流自下而上穿过滤料层，通过溢流堰溢流，排出滤池。同时，砂粒和截留杂质被抽入滤池中心进行连续反冲洗。一小部分的压缩空气进入中心气提管，使砂粒、杂质和向上流动的水被抽入后形成相对密度小于 1 的流体，并共同向上流动，到达气提管顶部后，污浊的流体溢流到中心的反冲洗水槽流出。由于砂粒比去除杂质的相对密度大，故不会流出滤池。经过洗砂装置的清洗，清洁的砂粒重新分布到砂床的顶部。

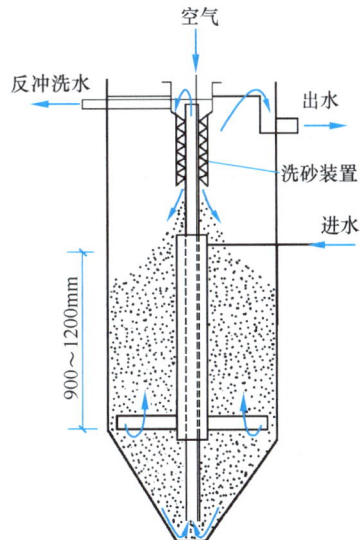

图 9-7　上向流式连续反冲洗深层滤池剖面

将两个深层上向流式连续反冲洗滤池串联使用，便是两级过滤技术（图 9-8），可有效去除污水中的浊度、总悬浮固体 TSS 和磷，得到更高质量出水。一级滤池选用大粒径的石英砂作为滤料，可延长接触时间并减少堵塞；二级滤池选用小粒径的石英砂作为滤料，去除一级滤池出水中残余的杂质。含有细微杂质和残余混凝剂的二级滤池出水，循环进入一级滤池，可以增强其混凝效果。

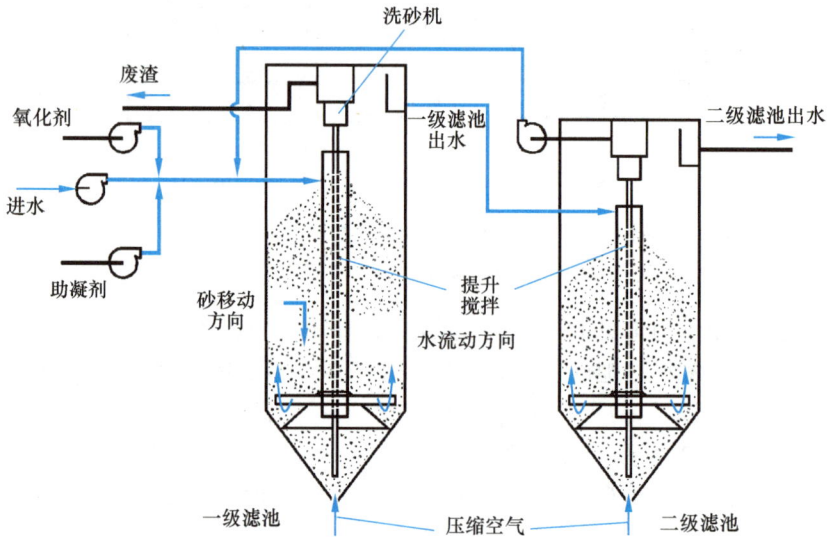

图 9-8　两级滤池工艺流程示意图

当待处理水水质好时（浊度<5～7NTU，总悬浮固体为 10～17mg/L），所有滤池的出水平均浊度≤2NTU，总悬浮固体为 2.8～3.2mg/L；而当进水浊度≥5～7NTU 时，所有滤池需要投加适量化学试剂才能使出水浊度≤2NTU。

2. 表面过滤

表面过滤指用滤膜机械筛除污水中悬浮颗粒杂质的过程，常用的滤膜有金属纤维帆布、纤维编织布以及多种合成材料。在表面滤池中，滤布的孔径大约 10～30μm，远高于膜过滤的孔径（0.0001～1.0μm），适用于去除二级处理出水和稳定塘出水中残余悬浮固体。

常用的表面过滤装置包括盘式滤池（DF）和盘式滤布滤池（CMDF）。

盘式滤池是由一组竖直安装的平行盘片构成，盘片用于支撑滤网，每盘连着中心进水管，见图 9-9。

污水中的杂质在旋转滤网内部表面截留，在机械顶部安有一排反冲洗喷淋器，喷出压力水。喷头冲淋转动的滤盘，将截留的杂质从滤网上冲下，冲下的污水由反冲水管收集。喷头冲洗过的清洁滤网重复开始新的过滤。

盘式滤布滤池是由在池中竖直安装的一组盘片构成，滤布多采用聚合物制成的针状油毡布或合成纤维布。立体式的针状油毡滤布更易于颗粒的去除，但该滤池在运行过程中必须定期进行高压喷洒反冲洗。合成纤维滤布不需要高压喷洒反冲洗，普通的反冲洗就可以清洁滤布。

转盘滤池盘片式的独特设计，使其具有以下各项特点。

(1) 处理效果好。出水水质稳定，适用于污水深度处理和循环冷却水过滤。转盘的孔径一般在 10～100μm，可截留粒径为几微米的微小颗粒。对二级生物处理沉淀池出水过滤，可使 SS 降低到 10mg/L。

(2) 易调节控制，适应性强。在设计负荷内，如果进水水量或悬浮物浓度发生变化，可以通过调节反冲洗频率，从而满足过滤的要求。

(3) 结构形式简单，运行维护管理方便。滤网的更换比较方便，无需专用工具和设备，停机后将损坏的盘片取出更换即可。转盘滤池的反冲洗只需水冲洗，无需气冲洗，且水量少。过滤、反冲洗等全由程序控制，并设有多重保护，日常不需专人操作管理。

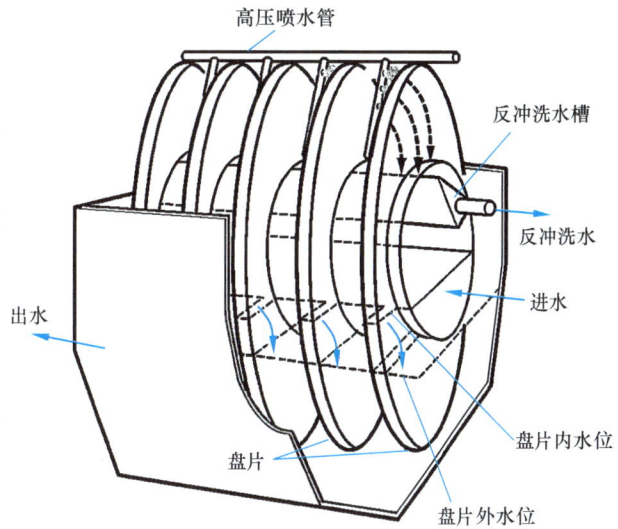

图 9-9　盘式滤池示意图

(4) 水头损失少，运行费用低。过滤器的水头损失一般在 0.3m 左右。主驱动电机和反冲洗水泵电机功率小，且间歇运行。

(5) 占地面积小。盘片式的设计及较高的处理负荷、较少的设备等，都决定了转盘滤池相比其他过滤形式节约占地。

转盘式过滤器可用于二沉池出水的深度处理，当 SS≤30mg/L 时，转盘过滤器设计参数可按照表 9-6 选取。

转盘过滤器设计参数　　　　　　　　　　　　　　　　表 9-6

序号	项目	数值
1	水力负荷 [m³/(m² · h)]	8～16
2	固体负荷率 [kgTSS/(m² · d)]	4～6
3	滤盘水头损失（m）	0.30
4	滤盘直径（m）	1.6～3.0
5	反冲水量	1%～3%

注：进水 SS 高时，水力负荷取低值。

依据《室外排水设计标准》GB 50014—2021，转盘滤池的设计宜符合下列规定：滤速宜为 8～10m/h；当过滤介质采用不锈钢丝网时，反冲洗水压力宜为 60～100m，而当过滤介质采用滤布时，反冲洗水压力宜为 7～15m。

3. 膜过滤

膜过滤是利用特殊的薄膜对液体中的成分进行选择性过滤，主要包括微滤（MF）、超滤（UF）、纳滤（NF）和反渗透（RO）等。

在污水深度处理过程中，可有针对性地选择哪类膜技术用于去除水中的某类特殊成分（表 9-7）。

典型膜技术可去除水中的特殊成分 　　　　表 9-7

成分	微滤	超滤	纳滤	反渗透
可生物降解性有机物		√	√	√
硬度			√	√
重金属			√	√
硝酸盐			√	√
优先有机污染物		√	√	√
TDS			√	√
TSS	√	√	√	√
细菌	√	√	√	√
原生动物孢囊	√	√	√	√
病毒			√	√

9.2.3　吸附在污水深度处理中的应用

吸附是利用多孔性的固体物质，使污水中的一种或多种物质被吸附在固体表面而被去除。吸附可用于去除常规生物法无法去除的水中有机污染物，易于吸附和难于吸附的物质见表 9-8。

容易吸附和难于吸附的有机物 　　　　表 9-8

容易吸附的有机物	难于吸附的有机物
芳香溶剂类：苯、甲苯、硝基苯 氯化芳香烃类：多氯联苯（PCBs）、氯苯 多环芳香烃类：二氢苊、苯并芘 农药及除草剂类：DDT、艾氏剂、氯丹、六六六 氯化非芳香烃类：四氯化碳、三氯乙烷、三氯甲烷、三溴甲烷 高分子烃类：染料、汽油、胺类、腐殖酸	低分子量酮、酸、醛类 糖类及淀粉类 分子量很高的有机物或胶体有机物 低分子量的脂肪类

废水处理中常用的吸附剂有活性炭、合成的聚合物、沸石、硅藻土等。

活性炭是在水处理中应用最为广泛的吸附剂，按照活性炭的粒径的不同，活性炭可分为粉末活性炭（PAC，粒径小于 0.74mm）和颗粒活性炭（GAC，粒径大于 0.1mm），表 9-9 中列出了粉末活性炭和颗粒活性炭的特性。

粉末活性炭和颗粒活性炭的常见参数 　　　　表 9-9

参数	单位	GAC	PAC
总表面积	m^2/g	700~1300	800~1800
堆积密度	kg/m^3	400~500	360~740
颗粒密度（在水中浸湿）	kg/L	1.0~1.5	1.3~1.4
颗粒粒径范围	mm（μm）	0.1~2.36	（5~50）
有效粒径	mm	0.6~0.9	—
不均匀系数	—	≤1.9	—
平均孔径	nm	16~30	20~40
碘值	mg/g	600~1100	800~1200
磨耗率	%，最小值	75~85	70~80
灰分	%	≤8	≤6
水分	%	2~8	3~10

正常情况下，通过活性炭深度处理出水 BOD$_5$ 可降至 2～7mg/L，COD 可降至 10～20mg/L，最佳条件时出水 COD 可降至 10mg/L 以下。

影响活性炭吸附作用的因素包括：①活性炭的特性；②被吸附物质的浓度和性质；③污水的性质，如 pH、悬浮固体浓度；④接触系统及其运转方式。

依据《室外排水设计标准》GB 50014—2021，活性炭吸附处理的设计参数宜根据试验资料确定；当无试验资料时，活性炭吸附池、吸附罐的取值宜符合下列规定。

（1）活性炭吸附池

空床接触时间 20～30min，炭层厚度 3～4m，下向流的空床滤速 7～12m/h，炭层最终水头损失 0.4～1.0m，常温下经常性冲洗时的水冲洗强度 39.6～46.8m^3/(m^2·h)、历时 10～15min、膨胀率 15%～20%，定期大流量冲洗时的水冲洗强度 54.0～64.8m^3/(m^2·h)、历时 8～12min、膨胀率 25%～35%。

活性炭再生周期由处理后出水水质是否超过水质目标值确定，经常性冲洗周期宜为 3～5d。冲洗水可用砂滤水或炭滤水，冲洗水浊度宜小于 5NTU。

（2）活性炭吸附罐

接触时间 20～35min；最小高度和直径比可为 2∶1，罐径为 1～4m，最小炭层厚度宜为 3m，可为 4.5～6.0m；升流式表面水力负荷率宜为 9.0～24.5m^3/(m^2·h)，降流式表面水力负荷率宜为 7.2～11.9m^3/(m^2·h)；操作压力宜每 0.3m 炭层 7kPa。

9.2.4 离子交换在污水深度处理中的应用

离子交换法是利用固相离子交换剂功能基团所带的可交换离子，与接触交换剂的溶液中相同电性的离子进行交换反应，以达到对待处理污水中相关离子的置换、分离、去除、浓缩。离子交换法可用于制取软水或纯水。离子交换的操作有间歇式和连续式。

离子交换剂可以分为无机和有机两大类。典型的无机离子交换剂为天然沸石，主要用于水的软化和铵离子的去除。有机离子交换剂也称为离子交换树脂，是一种高分子聚合物电解质，应用广泛。

离子交换树脂的交换容量与实际运行情况有关，如污水深度处理程度、原水水质、再生剂用量均有所影响。合成树脂的交换容量一般为 2～10mol/kg，沸石阳离子交换树脂为 0.05～0.1mol/kg。在实际中，树脂工作交换容量可由模拟试验确定。

9.2.5 高级氧化工艺（含臭氧氧化）在污水深度处理中的应用

高级氧化通常用来处理污水中部分有毒有害的污染物质，该处理过程利用污染物在化学反应过程中能被氧化的特性，通过改变污染物的形态，将它们变成无毒或微毒的新物质或者转化成容易与水分离的形态。

高级氧化是指通过产生羟基自由基（·HO）来对污水中不能被普通氧化剂（如氧气、氯气等）氧化的污染物进行降解。羟基自由基同普通氧化剂氧化能力的比较见表 9-10。

羟基自由基具有很强的氧化性能，常温常压下，可以氧化几乎所有物质。其在污水深度处理过程中具有如下优点：①·HO 是高级氧化过程的中间产物，作为引发剂诱发后面的链反应发生，对难降解的物质开环、断键，将难降解的污染物变成低分子或易生物降解的物质特别适用；②·HO 几乎无选择地与水中的任何污染物反应，直接将其氧化为 CO$_2$、水或盐，不会产生新的污染；③它是一种物理—化学处理过程，容易控制，以满足各种处理要求；④反应条件温和，是一种高效节能型的污水处理技术。

各种氧化剂的氧化电极电位　　　　　　　　　　　　表 9-10

氧化剂	氧化电极电位（V）	相对氧化能力
氟	3.06	2.25
羟基自由基	2.80	2.05
原子态氧	2.42	1.78
臭氧	2.08	1.52
过氧化氢	1.78	1.30
次氯酸根	1.49	1.10
氯气	1.36	1.00
二氧化氯	1.27	0.93
分子态氧	1.23	0.90

采用臭氧氧化，可去除水中色度、嗅味和有毒有害及难降解有机物。依据《室外排水设计标准》GB 50014—2021，设计参数宜通过试验确定；当无试验资料时，应符合下列规定：臭氧投量宜大于 3mg/L，接触时间宜为 5～60min。接触池应加盖密封，并应设呼吸阀和安全阀。臭氧氧化系统中应设臭氧尾气消除装置。所有和臭氧气体或溶解臭氧的水接触的材料，应耐臭氧腐蚀。

9.2.6 污水深度处理的工程实例

美国 21 世纪水厂于 1977 年建成，为当时世界最大的再生水厂，设备先进、技术完善。该厂处理水量 $5.7 \times 10^4 \mathrm{m^3/d}$，其中约 1/3 的水来自污水处理厂二级出水，其余处理水取自科罗拉多河。该厂处理过程中先后经过了化学净化—除氮—再碳酸化—过滤—活性炭吸附—消毒—脱矿质处理等工序，另设置了反渗透处理装置用于除盐。

21 世纪水厂反渗透段出水将与 $3.8 \times 10^4 \mathrm{m^3/d}$ 的地下水掺和，通过地下水回灌的方式注入地下，供居民使用。该水厂的工艺流程见图 9-10。

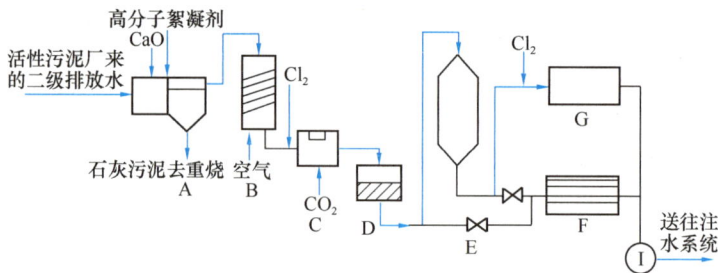

图 9-10　21 世纪水厂工艺流程图

A—化学澄清；B—空气吹脱；C—再碳酸化；D—过滤；E—活性炭吸附；
F—反渗透；G—氯化；I—注水泵

21 世纪水厂各深度处理单元介绍如下。

（1）预处理。原水先经过化学絮凝—空气吹脱—再碳酸化—双介质过滤—氯化消毒等常规预处理。化学絮凝过程初级絮凝剂石灰投加量约 350～400mg/L，二级絮凝剂阳离子聚丙烯酰胺投加量约为 0.1mg/L，混凝过程中快速混凝 1min，然后絮凝 30min，沉淀 85min，投药全部采用自动控制；处理后水在再碳酸化池中停留时间约为 20min，通过在再碳酸化槽中加入 CO_2 实现该过程，在再碳酸化过程中，通过 10mg/L 的加氯，实现对处理水的初步灭菌；再碳酸化出水进入多介质过滤器，多介质过滤材料选用无烟煤、石英砂、卵石及碎石等，共 4 组，每组的过水量约 14000m³/d，滤速为 12m³/(m²·h)。过滤后出水 1/3 进入反渗透系统制备合格的饮用水，而另外的 2/3 进入活性炭吸附器。

（2）活性炭吸附过滤。活性炭吸附处理水约 $3.8×10^4$ m³/d，由 17 个活性炭吸附柱并联组成。每个活性炭吸附柱吸附接触时间为 30min，装充活性炭 39t，吸附饱和的活性炭通过热再生炉再生，再生能力为 5443.2kg/d。

（3）反渗透。活性炭吸附后出水进入保安过滤器，处理规模约为 $2.25×10^4$ m³/d，主要用于去除水中的总溶解固体。经过预处理的出水进入反渗透系统前，加入 1~2mg/L 的阻垢剂（六偏磷酸钠，SHMP），以防止沉淀结垢，加入阻垢剂的量最高时高达 5mg/L，以控制出水余氯保持在 0.5mg/L，减少 RO 膜表面细菌的生长。

（4）氯化和掺和。上述活性炭吸附出水流入氯化池，以氧化残余的氨和杀灭剩余的细菌和藻类。氯气通过扩散器逆流进入管道，然后再将 GAC 出水和 RO 出水混合，作为回用水。在回用过程中，将上述回用水与地下深井水以 62：38 的比例掺和一起注入蓄水井，以防止海水倒灌地下。

21 世纪水厂的成功运行，不仅解决了当地水源不足的困难，而且减少了污水的排放入海（每年减少污水的排放量 $18.5×10^6$ m³），经济、社会、环境效益显著。21 世纪水厂减少了加利福尼亚州奥兰治地区对科罗拉多河供水的依赖，寻找了一条污水深度处理及资源化的新途径。

9.3　处理后污水的回收与再用

城市生活污水处理厂产生的二级处理出水具有量大、集中、水质水量稳定、不受季节、洪枯水期等因素影响的特点，是水量稳定、供给可靠的潜在水资源。若能将其经适当深度处理后回用，不但能够减少城市优质饮用水资源的消耗，缓解供水压力，而且还能减轻对受纳水体的污染，改善生态环境。因此，污水处理厂出水的综合回用是解决城市供水紧张，减轻水体污染，改善生态环境的有效途径，是解决城市供水严重紧缺问题和走水资源可持续利用之路的客观要求。

当前，污水处理厂二级出水经适当处理后主要回用于农业灌溉、工业用水、地下水回灌、补充景观用水等方面。

2012 年，我国住房和城乡建设部制定颁发了《城镇污水再生利用技术指南（试行）》，旨在进一步规范城镇污水再生利用，推动城镇节水减排。该指南对城镇污水再生利用技术路线、城镇污水再生处理技术、城镇污水再生处理工艺方案、城镇污水再生利用工程建设与设施运行维护、城镇污水再生利用风险管理等进行了概述，并指出再生水在回用过程中应重点关注的污染物名单。

表 9-11 列出了处理水在回用过程中应重点关注的污染物指标。

主要用途		应重点关注的水质指标
工业	冷却和洗涤用水	氨氮、氯离子、总溶解性固体（TDS）、总硬度、悬浮物（SS）、色度等
	锅炉补给水	TDS、化学需氧量（COD）、总硬度、SS 等
	工艺与产品用水	COD、SS、色度、嗅味等
景观环境	观赏性景观环境用水	营养盐及色度、嗅味等
	娱乐性景观环境用水	营养盐、病原微生物、有毒有害有机物、色度、嗅味等
绿地灌溉	非限制性绿地	病原微生物、浊度、有毒有害有机物及色度、嗅味等
	限制性绿地	浊度、嗅味等
农田灌溉	直接食用作物	重金属、病原微生物、有毒有害有机物、色度、嗅味、TDS 等
	间接食用作物	重金属、病原微生物、有毒有害有机物、TDS 等
	非食用作物	病原微生物、TDS 等
城市杂用		病原微生物、有毒有害有机物、浊度、色度、嗅味等
地下水回灌	地表回灌	重金属、TDS、病原微生物、SS 等
	井灌	重金属、TDS、病原微生物、有毒有害有机物、SS 等

2021 年，国家发展改革委等 10 部门联合印发了《关于推进污水资源化利用的指导意见》（发改环资〔2021〕13 号），指出"污水资源化利用是指污水经无害化处理达到特定水质标准，作为再生水替代常规水资源，用于工业生产、市政杂用、居民生活、生态补水、农业灌溉、回灌地下水等，以及从污水中提取其他资源和能源，对优化供水结构、增加水资源供给、缓解供需矛盾和减少水污染、保障水生态安全具有重要意义"。总体目标是：到 2025 年，全国污水收集效能显著提升，县城及城市污水处理能力基本满足当地经济社会发展需要，水环境敏感地区污水处理基本实现提标升级；全国地级及以上缺水城市再生水利用率达到 25% 以上，京津冀地区达到 35% 以上；工业用水重复利用、畜禽粪污和渔业养殖尾水资源化利用水平显著提升；污水资源化利用政策体系和市场机制基本建立。到 2035 年，形成系统、安全、环保、经济的污水资源化利用格局。

9.3.1 回收水用于农业灌溉

全球水的使用中（包括江河调水及从地下抽吸水），农业用水在很多国家所占比例最大（约占到总用水量的 70%），因此处理后污水回用于农业灌溉对解决水资源紧缺具有重大意义。处理后污水灌溉是缺水地区解决水资源缺乏问题和污水资源化的重要措施。目前一些干旱缺水地区农业再生水使用比例已经高达 80%，社会、经济效益显著。经过一级或二级处理的污水，水中含氮素约 18~20mg/L，含磷素约 0.5~2mg/L。处理后污水灌溉是水、肥资源的再利用。因此，污水用于农田灌溉，一方面可缓解当地的农业水资源紧缺问题，另一方面，由于污水中含有丰富的氮、磷等营养元素为作物生长所必需，能够提高作物的产量。

我国于 2021 年开始实施了新的《农田灌溉水质标准》GB 5084—2021，其中增加了总镍、氯苯、1,2-二氯苯、1,4-二氯苯、硝基苯、甲苯、二甲苯、异丙苯、苯胺等 9 项农田灌溉水质选择控制项目限值，这更有利于促进水资源合理循环利用，同时也对农田土壤、地下水和农产品安全提供了科学保障。

在该标准中，农田灌溉水质控制项目分为基本控制项目（含 pH、SS 和 COD 等 16 项指标）和选择控制项目（包括氰化物、氟化物和石油类等 20 项指标）。基本控制项目为必测项目，选择控制项目由地方生态环境主管部门会同农业农村、水利等主管部门根据农田灌溉用水类型和作物种类要求选择执行。城镇污水（工业废水和医疗污水除外）以及未综合利用的畜禽养殖废水、农产品加工废水和农村生活污水进入农田灌溉渠道，其下游最近的灌溉取水点的水质须按本标准进行监督管理。

采用城镇污水处理厂再生水进行农田灌溉时，除了满足本标准要求外，还同时应执行《城市污水再生利用　农田灌溉用水水质》GB 20922—2007 的规定。

9.3.2　回收水回用于工业生产的冷却系统

由于工业生产用水涉及范围广，且不同行业对水质要求差异较大，故处理后污水经适当处理可用于工业生产用水。处理后污水用于工业生产过程中一般应满足下列要求：①水质合格；②水量足够；③经济合算等。

处理后污水的工业回用主要包括冷却用水、冲洗水和原料用水等，其中工业用水量的 80% 主要是冷却用水，该用水过程具有水量大、时间连续、水质要求不高等特点。目前，处理后的污水作为冷却水广泛应用于：①冶金工业中高炉、平炉、转炉、电炉等的冷却；②炼油、化肥、化工等生产中的冷却；③发电厂、热电站中汽轮机的冷却；④高层建筑空调系统的冷却。

需要注意的是，处理后污水回用于循环冷却水系统时常出现结垢、腐蚀等问题，应在处理后污水回用过程中全面考虑，将不利影响降到最低。

回收水在工业水回用中应执行《循环冷却水用再生水水质标准》HG/T 3923—2007 相关水质指标要求。

9.3.3　回收水用于地下水回灌

处理后污水可经适当方式再处理后回灌补充地下水，其作用主要包括：①减少或阻止地下水位的下降，防止地面沉降；②防止海岸线地下水遭受海洋盐水的侵蚀；③贮存再生水用于将来使用。该工艺将待处理的污染水体回灌至地下时，污染物在通过非饱和带渗滤到含水层的过程中经土壤吸附、土壤生物降解、化学氧化还原、土壤中离子交换、地下水的分散、地下水稀释等作用方法而被有效去除。渗入地下的再生水在含水层停留一段时间后，可经过取水井抽提至地面而利用。该工艺为集成化的生态型污水就地处理技术，运行良好的地下水回灌工程，系统下游贮水可以作为饮用水源。

地下水回灌具有如下优点：①再生水回灌地下后可省去地表水库建设，节约成本；②通过地下水流动，可减少地表管道和沟渠建设费用；③减少地表水库蒸发引起的水量损耗；④防止藻类和其他水生物的滋生；⑤避免地表水库选址受环境因素制约的问题；⑥作为间接饮用水回用项目的地下水回灌可以使回收水转化为地下水。

地下水的回灌方式主要包括地表漫灌和井灌两种方法。

回收水用于地下水回灌应执行《城市污水再生利用　地下水回灌水质》GB/T 19772—2005 标准中相关的基本控制项目及限值。

复习思考题

1. 污水消毒技术有哪些，消毒原理各是什么？
2. 较之其他消毒技术，氯消毒具有什么优势和不足？
3. 污水深度处理的主要对象是什么？
4. 在污水深度处理中应用的过滤，其主要工艺形式有哪些？
5. 城市污水处理厂的二级处理出水，再经过深度处理后，可回用的途径有哪些？

第 10 章　污泥的处理与处置

10.1　污泥来源与性质指标

10.1.1　污泥来源与性质

城镇污水系统中产生的污泥称为城镇污水污泥，主要是在城镇污水与工业废水处理过程中，产生的浮渣与沉淀物，统称为污泥。其数量约占处理水量的 0.05%～0.1%（以含水率为 80% 计）。具体数量决定于排水体制、污水水质及处理工艺。

污泥成分非常复杂，其中有害有毒物质如寄生虫卵、病原微生物与细菌等物质；各种天然有机物及化学合成有机物如苯并芘、有机卤化物、多氯联苯、二噁英等有毒难降解物质；重金属如铜、锌、镍、铬、镉、汞、钙及砷、硫化物；有价物质如植物营养元素（氮、磷、钾）、有机物和水分。

总之，污泥的主要成分可归纳为三大类：有机物、无机物及微生物。

1. 按污泥的成分分类

（1）污泥。以有机物为主要成分的称污泥。其性质是易于腐化发臭，颗粒较细，相对密度较小（约为 1.02～1.006），含水率高且不易脱水，属胶状结构的亲水性物质。初次沉淀池与二次沉淀池的沉淀物及气浮池的浮渣均属污泥。

（2）沉渣。以无机物为主要成分的称沉渣。沉渣的主要性质是呈颗粒状，相对密度较大（约为 2），含水率较低且易于脱水，流动性差。沉砂池与某些工业废水处理如酸碱中和池、混凝沉淀池等，产生的沉淀物属于沉渣。

（3）栅渣。被格筛、格栅截留的物质称栅渣。主要成分为织物碎片、塑料制品、棉纱毛发、蔬果残屑、植物茎叶、木屑纸张等，多属于有机物质、含水率低、数量较少。

污泥、沉渣、栅渣中，都含有大量细菌、粪大肠菌与寄生虫卵等。

2. 按污泥的来源分类

（1）初次沉淀污泥：来自初次沉淀池。

（2）剩余活性污泥：来自活性污泥法后的二次沉淀池。

（3）腐殖污泥：来自生物膜法后的二次沉淀池。

以上三种污泥统称为生污泥或新鲜污泥。

（4）消化污泥：生污泥经厌氧消化或好氧消化处理后，称为消化污泥或熟污泥。

（5）化学污泥：用化学沉淀法处理后产生的沉淀物称化学污泥或化学沉渣。

10.1.2　污泥的性质指标

1. 物理性质指标

（1）污泥含水率

污泥中所含水分的质量与污泥总质量之比的百分数称为污泥含水率。污泥含水率高，体积大，相对密度接近 1。污泥的体积、质量与所含固体物浓度之间的关系，可用式

(10-1) 表示：

$$\frac{V_1}{V_2} = \frac{W_1}{W_2} = \frac{100 - p_2}{100 - p_1} = \frac{C_2}{C_1} \tag{10-1}$$

式中　p_1，V_1，W_1，C_1——污泥含水率为 p_1 时的污泥体积、质量与固体物浓度；

　　　p_2，V_2，W_2，C_2——污泥含水率为 p_2 时的污泥体积、质量与固体物浓度。

【例 10-1】污泥含水率从 97.5% 降低到 95%，求污泥体积。

【解】由式（10-1）得

$$V_2 = V_1 \frac{100 - p_1}{100 - p_2} = V_1 \frac{100 - 97.5}{100 - 95} = \frac{1}{2} V_1$$

污泥含水率从 97.5% 降低到 95%，含水率仅降 2.5%，但体积减小一半。

式（10-1）适用于含水率大于 65% 的污泥。因含水率低于 65% 以后，体积内出现很多气泡，体积与质量不再符合式（10-1）关系。

(2) 湿污泥相对密度与干污泥相对密度

湿污泥质量等于污泥所含水分质量与干固体质量之和，湿污泥相对密度等于湿污泥质量与同体积的水质量之比值。由于水相对密度为 1，所以湿污泥相对密度 γ 可用下式计算：

$$\gamma = \frac{p + (100 - p)}{p + \dfrac{100 - p}{\gamma_s}} = \frac{100\gamma_s}{p\gamma_s + (100 - p)} \tag{10-2}$$

式中　γ——湿污泥相对密度；

　　　p——湿污泥含水率，%；

　　　γ_s——污泥中干固体物质平均相对密度，即干污泥相对密度。

干固体物质中，有机物（即挥发性固体）所占百分比及其相对密度分别用 p_v、γ_v 表示，无机物（即灰分）的相对密度用 γ_f 表示，干污泥平均相对密度用 γ_s 表示，它们之间的关系可用式（10-3）表示：

$$\frac{100}{\gamma_s} = \frac{p_v}{\gamma_v} + \frac{100 - p_v}{\gamma_f} \tag{10-3}$$

则干污泥平均相对密度为：

$$\gamma_s = \frac{100\gamma_f\gamma_v}{100\gamma_v + p_v(\gamma_f - \gamma_v)} \tag{10-4}$$

污泥有机物相对密度一般等于 1，污泥无机物相对密度一般约为 2.5~2.65，以 2.5 计，则式（10-4）可简化为：

$$\gamma_s = \frac{250}{100 + 1.5p_v} \tag{10-5}$$

确定湿污泥相对密度和干污泥相对密度，对于浓缩池的设计、污泥运输及后续处理，都有实用价值。

【例 10-2】已知初次沉淀池污泥的含水率为 95%，有机物含量为 65%。求干污泥相对密度和湿污泥相对密度。

【解】干污泥相对密度用式（10-5）计算

$$\gamma_s = \frac{250}{100 + 1.5p_v} = \frac{250}{100 + 1.5 \times 65} = 1.26$$

湿污泥相对密度用式（10-2）计算

$$\gamma = \frac{100\gamma_s}{p\gamma_s + (100 - p)} = \frac{100 \times 1.26}{95 \times 1.26 + (100 - 95)} = 1.010$$

（3）污泥比阻

污泥比阻是表示污泥脱水难易程度的重要指标。

比阻的定义是：单位过滤面积上，过滤单位质量的干固体所受的阻力，单位为 m/kg。其值越大，脱水越困难。比阻的测定与计算见 10.6 节。

2. 化学性质指标

（1）污泥肥分

污泥中含有大量植物生长所必需的肥分（氮、磷、钾）、微量元素及土壤改良剂（腐殖质）。我国城镇污水处理厂各种污泥所含肥分见表 10-1。

我国城镇污水处理厂污泥肥分表（以干污泥计）　　　　表 10-1

污泥类别	总氮(TN)(%)	磷(以 P_2O_5 计)(%)	钾(以 K_2O 计)(%)	有机物(%)
初沉污泥	2.2～3.4	1.0～3.0	0.1～0.5	50～60
活性污泥	3.5～7.2	3.3～5.0	0.2～0.4	60～70
消化污泥	1.6～3.4	0.6～0.8	—	25～30

注：引自《城镇污水处理厂污泥处理处置技术指南（试行）》。

（2）污泥重金属离子含量

污泥中重金属离子含量，决定于城镇污水中工业废水所占比例及工业性质。污水经二级处理后，污水中重金属离子约有 50% 以上转移到污泥中。因此污泥中的重金属离子含量一般都较高。表 10-2 列举我国北京、上海、天津、西安、杭州、沈阳、黄石等几个城市污水处理厂污泥中重金属离子含量的范围。当污泥作为肥料使用时，应符合《城镇污水处理厂污染物排放标准》GB 18918—2002 中"污泥农用时污染物控制标准限值"（表 10-3）的规定。

我国城镇污水处理厂污泥中重金属成分及含量（mg/kg 干污泥）　　　　表 10-2

名称	Hg 总（汞）	Cd 总（镉）	Cr 总（铬）	Pb 总（铅）	As 总（砷）	Zn 总（锌）	Cu 总（铜）	Ni 总（镍）
含量范围（平均值）	0.09～17.5 (2.13)	0.04～999 (2.01)	20～6365 (93.1)	3.6～1022 (72.3)	0.78～269 (20.2)	217～30098 (1058)	51～9592 (219)	16.4～6206 (48.7)

注：引自《城镇污水处理厂污泥处理处置技术指南（试行）》。

从表 10-2 可知，我国城镇污水处理厂污泥重金属离子含量变化幅度很大，视当地的土质、工业结构、污水性质的不同而不同，其上限全都超过农用标准。

污泥农用时污染物控制标准限值（摘自 GB 18918—2002）　　　　表 10-3

序号	控制项目	最高允许含量（mg/kg 干污泥）	
		在酸性土壤上（pH<6.5）	在中性和碱性土壤上（pH≥6.5）
1	总镉	5	20
2	总汞	5	15

457

序号	控制项目	最高允许含量（mg/kg 干污泥）	
		在酸性土壤上 （pH＜6.5）	在中性和碱性土壤上 （pH≥6.5）
3	总铅	300	1000
4	总铬	600	1000
5	总砷	75	75
6	总镍	100	200
7	总锌	2000	3000
8	总铜	800	1500
9	硼	150	150
10	石油类	3000	3000
11	苯并（a）芘	3	3
12	多氯代二苯二噁英/多氯代二苯并呋喃 （PCDD/PCDF 单位：ng 毒性单位/kg 干污泥）	100	100
13	可吸附有机卤化物（AOX）（以 Cl 计）	500	500
14	多氯联苯（PCB）	0.2	0.2

（3）挥发性固体（或称灼烧减重）和灰分（或称灼烧残渣）

挥发性固体近似地等于有机物含量；灰分表示无机物含量。一般情况，初次沉淀池污泥的挥发性固体约为 50%～70%，活性污泥为 60%～85%，消化污泥为 30%～50%。

（4）可消化程度

污泥中的有机物，一部分是可被消化降解的（或称可被气化，无机化）；另一部分是难降解或不能被消化降解的，如脂肪、化学合成有机物等。可用消化程度表示污泥中可被消化降解的有机物数量。可消化程度用下式表示：

$$R_d = \left(1 - \frac{p_{V2}\, p_{s1}}{p_{V1}\, p_{s2}}\right) \times 100 \tag{10-6}$$

式中　R_d——可消化程度，%；

p_{s1}，p_{s2}——分别表示生污泥及消化污泥的无机物含量，%；

p_{V1}，p_{V2}——分别表示生污泥及消化污泥的有机物含量，%。

（5）污泥的燃烧热值

污泥的燃烧热值决定于污泥来源、有机物的性质与含量。各类污泥的燃烧热值参见表 10-4。

城镇污水处理厂各类污泥的燃烧热值　　　　　　　　　表 10-4

污泥种类	燃烧热平均值（以干污泥计）（MJ/kg）	挥发性固体（干）（%）
初次沉淀池污泥	10.7	60～90
活性污泥	13.30	60～80

续表

污泥种类	燃烧热平均值（以干污泥计）（MJ/kg）	挥发性固体（干）（%）
初次沉淀池与二次沉淀池的混合污泥	20.43	—
消化污泥	9.89	30～60
无烟煤	25～29	—

3. 卫生学指标

污泥的卫生学指标包括细菌总数、粪大肠菌群数、寄生虫卵数等致病物质。

我国城镇污水处理厂污泥中细菌总数与寄生虫卵均值参见表10-5。

城镇污水处理厂污泥中细菌总数与寄生虫卵均值　　　表10-5

污泥种类	细菌总数（10^5 个/g）	粪大肠菌群数（10^5 个/g）	寄生虫卵（10 个/g）
初沉污泥	471.7	10～200	23.3（活卵率78.3%）
活性污泥	738.0	80～7000	17.0（活卵率67.8%）
消化污泥	38.3	1.2	13.9（活卵率60%）

10.2　污泥量、污泥处理与处置基本方案

10.2.1　污泥量计算

1. 初次沉淀池污泥量

根据污水中悬浮物浓度、污水流量、去除率及污泥含水率，用式（10-7）或式（10-8）计算。

（1）按去除率计算

$$V = \frac{100C_0\eta Q}{10^3(100-p)\rho}$$　　　　（10-7）

式中　V——初次沉淀污泥量，m^3/d；

　　　Q——设计日平均污水流量，m^3/d；

　　　η——去除率，%，以80%计；

　　　C_0——进水悬浮物浓度，mg/L；

　　　p——污泥含水率，%；

　　　ρ——沉淀污泥密度，以 $1000kg/m^3$ 计。

（2）按质量计算

$$\Delta X_1 = aQ(C_0 - C_e)$$　　　　（10-8）

式中　ΔX_1——污泥产量，kg/d；

　　　C_0——进水悬浮物浓度，kg/m^3；

　　　C_e——出水悬浮物浓度，kg/m^3；

　　　Q——设计平均日污水流量，m^3/d；

a——系数，无量纲，初沉池 $a=0.8\sim1.0$，化学强化一级处理和深度处理工艺根据投药量：$a=1.5\sim2.0$。

式（10-8）适用于初次沉淀池、水解池、AB 法 A 段和化学强化一级处理工艺的污泥质量，污泥质量换算成污泥体积，可根据含水率用式（10-1）计算。

2. 剩余活性污泥量

剩余活性污泥量计算公式如下：

$$\Delta X_2 = \frac{(aQL_r - bX_V V)}{f} \tag{10-9}$$

式中 ΔX_2——剩余活性污泥量，kg/d；

f——MLVSS/MLSS 之比值，对于生活污水，通常为 $0.5\sim0.75$；

L_r——BOD_5 降解量，kg/m^3，$L_r = L_a - L_e$；

L_a——曝气池进水 BOD_5 浓度，kg/m^3；

L_e——曝气池出水 BOD_5 浓度，kg/m^3；

V——曝气池容积，m^3；

X_V——混合液挥发性污泥浓度，kg/m^3；

a——污泥产率系数，$kgVSS/kgBOD_5$，通常可取 $0.5\sim0.65$；

b——污泥自身气化率，kg/d，通常可取 $0.05\sim0.1$。

剩余活性污泥量还可用公式 $Q_S = \dfrac{\Delta X}{f X_r}$ 计算（各符号意义同前）。

3. 消化污泥干重

消化处理后污泥量计算公式如下：

$$W_2 = W_1 (1-\eta) \left(\frac{f_1}{f_2}\right) \tag{10-10}$$

式中 W_2——消化污泥干重，kg/d；

W_1——原污泥干重，kg/d；

η——污泥挥发性有机固体降解率，$\eta = \dfrac{q \cdot k}{0.35 (W \cdot f_1)} \cdot 100\%$，0.35 是 COD 的甲烷转化系数，通常 $(W \cdot f_1)$ 大于 COD 浓度，且随污泥的性质不同发生变化；

q——实际沼气产生量，m^3/h；

k——沼气中甲烷含量，%；

W——厌氧消化池进泥量，以干污泥（DS）计，kg/h；

f_1——原污泥中挥发性有机物含量，%；

f_2——消化污泥中挥发性有机物含量，%。

消化污泥量可用下式计算：

$$V_d = \frac{(100 - p_1) V_1}{100 - p_d} \left[\left(1 - \frac{p_{V1}}{100}\right) + \frac{p_{V1}}{100} \left(1 - \frac{R_d}{100}\right) \right] \tag{10-11}$$

式中 V_d——消化污泥体积，m^3/d；

p_d——消化污泥含水率，%，取周平均值；

V_1——生污泥体积，m^3/d，取周平均值；

p_1——生污泥含水率,%,取周平均值;

p_{V1}——生污泥有机物含量,%;

R_d——可消化程度,%,取周平均值。

10.2.2　污泥处理与处置基本方案

1. 污泥处理的目的

污泥处理的目的是：减量、稳定、无害化及资源化。

（1）减量

因污泥的含水率高、体积大，须先减量，便于后续处置。基本方法是浓缩、脱水、干化与焚烧。

（2）稳定

因污泥的有机物含量极高，易于腐败发臭，须做稳定处理，分解部分有机物。基本方法是化学稳定、厌氧消化与好氧消化、堆肥等。

（3）无害化

因污泥含有大量细菌、寄生虫卵、病原微生物，易引发传染病，必须做无害化处理，提高卫生学指标。基本方法是厌氧消化、好氧消化、堆肥、消毒等。

（4）资源化

因污泥含有大量植物营养元素、水分及有机物质、无机物质等，可用于肥料与土壤改良剂、生物能源及建筑材料等领域。基本方法：堆肥、厌氧消化制取沼气、裂解制取富氢燃气、混合烧制建筑材料、土地利用等。

2. 污泥处理、处置的基本方案

污泥处理、处置的方案选择，决定于污泥的性质成分、当地的气候、环境保护、经济社会发展水平、工农业结构、土壤性质等因素。

基本方案有：

（1）生污泥—浓缩—消化—干化—土地利用。

（2）生污泥—浓缩—自然干化—堆肥—农业利用。

（3）生污泥—浓缩—消化—机械脱水—最终处置。

（4）生污泥—浓缩—脱水—焚烧—建材利用、土地利用。

（5）生污泥—湿污泥池—农林业利用。

（6）生污泥—浓缩—裂解制燃料—建材利用、土地利用。

（7）生污泥—浓缩—脱水—与垃圾混合填埋—农业利用。

10.3　污泥流动特性与输送

污泥在污水处理厂内外，需要进行输送：①污泥处理构筑物之间的输送；②若干座污水处理厂的污泥集中进行处理；③污泥最终处置或利用时需要进行短距离或长距离（数百米至数十千米）的输送。

10.3.1　污泥管道输送

1. 管道输送的适用条件

污泥管道输送，适用于含水率≥90%的液态污泥，流动性较好。

污泥管道输送是常用方法。污泥长距离管道输送，应符合下列4个条件：①输送的目的地稳定；②污泥所含油脂成分较少，不会黏附于管壁，缩小管径增加阻力；③污泥不会对管材造成腐蚀或磨损；④污泥的流量较大，一般应超过30m³/h。

管道输送，可分为重力管道与压力管道两种。重力管道输送时，距离不宜太长，管坡常用0.01~0.02，管径不小于200mm，中途应设置清扫口，以便堵塞时用机械清通或高压水（污水处理厂出水）冲洗。压力管道输送时，需要进行水力计算。

管道输送主要优点是卫生条件好，没有气味外逸；操作方便并利于实现自动化控制；运行管理费用低。主要缺点是一次性投资大，一旦建成后，输送的地点固定，较不灵活。

2. 污泥流动的水力特性

污泥在含水率较高（高于99%）的状态下，属于牛顿流体，流动的特性接近于水流。随着固体浓度的增高，流动显示出半塑性流体的特性，必须克服初始剪力 τ_0 后才能开始流动，固体浓度越高，τ_0 值也越大。在层流条件下，由于 τ_0 值的存在，污泥流动的阻力很大，因此污泥输送管道的设计，常采用较大流速，使泥流处于紊流状态。污泥流动的下临界速度约为1.1m/s，上临界速度约为1.4m/s。污泥压力管道的最小设计流速取1.0~2.0m/s。

（1）压力输泥管道的沿程水头损失

哈森—威廉姆斯（Hazen—Williams）紊流公式：

$$h_f = 6.82 \left(\frac{L}{D^{1.17}}\right) \left(\frac{v}{C_H}\right)^{1.85} \tag{10-12}$$

或

$$v = 0.85 C_H R^{0.63} i^{0.54} \tag{10-13}$$

$$h_f = iL$$

式中　h_f——输泥管沿程水头损失，m；

　　L——输泥管长度，m；

　　D——输泥管管径，m；

　　v——污泥流速，m/s；

　C_H——哈森—威廉姆斯系数，其值决定于污泥浓度，查表10-6；

　　R——水力半径，m；

　　i——水力坡度。

污泥浓度与 C_H 系数

表10-6

污泥浓度（%）	C_H 系数	污泥浓度（%）	C_H 系数
0.0	100	6.0	45
2.0	81	8.5	32
4.0	61	10.1	25

长距离管道输送时，由于污泥可能含有油脂、固体浓度较高，使用时间长后，管壁被油脂黏附以及管底沉积，水头损失增加。为安全考虑，用哈森—威廉姆斯紊流公式计算出的水头损失值，应乘以水头损失系数 K。K 值与污泥类型及污泥浓度有关，可查图10-1。

由图10-1可知，污泥浓度为1%~6%时，消化污泥的 K 值变化不大，约为1.0~1.5，浓度为10%时，K 值约为3.5；生污泥及其浓缩污泥的 K 值增加较大，约为

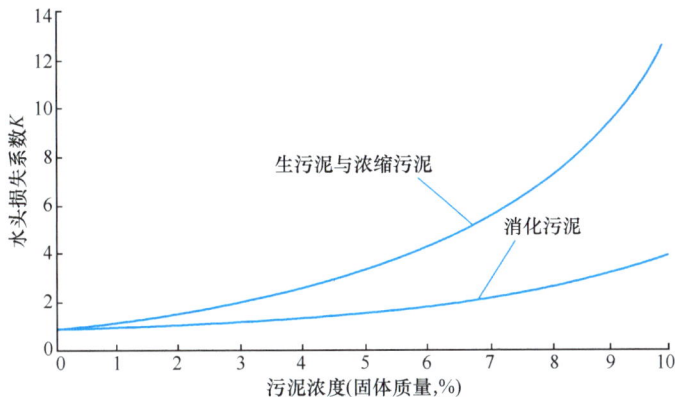

图 10-1 污泥类型及污泥浓度与 K 值图

1.0~4.0，浓度＞6％，K 呈直线上升 10％，K 达 13。根据乘以 K 值后的水头损失值选泵，则运行更为可靠。

【例 10-3】某城市污水处理厂的设计污泥流量为 226.8m³/h（0.063m³/s），含水率为 98％（污泥浓度为 2％）。用管道输送至农场长期利用，管道长度为 5km。求管道输送时的水头损失值。

【解】因污泥流量为 0.063m³/s。采用紊流状态输送污泥，取流速为 2.0m/s，管径为 200mm。

水头损失值用哈森—威廉姆斯紊流公式（10-12）计算。

因污泥含水率为 98％，即污泥浓度为 2％，查表 10-6 得系数 $C_H=81$，把已知数据代入式（10-12）得：

$$h_f = 6.82 \left(\frac{L}{D^{1.17}} \right) \left(\frac{v}{C_H} \right)^{1.85} = 6.82 \left(\frac{5000}{0.2^{1.17}} \right) \left(\frac{2}{81} \right)^{1.85} = 238.1\text{m}$$

或用式（10-13）计算

$$v = 0.85 C_H R^{0.63} i^{0.54}$$

$$2 = 0.85 \times 81 \left[\frac{\frac{\pi}{4} \times 0.2^2}{\pi \times 0.2} \right]^{0.63} i^{0.54}, \text{得 } i = 0.047$$

$$h_f = iL = 0.047 \times 5000 = 235\text{m}$$

两者误差仅约 1％。

若输送的污泥是消化泥污，根据污泥浓度为 2％，查图 10-1，得 $K=1.03$，修正后的水头损失为：

$$h_f = 1.03 \times 238.1 = 245.2\text{m}$$

$$h_f = 1.03 \times 235 = 242.1\text{m}$$

若输送的污泥是生泥污，查图 10-1，得 $K=1.2$，修正后的水头损失值为：

$$h_f = 1.2 \times 238.1 = 285.72\text{m}$$

$$h_f = 1.2 \times 235 = 282\text{m}$$

根据修正后的水头损失值选污泥泵。

（2）压力输泥管道的局部水头损失

长距离输泥管道的水头损失，主要决定于沿程水头损失，局部水头损失所占比例很小，可忽略不计。污水处理厂内部的输泥管道，因输送距离短、局部水头损失所占比例较大，故必须计算，局部水头损失值的计算公式：

$$h_j = \zeta \frac{v^2}{2g} \tag{10-14}$$

式中　h_j——局部阻力水头损失，m；

　　　　ζ——局部阻力系数，见表10-7；

　　　　v——管内污泥流速，m/s；

　　　　g——重力加速度，9.81m/s²。

污泥管道配件局部阻力系数 ζ 值　　　　　　　　　　　表 10-7

配件名称		污泥含水率（%）	
		98	96
承插接头		0.27	0.43
三通		0.60	0.73
90°弯头		0.85 $\left(\frac{r}{R}=0.7\right)$	1.14 $\left(\frac{r}{R}=0.8\right)$
闸门开启度（h/d）	0.8	0.05	0.12
	0.7	0.20	0.32
	0.6	0.70	0.90
	0.5	2.03	2.57
	0.4	5.27	6.30
	0.3	11.42	18.00
	0.2	28.70	29.70

3. 污泥管道输送设备

污泥管道输送所用污泥泵或渣泵，必须具备不易被堵塞与磨损、不易受腐蚀等基本条件。主要有三种类型：转子动力泵、容积泵及气提泵。污泥泵及其应用参见表10-8。

污泥泵及其应用　　　　　　　　　　　表 10-8

类型	常用泵名称	主要输送对象
转子动力泵（Kinefic Pumps）	混流泵 涡动泵 旋转螺栓泵 螺旋离心泵 砂泵 PW 型离心泵 PWL 型离心泵	砂浆、焚烧灰、泥浆、未经浓缩的初沉池污泥、剩余活性污泥、消化污泥、离心机分离液、腐殖污泥

类型	常用泵名称	主要输送对象
容积泵 (Posifive diplacement Pumps)	多级栓塞泵 旋转螺栓泵 隔膜泵 旋转凸轮泵 蠕动泵	剩余活性污泥、浓缩污泥、未浓缩的初沉污泥、污泥脱水设备未经浓缩的二次沉淀污泥
其他	气提泵（空气扬升器） 阿基米德螺旋泵	回流活性污泥

（1）隔膜泵（图 10-2a）

隔膜泵没有叶片，工作原理是用活塞推、吸隔膜（橡胶制成）及两个活门，将污泥抽吸与压送。因此不存在叶轮的磨损与堵塞，污泥颗粒的大小决定于活门的口径。缺点是流量脉动不稳定，仅适用于泵送小流量污泥。

（2）旋转螺栓泵（图 10-2b）

旋转螺栓泵由螺栓状的转子（用硬质铬钢制成）与螺栓状的定子（泵的壳体，用硬橡胶制成）组成。转子与定子的螺纹互相吻合，在转子转动时，可形成空腔 V_2（吸泥）或吻合 V_1（压送），达到抽吸与输送的目的。

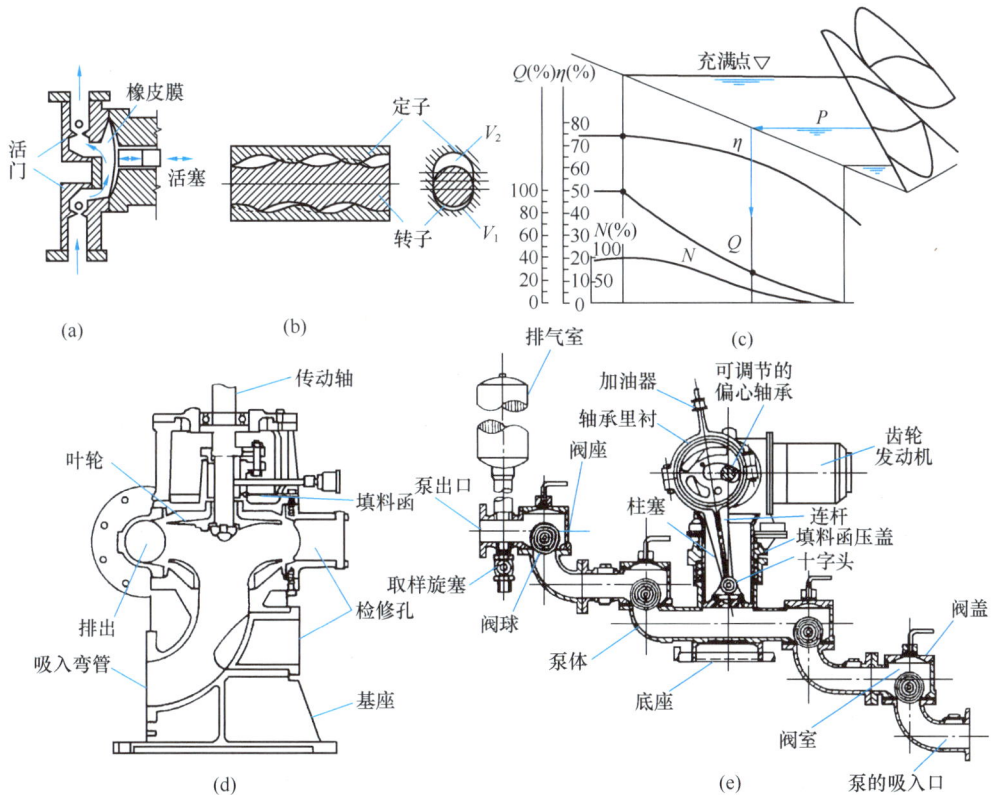

图 10-2　污泥泵

（a）隔膜泵；（b）旋转螺栓泵；（c）螺旋泵；（d）混流泵；（e）多级栓塞泵

抽升高度在 8.5m 以内，启动前可不必灌水，转子转速为 100r/min 时，输泥量可达 1～44L/s，工作压力可达 0.3MPa。在运转时要严格防止空转，以免烧坏定子。

这种泵普遍应用于输送不同种类的污泥，甚至固体浓度高达 20％的污泥。

（3）螺旋泵（图 10-2c）

螺旋泵由泵壳、泵轴及螺旋叶片组成。螺旋叶片是根据阿基米德螺旋线设计而成。泵的特点是流量大、扬程低、效率稳定、不堵塞。最常用于曝气池回流活性污泥或排水管道系统中途泵站。只有提升作用，而无加压功能，安装角度 30°～40°，转速为 30～110r/min，提升高度决定于泵长，流量决定于螺旋叶片的直径，可达 40～3600m³/h。

（4）混流泵（图 10-2d）

混流泵的叶轮不设叶片，而是依靠叶轮的转动，使污泥造成旋流而被抽升，可避免阻塞。污泥颗粒的大小，决定于泵的吸泥管与压泥管管径。

（5）多级栓塞泵（图 10-2e）

多级栓塞泵有单缸、双缸和多缸等型号。泵的抽吸高度为 3m 时，启动时不必灌水，抽升能力为 2.5～3L/s，工作压力为 0.25～0.7MPa（2.5～7kg/cm²）。栓塞的往复次数为每分钟 40～50 次，适用于大型污水处理厂，可长距离输送不同种类的污泥。

（6）离心泵

离心泵有 PW 型与 PWL 型两种。

10.3.2　污泥输送的其他方法

污泥含水率低于 90％，流动性很差，含水率为 80％左右时流动性丧失，成为泥饼。含水率 65％以下，泥饼呈块状，存在大量气泡。含水率再降低，则成粉末状。这类污泥宜采用螺栓输送器、皮带输送器、卡车、驳船等输送。

驳船输送适用于不同含水率的污泥。污泥排海、污泥农林业利用等可考虑采用驳船输送。

驳船输送具有灵活性，运输费用较低的优点。

若以管道输送的建设投资、运行管理费及每输送 1m 距离的成本为"1"单位，对管道、卡车、驳船输送的综合经济比较列于表 10-9。

管道、卡车、驳船输送综合经济比较表　　　　　　　　表 10-9

运输方式	投资	管理费	输送 1m 的成本
管道输送	1	1	1
驳船装运	0.82～1.30	2.60～4.00	6
卡车输送	2.25～7.00	27.0～34.0	30

10.4　污　泥　浓　缩

初次沉淀污泥含水率为 95％～97％，剩余活性污泥达 99％以上。因此污泥的体积非常大，对污泥的后续处理造成困难。污泥浓缩的目的是减容。

污泥中所含水分大致分为 4 类：颗粒间的空隙水，约占总水分的 70%；毛细水，即颗粒间毛细管内的水，约占 20%；污泥颗粒吸附水和颗粒内部水，约占 10%，见图 10-3。

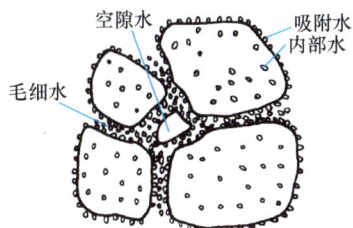

图 10-3　污泥水分示意图

降低含水率的方法有：浓缩法，用于降低污泥中的空隙水，因空隙水所占比例最大，故浓缩是减容的主要方法；自然干化法和机械脱水法，主要脱除毛细水；干燥与焚烧法，主要脱除吸附水和颗粒内部水。不同脱水方法及脱水效果见表 10-10。

不同脱水方法及脱水效果表　　　　　　　　　　表 10-10

脱水方法		脱水装置	脱水后含水率（%）	脱水后状态
浓缩法		重力浓缩、气浮浓缩、机械浓缩	95～97	近似糊状
自然干化法		自然干化场、晒砂场	70～80	泥饼状
机械脱水	真空吸滤法	真空转鼓、真空转盘等	60～80	泥饼状
	压滤法	板框压滤机	40～80	泥饼状
	滚压带法	滚压带式压滤机	78～86	泥饼状
	离心法	离心机	80～85	泥饼状
干燥法焚烧法		各种干燥设备各种焚烧设备	10～40 0～10	粉状、粒状灰状

污泥浓缩的方法有：重力浓缩、气浮浓缩与机械浓缩三种。

10.4.1　污泥重力浓缩

由式（10-1）及［例 10-1］可知，若污泥含水率从 99% 降至 96%，污泥体积可减小 3/4；含水率从 97.5% 降至 95%，体积可减小 1/2，可大大减小后续处理的负荷。若后续处理是厌氧消化，消化池的容积、加热量、搅拌能耗都可大大降低。如后续处理为机械脱水，调整污泥的混凝剂量、机械脱水设备的容量可大大减小。

重力浓缩构筑物称重力浓缩池。根据运行方式不同，可分为连续式重力浓缩池、间歇式重力浓缩池两种。

1. 重力浓缩理论及连续流重力浓缩池的设计

（1）重力浓缩理论及浓缩池所需面积计算

1）迪克（Dick）理论

迪克于 1969 年采用静态浓缩试验的方法，分析了连续流重力浓缩池的工况，试验装置见图 10-4。迪克引入浓缩池横断面的固体通量这一概念，即单位时间内，通过单位面积的固体质量叫固体通量 $[kg/(m^2 \cdot h)]$。当浓缩池运行正常时，池中固体通量处于动平衡状态，见图 10-5。单位时间内进入浓缩池的固体质量，等于排出浓缩池的固体质量。（上清液所含固体质量忽略不计）。通过浓缩池任一断面的固体通量，由两部分组成，一部分是浓缩池底部连续排泥所造成的向下流固体通量；另一部分是污泥自重压密所造成的固体通量。

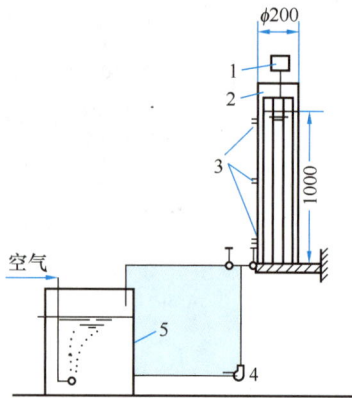

图 10-4　浓缩沉降试验装置图

1—电动机；2—圆筒；3—龙头；
4—水泵；5—曝气筒

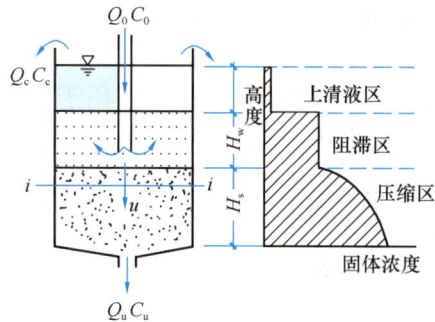

图 10-5　连续式重力浓缩池工况

向下流固体通量图 10-5 中，断面 i-i 处的固体浓度为 C_i，通过该断面的向下流固体通量：

$$G_u = uC_i \qquad (10\text{-}15)$$

式中　G_u——向下流固体通量，$kg/(m^2 \cdot h)$；

u——向下流流速，即由于底部排泥导致界面下降的速度，m/h，若底部排泥量为 Q_u（m^3/h），浓缩池断面积为 A（m^2），则 $u = \dfrac{Q_u}{A}$，运行资料统计表明，活性污泥浓缩池的 u 一般为 $0.25 \sim 0.51 m/h$；

C_i——断面 i-i 处的污泥固体浓度，kg/m^3。

由式（$G_u = uC_i$）可见，当 u 为定值时，G_u 与 C_i 成直线关系，见图 10-6 中的直线 1。

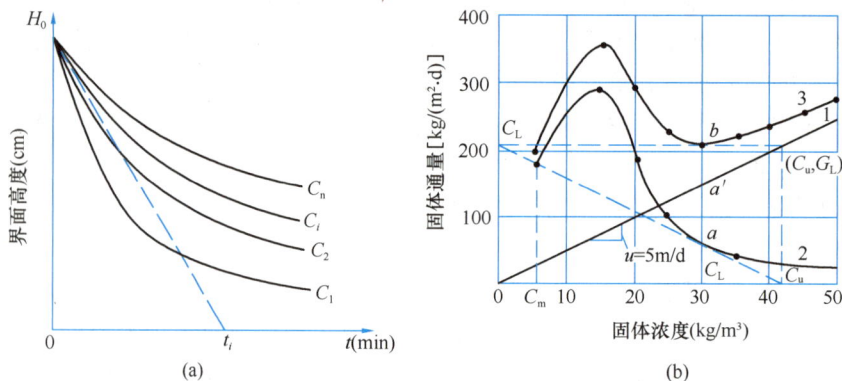

图 10-6　静态浓缩试验

（a）不同浓度的界面高度与沉降时间关系图；（b）固体通量与固体浓度关系图

在图 10-4 装置中，用同一种污泥的不同固体浓度 C_1，C_2，…，C_i，…C_u 分别做静态浓缩试验，作时间与界面高度关系曲线，见图 10-6。然后作每条浓缩曲线的界面沉速，即通过每条浓缩曲线的起点作切线、切线与横坐标相交，得沉降时间 t_1，t_2，$\cdots$，t_i，$\cdots$，t_n。则该浓度的界面沉速 $v_i = \dfrac{H_0}{t_i}$ (m/h)，得自重压密固体通量为：

$$G_i = v_i C_i \tag{10-16}$$

式中　G_i——自重压密固体通量，$kg/(m^2 \cdot h)$；

　　　v_i——污泥固体浓度为 C_i 时的界面沉速，m/h。

根据式（10-16）可作 G_i-C_i 关系曲线，见图 10-6 中的曲线 2。固体浓度低于 500mg/L 时，因不会出现泥水界面，故曲线 2 不能向左延伸。图中 C_m 即等于形成泥水界面的最低浓度。

浓缩池任一断面的总固体通量等于式（10-15）与式（10-16）之和，即图 10-6 中曲线 1 与 2 叠加得到曲线 3。

$$G = G_u + G_i = uC_i + v_i C_i = C_i(u + v_i) \tag{10-17}$$

图 10-6 曲线 3 即用静态试验的方法，表征连续式重力浓缩池的工况。经曲线 3 的最低点 b，作切线截纵坐标于 G_L 点，最低点 b 的横坐标为 C_L 称为极限固体浓度，其物理意义是：固体浓度如果大于 C_L，就通不过这个截面。G_L 就是极限固体通量，其物理意义是：在浓缩池的深度方向，必存在着一个控制断面，这个控制断面的固体通量最小，即 G_L，其他断面的固体通量都大于 G_L。因此浓缩池的设计断面面积必须是：

$$A \geqslant \frac{Q_0 C_0}{G_L} \tag{10-18}$$

式中　A——浓缩池设计表面积，m^2；

　　　Q_0——入流污泥量，m^3/h；

　　　C_0——入流污泥固体浓度，kg/m^3；

　　　G_L——极限固体通量，$kg/(m^2 \cdot h)$；

Q_0、C_0 是已知数，G_L 值可通过试验或参考同类性质污水处理厂的浓缩池运行数据。

2）柯伊-克里维什（Coe-Clevenger）理论

柯伊-克里维什于 1916 年也曾用静态试验的方法分析连续式重力浓缩池的工况。当连续式重力浓缩池运行达到平衡时，池中固体浓度为 C_i 的断面位置是稳定的。固体平衡关系式：

$$Q_0 C_0 = Q_u C_u + Q_e C_e \tag{10-19}$$

式中　Q_u——浓缩污泥即排泥的污泥量，m^3/h；

　　　C_u——排泥浓度，kg/m^3；

　　　Q_e——上清液流量，m^3/h；

　　　C_e——所含固体物浓度，kg/m^3。

其他符号同前。

经过推导可写出浓缩时间为 t_i，污泥浓度为 C_i，界面沉速为 v_i 时的固体通量 G_i 与所需断面面积 A_i 为：

$$G_i = \frac{v_i}{\dfrac{1}{C_i} - \dfrac{1}{C_u}} \tag{10-20}$$

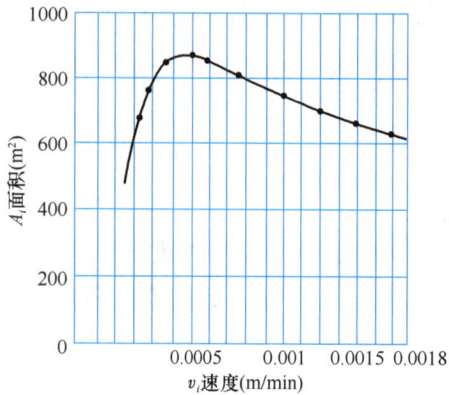

图 10-7 界面沉速与表面面积关系图

$$A_i = \frac{Q_0 C_0}{G_i} = \frac{Q_0 C_0}{v_i}\left(\frac{1}{C_i} - \frac{1}{C_u}\right) \quad (10\text{-}21)$$

Q_0，C_0 为已知数，C_u 为设计要求达到的浓缩污泥浓度，v_i 可根据上述试验得到。故根据式（10-21），计算出 $v_i\text{-}A_i$ 关系曲线。在直角坐标上，以 A_i 为纵坐标，v_i 为横坐标，作 $v_i\text{-}A_i$ 关系，见图 10-7。图中最大 A 值就是设计表面积，即 $A=894\text{m}^2$。

根据入流污泥种类、浓度 C_0、要求达到的底流浓度 C_u，极限固体通量 G_L 值可参考重力浓缩池表面积典型设计标准（表 10-11）选用。

重力浓缩池表面积典型设计标准   表 10-11

污泥种类	入流污泥浓度 C_0（固体%）	底流污泥浓度 C_u（固体%）	固体通量 G_L $[\text{kg}/(\text{m}^2\cdot\text{h})]$
初次沉淀污泥（PRT）	2～7	5～10	4～6
腐殖污泥（TF）	1～4	3～6	1.5～2
剩余活性污泥（WAS）：			
空气曝气	0.5～1.5	2～3	0.5～1.5
纯氧曝气	0.5～1.5	2～3	0.5～1.5
延时曝气	0.5～1.0	2～3	1.0～1.5
厌氧消化（PRI）	8	12	5
加热调节后的：			
PRI	3～6	12～15	8～10.5
PRI+WAS	3～6	8～15	6～9
WAS	0.5～1.5	6～10	5～6
PRI+WAS	2.5～4.0	4～7	1.5～3.5
PRI+TF	2～6	5～9	2.5～4
WAS+TF	0.5～2.5	2～4	0.5～1.5
厌氧消化（PRI+WAS）	4	8	3

（2）重力式连续流浓缩池深度的设计

重力浓缩池的设计表面积决定以后，可计算出浓缩池的直径和浓缩池的有效深度。

【例 10-4】 今有初沉污泥与剩余活性污泥混合，$Q_0=3800\text{m}^3/\text{d}=158\text{m}^3/\text{h}$，固体浓度 $C_0=10\text{kg}/\text{m}^3$，求重力浓缩池的表面积与总高度。

【解】 初沉污泥与剩余活性污泥混合，固体浓度 $C_0=10\text{kg}/\text{m}^3$（固体浓度 1%），查重力浓缩池表面积典型设计标准表 10-11，选用固体通量 $G_L=2\text{kg}/(\text{m}^2\cdot\text{h})$，由式（10-18）得：$A=\dfrac{158\times10}{2}=790\text{m}^2$

取直径 $D=32\text{m}$

浓缩池的有效深度 H 由超高 H_1、上清液厚度 H_2 及污泥层厚度 H_3 组成。

$$H = H_1 + H_2 + H_3$$

浓缩时间取 $T=12\text{h}$

污泥层厚度 $H_3 = \dfrac{158 \times 12}{790} = 2.4\text{m}$

上清液厚度一般取 $H_2 = 1.0\text{m}$

超高 H_1 取 0.3m

浓缩池的有效深度 $H=0.3+1.0+2.4=3.7\text{m}$

浓缩池池底坡度采用 $2\% \sim 5\%$，取 5%。

（3）重力式连续流浓缩池的基本构造与形式

重力式连续流浓缩池的基本构造见图 10-8。

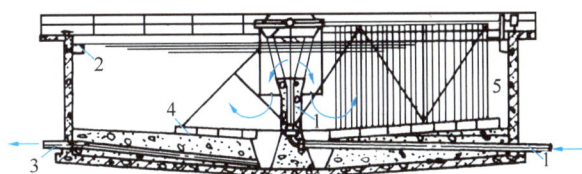

图 10-8 有刮泥机及搅动栅的连续式重力浓缩池

1—中心进泥管；2—上清液溢流堰；3—排泥管；4—刮泥机；5—搅拌栅

污泥由中心管 1 连续进泥，上清液由溢流堰 2 排出，浓缩污泥用刮泥机 4 缓缓刮至池中心的污泥斗并从排泥管 3 排除，刮泥机 4 上装有垂直搅拌栅 5 随着刮泥机转动，周边线速度为 $1\sim2\text{m/min}$。刮泥机缓慢转动时，在每条栅条后面，可形成微小涡流，有助于颗粒之间的絮凝，使颗粒逐渐变大，并可造成空穴，促使污泥颗粒的空隙水与气泡逸出，浓缩效果约可提高 20% 以上。搅拌栅提高浓缩效果见表 10-12。

搅拌栅的浓缩效果　　　　　　　　　　　　　　　　表 10-12

浓缩时间 (h)	浓缩污泥固体浓度（%）			
	不投加混凝剂		投加混凝剂	
	不搅拌	搅拌	不搅拌	搅拌
0	2.8	2.94	3.26	3.26
5	6.4	13.3	10.3	15.4
9.5	11.9	18.5	12.3	19.6
20.5	15.0	21.7	14.1	23.8
30.8	16.3	23.5	15.4	25.3
46.3	18.2	25.2	17.2	27.4
59.3	20.0	25.8	18.5	27.4
77.5	21.1	26.3	19.6	27.6

图 10-9 是多斗连续流浓缩池。采用重力排泥，污泥斗锥角 55°，故在污泥斗部分，污泥受到三向压缩，有利于压密。污泥由管 1 进入池内，由排泥管从斗底排除，2 为可升降的上清液排除管，可根据上清液的位置随意地升降。

2. 间歇式重力浓缩池

间歇式重力浓缩池的设计原理同连续式。运行时，应先排除浓缩池中的上清液，腾出池容，再投入待浓缩的污泥。为此应在浓缩池深度方向的不同高度设上清液排除管。浓缩时间一般不宜小于 12h。间歇式重力浓缩池见图 10-10。

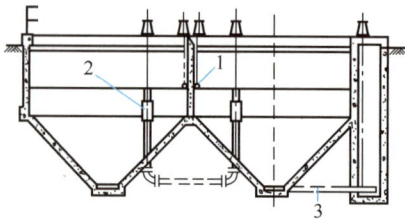

图 10-9　多斗连续式浓缩池
1—进口；2—可升降的上清
液排除管；3—排泥管

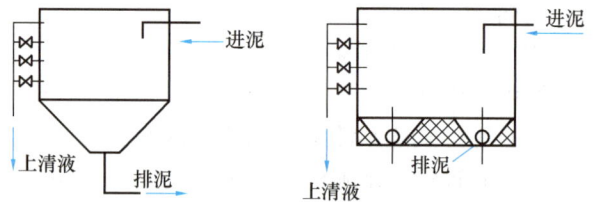

图 10-10　间歇式重力浓缩池

3. 重力浓缩池适应性

重力浓缩池适用于活性污泥、活性污泥与初沉污泥的混合污泥，而不适用于以下情况：

（1）不适用于脱氮除磷工艺产生的剩余活性污泥。因为在厌氧条件下，活性污泥是释放磷的，使上清液带着释放出的磷，在污水处理系统内恶性循环与积累。

（2）腐蚀污泥经长时间浓缩后，比阻值将增加，上清液的 BOD_5 回升，不利于机械脱水。

4. 重力浓缩池的运行管理

重力浓缩运行过程中，可能会发生污泥膨胀或污泥上浮。污泥膨胀的原因是由于污泥性质的变化；污泥上浮的原因并非性质的变化。两者不能混淆，因此解决的方法也不相同。

（1）污泥膨胀的解决方法

污泥指数 SVI＞300mL/g 时，就可能发生膨胀。膨胀出现时，污泥面迅速上升，泥水界面消失，全池污水浑浊不清。污泥膨胀的解决方法有：

生物法：调节 C/N 比，可在入流污泥中投加尿素、硫酸铵、氯化铵或消化池上清液，以便获得适宜 C/N 比值，增加活菌数与絮凝能量。

化学法：投加化学药剂，抑制丝状菌疯长，但不会损害菌胶团的活性。化学药剂的投加量、加氯量控制在 0.3%～0.6%（以污泥干固体质量百分比计）；如加 H_2O_2，投加量控制在 20～400mL/L，低于 20mL/L 不起抑制作用，大于 400mL/L 时污泥会被氧化解体。

物理法：投加惰性固体如黏土、活性炭、石灰、消化污泥、初沉污泥、污泥焚烧灰等，也可投加无机或有机混凝剂。

放空洗池后，再投入运行。

（2）污泥上浮的解决方法

由于污泥在浓缩池内停留时间过长，硝酸盐发生反硝化，分解出的氮气附着于污泥颗粒表面上，挟持上浮：$NO_3^- \rightarrow NH_3 + N_2 \uparrow$，或由于有机物在池中厌氧消化，产生 CO_2 与 CH_4 释出，挟带污泥一起上浮。

解决办法是加大进泥量或加大排泥量。

10.4.2 污泥气浮浓缩

1. 污泥气浮浓缩原理与工艺流程

在一定的温度下，空气在液体中的溶解度与空气受到的压力成正比，服从亨利定理（Henry's Law）。当压力恢复到常压后，所溶空气变成微细气泡从液体中释放出。并附着在污泥颗粒的周围，使颗粒被强制上浮，达到浓缩的目的。因此，气浮法较适用于污泥颗粒相对密度接近于 1 的活性污泥。气浮原理和气浮浓缩的工艺流程详见本书第 3 篇第 15 章。

图 10-11 所示为部分污泥加压溶气气浮的工艺流程。

2. 污泥气浮浓缩设备与气浮池

污泥气浮浓缩的主要设备有：

（1）空气饱和设备

空气饱和设备包括：加压泵、空压机、溶气罐。

（2）溶气水的减压释放设备

（3）气浮池

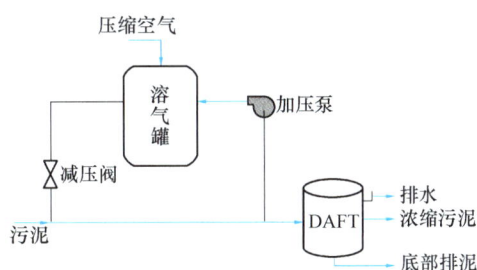

图 10-11　部分污泥加压溶气气浮工艺流程

污泥气浮浓缩设备与气浮池见本书第 15 章 15.2.2 节。

3. 污泥气浮浓缩系统的设计

污泥气浮浓缩系统的设计内容包括：气浮浓缩池气浮面积、深度、空气量、溶气罐容积及压力、溶气比、回流量等。设计方法有试验研究法与经验参数法两种。

（1）试验研究法

对污泥进行气浮浓缩试验，取得最优设计参数：溶气所需空气量、溶气比、回流比等。试验装置见图 10-12。

1）试验步骤

① 将加压水（相当于生产运行时的加压回流水），定量地加入溶气罐，并加压缩空气，使溶气罐的压力达到额定压力（如分别为 0.2MPa、0.25MPa、0.3MPa、0.35MPa、0.4MPa、0.5MPa、0.55MPa），稳定溶气 3～5min，待试；

② 取已知浓度的待试污泥，定量地加入气浮管；

③ 按选定的回流比，打开闸门 4、减压阀 6，把溶气罐内的溶气水放入气浮管，进行气浮，并定时记录时间与上浮污泥层厚度，作气浮时间与上浮污泥层厚度的关系曲线图，见图 10-13，曲线的转折点，即曲线趋于水平时的气浮时间，为最佳气浮时间；

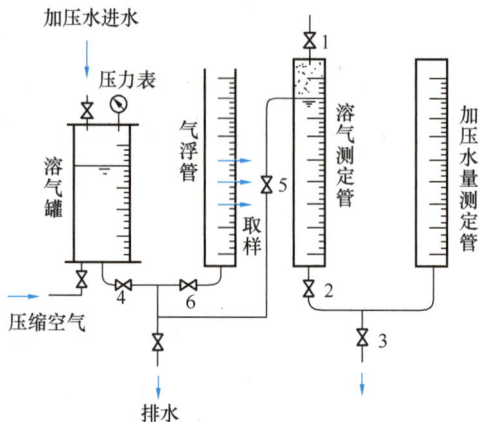

图 10-12 气浮试验装置

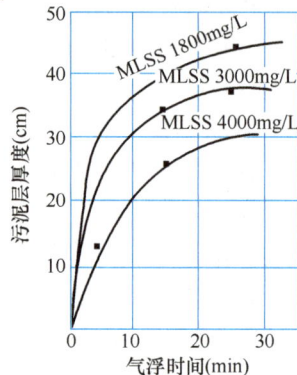

图 10-13 气浮时间与污泥层厚度关系

④ 定时从取样管取样，取出清液，分析 SS；

⑤ 测定上浮污泥层污泥浓度与溶气量，计算 $\dfrac{A_a}{S}$ 值（A_a——空气量，mg；S——固体量，mg）称为气固比。计算方法见式（10-22）。

2）溶气量的测定步骤

根据亨利定理

$$C = KP$$

式中 C——空气在水中饱和溶解度，mg/L；

P——溶解达到平衡时，空气所受的压力，mmHg 柱；

K——溶解系数与水温有关，见表 10-13。

先把溶气测定管（图 10-12）装满水后，关闭闸门 1、2；

打开闸门 3，放空加压水量测定管（为敞开式的）后关闭；

打开闸门 4、5、关闭闸门 6，把溶气罐内的溶气水放入溶气测定管，同时打开闸门 2，使溶气测定管中的水流入加压水量测定管，此时溶气测定管的顶部将被释放出的空气占据；上、下移动加压水量测定管，使其水面与溶气测定管内的水面平齐（即均为 1 个大气压），此时，溶气测定管顶部的空气体积即为溶解在加压水量测定管水内的空气量。

0.1MPa 下，不同温度的溶解度及密度

表 10-13

气温 （℃）	溶解度 （L/L）	空气密度 （mg/L）	K 值	气温 （℃）	溶解度 （L/L）	空气密度 （mg/L）	K 值
0	0.0292	1252	0.038	30	0.0157	1127	0.021
10	0.0228	1206	0.029	40	0.0142	1092	0.018
20	0.0187	1164	0.024				

3）试验结果的计算

①溶气比的计算公式：

$$\frac{A_a}{S} = \frac{S_a R' (P-1)}{VC_0} \tag{10-22}$$

474

式中　A_a——气浮有效的空气量，mg；

　　　S——固体量，mg；

　　　S_a——在 0.1MPa（1 个大气压）下，空气在水中的饱和溶解度，mg/L，其值等于 0.1MPa 下，空气在水中的溶解度（以容积计，单位为 L/L）与空气密度（mg/L）的乘积，见表 10-13；

　　　R'——加压水体积，L；

　　　P——所加压力，大气压（绝对压力）；

　　　V——加入气浮管的污泥体积，L；

　　　C_0——污泥的初始浓度，mg/L。

试验与计算的结果作图 10-14。

从图 10-14 曲线，可容易地找出最佳 $\dfrac{A_a}{S}$ 值，如果继续增加 $\dfrac{A_a}{S}$ 值，浓缩污泥的浓度增加有限，而处理成本将迅速增加。求得最佳 $\dfrac{A_a}{S}$ 值及 P 值后，即可由式（10-22）求出 R'，R' 就是回流加压水容积，进而可得回流比。

②A_a 的确定：

回流加压水中的溶气浓度为

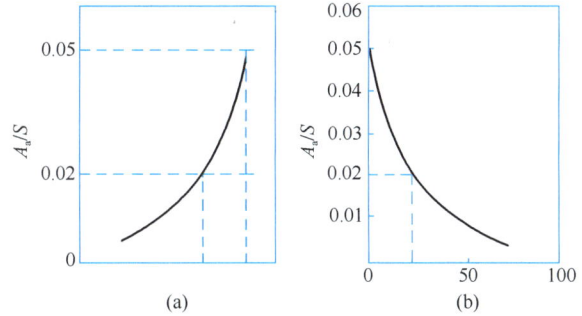

图 10-14　气固比试验结果图

(a) 浓缩污泥固体浓度；(b) 澄清水固体浓度

$$C = fPS_a \tag{10-23}$$

式中　C——回流加压水中的溶气浓度，mg/L；

　　　f——回流加压水中，空气饱和系数，一般为 50%～80%；

P、S_a——同前。

气浮的空气总量应为：

$$A_{a1} = (fPS_a)RQ_0 + S_aQ_0 \tag{10-24}$$

式中　A_{a1}——气浮的空气总量，mg/h；

　　　Q_0——入流污泥量，m^3/h；

　　　R——回流比。

减压后，水中溶气达到平衡，此时水中平衡溶气量为：

$$A_{a2} = S_a(R+1)Q_0 \tag{10-25}$$

式中　A_{a2}——减压后的水中平衡溶气量（mg/h），对气浮有效的空气总量 A_a 是式（10-24）和式（10-25）两式之差值，即：

$$A_a = A_{a1} - A_{a2} = S_aR(fP-1)Q_0 \tag{10-26}$$

入流污泥中固体总量 $S=Q_0C_0$，式（10-26）两边除 S，即得有回流时的溶气比计算式

$$\frac{A_a}{S} = \frac{S_aR(fP-1)}{C_0} \tag{10-27}$$

（2）经验参数设计法

1）溶气比的确定

无回流时，用全部污泥加压溶气，溶气比为：

475

$$\frac{A_a}{S} = \frac{S_a(fP-1)}{C_0} \qquad (10\text{-}28)$$

式中 $\dfrac{A_a}{S}$——溶气比一般采用 $0.005\sim0.040$，常用 $0.03\sim0.04$；

$\quad\ P$——溶气罐压力，一般为 $0.3\sim0.5\mathrm{MPa}$；

$\quad\ S_a$——同前；

$\quad\ C_0$——入流污泥中固体浓度，$\mathrm{mg/L}$。

2）气浮浓缩池表面水力负荷与表面固体负荷

气浮浓缩池的表面水力负荷与表面固体负荷见表 10-14。

3）回流比 R 的确定

溶气比 $\dfrac{A_a}{S}$ 值确定以后，根据式（10-27）计算 R 值。无回流不必计算 R。

4）气浮浓缩池的表面积的确定

无回流时
$$A = \frac{Q_0}{q} \qquad (10\text{-}29)$$

有回流时
$$A = \frac{Q_0(R+1)}{q} \qquad (10\text{-}30)$$

式中 A——气浮浓缩池表面积，$\mathrm{m^2}$；

$\quad\ q$——表面水力负荷，参见表 10-14；

$\quad\ Q_0$——入流污泥流量，$\mathrm{m^3/d}$ 或 $\mathrm{m^3/h}$。

表面积 A 求出后，需用固体负荷校核，如不能满足，则应采用固体负荷求表面积。

气浮浓缩可使原污泥的含水率从 99.5% 以上降低到 $95\%\sim97\%$，澄清液悬浮物浓度不超过 0.1%，可回流至污水处理厂处理。气浮浓缩由于在好氧状态中完成，而且持续时间较短。因此气浮浓缩适用于脱氮除磷系统的污泥浓缩。

气浮浓缩池的表面水力负荷与表面固体负荷　　　　　　表 10-14

污泥种类	入流污泥固体浓度（%）	表面水力负荷 $[\mathrm{m^3/(m^2 \cdot h)}]$		表面固体负荷 $[\mathrm{kg/(m^2 \cdot h)}]$	气浮污泥固体浓度（%）
		有回流	无回流		
活性污泥混合液	<0.5			1.06~3.32	
剩余活性污泥	<0.5			2.08~4.17	
纯氧曝气剩余活性污泥	<0.5	1.0~3.6	0.5~1.8	2.50~6.25	3~6
初沉污泥与剩余活性污泥的混合污泥	1~3			4.17~8.34	
初次沉淀污泥	2~4			<10.8	

5）气浮池有效水深

气浮池表面积确定以后，深度决定于气浮停留时间。气浮停留时间与气浮污泥浓度有关，可参见图 10-15。气浮池有效水深 H（m），$H = Qt/A$，Q 为入气浮池的污泥流量（$\mathrm{m^3/h}$），t 是气浮时间（h），A 同前。

6）气浮池总高度

气浮池的总高度为有效水深 H、超高 0.3m 与安装刮泥机的高度 0.3m 之和。

7）溶气罐容积

溶气罐的容积决定于停留时间，一般采用 1～3min。溶气罐的直径高度比，常用 1：（2～4）。

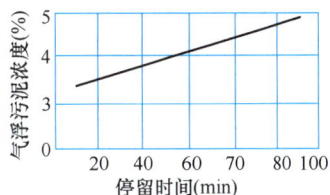

图 10-15　停留时间与气浮污泥浓度的关系

4. 气浮浓缩混凝剂的应用

气浮浓缩可采用无机混凝剂如铅盐、铁盐、活性二氧化硅等，或有机高分子聚合电解质如聚丙烯酰胺（PAM 或称 3 号混凝剂）等。投加混凝剂的目的是使亲水性的污泥颗粒变为疏水性，使气泡易于吸附在污泥颗粒表面，迅速上浮，提高气浮浓缩效果。使用何种混凝剂及其剂量，宜通过试验决定。

10.5　污泥贮存调蓄与破碎

由于污水处理厂的污水量与水质随时间与季节变化很大，因此产生的污泥量也随之变化。但污泥的某些处理单元，如污泥消化、脱水前的预处理（包括化学调节、热处理、冷冻处理等）、机械脱水、消毒、湿式氧化等要求污泥量均匀稳定以保证处理效果。故存在着污泥量与处理量之间的不平衡。需要有污泥贮存调蓄装置。沉淀池的污泥斗、重力浓缩池、消化池，虽有短期贮存作用，但都不足以作为平衡调蓄之需。专用的污泥贮存调蓄装置的容量须通过污泥产量不平衡的统计计算。

污泥管道输送、加热交换、机械脱水及消毒前，应进行破碎并去除杂粒（编织物、果壳、砂、煤渣等），以避免磨损或堵塞管道、设备等。

10.5.1　贮存调蓄

1. 污泥量不平衡统计

污水处理厂污泥量不平衡的统计可根据运行记录，用每日 BOD_5 负荷值、BOD_5 负荷与污泥产量的比值（污泥产率系数）折算成污泥量；用每天污泥量记录进行统计。今以每日 BOD_5 负荷值进行统计为例。

统计参数：

（1）BOD_5 日平均负荷值　在统计年限内（如 1 年或数年）的日平均负荷值：

$$日平均负荷值 = \frac{统计年限内的 BOD_5 总量}{统计年限内的总天数}(kg/d) \qquad (10-31)$$

（2）连续最高峰平均负荷值　统计年限内，连续 n 天的最高峰负荷及其连续最高峰平均负荷值：

$$连续 n 天最高峰平均负荷值 = \frac{连续 n 天最高峰的 BOD_5 总量}{n}(kg/d) \qquad (10-32)$$

式中　n——1～30，d。

（3）连续最低峰平均负荷值　统计年限内，连续 n 天的最低峰负荷及其连续最低峰平均负荷值：

$$连续 n 天最低峰平均负荷值 = \frac{连续 n 天最低峰的 BOD_5 总量}{n}(kg/d) \qquad (10-33)$$

式中 n——$1\sim30$，d。

(4) 连续 n 天最高、最低峰平均负荷值与日平均负荷值的比值：

$$\frac{连续 n 天最高峰平均负荷值}{日平均负荷值} = 比值 > 1 \qquad (10\text{-}34)$$

$$\frac{连续 n 天最低峰平均负荷值}{日平均负荷值} = 比值 < 1 \qquad (10\text{-}35)$$

2. 连续最高、最低峰平均负荷与日平均负荷比值图

取数座到数十座污水处理厂的运行资料（1 年至数年），分别统计出上述 4 个参数的数值，用直角坐标纸，在纵坐标上标出各厂的最高峰平均负荷值与日平均负荷值的比值及最低峰平均负荷值与日平均负荷值的比值；以横坐标为连续天数 n。

然后把 n（$1\sim30$d）的上、下限点连接起来，见图 10-16 阴影部分，并用适线法做出各自典型曲线，分别见图 10-16 曲线 2 与曲线 3。

图 10-16 虽然是根据 BOD_5 负荷值作出的比值曲线，但因 BOD_5 值与污泥量之间有一定的比例关系，故图 10-16 具有通用价值，可用于计算污泥贮存、调蓄装置的容积。

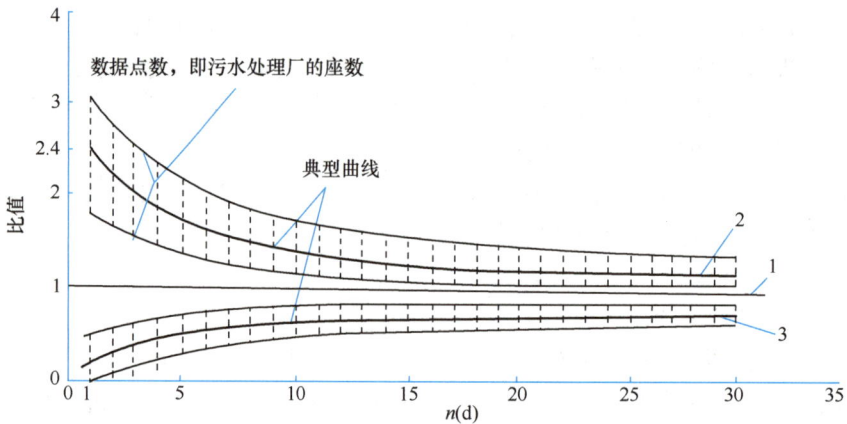

图 10-16　最高峰平均负荷值、最低峰平均负荷值与日平均负荷值的比值图

3. 贮存调蓄装置的容积计算

根据比值曲线图 10-16，即可计算污泥贮存调蓄装置的容积。

【例 10-5】某城市污水处理厂 1 年的运行资料得日平均污泥量（按质量计）为 12000kg/d（其含水率为 95%，干污泥中有机物含量为 60%），比值曲线见图 10-16。拟用化学调节后，板框压滤脱水机脱水。板框压滤脱水机的工作制度是每周运转 5d，每天 3 班制。求所需处理污泥贮存调蓄装置的容积。

【解】采用板框压滤脱水机，工作制度为每周运转 5d，每天 3 班制。即 7d 的污泥量必须在 5d 内处理完成。14d 的污泥量必须在 10d 内处理完。计算步骤如下：

(1) 计算连续 n 天最高峰平均污泥量与连续 n 天最高峰污泥总量

为了安全起见，应采用连续最高峰污泥量进行设计计算。将计算所得数据列于表 10-15。

478

连续最高峰时间(d)	比值	连续 *n* 天最高峰平均污泥量(kg/d)	连续 *n* 天最高峰污泥总量(kg)
(a)	(b)	(c)=(b)×日平均污泥量	(d)=(a)×(c)
1	2.4	2.4×12000=28800	1×28800=28800
2	2.1	2.1×12000=25200	2×25200=50400
3	1.9	1.9×12000=22800	3×22800=68400
4	1.8	1.8×12000=21600	4×21600=86400
5	1.7	1.7×12000=20400	5×20400=102000
7	1.58	1.58×12000=18960	7×18960=132720
10	1.4	1.4×12000=16800	10×16800=168000
14	1.31	1.31×12000=15720	14×15720=220080
15	1.3	1.3×12000=15600	15×15600=234000
365	1.0	1×12000=12000	365×12000=4380000

表 10-15 的几点说明：①表中 (a) 列是天数，"365d"是由于平均污泥量是 1 年运行资料的平均值。若为 2 年运行资料的平均污泥量，则应为"730d"；②表中第 (b) 列的"比值"是根据天数查图 10-16 得；③表中第 (c) 列"连续 *n* 天最高峰平均污泥量"根据式（10-34）计算，即等于（b）×日平均污泥量；④表中第 (d) 列"连续 *n* 天最高峰污泥总量"等于（a）×（c）。

（2）作连续 *n* 天最高峰污泥总量与时间关系图

根据表 10-15 的 (d) 列数值，在直角坐标纸上，以纵坐标为连续 *n* 天最高峰污泥总量，以横坐标为持续时间作图，见图 10-17 曲线 1，得连续最高峰污泥总量曲线。

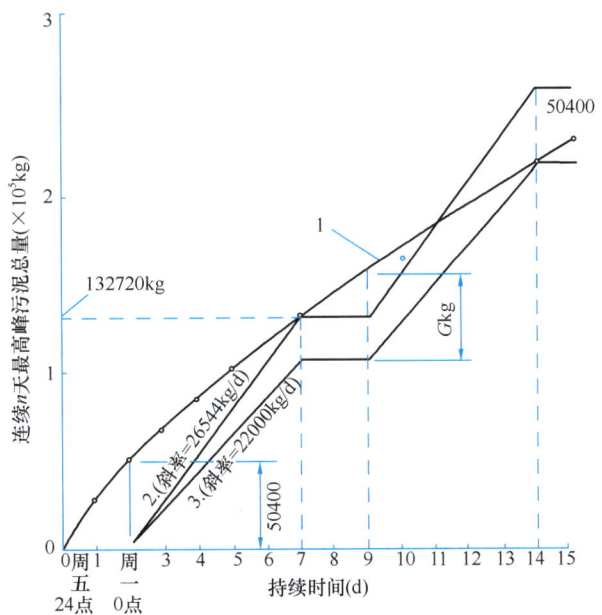

图 10-17　污泥贮存调蓄装置容积计算图

（3）污泥贮存调蓄装置容积的确定

根据板框压滤机的工作制度为每周工作 5d，每天 3 班制。即 7d 的污泥量须在 5d 内处理完，14d 的污泥量须在 10d 内处理完。从表 10-15 知 7d 连续最高峰污泥量为 132720kg，须在 5d 处理完，则每天的处理量应为：

$$\frac{132720}{5}=26544\text{kg/d}$$

设周五 24 点贮存调蓄装置内已无存泥，周六零点起进泥，至次周一零点，板框压滤机从周五 24 点开始连续运行 5d，将 7d 的污泥量处理完，再进行下一周期，循环往复。据此，在图 10-17 上，设坐标原点为周五的 24 点，2d 后为周一的零点，通过该点，作斜率为 26544kg/d 的直线必与曲线 1 相交于 7d 处。故折线 2 即是 7d 的污泥 5d 处理完的运行折线，然后停运 2d。折线 2 与曲线 1 之间的最大垂直距离发生在 2d 处与 14d 处（图 10-17），其值为 50400kg。同样步骤可做出 14d 的污泥总量，10d 处理完的运行折线，见图 10-17 折线 3，该折线的起点也在 2d 处，斜率应为 14d 的污泥总量除以 10d：

$$\frac{220080}{10}=22008\text{kg}，\text{取 }22000\text{kg/d}$$

折线 3 与曲线 1 之间的最大垂直距离产生在 2d 处与 9d 处，得贮存装置的容量为 Gkg。

已知污泥的含水率为 95%，有机物含量为 60%，用式（10-5）与式（10-2）分别计算出污泥所含干固体相对密度 γ_s 与湿污泥相对密度 γ。然后算出调蓄装置的容积：

由式（10-5）得污泥所含干固体的相对密度：

$$\gamma_s=\frac{250}{100+1.5p_V}=\frac{250}{100+1.5\times60}=1.32$$

根据式（10-2）得湿污泥的相对密度为：

$$\gamma=\frac{100\gamma_s}{p\gamma_s+(100-p)}=\frac{100\times1.32}{95\times1.32+(100-95)}=1.012$$

贮存调蓄装置的容积为：

$$V=\frac{50400}{1000\times1.012}=49.8\text{m}^3\ \text{取 }V=50\text{m}^3$$

10.5.2　污泥破碎与杂粒去除

1. 污泥破碎

污泥破碎设备常采用研磨机或切割机。

2. 杂粒去除

去除污泥中的杂粒主要采用压力式水力旋流器（参见本书第 13 章 13.2.2 节的水力旋流器）。

10.6　污泥的机械浓缩与脱水

污泥机械浓缩法主要有：离心浓缩机、带式浓缩机和微孔浓缩机等。

污泥机械脱水法主要有：离心脱水机、带式脱水机、压滤脱水机、真空转鼓脱水机。

污泥浓缩—脱水一体机，即污泥的浓缩与脱水在同一台机械内完成，使污泥的浓缩与脱水更为紧凑与节能。

10.6.1　机械浓缩、脱水的基本原理

1. 卡门（Caman）过滤基本方程式

污泥机械浓缩脱水方法有离心法、压滤法和真空吸滤法等。其基本原理相同，是以过滤介质两面的压力差为推动力，使污泥水分被强制通过过滤介质，固体颗粒被介质截留，形成滤饼，达到浓缩脱水的目的。推动力有 4 种：①依靠污泥本身厚度的静压力（如干化场）；②在过滤介质的一面造成负压（如真空吸滤）；③加压污泥把水分压过介质（如压滤）；④造成离心力（如离心机）。过滤基本过程见图 10-18。

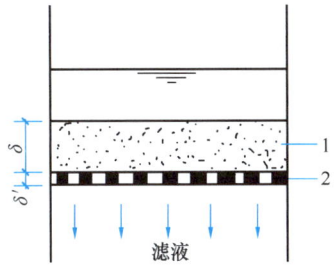

图 10-18　过滤的基本过程
1—滤饼；2—过滤介质

过滤开始时，滤液仅须克服过滤介质的阻力。当滤饼逐渐形成后，还必须克服滤饼本身的阻力。经分析得出著名的卡门过滤基本方程式：

$$\frac{t}{V} = \frac{\mu \omega r}{2PA^2}V + \frac{\mu R_f}{PA} = 6V + 26V_e = \frac{V}{K} + \frac{2V_e}{K} \tag{10-36}$$

式中　V——滤液体积，m^3；

　　　t——过滤时间，s；

　　　P——过滤压力，kg/m^2；

　　　A——过滤面积，m^2；

　　　μ——滤液的动力黏滞度，$kg \cdot s/m^2$；

　　　K——b 的倒数；

　　　V_e——过滤介质的当量滤饼厚度时的滤液体积，m^3，试验常数通过试验求得；

　　　ω——滤过单位体积的滤液在介质上截留的干固体质量，kg/m^3；

　　　r——比阻，m/kg，或 s^2/g，$s^2/g \times 9.81 \times 10^3 = m/kg$。单位过滤面积上，单位干重的滤饼所具有的阻力称比阻；

　　　R_f——过滤介质的阻抗，$1/m^2$。

2. 比阻的测定与计算及固体回收率

根据卡门公式知，在压力一定的条件下过滤时，$\frac{t}{V}$ 与 V 成直线关系，直线的斜率与截距是：

$$b = \frac{\mu \omega r}{2PA^2}, \qquad a = \frac{\mu R_f}{PA} \tag{10-37}$$

移项得比阻计算公式：

$$r = \frac{2PA^2}{\mu} \cdot \frac{b}{\omega} \tag{10-38}$$

比阻与过滤压力、斜率 b 及过滤面积的平方成正比，与滤液的动力黏滞度 μ 及 ω 成反比。为求得污泥比阻值，需先计算出 b 及 ω 值。

b 值可通过如图 10-19(b) 装置测得。测定时先在古氏漏斗中放置滤纸，用蒸馏水喷湿，再开启水射器，把量筒中抽成负压，使滤纸紧贴漏斗，然后关闭水射器，把 100mL 经化学药剂调节好的泥样倒入漏斗，再开启水射器，进行污泥脱水试验。记录过滤时间与

对应的滤液量。当滤纸上面的泥饼出现龟裂或滤液达到 80mL 时停止。试验结果见表 10-16。

试验测定记录表

表 10-16

t (s)	V (cm³)	t/V (s/cm³)	t (s)	V (cm³)	t/V (s/cm³)
0	0	0	135	65	2.080
15	24	0.625	150	68	2.210
30	33	0.910	165	70	2.360
45	40	1.120	180	72	2.500
60	46	1.310	195	73	2.680
75	50	1.500	210	75	2.800
90	55	1.640	225	77	2.920
105	59	1.780	240	78	2.070
120	62	2.000	285	81	2.520

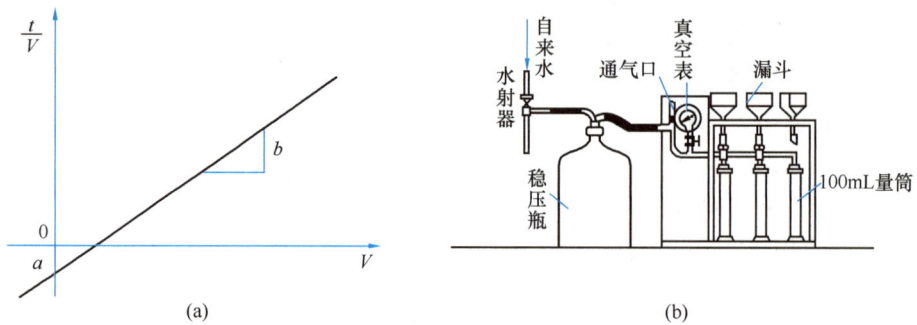

图 10-19　比阻测定装置及 $\dfrac{t}{V}$—V 直线图

在直角坐标纸上，以滤液体积 V 为横坐标，以 $\dfrac{t}{V}$ 为纵坐标作直线，直线的斜率即 b 值，截距即 a 值，见图 10-19(a)。

由 w 的定义可写出下式：

$$w = \frac{(Q_0 - Q_f)C_k}{Q_f} \tag{10-39}$$

式中　Q_0——原污泥量，mL；

　　　Q_f——滤液量，mL；

　　　C_k——浓缩污泥或滤饼中固体物质浓度，g/mL。

根据液体平衡关系可写出：

$$Q_0 = Q_f + Q_k \tag{10-40}$$

根据固体物质平衡关系可写出：

$$Q_0 C_0 = Q_f C_f + Q_k C_k \tag{10-41}$$

式中　C_0——原污泥中固体物质浓度，g/mL；

　　　C_f——滤液中固体物质浓度，g/mL；

Q_k——浓缩污泥量或滤饼量，mL。

将式（10-40）代入式（10-41）整理得：

$$Q_f = \frac{Q_0 (C_0 - C_k)}{C_f - C_k} \text{ 或 } Q_k = \frac{Q_0 (C_0 - C_f)}{C_k - C_f} \tag{10-42}$$

将式（10-39）代入式（10-42），并设 $C_f = 0$ 可得：

$$w = \frac{C_k \cdot C_0}{100 \times (C_k - C_0)} \tag{10-43}$$

将所得之 b、w 值代入式（10-38）可求出比阻值 r。在工程单位制中，比阻的量纲为 m/kg 或 cm/g，在厘米-克-秒单位制（CGS）中比阻的量纲为（s^2/g）。

【例 10-6】活性污泥干固体浓度 $C_0 = 2\%$（含水率 $p = 98\%$），比阻试验后，滤饼干固体浓度 $C_k = 17.1\%$（含水率 $p_k = 82.9\%$），过滤压力为 259.5mmHg（352g/cm²）。过滤面积 $A = 67.8$cm²，液体温度 20℃，$\mu = 0.001$N·s/m²（牛顿·秒/米²，即 0.01 泊）。试验结果记录于表 10-16。求污泥比阻 r。

【解】用式（10-43）计算 w 值：

$$w = \frac{C_k \cdot C_0}{100 (C_k - C_0)} = \frac{17.1 \times 2}{100 (17.1 - 2)} = 0.0226 \text{g/cm}^3$$

由试验结果见图 10-19（a），$b = 0.033$，$a = -0.18$

由式 $\left(r = \frac{2PA^2}{\mu} \cdot \frac{b}{w} \right)$ 得比阻：

$$r = \frac{2PA^2}{\mu} \cdot \frac{b}{w} = \frac{2 \times 352 \times 67.8^2 \times 0.033}{0.01 \times 0.0226} = 4.73 \times 10^8 \text{s}^2/\text{g}$$

比阻单位用 m/kg 时：

$$P = 352 \times 9.81 \times 10 = 3.45 \times 10^4 \text{N/m}^2$$
$$\mu = 0.01 \times 1.00 \times 10^{-1} = 0.001 \text{N} \cdot \text{s/m}^2$$
$$w = 0.0226 \times 1.0 \times 10^3 = 22.6 \text{kg/m}^2$$
$$A = 67.8 \times 10^{-4} = 0.00678 \text{m}^2$$
$$b = 0.033 \times 10^6 = 33 \times 10^9 \text{s/m}^6$$
$$r = \frac{2 \times 3.45 \times 10^4 \times (0.00678)^2 \times 33 \times 10^9}{0.001 \times 22.6} = 46.3 \times 10^{11} \text{m/kg}$$

固体回收率

机械浓缩脱水的效果既要求过滤产率高，也要求固体回收率高。固体回收率等于浓缩污泥或滤饼中的固体质量与原污泥中固体质量之比值，用%表示。

$$R = \frac{Q_k C_k}{Q_0 C_0} \times 100$$

将式（10-42）代入上式得

$$R = \frac{C_k (C_0 - C_f)}{C_0 (C_k - C_f)} \times 100 \tag{10-44}$$

3. 过滤产率的计算

过滤产率的定义：单位时间在单位过滤面积上产生的滤饼干重，单位为 kg/(m²·s) 或

kg/(m² · h)。过滤产率决定于污泥性质、压滤动力、预处理方法、过滤阻力及过滤面积。可用卡门公式计算。

式（10-36）若忽略过滤介质的阻抗，即 $R_f=0$，可写成：

$$\frac{t}{V}=\frac{\mu wr}{2PA^2}V \text{ 或 } \left(\frac{V}{A}\right)^2=\left(\frac{滤液体积}{过滤面积}\right)^2=\frac{2Pt}{\mu wr}$$

设滤饼干重为 W，则 $W=wV$，$V=\frac{W}{w}$ 代入上式得：

$$\left(\frac{W}{wA}\right)^2=\frac{2Pt}{\mu wr},\left(\frac{W}{A}\right)^2=\frac{2Ptw}{\mu r}$$

$$\frac{W}{A}=\frac{滤饼干重}{过滤面积}=\left(\frac{2Ptw}{\mu r}\right)^{1/2} \tag{10-45}$$

由于式中 t 为过滤时间，设过滤周期为 t_c（包括准备时间、过滤时间 t 及卸滤饼时间），过滤时间与过滤周期之比 $m=\frac{t}{t_c}$，根据过滤产率的定义代入式（10-45），可得过滤产率计算式：

$$L=\frac{W}{At_c}=\left(\frac{2Ptw}{\mu rt_c^2}\right)^{1/2}=\left(\frac{2Pwm}{\mu rt_c}\right)^{1/2} \tag{10-46}$$

式中　L——过滤产率，kg/(m² · s)；

　　　w——单位体积滤液产生的滤饼干重，kg/m³；

　　　P——过滤压力，N/m²；

　　　μ——滤液动力黏滞度，kg · s/m²；

　　　r——比阻，m/kg；

　　　t_c——过滤周期，s。

【例 10-7】 活性污泥干固体浓度 $C_0=2\%$（含水率 $p=98\%$），过滤面积 $A=67.8\text{cm}^2$（0.0067m²），过滤压力为 $P=3.45\times10^4\text{N/m}^2$，滤饼干固体浓度 $C_k=17.1\%$（含水率 $p_k=82.9\%$）。液体温度 20℃，$\mu=0.001\text{N} \cdot \text{s/m}^2$，比阻试验结果 $r=46.4\times10^{11}\text{m/kg}$，过滤周期 $t_c=120\text{s}$，过滤时间 $t=36\text{s}$，求过滤产率。

【解】 用卡门公式计算。因已知 $C_k=17.1\%=0.171\text{g/mL}$，$C_0=0.02\text{g/mL}$，代入式（10-43）得 $w=\frac{0.171\times0.02}{0.171-0.02}=0.0226\text{g/mL}=22.6\text{g/L}$

已知 $P=3.45\times10^4\text{N/m}^2$，$m=\frac{t}{t_c}=\frac{36}{120}=0.3$，$\mu=0.001\text{N} \cdot \text{s/m}^2$，$r=46.4\times10^{11}\text{m/kg}$ 代入式（10-46）得：

$$L=\left(\frac{2Pwm}{\mu rt_c}\right)^{1/2}=\left(\frac{2\times3.45\times10^4\times22.6\times0.3}{0.001\times46.4\times10^{11}\times120}\right)^{1/2}=0.00092\text{kg/(m}^2 \cdot \text{s)}$$

10.6.2　机械浓缩脱水前的预处理

1. 预处理的目的

有机污泥（包括初次沉淀污泥、腐殖污泥、活性污泥及消化污泥）均由亲水性带负电荷的胶体颗粒组成，颗粒大小不匀，挥发性固体含量高，比阻大，脱水性能很差。进行机械浓缩脱水的污泥，比阻值应小于 $(0.1 \sim 0.4) \times 10^9 s^2/g$ 为宜。但上述各种污泥的比阻均大大地超过此值，见表 10-17。因此在机械浓缩脱水前，必须进行预处理降低比阻值。预处理的方法有化学调节法、热处理法、冷冻法等。最为常用的是化学调节法。在有热源的地方（如热电厂废蒸汽）可用热处理法。我国三北地区，气温低，可考虑采用冷冻法。

各种污泥的一般比阻值　　　　　　　　　　　　　表 10-17

污泥种类	比阻值	
	(s^2/g)	(m/kg)[①]
初次沉淀污泥	$(4.7 \sim 6.2) \times 10^9$	$(46.1 \sim 60.8) \times 10^{12}$
消化污泥	$(12.6 \sim 14.2) \times 10^9$	$(123.6 \sim 139.3) \times 10^{12}$
活性污泥	$(16.8 \sim 28.8) \times 10^9$	$(164.8 \sim 282.5) \times 10^{12}$
腐殖污泥	$(6.4 \sim 8.30) \times 10^9$	$(59.8 \sim 81.4) \times 10^{12}$

[①] $s^2/g \times 9.81 \times 10^3 = m/kg$。

2. 预处理的方法

（1）化学调节法

化学调节法是根据污泥的性质，投加不同类型的混凝剂，有时再加助凝剂。常用的混凝剂可分为无机混凝剂及其聚合物、有机高分子聚合电解质及微生物混凝剂等 3 类。

1）胶体颗粒的混凝原理

污泥主要由絮状带电负荷的胶体颗粒组成，由于静电斥力，维持着稳定的分散系，这种稳定性可用电势 ζ 表示：

$$\zeta = 4\pi \delta q / D \tag{10-47}$$

式中　ζ——电势，mV；

q ——胶体颗粒所带电荷，或颗粒与溶液之间的电荷差，Coulomb/m^2（库仑/米²）；

δ ——被胶体颗粒吸附的水层厚度（或称双电层厚度），cm；

D ——介质的电离常数。

可见 ζ 是反映污泥颗粒胶体稳定性的一个数值。一方面可量度胶体颗粒所带电荷；另一方面也可量度对电荷的影响作用范围。活性污泥的 ζ 值一般为 $-20 \sim 30$mV。加入混凝剂后 ζ 电势可降低约 10mV，从而斥力降低。

2）无机混凝剂及选用条件

常用的无机混凝剂及其高分子聚合电解质见表 10-18。

无机混凝剂及其高分子聚合电解质　　　　　　　　　　　　表 10-18

混凝剂名称		化学式
铝盐	硫酸铝	$Al_2(SO_4)_3 \cdot 18H_2O$
		$Al_2(SO_4)_3 \cdot 14H_2O$
	明矾	$KAl_2(SO_4)_3 \cdot 12H_2O$(钾矾)
		$NH_4(AlSO_4)_2 \cdot 12H_2O$(铵矾)
	高分子聚合电解质 聚合氯化铝(碱式氯化铝，PAC) 聚合硫酸铝(PAS)	$Al_n(OH)_m \cdot Cl_{3n-m}$
		$\left[Al_2(OH)_n(SO_4)_{3-\frac{n}{2}} \right]_m$

混凝剂名称		化学式
铁盐	三氯化铁 硫酸亚铁	$FeCl_3 \cdot 6H_2O$ $FeSO_4 \cdot 7H_2O$
	氯化硫酸铁 高分子聚合电解质	$\left[FeCl_n(SO_4)_{(3-n)/2} \right]_m$
	聚合硫酸铁（PFS） 聚合盐酸铁（PFC）	$\left[Fe_2(OH)_n(SO_4)_3 - \dfrac{n}{2} \right]_m$ $\left[Fe_2(OH)_nCl_{6-n} \right]_m$

无机混凝剂一般制配成浓度为 10％的溶液。投加量一般为 7％～20％（占干污泥重％）。污泥存放时间的长短影响无机混凝剂的混凝效果，存放时间越长，混凝效果越差。

3）有机高分子聚合电解质

我国常用的有机高分子聚合电解质列于表 10-19。

有机高分子聚合电解质表 表 10-19

分类		物质名称
聚合度	离子型	
低、中聚合度 （分子量 1000～数万）	阴离子 阳离子 非离子	藻朊酸钠（SA），羧甲基纤维素（CMC） 苯胺树脂盐酸盐，聚硫脲盐酸盐，阳离子化氨基树脂 淀粉、水胶、尿素树脂
聚合度 （分子量数十万～数百万）	阴离子 阳离子 非离子	聚丙烯酸钠、聚丙烯胺基部分水解物、聚酰胺 聚丙烯胺基阳离子变性物，聚乙烯砒碇盐酸盐，聚乙烯亚胺 聚丙烯胺基、环氧乙烯聚合物、聚乙烯醇

聚丙烯酰胺应制配成浓度为 0.1％的溶液（以聚丙烯酰胺固体物质量计），若制配成 0.01％～0.005％的溶液，效果更好。

4）微生物混凝剂

20 世纪 70 年代开始研制微生物混凝剂，主要有 3 种：直接用微生物细胞为混凝剂；从微生物细胞中提取出的混凝剂；微生物细胞的代谢产物作为混凝剂。由于微生物混凝剂具有无毒、无二次污染、可生物降解、混凝絮体密实、对环境和人类无害等优点而受到广泛重视。

直接用微生物细胞作为混凝剂：已发现的有细菌、霉菌与酵母菌等。

从微生物细胞中提取的混凝剂：真菌、藻类含有葡萄糖、N-2 酰葡萄糖胺等在碱性条件下水解生成带正电荷的脱乙酰几丁质（壳聚糖）、含有活性氨基和羧基等具有混凝作用的基团。

微生物细胞的代谢产物作为混凝剂：微生物细胞的代谢产物主要成分为多糖，具有混凝作用，如普鲁兰。

微生物混凝剂的混凝原理主要是：微生物混凝剂一般带正电荷的亲水性活性基团，如氨基、羟基、羧基等对带负电荷的污泥胶体颗粒具有中和电荷、压缩双电层及架桥的作用，形成牢固的絮体，提高脱水性能。

（2）热处理法

污泥的热处理是污泥的稳定工艺也是污泥机械脱水前的预处理工艺。热源可用沼气或电热厂废蒸汽等。

污泥在高温高压下，胶体的稳定性被破坏、蛋白质水解，内部水与吸附水被释放，使固体凝固，脱水性能改善，并可起到消毒与除臭的作用。经过热处理的污泥，可直接机械脱水，脱水泥饼的固体浓度可达 30%～50%。

热处理最适合于剩余活性污泥的预处理。热处理工艺见图 10-20。经破碎后的污泥进入贮泥罐 1 预热，再用加压泵 2，高压泵 3 加压，由旋风分离器排出的热废气经膨胀式发动机 5 加压后，废气以及空气一起，由空压机 4 加压，泥、气混合进入热交换器 6 和热交换器 7，用反应器出流的热泥气预热后进入反应器 8 反应。反应器 8 内的压力为 1.0～1.5MPa（10～15kg/cm²）、反应温度为 140～200℃，反应时间 30min。反应完成后的泥气从反应器顶部排出，至热交换器 7 预热泥气，然后至旋风分离器 9 分离，分离出的废气被膨胀式发动机 5 加温，部分废气经喷淋除臭后排出，部分废气与空气混合用空压机 4 加压，分离出的处理后污泥至热交换器 6，加热泥气，再至贮泥罐 1 预热污泥后排出，废热得到充分回收。

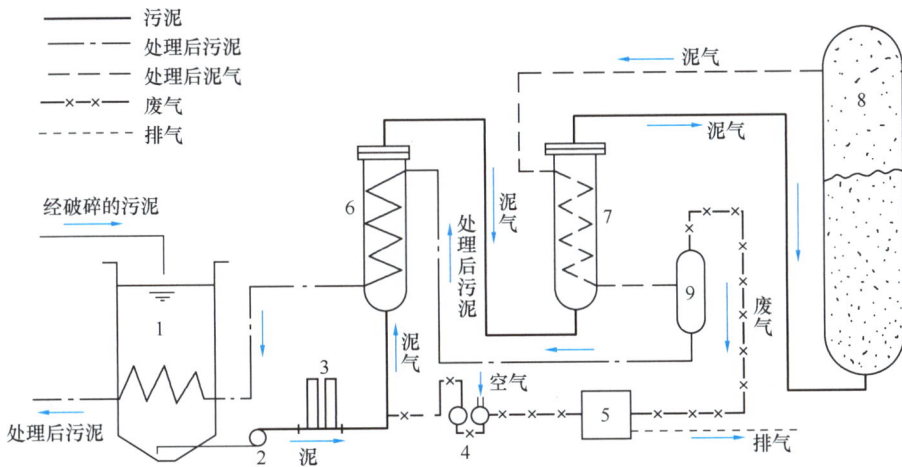

图 10-20　污泥热处理流程图

1—贮泥罐；2—加压泵；3—高压泵；4—空压机；5—膨胀式发动机；6、7—热交换器；
8—反应器；9—旋风分离器

反应器内温度也可采用 60～80℃，叫低热处理法，但处理的分离液浑浊，BOD₅ 浓度高，不易处理。

如果污泥的氯化物浓度超过 500mg/L，热处理装置需用钛不锈钢制，以抗 HCl 腐蚀。硬度高的污泥，热交换器与反应器易结垢，造价与维护费高。热处理适用于经济发达地区，大城市或附近有热源（如热电厂）的地区。

（3）冷冻法

污泥冷冻处理的原理可用图 10-21 说明。图 10-21A 是冷冻过程的宏观现象。图中 1 是胶体颗粒开始冷冻的情况，随着冷冻层的发展，颗粒被向上压缩浓集，水分被挤向冷冻

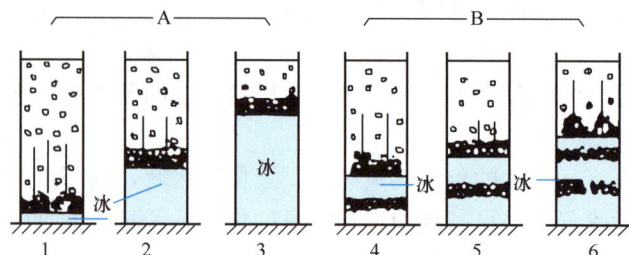

图 10-21 污泥的冷冻处理原理

A—宏观现象；B—微观现象

1—冷冻开始；2—冷冻过程；3—冷冻完成；

4—固体夹层；5—冷冻过程；6—冷冻面的飞跃

界面，见图中 2、3。图 10-21B 为冷冻过程的微观现象，由于冷冻层的迅速形成，有部分颗粒妨碍水分的流动，形成新的冷冻界面开始冷冻，把浓集后的颗粒夹在冷冻层之间，见图中 4、5、6。浓集污泥颗粒中的水分被挤出。而且不可逆的，即使再用机械搅拌也不会重新成为胶体。

冷冻法预处理，是使污泥先结冰后融解，污泥的结构被彻底破坏，内部水与吸附水被挤出，脱水性能增加几十倍，可直接机械脱水，泥饼固体浓度可达 40% 以上。处理相同体积的污泥，所需能量仅为热处理的一半。用冷冻—融解及化学调节作为预处理，再进行机械脱水的效果比较，见表 10-20。

冷冻—融解、化学调节后，再用真空过滤法脱水效果比较   表 10-20

污泥种类	原污泥含水率（%）	真空过滤后泥饼含水率（%）	
		冷冻-融解后	化学调节后
电镀污水污泥	92.5～98.2	54.8～69.3	78.7～87.4
酸洗污泥	97.5	47.0	78.3
炼铁污泥	97.2	55.2	85.1
自来水厂污泥	89.9～95.1	47.7～56.2	72.1～88.5
造纸污水污泥	95.1～96.2	52.9～85.4	73.8～79.4

10.6.3 离心浓缩与脱水

1. 离心浓缩

离心力产生的推动力远大于重力。因此离心脱水的效果优于重力浓缩。

（1）离心浓缩原理

设污泥颗粒质量为 m，在重力场作用下，所受到的重力为：

$$G = mg$$

在离心力场的作用下，所受到的离心力为

$$C = m\omega^2 r = \frac{\omega^2 r}{g} G \tag{10-48}$$

式中 G——重力，N；

m——质量，N·s^2/m；

g——重力加速度，$9.81\mathrm{m/s^2}$；

$\omega^2 r$——离心力加速度，$\mathrm{m/s^2}$；

ω——旋转角速度，$1/\mathrm{s}$，$\omega = \dfrac{2\pi n}{60}$；

r——旋转半径，m；

n——转数，$\mathrm{r/min}$；

C——离心力，N。

离心力与重力的比值称为分离因素，用 α 表示，则

$$\alpha = \frac{C}{G} = \frac{\omega^2 r}{g} = \left(\frac{2\pi n}{60}\right)^2 \frac{r}{g} = \frac{n^2 r}{900} \tag{10-49}$$

加速 n 或加大 r 都可获得更大的离心力。由于离心力远大于重力，故固液分离效果好，设备小，可封闭连续运行，是污泥浓缩与脱水的主要设备。

（2）离心机的分类

按分离因素 α 的大小，可分为高速离心机（$\alpha > 3000$）、中速离心机（$\alpha = 1500 \sim 3000$）、低速离心机（$\alpha = 1000 \sim 1500$）；按几何形状不同可分为转筒式离心机（包括圆锥形、圆筒形、锥筒形 3 种）、盘式离心机、板式离心机等。

污泥浓缩脱水常用的是低速锥筒式离心机。构造示意图见图 10-22。

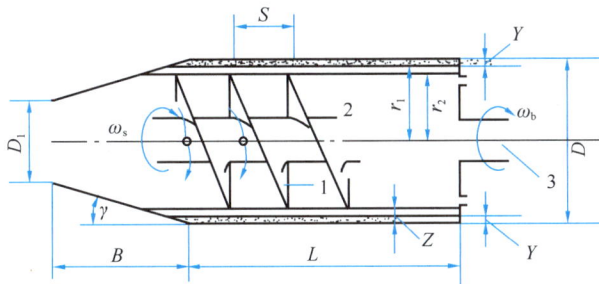

图 10-22　锥筒式离心机构造示意图

L—转筒长度；B—锥长（也称岸区长）；Z—水池深度；S—螺距；γ—锥角；ω_b—转筒旋转角速度；ω_s—螺旋输送器旋转角速度；Y—泥饼厚度；D—转筒直径；r_2—水池表面半径；r_1—转筒半径；D_1—锥口直径

锥筒式离心机主要组成部件为螺旋输送器 1，锥筒 2，空心转轴 3。螺旋输送器固定在空心转轴上。空心转轴与锥筒由驱动装置分别同向转动，但两者之间有速差，前者稍慢后者稍快。依靠速差将泥饼从锥口推出。速差越大离心机的产率越大，泥饼在离心机中停留时间越短、泥饼含水率越高，固体回收率越低。

如图 10-22 所示，污泥颗粒在离心机内受到的离心力为：

$$C = \frac{\omega_\mathrm{b}^2}{g}\left(\frac{r_1 + r_2}{2}\right)G \tag{10-50}$$

式中　C——离心力，N；

ω_b——转筒旋转速度，$1/\mathrm{s}$；

G——重力，N；

r_1，r_2——分别为转筒半径和水池表面半径，m，见图 10-22。

水池深度与容积的影响：

离心机内水池深度为 Z，可用转筒端的堰板调节，Z 增加，离心时间延长，固体回收率高。水池区的停留时间计算公式：

$$t_{池} = \frac{\text{水池容积}(m^3)}{\text{污泥投配率}(m^3/s)} \tag{10-51}$$

泥饼沿岸区（锥体部分）的停留时间：

$$t_{岸} = \frac{B}{C_s} \tag{10-52}$$

$$C_s = 4.27 \times 10^{-3} \times \frac{ns}{\beta} \tag{10-53}$$

式中 $t_{池}$——污泥在水池区停留时间，s；

$\quad\quad t_{岸}$——泥饼在岸区的停留时间，s；

$\quad\quad B$——岸区长，m；

$\quad\quad s$——螺旋输送器螺距，m；

$\quad\quad \beta$——齿比；

$\quad\quad n$——转筒转数，r/min。

岸锥角 γ 与岸区长度 B：

锥角越大，含水率较高的颗粒不易涌上岸，泥饼的浓度可提高，但固体回收率降低。泥饼颗粒涌上岸后，在离心力的作用下，形成两个分力：一个力垂直于锥壁，一个力向下滑移，称为滑移力 f。

$$f = C \cdot \sin\gamma \tag{10-54}$$

式中 f——滑移力，N；

$\quad\quad C$——离心力，N；

$\quad\quad \gamma$——锥角，°。

低速离心机是 20 世纪 70 年代开发的，专用于污泥脱水。因污泥絮体较轻且疏松，如采用高速离心机容易被甩碎。低、高速离心机在构造上的主要差别示于图 10-23。由于中、低速离心机转速较低，所以动力消耗、机械磨损、噪声等都较低，构造简单、浓缩脱水效果好。低速离心机是在筒端进泥、锥端出泥饼，随着泥饼的向前推进不断被离心机压密而不会受到进泥的搅动。此外水池深、容积大，停留时间较长，有利于提高水力负荷与固体负荷，节省混凝剂量。

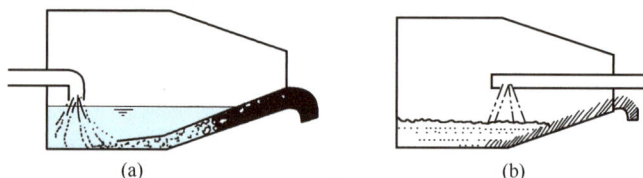

图 10-23 低、高速离心机工作原理比较
(a) 低速离心机；(b) 高速离心机

（3）离心浓缩的设计

离心浓缩宜采用中、低速锥筒式离心机。国产锥筒式离心浓缩机的参考规格见表 10-21。

国产锥筒式离心浓缩机参考规格性能表							表 10-21	
转筒直径 (mm)	长径比 L/D	锥筒转速 (r/min)	分离因素 a	速差 (r/min)	进泥量 (m³/h)	主、辅电机功率 (kW)	整机质量 (kg)	
520	4.1	2500	1820	1~25	10~48	45/11	5000	
600	3.6	2400	2000	1~50	15~35	55/15	7500	
620	2.7	2200	2000	1~50	10~35	55/15	7500	
720	3.7	2200	1950	1~65	30~50	110	7500	
750	3.7	2200	2033	1~25	50~80	132	10000	

美国锥筒式离心浓缩机参考规格性能见表 10-22。

美国锥筒式离心浓缩机参考规格性能										表 10-22
转筒直径 (mm)	总长 (m)	锥长 (mm)	锥角 (°)	筒长 (m)	容积 (m³)	排泥管径 (mm)	有用筒体容积 (m³)	转速 (r/min)	角速度 (m/s)	分离因素 a
740	3.05	450	20	2.6	1.1	410	0.8	2500	262	2600
690	2.92	470	15	2.5	0.9	430	0.5	2600	272	2600
740	3.1	490	20	2.6	1.1	380	0.8	2300	240.5	2200
760	3.07	380	20	2.8	1.3	480	0.8	2200	230	2100

（4）离心浓缩效果的影响因素

影响污泥离心浓缩效果的因素有：离心机的设计参数、调节与运行参数、污泥的固体物质性质，列于表 10-23。调节、控制表 10-23 所列因素，可使离心、脱水获得良好效果。

污泥离心浓缩效果的影响因素		表 10-23
离心机设计参数	调节与运行参数	固体物质性质
流态：	转筒转速	颗粒和絮体尺寸
逆向流	转筒和输送器速差	颗粒密度
顺向流	水池深度与容积	稠度
内部缓冲板	泥量	黏滞度
转筒/运送器：	水力负荷	温度
直径	固体负荷	污泥指数 SVI
长度	混凝剂应用	挥发性固体
锥角		固体停留时间
投料强度与导向		腐败性
水池最大深度		絮体退化
固体物与絮体供给点		
最大运行速度		

①剩余活性污泥用离心机浓缩时，入流污泥浓度 C_0 1.5%~0.3%，浓缩污泥浓度 C_e 可达 3%~10%，固体回收率 R 47%~96%；②投加有机聚合混凝剂的浓缩效果，优于不投加；③入流污泥浓度高时（如 C_0 = 10000~15000mg/L），可不用有机聚合混凝剂，浓缩污泥浓度 C_e 可达 6%，回收率可达 90%~92%；④纯氧曝气法的剩余活性污泥，离心

浓缩所需有机聚合混凝剂剂量较大，浓缩效果虽好，但固体回收率 R 偏低；⑤污泥浓缩宜采用低、中速离心机。

（5）离心机浓缩设计计算

转筒离心浓缩机的设计计算，用例题说明。

【例 10-8】 剩余活性污泥干固体质量为 10883kg/d，有机物含量 65%，干固体浓度 C_0 ＝0.5%（即含水率 99.5%），要求浓缩后，浓度 $C_e \geq 4.5\%$。设计转筒离心浓缩机。

【解】 根据污泥干固体质量、有机物含量及含水率计算出污泥体积。

污泥体积等于所含干固体体积与水分体积之和，即

$$V = V_{水} + V_{干}$$

干固体相对密度用式（10-5）计算

$$\gamma_s = \frac{250}{100 + 1.5 p_v} = \frac{250}{100 + 1.5 \times 65} = 1.26$$

即干固体密度为 $1.26 \text{t/m}^3 = 1260 \text{kg/m}^3$。

所占体积 $V_{干} = \frac{10883}{1260} = 8.6 \text{m}^3$，

含水率 99.5%，即水的体积占 99.5%，干固体体积占 0.5%，

$$\frac{8.6}{0.5\%} = \frac{V}{99.5\%} \qquad V_{水} = \frac{99.5\% \times 8.6}{0.5\%} = 1711 \text{m}^3/\text{d}$$

$$V = V_{水} + V_{干} = 1711 + 8.6 = 1720 \text{m}^3/\text{d}$$

选用离心浓缩机，3 用 1 备，每台每天连续运行 8h，则：

每台固体负荷 $S = \frac{10883}{3 \times 8} = 451 \text{kg/h}$

每台水力负荷 $q = \frac{1720}{3 \times 8} = 72 \text{m}^3/\text{h} = 1194 \text{L/min} = 1.194 \text{m}^3/\text{min}$（即入流污泥量）

已知干流污泥浓度 $C_0 = 0.5\%$ 即 5000mg/L，对照表 10-19、表 10-21、表 10-22，可选用洛杉矶污水处理厂离心机 $D \times L = 1100 \text{mm} \times 4190 \text{mm}$，筒体转速 $n = 1600 \text{r/min}$，分离因素 $\alpha = 1564$。

用式（10-48）计算：

转筒角速度 $\omega = \frac{2\pi n}{60} = \frac{2\pi \times 1600}{60} = 167.5 \text{r/s}$

离心加速度 $\varepsilon = \omega^2 r = 167.5^2 \times 0.55 = 15431 \text{m/s}^2$

用式（10-49）计算该机的分离因素：

$a = \frac{n^2 r}{900} = \frac{1600^2 \times 0.55}{900} = 1564$ 属低速离心机。

由图 10-22：离心机内水池深度，可用澄清水出水堰高度调节。

取 $r_2 = 0.25 \text{m}$ 则水池容积为：

$$V = \pi(r_1^2 - r_2^2) L = \pi(0.55^2 - 0.25^2) \times 4.19 = 3.159 \text{m}^3$$

污泥在离心力场内的停留时间为：

3.158/1.194＝2.64min，远远低于重力浓缩与气浮浓缩所需的停留时间，其浓缩效率、经济价值可想而知，并可实现全自动控制，封闭连续生产。

2. 离心脱水

离心脱水机的机型、脱水原理、预处理方法等均与离心浓缩相同，主要差别是入流污泥浓度与出流污泥浓度不同。

离心浓缩机的入流污泥浓度 C_0 宜为 $0.5\%\sim2\%$（含水率 $99.5\%\sim98\%$），浓缩污泥浓度 C_e 约为 $3\%\sim6\%$（含水率 $97\%\sim94\%$）。

离心脱水机一般与离心浓缩机联动，制成污泥离心浓缩脱水一体机，经离心脱水后污泥浓度可达 20%（即含水率 80%）左右，成泥饼状。

由于污泥经离心浓缩后，固体浓度与颗粒紧密度提高，因此离心脱水可采用中速离心机，分离因素 $\alpha=(1500\sim3000)$，或高速离心机，分离因素 $\alpha>3000$。

（1）离心脱水试验与计算

离心脱水机的选用与运行参数，需经过试验与调试取得。离心脱水的试验方法有：Σ 理论模拟试验法、经验设计法与 β 理论模拟试验法等，前两种方法为常用。

1）Σ 理论模拟试验法：

假定颗粒在离心机中的沉淀速度符合斯托克斯定律，即假定：颗粒一开始就获得终极沉淀速度；颗粒在离心机中是层流状态，属于自由沉降。应用斯托克斯公式：

$$v=\frac{g\,(\rho_s-\rho_w)d^2}{18\mu} \tag{10-55}$$

式中　v——颗粒沉降速度，m/s；

ρ_s——污泥颗粒密度，kg/m^3；

ρ_w——液体的密度，kg/m^3；

d——污泥颗粒的直径，m；

μ——液体的动力黏滞度，$kg/(m\cdot s)$；

g——重力加速度，$9.81m/s^2$。

由于颗粒在离心机中，是处于离心加速度 $\omega^2 r$ 的作用下，因此斯托克斯公式中的重力加速度 g，应由离心加速度 $\omega^2 r$ 代替。公式（10-55）应改写成：

$$v=\frac{\omega^2 r\,(\rho_s-\rho_w)d^2}{18\mu} \tag{10-56}$$

当经过 dt 时间，颗粒的沉降距离为 dr，则

$$dr=vdt=\frac{\omega^2 r\,(\rho_s-\rho_w)d^2}{18\mu}dt$$

从 r_1 积分到 r_2 见图 10-22：

$$\int_{r_1}^{r_2}\frac{dr}{r}=\frac{\omega^2\,(\rho_s-\rho_w)d^2}{18\mu}\int_0^t dt$$

$$(\ln r_2-\ln r_1)=\frac{\omega^2\,(\rho_s-\rho_w)d^2}{18\mu}t$$

得：
$$t=\frac{18\mu}{\omega^2\,(\rho_s-\rho_w)d^2}\ln\frac{r_2}{r_1} \tag{10-57}$$

颗粒沉降所需的总时间应为：$t = \dfrac{V}{Q} = \dfrac{水池体积}{污泥投配率}$

由于
$$V = 2\pi \left(\frac{r_1 + r_2}{2}\right)(r_2 - r_1)L = \pi r_2^2 L - \pi r_1^2 L$$

或
$$V = \pi D L Z \tag{10-58}$$

再根据公式（10-57）分子分母各乘重力加速度 g 整理得：

$$t = \frac{V}{Q} = \left(\frac{g}{\omega^2} \ln \frac{r_2}{r_1}\right)\left[\frac{18\mu}{g\,(\rho_{\mathrm{s}} - \rho_{\mathrm{w}})d^2}\right]$$

$$Q = \left[\frac{\omega^2}{g \ln \frac{r_2}{r_1}}\right]\left[\frac{g\,(\rho_{\mathrm{s}} - \rho_{\mathrm{w}})d^2}{18\mu}\right]V \tag{10-59}$$

因
$$Q = Av$$

式中　A——离心机的沉降分离面积，$\mathrm{m^2}$；

　　　v——颗粒沉降速度，$\mathrm{m/s}$，见公式（10-55）。

可见公式（10-59）中

$$A = \frac{\omega^2 V}{g \ln \frac{r_2}{r_1}} = \frac{\omega^2 \pi L (r_2^2 - r_1^2)}{g \ln \frac{r_2}{r_1}} = \frac{4\pi^2 n^2 \pi L (r_2^2 - r_1^2)}{g \ln \frac{r_2}{r_1}} = \frac{n^2 L (d_2^2 - d_1^2)}{0.316 \ln \frac{r_2}{r_1}} \tag{10-60}$$

式中　n——转筒转数，$\mathrm{r/min}$；

　　d_1——水池表面的直径，m；

　　d_2——转筒内径，m；

　　g——重力加速度，$9.81\mathrm{m/s^2}$。

由公式（10-59），右边第一项代表离心机的机械因素，第二项反映了污泥的特性。令第一项为Σ，即：

$$\Sigma = \frac{\omega^2 V}{g \ln \frac{r_2}{r_1}} \tag{10-61}$$

则
$$Q = \Sigma v$$

对于相同的污泥，在两种几何相似的离心机中分离，应有下列关系：

$$\frac{Q_1}{Q_2} = \frac{\Sigma_1}{\Sigma_2} \tag{10-62}$$

【例 10-9】应用Σ理论，选择离心脱水机。已知模型离心机的运行参数，选择原型离心机的运行参数。模型与原型离心机的机械因素见表 10-24。

模型与原型离心机的机械因素 表 10-24

因素	模型离心机	原型离心机
转筒直径（cm）	20	74
水池深度（cm）	2	20
转筒转数 n（r/min）	4000	2000
转筒长度 L（cm）	30	305
分离因素 α	1800	1644

【解】 由公式（10-58）计算模型与原型机的水池体积：

模型机的水池体积 V_1 表示：

$$V_1 = 2\pi \left(\frac{8+10}{2}\right) \times (10-8) \times 30 = 3392.92 \approx 3400 \text{cm}^3$$

原型机的水池体积 V_2 表示：

$$V_2 = \pi DLZ = 3.14 \times 0.74 \times 3.05 \times 0.3 = 2.12 \text{m}^3$$

由公式（10-48）计算模型机与原型机的 ω 值：

模型机的旋转角速度以 ω_1：

$$\omega_1 = \frac{2\pi n}{60} = \frac{2\pi \times 4000}{60} = 420 \quad \text{rad/s}$$

原型机的旋转角速度以 ω_2：

$$\omega_2 = \frac{2\pi \times 2000}{60} = 209 \quad \text{rad/s}$$

由公式（10-61）计算模型机与原型机的 $\sum$ 值：

模型机的 $\sum_1$ 表示：

$$\sum_1 = \frac{420^2}{980} \times \frac{3400}{\ln\frac{10}{8}} = 2.74 \times 10^6$$

原型机的 $\sum_2$：

$$\sum_2 = \frac{209^2}{980} \times \frac{2120000}{\ln\frac{37}{17}} = 121.6 \times 10^6$$

由公式（10-62）可计算出原型机的污泥最佳投配率为：

$$Q_2 = \frac{\sum_2}{\sum_1} Q_1 = \frac{121.6 \times 10^6}{2.74 \times 10^6} \times 0.5 = 22.2 \text{m}^3/\text{h}$$

2）经验设计法：参照污泥性质相似的已有污水处理厂的机型与规格。

（2）离心浓缩脱水一体机

国外离心浓缩脱水一体机的浓缩效果见表 10-25。

国外转筒离心浓缩机的浓缩效果表　　　　　　　　表 10-25

污水处理厂所在地	剩余活性污泥类型	入流固体浓度 (mg/L)	SVI (mL/g)	入流流量 (L/min)	浓缩污泥固体浓度 (%)	固体回收率 (%)	有机混凝剂剂量 (g/kg)	离心机尺寸 $D \times L$ (mm)	转筒转速 (r/min)	分离因素 α	流态
大西洋市 （Atlantic）	空气曝气	3000	100	1230	10	95	2.5	740×2340	2677	2779	逆流

污水处理厂所在地	剩余活性污泥类型	入流固体浓度(mg/L)	SVI(mL/g)	入流流量(L/min)	浓缩污泥固体浓度(%)	固体回收率(%)	有机混凝剂量(g/kg)	离心机尺寸 D×L(mm)	转筒转速(r/min)	分离因素 α	流态
洛杉矶(Los Angeles)	空气曝气	4800~6000	110~190	2300~3000	3.75~5.7	88~91	无	1100×4190	1600	1564	顺流
					3.6~6.0	77~96	0.2~2.2	1100×4190	1600	1564	顺流
		4800~6000	110~190	2300~3000	1.0~7.9	47~89	无	1100×3600	1995	2432	
					1.7~8.2	57~97	0.4~1.4	1100×3600	1995	2432	
奥克兰(Oakland)	纯氧曝气	5000	250~400	4200	7	66	6	1100×3600	1995	2215	逆流
那不勒斯(Naples)	空气曝气	10000~15000	70~80	380	6	90~92	无	740×3050	2000	1644	逆流
密尔沃基雄鹿(Milwaukee)	空气曝气	6000~8000	80~150	1100~1900	3~5.5	92~93	—	—	1000	1012	顺流
利特尔顿(Littleton)	空气曝气	6000~8000	100~300	570~1100	6~9	88~95	3~3.5	740×2340	2300	2174	逆流
	空气曝气	7500	80~120	840	4~7	77	无	740×2340	2300	2174	逆流
加拿大湖景(Lakeview, Canada)	空气曝气	7120	80~120	1350	6~1	65	无	740×3050	2600	2779	逆流

国产污泥离心浓缩脱水一体机的参考规格见表10-26。

国产离心浓缩脱水一体机的参考规格表　　　　　　　表 10-26

转鼓参数				电机功率(kW)	外形尺寸 L×B×H(mm)	入流污泥量(m³/h)	脱水泥饼含水率(%)	固体回收率(%)	分离液 SS(%)
直径(mm)	长度(mm)	转速(r/min)	分离因素 a						
350	1520	3200	3200	18.5/22	3300×860×1100	15~30	75~80	≥88	≤0.1
450	1990	3200	2580	30/37	4463×1020×1345	30~50	75~80	≥88	≤0.1
520	2250	2800	2280	45/55	4809×1200×1595	50~80	75~80	≥88	≤0.1
650	2800	3000	3280	75/55	5250×1465×1775	50~100	75~80	≥88	≤0.1
720	2160	2500	2520	110/132	4560×3250×1450	100~150	75~80	≥88	≤0.1

（3）污泥离心浓缩脱水一体机工艺流程

污泥离心浓缩脱水一体机工艺流程见图 10-24。

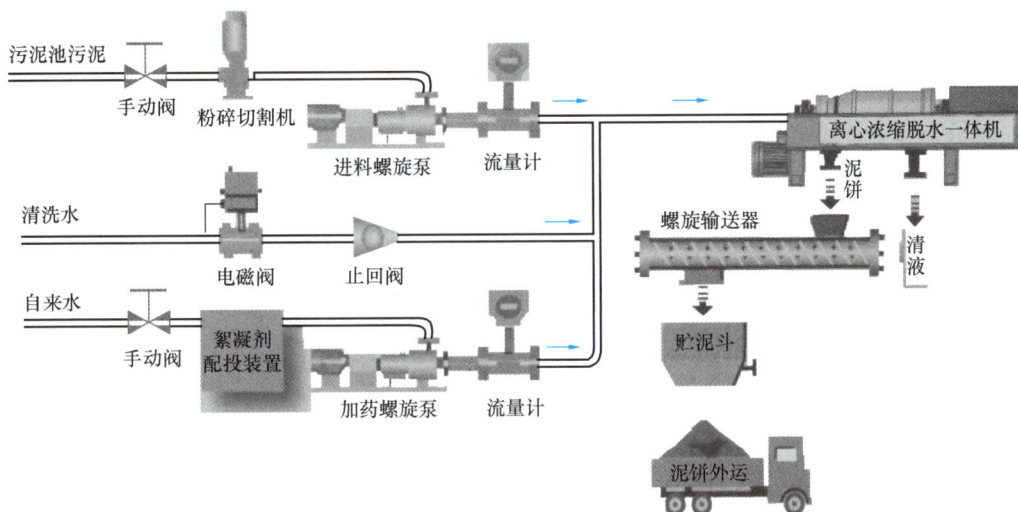

图 10-24　污泥离心浓缩脱水一体机工艺流程

10.6.4　转鼓浓缩机

1. 转鼓浓缩机的构造与浓缩原理

转鼓浓缩机（或称转栅浓缩机）的构造包括：转鼓、内壁为螺旋形多孔滤水介质、变速装置、润滑轴轮、可调节进泥点的入流管及内部供泥系统、滤液收集槽、浓缩泥排出系统、反冲洗系统，以及附属设备（包括：混凝剂制配与供给系统、污泥贮桶、臭气控制系统）。全机构造见图 10-25。

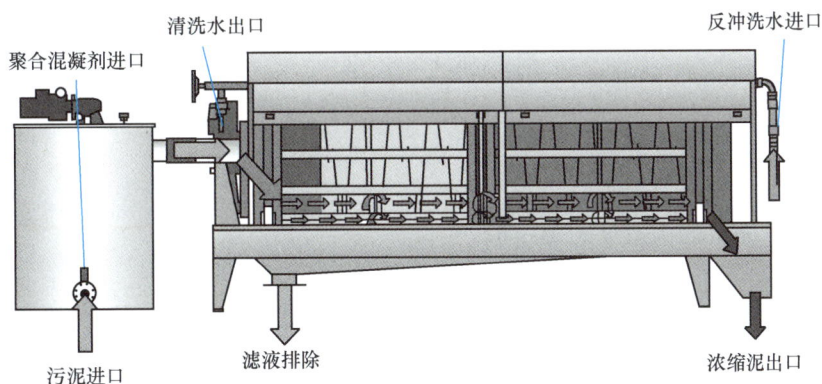

图 10-25　转鼓浓缩机构造图

转鼓浓缩原理：利用转鼓转动时提供的离心力、水分经多孔过滤介质甩出转鼓外、收集，固体物被截留在内壁，由螺旋形内壁旋转输送出转鼓。

转鼓浓缩机的产率取决于化学调节、水力负荷、固体负荷、转鼓转速及转鼓纵向倾角。在水力负荷、固体负荷、转鼓转速等因素相同的条件下，转鼓纵向倾角越大、转鼓内水池浅，停留时间短、产率大，但浓缩污泥浓度低；倾角小，转鼓内水池深，停留时间长、产率小，但浓缩污泥浓度高。纵向倾角一般采用6°为宜。

2. 转鼓浓缩机的设计标准

当浓缩剩余活性污泥时，固体回收率可达90％～99％，浓缩污泥浓度为4％～9％。

转鼓浓缩机适用于中、小型污水处理厂，主要优点是构造简单，占地面积小，电耗与运行成本低，连续封闭生产，臭气不会扩散。

转鼓浓缩机的典型运行参数列于表10-27。

转鼓浓缩机典型运行参数表　　　　　　　　　　表 10-27

污泥类型	供给污泥浓度 C_0（％）	去除水分（％）	浓缩固体浓度 C_e（％）	固体回收率（％）
初沉污泥	3.0～6.0	40～75	7～9	93～98
剩余活性污泥	0.5～1.0	70～90	4～9	93～99
两者混合污泥	2.0～4.0	50	5～9	93～98
混合后好氧消化污泥1	0.8～2.0	70～80	4～6	90～98
混合后好氧消化污泥2	2.5～5.0	50	5～9	90～98

有机聚合混凝剂剂量计算举例如下。

【例 10-10】污水处理厂初沉污泥与剩余活性污泥混合，污泥量 $Q_0 = 11.36 \text{m}^3/\text{min}$，浓度 $C_0 = 1.5 \text{mg/L}$，要求浓缩污泥浓度 $C_e = 7 \text{mg/L}$，计算有机聚合混凝剂量。

【解】用有机聚合混凝剂最佳剂量为 6.8mg/L，设调节混凝剂的密度为 1mg/L。

根据固体物平衡，浓缩污泥量是：

$$Q_e = \frac{Q_0 C_0}{C_e} = \frac{11.36 \times 1.5}{7} = 2.43 \text{m}^3/\text{min}$$

澄清水应为 $11.36 - 2.43 = 8.93 \text{m}^3/\text{min}$

则浓度为 6.8mg/L 的混凝剂剂量为 $\frac{6.8 \times 8.93}{1000 \times 1} = 0.061 \text{L/min}$

10.6.5 带式重力浓缩机

1. 带式重力浓缩机的构造

带式重力浓缩机的构造见图10-26。

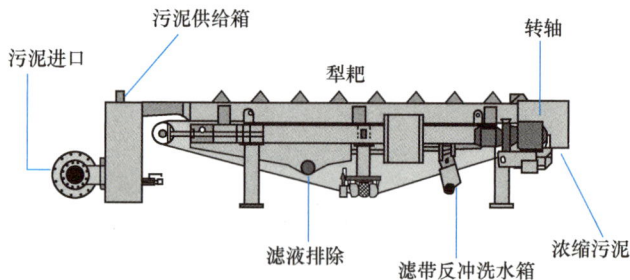

图 10-26 带式重力浓缩机的构造

带式重力浓缩机由污泥供给箱、滤带、转轴、犁耙、浓缩污泥刮除设备、滤液排除、反冲洗水箱及附属设备等组成。滤带由多孔编织筛网制成，犁耙与滤带之间留有间隙，其作用有二：

1）使污泥均匀平铺于带布上；耙动泥成片，加速滤液透过滤带。滤带通过终点处，设有楔形出口，能再次挤压掉少量水分，提高浓缩污泥浓度。

2）污泥经化学调节后，经污泥供给箱连续均匀输送到滤带，滤带依靠转轴驱动，向前推进，在重力作用下水分透过滤带达到浓缩的目的。滤带经过反冲洗箱时被清洗。

带式重力浓缩机可用于初沉污泥、剩余活性污泥、腐蚀污泥及它们的消化污泥的浓缩。有机聚合混凝剂剂量为 1.5～5g/kg（污泥干重），视污泥性质而定，剩余活性污泥可浓缩到 C_e 为 6%（含水率 94%），固体回收率约 95%，主要优点是能耗低、占地小，美国污水处理厂广泛使用。

2. 工艺设计

带式重力浓缩的设计内容包括：

（1）污泥供给泵及流量控制；

（2）有机聚合混凝剂控制系统；

（3）带式重力浓缩机的工作制度；

（4）滤带反冲洗；

（5）浓缩污泥泵送；

（6）臭气控制。

带式重力浓缩机典型参数见表 10-28。

带式重力浓缩机典型参数　　　　　　　　　　　　　　　　表 10-28

污泥类型	供给污泥浓度 C_0（%）	固体负荷 [kg/(m·h)]	混凝剂量 [g/kg（干）]	浓缩固体浓度 C_e（%）
初沉污泥	2～5	900～1400	1.3～39	8～12
剩余活性污泥	1～2.5	500～700	3～5	5～6
初沉污泥混合污泥	0.4～1.5	300～540	3～5	4～6
混合后好氧消化污泥1	2～5	600～790	3～5	5～7
混合后好氧消化污泥2	1.5～3.5	500～700	4～6	5～7

带式重力浓缩机的典型水力负荷范围见表 10-29。

带式重力浓缩机水力负荷范围　　　　　　　　　　　　　　　　表 10-29

带的有效宽度（m）	水力负荷范围（L/min）
1.0	400～950
1.5	570～1420
2.0	760～1900
3.0	1100～2800

滤液及被挤压掉的水与滤带冲洗水被收集到集水坑，回流至待浓缩的污泥池内。

3. 附属设备

（1）供给泵和流量控制系统；

（2）有机聚合混凝剂的制备和供给系统；

（3）滤带反冲洗水的供给系统；

（4）浓缩污泥的泵；

（5）臭气控制系统。

10.6.6 各种浓缩方法比较

重力浓缩、气浮浓缩、离心浓缩、带式重力浓缩机及转鼓浓缩机主要优、缺点比较见表 10-30。

各种浓缩法主要优、缺点比较表   表 10-30

浓缩方法	优点	缺点
重力浓缩法	设备简单，运行成本低，含水率从 97%～98%降低至 95%左右，普通操作工即可管理，可兼作污泥贮池，不需要调节，电耗低	臭气易扩散，对剩余活性污泥浓缩不稳定，浓缩污泥浓度不高、占地面积大，有浮泥，不适用于脱氮除磷工艺的活性污泥
气浮浓缩	对剩余活性污泥有效，低负荷条件下，不需化学调节，设备比较简单	管理人员需经常关注运行情况，较重力浓缩电耗高，浓缩污泥的浓度不高，臭气容易扩散，占地面积较机械浓缩法大，一般需化学调节
离心浓缩机	占地空间小，工艺参数容易控制，对剩余活性污泥有效，运行过程自动化，臭味不扩散，浓缩污泥浓度较高，含水率可从 99%～99.5%降至 94%～96%	运行成本与能耗较高，设备维修较复杂，管理人员需经常关注运行情况
带式重力浓缩机	占地空间小，工艺参数容易控制，运行成本较低，能耗较低，浓缩污泥浓度较高，含水率可从 99%～99.5%降至 94%～96%	人工操作，依靠化学调节，运行工需持续管理，臭气扩散
转鼓浓缩机	占地空间小，运行成本较低，能耗较低，容易密封，浓缩污泥浓度较高，含水率可从 99%～99.5%降至 94%～96%	依靠化学调节，对混凝剂敏感，人工操作运行工需持续管理，如不封闭，则臭气扩散

10.6.7 压滤脱水

1. 压滤脱水机构造与脱水过程

压滤脱水采用板框压滤机。构造较简单，过滤推动力大，适用于各种污泥。板框压滤机基本构造见图 10-27。滤板与滤框相间排列而成，在滤板的两侧覆有滤布，用压紧装置把板和框压紧，即在板与框之间构成压滤室，在板与框的上端中间相同部位开有小孔，压紧后成为一条通道，加压到 0.2～0.4MPa（2～4kg/cm²）的污泥，由该通道进入压滤室，滤板的表面刻有沟槽，下端钻有供滤液排出的孔道，滤液在压力下，通过滤布、沿沟槽与孔道排出，脱水泥饼被滤布截留，粘贴在滤布表面。

2. 压滤机的类型

压滤机可分为人工板框压滤机和自动板框压滤机两种。

人工板框压滤机，需一块一块地卸下，剥离泥饼并清洗滤布后，再逐块装上，劳动强度大，效率低。自动板框压滤机，上述过程全自动，效率较高，劳动强度低。自动板框压滤机有垂直式与水平式两种，见图10-28。

3. 压滤脱水的原理与设计

（1）平均过滤速度

由卡门过滤基本方程式（10-36），设过滤介质的阻抗 $R_f = 0$，可写成 $\left(\dfrac{V}{A}\right)^2 = \dfrac{2Pt}{\mu wr} = k't$，$k' = \dfrac{2P}{\mu wr}$，式中 t 实际上是压滤时间 t_f，即 $\left(\dfrac{V}{A}\right)^2 = k't_f$。但压滤脱水的全过程时间包括压滤时间 t_f 及辅助时间 t_d（含反吹、滤饼剥离、滤布清洗及板框组装时间），因此平均过滤速度——单位时间单位过滤面积的滤液量应为：

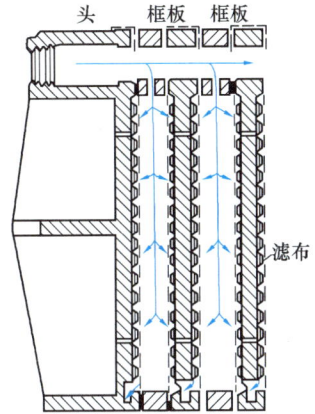

图 10-27　板框压滤机的工作原理

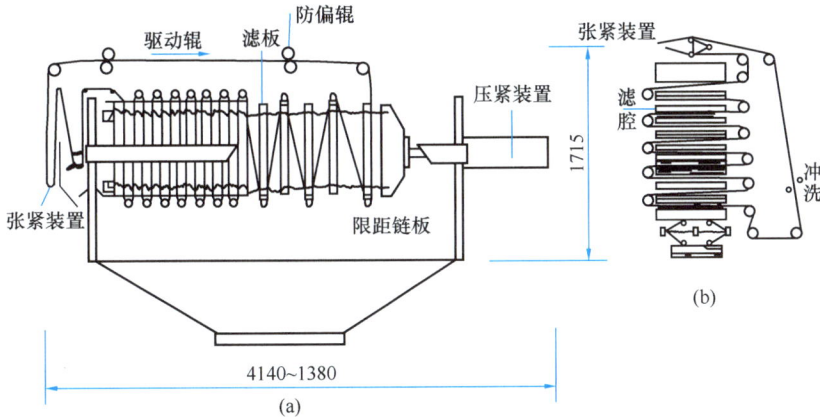

图 10-28　自动板框压滤机

$$\frac{\dfrac{V}{A}}{t_f + t_d} = \frac{\dfrac{V}{A}}{\dfrac{1}{k'}\left(\dfrac{V}{A}\right)^2 + t_d} \qquad (10\text{-}63)$$

式中　V——滤液体积，m^3；

　　　A——过滤面积，m^2；

　　　t_f——压滤时间，min 或 h；

　　　t_d——辅助时间，min 或 h。

（2）压滤试验结果的生产性应用

实验装置的滤室厚度（即滤饼厚度）为 d'、过滤面积为 A'、压滤时间为 t_f'、滤液体积为 V'、过滤压力为 P'；生产压滤机相应数值为 d、A、t_f、V、P。存在下列比例关系：

$$V = V'\left(\frac{d}{d'}\right), \quad t_f = t_f'\left(\frac{d}{d'}\right)^2 \qquad (10\text{-}64)$$

由于生产用压滤机的过滤压力为 P，所以过滤时间需进行修正，经压力修正后的过滤时间用 t_{f2} 来表示：

$$t_{f2} = t_f \left(\frac{P'}{P}\right)^{(1-s)} = t_f' \left(\frac{d}{d'}\right)^2 \left(\frac{P'}{P}\right)^{(1-s)} \tag{10-65}$$

式中　t_{f2}——经压力修正后的过滤时间，min 或 h；

　　　　s——污泥的压缩系数，一般用 0.7。

（3）板框压滤脱水机设计与计算

压滤脱水设计：根据污泥量、投加化学药剂量、脱水泥饼浓度、压滤机工作制度、压滤压力等条件计算所需压滤机面积及台数及过滤产率。

【例 10-11】某污水处理厂有消化污泥 7200kg/d，含水率 p_0 为 95%，采用化学调节法预处理，加石灰 20%、铁盐 7%（均以占污泥干固体质量计）。要求泥饼含水率 p_k 为 70%。

实验室试验装置的滤室厚度 d' 为 20mm，过滤面积为 A' 为 400cm²，压滤时间 t_f' 为 20min，所用辅助时间 t_d' 为 20min，过滤压力 P' 39.24N/cm²，滤液体积 V' 为 2890mL。

生产用压滤机的滤室厚度 d 为 30mm、过滤压力 P 为 98.1N/cm²。请设计所需过滤面积，过滤产率 L 并选择压滤机。

【解】（1）求过滤产率 L。

已知 p_k 为 70%，$C_k = 30\% = 0.3$g/mL；$p_0 = 95\%$，$C_0 = 5\% = 0.05$g/mL，由式（10-43）得

$$w = \frac{0.05 \times 0.3}{0.3 - 0.05} = 0.06 \text{g/mL}$$

由式（10-65），实验所用压力与生产所用压力不同，故需对过滤时间进行压力修正，代入已知数值得 $t_{j2} = t_f' \left(\frac{d}{d'}\right)^2 \left(\frac{P'}{P}\right)^{(1-s)} = 20 \left(\frac{30}{20}\right)^2 \left(\frac{39.24}{98.1}\right)^{(1-0.7)} = 34.2$min

由式（10-64），$V = V' \left(\frac{d}{d'}\right) = 2890 \left(\frac{30}{20}\right) = 4335$mL，已知实验室装置面积 A' 为 400cm²，所以单位面积滤液体积为 $\frac{2890}{400} = 7.2$mL/cm²。若辅助时间 t_d 为 30min，则可求得平均过滤速度

$$v_u = \frac{7.2}{t_{f2} + t_d} = \frac{7.2}{34.2 + 30} = 0.112 \text{mL/(cm}^2 \cdot \text{min)}$$

压滤机的过滤产率可用下式计算：

$$L = wv_u = 0.06 \times 0.112 = 0.007 \text{g/(cm}^2 \cdot \text{min)} = 4.2 \text{kg/(m}^2 \cdot \text{h)}$$

（2）求压滤机面积与台数

因采用化学调节法预处理，加石灰 20%、铁盐 7%，所以污泥量应增加。增加系数为 $f = 1 + \frac{10}{100} + \frac{7}{100} = 1.17$。又因压滤机每天工作 8h，所以每小时处理的污泥量为 $\frac{7200}{8} \times$

$1.17=1053kg/h$，所以，$A=\dfrac{1053}{4.2}=251m^2$

若选用压滤机的压滤面积为 $50m^2$/台，则所需压滤机 $251/50=5.02$，取 5 台。

10.6.8 滚压脱水

1. 滚压脱水机基本构造

污泥滚压脱水的设备是带式压滤机。其主要特点是把压力施加在滤布上，用滤布的压力和张力使污泥脱水，不需要真空或加压设备，动力消耗少，可以连续生产。故应用广泛。带式压滤机基本构造见图 10-29。

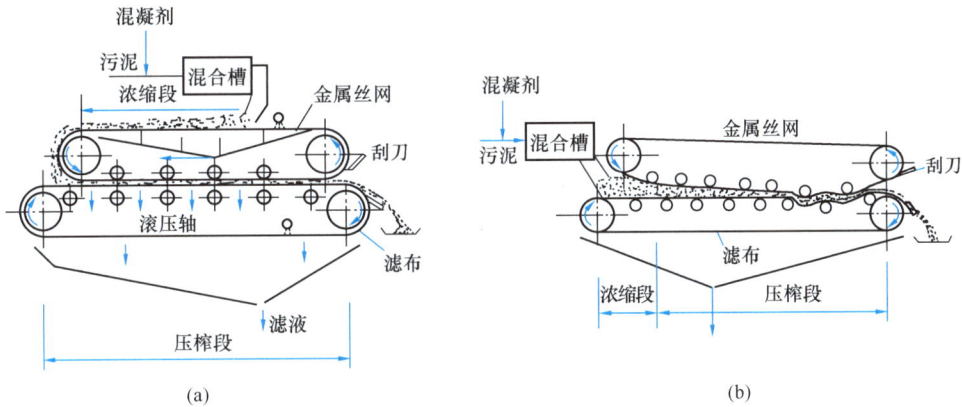

图 10-29 带式压滤机

带式压滤机由滚压轴及滤布带组成。污泥先经过浓缩段（主要依靠重力过滤），使污泥失去流动性，以免在压榨段被挤出滤布，浓缩段的停留时间 10~20s。然后进入压榨段，压榨时间 1~5min。20 世纪末，研制出带式浓缩脱水一体机，可把含水率 p 大于 99% 的污泥，经浓缩、脱水后降至 80% 以下。

滚压的方式有两种，一种是滚压轴上下相对，滚压的时间几乎是瞬间，但压力大，见图 10-29（a）；另一种是滚压轴上下错对，见图 10-29（b），依靠滚压轴施于滤布的张力压榨污泥，压榨的压力受张力限制，压力较小，压榨时间较长，并在滚压的过程中对污泥有一种剪切力的作用，可把污泥所含水分拧出，促进泥饼的脱水。

我国研制的 DY-3 型带式压滤机的主要技术参数为：对消化污泥进行脱水，聚丙烯酰胺投加量为 0.19%~0.23%，上滤布张力为 0.4MPa，下滤布张力为 0.1MPa，进泥含水率 96%~97%，泥饼含水率 75%~78%，饼厚为 7~8mm，过滤机产率为 24.6~29.4kg（干）/（$m^2 \cdot h$）（以上滤布长 8.41m，宽 3.0m，过滤面积为 $25.23m^2$），成饼率为 60%~70%。

2. 滚压浓缩、脱水一体机

滚压浓缩、脱水一体机是将浓缩与脱水过程合并在一起，依靠滚压轴施于滤布的张力压榨污泥，达到浓缩与脱水的目的，整机更紧凑、节能，自动化程度高、密封性好、臭气不易外泄。

滚压浓缩、脱水一体机浓缩与脱水过程见图 10-30。

国产滚压浓缩、脱水一体机基本工艺参数见表 10-31。

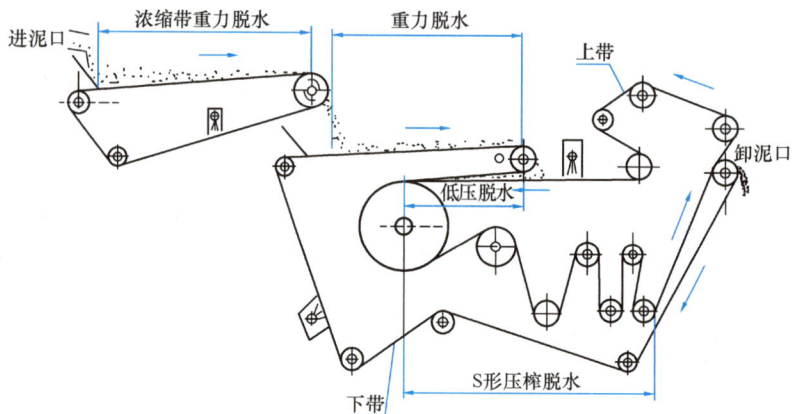

图 10-30　滚压浓缩、脱水一体机

国产滚压浓缩脱水一体机基本工艺参数表　　　　表 10-31

工艺参数	滤带宽度（mm）					
	500	1000	1500	2000	2500	3000
污泥处理量（m³/h）	6～8	12～15	17～22	23～28	34～40	45～55
滤饼含水率（%）	≤80					
固体回收率（%）	≥95					
滤带张力（kN/m）	0～5					
浓缩带线速（m/min）	2.9～14.5					
脱水带线速（m/min）	1.3～6.6					
冲洗水耗量（m³）	<6	<11	<16	<21	<26	<30
冲洗水压（MPa）	≥0.4					
浓缩带功率（kW）	0.55	0.55	0.75	—	—	—
脱水带功率（kW）	0.75	0.75	1.5	—	—	—
混凝剂制配（kW）	0.75	0.75	1.1	—	—	—
外形尺寸（mm）	4150×1250 ×2800	4150×1750 ×2800	4150×2250 ×2800	4150×1750 ×2800	4150×2750 ×2800	4150×3750 ×2800

10.6.9　叠螺浓缩脱水

1. 叠螺浓缩脱水一体机的构造与原理

叠螺浓缩脱水一体机见图 10-31，主要部件是固定环、游动环及螺旋轴。固定环有 4 个耳孔用螺杆贯穿游动环相间排列组装成筒体。浓缩段的环较厚重，脱水段的游动环较轻薄，螺旋轴的叶轮直径与固定环内切，其作用是输送污泥。

螺旋轴缓慢转动，转速为 2～3r/min，游动环在各自特定的位置上，依靠自重，伴随着螺旋轴叶片的缓慢转动，游动环做上、下、左、右游动，与固定环之间摩擦、剪切破除液体的表面张力，使滤液排出筒体，达到浓缩与脱水目的。

叠螺筒体倾斜安装，倾角不大于 10°，下端为污泥入口，先经浓缩段，随着螺旋轴缓

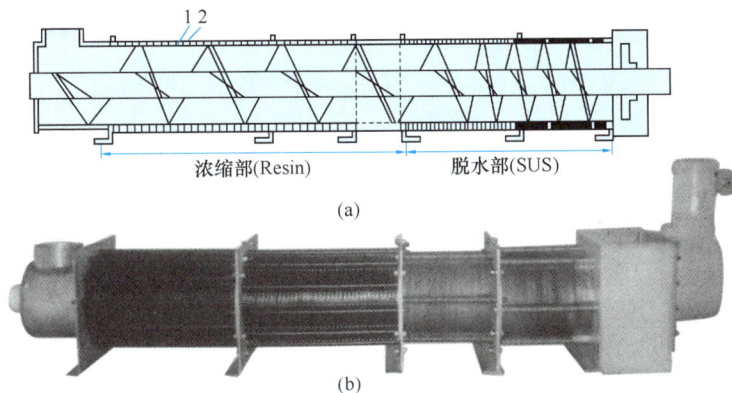

图 10-31　叠螺浓缩脱水一体机

(a) 剖面图；(b) 组装图

1—固定环；2—游动环

慢转动、将污泥向上端推动，经脱水段脱水后，从上端出口推出。

污泥在筒体内，受到 3 种推动力的作用，达到浓缩与脱水的目的：

（1）污泥自身挤压作用。在螺旋叶片转动时的推动下，污泥自下向上输送，由于叶片螺距逐渐缩短，空间变小，固定环与游动环的厚度与质量逐渐变小，环隙也逐渐变小，污泥受到自身的挤压作用持续加强，使水分被挤出；

（2）游动环的游动，破坏环隙之间水分的表面张力，并把水分推出筒体；

（3）水分受到的重力作用。由于游动环在固定环之间的相对游动，起到自身摩擦清洗作用，因此可不用或少用冲洗水。

叠螺浓缩脱水一体机的工艺流程见图 10-32。

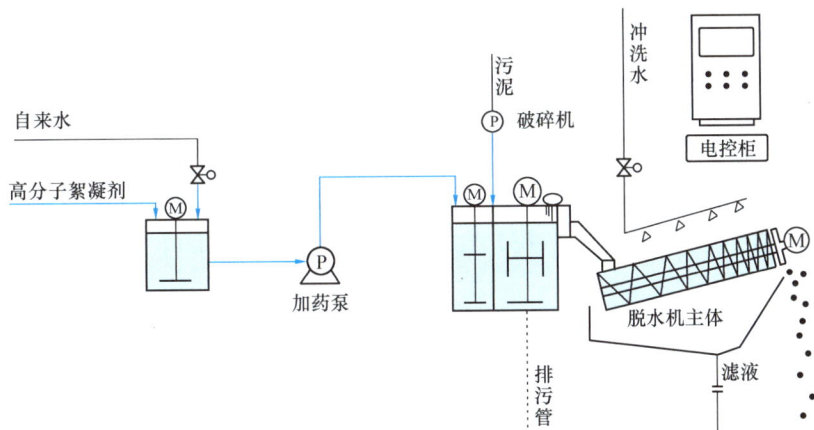

图 10-32　叠螺浓缩脱水工艺流程

2. 叠螺浓缩脱水一体机性能规格

叠螺浓缩脱水一体机适用于初沉污泥、剩余活性污泥、混合污泥及消化污泥，可使含水率 99.2% 以上的污泥，经浓缩脱水后，降至 80% 以下。

表 10-32 为国产叠螺浓缩脱水一体机的性能规格，供参考选用。

叠螺浓缩脱水一体机性能规格表　　　　　　　　表 10-32

螺旋直径 (mm)	叠螺数	处理污泥量（m³/h）	尺寸 L×B×H （mm）	整体质量 （kg）	功率 （kW）	清洗水	
						水量 (L/h)	水压 (MPa)
300	1	10～25	3255×985×1600	820	0.8	40	
300	2	20～50	3255×1290×1600	1350	1.2	80	
300	3	30～75	3605×1690×1600	1820	1.95	120	0.1～0.2
350	2	40～100	4140×1550×2250	2450	3.75	144	
350	3	80～130	4420×2100×2250	3350	6.0	216	

叠螺浓缩脱水一体机的主要特点是：

不用滤布，不用或少用清洗水，机械设备简单，转动部件仅为螺旋轴，固定环与游动环磨损率很低，能耗低，密闭性能好，噪声低，臭气不扩散，机型紧凑占地空间小，可实现自动化控制。待浓缩脱水的污泥需经化学调节与破碎处理，以免卡住游动环。

10.7　污泥的厌氧消化

10.7.1　厌氧消化法的分类

厌氧消化法可分为厌氧活性污泥法（Anaerobic Activated Sludge Process）与厌氧生物膜法（Anaerobic Biofilm Process）两大类。这两类厌氧消化法普遍应用于污水处理厂的污泥处理与工业废水处理。

1. 厌氧活性污泥法

厌氧活性污泥法的特点是：厌氧微生物分属兼性厌氧菌与专性厌氧菌，它们形成絮状或颗粒状活性污泥，处于悬浮状态存在于反应器中与废水呈完全混合接触，使有机物得到降解净化。该法可分为：

（1）完全混合厌氧消化法（Completeley Mixed Anaerobic Digester，CMAD）；

（2）厌氧接触法（Anaerobic Contact Reactor，ACR）；

（3）上流式厌氧污泥床（Upflow Anaerobic Sludge Blanket，UASB）；

（4）覆盖式厌氧生物塘（Covered Anaerobic Lagoon，CAL）。

2. 厌氧生物膜法

厌氧生物膜的主要特点是：厌氧微生物分属兼性厌氧菌与专性厌氧菌，它们生长在载体上形成生物膜。载体有天然材料（如砂、砾石、碎石或煤渣等）和人工材料（如聚乙烯、聚丙烯、聚苯乙烯等化工材料做成的粒状、块状、球状、蜂窝状、丝绒状等）。废水与生物膜接触过程中，通过吸附、传质、降解等一系列物理、化学与生物作用而被降解净化。该法可分为：

（1）固定床厌氧生物膜法，又称厌氧生物滤池法，有上流式固定床厌氧生物膜法（Upflow Fixed Anaerobic Biofilm，UFAB，或 Upflow Anaerobic Filter，UAF）；

（2）厌氧膨胀床（Anaerobic Expanded Bed，AEB）；

（3）厌氧流化床（Anaerobic Fluidiged Bed，AFB）；

（4）厌氧生物转盘（Anaerobic Rotating Disc，ARD）。

此外，还有两者相结合的工艺，例如：上流式厌氧污泥床—固定床生物膜法（Up-flow Anaerobic Sludge Blanket-Fixed Bed，UASB-FB）等。

上述各种工艺中，完全混合厌氧消化法（CMAD）、厌氧接触法（ACR）更适合于处理污泥与高浓度工业废水。本节着重论述完全混合厌氧消化法。

10.7.2　厌氧消化机理

厌氧生物处理是在无氧、无硝酸盐存在的条件下，由兼性微生物及专性厌氧微生物的作用，将复杂的有机物分解成无机物，最终产物是 CH_4、CO_2 以及少量的 H_2S、NH_3、H_2 等。从而使污泥得到稳定处理。厌氧生物降解也称为厌氧消化。

污泥厌氧消化是一个复杂的过程，1979 年布赖恩特（M. P. Bryant）等人根据微生物的生理种群，提出厌氧消化三阶段理论：水解发酵阶段（第一阶段）、产酸脱氢阶段（第二阶段）、产甲烷阶段（第三阶段）。过程的模式见图 10-33，如图所示，由乙酸产生的 CH_4 占 72%，由 H_2 还原产生的 CH_4 占 28%。

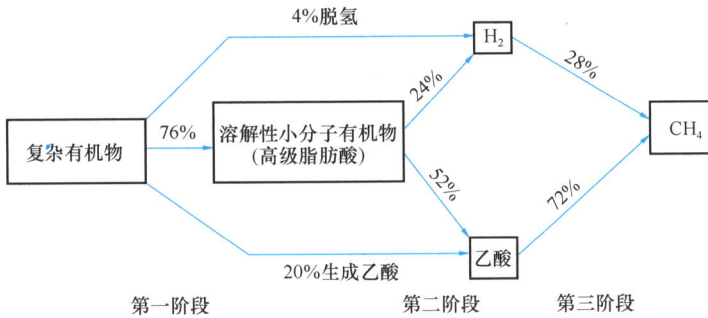

图 10-33　厌氧降解模式图

三个阶段有机物分解的过程可简略表述见图 10-34。

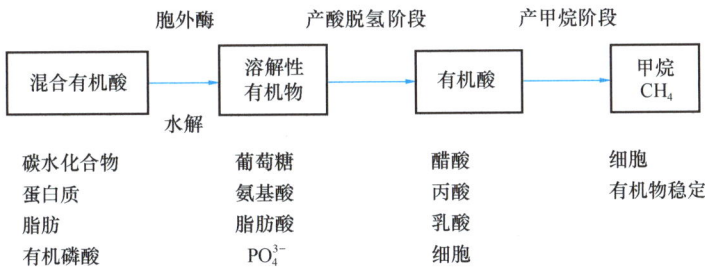

图 10-34　有机物厌氧消化过程

第一阶段。水解发酵阶段是将大分子不溶性复杂有机物在胞外酶的作用下，水解成小分子溶解性脂肪酸、葡萄糖、氨基酸、PO_4^{3-} 等，然后渗入细胞内，参与的微生物主要是兼性细菌与专性厌氧细菌，兼性细菌的附带作用是消耗掉废水带来的溶解氧，为专性厌氧细菌的生长创造有利条件。此外还有真菌（毛霉 *Mucor*，根霉 *Rhigopus*，共头霉 *Syncephastrum*，曲霉 *Aspergillus*）以及原生动物（鞭毛虫，纤毛虫，变形虫）等。可统称为水解发酵菌。碳水化合物水解成葡萄糖，是最易分解的有机物，含氮有机物水解较慢，故蛋白质及非蛋白质等的含氮化合物（嘌呤、嘧啶等）是在继碳水化合物及脂肪的水解后进行，经水解为脲、胨、肌酸、多肽后形成氨基酸；脂肪的水解产物主要为脂肪酸。

第二阶段，产酸脱氢阶段是将第一阶段的产物降解为简单脂肪酸（乙酸、丙酸、丁酸等）并脱氢。奇数碳有机物还产生 CO_2，如：

戊酸 $CH_3CH_2CH_2CH_2COOH + 4H_2O \longrightarrow CH_3CH_2COOH + 6H_2 + 2CO_2$

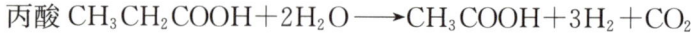
丙酸 $CH_3CH_2COOH + 2H_2O \longrightarrow CH_3COOH + 3H_2 + CO_2$

乙醇 $CH_3CH_2OH + H_2O \longrightarrow CH_3COOH + 2H_2$

参与作用的微生物是兼性及专性厌氧菌（产氢产乙酸菌以及硝酸盐还原菌 NRB、硫酸盐还原菌 SRB 等）。故第二阶段的主要产物是脂肪酸、CO_2、碳酸根 CO_3^{2-}、铵盐 NH_4^+ 和 HS^-、H^+ 等。此阶段速率较快。

第三阶段，产甲烷阶段是将第二阶段的产物还原成 CH_4，参与作用的微生物为绝对厌氧菌（甲烷菌），此阶段的反应速率缓慢，是厌氧消化的控制阶段。

厌氧消化的最终产物是二氧化碳和甲烷气（或称污泥气、消化气、沼气），并能杀死部分寄生虫卵与病菌，减少污泥体积，使污泥得到稳定。所以污泥厌氧消化过程也称污泥生物稳定过程。

与好氧氧化相比，厌氧消化的产能量是很少的，所产能量大部分用于细菌自身的生活活动，只有少量用于合成新细胞，故厌氧生物处理产生的污泥量远少于好氧氧化。可用乙酸钠分别在好氧氧化与厌氧消化作为例子说明之。

好氧氧化时：

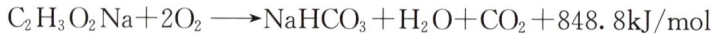
$$C_2H_3O_2Na + 2O_2 \longrightarrow NaHCO_3 + H_2O + CO_2 + 848.8kJ/mol$$

厌氧消化时：

$$C_2H_3O_2Na + H_2O \longrightarrow NaHCO_3 + CH_4 + 29.3kJ/mol$$

可见，相同底物，厌氧消化的产能量仅为好氧氧化的 1/20～1/30。

10.7.3 厌氧消化通式及产气量计算

1. 厌氧消化通式

伯兹伟尔（Buswell）与莫拉（Mueller）归纳出不含氮有机物的厌氧消化通式为：

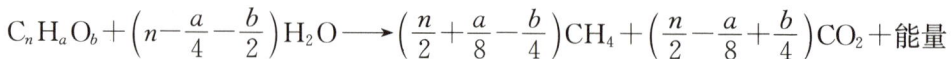
$$C_nH_aO_b + \left(n - \frac{a}{4} - \frac{b}{2}\right)H_2O \longrightarrow \left(\frac{n}{2} + \frac{a}{8} - \frac{b}{4}\right)CH_4 + \left(\frac{n}{2} - \frac{a}{8} + \frac{b}{4}\right)CO_2 + 能量$$

含氮有机物的厌氧消化通式为：

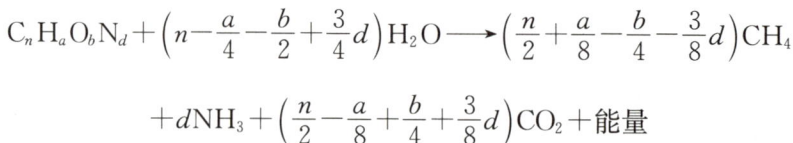
$$C_nH_aO_bN_d + \left(n - \frac{a}{4} - \frac{b}{2} + \frac{3}{4}d\right)H_2O \longrightarrow \left(\frac{n}{2} + \frac{a}{8} - \frac{b}{4} - \frac{3}{8}d\right)CH_4$$
$$+ dNH_3 + \left(\frac{n}{2} - \frac{a}{8} + \frac{b}{4} + \frac{3}{8}d\right)CO_2 + 能量$$

当 $d=0$ 时，即为不含氮有机物分解通式。

2. 厌氧消化产气量

厌氧消化产气量可用伯兹伟尔—莫拉通式计算，也可用综合指标 BOD_u 或 COD 计算。

（1）用伯兹伟尔—莫拉通式计算产气量

【例 10-12】伯兹伟尔—莫拉通式计算产气量：以丙酸厌氧消化反应为例，

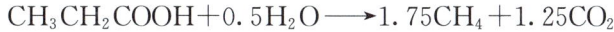

$$CH_3CH_2COOH + 0.5H_2O \longrightarrow 1.75CH_4 + 1.25CO_2$$

丙酸 1kg 经厌氧消化，用伯兹伟尔—莫拉通式中，各项系数为 $n=3$，$a=6$，$b=2$。在标准状态下（0℃，1atm），计算产生的 CH_4、CO_2 体积。

【解】丙酸的分子量 74，1kg 丙酸的克分子数为 $\dfrac{1000}{74}$，在标准状态下，1 克分子气体体积为 22.4L。

设产生 CH_4 的体积为 x，$1:(22.4 \times 1.75) = \dfrac{1000}{74} : x$

得 $x = 529L$。

设产生 CO_2 的体积为 y，$1:(22.4 \times 1.25) = \dfrac{1000}{74} : y$

得 $y = 378L$。

总产气量为 $x + y = 529 + 378 = 907L$，CH_4 占 58%，CO_2 占 42%。

各种有机酸厌氧消化的理论产气量列于表 10-33。

各种有机酸厌氧消化的理论产气量　　　　　　　　　　　　　　　　表 10-33

有机酸名称	CO_2		CH_4		总产气量	
	(L)	(%)	(L)	(%)	(L)	(%)
丙酸 CH_3CH_2COOH	378	41.7	529	58.3	907	100
丁酸 $CH_3CH_2CH_2COOH$	382	37.9	625	62.1	1007	100
乙酸 CH_3COOH	374	50.0	374	50.0	728	100
甘油三酸酯 $C_{12}H_{20}O_5$	436	39.5	666	60.5	1102	100
多缩戊糖 $(C_5H_8O_4)_n$	418	50.0	418	50.0	836	100

（2）用 BOD_u 或 COD 计算产气量

1）根据 BOD_u 计算

上列通式预示去除 $1kgBOD_u$（或 COD）可产生 $0.35LCH_4$（计算见后）。但通式未包括细菌体增殖。梅特柯夫和埃迪（Metcalf-Eddy）建议用下式计算：

$$M_{CH_4} = 0.35(\eta QC - 1.42R_g)V \qquad (10\text{-}66)$$

式中　M_{CH_4}——甲烷产量，L/s；

C——BOD_u 浓度，g/L。

2）根据 COD 计算

实际工程中，污泥所含有机物极其复杂，一般采用 COD（或 BOD_u）作为有机物数量的综合指标。COD 约为理论需氧量（TOD）的 95% 以上，甚至接近 100%。因此根据去除的 COD 量，计算实际产气量。麦卡蒂（McCarty）用甲烷气体的氧当量计算厌氧消化产气量，反应式为：

$$CH_4 + 2O_2 \longrightarrow CO_2 + 2H_2O$$

上式表明，在标准状态（0℃，1atm）下，每消耗 2 克分子氧（即 COD，$2 \times 16 \times 2 = 64g$），可还原 1 克分子的 CH_4，1 克分子气体体积为 22.4L，故每降解 1gCOD 产生体积

为 $\frac{22.4}{64}$L$=0.35$L 的 CH_4。根据查理定理，计算不同温度下产生甲烷体积：

$$V_2 = \frac{T_2}{T_1}V_1 \qquad (10\text{-}67)$$

式中　V_2——消化温度 T_2 时的甲烷体积，L；

　　　V_1——标准状态（0℃，1atm）下，甲烷体积，L；

　　　T_1——标准状态下的绝对温度，$0+273=273$K；

　　　T_2——实际消化温度 t 时的绝对温度（t℃$+273$）K。

　　根据去除的 COD，计算甲烷的体积：

$$V_{CH_4} = V_2\left[Q(C_0 - C_e) - 1.42QC_e\right] \times 10^{-3} \qquad (10\text{-}68)$$

式中　V_{CH_4}——甲烷气产量，m^3/d；

　　　Q——入流污泥量，m^3/d；

C_0，C_e——入流污泥、排出污泥的 COD 浓度，g/m^3，含不降解 COD。

沼气总量（含 CO_2 及其他微量气体）：

$$V = V_{CH_4}\frac{1}{p} \qquad (10\text{-}69)$$

式中　p——以小数表示的沼气中甲烷含量。

10.7.4　厌氧消化动力学

厌氧消化动力学包括两个方面即底物的降解动力学及微生物的增长动力学。

1. 厌氧活性污泥法动力学

完全混合厌氧消化法（CMAD）、厌氧接触法（ACR）、上流式厌氧污泥床（UASB）以及厌氧生物塘（CAL）属于厌氧活性污泥法。由于水力、机械及沼气上升过程造成的搅拌作用，都可视为完全混合型。它们之间的差别，只是有回流与无回流。厌氧生物处理的限制阶段是产甲烷阶段，故动力学分析也以该阶段为基础。图 10-35 所示为厌氧消化典型流程图。

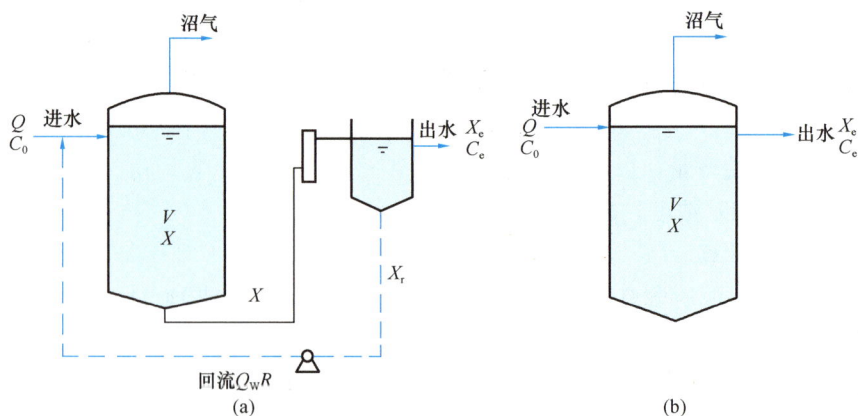

图 10-35　厌氧消化典型流程图
(a) 有回流（厌氧接触）；(b) 无回流

图 10-35 中各物理量的意义如下：

Q——入流流量；

C_0——入流中可生物降解的 COD 浓度；

C_e——反应器中及出流可生物降解的 COD 浓度；

V——反应器容积；

X——反应器中及出流中厌氧微生物浓度（VSS 计），工程计算中常用污泥浓度；

X_r——沉淀池排泥中厌氧微生物浓度，VSS 计；

X_e——沉淀池出水中厌氧微生物浓度，VSS 计；

Q_w——回流流量，$Q_w = RQ$；

R——回流率，$R = \dfrac{Q_w}{Q}$。

动力学模型的假设条件：

① 反应器处于完全混合状态；

② 入流底物浓度保持恒定，并不含厌氧微生物；

③ 沉淀池中液相与厌氧微生物能有效分离，没有厌氧微生物活动，也没有积泥现象；

④ 反应器的运行处于稳定状态。

（1）有回流（厌氧接触法）动力学

1）底物降解动力学

根据假设条件，底物的降解属于一般反应动力学。可列出底物平衡式：

$$\left(\frac{dC}{dt}\right)V = QC_0 + RQC_e - \left[V\left(\frac{dC}{dt}\right)_{反应} + (1+R)QC_e \right] \tag{10-70}$$

在稳定状态下，$\left(\dfrac{dC}{dt}\right)V = 0$，则式（10-70）可简化为：

$$\left(\frac{dC}{dt}\right)_{反应} = \frac{Q\,(C_0 - C_e)}{V} \tag{10-71}$$

等号两边各乘 $\dfrac{1}{X}$，即表示单位质量微生物降解速率（或称比降解速率）：

$$\frac{\left(\dfrac{dC}{dt}\right)_{反应}}{X} = \frac{Q\,(C_0 - C_e)}{XV} \tag{10-72}$$

2）微生物增长动力学

被降解的底物中，有一部分合成新细胞，使厌氧微生物增殖，可建立微生物平衡式：

$$V\left(\frac{dX}{dt}\right) = V\left(\frac{dX}{dt}\right)_{增长} - \left[Q_w X_r + (Q - Q_w)X_e \right] \tag{10-73}$$

引入污泥龄概念：微生物在反应器内的停留时间，称为污泥龄（SRT），以 θ_c 表示，有回流时：

$$\theta_c = \frac{XV}{Q_w X_r + (Q - Q_w)X_e} \tag{10-74}$$

整理后：

$$R = \frac{X\left(1 - \dfrac{t}{\theta_c}\right)}{X_r - X} = \frac{Q_w}{Q} \tag{10-75}$$

式中　t——消化池水力停留时间，d。

由于微生物的实际增长量等于总增长量减去内源呼吸消耗的微生物量，即：

$$\left(\frac{\mathrm{d}X}{\mathrm{d}t}\right)_{增长} = Y\left(\frac{\mathrm{d}X}{\mathrm{d}t}\right)_{反应} - bX \tag{10-76}$$

式中　Y——产率系数，见表10-34。

将式（10-76）、式（10-74）代入式（10-73）并整理后得：

$$V\left(\frac{\mathrm{d}X}{\mathrm{d}t}\right) = V\left[Y\left(\frac{\mathrm{d}X}{\mathrm{d}t}\right)_{反应} - bX\right] - \frac{XV}{\theta_c}$$

在稳定状态下，反应器内微生物的增长率等于反应器内微生物的排出率，即：

$$V\left(\frac{\mathrm{d}X}{\mathrm{d}t}\right) = 0$$

$$\frac{1}{\theta_c} = Y\frac{\left(\frac{\mathrm{d}X}{\mathrm{d}t}\right)_{反应}}{X} - b \tag{10-77}$$

式中　b——细菌衰亡速率系数（即内源呼吸系数），d^{-1}，见表10-34。

式（10-77）中$\dfrac{\left(\frac{\mathrm{d}X}{\mathrm{d}t}\right)_{反应}}{X}$为比增长速率，根据米—门方程式，可得：

$$\frac{\left(\frac{\mathrm{d}X}{\mathrm{d}t}\right)_{反应}}{X} = \frac{kC}{K_m + C}$$

$$\left(\frac{\mathrm{d}X}{\mathrm{d}t}\right)_{反应} = \frac{kCX}{K_m + C}$$

式中　k——生成产物的最大速率；

K_m——米氏常数（半饱和常数），其值等于反应速率为$\dfrac{R_{\max}}{2}$时的底物浓度。

故式（10-76）可写成：

$$\frac{1}{\theta_c} = Y\frac{kC_e}{K_m + C_e} - b \text{ 或} \frac{1}{\theta_c} + b = \frac{YkC_e}{K_m + C_e} \tag{10-78}$$

整理式（10-78）得：

$$C_e = \frac{K_m\left(\frac{1}{\theta_c} + b\right)}{Yk - \left(\frac{1}{\theta_c} + b\right)} \tag{10-79}$$

式（10-79）等号右边乘$\dfrac{\theta_c}{\theta_c}$得：

$$C_e = \frac{K_m(1 + b\theta_c)}{\theta_c(Yk - b) - 1} \tag{10-80}$$

从式（10-80）可知，有回流的厌氧活性污泥法，出流底物浓度与入流底物浓度无关。

将式（10-72）代入式（10-77）可得底物降解与微生物增长之间的关系式：

$$\frac{1}{\theta_c} = Y\left[\frac{Q(C_0 - C_e)}{XV}\right] - b \text{ 或} X = \frac{YQ(C_0 - C_e)}{V\left(\frac{1}{Q_c} + b\right)}$$

可见有回流时，水力停留时间不等于污泥龄。

上式右边乘 $\dfrac{\theta_c}{\theta_c}$ 得：

$$X = \frac{\theta_c YQ\,(C_0 - C_e)}{V\,(1 + b\theta_c)} \qquad (10\text{-}81)$$

式（10-77）、式（10-80）与式（10-81）就是劳伦斯（Lawrence）与麦卡蒂（McCarty）于 1970 年推导出的有回流好氧活性污泥法动力学，也适用于有回流厌氧活性污泥法动力学。

底物去除率用 E 表示：

$$E = \frac{C_0 - C_e}{C_0} \times 100\% \qquad (10\text{-}82)$$

（2）无回流厌氧活性污泥法动力学

无回流时（图 10-35），污泥龄等于水力停留时间，即 $\theta_c = t$，t 为水力停留时间。

在稳定状态下，反应器内的微生物与出流中的微生物量可列出物料平衡式：

$$V\left[Y\left(\frac{dC}{dt}\right)_{反应} - bX\right] = QX \qquad (10\text{-}83)$$

将式（10-71）代入式（10-83），可得出无回流时，被降解的底物量与微生物增长之间的关系式：

$$\frac{QX}{V} = Y\left[\frac{Q\,(C_0 - C_e)}{V}\right] - bX$$

$\dfrac{Q}{V} = \dfrac{1}{t}$，整理上式可得无回流时，污泥浓度（微生物量）的计算式：

$$X = \frac{Y\,(C_0 - C_e)}{(1 + bt)} = \frac{Y\,(C_0 - C_e)}{(1 + b\theta_c)} \qquad (10\text{-}84)$$

由式（10-84）可知，无回流时，X 与 $Y(C_0 - C_e)$ 成正比，与 b、θ_c（即水力停留时间 t）成反比。Y、b、C_0 值一般为定值，劳伦斯与麦卡蒂提出城市污水处理厂污泥的 Y、b 值列于表 10-34，故要使反应器内的微生物量多，必须设法使 θ_c 尽量短。

由于无回流时，污泥龄等于水力停留时间，故反应器的容积有机物负荷为：

$$S_v = \frac{QC_0}{V} = \frac{C_0}{t} = \frac{C_0}{\theta_c}$$

$$\theta_c = \frac{C_0}{S_v} = t \qquad (10\text{-}85)$$

式中　S_v——容积有机物负荷，$kgCOD/(m^3 \cdot d)$。

劳伦斯与麦卡蒂提出城市污水处理厂污泥的 Y、b 值　　　　表 10-34

参数	变化范围	低脂型废水或污泥平均值	高脂型废水或污泥平均值
Y（mg/mg）	0.040～0.054	0.044	0.04
	(0.05～0.1)[1]		
b（d^{-1}）	0.010～0.040	0.019	0.015

[1] Henze M 和 P Harremoes，1983。

2. 讨论

由式（10-81），当出水的底物浓度等于进水的底物浓度时，即 $C_0 = C_e$，说明消化处理失效，此时的污泥龄最小称为临界污泥龄，用 θ_c^m 表示，式（10-78）应写成：

$$\frac{1}{\theta_c^m} = Y \frac{kC_e}{K_m + C_e} - b$$

因 b 值很小，可忽略不计，则

$$\frac{1}{\theta_c^m} = Y \frac{kC_e}{K_m + C_e}$$

$$\theta_c^m = \frac{K_m + C_0}{YkC_0} \tag{10-86}$$

正常运行的有回流厌氧活性污泥法的污泥龄约等于临界污泥龄 θ_c^m 的 2～10 倍。

式（10-83）、式（10-84）适用于完全混合型厌氧消化工艺的设计。

奥罗克(O'Rourke)指出，若脂肪酸消化过程中的 Y、b、k 值全部相等，则式（10-80）可改写为：

$$(C_e)_{总} = \frac{K_c (1 + b\theta_c)}{\theta_c (Yk - b) - 1} \tag{10-87}$$

式中　K_c——$\sum K_m$，即 K_c 等于在废水处理过程中发现或产生的各种脂肪酸饱和常数之和。

K_c、k 值与温度有关，可用下式求定不同温度下的 K_c 与 k 值：

$$k_T = 6.67 \times 10^{-0.015(35-T)} \tag{10-88}$$

$$(K_c)_T = 2224 \times 10^{0.046(35-T)} \tag{10-89}$$

式中　T——甲烷消化的实际温度，℃。

式（10-88）、式（10-89）适用于 20～35℃。

10.7.5　污泥厌氧消化的影响因素

1. 消化温度的影响

对于温度的适应性不同，甲烷菌可分为 3 类：中温甲烷菌（适应温度 30～36℃），维持中温消化处理称中温厌氧消化；高温甲烷菌（或称嗜热甲烷菌，适应温度 50～55℃），维持 50～55℃进行消化处理称高温厌氧消化，高温厌氧消化对 COD 的去除率通常比中温时高 25％～50％，但高温消化的潜在问题是高温甲烷菌的内源呼吸消耗较大，细菌的老化与死亡率也较高，使细菌的产率降低，挥发性脂肪酸（VFA）可能累积至 1000mg/L 左右；常温甲烷菌（适应温度 8～30℃），称常温厌氧消化，对 COD 的去除率约为中温消化的 10％～20％。

高温消化比中温消化的产气量高 1 倍左右。消化温度对反应速率的影响非常明显，在 8～55℃温度范围内，相同的工艺条件，消化温度每升高 10℃，反应速率约增加 2～4 倍见式（10-87）、式（10-88）及式（10-89）。

常温消化的容积负荷约为 0.6～2.0kgBOD$_5$/(m^3·d)；中温消化约为 2～3kgBOD$_5$/(m^3·d)；高温消化约为 6～7kgBOD$_5$/(m^3·d)。

温度变化，不利于厌氧甲烷菌的生长繁殖。允许的变动幅度为 $\pm 1℃/d$。超过此值破坏厌氧消化的正常运行，甚至突然停止产气、有机酸积累，pH 降低，最好不超过 $0.5℃/d$。

消化温度与时间和消化污泥 COD 浓度、CH_4 产量之间的关系见图 10-36，而其和挥发性固体去除率之间的关系见图 10-37。

从图 10-36 和图 10-37 可见，中温消化条件下，消化时间约 10d 时，挥发性固体去除率、消化污泥 COD 含量及 CH_4 产量（$mL/gCOD$）出现拐点，继续延长消化时间，增殖几乎停止。

2. 酸碱度与 pH 的影响

水解发酵菌与产酸脱氢菌对 pH 的适应范围为 $5.0 \sim 6.5$，甲烷菌为 $6.6 \sim 7.5$。这两大菌群对 pH 的适应有明显差异。图 10-38 表示 pH 对甲烷菌的抑制系数。

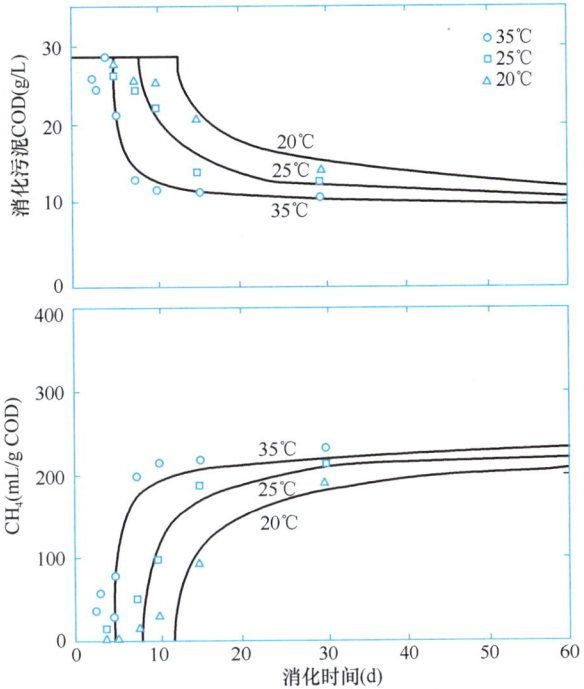

图 10-36　消化温度与时间和 COD 浓度、CH_4 产量之间关系

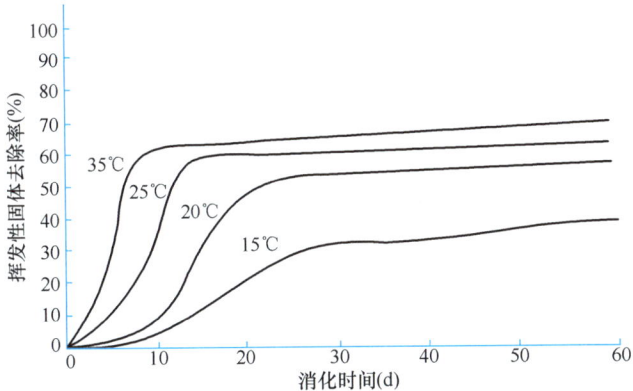

图 10-37　消化温度与时间和挥发性固体去除率之间关系

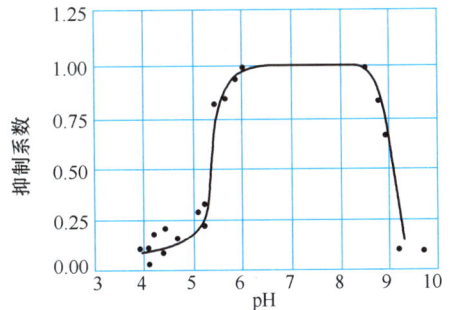

图 10-38　pH 对甲烷菌的抑制系数

在消化系统中，如果水解发酵阶段与产酸脱氢阶段的反应速率超过产甲烷阶段，有机酸将会积累，使 pH 降低，产甲烷菌的生长受到抑制。但由于有机物在厌氧分解过程中产生碳酸盐碱度（NH_4HCO_3 与 CO_2），对 pH 起缓冲剂的作用。

$$H^+ + HCO_3^- \rightleftharpoons H_2CO_3$$

$$K' = \frac{[H^+][HCO_3^-]}{[H_2CO_3]}$$

取对数：
$$pH = -\lg K' + \lg \frac{[HCO_3^-]}{[H_2CO_3]} \qquad (10-90)$$

式中 K'——弱酸电离常数。

可见，消化系统中的 pH 等于弱酸电离常数 K' 的对数加重碳酸盐浓度与碳酸浓度比值的对数。消化系统中有机酸浓度增加，即[H^+]浓度增加时，反应方程向右进行，直至平衡恢复。由于系统中的 HCO_3^- 与 CO_2 的浓度都很高，有机酸在一定范围内增加，式(10-90)右侧的数值变化不会很大，不足以导致 pH 的改变。故消化系统中应维持碱度在 2500~5000mg/L(以 $CaCO_3$ 计)。有机酸作为甲烷菌的消化底物，其浓度也应维持在 2000mg/L 左右。

缓冲能力是否充足的判别式：
$$A = T - 0.85 \times 0.833C \qquad (10-91)$$

式中 A——碱度判断指标，以 $CaCO_3$ 计，mg/L，A 值为正值，碱度充足；A 值为负值，碱度不足。其绝对值等于游离有机酸数量，也即等于中和这部分游离有机酸所需碱度；

C——总有机酸，以乙酸 CH_3COOH 计，mg/L；

T——总碱度，以 $CaCO_3$ 计，mg/L，实测得；

0.85——消化液中有机酸盐提供的碱度，即用甲基橙滴定终点时，只有85%的有机酸盐碱度被测出；

0.833——当量比，$CaCO_3$ 当量/CH_3COOH 当量。

当 A 为负值，说明碱度不足，可投加石灰，无水氨或碳酸铵作补充，投加量用下式算：
$$N = 0.00098AEV \qquad (10-92)$$

式中 N——投加的碱量，kg；

E——所投加的碱的当量与 $CaCO_3$ 当量之比值；

V——消化反应器有效容积，m^3；

0.00098——单位换算系数。

投加碱后与有机酸的反应如下：
$$Ca(OH)_2 + 2CO_2 \longrightarrow Ca(HCO_3)_2$$
$$Ca(HCO_3)_2 + 2CH_3COOH \longrightarrow Ca(CH_3COO)_2 + 2H_2O + 2CO_2$$
$$Ca(CH_3COO)_2 + 2H_2O \longrightarrow 2CH_4 + Ca(HCO_3)_2$$

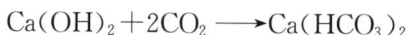

【例 10-13】消化反应器有效容积为 95m^3，实测总碱度为 2500mg/L(以 $CaCO_3$ 计)，有机酸为 3561.66mg/L(以 CH_3COOH 计)。试求碱度是否充足。

【解】用式(10-91)，代入已知数值计算判定指标 A 值：
$$A = T - 0.85 \times 0.833C = 2500 - 0.85 \times 0.833 \times 3561.66 = -21.83mg/L$$

A 值为负，碱度不足。拟投加热石灰 $Ca(OH)_2$ 补充，需投加量用式(10-92)计算：

$Ca(OH)_2$ 当量/$CaCO_3$ 当量=0.74，所以 $N = 0.00098 \times 21.83 \times 0.74 \times 95 - 1.5kg$

不宜投加单一的 $Ca(OH)_2$，因为单一的阳离子，如 Ca^{2+}，易造成碱土金属离子毒性，故宜投加混合的阳离子如 $Ca(OH)_2$、NaOH、KOH。

此外，由于硫酸盐还原菌(SRB)与硝酸盐还原菌(NRB)对 SO_4^{2-} 和 NO_3^- 的还原作用，将会产生 H_2S 与 NH_4^+，也能形成弱酸或弱碱缓冲剂，反应式如下：

$$SO_4{}^{2-}+4H_2 \xrightarrow{SRB} HS^-+3H_2O+OH^-$$

$$NO_3{}^-+4H_2+2H^+ \xrightarrow{NRB} NH_4{}^++3H_2O$$

产生 H_2S 与 $NH_4{}^+$ 的多少,视生污泥中的 $NH_4{}^+$ 与 $NO_3{}^-$ 浓度而异。

3. 重金属离子、碱与碱土金属

对消化有害有毒物质主要有两类:重金属离子、碱与碱土金属;$SO_4{}^{2-}$ 和氨以及某些化合物,见表 10-35。

碱与碱土金属、重金属离子等对厌氧消化的激发与抑制浓度阈　　　　表 10-35

物质名称	激发浓度(mg/L)	中等抑制浓度(mg/L)	强抑制浓度(mg/L)
Na^+	100~200	3500~5500	8000
K^+	200~400	2500~4500	12000
Ca^{2+}	100~200	2500~4500	8000
Mg^{2+}	75~150	1000~1500	3000
Cu	—	—	0.5(溶解),50~70(总)
Cr^{6+}	—	—	3.0(溶解),200~600(总)
Cr^{3+}	—	—	180~420(总)
Ni	—	—	2.0(溶解),30(总)
Zn	—	—	1.0(溶解)
硬性洗涤剂 ABS	—	400~700	—
三氯甲烷	—	0.5	—
二氯乙烯	—	5.0	—
$NH_4{}^+$-N	—	1500~3000	>3000
硫化物	50~200	200	

注:软性洗涤剂 LBS 可高于该值。

评估重金属离子的影响程度时,应考虑还原态硫化物的存在。在中性条件下,各种重金属离子与硫化物将形成不溶性金属硫化物沉淀,使毒害作用降低。

铁与铝在中性条件是不溶性的,因此对厌氧消化无毒。

重金属离子对甲烷菌的抑制作用,主要是由于重金属离子与酶中的巯基-SH、氨基、羧基及含氮化合物相结合,使酶失去活性作用:

$$R-SH+Me^+ \Longleftrightarrow R-S-Me+H^+$$

式中　Me^+——重金属离子。

使产气量减少 10% 的重金属离子负荷为:

Cr:$16×10^{-7}$ g/gVSS;

Cd:$3.5×10^{-3}$ g/gVSS;

Cu:$67×10^{-3}$ g/gVSS;

Zn:$110×10^{-3}$ g/gVSS;

Ni:$300×10^{-3}$ g/gVSS。

4. 硫酸盐($SO_4{}^{2-}$)的影响

生活污水中的硫酸盐来自人体排泄物。工业废水如酒精废水、味精废水、酒槽废水等 COD 的浓度达 20000mg/L 甚至 50000mg/L 以上,$SO_4{}^{2-}$ 的浓度也达数千甚至上万毫克每升以上，SO_4^{2-} 的浓度对厌氧生物处理的影响，应予以关注。

（1）SO_4^{2-} 浓度对产酸相有抑制作用

SO_4^{2-} 浓度超过 8000mg/L，在厌氧条件下，由于硫酸盐还原菌的作用，被脱硫还原成 H_2S：

$$SO_4^{2-} \xrightarrow{SRB} S^{2-} + H^+ \xrightarrow{pH<8.5} H_2S, \quad S^{2-} + H^+ \xrightarrow{pH<8} HS^- \tag{10-93}$$

H_2S 以一定比例存在于液相与气相中，此值由 pH 决定。H_2S 有臭味与腐蚀性，故沼气必须脱硫。

（2）SO_4^{2-} 浓度对产甲烷相的影响

1）每去除 1gCOD 的理论产 CH_4 体积为 0.35L，实际上受进水 SO_4^{2-} 浓度的增加而减少，理论与实际之间的差值即 SO_4^{2-} 产生的影响：

$$\mu = \frac{CH_4 - \Delta CH_4}{COD_r} \tag{10-94}$$

式中　μ——实际 CH_4 产量，L/g；

CH_4——理论 CH_4 产量，L/g；

ΔCH_4——由于 SO_4^{2-} 的影响，减少的 CH_4 产量，L/g；

COD_r——去除的 COD，g。

2）SO_4^{2-} 浓度对 COD 的去除率影响很少。

5. 氨的影响

氨在消化系统中的存在形式有 NH_3（氨）及 NH_4^+（铵）。

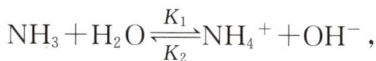

$$NH_3 + H_2O \underset{K_2}{\overset{K_1}{\rightleftharpoons}} NH_4^+ + OH^-，$$

35℃时，$K_1 = \dfrac{[NH_4^+][OH^-]}{[NH_3]} = 1.85 \times 10^{-5}$，$K_2 = \dfrac{[H^+][OH^-]}{[H_2O]} = 2.09 \times 10^{-14}$

两式相除，得 $NH_3 = 1.13 \times 10^{-9} \dfrac{[NH_4^+]}{[H^+]}$

当有机酸积累，pH 降低，NH_3 离解成 NH_4^+，NH_4^+ 浓度超过 1500mg/L 时，消化受到抑制。

NH_4^+-N 对污泥消化的影响浓度列于表 10-36。

NH₄⁺-N 对污泥消化的影响浓度　　　　　　　　　　表 10-36

NH_4^+-N 浓度（mg/L）	影响程度
50～200	有利于甲烷菌生长
200～1000	无明显影响
1500～3000	在 pH7.4～7.6 时，中等抑制作用
>3000	有毒害作用

厌氧微生物的生长繁殖需要一定的碳、氮、磷及其他微量元素，麦卡蒂将细胞原生质分子式定为 $C_5H_7NO_2$，如包括磷为 $C_{60}H_{87}O_{23}N_{12}P$，其中 N 占细胞干重 12.2%，C 占 52.4%，P 占 2.3%，可见 C：N：P=23：5.3：1。在被降解的 COD 中约有 10% 被转化成新细胞，即 0.1kgVSS/kgCOD。C/N 太高则细胞合成所需的氮量不足，缓冲能力低，pH 容易降低；C/N 太低，pH 可能上升，铵盐容易积累，会抑制消化过程。根据上述分

析，氮、磷需要量可计算：

$$N \text{ 的需要量 } N = 0.122\Delta X \tag{10-95}$$

$$P \text{ 的需要量 } P = 0.023\Delta X \tag{10-96}$$

式中　ΔX——每天微生物增量，kg/d，以 VSS 计。

【例 10-14】原废水 COD 为 5000mg/L，厌氧消化去除 COD 80%，求 N、P 的需要量及 C/N。

【解】根据题意，被去除的 COD 为 $5000 \times 80\% = 4000$mg/L，产生的微生物量为 COD_r 的 10%，即 $4000 \times 0.1 = 400$kgVSS/kgCOD

N 的需要量 $N = 0.122\Delta X = 0.122 \times 400 = 48.8$mg/L

P 的需要量 $P = 0.023\Delta X = 0.023 \times 400 = 9.2$mg/L

C 的含量 $400 \times 52.4\% = 209.6$，$C/N = \dfrac{209.6}{48.8} = 4.3$

根据波佩尔（Popel）的研究，实际运行中，污泥消化处理，C/N 以（10～20）：1 较合适。有机物平均分子式、各种污泥不同有机物 C/N 列于表 10-37。

有机物平均分子式、各种污泥所含有机物百分比及 C/N 表　表 10-37

有机物名称	平均分子式	微生物耗氧量（kgO_2/kg）	碳（%）	氮（%）	污泥种类		
					有机污泥	活性污泥	混合污泥
碳水化合物	$C_{10}H_{18}O_9$	1.13	43	0	32.0	16.5	26.3
脂肪	$C_8H_6O_2$	2.03	72	0	35.0	17.5	28.6
蛋白质	$C_{14}H_{12}O_7N_2$	1.20（1.60）[①]	53	8.8	39.0	66.0	45.2
平均	$C_{10}H_{19}O_9N$	1.42（1.59）[①]	55	3.6			
C/N					（9.4～10.35）：1	（4.6～5.04）：1	（6.8～7.5）：1

我国城市污水处理厂污泥中有机物含量、产气量及消化程度见表 10-38。

我国城市污水污泥中有机物含量、产气量及消化程度表　表 10-38

有机物种类	碳水化合物	蛋白质	脂肪	平均
初次沉淀污泥（%）	43～57	14～29	8～20	
剩余活性污泥（%）	20～61	36～56	1～24	
消化 1g 产沼气量（mL）	790	704	1250	
沼气中 CH_4 体积（mL）	390	500	850	
CH_4 占体积（%）	50	71	68	53～56
可消化程度	35～40			

由表 10-37 与表 10-38 可知，国外污泥中的脂肪与蛋白质含量较我国的为高，故我国污水污泥属低脂肪泥，C/N 比值更适合于消化，但因脂肪的产气量及产气中 CH_4 含量较高，所以我国城市污泥厌氧消化的产气量及其 CH_4 含量略低于国外资料介绍的数值，CH_4 所占体积为 53%～56%，平均 54.5%，美国资料为 60%。如氮量不足，可用尿素、氨水或 NH_4Cl 补充。磷不足，可用磷酸盐补充。

6. 搅拌与混合

污泥厌氧消化时搅拌混合的作用：使新鲜污泥与消化成熟污泥充分混合接触，以便加速厌氧消化过程；使厌氧反应过程中产生的沼气能迅速释放出来；使反应器内的温度均匀，反应均匀，减少死角提高反应器容积利用率。搅拌强度以使反应器内物质的移动速度不超过微生物生命活动的临界速度 0.5m/s 为宜，以维持甲烷菌生长需要的相对宁静环境。

消化池所需最小搅拌功率可按下式计算：

$$\varepsilon = 0.935\mu^{0.3}X^{0.298} \tag{10-97}$$

式中　ε——消化池所需最小搅拌功率，$kW/1000m^3$；

　　　μ——消化池内的混合液动力黏滞度，与温度有关，$g/(cm^2 \cdot s)$；

　　　X——混合液污泥浓度，mg/L。

美国中温厌氧消化典型运行参数见表 10-39。

美国资料，中温厌氧消化典型运行参数 表 10-39

参数	数值	单位
挥发性有机物去除率	45～55	%
pH	6.8～7.2	
碱度	2500～5000	$mgCaCO_3/L$
CH_4 含量	60～65	%（占总气体）
CO_2 含量	40～35	%（占总气体）
挥发酚	50～300	mgVa/L
挥发酚/碱度	<0.3	$mgVa/mgCaCO_3$
氨	800～2000	mgN/L

10.7.6 厌氧消化运行工艺与设计

1. 运行工艺与设计

我国污泥厌氧消化的设计与运行参数列于表 10-40。

我国污泥厌氧消化的设计与运行参数 表 10-40

参数项目	中国		美国
	中温	高温	
消化温度（℃）	33～35	52～55	中温 35～39℃，高温 50～57℃
日温度变化幅度（℃）	<±1	<±1	±1℃，最佳±0.5℃
挥发性污泥投配率（%） 挥发性固体负荷 [kg/(m³·d)] 总气量 [m³/(m³·d)]	5～8 0.6～1.5 1.0～1.3	5～12 2～2.8 3～4	中温 1.9～2.5，限值 3.2
一级消化污泥含水率（%） 进泥	96～97	96～97	96～97，96～97
一级消化污泥含水率（%） 排泥	97～98	97～98	97～98，97～98
二级消化污泥含水率（%） 进泥	96～97	96～97	96～97，96～97
二级消化污泥含水率（%） 排泥	97～98	97～98	97～98，97～98
pH	6.4～7.8	6.4～7.8	6.8～7.2
碱度（$mgCaCO_3/L$）	1000～5000	1000～5000	2500～5000
沼气中气体成分（%）	CH_4>50 CO_2<40	CH_4>50 CO_2<40	60～65 40～35

参数项目	中国		美国
	中温	高温	
消化时间（d）	20～30	10～15	中温至少 15d
有机物分解率（%）	>40	>40	45～55

2. 污泥厌氧消化运行工艺

（1）一级消化与二级消化

一级消化：污泥在一个消化池中完成消化全过程，消化时需要加温、搅拌混合、全池处于完全混合状态，称一级消化，见图 10-39。

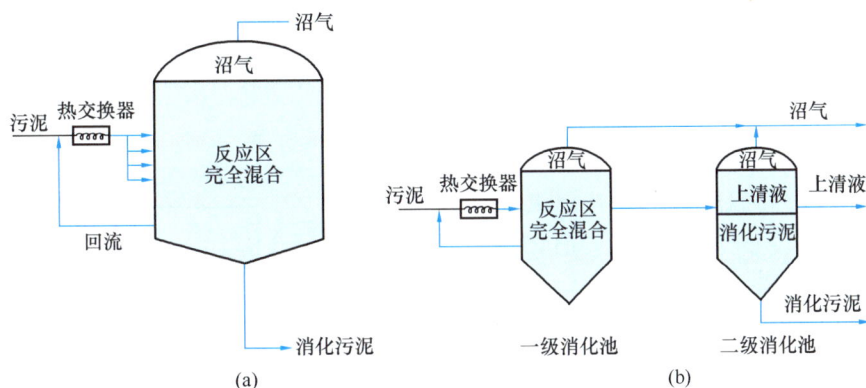

图 10-39　一级消化与二级消化工艺图
(a) 一级消化；(b) 二级消化

二级消化：在中温消化的条件下，消化时间与产气率之间的关系见图 10-36。

可见，在消化过程的前 8d，产气率达到 60% 以上，继续消化至 30d，产气率增加有限，但所需消化池容积大增，搅拌与加温能耗也倍增。故把消化池一分为二，污泥在第一级消化池中，收集沼气，并有搅拌与加温设备，消化时间为 8d（7～12d）。排出的污泥，在第二级消化池中利用余温（约有 20～26℃）继续消化，沼气可收集也可不收集。因不搅拌故有浓缩功能，称为二级消化。二级消化不加温、不搅拌，故能耗可大大降低。二级消化中，第一级与第二级的容积比可采用 1：1 或 2：1 或 3：2。

一级消化与二级消化见图 10-39。

（2）两相消化

两相消化是根据厌氧消化的机理进行运行。因厌氧消化分为三个阶段，各阶段的菌种、消化速度、消化产物都有不同。如混在一个消化池内运行存在诸多不宜，故把消化的第一阶段与第二阶段在一个池内完成称为水解产酸相。把第三阶段在另一个池内完成，称为产甲烷相。使各自都有最佳环境条件，这种运行方式称为两相消化。

两相消化具有总池容小，加温与搅拌能耗小，运行管理方便，有机物的去除率与产气率更高，并可完全杀灭病原菌等优点。

两相消化的设计标准：

第一相，水解产酸相，挥发性固体负荷为 25～40kg/（m³·d），入流污泥浓度 5%～

6%，固体停留时间 1～2d，有机酸浓度可达 7000～12000kg/L，pH 为 5.5～6.2。

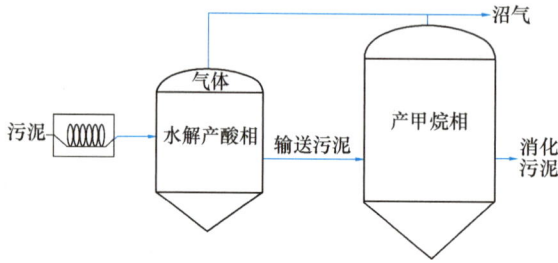

图 10-40　两相消化工艺图

第二相，产甲烷相，消化时间 10～15d。两相总消化时间不少于 15d，可用中温消化或高温消化运行。设搅拌与加温设备、收集沼气装置。每去除 1kg 有机物的产气量约为 0.9～1.1m³。

两相消化工艺见图 10-40。

（3）三相消化

三相消化工艺，是把消化的第一阶段、消化的第二阶段与消化的第三阶段分别在 3 个反应器内完成，使水解发酵、脱氢产酸、产甲烷在各自最佳条件下进行，消化的效果更好，并能更有效杀灭病原菌。三相消化工艺见图 10-41。

（4）高—中温厌氧消化

污泥先进行高温厌氧消化，温度控制在 55～57℃，一般为 55℃，消化时间 4～10d，接着进入中温消化，消化温度控制在 35～39℃，消化时间 6～10d。高—中温消化的有机物去除率、产气率与其他运行工艺基本相同，在高温段对杀灭病原菌更为有效，在

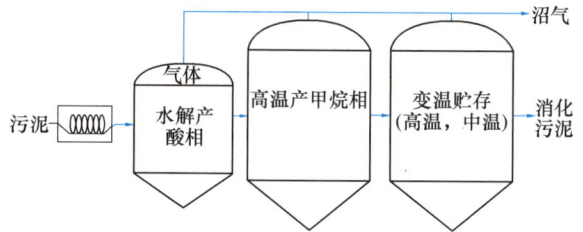

图 10-41　三相消化工艺图

55℃温度时，24h 即可杀灭病原菌，而在 50℃以下，需 120h。高—中温厌氧消化工艺见图 10-42。

（5）厌氧消化—浓缩回流工艺

一级消化池连接独立的浓缩装置，将池内的混合液经浓缩后回流至消化池，从而提高消化污泥的浓度，增加厌氧菌生物量与活性。

浓缩装置可采用离心浓缩机、带式重力浓缩或气浮浓缩。

厌氧消化—浓缩回流工艺见图 10-43。

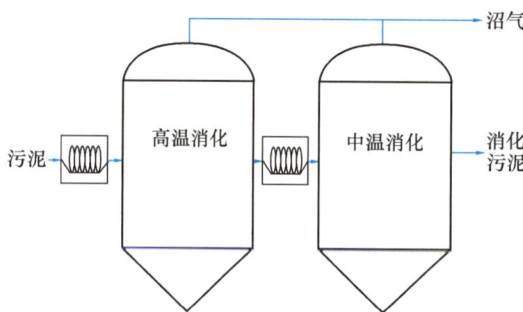

图 10-42　高—中温厌氧消化工艺图

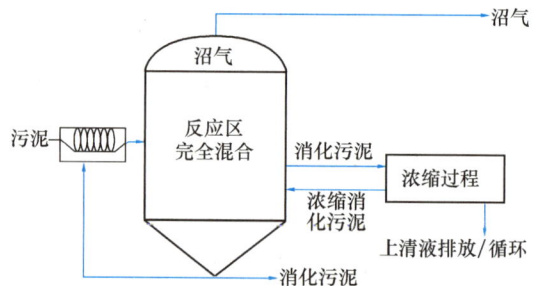

图 10-43　厌氧消化—浓缩回流工艺图

熟污泥从池底部排出后，流经热交换器预热生污泥，使其余热得到回收利用。

3. 污泥厌氧消化池池形构造及工艺设施

(1) 消化池池形与构造要求

消化池基本池形有圆柱形与蛋形两种，见图 10-44。

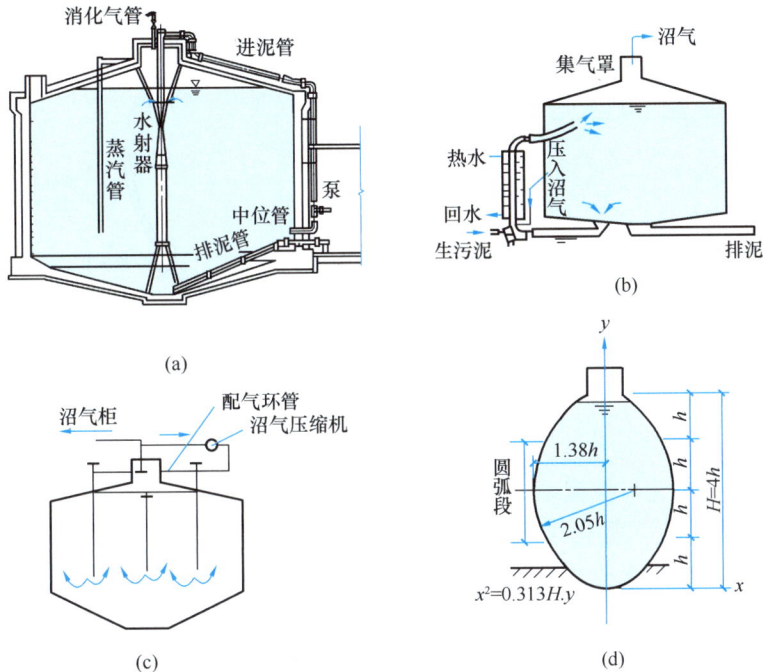

图 10-44　消化池基本池形

(a)、(b)、(c) 圆柱形；(d) 蛋形

圆柱形消化池径一般为 6～35m，池总高与池径比取 0.8～1.0，池底、池盖倾角常用 15°～20°，集气罩直径取 2～5m，高 1～3m。底锥直径 $d_2=1$m。

污泥面距集气罩底不小于 1m。

沼气搅拌立管插入泥面下约 3/4 处。

蛋形消化池，容积可达 10000m³ 以上，适用于大型污水处理厂。蛋形消化池壳体的曲线设计见图 10-45，α 为 45°，β 为 40°，γ 为 50°，池径为 D。

蛋形消化池的优点是：

1) 搅拌时污泥流线如壳体，无死角，搅拌能耗低，可节省 40%～50%；

2) 可有效地消除底部沉渣及表面浮渣；

3) 壳体表面积较同容积的其他池形小，故耗热量低，运行成本低；

4) 结构受力状况均匀，建材耗量小，可建成大容积消化池，适用于大型污水处理厂；

5) 池形美观。

蛋形消化池采用钢筋混凝土建造，池内壁涂刷环氧树脂。建成后，用内压为 350mm 水柱做气密试验。外壁需用轻质砖、轻质混凝土包裹，或覆土保温，减少壳体热损失。

(2) 消化池工艺设施

消化池的工艺设施包括：污泥投配、排泥与溢流系统，加热系统，搅拌系统，沼气收集与脱硫系统以及仪器仪表——沼气计量表、温度计、pH 测定仪、液位计及排污泥计量仪等。

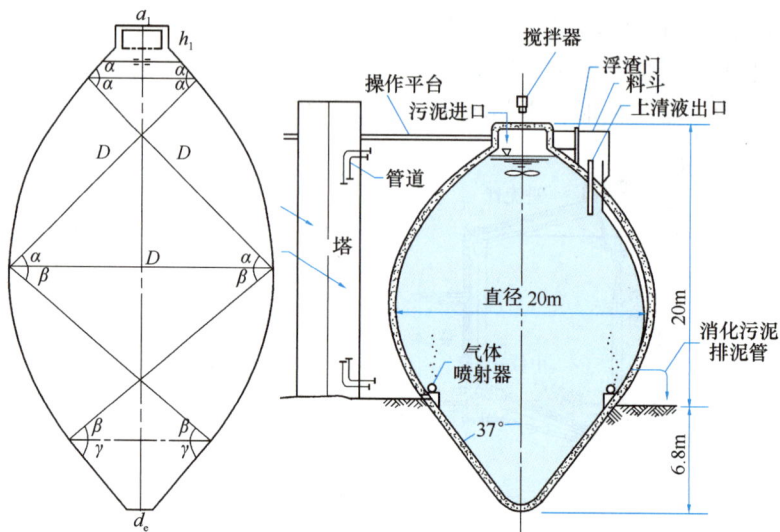

图 10-45　蛋形消化池壳体设计与工艺图

4. 污泥投配、排泥与溢流系统

（1）污泥投配：生污泥先排入消化池的污泥投配池，然后用污泥泵抽送至消化池。污泥投配池一般为矩形，至少设 2 个，污泥投配池容积根据生污泥量及投配方式，参考"10.5.1 贮存调蓄"的方法计算确定，或 12h 的贮存量设计。投配池应加盖、设排气管及溢流管。如果采用消化池外加热生污泥的方式，则投配池可兼作污泥加热池。

（2）排泥：消化池的排泥管设在池底，依靠静水压力将熟污泥排至污泥的后续处理装置。

（3）溢流装置：消化池的投配过量、排泥不及时或沼气产量与用气量不平衡等情况发生时，池内的沼气受压缩，气压增加甚至可能压破消化池顶盖。因此消化池必须设置溢流装置，以保持沼气压力恒定。溢流装置必须绝对避免集气罩与大气相通。溢流装置常用形式有倒虹管式、大气压式及水封式等 3 种，见图 10-46。

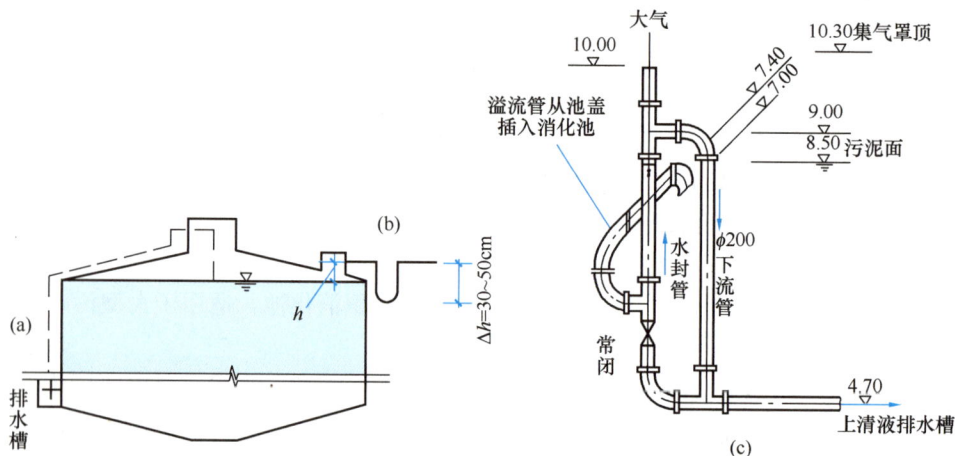

图 10-46　消化池的溢流装置
（a）倒虹管式；（b）大气压式；（c）水封式

倒虹管式见图 10-46(a)，倒虹管的池内端必须插入污泥面，保持淹没状，池外端插入排水槽保持淹没状，当池内污泥面上升，沼气受压时，污泥或上清液可从倒虹管排出。

大气压式见图 10-46(b)，当池内沼气受压，压力超过 Δh（Δh 为"U"形管内水层厚度）时，即产生溢流。

水封式见图 10-46(c)，水封式溢流装置由溢流管、水封管与下流管组成。溢流管从消化池盖插入设计污泥面以下，水封管上端与大气相通，下流管的上端水平轴线标高，高于设计污泥面，下端插入排水槽。当沼气受压时，污泥或上清液通过溢流管经水封管、下流管排入排水槽。

溢流装置的管径一般不小于 200mm。

5. 沼气的收集、贮存与脱硫装置

（1）沼气的收集与贮存

由于产气量与用气量常常不平衡，须设贮气柜进行调节。沼气从集气罩通过沼气管输送到贮气柜。沼气管的管径按日平均产气量计算，管内流速 7～15m/s。当消化池采用沼气循环搅拌时，则计算管径时应加入搅拌循环所需沼气量。

贮气柜有低压浮盖式与高压球形罐两种，见图 10-47。贮气柜的容积一般按日平均产气量的 25%～40%，即 6～10h 的平均产气量计算。

图 10-47　贮气柜

(a) 低压浮盖式；(b) 高压球形罐

1—水封柜；2—浮盖；3—外轨；4—滑轮；
5—导气管；6—进出气管；7—安全阀

低压浮盖式的浮盖质量决定于柜内气压，柜内气压一般为 1177～1961Pa（120～200mmH$_2$O 柱），最高可达 3432～4904Pa（350～500mmH$_2$O 柱）。气压的大小可用盖顶铸铁块的数量进行调节。浮盖的直径与高度比一般采用 1.5：1，浮盖插入水封柜以免沼气外泄。

当需要远距离输送沼气时，可采用高压球形罐。

（2）沼气脱硫

沼气能源利用时，H$_2$S 含量不得超过 0.015%（0.188g/m^3），以免腐蚀设备与管道。我国污水处理厂的沼气含 H$_2$S 达 0.1%～0.4%（1.25～5.0g/m^3），因此需做脱硫处理。

脱硫的方法有：干式脱硫、湿式脱硫、生物脱硫及水喷淋洗脱等方法。

图 10-48　干式脱硫流程图

1）干式脱硫

① 基本原理与工艺流程：

干式脱硫基本工艺流程见图 10-48。

过滤器的作用是去除悬浮颗粒。脱硫塔内装条形或螺旋形氧化铁或氧化铁屑（如车床铁屑）作为脱硫剂，在常温常压下，反应如下：

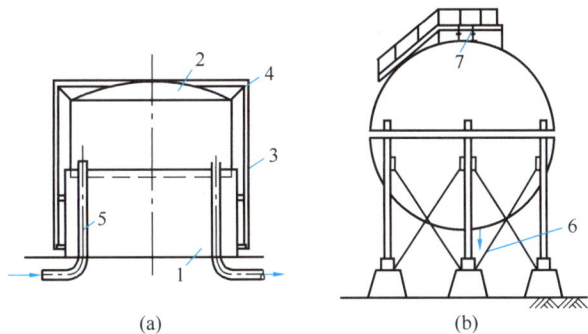

脱硫过程：$Fe_2O_3 \cdot H_2O + 3H_2S \longrightarrow Fe_2S_3 \cdot H_2O + 3H_2O$

脱硫剂再生：$2Fe_2S_3 \cdot H_2O + 3O_2 \longrightarrow 2Fe_2O_3 \cdot H_2O + 6S$

脱硫塔用不锈钢制作,直径:高度=1:(5～6),脱硫剂填充率为700～800g/L,孔隙率45%～60%,沼气空床流速2～3m/min,反应时间3.5～4.5min,一般用2个脱硫塔。由于沼气内含一定水分,故脱硫与再生同时进行。随着运行时间的延长,脱硫剂表面沉积单体S,影响效果时,可停止进沼气,通入空气再生。干式脱硫法适用于中、小型的污水处理厂。

②影响因素与运行参数

a. 运行温度:脱硫效果与温度成正比,但当温度超过40℃后,会造成脱硫剂$Fe_2O_3 \cdot H_2O$脱水而失去活性。故最佳温度为25～40℃,脱硫效果可达90%以上。

b. 沼气湿度:H_2S被催化氧化成单体S,需要一定的湿度但不能太高,湿度太高脱硫剂表面被水膜覆盖,影响与沼气的接触;又不能太低,太低则不利于氧气在水分中的溶解与扩散,影响对Fe_2S_3的氧化与再生。最佳湿度是能使脱硫剂表面形成一层厚度约为$40\mu m$的水膜。沼气本身所含有的水量可满足湿度需要。

c. 沼气含氧量:氧的作用是再生脱硫剂,把Fe_2S_3氧化成Fe_2O_3并产生单体S。沼气中所含氧量1%～2%,使脱硫剂的吸氧效率稳定在50%以上。

2)湿式脱硫法

湿式脱硫工艺流程:由吸收塔与再生塔组成。

吸收塔的作用:用浓度为2%～3%的碳酸钠溶液作为吸收剂,吸收沼气中的H_2S。碳酸钠溶液从塔顶喷淋向下与沼气进行逆流吸收,反应如下:

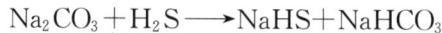

$$Na_2CO_3 + H_2S \longrightarrow NaHS + NaHCO_3$$

再生塔的作用:吸收H_2S以后,在再生塔内被氧化成单体S,碳酸钠得到再生,反应如下:

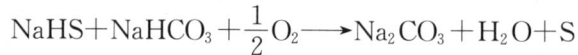

$$NaHS + NaHCO_3 + \frac{1}{2}O_2 \longrightarrow Na_2CO_3 + H_2O + S$$

碳酸钠可重复使用。湿式脱硫适用于中、大型污水处理厂,湿式脱硫同时可去除部分CO_2,从而提高沼气中的CH_4含量。

3)生物脱硫法

沼气在生物载体填充塔内经水洗,通过生物载体上的硫磺氧化细菌的作用,除去溶解于水的硫化氢。

在塔内将H_2S氧化,因此沼气中需要放入一定量的空气来补充氧气。

生物脱硫法的反应方程式:

$$H_2S + 2O_2 \longrightarrow H_2SO_4$$

水洗水中含有H_2SO_4,pH约为1～2,需要中和处理。

4)水洗脱硫法

水洗脱硫法即用污水处理厂出水逆向洗涤沼气,去除硫化氢。在20℃气温,1atm条件下,H_2S在水中的溶解度为2.3m^3/m^3。

水洗脱硫法的排水因含低浓度的硫化氢,可与尾水混合排出。因此,该脱硫法具有不产生废弃物的优点。

水洗脱硫法适用于当污泥气中的硫化氢浓度较高的情况,水洗脱硫法具有构造简单、运转费用较低的优点。

6. 搅拌设备

搅拌的目的是使池内污泥温度与浓度均匀，防止污泥分层或形成浮渣层，从而提高污泥分解速度。消化池内污泥浓度差不超过10%时，被认为混合均匀。

消化池的搅拌方法有沼气搅拌、泵加水射器搅拌及联合搅拌等3种。可用连续搅拌，也可用间歇搅拌，在5～10h内将全池污泥搅拌一次。

（1）泵加水射器搅拌

图10-44(a)是泵加水射器搅拌示意图。生污泥用污泥泵加压后，经水射器，水射器顶端浸在污泥面以下0.2～0.3m，泵压应大于0.2MPa，生污泥量与水射器吸入的污泥量之比为(1:3)～(1:5)。消化池池径大于10m时，可设2个或2个以上水射器。

根据需要，加压后的污泥也可从中位管压入消化池进行补充搅拌。

（2）联合搅拌法

联合搅拌法的特点是把生污泥加温、沼气搅拌联合在一个装置内完成，见图10-44(b)。经空气压缩机加压后的沼气以及经污泥泵加压后的生污泥分别从热交换器（兼作生、熟污泥与沼气的混合器）的下端射入的过程中，把消化池内的熟污泥抽吸出来，三者共同在热交换器中加热混合，然后从消化池的上部喷入污泥面下，完成加温搅拌过程。

热交换器通过热量计算决定。如池径大于10m，可设2个或2个以上热交换器。

（3）沼气搅拌

沼气搅拌的优点是搅拌充分，可促进厌氧消化，缩短消化时间。沼气搅拌装置见图10-44(c)。沼气经压缩机压缩后，消化池顶盖上的配气环管，用立管通入池内，立管数量根据搅拌气量及立管内的气流速度决定。搅拌气量按每1000m³池容5～7m³/min计，沼气立管插入深度约为泥深的3/4处。

沼气压缩机的功率按每立方米池容所需功率为5～8W计：

$$N = VW, W = N/V$$

$$N = P_1 Q \ln \frac{P_2}{P_1}$$

式中　N——沼气压缩机功率，W；

　　　V——消化池有效容积，m³；

　　　W——单位池容所需功率，一般用5.2～40W/m³；

　　　Q——沼气量，m³/s；

　　　P_1——消化池液面绝对压力，Psi；

　　　P_2——立管末端出口深度处的绝对压力，Psi。

其他搅拌方法如螺旋桨搅拌，现已不常用。

7. 加温设备及热工计算

（1）加温方法

消化池的加温目的在于维持消化池的消化温度（中温或高温）。加温的方法有两种：池内加温，用热水或蒸汽直接通入消化池或通入设在消化池内的盘管进行加温。这种方法的缺点是使污泥的含水率增加，局部污泥受热过高及在盘管外壁结壳等，故目前很少采用；池外间接加温，即把生污泥在池外加温后投入消化池。这种方法的优点在于可有效地杀灭生污泥中的寄生虫卵。

池外间接加温的装置有：套管式泥—水热交换器或图 10-44（b）的热交换器兼混合器。

（2）热工计算

生污泥连续加热到所需要温度，每小时耗热量为

$$Q_1 = \frac{V'}{24}(T_D - T_S) \times 4186.8 \tag{10-98}$$

式中 Q_1——生污泥的温度升高到消化温度的耗热量，kJ/h；

   V'——每日投入消化池的生污泥量，m³/d；

   T_D——消化温度，℃；

   T_S——生污泥温度，℃，当用全年平均污水温度时，计算所得 Q_1 为全年平均耗热量；当用日平均最低的污水温度时，计算所得 Q_1 为最大耗热量。

池体耗热量

$$Q_2 = \sum FK(T_D - T_A) \times 1.2 \tag{10-99}$$

式中 Q_2——池内向外界散发的热量，即池体耗热量，kJ/h；

   F——池盖、池壁及池底散热面积，m²；

   T_A——池外介质（空气或土壤）温度，℃。当池外介质为大气时，按全年平均气温计算；

   K——池盖、池壁及池底的传热系数，kJ/(m²·h·℃)。

$$K = \frac{1}{\frac{1}{\alpha_1} + \sum \frac{\delta}{\lambda} + \frac{1}{\alpha_2}} \tag{10-100}$$

式中 α_1——消化池内壁热转移系数，污泥传到钢筋混凝土池壁为 1256kJ/(m²·h·℃)，沼气传到钢筋混凝土池壁为 31.4kJ/(m²·h·℃)；

   α_2——消化池外壁热转移系数，即池壁至介质的热转移系数，如介质为大气则为 12.6～33.5kJ/(m²·h·℃)，如为土壤，取 2.1～6.3kJ/(m²·h·℃)；

   δ——池体各部结构层、保温层厚度，m；

   λ——池体各部结构层、保温层导热系数，混凝土或钢筋混凝土取 5.6kJ/(m·h·℃)，其他保温层的 λ 值可查《给水排水设计手册》第 5 册。

管道、热交换器等耗热量

$$Q_3 = \sum FK(T_m - T_A) \times 1.2 \tag{10-101}$$

式中 Q_3——管道、热交换器的散热量，kJ/h；

   K——管道、热交换器的传热系数，kJ/(m²·h·℃)；

   F——管道、热交换器的表面积，m²；

   T_m——锅炉出口和入口的热水温度平均值，或锅炉出口和消化池入口蒸汽温度的平均值，℃。

总耗热量

$$Q_{\max} = Q_{1\max} + Q_{2\max} + Q_{3\max}(\text{kJ/h})$$

$$(10\text{-}102)$$

（3）热交换器的设计

热交换器的设计包括热交换器的长度，所需热水量、熟污泥循环量等。池外热交换器见图 10-44（b）及图 10-49 套管式热交换器。

1）热交换管总长度

$$L = \frac{Q_{\max}}{\pi D K \Delta T_{\mathrm{m}}} \times 1.2 \qquad (10\text{-}103)$$

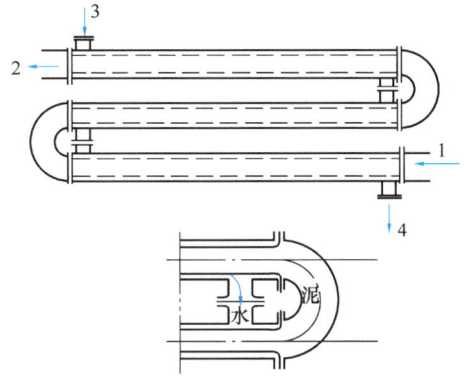

图 10-49　套管式热交换器

1—污泥入口；2—污泥出口；

3—热媒进口；4—热媒出口

式中　L——套管总长度，m；

　　　D——热交换器内管的外径，m，一般采用防锈钢管，流速采用 $1.5 \sim 2.0\mathrm{m/s}$，外管采用铸铁管，流速采用 $1 \sim 1.5\mathrm{m/s}$；

　　$Q_{\max}$——消化池最大耗热量，kJ/h；

　　　K——传热系数，约 2512.1kJ/（$\mathrm{m^2 \cdot h \cdot ℃}$）；

$$K = \frac{1}{\dfrac{1}{\alpha_1} + \dfrac{1}{\alpha_2} + \dfrac{\delta_1}{\lambda_1} + \dfrac{\delta_2}{\lambda_2}} \qquad (10\text{-}104)$$

式中　α_1——加热体至管壁的热转移系数，可选用 12141kJ/（$\mathrm{m^2 \cdot h \cdot ℃}$）；

　　　α_2——管壁至被加热体的热转移系数，可选用 19678kJ/（$\mathrm{m^2 \cdot h \cdot ℃}$）；

　　　δ_1——管壁厚度，m；

　　　δ_2——水垢厚度，m；

　　　λ_1——管子的导热系数，kJ/（$\mathrm{m \cdot h \cdot ℃}$），钢管为 $163 \sim 209$，一般用平均值；

　　　λ_2——水垢导热系数，kJ/（$\mathrm{m \cdot h \cdot ℃}$），一般选用 $8.4 \sim 12.6$，新热交换器时 $\dfrac{\delta_2}{\lambda_2}$ 可不计，而采用计算结果乘 0.6；

　ΔT_{m}——平均温差的对数，℃。

$$\Delta T_{\mathrm{m}} = \frac{\Delta T_1 - \Delta T_2}{\ln \dfrac{\Delta T_1}{\Delta T_2}} \qquad (10\text{-}105)$$

式中　ΔT_1——热交换器入口处的污泥温度 T_{s} 和出口处的热水温度 T'_{w} 之差，℃；

　　　ΔT_2——热交换器出口污泥温度 T'_{s} 和入口的热水温度 T_{w} 之差，℃。

如果污泥循环量为 Q_{s}（$\mathrm{m^3/h}$），热水循环量为 Q_{w}（$\mathrm{m^3/h}$），则 T'_{s} 与 T'_{w} 可按下式计算：

$$T'_{\mathrm{s}} = T_{\mathrm{s}} + \frac{Q_{\max}}{Q_{\mathrm{s}} \times 4186.8} \qquad (10\text{-}106)$$

$$T'_{\mathrm{w}} = T_{\mathrm{w}} + \frac{Q_{\max}}{Q_{\mathrm{w}} \times 4186.8} \qquad (10\text{-}107)$$

式中 T_w——采用 $60\sim90℃$。

2）所需热水量

当为全日供应时：

$$Q_w = \frac{Q_{max}}{(T_w - T'_w) \times 4186.8} \quad (10\text{-}108)$$

式中 Q_w——所需热水量，m^3/h。

（4）热水锅炉选择

锅炉的加热面积为：

$$F = (1.1 \sim 1.2)\frac{Q_{max}}{E} \quad (10\text{-}109)$$

式中 F——锅炉的加热面积，m^2；

E——锅炉加热面的发热强度，$kJ/(m^2 \cdot h)$，根据锅炉样本采用；

$1.1\sim1.2$——热水供应系统的热损失系数。

根据 F 值选择锅炉。

8. 消化池的容积计算

（1）按污泥投配率计算

污泥投配率是每日投加新鲜污泥体积占消化池有效容积的百分数。

$$V = \frac{w}{n} \quad (10\text{-}110)$$

式中 V——消化池计算容积，m^3；

w——每日新鲜污泥量，m^3/d；

n——污泥投配率，$\%$，中温消化采用 $5\%\sim8\%$，高温消化采用 $5\%\sim12\%$（含水率低时用下限，含水率高时用上限）。

（2）按有机物负荷计算

$$V = \frac{w_s}{L_v} \quad (10\text{-}111)$$

式中 V——消化池计算容积，m^3；

w_s——每日投入消化池的生污泥中挥发性干固体质量，kg/d；

L_v——消化池挥发性干固体容积负荷，$kgVSS/(m^3 \cdot d)$，重力浓缩后生污泥宜采用 $0.6\sim1.5kg/(m^3 \cdot d)$，机械浓缩后的高浓缩生污泥不应大于 $2.3kg/(m^3 \cdot d)$。

9. 沼气利用

甲烷的燃烧热值约为 $35000\sim40000kJ/m^3$，平均 $37500kJ/m^3$。沼气中甲烷含量为 $53\%\sim56\%$，平均以 54.5% 计，沼气的燃烧热值应为 $19075\sim21800kJ/m^3$，约相当于 $1kg$ 无烟煤或 $0.7L$ 汽油。

沼气的主要用途有：生活燃料，每日每人约需 $1.5m^3$；加温消化池污泥；作为化工原料：沼气中 CO_2 可制造干冰，CH_4 可制 CCl_4 或炭黑；沼气发电。

根据国内外经验，一座一级污水处理厂用沼气发电可满足本厂所需的电能外，略有盈余，二级污水处理厂约可满足本厂所需电能的 $30\%\sim60\%$。

（1）用于消化池污泥加温

以沼气为锅炉燃料，加温生污泥，所需沼气量可根据生污泥量、泥温、当地气候条件，通过计算确定，计算方法参考本书"10.7.6"节。我国东北某二级污水处理厂规模为40万 m^3/d，污泥量为 34.6～57.9t/d（以干固体计），其中有机物占 65% 为例。当地 11 月至 4 月间气温为 $-12.7～12.5℃$、泥温为 $10.5～13.5℃$，5 月至 10 月间气温为 $18～26℃$、泥温为 $13.2～17℃$。中温消化，消化温度平均为 $35℃$，消化每千克有机物产沼气平均为 $0.83m^3$，CH_4 含量为 50.7%，沼气燃烧热值平均为 $18131kJ/m^3$，锅炉燃烧热效率为 90%。计算结果为，11 月至 4 月间可满足加温需热量的 86%～97%，应补充的加热量为 3%～14%。5 月至 10 月间除满足加温需热量外，尚富余 6%～32% 的热量可用于沼气发电机，推动发电机容量达 140～365kW。我国南方地区气温与泥温均高于北方，加温污泥所富余的沼气量应更多，可用于发电。

（2）沼气发电

沼气发电的技术关键是选用高效的沼气发电机组，锅炉废气以及发电机组冷却水的热量回收，沼气脱硫技术等 3 项。

1）沼气发电机组

沼气发电机组包括沼气发动机与发电机。沼气发动机有以下两种：

火花点火式燃气发动机。由燃气发动机的活塞把沼气与空气吸入汽缸经压缩后用电火花点火式燃烧，再带动发电机。发电机的耗热量为 10884～12141kJ/kWh，平均 11512.5kJ/kWh，$1m^3$ 沼气约可发电 1～1.5kW，$1m^3$ 甲烷可发电 $\dfrac{37500}{11512.5}=3.25kW$。

压缩点火式双燃料发动机。发动机的活塞把沼气和空气吸入汽缸经压缩后用柴油引火，引火用的柴油量约占发动机燃料量的 8%～10%。如沼气量不足，也可全部用柴油，故称"双燃料"。发动机的耗热量为 9629～10884kJ/kWh，平均 10256.5kJ/kWh，$1m^3$ 沼气约可发电 2.1kW，$1m^3$ 甲烷可发电 3.7kW。

2）热量回收

沼气锅炉的废气温度高达 380～450℃，沼气发电机组的冷却水温约 50～60℃，含热量很高，用于消化池加温，可提高沼气的燃烧热效率，节约能源，故热量回收是沼气发电成败的关键。

沼气发电热量平衡。若以沼气燃烧的总热量为 100% 计：约 34% 可转化为发动机的机械能，其中约 32% 带动发电机转换为电能，机械损失约 2%；另外 66% 的热量含于发电机组的冷却水与燃烧废气中，如用冷却水与废气加温生污泥，约可回收其中所含热量的 51%，热损失约 15%。所以综合热效率可达 32%＋51%＝83%，热量损失约 2%＋15%＝17%，此为最理想的热效率。但目前能达的综合热效率约为 75%，热量损失约为 25%。

热量的回收工艺。图 10-50 是利用沼气锅炉的废气与发动机冷却水所含的热量沼气加温生污泥的工艺流程。首先用沼气锅炉的废气，在废热锅炉 1（即废气热交换器）中加热发动机的冷却水，使冷却水的温度再提高 8～10℃，然后在热交换器 2 中加温已被预热的生污泥。废气的温度可从 380～450℃ 降低至 180～200℃ 排放。

当沼气量不足，不能发电时，可用沼气锅炉 13 直接加温生污泥。

10. 消化池的运行与管理

（1）消化污泥的培养与驯化

新建的消化池，需要培养消化污泥。培养方法有两种：

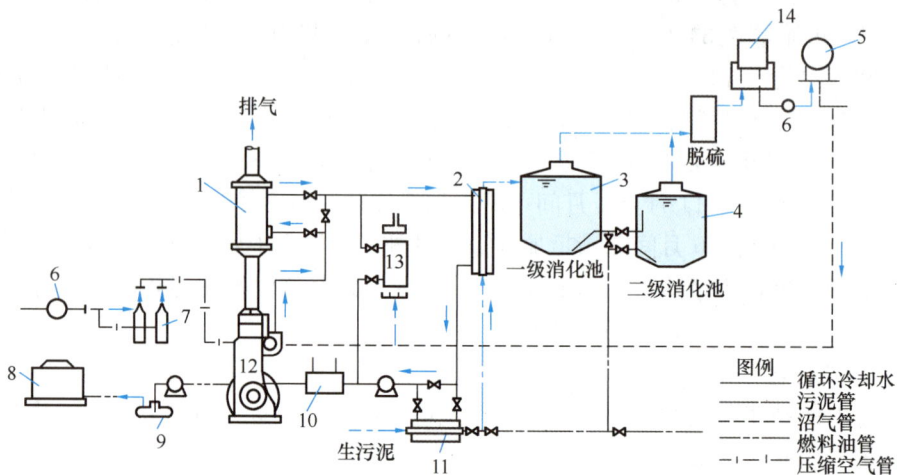

图 10-50 沼气发电热量回收流程

1—废热锅炉；2—热交换器；3、4——一级、二级消化池；5—高压贮气罐；
6—空压机；7—启动氧气瓶；8—贮油池；9—燃油泵；10—润滑油冷却器；
11—生污泥加热器；12—沼气发动机；13—沼气锅炉；14—低压贮气罐

1）逐步培养法

将每天排放的初次沉淀污泥和浓缩后的活性污泥投入消化池，然后加热，使每小时温度升高 1℃，当温度升到消化温度时，维持温度，然后逐日加入新鲜污泥，直至设计泥面，停止加泥，维持消化温度，使有机物水解、液化，约需 30～40d，待污泥成熟、产生沼气后，方可投入正常运行。

2）一次培养法

将池塘污泥，经 2mm×2mm 孔网过滤后投入消化池，投加量占消化池容积 1/10，以后逐日加入新鲜污泥至设计泥面。然后加温，控制升温速度为 1℃/h，最后达到消化温度，控制池内 pH 为 6.5～7.5，稳定 3～4d，污泥成熟，产生沼气后，再投加新鲜污泥。如当地已有消化池，则可取消化污泥更为简便。

（2）正常运行时的化验指标

正常运行时的化验指标有：产气率，沼气成分（CO_2 与 CH_4 占百分比），投配污泥含水率 94%～96%，有机物含量 60%～70%，有机物分解程度 45%～55%，脂肪酸以醋酸计为 2000mg/L 左右，总碱度以重碳酸盐计大于 2000mg/L，氨氮 500mg/L。

（3）正常运行时的控制参数

严格控制新鲜污泥投配率、消化温度。

搅拌：污泥气循环搅拌可全日工作。采用水力提升器搅拌时，每日搅拌量应为消化池容积的两倍，间歇进行，如搅拌半小时，间歇 1.5～2h。

排泥：有上清液排除装置时，应先排上清液再排泥。否则应采用中、低位管混合排泥或搅拌均匀后排泥，以保持消化池内污泥浓度不低于 30g/L，否则消化很难进行。

沼气气压：消化池正常工作所产生的沼气气压为 1177～1961Pa，最高可达 3432～4904Pa，过高或过低都说明池组工作不正常或输气管网中有故障。

（4）消化池发生异常现象时的管理

消化池异常表现在产气量下降、上清液水质恶化等。

1）产气量下降

产气量下降的原因与解决办法主要有：

投加的污泥浓度过低，甲烷菌的底物不足，应设法提高投配污泥浓度；

消化污泥排量过大，使消化池内甲烷菌减少，破坏甲烷菌与营养的平衡。应减少排泥量；

消化池温度降低，可能是由于投配的污泥过多或加热设备发生故障。解决办法是减少投配量与污泥量，检查加温设备，保持消化温度；

消化池的容积减少，由于池内浮渣与沉砂量增多，使消化池容积减小，应检查池内搅拌效果及沉砂池的沉砂效果，并及时排除浮渣与沉砂；

有机酸积累，碱度不足。解决办法是减少投配量，继续加热，观察池内碱度的变化，如不能改善，则应投加碱度，如石灰、$CaCO_3$等。

2）上清液水质恶化

上清液水质恶化表现在 BOD_5 和 SS 浓度增加，原因可能是排泥量不够，固体负荷过大，消化程度不够，搅拌过度等。解决办法是分析上列可能原因，分别加以解决。

3）沼气的气泡异常

沼气的气泡异常有三种表现形式：①连续喷出像啤酒开盖后出现的气泡，这是消化状态严重恶化的征兆。原因可能是排泥量过大，池内污泥量不足，或有机物负荷过高，或搅拌不充分。解决办法是减少或停止排泥，加强搅拌，减少污泥投配；②大量气泡剧烈喷出，但产气量正常，池内由于浮渣层过厚，沼气在层下集聚，一旦沼气穿过浮渣层，就有大量沼气喷出，对策是破碎浮渣层充分搅拌；③不起泡，可暂时减少或中止投配污泥。

10.8 污泥的好氧消化

10.8.1 污泥好氧消化机理与动力学

污泥的厌氧消化运行管理要求高，造价也较大。当污泥量不多时，可以采用好氧消化。好氧消化是不投加底物，对污泥进行长时间曝气，使其中的微生物处于内源呼吸而自身氧化，此时细胞质被氧化，以满足微生物维持生命所需的能量，这种状态持续很长时间后，微生物数量剧烈减少，细胞质被氧化为 CO_2、H_2O 和 NO_3^- 而得到稳定，反应式如下：

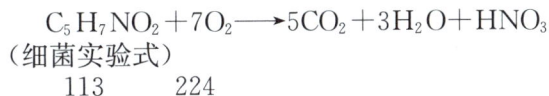

$$C_5H_7NO_2 + 7O_2 \longrightarrow 5CO_2 + 3H_2O + HNO_3$$
（细菌实验式）
$$113 \qquad 224$$

氧化 1g 细胞质约需 $224/113=2$g 氧。在好氧消化的过程中，氨氮被氧化为 NO_3^-，pH 将降低，故需要足够的碱度来调节，以便使好氧消化池内的污泥 pH 维持在 7 左右。好氧消化池内的污泥应保持悬浮状态，溶解氧维持在 2mg/L 以上，污泥含水率不低于 95%。

如果初沉污泥与剩余活性污泥混合进行好氧消化时，由于初沉污泥不含微生物种，但含有供微生物的营养源，因此好氧消化时，微生物要把外部营养源消耗以后，才能进入内源呼吸阶段，故好氧消化所需时间长，腐殖污泥好氧消化所需时间，介于两者之间。

经好氧消化后的污泥，脱水性能良好，上清液的溶解性 BOD_5 常低于 100mg/L，SS 为 100～300mg/L，TP 小于 100mg/L，溶解性 P 小于 30mg/L，可使营养液回流至曝气池。

好氧消化管理简单，但动力消耗较高。

好氧消化池常采用完全混合型，微生物处于内源呼吸阶段，属于一级反应，即污泥中可生物降解的挥发性固体（用 VSS 表示）的分解速度与污泥剩余的 VSS 浓度，成正比关系：

$$-\frac{\mathrm{d}X}{\mathrm{d}t} = K_{\mathrm{d}}X \qquad (10\text{-}112)$$

式中　$-\dfrac{\mathrm{d}X}{\mathrm{d}t}$——可生物降解的挥发性固体分解速率，gVSS/(L·d)；

　　　　X——在 t 时刻的可生物降解的挥发性固体浓度，gVSS/L；

　　　　K_{d}——内源呼吸速率常数，d^{-1}，与温度有关。

$K_{\mathrm{d}} = (K_{\mathrm{d}})_{20℃}\theta^{T-20℃}$，$(K_{\mathrm{d}})_{20℃}$ 参见表 10-41 或通过试验决定。

20℃ 时好氧消化内源呼吸速率常数 $(K_{\mathrm{d}})_{20℃}$ 值　　　　　　表 10-41

污泥种类	K_{d}值（d^{-1}）	测定依据	污泥种类	K_{d}值（d^{-1}）	测定依据
剩余活性污泥	0.12	VSS	腐殖污泥	0.04	TSS
剩余活性污泥	0.210	VSS	腐殖污泥	0.05	VSS
剩余活性污泥	0.10	VSS	初沉污泥与腐殖污泥混合	0.04	TSS
延时曝气污泥	0.16	TSS		0.04	VSS
延时曝气污泥	0.16	VSS	初沉污泥与活性污泥混合	0.11	TSS，VSS

式中　θ——温度系数，为 1.02～1.11，一般可取用 1.023。

积分式

$$\int_{X_0}^{X}\frac{\mathrm{d}X}{X} = \int_0^1 -K_{\mathrm{d}}\mathrm{d}t \qquad (10\text{-}113)$$

$$\ln\frac{X}{X_0} = -K_{\mathrm{d}}t \qquad (10\text{-}114)$$

式中　X_0——污泥中，可生物降解的挥发性固体浓度，gVSS/L；

　　　　t——水力停留时间，好氧消化时间，d；

　　　　X——同前。

图 10-51（a）所示为完全混合好氧消化流程，入流污泥 Q_0，可降解挥发性固体浓度为 X_0，可写出反应平衡式：

$$Q_0X_0 - Q_0X_{\mathrm{e}} = \left(-\frac{\mathrm{d}X_{\mathrm{e}}}{\mathrm{d}t}\right)V, \quad Q_0(X_0-X_{\mathrm{e}}) = K_{\mathrm{d}}X_{\mathrm{e}}V$$

$$V = Q_0\theta_{\mathrm{c}}$$

$$Q_0(X_0-X_{\mathrm{e}}) = K_{\mathrm{d}}X_{\mathrm{e}}Q_0t, \quad t = \frac{X_0-X_{\mathrm{e}}}{K_{\mathrm{d}}X_{\mathrm{e}}} \qquad (10\text{-}115)$$

式中　t——水力停留时间，即好氧消化时间，d，在无回流的情况下，$t=\theta_{\mathrm{c}}$；

　　　　θ_{c}——微生物停留时间，d；

　　　　X_{e}——消化池中，生物可降解的挥发性固体浓度，$\mathrm{gVSS/m^3}$。

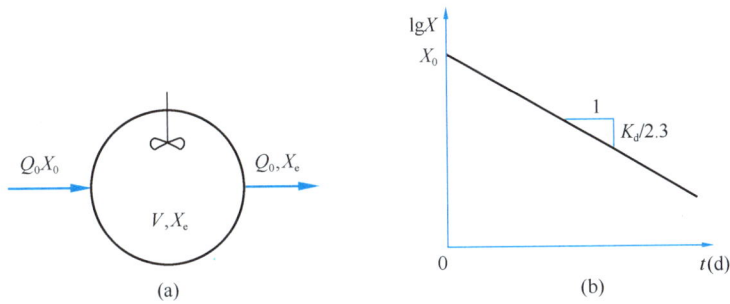

图 10-51　好氧消化试验流程图

图 10-51(b) 为好氧消化过程的 $\lg X$-t 关系曲线，该直线的斜率即一定温度时的 K_d 值。式（10-115）适用于剩余活性污泥好氧消化的时间。如果初沉污泥与剩余活性污泥混合进行好氧消化时，前已述及，由于初沉污泥含有微生物的营养源，故好氧消化时间需更长，式（10-115）应作修正。以便适用于初沉污泥与剩余活性污泥的混合污泥所需好氧消化的水力停留时间：

$$t = \frac{(X_0)_m + Y_T S_a - (X_e)_m}{K_d \left[0.77 D (x_{0a})_m (X_0)_m \right]} \qquad (10\text{-}116)$$

式中　x_{0a}——剩余活性污泥 TSS 中，活性微生物体（即 VSS）所占分数，与曝气时间有关，可用脱氢酶活性污泥呼吸强度等方法测定；

Y_T——初沉污泥的微生物产率系数，一般为 0.5；

$(X_e)_m$——混合污泥经好氧消化的总悬浮固体浓度（TSS），mg/L；

D——混合污泥中的可降解活性微生物体被好氧消化污泥带走的分数，一般为 0.1～0.3；

0.77——经好氧消化，微生物的 77% 可在内源呼吸中被降解；

K_d——内源呼吸速率常数，d^{-1}；

$(X_0)_m$——混合污泥总悬浮固体浓度（TSS），mg/L；

$$(X_0)_m = \frac{Q_p (X_0)_p + Q_a X_0}{Q_p + Q_a} \qquad (10\text{-}117)$$

Q_p，Q_a——分别为初沉污泥与剩余活性污泥流量，m^3/d；

$(X_0)_p$——初沉污泥总悬浮固体浓度（TSS），mg/L；

X_0——剩余活性污泥总悬浮固体浓度（TSS），mg/L；

$(x_{0a})_m$——混合污泥 TSS 中，活性微生物体所占分数；

$$(x_{0a})_m = \frac{X_0}{(X_0)_m} x_{0a} \qquad (10\text{-}118)$$

S_a——混合污泥底物浓度，以 BOD_5 计，mg/L；

$$S_a = \frac{Q_p}{Q_p + Q_a} S_0 \qquad (10\text{-}119)$$

S_0——初沉污泥底物浓度，以 BOD_5 计，mg/L。

10.8.2 主要工艺流程

好氧消化池容积计算出以后，可按下列工艺流程进行运行。

1. 传统污泥好氧消化工艺（CAD）

通过曝气使微生物在内源呼吸期进行自身氧化，从而使污泥减量。CAD 工艺设计运行简单，易于操作，基建费用较低。传统好氧消化池的构造和设备与传统活性污泥法相似，但污泥停留时间长，耗氧量约为 $1.9kgO_2/kgVSS$。常用的工艺流程见图 10-52。

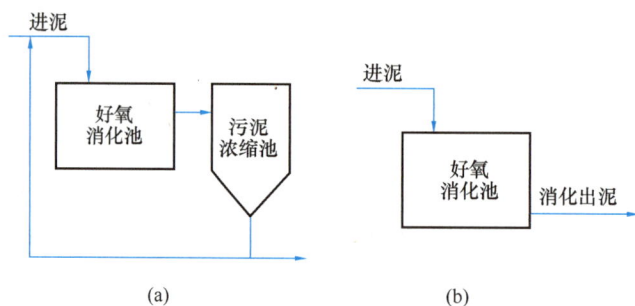

图 10-52 传统好氧消化工艺流程图
（a）连续进泥；（b）间歇进泥

中型污水处理厂常采用连续进泥的方式，消化池后设置浓缩池，浓缩污泥一部分回流到消化池中，另一部分进行后续处置，上清液回流至污水处理厂与原污水一同处理。小型污水处理厂常采用间歇进泥的方式，在运行中需定期进泥与排泥，一般每天一次进泥与排泥。

2. A/AD 工艺

A/AD（Anoxic/Aerobic Digestion）工艺是在 CAD 工艺的前端加一段缺氧区，污泥在该段发生反硝化产生的碱度来补偿硝化反应中所消耗的碱度，所以不必另行投碱就可使 pH 保持在 7 左右，在 A/AD 工艺中 NO_3^--N 替代 O_2 作最终电子受体，使得耗氧量比 CAD 工艺节省了 18%，一般为 $1.63kgO_2/kgVSS$ 左右。

在缺氧区进行不充氧搅拌使污泥处于悬浮状态，促使其充分反硝化。图 10-53 所示工艺流程为连续进泥，硝化污泥回流。

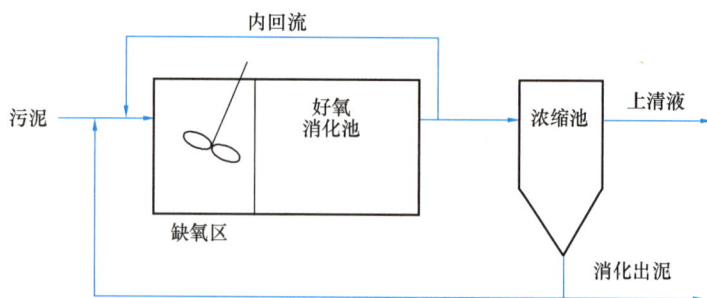

图 10-53 A/AD 工艺基本流程图

CAD 和 A/AD 工艺的主要缺点是供氧的动力费较高、污泥停留时间长，特别是对病原菌的去除率低。

3. ATAD工艺

自动升温高温好氧消化工艺（Autothermal Aerobic Digestion，ATAD）的研究最早可追溯到 20 世纪 60 年代的美国，其设计思想产生于堆肥工艺，所以又被称为液态堆肥。自从欧美各国对处理后污泥中病原菌的数量有了严格的法律规定后，ATAD 工艺因其较高的灭菌能力受到重视。

ATAD 的一个主要特点是依靠 VSS 的生物降解产生热量，可使消化池内温度升高至高温消化的范围内（45～60℃），反应速率增加，使好氧消化池的容积减小，反应速率和温度的关系可由式（10-120）表示：

$$k_{T_1} = k_{T_2} \cdot \phi^{(T_1 - T_2)} \tag{10-120}$$

式中 k_{T_1}、k_{T_2}——温度为 T_1 和 T_2（℃）的反应速率；

ϕ——常数，一般为 1.05～1.06。

但是，温度过高会抑制生物活性，由式（10-121）表示：

$$k_{T_1} = k_{T_2} \cdot \left[\phi_1^{(T_1 - T_2)} - \phi_2^{(T_1 - T_3)} \right] \tag{10-121}$$

右边括弧内第一项表示增加的速率，第二项表示过高的温度导致的增加的速率。T_3 是抑制出现的温度上限。ϕ_1、ϕ_2 分别是增加速率和降低速率的温度指数。

这意味着温度从常温增加到 45～60℃时反应速率迅速增加，继续升高温度，速率将会下降，有研究表明，当温度超过 65℃时，反应速率迅速降低到 0。

ATAD 反应器内温度较高有以下优势：

（1）使硝化细菌生长受到抑制，抑制了硝化反应的发生，因此 pH 可保持在 7.2～8.0，同 CAD 工艺相比，既节省了化学药剂费又可节省 30% 的需氧量；

（2）有机物的代谢速率较快，去除率一般可达 45%，甚至达 70%；

（3）污泥停留时间短，一般为 5～6d；

（4）NH_4^+-N 浓度较高，故对病原菌的灭活效果好。研究结果表明，ATAD 工艺可将粪便大肠杆菌、沙门氏菌、蛔虫卵降低到"未检出"水平，将粪链球菌降到较低水平。

第一代 ATAD 消化池一般由两个或多个反应器串联而成，其基本工艺流程如图 10-54 所示，反应器内加搅拌设备并设排气孔，操作比较灵活，可根据进泥负荷采取序批式或半连续流的进泥方式，反应器内的 DO 浓度一般在 1.0mg/L 左右，消化和升温主要发生在第一个反应器内，其温度为 35～55℃，pH≥7.2；第二个反应器温度为 50～65℃，pH 约

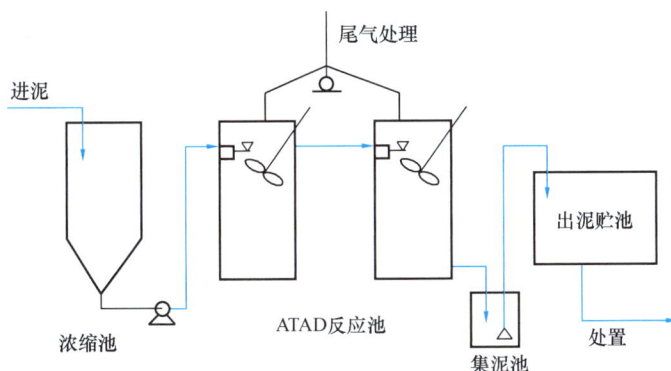

图 10-54　ATAD 基本工艺流程图

为 8.0。为保证灭菌效果应采用正确的进泥次序，即首先将第二个反应器内的泥排出，然后由第一个反应器向第二个反应器进泥，最后从浓缩池向第一个反应池进泥。

第一代 ATAD 工艺具有以下特点：

（1）鼓风曝气系统，定量供气，无曝气控制措施；

（2）两个或三个反应器串联操作；

（3）SRT 短，通常小于 10d。

有以下缺点：

（1）停留时间不足，导致 VSS 去除率有限；

（2）温度不易调节，需要外加热量或冷却控制；

（3）污泥较难脱水，故脱水前需消耗较多的混凝剂。

随着工艺技术的发展，出现了第二代 ATAD 工艺，第二代 ATAD 的反应池只有一座，工艺操作简便，反应池容积缩小，总固体去除率上升，主要表现在以下方面：

（1）可以单段操作，SRT 为 10～15d，因此操作条件好；

（2）采用射流曝气系统，水力紊流条件好，因此单位体积的氧传质效率得以最大化；

（3）采用 ORP 反馈系统控制曝气，因此能将系统的溶解氧维持在一个较为稳定的水平上，并能控制温度变化。

经 ATAD 反应器处理后的污泥需用泵输送到污泥贮池中冷却及兼作浓缩脱水前的调蓄贮存。

4. 高温好氧/中温厌氧消化

近几年，人们又提出了两段高温好氧/中温厌氧消化（AerTAnM）工艺，以 ATAD 作为中温厌氧消化的预处理工艺，并结合了两种消化工艺的优点，在提高污泥消化能力和对病原菌去除能力的同时，还可回收沼气。

ATAD 段的 SRT 一般为 1d，属水解产酸阶段。有时采用纯氧曝气，温度为 55～65℃，DO 维持在（1.0 ± 0.2）mg/L。后续中温厌氧消化温度为（37 ± 1）℃。该工艺将快速水解产酸阶段和较慢的产甲烷阶段分离在两个不同反应器内进行，有效地提高了两段的反应速率。同时，可利用高温好氧消化产生的热来维持中温厌氧消化的温度，减少了能源费用。

目前，欧美等国已有许多污水处理厂采用 AerTAnM 工艺，运行经验及实验室研究都表明，该工艺可显著提高对病原菌去除率，消化出泥达到美国 EPA 的 A 级要求和后续中温厌氧消化运行的稳定性，具有较低挥发性脂肪酸（VFA）浓度和较高碱度。

10.8.3 好氧消化池池型工艺设计

好氧消化的设计包括好氧消化池池型、容积与尺寸，需氧量与供氧量设备等方面。

1. 好氧消化池池型

图 10-55 所示为完全混合型好氧消化池的典型池型。

2. 工艺设计

（1）用水力停留时间计算好氧消化池容积

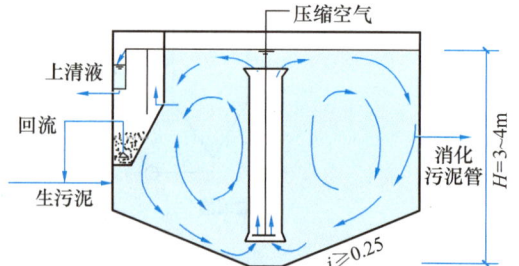

图 10-55　完全混合型好氧消化池工艺图

好氧消化池的容积

$$V = Q_0 t \qquad (10\text{-}122)$$

式中　V——好氧消化池容积，m^3；

　　　Q_0——污泥流量，m^3/d；

　　　t——消化时间（水力停留时间），d，如为剩余污泥，t 用式（10-115）计算；如为初沉污泥与剩余活性污泥混合，t 用式（10-116）计算。

（2）用有机负荷计算好氧消化池容积

$$V = \frac{Q_0 X_0}{S} \qquad (10\text{-}123)$$

式中　V——好氧消化池容积，m^3；

　　　Q_0——污泥流量，m^3/d；

　　　X_0——污泥中可生物降解有机物浓度，mg/L；

　　　S——有机负荷，$kg \cdot VSS/(m^3 \cdot d)$。

当无试验资料时，好氧消化池的设计参数，可参考好氧消化池设计参数表 10-42 所列举的数据。

好氧消化池设计参数　　　　　　　　　　　　表 10-42

序号	设计参数	数值
1	水力停留时间 t（d）	
	活性污泥	$10\sim15$
	初沉污泥与活性污泥的混合污泥	$15\sim20$
2	有机负荷，$kgVSS/(m^3 \cdot d)$，混合污泥用下限	$0.38\sim2.24$
3	需气量 $[m^3/(m^3 \cdot mm)]$（当为鼓风曝气时）	
	活性污泥　满足内源呼吸	$0.015\sim0.02$
	满足搅拌混合	
	初沉污泥　　　满足内源呼吸	$0.02\sim0.04$
	混合污泥	
	剩余活性污泥　满足搅拌混合	$0.025\sim0.03$
		0.06
4	机械曝气的所需功率（kW/m^3池）	$0.02\sim0.04$
5	最低溶解氧（mg/L）	2
6	消化温度（℃）	>15
7	挥发性固体去除率（VSS 去除率）（%）	50 左右

（3）需气量

如资料比较齐全，可采用式（10-124）、式（10-125）和式（10-126）计算需气量：

1）不考虑硝化时的需气量

$$Q_2 = [1.42 \times 0.77 Q_0 \eta x_{oa} X_0 + Q_p S_0] \times 10^{-3} \qquad (10\text{-}124)$$

式中　Q_2——需氧量，kg/d；

　　1.42——去除 BOD_5 1mg，需氧 1.42mg；

　　0.77——微生物细胞的 77% 可以被降解，23% 不可生物降解，故取 0.77；

　　Q_0——入流污泥量，m^3/d，如果剩余活性污泥好氧消化，则 Q_0 即剩余活性污泥流量 $Q_0 = Q_a$，如果是初沉污泥与剩余活性污泥的混合污泥，则 $Q_0 = Q_a + Q_p$，Q_a 为剩余活性污泥流量，m^3/d；

　　Q_p——初沉污泥量，m^3/d；如无初沉污泥，则式中 $Q_p S_0 = 0$；

　　x_{oa}——污泥中活性微生物体（即 VSS）占 TSS 的分数；

　　X_0——污泥 TSS 浓度，mg/L；

　　η——好氧消化可降解的活性微生物体去除率，%，一般可达 90%；

　　S_0——初沉污泥的 BOD_5 浓度，mg/L。

2）考虑硝化时的需氧量

消化作用的需氧包括活性污泥中的铵（NH_4^+）的浓度和细胞质中有机氮的浓度；初沉污泥中有机氮的浓度。它们在消化过程中都需消耗氧。需氧量计算公式为：

$$NOD = 4.57\{Q_a[NH_4^+\text{-}N] + 0.122 \times 0.77 Q_0 \eta x_{oa} X_0 + Q_p[TKN]_p\} \times 10^{-3}$$

$$(10\text{-}125)$$

式中　　NOD——氮的需氧量，kg/d；

　　$[NH_4^+\text{-}N]$——剩余活性污泥中的氨氮的浓度（以 N 计），mg/L；

$0.77 Q_0 \eta x_{oa} X_0$——每日降解的生物体，g/d；

　　0.122——由于破坏生物固体而释放的氮，细胞质以 $C_{60}H_{87}O_{23}N_{12}P$ 计；

　　$[TKN]_p$——初沉污泥中总凯氏氮浓度（以 N 计），mg/L；

　　Q_a——剩余活性污泥流量，m^3/d；

　　Q_p——初沉污泥流量，m^3/d；

　　4.57——氧化 1gN 需要的氧量，g。

所以考虑硝化作用时，所需氧量等于式（10-124）与式（10-125）之和，即：

$$Q_2 = [(1.42 \times 0.77 Q_0 \eta x_{oa} X_0 + Q_p S_0)] \times 10^{-3} + NOD \qquad (10\text{-}126)$$

已知需氧量，即可根据空气中氧的含量（%）求出空气量。

10.9　污　泥　堆　肥

污泥堆肥属于污泥好氧消化范畴，是污泥最终处置、综合利用的方法之一。

10.9.1　污泥堆肥基本原理

用于堆肥的污泥应符合《农用污泥污染物控制标准》GB 4284—2018。污泥堆肥是利用污泥中的微生物进行好氧消化（发酵）的过程。在污泥中加入一定比例的膨松剂（如秸秆、稻草、木屑、生活垃圾或堆熟的污泥），增加孔隙率并补充碳源。利用微生物菌落在潮湿的环境中氧化分解有机物，发酵成稳定的类腐殖质。

堆肥的两个阶段：一级堆肥阶段与二级堆肥阶段。

一级堆肥阶段分为三个过程：中温过程（发热过程）、高温消毒过程、腐熟过程。三个过程的主要微生物群分别是细菌、真菌与放线菌。

中温过程（发热过程）：在强制通风条件下，嗜温细菌迅速成长，肥堆温度可从室温上升到40℃，持续时间约2～3d。嗜温细菌代谢分解碳水化合物、糖、蛋白质、半纤维素，是产热过程。

高温消毒过程：继中温阶段，优势嗜温细菌种逐渐转化为嗜热真菌与放线菌。真菌可在中温和高温条件下生长繁殖，以代谢纤维素。放线菌代谢淀粉、木质素、有机酸、多肽。分解过程为产热过程，并合成新细胞，肥堆温度可从40℃上升到70℃，最佳温度在55～60℃，此时分解速率最高。高温阶段持续时间为3～10d。

腐熟过程：温度降至40℃左右，堆肥基本完成。

二级堆肥阶段：一级堆肥阶段完成后，可停止强制通风、采用翻堆或自然堆放方式，使进一步熟化降温至室温，干燥，约需30d成粒。熟化的物料呈黑褐色、无臭、手感松散、颗粒均匀，病原菌、寄生虫卵、病毒以及植物种子等均被杀灭，氮、磷、钾等肥效增加且易被作物吸收，符合我国卫生部颁布的《粪便无害化卫生要求》GB 7959—2012，其中好氧发酵（高温堆肥）评价标准见表10-43。

好氧发酵（高温堆肥）评价标准 表10-43

编号	项目		卫生评价标准
1	温度与持续时间	人工	堆温≥50℃，至少持续10d
			堆温≥60℃，至少持续5d
		机械	堆温≥50℃，至少持续2d
2	蛔虫卵死亡率		≥95%
3	类大肠菌值		≥10^{-2}
4	沙门氏菌		不得检出

10.9.2 堆肥的工艺流程与堆肥方法

1. 工艺流程

堆肥的一般工艺流程见图10-56。

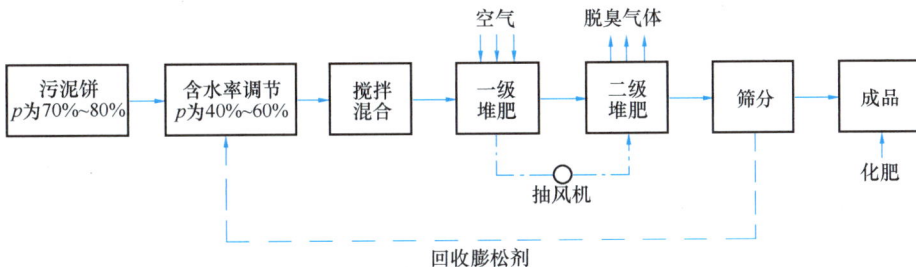

图10-56 堆肥工艺流程

堆肥的控制参数：污泥饼含水率p为70%～80%，加入膨松剂调节后p为40%～60%，C/N为(20～35):1，C/P为(75～150):1，颗粒粒度为2～60mm。

堆肥的渗透液BOD_5＞10000mg/L，COD＞20000mg/L，总氮＞2000mg/L，液量约占肥堆质量的2%～4%，送返回污水处理厂处理。

2. 堆肥方法

堆肥的基本方法有：

(1) 好氧静态堆肥

好氧静态堆肥堆高约 2~2.5m，底部铺有木片层，内置曝气管。曝气系统由鼓风机、穿孔封闭管路和臭氧控制系统构成。整堆由木屑或者未经筛分的成肥覆盖石子 0.3m，以确保堆肥各个部位的温度均符合要求，并减少臭气的释放，图 10-57 为好氧静态堆肥的断面图及其平面布置。当处理量大时，连续操作的堆肥被分割为代表每天操作量的不同部分。

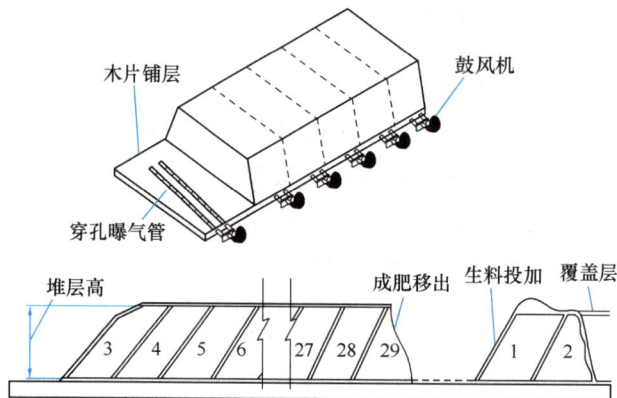

图 10-57　好氧静态堆肥断面图及其平面布置图

好氧静态堆肥的一级堆肥阶段时间一般为 21~28d，随后将肥堆破解、筛分，再转移到二次发酵区，有时需要进一步干燥，使用强于一次堆肥阶段的曝气量，二级堆肥以后继续筛分，堆肥在二级堆肥至少需停留 30d 以进一步稳定物料。

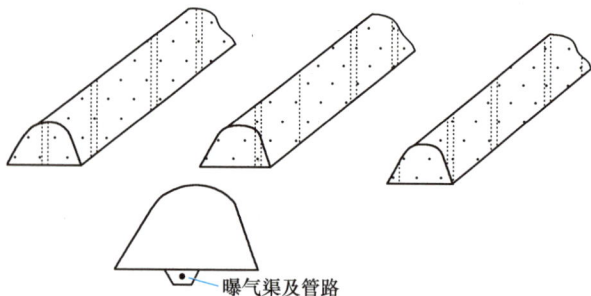

图 10-58　条垛式堆肥断面图及其平面布置图

(2) 条垛式堆肥

图 10-58 为条垛式堆肥。条垛式堆肥可在室外露天操作也可室内进行。与其他堆肥技术相比，条垛式堆肥占地大，并受条垛的几何形状限定，而且堆与堆之间以及堆的两端要预留翻堆机械的机动空间。

(3) 污泥与城市垃圾混合堆肥

我国城市生活垃圾中有机成分约占 40%~60%，燃煤气或电的城区为高限，燃煤城区取低限。因此污泥与城市生活垃圾混合堆肥，使污泥与垃圾资源化。

污泥与城市生活垃圾混合堆肥工艺流程见图 10-59。

城市生活垃圾先经分离去除金属、玻璃、纤维与塑料等不可堆肥成分，再经粉碎后与脱水污泥混合进行一级堆肥、二级堆肥，制成肥料成品。一级堆肥在堆肥仓内完成，二级堆肥采用自然堆放。城市生活垃圾起膨胀剂的作用。

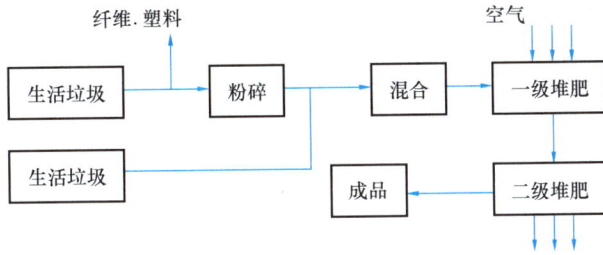

图 10-59　混合堆肥工艺流程示意图

（4）堆肥仓堆肥

堆肥仓或称发酵仓形式有倾斜式、筒式等，见图 10-60。

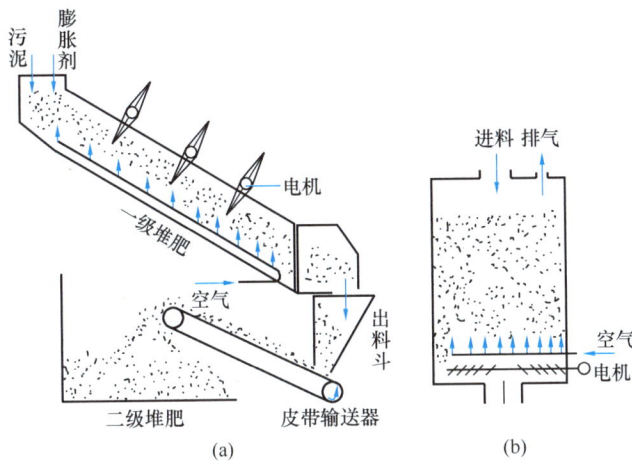

图 10-60　发酵仓（堆肥仓）

（a）倾斜仓；（b）筒仓

堆肥仓的容积决定于污泥量、污泥与城市生活垃圾（或膨胀剂）的配比、停留时间等。图 10-60（a）为倾斜仓，污泥与膨胀剂从顶部投入，强制通风管铺设于仓底部，污泥由缓慢转动的桨片搅拌并使下滑，总停留时间 7～9d。一级堆肥完成的污泥用皮带输送器送至室内二级堆肥。

一级堆肥所需空气量

$$K = 0.1 \times 10^{0.0028T} \tag{10-127}$$

式中　K——耗氧速率，单位时间单位质量有机物消耗氧量，$mgO_2/(g \cdot h)$；

　　　T——发酵温度，℃，一般为 55～70℃，计算时可按平均温度 60℃计。

实际需空气量按计算值的 1.2 倍选择鼓风机。

堆肥仓堆肥的产品更稳定，质量均匀，占地空间小，臭气控制效果好。堆肥仓堆肥的工艺流程见图 10-61。

堆肥仓堆肥的优点是：污泥物料传输系统，堆肥仓高度自动化，堆肥两个阶段全部在一个堆肥仓内完成，臭气容易集中做脱臭处理。

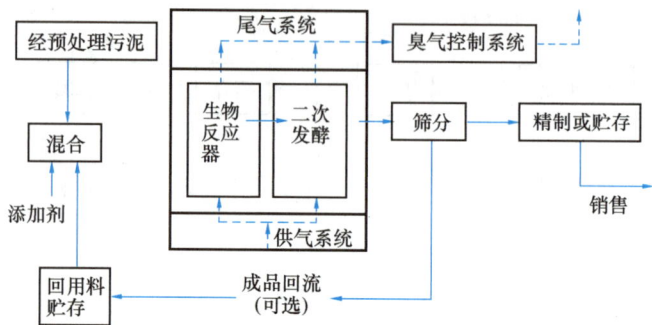

图 10-61　堆肥仓堆肥工艺流程图

10.10　污泥的石灰稳定

10.10.1　基本原理

湿污泥中投加石灰后，反应如下：

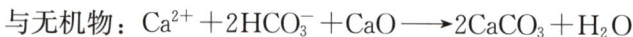

与无机物：$Ca^{2+}+2HCO_3^-+CaO \longrightarrow 2CaCO_3+H_2O$

$$2PO_4^{3-}+6H^++3CaO \longrightarrow Ca_3(PO_4)_2+3H_2O$$

与有机物的酸：$RCOOH+CaO \longrightarrow RCOOCaOH$

脂肪：脂肪$+CaO \longrightarrow CaO \cdot 脂肪酸$

石灰投加后，首先形成水合石灰 $Ca(OH)_2$ 是放热反应，释放的热量约为 $64260J/(g \cdot mol)$ [约 $15300Cal/(g \cdot mol)$]，石灰与 CO_2 的反应是放热反应，释放的热量约为 $1.8186 \times 10^5 J/(g \cdot mol)$[约 $4.33 \times 10^4 Cal/(g \cdot mol)$]。

如果 CaO 投加量不够，随着反应时间的延长，pH 将下降，达到稳定作用。因此 CaO 的投量必须过量。如污泥含水率为 85%（固体浓度 15%）每千克干污泥投加 45g 石灰，温度会升高 10℃以上，才可达到稳定的目的。

石灰稳定有如下作用：

（1）灭菌和抑制有机物腐化。当 $Ca(OH)_2$ 投加量达到 30%（占干固体质量）时，pH≥12 的情况下，效果更明显；

（2）石灰投加后，使污泥呈碱性，污泥中的重金属离子可被纯化；

（3）脱水作用。

10.10.2　石灰稳定工艺

1. 石灰稳定设计标准

石灰投加量、反应温度、相应时间后的固体浓度及 pH 参考表，见表 10-44。

石灰投加量、反应温度、相应时间后的固体浓度及 pH 参考表　　　表 10-44

石灰投加量 （占污泥干固体重%）	反应 30min 后温度 （℃）	相应时间后的固体浓度（%）		pH
		50h	7d	
2	28	30.8	33.1	12.5
4.6	30	35.9	38.0	12.6

石灰投加量 （占污泥干固体重%）	反应 30min 后温度 （℃）	相应时间后的固体浓度（%）		pH
		50h	7d	
6.9	43	39.2	41.4	12.6
9	45	48.1		12.6
11	58	51.7		12.6
14.4	59	54.8		12.6

＊原污泥干固体为 22.7%。

2. 石灰稳定工艺

（1）投加 $Ca(OH)_2$ 的稳定工艺

投加 $Ca(OH)_2$ 的稳定设施如图 10-62 所示，这种方法一般仅限用于小型污水处理厂。

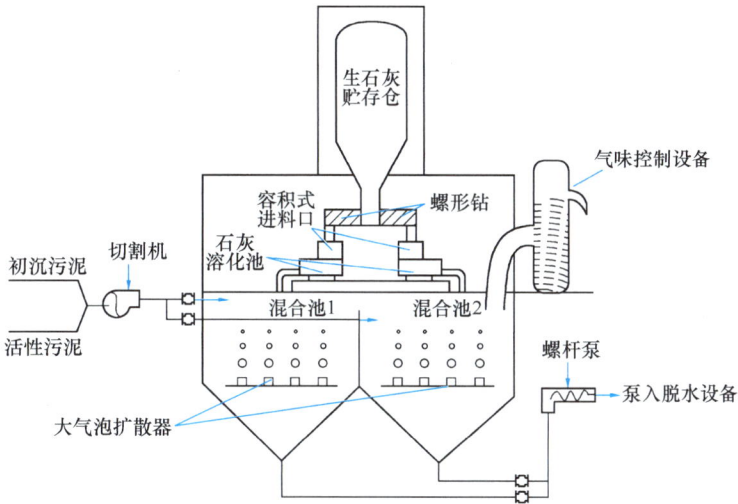

图 10-62　投加液体石灰的稳定装置图

（2）干石灰稳定

干石灰稳定是向脱水泥饼投加干石灰或 $Ca(OH)_2$。石灰与泥饼混合采用的装置有叶片式混料机、犁式混合机、桨式搅拌机、带式混合机、螺旋输送机或类似的设备，其工艺流程如图 10-63 所示。

生石灰、熟石灰或其他干碱性材料均可作为干石灰稳定药剂，生石灰费用低且比熟石灰易于装卸。当向脱水泥饼投加生石灰时，发生消解释放热量会增进病原体去除。

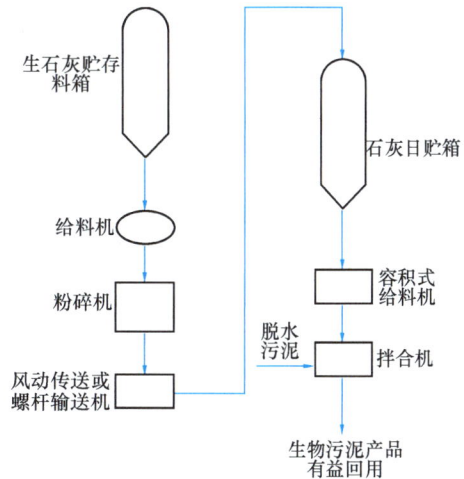

图 10-63　干石灰稳定流程图

10.11 污泥的干燥与焚烧

10.11.1 干燥的基本原理

1. 干燥静力学

利用热能去除污泥中的水分，是污泥与干燥介质（一般为灼热气体）之间的传热与传质的过程。

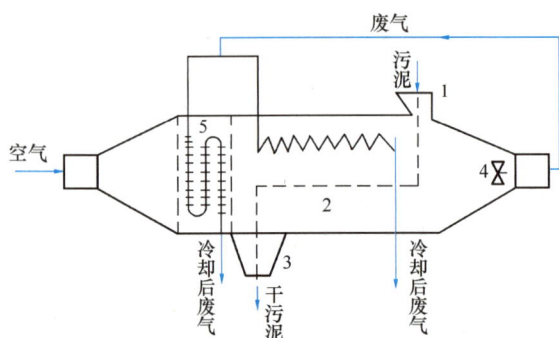

干燥静力学是研究污泥和干燥介质之间的最初与最终状态的关系。主要是通过物料平衡与热量平衡计算，确定需去除的水分及耗热量。以一个最简单的空气干燥器为例说明之，见图10-64。

（1）物料平衡计算

1）污泥中水分蒸发量的计算

污泥干燥器计算中，含水率有两种表示方法：其一称湿基含水率，计算式如下：

图 10-64　污泥干燥原理图

1—污泥入口；2—干燥室；3—干污泥出口；

4—抽风机；5—预热器

$$p = \frac{污泥中水分的质量}{污泥总质量} \times 100\% \qquad (10\text{-}128)$$

另一种称干基含水率 p_d，计算式为：

$$p_d = \frac{污泥中水分的质量}{污泥中干固体质量} \times 100\% \qquad (10\text{-}129)$$

式（10-128）分母在干燥的过程中是变数，而式（10-129）的分母在干燥的过程中是恒定的，因此可用加减法直接运算。

由于污泥在干燥过程中，干固体质量是恒定的，干燥后的干固体质量为：

$$W = W_1 \frac{100 - p_1}{100} = W_2 \frac{100 - p_2}{100} \qquad (10\text{-}130)$$

即

$$W_1 = W_2 \frac{100 - p_2}{100 - p_1} \qquad (10\text{-}131)$$

式中　W——污泥中干固体质量，kg；

W_1，W_2——干燥前、后污泥湿重，kg；

p_1，p_2——干燥前、后湿基含水率，%。

因此在干燥器中被蒸发的水分质量等于干燥前、后湿污泥质量之差：

$$W_w = W_1 - W_2 = W_1 \frac{p_1 - p_2}{100 - p_2} = W_2 \frac{p_1 - p_2}{100 - p_1} = W(C_1 - C_2) \qquad (10\text{-}132)$$

式中　W_w——被蒸发的水分质量，kg；

C_1，C_2——干燥前、后干基含水量，kg（水）/kg（干固体）。

2）干燥介质（灼热气体）消耗量的计算

通过干燥器的干灼热气体质量是不变的，根据物料平衡：

$$W_a = \frac{W_w}{x_2 - x_1} \tag{10-133}$$

式中　W_a——通过干燥器的干灼热气体质量，kg；

　　　x_1，x_2——进入、排出干燥器的空气含湿量，kg（水）/kg（干气体）。

从湿污泥中蒸发每千克水分需消耗的干灼热气体量称单位干灼热气体消耗量，用 l 表示：

$$l = \frac{W_a}{W_w} = \frac{1}{x_2 - x_1} = \frac{1}{x_2 - x_0} \tag{10-134}$$

式中　l——单位干灼热气体消耗量，kg（干气体）/kg（水）；

　　　x_0——通过空气预热器（见图 10-64），气体含湿量保持不变，x_0 表示进入预热器时的含湿量，kg（水）/kg（干气体）。

（2）热量平衡计算

以蒸发单位质量水分为基准计算：

$$q = \frac{Q}{W_w} \tag{10-135}$$

式中　q——蒸发每千克水分的耗热量，kJ/kg，见表 10-45；

　　　Q——蒸发 W_w（kg）水分的总耗热量，kJ。

污泥干燥耗热量（干燥至含水率为 10%）　　　　　表 10-45

污泥种类	耗热量（kJ/kg）
初次沉淀污泥：新鲜的	9299
经消化的	9546～11639
初次沉淀污泥与腐殖污泥混合：新鲜的	11639
经消化的	10466～13026
初次沉淀污泥与活性污泥混合：新鲜的	16035
经消化的	16035
新鲜活性污泥	16380

考虑干燥器筒体散热量，则：

$$q = \frac{I_2 - I_1}{x_2 - x_0} + \frac{W_2 C_d (\theta_2 - \theta_1)}{W_w + q_{损} - \theta_1} \tag{10-136}$$

式中　θ_1，θ_2——干燥器进口、出口污泥温度，℃；

　　　I_1，I_2——进、出干燥器的空气热焓，kJ/kg；

　　　C_d——干污泥比热，kJ/(kg·℃)；

　　　$q_{损}$——干燥器筒体散热量，kJ/kg（水）。

2. 干燥动力学

干燥动力学是研究干燥过程中任一时间的含水率与污泥性质、灼热气体的湿度与温度、流动方向及速度等因素之间的关系。根据干燥动力学，可以确定干燥程度与干燥时间的关系。

污泥干燥过程中，水分被蒸发受两个速度制约：首先是污泥颗粒表面的水分被蒸发的速度，称表面蒸发速度；同时，颗粒内部的水分不断地向表面扩散称扩散速度。当扩散速度大于表面蒸发速度时，蒸发速度对干燥起控制作用，这种干燥情况称表面蒸发控制，颗粒表面的温度等于干燥介质的湿球温度；当扩散速度小于表面蒸发速度时，扩散速度对干燥起控制作用，这种干燥情况称内部扩散控制。

干燥速度与干燥时间的关系可用微分式表示：

$$u = \frac{dW_w}{F \cdot dt} \tag{10-137}$$

式中　u——单位干燥面积上、单位时间蒸发的水量，$kg/(m^2 \cdot h)$，称干燥速度；

　　　F——干燥器干燥面积，m^2；

　　　t——干燥时间，h。

如 u 已知，根据式（10-132），可求干燥时间：

$$t = \frac{W(C_1 - C_2)}{uF} \tag{10-138}$$

经上述分析，可将干燥过程中，污泥含水率、温度、干燥速度与干燥时间的关系用图 10-65 表示。图 10-65（a）曲线 1 的 BC 段属表面蒸发控制，污泥温度为湿球温度，保持不变；随着干燥时间的延续，转入内部扩散控制阶段，故污泥温度不断上升，即 CD 段。C 点称临界点；污泥含水率随干燥时间的延续，是不断降低的，见图 10-65（a）的曲线 2。图 10-65（b）为干燥时间与干燥速度关系曲线。在表面蒸发控制阶段，因污泥颗粒表面温度为湿球温度保持恒定，所以干燥速度也是恒定的，见图 10-65（b）的 BC 段。进入内部扩散控制阶段后，因含水率不断降低，干燥速度逐渐减慢，见图 10-65（b）的 CD 段。

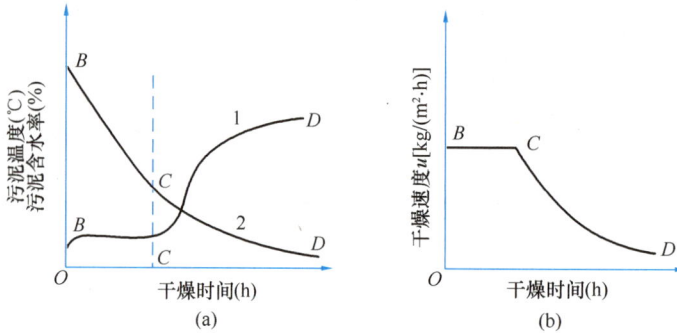

图 10-65　干燥过程线
1—污泥温度（℃）；2—污泥含水率（％）

10.11.2　污泥干燥器分类

1. 根据流动方向分类

根据干燥介质与污泥的相对流动方向，可分为并流、逆流和错流式 3 种。

（1）并流干燥器

干燥介质与污泥方向一致称并流干燥器。含水率高、温度低的污泥与温度高、含湿量低的干燥介质在干燥器进口处接触，干燥推动力大，干燥快速，出口处污泥温度低，热损失少。但推动力沿流动方向逐渐减小，影响干燥器的生产率。

（2）逆流干燥器

干燥介质与污泥流动方向相逆称逆流干燥器。因此推动力较均匀。优点是干燥速度较均匀，干燥程度高。缺点是当污泥含水率较高、温度低在进口处恰与逆流而来的高含湿已降温的干燥介质相遇（见图10-66虚线所示干燥介质流向），介质中的湿度有可能冷凝，使污泥含水率反而提高，此外干燥介质排出时温度较高，热损失较大。

并流、逆流干燥器的干燥过程线见图10-66。

（3）错流干燥器

干燥介质与污泥流动的方向，经干燥器的固定炒板的作用，使它们互成垂直故可克服并流、逆流的缺点，但构造比较复杂，错流干燥器结构见图10-67。

三种干燥器，常用并流或逆流干燥器。

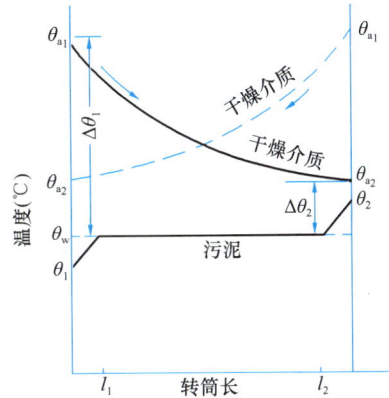

图10-66 并流、逆流干燥器污泥与干燥介质流及温度关系图

2. 根据设备形式分类

根据设备形式可分为回转圆筒式干燥器与急骤干燥器两种。

（1）回转圆筒式干燥器

回转圆筒式干燥器的干燥流程见图10-68，脱水污泥经破碎机1粉碎后，与旋流分离器返送的细粉（高温）混合，进入回转圆筒式干燥器2，干燥污泥由卸料室3进入分配器6，一部分回流预热污泥，一部分送到贮存池7，然后进入灰池8，排气经旋风分离器4分离细粉后，经除臭燃烧器5排入大气。

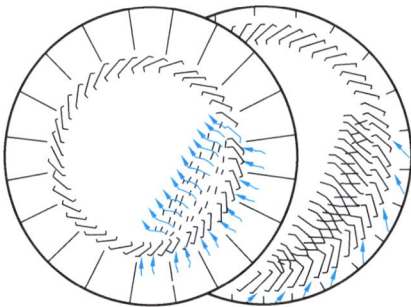

图10-67 错流干燥器

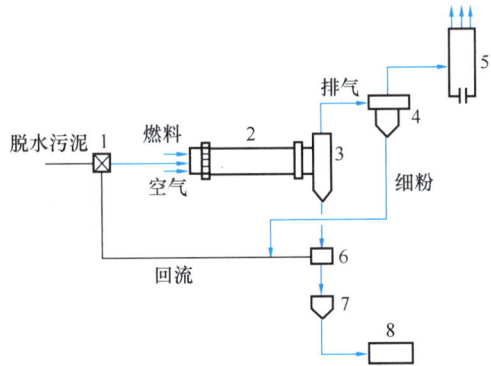

图10-68 回转圆筒式干燥器流程

1—破碎机；2—干燥器；3—卸料室；4—分离器；
5—除臭燃烧器；6—分配器；7—贮存池；8—灰池

（2）急骤干燥器

急骤干燥器属于喷流的一种，常与污泥焚烧设备联合使用。急骤干燥器可将含水率80%～90%的污泥，干燥到15%～20%。其构造与流程见图10-69。湿污泥由进泥斗1，经混合器2到灼热气体（气温530℃左右）导管及笼式磨机3与焚烧炉的灼热气体混合，泥气由急骤干燥管4喷流而上，上升流速达20～29m/s，进行急骤干燥，经过旋风分离器5，将灼热蒸气用蒸汽风机16鼓入焚烧炉10助燃，并焚烧脱臭后至烟囱排除，旋风分离

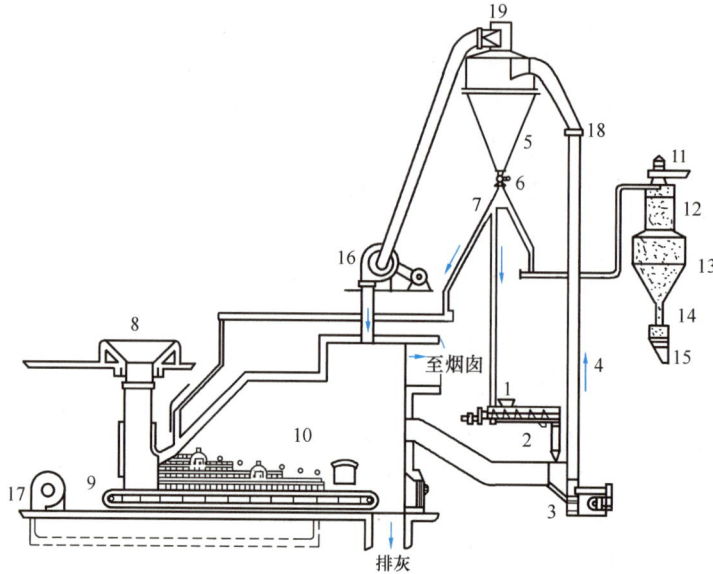

图 10-69 污泥的急骤干燥器

1—进泥斗；2—混合器；3—灼热气体导管及笼式磨机；4—急骤干燥管；5—旋风分离器；
6—气闸；7—干泥分配器；8—加泥仓；9—链条炉篦加泥机；10—焚烧炉；11—贮仓通风机；
12—旋风分离器；13—贮仓；14—滑动闸门；15—装料秤盘；16—蒸汽鼓风机；
17—风机；18—伸缩接头；19—安全阀

的干燥污泥，由干泥分配器 7 分成 3 份，1 份流入焚烧炉 10 的入口处，预热待焚烧的污泥一起进入焚烧炉 10 焚烧；1 份回流至混合器 2 与湿污泥混合后入急骤干燥管，另 1 份至旋风分离器 12 分离，干燥污泥进入贮仓 13，经滑动闸门 14、装料秤盘 15 装料外运。

使干燥与焚烧联合，热能可充分回收，废气可以除臭，占地紧凑，热效率高，干燥强度大。

（3）带式干燥器

带式干燥器由成型器与带式干燥器两部分组成，见图 10-70。

1）成型器

成型器 3 是两个相对转动的空心圆筒。圆筒上有相互吻合的一系列宽 5～10mm，深数毫米的槽沟。圆筒内部通蒸汽（热源）。圆筒旋转时将经过脱水后的污泥压入槽沟成面条形，落入带式干燥器 9。

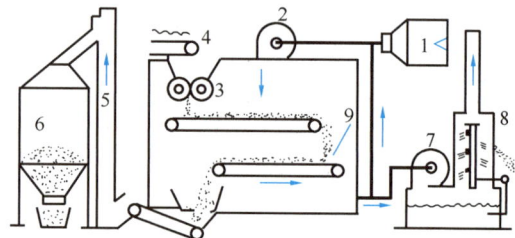

图 10-70 带式干燥器

1—干泥；2—送风机；3—成型器；4—皮带输送器；
5—斗式输送机；6—料仓；7—抽风机；8—烟囱；
9—带式干燥器

成型器的传热系数 $K=600\sim1400\text{kCal/(m}^2\cdot\text{h}\cdot\text{℃)}$，其值取决于污泥的性质和圆筒材料。

水分蒸发强度 A 可由下式计算：

$$A = FK\Delta\theta\frac{1}{r}$$

(10-139)

式中　A——水分蒸发强度，kg/h；

　　　F——成型器转筒面积，m^2；

　　　K——传热系数，$kCal/(m^2 \cdot h \cdot ℃)$；

　　　$\Delta\theta$——转筒与污泥的温差，℃；

　　　r——水分的潜热，kCal/kg。

成型器生产率：

$$L = 60nd\gamma\eta$$

式中　L——成型器生产率，$kg/(m^2 \cdot h)$；

　　　η——滚筒效率，与污泥的硬度、黏滞度及滚筒转数有关；

　　　n——滚筒转数，r/min；

　　　γ——污泥密度，取决于污泥的含水率，约为 $1.1 \sim 1.4kg/L$；

　　　d——两转筒间距，m。

成型器的总生产能力为 LF（kg/h）。滚筒转数 n 与生产率 L 的关系见图 10-71。

2）带式干燥器

成型后的面条状污泥条落入在干燥带 9 上，干燥带为模块、组装式的，其长度与层数可根据干燥程度组成 3 层、4 层，图 10-70 所示为 2 层。由热风通风干燥方式烘干至要求的含水率。热源可用废蒸汽或燃烧重油、煤油、煤气。干燥的温度保持在 $160 \sim 180℃$，蒸发的水分与废气一起排出，一部分作为循环加热用，一部分经水洗脱臭后排放。

干燥的温度保持在 $160 \sim 180℃$ 的原因是为了使污泥保持表面蒸发控制，即恒速干燥阶段，如果温度过高，表面蒸发太快，而内部水分扩散速度慢时，干燥表面会产生热分解，使污泥肥分降低，恶臭增加，需增设脱臭装置。干燥温度与污泥热分解关系见表 10-46。

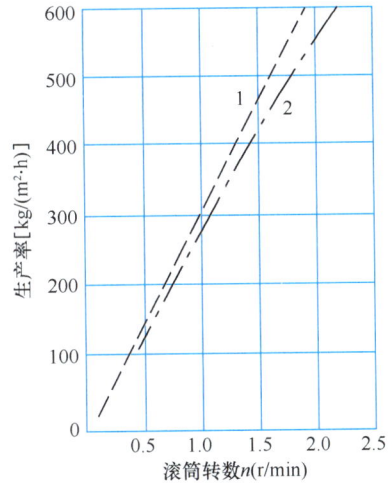

图 10-71　滚筒转数 n 与生产率 L 的关系图

干燥温度与污泥热分解关系　　　　　　　　　表 10-46

干燥温度（℃）	干燥时间（min）	臭气发生情况	热分解程度
250～300	3～6	发生热分解的强烈刺激臭味	有机物发生强烈热分解
200～250	5～10	发生热分解的刺激臭味	有机物发生热分解
180～220	10～20	发生热分解的稍许臭味	有机物发生少量热分解
150～190	25～40	几乎不发生热分解的臭味	
140～170	长时间	不发生热分解臭味	
<140	长时间	不发生热分解臭味	有机物相当稳定

（4）各种干燥处理方法的比较

各种干燥处理方法的比较见表 10-47。

设备	回转圆筒干燥器	急骤干燥器	带式干燥器
产品	有定型产品	无定型产品	无定型产品
灼热气体温度（℃）	120～150	530	160～180
卫生条件	可杀灭致病微生物与寄生虫卵	可杀灭致病微生物与寄生虫卵	可杀灭致病微生物与寄生虫卵
蒸发强度[kg(水)/(m³·h)]	55～80		
干燥效果(以含水率%表示)	15～20	约 10	10～15
运行方式	连续	连续	连续
干燥时间(min)	30～32	<1	25～40
热效率	较低	高	较低
传热系数[kJ/(m²·h·℃)]	根据式（10-143）		2500～5860
臭气	低	低	低
排烟中灰分	低	高	低

10.11.3 干燥器的设计与计算

干燥器的设计与计算的内容包括：耗热量、干燥器所需容积与尺寸、生产能力及所需功率等。

1. 耗热量的计算

以并流式回转圆筒干燥器为例，计算耗热量。干燥过程见图 10-68。

污泥与灼热气体并流进入干燥器，灼热气体（即干燥介质）的温度由 θ_{a1} 降至 θ_{a2}。污泥的干燥过程可分为 3 个阶段：第一阶段，在进口端长度 L_1 范围内，泥温由 θ_1 升到湿球温度 θ_w；第二阶段，在表面蒸发控制下，保持恒 θ_w 与恒速；第三阶段，在 L_2 内，由内部扩散控制，干燥速度减慢，污泥温度上升至 θ_2，接近 θ_{a2}。因此干燥器的总耗热量为：

$$Q = Q_1 + Q_2 + Q_3 + q_{损} \cdot W_w \qquad (10\text{-}140)$$

式中　Q——总耗热量，kJ/h；

　　　Q_1——干燥过程第一阶段耗热量，kJ/h；

　　　Q_2——干燥过程第二阶段耗热量，kJ/h；

　　　Q_3——干燥过程第三阶段耗热量，kJ/h；

　　　$q_{损}$——干燥器筒体散热量，kJ/kg（水）；

　　　W_w——被蒸发的水分质量，kg。

2. 干燥器容积及尺寸计算

根据总耗热量计算干燥器容积：

$$V = \frac{Q}{K \cdot \Delta\theta_m} \qquad (10\text{-}141)$$

式中　V——干燥器容积，m³；

　　　Q——总耗热量，kJ/h；

　　　$\Delta\theta_m$——干燥器污泥进口处干燥介质与污泥出口处两者之间的温差的平均值。

$$\Delta\theta_m = \frac{(\theta_{a1} - \theta_1) + (\theta_{a2} - \theta_2)}{2} = \frac{\Delta\theta_1 + \Delta\theta_2}{2} \qquad (10\text{-}142)$$

K——传热系数，kJ/(m² · h · ℃)，与干燥介质量、干燥器形式及污泥性质有关；

$$K = 42.3 \frac{v^{0.16}}{D} \tag{10-143}$$

D——干燥器直径，m；

v——干燥介质质量流量，kg/(m² · h)，一般为 970～49000；

42.3——单位换算系数。

其他符号的意义见图 10-66。

当 Q、K、$\Delta\theta_m$ 已知，可按式 $V = \dfrac{Q}{K \cdot \Delta\theta_m}$ 计算出 V 值。干燥器的长度 l_d 与直径 D 之比用(4:1)～(10:1)，D 一般选用 0.3～3.9m。

3. 生产能力及功率计算

干燥器的生产能力按单位时间、单位容积的蒸发强度进行计算：

$$L = \frac{AV}{\left(\dfrac{p_1 - p_2}{100 - p_1}\right)} = \frac{AV}{q_w} \tag{10-144}$$

式中　L——按污泥湿含水率 p_1 进行计量的生产能力，kg/h；

A——干燥器单位容积的蒸发强度，kg(水)/(m³ · h)，见表 10-48；

q_w——每千克干污泥被蒸发的水量，kg(水)/kg(干污泥)，$q_w = \dfrac{p_1 - p_2}{100 - p_1}$。

干燥器单位容积蒸发强度与干燥时间　　　　　　　　表 10-48

污泥种类	蒸发强度[kg(水)/(m³ · h)]	干燥时间(min)
活性污泥	55	30
消化污泥	80	32

干燥器需要缓慢回转，故应配电动机功率为：

$$N = kDl_d\gamma n \tag{10-145}$$

式中　N——驱动干燥器回转所需要的功率，kW；

γ——干燥器内污泥的平均密度，t/m³，可根据干燥前、后的含水率 p_1、p_2，用式(10-2)计算；

n——干燥器回转速度，r/min，一般为 0.5～4r/min；

k——修正系数，与干燥器种类及干燥器负荷率有关，例如回转圆筒干燥器见表 10-49；

D、l_d——同前。

修正系数 k 值表　　　　　　　　表 10-49

干燥器类型	干燥器负荷率			
	0.10	0.15	0.20	0.25
回转圆筒干燥器	0.049	0.069	0.082	0.092

4. 回转圆筒干燥器与急骤干燥器的比较

回转圆筒干燥器、急骤干燥器、带式干燥器的比较可参见表 10-47。

10.11.4 污泥焚烧

当污泥不符合卫生要求，有毒有害，不能作为农副业利用时，或大城市卫生要求高，或污泥自身的燃烧热值高，可以自燃并利用燃烧热值发电；或有条件与城市垃圾混合焚烧并利用燃烧热气发电时，都可考虑污泥焚烧。污泥焚烧后，含水率低于 5%，成为灰状无机物质、体积最小、卫生条件最好。

如采用污泥焚烧工艺时，则前处理不必用污泥消化或其他稳定处理，以免由于挥发性物质减少而降低污泥的燃烧热值，但需经脱水、干燥工艺。

污泥焚烧可分为完全焚烧与不完全焚烧（湿式氧化）两种。

1. 完全焚烧

污泥所含的有机物质被全部焚烧掉，称完全焚烧，最终产物为 CO_2、H_2O 与 N_2，焚烧需氧量可用下式表达：

$$C_aO_bH_cN_d+(a+0.25c-0.5b)O_2 \longrightarrow aCO_2+0.5cH_2O+0.5dN_2$$

为了保证有机物质（$C_aO_bH_cN_d$）完全焚烧需提供理论需氧量的 1.5 倍。

焚烧污泥的全部耗热量应包括焚烧有机物、蒸发污泥中水分、焚烧设备热损失、烟气与焚烧灰带走与回收预热的热量，可用下式计算：

$$Q = \Sigma C_P W_S(t_2 - t_1) + W_w \lambda \tag{10-146}$$

式中　Q——单位时间的总耗热量，kJ；

　　C_P——焚烧灰及烟气中各种物质的比热，kJ/(kg·℃)；

　　W_S——各种物质的质量，kg；

　　t_1、t_2——焚烧前、后污泥温度，℃；

　　W_w——被蒸发的水分质量，kg；

　　λ——蒸发 1kg 水的潜热，kJ/kg。

由于污泥中含有大量有机物，焚烧时会产生燃烧热值，可用下式计算：

$$Q' = a\left[\frac{100p_v}{100-p_c} - b\right]\frac{100-p_c}{100} \tag{10-147}$$

式中　Q'——污泥燃烧热值，J/kg（干固体）；

　　a——系数，初沉污泥与消化污泥为 3×10^5，新鲜活性污泥为 2.5×10^5；

　　b——系数，初沉污泥为 10，活性污泥为 5；

　　p_v——污泥中挥发性固体百分率，%；

　　p_c——污泥机械脱水时加入的混凝剂（占干固体质量%）。如为有机高分子聚合电解质，则 $p_c=0$。

也可用直线方程式计算不同污泥的燃烧热值：

新鲜活性污泥：

$$Q = 169 \times p_v^{1.085} \tag{10-148}$$

初次沉淀污泥：

$$Q = 197.7 \times p_v^{1.085} - 1628.5 \tag{10-149}$$

也可参考表 10-50 得不同污泥的燃烧热值。

各种污泥的燃烧热值　　　　　　　　　　　　　　表 10-50

污泥种类		燃烧热值［kJ/kg（干）］
初次沉淀污泥	新鲜的	15826～18191.6
	经消化的	7201.3
初次沉淀污泥与腐殖污泥混合	新鲜的	14905
	经消化的	6740.7～8122.4
初次沉淀污泥与活性污泥混合	新鲜的	16956.5
	经消化的	7452.5
活性污泥	新鲜的	14905～15214.8

$$Q'' = Q - Q' \tag{10-150}$$

式中　Q''——补充燃料应提供的热值，kJ/h。

2. 不完全燃烧——湿式氧化

不完全燃烧又称污泥的湿式氧化，约 $80\% \sim 90\%$ 的有机物被氧化。反应式见里奇（Rich）通式：

$$C_aH_bO_cN_d + 0.5(ny+2s+r-c)O_2 \longrightarrow nC_wH_xQ_yN_z + sCO_2 + rH_2O + (d-nz)NH_3$$

式中，$r = 0.5[b-nx-3(d-nx)]$，$s = a-nw$。

因污泥在高温、高压的条件下，通入氧气，可以维持在液体状态，使有机物氧化，故称为湿式氧化或湿式焚烧。

湿式燃烧法的处理效果，用氧化度来表示。氧化度的定义：污泥中（或高浓度有机物污水）COD 的去除百分数。

$$氧化度 = \frac{湿式燃烧前、后 COD 的差值}{湿式燃烧前污泥 COD 的值}（\%）$$

3. 湿式燃烧须满足的条件

（1）污泥燃烧热值与燃烧所需的空气量

污泥或高浓度污水湿式燃烧，是依靠有机物被氧化的过程中，所释放出的氧化热来维持反应温度。氧化时的发热量，可用 COD 值计算。

单位质量的被氧化物质，根据性质的不同，在氧化过程中产生的热值也不同。但是它们消耗 1kg 空气时，所能释放出的发热量（以 H 表示）大致相等，约为 $700 \sim 800$kCal。例如初次沉淀污泥为 758kCal，活性污泥为 706kCal，污泥的平均发热量为 754kCal。燃烧热值及氧化时每消耗 1kg 空气的发热量 H 见表 10-51。

燃烧热值及氧化时每消耗 1kg 空气的发热量　　　　　　　表 10-51

污泥种类	燃烧热值 ［kCal/kg（干泥）］	完全燃烧所需氧化剂		发热量 H ［kCal/kg（空气）］
		kgO$_2$/kg（湿泥）	kgO$_2$/kg（干泥）	
初次沉淀污泥	3780～4345	1.33	5.75	758
活性污泥	3560～3634	1.19	5.14	706

已知污泥的 COD 值，即可求出氧化时所需要的空气量，进而求出燃烧热值。

湿式燃烧氧化时所需空气量：

$$Q = \frac{COD}{0.232} = COD \times 4.31 \times 10^{-3} \tag{10-151}$$

式中　Q——湿式燃烧时所需空气量，kg（空气）/L（泥）；

　　0.232——空气中氧的质量比。

实际所需空气量常比理论计算值多 20%。

湿式燃烧的燃烧热值：

$$q = QH \tag{10-152}$$

式中　q——燃烧每升污泥的燃烧热值，kCal/L（泥）；

　　H——消耗 1kg 空气的发热量，kCal/kg（空气）。

例如，初次沉淀污泥的 $H = 758$kCal/kg（空气），则燃烧热值为：

$$q = Q \times 758 = COD \times 4.31 \times 10^{-3} \times 758 = COD \times 3.27 \text{kCal/L（泥）}。$$

可见，如果污泥的 COD 值为 1g/L，氧化度为 100% 时，燃烧热值等于 3.28kCal。此值即等于按 COD 值计算的完全氧化时的理论值。污泥湿式燃烧的实际运行表明，氧化度一般都低于 100%，常等于 15%～85%，高浓度有机污水的氧化度常为 95%，因此所需的空气量和燃烧热值应该折算。

为了保证热量平衡，进行湿式燃烧的污泥或高浓度污水 COD 值应为 15～200g/L，最好为 25～125g/L。

（2）有机物氧化过程和产物

污泥在湿式燃烧时，复杂有机物降解为简单成分，其中以淀粉降解最快，其次是蛋白质和原纤维，脂肪类最难降解。

降解的速度随着温度的升高和氧化作用的加剧而加速。在温度高于 200℃ 时，脂肪类几乎和淀粉一样容易降解。氧化度低时，主要是使大分子化合物水解为简单的化合物，淀粉和原糖水解为还原糖，蛋白质水解为氨基酸，脂肪类水解为游离脂肪酸和固醇。氧化度高时，除较稳定的水解氧化产物（如醋酸）残留外，其余均氧化为二氧化碳和水。污泥湿式燃烧后，挥发性固体大大减少，氧化液的固液分离极容易，不必预处理。我国城镇污水处理厂污泥肥分表（以干污泥计）表 10-52 表示在不同温度与氧化度下湿式燃烧后污泥的比阻值变化情况，由表可见，即使低温氧化，脱水性能也大为改善。

混合污泥经过湿式燃烧后，氧化分离液的浓度一般很高，BOD_5 可达 6.2～12.1g/L（平均 9.4g/L），必须与原污水混合后（至少应稀释 15～20 倍）一起进行生物化学法处理。这将使处理构筑物的 BOD_5 负荷增加 10% 左右，固体负荷约增加 5%。但由于氧化分离液的主要成分是低分子的氨基酸、游离脂肪酸、单糖类等，都是极易被生物降解的物质，因此利用曝气池的富余容量即可进行处理。处理后的 BOD_5 可降至 20～30mg/L以下。

氧化气体的组成类似于重油锅炉烟道气，具有代表性的成分见表 10-53。

湿式燃烧后污泥的比阻值　　　　　　　　　　　　　　　表 10-52

污泥种类	未氧化		150℃		200℃		250℃	
	氧化度（%）	比阻值（s^2/g）	氧化度（%）	比阻值（s^2/g）	氧化度（%）	比阻值（s^2/g）	氧化度（%）	比阻值（s^2/g）
初次沉淀污泥	0	9.67×10^9	19	0.26×10^9	45	0.05×10^9	84	0.04×10^9
经消化初沉污泥	0	8.24×10^9	16	0.21×10^9	49	0.09×10^9	81	0.03×10^9
活性污泥	0	18.70×10^9	10	7.41×10^9	42	0.14×10^9	72	0.08×10^9
经消化混合污泥	0	21.70×10^9	13	0.40×10^9	63	0.07×10^9	85	0.04×10^9

湿式燃烧氧化气体成分表　　　　　　　　　　　　　　　表 10-53

成分	烃	H_2	N_2	O_2	Ar	CO_2
含量（%）	≤0.02	0.02	82.8	2.0	0.9	13.9

产生的气体中主要成分为氮（82.8%），但硫化物氧化的结果变成 SO_4^{2-}，残留在氧化液中，并不存在于氧化气体中。氧化气体一般具有刺激臭味，因此必须进行脱臭处理。

表 10-54 为高氧化度（60%）湿式燃烧后的残渣组分含量。

高氧化度（60%）湿式燃烧后的残渣组分　　　　　　　　表 10-54

元素	Fe	Si	K	Mn	Ca	Al	Zn	P	B	Ni	Na
含量（%）	4.92	3.78	0.76	0.025	0.87	3.90	0.04	2.62	0.03	0.01	0.12

注：残渣相对密度约为 2.33。

排出的气体中含有大量的水蒸气，其含量可由下式计算：

$$W_S = \frac{R\theta}{(P-P_S)VM} = \frac{2.83\theta}{(P-P_S)V_S} \tag{10-153}$$

式中　W_S——单位质量氧化气体中所含水蒸气质量，kg/kg；

　　　θ——反应塔出口温度，用绝对温度（℃），℃=（℃+273）；

　　　R——气体常数为 82.06 大气压，cm^2/M；

　　　P——反应塔出口的总压，atm；

　　　P_S——在温度为 θ℃时的水蒸气分压，atm；

　　　V_S——在温度为 θ℃时的水蒸气比容积，cm^3/g；

　　　M——氧化气体的平均分子量约为 29。

（3）反应温度、压力及反应时间

反应温度是湿式燃烧的决定因素。由于污泥中所含固体性质不同，所以无一定的反应温度。水中存在的溶解的或悬浮的可氧化物质，均可在 100～374℃ 之间燃烧氧化，374℃ 是水的临界温度。超出此温度，水就不是液相，也就无法进行湿式燃烧。所以 374℃ 也是湿式燃烧的极限运行温度。在 100～374℃ 的温度范围内，氧化速度与温度成正比。

4. 湿式氧化试验方法

湿式氧化试验可在 0.8～10L 的高压锅中进行。首先测定污泥或高浓度污水的 COD 值，然后取一定量置于高压锅中，盖上锅盖，压入氧化所需要的空气，使锅内保持不同的氧化压力，如 294N/cm²、392.5N/cm²、588N/cm²、785N/cm²（30kg/cm²、40kg/cm²、60kg/cm²、80kg/cm²），用高压锅外壁的电热器加热到不同的反应温度如 200℃、230℃、

240℃、250℃等，同时用电磁搅拌器或振荡法，使试样与空气充分混合，连续反应30～60min。反应结束后，冷却，放出气体，并分别分析反应气体、氧化分离液与残渣的成分，从中选择最佳的设计参数。

10.11.5 污泥焚烧设备

完全焚烧的常用设备有回转焚烧炉、多段焚烧炉和流化床焚烧炉等。

1. 回转焚烧炉

回转焚烧炉的构造与流程和干燥器基本相同，见图10-72逆流回转焚烧炉，只是转筒长度长、长度与直径之比约（10：1）～（16：1），筒体前段约占总长度的2/3为干燥段，在干燥

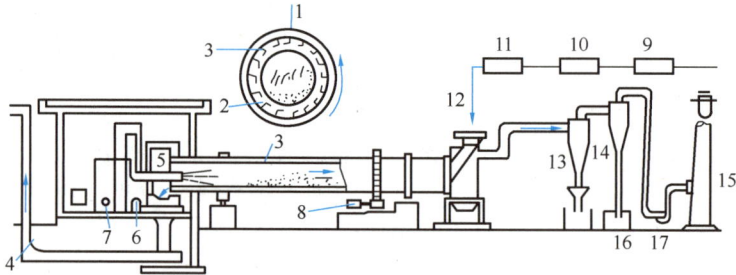

图 10-72　逆流回转焚烧炉

1—炉壳；2—炉膛；3—炒板；4—灰渣输送机；5—燃烧器；6—一次空气鼓风机；7—二次空气鼓风机；
8—传动装置；9—沉淀池；10—浓缩池；11—压滤机；12—泥饼；13—一次旋流分离器；
14—二次旋流分离器；15—烟囱；16—焚烧灰仓；17—引风机

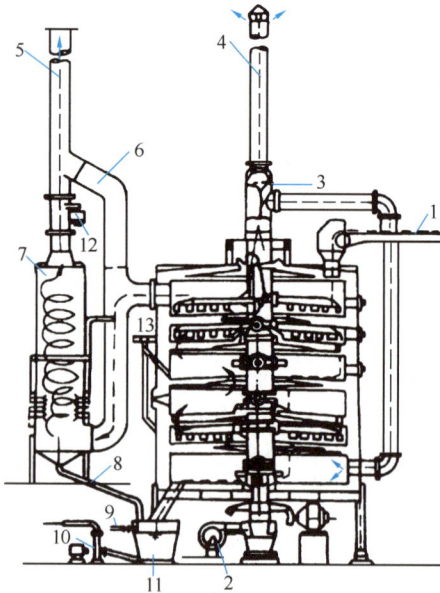

图 10-73　立式多段焚烧炉

1—泥饼；2—冷却空气鼓风机；3—浮动风门；4—废冷却气；5—清洁气体；6—无水时旁通风道；7—旋风喷射洗涤器；8—灰浆；9—分离水；10—砂浆；11—灰桶；12—感应鼓风架；13—重油

段内，污泥受到预热干燥，达到临界含水率（约10%～30%）后，污泥温度和热气体的湿球温度相等，约为160℃，进行恒温蒸发，然后温度开始上升，达到着火点；筒体后段约占总长度的1/3为燃烧带，在燃烧带内，污泥被干馏而着火，燃烧受内部扩散控制，灼热气体与污泥的相对速度越大或泥层越薄，燃烧速度越快，燃烧带温度为700～900℃。

2. 立式多段焚烧炉

立式多段焚烧炉见图10-73。立式多段焚烧炉是一个内衬耐火材料的钢制圆筒，一般为6～12层。各层都有同轴的旋转齿耙，转速为1r/min。空气由轴心鼓入，一方面使轴冷却，另一方面预热空气。泥饼从炉的顶部进入炉内，依靠齿耙翻动逐层下落，顶部两层起污泥干燥作用，称干燥层，温度约480～680℃，使污泥含水率降至40%以下。中部几层主要起焚烧作用，称焚烧层，温度达到760～980℃。下部几层主要起冷却并预热空气的作用，称缓慢冷却层，

温度为260～350℃。单元生产率以单位炉床面积计为0.65～0.8t（干）/（$m^2 \cdot d$），焚烧炉污泥含水率从65％～75％降至0。

燃烧热值为17408.7kJ/kg的污泥，当含水量与有机物之比为3.5∶1时，可自燃而不必加辅助燃料，否则应加辅助燃料。辅助燃料有煤气、天然气、沼气、丙烷或重油等。

3. 流化床焚烧炉

流化床焚烧炉利用砂子作为载热体，焚烧的原理是把砂子灼热以后作为热载体，然后把污泥用燃料油或煤气预热至650℃左右，从炉顶进入流化床，灼热的砂子由炉底的热空气喷入，呈膨胀流化态，两者在炉内骤烈接触，蒸发强度大，热效率高，燃烧温度可达815℃左右，

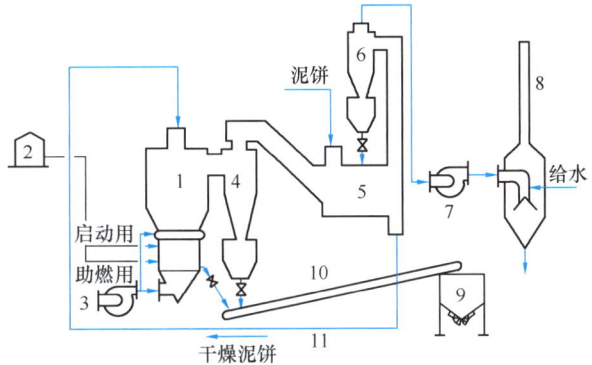

图10-74　流化床焚烧炉构造与流程示意图
1—流化床焚烧炉；2—重油池；3—鼓风机；4—一次旋流分离器；
5—快速干燥器；6—二次旋流分离器；7—抽风机；8—除尘器；
9—灰斗；10—带式输送机；11—输送带

产生的灼热气体、灰和水蒸气经过旋风分离器，99％以上的灰分被截留。流化床焚烧炉的构造与流程见图10-74。污泥经脱水并破碎后进入快速干燥器5，与二次旋流分离器6分离出的污泥焚烧灰混合得到干燥，干燥并预热后由输送带11，从流化床焚烧炉1的顶部进入，与预热后的灼热空气喷入使砂子呈流化状态，两者骤烈接触焚烧，经一次旋流分离器4，分离焚烧灰落入带式输送机10，灼热气体与细灰进入快速干燥器5，预热污泥。二次旋流分离器6分离出的热气体，用抽风机7，送入湿式除尘器8，用水喷淋除尘后排入大气。

10.11.6　干燥与焚烧计算实例

1. 计算步骤

（1）计算污泥的燃烧热值及燃烧所需空气量

1）燃烧热值可用式（10-147）确定。

2）燃烧所需空气量用下式计算

$$Q'_a = \frac{0.24}{1000}Q + 0.5 \tag{10-154}$$

式中　Q'_a——标准状态下，燃烧每千克干固体所需理论空气量，m^3/kg；

　　　　Q——污泥燃烧热值，kJ/kg；

0.24，0.5——经验系数。

实际所需空气量为：

$$Q_a = mQ'_a\left(1 - \frac{p}{100}\right)W \tag{10-155}$$

式中　Q_a——实际所需空气量，m^3/h；

　　　　m——过剩空气系数，常用1.8～2.5；

　　　　W——需焚烧的污泥量，kg/h。

（2）辅助燃料需要量

辅助燃料需要量用下式计算

$$q = \left[58.6p - \left(1 - \frac{p}{100} \right) Q \right] W \qquad (10\text{-}156)$$

式中　q——辅助燃料应提供的热量，kJ/h；

　　　p——污泥含水率，%；

　Q、W——同前。

已知辅助燃料种类与发热量后，可根据 q 值求得辅助燃料需热量。

（3）完全焚烧产生的总废气量

完全焚烧产生的总废气量包括有机物燃烧后产生的气体（主要是 CO_2、H_2O、N_2 等），被蒸发的水蒸气之和。

有机物燃烧后产生的气体量：

$$Q_S = 1.1Q_a \qquad (10\text{-}157)$$

式中　Q_S——有机物燃烧产生的气体量，m^3/h；

　　　Q_a——同上；

　　　1.1——经验系数。

被蒸发的水蒸气量：

$$Q_W = 1.25 \frac{p}{100} W \qquad (10\text{-}158)$$

式中　Q_W——水分蒸发的蒸汽量，m^3/h；

　　　1.25——经验系数。

（4）回转焚烧炉的尺寸计算：

干燥段容积：

$$V_1 = \frac{0.09Wp}{1000} \qquad (10\text{-}159)$$

式中　V_1——干燥段容积，m^3；

　　　W——需焚烧的污泥量，kg/h；

　　　p——污泥含水率，%。

燃烧段容积：

$$V_2 = \frac{QW\left(1 - \frac{p}{100}\right)}{14.7 \times 10^5} \qquad (10\text{-}160)$$

式中　V_2——燃烧段容积，m^3；

　　　Q——污泥燃烧热值，kJ/kg（干）。

回转焚烧炉总容积：

$$V = V_1 + V_2 \qquad (10\text{-}161)$$

式中　V——回转焚烧炉总容积，m^3。

按回转炉的长度与直径比为(10：1)～(16：1)设计长度与直径。

2. 设计计算实例

【例 10-15】 经脱水后的活性污泥 $W=1400\text{kg/h}$，含水率 70%，用式（10-147）计算结果，其燃烧热值为 $Q=15616\text{kJ/kg}$。计算所需辅助燃料量、燃料所需空气量、燃烧以后总废气量及计算回转焚烧炉的尺寸。

【解】

（1）求辅助燃料需要量

新鲜活性污泥饼的燃烧热值 $Q=15616\text{kJ/kg}$，用式（10-156）并代入已知条件得：

$$q=\left[58.6p-\left(1-\frac{p}{100}\right)Q\right]W$$

$$=\left[58.6\times70-\left(1-\frac{70}{100}\right)\times15616\right]\times1400=-815920\text{kJ/h}$$

由于计算所得 q 为负值，说明该污泥焚烧时，可以自燃而不需要辅助燃料。

（2）求所需空气量

用式（10-154）求所需理论空气量

$$Q'_{a}=\frac{0.24}{1000}Q+0.5=\frac{0.24}{1000}\times15616+0.5=4.2\text{m}^3/\text{h}$$

实际空气量用式（10-155）计算，式中 m 取 2.2：

$$Q_{a}=mQ'_{a}\left(1-\frac{p}{100}\right)W=2.2\times4.2\times\left(1-\frac{70}{100}\right)\times1400$$

$$=3880.8\text{m}^3/\text{h}=64.7\text{m}^3/\text{min}$$

（3）燃烧以后总废气量

用式（10-157）、式（10-158）计算总废气量

有机物燃烧产生的气体量：

$$Q_{S}=1.1Q_{a}=1.1\times3880.8=4268.9\text{m}^3/\text{h}$$

被蒸发的水蒸气量：

$$Q_{W}=1.25\frac{p}{100}W=1.25\times\frac{70}{100}\times1400=1225\text{m}^3/\text{h}$$

总废气量为：

$$Q=Q_{S}+Q_{W}=4268.9+1225=5493.9\text{m}^3/\text{h}$$

（4）回转焚烧炉尺寸

干燥段所需容积用式（10-159）计算：

$$V_{1}=\frac{0.09Wp}{1000}=\frac{0.09\times1400\times70}{1000}=8.8\text{m}^3$$

燃烧段所需容积用式（10-160）计算：

$$V_{2}=\frac{QW\left(1-\frac{p}{100}\right)}{14.7\times10^5}=\frac{15616\times1400\times\left(1-\frac{70}{100}\right)}{14.7\times10^5}=4.5\text{m}^3$$

回转焚烧炉总容积为：

$$V = V_1 + V_2 = 8.8 + 4.5 = 13.3 \text{m}^3$$

回转焚烧炉尺寸计算：

因长度：直径为（10~16）：1。若取直径 $D = 1.1$m。

则回转焚烧炉长度为：

$$L = \frac{13.3}{\frac{\pi}{4} \times (1.1)^2} = 14 \text{m}$$

$L : D = 14 : 1$ 合格。

若为干燥器，则干燥器的长度为：

$$L_V = \frac{8.8}{\frac{\pi}{4} \times (1.1)^2} = 9.3 \text{m}$$

10.12 污泥最终处置与资源化利用

10.12.1 农业利用与土地利用

随着我国经济社会迅速发展，对环境保护与食品卫生要求不断提高，自 2000 年以来，我国对于污泥的农业利用制定了一系列法规、标准。

1. 污泥的农业利用

污泥的农业利用包括：农作物的肥料使用；园林绿化和林地的肥料使用；土壤改良剂利用。

（1）用于农作物的肥料

污泥作为农肥利用时，须满足《城镇污水处理厂污染物排放标准》GB 18918—2002 中"污泥农用时污染物控制标准限值"的规定。将符合农用标准的污泥经过堆肥处理后，才能使用。对于重金属含量高的污泥，如用作农肥，还必须采用石灰稳定，使重金属离子钝化以后才能施用。根据农作物品种不同，将污泥分为 A 级污泥与 B 级污泥。用于蔬菜、粮食等食物链作物及纤维作物、饲料、油料等非食物链作物时，污泥中所含重金属离子总砷、总铬、总镉、总铜、总汞、总镍、总铅、总锌以及苯并（a）芘、矿物三德、多环芳烃（PAHs）等的含量限值，应满足 A 级污泥的要求；B 级污泥对重金属含量适度放宽，只能用于纤维作物、饲料作物与油料作物等非食物链作物。

作为肥料使用的卫生学指标应满足蛔虫卵死亡率≥95％，粪大肠菌群值≥0.01。

植物营养成分应满足：有机质含量≥200g/kg（干）（即≥20％），$N + P_2O_5 + K_2O \geq$ 30g/kg（干）（即≥3％），pH5.5~9。

种子的发芽指数>60％。

农田年施用污泥量累计不应超过 7.5t/hm²，连续施用不应超过 10 年。

（2）用于园林绿化

使用对象包括城市绿化带、公园绿化、道路绿化带、草坪及隔离带等，年度施用量控制在 4~8kg/m²，道路绿化可提高至 8~10kg/m²，林地年度施用量 6~8kg/m²，草坪年度施用量 5~10kg/m²，污泥含水率小于 40％。

2. 作为土壤改良剂利用

作为土壤改良剂使用时，应满足《城镇污水处理厂污泥处置　土地改良用泥质》GB/T 24600—2009 的要求。

1) 重金属离子及其化合物，可吸附有机卤化物（AOX）、多氯联苯、挥发酚，以及矿物油、苯并（a）芘、二噁英等污染物质，酸性土壤（pH＜6.5）与碱性土壤（pH≥6.5）中使用的浓度限值有很大差别。前者的限值更为严格；

2) 卫生安全指标应满足粪大肠菌群值大于 0.01，细菌总数小于 108MPN/kg 干污泥，蛔虫卵死亡率大于 95％；

3) 对植物营养成分应要求：总氮（以 N 计）＋总磷（以 P_2O_5 计）＋总钾（以 K_2O 计）应大于或等于 1％（以干污泥质量计）。污泥有机物含量大于或等于 10％。

10.12.2　污泥的建材利用

1. 制造生化纤维板

（1）制造原理与配方

活性污泥中含有丰富的粗蛋白（约含 30％～40％，质量％）与球蛋白酶，可溶于水、稀酸、稀碱及中性盐溶液。将干化后的活性污泥，在碱性条件下加热加压、干燥会发生蛋白质的变性，制成活性污泥树脂又称蛋白胶。

活性污泥中加入苛性钠，与蛋白质产生反应：

$$H_2N—R—COOH＋NaOH \longrightarrow H_2N—R—COONa＋H_2O$$

生成的水溶性蛋白质钠盐，可使细胞腔内的核酸溶于水，去除核酸引起的臭味与油脂。然后投加氢氧化钙，生成不溶性易凝胶的蛋白质钙盐，增加活性污泥树脂的耐水性、胶着力与脱水性能：

$$2H_2N—R—COOH＋Ca(OH)_2 \longrightarrow Ca(H_2N—R—COO)_2＋2H_2O$$

为了进一步脱臭并提高活性污泥树脂的耐水性能与固化速度，可加少量甲醛（HCHO）。活性污泥树脂的配方见表 10-55。

活性污泥树脂配方表　　　　　　　　　　　　　　　表 10-55

配方号	活性污泥（干重）	苛性钠（工业级）	石灰 CaO（70％～80％）	混凝剂			水玻璃（35波美度）	甲醛（浓度40％）
				$FeCl_3$（工业级）	聚合氯化铝	$FeSO_4$（工业级）		
Ⅰ	100	8	36			4	10.8	5.2
Ⅱ	100	8	36	15		4	10.8	5.2
Ⅲ	100	8	36		43	23	10.8	5.2

表 10-55 的任一配方。先加苛性钠在反应器内搅拌均匀，然后通入蒸汽加热至 90℃，反应 20min，再加石灰维持 90℃反应 40min。主要技术指标：干物质含量约 22％，蛋白质含量 19％～24％，pH11 左右，等电点为 10.55（等电点：蛋白质正、负电荷相等时的 pH）。

（2）填料及其处理

生化纤维板的填料可采用麻纺厂的纤维下脚料。

麻纺厂的纤维下脚料需加碱蒸煮去脂，去色和柔软化。蒸煮时间 4h，然后粉碎使纤维长短一致。麻：碳酸钠：石灰＝1：0.05：0.15。

纺织厂的纤维下脚料可不做预处理。

（3）制造工艺流程

生化纤维板制造的工艺流程为搅拌、预压成型、热压、裁边。

搅拌：将活性污泥树脂（干）：纤维＝2.2：1（质量比）混合，搅拌均匀，使含水率约 75%～80%。

预压成型：搅拌料铺料厚度为 25mm，在 1min 内增至约 2.0MPa，稳压 4min，含水率约 60%～65%，坯厚约 8.5～9.0mm。

热压：预压成型后，通蒸汽并使预压压力增加至 3.5～4MPa，温度为 160℃，稳压 3～4min，然后逐渐降约 0.5MPa，让蒸汽逸出，反复 2～3 次即成。

裁边：根据规格要求裁边成材。

（4）生化纤维板的力学性能

生化纤维板的物理力学性能与三级硬质纤维板及水泥的比较见表 10-56。

生化纤维板、三级硬质纤维板及水泥的比较表　　　　　　　　　　表 10-56

材料名称	容量（kg/m³）	抗折强度（kg/cm²）	吸水率（%）	β 放射性强度（Ci/kg）
三级硬质纤维板	不小于 800	不小于 200	不大于 35	—
水泥	—	—	—	1.55×10^{-9}
生化纤维板	1250	180～220	30	1.55×10^{-9}

2. 制水泥

污泥或污泥焚烧的矿物质成分与波特兰水泥的成分类似，见表 10-57。

污泥或污泥焚烧的矿物质成分与波特兰水泥成分比较（%）　　　　表 10-57

类别	SiO_2	Al_2O_3	Fe_2O_3	CaO	P_2O_5	MgO	TiO_2	SO_3	BaO	Na_2O	K_2O	Cl^-
污泥焚烧灰	17～30	8～14	8～20	4.6～38	8～20	1.3～3.2	0～2.9	0.8～2.8	0～0.3	0～0.5	0.6～1.8	0～0.3
波特兰水泥	20.4～20.9	5.7～5.8	2.2～4.1	63.1～64.9	—	1.0～5.2	—	2.1～3.7	—	0～0.2	0～1.2	—

从表 10-57 可知，污泥或污泥焚烧灰所含成分除 CaO 较波特兰水泥低外，其余成分均相当。故污泥或污泥焚烧灰加石灰石后，可煅烧制成水泥，其强度符合 ASTM 圬工水泥规范。污泥焚烧灰也可作为混凝土的细骨料，代替部分水泥与细砂。

水泥的生产主要经过三个阶段，即生料制备、熟料煅烧与水泥粉磨。生料制备主要是将石灰质原料、黏土质原料与少量校正原料经破碎后，按一定比例配合、磨细，并调配成质量均匀的生料；将配制好的生料在水泥窑内煅烧至部分熔融，得到以硅酸钙为主要成分的硅酸盐水泥熟料；水泥粉磨是将水泥熟料加适量石膏，共同磨细，制得水泥。在水泥厂中，湿污泥可直接焚烧，也可利用水泥生产余热烘干湿污泥后焚烧。直接焚烧处理工艺环节少，流程简单，二次污染可能性小，但处理所需的燃料量大，处理成本比污泥焚烧灰的成本高。因此目前多采用污泥焚烧灰。利用污泥烧制水泥的基本工艺流程见图 10-75。

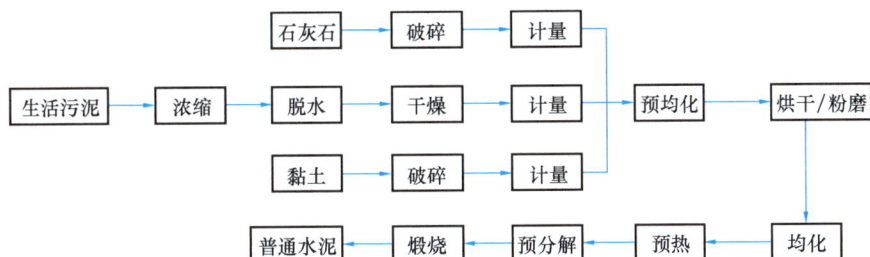

图 10-75　利用城市污水污泥生产水泥的工艺流程

（1）生产制备

石灰质、由约 70％黏土和 30％污泥焚烧灰以及少量铁质原料，按一定要求的比例（约 75∶20∶5）配合，经过均化、粉磨、调配，即制成生料。

（2）水泥的煅烧

生料喂入水泥窑系统内，相应经预热、预煅烧（包括预分解），最后烧制成熟料，统称为水泥熟料煅烧过程。

（3）水泥粉磨

熟料配入一定数量石膏在圈流球磨机中粉磨成一定细度的即成水泥。

（4）产品性能

水泥的主要性能指标包括细度、凝结时间、体积安定性、强度及其某些化学成分。细度是指水泥颗粒的粗细程度，是水泥品质的主要指标之一。水泥颗粒越细，则凝结硬化速度越快，早期强度也越大。但磨制特细的水泥，成本较高，同时会使水泥有较大的收缩变形，在储运过程中也易受潮和降低强度。所以在国家标准中对各种水泥的细度都作出了适当的规定。

凝结时间是指水泥调水后逐渐变稠、开始硬化所需的时间。用初凝时间和终凝时间两个指标来衡量。

水泥在硬化过程中，不发生不均匀的体积变化及由此产生的裂缝、弯曲等现象的性质，称为体积安定性。

水泥的强度是指水泥硬化一定时间后，其胶结力的大小，也就是指试块单位面积所能承受的最大载荷，水泥强度一般包括抗压强度和抗折强度两项指标。特种水泥还有特殊要求。拆试体的龄期，一般水泥规定了 3d、7d、28d 的抗压和抗折强度要求，以 28d 的抗压强度来确定其标号。

3. 制污泥砖、地砖

（1）污泥砖

污泥砖的制造有两种：一种是用干污泥直接制砖；另一种是用污泥焚烧灰制砖。

用于制造砖的黏土成分要求为：SiO_2 56.8％～88.7％；Al_2O_3 4.0％～20.6％；Fe_2O_3 2.0％～6.6％；CaO 0.3％～13.1％；MgO 0.1％～0.6％。对照表 10-57 可知污泥焚烧灰的成分，除 SiO_2 偏低外，均可满足。因此在利用干污泥或污泥焚烧灰制砖时，应添加适

量的黏土或石英砂，提高 SiO_2 的含量，然后制砖。一般的配比以干污泥（或焚烧灰）：黏土：石英砂＝1：1：（0.3～0.4）（质量比）为合适。污泥砖的物理性能见表 10-58。

污泥砖的物理性能 表 10-58

焚烧灰：黏土	平均抗压强度（kg/cm²）	平均抗折强度（kg/cm²）	成品率（%）	鉴定标号
2：1	82	21	83	75
1：1	106	45	90	75

（2）污泥制地砖

污泥焚烧灰在 1200～1500℃ 的高温下煅烧，有机物被完全焚烧，无机物熔化，再经冷却后形成玻璃状熔渣，可生产地砖、釉陶管等。

污泥制地砖的质量指标见表 10-59。

污泥制地砖与黏土砖的质量指标 表 10-59

项目	污泥制地砖	黏土砖	项目	污泥制地砖	黏土砖
抗压强度（N/mm²）	15～40	8～17	磨耗（g）	0.01～0.1	0.05～0.1
吸水率（质量分数）（%）	0.1～10	16	抗折强度（MPa）	80～200	355～120

4. 污泥制轻质陶粒

（1）工艺和原理

轻质陶粒是陶粒中的一个品种，我国行业标准《轻集料及其试验方法 第1部分：轻集料》GB/T 17431.1—2010 将它定义为"利用无机材料经加工制粒、高温焙烧而制成的粗集料"，堆积密度不大于 $500kg/m^3$。污泥的无机成分以 SiO_2、Al_2O_3 和 Fe_2O_3 为主，类似黏土的主要成分，在污泥中投加一定的辅料和外加剂，污泥便可制成轻质陶粒。

污泥制轻质陶粒工艺流程如图 10-76 所示。

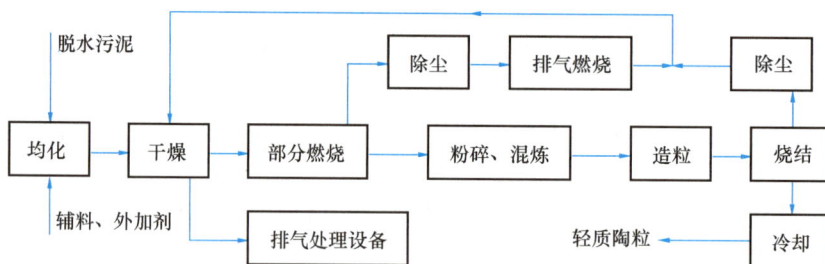

图 10-76 污泥陶粒生产工艺流程简图

主要工艺流程说明：

1）均化

湿污泥与预先干化好的污泥一起进入污泥混合机，经混合、均化后形成颗粒，送至干化器干化。

2）干化

污泥经干化后含水率从 80％ 降到 5％。

3）部分燃烧

部分燃烧是在理论空气比约 0.25 以下燃烧，使污泥中的有机成分分解，大部分成为气体排出，另一部分以固定碳的形式残留。部分燃烧炉内的温度控制在 700～750℃。燃烧的排气中含有许多未燃成分，送到排气燃烧炉再燃烧，产生的热风可作为污泥干化热源利用。部分燃烧后的污泥中含固定碳为 10%～20%，热值 1256～7536kJ/kg。

4）烧结

烧结陶粒的强度和相对密度与烧结温度、烧结时间以及产品中残留炭含量有关。残留炭的含量与陶粒的强度成反比，残留炭的含量越多，强度越低。烧结温度在 1000～1100℃ 之间为宜，超出此温度范围陶粒强度会降低，陶粒的相对密度随烧结温度升高而减小，在上述温度范围内，其相对密度为 1.6～1.9，烧结时间一般为 2～3min。

（2）轻质陶粒的组成和性能

轻质陶粒的组成见表 10-60。酸性和碱性条件下的浸出试验结果见表 10-61。试验结果表明，轻质陶粒符合作为建材的要求。

轻质陶粒的组成表（单位：%）　　　　　　　　　　　　表 10-60

样品	SiO_2	Al_2O_3	Fe_2O_3	CuO	SO_2	C	烧失量
1	41.9	15.7	10.6	8.8	0.18	0.79	1.08
2	43.5	14.3	10.4	10.8	0.17	0.31	0.55

轻质陶粒浸出试验结果表（单位：mg/L）　　　　　　　表 10-61

试验条件	Cr^{6+}	Cd	Pb	Zn	As
HCl	0.00	0.51	0.3	16.2	0.18
NaOH（pH=13）	0.00	0.00	0.0	0.04	0.06
水	0.00	0.00	0.0	0.01	0.04

（3）轻质陶粒的应用

轻质陶粒做滤料时，空隙越大，不易堵塞，反冲洗次数少。其相对密度大，反冲洗时流失量少，滤料补充量和更换次数也比普通滤料少。

由于陶粒市场需求量大，因此开发新的陶粒原料、开发新的轻质陶粒有重要意义。

10.12.3　污泥填埋

1. 基本要求

污泥填埋法最终处理污泥，由于卫生条件较差，国外有下降的趋势。国内则作为过渡性处理的方法，仍在采用。

目前我国的填埋形式一般采用污泥与城市生活垃圾混合卫生填埋，例如北京高碑店污水处理厂将脱水污泥与垃圾混合填埋，但由于污泥的含水率较高，给填埋作业带来很多困难。污泥单独卫生填埋国内应用不是很多，1991 年上海在桃浦地区建成了第一座污泥卫生试验填埋场，将曹杨污水处理厂污泥脱水后运至桃浦填埋场处置，该填埋场占地 3500m²；2004 年上海白龙港污水处理厂建成污泥专用填埋场，占地 43hm²。

在混合填埋场中，一般污泥的比例不超过 5%～10%，这时通常对垃圾填埋场正常运行的影响很小。据资料报道，在混合填埋场中，当生物污泥与城市生活垃圾混合比例达到1：10时，填埋垃圾的物理、化学稳定过程将明显加快。

在技术方面，要求污泥的含固率不小于35%，抗剪强度大于$25kN/m^2$，为了达到这一强度，必须投加石灰进行后续处理，但增加了污泥处置的成本。

卫生填埋对污泥的土力学性质要求较高，故在填埋前需对污泥进行调理，调理后力学性能见表10-62。

污水污泥的土力学指标 表10-62

调理处理工艺	脱水方式	
	离心带式压滤机	普通压滤机
投加聚电解质	20%～30%含固率，$<10kN/m^2$	20%～30%含固率，$<10kN/m^2$
投加聚电解质（新技术）	28%～40%含固率，5～$18kN/m^2$	—
投加金属盐和消石灰	—	25%～45%净固体含量，37%～65%总固体含量，5～$100kN/m^2$，平均20～$50kN/m^2$
高温热调节	40%～50%含固率，40～$55kN/m^2$	含固率>50%，50～$100kN/m^2$
聚合物调理并用反应性添加剂（石灰、反应性飞灰、水泥）后处理	30%～50%含固率，5～$100kN/m^2$	—
聚合物调理并用非反应性添加剂后处理	25%～40%含固率，0～$5kN/m^2$	—
石灰前处理并用聚合物调理①	25%～40%净固体含量，30%～50%总固体含量，0～$100kN/m^2$	—
聚合物调理，并用垃圾后处理	45%～65%净固体含量，50%～80%总固体含量，>$30kN/m^2$	—

① 只适用于离心脱水。

2. 填埋方法

污泥的填埋可分为卫生填埋和安全填埋等。

卫生填埋必须按一定的工程技术规范和卫生要求填埋污泥，即通过填充、堆平、压实、覆盖、再压实和封场等工序，渗滤液必须收集并处理，产生的沼气必须排空，使污泥得到最终处理，并防止产生对周边环境的危害和污染。

安全填埋是一种改进的卫生填埋方法，主要用来进行有害固体废弃物的处理和处置。污泥卫生填埋又可分单独填埋和与城市生活垃圾混合填埋两种，填埋方法的选择见表10-63。

污泥填埋方法的选择表 表10-63

污泥种类	单独填埋		混合填埋	
	可行性	理由	可行性	理由
重力浓缩污泥	不可行	—	不可行	—
初沉污泥	不可行	臭气与运行问题	不可行	臭气与运行问题

污泥种类	单独填埋		混合填埋	
	可行性	理由	可行性	理由
剩余活性污泥	不可行	臭气与运行问题	不可行	臭气与运行问题
初沉污泥＋剩余活性污泥	不可行	臭气与运行问题	不可行	臭气与运行问题
脱水污泥	勉强可行	运行问题	—	—
干化床消化污泥	可行	—	可行	—
石灰稳定污泥	可行	—	可行	—
初沉污泥经加石灰脱水	可行	—	可行	—
消化污泥经脱水	可行	—	可行	—
压滤（加石灰）消化污泥	可行	—	可行	—
离心脱水消化污泥	可行	—	可行	—
热干化消化污泥	可行	—	可行	—

3. 混合填埋

在混合填埋场中，一般脱水污泥与垃圾的混合比例（质量）小于 8%，在该比例下污泥一般不会影响填埋体的稳定。但根据德国的资料，当脱水后的污泥和垃圾混合填埋时，要求污泥的含水率必须大于 35%，抗剪强度必须大于 $25kN/m^2$，为了达到这一强度，必须投加石灰进行后续处理。

污泥生活垃圾混合填埋既可采用先混合，后填埋的形式，如图 10-77 所示，也可采用污泥与生活垃圾分层填埋、分层推铺压实的形式。

图 10-77 污泥在生活垃圾填埋场混合填埋的工艺流程图

4. 污泥单独填埋

污泥在专用填埋场填埋又可分为三种类型：沟填、掩埋和堤坝式填埋。

（1）沟填

沟填要求填埋场地具有较厚的土层和较深的地下水位，以保证填埋开挖的深度，并同时保留足够的缓冲区。沟填的需土量相对较少，并挖出来的土壤能够满足污泥日覆盖土的需要。

沟填按照开挖沟槽的宽度可分为宽沟填埋和窄沟填埋两种。宽度大于 3m 的为宽沟填埋，小于 3m 的为窄沟填埋，如图 10-78 所示。两者在操作上有所不同，沟槽的长度和深度根据填埋场地的具体情况，如地下水的深度、边墙的稳定性和挖沟机械的能力决定。

1）宽沟填埋

机械可在地表面上或沟槽内操作。地面上操作时，所填污泥的含固率为 20%～28%，

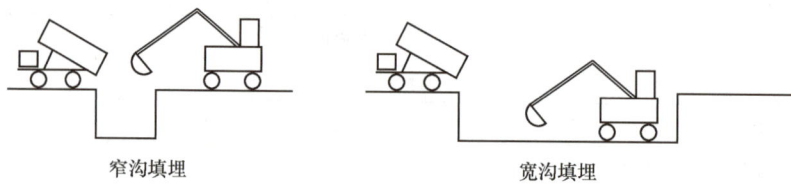

窄沟填埋　　　　　　　　　　　宽沟填埋

图 10-78　沟填操作示意图

覆盖厚度为 0.9~1.2m；沟槽内操作时，污泥含固率大于 28%，覆盖厚度为 1.2~1.5m，宽沟填埋量通常为 6000~27400m³/hm²，其与窄沟填埋相比的优点为可铺设防渗和排水衬层。

2）窄沟填埋

机械在地表面上操作。窄沟填埋的单层填埋厚度为 0.6~0.9m，对于宽度小于 1m 的窄沟，所填污泥的含固率为 15%~20%，对于宽度在 1~3m 的窄沟，污泥含固率为 20%~28%，其填埋量通常为 2300~10600m³/hm²。窄沟填埋可用于含固率相对较低的污泥填埋，但其土地利用率低，且沟槽太小，不能铺设防渗和排水衬层。

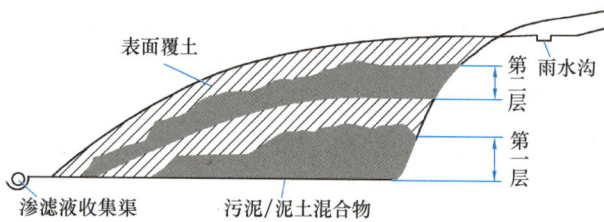

图 10-79　堆放式掩埋示意图

（2）掩埋

掩埋是将污泥直接堆置在地面上，再覆盖一层泥土的处置方法，此方法适合于地下水位较高或土层较薄的场地，对污泥含固率没有特殊的要求，但由于操作机械在填埋表层操作，因此填埋物料必须具有足够的承载力和稳定性，污泥单独填埋往往达不到上述要求，通常需要混入一定比例的泥土一并填埋。覆土的时间间隔由污泥的稳定性决定，对于相对稳定的填埋物料，并不一定需要每天覆土。掩埋可分为堆放式掩埋和分层式掩埋，如图 10-79 所示。

堆放式掩埋要求污泥含固率大于 20%，污泥通常先在场内的一个固定地点与泥土混合后再去填埋，泥土与污泥的混合比例一般在（0.5~2）:1 之间，由所要求的污泥稳定度和承载力决定。混合堆料的单层填埋高度约 2m，中间覆土层厚度为 0.9m，表面覆土层厚度为 1.5m。堆放式掩埋的土地利用率较高，填埋量通常为 5700~26400m³/hm²，但其操作费用由于泥土用量较大而较贵。

分层式掩埋对污泥的含固率要求可低至 15%，泥土与污泥的混合比一般为（0.25:1）~（1:1）。混合堆料分层掩埋，单层掩埋高度约 0.15~0.9m，中间覆土层厚度为 0.15~0.3m，表面覆土层厚度为 0.6~1.2m。为防止填埋物料滑坡，分层式掩埋要求场地必须相对平整。它的最大优点为填埋完成后，终场地面平整稳定，所需后续保养较堆放式掩埋少，但其填埋量通常较小，约 3800~17000m³/hm²。

（3）堤坝式填埋

堤坝式填埋是指在填埋场地四周建有堤坝，或是利用山谷等天然地形对污泥进行填埋，污泥通常由堤坝或山顶向下卸入，因此堤坝上需具备一定的运输通道。堤坝式填埋示意图如图 10-80 所示。

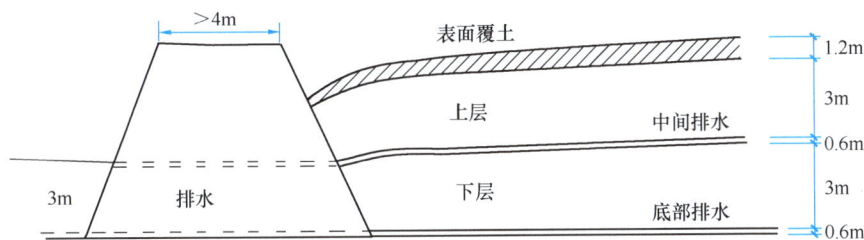

图 10-80　堤坝式填埋示意图

堤坝式填埋对填埋物料含固率的要求与宽沟填埋相类似，地面上操作时，含固率要求为 20%～28%，堤坝内操作时，含固率要求大于 28%，对于覆土层厚度的要求：地面上操作时，中间覆土层厚度为 0.3～0.6m，表面覆土层厚度为 0.9～1.2m；堤坝内操作时，需将污泥与泥土混合填埋，泥土与污泥混合比为（0.25～1）∶1，中间覆土层厚度为 0.6～0.9m，表面覆土层厚度为 1.2～1.5m。它的最大优点是填埋容量大，规模为宽 15～30m、长 30～60m、深 3～9m 的堤坝式填埋场的填埋容量为 9100～28400m^3/hm^2；由于堤坝式填埋场的污泥层厚度大，填埋面汇水面积也大，产生渗滤液量亦较大，因此，必须铺设衬层和设置渗滤液收集处理系统。

5. 污泥作为生活垃圾填埋场覆盖材料

生活垃圾填埋场在按照卫生填埋工艺标准进行作业时，需要大量的覆盖材料。覆盖的作用是减少地表水的渗入，避免填埋气体无控制地向外扩散，减轻感观上的厌恶感，避免小动物或细菌滋生，便于填埋场作业设备和车辆的行驶，同时为植被的生长提供土壤。

填埋场覆盖材料的用量与垃圾填埋量的关系一般为 1∶4 或 1∶3，日覆盖一般按填埋垃圾总体积的 12%～15% 计算，按照这个比例和全国每年生活垃圾的填埋量计算，填埋场覆盖材料的需求量巨大。

10.12.4　污泥排海及设计

我国沿海城市，如果海洋潮汐、海流合适、扩散程度理想，潮流水量为污泥量的 500～1000 倍，可考虑把消化污泥或经消毒稳定后的污泥排海。

污泥排海的设计与具体设计计算方法及例题，参见第 2 章 2.2.3 节 "2. 污水排海的扩散稀释及应用"。由于海洋生态比较脆弱，欧美各国于 1992 年执行《禁止海洋倾倒法》（1988 年颁布）和《清洁水法》（即 EPA 第 503 部分），禁止向海洋弃置污泥。

复 习 思 考 题

1. 污泥有哪些性能指标，各指标的含义是什么？

2. 初次沉淀池污泥、剩余活性污泥、消化污泥的污泥量如何计算？

3. 简述污泥重力浓缩的迪克（Dick）理论与柯伊-克里维什（Coe-Clevenger）理论及其作用。

4. 简述污泥机械浓缩脱水的基本原理、预处理方法及原理，脱水机的类型、构造、工作原理与效果。

5. 根据厌氧生物降解模式图，概述布赖恩特（Bryant）厌氧消化理论的每个阶段的厌氧生物反应原理、主要作用及产物。

6. 充分理解厌氧消化底物降解动力学、微生物增长动力学与厌氧活性污泥法动力学，概述污泥厌氧消化的六个影响因素。

7. 污泥厌氧消化工艺有几类，工艺设施由几部分构成。

8. 简述污泥好氧消化动力学及其主要工艺流程。

9. 简述污泥堆肥基本原理及其主要工艺流程。

10. 如何进行污泥干燥物料衡算，污泥干燥分几类，有哪些干燥设备？有几类污泥焚烧方法与焚烧设备？

11. 基于课本内容检索文献，论述污泥的最终最优出路。

第11章　污水处理厂设计

11.1　污水处理厂设计流量确定

进入污水处理厂的城市污水由生活污水、工业废水及雨水截流量组成。

11.1.1　平均日污水量

平均日污水量一般用以表示污水处理厂的规模，计算污水处理厂的污水处理量、污染物去除量、耗电量、投药量、污泥量、鼓风量等。平均日污水量的计算方法如下：

平均日污水量＝平均日旱季污水量＋地下水渗入量

平均日旱季污水量＝平均日综合生活污水量＋平均日工业废水量

平均日综合生活污水量＝平均日居民生活污水量＋平均日公共建筑污水量

因土质、管道及其接口材料和施工质量等因素，当地下水位高于排水管渠时，需计入地下水渗入量，可按不低于平均日旱季污水量的10％计。

居民生活污水指居民日常生活中洗涤、冲厕、洗澡等日常生活用水；公共建筑污水指娱乐场所、宾馆、浴室、商业、学校和行政办公楼等产生的污水。

现状污水量可根据实测数据，对于规划污水量预测和现状缺乏实测数据情况下，综合生活污水量与工业废水量的估算如下：

平均日综合生活污水量＝平均日综合生活用水量×综合生活污水排放系数

平均日工业废水量＝平均日工业用水量×工业废水排放系数

综合生活污水排放系数依据《室外排水设计标准》GB 50014—2021、工业废水排放系数依据《城市排水工程规划规范》GB 50318—2017取值，其值参见表11-1。

污水排放系数　　　　　　　　　　　表11-1

污水分类	综合生活污水	工业废水
污水排放系数	0.90	0.60～0.80

综合生活污水排放系数主要由居住区、公共建筑的室内排水设施与城市排水设施完善程度决定，完善程度高取高值；反之，取低值。

工业废水排放系数应根据城市的工业结构和生产设备、工艺先进程度及城市排水设施完善程度确定。

现状综合生活用水量指标可参见《室外给水设计标准》GB 50013—2018 表 4.0.3-3 和表 4.0.3-4。

规划用水量指标首先推荐采用各地规划中的用水量指标。在缺乏规划的情况下，规划生活用水量指标可参见《城市给水工程规划规范》GB 50282—2016 表 4.0.3-1 和表 4.0.3-2。在城市规划中明确用地性质的情况下，可参见《城市给水工程规划规范》GB 50282—2016 表 4.0.3-3。

11.1.2 设计流量

设计流量分为旱流高峰流量和雨天截流量，对于分流制的污水处理厂，除生物处理构筑物特别规定外，其余构筑物均以旱流高峰流量作为设计流量；对于合流制的污水处理厂，沉砂池和之前的进水泵房的设计流量为雨天截流量，经预处理后，超过旱流高峰流量部分溢流排放，后续处理构筑物除生物处理构筑物特别规定外，其余构筑物均以旱流高峰流量作为设计流量。

1. 旱流高峰流量

旱流高峰流量=平均日综合生活污水量×综合生活污水量总变化系数+平均日工业废水量×工业废水量总变化系数+地下水渗入量

综合生活污水量总变化系数可根据当地实际综合生活污水量变化资料采用，没有资料时，可按表 11-2 取值（摘自《室外排水设计标准》GB 50014—2021）。

综合生活污水量总变化系数　　　　　　　　　　表 11-2

平均日流量（L/s）	5	15	40	70	100	200	500	≥1000
总变化系数	2.7	2.4	2.1	2.0	1.9	1.8	1.6	1.5

注：当污水平均日流量为中间值时，总变化系数可用内插法求得。

工业废水量总变化系数等于日变化系数×时变化系数。可根据行业类型、生产工艺特点确定，并与国家现行的工业用水量有关规定协调。以下数据供参考：

工业废水量日变化系数为 1.0，时变化系数分 6 个行业取值：

冶金工业：1.0～1.1；

纺织工业：1.5～2.0；

制革工业：1.5～2.0；

化学工业：1.3～1.5；

食品工业：1.5～2.0；

制纸工业：1.3～1.8。

2. 雨天截流量

雨天截流量=Σ平均日旱流污水量×（1+截流倍数）

对于合流制，截留总管截留的雨水量与污水水量进入污水处理厂。

截流倍数应根据旱流污水的水质、水量、排放水体的卫生要求、水文、气候、经济和排水区域大小等因素经计算确定，一般为 2～5，不同的排水区域截流倍数可以不同。

11.2 污水处理厂设计水质要求

11.2.1 污水处理厂设计进水水质

1. 生活污水水质

生活污水水质可根据实测资料或参照邻近城镇、类似居住区的水质确定。无资料时，可按《室外排水设计标准》GB 50014—2021 第 3.4.1 条采用：

（1）五日生化需氧量（BOD_5）可按每人每天 40～60g 计算；

（2）悬浮固体量（SS）可按每人每天 40～70g 计算；

（3）总氮量（TN）可按每人每天 8～12g 计算；

（4）总磷量（TP）可按每人每天 0.9～2.5g 计算。

2. 工业废水水质

对于排入设置二级污水处理厂的城市下水道的工业废水，执行各地方允许排入城市下水道的排放标准与《污水综合排放标准》GB 8978—1996 表 4 所列的三级标准，工业企业预处理厂应达到的标准，作为进入城镇污水处理厂的工业废水水质，见表 11-3。

基本控制项目最高允许排放浓度

表 11-3

序号	污染物	适用范围	三级标准
1	pH	一切排污单位	6～9
2	色度（稀释倍数）	一切排污单位	—
3	悬浮物（SS）	采矿、选矿、选煤工业	—
		脉金选矿	—
		边远地区砂金矿	—
		其他排污单位	400
4	五日生化需氧量（BOD_5）	甘蔗制糖、苎麻脱胶、湿法纤维板、染料、洗毛工业	600
		甜菜制糖、酒精、皮革、化纤浆粕工业	600
		其他排污单位	300
5	化学需氧量（COD）	甜菜制糖、合成脂肪酸、湿法纤维板、染料、洗毛、有机磷农药工业	1000
		味精、酒精、医药原料药、生物制药、苎麻脱胶、皮革、化纤浆粕工业	1000
		石油化工工业（包括石油炼制）	500
		其他排污单位	500
6	石油类	一切排污单位	20
7	动植物油	一切排污单位	100
8	氨氮	医药原料药、染料、石油化工工业	—
		其他排污单位	—
9	磷酸盐（以 P 计）	一切排污单位	—
10	阴离子表面活性剂（LAS）	一切排污单位	20
11	元素磷	一切排污单位	0.3
12	有机磷农药（以 P 计）	一切排污单位	0.5
13	粪大肠菌群数	医院 *、兽医院及医疗机构含病原体污水	5000 个/L
		传染病、结核病医院污水	1000 个/L

注：1. 其他排污单位：指除在该控制项目中所列行业以外的一切排污单位。

2. "＊"指 50 个床位以上的医院。

3. 表中数据除 pH、色度和粪大肠菌群数外，单位均为 mg/L。

污水处理厂设计进水水质为纳入污水处理厂的各种污水水质按污水量的加权平均值。

11.2.2　污水处理厂设计出水水质

污水处理厂设计出水水质应根据已批复的环境评价报告中所定的排放水质的要求，也可根据污水处理厂的接纳水域：如为地表水根据《地表水环境质量标准》GB 3838—2002，如为海水根据《海水水质标准》GB 3097—1997，来确定排放水质标准。

11.3　污水处理厂设计阶段

污水处理厂工程的设计可分为3个阶段。

11.3.1　可行性研究阶段

可行性研究是对工程进行调查研究，综合论证的重要文件，为项目的建设提供科学依据，保证所建项目在技术上先进，经济上合理，并具有良好的社会与环境效益。

可行性研究报告的主要内容包括：

1. 概述

（1）编制依据、原则和范例；

（2）城市总体规划、自然条件；

（3）城市排水规划、污水水量、水质（含生活污水、工业废水及雨水）。

2. 工程方案

（1）城市排水体制与系统；

（2）污水处理厂工程建设的必要性；

（3）污水处理厂厂址选择及用地；

（4）污水、污泥处理工艺选择与方案比较、推荐方案；

（5）污水处理程度的确定；

（6）处理水的排放及污水、污泥的综合利用；

（7）人员编制、辅助建筑物。

3. 工程投资估算及资金筹措

（1）工程投资估算原则、编制依据；

（2）工程投资估算表；

（3）资金筹措。

4. 工程效益分析

工程的经济效益、环境效益和社会效益分析。

5. 工程进度安排

工程项目启动后各个工程阶段的时间节点和进度安排。

6. 存在问题及建议

指出现状的不足，并提出改进的意见和建议。

7. 附图及附件

项目立项过程中，上级主管部门的各类批复文件，以及可行性报告编制完成后所需要提交的各类文本和图纸附件。

11.3.2　初步设计阶段

初步设计应在可行性研究报告批准后进行，初步设计的内容如下。

1. 设计依据

（1）可行性研究报告的批复文件。

（2）工程建设单位的设计委托书。

2. 城市概况与自然条件资料

（1）城市现状与总体规划资料。

（2）自然条件方面的资料，包括：①气象特征数据，气温、湿度、降雨量、蒸发量、土壤冰冻等资料和风向玫瑰图等；②水文资料，有关河流的水位（最高水位、平均水位、最低水位等）、流速、流量、潮汐等资料；③水文地质资料，特别应注意地下水和地面水的相互补给情况及地下水综合利用情况；④地质资料，污水处理厂址地区的地质钻孔柱状图、地基的承载能力、地下水位、地震等级资料。

（3）有关地形资料包括：污水处理工程及其附近 1∶5000 的地形图，处理工程厂址和排放口附近(1∶200)～(1∶1000)的地形图。

（4）现有的城市排水工程概况与环境问题。

3. 工程设计

（1）厂址选择应着重说明遵循的原则，与城市总体规划相配合。此外，还应说明所选厂址的地形、地质条件，以及用地面积、卫生保护距离等。

（2）污水的水质、水量，包括污水水质各项指标数值，污水的平均流量、高峰流量、现状流量、发展水量等水量资料。

（3）污水污泥处理工艺流程的选择与计算，主要说明所选定工艺流程的合理性、先进性、优越性和安全性等。

（4）对工艺流程中各处理设施的计算、主要尺寸、构造、材料与特征等；所选用的附加设备的型号、性能、台数。

（5）处理后污水和污泥的资源化利用、排放及最终处置。

（6）扼要地对厂区辅助建筑物以及道路等情况加以说明。

（7）其他设计，包括建筑设计、结构设计、供暖通风设计、供电设计、仪表及自动控制设计、劳动卫生设计和人员编制设计等。

（8）污水处理工程的总体布置。

（9）存在的问题及对其解决途径的建议。

（10）列出本工程各建（构）筑物及厂区总图所涉及的混凝土量、挖运土方量、回填土方量、建筑面积等。

（11）列出本工程的设备和主要材料清单（名称、规格、数量）。

（12）说明概算编制的依据及设备和主要建筑材料市场供应的价格，以及其他间接费用情况等，列出总概算表和各单元概算表，说明工程总概算投资及其构成。

4. 图纸

（1）污水、污泥处理构筑物单体图[(1∶50)～(1∶200)]。

（2）污水处理厂总平面布置图[(1∶100)～(1∶500)]。

（3）各专业总体设计图。

11.3.3 施工图设计阶段

施工图设计是在初步设计批准之后进行的，其任务是以初步设计图纸和说明书为依据，根据土建施工、设备安装、组（构）件加工及管道安装所需要的程度，将初步设计精确具体化。设计图纸除了污水处理厂总平面布置与高程布置、各处理构筑物的平面和竖向设计外，所有构筑物的各个节点构造、尺寸都用图纸表达，每张图均按一定比例与标准图例精确绘制。施工图设计的深度，应满足土建施工、设备与管道安装、构件加工、施工预算编制的要求。施工图设计文件以图纸为主，还包括说明书、主要设备材料表、施工预算。

1. 设计说明书

（1）设计依据：初步设计批准文件。设计进水、出水的水量和水质。

（2）设计方案：简要说明污水处理、污泥处置及臭气处理的设计方案，与初步设计比较有何变更，并说明其理由、设计处理效果。

（3）图纸目录、应用标准图集号及页码。

（4）主要设备材料表。

（5）施工安装注意事项及质量、验收要求。

2. 设计图纸

（1）总体设计

1）污水处理工程总平面图

比例尺寸为(1∶100)～(1∶500)，包括风向玫瑰图、指北针、等高线、坐标轴线，以及构筑物与建筑物、围墙、道路、连接绿地等的平面位置，注明厂区边界坐标及建（构）筑物一览表、总平面设计用地指标表、图例。

2）工艺流程图

又称污水、污泥处理系统高程布置图［比例：竖向(1∶20)～(1∶50)，横向(1∶100)～(1∶500)］，反映出工艺处理过程及建（构）筑物间的高程关系，也反映出各处理单元的构造及各种管线方向，各建（构）筑物的水面、池底或地面标高，应准确地表达建（构）筑物进、出管渠的连接形式及标高。绘制高程图应用准确的竖向比例。高程图应反映原地形、设计地坪、设计路面、建筑物室内地面之间的关系。

3）污水处理工程综合管线平面布置图

表示出管线的平面布置，即各种管线的平面布置、长度及相互关系尺寸：管线埋深及管径（断面）、坡度、管材、节点布置（需作详图）、管件及附属构筑物（闸门井、检查井、消火栓井）位置。必要时，可分别绘制管线平面布置和纵断面图。图中应附管道（渠）、管件及附属构筑物一览表。

（2）单体建（构）筑物设计图

各专业（工艺、建筑、电气）总体设计之外，单体建（构）筑物设计图也应由工艺、建筑、结构、电气与自控、非标机械设备、公用工程（供水、排水、供电、供暖）等施工详图组成。

1）工艺图

比例尺为(1∶50)～(1∶100)，绘制平面图、剖面图及详图，表示出工艺构造与尺寸、设备与管道安装位置的尺寸、高程，通过平面图、剖面图、局部详图或节点构造详图、构造大样图等表达，还应附设备、管道及附件一览表，对主要设备技术参数、尺寸标准、施工要求、标准图引用等做说明。

2）建筑图

比例尺为(1：50)～(1：100)，表示出平面尺寸、剖面尺寸、相对高程，表明内外装修材料，并有各部分构造详图、节点大样、门窗表及必要的设计说明。

3）结构图

比例尺为(1：50)～(1：100)，表达建（构）筑物整体及构件的构造图、地基处理、基础尺寸及节点构造等，结构单元和汇总工程量表，主要材料表、钢筋表及必要的设计说明，要有综合埋件及预留洞口详图。钢结构设计图应有整体装配、构件构造与尺寸、节点详图，应表达出设备性能、加工及安装技术要求，附有设备及材料表。

4）主要建筑物给水排水、供暖通风、照明及配电安装图。

3. 电气与自控设计图

（1）厂区高、低压变配电系统图和一次、二次回路接线原理图

包括变电、配电、用电、启动和保护等设备型号、规格和编号。附材料设备表，说明工作原理、主要技术数据和要求。

（2）各种控制和保护原理图与接线图

包括系统布置原理图，引出或接入的接线端子板编号、符号和设备一览表，以及动作原理说明。

（3）各构筑物平、剖面图

包括变电所、配电间、操作控制间电气设备位置，供电控制线路敷设、设备材料明细表和施工说明及注意事项。

（4）电气设备安装图

包括材料明细表、制作或安装说明。

（5）厂区室外线路照明平面图

包括各构筑物的布置、架空和电缆配电线路、控制线路和照明布置。

（6）仪表自动化控制安装图

包括系统安装、安装位置及尺寸、控制电缆线路和设备材料明细表，以及安装调试说明。

4. 辅助设施设计图

辅助与附属建筑物建筑、结构、设备安装及公用工程，如门卫、办公、化验、泵房、鼓风机房、仓库、机修、操作工人值班室、食堂、宿舍、车库等施工设计图。

11.4 工艺专业与其他相关专业之间的关系

在污水处理厂工程设计过程中，涉及的相关专业主要包括总图专业、建筑专业、结构专业、电气自控专业、机械专业、暖通专业等。各个专业之间都需要相互沟通、反馈专业条件及信息，以便及时发现设计中可能出现的相互冲突和矛盾的环节，以便及时协调解决。

11.4.1 工艺专业与总图专业的关系

工艺专业与总图专业的配合在于污水处理厂厂区总图的设计。工艺专业根据单体构筑物的平面尺寸和处理工艺流程，布置各个单体构筑物的具体平面位置，然后提交给总图专

业。总图专业结合厂区道路、绿化、管沟等详细情况，再重新对单位构筑物进行具体定位，并与工艺专业进行协商，在双方都认同的情况下，将厂区平面、绿化、道路、生产和生活构筑物进行精确的布置和定位。

在厂区平面确定的基础上，工艺专业需要提供给总图专业处理工艺高程布置图。总图专业据此对整个厂区进行竖向设计，确定污水处理厂地面的具体高程布置情况，目的之一是尽可能利用竖向标高，使雨水能自流排除，不会造成地面积水；其次是结合污水处理单体构筑物的高程，尽可能减少厂区施工时的土方填挖量。

在污水处理厂设计中，总图专业需要完成的设计图纸包括：厂区总平面布置图，厂区绿化总图，厂区道路、管沟布置图，厂区竖向总图，厂区土方平衡图和厂区效果图。

一般情况下，中、小型污水处理厂总图专业的设计内容，由工艺专业一并完成。

11.4.2　工艺专业与建筑专业的关系

厂区的生产和生活建（构）筑物，需要建筑专业的参与设计。根据工艺专业提供的基础条件和功能要求，建筑专业对建筑物进行功能划分和专业设计，包括建（构）筑物外形、建（构）筑物内设备基础、墙板预留洞口，并与工艺专业进行交流反馈，在双方都认同的情况下，将建筑物设计完成后的图纸提交给后续的相关专业（如结构专业）进行设计。

在污水处理厂设计中，变电所的建筑条件由电气专业向建筑专业提供；锅炉房的建筑条件由暖通专业向建筑专业提供；其余生产和生活建筑物的建筑条件由工艺专业向建筑专业提供。

11.4.3　工艺专业与结构专业的关系

工艺专业在设计完单体建（构）筑物工艺图纸后，由结构专业，进行建（构）筑物的结构设计。结构专业接受工艺专业、建筑专业等提供的条件图，进行结构设计，包括设计建（构）筑物的墙体、池壁等详细结构尺寸和配筋，并预留工艺专业、建筑专业、电气专业、暖通专业等相关专业需要的孔洞、预埋件等。工艺和建筑专业的意图，最终都依靠结构图纸的设计来具体实现。在项目进行施工时，结构施工图纸是工程施工的主要依据。

11.4.4　工艺专业与电气自控专业的关系

对于用电设备的供配电设计是整体设计工作的一个重要环节。工艺专业需要根据选用的用电设备，确定用电负荷，然后提交给电气专业进行厂区总用电负荷计算，从而选择容量合适的变压器，并进行相应的变电、配电设计。

随着污水处理现代化程度的提高，许多处理构筑物的操作都需要自动化程序来进行程控。通过仪表传送信号，并通过相应电动设备的开、停来自动完成对应的操作。因此，工艺专业需要向自控专业提供控制条件，然后自控专业来完成相应的仪表自控设计。

11.4.5　工艺专业与暖通专业的关系

污水处理厂中，一些建（构）筑物需要进行供暖和通风设计。单体建（构）筑物的采暖面积以及建（构）筑物的通风次数，需要由工艺专业向暖通专业提供，然后由暖通专业完成具体的专业设计工作。

11.4.6　工艺专业与预算专业的关系

在污水处理厂设计的各个阶段，均涉及工程投资和成本计算，需要工艺专业向预算专业提供下述资料：

（1）污水处理厂总平面图，厂区内所有管线、管配件、工艺设备的规格、数量、材料清单，管线埋深；对于套用标准图的管配件，要标明标准图的图号；对于可以套用标准图的阀门井（套筒）、隔油池、窨井，要标明标准图的图号。

（2）所有工艺设备、管道及附件的规格、数量、材料清单、压力要求。

11.5　污水处理厂处理工艺选择

通过对不同污水处理工艺的技术经济比较，优选出最适合的污水处理工艺。

污水处理工艺流程由污水处理系统和污泥处理系统组成。污水处理系统包括一级处理系统、二级处理系统和深度处理系统。

污水一级处理是由格栅、沉砂池和初沉淀池组成，其作用是去除污水中的固体悬浮污染物质。并可去除 BOD_5 20%～30%。

污水二级处理系统是污水处理系统的核心，主要作用是去除污水中呈胶体和溶解状态的有机污染物。BOD_5 可以降至 20～30mg/L，经二级处理后，一般可满足污水综合排放标准。各种类型的污水生物处理技术有活性污泥法、生物膜法及生态处理技术等。

当为了保证受纳水体不受污染或是为了满足污水再生回用的要求，就需对二级处理出水做进一步处理，以降低悬浮物和有机物，并去除氮磷类营养物质，这就是污水的深度处理。

污泥是污水处理过程的必然产物。这些污泥应加以妥善处置，否则会造成二次污染。

选择污水处理工艺时，工程造价和运行费用也是工艺流程选择的重要因素。应以处理后水达到水质标准为约束条件，以处理系统的最低总造价和运行费用为目标函数，建立三者之间的相互关系。

减少占地面积是降低建设费用的重要措施。

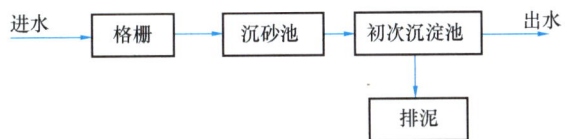

11.5.1　一级污水处理工艺

一级污水处理的典型工艺流程，如图 11-1 所示。

图 11-1　一级污水处理典型工艺流程

11.5.2　一级强化污水处理工艺

一级强化污水处理工艺是对一级污水处理工艺的强化。实际上是将给水处理所用的混凝沉淀工艺用于污水处理。一级强化污水处理典型工艺流程图如图 11-2 所示。

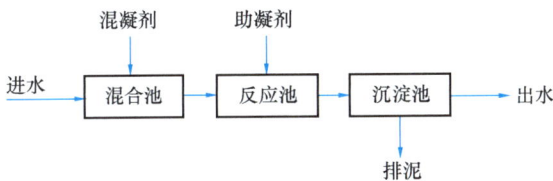

图 11-2　一级强化污水处理工艺流程

一级强化污水处理工艺比一级污水处理工艺中的初沉池效率显著提高，SS 可去除 70%～80%，BOD_5、COD 可去除 40%～50%，对于有机物浓度低的污水，出水水质（N 除外）接近综合排放标准。国家标准规定非重点控制流域和非水源保护区的建设的建制镇的污水处理厂，根据经济条件和水污染控制要求，可采用一级强化污水处理工艺，但必须预留二级处理设施的位置。在合流制排水系统中，雨季有被截流的初期雨水混入时，为了保证二级处理的正常运行，也可采用一级强化处理。

11.5.3　二级污水处理工艺

污水处理厂二级处理典型工艺流程见图 11-3。

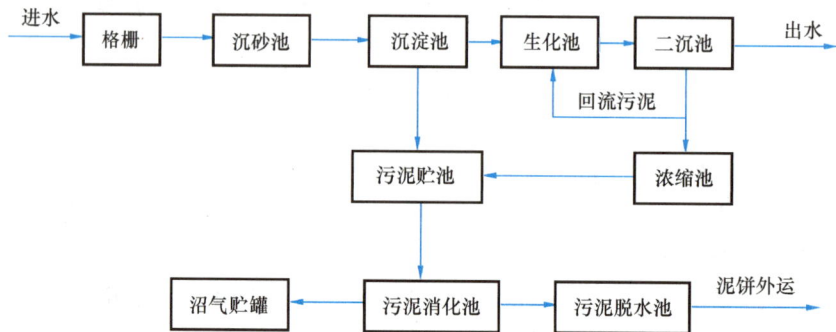

图 11-3　二级污水处理典型工艺

11.5.4　三级污水处理工艺

三级污水处理工艺：经二级处理后，再对出水中难降解的有机物，及氮、磷等导致水体富营养化的无机物，做进一步处理，采用的方法有生物脱氮除磷、混凝沉淀、砂滤、活性炭吸附、离子交换和电渗析等。三级污水处理工艺也可称为二级强化处理。

11.5.5　深度污水处理工艺

深度污水处理不同于污水三级处理。为了达到污水回用或者其他特定的目的，需要对二级出水乃至三级出水进行进一步的处理称污水深度处理。

污水深度处理工艺应根据二级或三级出水的水质特点以及回用水的水质指标确定。一般来讲，二级或者三级处理的出水含有少量的悬浮物、胶体物或难以去除的色度、臭味和有机物等，与给水处理中的微污染及低温、低浊原水相近。因此，深度处理的工艺流程和给水处理的工艺流程有共同之处，但又不完全等同于常规的给水处理工艺。目前，污水深度处理技术中最常用方法包括混凝、沉淀、过滤、膜分离等工艺。

11.6　污水处理厂除臭

11.6.1　污水处理厂臭源分析

污水处理厂各处理构筑物产生的臭气的主要成分有 H_2S、NH_3、甲烷、有机硫化物、有机胺和其他含苯、含氮化合物。臭气对人体呼吸、消化、心血管、内分泌及神经系统都会造成不同程度的毒害，其中芳香族化合物还能使人体产生畸变、癌变，我国于"十一五"开始建设的污水处理厂大多设有臭气处理设施。

污水处理厂中臭气产生源主要分为污水收集系统、污水处理系统和污泥处理系统。污水收集系统中臭气主要来源于污水中含氮、硫有机物在厌氧条件下的生物降解，工业废水中的成分与污水中的物质反应产生的致臭物，曝气池的搅拌和充氧产生部分臭气，污泥处理系统中的污泥浓缩、厌氧消化、污泥脱水、污泥堆放、外运过程，由于蛋白质类生物高聚物，分解产生大量臭气。恶臭气体的主要排放点如表 11-4 所列。

位置	臭气源/原因	臭气浓度
污水收集系统		
排气阀	污水中产生的臭气的积聚	高
清洗口	污水中产生的臭气的积聚	高
检查孔	污水中产生的臭气的积聚	高
工业废水接入	致臭污染物排入污水管道系统	视情况而定
污水泵站	集水井中污水、沉淀物和浮渣的腐化	高
污水处理系统		
进水部分	由于紊流作用在水流渠道和配水设施中释放臭气	高
格栅	栅渣的腐烂	高
预曝气	污水中臭气释放	高
沉砂池	沉砂中的有机成分腐烂	高
调节池	池表面浮渣堆积造成腐烂	高
粪便纳入和处理	化粪池粪便的输送	高
污泥回流	污泥处理的上清液、滤出液回流	高
初沉池	出水堰紊流释放臭气，浮渣、浮泥的腐烂	高/中
生物膜工艺	由于高负荷、填料堵塞导致生物膜缺氧腐化	中/高
曝气池	混合液，回流污泥腐化，含臭的回流液，高有机负荷，混合效果差，DO 不足，污泥沉积	低/中
二沉池	浮泥，停留时间过长	低/中
污泥处理系统		
污泥浓缩池	浮泥，堰和槽的浮渣和污泥腐化，温度高，水流紊动	高/中
好氧消化池	反应器内不完全混合，运行不正常	低/中
厌氧消化池	硫化氢气体，污泥中硫酸盐含量高	中/高
贮泥池	混合不足	中/高
机械脱水	泥饼易腐烂物质，化学药剂，氨气释放	中/高
污泥外运	污泥在贮存和运输过程中释放	高
堆肥	堆肥污泥，充氧和通风不足，厌氧状态	高
加碱稳定	稳定污泥，与石灰反应产生氨气	中
焚烧	排气燃烧温度低，不足以氧化所有有机物	低
干化床	干化污泥的不完全稳定产生大量易腐烂物质	中/高

11.6.2　臭气排放标准

我国于 2002 年颁布《城镇污水处理厂污染物排放标准》GB 18918—2002，该标准规定：城镇污水处理厂废气的排放标准按表 11-5 的规定执行。

序号	控制项目	一级	二级	三级
1	氨（mg/m³）	1.0	1.5	4.0
2	硫化氢（mg/m³）	0.03	0.06	0.32
3	臭气浓度（无量纲）	10	20	60
4	甲烷气（厂区最高浓度%）	0.5	1	1

污水处理厂臭气处理，可参见《城镇污水处理厂臭气处理技术规程》CJJ/T 243—2016。

11.6.3　臭气收集系统

除臭设施收集的臭气风量按经常散发臭气的构筑物和设备的风量计算，臭气风量，应按下列公式计算：

$$Q = Q_1 + Q_2 + Q_3 \tag{11-1}$$

$$Q_3 = K(Q_1 + Q_2) \tag{11-2}$$

式中　Q——除臭设施收集的臭气风量，m³/h；

　　　Q_1——需除臭的构筑物收集的臭气风量，m³/h；

　　　Q_2——需除臭的设备收集的臭气风量，m³/h；

　　　Q_3——收集系统漏失风量，m³/h；

　　　K——漏失风量系数，可按10%计。

污水处理构筑物的臭气风量宜根据构筑物的种类、散发臭气的水面面积、臭气空间体积等因素综合确定；设备臭气风量宜根据设备的种类、封闭程度、封闭空间体积等因素综合确定，可按表11-6要求确定。

污水处理厂构筑物及设备臭气量　　　　　　表 11-6

构筑物及设备名称	臭气量
进水泵吸水井、沉砂池	臭气风量按单位水面积 10m³/(m²·h) 计算，增加 1～2 次/h 的空间换气量
初沉池、浓缩池等构筑物	臭气风量按单位水面积 3m³/(m²·h) 计算，增加 1～2 次/h 的空间换气量
曝气处理构筑物	臭气风量按曝气量的110%计算
封闭设备	按封闭空间体积换气次数 6～8 次/h 计
半封口机罩	按机罩开口处抽气流速为 0.6m/s 计

臭气收集系统是气体净化系统中用于收集污染气体的关键部件，它可将粉尘及气态污染物导入净化系统，同时防止污染物向大气扩散造成污染。除臭收集系统包括集气罩、管道系统和动力设备 3 部分。

1. 集气罩设计

绝大多数收集装置呈罩子形状，又称为集气罩。集气罩的性能对整个气体净化系统的技术、经济效果有很大的影响。

污染物收集装置按气流流动的方式分为两类：吸气式集气装置和吹息式集气装置（又称吹气罩）。吸气式集气装置按其形状可分集气罩和集气管，对于密闭设备（如污泥脱水机）污染物在设备内部发生，会通过设备的孔和缝隙外逸，如果设备内部允许微负压时，可采用集气管捕集污染物；对于密闭设备内部不允许微负压或污染物发生在污染源的表面上时，则可用集气罩进行捕集。

集气罩的种类繁多，按集气罩与污染源的相对位置和围挡情况，可分为密闭集气罩、半密闭集气罩和外部集气罩。密闭集气罩使用较多，后面两种采用较少。按照密闭集气罩的结构特点主要分为局部密闭罩、整体密闭罩、大容积密闭罩三种，如图 11-4 所示。

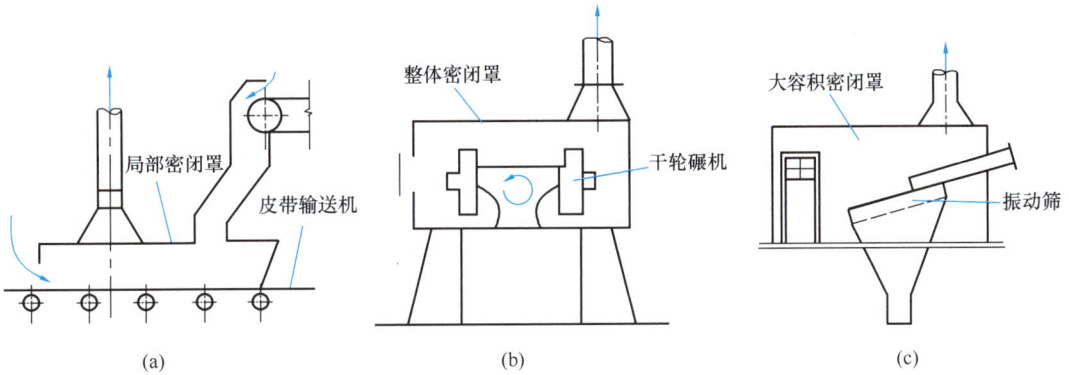

图 11-4　密闭集气罩
（a）局部密闭罩；（b）整体密闭罩；（c）大容积密闭罩

集气罩尺寸可按照以下条件确定：排气罩的罩口尺寸不应小于罩子所在位置的污染扩散的断面面积，若设集气罩连接直管的尺寸为 D（圆管为直径，矩形管为短边），污染源的尺寸为 E（圆形为直径，矩形为短边），集气罩距污染源的垂直距离为 H，集气罩口的尺寸为 W，则应满足 $D:E>0.2$，$1.0<W:E<2.0$，$H:E<0.7$，如影响操作时尺寸可适当增大。

2. 管道设计

管道系统是除臭系统中重要的组成部分，合理确定除臭风量，设计、安装和使用管道系统，不仅能充分发挥除臭装置的能效，而且直接关系到设计和运行的经济合理性。

要使管道设计经济合理，必须选择适当的流速，使投资和运行费的总和最低，并防止磨损、噪声以及粉尘和堵塞。在已知流量和预先选取流速时，管道内径可按下式计算：

$$D=\sqrt{4Q/3600\pi v} \tag{11-3}$$

式中　D——风管管径，m；

　　　Q——空气流量，m^3/h；

　　　v——管内平均流速，m/s。

在管道设计中，实际风量应按工艺求得后的风量再加上漏风量。由实际风量按上式计算出管道直径，或查《全国通用通风管道计算表》，选取定型化、统一规格的基本管径，以便于加工和配备阀门、法兰。

3. 动力设备

风机可分为离心式、轴流式和贯流式三种。在工程应用中选择风机时应考虑到系统管网的漏风以及风机运行工况与标准工况不一致等情况，因此对计算确定的风量和风压，必须考虑到一定的附加系数和气体状态的修正。

（1）风量计算在确定管网抽风量的基础上，考虑到风管、设备的漏风，选用风机的风量应大于管网计算确定的风量。计算公式如下：

$$Q_0 = K_Q Q \tag{11-4}$$

式中　Q_0——选择风机时的计算风量，m^3/h；

　　　Q——管网计算确定的抽风量，m^3/h；

　　　K_Q——风量附加安全系数，一般管道系统取 $K_Q=1\sim1.1$。

（2）风压计算　考虑到风机的性能波动、管网阻力计算的误差，风机的风压应大于管网计算确定的风压：

$$\Delta P_0 = K_P \Delta P \tag{11-5}$$

式中　ΔP_0——选择风机时的计算风压，Pa；

　　　K_P——风压附加安全系数，一般管道系数取 $K_P=1.1\sim1.15$；

　　　ΔP——管网计算确定的风压，Pa。

（3）电机的选择　所需电机功率可按下式进行计算

$$N_e = \frac{Q_0 \Delta P_0 K_d}{3600 \times 1000 \eta_1 \eta_2} \tag{11-6}$$

式中　N_e——电机功率，kW；

　　　Q_0——风机的总风量，m^3/h；

　　　ΔP_0——风机的风压，Pa；

　　　K_d——电机备用系数，电机功率为 $2\sim5$kW 时取 1.2；大于 5kW 时取 1.3；

　　　η_1——风机全压效率，可从风机样本中查到，一般为 $0.5\sim0.7$；

　　　η_2——机械传动效率，对于直联传动 $\eta_2=1$，联轴器传动 $\eta_2=0.98$；三角皮带传动 $\eta_2=0.95$。

11.6.4　污水处理厂常用除臭技术

臭气的处理技术难度较大，具体表现为：①恶臭物质成分复杂，而且嗅阈值极低，对恶臭治理的技术要求高；②许多污水收集和处理构筑物为已建构筑物，无法在设计阶段就开始预防抑制恶臭的产生；③污水构筑物和周围居民的防护距离较小，空气自然扩散稀释可能性小；④恶臭处理不但要处理效果好，而且要求运行简单可靠，投资和运行费用均不能太高。针对这些特点臭气控制技术也表现出多样性和特有的技术要求，目前主要可分为物理法、化学法和生物法三大类。

1. 物理法

（1）稀释扩散法

将恶臭气体高空排放或以干净的空气将其稀释，以保证在下风区和恶臭发生源附近工作和生活的人们不受恶臭干扰。

（2）水洗法

由于恶臭气体多数是有机硫、有机胺和烯烃类物质，在水中有一定的溶解度，可以采用清水洗的方法来处理。水洗法较经济，投资和运行成本均较低。但净化效果不好，平均净化率不会超过 85%。

（3）吸附法

吸附是将化合物从一相转移到另一相表面或界面的过程。用于除臭的吸附剂主要有活性炭、沸石分子筛、活性白土、海泡石、磺化煤等。最常用的是活性炭。

活性炭对于硫化氢的吸附容量约为10kg/m³，硫化氢被吸附在活性炭表面以后，会发生化学氧化，且活性炭具有催化功能，从而加强对硫化氢的吸附能力。宜采用颗粒活性炭，颗粒粒径宜为3~4mm，孔隙率宜为0.5~0.65，比表面积不宜小于900m²/g；活性炭层的填充密度宜为350~550kg/m³。活性炭除臭工艺是一种高效的除臭技术，但运行费用高，需定期维护，常用于低浓度臭气和脱臭的后处理。

2. 化学法

（1）化学洗涤法

化学洗涤法是将污染物从气相转移到液相进行净化的过程，这一过程也可称为洗涤，洗涤可在填料床或文丘里接触器内进行，处理效率可以达到95%~98%，常采用氢氧化钠、次氯酸钠混合液、乙醛水溶液等作为洗涤液。化学洗涤法常用于处理流量大、中低浓度的臭气，对处理水溶性好的化合物非常有效。

（2）化学氧化法

化学氧化法是采用强氧化剂如臭氧、高锰酸钾、次氯酸盐、氯气、二氧化氯、过氧化氢等氧化恶臭物质，将其转变成无臭或弱臭物的方法。氧化过程通常是在液相中进行的，也有在气相中进行的，如臭氧氧化过程的气—气氧化过程。

（3）热处理法

热处理法是在相对较高的温度下对臭气进行快速氧化燃烧，将臭味物质氧化为无臭无害的二氧化碳和水等，根据是否使用催化剂可分为直接燃烧与催化燃烧。直接燃烧法就是把废气中可燃的有害组分当作燃料烧掉，这种方法只适用于净化可燃有害组分浓度较高的废气，或者是用于净化有害组分燃烧时热值较高的废气，因为这两种废气燃烧时放出的热量能够补偿燃烧过程中环境散失的热量时，才能保持燃烧区的温度，维持燃烧的继续。催化氧化是使用贵重金属为催化剂，强化浓度较低的可燃性气体的氧化，可处理浓度低于爆炸极限下限25%的气体，操作温度为370~480℃，设备占地少，在必要时也可补充天然气辅助提取燃料。

（4）天然植物提取液技术

近年来，以天然植物提取液进行除臭使用较多。天然植物提取液是以天然植物的根、茎、叶、花等为原料，通过提取其中能和致臭成分发生反应的有效活性成分，经特殊的微乳化技术工艺配制而成的产品。植物提取液除臭的机理为臭气中的异味分子被喷洒分散在空间的植物提取液液滴吸附，在常温下发生各种反应，生成无味无毒的分子。天然植物提取液除臭控制设备应根据臭气浓度、成分、环境条件等现场实际工况采用喷嘴连续或间歇雾化，并可根据季节变动适时改变运行频率。在污水处理厂中，植物提取液除臭剂主要应用于提升泵房、生物处理池、污泥脱水车间等产生恶臭气体且恶臭气体不便于收集的构筑物内。

3. 生物法

（1）生物除臭原理

生物除臭是利用固相和固液相反应器中微生物的生命活动降解气流中所携带的恶臭成分，将其转化为臭气浓度比较低或无臭的简单无机物，如二氧化碳、水和无机物等。

恶臭气体成分不同，微生物种类不同，分解代谢的产物均不一样。对常见的恶臭成分的生物降解转化过程分析如下：

当恶臭气体为氨时，氨先溶于水，然后在有氧的条件下，经亚硝酸细菌和硝酸细菌的硝化作用转化为硝酸盐，在兼性厌氧的条件下，硝酸盐还原细菌将硝酸盐还原为氮气。

当恶臭气体为 H_2S 时，自养型硫氧化菌会在一定的条件下将 H_2S 氧化成硫酸根；当恶臭气体为有机硫如甲硫醇时，则首先需要异养型微生物将有机硫转化成 H_2S，然后 H_2S 再由自养型微生物氧化成硫酸根，其反应式为：

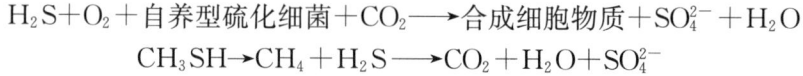

$$H_2S+O_2+自养型硫化细菌+CO_2 \longrightarrow 合成细胞物质+SO_4^{2-}+H_2O$$
$$CH_3SH \rightarrow CH_4+H_2S \longrightarrow CO_2+H_2O+SO_4^{2-}$$

生物除臭技术具有能耗低，运行维护费用少，较少出现二次污染和跨介质污染转移等特点。

（2）生物除臭的措施

在欧洲和日本，生物除臭是最为常用的恶臭控制技术。生物除臭工艺目前主要有土壤除臭法、生物滤池法、生物吸收法和生物滴滤池。在气量较大的场合，除臭投资费用与运行费用要低于其他类型的处理设施。

1）土壤处理法

土壤处理法是利用土壤中的有机质和矿物质将臭气吸附、浓缩到土壤中，然后利用土壤中的微生物将其降解的方法。

臭气经收集后由风机送入扩散层，通过布气管使气体均匀分布，气体再经过土壤降解层与土壤中的有机质和矿物质充分接触达到吸附的目的，再由相应的微生物种群逐步降解吸附在土壤上的有机物。扩散层由粗、细砾石和黄砂组成，可以使臭气均匀分布，其厚度一般在 $50 \sim 500cm$，土壤降解层由砂土混合而成，一般混合比例为：黏土 1.2%，富含有机质沃土 15.3%，细砂土 53.9%，粗砂 29.6%，其厚度一般为 $50 \sim 100cm$，土壤应保持适宜条件以维持微生物正常工作，一般来说，温度为 $5 \sim 30℃$，相对湿度为 $50\% \sim 70\%$。pH 为 $7 \sim 8$。

土壤除臭法需要的停留时间相对于生物滤池要长，占地面积比较大，土壤除臭法可能导致短路现象。运行时阻力相对较大。

2）传统生物滤池

传统生物滤池是固体滤料床，微生物在滤料表面附着生长形成生物膜，气体流经生物滤池，污染物质转移到生物膜内部进而被生物降解。在适当的条件下，VOCs 等污染物质被完全氧化形成二氧化碳、水、微生物和无机盐等。生物滤池以木片、泥炭、堆肥或无机介质做滤料，污染物和氧气均传递到滤料表面的生物膜上，然后被微生物代谢降解。当污染物浓度较低，且气体流量过大时传统生物滤池具有经济上的优势。

传统生物滤池原理简单，操作方便，但是由于其以木片、泥炭、堆肥滤料为介质，也有许多缺点，如：①污染物去除率低，体积大，对微生物降解物质的处理能力差；②pH控制不便；③滤料出现重度酸化和腐烂，导致滤料寿命短；④随时间增加，滤料分解，导致滤料塌落、压实，出现短流，滤料堵塞，压降增加等。

3）生物吸收法

生物吸收法（也称生物洗涤器）是生物除臭的又一途径。生物吸收法有鼓泡式和喷淋式两种。喷淋式洗涤器和生物滤池的结构相仿，区别在于生物洗涤器的微生物主要存在于液相中，而生物滤池中的微生物主要存在介质的表面。鼓泡式的生物除臭装置则由吸收和污水处理两个互连的反应器构成。臭气首先进入吸收单元，将气体通过鼓泡的方式和富含微生物的生物悬浊液相逆流接触，臭气中的污染物质由气相转移到液相而得到净化，净化后的废气从吸收器顶部排除。后续为生物降解单元，即将两个成熟的过程结合，惰性介质吸收单元，污染物质转移到液面；基于活性污泥原理的生物反应器，污染物质被多种微生物氧化。生物洗涤器主要适用于处理可溶性气体，通常需要较长的驯化期。

生物滴滤池由传统生物滤池改进而成。生物滴滤池使用无机非孔固体填料，如塑料或陶瓷等，微生物在其表面固定生长。液体与污染气体以顺向或逆向通过柱体循环，流动液相的存在可为微生物提供营养物质和 pH 控制，这是维持滴滤池处于最佳运行条件的关键。

就污染物浓度、物理性质和污染物的处理成本而言，生物滤池和滴滤池是臭气处理中最可行的技术，生物滤池可控制滤池运行，可克服传统生物滤池的一些缺点，具有滤料寿命长、可控制 pH、能投加营养物质等一系列优点，这种生物处理技术已证明经济有效，近年来正在逐渐推广和应用。

4. 其他技术

污水处理厂除臭技术还有高能离子除臭法、等离子除臭法、光催化法、联合法等等。高能离子净化系统工作原理是置于室内的离子发生装置发射出高能正、负离子，分解臭气中有机挥发性气体分子（VOC）、硫化氢、氨等分子。等离子法杀菌除臭工艺主要是通过垂直电极棒的往复运动产生高压电场，在高压电场下，采用分子共振原理，在常温下将污水中的异味有机碳氢化合物分子及无机化合物如 H_2S 和 NH_3 等电离，变成 H^+、C^{4+}、S^{4+} 和 N^{3+} 等离子体。光催化法直接用空气中氧气做氧化剂，反应条件温和（常温、常压），对几乎所有污染物均具有净化能力，TiO_2 的综合性能最好，是研究及应用中应用最广泛的单一化合物光催化剂。

联合技术有洗涤—吸附法、生物—吸附法、吸收—氧化—吸附法、生物—掩蔽剂法、等离子体—光催化法等，比较适用于处理成分复杂的臭气。

11.7 厂址的选择与工艺流程的确定

11.7.1 城市污水处理厂厂址的选择

污水处理厂厂址的选定与城市的总体规划、城市排水系统的走向、布置、处理后污水的出路等密切相关。

当污水处理厂的厂址有多种方案可供选择时，应从管道系统、泵站、污水处理厂各处理单元考虑，进行综合的技术、经济比较与最优化分析，并通过有关专家的反复论证后确定。

污水处理厂厂址选择应遵循的基本原则：

(1) 厂址应位于城镇水体下游。

(2) 厂址应具备较好的工程地质条件。

(3) 厂址应便于污水的收集、输送以及污水、污泥的排放和回用。

(4) 厂址应考虑汛期不受洪水威胁。

(5) 厂址应具备方便的交通运输和水电条件。

（6）厂址应尽可能少占农田或不占农田，并尽量减少拆迁。

（7）要充分利用地形，应选择有适当坡度的地区，以满足污水处理构筑物高程布置的需要，减少土方工程量。若有可能，宜采用污水不经水泵提升而自流流入处理构筑物的方案，以节省动力费用，降低处理成本。

（8）根据城市总体发展规划，污水处理厂厂址的选择应考虑远期发展的可能性，并合理留有扩建用地。

污水处理厂占地面积，与处理水量和所采用的处理工艺有关。表11-7所列举的是我国采用活性污泥法为处理工艺的城市污水处理厂，对各种处理构筑物所采用的用地指标。可供在进行城市污水处理厂规模设计时参考。

活性污泥法为处理工艺的污水处理厂用地参考指标　　　　　表 11-7

工艺	处理厂规模 （m³/d）	用地指标 [m²/(m³/d)]
鼓风曝气（传统法，吸附再生法，有初次沉淀池）	<10000 20000~120000	1.0~1.2 0.6~0.93①
曝气沉淀池（圆形池，无初次沉淀池）	<10000	0.6~0.90②
分建式表曝（方形池，有初次沉淀池）	35000~60000	0.7~0.88
深水中层曝气（有初次沉淀池和污泥消化池）	25000	0.64

① 如设污泥消化池，面积需增18%左右。
② 如设初次沉淀池，面积需增20%~50%。

11.7.2　工艺流程的确定

污水处理厂的工艺流程系指在保证处理水达到所要求的处理程度的前提下，应采用的处理构筑物的有机组合。

需确定各处理单元构筑物的形式。

污水处理工艺流程的选定，主要依据以下各项因素。

（1）污水的处理程度

污水处理程度主要取决于接纳水体的功能与容量，这是污水处理工艺流程选定的主要依据。

1）根据当地环境保护部门对该受纳水体规定的水质标准进行确定。

2）按城市污水处理厂所需达到的处理程度确定。

3）考虑利用接纳水体自净能力的可能性，并需取得当地环境保护部门的同意。

（2）工程造价与运行费用

工程造价与运行费用也是工艺流程选定的重要因素。以原污水的水质、水量为已知条件，以处理水应达到的水质指标为制约条件，以处理系统最低的总造价和运行费用为目标函数，建立三者之间的相互关系。

（3）当地的各项条件

当地的地形、气候等自然条件、原材料与电力供应等情况。

11.8 污水处理厂的平面布置与高程布置

11.8.1 污水处理厂的平面布置

污水处理厂厂区平面规划、布置，应考虑的一般原则：

1. 各处理单元构筑物的平面布置

在作平面布置设计时，应根据各构筑物的功能要求和水力要求，结合地形和地质条件，确定它们在厂区内平面的位置，应考虑：

(1) 贯通、连接各处理构筑物之间的管、渠便捷、直通、避免迂回曲折；

(2) 土方量基本平衡，并避开劣质土壤地段；

(3) 平面布置应紧凑、整齐、并保持一定的间距，以满足敷设连接管、渠的要求，一般的间距可取值 5~10m，某些有特殊要求的构筑物，如污泥消化池、消化气贮罐等，其间距应按有关规定确定。

2. 管、渠的平面布置

(1) 应设有能够使各处理构筑物独立运行的超越管、渠，当某一处理构筑物因故停止工作（如检修）时，可超越至后续处理构筑物；

(2) 应设超越全部处理构筑物，直接排放至水体的超越管；

(3) 在厂区内还设有给水管、空气管、消化气管、蒸汽管以及输配电线路。这些管线可敷设在地下或架空敷设。

在污水处理厂区内，应有完善的排雨水管道系统，必要时应考虑设防洪沟渠。

3. 辅助建筑物

污水处理厂内的辅助建筑物的位置应根据方便、安全等原则确定。如鼓风机房应设于曝气池附近，以节省管道与动力；变电所宜设于耗电量大的构筑物附近等；办公室、化验室应与处理构筑物保持适当距离，并应位于处理构筑物的夏季主风向的上风向处；操作工人的值班室尽量布置在使工人能够便于观察各处理构筑物运行情况的位置。

在污水处理厂内应合理铺设道路，方便运输，绿化面积不得少于30％。

总平面布置图可根据污水处理厂的规模采用(1∶200)~(1∶1000)比例的地形图绘制，常用的比例尺为1∶500。

图 11-5 所示为 A 市污水处理厂总平面布置图。该厂主要处理构筑物有：机械格栅、曝气沉砂池、初次沉淀池与二次沉淀池、鼓风式深水中层曝气池、消化池及辅助建筑物。

该厂平面布置特点为：流线清楚，布置紧凑。鼓风机房和回流污泥泵房位于曝气池和二次沉淀池一侧，节约了管道与动力费用，便于操作管理。污泥消化系统构筑物靠近四氯化碳制造厂（即在处理厂西侧），使消化气、蒸气输送管较短，节约了建设投资。办公室、生活住房与处理构筑物、鼓风机房、消化池等保持一定距离，卫生条件与工作条件均较好。在管线布置上，尽量一管多用，如超越管、处理水出厂管都借道雨水管泄入附近水体，而剩余污泥、污泥水、各构筑物放空管等，都与厂内污水管合并流入泵房集水井。但因受用地限制（厂东西两侧均为河浜），远期发展余地尚感不足。

图 11-6 为 B 市污水处理厂总平面布置图。泵站设于厂外，主要处理构筑物有：格栅、曝气沉砂池、初次沉淀池、曝气池、二次沉淀池等。该厂未设污泥处理系统，污泥（包括初次沉淀池排出的生污泥和二次沉淀池排出的剩余污泥），通过污泥泵房直接送往农田作为肥料使用。

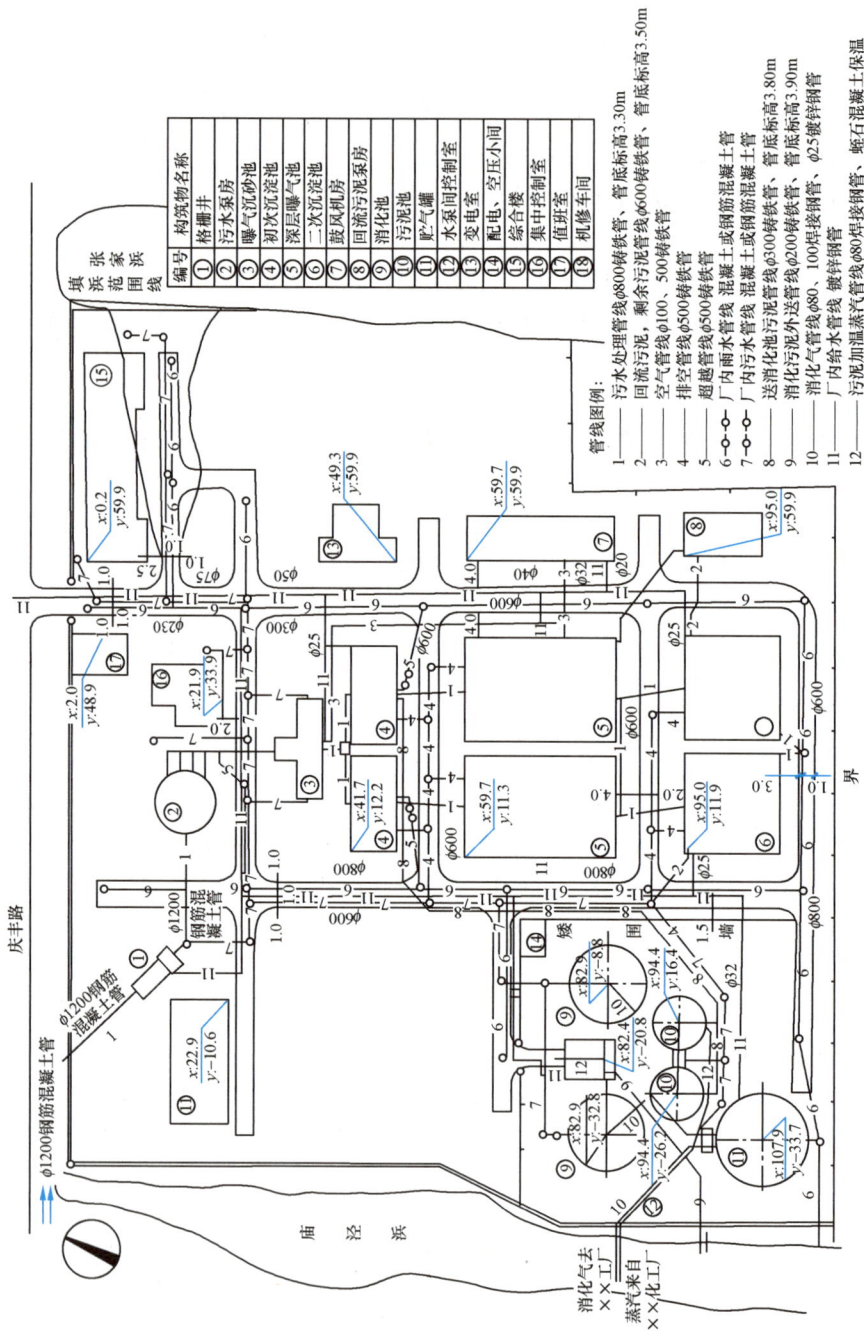

图 11-5　A 市污水处理厂总平面布置图

编号	构筑物名称
①	格栅井
②	污水泵房
③	曝气沉砂池
④	初次沉淀池
⑤	深层曝气池
⑥	二次沉淀池
⑦	鼓风机房
⑧	回流污泥泵房
⑨	消化池
⑩	污泥池
⑪	贮气罐
⑫	水泵间、空压间控制室
⑬	变电室
⑭	配电、空压控制室
⑮	综合楼
⑯	集中控制室
⑰	值班室
⑱	机修车间

管线图例：

1——污水处理管线 ϕ800铸铁管，管底标高3.30m
2——回流污泥，剩余污泥管线 ϕ600铸铁管，管底标高3.50m
3——空气管线 ϕ100、500铸铁管
4——排空管线 ϕ500铸铁管
5——超越管线 ϕ500铸铁管
6——厂内雨水管线 混凝土或钢筋混凝土管
7——厂内污水管线 混凝土或钢筋混凝土管
8——送消化池污泥管线 ϕ300铸铁管，管底标高3.80m
9——消化污泥外运管线 ϕ200铸铁管，管底标高3.90m
10——消化气管线 ϕ80、100焊接钢管、ϕ25镀锌钢管
11——厂内给水管线 ϕ80、镀锌钢管
12——污泥加温蒸汽管线 ϕ80焊接钢管，蛭石混凝土保温

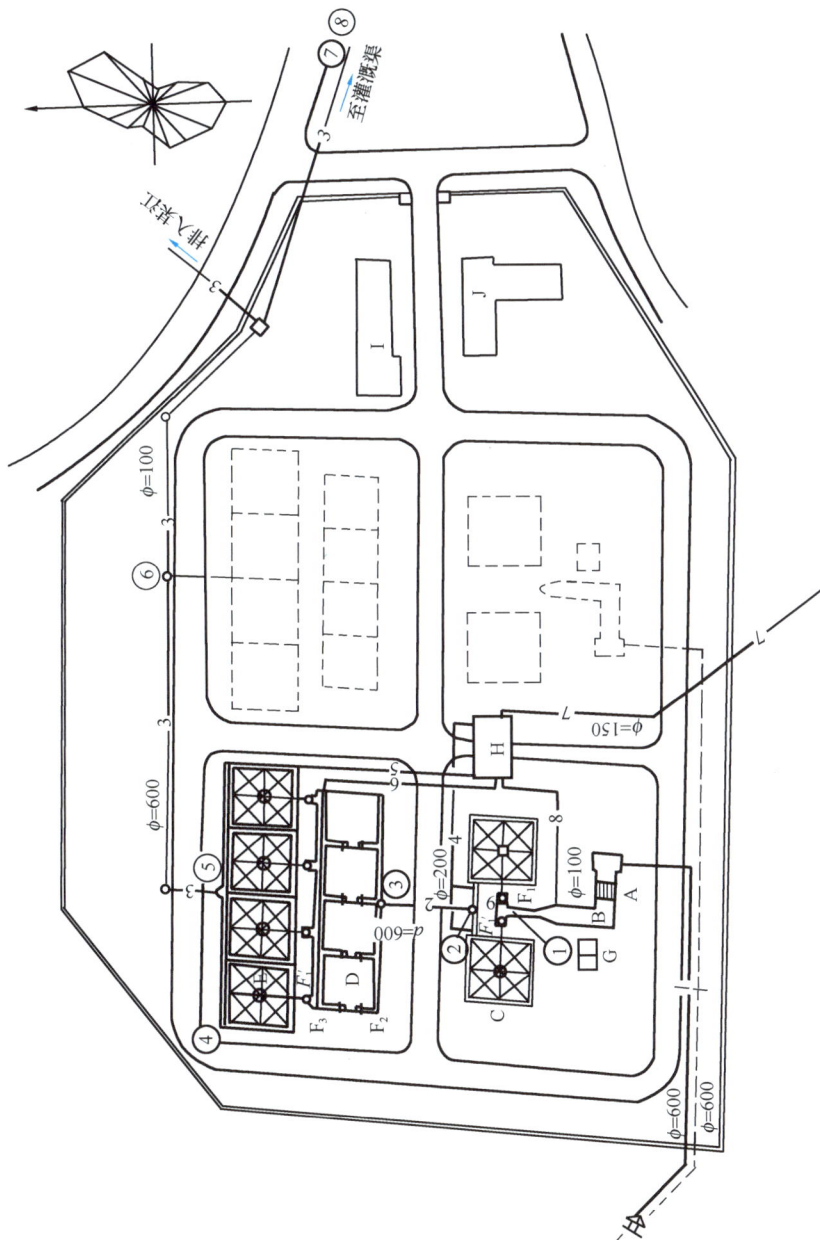

图 11-6 B 市污水处理厂总平面布置图

A—格栅；B—曝气沉砂池；C—初次沉淀池；D—曝气池；E—二次沉淀池；F₁、F₂、F₃—计量堰；
G—除渣池；H—污泥泵房；I—机修车间；J—办公及化验室等

图例：

—— 1 —— 进水压力总管
—— 2 —— 初次沉淀池出水管
—— 3 —— 出厂管
—— 4 —— 初次沉淀池排泥管
—— 5 —— 二次沉淀池排泥管
—— 6 —— 回流污泥管
—— 7 —— 剩余污泥压力管
—— 8 —— 空气管
—— 9 —— 超越管

593

该厂平面布置的特点是：布置整齐、紧凑。两期工程各成独立系统，对设计与运行相互干扰较少。办公室等建筑物均位于常年主风向的上风向，且与处理构筑物有一定距离，卫生、工作条件较好。在污水流入初次沉淀池、曝气池与二次沉淀池时，先后经三次计量，为分析构筑物的运行情况创造了条件。利用构筑物本身的管渠设立超越管线，既节省了管道，运行又较灵活。

第二期工程预留地设在一期工程与厂前区之间，若二期工程改用不同的工艺流程或另选池型时，在平面布置上将受到一定的限制。泵站与湿污泥池均设于厂外，管理不甚方便。此外三次计量增加了水头损失。

11.8.2 污水处理厂的高程布置

污水处理厂高程布置的主要任务是：确定各处理构筑物和泵房的标高，确定处理构筑物之间连接管渠的尺寸及其标高，通过计算确定各部位的水面标高，从而能够使污水沿处理流程在处理构筑物之间通畅地流动，保证污水处理厂的正常运行。

为了降低运行费用和便于维修管理，污水在处理构筑物之间的流动，以按重力流考虑为宜（污泥流动不在此例）。作为选择各处理构筑物类型的重要原则之一。为此，必须精确地计算污水流动时的水头损失，水头损失包括：

（1）污水流经各处理构筑物的水头损失。在作初步设计时，可按表 11-8 流经处理构筑物本体的水头损失则较小。

各处理构筑物的水头损失估算表　　　　表 11-8

构筑物名称	水头损失（cm）	构筑物名称	水头损失（cm）
格栅	10～25		
沉砂池	10～25	生物滤池（工作高度为 2m 时）	
沉淀池：平流	20～40	装有旋转式布水器	270～280
竖流	40～50	装有固定喷洒布水器	450～475
辐流	50～60	混合池或接触池	10～30
双层沉淀池	10～20	污泥干化场	200～350
曝气池：污水潜流入池	25～50		
污水跌水入池	50～150		

（2）污水流经连接前后两处理构筑物管渠（包括配水设备）的水头损失。包括沿程与局部水头损失。

（3）污水流经计量设备的水头损失。

污水处理流程的高程布置时，应考虑下列事项：

（1）选择一条距离最长，水头损失最大的流程进行水力计算，并应适当留有余地，以保证在任何情况下，处理系统都能够运行正常。

（2）计算水头损失时，一般应以近期最大流量（或泵的最大出水量）作为构筑物和管渠的设计流量；计算涉及远期流量的管渠和设备时，应以远期最大流量为设计流量，并酌加扩建时的备用水头。

（3）设置终点泵站的污水处理厂，水力计算常以接纳水体的最高水位作为起点，逆污水处理流程向上倒推计算，以便处理后污水在洪水季节也能自流排出，而水泵需要的扬程则较小，运行费用也较低。如自流排入接纳水体，则接纳水体的 10～50 年一遇的洪水位（视污水处理厂的规模大、小选择上限或下限）作为起点，逆流向前推算。

（4）高程布置时还应注意污水流程与污泥流程的配合，尽量减少需抽升的污泥量。在决定污泥干化场、污泥浓缩池（湿污泥池）、消化池等构筑物的高程时，应注意污泥水能自动排入污水入流干管或其他构筑物的可能。

在绘制总平面布置图的同时，应绘制污水和污泥的纵断面图或高程图。绘制纵断面图的比例尺：横向与总平面图同，纵向为(1∶50)~(1∶100)。

现以图 11-6 所示 B 市污水处理厂为例，说明高程计算过程。

该厂初沉淀池和二次沉淀池均为方形，周边出水。曝气池为 4 座方形池，完全混合式，用表面机械曝气器充氧与搅拌。曝气池可按推流式运行，也可按阶段曝气法运行。

在初沉池、曝气池和二沉池之前，各设薄壁计量堰（F_1 为梯形堰，底宽 0.5m，F_2、F_3 为矩形堰，堰宽 0.7m）。

该厂设计流量为：

近期　Q_{avg}＝174L/s

　　　　Q_{max}＝300L/s

远期　Q_{avg}＝348L/s

　　　　Q_{max}＝600L/s

回流污泥量按污水量的 100％ 计算。

各处理构筑物间连接管渠的水力计算见表 11-9。

处理构筑物间连接管渠水力计算表　　　　　　　　表 11-9

设计点编号	类别	管渠设计参数						
		设计流量（L/s）	尺寸 D(mm) 或 $B×H$(m)	h/D	水深 H（m）	i	流速 v（m/s）	长度 l（m）
1	2	3	4	5	6	7	8	9
⑧~⑦	出厂管入灌溉渠	600	1000		0.8			
⑦~⑥	出厂管	600	1000		0.8			300
⑥~⑤	出厂管	300	600		0.45			100
⑤~④	沉淀池出水总渠	150	0.6×1.0		0.35~0.2	0.001	1.01	28
④~E	沉淀池集水槽	75/2	0.30×0.53		0.38	0.0035	1.37	28
E~F'_3	沉淀池入流管	150①	450					10
F'_3~F_3	计量堰	150						
F_3~D	曝气池出水总渠	600	0.84×1.0	0.8	0.64~0.42	0.0028	0.94	48
	曝气池集水槽	150	0.6×0.55	0.8	0.26			
D~F_2	计量堰	300		0.75				
F_2~③	曝气池配水渠	300②	0.845×0.85		0.62~0.54			
③~②	往曝气池配水渠	300	600					27
②~C	沉淀池出水总渠	150	0.6×1.0		0.35~0.25			5
	沉淀池集水槽	150/2	0.35×0.53		0.44	0.0024	1.07	28
C~F'_1	沉淀池入流管	150	450					11
F'_1~F_1	计量堰	150						
F_1~①	沉淀池配水渠	150	0.8×1.5		0.48~0.46			3

① 包括回流污泥量。

② 按最不利条件，即推流式运行时，污水集中从一端入池计算。

处理后的污水排入农田灌溉，农田不需水时排入某江。由于某江水位远低于渠道水位，故构筑物高程受灌溉渠水位控制，计算时，以灌溉渠水位作为起点，逆流程向上推算各水面标高。考虑到二次沉淀池挖土太深时不利于施工，故排水总管的管底标高与灌溉渠中的设计水位平接（跌水 0.8m）。

污水处理厂的设计地面高程为 50.00m。

高程计算中（表 11-10），沟管的沿程水头损失按所定的坡度计算，局部水头损失按流速水头的倍数计算。堰上水头按有关堰流公式计算，沉淀池、曝气池集水槽系平底，且为均匀集水，自由跌水出流，故按下列公式计算：

$$B = 0.9Q^{0.4} \tag{11-7}$$
$$h_0 = 1.25B \tag{11-8}$$

式中　Q——集水槽设计流量，为确保安全，对设计流量再乘以 1.2～1.5 的安全系数，m^3/s；

　　　B——集水槽宽，m；

　　　h_0——集水槽起端水深，m。

高程计算表　　　　　　　　　　　　　　　　　　表 11-10

高程计算	高程 (m)	高程计算	高程 (m)
灌溉渠道（点 8）水位	49.25	合计 0.58m	53.22
排水总管（点 7）水位		点 3 水位	
跌水 0.8m	50.05	沿程损失＝0.62－0.54＝0.08m	
窨井 6 后水位		局部损失＝$5.85\frac{0.69^2}{2g}$＝0.14m	
沿程损失＝0.001×390＝0.39m	50.44	合计 0.22m	53.44
窨井 6 前水位		初次沉淀池出水井（点 2）水位	
管顶平接，两端水位差 0.05m	50.49	沿程损失＝0.0024×27＝0.07m	
二次沉淀池出水井水位		局部损失＝$2.46\frac{1.07^2}{2g}$＝0.15m	
沿程损失＝0.0035×100＝0.35m	50.84	合计 0.22m	53.66
二次沉淀池出水总渠起端水位		初次沉淀池中水位	
沿程损失＝0.35－0.25＝0.10m	50.94	出水总渠沿程损失＝0.35－0.25＝0.10m	
二次沉淀池中水位		集水槽起端水深＝0.44m	
集水槽起端水深＝0.38m		自由跌落＝0.10m	
自由跌落＝0.10m		堰上水头＝0.03m	
堰上水头（计算或查表）＝0.02m		合计 0.67m	54.33
合计 0.50m	51.44	堰 F_1 后水位	
堰 F_3 后水位		沿程损失＝0.0028×11＝0.04m	
沿程损失＝0.0028×10＝0.03m		局部损失＝$6.0\frac{0.94^2}{2g}$＝0.28m	
局部损失＝$6.0\frac{0.94^2}{2g}$＝0.28m		合计 0.32m	54.65
合计 0.31m	51.75	堰 F_1 前水位	
堰 F_3 前水位		堰上水头＝0.30m	
堰上水头＝0.26m		自由跌落＝0.15m	
自由跌落＝0.15m		合计 0.45m	55.10
合计 0.41m	52.16	沉砂池前端水位	
曝气池出水总渠起端水位		沿程损失＝0.48－0.46＝0.02m	
沿程损失＝0.64－0.42＝0.22m	52.38	沉砂池出口局部损失＝0.05m	
曝气池中水位		沉砂池中水头损失＝0.20m	
集水槽中水位＝0.26m	52.64	合计 0.27m	55.37
堰 F_2 前水位		格栅前（A 点）水位	
堰上水头＝0.38m		过栅水头损失＝0.15m	55.52m
自由跌落＝0.20m		总水头损失 6.27m	

上述计算中，沉淀池集水槽中的水头损失由堰上水头、自由跌落和槽起端水深3部分组成，见图11-7。计算结果表明：终点泵站应将污水提升至标高55.52m处才能满足流程的水力要求。根据计算结果绘制了流程图，见图11-8。

以从图11-8及上述高程计算结果可见，整个污水处理流程，从栅前水位55.52m开始到排放点（灌溉渠水位）49.25m，全部水头损失为6.27m，高差太大，电耗高，主要原因在于：选用的处理构筑物形式不很妥当。

初次沉淀池、二次沉淀池，都是不带刮泥设备的多斗辐流式，而且都是配水井进行配水。曝气池采用的是4座完全混合型曝气池，初次沉淀池至曝气池采用倒虹管，水头损失较大，致使总水头损失大。

以图11-9所示的A市污水处理厂的污泥处理流程为例，作污泥处理流程的高程计算。同污水处理流程，高程计算从控制点标高开始。

A市污水处理厂厂区地面标高为4.2m，初次沉淀池水面标高为6.7m，二次沉淀池剩余污泥重力流排入污泥泵站，再由污泥泵站提升至初次沉淀池，起生物凝聚的作用，提高初次沉淀池的沉淀效果，并与初次沉淀池的沉淀污泥一起排入污泥投配池。

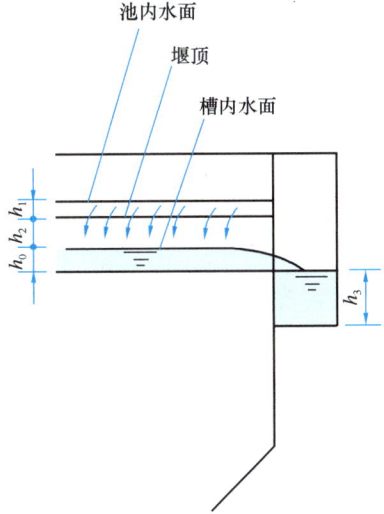

图 11-7　沉淀池集水槽水头损失计算图

h_1—堰上水头；h_2—自由跌落；h_0—集水槽起端水深；h_3—总渠起端水深

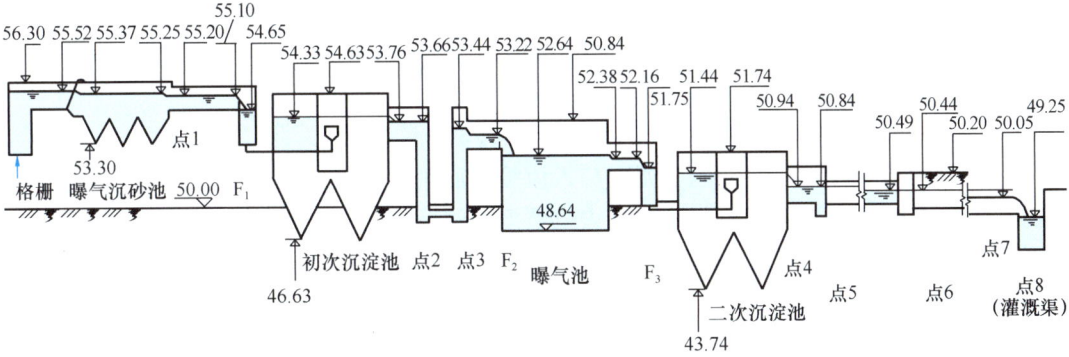

图 11-8　B市污水处理厂流程高程布置图

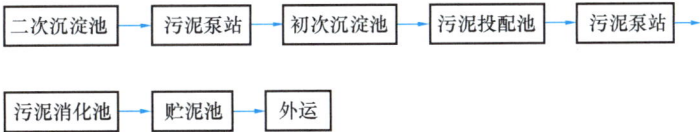

图 11-9　污泥处理流程

污泥处理流程的高程计算从初次沉淀池开始。

初次沉淀池至污泥投配池的管道用铸铁管，长55m，管径300mm。呈压力流，流速

597

为 1.5m/s，计算水头损失为：

$$h_{\mathrm{f}} = 6.82 \left(\frac{55}{0.3^{1.17}} \right) \left(\frac{1.5}{71} \right)^{1.85} = 1.2\mathrm{m}$$

自由水头 1.5m，则管道中心标高为：

$$6.7 - (1.20 + 1.50) = 4.0\mathrm{m}$$

流入污泥投配池的管底标高为：

$$4.0 - 0.15 = 3.85\mathrm{m}$$

污泥投配池的标高可据此确定，投配池及标高见图 11-10。

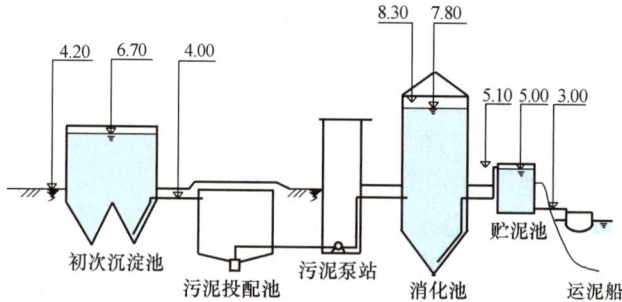

图 11-10　污泥处理流程高程图

消化池至贮泥池的各点标高受河水位的影响，故以此向上推算。设要求贮泥池排泥管管中心标高至少应为 3.0m 才能向运泥船排尽池中污泥，贮泥池有效深 2.0m。已知消化池至贮泥池的铸铁管管径为 200mm，管长 70m，并设管内流速为 1.5m/s，则根据上式已求得水头损失为 1.20m，自由水头设为 1.5m。消化池采用间歇式排泥运行方式，根据排泥量计算，一次排泥后池内泥面下降 0.5m。则排泥结束时消化池内泥面标高至少应为：

$$3.0 + 2.0 + 0.1 + 1.2 + 1.5 = 7.8\mathrm{m}$$

开始排泥时的泥面标高：

$$7.8 + 0.5 = 8.3\mathrm{m}$$

式中 0.1 为管道半径，即贮泥池中泥面与入流管管底平。

应当注意的是：当采用消化池内撇去上清液的运行方式时，此标高是撇去上清液后的泥面标高，而不是消化池正常运行时的池内泥面标高。

当需排除消化池中底部的污泥时，则需用排泥泵排除。

根据以上的计算结果，绘制污泥处理流程的高程图，见图 11-10。

11.9　污水处理厂的配水与计算

11.9.1　处理构筑物之间连接管渠的设计

连接污水处理构筑物之间的管渠，以矩形明渠为宜，明渠多由钢筋混凝土制成，也可采用砖砌，必要时可采用钢筋混凝土管或铸铁管。在寒冷地区，为了防止冬季污水在明渠内结冻，明渠应加设盖板。

为了防止悬浮物在管渠内沉淀，明渠内必须保持一定的流速：最大流量时为 1.0～1.5m/s；最低流量时，不得小于 0.4～0.6m/s。管道中的流速应大于在明渠中的流速，并尽可能大于1m/s，因管道难于清淤，维修工作量大。

11.9.2 配水设备

污水处理厂中，同类型、同尺寸的处理构筑物配水必须均匀，为此要设置合适的配水设备。图11-11所示为各种形式的配水设备，可按具体条件选用。图中（a）为中管式配水井；（b）为倒虹管式配水井，它们常用于2座或4座为一组的圆形处理构筑物的配水，因为对称性好，配水效果较好；（c）为挡板式配水槽；（d）为一简单形式的配水槽，造价低，但配水的均匀性较差；（e）是它的改进形式，配水效果较好，但构造稍复杂。

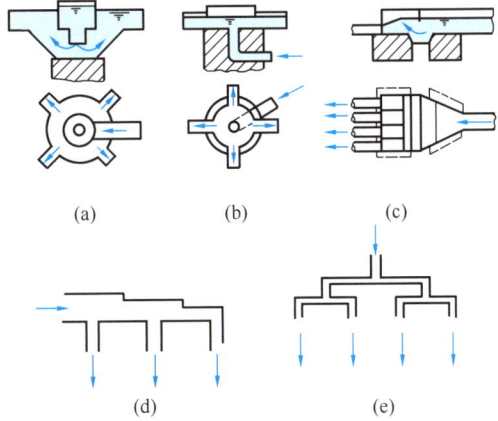

图11-11 各种类型的配水设备

11.9.3 污水计量设备

污水计量设备应精度高、操作简单、不沉积杂物，并且能够配用自动记录仪表。污水处理厂总处理水量的计量设备，一般安装在沉砂池与初次沉淀池之间的渠道上或处理厂的总出水管上。

污水处理厂常用的计量设备是计量槽和薄壁堰。

1. 计量槽

又称巴氏槽，构造见图11-12。

这种计量设备的精确度达$95\%\sim98\%$，其优点是水头损失小，底部洗刷力大，不易沉积杂物。但对施工技术要求高，施工质量不好会影响量测精度。计量槽颈部有一较大坡度的底（$i=0.375$），颈部后的扩大部分则具有较大的反坡。当水流至颈部时产生临界水深的急流，而当流至后面的扩大部分时，便产生水跃。因此，在所有其他条件相同下，水深仅随流量而变化。量得水深后，便可按有关公式求得其流量。

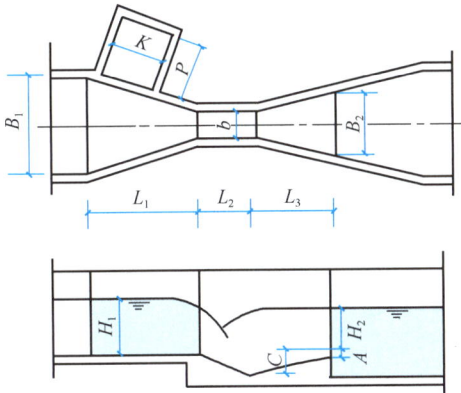

图11-12 巴氏计量槽

巴氏计量槽主要部位尺寸为：

$$L_1 = 0.5 + 1.2m$$
$$L_2 = 0.6m$$
$$L_3 = 0.9m$$
$$B_1 = 1.2b + 0.48m$$
$$B_2 = b + 0.3m$$

在自由流条件下，计量槽的流量，按下列公式计算：

$$Q = 0.372b(3.28H_1)^{1.5696^{0.026}} \tag{11-9}$$

式中 b——喉宽，m；

H_1——上游水深，m。

不同喉宽（b 值）的流量计算公式列于表 11-11。

喉宽 b（m）	流量（m³/s）	喉宽 b（m）	流量（m³/s）
0.15	$Q=0.329H_1^{1.494}$	0.60	$Q=1.406H_1^{1.549}$
0.20	$Q=0.445H_1^{1.506}$	0.75	$Q=1.777H_1^{1.558}$
0.25	$Q=0.562H_1^{1.514}$	0.90	$Q=2.152H_1^{1.566}$
0.30	$Q=0.680H_1^{1.522}$	1.00	$Q=2.402H_1^{1.570}$
0.40	$Q=0.920H_1^{1.533}$	1.25	$Q=3.036H_1^{1.579}$
0.50	$Q=1.162H_1^{1.540}$	1.50	$Q=3.676H_1^{1.587}$

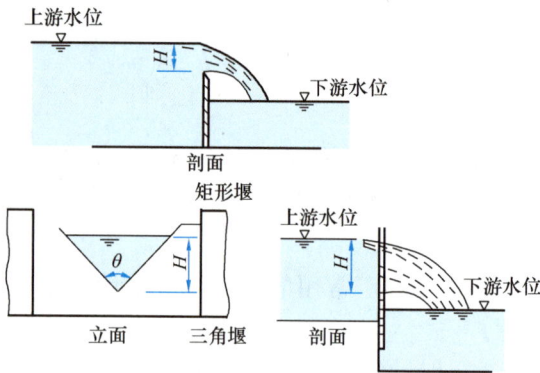

图 11-13　薄壁堰计量设备

2. 薄壁堰计量设备

这种计量设备比较稳定可靠。常用的薄壁堰有矩形堰、梯形堰和三角堰，后者的水头损失较大，适于量测小于 100L/s 的小流量。图 11-13 所示为矩形堰和三角堰。

过堰流量按水力公式计算。

矩形堰的流量公式为：

$$Q = m_0 bH\sqrt{2gH}\,(\text{m}^3/\text{s})$$

(11-10)

式中　H——堰顶水深，m；

b——堰宽，m。

三角堰流量公式为：

当 $\theta=90°$ 时

$$Q = 1.43H^{5/2}\,(\text{m}^3/\text{s})$$

(11-11)

当 $\theta=60°$ 时

$$Q = 0.86H^{5/2}\,(\text{m}^3/\text{s})$$

(11-12)

3. 电磁流量计

根据法拉第电磁感应原理量测流量的仪表，由电磁流量变送器、电磁流量转换器组成，其作用原理见图 11-14。前者安装于需量测的管道上，当导电液体流过变送器时，切割磁力线而产生感应电势，并以电信号输至转换器进行放大、输出。由于感应电势的大小仅与流体的平均流速有关，因而可测得管中的流量。电磁流量计可与其他仪表配套，进行记录、指示、计算、调节控制等。其优点为：①变送器结构简单可靠，内部无活动部件，维护清洗方便；②压力损失小，不易堵塞；③量测

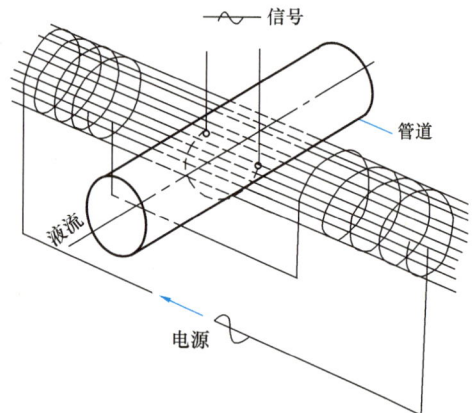

图 11-14　电磁流量计变送器作用原理

精度不受被测污水各项物理参数的影响；④无机械惯性，反应灵敏，可量测脉动流量；⑤安装方便，无严格的前置直管段的要求。

安装时要求变送器附近不应有电动机、变压器等强磁场或强电场，以免产生干扰，同时，要求变送器内必须充满污水，否则可能产生误差。

近年来，国内还开发了几种测定管道中流量的设备，如插入式液体涡轮流量计、超声波流量计。

复习思考题

1. 如何确定污水处理厂设计流量、进水与出水水质？
2. 常用污水处理厂除臭工艺有哪些？
3. 污水处理厂厂址选择应考虑哪些因素？
4. 依据哪些条件选择污水处理厂工艺流程？
5. 污水处理厂平面与高程布置应遵循哪些原则？

第3篇 工业废水处理

第12章 工业废水处理概论

12.1 概　　述

12.1.1 工业废水定义和特点

1. 工业废水的定义

工业企业各行业生产过程中排出的废水，统称工业废水，其中包括生产废水、冷却废水和生活污水。

(1) 生产废水是指工业生产过程中形成的、被有机或无机生产废料所污染的废水（包括温度过高形成的热污染废水）。

(2) 冷却废水是指未直接参与生产工艺，仅是用于间接冷却过程的冷却循环系统的尾水，该类废水水质污染较轻。

(3) 生活污水是指工业企业内部的生活污水。

2. 工业废水的特点

工业废水对环境产生的污染危害，以及应采取的控制对策，都取决于工业废水的特性，即废水量的大小、污染物的种类、性质和浓度。工业废水的水质往往因生产工艺的原材料、工艺过程、产品种类等条件的不同因时因地变化。

工业废水的特点主要表现在水量水质波动大、组成复杂和污染严重。工业废水中常含有大量有毒有害的污染物，例如重金属、强酸、强碱、有机化学毒物、生物难降解有机物、油类污染物、放射性毒物、高浓度营养性污染物、热污染等。不同的工业废水，其水质差异很大，例如有的工业废水中化学需氧量浓度仅为几百毫克每升，而有的会高达几十万毫克每升；有的工业废水的氮磷含量不能满足生物处理的营养需求，而有的含氮磷浓度高达几千毫克每升。

为确切表示某种工业废水的特性，除了常用的生化需氧量、化学需氧量、悬浮物、氮、磷等一般的污染指标外，还应依据该工业废水的来源，选择增加具有代表性污染特征的指标。例如，重金属、典型有机化学污染物、油类、酸碱度、温度、急性生物毒性、放射性等指标。

12.1.2 工业废水的分类

为了区分工业废水的种类，了解其性质，认识其危害，研究其处理措施，通常进行废水的分类，一般有下列4种分类方法。

(1) 按行业的产品加工对象分类。如冶金废水、造纸废水、炼焦煤气废水、金属酸洗废水、纺织印染废水、制革废水、农药废水、化学肥料废水等。

（2）按工业废水中所含主要污染物的性质分类。以无机污染物为主的废水称为无机废水，以有机污染物为主的废水称为有机废水。例如，电镀和矿物加工过程的废水是无机废水，食品或石油加工过程的废水是有机废水。这种分类方法比较简单，对考虑处理方法有利。如对易生物降解的有机废水一般采用生物处理法，对无机废水一般采用物理、化学和物理化学法处理。不过，在工业生产过程中，废水往往既含无机物，也含有机物。

（3）按废水中所含污染物的主要成分分类。如酸性废水、碱性废水、含酚废水、含铬废水、含镉废水、含锌废水、含汞废水、含氟废水、含有机磷废水、含放射性废水等。这种分类方法的优点是突出了废水的主要污染成分，可有针对性地考虑处理方法或进行回收利用。

（4）按工业废水中所含污染物的危害性和处理的难易程度将废水分为3类。

1）易处理、危害性小的废水。如生产过程中产生的热排水或冷却水，对其稍加处理，即可排放或回用。

2）易生物降解无明显毒性的废水。可采用生物处理法。

3）难生物降解又有毒性的废水。如含重金属有机废水、含多氯联苯和有机氯农药废水等。

上述废水的分类方法只能作为了解污染源情况参考。实际上，一种工业可能排出几种不同性质的废水，而一种废水又可能含有多种不同的污染物。例如染料工业，既能排出酸性废水，又排出碱性废水；纺织印染废水由于织物和染料的不同，其中的污染物和浓度往往有很大差别。

12.1.3　工业废水的危害

达不到排放标准的工业废水排入水体后，会污染地表水和地下水。水体受到污染后，不仅会使其水质不符合饮用水、渔业用水的标准，还会使地下水中的化学有害物质和硬度增加，影响地下水的利用。

（1）含无毒物质的有机废水和无机废水的污染。有些污染物质本身虽无毒性，但由于量大或浓度高而对水体有害。例如排入水体的有机物，超过允许量时，水体会出现厌氧腐败现象；大量的无机物流入时，会使水体中盐类浓度增高，造成渗透压改变，对生物（动植物和微生物）造成不良影响。

（2）含有毒物质的有机废水和无机废水的污染。例如含氟、酚等急性有毒物质、重金属等慢性有毒物质及致癌物质等造成的污染。致癌方式有接触中毒（主要是神经中毒）、食物中毒、糜烂性毒害等。

（3）含有大量不溶性悬浮物废水的污染。例如，纸浆、纤维工业等排放的纤维素，选煤、选矿等排放的微细粉尘，陶瓷、采石工业排出的灰砂等。这些物质沉积水底可能形成"毒泥"。如果是有机物，则会发生腐败，使水体呈厌氧状态，这些物质在水中还会阻塞鱼类的腮，导致呼吸困难，并破坏产卵场所。

（4）含油废水产生的污染。油漂浮在水面既损美观，又会散发出令人厌恶的气味，燃点低的油类还有引起火灾的危险。动植物油脂具有腐败性，消耗水体中的溶解氧。

（5）含高浊度和高色度废水产生的污染。引起光通量不足，影响生物的生长繁殖。

（6）酸性和碱性废水产生的污染。除对生物有危害作用外，还会损坏设备和器材。

（7）含有多种污染物质废水产生的污染。各种物质之间会产生化学反应，或在自然光和氧的作用下产生化学反应并生成有害物质。例如，硫化钠和硫酸产生硫化氢，亚铁氰盐经光分解产生氰等。

（8）含有氮、磷等工业废水产生的污染。过量的氮、磷物质进入水体后，会促使藻类及其他水生生物异常繁殖，使水体产生富营养化。

12.2 工业废水污染源调查与控制途径

12.2.1 工业废水污染源调查

污染源调查的目的是为废水管理规划提供资料信息。污染源调查的内容一般应包括废水产生源、废水的主要污染物及其变化规律、用水和排水以及再生水利用的情况和需求、水量平衡计算等。污染源调查分为现场调查和资料分析两部分。

1. 现场调查

现场调查的主要内容如下：

①查明工厂在正常和高负荷操作条件下的水平衡状况及污染物流向；②记录所有用水工序，并编制每个工序的水平衡明细表；③从各排水工序和总排水口取水样进行水质分析；④确定排放标准。

2. 资料分析

资料分析时应明确下列事项：

①哪些工段是主要污染源；②能否通过改进工艺或设备减少废水量和降低浓度；③有无回收有用物质的可能性；④有无可能将需处理废水和不需处理就可排放或利用的废水进行分离；⑤能否将某工段的废水不经处理用于其他工段；⑥工厂内部进行废水再生回用的可行性；⑦拟采取的处理工艺建议等。

12.2.2 控制工业废水污染源的基本途径

控制工业废水污染源的基本途径是通过实行清洁生产和循环利用，减少废水排出量和降低废水中污染物浓度。

1. 减少废水排出量

减少废水排出量是减小处理设施投资和处理成本的前提，可采取以下措施：

（1）废水进行分流。将工厂所有废水混合后再进行处理往往不是好方法，一般先需根据水质进行分流。对已采用混合系统的老厂来说，无疑是困难的，但对新建工厂，必须考虑水的分流问题。

（2）节约用水。每生产单位产品或取得单位产值排出的废水量称为单位废水量。即使在同一行业中，各工厂的单位废水量也相差很大，合理用水的工厂，其单位废水量低。贯彻国家"节水优先"方针，采用先进工艺技术，节约生产用水量，削减排污水量。

（3）改革生产工艺。改革生产工艺是减少废水排放量的重要手段。措施有更换和改善原材料、改进装置的结构和性能、提高工艺的控制水平、采用高效节水的绿色工艺、加强装置设备的维修管理等。若能使某一工段的废水不经处理直接用于其他工段，就能有效地降低废水量。

（4）避免间断排出工业废水。例如电镀工厂更换电镀液时，常间断的排出大量高浓度废水，若改为少量均匀排出，或先放入贮液池内再连续均匀排出，能减少处理装置的规模。

（5）提高废水再生利用率，减少外排废水量。尽可能在工厂企业内部将那些污染较轻的废水，经适当处理后再生回用，以减少新鲜水用水量和外排污水量。采用先进的处理技术，将工业废水再生处理，进行回用。

2. 降低废水污染物的浓度

废水中污染物来源有二：一是本应成为产品的成分，由于某种原因而进入废水中，如制糖厂的糖分等；二是从原料到产品的生产过程中产生的杂质，如纸浆废水中含有的木质素等。后者是应废弃的成分，即使减少废水量，污染物质的总量也不会减少，因此废水中污染物的浓度会增加。对于前者，若能改革工艺和设备性能，减少产品的流失，废水的浓度便会降低。可采取以下措施降低废水污染物的浓度。

（1）改革生产工艺，实行清洁生产工艺。例如，纺织厂棉纺的上浆，传统都采用淀粉作浆料，这些淀粉在织成棉布后，由于退浆而变成废水的成分，因此纺织厂废水中总 BOD_5 的 30%～50% 来自淀粉。最好采用不产生 BOD 的浆料，如羧甲基纤维素（CMC）的效果很好，目前已有厂家使用。但在采用新工艺时，还必须从毒性等方面研究它对环境的影响。其他例子很多，例如电镀工厂镀锌、镀铜时避免使用氰的方法等，已在生产上使用。

（2）改进装置的结构和性能。废水中的污染物质由产品的成分组成时，可通过改进装置的结构和性能，来提高产品的回收率，降低废水的浓度。以电镀厂为例，可在电镀槽与水洗槽之间设回收槽，减少电镀液的排出量，使废水的浓度大幅降低。又如炼油厂，可在各工段设集油槽，防止油类排出，以降低废水中污染物的浓度。

（3）进行废水分流。在通常情况下，避免少量高浓度废水与大量低浓度废水互相混合，分流后分别处理往往是经济合理的。例如电镀厂含重金属废水，可先将重金属变成氢氧化物或硫化物等不溶性物质与水分离后再排出。电镀厂有含氰废水和含铬废水时，通常分别进行处理。适于生物处理的有机废水应避免有毒物质和 pH 过高或过低的废水混入。但也应该指出的是，不是在任何情况下高浓度废水或有害废水分开处理都是有利的。

（4）废水均和。废水的水量和水质都随时间而变动，可设调节池进行均质。虽然不能降低污染物总量，但可均和浓度。在某些情况下，经均质后的废水可能会达到排放标准。

（5）回收有用物质。这是降低废水污染物浓度，资源循环利用的最好方法。例如从电镀废水中回收铬酸，从纸浆蒸煮废液中回收碱等。

（6）排出系统的控制。当废水的浓度超过规定值时，能立即停止污染物发生源工序的生产或预先发出警报。

12.3　工业废水处理概述

12.3.1　工业废水处理方式与排放标准

依据工业企业所在的区域位置、废水的污染性质、区域污水处理厂的设置及排放水体的要求等情况，工业废水处理的方式可采用厂内处理和集中处理两种方式。

1. 工业废水的厂内处理及排放标准

（1）厂内处理方式

工业废水的厂内处理可分为厂内预处理和完全处理两种方式。位于工业园区的工厂，或者废水可排入城镇市政管网的工厂，可采用厂内预处理后，再排入市政污水管网，汇集到工业园区综合污水处理厂或者城镇污水处理厂集中处理。如果工厂所处位置周围没有市政管网，可采用厂内完全处理的方式，处理后水质需达到当地环保部门规定的环境排放标准要求，或者废水再生回用水质要求。

目前我国工业废水排放标准有国家标准《污水综合排放标准》GB 8978—1996，《城镇污水处理厂污染物排放标准》GB 18918—2002，以及行业标准和不同地区制定的地方标准。实际工程中执行哪个标准，需要依据处理后废水的排放去向，接纳水体的环境容量及当地的环境条件，按环保部门要求执行。

《污水综合排放标准》GB 8978—1996 规定的第一类污染物是指总汞、烷基汞、总镉、总铬、六价铬、总砷、总铅、总镍、苯并（α）芘、总铍、总银、总 α 放射性和 β 放射性等毒性大、影响长远的有毒物质。含有此类污染物的废水，不分行业和污水排放方式，也不分受纳水体的功能类别，一律在车间或车间处理设施排放口采样，其最高允许排放浓度必须达到该标准要求（采矿行业的尾矿坝出水口不得视为车间排放口）。含有第一类污染物的工业废水的车间必须建立车间废水处理站，经处理达标后方可排入厂区下水道，不得采用稀释方法排放。

含有酸碱污染物的废水，不宜直接排向城镇和工业园区污水处理厂集中处理。酸、碱废水来源较广，有的废水含无机酸、碱，有的含有机酸、碱，有的则兼而有之。微生物正常生长对废水 pH 有一定要求。酸、碱废水还会腐蚀管道和处理设备，毁坏农作物，危害渔业生产。此类废水需经中和法预处理或者回收利用重要工业原料后，再集中处理。

工业废水中往往还含有大量有毒有害气体，如 CO_2、H_2S、HCN、CS_2、NH_3 等。有的损害人体健康，有的腐蚀管道、设备，有的对微生物有毒害，这类废水常用吹脱技术先单独处理。通入空气，使有毒有害气体向气相转移，进而对有害物质进行回收净化。预处理后废水再集中处理。

含有有毒有害或者生物难降解有机污染物的废水也应先在厂内就地预处理，再排入工业园区或城镇污水处理厂集中处理。对此类废水因水质不同，处理方法也多样化。应根据所含污染物的种类和性质，选择最为有效的处理技术。鼓励建立闭路循环处理系统，使废水经处理后回用于生产。

工业废水中含有的许多物质往往既是污染物，也是有价值的资源。对有回收利用价值的各种污染物，应首先进行回收利用。工业废水如能在厂内再生处理回用，应尽可能在厂内处理，以减少外排废水量。

（2）《污水排入城镇下水道水质标准》GB/T 31962—2015

为了保护城镇下水道设施不受破坏，保护工业园区或者城镇污水处理厂的正常运行，保障养护管理人员的人身安全，保护环境，防止污染，充分发挥设施的社会效益、经济效益、环境效益，国家制定了污水纳管标准——《污水排入城镇下水道水质标准》GB/T 31962—2015。根据下水道末端的污水处理厂建设水平和要求，工业废水排入城镇或工业园区下水道，必须达到该标准规定的相应要求。

该标准规定：

（1）严禁向城镇下水道倾倒垃圾、粪便、积雪、工业废渣、餐厨废物、施工泥浆等造成下水道堵塞的物质。

（2）严禁向城镇下水道排入易凝聚、沉积等导致下水道淤积的污水或物质。

（3）严禁向城镇下水道排入具有腐蚀性的污水或物质。

（4）严禁向城镇下水道排入有毒、有害、易燃、易爆、恶臭等可能危害城镇排水与污水处理设施安全和公共安全的物质。

（5）未列入的控制项目，包括病原体、放射性污染物等，根据污染物的行业来源，其限值应按国家现行有关标准执行。

（6）水质不符合本标准规定的污水，应进行预处理。不得用稀释法降低浓度后排入城镇下水道。

2. 工业废水的集中处理

工业废水集中处理分为工业园区废水集中处理和将工业废水与城镇生活污水混合处理两种方式。

工业园区废水集中处理。一般是先在各厂进行预处理，使其废水水质达到纳管标准后，再排入园区污水处理厂，进行综合处理，处理后废水水质要达到环境排放标准或再生回用标准。工业园区废水集中处理的优点是：处理单位水量的工程投资和运行费用低；水量水质波动较小；工艺设施完整，处理效果好；运行管理水平高；处理厂规模大，环境效益和经济效益显著；废水处理过程产生的污泥可达到一定规模，有利于妥善处理和资源化利用。

工业废水与城镇生活污水混合处理。对于某些分散于城镇区域的工厂企业产生的工业废水，经预处理后达到纳管标准可排入城镇污水管道，进入城镇污水处理厂处理。但分散式工业废水处理达到环境排放标准的尾水，不应再排入市政污水管道。

3. 处理方式的比较与选择

各工厂企业建立独立的废水处理系统具有处理工艺针对性强、处理效率高、运行管理灵活的特点，特别是对水质特殊、水量较小的废水能够采用高效的特种处理方法。但对各自的污染源，建造和运行小型废水处理设施，也存在如下的缺点和局限性：①工程投资和运行维护费用的单价要比城镇或工业园区大型污水处理厂高；②废水水量和水质逐时变动很大，常出现冲击负荷，使设施难以正常运行；③运行维护人员岗位多而无法保证技术素质，运行管理水平低；④处理单位废水量的运行费用高。

工业废水集中处理虽然在经济上有明显的优点，但是，将各种有毒有害污染物，例如重金属、有毒化学品等，混合在一起会增加处理难度。废水中污染物难以分析清楚，废水处理厂无法预知污染源的排放，处理工艺对特殊污染物的分解缺少针对性措施，这些因素使得工业废水集中处理厂不能稳定运行、出水难以达标。因此，对于污染物毒性大、水质特殊或很难生物降解的工业废水，应该要求在工厂内部得到严格的完全处理，厂内建设有针对性的处理工艺和完善的处理系统。

工业废水与城镇生活污水混合处理与工业废水单独处理相比的优点是：可生化性好，更易处理；减少了水量水质波动性，处理效果稳定；投资和运行费用低。但是工业废水的重金属和有毒化学品会对城镇污水处理厂出水的再生回用和污泥资源化利用产生危害。因此工业废水排入城镇污水处理厂前，必须严格控制其中的有毒有害物质。

12.3.2 工业废水处理方法

1. 工业废水处理方法的选择

（1）污染物在废水中存在的形态

选择废水处理方法前，必须了解废水中污染物的形态。废水中污染物分为悬浮、胶体和溶解 3 种形态。悬浮物粒径通常大于 $1\mu m$，胶体粒径通常为 $1nm\sim1\mu m$。溶解物是指以分子或离子形式完全溶解在水中的物质。悬浮物可通过沉淀、过滤等去除，而胶体物则必须利用特殊的物质使之凝聚或通过化学反应使其粒径增大到悬浮物的程度，或利用微生物或特殊的膜等将其分解或分离去除。溶解性污染物通常采用生物法、化学法或膜分离法去除。

（2）废水处理方法的选择

可参考已有的相同工厂的工艺流程确定。如无资料可参考时，可通过试验确定，简述如下：

1）有机废水

由于工业废水一般均含有难生物降解有机污染物，为了节能并回收沼气，可优先采用厌氧法去除 BOD 和 COD，特别是高浓度 BOD 和 COD 废水，厌氧处理后再串联好氧处理法，进一步降低废水有机污染物浓度。如仅用好氧生物处理法处理焦化厂含酚废水，出水 COD 往往保持在 $400\sim500mg/L$，很难继续降低。如果采用厌氧作为第一级，再串以第二级好氧法，可使出水 COD 下降到 $100\sim150mg/L$。

若经生物处理后 COD 仍不能满足排放标准要求，则须考虑深度处理法。

2）无机废水

含悬浮物时，须进行沉淀试验，若在常规的静置时间内达到排放标准时，这种废水可采用自然沉淀法处理。

若在常规的静置时间内达不到要求值时，则须进行混凝沉淀实验。

当悬浮物去除后，废水中仍含有有害物质时，可考虑采用化学沉淀、氧化还原等化学方法。

上述方法仍不能去除的溶解性物质，可考虑采用吸附、离子交换、反渗透膜分离等深度处理方法。

3）含油废水

首先做静置上浮实验分离浮油，再进行分离乳化油的实验，依据实验结果及废水中油的存在形式、出水水质含油要求选择除油方法。

2. 工业废水污泥的处理与处置

在工业废水处理过程中，会产生一定量的污泥，其性质随废水性质而定。与城市污水污泥相比，工业废水污泥成分复杂，可能含有更多的有毒有害物质，如重金属、有毒化学品等。工业废水污泥，必须得到妥善、安全地处理。高浓度有机废水处理过程产生的污泥可进行厌氧消化处理，充分利用其中的生物能；食品、酿酒工业类废水污泥经厂内处理后，可用作土地利用；如果污泥中有毒有害物质属于《国家危险废物名录》中所列危险废弃物，该污泥应该严格按照危险废弃物进行处理处置。

3. 工业废水综合处理流程

工业废水中污染物质成分多种多样，一个工厂的废水往往需要采用多种方法组合成处理工艺系统，才能达到预期要求的处理效果。图 12-1 显示的是工业废水处理常用方法及工艺流程示意图。

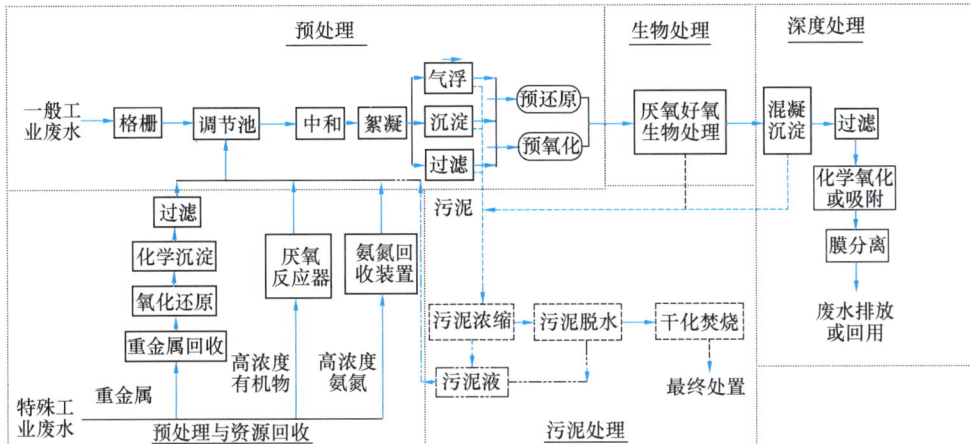

图 12-1　工业废水处理常用方法与工艺流程图

12.3.3　工业废水零排放

工业废水零排放，也叫工业废水趋零排放，是指在工业生产过程中，通过技术和管理手段实现废水的完全处理和回收利用，无任何废液排出工厂。

要实现工业废水的零排放，需要综合运用以下技术和措施：

减少废水生成量。通过工艺优化和设备改进，减少废水的生成量。例如，采用封闭循环系统、优化生产工艺、减少废水外泄等措施，降低废水的排放。

内部循环和资源化利用。实施内部循环，在工业生产过程中将废水进行回收再利用，如用于冷却系统、洗涤和再生利用等，减少新鲜水的消耗。同时，通过废水处理后的回收，将废水中的有价值物质进行回收和资源化利用。

采用集成处理工艺系统。采用物理、化学和生物处理技术，如浓缩结晶、生化反应、膜分离、深度氧化等工艺，去除废水中的有机物、无机物和悬浮物等污染物，实现废水再生利用。

对特殊的工业废水采用特殊膜分离技术，既回收有用资源，又实现废水回用。例如，电镀与线路板废水经该工艺处理后，废水中有价值的金属离子（镍、铜、铬等）经过膜浓缩后可重新回收，废水经过膜处理后的透过液可作为工艺水回用，既节省成本，又实现废水零排放。实现工业废水零排放是一个复杂的任务，涉及不同行业的工艺特点和废水特性，因此具体的技术和措施应根据实际情况进行综合选择和应用。

复 习 思 考 题

1. 工业废水的特点有哪些？

2. 工业废水减污的基本途径有哪些？

3. 我国《污水综合排放标准》GB 8978—1996 中规定的"第一类污染物"指哪些物质？第一类污染物的控制点在什么地方？

4. 工业废水排入城镇下水道有哪些规定？

5. 什么是工业废水的零排放？实现工业废水零排放的主要技术和措施有哪些？

6. 某企业废水中含有较高浓度重金属和高浓度有机物，基于降污减碳和资源循环利用的原则，试为该企业废水设计一套处理工艺流程，并附解释说明。

第 13 章　工业废水的物理处理

13.1　调　节　池

从工业企业和居民区排出的废水，其水量和水质都是随时间而变化的。工业废水的变化幅度一般比城市污水大，中小型工厂的波动更大。废水的水质水量变化对排水设施以及废水处理设备，特别是对生物处理正常发挥其净化功能是不利的。为此，须在废水处理系统前设调节池，以尽可能减少或控制废水水质水量波动，为后续处理工艺过程创造最优的条件。

工业废水处理设施中调节池的主要作用有：

（1）缓冲有机物负荷，防止生物处理系统负荷的急剧变化；

（2）控制 pH，减少中和反应化学药剂的使用量；

（3）减小物理化学处理系统的流量波动，使化学药剂添加速率适合加料设备的定额；

（4）防止高浓度有毒物质进入生物处理系统。

根据调节池的功能，可分为水量调节池、水质调节池、综合调节池、事故调节池。

13.1.1　水量调节池

水量调节池的主要作用是均化水量，常用的水量调节池如图 13-1 所示。进水为重力流，出水用泵提升，池中最高水位不高于进水管的设计水位，有效水深一般为 2～3m。最低水位为死水位。

调节池的容积可用图解法计算。例如某工厂的废水在生产周期（T）内的废水流量变化曲线，如图 13-2 所示。曲线与横坐标在 T 小时内所围的面积等于废水总量 W_T（m^3）。

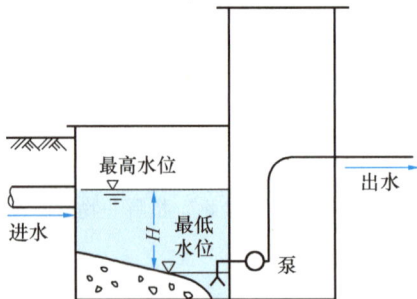

图 13-1　水量调节池

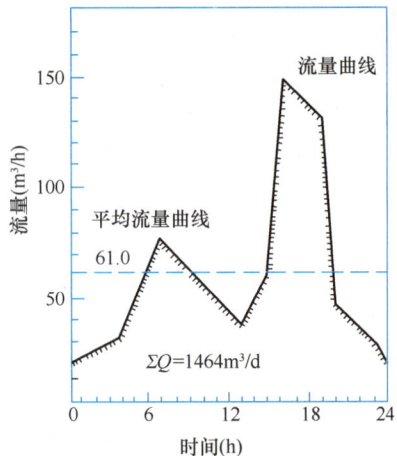

图 13-2　某厂废水流量曲线

$$W_{\mathrm{T}} = \sum_{i=0}^{T} q_i t_i \qquad (13\text{-}1)$$

式中 q_i ——在 t 时段内废水的平均流量，$\mathrm{m^3/h}$；

t_i ——时段，h。

在周期 T 内废水平均流量 Q（$\mathrm{m^3/h}$）为：

$$Q = \frac{W_{\mathrm{T}}}{T} = \frac{\sum\limits_{i=0}^{T} q_i t_i}{T} \qquad (13\text{-}2)$$

根据废水水量变化曲线，可绘制如图 13-3 所示的废水流量累积曲线。流量累积曲线与周期 T（本例为 24h）的交点 A 读数为 W_{T}（1464$\mathrm{m^3}$），连接 OA 直线，其斜率为 Q（61$\mathrm{m^3/h}$）。假设一台水泵工作，该线即为泵抽水量的累积水量。

对废水量累积曲线，作平行于 OA 的两条切线 ab、cd，切点为 B 和 C，通过 B 和 C，作平行于纵坐标的直线 BD 和 CE，此直线与出水累积曲线分别相交于 D 和 E 点。

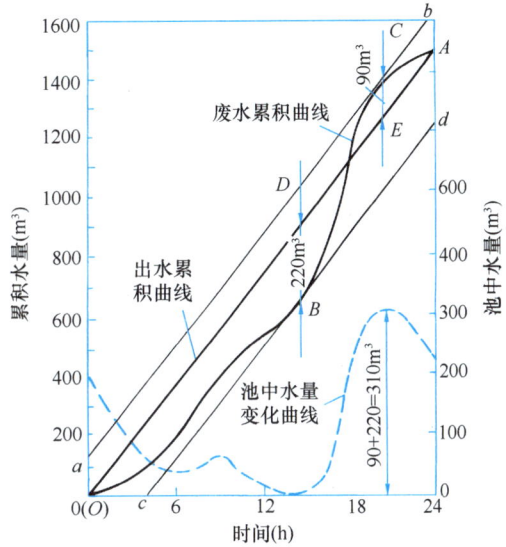

图 13-3　某厂废水流量累积曲线

从纵坐标可得到 BD 和 CE 的水量分别为 220$\mathrm{m^3}$ 和 90$\mathrm{m^3}$，两者相加即为所需调节池的容积 310$\mathrm{m^3}$。图中虚线为调节池内水量变化曲线。

13.1.2　水质调节池

水质均质池的任务是对不同时间或不同来源的废水进行混合，使出水水质比较均匀。水质调节的基本方法有两种。

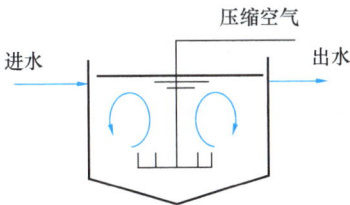

图 13-4　曝气搅拌的水质调节池

1. 利用外加动力（如空气搅拌、叶轮搅拌、水泵强制循环）进行强制调节

（1）空气搅拌

在池底设曝气管，与鼓风机空气管相连，用压缩空气进行搅拌，使不同时间进入池内的废水得以均匀混合，如图 13-4 所示。这种调节池结构简单，效果较好，并可防止悬浮物沉积在池内。适宜在废水流量不大、需要预曝气情况下使用。若废水中存在易挥发的有毒有害物质，不宜采用此种调节池。

（2）水泵强制循环搅拌

在调节池底设穿孔管，穿孔管与水泵压水管相连，用压力水进行搅拌，如图 13-5 所示。优点是简单易行，但动力消耗较多。

（3）机械搅拌

在池内安装机械搅拌设备。机械搅拌设备有多种形式，如桨式、推进式、涡流式等。此方法搅拌效果好，但设备常年浸于水中，易受腐蚀，运行费用也较高。

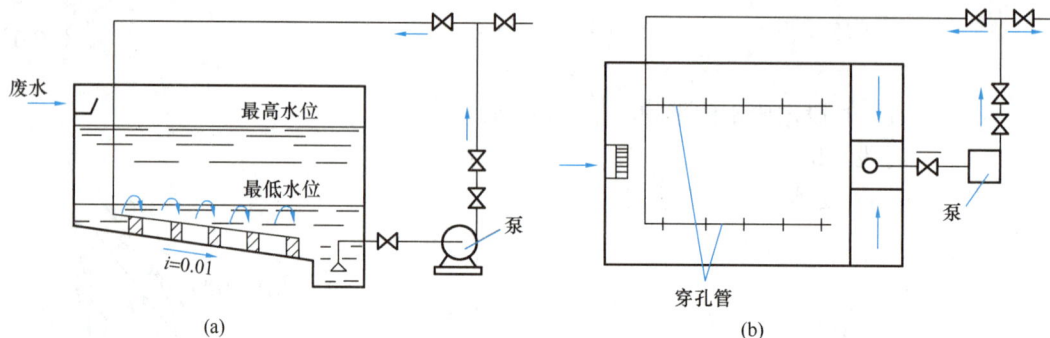

图 13-5　水泵强制循环搅拌调节池

(a) 立面图；(b) 平面示意图

2. 利用差流方式进行自身水力混合调节

此种混合方式基本没有运行费，但设备结构较复杂。一般分为方形和圆形，调节池结构形式有穿孔导流槽式和同心圆形，如图 13-6、图 13-7 所示。同时进入调节池的废水，由于流程长短不同，使前后进入调节池的废水相混合，以此来均和水质。

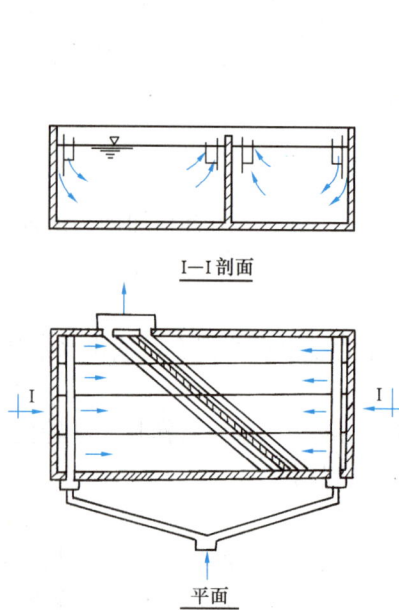

图 13-6　穿孔导流槽式调节池

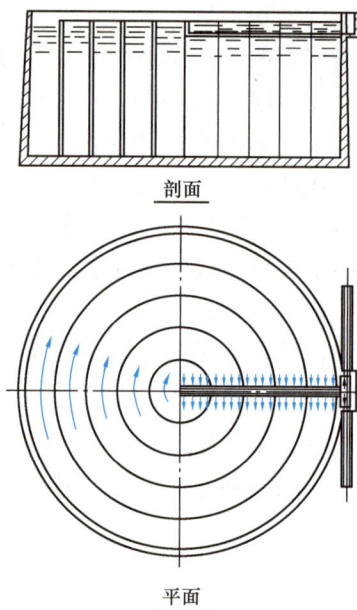

图 13-7　同心圆形调节池

这种调节池的容积可按下式计算：

$$W_{\mathrm{T}} = \sum_{i=1}^{t} \frac{q_i}{2} \tag{13-3}$$

考虑废水在池内流动可能出现短路等问题，一般引入 $\eta = 0.7$ 的容积加大系数。则上式应为：

$$W_{\mathrm{T}} = \sum_{i=1}^{t} \frac{q_i}{2\eta} \tag{13-4}$$

【例 13-1】已知某化工厂的酸性废水的平均日流量为 1000m³/d，废水流量及盐酸浓度列于表 13-1 中，求 6h 的平均浓度和调节池的容积，并设计调节池主要工艺尺寸。

【解】（1）将表 13-1 中的数据绘制成水质和水量变化曲线图，见图 13-8。

某化工厂酸性废水流量与盐酸浓度的逐时变化　　　　　　　　　　表 13-1

时间（h）	流量（m³/h）	盐酸浓度（mg/L）	时间（h）	流量（m³/h）	盐酸浓度（mg/L）
0～1	50	3000	12～13	37	5700
1～2	29	2700	13～14	68	4700
2～3	40	3800	14～15	40	3000
3～4	53	4400	15～16	64	3500
4～5	58	2300	16～17	40	5300
5～6	36	1800	17～18	40	4200
6～7	38	2800	18～19	25	2600
7～8	31	3900	19～20	25	4400
8～9	48	2400	20～21	33	4000
9～10	38	3100	21～22	36	2900
10～11	40	4200	22～23	40	3700
11～12	45	3800	23～24	50	3100

（2）从图 13-8 可以看出，废水流量和浓度较高的时段为 12～18h。此 6h 废水的平均浓度为：

$$= \frac{5700 \times 37 + 4700 \times 68 + 3000 \times 40 + 3500 \times 64 + 5300 \times 40 + 4200 \times 40}{37 + 68 + 40 + 64 + 40 + 40}$$

$$= 4340 \text{mg/L}$$

（3）调节池容积。选用矩形平面对角线出水调节池，其容积为：

$$W_T = \frac{\sum_{i=1}^{t} q_i}{2\eta} = \frac{289}{2 \times 0.7} = 206 \text{m}^3$$

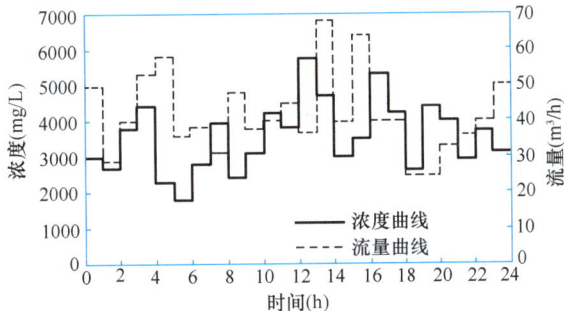

图 13-8　某化工厂酸性废水浓度和流量变化曲线

（4）调节池尺寸。有效水深取 1.5m，池面积为 137m²，池宽取 6m，池长为 23m。纵向隔板间距采用 1.5m，将池宽分为 4 格。沿调节池长度方向设 3 个污泥斗，沿池宽度方向设 2 个污泥斗，污泥斗坡取 50°，如图 13-9 所示。

13.1.3　综合调节池

综合调节池既能调节水量，又能调节水质。在池中需设搅拌装置。

综合调节池设计计算方法如下。

对调节池可写出物料平衡方程：

$$C_1QT+C_0V=C_2QT+C_2V \qquad (13\text{-}5)$$

式中　Q——取样间隔时间内的平均流量；

　　C_1——取样间隔时间内进入调节池污染物的浓度；

　　T——取样间隔时间；

　　C_0——取样间隔开始时调节池内污染物的浓度；

　　V——调节池体积；

　　C_2——取样间隔时间终了时调节池出水污染物的浓度。

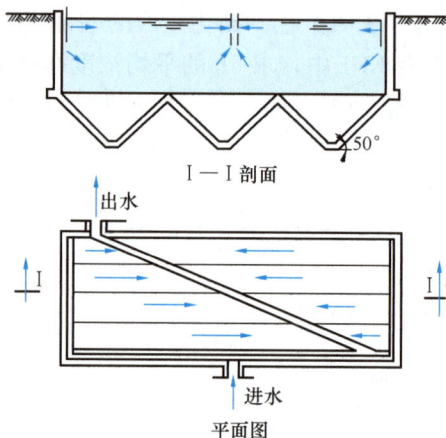

图 13-9　矩形平面对角线出水调节池

假设在一个取样间隔时间内出水浓度不变，将上式变化后，每一个取样间隔后的出水浓度为

$$C_2=\frac{C_1T+C_0V/Q}{T+V/Q} \qquad (13\text{-}6)$$

当调节池容积已知时，利用上式可求出各间隔时间的出水污染物浓度。

【例 13-2】某工厂生产周期为 8h，废水流量和进出水 BOD 浓度见表 13-2。取样间隔时间为 1h。求调节池停留时间为 8h 和 4h 出水 BOD 的浓度。

流量和进出水 BOD 浓度　　　　　　　　　　表 13-2

时段	流量（m³/min）	进水浓度（mg/L）	出水浓度（mg/L）	
			$t=8\text{h}$	$t=4\text{h}$
1	6.1	245	187	198
2	0.8	64	185	193
3	3.8	54	173	169
4	4.5	167	172	169
5	6.0	329	194	208
6	7.6	48	169	162
7	4.5	55	157	141
8	3.8	395	179	181
平均	4.63	178	178	178
P	—	—	1.09	1.17

【解】从表 13-2 查得平均流量为 4.63m³/min，停留时间为 8h，调节池容积为

$$V=Qt=4.63\times8\times60=2223\text{m}^3$$

第一时间间隔后的出水浓度为

$$C_2=\frac{C_1T+C_0V/Q}{T+V/Q}$$

$$=\frac{245\times1+178\times2223/（6.1\times60）}{1+2223/（6.1\times60）}=187\text{mg/L}$$

614

其他时间间隔后的出水浓度列于表 13-2 中。

调节池进水最大浓度与最小浓度比 P 为

$$P = \frac{395}{48} = 8.2$$

调节池出水最大浓度与平均浓度比 P 为

$$P = \frac{194}{178} = 1.09$$

同样，可算出停留时间为 4h，调节池的容积、各时间间隔后的出水浓度及出水的 P 值。

调节池出水的 P 值应小于 1.2。实际调节池采用 4h。

13.1.4　事故调节池

为了防止出现恶性水质事故，或发生破坏污水处理系统运行的事故时（如偶然的废水倾倒或泄漏），导致废水的流量或强度变化太大，此时宜设事故调节池，或分流贮水池。事故池的进水阀门一般由监测器自动控制，否则无法及时发现事故。事故池必须保证泄空备用。带有分流贮水池的事故调节系统图如图 13-10 所示。

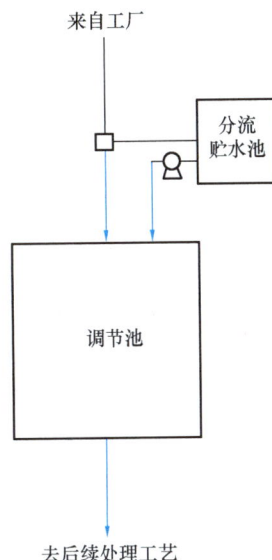

图 13-10　带分流贮水池的
事故调节系统图

13.2　离　心　分　离

13.2.1　离心分离原理

物体高速旋转时会产生离心力场。利用离心力分离废水中杂质的处理方法称为离心分离法。

废水做高速旋转时，由于悬浮固体和水的质量不同，所受的离心力也不相同，质量大的悬浮固体被抛向外侧，质量小的水被推向内层，这样悬浮固体和水从各自出口排除，从而使废水得到处理。

废水高速旋转时，悬浮固体颗粒同时受到两种径向力的作用，即离心力和水对颗粒的向心推力。设颗粒和同体积水的质量分别为 m、m_0（kg），旋转半径为 r（m），角速度为 ω（rad/s），颗粒和水受到的离心力分别为 $m\omega^2 r$（N）和 $m_0\omega^2 r$（N）。此时颗粒受到净离心力 F_c（N）为两者之差，即

$$F_c = (m - m_0)\omega^2 r \tag{13-7}$$

该颗粒在水中的净重力为 $F_g = (m - m_0) g$。若以 n 表示转速（r/min），并将 $\omega = \frac{2\pi n}{60}$ 代入上式，用 α 表示颗粒所受离心力与重力之比，则

$$\alpha = \frac{F_c}{F_g} = \frac{\omega^2 r}{g} \approx \frac{rn^2}{900} \tag{13-8}$$

α 称为离心设备的分离因素，式（13-8）是衡量离心设备分离性能的基本参数。当旋转半径 r 一定时，α 值随转速 n 的平方急剧增大。例如，当 $r = 0.1$m，$n = 500$r/min 时，$\alpha = 28$，而当 $n = 1800$r/min 时，则 $\alpha = 360$。可见在分离过程中，离心力对悬浮颗粒的作用远远超过了重力，因此极大地强化了分离过程。

另外，根据颗粒随水旋转时所受的向心力与水的反向阻力平衡原理，可导出粒径为

d（m)的颗粒的分离速度 u_c（m/s）为

$$u_c = \frac{\omega^2 r\ (\rho - \rho_0)\ d^2}{18\mu}$$ (13-9)

式中　ρ，ρ_0——分别为颗粒和水的密度，kg/m^3；

　　　　μ——水的动力黏度，$Pa \cdot s$。

当 $\rho > \rho_0$ 时，u_c 为正值，颗粒被抛向周边；当 $\rho < \rho_0$ 时，颗粒被抛向中心。这说明，废水高速旋转时，密度大于水的悬浮颗粒，被沉降在离心分离设备的最外侧，而密度小于水的悬浮颗粒（如乳化油）被"浮上"在离心设备最里面，所以离心分离设备能进行离心沉降和离心浮上两种操作。从式（13-9）可知，悬浮颗粒的粒径 d 越小，密度 ρ 同水的密度 ρ_0 越接近，水的动力黏度 μ 越大，则颗粒的分离速度 u_c 越小，越难分离；反之，则较易分离。

13.2.2　离心分离设备

按产生离心力的方式不同，离心分离设备可分为离心机和水力旋流器两类。前者指各种离心机，其特点是高速旋转的转鼓带动物料产生离心力。后者如水力旋流器、旋流沉砂池，其特点是器体固定不动，而由沿切向高速进入器内的物料产生离心力。

1. 离心机

离心机是依靠一个可随转动轴旋转的转鼓，在外界传动设备的驱动下高速旋转，转鼓带动需进行分离的废水一起旋转，利用废水中不同密度的悬浮颗粒所受离心力不同进行分离的一种分离设备。

离心机的种类和形式有多种。按分离因素大小可分为高速离心机（$\alpha > 3000$）、中速离心机（α 为 $1000 \sim 3000$）和低速离心机（$\alpha < 1000$）。中、低速离心机称为常速离心机。按转鼓的几何形状不同，可分为转筒式、管式、盘式和板式离心机；按操作过程可分为间歇式和连续式离心机；按转鼓的安装角度可分为立式和卧式离心机。

（1）常速离心机　多用于与水有较大密度差的悬浮物的分离。分离效果主要取决于离心机的转速及悬浮物的密度和粒径的大小。国内某些厂家生产的转筒式连续离心机在回收废水中的纤维物质时，回收率可达 $60\% \sim 70\%$；进行污泥脱水时，泥饼的含水率可降低到 80% 左右。

（2）高速离心机　多用于乳化油和蛋白质等密度较小的微细悬浮物的分离。如从洗毛废水中回收羊毛脂，从淀粉麸质水中回收玉米蛋白质等。

2. 水力旋流器

水力旋流器有压力式和重力式两种。

（1）压力式水力旋流器

其构造如图 13-11 所示。水力旋流器用钢板或其他耐磨材料制造，其上部是直径为 D 的圆筒，下部是锥角为 θ 的截头圆锥体。进水管以逐渐收缩的形式与圆筒以切向连接。废水通过加压后以切线方式进入器内，进口处的流速可达 $6 \sim 10 m/s$。废水在器内沿器壁向下做螺旋运动的一次涡流，废水中粒径及密度较大的悬浮颗粒被抛向器壁，并在下漩水推动和重力作用下沿器壁下滑，在锥底形成浓缩液连续排出。锥底部水流在越来越窄的锥壁反向压力作用下改变方向，由锥底向上做螺旋运动，形成二次涡流，经溢流管进入溢流筒后，从出水管排出。在水力旋流中心，形成一束绕轴线分布的自下而上的空气涡流柱。流体在器内的流动状态如图 13-12 所示。

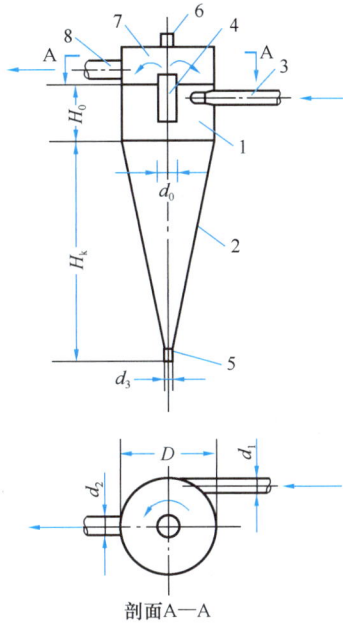

图 13-11　水力旋流器的构造

1—圆筒；2—圆锥体；3—进水管；
4—溢流管；5—排渣口；6—通气管；
7—溢流筒；8—出水管

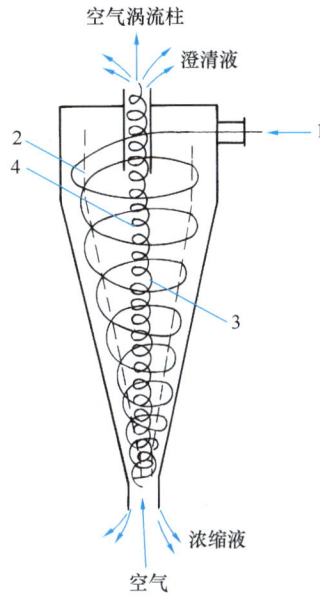

图 13-12　物料在水力旋流器内的流动情况

1—入流；2——一次涡流；3—二次涡流；
4—空气涡流柱

水力旋流分离器的计算，一般首先确定分离器的尺寸，然后计算处理水量和极限截留颗粒直径，最后确定分离器台数。

1）各部结构尺寸

各部的相关尺寸对分离效果有很大影响，经验得到的最佳尺寸如下：

圆筒直径　　　　　　　　　D

圆筒高度　　　　　　　　　$H_0 = 1.7D$

锥体高度　　　　　　　　　$H_k = 3H_0$

锥体角度　　　　　　　　　$\theta = 10° \sim 15°$

中心溢流管直径　　　　　　$d_0 = (0.25 \sim 0.3)D$

进水管直径　　　　　　　　$d_1 = (0.25 \sim 0.4)D$

出水管直径　　　　　　　　$d_2 = (0.25 \sim 0.5)D$

锥底直径　　　　　　　　　$d_3 = (0.5 \sim 0.8)d_0$

因离心力与旋转半径成反比，所以旋流器直径不宜过大，一般在 500mm 以内。如果处理水量较大，可选多台，并联使用。

进水口应紧贴器壁，做成宽度比为 1.5～2.5 的矩形，出水流速一般采用 6～10m/s。为加强水流的向下旋流，进水管应向下倾斜 3°～5°。溢流管下端与进水管轴线的距离以 $H_0/2$ 为宜。为保持空气柱内稳定的真空度，出水管不能满管工作，因此需 $d_2 > d_0$。器顶设通气管，以平衡器内的压力。

2）处理水量

按下式计算：

$$Q=KDd_0\sqrt{g\Delta P} \tag{13-10}$$

式中　Q——处理水量，L/min；

　　　K——流量系数，$K=5.5\dfrac{d_1}{D}$；

　　　ΔP——进出口压差，MPa，$\Delta P=P_1-P_2$，一般取 0.1~0.2MPa；

　　　g——重力加速度，m/s²。

3）被分离颗粒的极限直径

水力旋流器的分离效率与结构尺寸、被分离颗粒的性质等因素有关，一般通过试验确定。某种废水的颗粒直径与分离效率的试验曲线见图 13-13，从图可知，曲线呈 S 形。分离效率为 50% 的颗粒，其直径称为极限直径。它是判断水力旋流分离器分离效果的重要指标之一。极限直径越小，分离效果越好。极限直径也可按经验公式确定。

$$d_c=0.75\frac{d_1^2}{\varphi}\sqrt{\frac{\pi\mu}{Qh\ (\rho-\rho_0)}} \tag{13-11}$$

式中　d_c——极限直径，cm；

　　　μ——水的动力黏度，Pa·s；

　　　φ——环流速度的变化系数，与分离器的构造有关，φ 约为 $0.1D/d$；

　　　h——中心流速高度，cm，其值约为锥体高度的 2/3，即为 $h=(D-d_3)/3\tan\theta$；

　　　Q——处理水量，cm³/s；

　ρ，ρ_0——分别为颗粒和水的密度，g/cm³。

旋流分离器具有体积小，单位容积处理能力高的优点。例如旋流分离器用于轧钢废水处理时，氧化铁皮的去除效果接近于沉淀池，但沉淀池的表面负荷仅为 1.0m³/(m²·h)，而旋流分离器则高达 950m³/(m²·h)。此外，旋流分离器还具有易于安装、便于维护等优点，因此，较广泛地用于轧钢废水处理以及高浊度河水的预处理等。

旋流分离器的缺点是器壁易受磨损和电能消耗较大等。

器壁宜用铸铁或铬锰合金等耐磨材料制造，或内衬橡胶，并应力求光滑。

（2）重力式旋流分离器

重力式旋流分离器又称水力旋流沉淀池。废水以切线方向进入器内，借进出水的水头差在器内呈旋转流动。与压力式旋流分离器相比较，这种设备的容积大，电能消耗低。图 13-14是重力式旋流分离器的示意图。

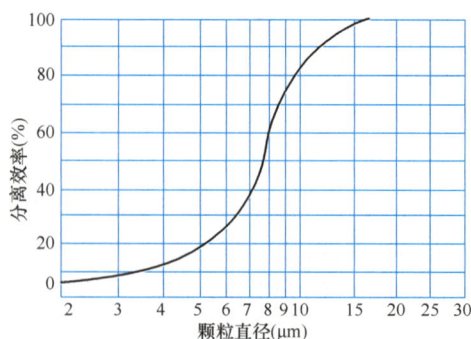

图 13-13　颗粒直径与分离效率的关系

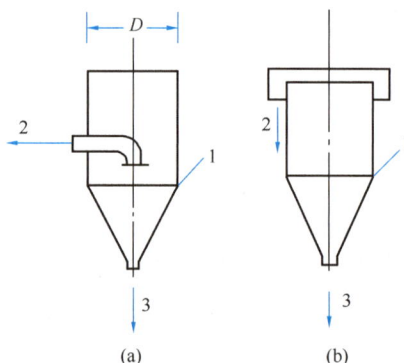

（a）　　　　　　（b）

图 13-14　重力式旋流分离器示意

（a）淹没式进出水；（b）表面出水

1—进水；2—出水；3—排渣

重力式旋流分离器的表面负荷远低于压力式，一般为 $25\sim30m^3/(m^2 \cdot h)$。废水在器内停留 $15\sim20min$，从进水口到出水溢流堰的有效深度 $H_0=1.2D$，进水口到渣斗上缘应有 $0.8\sim1.0m$ 的保护高，以免将沉渣冲起；废水在进水口的流速 $v=0.9\sim1.1m/s$。水头差则可按下列公式计算：

$$h = \alpha \frac{v^2}{2g} + 1.1\left(\Sigma \xi \frac{v_1^2}{2g} + l \cdot i\right) (m) \tag{13-12}$$

式中　α——系数，通过试验确定，采用 4.5；

　　　ξ——局部阻力系数；

　　v_1——进口处流速，m/s；

　　　l——进水管长度，m；

　　　i——进水管单位长度的沿程损失。

13.3　除　　　油

13.3.1　含油废水的来源及污染特征

含油废水主要来源于石油、石油化工、钢铁、焦化、煤气发生站、机械加工等工业企业。

含油废水的含油量及其特征，因工业种类不同而异，同一种工业也因生产工艺流程、设备和操作条件等不同而相差较大。

废水中所含油类，除重焦油的相对密度可达 1.1 以上，其余的相对密度都小于 1。本节重点介绍含油相对密度小于 1 的含油废水处理。

油类在水中的存在形式可分为浮油、分散油、乳化油和溶解油 4 类。

（1）浮油　这种油珠粒径较大，一般大于 $100\mu m$。易浮于水面，形成油膜或油层。

（2）分散油　油珠粒径一般为 $10\sim100\mu m$，以微小油珠悬浮于水中，不稳定，静置一定时间后往往形成浮油。

（3）乳化油　油珠粒径小于 $10\mu m$，一般为 $0.1\sim2\mu m$。往往因水中含有表面活性剂使油珠成为稳定的乳化油。

（4）溶解油　油珠粒径比乳化油还小，有的可小到几 nm，是溶于水的油微粒。

油类对环境的污染主要表现在对生态系统及自然环境（土壤、水体）的严重影响。流到水体中的可浮油，形成油膜后会阻碍大气复氧，断绝水体氧的来源；而水中的乳化油和溶解油，由于好氧微生物的作用，在分解过程中消耗水中溶解氧（生成 CO_2 和 H_2O），水体变为缺氧状态，水中二氧化碳浓度增高，pH 降低到正常范围以下，以致鱼类和水生生物不能生存。含油废水流到土壤，由于土层对油污的吸附和过滤作用，也会在土壤形成油膜，使空气难于透入，阻碍土壤微生物的增殖，破坏土层团粒结构。含油废水排入城市排水管道，对排水设备和城市污水处理厂都会造成影响，流入生物处理构筑物混合污水的含油浓度，通常不能大于 $30\sim50mg/L$，否则将影响活性污泥和生物膜的正常代谢过程。

生产装置排出的含油废水，应按其所含的污染物性质和数量分类汇集处理。除油方法宜采用重力分离法除浮油和重油，采用气浮法、电解法、混凝沉淀法去除乳化油。本节只介绍浮油的处理方法和除油装置。

13.3.2 隔油池

目前常用的有平流隔油池和斜板隔油池。

1. 平流隔油池

图 13-15 为传统的平流式隔油池，在我国广泛使用。

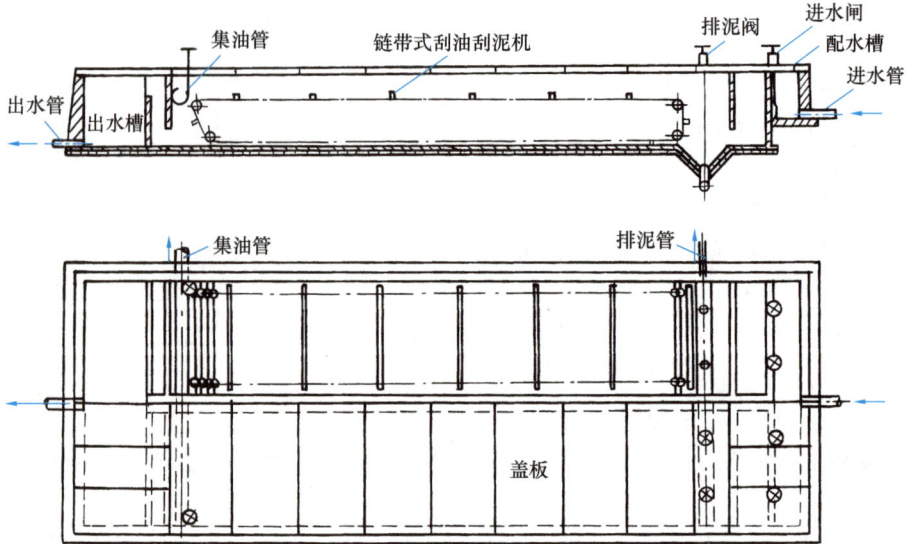

图 13-15 平流隔油池

废水从池的一端流入池内，从另一端流出。在隔油池中，由于流速降低，相对密度小于 1.0 而粒径较大的油珠上浮到水面上，相对密度大于 1.0 的杂质沉于池底。在出水一侧的水面上设集油管。集油管一般用直径为 200～300mm 的钢管制成，沿其长度在管壁的一侧开有切口，集油管可以绕轴线转动。平时切口在水面上，当水面浮油达到一定厚度时，转动集油管，使切口浸入水面油层之下，油进入管内，再流到池外。

刮油刮泥机由钢丝绳或链条牵引，移动速度不大于 2m/min。刮集到池前部污泥斗中的沉渣通过排泥管适时排出。排泥管直径不小于 200mm，管端可接压力水管进行冲洗。池底应有坡向污泥斗的 0.01～0.02 的坡度，污泥斗倾角为 45°。

隔油池宜设有非燃料材料制成的盖板，为了防火、防雨和保温。在寒冷地区集油管及油层内设加温设施。隔油池每个格间的宽度，由于刮泥刮油机跨度规格的限制，一般为 2.0m、2.5m、3.0m、4.5m 和 6m。采用人工清洁浮油时，每个格间的宽度不宜超过 6.0m。

这种隔油池的优点是构造简单，便于运行管理，除油效果稳定。缺点是池体大，占地面积大。

根据国内外的运行资料，这种隔油池可去除的最小油珠粒径，一般为 100～150μm。此时油珠的最大上浮速度不高于 0.9mm/s。

某炼油厂废水处理站使用这种类型的隔油池，停留时间为 90～120min，原废水中的含油量 400～1000mg/L，出水在 150mg/L 以下，除油效率达 70% 以上。

隔油池的计算，一般常用的有两种方法。

（1）按油粒上浮速度计算法

计算所用的基本数据为油粒的上浮速度，按下列公式求隔油池表面积：

$$A = \alpha \frac{Q}{u} \tag{13-13}$$

式中　A——隔油池表面积，m^2；

　　　Q——废水设计流量，m^3/h；

　　　u——油珠的设计上浮速度，m/h；

　　　α——对隔油池表面积的修正系数，该值与池容积利用率和水流紊动状态有关。

表 13-3 所列举的是 α 值与速度比 $\dfrac{v}{u}$ 的关系数值（v 为水流流速）。

α 值与速度比 $\dfrac{v}{u}$ 的关系　　　　　　　　　　表 13-3

v/u	20	15	10	6	3
α	1.74	1.64	1.44	1.37	1.28

设计上浮速度 u 值，通过废水静浮试验确定。按试验数据绘制油水分离效率与上浮速度之间的关系曲线，然后再根据应达到的效率选定设计 u 值。

此外，也可以根据修正的斯托克斯公式求定：

$$u = \frac{\beta g}{18 \mu \varphi} (\rho_w - \rho_0) \, d^2 \tag{13-14}$$

式中　u——静置水中，直径为 d 的油珠的上浮速度，cm/s；

　ρ_w、ρ_0——分别为水和油珠的密度，g/cm^3；

　　　d——可上浮最小油珠的粒径，cm；

　　　μ——水的绝对黏滞性系数，$Pa \cdot s$；

　　　g——重力加速度，cm/s^2；

　　　φ——废水油珠非圆形的修正系数，一般取 $\varphi \approx 1.0$；

　　　β——考虑废水悬浮物引起的颗粒碰撞的阻力系数，其值可按下式计算：

$$\beta = \frac{4 \times 10^4 + 0.8 S^2}{4 \times 10^4 + S^2} \tag{13-15}$$

式中　S——废水中悬浮物浓度。

β 值可取 0.95。

隔油池的过水断面面积应为：

$$A_c = \frac{Q}{v} \tag{13-16}$$

式中　A_c——隔油池的过水断面面积，m^2；

　　　v——废水在隔油池中的水平流速，m/h，一般取 $v \leqslant 15u$，但不宜大于 $15mm/s$（一般取 $2 \sim 5mm/s$）。

隔油池每个格间的有效水深和池宽比 $\left(\dfrac{h}{b} \right)$，宜取 0.3~0.4。有效水深一般为 1.5~2.0m。

隔油池的长度 L 应为：

$$L = \alpha \left(\frac{v}{u}\right) h \qquad (13\text{-}17)$$

隔油池每个格间的长宽比 $\left(\frac{L}{b}\right)$，不宜小于 4.0。

（2）按废水的停留时间计算法

隔油池的总容积 W 为：

$$W = Qt \qquad (13\text{-}18)$$

式中 Q——隔油池设计流量，m^3/h；

　　t——废水在隔油池内的设计停留时间，h，一般采用 $1.5\sim2.0h$。

隔油池的过水断面面积 A_c 为：

$$A_c = \frac{Q}{3.6v} \qquad (13\text{-}19)$$

式中 v——废水在隔油池中的水平流速，mm/s。

隔油池格间数 n 为：

$$n = \frac{A_c}{b \cdot h} \qquad (13\text{-}20)$$

式中 b——隔油池每个格间的宽度，m；

　　h——隔油池工作水深，m。

按规定，隔油池的格间数不得少于 2。

隔油池的有效长度 L 为：

$$L = 3.6vt \qquad (13\text{-}21)$$

式中代表符号意义同前。

隔油池建筑高度 H 为：

$$H = h + h' \qquad (13\text{-}22)$$

式中 h'——池水面以上的池壁超高，m，一般不少于 0.4m。

2. 斜板隔油池

其构造如图 13-16 所示。这种隔油池采用波纹形斜板，板间距宜采用 40mm，倾角不应小于 45°。废水沿板面向下流动，从出水堰排出。水中油珠沿板的下表面向上流动，然后经集油管收集排出。水中悬浮物沉降到斜板上表面，滑下落入池底部经排泥管排出。实践表明，这种隔油池油水分离效率高，可除去粒径不小于 $80\mu m$ 的油珠，表面水力负荷宜为 $0.6\sim0.8m^3/$（$m^2 \cdot h$），停留时间短，一般不大于 30min，占地面积小。目前我国的一些新建含油废水处理站，多采用这种形式的隔油池，斜板材料应耐腐蚀、不沾油和光洁度好，一般由聚酯玻璃钢制成。池内应设清洗斜板的设施。

3. 小型隔油池

用于处理小水量的含油废水，有多种池型，图 13-17 和图 13-18 所示为常见的两种。前者用于公共食堂、汽车库及其他含有少量油脂的废水处理。池内水流流速一般为 $0.002\sim0.01m/s$，食用油废水一般不大于 0.005m/s，停留时间不小于 10min。废油和沉淀物定期人工清除。后者用于处理含汽油、柴油、煤油等废水。废水经隔油后，再经焦炭过滤器进一步除油。

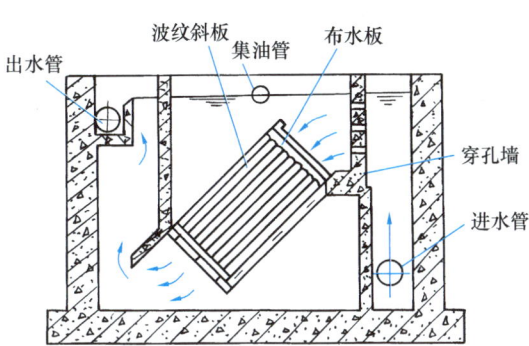

图 13-16　斜板隔油池

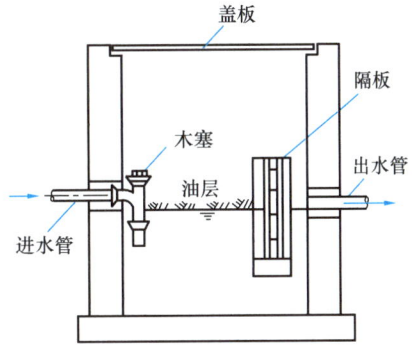

图 13-17　小型隔油池（一）

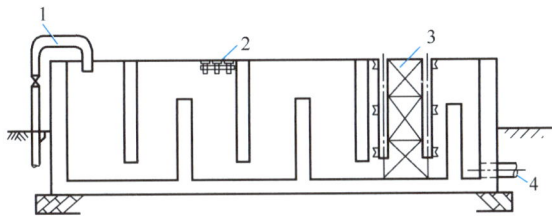

图 13-18　小型隔油池（二）

1—进水管；2—浮子撇油器；3—焦炭过滤器；4—排水管

13.3.3　油水分离新技术

1. 电磁油水分离技术

电磁油水分离技术的工作原理为，当油与水的混合液进入电场与磁场的相互作用区时，水的微团会受到电磁力的作用而向下运动，而油的微团由于不导电，不受电磁力作用，仅受到水微团的反作用力，该力与电磁力大小相等，方向相反，油与水在不同方向受力的作用下实现分离。与只需外加电场的电解气浮法和电絮凝法以及只需外加磁场的磁分离法相比，电磁油水分离需同时外加电场和磁场，导电液体产生洛伦兹力，使油的受力状态和流动形态发生变化而实现油水分离。此外，在电场作用下，导电液体被电解产生微小气泡，进一步加强了油的上浮。该方法具有分离效率高、分离彻底的优点。

含油废水的电磁分离原理图如图 13-19 所示。

如图 13-19 所示，处于油水混合状态的废水以速度 U 水平进入电磁分离通道，电磁分离通道水平穿过磁体磁孔。在电磁分离通道内平行于纸面的前、后壁面上布置电极并外接直流电，导电的水产生垂直纸面向里、电流密度为 J 的电流；磁体产生水平向右、磁感应强度为 B 的磁场。根据经典电动力学和磁流体动力学，在静电场和静磁场作用下，导电的水及其中的油珠处于不同的力场和流体运动状态。导电的水受到向下的电磁力，电磁力密度为 F_e［式（13-23）］，进而产生一个附加的重力场 g'［式（13-24）］。因此，电磁分离通道

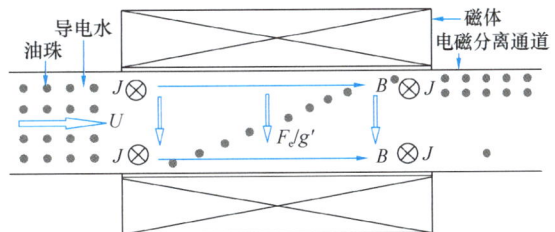

图 13-19　含油废水电磁分离原理图

623

内为超重力环境，等效重力加速度为 g_s［式（13-25）］。

$$F_e = JB \qquad (13\text{-}23)$$

$$g' = \frac{JB}{\rho} \qquad (13\text{-}24)$$

$$g_s = g + g' = g + \frac{JB}{\rho} \qquad (13\text{-}25)$$

式中　F_e——电磁力密度，N/m^3；

　　　J——电流密度，A/m^2；

　　　B——磁感应强度，T；

g、g'、g_s——分别为重力加速度、附加重力加速度、等效重力加速度，m/s^2；

　　　ρ——导电的水的密度，kg/m^3。

　　根据斯托克斯公式（式3-6），增大重力加速度可以增大油珠在层流状态的浮升速度。在静电场作用下，导电溶液发生电解，电磁分离通道内产生微小气泡，形成气泡-油珠结合体，油珠粒径增大，从而增大了油珠的上浮速度，提高了油水分离效率。

　　根据阿基米德定律，浸在液体里的物体受到竖直向上的浮力作用，浮力大小等于被该物体排开的液体的重力。则在超重力环境 g_s 下，作用在油珠上的浮力为（式13-26）：

$$f = \rho g_s V_p = \rho g V_p + JB V_p \qquad (13\text{-}26)$$

式中　f——油珠在超重力环境 g_s 中受到的浮力，N；

　　　V_p——油珠的体积，m^3；

　　$\rho g V_p$——传统重力场 g 产生的浮力，N；

　　$JB V_p$——电磁力产生的附加重力场 g' 产生的浮力，N。

　　传统重力场 g 作用下，油珠受到的向上净浮力密度为：

$$F_g = (\rho - \rho_p)g \qquad (13\text{-}27)$$

式中　F_g——传统重力场 g 中油珠受到的净浮力密度，N/m^3；

　　电磁力产生的附加重力场 g' 产生的浮力密度为：

$$F_f = \frac{JB V_p}{V_p} = JB \qquad (13\text{-}28)$$

式中　F_f——电磁力产生的附加重力场 g' 产生的浮力密度，N/m^3。

　　为表征电磁力产生的浮力与重力产生的净浮力之间的关系，引入一个无量纲的超重力系数 k［式（13-29）］。k 越大，表示电磁力产生的浮力越大，则 k 是对电磁力产生的超重力的量度。

$$k = \frac{JB}{(\rho - \rho_p)g} \qquad (13\text{-}29)$$

　　一般情况下，外加电流密度 J 的量级为 $10^2 \sim 10^3 A/m^2$，外加磁感应强度 B 的量级为 $10^0 \sim 10^1 T$；重力加速度 g 的量级为 $10^1 m/s^2$，密度差 $(\rho - \rho_p)$ 的量级为 $10^0 \sim 10^1 kg/m^3$。所以，k 的量级为 $10^0 \sim 10^1$，即电磁力产生的浮力为传统重力密度差产生的净浮力的数倍乃至几十倍以上。因此，电磁力增大了油珠的上浮速度，提高了油水分离效果。

　　油田采出液电磁分离结合了超重力分离和气浮分离的优势，分离效率高；无须投入任何其他亲油或磁性物质，对环境影响小；主要运行参数为电流密度和磁感应强度，控制变量为电磁信号，易于实现自动化控制和规模化生产，劳动强度低。

电磁分离效果与废水的导电性能相关，废水电导率越高，电磁分离效果越好。因此，电磁分离除油技术适合于油田采出废水、海上溢油、船舶污油废水等高矿化物、高电导率的含油废水处理。

2. 膜分离技术

膜分离技术可直接通过膜孔径筛分及表面性质精准分离油水混合物，是深度处理含油废水的有效技术。膜分离技术属于物理分离，无相变，不需要调整 pH 等过程，具有较低的能耗。

膜分离技术依据膜材料性质的不同，具有不同的除油原理和适应性。采用特殊润湿性材料制备的膜具有不同膜表面性质，表现出不同的油水分离原理。超疏水/超亲油纤维膜材料可以在完全排斥水的同时使油自由通过孔隙，这些被称为"除水"类型的膜，主要用于含油废水的处理。相反是"除油"型分离材料，包括超亲水/水下超疏油纤维膜，可以选择性地截留油水混合物中的油，是"除油"膜材料。主要用于含水废油的处理。特殊润湿性膜适用于分散油的分离。

废水中乳化油的膜分离原理基于尺寸筛分效应，即膜孔径小于乳化液滴的直径（$<20\mu m$）。超疏水/超亲油的小孔径材料膜常用于油包水乳液的分离。由于疏水性和小孔径，分离过程中，油相能够自由通过，而乳化的水滴被截留。这里膜分离通量由于孔径的减小而大幅降低，而且物料表面容易被乳化的液滴堵塞，导致分离通量快速下降。

破乳后的乳液分离是在不牺牲膜孔径情况下的分离。分离过程中，首先，在水动力或其他外力的作用下，乳化液滴被聚结介质表面捕获；其次，通过润湿和剪切碰撞液滴相互结合形成较大的液滴；最后，聚结液滴从聚结介质表面分离出来，在重力和浮力的作用下自动分层。

含油废水处理膜分离技术应用的膜主要是微滤（MF）和超滤（UF）。表 13-4 给出 MF 膜处理采油废水的性能参数。

不同 MF 膜处理采油废水的性能参数　　　　　　　　　　　表 13-4

膜材质	膜名称	采油废水含油浓度（mg/L）	去除效率（%）	渗透通量		外加压力（MPa）
				L/(m^2 · h · MPa)	kg/(m^2 · h)	
ZrO_2	ZrO_2	200	95.7	1735	—	0.11
Al_2O_3-陶瓷	Al_2O_3	148.6	61.4	7150	—	0.05~0.2
α-Al_2O_3 陶瓷	$0.2\mu m$	1000	99.0	—	26~471	0.069
α-Al_2O_3 陶瓷	$0.8\mu m$	1000	99.0	—	25~301	0.069
表面改性聚丙烯腈	PNA	1000	99.0	—	6.9~438	0.069

经过纳米氧化铝表面改性的超滤膜（UF）抗污能力强，渗透通量可达 1700L/(m^2 · h · MPa)，油去除率可达 98%。聚砜/Al_2O_3 复合超滤膜处理含油废水，滤后水中含油量低于 0.5mg/L，油的截留率 99% 以上，而且膜清洗后水通量恢复率较高。

13.3.4　含油污泥的处理方法

含油污泥含油率一般为4%～30%，其中含苯系物、酚类、蒽类等物质，并伴随恶臭和毒性，若直接和自然环境接触，会对土壤、水体和植被造成重大污染。因此，含油污泥若不经处理，不仅污染环境，而且造成石油资源浪费。

传统的含油污泥处理方法为调理—机械分离处理工艺。污泥调理方法有加药调理、加热调理、冷冻熔融法等。

加药调理是目前应用最广的调理技术，是指在油泥中加入助凝剂、混凝剂等化学药剂，促使油泥颗粒絮凝，改善其脱水性能的方法。常用的调理剂分无机和有机调理剂两大类。污泥混凝剂有三氯化铁、三氯化铝、硫酸铝、聚合氯化铝等；有机高分子混凝剂有聚丙烯酰胺。助凝剂一般采用硅藻土、锯屑、电厂粉尘等惰性物质。

油泥脱水设备有真空过滤脱水设备，如转鼓式真空过滤机；压滤脱水设备，如板框压滤机；滚压脱水设备和离心机。

目前，国内外应用最广的脱水机械有带式压滤机、转筒式离心机和卧螺离心机。

炼油厂污泥经调质—机械脱水后，含水率一般在80%～85%。其中水大部分以间隙水和内部结合水或附着水的形式存在，与固体物、油包裹在一起，并在固体物与油表面形成具有强烈憎油性的水化膜，常规的方法难以实现油、水及固体物的彻底分离。萃取法利用"相似相溶"的原理，选择合适的有机溶剂做萃取剂，可以将含油污泥中的原油回收利用。

油泥萃取技术主要有溶剂萃取、热萃取/脱水技术、超临界流体萃取技术等。溶剂萃取作为一种用以去除污泥中所夹带的油和其他有机物的单元操作技术而被广泛研究，溶剂包括丙烷三乙胺、重整油和临界液态 CO_2 等。油类从污泥中被溶剂抽提出来后，通过蒸馏把溶剂从混合物中分离出来循环使用。溶剂萃取一般在室温下进行，溶剂比越大萃取效果越好。

热萃取/脱水技术既可以全部回收污泥中油，又能够变废物为有效资源，可以最大限度地实现污泥的减量化、资源化和无害化处理。热萃取/脱水工艺流程见图 13-20。

工艺流程为：在油浆罐内混合污泥与溶剂油使其形成具有一定流动性的混合物；预热该混合物；混合物进入热萃取/脱水塔，在一定温度下进行破乳、萃取、脱水；脱出水和

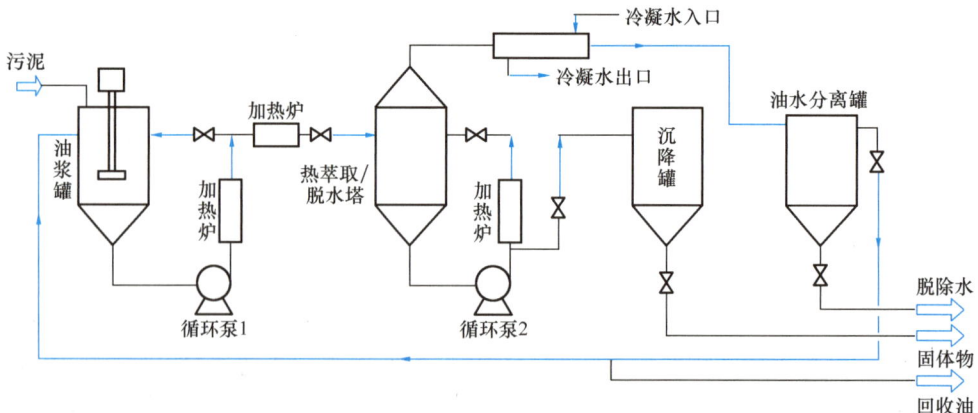

图 13-20　热萃取/脱水装置工艺流程图

部分轻组分在油水分离罐分离，轻组分作为溶剂油返回循环使用，脱除水进入污水处理系统；在沉降罐内对脱水后的溶剂油中的固体物质进行油固分离，固体物从装置排出，使溶剂油直接返至油浆罐中。

脱水后油泥还可进行固化处理，即通过物理化学方法将含油污泥固化或包容在惰性固化基材中以便运输、利用或处置的一种无害化处理技术。固化方法能较大程度地减少含油污泥中有害离子和有机物对土壤的侵蚀和沥滤，从而减少对环境的影响和危害。对于含油量低的污泥，一般可优先考虑采用固化处置。常用固化方法有水泥固化、石灰固化、粉煤灰固化等。

由于油泥中含有油分，在有条件的情况下，污泥可直接采用焚烧处理法，固体可达到无害化要求。法国、德国的石化企业多采用焚烧的方式处理，焚烧后灰渣用于修路或者埋入指定的灰渣填埋场，焚烧产生的热能用于供热发电。我国绝大多数炼油厂都建有焚烧装置，采用焚烧处理最多的油泥是污水处理厂含油污泥，如长岭石化厂采用顺流式回转焚烧炉，燕山石化采用流化床焚烧炉。

13.4 过 滤

过滤是利用过滤材料分离废水中杂质的一种技术。本书 9.2.2 节已介绍过滤在污水深度处理中应用，此节主要介绍特殊过滤工艺在工业废水处理中典型应用。

13.4.1 过滤除油

1. 压力滤池在含油废水处理中的应用

压力滤池有立式和卧式两类，立式压力滤池因横截面面积受限制，多为小型的过滤设备。规模较大的废水处理厂宜采用卧式压力滤池，如国外污水深度处理中采用直径为 3m，长 11.5m 的卧式压力滤池。

压力滤池的特点如下：

（1）由于废水中悬浮物浓度较高，过滤时水头损失增加较快，所以滤池的允许水头损失也较高，重力式滤池允许水头损失一般为 2m，而压力滤池可达 6～7m。

（2）在废水深度处理中，过滤常作为活性炭吸附或臭氧氧化法的预处理，压力滤池的出水水头能满足后续处理构筑物的要求，不必再次提升。

（3）压力滤池是密闭式的，可防止有害气体逸出。

（4）压力滤池采用多个并联时，各滤池的出水管可连接起来，当其中一个滤池进行反冲洗时，冲洗水可由其他几个滤池的出水供给，这样可省去反冲洗水罐和水泵。

压力滤池滤层的组成，采用下向流时，多采用无烟煤和石英砂双层滤料。有资料表明，为去除二级出水中的悬浮物，无烟煤有效粒径采用 1.6～2.0mm，无烟煤的有效粒径为石英砂的 2.7 倍以下，无烟煤和砂组成的滤层厚度为 600～1000mm，砂层厚度为无烟煤厚度的 60% 以下。最大滤速采用 12.5m/h。为加强冲洗，采用表面水冲洗和空气混合冲洗方法。

油田含油废水多采用压力滤池进行处理，如图 13-21 所示。过滤时，废水由进水管经喇叭口进入池中，自上而下的通过滤层，废水中的微小油珠以及经絮凝预处理后没有沉淀的微小悬浮物被去除。油田一般使用石英砂滤料，有效粒径为 0.5～0.6mm，各种粒径所

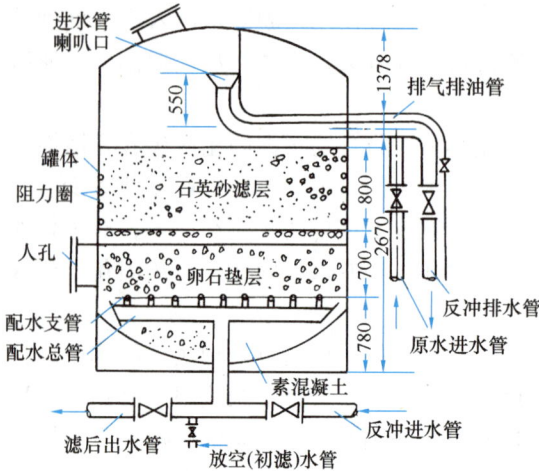

图 13-21 压力式过滤罐图

占的百分比为 d 为 0.25～0.5mm 占 10%～15%，d 为 0.5～0.8mm 占 70%～75%，d 为 0.8～1.2mm 占 15%～20%，石英砂滤料的厚度为 0.7～0.8m。垫层主要起支撑滤料作用，同时使反冲洗时布水均匀。垫层可用卵石或砾石，它的厚度和分层铺设情况，因采用的配水系统不同而异。目前油田所采用多为大阻力配水系统，其垫层多采用如下分层：垫层自上而下 d 为 2～4mm，厚度 100mm；d 为 4～8mm，厚度 100mm；d 为 8～16mm，厚度 100mm；d 为 16～32mm，厚度 150mm；d 为 32～64mm，厚度 250mm，总厚度 700mm。压力滤池工作周期为 12～24h，反冲洗强度为 12～15L/（s·m²），反冲洗时间为 10～15min。

2. 聚结过滤法处理含油废水

聚结过滤法又称为粗粒化法，用于含油废水处理。含油废水通过装有填充物的滤池，使废水中的微小油珠聚结成大颗粒，这一过程称作粗粒化，所用的填充材料称为粗粒化滤料。本法用于处理含油废水中的分散油和乳化油。粗粒化滤料，具有亲油疏水性质。当含油废水通过时，微小油珠便附聚在其表面形成油膜，达到一定的厚度后，在浮力和水流剪力的作用下，脱离滤料表面，形成颗粒大的油珠浮升到水面。粗粒化滤料从材质上分为无机和有机两类，如无烟煤、石英砂、陶粒、蛇纹石及聚丙烯塑料等，从形状上分为粒状、纤维状、管状等。

（1）立式粗粒化罐粗粒化除油装置

立式粗粒化罐的构造如图 13-22 所示。

粗粒化罐各部件材质选择、构造尺寸确定和作用如下：

1）壳体用普通碳钢制造，承压一般为 0.6MPa。当含油污水平均腐蚀率为 0.125mm/a 时，内壁应涂环氧树脂漆；平均腐蚀率大于 0.125mm/a 时，可用玻璃钢衬里或采取其他防腐措施。

2）进、出水管线一般采用低压碳素钢管，管径反承压力通过水力计算得出。

3）选择粗粒化材料和粒径。

4）罐下部设钢格栅及不锈钢丝网。格栅用以承托垫层和粗粒化层物料重力，格栅用 $\phi16$ 圆钢或 $\phi21.25\times2.75$ 钢管制成。格栅直径用 d 表示，格栅

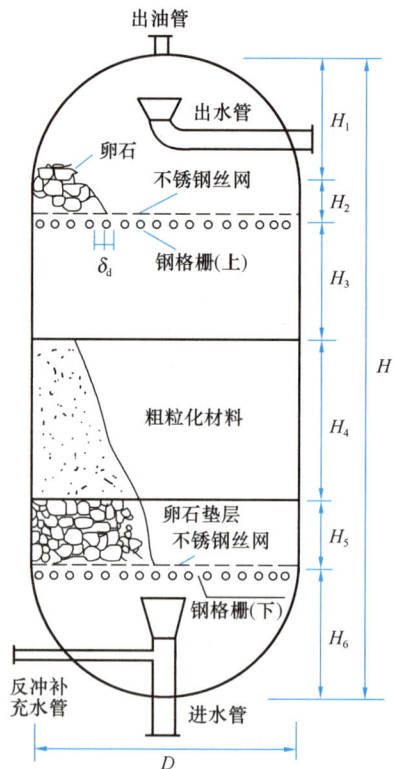

图 13-22　立式粗粒化罐构造图

之间用 δ 表示，δ 比粗粒化材料粒径上限大 1~2mm。例如选用无烟煤粒径为 3~4mm，则 δ 为 5mm 即可。不锈钢丝网的设置是为了防止粗粒化材料漏掉，孔眼要比粗粒化材料下限粒径小。则不锈钢丝网的网径可选用 12 目~14 目。

5）当采用聚丙烯类相对密度小于 1.0 的粗粒化材料时，必须设置上部格栅、不锈钢丝网及压网卵石层，以防跑料。压网卵石粒径选用 16~32mm，厚度 H_2 一般为 0.3m。

6）H_1 及 H_6 的选择应根据进、出水管径确定，一般为 0.5~1.0m。

7）粗粒化罐直径 D 由下式确定：

$$D = \sqrt{\frac{4Q_1}{\pi q}} \tag{13-30}$$

式中　D——粗粒化罐设计的重要参数，根据来水和处理后的水质要求由经验确定；

Q_1——单罐设计水量，m^3/h；根据国内油田粗粒化罐运行经验确定；

q——滤速，m/h；一般为 15~35m/h 较好，当出水水质要求高时可取下限值。

长期运行的粗粒化罐，床内部要积存一定量的蜡质、沥青质、悬浮物、油分等杂质，此时床的阻力增大，一般压力增大到一定值时便要用清水反冲洗"再生"。

（2）横向流聚结过滤除油器

横向流聚结过滤除油器具有的独特结构和水流流态，能够高效地去除废水中的油类物质，达到净化水质的目的。其结构示意图见图 13-23。

横向流聚结过滤除油器处理含油废水的工作原理主要是基于物理分离原理。设备内部设有聚结和过滤材料，废水经过聚结材料时，油滴会被吸附和聚结成较大的油滴。然后，这些油滴在经过过滤材料时，会被进一步截留和去除。最后，净化后的水从设备流出。

某油田开发的横向流聚结过滤除油器采用一级聚结除油区、二级缓冲区和三级聚结原件除油区，组成三级除油系统，形成聚结、沉降、聚集和截留除油的工艺程序。含油废水进入横向流聚结除油器后，先以上向流的方式流经设备内部填充的高效聚结材料砾石层组成的一级聚结除油区，再以下向流的方式流经改性陶粒聚结材料层。使小分散油滴聚并成大油滴，小颗粒固体物质絮凝成大颗粒，上浮由其上方的排油管线排走。废水经第一级聚结除油处理后进入二级沉降室，在该区域内缓冲、沉降、除油的过程中，增大的油珠向上流动的速度逐渐加快，大粒径油珠和悬浮固体在重力作用下，利用密度差上浮，由上方排油管线排走。沉降室出水以下向流的方式流经第三级改性核桃壳颗粒聚结材料除油区。相对上一级区域，该区的聚结材料孔隙度更小，利用聚集、截留、接触絮凝等作用，实现油水深度分离，达到高效的除油效果。同时一级和三级设置除油器配套收油及反冲洗系统，对聚结材料进行反冲洗再生，保证除油效果。反冲洗排水进入回收水池。

横向流聚结过滤除油器具有以下技术优势：

1）高效率：该设备可以快速地去除废水中的油类物质，净化效率高。

2）节能环保：横向流设计使得设备具有较低的能耗，同时，净化后的水可以满足环保排放标准。

3）易操作：该设备操作简单，维护方便，可以连续或间歇运行。

4）耐腐蚀：设备材料采用耐腐蚀材料，可适应各种腐蚀性废水。

该设备主要应用在油田含油废水处理，另外也可应用在石油化工、船运压舱水、钢铁行业、食品加工行业、循环冷却水等行业含油废水处理。

横向流聚结除油器主要技术参数：

进口含油：≤1000mg/L；

水力负荷：10～30m³/（m²·h）；

水头损失：≤0.1MPa；

工作压力：≤0.6MPa；

出口含油：50～100mg/L；

油的去除率：～80%；

悬浮固体去除率：40%～50%；

有效停留时间：30～60min；

污水温度：30～55℃（有机填料），30～95℃（不锈钢）。

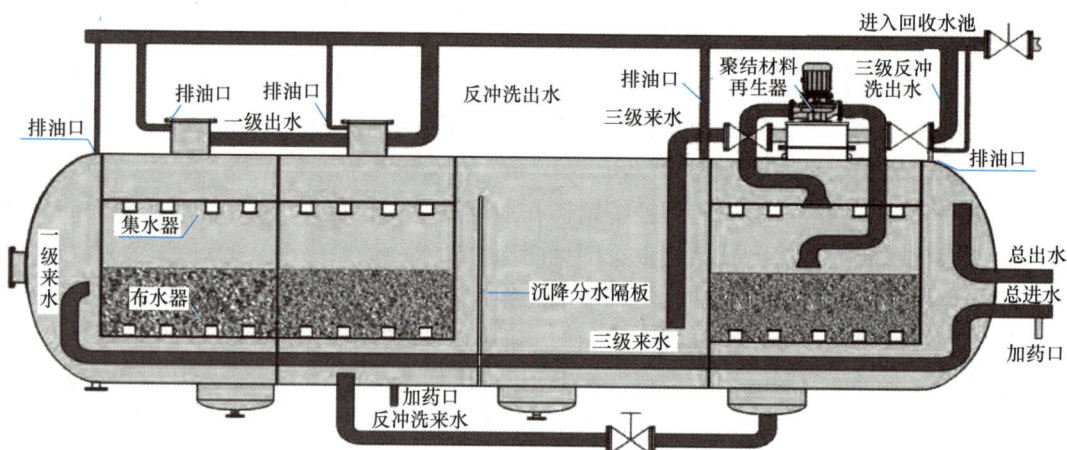

图 13-23　横向流聚结过滤除油器结构示意图

13.4.2　筛网及捞毛机

毛纺、化纤、造纸等工业废水中含有大量的长约 1～200mm 的纤维类杂物。这种呈悬浮状的细纤维，不能通过格栅去除。如不清除，则可能堵塞排水管道和缠绕水泵叶轮，从而破坏水泵的正常工作。这类悬浮物可用筛网或捞毛机去除。筛网或捞毛机可有效地去除和回收废水中的羊毛、化学纤维、造纸废水中的纸浆等纤维杂质。它具有简单、高效、不加化学药剂、运行费低、占地面积小及维修方便等优点。

1. 筛网

通常用金属丝或化学纤维编制而成。其形式有转鼓式、转盘式、振动式、回转帘带式和固定式倾斜筛等多种。筛孔尺寸可根据需要确定，一般为 0.15～1.0mm。

（1）水力回转筛网

如图 13-24 所示，它由锥筒回转筛和固定筛组成。锥筒回转筛呈截头圆锥形，中心轴水平。废水从圆锥体的小端流入，在从小端流到大端的过程中，纤维状杂物被筛网截留，废水从筛孔流入集水装置。被截留的杂物沿筛网的斜面落到固定筛上，进一步脱水。旋转筛网的小端用不透水的材料制成，内壁有固定的导水叶片，当进水射入导水叶片时，便推动锥筒旋转。一般进水管应有一定的压力，压力大小与筛网大小和废水水质有关。

（2）固定式倾斜筛

如图 13-25 所示，筛网用 20～40 目尼龙丝网或铜丝网张紧在金属框架上，以 60°～75°的斜角架在支架上。一般用它回收白水中的纸浆。制纸白水经沉砂池除去沉砂后，由配水槽经溢流堰均匀地沿筛面流下，纸浆纤维被截留并沿筛面落入集浆槽后回收利用。废水穿过筛孔到集水槽后，进一步处理。筛面用人工或机械定期清洗。

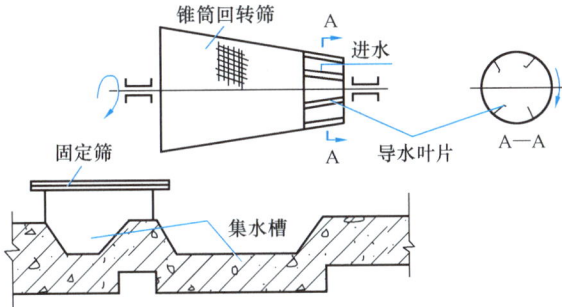

图 13-24　水力回转筛结构示意图

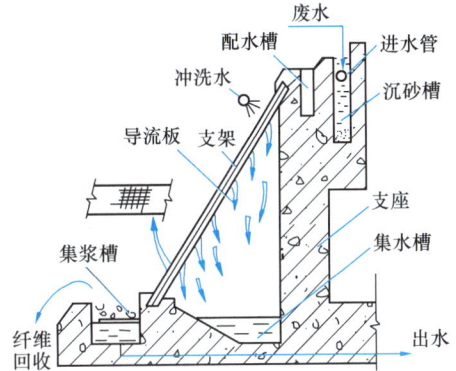

图 13-25　固定式倾斜筛

（3）振动式筛网

如图 13-26 所示，废水由渠道流入倾斜的筛网上，利用机械振动，将截留在筛网上的纤维杂质卸下送到固定筛，进一步进行脱水，废水流入下部的集水槽中。

（4）电动回转筛网

如图 13-27 所示，筛孔一般为 $170\mu m$（约 80 目）

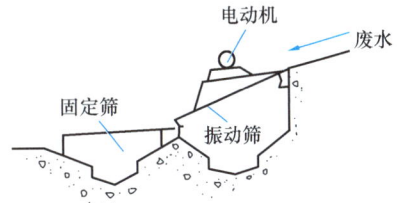

图 13-26　振动式筛网

到 5mm。网眼小，截留悬浮物多，但易堵塞，增加清洗次数。国外采用电动回转筛对二级出水进一步处理后，回用作废水处理厂的曝气池的消泡水。采用孔眼 $500\mu m$（30 目左右）的网。回转筛网一般接在水泵的压力管上，利用泵的压力进行过滤。孔眼堵塞时，利

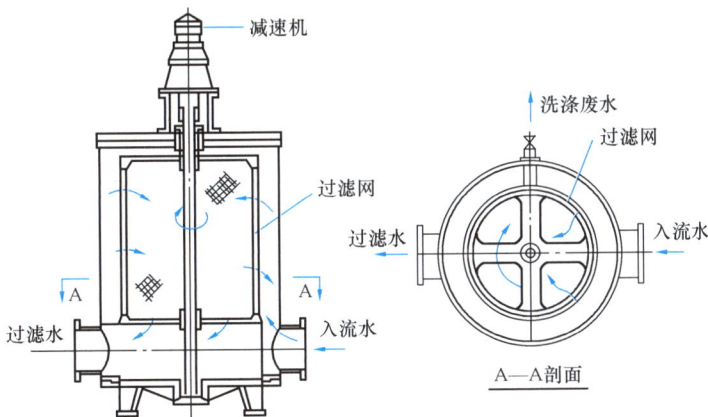

图 13-27　回转滤网

用水泵供水进行反冲洗，筛网的反冲洗压力在 0.15MPa 以上。

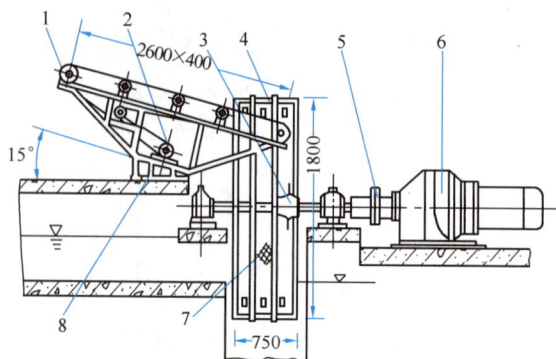

图 13-28　圆筒形捞毛机

1—皮带运输机构；2—筒形筛网轴承座；3—连接轮；4—筒形筛网框架；5—联轴器；6—行星摆线针轮减速机；7—筛网；8—皮带运输机行星摆线针轮减速机

2. 捞毛机

目前国内使用的捞毛机有圆筒形和链板框式两种。圆筒形捞毛机，如图 13-28 所示。

圆筒形捞毛机安装在废水渠道的出口处。含有纤维杂质的废水进入筛网后，纤维被截留在筛网上。筛网旋转时，被截留的纤维杂质转到筛网顶部，在这里安装一排压力喷水口，纤维杂质被从喷水口流出的冲洗水冲洗后，送到安装在圆筒筛网中心的输送皮带上，最后落入小车或地上，再由人工送出。目前常用的一种筛网圆筒直径为 2200mm，筛网宽度为 800mm。

孔眼为 100~250 目。筛网转速为 2.5r/min。圆筒形捞毛机适用于进水渠道水深不大于 1.5m 的情况下。如水深增加，则筒径增大，耗能增大。

复 习 思 考 题

1. 工业废水调节池分几类？
2. 水质调节池的水力停留时间和出水浓度如何计算？
3. 水量调节池的容积如何计算？
4. 影响离心分离的主要因素有哪些？
5. 简述电磁油水分离技术的工作原理和影响因素。
6. 膜分离除油技术中膜有哪几类？其适用对象与用途分别是什么？
7. 简述横向流聚结过滤除油器的工作原理和技术优势。

第14章 工业废水的化学处理

14.1 中 和

14.1.1 概述

1. 酸碱废水的来源及危害

酸性工业废水和碱性工业废水来源广泛，如化工厂、化纤厂、电镀厂、煤加工厂及金属酸洗车间等均排出酸性废水。有的废水含无机酸，有的含有机酸，有的同时含有机酸和无机酸。含酸废水浓度差别很大，从小于1%到10%以上。印染厂、金属加工厂、炼油厂、造纸厂等排出碱性废水。其中有有机碱，也有无机碱，浓度可高达百分之几。废水中除含酸或碱外，还可能含有酸式盐、碱式盐，以及其他的无机和有机物质。

酸具有腐蚀性，能够腐蚀钢管、混凝土、纺织品、烧灼皮肤，还能改变环境介质的pH。碱所造成的危害程度较小。将酸和碱随意排放不仅会造成污染、腐蚀管道、毁坏农作物、危害渔业生产、破坏生物处理系统的正常运行，而且也是极大的浪费。因此，对酸或碱废水首先应当考虑回收和综合利用。当必须排放时，需要进行无害化处理。

当酸或碱废水的浓度很高时，例如在3%以上，应考虑回用和综合利用的可能性，例如用其制造硫酸亚铁、硫酸铁、石膏、化肥，也可以考虑供其他工厂使用等。当浓度不高（例如小于3%），回收或综合利用经济意义不大时，才考虑中和处理。

在工业废水处理中，中和处理常用于以下几种情况：

（1）废水排入水体之前。因为水生生物对pH的变化非常敏感，即使pH略偏离中性，也会产生不良影响。

（2）废水排入城镇下水道之前。因为酸或碱会对排水管道产生腐蚀作用，废水的pH应符合排放标准。

（3）化学处理或生物处理前。因为有的化学处理法（例如混凝）要求废水的pH升高或降低到某一个最佳范围，生物处理通常要求废水的pH为中性。

用化学法去除废水中的酸或碱，使其pH达到中性的过程称为中和。处理含酸废水以碱为中和剂，处理碱性废水以酸作为中和剂。被处理的酸与碱主要是无机酸或无机碱。

2. 中和方法

酸性废水的中和方法可分为酸性废水与碱性废水互相中和、药剂中和及过滤中和3种方法。碱性废水的中和方法可分为碱性废水与酸性废水互相中和、药剂中和等。

选择中和方法时应考虑下列因素：

（1）含酸或含碱废水所含酸类或碱类的性质、浓度、水量及其变化规律。

（2）应优先寻找能就地取材的酸性或碱性废料，并尽可能加以利用。

（3）本地区中和药剂和滤料（如石灰石、白云石等）的供应情况。

（4）接纳废水水体性质、城镇排水管道能容纳废水的条件，后续处理（如生物处理）

对 pH 的要求等。

3. 中和剂

酸性废水的中和剂有石灰、石灰石、白云石、苏打、苛性钠等。碱性废水中和处理则通常采用盐酸和硫酸。

苏打（Na_2CO_3）和苛性钠（$NaOH$）具有组成均匀、易于贮存和投加、反应迅速、易溶于水而且溶解度较高的优点，但是由于价格较高，通常很少采用。

石灰来源广泛，价格便宜，所以应用较广。但是它具有以下缺点：①石灰粉末极易飘扬，劳动卫生条件差；②装卸、搬运劳动量较大；③成分不纯，含杂质较多；④沉渣量较多，不易脱水；⑤制配石灰溶液和投加需要较多的机械设备等。

石灰石、白云石（$MgCO_3 \cdot CaCO_3$）系石料，在产地使用是便宜的。除了劳动卫生条件比石灰较好外，其他情况和石灰相同。

14.1.2 酸碱废水互相中和法

1. 酸性或碱性废水需要量

在中和过程中，酸碱废水的当量（物质的当量是指该物质在化学反应过程中所表现的单位化学价的分子量，它等于分子量除以化合价）恰好相等时称为中和反应的等当点。强酸强碱互相中和时，由于生成的强酸强碱盐不发生水解，因此等当点即中性点，溶液的pH 等于 7.0。但中和的一方若为弱酸或弱碱时，由于中和过程中所生成的盐的水解，尽管达到等当点，但溶液并非中性，pH 大小取决于所生成盐的水解度。

酸碱废水相互中和是一种简单又经济的以废治废的处理方法。利用酸性废水和碱性废水互相中和时，应进行中和能力的计算。根据化学反应等当量原理，酸碱废水中和时相互消耗量的计算方法有两种。

第一种方法，以废水含酸和碱的摩尔浓度及化合价进行计算：

$$Q_1 C_1 n_1 = Q_2 C_2 n_2 \qquad (14\text{-}1a)$$

式中　Q_1——酸性废水流量，L/h；

　　　C_1——酸性废水中酸的摩尔浓度，mol/L；

　　　Q_2——碱性废水流量，L/h；

　　　C_2——碱性废水中碱的摩尔浓度，mol/L；

　　　n_1——酸的化合价；

　　　n_2——碱的化合价。

第二种方法，以酸碱废水的质量浓度及药剂比消耗量进行计算：

$$\Sigma Q_2 B_2 = \Sigma Q_1 B_1 \alpha K \qquad (14\text{-}1b)$$

式中　Q_1——酸性废水流量，m^3/h；

　　　B_1——酸性废水中酸的质量浓度，kg/m^3；

　　　Q_2——碱性废水流量，m^3/h；

　　　B_2——碱性废水中碱的质量浓度，kg/m^3；

　　　α——药剂比消耗量，即中和 1kg 酸所需碱的理论量，见表14-1。

　　　K——反应不完全系数，一般取 1.5～2.0。

酸的名称	分子量	NaOH	Ca（OH)$_2$	CaO	CaCO$_3$	MgCO$_3$	Na$_2$CO$_3$	CaMg（CO$_3$)$_2$
		40	74	56	100	84	106	184
HNO$_3$	63	0.635	0.59	0.445	0.795	0.668	0.84	0.732
HCl	36.5	1.10	1.01	0.77	1.37	1.15	1.45	1.29
H$_2$SO$_4$	98	0.816	0.755	0.57	1.02	0.86	1.08	0.94
H$_2$SO$_3$	82	0.975	0.90	0.68	—	—	1.29	1.122
CO$_2$	44	1.82	1.63	(1.27)	(2.27)	(1.91)	—	2.09
C$_2$H$_4$O$_2$	60	0.666	0.616	(0.466)	(0.83)	(0.695)	0.88	1.53
CuSO$_4$	159.5	0.251	0.465	0.352	0.628	0.525	0.667	0.576
FeSO$_4$	151.9	0.264	0.485	0.37	0.66	0.553	0.700	0.605
H$_2$SiF$_6$	144	0.556	0.51	0.38	0.69	—	0.73	0.63
FeCl$_2$	126.8	0.63	0.58	0.44	0.79	—	0.835	0.725
H$_3$PO$_4$	98	1.22	1.13	0.86	1.53	—	1.62	1.41

1. 在碱、盐的分子式下面的数值为该碱、盐的分子量；

2. 括弧中记入的药剂量，表示不建议采用的药剂，因其反应很慢。

以上第一种方法为理论公式，第二种方法考虑了实际反应过程的不均匀性。无论采用哪种计算方法，为使中和后废水呈中性或弱碱性，投加碱的量应大于等于实际消耗的量。

2. 中和设备与设计计算

中和池容积可根据酸碱废水排放规律及水质变化来确定。

（1）当水质水量变化较小或后续处理对 pH 要求不严时，可在集水井（或管道、混合槽）内进行连续混合反应。

（2）当水质水量变化不大或后续处理对 pH 要求高时，可设连续流中和池。中和时间 t 视水质水量变化情况确定，一般采用 1~2h。有效容积按下式计算：

$$V=（Q_1＋Q_2）t \tag{14-2}$$

式中　V——中和池有效容积，m^3；

　　Q_1——酸性废水设计流量，m^3/h；

　　Q_2——碱性废水设计流量，m^3/h；

　　t——中和时间，h。

（3）当水质水量变化较大，且水量较小时，连续流无法保证出水 pH 要求，或出水中还含有其他杂质或重金属离子时，多采用间歇中和池。池有效容积可按污水排放周期（如一班或一昼夜）中的废水量计算。中和池至少两座（格）交替使用。在间歇式中和池内完成混合、反应、沉淀、排泥等工序。

由于工业废水一般水质水量变化较大，为了降低后续处理的难度，一般需设置调节池，用于均化水质水量，所以酸碱废水的中和可以结合调节池的设计进行。

【例 14-1】某厂 A 车间排出含 NaOH 浓度为 1.4% 的碱性废水 8m^3/h，B 车间排出含 HCl 浓度为 0.629% 的酸性废水 16.3m^3/h，计算其中和处理后的 pH 及中和池有效容积。

【解】(1) 将百分比浓度换算成摩尔浓度

$$含 HCl 废水的摩尔浓度 = \frac{1000 \times 0.629/100}{36.5} = 0.1723 mol/L$$

$$含 NaOH 废水的摩尔浓度 = \frac{1000 \times 1.4/100}{40} = 0.35 mol/L$$

(2) 每小时两种废水各流出的总酸、碱摩尔量

$$HCl 的摩尔量 = 0.1723 \times 16.3 \times 1000 = 2808.49 mol$$

$$NaOH 的摩尔量 = 0.35 \times 8.0 \times 1000 = 2800 mol$$

HCl 和 NaOH 的化合价均为 1,依据公式(14-1a),二者中和时消耗的摩尔数应该相等。所以该两种废水混合后,废水中尚剩余的 HCl 量:

$$2808.49 - 2800 = 8.49 mol$$

(3) 混合后废水中酸的摩尔浓度

$$混合后废水中酸的摩尔浓度 = \frac{8.49}{1000 \times (8+16.3)} = 0.35 \times 10^{-3} mol/L$$

(4) 混合后废水的 pH

因为 HCl 在水中全部电离,所以混合后废水的 $[H^+] = 0.35 \times 10^{-3} mol/L$,可计算混合后废水的 pH

$$pH = -lg [H^+] = -lg (0.35 \times 10^{-3}) = 3.46$$

由上述计算可知,中和处理后废水的 pH 仍然偏酸性,可向混合后的废水中投加碱性中和剂加以中和。

(5) 中和池有效容积

中和反应时间取 2h,中和池有效容积 W

$$W = (8+16.3) \times 2 = 48.6 m^3 \approx 50 m^3$$

14.1.3 药剂中和法

1. 酸性废水的药剂中和处理

(1) 中和剂

酸性废水中和剂有石灰、石灰石、大理石、白云石、碳酸钠、苛性钠、氧化镁等。常用者为石灰。当投加石灰乳时,氢氧化钙对废水中杂质有凝聚作用,因此适用于处理杂质多浓度高的酸性废水。在选择中和剂时,还应尽可能使用一些工业废渣,如化学软水站排出的废渣(白垩粉),其主要成分为碳酸钙;有机化工厂或乙炔发生站排放的电石废渣,其主要成分为氢氧化钙;钢厂或电石厂筛下的废石灰;热电厂的炉灰渣或硼酸厂的硼泥。

(2) 中和反应

石灰可以中和不同浓度的酸性废水,在采用石灰乳时,中和反应方程式如下:

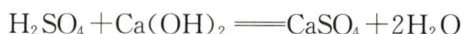

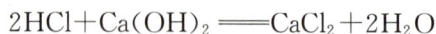

$$H_2SO_4 + Ca(OH)_2 == CaSO_4 + 2H_2O$$

$$2HNO_3 + Ca(OH)_2 == Ca(NO_3)_2 + 2H_2O$$

$$2HCl + Ca(OH)_2 == CaCl_2 + 2H_2O$$

$$2H_3PO_4 + 3Ca(OH)_2 == Ca_3(PO_4)_2 + 6H_2O$$

$$2CH_2COOH + Ca(OH)_2 == Ca(CH_2COO)_2 + 2H_2O$$

废水中含有其他重金属盐类，如铁、铅、锌、铜、镍等也消耗石灰乳的用量，反应如下：

$$FeCl_2 + Ca(OH)_2 = Fe(OH)_2 + CaCl_2$$

$$PbCl_2 + Ca(OH)_2 = Pb(OH)_2 + CaCl_2$$

最常遇到的是硫酸废水的中和，根据使用的药剂不同，中和反应方程式如下：

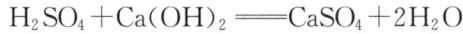

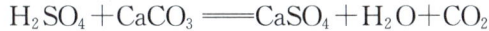

$$H_2SO_4 + Ca(OH)_2 = CaSO_4 + 2H_2O$$

$$H_2SO_4 + CaCO_3 = CaSO_4 + H_2O + CO_2$$

$$H_2SO_4 + Ca(HCO_3)_2 = CaSO_4 + 2H_2O + 2CO_2$$

中和后生成的硫酸钙在水中通常以 $CaSO_4 \cdot 2H_2O$ 形式存在，各种盐类在水中的溶解度见表14-2，从表可知，硫酸钙在水中的溶解度很小，此盐不仅形成沉淀，而且当硫酸浓度很高时，在药剂表面会产生硫酸钙的覆盖层，影响和阻止中和反应的继续进行。所以当采用石灰石、白垩粉或白云石作中和剂时，药剂颗粒应在0.5mm以下。

各种盐类溶解度表　　　　　　　　　　　　表14-2

盐类名称	不同温度（℃）下在水中的溶解度（g/L）			
	0	10	20	30
Na_2SO_4 水化物	50	90	194	408
Na_2NO_3	730	800	880	960
Na_2CO_3 水化物	70	125	215	388
NaCl	357	358	360	360
$CaSO_4 \cdot 2H_2O$	1.76	1.93	2.03	2.10
$Ca(NO_3)_2$ 水化物	1021	1153	1293	1526
$CaCl_2$	595	650	745	1020
$CaCO_3$	当 $t=25℃$ 时，溶解度为0.0145g/L			
$MgCO_3$	难溶于水			
$MgCO_3$ 水化物	—	309	355	408
$MgCl_2$	528	535	542.5	553
$Mg(NO_3)_2$	639	—	705	—
NaH_2PO_4	577	699	852	1064
Na_2HPO_4	16.3	39	76.6	242
$NaHCO_3$	68.9	82.0	95.7	110.9

碳酸盐中和强酸时，生成的二氧化碳与水中过剩的碳酸钙作用生成重碳酸盐：

$$CO_2 + H_2O + CaCO_3 = Ca(HCO_3)_2$$

但此反应进行的较慢，因此在强酸被完全中和的时间内，只有极少量的二氧化碳进行反应。同样，其他一些弱酸与碳酸盐的中和反应也是很慢的，因此都不用它作中和剂。

（3）中和剂用量

中和酸性废水所需要的药剂的理论比耗量可根据中和反应方程式来计算，见表14-1。

由于药剂中常含有不参与中和反应的惰性杂质（如砂土、黏土），因此药剂的实际耗量应比表 14-1 理论量要大些。以 α 表示药剂的纯度（%），α 应根据药剂分析资料确定。当没有分析资料时，可参考下列数据采用：生石灰含 60%～80% 有效 CaO，熟石灰含 65%～75% $Ca(OH)_2$；电石渣及废石灰含 60%～70% 有效 CaO；石灰石含 90%～95% $CaCO_3$；白云石含 45%～50% $CaCO_3$。

由于酸性废水中含有影响中和反应的杂质（如金属离子等）及中和反应混合不均匀，因此中和剂的实际耗量应比理论耗量高，用不均匀系数 K 来表示。如无试验资料时，用石灰乳中和硫酸时，K 采用 1.05～1.10，以干投或石灰浆投加时，K 值采用 1.4～1.5；中和硝酸、盐酸时，K 值采用 1.05。

因此，药剂总耗量可按下式计算：

$$G_a = \frac{KQ(C_1\alpha_1 + C_2\alpha_2)}{\alpha} \times 100 \tag{14-3}$$

式中　G_a——药剂总耗量，kg/d；

　　　Q——酸性废水量，m^3/d；

　　　C_1——废水含酸浓度，kg/m^3；

　　　C_2——废水中需中和的酸性盐浓度，kg/m^3；

　　　α_1——中和剂理论比耗量，即中和 1kg 酸所需的碱量，kg/kg，见表 14-1；

　　　α_2——中和 1kg 酸性盐类所需要碱性药剂量，kg/kg，见表 14-1；

　　　K——不均匀系数；

　　　α——中和剂的纯度，%。

中和反应产生的盐类及药剂中惰性杂质以及原废水中的悬浮物一般用沉淀法去除。沉渣量可根据试验确定，也可按下式估算：

$$G = G_a(B + e) + Q(S - c - d) \tag{14-4}$$

式中　G——沉渣量，kg/d；

　　　G_a——药剂总耗量，kg/d；

　　　Q——酸性废水量，m^3/d；

　　　B——消耗单位药剂所产生的盐量，kg/kg，可用表 14-1 和表 14-3 中的数值计算；

　　　e——单位药剂中杂质含量，kg/kg；

　　　S——原水悬浮物浓度，kg/m^3；

　　　c——中和后溶于废水中的盐量，kg/m^3；

　　　d——中和后出水悬浮物浓度，kg/m^3。

各种药剂中和 1g 酸生成的盐和二氧化碳量　　　　　　　　表 14-3

酸	盐和 CO_2	用下列药剂中和 1g 酸生成的盐和 CO_2（g）				
		$Ca(OH)_2$	NaOH	$CaCO_3$	HCO_3^-	$CaMg(CO_3)_2$
硫酸	$CaSO_4$	1.39	—	1.39	—	0.695
	Na_2SO_4	—	1.45	—	—	—
	$MgSO_4$	—	—	—	—	0.612
	CO_2	—	—	0.45	0.9	0.45

酸	盐和 CO_2	用下列药剂中和 1g 酸生成的盐和 CO_2(g)				
		$Ca(OH)_2$	NaOH	$CaCO_3$	HCO_3^-	$CaMg(CO_3)_2$
盐酸	$CaCl_2$	1.53	—	1.53	—	0.775
	NaCl	—	1.61	—	—	—
	$MgCl_2$	—	—	—	—	0.662
	CO_2	—	—	0.61	1.22	0.61
硝酸	$Ca(NO_3)_2$	1.3	—	1.3	—	0.65
	$NaNO_3$	—	1.25	—	—	—
	$Mg(NO_3)_2$	—	—	—	—	0.588
	CO_2	—	—	0.35	0.7	0.35

（4）药剂中和处理工艺流程

废水量少时（每小时几吨到十几吨）宜采用间歇处理，两、三池（格）交替工作。废水量大时宜采用连续式处理。为获得稳定可靠的中和处理效果宜采用多级式自动控制系统。目前多采用二级或三级，分为粗调和终调或粗调、中调和终调。投药量由设在池出口的 pH 检测仪控制。一般初调可将 pH 调至 4～5。药剂中和处理工艺流程见图 14-1。

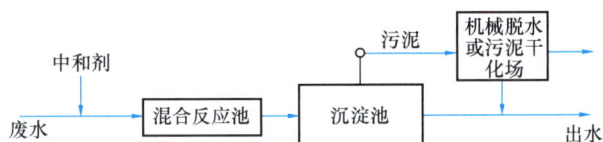

图 14-1　药剂中和处理工艺流程

1）投药装置

采用石灰作中和剂，药剂投配方法分干投和湿投。一般采用湿法投配。

石灰用量在 1t/d 以内时，可用人工方法在消解槽内进行搅拌和消解。一般在消解槽内制成 40%～50% 的乳浊液。消解槽的有效容积可按下式计算：

$$V_1 = KV_0 \tag{14-5}$$

式中　V_1——消解槽的有效容积，m^3；

　　　V_0——一次配药的药剂量，m^3；

　　　K——容积系数，一般采用 2～5。

石灰用量超过 1t/d 时，应采用机械方法进行消解。消解机有立式和卧式两种。立式消解机适用于石灰耗量在 4～8t/d 时，但排渣比较麻烦；卧式消解机适用于石灰用量在 8t/d 以上时。可根据石灰用量，按设备产品样本进行选择。设计时应有防止粉尘飞扬的措施。

经消解后的石灰乳排至溶液槽。溶液槽的有效容积可按下式计算：

$$V_2 = \frac{G_a \times 100}{\gamma C n} \tag{14-6}$$

式中　V_2——溶液槽的有效容积，m^3；

　　　G_a——石灰消耗量，t/d；

γ——石灰的容重，一般采用 $0.9\sim1.1t/m^3$；

C——石灰乳的浓度，一般采用 $5\%\sim10\%$（含有效氧化钙）；

n——每天搅拌的次数，用人工搅拌时按 3 次，用机械搅拌时按 6 次计算。

溶液槽最少采用 2 个，轮换使用。为防止石灰的沉积，应设搅拌装置。采用机械搅拌时，搅拌机的转速一般为 $20\sim40r/min$；如用压缩空气搅拌，其强度采用 $8\sim10L/(s\cdot m^2)$，亦可用水泵搅拌。

投药量大时，可设单独的投配器，见图 14-2。一般情况下由溶液槽直接用管道投药。如有条件可设自动酸度计，将调节阀安装在投药管上，由浸入处理后废水中的酸度发送器进行控制，以保证处理效果和提高管理工作水平。

2）混合反应装置

用石灰中和酸性废水时，混合反应时间一般采用 $2\sim5min$，但废水含金属盐类或其他毒物时，还应考虑去除金属及毒物的要求。采用其他中和剂时，混合反应时间采用 $5\sim20min$。

当废水量较少和浓度较低且不产生大量沉渣时，可不设混合反应池，中和剂可直接投加在水泵吸水井中，在管道中进行反应。但必须满足混合反应时间的要求。当废水量大时，一般须设混合反应池，混合反应可在同一池内进行，石灰乳在池前投入。图 14-3 为四室隔板混合反应池，池内用压缩空气或机械进行搅拌。

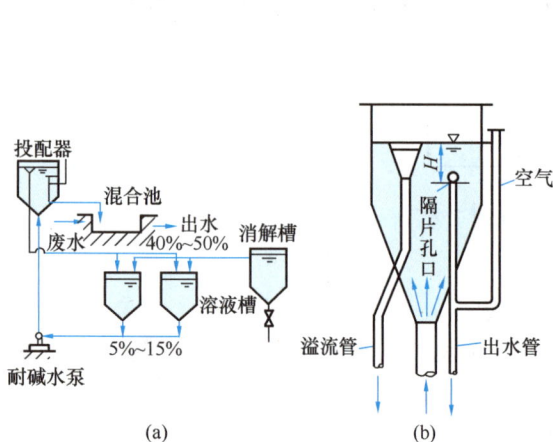

图 14-2　石灰乳投配装置

（a）投配系统；（b）投配器

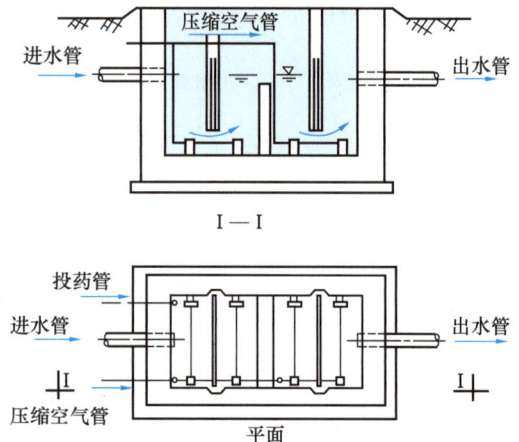

图 14-3　四室隔板混合反应装置

3）沉淀池

当沉渣量少，且为重力排渣时，可采用竖流式沉淀池；当沉渣量大、重力排泥困难时，可采用平流式沉淀池，沉渣用污泥泵排出。以石灰中和含硫酸废水为例，一般沉淀时间为 $1\sim2h$，沉渣体积约为废水体积的 $10\%\sim15\%$，含水率约为 95%。

4）沉渣脱水装置

可采用机械脱水或干化场脱水。

2.碱性废水的药剂中和处理

（1）中和剂

碱性废水中和剂有硫酸、盐酸、硝酸等。常用的药剂为工业硫酸，工业废酸更经济。

有条件时，也可以采取向碱性废水中通入烟道气（含 CO_2、SO_2 等）的办法加以中和。

（2）中和反应

以含氢氧化钠和氢氧化铵的碱性废水为例，中和剂用工业硫酸，其化学反应如下：

$$2NaOH + H_2SO_4 \longrightarrow Na_2SO_4 + 2H_2O$$

$$2NH_4OH + H_2SO_4 \longrightarrow (NH_4)_2SO_4 + 2H_2O$$

如果硫酸铵的浓度足够，可考虑回收利用。

以含氢氧化钠碱性废水为例，用烟道气中和，其化学反应如下：

$$2NaOH + CO_2 \longrightarrow Na_2CO_3 + H_2O$$

$$2NaOH + SO_2 \longrightarrow Na_2SO_3 + H_2O$$

烟道气一般含 CO_2 量可达 24%，有的还含有少量的 SO_2 和 H_2S。烟道气如果用湿法除水膜除尘器，可用碱性废水作为除尘水进行喷淋。废水从接触塔顶淋下，或沿塔内壁流下，烟道气和废水逆流接触，进行中和反应。据某厂的经验，出水的 pH 可由 10～12 降至中性。此法的优点是以废治废、投资省、运行费用低、节水且尚可回收烟灰及煤，把废水处理与消烟除尘结合起来，但出水的硫化物、色度、耗氧量、水温等指标都升高，还需要进一步处理。

中和各种碱性废水所需各种不同浓度酸的比耗量见表 14-4。

中和各种碱所需酸的理论比耗量 表 14-4

碱的名称	中和 1g 碱需酸的量（g/g）							
	H_2SO_4		HCl		HNO_3		CO_2	SO_2
	100%	98%	100%	36%	100%	65%		
NaOH	1.22	1.24	0.91	2.53	1.57	2.42	0.55	0.80
KOH	0.88	0.90	0.65	1.80	1.13	1.74	0.39	0.57
$Ca(OH)_2$	1.32	1.34	0.99	2.74	1.70	2.62	0.59	0.86
NH_3	2.88	2.93	2.12	5.90	3.71	5.70	1.29	1.88

实际上，由于工业废水的成分复杂，因此，药剂投加量不能只按化学计算得到，应留有一定余量，最好作中和曲线后再进行估计。

14.1.4 过滤中和法

过滤中和法仅用于酸性废水的中和处理。酸性废水流过碱性滤料时与滤料进行中和反应的方法称为过滤中和法。碱性滤料主要有石灰石、大理石、白云石等。中和滤池分 3 类：普通中和滤池、升流式膨胀中和滤池和滚筒中和滤池。本书介绍前 2 种滤池，现分述如下。

1. 普通中和滤池

（1）适用范围

过滤中和法较石灰药剂法具有操作方便、运行费用低及劳动条件好等优点，但不适于中和浓度高的酸性废水。对硫酸废水，因中和过程中生成的硫酸钙在水中溶解度很小，易在滤料表面形成覆盖层，阻碍滤料和酸的接触反应。因此极限浓度应根据试验确定，如无试验资料时，用石灰石时为 2g/L，白云石为 5g/L。对硝酸及盐酸废水，因浓度过高，滤料消耗快，给处理造成一定的困难，因此极限浓度可采用 20g/L。另外，废水中铁盐、泥砂及惰性物质的含量亦不能过高，否则会使滤池堵塞。中和酸性废水常用的滤料有石灰石、白云石及白垩粉等。

采用石灰石作滤料时，其中和反应方程式如下：

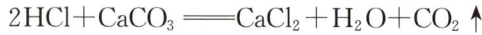

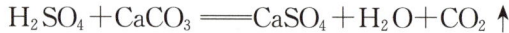

$$2HCl + CaCO_3 = CaCl_2 + H_2O + CO_2 \uparrow$$

$$2HNO_3 + CaCO_3 = Ca(NO_3)_2 + H_2O + CO_2 \uparrow$$

$$H_2SO_4 + CaCO_3 = CaSO_4 + H_2O + CO_2 \uparrow$$

为避免在滤料表面形成硫酸钙覆盖层，当硫酸的浓度在 2～5g/L 范围内，可用白云石作滤料，其在中和时产生的硫酸镁易溶于水。反应速度较石灰石慢，反应式为：

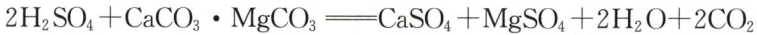

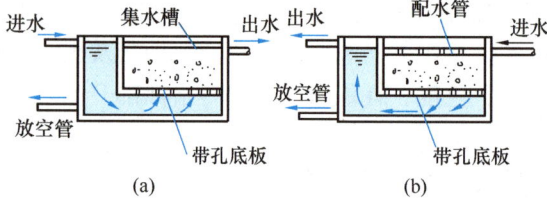

$$2H_2SO_4 + CaCO_3 \cdot MgCO_3 = CaSO_4 + MgSO_4 + 2H_2O + 2CO_2$$

图 14-4　普通中和滤池

(a) 升流式；(b) 降流式

（2）普通中和滤池的形式

普通中和滤池为固定床。滤池按水流方向分为平流式和竖流式两种，目前多用竖流式。竖流式又可分为升流式和降流式两种，见图 14-4。

普通中和滤池的滤料粒径不宜过大，一般为 30～50mm，不得混有粉料杂质。当废水含有可能堵塞滤料的杂质时，应进行预处理。过滤速度一般为 1～1.5m/h，不大于 5m/h，接触时间不少于 10min，滤床厚度一般为 1～1.5m。

（3）中和滤池的计算

1）平流式中和滤池

中和滤池的长度按下式计算：

$$L = vt \tag{14-7}$$

式中　L——滤池长度，m；

v——滤速，一般采用 0.01～0.03m/s；

t——废水同滤料的接触时间，s。可按如下的经验公式计算：

$$t = \frac{6Kd^{1.5}}{\sqrt{v}}\left(3 + \lg \frac{C}{n}\right) \tag{14-8}$$

式中　d——滤料的平均粒径，cm；

C——酸的浓度，mol/L；

n——酸的化合价；

v——滤速，m/s；

K——滤料系数，取决于滤料的浓度，应通过试验求得。

滤池的横断面积按下式计算：

$$f = \frac{Q}{v} \qquad\qquad (14\text{-}9)$$

式中 f ——滤池的横断面积，m^2；

Q ——废水流量，m^3/s；

v ——滤速，m/s。

滤池的水头损失按下式计算：

$$h = iL \qquad\qquad (14\text{-}10)$$

式中 h ——滤池的水头损失，m；

L ——滤池的长度，m；

i ——滤池的坡降，可按下式计算：

$$i = \frac{v^2}{dS^2P_0^2} \qquad\qquad (14\text{-}11)$$

式中 v ——滤速，cm/s；

d ——滤料的平均粒径，cm；

P_0 ——滤料的空隙率，可采用 $0.35\sim0.45$；

S ——系数，与滤料平均粒径有关，$S = 20 - \dfrac{14}{d}$。

2）竖流式中和滤池

计算方法与平流式相同，但滤床最小厚度按如下的经验公式计算：

$$H = Kd^m\left(3 + \lg\frac{C}{n}\right)\sqrt{v} \qquad\qquad (14\text{-}12)$$

式中 H ——滤料层高度，cm；

d ——滤料的粒径，mm；

C ——酸的浓度，mol/L；

n ——酸的化合价；

v ——滤速，m/h，一般采用 $4\sim8$m/h；

K ——滤料特征系数，应根据试验求得，太原产白云石 $K = 0.35$，辽宁大石桥的白云石 $K = 0.6$，大连甘井子白云石 $K = 0.43$；

m ——经验系数，与滤料类别有关，应根据试验求得，一般采用 1.47。

上式只适用于中和硫酸。

3）滤料的消耗及滤池的工作周期

滤料的消耗量按下式计算：

$$G = \alpha KQC \qquad\qquad (14\text{-}13)$$

式中 G ——滤料消耗量，kg/d；

Q ——废水流量，m^3/d；

C ——酸的浓度，kg/m^3；

α ——药剂比消耗量，见表 14-1；

K——系数，采用 1.5。

滤池的理论工作周期按下式计算：

$$T = \frac{P}{G} \tag{14-14}$$

式中　T——滤料的理论工作周期，d；

　　　P——滤料装载量，kg；

　　　G——滤料消耗量，kg/d。

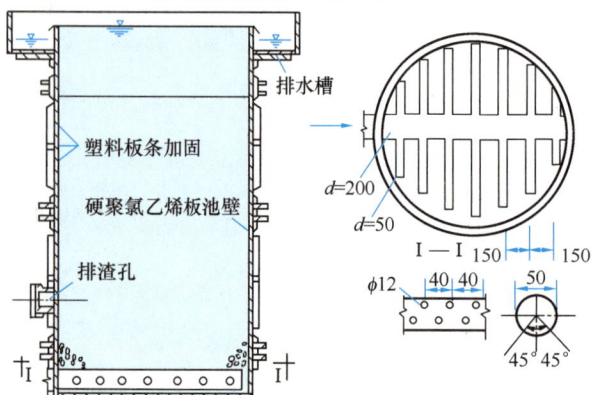

图 14-5　恒滤速升流膨胀中和滤池示意图

2. 升流式膨胀中和滤池

在升流式膨胀中和滤池中，废水从滤池的底部进入，从池顶流出，使滤料处于膨胀状态。升流式膨胀中和滤池又可分为恒滤速和变滤速两种。恒滤速升流式膨胀中和滤池见图 14-5。进水装置可采用大阻力或小阻力布水系统。采用大阻力穿孔管布水系统时，滤池底部装有栅状配水管，干管上部和支管下部开有孔眼，孔径为 9~12mm，孔距和孔数可根据计算确定。卵石承托层厚度一般为 0.15~0.2m，粒径为 20~40mm。滤料粒径为 0.5~3mm，滤层高度应根据酸性废水浓度、滤料粒径、中和反应时间等条件确定。新的或全部更新后的滤料层高度一般为 1.0~1.2m。当滤料层高度因惰性物质的积累达到 2.0m 时应更新全部滤料。运行初期采用 1m，最终换料时一般不小于 2m。中和滤池的高度一般为 3~3.5m。为使滤料处于膨胀状态并互相摩擦，不结垢，垢屑随水流出，避免滤床堵塞，流速一般采用 60~80m/h，膨胀率保持在 50% 左右。上部清水区高度为 0.5m。中和滤池至少有一池备用，以供倒床换料。

当废水硫酸浓度小于 2200mg/L 时，经中和处理后，出水的 pH 可达 4.2~5。若将出水再经脱气池，除去其中 CO_2 气体后，废水的 pH 可提高到 6~6.5。

膨胀中和滤池一般每班加料 2~4 次。当出水的 pH≤4.2 时，需倒床换料。滤料量大时，加料和倒床需考虑机械化，以减轻劳动强度。

变速膨胀中和滤池见图 14-6。滤池下部横截面积小，上部大。滤速下部为 130~150m/h，上部为 40~60m/h，使滤层全部都能膨胀，上部出水可少带料，克服了恒速膨胀滤池下部膨胀不起来，上部带出小颗粒滤料的缺点。滤池出水的 CO_2 用除气塔除去。

过滤中和法的优点是操作简单，出水 pH 比较稳定，沉渣量少（与石灰石比较）。缺点是废水的硫酸浓度不能太高，需定期倒床，劳动强度较高。

某钢铁厂采用变速升流式膨胀中和滤池处理含酸废水。白云石滤料粒径为 0.5~3mm，平均粒径 1.2mm。滤池总高度 3.15m，下部圆筒直径 400mm，滤速为 16.7~19.4mm/s，上部圆筒直径为 800mm，滤速为 4.17~4.86mm/s。进水硫酸浓度达 4000mg/L，出水 pH 高于 4.2，滤料膨胀率为 12%~20%，处理 1t 水需白云石 1.2t 左右。中和滤池的尺寸见图 14-7。

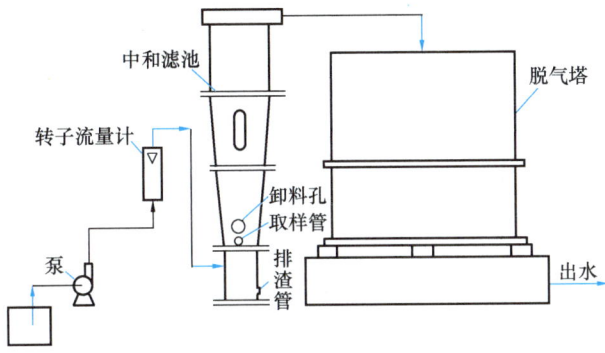

图 14-6　变速中和滤池——除气塔布置流程示意图

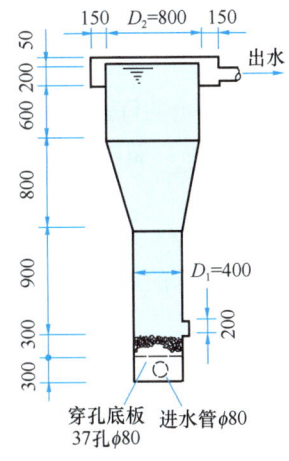

图 14-7　变速膨胀式中和滤池

14.2　化　学　沉　淀

14.2.1　概述

向工业废水中投加某种化学物质，使它和其中某些溶解物质产生反应，生成难溶盐沉淀下来，这种方法称为化学沉淀法，它一般用以处理含金属离子的工业废水。

从普通化学得知，水中的难溶盐服从溶度积原则，即在一定温度下，在含有难溶盐 M_mN_n（固体）的饱和溶液中，各种离子浓度的乘积为一常数，称为溶度积常数，记为 L_{MmNn}：

$$M_mN_n \Longleftrightarrow m M^{n+} + n N^{m-}$$

$$L_{MmNn} = [M^{n+}]^m [N^{m-}]^n \qquad (14-15)$$

式中，M^{n+} 表示金属阳离子，N^{m-} 表示阴离子，[ ] 表示摩尔浓度（mol/L）。

上式对各种难溶盐都应成立。而当 $[M^{n+}]^m [N^{m-}]^n > L_{MmNn}$ 时，溶液过饱和，超过饱和那部分将析出沉淀，直到符合式（14-15）时为止。如果 $[M^{n+}]^m [N^{m-}]^n < L_{MmNn}$，溶液不饱和，难溶盐将溶解，也直到符合式（14-15）时为止。

这是简化了的理想情况，实际上由于许多因素的影响，情况要复杂得多，但它仍然有实际的指导意义。

根据这种原理，可用它来去除废水中的金属离子 M^{n+}。为了去除废水中的 M^{n+} 离子，向其中投加具有 N^{m-} 离子的某种化合物，使 $[M^{n+}]^m [N^{m-}]^n > L_{MmNn}$，形成 M_mN_n 沉淀，从而降低废水中的 M^{n+} 离子的浓度。通常称具有这种作用的化学物质为沉淀剂。

从式（14-15）可以看出，为了最大限度地使 $[M^{n+}]^m$ 值降低，也就是使 M^{n+} 离子更完全地被去除，可以考虑增大 $[N^{m-}]^n$ 值，也就是增大沉淀剂的用量，但是沉淀剂的用量也不宜加的过多，否则会导致相反的作用，一般不超过理论用量的 $20\% \sim 50\%$。

根据使用的沉淀剂的不同，化学沉淀法可分为石灰法、氢氧化物法、硫化物法、钡盐法等。

14.2.2 氢氧化物沉淀法

1. 原理

工业废水中的许多金属离子可以生成氢氧化物沉淀而得以去除。氢氧化物的沉淀与 pH 有很大关系。如以 $M(OH)_n$ 表示金属氢氧化物，则有：

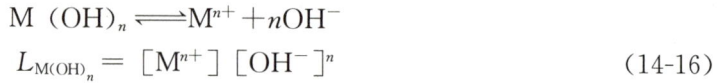

$$M(OH)_n \rightleftharpoons M^{n+} + nOH^-$$

$$L_{M(OH)_n} = [M^{n+}][OH^-]^n \tag{14-16}$$

同时发生水的解离：

$$H_2O \rightleftharpoons H^+ + OH^-$$

水的离子积为：

$$K_{H_2O} = [H^+][OH^-] = 1 \times 10^{-14} \quad (25℃) \tag{14-17}$$

代入式（14-16），则有：

$$[M^{n+}] = \frac{L_{M(OH)_n}}{\left\{ \dfrac{K_{H_2O}}{[H^+]} \right\}^n}$$

将上式两边取对数，则得到：

$$\begin{aligned}
\lg[M^{n+}] &= \lg L_{M(OH)_n} - \{n\lg K_{H_2O} - n\lg[H^+]\} \\
&= -pL_{M(OH)_n} + npK_{H_2O} - npH \\
&= x - npH
\end{aligned} \tag{14-18}$$

式中，$-\lg L_{M(OH)_n} = pL_{M(OH)_n}$；$-\lg K_{H_2O} = pK_{H_2O}$；$x = -pL_{M(OH)_n} + npK_{H_2O}$，对一定的氢氧化物为一常数，见表 14-5。

金属氢氧化物的溶解度与 pH 的关系　　　　　　　　　　表 14-5

金属氢氧化物	$pL_{M(OH)_n}$	$\lg[M^{n+}] = x - npH$	金属氢氧化物	$pL_{M(OH)_n}$	$\lg[M^{n+}] = x - npH$
$Cu(OH)_2$	20	$\lg[Cu^{2+}] = 8.0 - 2pH$	$Cd(OH)_2$	14.2	$\lg[Cd^{2+}] = 13.8 - 2pH$
$Zn(OH)_2$	17	$\lg[Zn^{2+}] = 11.0 - 2pH$	$Mn(OH)_2$	12.8	$\lg[Mn^{2+}] = 15.2 - 2pH$
$Ni(OH)_2$	18.1	$\lg[Ni^{2+}] = 9.9 - 2pH$	$Fe(OH)_3$	38	$\lg[Fe^{3+}] = 4.0 - 3pH$
$Pb(OH)_2$	15.3	$\lg[Pb^{2+}] = 12.7 - 2pH$	$Al(OH)_3$	33	$\lg[Al^{3+}] = 9.0 - 3pH$
$Fe(OH)_2$	15.2	$\lg[Fe^{2+}] = 12.8 - 2pH$	$Cr(OH)_3$	10	$\lg[Cr^{3+}] = 12.0 - 3pH$

式（14-18）为一直线方程，直线的斜率为 $-n$。由此可知，对于同一价数的金属氢氧化物，它们的斜率相等且为平行线。对于不同价数的金属氢氧化物，价数越高，直线越陡，它表明 M^{n+} 离子浓度随 pH 的变化差异比价数低的要大，这些情况可参见图 14-8。

由于废水的水质比较复杂，实际上氢氧化物在废水中的溶解度与 pH 关系和上述理论计算值有出入，因此控制条件必须通过试验来确定。尽管如此，上述理论计算值仍然有一定的参考价值。

应当指出，有些金属氢氧化物沉淀（例如 Zn、Pb、Cr、Sn、Al 等）具有两性，即它们既具有酸性，又具有碱性，既能和酸作用，又能和碱作用。以 Zn 为例，在 pH 等于 9 时，Zn 几乎全部以 $Zn(OH)_2$ 的形式沉淀。但是当碱加到某一数量，使 pH>11 时，生成的

$Zn(OH)_2$ 又能和碱起作用，溶于碱中，生成 $Zn(OH)_4^{2-}$ 或 ZnO_2^{2-} 离子，反应如下：

$$Zn\,(OH)_2 \downarrow +2OH^- = Zn\,(OH)_4^{2-}$$

或

$$Zn\,(OH)_2 \downarrow = H_2ZnO_2$$

$$H_2ZnO_2 + 2OH^- = ZnO_2^{2-} + 2H_2O$$

在平衡时有：

$$\frac{[ZnO_2^{2-}]\,[H_2O]^2}{[H_2ZnO_2]\,[OH^-]^2} = K$$

$$\frac{[ZnO_2^{2-}]\,[H^+]^2\,[H_2O]^2}{[H_2ZnO_2]\,K_{H_2O}^2} = K$$

$$[ZnO_2^{2-}] = \frac{K \cdot [H_2ZnO_2] \cdot K_{H_2O}^2}{[H^+]^2\,[H_2O]^2} = \frac{K'}{[H^+]^2}$$

式中 K_{H_2O}、$[H_2O]$、$[H_2ZnO_2]$ 均为常数，与 K 合并记作 K'，则有：

$$K' = \frac{K \cdot [H_2ZnO_2] \cdot K_{H_2O}^2}{[H_2O]^2}$$

将上式两边取对数：

$$\lg\,[ZnO_2^{2-}] = \lg K' + 2pH = 2pH - pK' \tag{14-19}$$

式（14-19）亦是一条直线，随着 pH 的增大，ZnO_2^{2-} 离子浓度呈直线增加。此直线的斜率为 2，见图 14-8 右边虚线所示。

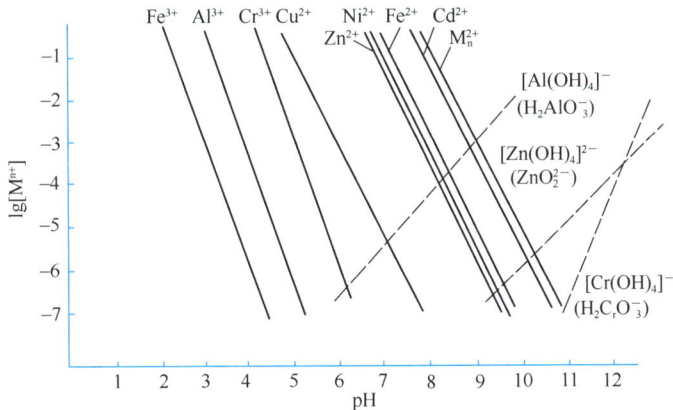

图 14-8　重金属离子溶解度与 pH 的关系

综上所述，用氢氧化物法分离废水中的重金属时，废水的 pH 是操作的一个重要条件。例如处理含锌废水时，投加石灰控制 pH 在 8～10，使其生成氢氧化锌沉淀。据资料介绍，当原水不含其他金属时，经此法处理后，出水中锌的浓度为 2～2.5mg/L；当原水中含有铁、铜等金属时，出水中锌的浓度在 1mg/L 以下。

2. 氢氧化物沉淀法在废水处理中的应用

(1) 矿山废水处理

某矿山废水含铜 83.4mg/L，总铁 1260mg/L，三价铁 10mg/L，pH 为 2.23，沉淀剂采用石灰乳，其工艺流程见图 14-9。一级化学沉淀控制 pH 为 3.47，使铁先沉淀。铁渣含铁 32.84%，含铜 0.148%。第二级化学沉淀控制 pH 在 7.5～8.5 范围，使铜沉淀，铜渣含铜 3.06%，含铁 1.38%。废水经二级化学沉淀后，出水可达到排放标准，铁渣和铜渣可回收利用。

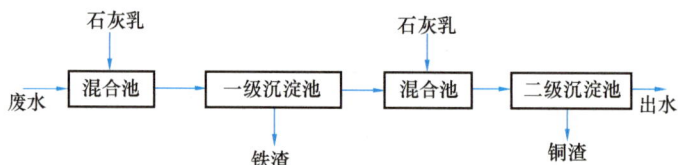

图 14-9　矿山废水处理工艺流程

(2) 铅锌冶炼厂废水处理

某厂在铅锌冶炼过程中排出大量的含铅、锌、镉、汞、砷、氰等多种有害物质的废水。采用石灰乳为沉淀剂去除金属离子，采用漂白粉氧化法除氰。废水量 400m³/h，其工艺流程见图 14-10。废水经泵提升送入第一沉淀池，初步分离悬浮固体后，进入反应池，向反应池投加石灰乳和漂白粉溶液，反应池控制 pH 在 9.5～10.5，然后送到第二沉淀池进行沉淀，上清液再送到第三沉淀池进一步沉淀，出水基本达到排放标准，水质见表 14-6。各沉淀池沉渣送烧结系统利用。每年可从废水中回收铅锌约 384t，回收价值基本与废水处理费用持平。

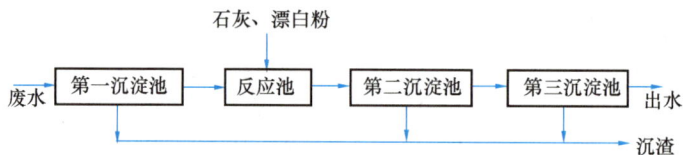

图 14-10　铅锌冶炼厂废水处理工艺流程

铅锌冶炼厂废水处理水质　　　　　　　　表 14-6

取样点	Pb	Zn	Cd	As	CN	pH
处理前（mg/L）	1.06～19.68	20.02～83.48	1.68～10.23	0.55	0.73～2.20	6.4～7.8
处理后（mg/L）	<0.6	1.70	<0.09	<0.1	<0.022	8.0～9.0

14.2.3　硫化物沉淀法

许多金属能形成硫化物沉淀。由于大多数金属硫化物的溶解度一般比其氢氧化物的要小很多，采用硫化物可使金属得到更完全的去除。

在金属硫化物沉淀的饱和溶液中，有：

$$MS = M^{2+} + S^{2-}$$

$$[M^{2+}] = \frac{L_{MS}}{[S^{2-}]} \tag{14-20}$$

各种金属硫化物的溶度积 L_{MS} 的负对数（pL_{MS}）见表14-7。

金属硫化物的溶度积的负对数（pL_{MS}）

表 14-7

离子	电离反应	pL_{MS}	离子	电离反应	pL_{MS}
Mn^{2+}	$MnS = Mn^{2+} + S^{2-}$	16	Cd^{2+}	$CdS = Cd^{2+} + S^{2-}$	28
Fe^{2+}	$FeS = Fe^{2+} + S^{2-}$	18.8	Cu^{2+}	$CuS = Cu^{2+} + S^{2-}$	36.3
Ni^{2+}	$NiS = Ni^{2+} + S^{2-}$	21	Hg^+	$Hg_2S = 2Hg^{2+} + S^{2-}$	45
Zn^{2+}	$ZnS = Zn^{2+} + S^{2-}$	24	Hg^{2+}	$HgS = Hg^{2+} + S^{2-}$	52.6
Pb^{2+}	$PbS = Pb^{2+} + S^{2-}$	27.8	Ag^+	$Ag_2S = 2Ag^+ + S^{2-}$	49

硫化物沉淀法常用的沉淀剂有硫化氢、硫化钠、硫化钾等。

以硫化氢为沉淀剂时，硫化氢在水中分两步解离：

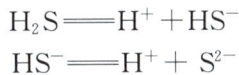

$$H_2S \Longrightarrow H^+ + HS^-$$
$$HS^- \Longrightarrow H^+ + S^{2-}$$

离解常数分别为：

$$K_1 = \frac{[H^+][HS^-]}{[H_2S]} = 9.1 \times 10^{-8}$$

$$K_2 = \frac{[H^+][S^{2-}]}{[HS^-]} = 1.2 \times 10^{-15}$$

将以上两式相乘，得到：

$$\frac{[H^+]^2[S^{2-}]}{[H_2S]} = 1.1 \times 10^{-22}$$

$$[S^{2-}] = \frac{1.1 \times 10^{-22}[H_2S]}{[H^+]^2}$$

将上式代入式（14-20），得到：

$$[M^{2+}] = \frac{L_{MS}}{\frac{1.1 \times 10^{-22}[H_2S]}{[H^+]^2}} = \frac{L_{MS}[H^+]^2}{1.1 \times 10^{-22}[H_2S]} \tag{14-21}$$

在 0.1MPa 压力和 25℃ 条件下，硫化氢在水中的饱和浓度约为 0.1mol（pH≤6），把 $[H_2S] = 1 \times 10^{-1}$ 代入式（14-21），得到：

$$[M^{2+}] = \frac{L_{MS}[H^+]^2}{1.1 \times 10^{-23}} \tag{14-22}$$

从式（14-22）可以看出，金属离子的浓度和 pH 有关，随着 pH 增加而降低。

虽然硫化物法比氢氧化物法能更完全地去除金属离子，但是由于它的处理费用较高，硫化物沉淀困难，常需要投加凝聚剂以提高去除效果。因此，采用的并不广泛，有时作为氢氧化物沉淀法的补充法。

下面以含汞废水为例，介绍硫化物沉淀法在工业废水处理中的应用。

在碱性条件下（pH 为 8～10），向废水中投加硫化钠，使其与废水中的汞离子或亚汞离子进行反应：

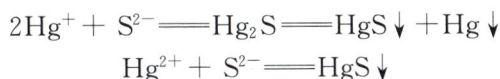

$$2Hg^+ + S^{2-} \Longrightarrow Hg_2S \Longrightarrow HgS\downarrow + Hg\downarrow$$
$$Hg^{2+} + S^{2-} \Longrightarrow HgS\downarrow$$

Hg_2S 不稳定，易分解为 HgS 和 Hg。

用此法处理低浓度含汞废水时，由于生成的硫化汞颗粒很小，沉淀物分离困难，为了提高除汞效果，常投加适量的凝聚剂（如 $FeSO_4$ 等），进行共沉。这种方法称为硫化物共沉法。操作时，先投加稍微过量的硫化钠，待其与废水中的汞离子反应生成 HgS 和 Hg 沉淀后，再投加适量的硫酸亚铁，反应如下：

$$FeSO_4 + S^{2-} = FeS\downarrow + SO_4^{2-}$$

部分 Fe^{2+} 离子也能生成 $Fe(OH)_2$ 沉淀。

上述反应生成的 FeS 和 $Fe(OH)_2$ 可作为 HgS 的载体。细小的 HgS 吸附在载体表面上，与载体共同沉淀。

为了更好地去除汞离子，在工艺上要求先生成 HgS 沉淀，然后再生成 FeS 沉淀。

某化工厂采用硫化钠共沉法处理乙醛车间排出的含汞废水。废水量为 $200m^3/d$，汞浓度为 $5mg/L$，pH 为 2~4。原水用石灰将 pH 调至 8~10 后，投硫化钠 $30mg/L$，硫酸亚铁 $60mg/L$，处理后废水含汞浓度为 $0.2mg/L$。处理后生成的硫化汞本身虽然毒性不大，但通过缓慢的甲基化作用，仍会污染环境，因此必须对含汞污泥进行处理，处理方法有电解法等。

14.2.4 钡盐沉淀法

这种方法主要用于处理含六价铬的废水，采用的沉淀剂有碳酸钡、氯化钡、硝酸钡、氢氧化钡等。以碳酸钡为例，它与废水中的铬酸根进行反应，生成难溶盐铬酸钡沉淀：

$$BaCO_3 + CrO_4^{2-} = BaCrO_4\downarrow + CO_3^{2-}$$

碳酸钡也是一种难溶盐，它的溶度积（$L_{BaCO_3} = 8.0 \times 10^{-9}$）比铬酸钡的溶度积（$L_{BaCrO_4} = 2.3 \times 10^{-10}$）要大。在碳酸钡的饱和溶液中，钡离子的浓度比铬酸钡饱和溶液中的钡离子的浓度约大 6 倍。这就说，对于 $BaCO_3$ 为饱和溶液的钡离子浓度对于 $BaCrO_4$ 溶液已成为过饱和了。因此，向含有 CrO_4^{2-} 离子的废水中投加 $BaCO_3$，Ba^{2+} 就会和 CrO_4^{2-} 生成 $BaCrO_4$ 沉淀，从而使 $[Ba^{2+}]$ 和 $[CrO_4^{2-}]$ 下降，$BaCO_3$ 溶液未饱和，$BaCO_3$ 就会逐渐溶解，这样直到 CrO_4^{2-} 离子完全沉淀。这种由一种沉淀转化为另一种沉淀的过程称为沉淀的转化。

为了提高除铬效果，应投加过量的碳酸钡，反应时间应保持 25~30min。投加过量的碳酸钡会使出水中含有一定数量的残钡。在把这种水回用前，需要去除其中的残钡。残钡可用石膏法去除：

$$CaSO_4 + Ba^{2+} = BaSO_4\downarrow + Ca^{2+}$$

14.3 氧 化 还 原

14.3.1 氧化还原反应基础

1. 氧化还原反应

在化学反应中，如果发生电子的转移，则参与反应的物质所含元素将发生化合价的改变，这种反应称为氧化还原反应。简单的无机物的氧化还原过程是电子转移。失去电子的元素被氧化，是还原剂；得到电子的元素被还原，是氧化剂。其氧化还原能力由标准氧化还原点位的大小来判断，电极电位值越大，电对中氧化剂的氧化能力越强。

以锌和铜置换反应为例，氧化还原反应方程如下：

$$Cu^{2+} + Zn \rightleftharpoons Cu + Zn^{2+}$$

这是一个可逆反应。在正反应中 Cu 由 +2 价得到 2 个电子降为零价，被还原；锌由零价失去 2 个电子升为 +2 价，被氧化。在逆反应中，Cu 由零价失去 2 个电子升为 +2 价，被氧化；Zn 由 +2 价得到 2 个电子降为零价，被还原。以上反应式可以写为两个半反应式：

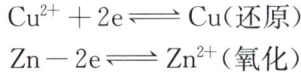

$$Cu^{2+} + 2e \rightleftharpoons Cu（还原）$$
$$Zn - 2e \rightleftharpoons Zn^{2+}（氧化）$$

对于有机物的氧化还原过程，由于涉及共价键，电子的移动情形很复杂。许多反应并不发生电子的直接转移，而是原子周围的电子云密度发生变化。因此，实际上，凡是加氧或脱氢的反应称为氧化反应，而加氢或脱氧的反应则称为还原反应。凡是强氧化剂作用而使有机物分解成简单的无机物如 CO_2、H_2O 等的反应，可判断为氧化反应。

2. 氧化还原法分类

氧化还原法是降解废水中污染物的有效方法。废水中呈溶解态的无机或有机的有毒有害物质，通过化学反应被氧化或还原为微毒或无毒的物质，或者转化为容易与水分离的形态，或者被氧化为易生物降解的物质，从而达到处理的目的，这种方法称为废水处理的氧化还原法。按照污染物的净化原理，废水的氧化还原处理方法主要分为氧化法和还原法两大类，具体处理方法见表 14-8。

氧化还原法分类 表 14-8

分类		方法
氧化法	常温常压	空气氧化法
		氯氧化法（液氯，NaClO，漂白粉等）
		Fenton 氧化法
		臭氧氧化法
		电解（阳极）
		光氧化法
		光催化氧化法
	高温高压	湿式催化氧化
		超临界氧化
		燃烧法
还原法		药剂还原法（亚硫酸钠，硫代硫酸钠，硫酸亚铁，二氧化硫）
		电解（阴极）

与生物氧化法相比，化学氧化还原法需较高的运行费用。因此，目前化学氧化还原法主要用于去除废水中生物难降解有毒污染物、降低有毒有机污染物的生物毒性、消除废水的色度、臭味及硫化氢、去除微量新污染物、除铁锰、再生水杀菌消毒、控制处理工艺和回用配水管网系统中生物结垢等。氧化还原法可应用于废水预处理、可生化性改善和深度处理阶段以及特殊工业废水的处理。

3. 氧化还原药剂与氧化还原电位

废水处理中常用的氧化剂有：空气中的氧、纯氧、臭氧、氯气、次氯酸钠、二氧化氯、高锰酸钾、过氧化氢等。常用的还原剂有：硫酸亚铁、亚硫酸盐、氯化亚铁、铁屑、二氧化氯等。

物质的氧化还原电位表示某一物质由某种氧化态转变为某种还原态，或由某种还原态转变为某种氧化态的难易程度。氧化还原电位是衡量化合物在一定条件下氧化还原能力强弱的指标，某物质的标准氧化还原电位值越大，其氧化能力越强，还原能力越弱，反之亦然。

废水处理常用氧化还原剂的半反应式及标准氧化还原电位值见表 14-9。标准氢电极被定义为电极电位为 0。标准氧化还原电位是指氧化还原反应中，各物质的电极处于标准状态时，与标准氢电极的电位差。标准氧化还原电位指在 25℃、1atm 条件下，水中氧化态和还原态物质的浓度是 1.0mol/L 时的氧化还原电位值。

常用氧化剂的氧化能力排序如下式：

$$HO \cdot > O_3 > H_2O_2 > HOCl > ClO_2 > MnO_4^- > O_2 > OCl^-$$

在选择处理氧化还原药剂和方法时，应当遵循下面的一些原则：

（1）处理效果好，反应产物无毒无害，不需进行二次处理。

（2）处理费用合理，所需药剂和材料易得。

（3）操作特性好，在常温和较宽的 pH 范围内具有较快的反应速度；当提高反应温度和压力后，其处理效率和速度的提高能克服费用增加的不足；当负荷变化后，调整操作参数，可维持稳定的处理效果。

（4）与前后处理工序的目标一致，搭配方便。

废水处理常用氧化还原剂的标准氧化还原电位（E^0）　　　　表 14-9

半反应式	E^0（V）	半反应式	E^0（V）
$F_2+2H^++2e \Longrightarrow 2HF$	2.87	$ClO_2+e \Longrightarrow ClO_2^-$	1.50
$O_3+2H^++2e \Longrightarrow O_2+H_2O$	2.07	$HOCl+H^++2e \Longrightarrow Cl^-+H_2O$	1.49
$H_2O_2+2H^++2e \Longrightarrow 2H_2O$	1.78	$Cl_2+2e \Longrightarrow 2Cl^-$	1.36
$MnO_4^-+4H^++3e \Longrightarrow MnO_2+2H_2O$	1.67	$Cr_2O_7^{2-}+14H^++6e \Longrightarrow 2Cr^{3+}+7H_2O$	1.33
$HClO_2+3H^++4e \Longrightarrow Cl^-+2H_2O$	1.57	$O_2+4H^++4e \Longrightarrow 2H_2O$	1.23
$SO_4^{2-}+4H^++2e \Longrightarrow H_2SO_3+H_2O$	0.17	$Fe^{3+}+e \Longrightarrow Fe^{2+}$	0.771
$S+2H^++2e \Longrightarrow H_2S$	−0.14	$Zn^{2+}+2e \Longrightarrow Zn$	−0.763

注：来自：Tchobanoglous G. et al. wastewater engineering：treatment and resource recovery. Mc Craw-Hill Education，2014.

4. 氧化还原反应电势

电势（电位差）是指氧化还原反应中，电子从氧化剂转移到还原剂的趋势或驱动力。简单来说，电势可以理解为电子从一个物质转移至另一个物质的能力。当电势越大时，电子转移的能力越强，反应也越容易发生。

电势的单位是伏特（V），可以通过以下公式来计算：

$$E^0_{反应} = E^0_{氧化剂} - E^0_{还原剂} \tag{14-23}$$

式中　$E^0_{反应}$——反应电势，V；

　　$E^0_{氧化剂}$——氧化剂的电位，V；

　　$E^0_{还原剂}$——还原剂的电位，V。

其中，氧化剂的电位和还原剂的电位分别来自于物质的标准电极电位。通过计算电势，可以预测氧化还原反应的进行方向和强弱。当电势为正时，反应趋势会向着氧化的方向进行；当电势为负时，反应趋势会向着还原的方向进行。

以锌和铜置换反应为例，计算氧化还原反应的电势。

$$Cu^{2+} + Zn \rightleftharpoons Cu + Zn^{2+}$$

在该氧化还原反应中，Cu^{2+}为氧化剂，$E^0_{Cu^{2+}, Cu} = 0.34V$；

Zn 为还原剂，$E^0_{Zn, Zn^{2+},} = -0.763V$

该氧化还原反应电势为：

$$E^0_{反应} = E^0_{Cu^{2+}, Cu} - E^0_{Zn, Zn^{2+}} = 0.34 - (-0.763) = +1.103V \quad (14\text{-}24)$$

反应电势为正，表述反应会向锌被氧化的方向发展，即反应式的正方向发生。反之，反应则向逆方向发生。

5. 氧化还原反应的平衡常数

氧化还原反应的平衡常数利用能斯特方程计算：

$$\ln K = \frac{nFE^0_{反应}}{RT} \quad (14\text{-}25)$$

或：

$$\lg K = \frac{nF E^0_{反应}}{2.303RT}$$

式中　K——平衡常数；

　　n——反应过程交换的电子数；

　　F——法拉第常数，每摩尔电子所携带的电荷量：96487C/mol；

　　$E^0_{反应}$——反应电势，V；

　　R——气体常数，8.3144J/(mol·K)；

　　T——绝对温度，K(273.15+℃)。

在 25℃条件下：

$$\lg K = \frac{nFE^0_{反应}}{2.303RT} = \frac{n \times 96487 E^0_{反应}}{2.303 \times 8.3144 \times (273.15 + 25)} = \frac{nE^0_{反应}}{0.0592}$$

【例 14-2】确定过氧化氢氧化硫化氢的氧化还原反应平衡常数。

氧化还原反应式：

$$H_2S + H_2O_2 \rightleftharpoons S + 2H_2O$$

【解】（1）计算反应电势

由表 14-9，查得：$E^0_{H_2O_2, H_2O} = 1.78V$，$E^0_{H_2S,S} = -0.14V$

则 $E^0_{反应} = 1.78 - (-0.14) = +1.92V$

（2）计算平衡常数

$$\lg K = \frac{nE^0_{反应}}{0.0592} = \frac{2 \times 1.92}{0.0592} = 64.9$$

$$K = 7.94 \times 10^{64} = \frac{[S][H_2O]^2}{[H_2S][H_2O_2]}$$

14.3.2 氯氧化法

在废水处理中氯氧化法主要用于氰化物、硫化物、酚、醇、醛、油类的氧化去除及脱色、脱臭、杀菌、防腐等。下面重点介绍氯氧化法在含氰废水处理中的应用。

含氰废水多来源于电镀车间和某些化工厂。废水中含有氰基（-C≡N）的氰化物，如氰化钠、氰化钾、氰化铵等简单氰盐易溶于水，离解为氰离子 CN^-。氰的络合盐溶于水，以氰的络合离子形式存在，如 $Zn(CN)_4^{2-}$、$Ag(CN)_2^-$、$Fe(CN)_6^{4-}$ 等。一般所谓游离氰是指 CN^- 而言。氰化物的毒性与氰基的形态有关。络合牢固的铁氰化物和亚铁氰化物，由于不易析出 CN^-，所以表现为低毒性，而氰化钠、氰化钾等易析出 CN^-，表现为剧毒性。

低浓度含氰废水的处理方法有硫酸亚铁石灰法、电解法、吹脱法、生化法、碱性氯化法等。其中碱性氯化法在国内外已有较成熟的经验，应用比较广泛。

1. 碱性氯化法基本原理

碱性氯化法是在碱性条件下，采用次氯酸钠、漂白粉、液氯等氯系氧化剂将氰化物氧化的方法。无论采用什么氯系氧化剂，其基本原理都是利用次氯酸根的氧化作用。

漂白粉的主要成分是次氯酸钙（$Ca(ClO)_2$），在水中的反应为：

$$Ca(OCl)_2 + 2H_2O = 2HClO + Ca(OH)_2$$

氯气与水接触发生如下歧化反应：

$$Cl_2 + H_2O = HCl + HClO$$

常用的碱式氯化法有局部氧化法和完全氧化法两种。前者称一级处理，后者称二级处理。

（1）局部氧化法

氰化物在碱性条件下被氯氧化成氰酸盐的过程，常称为局部氧化法。其反应如下：

$$CN^- + ClO^- + H_2O \longrightarrow CNCl + 2OH^-$$

$$CNCl + 2OH^- \longrightarrow CNO^- + Cl^- + H_2O$$

上述第一个反应，pH 为任何值，反应速度都很快，第二个反应，pH 越高，反应速度越快。

电镀含氰废水通常除游离氰外，还有重金属与氰的络离子，因此氯系氧化剂的用量应按废水中总氰计算。破坏游离氰所需氧化剂的理论用量为：

$$CN : Cl_2 = 1 : 2.73$$

$$CN : NaOCl = 1 : 2.85$$

$$CN : 漂白粉（有效氯 20\% \sim 25\%）= 1 : (4 \sim 5)$$

破坏络离子时，如铜氰络离子，按下列反应计算：

$$Cu(CN)_4^{2-} + 4ClO^- + 2OH^- = 4CNO^- + 4Cl^- + Cu(OH)_2 \downarrow$$

理论用量为 $CN : NaOCl = 1 : 2.85$。

考虑电镀废水中常含有其他还原物质如 Fe^{2+}、有机添加剂等，实际上氧化剂的用量，以 $NaOCl$ 计为含氰量的 $5 \sim 8$ 倍。

（2）完全氧化法

局部氧化氰酸盐虽然毒性低，其半致死浓度（LC50）值大于氰化物的 LC50 约 100 倍。但 CNO⁻ 易水解生成 NH_3。完全氧化法是继局部氧化法后，再将生成的氰酸根 CNO⁻ 进一步氧化成 N_2 和 CO_2，清除氰酸盐对环境的污染。

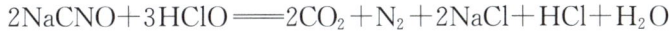

$$2NaCNO+3HClO =\!\!= 2CO_2+N_2+2NaCl+HCl+H_2O$$

如果经过局部氧化后有残余的氯化氰，也能被进一步氧化：

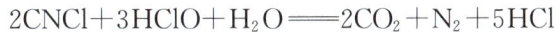

$$2CNCl+3HClO+H_2O =\!\!= 2CO_2+N_2+5HCl$$

完全氧化工艺的关键在于控制反应的 pH。pH 大于 12，则反应停止，pH 也不能太低，否则氰酸根会水解生成氨并与次氯酸生成有毒的氯胺。

氧化剂的用量一般为局部氧化法的 1.1 倍～1.2 倍。完全氧化法处理含氰酸水必须在局部氧化法的基础上才能进行，药剂应分两次投加，以保证有效地破坏氰酸盐。适当的搅拌可加速反应进行。

2. 碱性氯化法处理含氰废水的工艺流程

碱性氯化法宜用于处理电镀生产过程中所产生的各种含氰废水。废水中氰离子含量不宜大于 50mg/L。应避免铁、镍离子混入含氰废水处理系统。

碱性氯化法处理含氰废水，一般情况下可采用一级氧化处理，有特殊要求时可采用二级氧化处理。

采用一级氧化处理含氰废水时，可采用图 14-11 所示基本工艺流程。

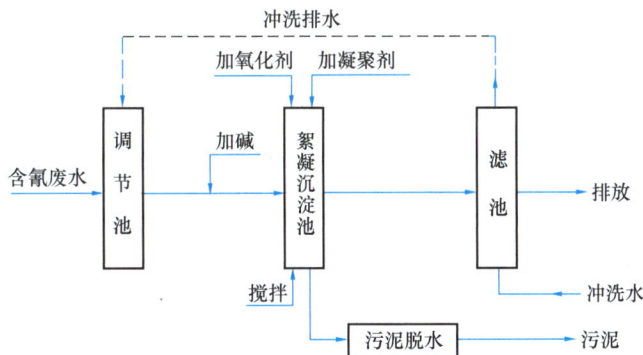

图 14-11　一级氧化处理含氰废水基本工艺流程

碱性氯化法处理含氰电镀废水，应设置调节池。调节池宜设计成两格，其总有效容积可按 2～4h 平均水力停留时间计算，并应设置除油、清除沉淀物等设施。当采用间歇式处理，并设有两格絮凝沉淀池交替使用时，可不设调节池。

废水与投加的化学药剂混合、反应时应进行搅拌，可采用机械搅拌或水力搅拌。氧化剂可采用次氯酸钠、漂白粉、漂粉精和液氯，其投药量宜通过试验确定。当无条件试验时，其投药量应按氰离子与活性氯的质量比计算确定。其质量比在一级氧化处理时为(1:3)～(1:4)，二级处理时宜为(1:7)～(1:8)。当采用次氯酸钠、漂白粉、漂粉精进行一级氧化处理时，反应时废水的 pH 应控制在 10～11；当采用液氯作氧化剂时，pH 应控制在 11～11.5，反应时间宜为 30min。当采用二级氧化处理时，一级氧化废水 pH 应控制在

$10 \sim 11$，反应时间宜为 $10 \sim 15min$；二级氧化的 pH 应控制在 $6.5 \sim 7.0$，反应时间宜为 $10 \sim 15min$。

含氰废水经氧化处理后，应进行沉淀和过滤处理。间歇式处理时，沉淀方式宜采用静置沉淀；连续式处理时，宜采用斜板沉淀池等设施。滤池可采用重力式滤池，也可采用压力式滤池。滤池的冲洗排水应排入调节池或沉淀池，不得直接排放。

采用连续式处理工艺流程时，宜设置废水水质的自动检测装置和投药的自动控制装置。

为防止有害气体的逸出，反应器应采取封闭或通风措施。

14.3.3 药剂还原法

向废水中投加还原剂，使废水中的有毒有害物质转变为无毒的或毒性小的新物质的方法称为还原法。本节以含铬废水为例介绍药剂还原法在废水处理中的应用。

1. 药剂还原法处理含铬废水基本原理

含铬废水多来源于电镀厂、制革厂和某些化工厂。电镀含铬废水主要来自镀铬漂洗水、各种铬钝化漂洗水、塑料电镀粗化工艺漂洗水等。含六价铬废水的药剂还原法的基本原理是在酸性条件下，利用化学还原剂将六价铬还原成三价铬，然后用碱使三价铬成为氢氧化铬沉淀而去除。

电镀废水中的六价铬主要以铬酸根 CrO_4^{2-} 和重铬酸根 $Cr_2O_7^{2-}$ 两种形式存在，随着废水 pH 的不同，两种形式之间存在着转换平衡：

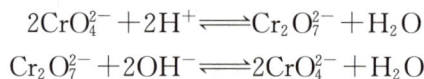

$$2CrO_4^{2-} + 2H^+ \rightleftharpoons Cr_2O_7^{2-} + H_2O$$
$$Cr_2O_7^{2-} + 2OH^- \rightleftharpoons 2CrO_4^{2-} + H_2O$$

从上式可以看出，在酸性条件下，六价铬主要以 $Cr_2O_7^{2-}$ 形式存在，在碱性条件下，则主要以 CrO_4^{2-} 形式存在。电镀含铬漂洗废水中 Cr^{6+} 的浓度一般为 $20 \sim 100mg/L$，废水的 pH 一般在 5 以上。

在酸性条件下六价铬的还原反应很快，一般要求 pH$<$3。

常用的还原剂有：亚硫酸钠、亚硫酸氢钠、焦亚硫酸钠、硫代硫酸钠、硫酸亚铁、二氯化硫、水合肼、铁屑、铁粉等。

2. 亚硫酸盐还原法

目前常用亚硫酸钠和亚硫酸氢钠为还原剂，也有用焦亚硫酸钠的。实际上，焦亚硫酸钠溶于水后，便水解为亚硫酸氢钠，反应如下：

$$Na_2S_2O_5 + H_2O \rightleftharpoons 2NaHSO_3$$

六价铬与亚硫酸氢钠的反应：

$$2H_2Cr_2O_7 + 6NaHSO_3 + 3H_2SO_4 \rightleftharpoons 2Cr_2(SO_4)_3 + 3Na_2SO_4 + 8H_2O$$

六价铬与亚硫酸钠的反应：

$$H_2Cr_2O_7 + 3Na_2SO_3 + 3H_2SO_4 \rightleftharpoons Cr_2(SO_4)_3 + 3Na_2SO_4 + 4H_2O$$

还原后的 Cr^{3+}，以 $Cr(OH)_3$ 沉淀的最佳 pH 为 $7 \sim 9$。所以铬还原后，废水应进行中和。常用的中和剂有 NaOH、石灰。

还原后用 NaOH 中和至 pH$=7 \sim 8$，使 Cr^{3+} 生成 $Cr(OH)_3$ 沉淀，然后过滤回收铬

污泥。

$$Cr_2(SO_4)_3 + 6NaOH \rightleftharpoons 2Cr(OH)_3 \downarrow + 3Na_2SO_4$$

采用 NaOH 中和生成的 $Cr(OH)_3$ 纯度较高，可以综合利用。也可用石灰进行中和沉淀，费用较低，但操作不便，增加化石灰工序，反应速度慢，生成的污泥量大，且难于综合利用。

亚硫酸盐还原法的工艺设计参数如下：

（1）废水六价铬浓度一般控制在 100～1000mg/L 范围内。

（2）废水 pH 为 2.5～3，如果 CrO_3 浓度大于 0.5g/L，还原要求 pH＝1，还原反应后要求 pH 保持在 3 左右。

（3）还原剂用量与 Cr^{6+} 浓度和还原剂种类有关。电镀废水在通常的 Cr^{6+} 的浓度范围内，还原剂理论用量（质量比）六价铬为 1 时，亚硫酸氢钠、亚硫酸钠、焦亚硫酸钠分别为 4、4、3。投量不宜过大，否则既浪费药剂，又能生成 $[Cr_2(OH)_2SO_3]^{2-}$，难以沉淀。

（4）还原反应时间约 30min。

（5）氢氧化铬沉淀 pH 控制在 7～8 范围内。

（6）沉淀剂可用 NaOH、石灰、碳酸钠，根据实际情况选用。一般常用 20％浓度的 NaOH。

14.3.4 臭氧氧化

1. 臭氧的物理化学性质

臭氧是氧的同素异形体，它的分子由 3 个氧原子组成。臭氧在室温下为无色气体，具有一种特殊的臭味。在标准状态下，密度为 2.144g/L，其主要物理化学性质如下。

（1）氧化能力

臭氧是一种强氧化剂，其氧化还原电位为 2.07V，臭氧的氧化能力仅次于氟和羟基自由基，比氧、氯及高锰酸盐等常用的氧化剂都高。

（2）在水中的溶解度

生产中多以空气为原料制备臭氧化空气（含臭氧的空气）。臭氧在水中的溶解度符合亨利定律：

$$C = K_H P \tag{14-26}$$

式中　C——臭氧在水中的溶解度，mg/L；

P——臭氧化空气中臭氧的分压，kPa；

K_H——亨利常数，mg/(L·kPa)。

臭氧化空气中，臭氧只占 0.6％～1.2％（体积比），根据气态方程和道尔顿定律，臭氧的分压也只有臭氧化空气压力的 0.6％～1.2％，因此，当水温为 25℃时，将臭氧化空气注入水中，臭氧的溶解度只有 3～7mg/L。

（3）臭氧的分解

臭氧在空气中会自行分解为氧气，其反应为：

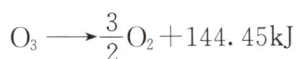

$$O_3 \longrightarrow \frac{3}{2}O_2 + 144.45kJ$$

由于分解时放出大量热量，当浓度在 25％以上时，极易爆炸，但一般臭氧化空气中臭氧的浓度不超过 10％，因此不会发生爆炸。臭氧在空气中的分解速度，随温度升高而加快。浓度为 1％ 以下的臭氧，在常温常压下，其半衰期为 16h 左右，所以臭氧不易贮存，需现场生产。臭氧在纯水中的分解速度比在空气中快得多。水中臭氧浓度为 3mg/L，在常温常压下，其半衰期仅为 5～30min。

臭氧在水中的分解速度随 pH 的提高而加快，一般在碱性条件下分解速度快，在酸性条件下比较慢。

（4）臭氧的毒性和腐蚀性

臭氧是有毒气体。空气中臭氧浓度为 0.1mg/L 时，眼、鼻、喉会感到刺激；浓度为 1～10mg/L 时，会感到头痛，出现呼吸器官局部麻痹等症状；浓度为 15～20mg/L 时，可能致死。其毒性还和接触时间有关。一般从事臭氧处理的工作人员所在的环境中，臭氧浓度的允许值定为 0.1mg/L。

臭氧具有较强的氧化能力，除金和铂外，臭氧化空气几乎对所有金属都有腐蚀作用。不含碳的铬铁合金，基本上不受臭氧腐蚀，所以生产上常采用含 25％Cr 的铬铁合金（不锈钢）来制造臭氧发生设备、加注设备及臭氧直接接触的部件。

臭氧对非金属材料也有强烈的腐蚀作用，例如聚氯乙烯塑料板等。不能用普通橡胶作密封材料，应采用耐腐蚀能力强的硅橡胶或耐酸橡胶。

2. 臭氧氧化反应

（1）臭氧氧化方式

臭氧在水中的化学作用取决于两个类型的反应：一个是直接以分子态产生氧化效果；另一个是经过一系列过程分解成羟基自由基（HO·），产生更强的氧化能力，因此臭氧氧化也被称为高级氧化。

某种底物（S）的臭氧氧化过程可用图 14-12 所示的两个同时进行的反应方式表示。实际上，哪个氧化类型（羟基自由基或臭氧）占据优势，主要取决于介质条件（主要是pH）、臭氧与化合物的反应速度、形成产物的性质（产物可能会加速或减慢臭氧分解）等。

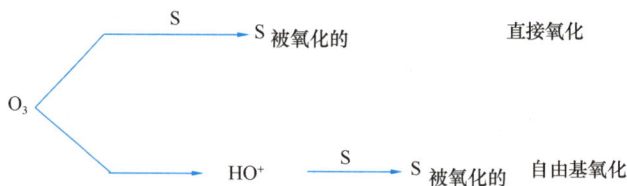

图 14-12　臭氧氧化方式

（2）臭氧与无机化合物的反应

臭氧可将铁、锰等金属氧化为高价化合物。与铁、锰的反应如下：

$$2Fe^{2+} + O_3 + 5H_2O \longrightarrow 2Fe(OH)_3 + O_2 + 4H^+$$

亚铁离子迅速被臭氧氧化形成氢氧化铁沉淀。

$$Mn^{2+} + O_3 + H_2O \longrightarrow MnO_2 + 2H^+ + O_2$$

臭氧与锰反应的速度比与铁反应慢。水中含有机物时去除速度极慢，另外，臭氧过度投加会产生高锰酸钾盐，出现粉红色。

臭氧将硫化物氧化成硫酸盐，反应速度随固定在硫上的质子增加而减慢。反应式为：

$$S^{2-} + 4O_3 \longrightarrow SO_4^{2-} + 4O_2$$

臭氧在碱性条件下氧化氰化物分为两步，第一步将 CN^- 氧化为 CNO^-，第二步再将 CNO^- 氧化为 N_2 和重碳酸盐。反应如下：

$$CN^- + O_3 \longrightarrow CNO^- + O_2$$

$$2CNO^- + 3O_3 + H_2O \longrightarrow 2HCO_3^- + N_2 + 3O_2$$

（3）臭氧与有机物的反应

臭氧可将烯烃类双键化合物氧化为酸、饱和醛和二氧化碳，反应式为：

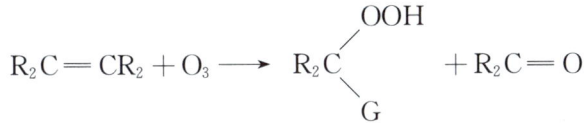

式中 G 代表 OH、OCH_3、$OCCH_3$ 等基。

臭氧可将芳香族化合物氧化为酚、醌、脂肪酸、二氧化碳，反应式为：

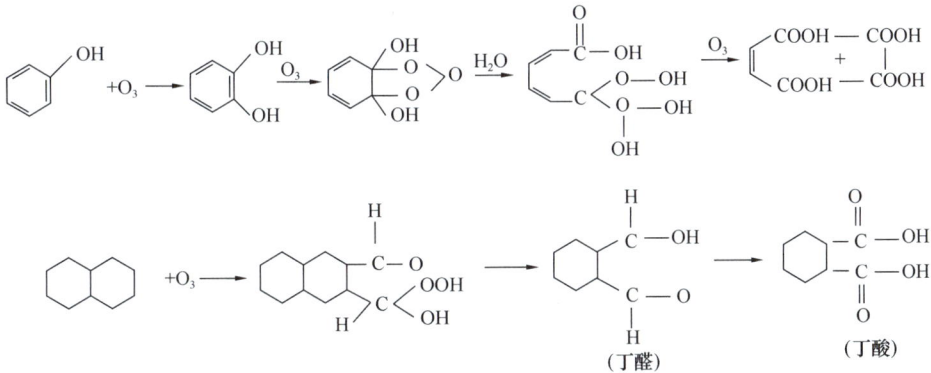

（丁醛）　（丁酸）

3. 臭氧的制备

目前臭氧的制备方法有：无声放电法、放射法、紫外线辐射法、等离子射流法和电解法等。无声放电法又有气相中放电和液相中放电两种。在水处理中多采用气相中无声放电法。该方法生产臭氧的原理见图 14-13。在玻璃管②外，套一个不锈钢管①，使两者之间形成放电间隙。玻璃管内壁涂石墨③作为一个电极。交流电源⑤通过变压器④升压后，将高压交流电加在石墨层和不锈钢管之间，使放电间隙产生高速电子流。玻璃管作为

图 14-13　无声放电法示意图

介电体防止两电极之间产生火花放电。将干燥的空气或氧气从一端通入放电间隙，受到高速电子流的轰击，从另一端流出时就成为臭氧化空气或臭氧化氧气。

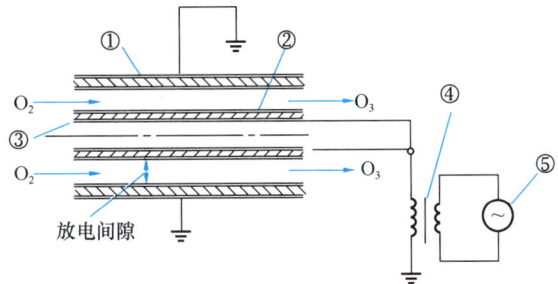

利用氧气制备臭氧，要使氧气转变为臭氧需要有很高的能量才能分解成氧原子。无声放电法是利用高速电子轰击氧气生产臭氧，总反应式如下：

$$3O_2 \longrightarrow 2O_3 - 288.9kJ(或\ 144.4kJ/mol - O_3)$$

每生产 1kg 臭氧需要消耗能量 0.836kWh，相当于单位电耗的生产率为 $1.2kgO_3/kWh$。由于 95% 左右的电能变成光能和热能被消耗掉，故用空气生产每千克臭氧实际耗能量为 15~20kWh。工业上利用无声放电法制备臭氧的臭氧发生器，按其电极构造可分为板式和管式两大类。管式的又有立管式和卧管式两种，板式的有奥托板式和劳泽板式两种。臭氧发生过程中，电能大部分转化为热能，所以必须冷却电极。通常采用水冷和空气冷却两种方式，管式发生器常用水冷，劳泽板式发生器常用空气冷却。我国生产的臭氧发生器系列产品主要是管式。本节只介绍卧管式臭氧发生器。卧管式臭氧发生器的构造见图 14-14。

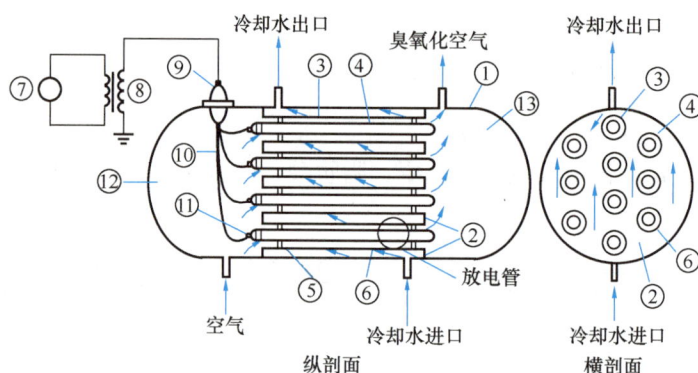

图 14-14　卧管式臭氧发生器的构造

在金属圆筒①内的两端各焊有一块孔板②，每孔焊上一根不锈钢管③，不锈钢管内安装内涂石墨的玻璃管④，并用定位环⑤使玻璃管外壁与不锈钢管内壁保持一定的放电间隙⑥。整个金属圆筒内形成两个通道：两块孔板和不锈钢外壁之间为冷却水通道；两块孔板与圆筒端盖的空间，一个作为进气分配室⑫，另一个作为臭氧化空气收集室⑬，并通放电间隙。交流电源⑦经变压器⑧升压后，高压端通过绝缘瓷瓶⑨、导线⑩、接线柱⑪及熔丝等电气元件接到玻璃管壁内的石墨层上；低压端，通过金属圆筒外壳、孔板和不锈钢管连接。当石墨层和不锈钢管间加上高压电流时，从进气分配室进入放电间隙的空气在高速电子流轰击下形成臭氧化空气，经臭氧化空气收集室送出。同时冷却水带走放电过程中产生的热量。

臭氧发生器的载气可采用空气或纯氧作为气源。氧气型通常是由氧气瓶或制氧机供应氧气。空气型通常是使用洁净干燥的压缩空气作为原料。由于臭氧是靠氧气来产生的，而空气中氧气的含量只有 21%，所以空气型发生器产生的臭氧浓度相对较低。而瓶装或制氧机的氧气纯度都在 90% 以上，氧气型发生器的臭氧浓度较高。

4. 空气的净化

进入臭氧发生器的空气，也需经过净化，除去空气中的杂质和水分。图 14-15 为空气净化流程及设备。为了防止润滑油污染空气，堵塞干燥剂，宜采用无油润滑的空压机。从空压机出来的空气，经 $CaCl_2$ 盐水冷冻液预冷，使空气温度降至 5~10℃，减少含湿量，然后经旋风分离器除去大颗粒杂质及一部分水分，再经瓷环过滤器去除细小杂质和水分，然后经硅胶干燥器及分子筛干燥器，进一步去除水分，达到一定的干燥度。由于硅胶和分子筛会产生一定的粉尘，空气经过干燥后，需再次进行过滤。空气过滤器的填料，除瓷环和脱脂棉外，也可以采用纱布、毛毡、活性炭和泡沫塑料等。干燥剂还可用活性氧化铝等。

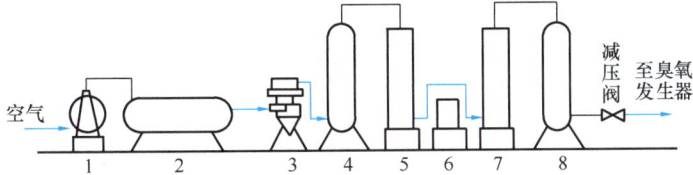

图 14-15　空气净化流程图

1—无油润滑空压机；2—空气冷凝器；3—旋风分离器；4—瓷环过滤器；
5—硅胶干燥器；6—加热器；7—分子筛干燥器；8—脱脂棉过滤器

5. 臭氧接触反应设备

设计时，应根据臭氧分子在水中的扩散速度和与污染物的反应速度来选择接触反应设备的形式。臭氧加入水中后，水为吸收剂，臭氧为吸收质，在气液两相间进行传质，同时臭氧与水中的杂质进行氧化反应，因此属于化学吸收，它不仅和相间的传质速率有关，还和化学反应速度有关。臭氧与水中杂质的化学反应有快有慢。水中的杂质，如酚、氰、亲水性染料、细菌、铁、锰、硫化氢、亚硝酸盐等与臭氧的化学反应很快，这时吸收速率受传质速率控制；水中杂质，如 COD、BOD、饱和脂肪族化合物、合成表面活性剂（ABS）、氨氮等与臭氧的反应很慢，则其吸收速率受化学反应速率控制，因此，应根据臭氧处理的对象，选用不同的接触反应设备。

臭氧接触反应设备，根据臭氧化空气与水的接触方式可分为气泡式、水膜式和水滴式3 类。

（1）气泡式臭氧接触反应器

气泡式臭氧接触反应器是一种用于受化学反应控制的气—液接触反应设备，是我国目前水处理中应用最多的一种。实践表明，气泡越小，气—液的接触面积越大，但对液体的搅动越小。因此，应通过试验确定最佳的气泡尺寸。

根据在气泡式反应器内安装的产生气泡装置的不同，气泡式反应器可分为多孔扩散式和机械表面曝气式（图 14-16、图 14-17）。

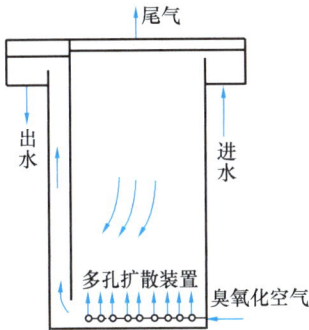

图 14-16　多孔扩散式反应器

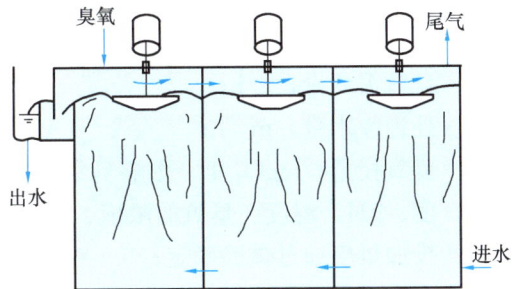

图 14-17　表面曝气式反应器

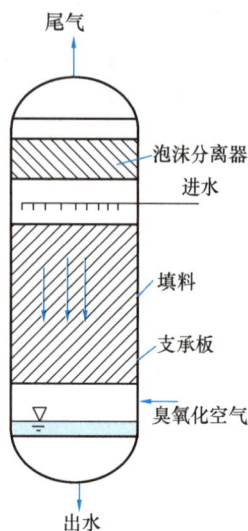

图 14-18　填料塔

（2）水膜式臭氧接触反应器

填料塔是一种常用的水膜式反应器，见图 14-18。塔内装拉西环或鞍状填料。废水经配水装置分布到填料上，形成水膜沿填料表面向下流动，上升气流从填料间通过和废水逆向接触。这种反应器主要用于受传质控制的反应。填料塔无论处理规模大小以及反应快慢都能适应，但废水悬浮物高时易堵塞。

6. 尾气处理

如前所述，臭氧是有毒气体，吸入人体后将对健康产生不同程度的影响。当臭氧浓度大于 0.1mg/L 时，人们就能嗅到异常的臭味，浓度超过 1mg/L 就无法忍受了。而从臭氧接触反应器排出的尾气浓度一般为 500～3000mg/L。因此尾气直接排放将对周围环境造成污染，不仅危害人民健康，还会影响植物生长，甚至使树木和庄稼枯萎。尾气处理方法有：活性炭法、药剂法和燃烧法。

（1）活性炭法

活性炭能吸附臭氧并和臭氧进行反应，使臭氧分解，反应如下：

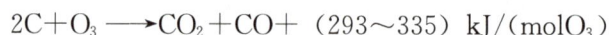

$$2C + O_3 \longrightarrow CO_2 + CO + （293～335）kJ/(molO_3)$$

活性炭对臭氧的吸附容量为 4～6gO_3/gC，一般设计时采用 2gO_3/gC。此法设备简单，比较经济。但在反应过程中产生大量的热，易使塑料制的尾气塔变形。另外，使用周期短，活性炭吸附饱和后需要更换或再生。

（2）药剂法

药剂法分为还原法和分解法，前者使臭氧还原，后者使臭氧分解。还原法可采用亚铁盐、亚硫酸钠、硫代硫酸钠等。分解法可采用氢氧化钠等。药剂法比较简单，但费用较高。

（3）燃烧法

燃烧法一般是将尾气送入燃烧炉内燃烧。臭氧在 3000℃ 以上的高温下会立即分解，因此此法比其他方法经济。

7. 废水臭氧处理系统的设计

（1）臭氧发生器

臭氧需要量可按下式计算：

$$Q_{O_3} = 1.06QC \qquad\qquad (14-27)$$

式中　Q_{O_3}——臭氧需要量，g/h；

　　　　Q——处理废水量，m³/h；

　　　　C——臭氧投量，mgO_3/L，影响臭氧氧化的主要因素是废水中杂质的性质、浓度、pH、温度、臭氧的浓度、臭氧的反应器类型和水力停留时间等，臭氧投加量应通过试验确定；

　　　1.06——安全系数。

臭氧化（干燥）空气量按下式计算：

$$Q_{\text{干}} = \frac{Q_{O_3}}{C_{O_3}} \tag{14-28}$$

式中　$Q_{\text{干}}$——臭氧化干燥空气量，m^3/h；

$\qquad C_{O_3}$——臭氧化空气浓度，g/m^3，一般取 $10\sim14g/m^3$。

臭氧发生器的气压可根据接触反应器的形式确定，对多孔扩散式反应器，按下式计算：

$$H > h_1 + h_2 + h_3 \tag{14-29}$$

式中　H——臭氧发生器的工作压力，m；

$\qquad h_1$——臭氧接触反应器的水深，m，一般采用 $4\sim5.5m$；

$\qquad h_2$——臭氧接触反应器扩散装置的水头损失，m，一般取 $10\sim15m$；

$\qquad h_3$——输气管道的水头损失，m。

求出 Q_{O_3}、$Q_{\text{干}}$ 和 H 后，可根据产品样本，选择臭氧发生器型号及台数，并设50%的备用台数。

（2）臭氧接触反应器

根据臭氧和水中杂质反应的类型选择适宜的臭氧反应器。

臭氧反应器的容积按下式计算：

$$V = \frac{Qt}{60} \tag{14-30}$$

式中　V——臭氧反应器的容积，m^3；

$\qquad t$——水力停留时间，min，根据试验确定，一般为 $30\sim60min$。

（3）尾气处理设备

采用活性炭法时，活性炭用量可按下式计算：

$$G_{\text{炭}} = \frac{Q_{\text{干}}\, C_{\text{尾}} \times 10^{-3} \times 24 t_{\text{炭}}}{a_{\text{炭}}} \tag{14-31}$$

式中　$G_{\text{炭}}$——活性炭用量，kg；

$\qquad C_{\text{尾}}$——尾气臭氧浓度，g/m^3，可取 $C_{\text{尾}} = 0.1C_{O_3}$；

$\qquad a_{\text{炭}}$——活性炭吸附容量，gO_3/g 炭，取 $5g/g$；

$\qquad t_{\text{炭}}$——活性炭吸附工作周期，d，取 $30d$ 左右。

活性炭吸附柱有效容积，按下式计算：

$$V_{\text{炭}} = \frac{G_{\text{炭}}}{\gamma_{\text{炭}}} \tag{14-32}$$

式中　$V_{\text{炭}}$——活性炭吸附柱的有效容积，m^3；

$\qquad \gamma_{\text{炭}}$——活性炭的容量，kg/m^3，可取 $450kg/m^3$。

活性炭吸附柱的高度一般取 $1.2m$，直径 $200\sim500mm$，活性炭吸附柱应有100%备用，以便轮流工作或再生。

8. 臭氧氧化法在废水处理中的应用

臭氧氧化法在废水处理中主要是使污染物氧化分解，用于降低 BOD、COD，脱色、除臭、除味，杀菌、杀藻，除铁、锰、氰、酚等，现举例如下。

（1）印染废水处理

臭氧氧化法处理印染废水，主要用来脱色。一般认为，染料的颜色是由于染料分子中存在的不饱和原子团，能吸收一部分可见光的缘故。这些不饱和的原子团称为发色基团。主要的发色基团有：乙烯基（-CH=CH₂）、偶氮基（-N=N-）、氧化偶氮基（-N=N⁺-O⁻）、羧基（-COOH）、硝基（NO₃⁻）、亚硝基（NO₂⁻）等。它们都有不饱和键，臭氧能将不饱和键打开，最后生成有机酸和醛类等分子较小的物质，使之失去显色能力。采用臭氧氧化法脱色，能将含活性染料、阳离子染料、酸性染料、直接染料等水溶性染料的废水几乎完全脱色，对不溶于水的分散染料也能获得良好的脱色效果，但对硫化、还原等不溶于水的染料和涂料，脱色效果差。

某印染厂废水处理工艺流程见图14-19。

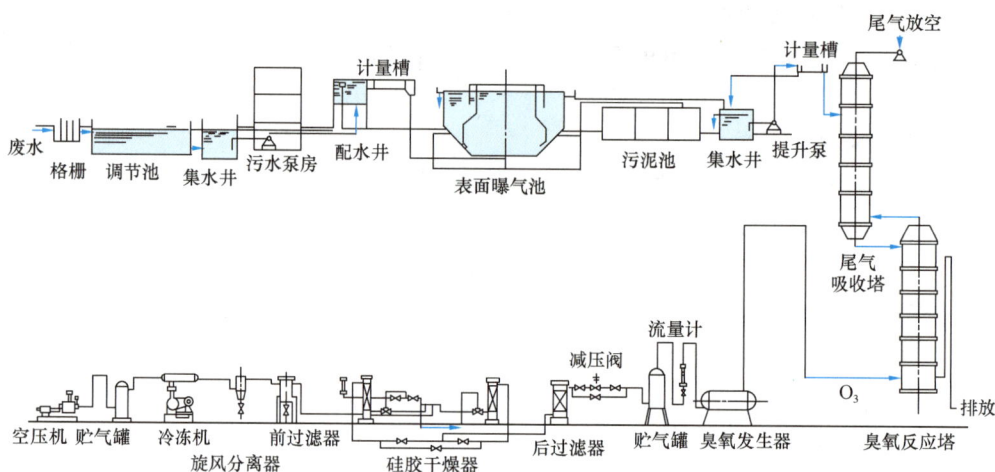

图 14-19　某印染厂废水处理工艺流程

该厂使用的染料主要是活性、分散、还原、可溶性染料和涂料。其中，活性染料占40％，分散染料占15％。废水主要来源于退浆、煮炼、染色、印花和整理工段。废水经生物处理后进行臭氧氧化法脱色处理。脱色处理水量为600m³/d。臭氧发生器选3台，臭氧总产量2kg/h，电压15kV，变压器容量50kVA。反应塔两座，填聚丙烯波纹板，填料层高5m，底部进气，顶部进水，水力停留时间20min，臭氧投加量50g/m³水，塔径φ1.5m，高6.2m，采用硬聚氯乙烯板制成。尾气吸收塔两座，φ1.0m，高6.8m，采用硬聚氯乙烯板制成，内装聚丙烯波纹板填料，层高4m，活性炭层高1m。进水pH6.9，COD201.5mg/L，色度66.2（倍）、悬浮物157.9mg/L，经臭氧氧化处理后COD、色度、悬浮物的去除率分别为13.6％、80.9％和33.9％。印染废水的色度，特别是水溶性染料，用一般方法难于脱色，采用臭氧氧化法可得到较高的脱色率，设备虽复杂，但废水处理后没有二次有害物质产生。

（2）含氰废水处理

在电镀铜、锌、镉过程中会排出含氰废水。氰与臭氧的反应为：

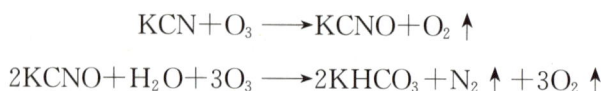

$$KCN + O_3 \longrightarrow KCNO + O_2 \uparrow$$

$$2KCNO + H_2O + 3O_3 \longrightarrow 2KHCO_3 + N_2 \uparrow + 3O_2 \uparrow$$

按上述反应，处理到第一阶段，每去除 1mgCN⁻ 需臭氧 1.84mg，生成的 CNO⁻ 的半致死浓度（LC50）值大于 CN⁻ 的 LC50 值约 100 倍。

氧化到第二阶段的无害状态时，每去除 1mgCN⁻ 需臭氧 4.61mg。应用臭氧、活性炭同时处理含氰废水，活性炭能催化臭氧的氧化，降低臭氧消耗量。向废水中投加微量的铜离子，也能促进氰的分解。臭氧处理含氰废水工艺流程见图 14-20。在前处理装置内把废水中的六价铬还原成三价铬而除去，第一氧化塔用过的臭氧化空气继续送入第二氧化塔进行反应。

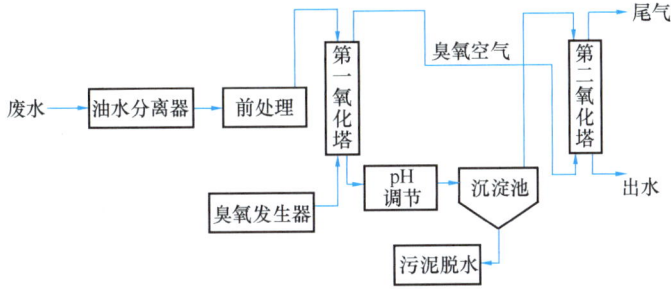

图 14-20　臭氧氧化法处理含氰废水工艺流程

臭氧用于含氰废水处理，不加入其他化学物质，所以处理后的水质好，操作简单，但由于臭氧发生器电耗较高，设备投资较大等原因，目前应用很少。但有人认为，从综合经济效益上讲，臭氧氧化法优于碱性氯化法。

9. 臭氧氧化法的优缺点

（1）优点

1）氧化能力强，对除臭、脱色、杀菌、去除有机物和无机物都有显著的效果；

2）处理后废水中的臭氧易分解，不产生二次污染；

3）制备臭氧用的空气和电不必贮存和运输，操作管理也较方便；

4）处理过程中一般不产生污泥。

（2）缺点

1）造价高；

2）处理成本高。

14.3.5　电化学处理法

1. 电解

（1）概述

电解质溶液在电流的作用下，发生电化学反应的过程称为电解。与电源负极相连的电极从电源接受电子，称为电解槽的阴极，与电源正极相连的电极把电子转给电源，称为电解槽的阳极。在电解过程中，阴极放出电子，使废水中某些阳离子得到电子而被还原，阴极起还原剂的作用；阳极得到电子，使废水中某些阴离子失去电子而被氧化，阳极起氧化剂的作用。废水进行电解反应时，废水中的有毒物质在阳极和阴极分别进行氧化、还原反应，产生新物质。这些新物质在电解过程中或沉积于电极表面或沉淀下来或生成气体从水中逸出，从而降低了废水中有毒物质的浓度。像这样利用电解的原理来处理废水中有毒物质的方法称为电解法。

1）法拉第电解定律

电解过程的耗电量可用法拉第电解定律计算。实验表明，电解时在电极上析出的或溶解的物质质量与通过的电量成正比，并且每通过96487C的电量，在电极上发生任一电极反应而变化的物质质量均为1mol，这一定律称为法拉第电解定律，可用下式表示：

$$G=\frac{1}{F}EQ \qquad 或 \qquad G=\frac{1}{F}EIt \qquad (14-33)$$

式中　G——析出的或溶解的物质质量，g；

　　　E——物质的化学当量，g/mol；

　　　Q——通过的电量，C；

　　　I——电流强度，A；

　　　t——电解时间，s；

　　　F——法拉第常数，取96487C/mol。

在实际电解过程中，由于发生某些副反应，所以实际消耗的电量往往比理论值要大。

2）分解电压

电解过程中所需要的最小外加电压与很多因素有关。通常，通过逐渐增加两极的外加电压来研究电流的变化。当外加电压很小时，几乎没有电流通过。电压继续增加，电流略有增加。当电压增到某一数值时，电流随电压的增加几乎呈直线关系急剧上升。这时在两极上才明显有物质析出。能使电解正常进行时所需的最小外加电压称为分解电压。产生分解电压的原因有以下几方面。

电解槽本身就是某种原电池。由原电池产生的电动势同外加电压的方向正好相反，称为反电动势。那么是否外加电压超过反电动势就开始电解呢？实际上分解电压常大于原电池的电动势。这种分解电压超过原电池电动势的现象称为极化现象。电极的极化现象主要有浓差极化和化学极化。

① 浓差极化。由于电解时离子的扩散运动不能立即完成，靠近电极表面溶液薄层内的离子浓度与溶液内部的离子浓度不同，结果产生一种浓差电池，其电位差也同外加电压方向相反。这种现象称为浓差极化。浓差极化可以采用加强搅拌的方法使之减少。但由于存在电极表面扩散层，不可能完全把它消除。

② 化学极化。由于在进行电解时两极析出的产物构成了原电池，此电池电位差也和外加电压方向相反。这种现象称为化学极化。

其次，当通电进行电解时，因电解液中离子运动受到一定的阻碍，所以需一定的外加电压加以克服。其值为IR，I为通过的电流，R为电解液的电阻。

实际上，分解电压还与电极的性质、废水性质、电流密度（单位电极面积上流过的电流，A/cm^2）及温度等因素有关。

（2）电解槽的结构形式和极板电路

电解槽的形式多采用矩形。按水流方式可分为回流式和翻腾式两种，见图14-21。回流式电解槽内水流的路程长，离子能充分地向水中扩散，电解槽容积利用率高，但施工和检修困难。翻腾式的极板采取悬挂方式固定，防止极板与池壁接触，可减少漏电现象，更换极板较回流式方便，也便于施工维修。

极板间距对电耗有一定的影响。极板间距越大，则电压就越高，电耗也就越高，但极

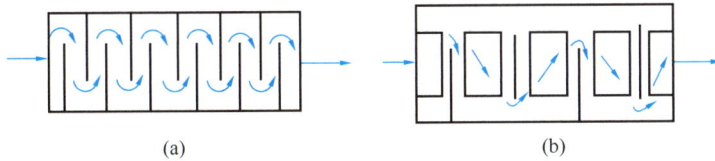

图 14-21　电解槽

(a) 回流式（平面图）；(b) 翻腾式（纵剖面图）

板间距过小，不仅安装不便，材料用量也大，而且施工困难，所以极板间距应综合考虑各种因素后确定。

电解法采用直流电源。电源的整流设备应根据电解所需的总电流和总电压进行选择。

目前国内采用的电解槽，根据电路分单极性电解槽和双极性电解槽两种，见图 14-22。双极性电解槽较单极性电解槽投资少。另外在单极性电解槽中，有可能由于极板腐蚀不均匀等原因造成相邻两块极板碰撞，会引起短路而发生严重安全事故。而在双极电解槽中极板腐蚀较均匀，相邻两块极板碰撞机会少，即使碰撞也不会发生短路现象。因此采用双极性电极电路便于缩小极距，提高极板的有效利用率，降低造价和节省运行费用。由于双极性电解槽具有这些优点，所以国内采用的比较普遍。

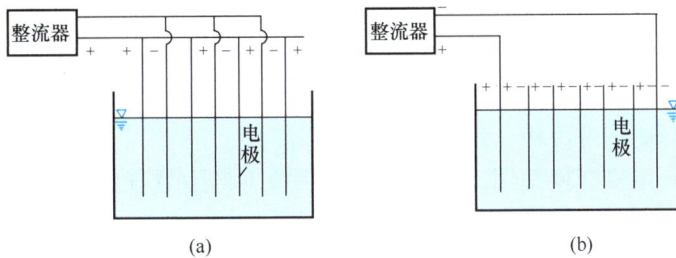

图 14-22　电解槽的极板电路

(a) 单极性电解槽；(b) 双极性电解槽

（3）电解法处理含铬废水

1）基本原理

在电解槽中一般放置铁电极，在电解过程中铁板阳极溶解产生亚铁离子。亚铁离子是强还原剂，在酸性条件下，可将废水中的六价铬还原为三价铬，其离子反应方程如下：

$$Fe-2e \longrightarrow Fe^{2+}$$

$$Cr_2O_7^{2-}+6Fe^{2+}+14H^+ \longrightarrow 2Cr^{3+}+6Fe^{3+}+7H_2O$$

$$CrO_4^{2-}+3Fe^{2+}+8H^+ \longrightarrow Cr^{3+}+3Fe^{3+}+4H_2O$$

从以上反应式可知，还原一个六价铬离子需要三个亚铁离子，阳极铁板的消耗，理论上应是被处理六价铬离子的 3.22 倍（质量比）。若忽略电解过程中副反应消耗的电量和阴极的直接还原作用，从理论上可算出，$1A \cdot h$ 的电量可还原 $0.3235g$ 铬。

在阴极，除氢离子获得电子生成氢外，废水中的六价铬直接还原为三价铬。离子反应方程式为：

$$2H^++2e \longrightarrow H_2$$

$$Cr_2O_7^{2-}+6e+14H^+ \longrightarrow 2Cr^{3+}+7H_2O$$

667

$$CrO_4^{2-}+3e+8H^+\longrightarrow Cr^{3+}+4H_2O$$

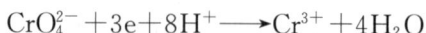

从上述反应可知，随着电解过程的进行，废水中的氢离子浓度将逐渐减少，结果使废水碱性增强。在碱性条件下，可将上述反应得到的三价铬和三价铁以氢氧化铬和氢氧化铁的形式沉淀下来，其反应方程为：

$$Cr^{3+}+3OH^-\longrightarrow Cr(OH)_3\downarrow$$
$$Fe^{3+}+3OH^-\longrightarrow Fe(OH)_3\downarrow$$

实验证明，电解时阳极溶解产生的亚铁离子是六价铬还原为三价铬的主要因素，而阴极直接将六价铬还原为三价铬是次要的。这可从铁阳极腐蚀严重的现象中得到证明。因此，为了提高电解效率，采用铁阳极并在酸性条件下进行电解是有利的。

应该指出的是，铁阳极在产生亚铁离子的同时，由于阳极区氢离子的消耗和氢氧根离子浓度的增加，引起氢氧根离子在铁阳极上放出电子，结果生成铁的氧化物，其反应式如下：

$$4OH^--4e\longrightarrow 2H_2O+O_2\uparrow$$
$$3Fe+2O_2\longrightarrow FeO+Fe_2O_3$$

将上述两个反应相加得：

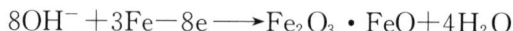

$$8OH^-+3Fe-8e\longrightarrow Fe_2O_3\cdot FeO+4H_2O$$

随着 $Fe_2O_3\cdot FeO$ 的生成，使铁板阳极表面生成一层不溶性的钝化膜。这种钝化膜具有吸附能力，往往使阳极表面黏附着一层棕褐色的吸附物（主要是氢氧化铁）。这种物质阻碍亚铁离子进入废水中去，从而影响处理效果。为了保证阳极的正常工作，应尽量减少阳极的钝化。减少阳极钝化的方法大致有 3 种：

① 定期用钢丝刷清洗极板。这种方法劳动强度大。

② 定期将阴、阳极交换使用。利用电解时阴极上产生氢气的撕裂和还原作用，将极板上的钝化膜除掉，其反应为：

$$2H^++2e\longrightarrow H_2\uparrow$$
$$Fe_2O_3+3H_2\longrightarrow 2Fe+3H_2O$$
$$FeO+H_2\longrightarrow Fe+H_2O$$

电极换向时间与废水含铬浓度有关，一般由试验确定。

③ 投加食盐电解质。由 NaCl 生成的氯离子能起活化剂的作用。因为氯离子容易吸附在已钝化的电极表面，接着氯离子取代膜中的氧离子，结果生成可溶性铁的氯化物而导致钝化膜的溶解。投加食盐不仅为了除去钝化膜，也可增加废水的导电能力，减少电能的消耗。食盐的投加量与废水中铬的浓度等因素有关，可用试验确定。

2）工艺流程

电解法宜用于处理生产过程中所产生的各种含铬废水。用电解法处理的含铬废水，六价铬离子含量不宜大于 100mg/L，pH 宜为 4.0～6.5。

电解法除铬的工艺有间歇式和连续式两种。一般多采用连续式工艺，其工艺流程见图 14-23。从车间排出的含铬废水汇集于调节池内，然后送入电解槽，经电解处理后流入沉淀池，沉淀后的废水再经滤池处理，符合排放标准后可重复使用或直接排放。

调节池的作用是调节含铬废水的水量和浓度，使进入电解槽的废水量和浓度比较均匀，以保证电解处理效果。调节池设计成两格，容积应根据水量和浓度的变化情况确定，如无资料时可按 2～4h 平均水力停留时间设计。

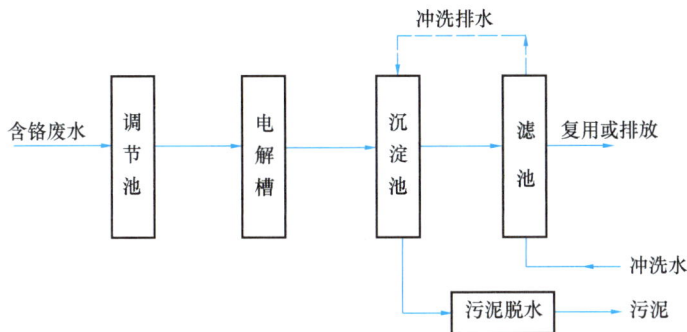

图 14-23　含铬废水处理工艺流程

沉淀池的作用是使在电解过程中生成的氢氧化铬和氢氧化铁从水中分离出来。当废水中六价铬离子含量为 $50\sim100\mathrm{mg/L}$ 时，沉淀时间宜为 2h，污泥体积可按处理废水体积的 $5\%\sim10\%$ 估算。当废水中六价铬离子含量为 $100\mathrm{mg/L}$ 时，处理 $1\mathrm{m}^3$ 废水所产生的污泥干重可按 $1\mathrm{kg/m}^3$ 计算。在沉淀池沉淀下来的污泥送入污泥脱水设备，经脱水后运走进行处置。

滤池的作用是去除未被沉淀池除去的氢氧化铬和氢氧化铁。滤池可采用重力式或压力式滤池。滤池反冲洗水排入沉淀池处理。

3）电解槽的工艺计算

①电解槽有效容积。电解槽有效容积可按下式计算，并应满足极板安装所需的空间。

$$W=\frac{Qt}{60} \tag{14-34}$$

式中　W——电解槽有效容积，m^3；

t——电解历时，当废水中六价铬离子含量小于 $50\mathrm{mg/L}$ 时，t 值宜为 $5\sim10\mathrm{min}$，当六价铬离子含量为 $50\sim100\mathrm{mg/L}$ 时，t 值宜为 $10\sim20\mathrm{min}$。

②电流强度。电流强度可按下式计算：

$$I=\frac{K_{\mathrm{Cr}}QC}{n} \tag{14-35}$$

式中　I——计算电流，A；

K_{Cr}——1g 六价铬离子还原为三价铬离子所需的电量，宜通过试验确定，当无试验条件时，可采用 $4\sim5\mathrm{A}\cdot\mathrm{h/gCr}$；

Q——废水设计流量，m^3/h；

C——废水中六价铬离子含量，$\mathrm{g/m}^3$；

n——电极串联次数，n 值应为串联极板数减 1。

③极板面积。极板面积可按下式计算，电解槽宜采用双极性电极、竖流式，并应采取防腐和绝缘措施。极板的材料可采用普通碳素钢板，厚度宜为 $3\sim5\mathrm{mm}$，极板间的净距离宜为 10mm 左右。还原 1g 六价铬离子的极板消耗量，可按 $4\sim5\mathrm{g}$ 计算。电解槽的电极电路，应按换向设计。

$$F=\frac{I}{\alpha m_1 m_2 i_{\mathrm{F}}} \tag{14-36}$$

式中　F——单块极板面积，dm^2；

α——极板面积减少系数，可采用0.8；

m_1——并联极板组数（若干段为一组）；

m_2——并联极板段数（每一串联极板单元为一段）；

i_F——极板电流密度，可采用$0.15\sim0.3A/dm^2$。

④电压。电解槽采用的最高直流电压，应符合国家现行的有关直流安全电压标准、规范的规定。计算电压可按下式计算：

$$U=nU_1+U_2 \tag{14-37}$$

式中　U——计算电压，V；

U_1——极板间电压降，一般宜在$3\sim5$V范围内；

U_2——导线电压降，V。

⑤极板间电压降。极板间电压降可按下式计算：

$$U_1=a+bi_F \tag{14-38}$$

式中　a——电极表面分解电压，宜通过试验确定，当无试验资料时，a值可采用1V左右；

b——极板电压计算系数，Vdm^2/A，b值宜通过试验确定，当无试验资料时，可按表14-10采用。

极板电压计算系数 b 表 14-10

投加食盐含量（g/L）	温度（℃）	极距（mm）	电导率（$\mu\Omega^{-1}\cdot cm^{-1}$）	b值
0.5	$10\sim15$	5		8.0
		10		10.5
		15		12.5
		20		15.7
不投加食盐	$13\sim15$	5	400	8.5
			600	6.2
			800	4.8
		10	400	14.7
			600	11.2
			800	8.3

⑥电能消耗。电能消耗可按下式计算：

$$N=\frac{IU}{1000Q\eta} \tag{14-39}$$

式中　N——电能消耗，kWh/m^3；

η——整流器效率，当无实测数值时，可采用0.8。

选择电解槽的整流器时，应根据计算的总电流和总电压值增加$30\%\sim50\%$的备用量。

（4）脉冲电解法处理含银废水

含银废水多采用脉冲电解法处理，与普通直流电解法相比，可减少浓差极化，提高电流效率$20\%\sim30\%$，电解时间缩短$30\%\sim40\%$，节省电能$30\%\sim40\%$，提高银回收纯度。

1）脉冲电解法减少浓差极化的原理

传统电解法采用直流电源，由于镀银废水中所含银离子浓度低而且杂质多，回收银的纯度达不到回用镀银的要求，而且电流效率较低，因此开发了脉冲电解法。普通直流电解法主要存在浓差极化问题。脉冲电解法减少浓差极化的原理是使用直流电，时而接通，时而关断，而且脉冲电源的频率很高。在关断的时间间隔内，由于浓度差，使电解槽内废水中的金属离子向阳极扩散，可减少浓差极化，降低槽电压，提高电流效率，缩短电解时间。电源关断时，因废水中的杂质和氢从阴极向废水中扩散，不容易在阴极沉积，所以可提高回收银的纯度。另外，由于脉冲峰值电流大大高于平均电流可促使金属晶体加速形成，而在电源关断的时间内又阻碍晶体的长大，结果晶种形成速度远远大于晶体长大速度，这样在阴极沉积的金属结晶细化，排列紧密，孔隙减少，电阻率下降。

脉冲电源参数主要有以下 3 个：

通电时间（又称脉冲宽度或脉宽时间）$t_{通}$：可采用 $350 \times 10^{-6} s$；

断电时间（又称间断时间）$t_{断}$：可采用 $350 \times 10^{-6} \sim 600 \times 10^{-6} s$；

峰值电流 $A_{峰}$：可采用平均电流 $A_{平}$ 的 2.0～2.7 倍。

由以上 3 个参数可以导出下列参数：

周期 $T = t_{通} + t_{断}$：采用 $700 \times 10^{-6} \sim 950 \times 10^{-6} s$；

波 $\omega = \dfrac{1}{T} = \dfrac{1}{t_{通} + t_{断}}$（又称频率）：采用 1428～1052Hz；

脉宽系数（又称占空比）$\alpha = \dfrac{t_{通}}{t_{通} + t_{断}}$：采用 0.5～0.37；

平均电流：$A_{平} = dA_{峰}$。

理论电解耗电量按法拉第定律计算，因为不管采用何种电源，该定律都是成立的。

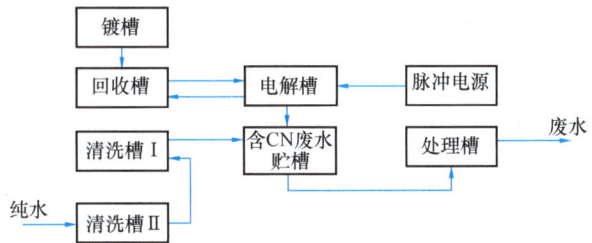

2）工艺流程

工艺流程见图 14-24。

3）主要设计参数

电解槽电极电路：宜采用单极

图 14-24　脉冲电解法处理含银废水工艺流程

性电路，便于从阴极板剥取银，电解槽最好连续运行。

阴阳极材料：可用不锈钢板，阳极板厚度不小于 1.2mm，间距 20mm 左右，不宜过小，否则银箔脱落会造成短路。

废水含银浓度为 1～5g/L 时，平均电流密度采用 $0.1 \sim 0.2 A/dm^2$。

还原 1g 银所用电量 0.25A·h/g。

每小时每平方分米极板面积（两面）可回收银 0.5g 左右，即 $0.5g/(dm^2 \cdot h)$。

4）设计时应注意的问题

电解槽的运行最好是连续的，在电解过程中，阴极析出银快，而阳极氧化氰较慢，一旦停电，阴极析出的银会反溶到溶液中去。

阴极银厚度在 0.5mm 以上时剥银，阴极剥下银箔后，先用稀硝酸洗，再用蒸馏水冲洗。

回收槽内须用蒸馏水或低纯水，以减少杂质干扰。

阳极板亦须定期清洗除去极板上的钝化膜，清洗方法与阴极板同。

清洗槽含氰废水处理后，因有余氯及盐类不能重复使用。

2. 内电解

（1）内电解原理

内电解技术又称微电解法、铁炭法、腐蚀电池法、铁屑过滤法、零价铁法。其应用的原理因废水性质的差异而有所不同，但一般说来，可以概括为反应器填料中低电位的 Fe 与高电位的 C 在具有一定导电性的废水充当电解液的条件下产生电位差，形成无数的微小原电池，发生电极反应同时又引发了一系列连带协同作用（絮凝、吸附、架桥、卷扫、共沉、电沉积、电化学还原等多种综合效应），从而使废水得到处理。具体来说，微电解的主要作用机理有以下几点：

1）电化学反应

铁屑尤其铸铁屑，是铁碳合金，当铸铁屑与电解质溶液接触时，碳的电位高为阴极，铁的电位低为阳极，形成原电池。当体系中有活性炭等宏观阴极材料时，又可组成宏观电池，其基本电极反应如下：

阳极反应：$Fe-2e \Longrightarrow Fe^{2+}$ E_0（Fe^{2+}/Fe）$=-0.44V$

阴极反应：$2H^+ + 2e \longrightarrow 2[H] \longrightarrow H_2$ E_0（H^+/H_2）$=0V$

O_2 存在时：$O_2 + 4H^+ + 4e \Longrightarrow 2H_2O$（酸性溶液） E_0（O_2）$=1.23V$

$O_2 + 2H_2O + 4e \Longrightarrow 4OH^-$（中性或碱性溶液） E_0（O_2/OH^-）$=0.40V$

2）氧化还原反应

铁是活泼金属，在偏酸性水溶液中能够发生反应：$Fe + 2H^+ = Fe^{2+} + H_2$，当水中存在氧化剂时，$Fe^{2+}$ 可被氧化为 Fe^{3+}。

废水中氧化性较强的化合物可被铁还原，如偶氮化合物（—N＝N—）可被零价铁还原成氨基。电解产生的新生态 [H] 和 Fe^{2+} 具有较强的还原能力，可与废水中许多无机和有机化合物发生氧化还原反应。

铁反应产生的 H_2 可以通过催化加氢达到降解有机物的目的，该反应主要发生在铁的表面，而且需要有合适的催化剂，但是铁表面、铁中的杂质及系统中的其他固相都可提供这种催化剂。

3）电泳作用

在微原电池周围电场的作用下，废水中的胶体粒子、细小污染物和极性分子可在较短的时间内完成电泳沉积过程，即带电胶粒向带有相反电荷的电极移动，在静电力和表面能的作用下，附集并沉积在电极上从而去除 COD 和色度。

4）吸附作用

铸铁屑是一种多孔物质，表面有较强活性，从而能吸附废水中的有机污染物。如在弱酸性溶液中，铁屑巨大的比表面积显示出较高的表面活性，能吸附多种金属离子，同时铁屑中的碳粒也可吸附金属。

5）絮凝作用

在酸性条件下，用铁屑处理废水时，会产生 Fe^{2+} 和 Fe^{3+}。因此，有 O_2 存在时，可调节溶液 pH 至碱性，形成 $Fe(OH)_2$ 和 $Fe(OH)_3$，$Fe(OH)_3$ 是胶体絮凝剂，吸附能力高于一般药剂水解得到的 Fe（OH）$_3$ 的吸附能力。因此，废水中原有的悬浮物、微电池反应产生的不溶物和造成色度的不溶性物质都能被吸附凝聚。

若废水的水质存在很大的差异，那么内电解的具体原理也存在很大的不同，但是对于任何一种废水处理来说，都不是单一机理作用的结果，而是多种机理综合作用的结果。

（2）内电解技术的影响因素

影响铁屑内电解技术处理效果的因素有很多，主要包括 pH、反应时间、铁炭质量比和曝气量等，这些因素不仅会影响处理效果，也会影响到反应机理。

1）pH

当 pH 低时，存在大量的 H^+，会加快铁的腐蚀和内电解反应的进行，有利于废水中有机物的去除；但是 pH 并不是越低越好，在强酸性条件下，铁离子酸溶出占主导地位，电化学溶出较少。由于铁离子酸溶出时的产氢速率较大，形成了氢气对铁屑的包裹作用，而有机物的降解一般都是在铁屑表面发生的，因此阻碍了液相中有机污染物与铁屑固相表面的充分接触；同时强酸性条件会破坏内电解反应后生成的絮体，产生有色的 Fe^{2+}，反而使处理效果变差。当 pH 在中性或碱性条件下，许多实例证明处理效果不理想或根本不发生反应，因此，一般控制 pH 在 3～5。

2）反应时间

反应时间越长氧化还原等作用进行得越彻底，但是过长的反应时间又会使铁的消耗量增加，导致 Fe^{2+} 大量溶出，消耗了水中的 H^+，反而不利于内电解反应的进行。一般内电解的反应时间为 0.5～2.0h。

3）铁炭质量比

内电解技术中添加炭的主要原因是为了提供更多的原电池，铁炭质量比太小时，不仅铁屑形成的微观原电池太少，同时铁炭宏观原电池也很少，并且炭粒太多会阻碍电极反应的活性产物与废水中有机物的反应。铁炭比太大时，铁离子酸溶出占主导地位，电化学溶出较少，影响处理效果；而炭太少时铁炭床的支撑和孔隙率也降低，易造成铁炭床的堵塞和板结。最佳的铁炭质量比为 2∶1。

4）曝气量

对内电解反应器进行曝气可增加对铁屑的搅动，减少结块的可能性，利于去除铁屑表面的钝化膜，进而提高了出水的絮凝效果。但是曝气量过大会减少废水与铁屑的接触时间，从而降低有机物的去除。一般气水比控制在（40∶1）～（20∶1）。

（3）内电解技术处理工业废水

对工业废水采用内电解工艺处理可以明显降低 COD 及色度，并能显著提高废水的可生化性，再与其他物化、生物处理工艺耦合联用，可以达到良好的处理效果。

内电解反应器的构造类似于吸附固定床，一般在固定床内放两种或两种以上能组成原电池的粒料，充分混合均匀装填在柱内。按照填料的不同，可分为铁炭床、硫化铁矿床等。目前研究最多的是铁炭床，基本流程见图 14-25。

1）处理染料废水

内电解工艺对染料废水的处理一般通过以下几个方面完成：利用活性炭吸附废水中溶解的污染物；利用阴极产生的 ［H］和 ［O］调节废水的酸碱度，同时新生态 ［H］和二

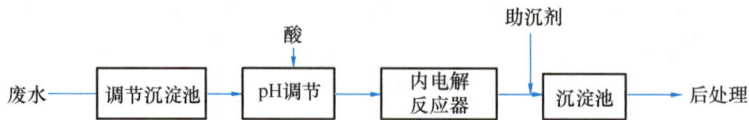

图 14-25　内电解工艺流程图

价铁离子能与废水中许多组分发生氧化还原反应，破坏染料中间体分子中的发色基团（如偶氮基团），使其脱色，降低废水的色度；通过二价铁离子和三价铁离子水解生成的络离子能混凝废水中分散染料和胶体物质及氧化废水中还原性物质，使硫化染料和还原染料沉淀下来，同时提高废水的可生化性。

2）处理电镀废水

内电解工艺处理电镀废水的原理大致有以下 3 个方面：

在金属活动顺序表中排在铁后面的金属能被铁置换出来而沉积在铁的表面上，同样其他氧化性较强的离子或化合物也会被铁和亚铁离子还原成毒性较小的还原态；

在弱酸性溶液中，铁屑巨大的比表面积表现出较高的表面活性，能吸附多种金属离子，能促进金属的去除，同时微炭粒对重金属离子也有一定的吸附作用；

铁离子的络合产物与重金属离子的络合作用生成沉淀。

内电解技术对电镀重金属废水的处理试验结果见表 14-11。

电镀重金属废水的内电解处理结果　　　　　　　　　　　表 14-11

废水组成	pH			含量（mg/L）		去除率（%）
	进水	出水	中和后	进水	出水	
Cu^{2+}	1.8	2.5	8.5	25	0.30	98.8
Cr^{6+}	1.8	2.8	9.0	60	0.50	99.1
Sn^{2+}	1.8	2.5	8.5	10	0.50	95.0
Ni^{2+}	1.8	2.8	9.0	2.0	0.30	84.0

3）处理化工废水

化工废水中含有大量硝基苯类、酚类、氯代苯类、多环芳烃类等化合物，且排放量大，污染严重。据研究，采用铁炭内电解法处理有机化工废水，在酸性条件下，能够有效去除一定色度及 COD，明显改善可生化性。

14.3.6　催化氧化法

催化氧化法是利用催化剂的催化作用，加快氧化反应速度，提高氧化反应效率的高级氧化技术。

催化氧化的机理在于用催化剂和氧化剂结合，在反应中产生活性极强的自由基（如·OH）。再通过自由基与有机化合物之间的加合、取代、电子转移及断键等，使水体中的大分子难降解有机物氧化降解成易于生物降解的小分子物质，甚至直接降解成为 CO_2 和 H_2O，接近完全矿化。通过产生羟基自由基来氧化污染物的催化氧化法也被称为高级氧化法。

催化氧化方法有均相催化氧化、光催化氧化、臭氧催化氧化、非均相催化氧化、超临界催化氧化法等。这些方法对某些毒性较大、浓度较高的难降解有机废水具有很高的降解效率，一些生化法极难处理的有机物在催化作用下能被彻底分解。

1. Fenton 试剂法

Fenton 试剂法是目前应用较多的一种均相催化氧化法，常用于去除废水中的 COD、色度和泡沫，某些有毒有害物质如苯酚、氯酚、氯苯及硝基苯也能被 Fenton 试剂氧化。Fenton 试剂法及其各种改进方法在废水的应用分为两个方面，一是单独作为一种处理方法氧化有机废水，二是与其他方法联用，如与混凝沉降法、活性炭法、生物法、光催化法等联用。

（1）Fenton 试剂及氧化原理

过氧化氢与催化剂 Fe^{2+} 构成的氧化体系通常称为 Fenton 试剂。Fenton 试剂应用已有一百多年的历史，反应机理如下：

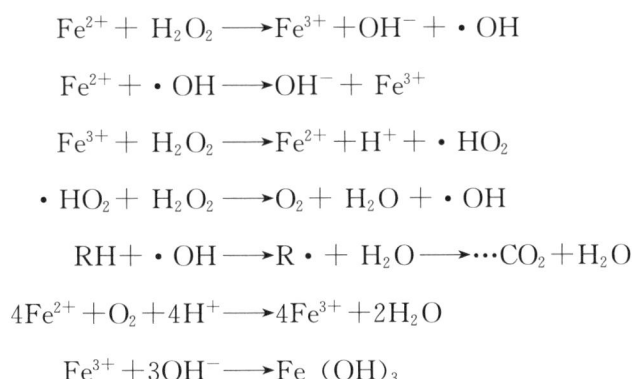

$$Fe^{2+} + H_2O_2 \longrightarrow Fe^{3+} + OH^- + \cdot OH$$

$$Fe^{2+} + \cdot OH \longrightarrow OH^- + Fe^{3+}$$

$$Fe^{3+} + H_2O_2 \longrightarrow Fe^{2+} + H^+ + \cdot HO_2$$

$$\cdot HO_2 + H_2O_2 \longrightarrow O_2 + H_2O + \cdot OH$$

$$RH + \cdot OH \longrightarrow R \cdot + H_2O \longrightarrow \cdots CO_2 + H_2O$$

$$4Fe^{2+} + O_2 + 4H^+ \longrightarrow 4Fe^{3+} + 2H_2O$$

$$Fe^{3+} + 3OH^- \longrightarrow Fe(OH)_3$$

在 Fe^{2+} 催化下，H_2O_2 能产生两种活泼的氢氧自由基，$\cdot OH$ 的氧化还原电位为 $+2.80V$，氧化能力很强仅次于 F_2，从而引发和传播自由基链反应，加快有机物和还原物质的氧化，能氧化许多有机分子，且不需高温高压。

从 Fenton 试剂产生 $\cdot OH$ 可知，影响该系统的主要因素有：①pH，Fenton 试剂氧化一般在酸性条件下（一般 pH$<$3.5）进行，在该 pH 时其自由基生成速率最大。②Fe^{2+} 投量与 H_2O_2 投量之比，其投加量的不同对自由基的产生具有重大的影响，且 Fe^{2+} 投量过高会使水的色度增加。

（2）类 Fenton 试剂法

Fenton 试剂法的优点就是过氧化氢分解速度快，因而氧化速率也较高。但是该系统也存在许多问题，由于该系统 Fe^{2+} 浓度大，处理后的水可能带有颜色，Fe^{2+} 与过氧化氢反应降低了过氧化氢的利用率，同时该系统要求在极低 pH 范围内进行，使用成本会很高且有机物的矿化程度不高等，影响了该系统的应用。近年来人们把紫外光（UV）、氧气、电、超声波等引入 Fenton 试剂，增强了 Fenton 试剂的氧化能力，节约了过氧化氢的用量。由于过氧化氢分解机理与 Fenton 试剂极其相似，均产生氢氧自由基，因此，从广义上讲，将各种改进的 Fenton 试剂称为类 Fenton 试剂法。

（3）Fenton 试剂法及类 Fenton 试剂法的应用

在处理难生物降解或一般化学氧化难以奏效的有机废水时，类 Fenton 试剂法具有其他方法无可比拟的优点，其在实践中的应用具有非常广阔的前景。但由于过氧化氢价格昂贵，如果单独使用类Fenton试剂法处理废水，则成本较高，所以在实践应用中，可与其他处理方法联合使用，将其用于废水的最终深度处理或预处理，有望解决处理成本较高的问题。

1) 用于废水的预处理

加入少量的类Fenton试剂对工业废水进行预处理，通过·OH与有机物的反应，使废水中的难降解有机物发生部分氧化、耦合或氧化，形成分子量不太大的中间产物，从而改变它们的可生化性、溶解性和混凝沉淀性，然后通过后续的生化法或混凝沉淀法加以去除，可达到净化的目的。

2) 用于废水的深度处理

一些工业废水，经物化、生化处理后，水中仍残留少量的生物难降解有机物，当水质不能满足排放要求时，可以采用类Fenton试剂法对其进行深度处理。例如，采用中和-生化法处理染料废水时，由于一些生物难降解有机物还未除去，出水的COD和色度不能达到国家排放标准。此时，加入少量的类Fenton试剂，可以达到同时去除COD和脱色的目的。

2. 光催化氧化法

光催化氧化法隶属于光降解范畴。所谓光降解，通常是指有机物在光的作用下，逐步氧化成无机物最终生成二氧化碳、水及其他的离子如NO_3^-、PO_4^{3-}、卤素等。有机物光降解可分为直接光降解和间接光降解，前者是有机物分子吸收光能呈激发态与周围环境中的物质进行反应，而后者在周围环境存在某些物质吸收光能呈激发态时，能诱导一系列有机污染物的反应，对环境中生物难降解的有机物更为重要。有催化剂参与的光化学降解，即称为光催化氧化。

(1) 光催化氧化机理

光催化降解可分为均相、非均相两种类型。均相光催化氧化主要是以Fe^{2+}或Fe^{3+}及H_2O_2为介质，通过Photo-Fenton反应使污染物得到降解，此类反应能直接利用可见光。多相光催化氧化是指在污染体系中投加一定量的光敏半导体材料，同时结合一定能量的光辐射，使光敏半导体在光的照射下激发产生电子—空穴对，吸附在半导体上的溶解氧，水分子等与电子—空穴作用，产生·OH等氧化性极强的自由基，再通过与污染物之间的羧基加合、取代、电子转移等，使污染物全部或接近全部矿化，最终生成CO_2、H_2O及其他离子如NO_3^-、PO_4^{3-}、SO_4^{2-}等。

均相催化氧化常指紫外/Fenton试剂法，其反应机理已在Fenton试剂法介绍。本节主要介绍非均相化学催化氧化，主要是指用半导体材料，如TiO_2、ZnO等通过光催化作用氧化降解有机物，这是近来研究热点。将半导体材料用于催化光降解水中有机物的研究始于近十几年，半导体材料之所以能作为催化剂，是由其自身的光电特性所决定的。根据定义，半导体粒子含有能带结构，通常情况下是由一个充满电子的低能价带和一个空的高能导带构成，它们之间由禁带分开。

当用光照射半导体光催化剂时，如果光子的能量高于半导体的禁带宽度，则半导体的价带电子从价带跃迁到导带，产生光致电子和空穴。如半导体TiO_2的禁带宽度为312eV，当光子波长小于385nm时，电子就发生跃迁，产生光致电子和空穴（$TiO_2 + h\nu \rightarrow e^- + h^+$）。

对半导体光催化反应的机理，不同的研究者，对同一现象也提出了不同的解释。氘同位素试验和电子顺磁共振（ESR）研究均已证明，水溶液中光催化氧化反应主要是通过羟基自由基（·OH）反应进行的，·OH 是一种氧化性很强的活性物质。水溶液中的 OH^-、水分子及有机物均可以充当光致空穴的俘获剂，具体的反应机理如下（以 TiO_2 为例）：

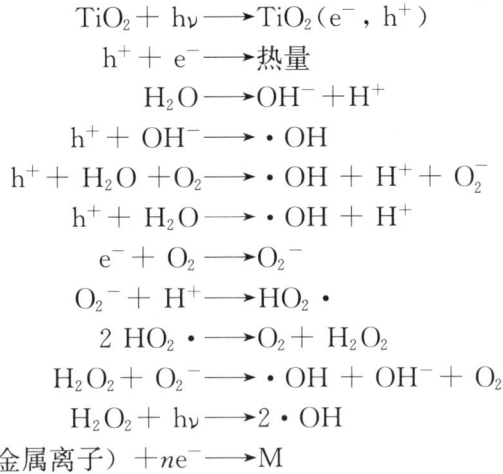

$$TiO_2 + h\nu \longrightarrow TiO_2(e^-, h^+)$$
$$h^+ + e^- \longrightarrow 热量$$
$$H_2O \longrightarrow OH^- + H^+$$
$$h^+ + OH^- \longrightarrow \cdot OH$$
$$h^+ + H_2O + O_2 \longrightarrow \cdot OH + H^+ + O_2^-$$
$$h^+ + H_2O \longrightarrow \cdot OH + H^+$$
$$e^- + O_2 \longrightarrow O_2^-$$
$$O_2^- + H^+ \longrightarrow HO_2 \cdot$$
$$2HO_2 \cdot \longrightarrow O_2 + H_2O_2$$
$$H_2O_2 + O_2^- \longrightarrow \cdot OH + OH^- + O_2$$
$$H_2O_2 + h\nu \longrightarrow 2 \cdot OH$$
$$M^{n+}（金属离子）+ ne^- \longrightarrow M$$

（2）光催化降解反应器

光催化反应器是光催化处理废水的反应场所，高效催化反应器的设计与制造，是进行一定规模太阳能光催化降解污染物的重要环节。

按照光源的不同，光催化反应器可分为紫外灯光和太阳能光催化反应器两种。根据流通池中光催化所处的物理状态不同，光催化反应器可分为悬浮型光催化反应器和固定型光催化氧化反应器。根据光催化剂固定方式的不同，可以分为非填充式固定型光催化反应器和填充式固定床型光催化反应器。

光催化氧化法去除水中有机污染物的方法简便，氧化能力极强，通常能将水中有机污染物氧化成 CO_2 和 H_2O 等简单无机物，避免了一般化处理可能带来的二次污染，且运行条件温和，处理过程本身有很强的杀菌作用，是一种极富吸引力的污水深度处理新方法，在含可降解有机物的工业废水处理方面有很好的应用前景。表 14-12 为几种不同的光反应器介绍。

各种光催化反应器 表 14-12

反应器类型	光源	催化剂	载体	固定方式	处理对象
环状圆桶型流化床	400W 压汞灯	TiO_2	石英砂	浸渍-烧结	4-氯酚和磺酸甲苯混合废水
槽式平板型流化床	4W 荧光灯	TiO_2	硅胶	溶液-凝胶	三氯乙烯湿空气
非聚光平板型固定床	太阳光	TiO_2	铁板	浸渍-干燥	硝酸甘油水溶液
非聚光平板型固定床	太阳光	Pt/TiO_2	铁板	浸渍-干燥	罗丹明 B 污染废水
高聚光管式反应器	太阳光	TiO_2	颗粒	浸渍-涂层	含酚废水
低聚光管式反应器	太阳光	TiO_2	颗粒	浸渍-涂层	四种试剂工业废水
板式薄膜固定床 1	16 支 40W 紫外灯	TiO_2	玻璃杯	浸渍-干燥	垃圾填埋场渗滤液
板式薄膜固定床 2	太阳光	TiO_2	玻璃杯	浸渍-干燥	二氯乙酸水溶液
管式固定床反应器	紫外光	TiO_2	玻璃纤维网	浸渍-干燥	大肠杆菌

大量的研究表明，半导体光催化法具有氧化能力很强的突出特点，对臭氧难以氧化的某些有机物如三氯甲烷、四氯甲烷、六氯苯、六六六等能有效地加以光催化。

（3）光催化反应的应用

1）废水中有机污染物的降解。对于水体有机污染物的光催化降解研究较为深入。根据已有的研究工作，发现卤代脂肪烃、卤代芳烃、有机酸类、硝基芳烃、取代苯胺、多环芳烃、杂环化合物、烃类、酚类、染料、表面活性剂、农药等都能有效地进行光催化氧化反应，最终生成无机小分子，消除对环境的污染以及对人类健康的危害。对于废水中浓度高达每升几千毫克的有机污染物体系，光催化降解均能有效地将污染物降解去除。

以氯为氧化剂的光催化氧化法处理有机废水。氯和水作用生成的次氯酸吸收紫外光后，分解产生初生态氧〔O〕，这种初生态氧很不稳定且具有很强的氧化能力。初生态氧在光的照射下，能把含碳有机物氧化成二氧化碳和水。简化后反应过程如下：

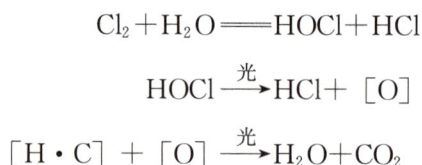

$$Cl_2 + H_2O \Longrightarrow HOCl + HCl$$

$$HOCl \xrightarrow{\text{光}} HCl + [O]$$

$$[H \cdot C] + [O] \xrightarrow{\text{光}} H_2O + CO_2$$

式中，〔H·C〕代表含碳有机物。

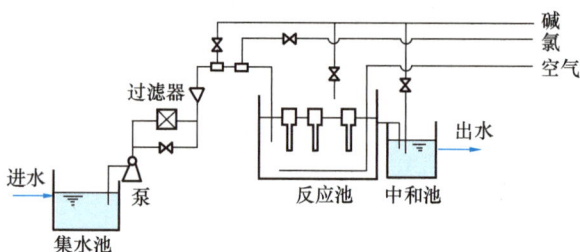

图 14-26　光催化氧化工艺流程图

光催化氧化工艺处理流程见图 14-26。废水经过滤器去除悬浮物后进入光氧化池。废水在反应池内的停留时间一般为 0.5～2.0h。光氧化的氧化能力比单独氯氧化高 10 倍以上，处理过程一般不产生沉淀物，不仅可处理有机废水，也可处理能被氧化的无机物。

2）废水中重金属污染物的降解。光催化降解能还原某些高价的重金属离子，使之对环境的毒性变小。如对 Cr（Ⅵ）废水的实验表明，以浓度为 2g/L 的 $WO_3/W/Fe_2O_3$ 的复合光敏半导体为催化剂，用太阳光光照 3h，Cr（Ⅵ）浓度由 80mg/L 降至 0.1mg/L，降解率达到 99%。对于复杂的污染体系，如含有无机重金属离子和有机污染物的污水体系，光催化降解也能将二者同时催化去除。已有的研究发现，在光催化条件下，以 TiO_2 为催化剂，Cr（Ⅵ）和对氯苯酚这两种污染物能分别发生还原、氧化作用，达到光催化净化。

3）饮用水处理。饮用水中的有害物质主要是天然水体中的有机物，以及约占有机物一半以上的腐殖酸，腐殖酸是自来水氯化消毒过程中形成有机氯化物的根源，经光催化处理，饮用水中多种有机物同时被去除，腐殖酸可完全氧化为无机物，水质得到全面改善。

3. 臭氧催化氧化

臭氧虽然有较强的氧化能力，但是单纯臭氧氧化的反应速度较慢、氧化效率低。由于反应速度慢和氧化不完全，大量的臭氧会被浪费，导致臭氧的利用率低下，增加了处理成本。很多情况下臭氧氧化无法将有机物完全氧化为无害物质，如二氧化碳和水。某些有机物可能会被氧化成中间产物，这些中间产物可能比原始有机物更加有害。臭氧氧化过程中还会生成一些对环境有害的副产物，如甲醛、乙醛等。因此，在实际应用中，通常会采用催化剂来加速臭氧分解和氧化反应，提高臭氧氧化的效率和处理效果，形成臭氧催化氧化法。

臭氧催化氧化的原理主要是利用臭氧在催化剂的作用下，与水中的有机物进行反应，从而将有机物转化为无害的物质。在反应过程中，臭氧的氧化能力能够将有机物分解为小分子有机物、二氧化碳和水等无害物质。同时，催化剂的存在能够加速臭氧分解为羟基自由基的过程，从而提高了有机物的氧化效率。

臭氧催化氧化法分为均相臭氧催化氧化技术与非均相臭氧催化氧化技术。均相臭氧催化氧化技术通过引入紫外光或加入溶液状态的催化剂形成催化氧化体系。均相臭氧催化氧化的一种反应机理是臭氧在催化剂的作用下分解生成自由基；另一种是过渡金属离子与有机物之间发生复杂的配位反应，形成金属络合物，发生氧化还原反应的能力增加，更易被臭氧降解，达到催化的作用。非均相催化臭氧化技术中的催化剂以固态形态存在，易与水分离，能够避免催化剂的流失，削减后续处理成本。

催化剂在臭氧催化氧化过程中起着关键作用。催化剂能够加速臭氧分解为羟基自由基的过程，增加氧化能力，加快反应速度，提高氧化效率的同时，还能减少臭氧投加量。臭氧催化氧化法适用于处理多种有机物，包括难以降解的物质。臭氧催化氧化技术的产物主要为二氧化碳和水等无害物质，副产物少。与其他催化氧化技术相比，臭氧催化氧化技术的操作相对简单，容易实现工业化应用。

常用的催化剂有金属氧化物，锰、铁、钛、铝的混合氧化物，如 MnO_2、TiO_2 等；以及负载在载体上的金属氧化物，如 Co_3O_4/Al_2O_3、TiO_2/Al_2O_3 等；负载在载体上的贵金属，如 Ru/CeO_2 等；多孔材料及全氟化合物，如多孔炭材料、多孔二氧化钛、多孔复合材料、四丁基氟化铵（TBAF）、二甲基氨基三氟甲基硫代磷酰（DAST）等。这些催化剂具有较大的比表面积和良好的多孔结构，能够提供更多的活性位点，促进臭氧分解产生羟基自由基，从而提高臭氧氧化效率。

臭氧催化氧化法目前尚存在一些缺点。要求进水水质稳定，否则可能会影响处理效果。催化剂消耗量大，需要常更换催化剂或定期补充催化剂，处理成本提高。大部分催化剂有选择性，某种催化剂可能仅对一部分有机物质起到氧化分解作用，对某些污染物的去除效果不好。开发广谱性、催化效率高、使用寿命长、成本低的催化剂是臭氧催化氧化法发展需要深入研究的问题。

4. 组合氧化技术

（1）臭氧组合紫外氧化（O_3＋UV）

利用臭氧在紫外光的照射下分解产生活泼的次生氧化剂去氧化有机物。单纯的臭氧与有机物的反应是有选择性的，而且不能将有机物彻底分解为 CO_2 和 H_2O。紫外光能够促进臭氧的分解而产生活泼的·OH。臭氧的光解反应如下：

$$O_3 + UV \longrightarrow O_2 + 2O(^1D)$$

$$O(^1D) + H_2O \longrightarrow \cdot OH + \cdot OH（潮湿空气）$$

$$O(^1D) + H_2O \longrightarrow \cdot OH + \cdot OH \longrightarrow H_2O_2（水中）$$

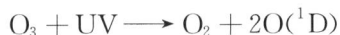

臭氧组合紫外可以直接把有机物氧化、光解或者生成羟基自由基与有机物发生反应。

该方法适用于去除可以吸收紫外辐射发生光解并能和羟基自由基反应的有机物。

（2）臭氧组合过氧化氢（$O_3 + H_2O_2$）

利用过氧化氢和臭氧产生羟基自由基可氧化降解废水中的含氯有机物，例如三氯乙烯、四氯乙烯、三氯苯、六六六和DDTs类等氯化物的废水。过氧化氢与臭氧产生羟基自由基的反应如下：

$$H_2O_2 + 2O_3 \longrightarrow \cdot OH + \cdot OH + 3O_2$$

臭氧与过氧化氢组合，与单一氧化相比，有机物降解速度显著提高，反应条件温和，有利于将有机物彻底分解为CO_2和H_2O及其他矿物质。

臭氧组合过氧化氢技术适用于处理不能吸收紫外辐射的有机废水处理。

（3）臭氧催化氧化组合曝气生物过滤工艺（$O_3 + BAF$）

某些难处理的工业废水，经生化处理后水中仍然剩余部分生物难降解有机物。如炼化工业二级生化出水中含有类色氨酸芳香族蛋白质物质和溶解性微生物代谢产物，抗生素废水生化处理后仍然含有部分抗生素异构体和降解中间产物，垃圾渗滤液生化出水中的有机污染物主要成分为烷烃类和含有苯环、碳碳双键、碳氮三键等不饱和结构的有机化合物。这些剩余的有机污染物虽然浓度不高，但是很难生物降解、分子量大、结构复杂、具有较强的抑菌效应甚至生物毒性。如果单用臭氧催化氧化处理残留的难降解有机物需要加大投加量才能处理达标，成本很高；单独用曝气生物滤池（BAF）处理，由于其废水可生化性差，处理效果很差。但若两者联用，采用臭氧催化氧化前置处理，将复杂有机物断链或开环，使得难降解的大分子有机物转化为易于微生物利用的小分子有机物，提高废水可生化性，降低生物毒性。再进入曝气生物滤池进行生物处理，利用生物膜的吸附、氧化和分解，使废水得到进一步净化。既能使出水达标排放，又能降低臭氧投加量、降低处理成本。

有研究表明，采用聚铁混凝沉淀-臭氧催化氧化-BAF工艺处理垃圾渗滤液MBR出水，可将COD浓度从$530 \sim 900mg/L$降低至$100mg/L$以下，达到排放标准要求。臭氧催化氧化组合曝气生物滤池工艺对炼化二级出水进行深度处理，废水中分子量小于1000的有机物占比经臭氧催化氧化后由原来的45%上升到71%，再经BAF处理后下降到30%以下。炼化二级出水中类色氨酸芳香族蛋白质和类溶解性微生物代谢产物类物质，经过臭氧催化氧化组合BAF工艺处理后，荧光强度明显的下降。

采用H_2O_2/臭氧-曝气生物滤池组合工艺深度处理造纸废水生化出水，可将COD浓度从$125 \sim 145mg/L$降低到不大于$20mg/L$，色度从$72 \sim 80$倍降低到不大于10倍。经过25min的H_2O_2/臭氧催化氧化反应后，废水BOD_5/COD从0.1提升到0.45，同时废水急性毒性得到显著控制。

采用臭氧催化氧化-曝气生物滤池（BAF）组合工艺对抗生素制药废水二级生化处理出水进行深度处理。臭氧反应时间为120min的条件下，臭氧催化氧化将BOD_5/COD由0.12升至0.28，废水的可生化性得到显著提高。臭氧出水采用BAF进行生化处理，水力停留时间为4h。在进水COD＝$200mg/L$、NH_4^+-N＝$12mg/L$的情况下，组合工艺处理后出水平均COD和NH_4^+-N分别为$46mg/L$和$4.1mg/L$，出水水质可以稳定达到发酵类制药工业水污染物排放标准。

臭氧催化氧化组合曝气生物过滤工艺的关键工艺参数：废水初始pH、臭氧投加量和接触时间、催化剂、曝气生物滤池接触时间等需要根据水质特性通过试验确定。

14.3.7　空气氧化法与湿式氧化法

1. 空气氧化法

空气氧化法是以空气中的氧做氧化剂来氧化分解废水中有毒有害物质的一种方法。目前在石油化工行业的废水处理中，常采用空气氧化法处理低含硫（硫化物为 $800\sim1000mg/L$）废水。本节介绍空气氧化法在含硫废水处理中的应用。

（1）氧化反应过程

石油炼厂含硫废水中的硫化物，一般以钠盐（$NaHS$ 或 Na_2S）或铵盐［NH_4HS 或 $(NH_4)_2S$］的形式存在。废水中的硫化物与空气中的氧发生的氧化反应如下：

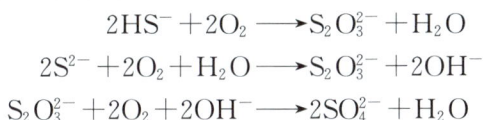

$$2HS^- + 2O_2 \longrightarrow S_2O_3^{2-} + H_2O$$

$$2S^{2-} + 2O_2 + H_2O \longrightarrow S_2O_3^{2-} + 2OH^-$$

$$S_2O_3^{2-} + 2O_2 + 2OH^- \longrightarrow 2SO_4^{2-} + H_2O$$

从上述反应可知，在处理过程中，废水中有毒的硫化物和硫氢化物被氧化为无毒的硫代硫酸盐和硫酸盐。上述第三个反应进行得比较缓慢。当反应温度为 $80\sim90$℃，接触时间为 $1.5h$ 时，废水中的 HS^- 和 S^{2-} 约有 90% 被氧化为 $S_2O_3^{2-}$，其中约有 10% 的 $S_2O_3^{2-}$ 能进一步被氧化为 SO_4^{2-}。如果向废水中投加少量的氯化铜或氯化钴作催化剂，则几乎全部的 $S_2O_3^{2-}$ 被氧化为 SO_4^{2-}。

氧化 $1kg$ 负二价硫理论上需 $1kg$ 氧，约需 $4m^3$ 空气，实际上空气用量为理论值的 $2\sim3$ 倍。

（2）工艺流程

空气氧化法处理含硫废水工艺流程见图 14-27。含硫废水与脱硫塔出水换热后，用蒸汽直接加热至 $80\sim90$℃进入脱硫塔，从塔底通入空气，使废水中的硫化物与空气中的氧接触，进行氧化还原反应，从塔顶排出的水与塔进水换热后，进入气液分离器，废气排入大气，废水排入含油废水管网。

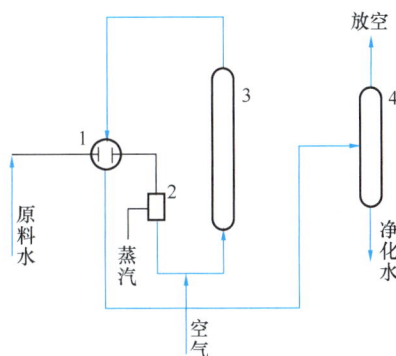

图 14-27　空气氧化法工艺流程

1—换热器；2—混合器；
3—脱硫塔；4—气液分离罐

（3）操作条件及处理效果

蒸汽压力：$0.35\sim0.4MPa$。

空气压力：$0.3\sim0.4MPa$。

塔温：$80\sim90$℃。

反应时间：$2h$。

空气流量与废水流量之比：$(8\sim15):1$。

蒸汽单耗（有换热流程）：$80kg/t$ 废水。

　　　　　（无换热流程）：$150kg/t$ 废水。

硫化物去除率：$70\%\sim90\%$。

2. 湿式氧化法

湿式氧化法是湿式空气氧化法的简称，一般是在高温（$150\sim350$℃）和高压（$0.5\sim20MPa$）条件下，以液相中的空气或氧气作为氧化剂，氧化水中有机物或还原态的无机物的一种处理方法，最终产物是二氧化碳和水等无机物或小分子有机物。

（1）基本原理

一般认为，湿式氧化发生的氧化反应属于自由基反应，经历诱导期、增殖期、退化期以及结束期四个阶段。在诱导期和增殖期，分子态氧参与了各种自由基的形成。但也有学者认为分子态氧只是增殖期才参与自由基的形成。生成的 $HO\cdot$、$RO\cdot$、$ROO\cdot$ 等自由基攻击有机物 RH，引发一系列的链反应，生成其他低分子酸和二氧化碳。整个反应过程如下：

诱导期：

$$RH+O_2 \longrightarrow R\cdot+HOO\cdot$$

$$2RH+O_2 \longrightarrow 2R\cdot+H_2O_2$$

增殖期：

$$R\cdot+O_2 \longrightarrow ROO\cdot$$

$$ROO\cdot+RH \longrightarrow ROOH+R\cdot$$

退化期：

$$ROOH \longrightarrow RO\cdot+HO\cdot$$

$$2ROOH \longrightarrow R\cdot+RO\cdot+H_2O+O_2$$

结束期：

$$R\cdot+R\cdot \longrightarrow R-R$$

$$ROO\cdot+R\cdot \longrightarrow ROOR$$

$$ROO\cdot+R_1OO\cdot \longrightarrow ROH+R_1COR_2+O_2$$

以上各阶段链反应所产生的自由基在反应过程中所起的作用，依赖于废水中有机物的组成、所使用的氧化剂以及其他试验条件。

在以上系列反应中，首先是形成 $\cdot OH$ 自由基，然后与有机物 RH 反应生成低级羧酸 ROOH，ROOH 进一步氧化形成 CO_2 和 H_2O。

（2）工艺流程

湿式氧化的工艺流程见图 14-28。

具体过程简述如下：废水通过贮存罐由高压泵打入热交换器，与反应后的高温氧化液体换热，使温度上升到接近于反应温度后进入反应器。反应所需的氧由压缩机打入反应器。在反应器内，废水中的有机物与氧发生放热反应，在较高温度下将废水中的有机物氧化成二氧化碳和水，或低级有机酸等中间产物。反应后气液混合物经分离器分离，液相经热交换器预热进料，回收热能。高温高压的尾气首先通过再沸器产生蒸汽或经热交换器预热锅炉进水，其冷凝水由第二分离器分离后通过循环泵再打入反应器，分离后的高压尾气送入透平机产生机械能或电能。

从湿式氧化工艺的经济性分析，它一般适用于处理高浓度废水。由于湿式氧化反应过程中，废水中的硫氧化成 SO_4^{2-}，氮氧化成 NO_3^-，不形成 SO_x 和 NO_x，几乎不产生二次污染，因此和燃烧相比，是一种清洁的废水处理工艺。

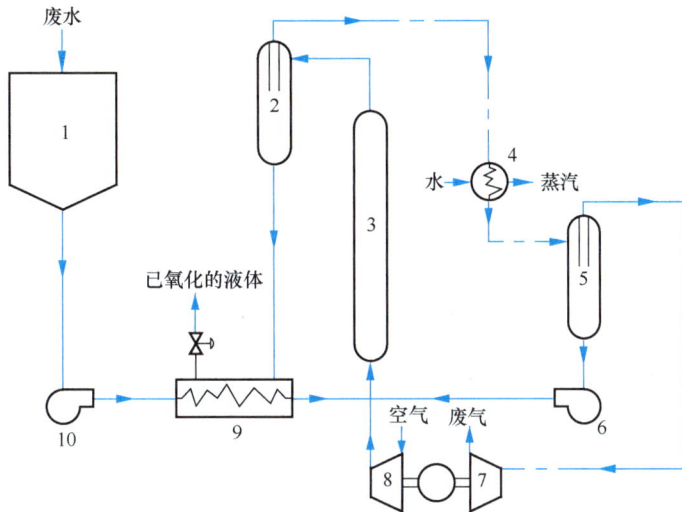

图 14-28　湿式氧化的工艺流程

1—贮存罐；2，5—气液分离器；3—反应器；4—再沸器；

6—循环泵；7—透平机；8—空压机；9—热交换器；10—高压泵

复 习 思 考 题

1. 简述废水中和处理的原理。

2. 酸性废水中和处理的常用中和剂有哪些？

3. 碱性废水中和处理的常用中和剂有哪些？

4. 过滤中和法的应用条件是什么？

5. 简述化学沉淀的原理。

6. 如何区分完全氧化和局部氧化？

7. 写出硫酸亚铁还原法处理含铬废水的化学反应方程式。

8. 确定臭氧氧化二价铁离子的反应平衡常数。

9. 写出臭氧氧化含氰废水的化学反应方程式。

10. 简述臭氧催化氧化的原理。

11. 写出电解法处理含铬废水的阳极和阴极上的化学反应方程式。

12. 某工厂排出含硫酸废水量 $100m^3/d$，硫酸浓度为 3%；排出含氢氧化钠废水 $100m^3/d$，氢氧化钠浓度为 3%。两股废水混合后的 pH 可达中性吗（pH＝7）？

第15章 工业废水的物理化学处理

15.1 混 凝

15.1.1 概述

混凝是水处理的一个重要方法，用以去除水中细小的悬浮物和胶体污染物质。混凝原理可参考《给水工程》。

混凝法可用于各种工业废水（如造纸、钢铁、纺织、煤炭、选矿、化工、食品等工业废水）的预处理、中间处理或最终处理及城市污水的三级处理和污泥处理。它除用于去除废水中的悬浮物和胶体物质外，还用于除油和脱色。

各种废水都是以液体为分散介质的分散系。按分散相粒度的大小，可将废水分为：粗分散系（浊液），分散相粒度大于100nm；胶体分散系（胶体溶液），分散相粒度1～100nm；分子—离子分散系（真溶液），分散相粒度为0.1～1nm。分散相粒度在$100\mu m$以上的浊液可采用自然重力沉淀或过滤处理，粒度0.1～1nm的真溶液可采用吸附法处理，$1nm\sim100\mu m$的部分浊液和胶体可采用混凝法处理。

废水中的胶体物质可能是憎水的或亲水的。憎水性胶体物质（如黏土等）对液体介质没有亲和力，在有电解质存在时缺乏稳定性，对混凝很敏感。亲水性胶体物质（如蛋白质等）对水有明显的亲和力，吸收的水会阻止絮凝，一般需做特殊处理才能有效地产生混凝反应。

由于工业废水中的胶体物质颗粒大多数都带有负电荷，所以加入高价阳离子可以降低ζ电位并产生凝聚作用。

15.1.2 混凝的影响因素和操作程序

1. 混凝的影响因素

（1）废水性质的影响

废水的胶体杂质浓度、pH、水温及共存杂质等都会不同程度地影响混凝效果。

1）胶体杂质浓度：过高或过低都不利于混凝。用无机金属盐作混凝剂时，胶体浓度不同，所需脱稳的Al^{3+}和Fe^{3+}的用量亦不同。

2）pH：pH也是影响混凝的重要因素。采用某种混凝剂对任一废水的混凝，都有一个相对最佳pH存在，使混凝反应速度最快，絮体溶解度最小，混凝作用最大。一般通过试验得到最佳的pH。往往需要加酸或碱来调整pH，通常加碱的较多。

3）水温：水温的高低对混凝也有一定的影响。水温高时，黏度降低，布朗运动加快，碰撞的机会增多，从而提高混凝效果，缩短混凝沉淀时间。但温度过高，超过90℃时，易使高分子絮凝剂老化生成不溶性物质，反而降低絮凝效果。

4）共存杂质的种类和浓度

①有利于絮凝的物质：除硫、磷化合物以外的其他各种无机金属盐，它们均能压缩胶

体粒子的扩散层厚度，促进胶体粒子凝聚。离子浓度越高，促进能力越强，并可使混凝范围扩大。二价金属离子 Ca^{2+}、Mg^{2+} 等对阴离子型高分子絮凝剂凝聚带负电的胶体粒子有很大促进作用，表现在能压缩胶体粒子的扩散层，降低微粒间的排斥力，并能降低絮凝剂和微粒间的斥力，使它们表面彼此接触。

②不利于混凝的物质：磷酸离子、亚硫酸离子、高级有机酸离子等阻碍高分子絮凝作用。另外，氯、螯合物、水溶性高分子物质和表面活性物质都不利于混凝。

（2）混凝剂的影响

1）无机金属盐混凝剂：无机金属盐水解产物的分子形态、荷电性质和荷电量等对混凝效果均有影响。

2）高分子絮凝剂：其分子结构形式和分子量均直接影响混凝效果。一般线状结构较支链结构的絮凝剂为优，分子量较大的单个链状分子的吸附架桥作用比小分子的好，但水溶性较差，不易稀释搅拌。分子量较小时，链状分子短，吸附架桥作用差，但水溶性好，易于稀释搅拌。因此，分子量应适当，不能过高或过低，一般以 $300 \times 10^4 \sim 500 \times 10^4$ 左右为宜。此外还要求沿链状分子分布有发挥吸附架桥作用的足够官能基团。高分子絮凝剂链状分子所带电荷量越大，电荷密度越高，链状分子越能充分伸展，吸附架桥的空间作用范围也就越大，絮凝作用就越好。

2. 混凝的操作程序

里迪克（Riddick）制定出一套行之有效的混凝操作程序。必要时，应先提高碱度（投加碳酸氢盐有增加碱度和不提高 pH 的优点），其次投加铝盐或高铁盐，Al^{3+} 或 Fe^{3+} 包围胶体粒子，使微小絮凝体带有正电荷。最后投加活化硅酸和聚合电解质之类的助凝剂，以便增大絮凝体并控制 ζ 电位。在投加碱和混凝剂后建议快速搅拌 $1 \sim 3min$，随后投加助凝剂搅拌 $20 \sim 30min$，以促进絮凝。也可以投加阳离子聚合物实现脱稳，使之达到等电点而 pH 不发生变化。虽然聚合物混凝剂的效力相当于铝盐的 $10 \sim 15$ 倍，但价格很贵。混凝过程见图 15-1。

15.1.3　废水处理中常用的混凝剂和助凝剂

1. 混凝剂

废水处理中常用的混凝剂是铝盐和铁盐。铝盐有硫酸铝[$Al_2(SO_4)_3 \cdot 18H_2O$]、明矾[$Al_2(SO_4)_3 \cdot K_2SO_4 \cdot 2H_2O$]、三氯化铝（$AlCl_3$）、聚合氯化铝又叫碱式氯化铝[$Al_n(OH)_mCl_{3n-m}$]$_n$ 等。铁盐有硫酸亚铁（$FeSO_4$）、三氯化铁[$FeCl_3 \cdot 6H_2O$]、聚合硫酸铁[$Fe_2(OH)_m(SO_4)_{6-m}$]$_n$ 等。高分子混凝剂因具有聚合物分子量高、絮凝能力强、投量小等优点，近年来发展较快，在废水处理中得到广泛应用。

硫酸铝投入水中后发生水解反应，一般情况下，使用的 pH 范围为 $4.0 \sim 7.8$。当 $pH=4 \sim 7$ 时，以去除水中的有机物为主；当 $pH=5.7 \sim 7.8$ 时，以去除水中的悬浮物为主；当 $pH=6.4 \sim 7.8$ 时，可以处理高浊度废水和低色度废水。适合常温使用。

聚合氯化铝为无机高分子化合物，是介于 $AlCl_3$ 和 $Al(OH)_3$ 之间的水解产物。聚合氯化铝中[OH^-]与[Al^{3+}]的比值对混凝效果有很大影响，可用碱化度 B 表示：$B = \dfrac{[OH^-]}{3[Al^{3+}]} \times 100\%$。一般要求 B 为 $40\% \sim 60\%$。聚合氯化铝具有较强的交联吸附性能，并能水解成[$Al(OH)_3(H_2O)$]$_x$ 沉淀。聚合氯化铝比硫酸铝用量少，絮凝效果好，易形成大

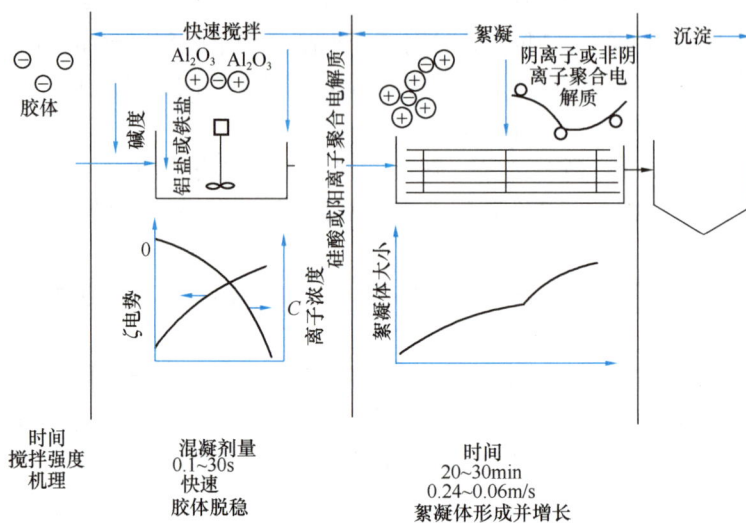

图 15-1　混凝过程

絮凝体，沉淀性能好，适宜的 pH 和温度范围广，药剂对设备腐蚀小。缺点是聚合氯化铝不够稳定。

铁盐在水溶液中性质基本上与铝盐相同。与铝盐相比，铁盐适用的 pH 范围更大，形成的氢氧化物絮体大，且密度大，因而所形成的絮体沉淀速度快。铁盐絮凝剂处理低温或低浊废水的效果比铝盐好，但处理后废水的色度比铝盐的高，而且铁盐具有较高腐蚀性。

2. 助凝剂

为了提高混凝效果向废水投加助凝剂促进絮凝体增大，加快沉淀。

活化硅酸是一种常用的助凝剂，它是一种短链的聚合物，它能将微小的水合铝颗粒联结在一起。由于硅的负电性，加量过大反而会抑制絮凝体的形成。通常的剂量为 5～10mg/L。

有机高分子聚合物含有吸附基团，并能在颗粒或带电絮凝体之间起架桥作用，因而常用作助凝剂，废水处理中使用最普遍的高分子助凝剂是聚丙烯酰胺。当以铝盐或氯化铁作混凝剂时，投加少量（1～5mg/L）的阴离子聚丙烯酰胺作助凝剂，就会形成较大（0.3～1mm）的絮凝体。高分子聚合物基本上不受 pH 影响，也可单独用作混凝剂。

壳聚糖絮凝剂。近年来研发的壳聚糖絮凝剂因其具有良好的生物易降解、无毒、环境友好等特点，有广泛应用前景。壳聚糖絮凝剂可作为混凝剂或助凝剂使用。壳聚糖由甲壳质脱去乙酰基而制得，是一种白色固体粉末，分子量在几千至几百万之间，不溶于水和有机溶剂，可溶于许多稀酸中（如甲酸、乙酸、盐酸），但在强酸中溶解，分子会发生降解。壳聚糖分子中的游离氨基，易于在稀酸溶液中被质子化，使其分子链上带有大量正电荷，形成一种常见的阳离子絮凝剂。壳聚糖同时具有电中和絮凝和吸附絮凝的特性。因其优良的絮凝性能，壳聚糖絮凝剂被广泛应用于有效分离废水中的胶体和分散剂；回收蛋白质；净化饮用水；处理饮料；回收金属等领域。此外，壳聚糖可以通过改性变为水溶性物质，这既提高了它的适用范围，也增加了阳离子絮凝剂的种类。但由于壳聚糖生产成本较高，所以将其与无机絮凝剂复配使用，成为当下复配絮凝剂的研究热点。

由于混凝反应过程复杂，因此，为了得到废水混凝法的最佳 pH 和最佳混凝剂投加量，需进行实验室试验。

15.1.4　混凝设备

工业废水的凝聚、絮凝与沉淀可选用的设备有两种类型：一种是前面有一个快速搅拌池，后接慢速搅拌的絮凝池，最后进入沉淀池；另一种为澄清池，搅拌、絮凝和沉淀在一个池子中进行。

图 15-2 为一种澄清池。这种澄清池，尽管对胶体粒子的脱稳效果比第一种类型差，但能将已生成的絮体进行回流，这是突出的优点。回流可减少混凝剂投加量和形成絮凝体所需的时间。

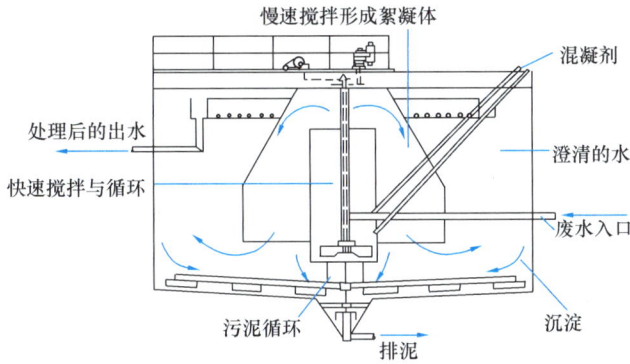

图 15-2　澄清池

15.1.5　应用举例

1. 造纸和纸板废水

几座造纸和纸板厂排出的废水采用混凝法处理，运行结果列于表 15-1 中。加入少量的硫酸铝即可有效地混凝。硅酸和聚合电解质有助于絮凝体增大。

纸和纸板废水混凝处理 表 15-1

| 废水 | 进水（mg/L） | | 出水（mg/L） | | | 混凝剂（mg/L） | | | 停留时间（h） | 污泥含水率（%） |
	BOD_5	SS	BOD_5	SS	pH	铝	硅	其他		
纸板	—	350~450	—	15~60		3	5	—	1.7	92~96
纸板	—	140~420	—	10~40		1		胶 10	0.3	98
纸板	127	593	68	44	6.7	10~12	10		1.3	98
纸巾	140	720	36	10~15		2	4			—
纸巾	208	—	33	—	6.6		4			—

2. 轴承制造厂含乳化油废水

废水含有清洗液用的肥皂和洗涤剂、水溶性研磨油、切削油、磷酸清洗剂以及溶剂等。乳化油是由水和微小的油珠组成，油球大小约 $0.01\mu m$，被所吸附的离子所稳定化。乳化剂包括肥皂和阴离子活性剂等。乳化可通过加入 $CaCl_2$ 等盐类予以破除，也可通过降低废水的 pH 予以破除。破乳后进行混凝沉淀或气浮处理。该厂原水 pH 10.3、悬浮物

544mg/L、油脂 302mg/L、Fe17.9mg/L、PO_4^{3-} 222mg/L。投加 800mg/L 的硫酸铝、450mg/L 的 H_2SO_4 和 45mg/L 的聚合电解质，可得到有效的处理。出水 pH 7.1，悬浮物为 40mg/L，油脂为 28mg/L，Fe 为 1.6mg/L，PO_4^{3-} 为 8.5mg/L。

15.2 气 浮

15.2.1 气浮的基本原理

气浮法是固液分离或液液分离的一种技术。它是通过某种方法产生大量的微气泡，使其与废水中密度接近于水的固体或液体污染物微粒黏附，形成密度小于水的气浮体，在浮力的作用下，上浮至水面形成浮渣，进行固液或液液分离。气浮法用于从废水中去除相对密度小于 1 的悬浮物、油类和脂肪，并用于污泥的浓缩。

为了探讨颗粒向气泡黏附条件和它们之间的内在规律，应研究三相混合系的表面张力和体系界面自由能，颗粒表面疏水性和润湿接触角；混凝剂与表面活性剂在气浮分离中的作用与影响。

1. 水中颗粒与气泡黏附条件

（1）界面张力、接触角和体系界面自由能

在水、气、粒三相混合系中，不同介质的相表面上都因受力不均衡而存在界面张力（σ）。气泡与颗粒一旦接触，由于界面张力会产生表面吸附作用。三相间的吸附界面构成的交界线称为润湿周边，见图 15-3 所示。为了便于讨论，现将水、气、粒三相分别以 1、2、3 表示。

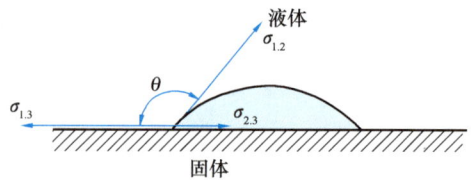

图 15-3 三相间的吸附界面

通过润湿周边（即相界面交界线）作水、粒界面张力（$\sigma_{1.3}$）作用线和水、气界面张力（$\sigma_{1.2}$）作用线，两作用线的交角为润湿接触角（θ）。水中具有不同表面性质的颗粒，其润湿接触角大小不同。通常将 $\theta > 90°$ 的称为疏水表面，易于为气泡所黏附，而 $\theta < 90°$ 的称为亲水表面，不易为气泡所黏附。

从物理化学热力学得知，由水、气泡和颗粒构成的三相混合液中，存在着体系界面自由能（W）。体系界面自由能（W）存在着力图减至最小的趋势，使分散相总表面积减小。

已知，界面能（W）等于：

$$W = \sigma \cdot S \tag{15-1}$$

式中 S——界面面积，cm^2。

当颗粒与气泡黏附前，颗粒和气泡单位面积（$S=1$）的界面能，分别为 $\sigma_{1.3} \times 1$ 及 $\sigma_{1.2} \times 1$，这时单位面积上的界面能之和为：

$$W_1 = \sigma_{1.3} + \sigma_{1.2} \quad (N/m) \tag{15-2}$$

当颗粒与气泡黏附后，界面能减少了（图 15-4）。此时黏附面上单位面积的界面能为：

$$W_2 = \sigma_{2.3} \quad (N/m) \tag{15-3}$$

因此，界面能的减少值（ΔW）为：

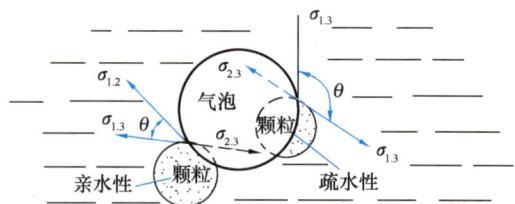

图 15-4 亲水性和疏水性物质的接触角

$$\Delta W = W_1 - W_2 = \sigma_{1.3} + \sigma_{1.2} - \sigma_{2.3} \tag{15-4}$$

ΔW 值越大，推动力越大，易于气浮处理；反之，则相反。

（2）气—粒气浮体的亲水吸附和疏水吸附

见图 15-4，由于水中颗粒表面性质的不同，所构成的气—粒气浮体的黏附情况也不同。亲水性颗粒润湿接触角（θ）小，气粒两相接触面积小，气浮体结合不牢易脱落，此为亲水吸附。疏水性颗粒的接触角（θ）大，气浮体结合牢固不易脱落，为疏水吸附。

平衡状态时，三相界面张力之间关系式为：

$$\sigma_{1.3} = \sigma_{1.2} \cdot \cos(180° - \theta) + \sigma_{2.3} \tag{15-5}$$

将上式代入式（15-4）并加以整理可得：

$$\Delta W = \sigma_{1.2}(1 - \cos\theta) \tag{15-6}$$

从公式（15-6）可知，当 $\theta \to 0°$，$\cos\theta \to 1$，则（$1 - \cos\theta$）$\to 0$，这种物质不易与气泡黏附，不能用气浮法去除。当 $\theta \to 180°$，$\cos\theta \to -1$，则（$1 - \cos\theta$）$\to 2$，这种物质易于与气泡黏附，宜于用气浮法去除。

接触角 $\theta < 90°$（图 15-4）时，由式（15-5）

$$\sigma_{1.2} \cdot \cos\theta = \sigma_{2.3} - \sigma_{1.3}$$

或

$$\cos\theta = \frac{\sigma_{2.3} - \sigma_{1.3}}{\sigma_{1.2}} \tag{15-7}$$

上式表明，水中颗粒的润湿接触角（θ）是随水的表面张力（$\sigma_{1.2}$）的不同而改变的。增大水的表面张力（$\sigma_{1.2}$），可以使接触角增加，有利于气粒结合。反之，则有碍于气粒结合，不能形成牢固结合的气粒气浮体。

以石油废水与含焦油的煤气洗涤废水为例，石油废水中表面活性物质含量少，$\sigma_{1.2}$ 较大（$5.34 \times 10^{-3} \sim 5.78 \times 10^{-3}$ J），乳化油粒的疏水性强，其本身相对密度又小于 1.0，可以直接用气浮法分离。在向废水中通入空气后，油珠即黏附在气泡上，油珠的上浮速度将大大提高。例如 $d = 1.5 \mu m$ 的油珠单独上浮时，根据斯托克斯公式计算，上浮速度 < 0.001 mm/s。当黏附到气泡上以后，气泡的平均上浮速度可达 0.9mm/s，就是说，油珠的上浮速度提高 900 倍。而煤气洗涤废水中的乳化焦油，因水中含大量杂酚和脂肪酸盐，而且表面活性物质也较多，水的表面张力小（$4.9 \times 10^{-3} \sim 5.39 \times 10^{-3}$ J），使接触角（θ）降低，油在气泡上富集不好。

2. 泡沫的稳定性

洁净的气泡本身具有自动降低表面自由能的倾向，即所谓气泡合并作用。由于这一作用的存在，表面张力大的洁净水中的气泡粒径常常不能达到气浮操作要求的极细分散度。此外，如果水中表面活性物质很少，则气泡壁表面由于缺少两亲分子吸附层的包裹，泡壁变薄，气泡浮升到水面以后，水分子很快蒸发，因而极易使气泡破灭，以致在水面上得不到稳定的气浮泡沫层。这样，即使气粒结合体（气浮体）在露出水面之前就已经形成，而且也能够浮升到水面，但由于所形成的泡沫不够稳定，使已浮起的水中污染物重又脱落回到水中，从而使气浮效果降低。为了防止产生这些现象，当水中缺少表面活性物质时，需向水中投加起泡剂，以保证气浮操作中泡沫的稳定性。所谓起泡剂，大多数是由极性—非极性分子组成的表面活性剂。表面活性剂的分子结构符号一般用◎表示，圆头端表示极性

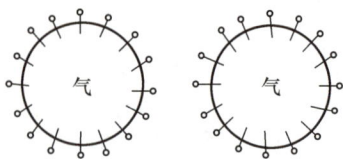

图 15-5　表面活性物质与气泡黏附
的电荷相斥作用

基，易溶于水，伸向水中（因为水是强极性分子）；尾端表示非极性基，为疏水基，伸入气泡。由于同号电荷的相斥作用可防止气泡的兼并和破灭，因而增强了泡沫稳定性，多数表面活性剂也是起泡剂（图 15-5）。

有机污染物含量不多的废水进行气浮法处理时，泡沫的稳定性可能成为影响气浮效果的主要因素。在这种情况下，水中存在适量的表面活性物质是适宜的，有时是必需的。但是当其浓度超过一定限度后，由于表面活性物质增多，会使水的表面张力减小，水中污染粒子严重乳化，表面 ξ 电位增高，此时水中含有与污染粒子相同荷电性的表面活性物质的作用则转向反面，这时尽管气泡现象强烈，泡沫形成稳定，但气—粒黏附不好，气浮效果变坏。因此，如何掌握好水中表面活性物质的最佳含量，成为气浮法处理需要探讨的重要课题之一。

对含有表面活性物质和不含此物质的石油废水进行气浮分离试验表明：气浮泡沫中的含油量，前者只有 3000mg/L，而后者则达 400g/L。煤气站焦油废水中酚类、脂肪酸类化合物构成的表面活性物质含量高，气浮效果就不好（不高于 50%）。

3. 界面电现象和混凝剂脱稳

废水中的污染粒子的疏水性，在许多情况下并不好。以乳化石油为例，就其表面性质来说是完全疏水的，而且相对密度小于水，按道理是应该能够互相附聚，兼并成较大油珠，并且借相对密度差自行上浮到水面，但由于水中含有由两亲分子组成的表面活性物质，表面活性物质的非极性端吸附在油粒内，极性端则伸向水中，在水中的极性端进一步电离，从而导致油珠界面被包围了一层负电荷。例如，在水中与油珠结合的皂类和酚类物质，它们的极性端羧基 COOH 和羟基 OH 伸入水中电离后的情况就是这样（图 15-6）。由此产生双电层现象，提高了粒子的表面电位。增大了的 ξ 电位值不仅阻碍细小油珠的相互兼并，而且影响油珠向气泡表面的黏附，使乳化油水成为稳定体系。

废水中含有的亲水性固体粉末，如粉砂、黏土等，其润湿角 $0° < \theta < 90°$，因此它表面的一小部分为油所黏附，大部分为水润湿（图 15-7）。油珠为这些固体粉末所包围覆盖，从而阻碍其兼并，形成稳定的乳化油水体系。这种固体粉末称为固化乳化剂，增大了油珠 ξ 电位值。

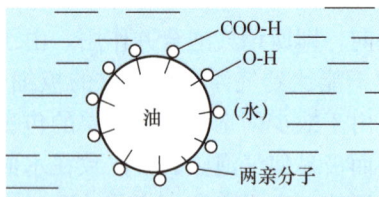

图 15-6　表面活性物质在水中与油珠的黏附

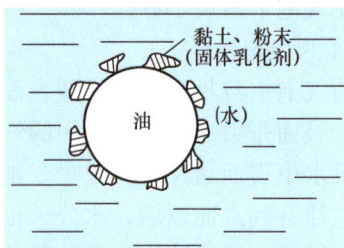

图 15-7　固体粉末在水中与油珠的黏附

从废水处理角度看，水中细分散杂质的 ξ 电位高是不利的，它不仅促进乳化，而且影响气—粒结合体（气浮体）的形成。为此，水中荷电污染粒子在气浮前最好采取脱稳、破乳措施。有效的方法是投加混凝剂，使水中增加相反电荷胶体，以压缩双电层，降低 ξ 电位值，使其达到电中和。例如投加硫酸铝、聚氯化铝、二氯化亚铁、三氯化铁等（废水中硫化物含量多时，不宜采用铁盐，否则生成稳定的硫化铁胶体），既可压缩油珠的双电层，又能够吸附废水中的固体，使其凝聚。混凝剂的投量要视废水的性质不同而异，应根据试验确定。

对含有细分散亲水性颗粒杂质（例如纸浆、煤泥等）的工业废水，采用气浮法处理时，除应用前述的投加电解质混凝剂进行电中和方法外，向水中投加（或水中存在）浮选剂，也可使颗粒的亲水性表面改变为疏水性，并能够与气泡黏附。见图 15-8，当浮选剂（亦属两亲分子组成的表面活性物）的极性端被吸附在亲水性颗粒表面后，其非极性端则朝

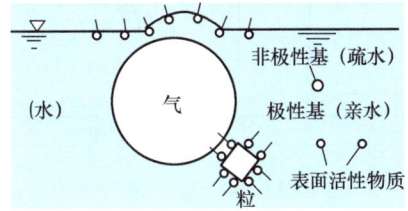

图 15-8　亲水性物质与气泡的黏附状况

向水中，物质表面与气泡结合力的强弱，取决于其非极性端碳链的长短。

分离洗煤废水中煤粉时所采用的浮选剂为脱酚轻油、中油、柴油、煤油或松油等。采用柴油时，投量取 1.4g/L，松油投量为 0.09g/L 时，可取得良好分离效果。分离造纸废水中的纸浆，则以动物胶（投量 3.5mg/L）、松香、铝矾土、甲醛（各 0.3mg/L），氢氧化钠（0.1mg/L）等浮选剂为宜。

15.2.2　加压溶气气浮法

加压溶气气浮法是目前应用最广泛的一种气浮方法。空气在加压条件下溶于水中，再使压力降至常压，把溶解的过饱和空气以微气泡的形式释放出来。

1. 加压溶气气浮法工艺流程

加压溶气气浮工艺由空气饱和设备、空气释放设备和气浮池等组成。其基本工艺流程有全溶气流程、部分溶气流程和回流加压溶气流程 3 种。

（1）全溶气流程

该流程（图 15-9）是将全部废水进行加压溶气，再经减压释放装置进入气浮池进行固液分离。与其他两流程相比，其电耗高，但因不另加溶气水，所以气浮池容积小。

（2）部分溶气流程

该流程（图 15-10）是将部分废水进行加压溶气，其余废水直接送入气浮池。该流程比全溶气流程省电，另外因部分废水经溶气罐，所以溶气罐的容积比较小。但因部分废水加压溶气所能提供的空气量较少，因此，若想提供同样的空气量，必须加大溶气罐的压力。

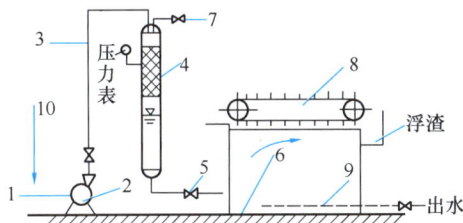

图 15-9　全溶气方式加压溶气气浮法流程

1—原水进入；2—加压泵；3—空气加入；4—压力溶气罐（含填料层）；5—减压阀；6—气浮池；7—放气阀；8—刮渣机；9—集水系统；10—化学药剂

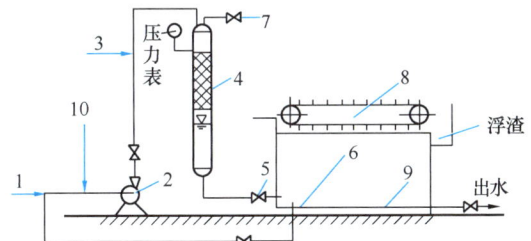

图 15-10　部分溶气方式加压溶气气浮法流程

1—原水进入；2—加压泵；3—空气加入；4—压力溶气罐（含填料层）；5—减压阀；6—气浮池；7—放气阀；8—刮渣机；9—集水系统；10—化学药液

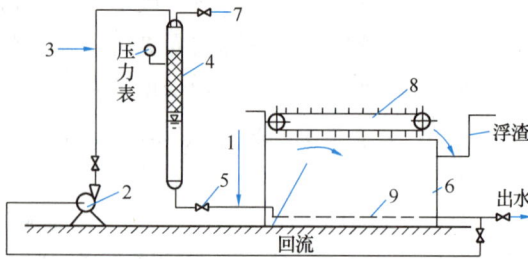

图 15-11 回流加压溶气方式流程示意图

1—原水进入；2—加压泵；3—空气进入；4—压力溶
气罐（含填料层）；5—减压阀；6—气浮池；7—放气
阀；8—刮渣机；9—集水管及回流清水管

（3）回流加压溶气流程

该流程（图 15-11）将部分出水进行回流加压，废水直接送入气浮池。该法进入溶气罐和释放器的是处理后清水，堵塞问题较少，在工程实际中得到了广泛采用。

2. 加压溶气气浮法的特点

加压溶气气浮法与电解气浮法和散气气浮法相比具有以下的特点：

（1）水中的空气溶解度大，能提供足够的微气泡，可满足不同要求的固液分离，确保去除效果。

（2）经减压释放后产生的气泡粒径小（$20\sim100\mu m$）、粒径均匀、微气泡在气浮池中上升速度很慢、对池的扰动较小，特别适用于絮凝体松散、细小的固体分离。

（3）设备和流程都比较简单，维护管理方便。

3. 加压溶气气浮系统的设计

（1）溶气方式的选择

溶气方式可分为水泵吸水管吸气溶气方式、水泵压水管射流溶气方式和水泵—空压机溶气方式。

1）水泵吸水管吸气溶气方式可分为两种形式。一种是利用水泵吸水管内的负压作用，在吸水管上开一小孔，空气经气量调节和计量设备被吸入，并在水泵叶轮高速搅动形成气水混合体后送入溶气罐，见图 15-12（a）。另一种形式是在水泵压水管上接一支管，支管上安装一射流器，支管中的压力水通过射流器时把空气吸入并送入吸水管，再经水泵送入溶气罐，见图 15-12（b）。这种方式，设备简单，不需空压机，没有因空压机带来的噪声。当吸入量控制适当（一般只为饱和溶解量的 50% 左右），以及压力不太高时，尽管水泵压力降低约 10%～15%，但运行尚稳定可靠。当吸气量过大，超过水泵流量的 7%～8%（体积比）时，会造成水泵工作不正常并产生振动，同时水泵压力下降约 25%～30%。长期运行还会发生水泵气蚀。

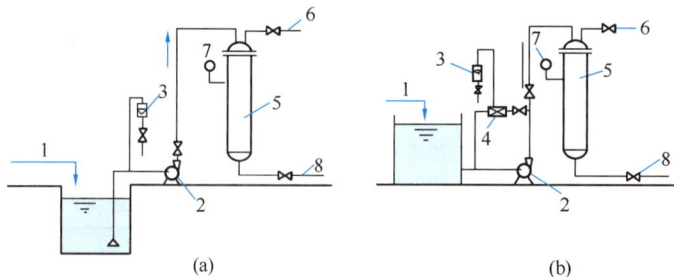

(a)   (b)

图 15-12 水泵吸水管吸气溶气方式

1—回流水；2—加压泵；3—气量计；4—射流器；5—溶气罐；6—放气管；
7—压力表；8—减压释放设备

2）水泵压水管射流溶气方式见图 15-13。这种方式是利用在水泵压水管上安装的射流器抽吸空气。缺点是射流器本身能量损失大，一般约 30％，当所需溶气水压力为 0.3MPa 时，则水泵出口处压力约需 0.5MPa。

3）水泵—空压机溶气方式见图 15-14。是目前常用的一种溶气方法。该方式溶解的空气由空压机供给，压力水可以分别进入溶气罐，也有将压缩空气管接在水泵压水管上一起进入溶气罐的。为防止因操作不当，使压缩空气或压力水倒流入水泵或空压机，目前常采用自上而下的同向流进入溶气罐。由于在一定压力下需空气量较少，因此空压机的功率较小，该法的能耗较前两种方式少。但该法的缺点是，除产生噪声与油污染外，操作也比较复杂，特别是要控制好水泵与空压机压力，并使其达到平衡状态。

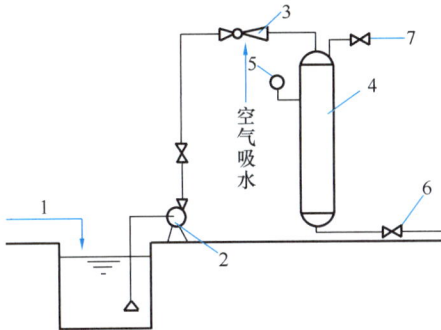

图 15-13　水泵压水管射流溶气方式
1—回流水；2—加压泵；3—射流器；4—溶气罐；
5—压力表；6—减压释放设备；7—放气阀

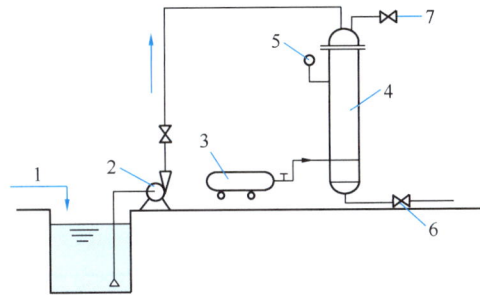

图 15-14　水泵—空压机溶气方式
1—回流水；2—加压泵；3—空压机；4—溶气罐；
5—压力表；6—减压释放设备；7—放气阀

（2）空气饱和设备的选择

该设备的作用是在一定压力下将空气溶解于水中以提供废水处理所要求的溶气水。

空气饱和设备一般由加压泵、溶气罐、空气供给设备及液位自动控制设备等组成。

1）加压泵　用来供给一定压力的水量。加压泵压力过高时，由于单位体积溶解的空气量增加，经减压后能析出大量的空气，会促进微气泡的并聚，对气浮分离不利。另外，由于高压下所需的溶气水量减少，不利于溶气水与原废水的充分混合。反之，加压泵压力过低，势必需增加溶气水量，从而增加了气浮池的容积。为保障溶气效果，加压泵的选择，除满足溶气水的压力外，还应考虑管路系统的水头损失。加压泵压力应为溶气罐压力与管路水头损失之和。

按亨利定律，空气在水中的溶解度与所受压力成正比，因此，溶进的空气量（V）为：

$$V = K_T P \ (\mathrm{L/m^3} \ 水)$$

式中　P——空气所受的绝对压力，Pa；

K_T——溶解常数，不同温度下 K_T 的值见表 15-2。

不同温度下 K_T 的值　　　　　　　　　　表 15-2

温度（℃）	0	10	20	30	40	50
K_T 值	0.038	0.029	0.024	0.021	0.018	0.016

设计空气量应按 25％的过量考虑，留有余地，保证气浮效果。

气浮操作中空气的实际用量，可取处理水量的1％～5％（体积比），或气泡浮出固物量的0.5％～1％（质量比）。空气溶解量与加压时间关系见图15-15。回流水量一般为进水量的25％～50％。

2）溶气罐　溶气罐的作用是实施水和空气的充分接触，加速空气的溶解，溶气罐的工作压力一般为0.35～0.5MPa。目前常用的压力溶气罐有多种形式，其中填充式溶气罐效率高，采用的较多。其构造见图15-16。填充式溶气罐，因装有填料可加剧紊动程度，提高液相的分散程度，不断更新液相与气相的界面，从而提高了溶气效率。填料有各种类型，研究表明，阶梯环的溶气效率最高，可达90％以上，拉西环次之，波纹片卷最低，这是由于填料的几何特性不同造成的。波纹片卷的溶气效率比空罐高25％左右。填料层的厚度超过0.8m时，可达到饱和状态。溶气罐的表面负荷一般为300～2500m³/(m²·d)。

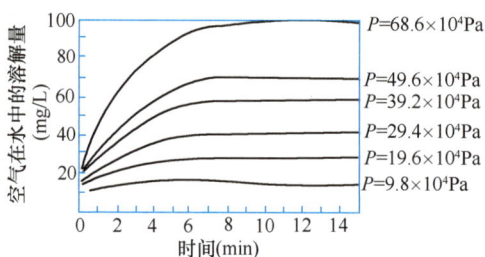

图15-15　空气在水中的溶解量与加压
时间的关系（水温＝40℃）

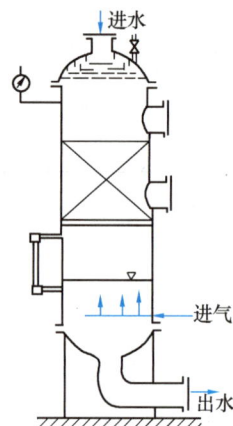

图15-16　填充式溶气罐

溶气罐的表面水力负荷远远超过生物滤池的表面负荷［10m³/(m²·d)］，一般不会发生堵塞。但对于较大的溶气罐，由于布水不均匀，在某些部位可能发生堵塞，特别是对含悬浮物浓度高的废水，应考虑堵塞问题。关于空气和水在填料内的流向问题，可采用顶部进水下部进气的方式，也可采取从溶气罐顶部进气和进水方式。空气从罐顶进入，可防止因操作不慎，可能使压力水倒流入空压机，以及排出的溶气水中夹带较大气泡的可能性。采用下部进气方式时，为防止从溶气水中夹带出不溶的气泡进入气浮池，其供气部分的最低位置应在溶气罐中有效水深1.0m以上。

（3）溶气水的减压释放设备

其作用是将压力溶气水减压后迅速将溶于水中的空气以极为细小的气泡形式释放出来，要求微气泡的直径在20～100μm。微气泡的直径大小和数量对气浮效果有很大影响。目前生产中采用的减压释放设备分两类：一种是减压阀，一种是释放器。

1）减压阀　利用现成的截止阀。其缺点是：多个阀门相互间的开启度不一致，其最佳开启度难以调节控制，因而从每个阀门的出流量各异，且释放出的气泡尺寸大小不一致；阀门安装在气浮池外，减压后经过一段管道才送入气浮池，如果此段管道较长，则气泡合并现象严重，从而影响气浮效果；另外，在压力溶气水昼夜冲击下，阀芯与阀杆螺栓易松动，造成流量改变，使运行不稳定。

2）专用释放器　根据溶气释放规律制造。在国外，有英国水研究中心的 WRC 喷嘴、针形阀等。在国内有 TS 型、TJ 型和 TV 型等，见图 15-17。

国产的 TS 型、TJ 型和 TV 型的特点是：①释放溶气完全；②工作压力低，节约能耗；③释放出的气泡微细，平均直径为 $20\sim40\mu m$，气泡密集，附着性能好。

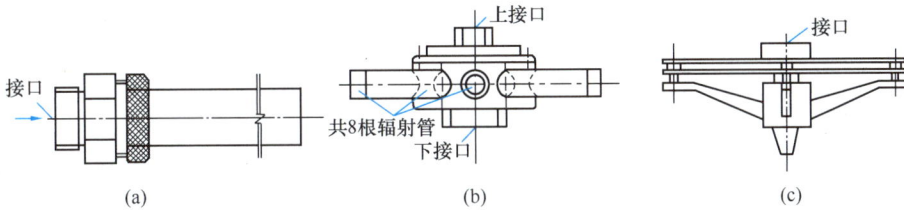

图 15-17　溶气释放器
(a) TS 型；(b) TJ 型；(c) TV 型

TS 型溶气释放器的工作原理见图 15-18。当压力溶气水通过孔盒时，溶气水反复经过收缩、扩散、撞击、返流、挤压、辐射、漩涡等流态，在 0.1s 内，就使压力损失 95% 左右，溶解的空气迅速释放出来。TJ 型溶气释放器是根据 TS 型的原理，为了扩大单个释放器出流量及作用范围，以及克服 TS 型易被水中杂质堵塞而设计的。该释放器堵塞时，可以通过从

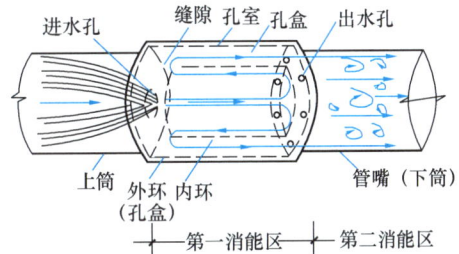

图 15-18　TS 型溶气释放器工作原理

上接口抽真空，提起器内的舌簧，以清除杂质。TV 型溶气释放器是为了克服上面两种释放器布水不均匀及需要用水射器才能使舌簧提起等缺点而设计的。堵塞时，接通压缩空气即可使下盘下移，增大水流通道，使堵塞物排出。

(4) 气浮池

根据废水的水质、处理程度及其他具体情况，目前已开发了各种形式的气浮池。应用比较广泛的有平流式气浮池和竖流式气浮池两种，分别见图 15-19 和图 15-20。平流式气浮池是目前应用最多的一种。废水从池下部进入气浮接触区，保证气泡与废水有一定的接触时间，废水经隔板进入气浮分离区进行分离后，从池底集水管排出。浮在水面上的浮渣用刮渣设备刮入集渣槽排出。这种形式的优点是池身浅，造价低、构造简单，管理方便。缺点是分离区容积利用率不高。竖流式气浮池也是常用的一种形式。这种形式的优点是接触区在池中央，水流向四周扩散，水力条件比平流式好。缺点是构造比较复杂。

除上述两种基本形式外，还有各种组合式一体化气浮池。组合式气浮池有反应—气浮、反应—气浮—沉淀和反应—气浮—过滤—体化

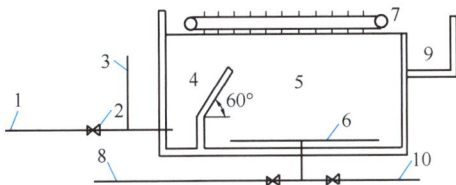

图 15-19　有回流的平流式气浮池

1—溶气水管；2—减压释放及混合设备；3—原水管；
4—接触区；5—分离区；6—集水管；7—刮渣设备；
8—回流管；9—集渣槽；10—出水管

气浮设备，见图 15-21～图 15-23。

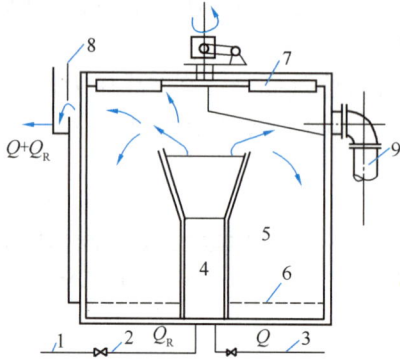

图 15-20　竖流式气浮池

1—溶气水管；2—减压释放器；3—原水管；
4—接触区；5—分离区；6—集水管；7—刮渣
机；8—水位调节器；9—排渣器

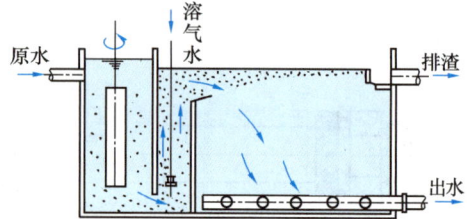

图 15-21　平流式气浮池（反应—气浮）

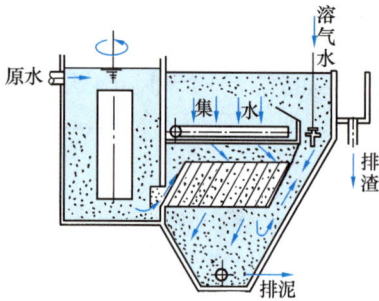

图 15-22　组合一体化气浮池
（反应—气浮—沉淀）

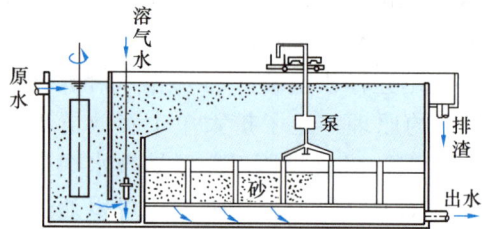

图 15-23　组合式一体化气浮池
（反应—气浮—过滤）

（5）平流式矩形气浮池的设计

平流式矩形气浮池的设计参数的选定

1）气浮池的有效水深，一般取 2.0～2.5m，长宽比一般为（1∶1）～（1∶1.5）。气浮池的表面负荷率常取 5～10m³/(m²·h)(取决于原水的水质)，水力停留时间一般为 10～20min。

2）接触区下端水流上升流速，一般取 20mm/s 左右，上端水流的上升流速为 5～10mm/s，水力停留时间不小于 2min。接触区容积不能过大，否则会影响分离区的容积。隔板的作用是使已黏附气泡的颗粒向池表面产生上升运动，隔板角度一般为 60°，隔板下端可以有一直段，其高度一般取 300～500mm，隔板顶部和气浮池水面之间应留有约 300mm 的高度，以防止干扰分离区的浮渣层。

3）分离区水流向下流速，一般取 1～3mm/s（包括溶气回流量）。

分离区的作用是使黏附于气泡的悬浮颗粒与水分离并浮至水面。如前所述，悬浮颗粒黏附气泡后，其相对密度比水小，在静置状态下颗粒上升速度为 $v_\text{上}$。黏附气泡的颗粒在气浮池中，由于清水从池底部排出，水流在分离区下降流速为 $v_\text{下}$。而分离区，颗粒的上浮或下沉取决于 $v_\text{下}$ 的大小。当 $v_\text{上} > v_\text{下}$ 时，则颗粒上浮；当 $v_\text{上} < v_\text{下}$ 时，则颗粒下沉。

$v_{上}$ 不是一个定值，它与原水的水质、温度、微气泡的质量等因素有关，一般通过试验确定。而 $v_{下}$ 与集水装置的集水均匀程度有关。在给水处理中，原水浊度在 100NTV 以下时，$v_{下}$ 一般取 $2\sim3mm/s$（包括溶气回流水）；废水处理时，当悬浮物浓度较高时（包括投加化学混凝剂的固体量）$v_{下}$ 可取 $1.0\sim3.0mm/s$。

4）集水管，宜于在分离区的底部设置集水均匀的树枝状或环状的集水管。

5）浮渣层的厚度与浮渣的性质及刮泥周期有关，应通过试验确定，以决定合理的刮渣周期。

6）浮渣一般都用机械方法刮除。刮渣机的行车速度宜控制在 $5m/min$ 以内。为防止刮渣时浮渣再次下落，刮渣方向应与水流流向相反，使可能下落的浮渣落在接触区，这时仍可由接触区上升的带气泡絮凝体再次将其托起，而不致影响出水水质。

7）当原水中含有相对密度较大的颗粒时，可能产生沉淀，沉淀污泥可用刮泥机刮至污泥斗后排出。

8）气固比。在设计加压溶气系统时，最基本的参数是溶解空气量（A）与原水中悬浮固体含量（S）的比值 A/S，称为气固比。即

$$\alpha=\frac{A}{S}=\frac{经减压释放的溶解空气总量}{原水带入的悬浮固体总量} \tag{15-8}$$

根据被处理废水中污染物的不同，气固比 α 有两种不同的表示方法：当分离乳化油等相对密度小于水的液态悬浮物时，α 常用体积比计算；当分离相对密度大于水的固态悬浮物时，α 常采用质量比计算。当 α 用质量比计算时，其计算如下：经减压后理论上释放的空气量 A 为

$$A=\gamma C_{s}（fP-1）R \cdot \frac{1}{1000} \tag{15-9}$$

式中　A——减压至一个大气压（101.35kPa）时释放的空气量，kg/d；

　　　γ——空气密度，g/L，见表 15-3；

　　　C_{s}——在一定温度下，一个大气压时的空气溶解度，mL/L，见表 15-3；

　　　P——溶气压力，以绝对压力表示，$P=\dfrac{P_{溶气罐表压(kPa)}+101.35}{101.35}$，atm；

　　　f——加压溶气系统的溶气效率，为实际空气溶解度与理论空气溶解度之比，与溶气罐等因素有关，一般为 $0.5\sim0.8$；

　　　R——压力水回流量或加压溶气水量，m^3/d。

气浮的悬浮固体干重 S 为：

$$S=QS_{a} \tag{15-10}$$

空气在水中的溶解度等

表 15-3

温度 （℃）	空气密度 γ （g/L）	溶解度 C_s （mL/L）	空气在水中的溶解常数
0	1.252	29.2	0.038
10	1.206	22.8	0.029
20	1.164	18.7	0.024
30	1.127	15.7	0.021
40	1.092	14.2	0.018

式中　S——悬浮固体干重，kg/d；

　　　Q——进行气浮处理的废水量，m^3/d；

　　　S_a——废水中悬浮颗粒浓度，kg/m^3。

因此气固比可写成：

$$\alpha = \frac{A}{S} = \frac{\gamma C_s (fP-1) R}{QS_a \times 1000} \quad (kg/kg) \tag{15-11}$$

如已知气固比 α，由上式可求得 R

$$R = \frac{QS_a \left(\dfrac{A}{S}\right) 1000}{\gamma C_s (fP-1)} \tag{15-12}$$

参数 α 的选用涉及出水水质、设备、动力等因素。从节省能耗考虑并达到理想的气浮分离效果，应对所处理的废水进行气浮试验来确定气固比。如无资料或无试验数据时，α 一般可选用 $0.005 \sim 0.006$，废水悬浮固体含量高时，可选用上限，低时可采用下限。剩余污泥气浮浓缩时气固比一般采用 $0.03 \sim 0.04$。

9）水中悬浮固体总量应包括：废水中原有的呈悬浮状的物质量 S_1，因投加化学药剂后使原水中呈乳化状的物质、溶解性的物质或胶体状物质转化为絮状物的增加量 S_2，以及因加入的化学药剂所带入的悬浮物量 S_3。因此，废水中的总固体量为：

$$S = S_1 + S_2 + S_3 \tag{15-13}$$

10）气浮池有效容积和面积可分别根据水力停留时间和表面负荷进行计算，但在回流加压溶气流程中，应考虑加压溶气水回流量使气浮池处理水量的增加。

【例 15-1】某纺织印染厂采用混凝气浮法处理印染废水。已知设计处理水量为 $1800m^3/d$，混凝后废水的悬浮物浓度为 700mg/L，水温 30℃，采用部分回流加压溶气气浮流程。溶气压力罐的压力（表压）为 324.2kPa，溶气效率为 0.6。经试验确定气固比为 0.02。试进行气浮池设计。

【解】（1）首先由公式（15-12）计算加压溶气水量 R：

$$R = \frac{QS_a \left(\dfrac{A}{S}\right) 1000}{\gamma C_s (fP-1)}$$

查表 15-3 得 $\gamma = 1.127g/L$，$C_s = 15.7mL/L$；

溶气罐的表压为 324.2kPa，则

$$P = \frac{P_{溶气罐表压(kPa)} + 101.35}{101.35} = \frac{324.2 + 101.35}{101.35} = 4.2atm$$

$S_a = 700mg/L = 0.7kg/m^3$，则有：

$$R = \frac{0.02 \times 1800 \times 0.7 \times 1000}{1.127 \times 15.7 \times (0.6 \times 4.2 - 1)} = 937m^3/d$$

（2）气浮池设计

采用平流式气浮池，选取气浮池水力停留时间为 20min，表面负荷为 $8m^3/(m^2 \cdot h)$，则气浮池的有效容积为

$$V = (1800 + 937) \times 20 / (60 \times 24) = 38m^3$$

气浮池的有效面积为

$$F = (1800 + 937) / (8 \times 24) = 14.26 m^2$$

取气浮池宽度为4m，水深为2m，则池长为

$$L = V / (B \cdot H) = 38 / (4 \times 2) = 4.75m，取5m。$$

校核：$L/B = 5/4 = 1.25$（满足要求）。

表面积：$B \cdot L = 4 \times 5 = 20m^2 > 14.26m^2$，设计的表面积可行。

15.2.3 电解气浮法

1. 电解气浮装置

电解气浮法是在直流电的作用下，用不溶性阳极和阴极直接电解废水，正负两极产生的氢和氧的微气泡，将废水中呈颗粒状的污染物带至水面以进行固液分离的一种技术。

电解法产生的气泡尺寸远小于溶气法和散气法。电解气浮法除用于固液分离外，还有降低BOD、氧化、脱色和杀菌的作用，对废水负荷变化适应性强，生成污泥量少，占地少，不产生噪声。

电解气浮装置可分为竖流式和平流式两种，见图15-24和图15-25。

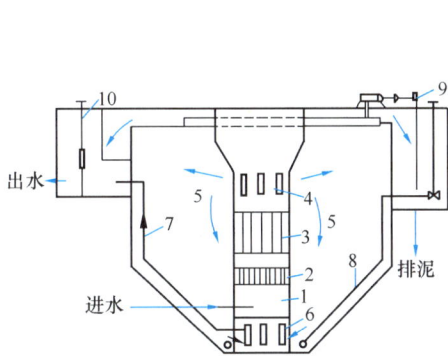

图15-24　竖流式电解气浮池

1—入流室；2—整流栅；3—电极组；4—出流孔；
5—分离室；6—集水孔；7—出水管；8—排沉泥管；
9—刮渣机；10—水位调节器

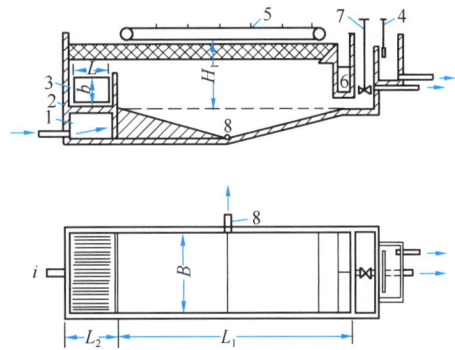

图15-25　双室平流式电解气浮池

1—入流室；2—整流栅；3—电极组；4—出口水位调
节器；5—刮渣机；6—浮渣室；7—排渣阀；8—污泥
排除口

2. 平流式电解气浮装置的工艺计算

以双室平流式电解气浮池为例。这类气浮池的设计包括确定装置总容积、电极室容积、气浮分离室容积、结构尺寸及电气参数。

对不同处理能力的装置，池宽与刮渣板宽度可按表15-4选用。

池宽与刮渣板宽度　　　　　　　　　　　　　　　　表15-4

处理废水量	宽度（mm）	
（m³/h）	单池	刮渣板
<90	2000	1975
90~120	2500	2475
120~130	3000	2975

电极板块数按下式计算：

$$n=\frac{B-2l+e}{\delta+e}\tag{15-14}$$

式中 B——电解池的宽度，mm；

l——极板面与池壁的净距，取值 100mm；

e——极板净距，mm；$e=15\sim20$mm；

δ——极板厚度，mm；$\delta=6\sim10$mm。

电极作用表面积 S 按下式计算：

$$S=\frac{EQ}{i}\tag{15-15}$$

式中 S——电极作用表面积，m^2；

Q——废水设计流量，m^3/h；

E——比电流，$A\cdot h/m^3$；

i——电极电流密度，A/m^2。

通常，E、i 值应通过试验确定，也可按表 15-5 取值。

不同废水的 E、i 值 表 15-5

废水种类		E（$A\cdot h/m^3$）	i（A/m^2）
皮革废水	铬鞣剂	300~500	50~100
	混合鞣剂	300~600	50~100
毛皮废水		100~300	50~100
肉类加工废水		100~270	100~200
人造革废水		15~20	40~80

极板面积用下式计算：

$$A=\frac{S}{n-1}\tag{15-16}$$

式中 A——极板面积，m^2。

极板高度 b 可取气浮分离室澄清层高度 h_1，极板长度 $L_1=A/b$（m）。

电极室长度 $\qquad\qquad L=L_1+2l$（m）$\qquad\qquad\qquad$(15-17)

电极室的总高度 H 为：

$$H=h_1+h_2+h_3\tag{15-18}$$

式中 H——电极室的总高度，m；

h_1——澄清层的高度，m，取 $1.0\sim1.5$m；

h_2——浮渣层高度，m，取 $0.4\sim0.5$m；

h_3——保护高度，m，取 $0.3\sim0.5$m。

电极室容积 $V_1=BHL$（m^3）。气浮分离时间 t 由试验确定，一般为 $0.3\sim0.75$h。分离室容积 $V_2=Qt$，电解气浮池容积 $V=V_1+V_2$（m^3）。

3. 电解气浮法在工业废水处理中的应用

电解气浮法具有去除污染物范围广、泥渣量少、工艺简单、设备小等优点，但电耗大，如采用脉冲电解气浮法可降低电耗。电解气浮法多用于去除细分散悬浮固体和乳化油。如某轧钢厂废水中悬浮固体（主要为铁粉）含量 $150\sim350mg/L$，橄榄油含量 $300\sim600mg/L$，废水流量为 $75m^3/h$。采用 $25m^3$ 的电解气浮池进行电解气浮处理。电极材料为镀铂的钛，极板面积为 $25m^2$，电流密度 $6A/dm^2$，槽电压 $8V$，电耗 $0.275kWh/m^3$，出水悬浮固体浓度小于 $30mg/L$，油浓度小于 $40mg/L$，浮渣可回收铁粉和油。

15.2.4 新型气浮池

1. 涡凹气浮

涡凹气浮属于散气气浮类型，主要是利用涡凹气浮机空气输送管底部散气叶轮的高速转动在水中形成一个真空区，液面上的空气通过曝气机输入水中，填补真空，微气泡随之产生并螺旋形地上升到水面，空气中的氧气也随之溶入水中。经过预处理后的污水流入装有涡凹气浮机的小型充气段，气浮机将水面上的空气通过抽风管道转移到水下，污水在上升的过程中通过充气段与气浮机产生的微气泡充分混合接触。微气泡与水中的油脂和絮粒等相互黏附形成相对密度小于水的浮体，快速浮出水面，然后由刮渣机刮至集渣槽内，从而完成污水的净化。

涡凹气浮系统分两个部分，分别为混凝反应池和涡凹气浮池。在混凝反应池前端投加混凝剂，通过池内的一级搅拌和二级搅拌，来水与药剂进行充分的混凝反应，而后进入涡凹气浮池，污水在进入涡凹气浮池前投加絮凝剂。涡凹气浮出水进入提升水池，经提升泵输送至后续处理系统。涡凹气浮池示意图见图 15-26。开放的回流管道从曝气段沿着气浮槽的底部伸展。在产生微气泡的同时，涡凹曝气机会在有回流管的池底形成一个负压区，这种负压作用会使废水从池底回流至曝气区，然后又返回气浮段。这个过程确保了 40% 左右的污水回流及没有进水的情况下气浮段仍可进行工作。

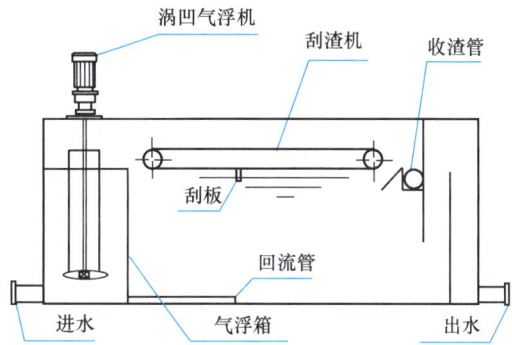

图 15-26　涡凹气浮池示意图

涡凹气浮法的主要优点是设备投资少，占地面积小，操作简单、运行费用低。涡凹气浮机对污水量和水质的变化有很强的适应性，根据来水量的变化，可轻易调节出水堰板高度来适应变化情况。涡凹气浮机主要部件采用耐腐蚀材料制成，具有机械强度高、抗冲击、耐腐蚀、使用寿命长的优点。涡凹气浮法对 SS 的去除率可达到 80% 以上，总磷、油类的去除率达到 70% 以上，COD、BOD_5 去除率达到 60% 以上。

涡凹气浮池设计停留时间一般为 $20\sim30min$，分离区表面负荷 $5\sim10m^3/(m^2 \cdot h)$，池中工作水深不大于 $2.0m$，池子长宽比不小于 4。涡凹气浮机的选型，可依据气浮机生产厂家提供的样本。

2. 浅层气浮

（1）浅层气浮装置

浅层气浮装置的结构见图 15-27。

原水通过泵 1 进入气浮装置 2 的中心管 3，通过可旋转的水力接头 4 和可旋转的分配

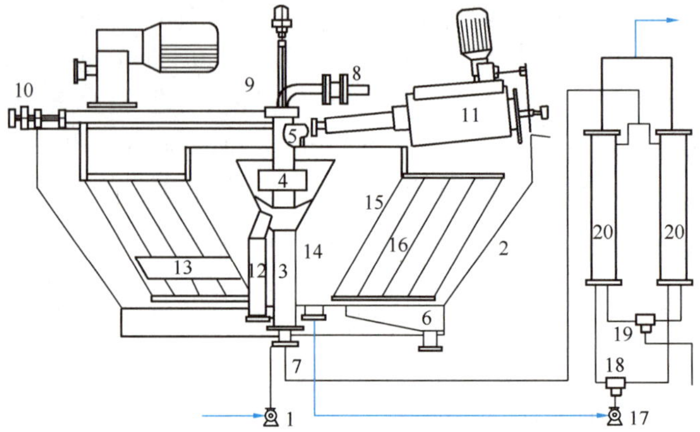

图 15-27　浅层气浮装置

1—水泵；2—气浮装置；3—中心管；4—水力接头；5—分配管；6—泥斗；7—中
心管；8—可旋转分配管；9—水力接头；10—旋转装置；11—螺旋撇渣装置；12—
排渣管；13—旋转集水管；14—中央旋转部分；15—锥形板装置；16—倾斜气浮
区；17—进水泵；18、19—三通阀；20—溶气管

管 5 均匀地配入气浮池底部，溶气水经过中心管 7 进入可旋转的分配管 8，与原水同步进入气浮池底部。9 亦为一个可旋转的水力接头。饱含微气泡的溶气水与原水在气浮装置的底部充分碰撞、黏附，使原水中的微粒形成相对密度小于 1 的浮渣上升到水面而被除去。原水的分配管 5 和溶气水的分配管 8 被固定在同一旋转装置 10 上，其旋转方向与原水进入气浮池底部的水流方向相反，但速度相等。本装置的关键部分是成功地利用了"零速度"原理，使进水对原水不产生扰动，固液分离在一种静态下进行。

　　表面形成的浮渣层由螺旋撇渣装置 11 收集，然后经过排渣管 12 将其排到池外。澄清后的水由旋转集水管 13 收集后排到池外，集水管 13 与中央旋转部分 14 连在一起，这样原水在气浮池中的停留时间就是中央旋转部分的回转周期。连在旋转行走装置上的刮板将池底和池壁上的沉泥刮到泥斗 6 中，定期排放。

　　另外一项重要的改进就是固定在旋转行走架 10 上相互之间有一定间距的一组同心锥形板装置 15，与配水部分一起沿气浮池同步旋转。每相邻两块锥形板组成一个倾斜的环形气浮区域 16，该区域内水时刻处于层流状态，加速了颗粒杂质随微气泡的上升速度。

　　浅层气浮装置还包括一对并联运行的溶气管 20（简称 ADT'S），进水泵 17 的压力较低，只需 202.6kPa。进水首先通过与两个 ADT'S 连接的三通阀 18，ADT'S 的另一端布置溶气出水口。压缩空气也经过一个三通阀 19 与压力水在同一端进入 ADT'S，压缩空气的压力一般为 707.8kPa。所有的三通阀靠一只调节器联动，正常运行时，一只 ADT'S 的进水口和出水口均被打开释放溶气水，而进气口被关闭；同时另一只 ADT 的进水口和出水口被关闭，压缩空气通过 $20\sim40\mu m$ 的微孔不锈钢板进入 ADT'S，靠压缩空气的压力将空气溶于水中，而不是靠水的压力。水沿着切线方向高速进入 ADT'S 中，流速可达 10m/s，压力水在 ADT'S 中呈螺旋状前进，达 995r/min，进水口可以调节，以便控制流量和流速。

　　浅层气浮的工艺特点是布水管与释气管同位布置；表面负荷大，处理效率高；占地小，池深浅，钢设备可多格组合或架空布置。

浅层气浮池的应用图片见图 15-28。

（2）浅层气浮的主要设计参数

1）气浮池有效水深 0.5～0.6m，圆形。

2）接触室上升流速下端取 20mm/s，上端取 5～10mm/s。水力接触时间 1～1.5min。

3）分离区表面负荷 3～5m³/（m²·h），水力停留时间 12～16min。

4）布水机构的出水处应设整流器，原水与溶气水的配水量按分离区单位面积布水量均匀的原则设计计算。

5）布水机构的旋转速度应满足微气泡浮升时间的要求，通常按 8～12min 旋转一周计算。

6）溶气水回流比应计算确定，一般应大于 30%。溶气罐通常可设计成立式。溶气水水力停留时间应计算确定，一般应大于 3min。设计工作压力 0.4～0.5MPa。

7）浅层气浮的其他设计方法基本同压力溶气气浮法。

图 15-28　正在运行的浅层气浮池照片

14. 气浮法在废水处理中的应用

15.3　吸　附

许多工业废水含有难降解的有机物，这些有机物很难或根本不能用常规的生物法或混凝、化学氧化等物化方法去除，例如 ABS 和某些杂环化合物。这些物质可用吸附法加以去除。在废水处理中为进一步改善二级处理出水的水质，降低其毒性，常采用活性炭吸附工艺做进一步处理。在生物处理装置出水深度处理过程中，活性炭主要用于去除水中剩余的部分可溶性有机物。在本节中主要讨论吸附工艺的基本概念，并研究与活性炭吸附有关的问题。

15.3.1　吸附的类型

在相界面上，物质的浓度自动发生累积或浓集的现象称为吸附。吸附作用虽然可发生在各种不同的相界面上，但在废水处理中，主要利用固体物质表面对废水中物质的吸附作用。本节只讨论固体表面的吸附作用。

吸附法就是利用多孔性的固体物质，使废水中的一种或多种物质被吸附在固体表面而去除的方法。具有吸附能力的多孔性固体物质称为吸附剂，废水中被吸附的物质称为吸附质。

吸附作用力主要包括：库仑异性电荷、点电荷及偶极、偶极间相互作用、中性点电荷、范德华力、极性共价键和氢键。根据固体表面吸附力的不同，吸附可分为物理吸附和化学吸附两种类型。

1. 物理吸附

吸附剂和吸附质之间通过分子间力产生的吸附称为物理吸附。物理吸附是一种常见的吸附现象。由于吸附是由分子力引起的，所以吸附热较小，一般在 41.9kJ/mol 以内。物理吸附因不发生化学作用，所以低温时就能进行。被吸附的分子由于热运动还会离开吸附

703

剂表面，这种现象称为解吸，它是吸附的逆过程。物理吸附可形成单分子吸附层或多分子吸附层。由于分子间力是普遍存在的，所以一种吸附剂可吸附多种吸附质。但由于吸附剂和吸附质的极性强弱不同，某一种吸附剂对不同吸附质的吸附量是不同的。

2. 化学吸附

化学吸附是吸附剂和吸附质之间发生的化学作用，是由于化学键力引起的。化学吸附一般在较高温度下进行，吸附热较大，相当于化学反应热，一般为 $83.7 \sim 418.7 kJ/mol$。一种吸附剂只能对某种或几种吸附质发生化学吸附，因此化学吸附具有选择性。由于化学吸附是靠吸附剂和吸附质之间的化学键力进行的，所以吸附只能形成单分子吸附层。当化学键力大时，化学吸附是不可逆的。

物理吸附和化学吸附并不是孤立的，往往是相伴发生。当吸附热为 $41.9 \sim 83.7 kJ/mol$ 时即为两种吸附综合作用的结果。因为很难区分化学吸附与物理吸附作用之间的界限，所以也常用吸着（sorption）一词来描述活性炭上有机物的附着现象。

在水处理中，大部分的吸附往往是几种类型吸附综合作用的结果。由于吸附质、吸附剂及其他因素的影响，可能某种吸附是主要的。例如有的吸附在低温时主要是物理吸附，在高温时主要是化学吸附。

15.3.2　吸附剂

从广义而言，一切固体表面都有吸附作用，但实际上，只有多孔物质或磨的很细的物质，由于具有很大的比表面积，所以才有明显的吸附能力。废水处理中常用的吸附剂有活性炭、磺化煤、活化煤、沸石、活性白土、硅藻土、腐殖质酸、焦炭、木炭、木屑等。本节着重介绍在水处理中应用较广的活性炭。

1. 活性炭的制造

活性炭首先是将杏核、椰壳及胡桃壳等有机材料制备成炭，其他可用于制备炭的材料有木材、骨质及煤等。炭的生产过程是将含碳材料置于干馏釜内加热至炽热状态（接近700℃），馏出其中的碳氢化合物，但在此阶段中应采用不足量供氧方式维持燃烧过程。这种炭化过程或炭生产过程实质上是一种热解过程，经过热解后，应将炭颗粒暴露于 $800 \sim 900℃$ 的高温活化气体（如蒸汽及 CO_2 气体）中进行活化。这类气体可促进炭颗粒内部的孔隙结构进一步发育，形成巨大的内表面面积。

活性炭的表面性质因与所用的原料及其制备方法有关，所以其变化很大。由不同原材料制备的活性炭，其孔径分布及再生特性也可能不完全相同。炭经过活化处理后，可分离成（或制备成）具有不同吸附容量、不同粒径的活性炭。按照粒径的大小可将活性炭分为两类：粉末活性炭（PAC），典型粒径小于 0.07mm；颗粒活性炭（GAC），粒径大于0.1mm。颗粒活性炭和粉末活性炭的特性汇总于表 15-6。

颗粒活性炭与粉末活性炭特征比较　　　　　　　　　　　　　　　　表 15-6

参数	单位	活性炭类型	
		GAC	PAC
比表面积	m²/g	700~1300	800~1800
松密度	kg/m³	400~500	360~740
颗粒密度（在水中浸湿）	kg/L	1.0~1.5	1.3~1.4
颗粒粒径范围	mm（μm）	0.1~2.36	（5~50）

续表

参数	单位	活性炭类型	
		GAC	PAC
有效粒径	mm	0.6～0.9	—
均匀系数	—	≤1.9	—
平均孔半径	nm	1.6～3.0	2.0～4.0
碘值	mg/g	600～1100	800～1200
腐蚀数	—	75～85	70～80
灰分	%	≤8	≤6
水含量（按压紧状态）	%	2～8	3～10

2. 活性炭的细孔结构和分布

活性炭在制造过程中，晶格间生成的空隙形成各种形状和大小不同的细孔。吸附作用主要发生在细孔的表面上。每克吸附剂所具有的表面积称为比表面积。活性炭的比表面积可达 $700～1800m^2/g$。其吸附量并不一定相同，因为吸附量不仅与比表面积有关，而且还与细孔的构造和细孔的分布情况有关。

活性炭的细孔构造主要和活化方法及活化条件有关。活性炭的细孔有效半径一般为 $1～10000nm$。小孔半径在 1nm 以下，过渡半径为 $1～25nm$，大孔半径为 25nm 以上。活性炭的小孔容积一般为 $0.15～0.90mL/g$，表面积占总表面积的 95％以上。过渡孔容积一般为 $0.02～0.10mL/g$，其表面积占总表面积的 5％以下。用特殊的方法，例如延长活化时间，减慢升温速度或用药剂活化，可得到过渡孔特别发达的活性炭。大孔容积一般为 $0.2～0.5mL/g$，比表面积只有 $0.5～2m^2/g$。

细孔大小不同，它在吸附过程中所引起的主要作用也就不同。对液相吸附来说，吸附质虽可被吸附在大孔表面，但由于活性炭大孔表面积所占的比例较小，故对吸附量影响不大。它主要为吸附质的扩散提供通道，使吸附质通过此通道扩散到过渡孔和小孔中去，因此吸附质的扩散速度受到大孔的影响。活性炭的过渡孔除为吸附质的扩散提供通道使吸附质通过它扩散到小孔中去而影响吸附质的扩散速度外，当吸附质的分子直径较大时，这时小孔几乎不起作用，活性炭对吸附质的吸附主要靠过渡孔来完成。活性炭小孔的表面积占总表面积的 95％以上，所以吸附量主要受小孔支配。由于活性炭的原料和制造方法不同，细孔的分布情况相差很大，所以应根据吸附质的分子量和活性炭的细孔分布情况选择适合的活性炭。

3. 活性炭的表面化学性质

活性炭的吸附特性不仅与细孔构造和分布情况有关，而且还与活性炭的表面化学性质有关。活性炭是由形状扁平的石墨型微晶体构成的，处于微晶体边缘的碳原子，由于共价键不饱和而易与其他元素如氧、氢等结合形成各种含氧官能团，使活性炭具有一些极性。目前对活性炭含氧官能团（又称表面氧化物）的研究还不够充分，但已证实的有-OH基、-COOH 基等。

15.3.3 吸附等温线

1. 吸附平衡

如果吸附过程是可逆的，当废水与吸附剂充分接触后，一方面吸附质被吸附剂吸附，另一方面，一部分已被吸附的吸附质，由于热运动的结果，能够脱离吸附剂的表面，又回到液相中去。前者称为吸附过程，后者称为解吸过程。当吸附速度和解吸速度相等时，即单位时间内吸附的数量等于解吸的数量时，则吸附质在溶液中的浓度和吸附剂表面上的浓度都不再改变而达到平衡。此时吸附质在溶液中的浓度称为平衡浓度。

吸附剂吸附能力的大小以吸附量 q（mg/g）表示。所谓吸附量是指单位质量的吸附剂（g）所吸附的吸附质的质量（mg）。取一定容积 V（L），含吸附质浓度为 C_0（mg/L）的水样，向其中投加活性炭的质量为 W（g）。当达到吸附平衡时，废水中剩余的吸附质浓度为 C（mg/L），则吸附量 q 可用下式计算：

$$q = \frac{V(C_0 - C)}{W}(\text{mg/g}) \tag{15-19}$$

式中　V——废水容积，L；

　　　W——活性炭投量，g；

　　　C_0——原水中吸附质浓度，mg/L；

　　　C——吸附平衡时废水中剩余的吸附质浓度，mg/L。

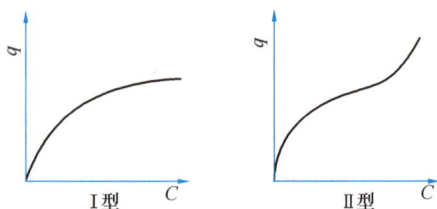

图 15-29　吸附等温线形式

一般情况下，被吸附物质的质量是在某一恒温下该物质浓度的函数，该函数被称为吸附等温线。吸附等温线是通过将一定质量吸附质加入一固定体积的液体中，改变吸附剂的投加质量而绘制的，通常需用若干个容器。常见的吸附等温线有两种类型，见图 15-29。

2. 吸附等温式

由于液相吸附很复杂，至今还没有统一的吸附理论，因此液相吸附的吸附等温式一直沿用气相吸附等温式。表示 I 型吸附等温式有朗谬尔公式和费兰德利希公式，表示 II 型吸附等温式有 BET 公式，现分述如下。

（1）朗谬尔公式

吸附过程进行的速率与在某一特定浓度条件下被吸附的量与在此浓度下可吸附的量之差产生的吸附推动力成比例。在平衡浓度时，该差值为零。朗谬尔公式是从动力学观点出发，通过以下假设条件而推导出来的单分子吸附公式：①吸附剂表面上可供吸附质进入的位置具有一固定数量，每个位置具有相同的能量；②吸附作用是可逆的。公式为：

$$q = \frac{abC}{1 + aC} \tag{15-20}$$

式中　a、b——常数。

为计算方便，可将公式两边取倒数，即：

$$\frac{1}{q} = \frac{1}{ab} \cdot \frac{1}{C} + \frac{1}{b} \tag{15-21}$$

从上式可看出，$\frac{1}{q}$ 与 $\frac{1}{C}$ 呈线性关系，利用这种关系可求 a、b 的值。

（2）BET 公式

BET 公式是表示吸附剂上有多层溶质分子被吸附的吸附模式，各层的吸附符合朗谬尔单分子吸附公式。公式为：

$$q = \frac{BCq_0}{(C_s - C)\left[1 + (B-1)\dfrac{C}{C_s}\right]} \tag{15-22}$$

式中　q_0——单分子吸附层的饱和吸附量，mg/g；

　　　C_s——吸附质的饱和浓度，mg/L；

　　　B——常数。

为计算方便，可将公式两边取倒数，即：

$$\frac{C}{(C_s - C)q} = \frac{1}{Bq_0} + \frac{B-1}{Bq_0}\frac{C}{C_s} \tag{15-23}$$

从上式可看出，$\dfrac{C}{(C_s - C)q}$ 与 $\dfrac{C}{C_s}$ 呈线性关系，利用这个关系可求 q_0、B 值。

（3）费兰德利希经验公式

在水和废水处理中，描述吸附剂吸附特性常用费兰德利希吸附等温线。该等温线是由费兰德利希于 1912 年提出的一个经验式，费兰德利希等温线定义如下

$$q = KC^{\frac{1}{n}} \tag{15-24}$$

式中　q——吸附量，mg/g；

　　　C——吸附质平衡浓度，mg/L；

　　K、n——常数。

将公式两边取对数，即：

$$\lg q = \lg K + \frac{1}{n}\lg C \tag{15-25}$$

把 C 和与其对应的 q 点绘在双对数坐标纸上，便得到一条近似的直线。这条直线的截距为 K，斜率为 $1/n$。$1/n$ 越小，吸附性能越好。一般认为 $1/n = 0.1 \sim 0.5$ 时，容易吸附；$1/n$ 大于 2 时，则难于吸附。当 $1/n$ 较大时，即吸附质平衡浓度越高，则吸附量越大，吸附能力发挥的也越充分，这种情况最好采用连续式吸附操作。当 $1/n$ 较小时，多采用间歇式吸附操作。

吸附量是选择吸附剂和设计吸附设备的重要数据。吸附量的大小，决定吸附剂再生周期的长短。吸附量越大，再生周期就越长，从而再生剂的用量及再生费用就越小。

市场上供应的吸附剂，在产品样本中附有各种吸附量的指标，如对碘、亚甲蓝、糖蜜液、苯、酚等的吸附量。这些指标虽然表示吸附剂对该吸附质的吸附能力，但这些指标与对废水中吸附质的吸附能力不一定相等，因此应通过试验确定吸附量和选择适合的吸附剂。

测定吸附等温线时，吸附剂的颗粒越大，则达到吸附平衡所需的时间就越长。因此，为了在短时间内得到试验结果，往往将吸附剂破碎为较小的颗粒后再进行试验。由颗粒变小所增加的比表面积虽然是有限的，但由于能够打开吸附剂原来封闭的细孔，使吸附量有所增加。此外，对实际吸附设备运行效果的影响因素有很多，因此，由吸附等温线得到的吸附量与实际的吸附量并不完全一致。但是，通过吸附等温线所得吸附量的方法简便易行，为选择吸附剂提供了可比较的数据，为吸附设备的设计提供一定的参考。

15.3.4　吸附速度

吸附剂对吸附质的吸附效果，一般用吸附容量和吸附速度来衡量。所谓吸附速度是指

单位质量的吸附剂在单位时间内所吸附的物质量。吸附速度决定了废水和吸附剂的接触时间。吸附速度越快，接触时间越短，所需的吸附设备容积也就越小。吸附速度决定于吸附剂对吸附质的吸附过程。水中多孔的吸附剂对吸附质的吸附过程可分为3个阶段。

第一阶段称为颗粒外部扩散（又称膜扩散）阶段。在吸附剂颗粒周围存在着一层固定的溶剂薄膜。当溶剂与吸附剂做相对运动时，这层溶剂薄膜不随溶液一同移动，吸附质首先通过这个薄膜才能到达吸附剂的外表面，所以吸附速度与液膜扩散速度有关。

第二阶段称为颗粒内部扩散阶段。经液膜扩散到吸附剂表面的吸附质向细孔深处扩散。

第三阶段称为吸附反应阶段。在此阶段，吸附质被吸在细孔内表面上。

吸附速度与上述3个阶段进行的快慢有关。在一般情况下，由于第三阶段进行的吸附反应速度很快，因此，吸附速度主要由液膜扩散速度和颗粒内部扩散速度来控制。

根据试验得知，颗粒外部扩散速度与溶液浓度成正比，溶液浓度越高，吸附速度越快。对一定质量的吸附剂，外部扩散速度还与吸附剂的外表面积（即膜表面积）的大小成正比。为了数学上计算方便，活性炭的形状常常被近似为球体，因为球体比表面积的大小与颗粒直径成反比，所以颗粒直径越小，扩散速度就越大。另外，外部扩散速度还与搅动程度有关。增加溶液和颗粒之间的相对速度，会使液膜变薄，可提高外部扩散速度。颗粒内部扩散比较复杂，扩散速度与吸附剂细孔的大小、构造和吸附质颗粒大小、构造等因素有关。颗粒大小对内部扩散的影响比对外部扩散的影响要大些。可见吸附剂颗粒的大小对内部扩散和外部扩散都有很大影响。颗粒越小，吸附速度就越快。因此，从提高吸附速度来看，颗粒直径越小越好。采用粉状吸附剂比粒状吸附剂有利，它不需要很长的接触时间，因此吸附设备的容积小。对连续式粒状吸附剂的吸附设备，如外部扩散控制吸附速度，则通过提高流速，增加颗粒周围液体的搅动速度，可提高吸附速度。也就是说，在保证同样出水水质的前提下，采用较高的流速，缩短接触时间可减少吸附设备的容积。

不少人根据不同的假设，推导出不同的吸附速度公式。因吸附速度公式较复杂，又与实际情况相差较大，所以吸附速度多通过试验来确定。

15.3.5　影响吸附的因素

了解影响吸附因素的目的是选择合适的吸附剂和控制合适的操作条件。影响吸附的因素很多，其中主要有吸附剂的性质、吸附质的性质和吸附过程的操作条件等。

1. 吸附剂的性质

由于吸附现象是发生在吸附剂表面上，所以吸附剂的比表面积越大，吸附能力就越强。

吸附剂的种类不同，吸附效果也就不同。一般是极性分子（或离子）型的吸附剂易吸附极性分子（或离子）型的吸附质，非极性分子型的吸附剂易于吸附非极性的吸附质。

另外，吸附剂的颗粒大小，细孔的构造和分布情况以及表面化学性质等对吸附也有很大影响。

2. 吸附质的性质

（1）溶解度

吸附质在废水中的溶解度对吸附有较大的影响。一般吸附质的溶解度越低，越容易被吸附。

（2）表面自由能

能够使液体表面自由能降低得越多的吸附质，也越容易被吸附。例如活性炭自水溶液中吸附脂肪酸，由于含炭越多的脂肪酸分子可使炭液界面自由能降低得越多，所以吸附量也越大。

（3）极性

如上所述，极性的吸附剂易吸附极性的吸附质，非极性的吸附剂易吸附非极性的吸附质。例如活性炭是一种非极性的吸附剂或称疏水性吸附剂，可从溶液中有选择地吸附非极性或极性很低的物质。硅胶和活性氧化铝为极性吸附剂或称亲水性吸附剂，它们可从溶液中有选择地吸附极性分子（包括水分子）。例如先向填充硅胶的吸附柱通苯，达到吸附饱和后再向吸附柱通苯和水的混合液，则原先被吸附的苯逐渐为水所置换而被解吸出来，这是因为硅胶为极性吸附剂，它对极性的水分子的吸附能力比对非极性的苯分子的吸附能力大，故优先吸附水。又如向填充活性炭的吸附柱先通水使之达到吸附饱和，再通苯和水的混合液，则原先被活性炭吸附的水逐渐为苯所置换而解吸出来，这是因为活性炭为非极性吸附剂，它对非极性的苯的吸附能力比对极性的水的吸附能力大，故优先吸附苯。

（4）吸附质分子的大小和不饱和度

吸附质分子的大小和不饱和度对吸附也有影响。例如活性炭与沸石相比，前者易吸附分子直径较大的饱和化合物。而合成沸石易吸附分子直径小的不饱和的（$>C=C<$，$-C\equiv C-$）化合物。应该指出的是活性炭对同族有机化合物的吸附能力，虽然随有机化合物的分子量的增大而增加，但分子量过大，会影响扩散速度。所以当有机物分子量超过1000时，需进行预处理，将其分解为小分子有机物后再用活性炭进行吸附。

其他吸附剂对吸附质的选择性见图15-30。

（5）吸附质的浓度

吸附质的浓度对吸附也有影响。浓度比较低时，由于吸附剂表面大部分是空着的，因此提高吸附质浓度会增加吸附量，但浓度提高到一定程度后，再行提高浓度时，吸附量虽仍有增加，但速度减慢，这说明大部分吸附表面已被吸附质所占据。当全部吸附表面被吸附质占据时，吸附量就达到极限状态，以后吸附量就不再随吸附质的浓度的提高而增加了。

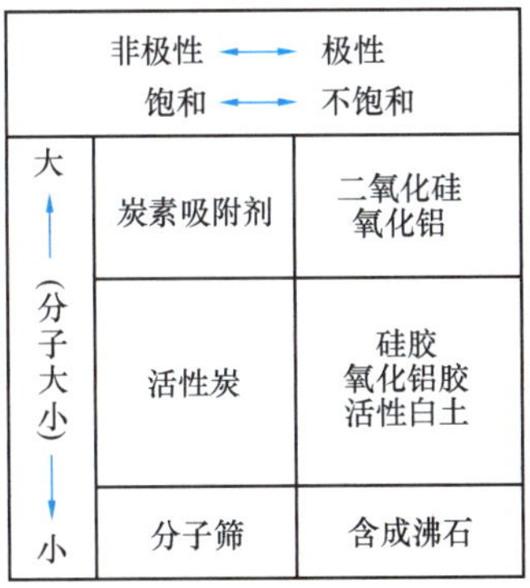

非极性 ←→ 极性 饱和 ←→ 不饱和	
炭素吸附剂	二氧化硅 氧化铝
活性炭	硅胶 氧化铝胶 活性白土
分子筛	含成沸石

（左侧纵轴：大 ↑（分子大小）↓ 小）

图15-30　吸附剂的选择性

3．废水的 pH

废水的 pH 对吸附剂及吸附质的性质有影响。活性炭一般在酸性溶液中比在碱性溶液中有更高的吸附量。

另外，pH 对吸附质在水中存在的状态（分子、离子、络合物等）及溶解度有时也有影响，从而对吸附效果产生影响。

4．共存物质

物理吸附时，吸附剂可吸附多种吸附质。一般多种吸附质共存时，吸附剂对某种吸附质的吸附能力比只含该种吸附质时的吸附能力差。

5．温度

因为物理吸附过程是放热过程，温度升高吸附量减少，反之吸附量增加。温度对气相吸附影响较大，但对液相吸附影响较小。

6. 接触时间

在进行吸附时，应保证吸附质与吸附剂有一定的接触时间，使吸附接近平衡，充分利用吸附剂的吸附能力。达到吸附平衡所需时间取决于吸附速度。吸附速度越快，达到吸附平衡所需的时间就越短。

15.3.6 吸附操作方式

在废水处理中，吸附操作分静态和动态两种。

1. 静态吸附

在废水不流动的条件下，进行的吸附操作称为静态吸附操作。静态吸附操作的工艺过程是把一定质量的吸附剂投入预处理的废水中，不断地进行搅拌，达到吸附平衡后，再用沉淀或过滤的方法使废水和吸附剂分开。如经一次吸附后，出水的水质达不到要求时，往往采取多次静态吸附操作。由于多次吸附操作麻烦，在废水处理中采用较少。静态吸附常用的处理设备为带有搅拌装置的反应器。

2. 动态吸附

动态吸附是在废水流动条件下进行的吸附操作。

（1）吸附设备

废水处理常用的动态吸附设备有固定床、移动床和流化床。

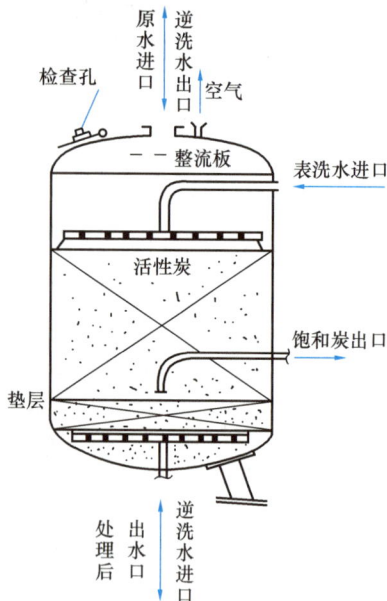

图 15-31 降流式固定床型吸附塔构造示意图

1）固定床

这是水处理工艺中最常用的一种方式。当废水连续通过填充吸附剂的吸附设备（吸附塔或吸附池）时，废水中的吸附质便被吸附剂吸附。若吸附剂质量足够时，从吸附设备流出的废水中吸附质的浓度可以降低到零。吸附剂使用一段时间后，出水中的吸附质的浓度逐渐增加，当增加到某一数值时，应停止通水，将吸附剂进行再生。吸附和再生可在同一设备内交替进行，也可将失效的吸附剂卸出，送到再生设备进行再生。因为这种动态吸附设备中吸附剂在操作过程中是固定的，所以叫固定床。

固定床根据水流方向又分为升流式和降流式两种形式。降流式固定床见图 15-31。降流式固定床的出水水质较好，但经过吸附层的水头损失较大，特别是处理含悬浮物较高的废水时，为了防止悬浮物堵塞吸附层，需定期进行反冲洗。有时需要在吸附层上部设反冲洗设备。在升流式固定床中，当发现水头损失增大，可适当提高水流流速，使填充层稍有膨胀（上下层不能互相混合）就可以达到自清的目的。这种方式由于层内水头损失增加较慢，所以运行时间较长为其优点，但对废水入口处（底层）吸附层的冲洗难于降流式。另外由于流量变动或操作失误就会使吸附剂流失，这是其主要缺点。

固定床根据处理水量、原水水质和处理要求可分为单床式、多床串联式和多床并联式三种（图 15-32）。

废水处理采用的固定床吸附设备的大小和操作条件，根据实际设备的运行资料建议采用下列数据：

塔径：1～3.5m；

吸附塔高度：3～10m；

填充层和塔径比：（1：1）～（4：1）；

吸附剂粒径：0.5～2mm(活性炭)；

接触时间：10～50min；

容积速度：2m³/(h·m³)以下（固定床）；

5m³/(h·m³)以下（移动床）；

线速度：2～10m/h（固定床），10～30m/h（移动床）。

2）流化床

这种操作方式与固定床和移动床不同的地方在于吸

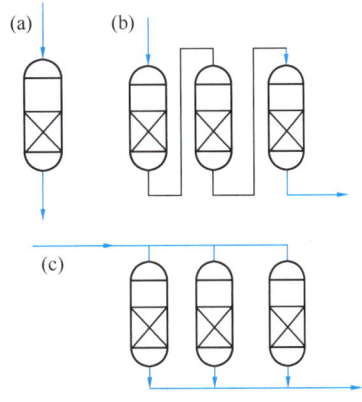

图 15-32　固定床吸附操作示意图
（a）单床式；（b）多床串联式；
（c）多床并联式

附剂在塔内处于膨胀状态或流化状态。被处理的废水与活性炭基本上也是逆流接触。由于活性炭在水中处于膨胀状态，与水的接触面积大，因此用少量的炭可处理较多的废水，基建费用低。这种操作适于处理含悬浮物较多的废水，不需要进行反冲。流化床一般连续卸炭和投炭，空塔速度要求上下不混层，保持炭层呈层状向下移动，所以运行操作要求严格。为克服这个缺点开发出多层流化床。这种床每层的活性炭可以相混，新炭从塔顶投入，依次下移，移到底部时达到饱和状态并卸出。

（2）穿透曲线和吸附容量的利用

当缺乏设计资料时，应先做吸附剂的选择试验。通过吸附等温线试验得到的静态吸附量可粗略地估计每单位体积废水所需吸附剂的质量。由于在动态吸附装置中废水处于流动状态，所以还应通过动态吸附试验确定设计参数。

1）穿透曲线

向降流式固定床连续地通入待处理的废水，研究填充层的吸附情况，发现有的填充层呈现明显的吸附带，有的则无。所谓吸附带是指正在发生吸附作用的那段填充层。在这段下部的填充层几乎没有发生吸附作用，在其上部的填充层由于已达到饱和状态，所以也不再起吸附作用。

当有明显的吸附带时，吸附带随废水的不断流入将缓缓地向下移动。吸附带的移动速度比废水在填充层内流动的线速度要小得多。当吸附带下缘移到填充层下端时，从装置中流出的废水中便开始出现吸附质。此后继续通水，出水中吸附质的浓度将迅速增加，直到穿透为止。通常所说的穿透是指出水中污染物浓度达到进水浓度值的 5% 时至出水中污染物浓度等于进水浓度时的过程。假定出水中污染物浓度等于进水浓度值的 95% 时，吸附床的吸附能力已耗尽。以通水时间 t（或出水量 Q）为横坐标，以出水中吸附质浓度 C 为纵坐标作图 15-33 所示的曲线。这条曲线称为穿透曲线。图中 a 点称为穿透点，其对应的浓度称为穿透浓度；b 点为吸附终点，其对应的浓

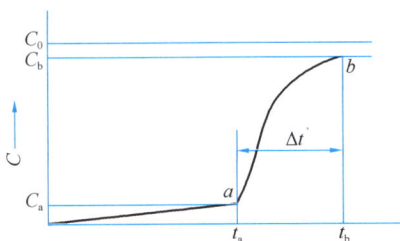

图 15-33　穿透曲线

度称为失效浓度。在从 a 到 b 这段时间 Δt 内，吸附带所移动的距离即为吸附带长度。一般 C_b 取（0.9~0.95）C_0，C_a 取（0.05~0.1）C_0 或根据排放要求确定。

一般采用多柱串联试验绘制穿透曲线。常采用 4~6 根吸附柱，将它们串联起来（图15-34）。填充层高度一般采用 3~9m。在填充层不同高度处设取样口。通水后每隔一定时间测定各取样口的吸附质浓度。如果最后一个吸附柱的出水水质达不到试验要求，应适当增加吸附柱的个数。吸附柱的个数确定后进行正式通水试验。当第一个吸附柱出水吸附质浓度为进水浓度的 90%~95% 时，停止向第一个吸附柱通水，进行再生。将备用的装有新的或再生过的吸附柱串联在最后。接着向第二个吸附柱通水，直到第二个吸附柱出水中吸附质浓度为进水浓度的 90%~95% 时，停止进水，再将再生后的吸附柱

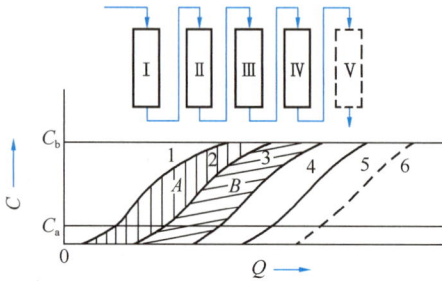

图15-34　多柱串联试验

串联在最后。如此试验下去，一直达到稳定状态为止。以出水量 Q（m^3）为横坐标，以各柱出水浓度 C（kg/m^3）为纵坐标，作如图15-34所示的各柱穿透曲线。所谓达到稳定状态是指各柱的吸附量相等时的运行状态。例如图中第一和第二条曲线所包围的面积 A 为第二个吸附柱的吸附总量（kg）。第二条和第三条曲线所包围的面积 B 为第三个吸附柱的吸附总量（kg）。当 $A=B$ 时，吸附操作便达到稳定状态。

2）吸附容量的利用

从穿透曲线可知，吸附柱出水浓度达到 C_a 时，吸附带并未完全饱和。如继续通水，尽管出水浓度不断增加，但仍能吸附相当数量的吸附质，直到出水浓度等于原水浓度 C_0 为止。这部分吸附容量的利用问题，特别是吸附带比较长或不明显时，是设计时必须考虑的重要问题之一。这部分吸附容量的利用，一般有以下两个途径。

① 采用多床串联操作。例如采用如图15-35所示的三柱串联操作。开始时按 I 柱→II 柱→III 柱的顺序通水，当 III 柱出水水质达到穿透浓度时，I 柱中的填充层已接近饱和，再生 I 柱，将备用的 IV 柱串联在 III 柱后面。以后按 II 柱→III 柱→IV 柱的顺序通水，

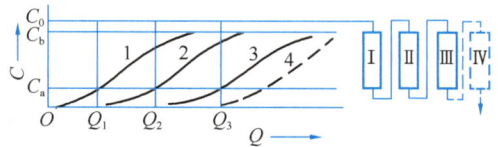

图15-35　三柱串联操作

当 IV 柱出水浓度达到穿透浓度时，II 柱已接近饱和，将 II 柱进行再生，把再生后的 I 柱串联在 IV 柱后面。这样进行再生的吸附柱中的吸附剂都是接近饱和的。

② 采用升流式移动床操作。废水自下而上流过填充层，最底层的吸附剂先饱和。如果每隔一定时间从底部卸出一部分饱和的吸附剂，同时在顶部加入等量的新的或再生后的吸附剂，这样从底部排出的吸附剂都是接近饱和的，从而能够充分地利用吸附剂的吸附容量。

15.3.7　吸附剂的再生

吸附饱和的吸附剂，经再生可以重复使用。所谓再生，就是在吸附剂本身结构不发生或极少发生变化的情况下，用某种方法将被吸附的物质从吸附剂的细孔中除去，以达到能够重复使用吸附剂的目的。

活性炭的再生主要有以下几种方法。

1. 加热再生法

加热再生法分低温和高温两种方法。前者适于吸附浓度较高的简单低分子量的碳氢化合物和芳香族有机物的活性炭的再生。由于沸点较低，一般加热到200℃即可脱附。多采用水蒸气再生，再生可直接在塔内进行。被吸附有机物脱附后可回收利用。后者适于水处理粒状炭的再生。高温加热再生过程分5步进行：

（1）脱水 使活性炭和输送液体进行分离。

（2）干燥 加温到100~500℃，将吸附在活性炭细孔中的水分蒸发出来，同时部分低沸点的有机物也能够挥发出来。

（3）炭化 加热到300~700℃，高沸点的有机物由于热分解，一部分成为低沸点的有机物进行挥发，另一部分被炭化，留在活性炭的细孔中。

（4）活化 将炭化留在活性炭细孔中的残留炭，用活化气体（如水蒸气、二氧化碳及氧）进行气化，达到重新造孔的目的。活化温度一般为700~1000℃。炭化的物质与活化的气体的反应如下：

$$C + O_2 \longrightarrow CO_2$$
$$C + H_2O \longrightarrow CO + H_2$$
$$C + CO_2 \longrightarrow 2CO$$

（5）冷却 活化后的活性炭用水急剧冷却，防止氧化。

活性炭高温加热再生系统由再生炉、活性炭贮罐、活性炭输送及脱水装置等组成，见图15-36。

高温加热再生法的优点：①几乎所有有机物都可采用此法；②再生炭质量均匀，再生性能恢复率高，一般在95%以上；③再生时间短，粉状炭需几秒钟，粒状炭需30~60min；④不产生有机再生废液。缺点有：①再生损失率高，再生一次活性炭损失率达3%~10%；②在高温下进行，再生炉内衬材料的耗量大；③需严格控制温度和气体条件；④再生设备造价高。

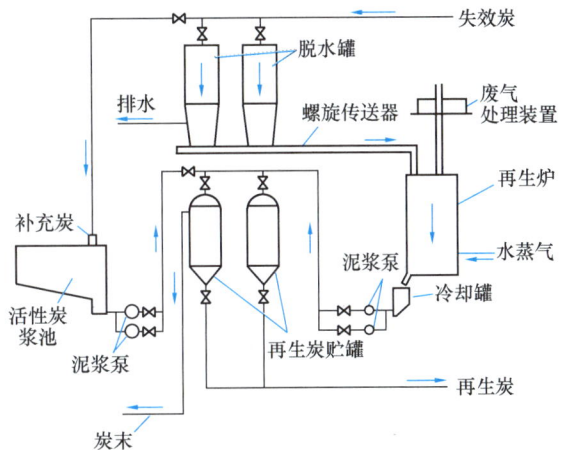

图15-36 干式加热再生系统

活性炭再生炉形式有：立式多段炉、转炉、盘式炉、立式移动床炉、流化床炉及电加热炉等。

2. 药剂再生法

药剂再生法又可分为无机药剂再生法和有机溶剂再生法两类。

（1）无机药剂再生法

用无机酸（H_2SO_4、HCl）或碱（NaOH）等无机药剂使吸附在活性炭上的污染物脱附。例如，吸附高浓度酚的饱和炭，用NaOH再生，脱附下来的酚为酚钠盐，可回收利用。

（2）有机溶剂再生法

用苯、丙酮及甲醇等有机溶剂萃取吸附在活性炭上的有机物。例如，吸附含二硝基氯苯的染料废水饱和活性炭，用有机溶剂氯苯脱附后，再用热蒸汽吹扫氯苯，脱附率可达 93%。

药剂再生可在吸附塔内进行，设备和操作管理简单，但一般随再生次数的增加，吸附性能明显降低，需要补充新炭，废弃一部分饱和炭。

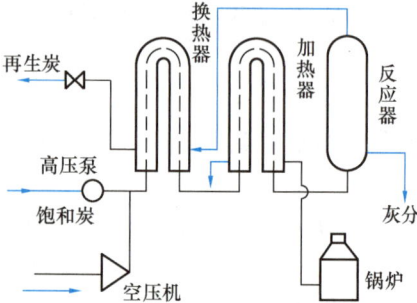

图 15-37　湿式氧化再生流程

3. 化学氧化法

常用的化学氧化法有下列几种。

（1）湿式氧化法

近年来为了提高曝气池的处理能力，向曝气池投加粉状炭。吸附饱和的粉状炭可采用湿式氧化法进行再生。其工艺流程见图 15-37。饱和炭用高压泵经换热器和水蒸气加热器送入氧化反应塔。在塔内被活性炭吸附的有机物与空气中的氧反应，进行氧化分解，使活性炭得到再生。再生后的炭经热交换器冷却后，再送入再生贮槽。在反应器底积聚的无机物（灰分）定期排出。本法用于粒状炭的再生，目前尚处于试验阶段。

（2）电解氧化法

将碳作阳极，进行水的电解，在活性炭表面产生的氧气把吸附质氧化分解。

（3）臭氧氧化法

利用强氧化剂臭氧，将吸附在活性炭上的有机物加以氧化分解。

4. 生物法

利用微生物的作用，将被活性炭吸附的有机物加以氧化分解。这种方法目前还处于试验阶段。

15.3.8　吸附塔的设计

吸附塔的设计方法有多种，这里介绍以博哈特（Bohart）和亚当斯（Adams）所推荐的方程式为依据的设计方法和通水倍数法。

1. 博哈特—亚当斯计算法

（1）博哈特—亚当斯方程式

动态吸附活性炭层的性能可用博哈特和亚当斯提出的方程式表示。

$$\ln\left(\frac{C_0}{C_e}-1\right)=\ln\left[\exp\left(\frac{KN_0h}{v}\right)-1\right]-KC_0t \tag{15-26}$$

式中　t——工作时间，h；

v——线速度，即空塔速度，m/h；

h——炭层高度，m；

C_0——进水吸附质浓度，kg/m^3；

C_e——出水吸附质允许浓度，kg/m^3；

K——速率系数，$m^3/(kg\cdot h)$；

N_0——吸附容量，即达到饱和时吸附剂的吸附量，kg/m^3。

因 $\exp\left(\dfrac{KN_0h}{v}\right)\gg 1$，上式等号右边括号内的 1 可忽略不计，则工作时间 t 由上式

可得：

$$t = \frac{N_0}{C_0 v} h - \frac{1}{C_0 K} \ln\left(\frac{C_0}{C_e} - 1\right) \tag{15-27}$$

工作时间为零时，保证出水吸附质浓度不超过允许浓度 C_e 的炭层理论高度称为临界高度 h_0，可由下式求得：

$$h_0 = \frac{v}{K N_0} \ln\left(\frac{C_0}{C_e} - 1\right) \tag{15-28}$$

（2）模型试验

如无成熟的设计参数时，可通过模型试验求得。可采用如图 15-38 所示的试验装置。吸附柱一般采用 3 根，炭层高度分别为 h_1、h_2 和 h_3。

吸附质浓度为 C_0（mg/L）的废水，以一定的线速度 v（m/h）连续通过 3 个吸附柱，3 个取样口吸附质浓度达到允许浓度 C_e 的时间分别为 t_1、t_2 和 t_3。从公式（15-27）可知，t 对 h 的图形为如图 15-39 所示的一条直线。其斜率为 $\frac{N_0}{C_0 v}$，截距为 $\ln\left(\frac{C_0}{C_e} - 1\right)/K C_0$，已知斜率和截距的大小，从而可以求得该线速度时的 N_0 和 K 值。已知 N_0 和 K 值，由式（15-28）可求得 h_0 的值。

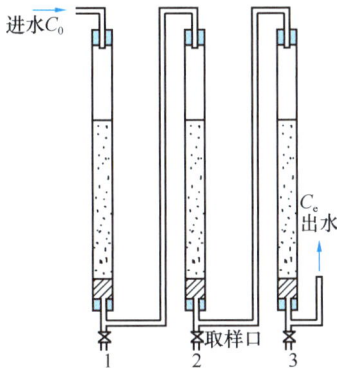

图 15-38　活性炭炭柱（模型试验）　　　　图 15-39　t 对 h 的图解

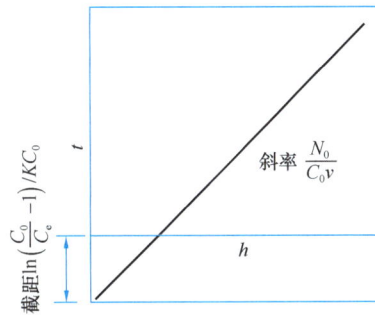

（3）吸附塔的设计

根据模型试验得到的设计参数进行生产规模吸附塔的设计。已知废水设计流量为 Q（m^3/h），原水吸附质的浓度为 C_0（mg/L），出水吸附质允许浓度为 C_e（mg/L），设计吸附塔的直径为 D（m）、炭层高度为 h（m）。计算步骤如下：

1）工作时间 t

线速度 $v = \frac{4Q}{\pi D^2}$（m/h），已知 v 由图 15-40 查得 N_0、K 和 h_0 值后，由公式（15-27）可求得工作时间 t（h）。

2）活性炭每年更换次数 n

$$n = 365 \times 24 / t \tag{15-29}$$

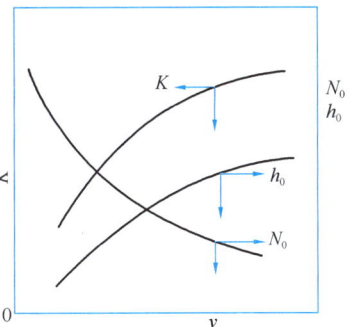

图 15-40　K、N_0、h_0 对 v 的图解

3）活性炭年消耗量 W

$$W = \frac{n\pi D^2 h}{4} \quad (\text{m}^3/\text{a}) \tag{15-30}$$

4）吸附质年去除量 G

$$G = \frac{nQt(C_0 - C_e)}{1000} \quad (\text{kg/a}) \tag{15-31}$$

5）吸附效率 E

$$E = \frac{G}{G_0} \times 100 \quad (\%) \tag{15-32}$$

式中

$$G_0 = \frac{N_0 \pi D^2 hn}{4}$$

或

$$E = \frac{h - h_0}{h} \times 100 \quad (\%) \tag{15-33}$$

2. 通水倍数法

设计步骤见［例15-2］。

【例15-2】某炼油厂拟采用活性炭吸附法进行炼油废水深度处理。处理水量 Q 为 600m³/h，废水 COD 平均为 90mg/L，出水 COD 要求小于 30mg/L，试计算吸附塔的主要尺寸。

根据动态吸附试验结果，决定采用间歇式移动床活性炭吸附塔，主要设计参数如下：

（1）空塔速度 $v_L = 10$m/h；

（2）接触时间 $t = 30$min；

（3）通水倍数 $n = 6.0$m³/kg；

（4）活性炭填充密度 $\rho = 0.5$t/m³。

【解】

（1）吸附塔总面积 F

$$F = \frac{Q}{v_L} = \frac{600}{10} = 60 \text{m}^2$$

（2）吸附塔个数 N 采用 4 塔并联，$N = 4$

（3）每个吸附塔的过水面积 f

$$f = \frac{F}{N} = \frac{60}{4} = 15 \text{m}^2$$

（4）吸附塔的直径 D

$$D = \sqrt{\frac{4f}{\pi}} = \sqrt{\frac{4 \times 15}{\pi}} = 4.37\text{m}，采用 4.5\text{m}$$

（5）吸附塔的炭层高度 h

$$h = v_L t = 10 \times 0.5 = 5\text{m}$$

（6）每个吸附塔填充活性炭的体积 V

$$V = fh = 15 \times 5 = 75 \text{m}^3$$

（7）每个吸附塔填充活性炭的质量 G

$$G = V\rho = 75 \times 0.5 = 37.5\text{t}$$

（8）每天需再生的活性炭质量 W

$$W = \frac{24Q}{n} = \frac{24 \times 600}{6} = 2.4\text{t}$$

15.3.9 吸附法在废水处理中的应用

活性炭吸附工艺主要用于去除废水中难降解的有机化合物以及残留于废水中的无机物，如氮、硫化物及重金属等。特别在废水回用方面利用活性炭去除废水中产生味及臭的化合物，也是其重要用途之一。

1. 活性炭对有机物的吸附

废水中存在多种多样的有机物，在采用活性炭处理时，有些有机物容易被吸附，有些有机物却难以被吸附。所以，要预测这些有机物的可吸附性是比较困难的，某种有机废水能否采用活性炭吸附法，应通过吸附试验来决定。

废水中的有机物是否易被活性炭吸附，如15.3.5节所述取决于多种因素，很难一概而论，但可按以下几种因素进行分析。

（1）分子结构　芳香族化合物一般比脂肪族化合物容易被吸附。如对苯酚的吸附量约为丁醛的2倍，对苯甲酸的吸附量约为醋酸的5倍。

（2）界面张力（界面活性）　溶于水时使溶液表面张力显著减少的物质称为界面活性物质。根据吉布斯（Gibbs）的吸附理论，越使溶液界面张力减少的物质越易被吸附。因此，醇类的吸附量顺序为甲醇<乙醇<丙醇<丁醇，脂肪酸类的吸附量顺序为甲酸<乙酸<丙酸<丁酸。

（3）溶解度　活性炭是疏水性物质，因此，被吸附物质的疏水性越强越易被吸附。脂肪酸的烷基越长，越具疏水性，越难溶于水，被吸附性也随之增强。另外，将烷基碳数相等的直链型醇、脂肪酸、酯等物质加以比较也可以发现，溶解度越低则越容易被吸附。

（4）离子性和极性　在有机酸和胺类中，有的溶于水后呈弱酸性或弱碱性。这类弱电解质的有机物，在处于非离解的分子状态时要比离子化状态时的吸附量大。另外，对于葡萄糖、蔗糖等分子内具有羟基而使极性增大的物质，吸附量要小。

（5）分子大小　吸附量与分子量的大小也有关系。分子量越大，被吸附性越强。但分子量过大时，在细孔内的扩散速度将会减慢。采用活性炭吸附处理时，分子量在1500以上的物质吸附速度显著变慢，因此，可采用臭氧氧化或生物分解方法，使分子量降到某种程度之后，再进行吸附处理，效果会变好。

（6）pH　将废水的pH降低到2~3，再进行吸附，通常能增加有机物的去除率，这是因为pH低时，废水中的有机酸形成离子的比例较小，故吸附量大。

（7）浓度　一般废水中有机物浓度增加，吸附量即呈指数函数而增加，但烷基苯磺酸的吸附量与浓度无关。

（8）温度　一般的水处理，温度的影响已小到可以忽略的程度。

（9）共存物质　有机物的吸附不会受天然水中所含无机离子共存的影响。但有些金属离子及其化合物如汞、铬酸、铁等在活性炭表面将发生氧化还原反应，生成物沉淀在颗粒内，结果会妨碍有机物向颗粒内的扩散。

活性炭吸附法的优点：

（1）处理程度高，可用于废水的深度处理及再生水处理。

（2）应用范围广，可用于去除废水中有机物、重金属、色度等。

（3）适应性强，对水量及有机物负荷的变动具有较强的适应性能。

（4）粒状炭可进行再生重复使用，被吸附的有机物在再生过程中被氧化，不产生污泥。

（5）可回收有用物质，例如用活性炭处理含酚废水，用碱再生吸附饱和的活性炭，可以回收酚钠盐。

（6）设备紧凑、管理方便。

2. 活性炭对无机物的吸附

活性炭对无机物的吸附虽然研究的还比较少，但实践已证实，它对某些金属及其化合物有很强的吸附能力。据报道，活性炭对锑、铋、锡、汞、钴、铅、镍、六价铬等都有良好的吸附能力。

最近研究证明，废水中的六价铬，在酸性条件下，以 $HCrO_4^-$ 及 CrO_4^{2-} 形式被活性炭吸附。在碱性条件下，被还原为三价铬。被活性炭吸附的六价铬可用碱或酸进行再生。前者经再生被解脱下来的是三价铬，后者是六价铬。关于活性炭对六价铬的去除机理尚在探讨中。

活性炭对汞也有很好的吸附能力。例如分别对含氯化汞、硫酸汞、氯化甲基汞浓度各为 4mg/L 的水溶液投加粉状炭进行吸附等温线测定，试验表明，用费兰德利希公式整理得到的吸附等温式的 $1/n$ 值都在 $0.1 \sim 0.5$，说明汞是易被活性炭吸附的。

15. 废水吸附法处理实例

15.4 离 子 交 换

15.4.1 概述

离子交换法可用来去除或回收废水中阴离子和阳离子，本节简要地介绍此法在废水处理中的应用。

1. 离子交换树脂的选择性

废水处理中使用的离子交换剂分无机离子交换剂和有机离子交换剂两大类。无机离子交换剂有天然沸石和合成沸石等。有机离子交换树脂的种类繁多，主要有强酸阳离子交换树脂、弱酸阳离子交换树脂、强碱阴离子交换树脂、弱碱阴离子交换树脂、重金属选择性螯合树脂和有机吸附树脂等。其中，重金属选择性螯合树脂是为了吸附水中微量金属而研制的，有机吸附树脂的交换容量比普通的离子交换树脂小，但它对有机物有较高的吸附能力。由于在废水处理中有机离子交换树脂比无机离子交换剂应用的较为广泛，故本节只介绍有机离子交换树脂在废水处理中的应用。

采用离子交换法处理废水时必须考虑树脂的选择性。树脂对各种离子的交换能力是不同的。交换能力的大小主要取决于各种离子对该种树脂亲和力（又称选择性）的大小。在常温下，低浓度时，各种树脂对各种离子亲和力的大小可归纳如下几个规律。

（1）强酸阳离子交换树脂的选择性顺序为：

$$Fe^{3+} > Cr^{3+} > Al^{3+} > Ca^{2+} > Mg^{2+} > K^+ = NH_4^+ > Na^+ > Li^+$$

（2）弱酸阳离子交换树脂的选择性顺序为：

$$H^+>Fe^{3+}>Cr^{3+}>Al^{3+}>Ca^{2+}>Mg^{2+}>K^+=NH_4^+>Na^+>Li^+$$

（3）强碱阴离子交换树脂的选择性顺序为：

$$Cr_2O_7^{2-}>SO_4^{2-}>CrO_4^{2-}>NO_3^->Cl^->OH^->F^->HCO_3^->HSiO_3^-$$

（4）弱碱阴离子交换树脂的选择性顺序为：

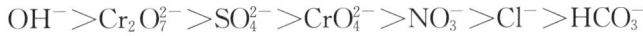

$$OH^->Cr_2O_7^{2-}>SO_4^{2-}>CrO_4^{2-}>NO_3^->Cl^->HCO_3^-$$

（5）重金属选择性螯合树脂的选择性顺序与树脂的种类有关。螯合树脂在化学性质方面与弱酸阳离子交换树脂相似，但比弱酸阳离子交换树脂对重金属的选择性高。螯合树脂通常为 Na 型，树脂内金属离子与树脂的活性基团相螯合。典型的螯合树脂为亚氨基醋酸型，它与金属反应如下：

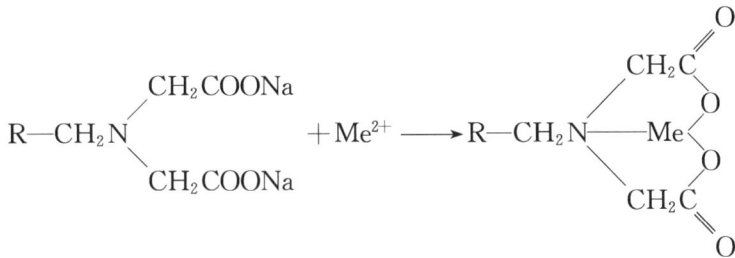

式中　Me^{2+}——重金属离子。

亚氨基醋酸型螯合树脂的选择性顺序为：

$$Hg>Cu>Ni>Mn>Ca>Mg>Na$$

位于顺序前列的离子可能会取代位于顺序后列的离子。

应该指出的是，上面介绍的选择性顺序均指常温低浓度而言。在高温高浓度时，处于顺序后列的离子可能会取代位于顺序前列的离子，这是树脂再生的依据之一。

2. 废水水质对离子交换树脂交换能力的影响

（1）悬浮物和油脂　废水中的悬浮物会堵塞树脂孔隙。油脂会包住树脂颗粒，它们都会使交换能力下降，因此这些物质含量较高时应进行预处理。预处理方法有沉淀、过滤、吸附等。

（2）有机物　废水中某些高分子有机物与树脂活性基团的固定离子结合力很强，一旦结合就很难再生，结果降低树脂的再生率和交换能力。例如高分子有机酸与强碱性季胺基团的结合力就很大，难于洗脱。为了减少树脂的有机污染，可选用低交联度的树脂或者废水进行交换处理前的预处理。

（3）高价金属离子　废水中 Fe^{3+}、Al^{3+} 和 Cr^{3+} 等高价金属离子可能导致树脂中毒。当树脂受铁离子中毒时，会使树脂的颜色变深。从前述阳树脂的选择性可看出，高价金属离子易被树脂吸附，再生时难于把它洗脱下来，结果会降低树脂的交换能力。为了恢复树脂的交换能力可用高浓度酸液长时间浸泡。

（4）pH　离子交换树脂是由网状结构的高分子固体与附在母体上许多活性基团构成的不溶性高分子电解质。强酸和强碱树脂的活性基团的电离能力很强，交换能力基本上与 pH 无关，但弱酸树脂在低 pH 时不电离或部分电离，因此在碱性条件下，才能得到较大的交换能力。弱碱性树脂在酸性溶液中才能得到较大的交换能力。螯合树脂对金属的结合与 pH 有很大关系，对每种金属都有适宜的 pH。

另外，有的杂质在废水中存在的状态与 pH 有关。例如含铬废水中，$Cr_2O_7^{2-}$ 与 CrO_4^{2-} 两种离子的比例与 pH 有关。用阴离子树脂去除废水中的六价铬，其交换能力在酸性条件下比在碱性条件下高，因为同样交换一个二价阴离子 $Cr_2O_7^{2-}$ 比 CrO_4^{2-} 多一个铬。

（5）水温 水温高虽可加速离子交换的扩散，但各种离子交换树脂都有一定的允许使用温度范围。如国产 732# 阳树脂允许使用温度小于 110℃，而 717# 阴树脂小于 60℃。水温超过允许温度时，会使树脂交换基团被分解破坏，从而降低树脂的交换能力，所以温度太高时，应进行冷却处理。

（6）氧化剂 废水中如果含有氧化剂（如 Cl_2、O_2 和 $H_2Cr_2O_7$ 等）时，会使树脂氧化分解。强碱阴树脂容易被氧化剂氧化，使交换基团变成非碱性物质，可能完全丧失交换能力。氧化作用也会影响交换树脂的母体，使树脂加速老化，其结果是使交换能力下降。为了缓解氧化剂对树脂的影响，可选用交联度大的树脂或加入适当的还原剂。

另外，用离子交换树脂处理高浓度电解质废水时，由于渗透压的作用也会使树脂发生破碎现象，处理这种废水，一般可选交联度大的树脂。

15.4.2　离子交换法在废水处理中的应用

采用离子交换法处理含铬废水、含镍废水、含铜废水及含金废水在电镀行业得到广泛应用。本节以处理电镀废水为例，介绍离子交换法在废水处理中的应用。

1. 概述

（1）一般规定

采用离子交换法处理某一种清洗废水时，不应混入其他镀种或地面散水等废水。当离子交换树脂的洗脱回收液要求回用于镀槽时，则虽属同一镀种，但镀液配方不同的清洗废水也不应混入。进入离子交换柱的电镀清洗废水的悬浮物含量不应超过 15mg/L，当超过时应进行预处理。清洗废水的调节池和循环水池的设置，可根据电镀生产情况、废水处理流程和现场条件等具体实际情况确定。其有效容积可按 2～4h 平均废水量计算。

（2）离子交换柱的计算

1）单柱体积

$$V = \frac{Q}{u} \times 1000 \tag{15-34}$$

式中　V——阴（阳）离子交换树脂单柱体积，L；

　　　Q——废水设计流量，m^3/h；

　　　u——空间流速，L/[h·L(R)]。

式中　L(R) 指所用树脂的体积，以下公式所用与此相同。

2）空间流速

$$u = \frac{E}{C_0 T} \times 1000 \tag{15-35}$$

式中　E——树脂饱和工作交换容量，g/L(R)；

C_0 ——废水中金属离子浓度，mg/L；

T ——树脂饱和工作周期，h。

　　3）流速

$$v = uH \qquad\qquad (15\text{-}36)$$

式中　H ——树脂层高度，m；

　　　　v ——废水通过树脂层流速，m/h。

　　4）交换柱直径

$$D = 2\sqrt{\frac{Q}{\pi v}} \qquad\qquad (15\text{-}37)$$

式中　D ——交换柱直径，m。

　　（3）废水通过树脂层的阻力损失

　　废水通过树脂层的阻力按表15-7确定。

废水通过树脂层的阻力计算公式　　　　　　　　　　　　表 15-7

废水性质	适用的树脂型号	采用公式	备注
含铬废水	710，370，732，小白球	$\Delta p = 7\dfrac{v\nu H}{d_{cp}^2}$	Δp ——树脂层的水头损失，m； v ——废水通过树脂层流速，m/h； H ——树脂层高度，m； d_{cp} ——树脂的平均直径，mm； ν ——水最低温度时的运动黏滞系数，cm²/s
含镍废水	732（Ni 型） 110（Ni 型）	$\Delta p = 7\dfrac{v\nu H}{d_{cp}^2}$ $\Delta p = 9\dfrac{v\nu H}{d_{cp}^2}$	
含铜废水	732（Cu 型） 110（Cu 型）	$\Delta p = 7\dfrac{v\nu H}{d_{cp}^2}$ $\Delta p = 9\dfrac{v\nu H}{d_{cp}^2}$	

　　2. 离子交换法处理含铬废水

　　（1）一般规定

　　用离子交换法处理的镀铬清洗废水，六价铬离子浓度不宜大于 200mg/L。废水处理后必须做到水的循环利用和铬酸的回收利用，并宜做到铬酸回用于镀槽。离子交换法不宜用于处理镀黑铬和镀含氟铬的清洗废水。

　　（2）含铬废水处理基本工艺流程

　　用离子交换法处理镀铬清洗废水，宜采用三阴柱串联、全饱和及除盐水循环的基本工艺流程，见图 15-41。

　　含铬废水主要含有以铬酸根离子（CrO_4^{2-}）和重铬酸根离子（$Cr_2O_7^{2-}$）形式存在的六价铬。废水经过滤柱预处理后，经阳柱去除废水中的阳离子（M^{n+}），其反应如下：

$$n\mathrm{RH} + \mathrm{M}^{n+} \Longleftrightarrow \mathrm{R}_n\mathrm{M} + n\mathrm{H}^+$$

　　经上述反应后，废水呈酸性，使 pH 下降。当 pH 降到 5 以下时，废水中的六价铬大部分以 $Cr_2O_7^{2-}$ 的形式存在。接着废水进入阴柱去除铬酸根离子和重铬酸根离子，其反应如下：

$$2\mathrm{ROH} + \mathrm{Cr_2O_7^{2-}} \Longleftrightarrow \mathrm{R_2Cr_2O_7} + 2\mathrm{OH}^-$$

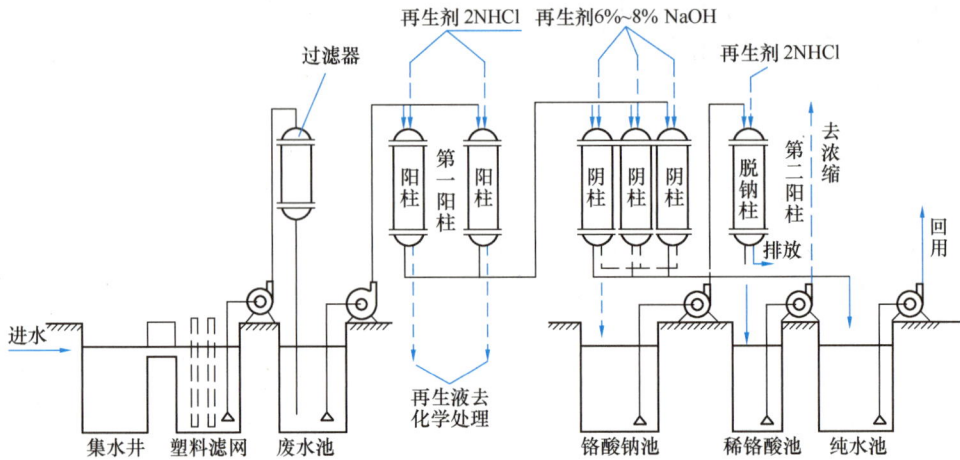

图 15-41　镀铬漂洗水三阴柱全饱和流程示意图

$$2ROH + CrO_4^{2-} \rightleftharpoons R_2CrO_4 + 2OH^-$$

当Ⅰ阴柱出水六价铬达到规定浓度时，此时树脂层内树脂带有的 OH^- 基本上为废水中的 $Cr_2O_7^{2-}$、CrO_4^{2-}、SO_4^{2-} 与 Cl^- 所取代。树脂层中的阴离子按它们选择性的大小，从上到下分层，显然下层没有完全为 $Cr_2O_7^{2-}$ 所饱和，如果此时进行再生，则洗脱液中 SO_4^{2-} 及 Cl^- 的浓度较高，铬酸浓度较低。为了提高铬酸的浓度和纯度，将Ⅱ柱串联在Ⅰ柱后，这时继续向Ⅰ柱通水，则Ⅰ柱内 $Cr_2O_7^{2-}$ 含量逐渐增加，而 SO_4^{2-} 及 Cl^- 含量逐渐下降，最后当Ⅰ柱出水中六价铬（$Cr_2O_7^{2-}$）浓度与进水中的相等时，即树脂几乎全部饱和时，才使Ⅰ柱停止工作进行再生。这种流程称为双阴柱全酸性全饱和流程。

经阳柱和阴柱后，原水中金属阳离子和六价铬转移到树脂上，树脂上的 H^+ 和 OH^- 被置换下来结合成水，所以可得到纯度较高的水。

阳柱树脂失效后，可用一定浓度的 HCl 溶液进行再生，其反应如下：

$$R_nM + nHCl \rightleftharpoons nRH + MCl_n$$

阴柱树脂失效后，可用较高浓度的 NaOH 溶液进行再生，得到含六价铬浓度较高的 Na_2CrO_4 再生洗脱液，反应如下：

$$R_2Cr_2O_7 + 4NaOH \rightleftharpoons 2ROH + 2Na_2CrO_4 + H_2O$$

为了回收铬酸，可把再生阴树脂得到的再生洗脱液，通过氢型阳树脂进行脱钠可得到 $H_2Cr_2O_7$，反应如下：

$$4RH + 2Na_2CrO_4 \rightleftharpoons 4RNa + H_2Cr_2O_7 + H_2O$$

脱钠柱树脂失效后用 HCl 再生，反应如下：

$$RNa + HCl \rightleftharpoons RH + NaCl$$

离子交换树脂再生时的淋洗水，含六价铬离子部分应返回调节池；含酸、碱和重金属离子部分应经处理达到排放标准后排放。

（3）含铬废水离子交换法处理的设计

1）树脂的选择

含铬废水的 pH 一般小于 6，含有强氧化剂 H_2CrO_4 和 $H_2Cr_2O_7$，进入阴柱废水的 pH 要求在 5 以下，因此应选择具有较高抗氧化能力和高机械强度的阳、阴两种树脂。阳柱树脂根据原 pH 较低，出水要求酸性，宜选用强酸性阳离子交换树脂。阴柱树脂宜选用大孔型弱碱性阴离子交换树脂。当大孔型弱碱性阴离子交换树脂的供应等有困难时，可选用凝胶型强碱性阴离子交换树脂。阴、阳离子交换树脂在运行中受到污染时，应及时进行活化处理。

2）除铬阴柱的设计参数

树脂饱和工作交换容量（E）：大孔型弱碱性阴离子交换剂（如型号为 710、D370、D301 树脂）E 为 $60\sim70gCr^{6+}/L（R）$；凝胶型强碱性阴离子交换树脂（如型号为 717、201 树脂）E 为 $40\sim45gCr^{6+}/L（R）$。

树脂饱和工作周期 T：根据废水含六价铬离子浓度确定。浓度为 $100\sim200mg/L$ 时，T 宜为 36h，其树脂层高度宜采用上限；浓度为 $50\sim100mg/L$ 时，T 宜为 $36\sim48h$；浓度小于 $50mg/L$ 时，应取 u 值为 $30L/L(R)h$，计算 T 值，其树脂层高度宜采用下限。

树脂层高度 H：应为 $0.6\sim1.0m$。

流速 v：不宜大于 $20m/h$。

除铬阴柱的再生和淋洗：

再生剂宜用含氯离子低的工业用氢氧化钠：再生液浓度，当采用大孔型弱碱性阴离子交换树脂时，宜为 $2.0\sim2.5mol/L$；当采用凝胶型强碱性阴离子交换树脂时宜为 $2.5\sim3.0mol/L$。再生液应采用除盐水配制。再生液用量宜为树脂体积的 2 倍，再生液应重复使用，先用 $0.5\sim1.0$ 倍上周期后期的再生洗脱液，再用 $1.0\sim1.5$ 倍的新配再生液。再生液流速宜为 $0.6\sim1.0m/h$。

淋洗水应采用除盐水：淋洗水量，当采用大孔型弱碱性阴离子交换树脂时宜为树脂体积的 $6\sim9$ 倍；当采用凝胶型强碱性阴离子交换树脂时宜为树脂体积的 $4\sim5$ 倍。淋洗流速开始应与再生流速相等，逐渐增大到运行流速。淋洗终点 pH 应为 $8\sim10$。反冲洗时树脂层膨胀率宜为 50%。

3）阳柱的设计参数

强酸性阳离子交换树脂的工作交换容量，可采用 $60\sim65g$（以 $CaCO_3$ 计）$/L（R）$。交换终点必须按出水的 pH 为 $3.0\sim3.5$ 进行控制。

酸性阳柱的直径和树脂层高度宜与除铬阴柱相同。

阳离子交换树脂的再生和淋洗：

再生剂宜采用工业用盐酸。再生液浓度宜为 $1.5\sim2.0mol/L$，可采用生活饮用水配制。再生液用量宜为树脂体积的 2 倍。再生液流速宜为 $1.2\sim4.0m/h$。

淋洗水可采用生活饮用水。淋洗水量宜为树脂体积的 $4\sim5$ 倍。淋洗流速开始时与再生流速相等，逐渐增大到运行时流速，淋洗终点 pH 为 $2\sim3$。反冲洗时树脂层膨胀率宜为 30%～50%。

阳离子交换树脂的淋洗水和洗脱液中含有各种金属离子及酸，应经处理符合排放标准后排放。

4）脱钠阳柱的设计参数

树脂体积可按下式计算：

$$V_{Na} = \frac{Q_{Cr}}{E_{Na}n}$$ (15-38)

式中　V_{Na}——阳离子交换树脂体积，L；

　　　Q_{Cr}——每周期回收的饱和除铬阴柱洗脱液量，L，可为阴离子交换树脂体积的 1.0～1.5 倍；

　　　E_{Na}——每 L 阳离子交换树脂每次可回收的稀铬酸量，当回收的稀铬酸浓度（以 CrO_3 计）为 40～60g/L 时，可采用 0.7～0.9L；

　　　n——每周期脱钠柱的操作次数，可采用 1～2 次。

树脂层高度 H 宜为 0.8～1.2m。

流速 v 宜为 2.4～4.0m/h。

脱钠阳柱的再生和淋洗：

再生剂宜采用工业盐酸。再生液浓度宜为 1.0～1.5mol/L，应采用除盐水配制。再生液用量宜为树脂体积的 2 倍。再生液流速宜为 1.2～4.0m/h。

淋洗水应采用除盐水。淋洗水量宜为树脂体积的 10 倍。淋洗流速开始时宜与再生流速相等，逐渐增大到运行时流速。淋洗终点应以出水中基本上无氯离子为标准进行控制。

回收的稀铬酸中含氯离子浓度过高而影响回用时，可采用无隔膜电解法或其他方法脱氯。当回收的稀铬酸量超过镀铬槽所需的补给量时，可采取浓缩措施后回用。

（4）设备材料

由于铬酸和重铬酸是强氧化剂，因此应考虑交换柱、管道、阀门的腐蚀问题。交换柱用有机玻璃制作，虽有较强的抗腐能力，但在树脂突然膨胀时，往往由于强度不够而破裂。使用钢材交换柱时，不能用一般的橡胶衬里。管道和闸阀可用硬聚氯乙烯材料，水泵应选用耐酸泵。

16.离子交换法处理含镍废水

15.5　膜分离技术

15.5.1　概述

1. 膜与膜分离技术的定义

膜是具有选择性分离功能的材料。膜可为气相、液相和固相，或是它们的组合。简单地说，膜是分隔开两种流体中不同组分的一个薄的阻挡层。在压力推动下，或电场作用下，或温差驱动力下，利用膜的选择透过性，将液体或气体的不同组分进行分离、纯化、浓缩的过程称为膜分离。

把膜制成适合工业使用的构型，与驱动设备（压力泵或电场或加热器或真空泵）、阀门、仪表和管道连成设备。在一定的工艺条件下操作，就可以分离水溶液或混合气体。这种分离技术被称为膜分离技术。

2. 膜分离技术发展

膜分离现象广泛存在于自然界中，自 1748 年法国学者诺莱特（Abble Nelkt）首次揭示了膜分离现象，1960 年洛布（Loeb）和索里拉简（Souriringan）首次研制成非对称反渗透膜，1970 年美国杜邦公司研制出以芳香聚酰胺为膜材料的"Pemiasep B-9"中空纤维膜组件后。膜分离技术目前已应用到海水与苦咸水淡化、环保、化工、石油、医药、食品、能源、冶金、电子等领域，产生了巨大的经济效益和社会效益，已成为当今分离科学中最重要的手段之一。

我国从 20 世纪 50 年代开始研究电渗析，60 年代开始研究反渗透，70 年代相继研发出微滤、超滤、反渗透和电渗析等各种膜组件，80 年代进入全面研究开发和推广应用阶段。21 世纪初，我国将膜材料和膜产业列为国家重点支持的 22 项化工产业之一，随着制膜技术的发展，膜分离技术也不断进步。目前，膜生物反应器工艺在我国城市污水和工业废水处理应用的总规模居全球领先，膜分离技术在工业废水脱盐、有用物质回收和提取、废水深度处理、新污染物去除、废水再生回用等方面已得到广泛应用。

3. 膜和膜分离技术的分类

（1）膜分类　按膜孔径的大小和功能，可分为微滤膜（Microfiltration，MF）、超滤膜（Ultrafiltration，UF）、纳滤膜（Nanofiltration，NF）、反渗透膜（Reverse Osmosis，RO）、离子交换膜（Ion Exchange Membrane，IEM）。按膜的形状分类可分为平板膜、卷式膜、中空纤维膜（柱式、帘式）及管式膜、碟管式膜等。按膜的材料可分为天然膜、无机膜和有机高分子膜。按通过膜的物质，可分为液体分离膜和气体分离膜。按膜的状态，可分为固体膜、液体膜和气体膜等。

（2）膜组件分类　为便于工业化生产和安装，实现最大有效面积，将膜以某种形式组装在一个基本单元内以完成混合液中各组分的分离，该基本单元即膜组件。膜组件由膜片/膜丝/膜管与进水流道网、产水流道材料、产水管和抗应力器等组成，形成进水与产水膜分离的最小单元。膜是膜分离过程的核心，膜组件是工程应用的直接体现，多个单元组件与附属设施的合理配置构筑膜装置。

水工业市场常见的微滤和超滤膜组件型式为中空纤维式、板框式和管式，反渗透和纳滤膜组件一般为卷式和中空纤维式。

（3）膜材料分类　常见的膜材料有聚偏氟乙烯（PVDF）、聚砜（PSF）、聚醚砜（PES）、聚丙烯（PP）、聚乙烯（PE）、聚四氟乙烯（PTFE）、聚酰胺（PA）、聚丙烯腈（PAN）、醋酸纤维素（CA）、硝酸纤维素（CN）、混合纤维素（CN-CA）、陶瓷、氧化铝、玻璃、金属等。

陶瓷、氧化铝、玻璃和金属等无机材料多用于管式膜组件，反渗透和纳滤膜组件多为 PA 和 CA 材质，PVDF 是当前微滤和超滤膜的首选材料。开发分离效率高、运行稳定性强的高性能膜材料是膜技术发展研究的热点。

（4）膜分离技术分类　根据溶质或溶剂通过膜的推动力不同，膜分离技术可以分为五类：

1）以电动势为推动力的膜分离技术：电渗析、电去离子和电渗透；

2）以浓度差为推动力的膜分离技术：扩散渗析和自然渗透；

3）以压力差为推动力的膜分离技术：微滤、超滤、纳滤、反渗透；

4）以温差为推动力的膜分离技术：膜蒸馏、热渗透；

5）以化学位差作为推动力的膜分离技术：正渗透。

水处理领域常用的膜分离技术，主要是以压力差为推动力的微滤、超滤、纳滤和反渗透，其次是以电位差为推动力的电渗析和电除盐。膜蒸馏和膜结晶技术在高浓度废水和浓盐水处理与资源回收中的研究和应用也逐渐趋于成熟。低能耗的正渗透技术尚处于研究发展阶段。

压力驱动膜过滤图谱见图 15-42。

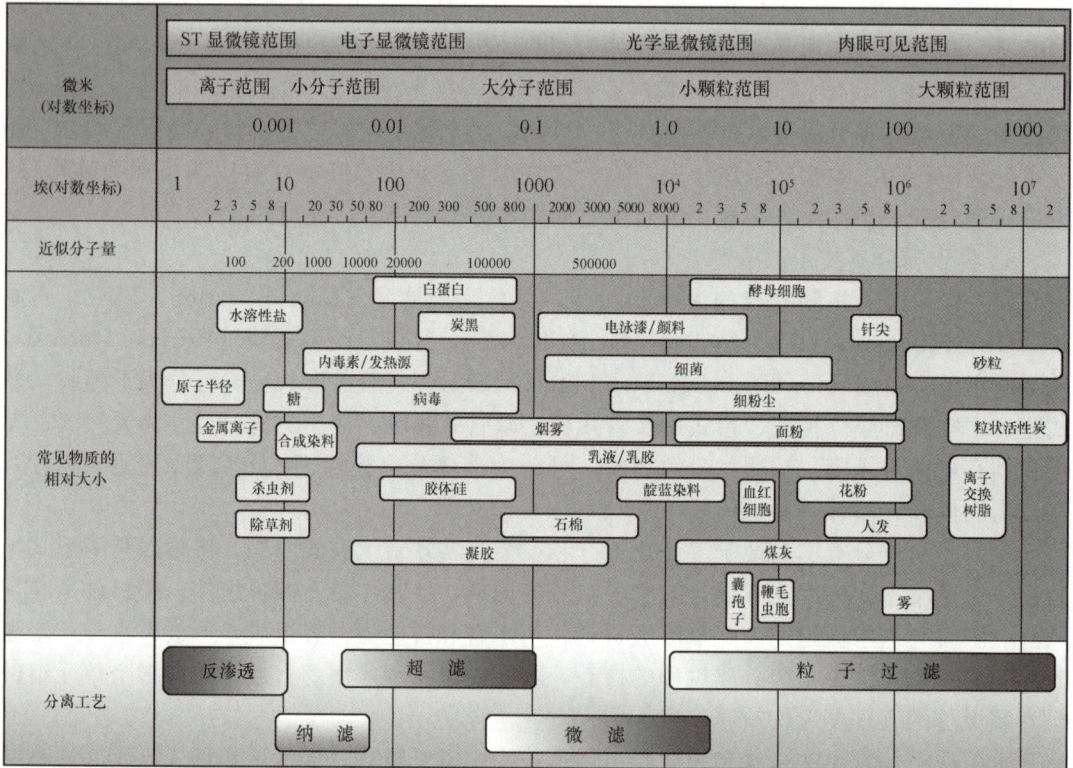

微米 (对数坐标)	ST 显微镜范围	电子显微镜范围		光学显微镜范围		肉眼可见范围	
	离子范围	小分子范围	大分子范围	小颗粒范围		大颗粒范围	
	0.001	0.01	0.1	1.0	10	100	1000

图 15-42　压力驱动膜过滤图谱

4. 膜分离技术的特点

（1）在膜分离过程中，不发生相变化，能量的转化效率高。

（2）膜分离工作过程中一般不需要投加药剂，节省原材料和化学药品。

（3）膜分离过程中，分离和浓缩同时进行，能够回收废水中有价值的物质。

（4）根据膜的选择透过性和膜孔径的大小，可将不同粒径的物质分开，使得物质得到纯化而不改变原有的属性。

（5）膜分离过程不会破坏对热敏感和对热不稳定的物质，可在常温下实现分离。

（6）膜分离法适应性强，操作及维护方便、易于实现自动化控制。

膜分离技术具有高效净化、回收有用物质、清洁生产、低碳排放等优点，在工业废水处理及资源化回收利用中得到广泛应用。工业废水处理领域常用的膜分离技术：微滤（MF）、超滤（UF）、纳滤（NF）和反渗透（RO）。最近出现新的膜分离技术有正渗透和膜蒸馏等。例如：UF 用于电泳漆的回收，渗透液回用漂洗；UF/NF/RO 组合用于印染工业废水回用处理、聚乙烯醇（PVA）的回收、废水中染料的回收；UF/RO 用于纺织工业回收羊毛脂、洗涤剂及废水回用；UF/RO 用于造纸工业回收木质素、糖类及废水回用；UF/MF 用于石化行业含油废水的处理；NF 用于精细化工废水回用并回收染料等。膜分离技术在电镀、化工、造纸、石化、制药、食品、印染等工业废水处理及回用中得到广泛应用。

膜生物反应器已经在本书第 5 章中介绍，本章主要介绍微滤、超滤、纳滤和反渗透在工业废水处理中的应用。

15.5.2　微滤和超滤

1. 工作原理

微滤和超滤都是以筛分原理为主的薄膜过滤。微滤膜和超滤膜有无数个微孔，能够像筛子一样截留直径大于孔径的溶质和颗粒物质，从而实现分离。筛分是通过机械截留、颗粒间相互作用及颗粒与膜表面的吸附、颗粒间的架桥作用三种方式实现的。

（1）微滤（MF）又被称为微孔过滤、精过滤或筛网状过滤。微滤膜的孔径一般为 $0.1 \sim 10 \mu m$，能够分离 $0.2 \sim 1.0 \mu m$ 的细小悬浮物、微生物、微粒、细菌、酵母、藻类、泥砂等，操作压力一般 $0.01 \sim 0.2 MPa$。微滤属于压力驱动型的膜分离过程，其工作原理是在膜两侧静压差的作用下，小于膜孔的粒子透过膜，大于膜孔的粒子则被截留在膜的表面上，使粒径大小不同的粒子得到分离。微滤在工业废水处理中主要用于悬浮物、微生物、细菌、细纤维、大分子杂质等污染物的分离和回收。由于比超滤膜、纳滤膜和反渗透膜的孔径相对较大，因此，微滤也常常作为纳滤或反渗透的预处理工艺。

（2）超滤（UF）膜孔径范围为 $1 \sim 100 nm$，能够分离 $0.002 \sim 0.1 \mu m$ 的细微颗粒、细菌、蛋白质、多糖、病毒及相对分子量大于 5000Dalton 的大分子物质。超滤的操作压力一般 $0.02 \sim 0.2 MPa$。超滤对大分子有机物（如蛋白质、细菌）、胶体、悬浮固体等具有分离的能力，因而超滤可用于料液的澄清、浓缩、分级或大分子有机物的分离纯化。例如超滤技术可以在不加入其他试剂的条件下，仅通过物理分离，就能够有效去除废水中乳化油，同时不产生油泥。浓缩液仅为初始量的 $3\% \sim 5\%$，可回收处理或直接焚烧。超滤也常作为纳滤或反渗透的预处理工艺。

2. 工作方式

根据水的回收率，超滤和微滤有两种过滤方式：死端过滤和错流过滤（图 15-43）。死端过滤为待处理水全部通过膜而无浓缩液流出的一种运行方式，该条件下水的回收率接近 100%，但通量下降较快，膜孔容易堵塞，需要周期性的反冲洗以恢复通量。错流过滤为大部分待处理水通过膜而少量浓缩液从膜的另一侧流出的一种运行方式，采用该方式运行，水的回收率在 $80\% \sim 100\%$；因膜表面的水流不断将沉积物带走，因而其通量的下降较死端过滤要慢，但能耗较高。

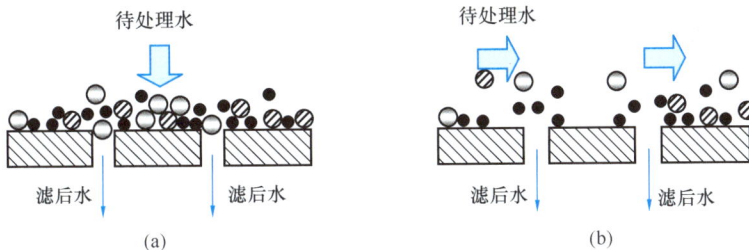

图 15-43　超滤和微滤工作原理
（a）死端过滤；（b）错流过滤

按照膜组件是否浸没在待处理的废水中，超滤和微滤有两种工作方式：外置式和浸没式（图 15-44）。浸没式是将膜组件置于待处理水反应器中，通过加压泵的负压抽吸作用使水通过膜的一种工作方式。浸没式属于死端过滤方式，优点是占地面积小，水回收率高；缺点为通量下降较快，需要周期性反冲洗或采取相应膜污染控制措施。膜生物反应器（MBR）和膜化学反应器是废水处理中最常见的浸没式膜反应器，为减缓膜污染，通常采用间歇出水的操作方式，出水时间比为 0.8～0.9，即在每 10min 的循环中，出水 8～9min，空曝气（不出水）1～2min；同时向 MBR 中投加粉末活性炭，可以改变膜表面滤饼层的性质，在减缓膜污染的同时，强化有机物的去除。MBR 的详细介绍见本书第 5 章。

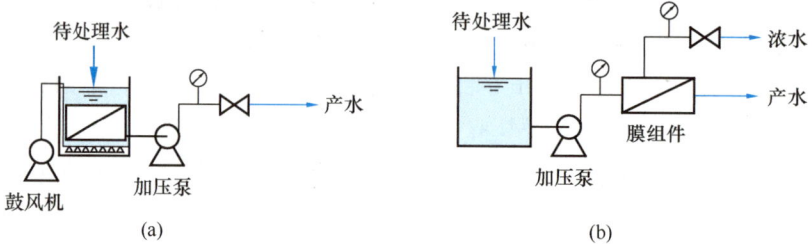

图 15-44　超滤和微滤工作方式
(a) 浸没式；(b) 外置式

外置式是将膜组件置于废水反应器之外，依靠加压泵的正向压力使水通过膜的一种工作方式。外置式属于错流过滤方式，优点是通量下降较慢，可以使用较高的过滤通量；缺点为占地面积大，水回收率较低。连续微滤（CMF）和连续超滤（CUF）是工程中应用较多的外置式工作方式，通常置于生物处理之后，对废水进行深度处理，作为制备一般品质再生水的最后一道屏障，或者作为反渗透系统的预处理单元。

3. 通量和比通量

膜通量的定义为单位时间单位膜面积透过水的量，膜比通量为单位过膜压差下膜的通量，其计算公式如下：

$$J = \frac{Q}{A} \tag{15-39}$$

$$SF = \frac{J}{TMP} \tag{15-40}$$

式中　J——膜通量，m/s，工程上常用 L/(h·m^2)；

$\quad\quad Q$——膜产水量，m^3/s；

$\quad\quad A$——膜过滤面积，m^2；

$\quad\ SF$—— 膜比通量，m/(s·Pa)，工程上常用 L/(m^2·h·mH$_2$O)；

$\quad TMP$——过膜压差，Pa。

根据 Darcy 定律，超滤和微滤膜的通量与过膜压差和膜阻力的关系如下：

$$J = \frac{TMP}{\mu R_{\mathrm{m}}} \tag{15-41}$$

式中　μ——水的黏度，Pa·s；

$\quad\ R_{\mathrm{m}}$——膜阻力，m^{-1}。

由式（15-41）可知，膜通量与过膜压差成正比，与水的黏度成反比。新膜在使用之前通常要测定其比通量，以便与污染膜进行对比，从而评价膜的抗污染性。根据式（15-40），可以通过作 J-TMP 关系曲线，其斜率即为新膜的比通量。图 15-45 是三个中空纤维微滤

膜组件的 J-TMP 关系图，其比通量分别为 $49L/(h \cdot m^2 \cdot 10kPa)$、$43L/(h \cdot m^2 \cdot 10kPa)$ 和 $16L/(h \cdot m^2 \cdot 10kPa)$。

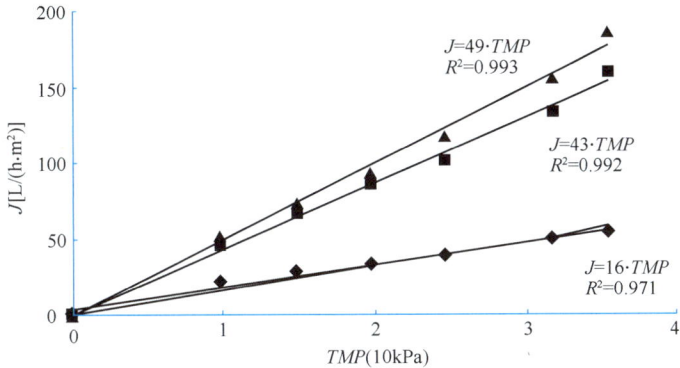

图 15-45　膜组件 J-TMP 关系图

4. 浓差极化

废水在膜的高压侧，由于废水和低分子物质不断透过超滤或微滤膜，结果被截留的溶质在膜表面处累积，导致膜表面的溶质（或大分子物质）的浓度不断上升，其浓度会逐渐升高，这种浓度累积会导致溶质向废水主体的反向扩散流动，经过一定时间，当主体中以对流方式流向膜表面的溶质的量与膜表面以扩散方式返回流体主体的溶质的量相等时，浓度分布达到一个相对稳定的状态，于是在边界层中形成一个垂直于膜方向的由流体主体到膜表面浓度逐渐升高的浓度分布（图 15-46），这一现象称为浓差极化。从而减小传质驱动力，造成膜通量的衰减。当溶质是水溶性的大分子时，由于其扩散系数很小，造成从膜表面向废水主体的扩散通量很小，因此膜表面的溶质浓度显著增高形成不可流动的凝胶层；当溶质是难溶性物质时，膜表面的溶质浓度迅速增高并超过其溶解度从而在膜表面上形成结垢层；此外，料液中的悬浮物在膜表面沉积形成泥饼层。这些都会导致膜透过阻力的增加，使膜通量变小。

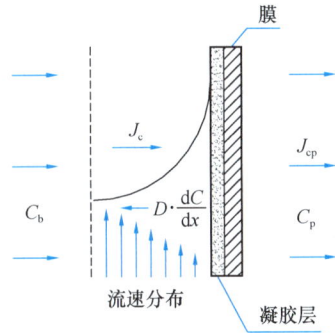

图 15-46　浓差极化现象

浓差极化造成的膜通量降低是可逆的，通过降低料液浓度或改变膜面附近废水侧的流体力学条件，可减轻产生的浓差极化现象，使膜的分离特性得以部分恢复。减缓浓差极化现象可采取以下两种措施：

一是提高错流过滤的流速，控制废水的流动状态使其处于紊流状态，让膜面处的液体与主流更好地混合；

二是对膜面不断地进行曝气冲刷，在膜表面附近产生气液两相流，消除已形成的凝胶层。

5. 膜污染

膜污染是指处理废水中的微粒、胶体粒子或溶质大分子由于与膜存在物理化学相互作用或机械作用而引起的在膜表面或膜孔内吸附、沉积造成膜孔径变小或堵塞，使膜产生分离性能下降的不可逆变化现象。广义的膜污染不仅包括由于不可逆的吸附、堵塞引起的污染（不可逆污染），而且包括由于可逆的浓差极化导致凝胶层的形成（可逆污染）。膜污染尤其是不可逆污染对膜寿命影响极大，是制约膜技术推广应用的关键问题之一。

（1）膜污染的分类

由于溶质与膜的相互作用，水中的无机离子、胶体或大分子溶质以及微生物等逐渐吸附或沉积到膜表面和膜孔内，从而引起膜的污染。污染物质大致分为三类，对应的膜污染也可以分为三类：无机物污染、有机物污染和微生物污染。

膜面及膜孔内常见的污染物如下：

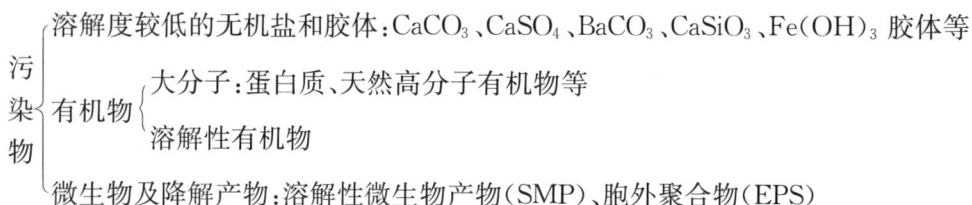

$$
污染物
\begin{cases}
溶解度较低的无机盐和胶体:CaCO_3、CaSO_4、BaCO_3、CaSiO_3、Fe(OH)_3 胶体等 \\
有机物
\begin{cases}
大分子:蛋白质、天然高分子有机物等 \\
溶解性有机物
\end{cases} \\
微生物及降解产物:溶解性微生物产物(SMP)、胞外聚合物(EPS)
\end{cases}
$$

（2）膜的清洗

从膜与废水接触的时刻开始，膜污染的发生就不可避免，而且随着运行时间的增加，膜污染也逐渐加剧，直到膜通量低于设定值，此时需要对膜组件进行清洗，以恢复其通量，确保微滤或超滤膜系统的正常运行。

膜组件的清洗方法可以分为物理清洗和化学清洗两大类。

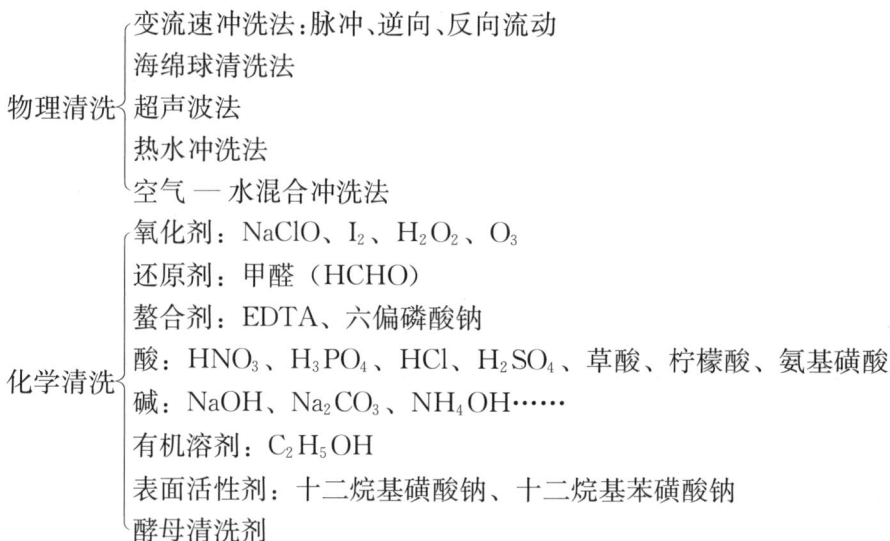

$$
物理清洗
\begin{cases}
变流速冲洗法:脉冲、逆向、反向流动 \\
海绵球清洗法 \\
超声波法 \\
热水冲洗法 \\
空气 — 水混合冲洗法
\end{cases}
$$

$$
化学清洗
\begin{cases}
氧化剂：NaClO、I_2、H_2O_2、O_3 \\
还原剂：甲醛（HCHO） \\
螯合剂：EDTA、六偏磷酸钠 \\
酸：HNO_3、H_3PO_4、HCl、H_2SO_4、草酸、柠檬酸、氨基磺酸 \\
碱：NaOH、Na_2CO_3、NH_4OH…… \\
有机溶剂：C_2H_5OH \\
表面活性剂：十二烷基磺酸钠、十二烷基苯磺酸钠 \\
酵母清洗剂
\end{cases}
$$

6. 膜分离的影响因素及膜污染控制措施

（1）影响因素

超滤和微滤的影响因素如下：

1）错流速度　提高废水错流速度虽然对减缓浓差极化、提高通量有利，但需提高操作压力，增加能耗。一般紊流体系中流速可控制在 $1\sim3m/s$。

2）操作压力　膜通量与操作压力的关系取决于膜和凝胶层的性质。微滤和超滤分离过程中，往往由凝胶层控制透过通量。渗透压模型中膜通量与压力成正比，而凝胶化模型中膜透过通量与压力无关，此时的通量称为临界通量。实际微滤或超滤操作在极限通量附近进行时，除了克服通过膜和凝胶层的阻力外，还要克服液流的沿程和局部的水头损失。

3）温度　水温降低时水的黏度增大，对膜通量的影响较大，水温每降低 1℃，膜通量则下降 2%～3%，膜通量与温度之间关系如下：

$$J_t = J_T e^{0.0239(t-T)} \tag{15-42}$$

式中　J_t——实际水温下膜通量的计算值，L/（m² · h）；

　　　J_T——产品手册中提供的测试温度下的膜通量，L/（m² · h）；

　　　t——实际水温，℃；

　　　T——膜产品手册中提供的测试温度，℃。

由于提高温度可降低废水的黏度 μ，增加传质效率，提高通量，因此尽可能在允许的最高温度下进行操作。

4）污泥浓度的影响　针对浸没式膜反应器（MBR 或 MCR），反应器内混合液的污泥浓度存在临界值，超过该值时，膜通量会迅速下降，因此需要控制反应器内的污泥浓度。

5）污染物浓度　随着微滤或超滤过程的进行，主体的浓度逐渐增高，此时黏度变大，使凝胶层厚度增大，从而影响膜通量。因此对主体液流应定出最高允许浓度。针对不同污染物，超滤的最高允许浓度列于表 15-8 中。

不同料液的最高允许浓度　　　　　　　　　　　　表 15-8

料液名称	最高允许浓度（%）	料液名称	最高允许浓度（%）
颜料和分散染料	20～50	植物、动物细胞	5～10
油水乳化液	50～70	蛋白和缩多氨酸	10～20
聚合物乳胶和分散体	30～60	多糖和多聚糖	1～10
胶体、非金属、氧化物、盐	不定	多元酚类	5～10
固体、泥土、尘泥	10～50	合成水溶性聚合物	5～15
低分子有机物	1～5		

6）预处理　为了提高膜通量，保证超滤膜的正常稳定运行，根据需要应对废水进行预处理。通常采用的预处理方法有：沉淀、混凝、过滤、吸附等。

7）膜清洗频率　膜必须进行定期清洗，清洗方法和频率一般根据膜的性质、废水的性质以及操作条件等参数来确定。随着微滤或超滤过程的进行，膜污染会造成膜通量逐步下降，当通量达到设定数值时，需要进行清洗，以保持一定的膜通量，并能延长膜的寿命。然而，频繁的物理清洗和化学清洗也会对膜造成永久的损伤，因此，工程应用中应控制膜清洗频率。

（2）膜污染控制措施

根据膜分离的影响因素，可采用的膜污染控制措施如下：

1）优先选择高通量、抗污染、高强度的膜组件，或者对膜表面进行改性，增加亲水性；

2）优化膜反应器构造，改善水力条件；

3）改善膜反应器内混合液的可过滤性。

（3）优化操作条件

1）控制膜工作通量低于其临界通量；

2）浸没式膜反应器采用间歇出水方式；

3）在浸没式膜表面形成气液两相流，强化膜表面污染物的去除；

4）膜组件在线清洗；

5）提高预处理单元的去污效率。

15.5.3　反渗透和纳滤

1. 工作原理

（1）反渗透　反渗透过程（RO）是与自然渗透过程相反的膜分离过程，它利用反渗透膜的只能通过溶剂（通常是水）而截留离子物质的选择性质。依据溶液吸附扩散原理，以膜两侧静压差为推动力，克服溶剂的渗透压，使溶剂通过反渗透膜而实现对液体混合物进行分离的膜过程称为反渗透。

反渗透同 NF、UF 一样均属于压力驱动型膜分离技术，其操作压差一般为 1～10MPa，反渗透膜孔径为 0.1～1nm，截留物质的相对分子量大于 100Dalton 的有机物及溶解性盐。反渗透一般可去除 90%～95% 的溶解性固体、95% 以上的溶解性有机物及新污染物、生物和胶体以及 80%～90% 的硅酸。例如从水溶液中将水分离出来，以达到分离、纯化等目的。

反渗透膜的选择透过性与组分在膜中的溶解、吸附和扩散有关，因此除与膜孔的大小、结构有关外，还与膜的化学、物理性质有密切关系，即与组分和膜之间的相互作用密切相关。由此可见，反渗透分离过程中化学因素（膜及其表面特性）起主导作用。

（2）纳滤　纳滤膜是 20 世纪 80 年代发明的分离膜。纳滤是根据吸附扩散原理，以压力差为推动力的膜分离过程，是介于反渗透跟超滤之间的一种压力驱动型膜分离技术。由于 NF 膜达到同样的渗透通量所必须施加的压差比用 RO 膜低 0.5～3MPa，故 NF 膜过滤又称"疏松型 RO"或"低压反渗透"。它具有两个显著特性：①纳滤膜孔径大小约在 1～3nm，能够分离相对分子量为 200～1000Da，分子大小约为 1nm 的有机物；②对于不同价态的阴离子存在 Donnan 效应。物料的荷电性、离子价数和浓度对膜的分离效应有很大影响，对二价和多价离子截留率较高，对单价离子的截留率较低（50%～70%）。

根据纳滤膜的分离特点，其应用范围主要为：①溶液中一价盐类与二价或多价盐类的分离；②有机物与小分子无机物的分离；③分离不同分子量的有机物；④盐与其对应酸的分离。纳滤对废水中的 Na^+ 和 Cl^- 等单价离子的截留率较低，但对 Ca^{2+}、Mg^{2+}、SO_4^{2-} 等二价离子及除草剂、农药、色素、染料、抗生素、多肽和氨基酸等小分子量（200～1000Dalton）物质的截留率很高。由于水在纳滤膜中的渗透速率远大于反渗透膜，抗污染能力更强，所以当需要对低浓度的二价离子和相对分子量在 500Dalton 到数千道尔顿的溶质进行截留时，选择纳滤比使用反渗透经济。处理高浓度、难降解废水时，纳滤也被用于反渗透的前处理工艺。

2. 处理工艺

纳滤和反渗透处理废水的工艺非常相似，基本工艺包括处理废水预处理工艺、膜分离工艺、膜清洗工艺。本书主要介绍反渗透处理工艺。

（1）预处理工艺

1）确定膜组件进水的水质指标

近年来，建立了以淤泥密度指数 SDI 作为衡量反渗透进水的综合指标。用有效直径 42.7mm、平均孔径 0.45μm 的 Millipore 微孔滤膜，在 0.21MPa 压力下，测定最初

500mL 水的过滤时间（t_1），在加压 15min 后，再次测定 500mL 进料液过滤时间（t_2），按下式计算 SDI 值：

$$SDI = \frac{t_2 - t_1}{15t_2} \times 100 \qquad (15\text{-}43)$$

SDI 的测定过程如下：

① 按图 15-47 组装设备，调节压力到 0.21MPa，准备测试；

② 测定进水温度；

③ 开排气阀放空滤器中全部空气，之后关闭排气阀；

④ 开球阀，测定收集 500mL（或 100mL）水样所需时间，并使水继续流出；

⑤ 15min 后（或 5min、10min 后），再次测定收集 500mL（或 100mL）水样所需时间；

⑥ 再测水温，前后变化不得大于 1℃；

⑦ 卸掉装置。

不同膜组件要求进水有不同的 SDI 值。中空纤维式组件要求 SDI≤3，卷式组件要求 SDI≤5，管式组件要求 SDI≤5。

2）预处理目的

① 去除悬浮固体和胶体，降低浊度；

② 抑制难溶盐和微溶盐的沉淀；

③ 调节和控制进水的温度；

④ 抑制微生物的生长；

⑤ 去除各种有机物。

只有进行严格的预处理，使进水水质符合反渗透的要求，才能保证稳定的产水水质，同时降低反渗透膜组件的污染、减少清洗、延长膜组件的寿命。若预处理达不到要求，则会严重损害膜组件。

3）预处理方法

① 去除悬浮物和胶体

混凝沉淀和精密过滤相结合工艺，去除水中 0.3～1μm 以上的悬浮固体及胶体。

微滤或超滤，去除水中的悬浮固体及部分胶体，出水 SS 接近于零，浊度小于0.2NTU。

② 抑制难溶盐和微溶盐的沉淀

难溶盐和微溶盐在反渗透膜表面附近超过其溶度积而沉淀析出导致水垢的产生，是反渗透过程中最普遍的膜污染。以苦咸水为水源时，碳酸钙和硫酸钙是最普遍存在的沉淀；以海水为水源时，通常只考虑碳酸钙的沉淀析出。若浓水中难溶盐的浓度超过其溶度积时，可采取下列方式处理：降低回收率，避免超过溶度积；软化去除钙（镁）离子，但对高碱度的水和大水量，此法不经济；加酸去除碳酸根和碳酸氢根；添加阻垢剂，抑制难溶盐的沉淀。实际应用中，多用加酸和加阻垢剂相结合的方法。

③ 调节和控制进水的温度

根据反渗透膜允许使用的温度范围，调整和控制进水温度。水和废水处理中，反渗透的适宜进水温度为 15～35℃，当水温低于 15℃时，可采用直接或间接加热的方法。实际

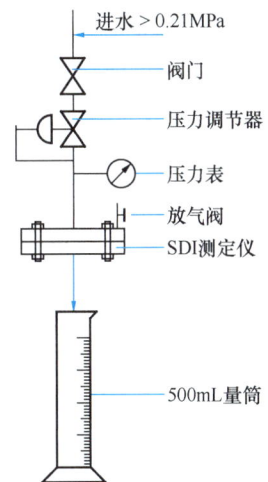

图 15-47　SDI 测定装置

进水＞0.21MPa
阀门
压力调节器
压力表
放气阀
SDI测定仪
500mL量筒

工程应用中大多利用工业余热或废热（如热电厂、化工厂循环冷却系统的热量）对反渗透进水进行升温，但在大水量应用时需要进行经济核算。

④ 抑制微生物的生长

反渗透运行过程中，微生物向膜面迁移并吸附在膜上并繁殖，其溶解性微生物产物（SMP）和胞外聚合物（EPS）是主要的膜污染物。微生物污染会形成致密凝胶层，吸附高浓度的离子，加重浓差极化；此外，部分微生物还可能降解膜材料。

抑制微生物生长的主要方法是消毒，氯化消毒和紫外线消毒较为常用。采用氯化消毒时，反渗透进水的余氯控制在 0.5～1.0mg/L 时，即可防止微生物的滋生。醋酸纤维素类膜，在 0.2～0.5mg/L 的余氯和 pH＝6 条件下，膜寿命可达 3 年之久；对于芳香族聚酰胺膜，其耐氯性差，应以活性炭或亚硫酸钠等药剂进行脱氯，使之满足使用要求。

采用紫外线消毒时，为防止空气中污染物进入反渗透进水，应采用封闭式紫外线消毒器，紫外灯根据需要可选择低压或中压汞灯，紫外线的有效剂量建议不小于 15～20mJ/cm²，当有特殊要求时，应以具体的要求确定紫外线有效剂量。

⑤ 去除各种有机物

进水中可能存在各种有机物，有挥发性的低分子化合物，如低分子的羧酸、醇和酮等；有非极性和弱离解的化合物，如植物性蛋白等。悬浮和胶体形态有机物的去除参考①所述的方法。

溶解性有机物的去除，应根据其特性，选择相应的方法去除：

a. 阴离子极性大分子，可以用阳离子混凝剂去除；

b. 低分子易挥发有机物，可以用吹脱法去除；

c. 非极性的中低分子量有机物，可以采用活性炭吸附去除；

d. 弱离解大分子可用树脂吸附法去除；

e. 某些情况下可考虑用超滤或纳滤去除一定分子量的有机物。

⑥金属氧化物和二氧化硅的去除

进水中溶解的金属离子在反渗透中发生沉淀，最为常见的是氢氧化铁和氢氧化铝，有时也会出现氢氧化锰沉淀，但在除铁的过程中锰也被去除。

a. 氢氧化铁沉淀的控制。Fe^{3+} 的主要来源：一是城镇给水处理厂的铁盐混凝剂，二是预处理系统和反渗透之间的设备和管路附件腐蚀产生的 Fe^{2+}。Fe^{2+} 本身不影响膜组件的性能，且脱除率很高，但进水中含有溶解氧时，Fe^{2+} 可能被氧化为 Fe^{3+}，在高 pH 时形成沉淀附着在反渗透膜上。氢氧化铁污染的去除和控制措施如下：

Fe^{2+} 浓度较高时，曝气或加氯将 Fe^{2+} 氧化为 Fe^{3+}，然后通过砂滤或微滤/超滤去除；Fe^{2+} 低于 1mg/L 时，也可以用钠型阳离子交换树脂去除。

进水中 Fe^{2+} 的上限可根据进水 pH 和溶解氧含量确定，详见表 15-9。

进水 $[Fe^{2+}]$ 控制 表 15-9

溶解氧含量（mg/L）	pH	允许的 Fe^{2+}（mg/L）
＜0.5	＜6.0	4
0.5～5	6.0～7.0	0.5
5～10	＞7	0.05

b. 氢氧化铝沉淀的控制。Al^{3+} 主要来源于城镇给水处理厂的铝盐混凝剂。反渗透进水中的 Al^{3+} 的影响，可能来源于在调节 pH 防止碳酸钙沉淀的过程中出现氢氧化铝沉淀，在反渗透过程中超过氢氧化铝的溶解度。为防止出现上述情况，需要控制 pH 在 $6.5\sim5.7$，使氢氧化铝的溶解度最低，或者采用微滤或超滤单元，去除氢氧化铝颗粒物。

c. 二氧化硅沉淀的控制。SiO_2 无任何阻垢剂和分散剂，过饱和时会聚合产生不溶性的胶体硅或硅胶而污染膜。二氧化硅的控制措施如下：

(a) 降低回收率，使浓水中的 SiO_2 含量小于其溶解度；

(b) 适当提高操作温度，以提高 SiO_2 在水中的溶解度；

(c) 适当提高 pH；

(d) 石灰软化和离子交换软化，降低水中 SiO_2 的浓度。

4) 常见的预处理系统

反渗透可采用多种方式的预处理系统，见图 15-48。选择何种预处理系统，应根据废水的来源、性质、污染物浓度和处理程度等条件确定。

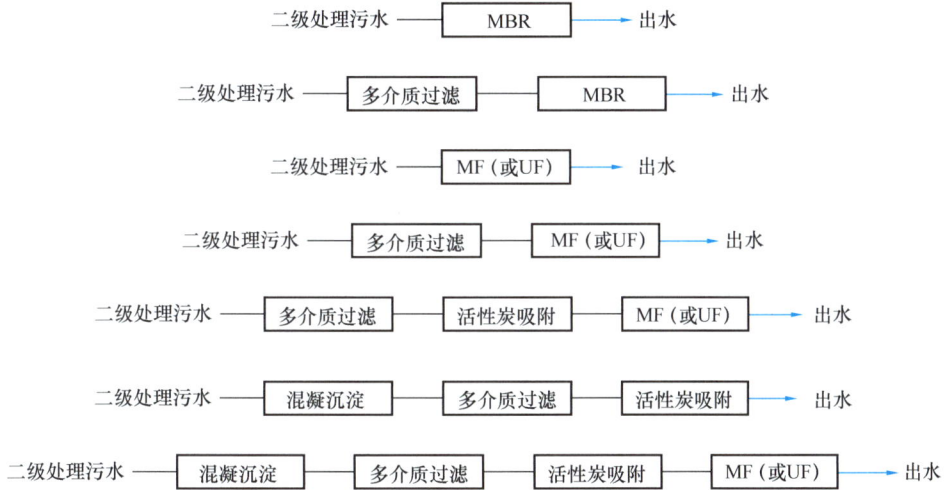

图 15-48　反渗透预处理系统

(2) 反渗透组件的组合方式

在反渗透工艺中可以采用多种组合方式，以满足不同处理对象的分离要求。组件的组合方式有一级和多级（一般为二级）。在各个级别中又分为一段和多段。一级是指一次加压的膜分离过程，多级是指进料必须经过多次加压的分离过程。根据各个级别或段别中组件的数量，可分为单组件式和多组件并联式。单组件式是指每一级（或每一段）只有一个组件，多组件并联式是指每一级(或每一段)有多个并联的组件。反渗透常用图 15-49 所示的组合方式。

3. 膜清洗工艺

(1) 清洗条件

1) 装置产水量降低 $10\%\sim15\%$ 时；

2) 装置进水压力增加 $10\%\sim15\%$ 时；

3) 装置各段压力差增加 15% 时；

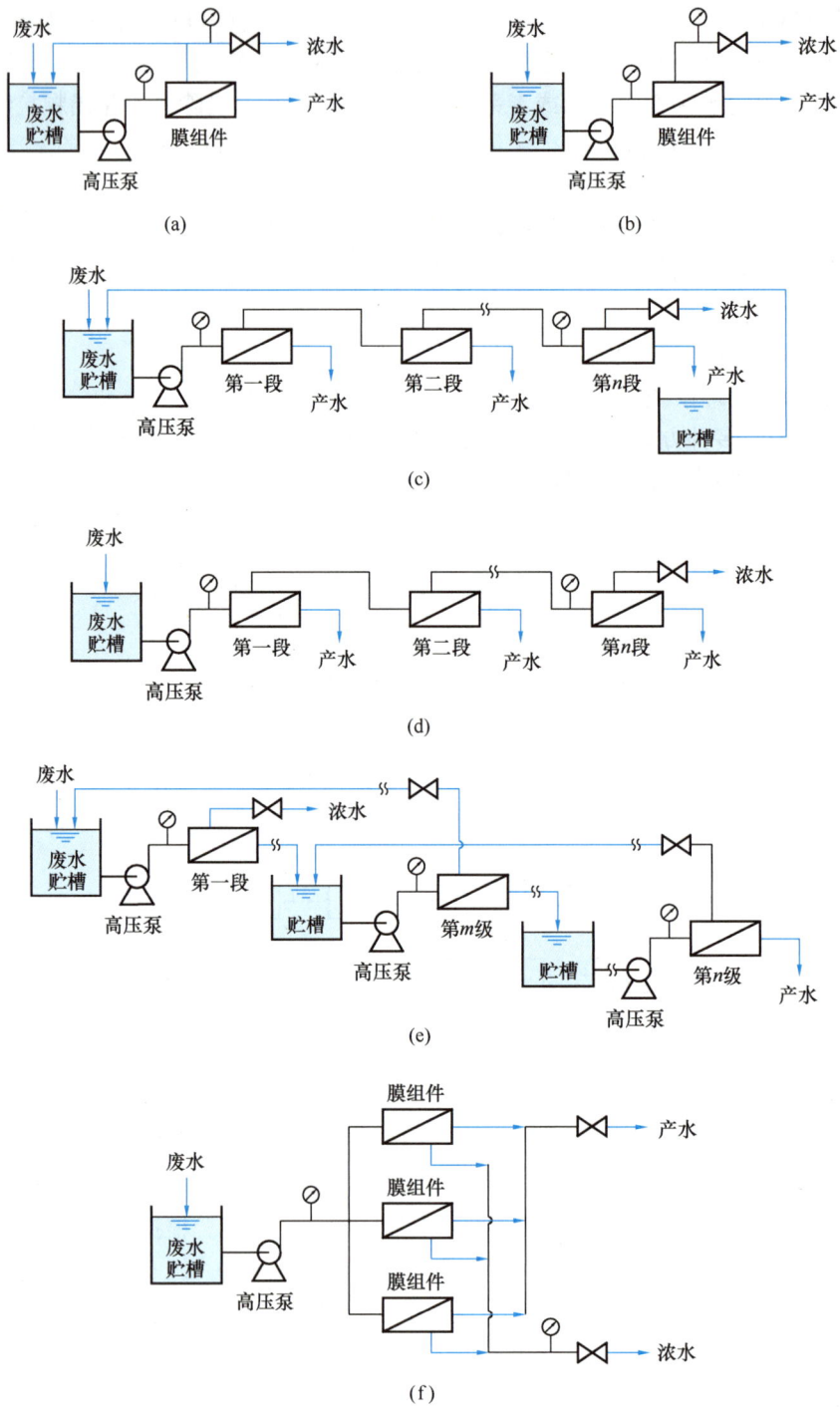

图 15-49 反渗透组件组合方式

（a）一级一段循环式；（b）一级一段连续式；（c）一级多段循环式；（d）一级多段连续式；

（e）多级多段循环式；（f）多组件并联式

4）装置透盐率增加 5％～20％时；

5）装置运行 3～4 个月时；

6）装置长期停运时，在保存之前。

（2）清洗方法

膜清洗是膜分离工艺的重要环节，膜的清洗方法分为物理法和化学法两大类。

物理法又分为水力清洗、水气混合冲洗、逆流清洗及海绵球清洗。水力清洗主要采用减压后高速的水力冲洗以去除膜面污染物。水气混合冲洗是借助气液与膜面发生剪切作用而消除极化层。逆流清洗是在卷式或中空纤维式组件中，将反向压力施加于支撑层，引起膜透过液的反向流动，以松动和去除膜进水侧活化层表面污染物。海绵球清洗是依靠水力冲击使直径稍大于管径的海绵球流经膜面，以去除膜表面的污染物，但此法仅限于在内压管式组件中使用。

化学清洗法是利用化学药剂与膜面及膜孔内的污染物进行反应而进行清洗的方法。化学清洗常用的药剂如下：

1）酸：HCl、H_2SO_4、H_3PO_4、柠檬酸、草酸等；酸对 SiO_2 和 SiO_3^{2-} 无效；柠檬酸常用，缺点是与 Fe^{2+} 形成难溶盐，可用氨水调节 pH 为 2～4 解决。

2）碱：OH^-、PO_4^{3-}、CO_3^{2-} 等；对污染物有松弛、乳化和分散作用，与表面活性剂一起对油、脂、污染物和生物物质有去除作用；另外，对 SiO_3^{2-} 有一定效果。

3）螯合剂：EDTA；与 Ca^{2+}、Mg^{2+}、Ba^{2+}、Sr^{2+}、Fe^{3+} 等形成易溶的络合物，故对碱土金属的硫酸盐非常有效。

4）表面活性剂：十二烷基磺酸钠、十二烷基苯磺酸钠等；可降低表面张力，起润滑、增溶、分散和去污作用。

5）酶：蛋白酶等；有利于有机物的分解。

化学清洗时的 pH 与温度有关，当清洗液温度在 30℃ 以下时，pH 宜控制在 2～12；当清洗液温度在 30～35℃ 时，pH 宜控制在 2～11；清洗液温度在 35～45℃ 时，pH 宜控制在 2～10。清洗时 pH 偏离设定值超过 0.5 时，应及时添加清洗药剂。常用的化学清洗药剂性能见表 15-10。

在化学清洗中，必须考虑到以下事项：

1）清洗剂必须对污染物有很好的溶解或分解能力；

2）清洗剂必须不污染和不损伤膜面；

3）清洗药剂配制用水必须采用产品水或软化水，无重金属、余氯或其他氧化剂。

常用的化学清洗药剂性能　　　　　　　　　　　　　　　　表 15-10

清洗液	易溶于酸的垢（$CaCO_3$，$SrCO_3$）	不溶于酸的垢（CaF_2，$CaSO_4$，$BaSO_4$，$SrSO_4$）	金属氢氧化物（铁、铝、镍、铜、锰）	无机胶体（淤泥）	硅垢	微生物膜	有机物
0.1％NaOH＋1.0％Na_4EDTA	—	最好	—	—	可以	可以	做第一步清洗可以
0.1％NaOH＋0.025％Na-SDS	—	可以	—	最好	最好	最好	做第一步清洗最好
1.0％（$NaPO_3$）$_6$	—	可以	—	—	—	—	—
2.0％$Na_5P_3O_{10}$＋0.8％Na_4EDTA	—	可以	—	—	—	—	做第一步清洗可以

清洗液	易溶于酸的垢（CaCO₃，SrCO₃）	不溶于酸的垢（CaF₂，CaSO₄，BaSO₄，SrSO₄）	金属氢氧化物（铁、铝、镍、铜、锰）	无机胶体（淤泥）	硅垢	微生物膜	有机物
2.0%Na₅P₃O₁₀+0.25% Na-DDBS	—	—	—	—	—	—	做第一步清洗最好
0.2%HCl	最好	—	—	—	—	—	做第二步清洗最好
1.0%NaHSO₃（或1.0% Na₂S₂O₅）	可以	—	最好	—	—	—	—
0.5%H₃PO₄	可以	—	可以	—	—	—	—
1.0%NH₂SO₃H	—	—	可以	—	—	—	—
2.0%柠檬酸	可以	—	可以	—	—	—	—

说明：Na₄EDTA 是乙二胺四乙酸四钠；Na—SDS 是十二烷基磺酸钠；Na-DDBS 是十二烷基苯磺酸钠；(NaPO₃)₆ 是六聚偏磷酸钠；Na₅P₃O₁₀ 是三聚磷酸钠；Na₂S₂O₅ 是偏二亚硫酸钠；NH₂SO₃H 是亚硫酸氢铵。

15.5.4 膜分离系统的基本设计

1. 超滤/微滤系统的设计

超滤/微滤的安装方式分为外置式和浸没式。浸没式膜反应器已在本书第 5 章中介绍，本节主要介绍外置式（又称为压力式）中空纤维微滤和超滤系统的设计。压力式中空纤维微滤和超滤膜按进水方向不同，又分为内压式和外压式两种。原水先进入中空纤维丝的内部，在压力驱动下，沿径向由内向外渗透过中空纤维成为透过液，浓缩液则留在中空纤维丝的内部，由另一端流出的膜分离称为内压式中空纤维膜。反之，称为外压式中空纤维膜。

（1）进水水质要求。中空纤维微滤、超滤系统的进水水质控制指标主要有浊度、SS 和矿物油 3 项，其数值大小与膜材质相关。内压式中空纤维微滤/超滤系统一般要求进水的浊度小于 20NTU，不超出 30NTU；SS 小于 30mg/L，不超出 50mg/L；矿物油含量小于 3mg/L，不超出 5mg/L。某些特殊材质的膜进水水质要求可放宽，例如聚醚砜膜进水的浊度＜200NTU，SS＜150mg/L，矿物油含量≤30mg/L 即可。外压式中空纤维微滤/超滤系统的要求进水浊度小于 30NTU，不超出 50NTU；SS 小于 100mg/L，不超出 300mg/L；矿物油含量小于 3mg/L，不超出 5mg/L。工程设计时需针对膜材料及膜组件的形式，依据相关规范及产品说明，设计相应的预处理工艺，保障膜分离系统的进水水质达到要求，缓解运行过程中膜污染。

（2）预处理。为了预防膜降解和膜堵塞，须对进水中的悬浮颗粒物、胶体物、微生物、氧化剂、油脂等污染物进行预处理。微滤/超滤系统前的预处理工艺包括：细格栅或盘式过滤器、混凝-沉淀-过滤或混凝-气浮-过滤工艺。如果油类污染物浓度超过进水水质要求，需设置除油设备。

（3）工艺流程。微滤、超滤系统的组件排列形式为一级一段，并联安装，其基本工艺流程见图 15-50。

（4）工艺设计参数。微滤/超滤系统工艺设计的主要参数包括：处理水量（m³/d）、产

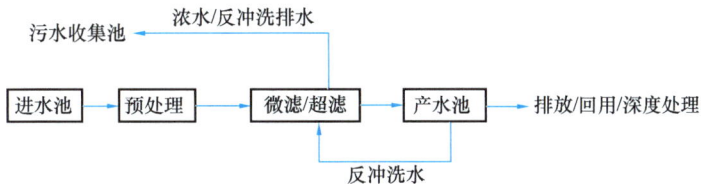

图 15-50 微滤/超滤系统基本工艺流程图

水量(L/h)、处理水质、膜通量[$m^3/(m^2 \cdot d)$，或 $L/(m^2 \cdot h)$]、操作压力(MPa)、反洗周期(h)、反洗时间(min)等。微滤/超滤系统的操作压力一般设计 0.05～0.4MPa，工作温度 15～35℃，反洗压力 0.04～0.08MPa，在线气洗周期 20～60min，化学反洗周期 3～5 周。

（5）基本设计计算

1）产水量：

$$q_s = C_m \cdot S_m \cdot q_0 \tag{15-44}$$

式中　q_s——单支膜组件的稳定产水量，L/h；

　　　q_0——单支膜组件的初始产水量，L/h；

　　　C_m——组装系数，取值范围为 0.90～0.96；

　　　S_m——稳定系数，取值范围为 0.6～0.8。

该公式计算的产水量是温度 25℃的设计产水量，当运行温度波动时，可用式(15-45)修正产水量的计算：

$$q_{st} = q_s(1 + 0.0215)^{t-25} \tag{15-45}$$

式中　q_{st}——温度等于 t 情况下的单支膜组件的稳定产水量，L/h。

实际工程设计中，膜产水量的温度和压力修正，也可以依据产品商提供的修正系数曲线进行。

2）膜组件数：

$$n = \frac{Q}{q_s} \tag{15-46}$$

式中　Q——设计产水量，L/h。

3）浓缩液的浓度和体积的关系式：

$$\frac{\rho}{\rho_0} = \left(\frac{V_0}{V}\right)^R \tag{15-47}$$

式中　ρ——浓缩液的质量浓度，mg/L；

　　　ρ_0——进料液的质量浓度，mg/L；

　　　V——浓缩液的体积，L；

　　　V_0——进料液的体积，L；

　　　R——污染物去除率。

（6）膜组件的清洗、维护、整体性检验按照产品说明书进行。

2. 纳滤/反渗透系统设计

（1）进水水质要求。纳滤/反渗透系统的进水限值：浊度≤1NTU，SDI≤5，余氯≤

0.1mg/L（聚酰胺复合膜 PA）或 0.5mg/L（醋酸纤维膜 CA/CTA）。进水水质超过以上限值，须增加预处理工艺。

（2）预处理。为了防止膜化学氧化损伤，可采用活性炭吸附或在进水中添加还原剂去除余氯或其他氧化剂。为预防铁、铝腐蚀物形成的胶体、黏泥和颗粒污堵，可采用多介质过滤器过滤。为预防微生物膜污染，可对进水进行物理法或化学法杀菌消毒处理。加酸可有效控制碳酸盐结垢，投加阻垢剂或强酸阳离子树脂软化，可有效控制硫酸盐结垢。微滤或超滤能除去所有的悬浮物、胶体粒子及部分有机物，出水可达到 SDI≤3，浊度≤0.2NTU，能够有效预防胶体和颗粒物污染和堵塞膜组件。因此微滤或超滤通常用作纳滤/反渗透系统预处理工艺。由微滤/超滤-纳滤/反渗透组成的膜处理系统，通常也称为"双膜法"处理系统。

（3）工艺流程。纳滤/反渗透系统的常用工艺流程见图 15-49，设计时可根据出水水质要求选择。双膜法处理系统的基本工艺流程见图 15-51。

图 15-51　双膜法处理系统基本工艺流程

纳滤/反渗透膜组件由膜元件、壳体、内连接件、端板和密封圈等组成，其中膜元件是由膜、膜支撑体、流道间隔体、带孔的中心管构成的膜分离单元。单个膜元件的水回收率一般在 15% 左右，5 个膜元件串联时，回收率可达 50%。一个膜组件内通常串联布置两个以上的膜元件。

纳滤/反渗透膜组件的段数设计。当要求系统回收率大于 50% 时，可采用多段工艺，见图 15-49（c）和图 15-49（d）。两段系统的回收率可达到 50%～75%，三段系统回收率可达到 75%～90%。

纳滤/反渗透膜组件的级数设计。在一些应用中，单级纳滤/反渗透的产水水质无法满足用水的要求，为了提高产水水质，前一级纳滤/反渗透的产水作为下一级的进水工艺形式被称为多级纳滤/反渗透系统，见图 15-49（e）。

用于工业废水深度处理的纳滤系统运行压力一般为 0.3～1MPa，反渗透系统运行压力一般为 1～2MPa。

为节省运行能耗，多段式纳滤/反渗透系统，可在两段安装能量回收装置，回收本段浓水余压能量，补充进水压力提升能量，达到降低系统能耗的目的。

（4）基本设计计算

1）单支膜元件产水量根据产品说明确定。一般按 25℃ 为设计温度，每升高、降低 1℃，产水量增加或减少 2.5%。

2）膜元件数量的计算

$$N_e = \frac{1000 Q_p}{0.8 J \cdot S} \tag{15-48}$$

式中　Q_p——产水量，m^3/h；

J——单位面积产水通量，$L/(m^2 \cdot h)$；

S——膜元件面积，m^2；

N_e——膜元件数，支；

0.8——设计安全系数。

3）压力容器（膜壳）数量的计算

$$N_v = \frac{N_e}{n} \tag{15-49}$$

式中 N_v——压力容器数；

N_e——设计元件数；

n——每个容器中的元件数。

（5）膜元件排列设计

根据设计的回收率及产品的性能指标，设计纳滤/反渗透系统的段数和每段的压力容器排列。具体设计计算参考【例15-3】。

【例15-3】某工业废水回用处理工程采用反渗透工艺，设计产水量为 $100m^3/h$，反渗透膜单位面积产水通量为 $22L/(m^2 \cdot h)$，选用6英寸的膜元件面积为 $37.2m^2$，要求回收率达到60%以上。设计2段式反渗透系统，问如何排列反渗透系统。

解：按公式（15-48）计算膜元件数量

$$N_e = \frac{1000 \times 100}{22 \times 37.2 \times 0.8} = 152.7 \approx 153$$

压力容器数量按式（15-49）计算（按1个膜壳装6支膜元件的标准设计）

$$N_v = \frac{153}{6} = 25.5 \approx 26$$

各段压力容器的数量设计。反渗透系统的分段排列采取常用的2：1方式，即

$$\frac{26}{2+1} = 8.6 \approx 9$$

实际设计膜元件以18：9的方式排列，膜压力容器（膜壳）的数量为27个；每个容器装6支膜元件，总数量为162支膜元件。

许多大的膜制造公司，能够提供膜系统设计软件，用来帮助和预测设定系统性能的合理性，通过使用软件，用户可以得到系统性能、动力消耗和运行成本等技术信息。

（6）纳滤/反渗透系统的浓水处理

膜分离过程产水的浓水含盐量高、污染物浓度大，需要处理后排放，或并入污水生化处理系统再处理。浓水处理方法有化学氧化、多效蒸发、膜蒸馏等。浓水处理排放应符合国家或地方污水排放标准，应尽量回收浓水中有用物质。

15.5.5 膜分离技术在废水处理中的应用

1. 还原性染料废水的超滤处理和染料回收

在染色工艺中，从轧染机还原箱底部溢流出的废水中含有浓度较高的染料，用超滤法处理这种废水，不仅可进行脱色减轻废水的污染，而且还能回收染料，有明显的经济效益。某印染厂采用的超滤工艺流程见图15-52。

从还原蒸箱溢流出的废水，染料以隐色体溶于水中，以醇式钠盐状态存在。要想回收染料，必须先将呈分子状态溶解的染料，氧化成为悬浮的微小颗粒。废水除含染料外，还含有大量的保险粉（$Na_2S_2O_4$）和碱（NaOH）。苛性钠不影响染料的絮凝，因此主要设法破坏废

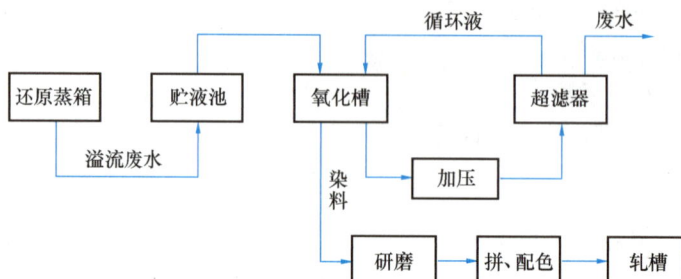

图 15-52　染料废水处理工艺流程

水中的保险粉，使保险粉失去还原作用。染料可进行凝聚成微小颗粒，然后再用超滤法将水、$NaOH$、Na_2SO_3、Na_2SO_4 等小分子与染料微粒进行分离。上述小分子透过超滤膜，而染料微粒被超滤膜截留，如此循环浓缩，直到循环液浓度达到生产需要的染料浓度后，即可回用。

超滤系统采用外压式超滤组件，滤膜选用聚砜为基质，二甲基甲酰胺为溶剂，乙二醇甲醚为添加剂的不对称多孔膜，膜孔径为 $0.05 \sim 0.075 \mu m$。膜组件外壳体采用外径 160mm 的聚氯乙烯硬管，内壳体采用 $\phi 112mm$ 的聚氯乙烯硬管，内装 78 根聚砜膜管，上端插入橡胶密封塞的锥孔中，橡胶密封塞与集水环的 O 形密封圈共同组成组件的密封系统，外边以弹性长环紧固。组件内壳循环孔径采用 20mm 共 12 个。每个组件内有效膜面积 $1.67m^2$。

一台轧染机蒸箱溢流废水量为 $2m^3/8h$，聚砜膜透过通量采用 30L/（$m^2 \cdot h$），则整机膜总面积 $10m^2$ 为宜。这样整体应由 6 个组件构成，整机膜面积为 6 组件构成，整机膜面积为 $6 \times 1.67 = 10.02m^2$。整机外形尺寸长 2100mm，高 1700mm，宽 460mm，自重为 250kg。

通过超滤回收的染料，基本上能保持原染料的有效成分，但因通过超滤把染料分子凝聚成悬浮微粒，因此使用前必须研磨，再经拼色配色后送入轧染机蒸箱。

每台轧染机还原蒸箱溢流废水量以 $2m^3$/班计，则每天可从废水中回收染料 12kg，一年为 3672kg，经济效益显著。还原蒸箱溢流废水 COD 为 17800mg/L 左右，色度 4096 倍，经超滤将染料回收后，排放废水 COD 去除率为 82% 左右，色度去除率为 94%，具有很好的环境效益。

2. 电泳涂漆废水的超滤处理，电泳漆回收和废水循环利用

电泳涂漆是把要涂漆的金属制品作为阳极、漆料作为阴极，加直流电后，带负电的漆料在金属制品表面放电，并在其表面沉积一层非水溶性的树脂膜。电涂后的物件从槽内取出后，须把物件上附着的多余漆料用水洗掉，这部分漆料约占所用漆料的 15% ~ 50%，随水排放，既浪费大量漆料，又造成环境污染，采用超滤法几乎可全部回收废水中的漆料。此外，物件在电泳过程中，会把无机盐带入电泳槽，使比电阻下降。当下降到 $500\Omega \cdot cm$ 以下时，槽液无法使用。若不加处理排放，将会造成更严重的环境污染和浪费。超滤可净化电泳漆的槽液，使漆液中的无机盐透过超滤膜，把漆料截留下来，返回电泳槽重新使用。

我国某汽车厂采用超滤法处理电泳涂漆废水和净化电泳漆槽液，设计参数如下：电泳

漆品种 7703 型，槽液电泳漆固体物含量 10%～12%，电泳漆槽容积 75m³，工件线速度 0.5m/s，工件表面积 17m²/件，工件带出漆量 0.1kg/件，带出漆液量 19.113L/h，处理前废水量为 200m³/d，补入去离子水量为 200m³/d，超滤组件采用孔径约为 50μm 的二醋酸纤维素膜外压管式，膜面积 22m²（分两组，一组清洗、一组使用），透过通量为 30～40L/(m²·h)，操作压力为 0.3MPa，液体在超滤器内的流速 2.5～3m/s。经超滤处理后漆液的比电阻超过 500Ω·cm，电泳漆槽固体物含量 10%～12%，一循环槽漆液含固量为 0.1%，二循环槽漆液含固量为 0.035%，超滤液的固体含量为 0.1%，漆的截留率为 97%～98%，每日补充去离子水为 5m³，因此排出超滤液量也为 5m³/d。因超滤液可返回再作喷淋水加以利用，为避免清洗水中盐分或其他杂质升高，必须排出，用去离子水补充。该工艺达到了回收电泳漆和节省去离子水的目的，设备投资费在 1～2 年内可全部收回。

3. 含乳化油废水的超滤反渗透处理与回用

石油炼制、金属加工、纤维处理过程产生的含油废水，采用超滤法去除其中的乳化油得到广泛应用。废水中的油分常以浮油、分散油和乳化油 3 种状态存在。乳化油由于油被一些有机物或表面活性剂乳化成乳化液，一般是先破乳后再除油，而超滤法处理乳化油废水不需要破乳就能直接分离浓缩，并可回收利用。同时，透过膜的水中含有低分子量物质，可直接循环再利用或用反渗透进行深度处理后再利用。图 15-53 为用超滤法和反渗透法处理含油废水的工艺流程图。

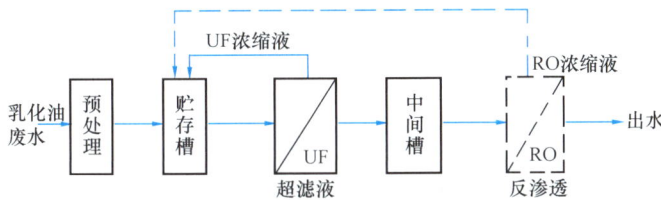

图 15-53　超滤（或与反渗透联合）处理乳化油废水工艺

乳化油废水在超滤前需进行预处理，例如从金属加工过程排出的废水中还含有大量的金属和其他杂质，为防止这些杂质对膜的损害和污染，需进行预处理。常用的方法有离心分离、混凝沉淀、过滤等，视具体水质而定。超滤分离浓缩乳化油的过程中，随着浓度的提高，废水中油粒相互碰撞的机会增大，使油粒粗粒化，在贮存槽表面形成浮油得到回收。超滤法可将含乳化油 0.8%～1.0% 的废水的含油量浓缩到 10%，必要时可浓缩到 50%～60%。大规模使用的膜组件有管式、毛细管式和板框式，膜有醋酸纤维素膜、聚酰胺膜、聚砜膜等。图 15-54 为超滤法中水处理工艺流程。

图 15-54　超滤法中水处理工艺流程

4. 电镀废水反渗透处理及零排放

反渗透法处理电镀废水的典型工艺流程见图 15-55。

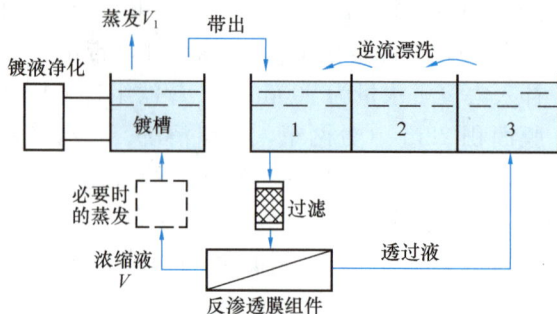

图 15-55　反渗透法处理电镀废水工艺流程

（1）镀镍废水

反渗透法处理镀镍废水，在我国已被广泛采用，目前已有几十套装置在运行。组件多采用内压管式或卷式。采用内压管式组件，在操作压力为 2.7MPa 左右时，Ni^{2+} 分离率为 97.2%～97.7%，水通量为 0.4m^3/（$m^2 \cdot d$），镍回收率大于 99%。根据电镀槽规模不同，反渗透装置的投资可在 7～20 个月内收回。

（2）镀铬废水

反渗透法处理镀铬废水，在我国也被广泛应用。反渗透膜多采用我国自己研制的具有优秀耐酸耐氧化性能的聚砜酰胺膜。组件型式为压管式。当含铬废水铬酐浓度为 5000mg/L，操作压力为 4MPa 时，水通量为 0.16～0.2m^3/（$m^2 \cdot d$），铬去除率为 93%～97%。当废水中的铬酐浓缩至 15000mg/L 后，可回用于镀槽，最终实现了镀铬废水的闭路循环。

17. 膜分离技术的典型工程案例

18. 其他膜分离技术

复习思考题

1. 简述加压溶气气浮的工作原理及影响因素。

2. 加压溶气气浮的工艺流程有几种？画出每种工艺流程的示意图。

3. 吸附法主要用于去除废水中哪些污染物？

4. 离子交换法在废水处理及资源回收中的用途有哪些？

5. 画出离子交换法处理含铬废水的工艺流程图。

6. 简述膜分离废水处理技术的特点及类型。

7. 论述反渗透、正渗透以及纳滤的工作原理的不同之处及其处理对象和应用领域。

8. 结合课本与文献，论述哪些方法能够高效去除废水中的新污染物。

第 16 章 工业废水的生物处理

16.1 工业废水的可生化性与生物毒性

16.1.1 工业废水可生化性的评价方法

理论上，几乎所有的有机污染物都能被微生物降解，但从废水生物处理角度，根据微生物对有机物的降解能力和有机物对微生物的毒害或抑制作用，可把有机物分为两大类4种：

第Ⅰ类是可生物降解有机物，可分为两种：

（1）易生物降解有机物，且对微生物无毒害或抑制作用，如糖类、脂肪、蛋白质等；

（2）有抑制作用的可生物降解有机物，但对微生物有毒害或抑制作用，如苯酚、甲醛等；

第Ⅱ类是难生物降解有机物，也可分为两种：

（1）一般难生物降解有机物，对微生物无毒害或抑制作用，如多氯联苯、有机氯化物等；

（2）有毒有害难生物降解有机物，对微生物有毒害或抑制作用，如有机氯农药等。

评价废水中有机物的生物降解性、毒害或抑制性的方法主要有：

1. 水质标准法

以废水中有机物的某些综合水质指标评价其可生化性，如 BOD_5/COD。长期以来，人们习惯采用 BOD_5 与 COD 作为废水有机污染的综合指标，两者都反映废水中有机物在氧化分解时所耗用的氧量。BOD_5 是有机物在微生物作用下氧化分解所需的氧量，它代表废水中可生物降解的那部分有机物；COD 是有机物在化学氧化剂作用下氧化分解所需的氧量，它代表废水中可被化学氧化剂分解的有机物，当采用重铬酸钾为氧化剂时，一般可近似认为 COD 测定值代表了废水中的全部有机物。

工业废水的生物处理，通常以 COD 为设计和运行的水质指标，这是因为 COD 测定方法简便，并能迅速判断废水的水质。但由于 COD 值包括可生物降解的和不可生物降解的有机物，因此，根据废水的 COD 值还不能判断能否采用生物处理法进行处理。采用 BOD_5/COD 比值的方法评价废水中有机物的可生化性是简单易行的。一般认为 BOD_5/COD 比值大于 0.45 时，该废水适于生物处理；如比值在 0.2 左右，说明这种废水中含有大量难降解的有机物，废水中的 COD_{NB}（指不可生物降解的 COD）可能占较大比例，要使生化出水的 COD 达标，尚需考虑进一步的处理措施或在前期加入预处理措施。这种废水可否采用生物法处理，尚需看微生物驯化后，能否提高此比值才能判定，此比值接近于零时，采用生物处理法是比较困难的。以 BOD_5/COD 值作为评价有机废水可生化性指标的参考值见表 16-1。

有机物与有机工业废水可生物降解性的评定参考值			表 16-1	
BOD$_5$/COD	>0.45	0.30~0.45	0.20~0.30	<0.20
生物降解性能	好	较好	较差	差
生物处理可行性	好	较好	较难	不宜

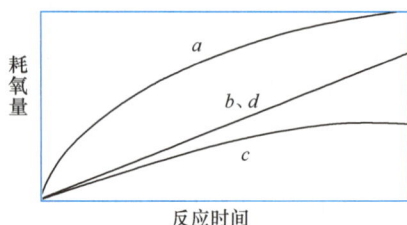

图 16-1 有机物生物降解过程的
耗氧速率曲线

2. 微生物耗氧速率法

根据微生物与有机物接触后耗氧速度的变化特征，可评价有机物的降解和微生物被抑制或毒害的规律。表示耗氧量随时间变化的曲线称为耗氧速率曲线或耗氧曲线；各类耗氧速度曲线见图 16-1。处于内源呼吸期的活性污泥的耗氧曲线称为内源呼吸耗氧曲线（曲线 b）；投加有机物后的耗氧曲线称为底物（有机物）耗氧曲线（曲线 a、c、d）。

一般用底物耗氧速度与内源呼吸速度的比值来评价有机物的可生化性。曲线 a 位于内源呼吸耗氧曲线之上，表示有机物可以被微生物降解，它与内源呼吸耗氧曲线之间的距离越大，曲线的斜率越大，有机物的生物降解性越好。曲线 c 位于内源呼吸耗氧曲线之下，表明有机物对微生物有抑制、毒性作用，难以生物降解，耗氧速度曲线越接近横坐标，抑制、毒性作用越大。曲线 d 与内源呼吸耗氧曲线基本重合（或重合），表明有机物不能被微生物氧化分解，但对微生物无抑制、毒性作用。

应该指出的是，用耗氧速率法评价有机物的可生化性时，必须对生物污泥（微生物）的来源、浓度、驯化、有机物浓度、反应温度等条件做严格规定。

3. 氧利用率测试法

氧利用率测试法也是根据降解有机物时，氧消耗的特性建立的评价方法。该方法是通过测定微生物降解不同浓度有机物时的氧利用率（氧消耗率）来评价有机物的可生物降解性。图 16-2 为四类有机物的氧利用率特性曲线。

曲线 1 表示有机物无毒，但不能被微生物利用，其生物降解性能很差。曲线 2 表明有机物对微生物无毒害作用，

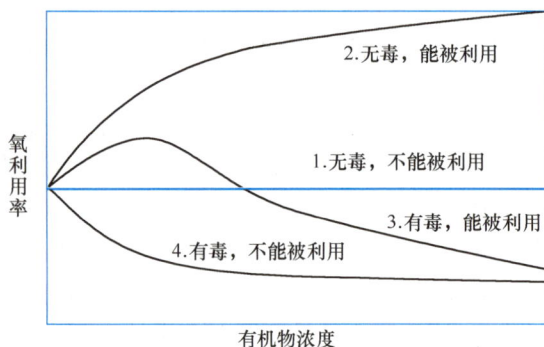

图 16-2 四类有机物的氧利用率特性曲线

易于被微生物利用，生物降解性较好，在一定范围内，其氧利用率随有机物浓度增大而增大。曲线 3 表示在一定浓度范围内微生物可降解该有机物，但同时对微生物有抑制、毒性作用，当有机物达到一定浓度后，毒性作用十分明显，此时氧利用率随有机物浓度增大而逐渐下降。曲线 4 表示有机物的毒性很大，不能被微生物降解，且对微生物产生毒害作用。

4. 脱氢酶活性法

活性污泥或生物膜中微生物所产生的各种酶，能够催化废水中的各种有机物进行氧化还原反应。其中脱氢酶能使被氧化有机物的氢原子活化并传递给特定的受氢体，单位时间内脱氢酶活化氢的能力表现为微生物的活性。可以通过测定微生物的脱氢酶活性来评价

废水中有机物的可生化性。

如果脱氢酶活化的氢原子被人为受氢体所接受，就可在实验条件下利用人为受氢体直接测定脱氢酶活性。人为受氢体通常选用受氢后能够变色的物质，例如亚甲基蓝受氢后变成无色的还原性甲基蓝，无色的氯化三苯基四氮唑（TTC）受氢后变成红色的 Triphenyl Formazone（TF），然后利用比色法作定量分析。

5. 有机化合物分子结构评价法

有机物的生物降解性与其分子结构有关，目前研究还不够充分，初步归纳有以下的规律，可用来判断有机物的可生化性。

（1）含有羧基（R-COOH）、酯类（R-COO-R）或羟基（R-OH）的非毒性脂肪族化合物属易生物降解有机物，而含有二羧基（HOOC-R-COOH）的化合物需要比单羧基化合物更长的驯化时间。

（2）含有羰基（R-CO-R）或双键（-C＝C-）的化合物属中等程度可生物降解的化合物，且需很长驯化时间。

（3）含有氨基（R-NH$_2$）或羟基（R-OH）化合物的生物降解性取决于与基团连接的碳原子饱和程度，并遵循如下的顺序：伯碳原子＞仲碳原子＞叔碳原子。

（4）卤代（R-X）化合物的生物降解性随卤素取代程度的提高而下降。

16.1.2 可生化性评价试验应注意的问题

1. 生物处理方法

上述方法都是用来评价好氧微生物对有机物的可生化性。某种有机物对好氧菌来说是难降解的，但对厌氧菌来说，就不一定是难降解的。即使对好氧活性污泥法来说，各种方法由于停留时间不同，对有机物的降解性能不同。例如普通活性污泥法不能降解的某些有机物，延时曝气法和稳定塘法可得到一定程度的降解。

2. 微生物来源及浓度

（1）微生物来源。进行可生化试验时，由于微生物来源不同，测定结果可能有较大差异。众所周知，当微生物与原来不能被其降解的有机物长时间接触后，会提高其降解能力。例如难降解的聚乙烯醇，微生物经驯化后，能显著地提高对其降解能力；又如苯，可被经 20d 以上驯化的活性污泥微生物降解；但未经驯化的活性污泥，耗氧量几乎测不出。由于微生物被驯化与否，对生化性影响显著，所以在评价时应说明微生物是否经驯化以及驯化的程度。微生物获得降解有机物的能力，有人认为不是由细胞中的 DNA 遗传因子，而可能是由核外细胞质中具有自身增殖的 DNA 遗传因子（胞外遗传体）引起的。微生物对某种有机物具有降解能力时，对与该有机物的化学结构相似的有机物，一般也有降解能力。例如经某种醇驯化过的微生物，它不仅可分解该醇，而且与它的分子量相似的醇、醛或有机酸也能被降解。利用这一规律可缩短驯化时间。在驯化初期，微生物对易降解有机物的降解能力强，尔后对较难降解有机物的降解能力逐渐增强。驯化成功与否与许多因素有关，到目前为止已找到了多种过去认为难降解有机物的微生物，这为采用生物处理法处理难降解有机物开辟了广阔的前景。例如聚乙烯醇（PVA）主要用于纤维工业，微生物未被 PVA 驯化时，经 30d 仍不能降解，有人从土壤中分离出能降解 PVA 的假单胞菌属细菌，并用活性污泥法处理，经一个半月充分驯化，PVA 降解率可达 90％以上。

（2）微生物浓度。进行可生化性试验时，必须考虑微生物浓度。如果微生物浓度过低，则培养时间就会很长。反之，浓度过高，由于微生物的吸附能力较大，会因吸附作用使溶液中有机物的浓度降低，难以正确计算有机物的降解率。根据试验时采用的微生物浓度大小，可生化性评价法可分为两类，一类是高浓度微生物，从每升数百到数千毫克，接近于实际生物处理构筑物中的微生物浓度；另一类是低浓度微生物，接近自然环境中的微生物浓度，这对评价在好氧条件下环境的自净能力是有效的。因此应根据评价的目的确定微生物浓度，尽可能与实际浓度相同。

3. 其他应注意的问题

有机物浓度、营养物质、pH、水温、共存物质浓度等对可生化性的影响。有的影响很大，例如酚，在低浓度时可被生物降解，但浓度超过允许值时，会对微生物有毒害作用或抑制作用。

综上所述，废水中有机物的可生化性，最好通过所采用的处理装置，对该废水进行试验确定。

16.1.3　工业废水的生物毒性评价方法

工业废水往往是一系列有毒物质的混合物，对其毒性进行检测已经成为评价水环境质量的重要环节。传统的理化分析能测定单项毒物的浓度及超标情况，但无法反映污染物的生物学毒性和综合累积效应；而生物毒性监测则不仅能连续监测污染物对环境的影响，并能对出水进行综合毒性的分析，判定有毒物质的质量浓度和生物效应之间的直接关系，从而为水质监测和环境评价提供一定的依据。生物毒性的主要类型有：急性毒性、亚慢性毒性、慢性毒性、遗传毒性、内分泌干扰性等，常用生物毒性评价与检测方法如下。

1. 发光细菌检测技术

发光细菌综合毒性检测技术是建立在细菌发光生物传感方法基础上的毒性检测技术，它能有效地检测突发性或破坏性的环境污染。发光细菌的发光过程是菌体内一种新陈代谢的生理过程，是光呼吸进程，是呼吸链上的一个侧支，该光的波长在 490nm 左右。这种发光过程极易受到外界条件的影响，凡是干扰或损害细菌呼吸或生理过程的任何因素都能使细菌发光强度发生变化。当有毒有害物质与发光细菌接触时，水样中的毒性物质会影响发光菌的新陈代谢，发光强度的减弱与样品毒性物质的浓度成正比。其反应机理如下列化学方程式所示：

$$FMNH_2 + O_2 + R\text{-}CHO \longrightarrow FMN + R\text{-}COOH + H_2O + Light$$

目前，发光细菌法已经成为一种简单、快速的生物毒性检测手段，广泛应用于质检、环境监测等领域，并被列入了国际标准 ISO 11348，我国国家标准《水质　急性毒性的测定　发光细菌法》GB/T 15441—1995，德国国家标准《德国水、废水和污泥检验标准方法》DIN 38412—31。在我国，目前主要是以国际 ISO 标准和我国的国家标准为依据，尤其是国际 ISO 标准。

2. 藻类毒性试验

在水生生态系统及水生食物链中，藻类是初级生产者，其个体小、繁殖快、对毒物敏感，易于分离、培养，并可直接观察细胞水平上的中毒症状，是一种较理想的生物毒性试验材料。工业废水中的重金属和有机污染物对藻类的毒性表现在可抑制其光合作用、呼吸作用、酶的活性和生长等，其中，大部分有机金属化合物（铜和砷除外）对藻类的毒性大于无机金属离子。在急性毒性试验中，常用藻类的生长抑制作为测试指标。尽管藻类毒性试验能很好地反映工业废水的急性毒性并可评价处理工艺的优劣，但其仍存在着工作量大、测定周期较长等缺点，且由于其次级评价测试方法多数尚不够系统，还没有建立起可被广泛接受的检测标准，因此有待进一步系统化研究。

3. 蚤类毒性实验

水蚤是浮游动物中体形较小的一类，以藻类、真菌、碎屑物及溶解性有机物为食，分布广泛，繁殖能力强，同时对多种有毒物质敏感，是国际上普遍采用的标准毒性实验生物。当水体中有毒物质达到一定限度时，就会影响水蚤的生长，干扰水蚤的生殖和发育，导致蚤类个体死亡，因此目前常用水蚤的死亡率或繁殖能力作为废水毒性测试指标。蚤类毒性实验是一种灵敏、价廉和快速的毒性测试方法，相关研究表明，大型水蚤对皮革厂沉淀池排水和化工厂排污口出水都有着良好的敏感性，利用蚤的趋光行为，还能检测工业废水中铬的毒性，据估计，检测下限可达 0.056mg/L，远低于 48h 的 LC50（半数致死浓度）（0.144mg/L）和 EC50（半最大效应浓度）（0.139mg/L）。

4. 鱼类毒性试验

鱼类对水环境的变化十分敏感，当水体中有毒物质达到一定质量浓度时就会引起一系列中毒反应，因而被广泛用于毒物和废水的生物监测、评价，进而据此进行质量标准和排放标准的制定以及工业废水的管理等。早在 1946 年，美国的水质监测工作者就用一种比较小的食蚊鱼做废水毒性的现场检验。近年来，鱼类急性毒性试验涉及了多种鱼类和多种有毒物质，现已建立起较为广泛的对应关系，特别是对于工业废水，测定结果能够客观准确地反映各行业污水的毒性、污水的处理效果以及污水的综合毒性，对水质理化监测方法形成了很好的补充。

由于鱼类是比藻类和大型蚤更为敏感的动物，对于毒性测试也更为灵敏，所以鱼类急性毒性试验具有更快速、简便、灵敏和准确的优点，可以在较大范围内推广应用于工业废水的毒性监测，是目前工业污水综合急性毒性监测的较佳方法。

16.2 工业有机废水生物处理的工艺流程

工业废水的生物处理工艺需要根据废水含有机物浓度高低及可生化性确定，下面给出 5 类工业废水处理的常用工艺流程。

1. 低浓度易生物降解有机工业废水

好氧生物法是处理不含有毒有害污染物的中低浓度易生物降解有机工业废水的基本方法。其基本处理流程见图 16-3。

图 16-3　低浓度易降解有机工业废水处理的基本工艺流程

工业废水的水质水量受产品变更、生产设备检修、生产季节变化等多种因素影响，其水质水量变化幅度大。工业废水的处理流程中一般都设置调节池，以调节水量和进行均质。

若废水中还含有固态有机物和无机物时，为减轻后续生物处理设施的有机负荷、降低运行费用和提高处理效率，或减少对后续处理设施的损害，在生物处理设施前需依据固态污染物的特性设置格栅、筛网或沉淀池等物理处理设施，以去除较大的固态有机和无机悬浮物。

2. 高浓度易生物降解有机工业废水

高浓度易降解有机工业废水中的有机污染物易被微生物降解，可采用厌氧—好氧生物组合处理工艺。厌氧生物法具有有机负荷高、运行费用较低、产生的甲烷气可以回收能源等优点，是处理不含有毒有害污染物的高浓度易降解有机工业废水的首选技术。但厌氧生物法处理后出水的有机物浓度还比较高，一般都不能达标，需再经好氧生物法处理才能确保出水水质达标。其基本处理流程见图16-4。

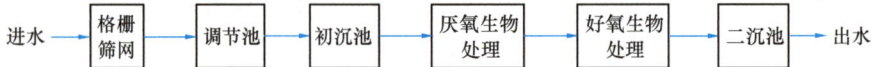

进水 → 格栅筛网 → 调节池 → 初沉池 → 厌氧生物处理 → 好氧生物处理 → 二沉池 → 出水

图 16-4　高浓度易降解有机工业废水处理的基本工艺流程

3. 可生物降解有机工业废水

可生物降解有机工业废水含有较多的易降解有机物，可采用生物法处理。但是，由于废水中还含有一定数量的难降解有机物，BOD_5/COD 比值较低，因此，生物处理工艺前需增加预处理，以去除难降解有机物质，从而提高废水的可生物降解性。如生物处理出水仍不能达标排放，则需增加后处理设施，以降低生物处理工艺出水中难降解有机物浓度。其基本处理工艺流程见图16-5。

进水 → 格栅筛网 → 调节池 → 沉淀池 → 预处理 → 生物处理 → 后处理 → 出水

图 16-5　可降解有机工业废水处理的基本工艺流程

（1）预处理。预处理的方法可用物化法（如混凝沉淀或气浮、化学氧化、铁碳微电解等）和生物法［如厌氧水解（酸化）］。厌氧水解（酸化）工艺的原理是在厌氧生物处理的水解（产酸）阶段，水解（产酸）微生物能将废水中的固体、大分子和不易生物降解的有机物分解为易生物降解的小分子有机物。大量研究和实践表明，某些有机物（如杂环化合物、多环芳烃）在好氧条件下难以被微生物降解，但采用厌氧水解（酸化）法进行预处理，可使化学结构稳定的苯环开环，改善其生物降解性。

（2）生物处理。预处理后的废水若含有机物浓度较低，可采用好氧生物处理工艺；若含有机物浓度较高，可采用厌氧-好氧生物组合处理工艺。

（3）后处理。对于某些废水经预处理和生物处理后其水质指标（如色度、COD）依然未能达到预期的水质标准，仍不能满足排放要求时，则在生物处理后还需有后处理措施，以降低残留有机物浓度。后处理技术主要有混凝沉淀或混凝气浮、化学氧化、活性炭吸附和膜分离等。

4. 难生物降解有机工业废水

难生物降解有机工业废水的处理是当今水污染防治领域面临的一个难题，至今尚无较为完善、经济、有效的通用处理技术可以被广泛运用于这类废水的处理。采用生物法处理难降解有机工业废水时，其基本处理工艺流程可参考图16-5。

对于难生物降解有机废水，需先进行化学的、物化的或生物的预处理，以改变难降解有机物的分子结构或降低其中某些污染物质的浓度，降低其毒性，提高废水的 $BOD_5/$

COD 值，为后续生物处理的运行稳定性和高处理效率创造条件。预处理方法的选择与难降解有机物的性质和浓度有关，主要方法有：①高级氧化法（如臭氧氧化法、催化氧化法、湿式氧化法），利用氧化剂去除有机物的有毒有害基团，提高其可生物降解性与降低废水 COD 浓度；②化学水解法（碱水解、酸水解），化学水解法需根据有机物特性，用碱或酸进行水解，以改变难降解有机物的化学结构，降低其毒性和提高废水的可生物降解性；③厌氧水解（酸化）法。

厌氧水解（酸化）法、生物处理及后处理技术与前面的"3. 可生物降解有机工业废水"相似。

5. 含有毒有害污染物有机工业废水

含有毒有害污染物有机工业废水采用生物处理工艺时，为降低有毒有害污染物对微生物的毒性作用，在生物处理前都应进行预处理，经过预处理后使有毒有害污染物的浓度降低或改变有机污染物的化学结构，降低对微生物的毒性作用，使后续的生物处理能顺利进行。其基本处理工艺流程可参考图 16-5。生物处理及后处理技术与上节相似。

流程中预处理方法的选择与有毒有害污染物的性质有关，主要有：①物化法（如吹脱法、吸附法、萃取法），可降低废水中有毒有害有机物浓度，使其降至微生物不受毒害能进行正常生化反应的水平。该方法可以回收废水中的资源，多用于污染物毒性大、浓度高的有机废水；②稀释法，当废水含较高浓度的有毒有害无机物（如 SO_4^{2-}），或有机污染物在高浓度时对微生物有毒性作用，但降低浓度后易被微生物降解（如甲醇），此时可用稀释法来降低有毒有害污染物的浓度，以满足微生物生长与繁殖的环境条件要求；③化学法，根据废水中有毒有害污染物的性质选择化学法，例如，废水的 pH 过高或过低都不利于微生物生长，若有机废水呈酸性或碱性时，需用中和法调整 pH，以满足微生物生长要求。

16.3 工业有机废水的好氧生物处理

16.3.1 工业废水好氧生物法处理的影响因素

关于对好氧生化反应的各种影响因素，已在前面章节做了介绍，本节只详细地阐述其中对工业废水生物处理影响常见的两项因素。

（1）营养

在废水生物处理过程中，为了有效地去除有机物，微生物除了需要氮和磷外，还需要有微量的其他营养物，以保证形成良好的污泥絮体。以自来水为水源的工业废水，一般含有足够的上述微量营养物。只有少部分高浓度有机废水或由去离子水产生的工业废水，才需要投加少量的铁或其他微量金属元素，以保证生物处理法的正常运行。

当废水中氮源不足时，去除单位质量有机物合成的细胞物质质量会有所增加，增加的原因是在细胞内发生多糖类的积累。当积累超过一定限度时，会影响有机物的去除率，还会刺激丝状菌生长。易被微生物利用的氮源形式为铵态氮（NH_4^+-N）或硝态氮（NO_3^--N）。废水中以蛋白质或氨基酸形式存在的有机氮化合物，必须先通过微生物水解产生铵，才能被微生物利用。所以，对以有机氮为主要氮源的工业废水，必须通过试验来确定有机氮被微生物利用的有效性，因为某些芳香族氨基化合物或脂肪族叔氨基化合物不易被水解为铵。

19. 生物氧化过程所需要的痕量营养物

废水中的磷必须以溶解性正磷酸盐的形式才能被微生物利用，所以含磷无机物和有机物必须先被微生物水解为正磷酸盐。

生物处理法对氮和磷的需要量与被处理废水 BOD 浓度有关，一般 BOD_5：N：P 为 100：5：1。氮和磷不足时，会造成 BOD_5 去除率下降，并促进丝状菌的生长。

（2）温度

温度对生物处理反应速度的影响与废水中有机物特性和所处的状态（即悬浮状态、胶体或溶解状态）有关。生物反应器的水温在 4～31℃ 范围内，反应速度常数 K 与混合液温度 T 的关系可用下式表示：

$$K_T = K_{20}\theta^{(T-20)} \qquad (16\text{-}1)$$

式中　T——水温，℃；

　　　K_{20}——水温为 20℃ 时的反应速度常数，d^{-1}；

　　　K_T——水温为 T℃ 时的反应速度常数，d^{-1}；

　　　θ——温度修正系数。

生活污水的 θ 值为 1.015，K 值受温度影响较小。工业废水的 K 值一般受温度影响较大，θ 值应通过试验确定。浓度较高的溶解性有机废水，θ 值一般为 1.03～1.1。

采用活性污泥法时，混合液的温度对污泥的沉降性能及出水水质也有影响。当温度超过 35℃ 时，生物絮体的质量会有所下降，这似乎与废水的特性有关。例如，处理制浆及造纸废水，温度为 41℃ 时污泥絮体即开始解体并失去沉降性能，而对农药废水，35℃ 时就会有同样现象发生。

图 16-6 为活性污泥法处理制浆和造纸废水时混合液温度对活性污泥沉降的影响，从图可知，温度高于 35℃ 时，混合液的成层沉淀速度随温度升高而下降。实践表明，温度为 36℃ 时，絮凝体尺寸大且有原生动物存在。当温度为 43℃ 时，污泥絮体发生解体且未发现原生动物和丝状微生物存在。

图 16-7 为温度对合成燃料废水处理出水水质的影响，由图可知，温度高于 38℃ 时，出水 TSS 及 COD 显著增高。

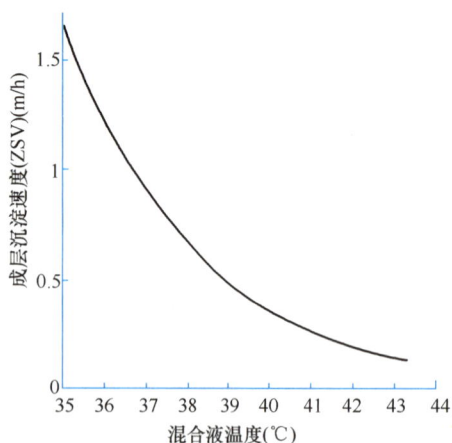

图 16-6　混合液温度对活性污泥沉降的影响

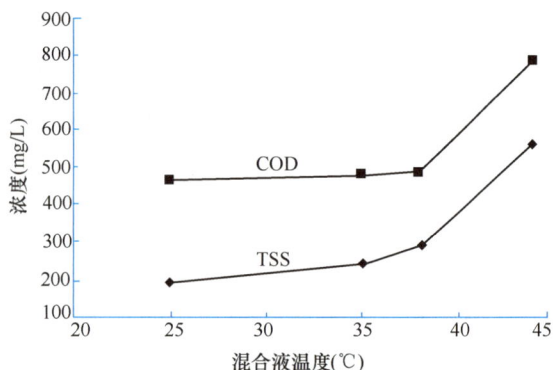

图 16-7　混合液温度对合成燃料废水处理出水水质的影响

应该指出的是对一些工业废水，生物反应器水的温度从 25℃下降到 5～8℃时，出水悬浮物浓度可能会上升，因为低温时，悬浮物一般具有高度分散的性质，不易被普通二沉池去除。例如，某有机化学试剂工厂的有机废水，在夏季生物反应器混合液平均温度为 28℃时，出水悬浮物平均浓度为 42mg/L；可是在冬季平均温度为 15℃时，出水悬浮物平均浓度上升到 104mg/L。

一般生物反应器在 4～38℃温度范围内设计和运行的，温度超过上述范围时需进行加热或降温或者培养特殊的细菌。

16.3.2　工业废水好氧生物处理工艺

工业废水水质水量不稳定，经常会有冲击负荷出现，而且废水中常含有生物难降解甚至有毒有害污染物，会对微生物的降解活性产生抑制作用。为维持生物处理工艺的稳定运行和良好的处理效果，应该选择耐冲击负荷、处理效率稳定、对水质水量变化有一定适应能力的高效、低能耗处理工艺。由于各工业企业的行业、原材料、生产工艺、产品千变万化，所以排出的废水水质差异极大。选择工业废水生物处理工艺，一般应通过实验确定。在没有实验资料的情况下，可参考采用同行业、同类型企业的成熟处理技术。工业废水好氧处理常用的工艺如下。

1. 活性污泥法

如前面章节介绍，活性污泥的各种运行方式，都可以应用于工业废水处理中。但在设计时，应充分考虑工业废水的特点，通过实验选择合理的有机负荷、泥龄、水力停留时间、供氧量、池型结构等参数。目前工业废水处理中采用的典型活性污泥法有：各种推流式活性污泥法、间歇式活性污泥法、AO 生物脱氮法、深井曝气法等。下面列举几种典型的工业废水处理活性污泥法。

（1）推流式活性污泥法

推流式曝气池本身的稀释能力小，当废水中所含的毒性或抑制性有机物等超过允许值时，废水进入曝气池前须将其去除或进行水质调节。推流式活性污泥法适于处理易降解的工业废水。

（2）间歇式活性污泥法

间歇式活性污泥法（SBR）集水质均化、生物降解、沉淀分离等功能于一体，整个工艺紧凑简洁。运行操作可通过自动控制装置完成，管理简单，投资省，占地少，运行灵活。间歇式活性污泥法的多种工艺形式在工业废水中得到成功应用。间歇式活性污泥法通过运行方式的控制，使废水在好氧-缺氧-厌氧不断交替的状态下完成有机物的降解，同时达到脱氮除磷的目的。间歇式活性污泥法适合于中小型工业废水的处理。

（3）AO 生物脱氮法

缺氧—好氧（AO）生物脱氮法处理含氨氮废水具有经济有效的特点。对于中低浓度氨氮废水（NH_4^+-N≤100mg/L）可直接采用 AO 生物脱氮工艺；对于高浓度氨氮废水可先进行物理化学（蒸发、吹脱）脱氮预处理及氨回收，再进行生物处理，或者采用某些新型脱氮技术，如厌氧氨氧化法。

（4）深井曝气法

深井曝气法具有占地面积小、设备简单、易于操作、能处理高浓度工业废水、耐冲击负荷、产泥量低、处理效率高的特点。深井曝气法在一些典型行业废水中得到成功应用，如制药、化工、酿造、食品加工等工业废水处理。深井曝气法在我国制药工业废水处理中应用较多。处理制药综合废水的深井曝气池深度达 20m 以上，在进水 COD 为 1000～10000mg/L 的条件下，曝气池污泥浓度为 7～12gMLSS/L，容积负荷为 5～20 kgCOD/(m³·d)，水力停留时间 4～9h，COD 去除率达到 70%～80%。

2. 生物膜法

生物膜法具有参与净化反应微生物多样化、生物食物链长、污泥龄长等特点，适合于处理可生化性较差的工业废水。许多行业的工业废水生物处理的主流工艺都是以生物膜法为主。前面章节介绍的各种生物膜法也均可用于工业废水处理。工业废水处理应用较多的生物膜法有：生物接触氧化法、曝气生物滤池、移动床生物膜反应器等。

（1）生物接触氧化法

生物接触氧化法是工业废水生物处理采用较多的一种方法，它具有较高的处理效率，耐冲击负荷能力强。这种方法由于在填料上生长着大量生物膜，对负荷的变化适应性强，在间歇运行条件下，也有较好的处理效果，因此，对于排水不均匀或生产不稳定的工厂以及电力供应不足的地区更有实用意义。

在处理工业废水时，一般处理水量小，要求操作管理简便、运行稳定成为重要因素。为了适应在不同负荷下的微生物生长，提高总的处理效率，多采用推流式或多格串联池型。

工业废水生物接触氧化池的填料常用的有各种无机或有机颗粒类和纤维束类填料。在实际应用时，生物接触氧化池的有机物填料容积负荷一般通过试验确定。处理 BOD 浓度较高的工业废水时，一方面由于 BOD 负荷高，生物膜数量多，耗氧速率高；另一方面由于进水不均匀，有机负荷变化大，以及鼓风机使用年限和电力供应等因素的影响，气水比应留有适当余地，增加运行上的灵活性。

（2）曝气生物滤池

曝气生物滤池集生物氧化与截留悬浮固体于一体，工艺紧凑、有机物容积负荷高、水力负荷大、水力停留时间短、占地小、出水水质好。曝气生物滤池具有去除悬浮物、有机物、硝化、反硝化以及去除有害化学物质的作用。该方法不仅适用于处理食品加工废水、酿造和造纸等高浓度废水，也适用于处理低浓度难降解工业废水及废水再生回用。曝气生物滤池应用于工业废水处理时，其设计有机负荷、水力负荷和水力停留时间宜根据实验确定。无实验资料时，可参考处理城市污水的数值。

（3）移动床生物膜反应器

移动床生物膜反应器（MBBR）是在流化床基础上形成的污水处理新技术。它具有处理能力高，能耗低，不需要反冲洗，水头损失小，不发生堵塞的工艺特点。反应器中投加短管状聚丙烯类材料制成轻质生物填料，该填料的构造为空心柱体，常见的形状为内径 10～25mm，高 10mm 左右，密度接近于水，有效堆积生物膜表面面积为 500～1200㎡/m³，生物膜在填料内外表面都能大量生长。在好氧反应器中，通过曝气的作用，推动填料随水流移动，使生物膜与废水中污染物充分接触，提高传质效率。在缺氧或厌氧反应器中，通过机械搅拌使填料移动。MBBR 曝气池内无须设置填料支架，对填料以及池底的曝气装置的维护方便，同时能够节省投资及占地面积，也能够和活性污泥结合形成活性污泥与生物膜复合工艺。MBBR 技术适用于各种中小型有机工业废水处理。好氧移动床生物膜反应器示意图见图 16-8。

3. 活性污泥和生物膜复合法

将活性污泥和生物膜结合在一起，使反应器中既有悬浮生长的活性污泥，也有附着生长的生物膜，能够使生物反应器单位容积的生物量成倍增加，从而增强处理能力和容积负荷，提高处理效率。

活性污泥和生物膜复合法也称为悬浮附着生物处理法。该复合生物法的反应池安装生物填料，也有污泥回

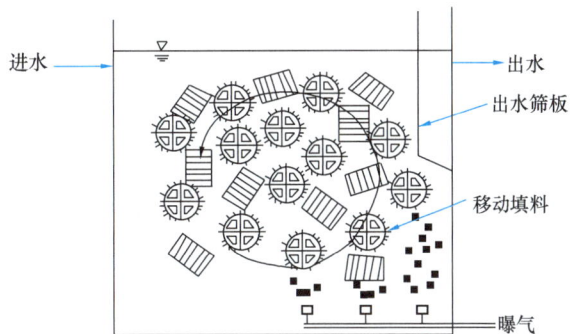

图 16-8　移动床生物膜反应器工作原理示意图

流设施。反应池同时保持较高浓度的活性污泥和生物膜。该方法与单池活性污泥法或生物膜相比，由于生物量大幅提高，所以表现出对水质水量波动有更好的适应性、有更大处理能力和更好的处理效果，该法已在工业废水处理中得到广泛应用。悬浮附着生物处理池中可安装各种悬挂式固定填料，形成生物接触氧化与活性污泥复合法；也可投加移动型颗粒填料，形成移动床生物膜与活性污泥复合法（IFAS）。

20. 生物接触氧化法在啤酒废水处理中的应用

21. 厌氧移动床生物膜反应器-曝气生物滤池处理油田天然气井采出废水

16.4　工业有机废水的厌氧生物处理

16.4.1　概述

1. 厌氧生物处理技术的发展

厌氧生物处理法已有 100 多年的历史，最早用于处理污泥，后来用于处理高浓度有机废水，采用的是普通厌氧生物处理法。普通厌氧生物处理法的主要缺点是水力停留时间长，因此池容积大，基本建设费用和运行管理费用都较高。这个缺点长期限制了厌氧生物处理法在各种有机废水处理中的应用。

20 世纪 60 年代以来，由于能源危机导致能源价格猛涨，厌氧发酵技术日益受到人们的重视，对这一技术在废水处理领域的应用开展了广泛深入的科学研究工作，开发了一系列高效厌氧生物处理反应器。近年来，厌氧生物处理技术不仅用于处理有机污泥、高浓度有机废水，而且还能够有效地处理低浓度污水，厌氧反应器不仅能在控温（中温或高温）条件下运行，也能在常温条件运行。与好氧生物处理技术相比较，厌氧生物处理技术具有一系列明显的优点，具有十分广阔的发展与应用前景。

2. 污水厌氧生物处理基本原理

厌氧生物处理又称为厌氧生物消化，是指在厌氧的条件下由多种微生物（兼性厌氧细

菌及专性厌氧细菌）将污水中的有机物降解转化为终产物二氧化碳和甲烷气的过程。1979年，布赖恩特（M. P. Bryant）根据对产甲烷菌和产氢产乙酸菌的研究结果，提出了厌氧消化过程的三阶段理论，即水解发酵阶段、产酸脱氢阶段、产甲烷阶段（图10-33）。同年，蔡库斯（J. G. Zeikus）在第一届国际厌氧消化会议上提出了四种群说理论，该理论认为复杂有机物的厌氧消化过程有四种群厌氧微生物参与作用，即：水解发酵菌、产氢产乙酸菌、同型产乙酸菌（又称耗氢产乙酸菌）及产甲烷菌。

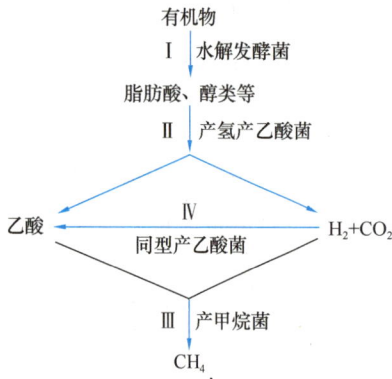

图16-9　厌氧消化过程的三阶段理论及四种群说理论

废水中复杂有机物厌氧消化过程的三阶段四种群说理论，见图16-9，图中的Ⅰ、Ⅱ、Ⅲ为三阶段理论，Ⅰ、Ⅱ、Ⅲ、Ⅴ为四种群说理论，所产生的细胞物质未在图中表示。

由图16-9可知，第Ⅰ类种群（水解发酵菌）将复杂有机物转化为有机酸和醇类；第Ⅱ类种群（产氢产乙酸菌）将有机酸和醇类转化为乙酸、H_2/CO_2及一碳化合物（甲醇、甲酸等）；第Ⅲ类种群（产甲烷菌）将乙酸、H_2/CO_2及一碳化合物（甲醇、甲酸等）转化为CH_4和CO_2；第Ⅳ类种群（同型产乙酸菌）将H_2和CO_2等转化为乙酸，一般情况下这类转化数量很少（注：在有硫酸盐存在条件下，硫酸盐还原菌也将参与厌氧消化过程）。

目前为止，三阶段理论和四种群说理论是对厌氧生物处理过程较全面和较准确的描述。

3. 厌氧生物处理的优缺点

厌氧生物处理法与好氧生物处理法相比较，具有下列优点：

（1）有机物负荷高。容积负荷：好氧法为0.7～1.2kgCOD/(m^3 · d)或0.4～1.0kgBOD$_5$/(m^3 · d)；厌氧法为10～60kgCOD/(m^3 · d)或7～45kgBOD$_5$/(m^3 · d)。污泥负荷：好氧法为0.1～0.25kgCOD/(kgVSS · d)或0.05～0.15kgBOD$_5$/(kgVSS · d)；厌氧法为0.5～1.5kgCOD/(kgVSS · d)或0.3～1.2kgBOD$_5$/(kgVSS · d)。

（2）污泥产量低。污泥产率：好氧法为0.3～0.45kgVSS/kgCOD或0.4～0.5kgVSS/kgBOD$_5$；厌氧法为0.04～0.15kgVSS/kgCOD或0.07～0.25kgVSS/kgBOD$_5$。污泥产率低，可节省污泥处理的费用。

（3）产生生物能。废水厌氧处理甲烷发酵产生的沼气可作为能源，去除每千克COD一般可产生0.35m^3的甲烷气，甲烷气的发热量为21～23MJ/m^3。

（4）能耗低，厌氧法不需要供氧设备。好氧法混合液溶解氧浓度一般为0.5～3mg/L，比能耗为0.7～1.3kWh/kgCOD或1.2～2.5kWh/kgBOD$_5$；厌氧法酸性发酵时混合液溶解氧浓度一般为0～0.5mg/L，甲烷发酵时溶解氧浓度为零。

（5）营养物需要量少。好氧法需要量为COD：N：P＝100：3：0.5或BOD$_5$：N：P＝100：5：1，厌氧法需要量为COD：N：P＝100：1：0.1或BOD$_5$：N：P＝100：2：0.3，一般可不必投加营养成分。

（6）应用范围广。好氧法适用于低浓度有机废水，对高浓度有机废水需用大量水稀释后才能进行处理；而厌氧法可以用来处理高浓度有机废水，也可处理低浓度有机废水。有些有机物，好氧微生物难降解，而厌氧微生物对其却是可降解的。

（7）对水温的适宜范围较广。好氧生物处理一般认为水温在 20～30℃ 时效果最好，35℃ 以上和 10℃ 以下净化效果降低，因此对高温工业废水需采取降温措施。厌氧生物处理根据产甲烷菌的适宜生存条件可分为 3 类：常温菌生长温度范围 10～30℃，最宜 20℃ 左右；中温菌为 30～40℃，最宜 33～35℃；高温菌为 50～65℃，最宜 53～55℃。尽管产甲烷菌分为 3 类，但大多数产甲烷菌的最适温度在中温范围。厌氧生物处理应尽量不采取加热的措施，但在常温时处理复杂的非溶解性有机物是困难的，产气率低，高温更有利于对纤维素的分解和寄生虫卵的杀灭。

厌氧处理法的缺点有：

（1）厌氧处理设备启动时间长。因为厌氧微生物增殖缓慢，启动时经接种、培养、驯化达到设计污泥浓度的时间比好氧生物处理长，一般需要 8～12 周。

（2）处理程度往往达不到直接排放的要求。往往需进一步处理才能达到排放标准，一般在厌氧处理后串联好氧生物处理。

（3）不能除磷。因为在厌氧条件下，微生物释放 PO_4^{3-}，只有在好氧条件下，微生物才吸收 PO_4^{3-} 而达到除磷要求。故废水需做除磷处理时，厌氧法还必须增加好氧法或其他化学法（如混凝沉淀法）除磷。

（4）常规厌氧处理无硝化作用。

（5）氯化的脂肪族化合物对甲烷菌的毒性比好氧异养菌大。

4. 厌氧生物处理工艺的应用

厌氧生物处理技术在酒精蒸馏工业、饮料工业、啤酒工业、造纸工业、化工工业、奶酪及奶制品工业、鱼类加工工业、水果及蔬菜加工工业、垃圾填埋场渗滤液、制药工业、屠宰及肉类加工工业、制糖工业、小麦与谷物加工工业废水处理中已取得成功的应用经验。

厌氧活性污泥法一般适用于处理高浓度有机工业废水或处理以挥发性悬浮有机物为主的污泥。但有回流的厌氧活性污泥法，不宜处理含有较高浓度悬浮物的废水。例如应用上流式厌氧污泥床法（UASB）时，原废水中挥发性悬浮有机物不宜超过总 COD 的 10%，否则应做预处理，使 VSS 水解。

16.4.2　工业有机废水的厌氧生物处理工艺

早期的厌氧消化工艺主要是完全混合厌氧消化池，其水力停留时间长，处理效率低。近几十年来，以提高厌氧微生物浓度和固体停留时间、缩短水力停留时间为目标，开发出一系列用于处理废水的高效厌氧生物反应器，如厌氧接触法、厌氧生物滤池、厌氧颗粒污泥膨胀床和厌氧流化床、升流式厌氧污泥床、内循环厌氧反应器、厌氧折流板反应器等。高效厌氧反应器的特征是反应器单位容积的生物量高，能承受更高的水力负荷，具有更高的有机污染物净化效能。

厌氧生物处理法按微生物在反应器内的生长形态可分为厌氧活性污泥反应器、厌氧生物膜反应器、厌氧颗粒污泥反应器，把悬浮生长与附着生长结合在一起的厌氧反应器称为复合厌氧反应器。本书将分类别加以介绍，并重点阐述厌氧颗粒污泥反应器。

1. 厌氧活性污泥反应器与厌氧生物膜反应器

（1）厌氧接触法

1956 年施罗费尔（Schroefer）等人开发出厌氧接触法，是厌氧活性污泥反应器的典型代表，推动现代废水厌氧生物工艺的发展。

1）构造及原理。厌氧接触法是在普通污泥消化池的基础上，并受活性污泥系统的启示而开发的一种传统的厌氧反应器，其流程见图16-10。

2）主要特征及适用性。厌氧接触反应器的主要特征是在厌氧反应器后设沉淀池或气浮池，污泥进行回流，使厌氧反应器内能维持较高的污泥浓度，可大大降低水力停留时间。厌氧接触法适用于含悬浮固体浓度较高的废水处理，如利用厌氧接触法处理酒糟废水。

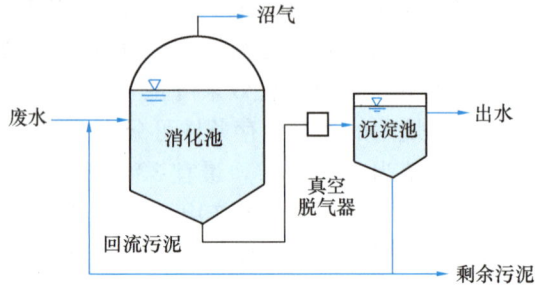

图 16-10　厌氧接触法工艺流程

（2）厌氧生物滤池

1）构造及原理。1967年，詹姆斯·杨（J. C. Young）和佩里·麦卡蒂（P. L. McCarty）开发出了厌氧生物滤池（Anaerobic Filter）。厌氧生物滤池是装填滤料的厌氧反应器，厌氧微生物以生物膜的形态生长在滤料表面，废水淹没地通过滤料，在生物膜的吸附作用、微生物的代谢作用以及滤料的截留作用下，废水中有机污染物被去除；产生的沼气则聚集于池顶部罩内，并从顶部引出；处理水则由旁侧流出。为了分离处理水挟出的生物膜，一般在滤池后需设沉淀池。

2）滤料。滤料是厌氧生物滤池的主体部分，滤料应具备下列条件：比表面积大，孔隙率高，表面粗糙，生物膜易于附着，化学及生物学的稳定性强，机械强度高等。常用的滤料有碎石、卵石、焦炭和各种形式的塑料滤料。碎石、卵石滤料的比表面积较小（40～50m^2/m^3）、孔隙率较低（50%～60%），产生的生物膜较少，生物固体的浓度不高，有机负荷较低[仅为3～6kgCOD/(m^3·d)]，运行中容易发生堵塞现象与短流现象。塑料滤料的比表面积和孔隙率都比较大，如波纹板滤料的比表面积达100～200m^2/m^3，孔隙率达80%～90%，因此，有机负荷大为提高，在中温条件下，可达5～15kgCOD/(m^3·d)，滤池不易堵塞。

3）类型。根据水流方向，厌氧生物滤池可分为升流式和降流式两种形式（图16-11）。

① 升流式厌氧生物滤池中废水由底部进入，向上流动通过滤料层，处理水从滤池顶部旁侧流出，沼气则通过设于滤池顶部最上端的收集管排出滤池。

② 降流式厌氧生物滤池中处理水由滤池底部排出，沼气收集管仍设于池顶部上端，堵塞问题较升流式厌氧生物滤池严重。

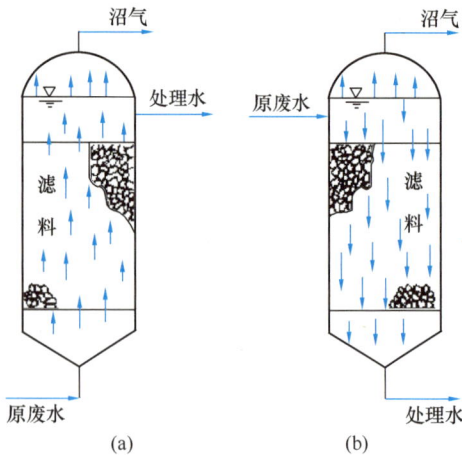

图 16-11　厌氧生物滤池
（a）升流式厌氧生物滤池；（b）降流式厌氧生物滤池

4）特点。厌氧生物滤池的主要特点：①生物量较大，因此，有机负荷率较高；②能够承受水量或水质的冲击负荷；③无须污泥回流；④设备简单、能耗低、运行管理方便，费用低；⑤无污泥流失之虞，处理水挟带污泥较少。

（3）厌氧膨胀床和厌氧流化床

1）构造及原理。1978 年朱厄尔（W. J. Jewell）和
1979 年鲍克（R. P. Bowker）分别开发出了厌氧膨胀床
（Anaerobic Expanded Bed）和厌氧流化床（Anaerobic
Fludized Bed），工艺流程见图 16-12。床内充填细小的
固体颗粒填料，如石英砂、无烟煤、活性炭、陶粒和
沸石等，填料作为厌氧微生物繁殖的核心，每个载体
表面都被生物膜所覆盖，填料粒径一般为 0.2～1mm。
废水从床底部流入，为使填料层膨胀，需将部分出水
用循环泵进行回流，提高床内水流的上升流速。关于
厌氧膨胀床和厌氧流化床的定义，目前尚无定论，一
般认为膨胀率为 10%～20% 称膨胀床，颗粒略呈膨胀
状态，但仍保持互相接触；膨胀率为 20%～70% 时，
称为流化床，颗粒在床中做无规则自由运动。

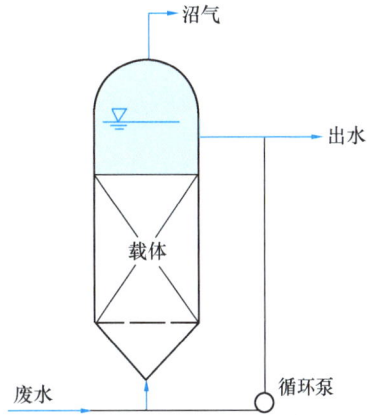

图 16-12　厌氧膨胀床和厌氧
流化床工艺流程

2）特点。厌氧膨胀床和厌氧流化床的主要特点：①细颗粒填料为微生物附着生长提
供较大的比表面积，使床内具有较高的微生物浓度，一般为 30gVSS/L 左右，因此有机物
容积负荷较高，一般为 10～40kgCOD/（m³·d），水力停留时间短，耐冲击负荷能力强，
运行稳定；②载体处于膨胀状态，能防止堵塞；③床内生物固体停留时间较长，运行稳
定，剩余污泥量少；④适合处理小流量、高浓度有机废水。

厌氧流化床的主要缺点：①载体流化能耗较大；②系统的设计要求高。

2. 厌氧颗粒污泥反应器

（1）升流式厌氧污泥床反应器

1）升流式厌氧污泥床的构造

1974 年荷兰瓦赫宁根（Wageningen）农业大学的赫兹·莱廷格（G. Lettinga）等人
开发出升流式厌氧污泥床（Upflow Anaerobic Sludge Blanket）反应器，简称 UASB 反应
器。该反应器在构造上的特点是集生物反应与沉淀于一体，是一种结构紧凑的厌氧反应器
（图 16-13）。与以往的厌氧反应器相比，UASB 反应器首次成功培养出厌氧颗粒污泥，大
幅提高了反应器单位体积的生物量，减少了搅拌混合能耗，提高了处理效率。目前 UASB
在国内外得到广泛应用，对废水厌氧生物处理具有划时代的意义。

反应器主要由下列几部分组成：

① 进水配水系统。其主要功能是：将进入反应器的原废水均匀地分配到反应器整个
横断面，并均匀上升，起到水力搅拌的作用，是反应器高效运行的关键环节。

② 反应区。这是升流式厌氧污泥床的主要部位，包括颗粒污泥区和悬浮污泥区。在反
应区内存留大量厌氧污泥，具有良好凝聚和沉淀性能的污泥在池下部形成颗粒污泥层。废水
从厌氧污泥床底部流入，与颗粒污泥层中的污泥微生物混合接触，有机物被分解，同时产生
的微小沼气气泡不断地放出。微小气泡在上升过程中，不断合并，逐渐形成较大的气泡。在
颗粒污泥层上部，是一个由较小的颗粒或絮状污泥形成的、污泥浓度较低的悬浮污泥层。

③ 三相分离器。三相分离器由沉淀区、回流缝和气封组成，其功能是将气体（沼

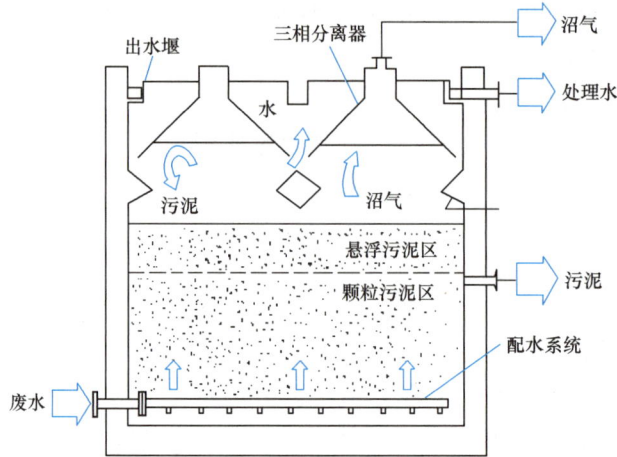

图 16-13　升流式厌氧污泥床反应器

气）、固体（污泥）和液体（废水）三相进行分离。沼气进入气室；污泥在沉淀区沉淀，并经回流缝回流到反应区；经沉淀澄清后的废水作为处理水排出反应器。三相分离器的分离效果将直接影响反应器的处理效果。

④ 气室。气室也称集气罩，其功能是收集产生的沼气，并将其导出气室送往沼气柜。

⑤ 处理水排出系统。其功能是将沉淀区水面上的处理水，均匀地加以收集，并将其排出反应器。

此外，根据需要在反应器内还要设置排泥系统和浮渣清除系统。

2）升流式厌氧污泥床的优点

与其他类型的厌氧反应器相较，升流式厌氧污泥床具有一系列的优点，包括：

① 污泥床内生物量多。在反应区下部的污泥床中，颗粒污泥浓度可达 $40\sim80gVSS/L$，反应区上部的污泥悬浮层中，污泥浓度约为 $10\sim30gVSS/L$，整个反应区污泥的平均浓度约为 $20\sim40gVSS/L$。

② 容积负荷率高。在中温发酵条件下，一般可达 $10kgCOD/(m^3 \cdot d)$ 左右，甚至能够高达 $15\sim40kgCOD/(m^3 \cdot d)$，废水在反应器内的水力停留时间较短，因此所需池容大大缩小。

③ 设备简单，运行方便。无须设沉淀池和污泥回流装置，不需充填填料，也不需在反应区内设机械搅拌装置，造价相对较低，便于管理，而且不存在堵塞问题。

3）颗粒污泥的形成机理

Lettinga 在研究中发现，随着污泥床运行时间的增长，在床底部的污泥逐渐形成颗粒状，成为颗粒污泥。所谓污泥颗粒化是指床中的污泥形态发生了变化，由絮状污泥变为密实、边缘圆滑的颗粒。颗粒污泥的粒径一般为 $0.5\sim4mm$，污泥床内可维持很高的污泥浓度。

关于颗粒污泥形成的机理目前还处于研究阶段。提出了种种假说，大多数是根据观察颗粒污泥在培养过程中所出现的现象提出的，以下列举有代表性的几种假说。

① 晶核假说。Lettinga 等提出了晶核假说，认为颗粒污泥的形成类似于结晶过程，在晶核的基础上，颗粒不断发育，直到最后形成成熟的颗粒污泥。晶核来源于接种污泥或在运行过程中产生的不溶性无机盐（如 $CaCO_3$ 等）结晶体颗粒。

晶核假说为一些试验所证实，例如测得一些成熟颗粒污泥中确有颗粒存在，以及在颗粒污泥的培养过程中投加颗粒物质能促进颗粒污泥形成等。但也有不少研究结果表明，在多数成熟的颗粒污泥中难找到晶核，颗粒污泥的形成可不以晶核为基础而成长，而是完全靠微生物本身形成的，又有电中和作用、胞外多聚物架桥作用等观点。

② 电中和作用。因微生物（细菌）表面带负电荷，电荷斥力使微生物（细菌）细胞呈分散状态。在研究酵母细胞的凝聚过程中发现，Ca^{2+} 能中和细菌细胞表面的负电荷，能减弱细胞间的电荷斥力作用，并通过盐桥作用而促进细胞的凝聚反应。Mahoney 等人研究表明，在厌氧污泥颗粒化过程中，Ca^{2+} 也有类似的作用，因此提出了电中和作用来解释污泥的颗粒化过程。

③ 胞外多聚物架桥作用。这是目前比较流行的假说，在胞外多聚物中主要是胞外多糖。这一假说认为，颗粒污泥是由于微生物（细菌）分泌的胞外多糖把细胞粘结起来而形成的。萨姆森（Samson）等人提出，有的产甲烷菌能分泌胞外多糖，而胞外多糖是形成颗粒污泥的关键。但有关胞外多聚物在颗粒污泥形成过程中的变化及其在颗粒污泥中的分布的研究还很少。

4）颗粒污泥的分级及影响因素

① 分级。吉奥特（Guiot）根据颗粒污泥的粒径大小，把颗粒污泥分为四级：一级粒径小于 0.8mm，二级粒径 0.8～2mm，三级粒径 2～3mm，四级粒径大于 3mm。

② 影响因素。许多因素对颗粒污泥的培养和形成过程都有影响，主要有：①温度，以中温或高温为宜；②接种污泥的形态，可以以絮状的消化污泥或活性污泥作为种泥，如有条件采用已培养成的颗粒污泥作为种泥，可大大缩短培养时间；③碱度，出水碱度应保持在 750～1000mg/L 以上；④废水性质，含碳水化合物较多的废水和 C/N 较高的废水易于形成颗粒污泥；⑤水力负荷和有机负荷，启动时有机负荷不宜过高，一般以 0.1～0.3kgCOD/（kgVSS·d）为宜。随着颗粒污泥的逐渐形成，有机负荷可以逐步提高。

5）升流式厌氧污泥床的设计

升流式厌氧污泥床设计的主要内容有：①选定池型，确定主要尺寸；②设计进水、配水和出水系统；③选定三相分离器的型式。升流式厌氧污泥床的设计参数应通过试验确定，当无试验条件时可参考下列参数进行设计。

① 容积负荷。容积负荷是 UASB 反应器的重要设计参数，这个参数不能从理论上推导，往往需要通过实验取得，也可参考同类型废水的数值。例如应用 UASB 处理中、高浓度有机废水时（COD＞2000mg/L），如果反应器内平均污泥浓度为 25kgVSS/m^3，容积负荷应根据水质和反应温度确定。表 16-2 给出了应用 UASB 工艺处理中、高浓度废水的负荷参数，表中第 2、3 列为处理溶解性废水，第 4 列为处理悬浮物含量较高的废水。

UASB 运行容积负荷　　　　　　　　　　　　　　　表 16-2

反应温度 （℃）	容积负荷 kgCOD/（m^3·d）		
	VFA 废水 *	非 VFA 废水	SS 占 COD 总量 30％的废水
15	2～4	1.5～3	1.5～2
20	4～6	2～4	2～3
25	6～12	4～8	3～6
30	10～18	8～12	6～9
35	15～24	12～18	9～14
40	20～32	15～24	14～18

22. 国内外生产性UASB反应器的设计负荷统计表

* VFA：挥发性脂肪酸。

② 水力停留时间。处理低浓度有机废水（COD 浓度在 1000～2000mg/L）不加热时，由于有机物分解速度是限制因素，因此，反应器的容积应根据水力停留时间确定。最小水力停留时间可参考表 16-3 确定。

③ 沉淀区表面水力负荷。对主要含溶解性有机物的废水，沉淀区表面水力负荷采用 3m³/（m²·d）以下，对含悬浮物较多的有机废水表面水力负荷可采用 1～1.5m³/（m²·d）以下。

UASB 反应器在不同温度下处理溶解性低浓度污水的水力停留时间与负荷　　表 16-3

| 温度（℃） | 水力停留时间（h） | | 容积负荷［kgCOD/（m³·d）］ |
	按日平均流量	按峰值（2～6h）流量	平均
16～19	4～6	3～4	2～4
22～26	3～4	2～3	4～5
26 以上	2～3	1.5～2	6～8

注：高度为 8m 的反应器。

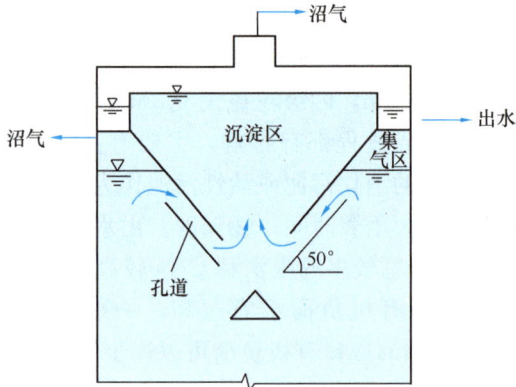

图 16-14　三相分离器

④ 配水系统每个喷嘴服务面积。高负荷采用 2～5m²/个，低负荷可采用 0.5～2m²/个。

⑤ 三相分离器。目前，三相分离器的构造有多种形式，生产上采用的三相分离器多为专利。图 16-14 为三相分离器的一种形式，该三相分离器要求通过沉淀槽底缝隙的流速不大于 2m/h，沉淀槽斜底与水平面的交角不应小于 50°，以使沉淀在斜底上的污泥不发生沉积，尽快落入反应区内。

⑥ 反应器高度与反应区上升流速。对低浓度（COD 在 1000mg/L 以下）有机废水，反应器的高度可采用 3～5m；对中浓度（COD 浓度为 2000～3000mg/L）有机废水，采用 5～7m，最大不超过 10m。

反应器的高度与水力停留时间和上升流速相关。絮状污泥 UASB 反应器的反应区液体上升流速一般不超过 0.5m/h，颗粒污泥 UASB 反应器的上升流速一般为 0.5～1.0m/h，短时峰值流量时可达 2～3m/h。

23. UASB反应器在甜菜制糖废水处理中的应用

⑦ 回流循环水量。进水 COD 浓度超过 10000～15000mg/L，需进行回流以降低进水 COD 浓度到 6000mg/L 以下。

⑧ 预处理。进水悬浮物最高允许浓度为 6000～8000mg/L，达到此值时处理效果明显恶化，超过此值，则反应器难于运行。

（2）厌氧膨胀颗粒污泥床反应器

24. UASB反应器在酿造废水处理中的应用

厌氧膨胀颗粒污泥床（Expanded Granular Sludge Bed，简称 EGSB）反应器是基于 UASB 反应器，由荷兰 Lettinga 教授等人在 20 世纪 80 年代末改良设计的新型厌氧生物反应器。EGSB 反应器与 UASB 反应器的不同之处主要在于运行方式，上流速度高达 2.5～6.0m/h，远大于 UASB 反应器的 0.5～2.5m/h。因此 EGSB 反应器颗粒污泥处于膨胀状态，废水与颗粒污泥接触更充分、传质速率高、水力停留时间短、处理效率提高。EGSB 不但能处理高浓度工业有机废水，而且还适合于处理低温（小于 15℃）、低浓度（COD<1000mg/L）和部分难降解的有生物毒性的废水。目前国内外已建立了许多 EGSB 反应器，用于处理食品、化工和制药等工业废水。

1）EGSB 的工作原理

根据流态化原理，当有机废水及其所产生的沼气由下而上通过颗粒污泥床层时，载体与液体之间会形成相对流动，导致床层呈现不同的工作状态。在废水上升流速较低时，反应器中的颗粒污泥载体保持相对静止，属于固定床阶段；随着上升流速的提高，液体通过床层的压力降大于单位面积床层重力，颗粒污泥载体之间的相对位置发生变化，床层空隙率增加，床层开始膨胀，此时载体间仍保持相互接触；当上升流速达到临界流态化速度时，载体呈悬浮状态，在床层上部存在一个水平界面，床层维持稳定；上升流速继续增加至最大流态化速度时，上层界面消失，载体大量流失。

EGSB 反应器选取了流态化的初期为工作区间，即膨胀段（膨胀率 10%～30%）。在此条件下，一方面可保证废水与颗粒污泥充分接触，加速生物降解，另一方面，可以将床层底部负荷分摊到整个床层，减轻底部负荷，增加反应器的抗冲击负荷能力。

2）EGSB 的构造

厌氧膨胀颗粒污泥床的构造见图 16-15，其床体为细高型柱体，具有较大的高径比，一般为 3～5。整个反应器包括主体、进水系统、三相分离器、出水循环系统等部分。废水由底部经配水系统进入反应器，向上流经膨胀的活性污泥层，使废水中的有机物与颗粒污泥充分接触，被分解为甲烷和 CO_2 等物质。经处理后的混合液通过污泥层上方的三相分离器，进行固液气三相分离。沉淀的颗粒污泥返回污泥层，沼气经气室收集排出。处理水由出水渠排出反应器，其中一部分处理水回流至 EGSB 反应器底部。

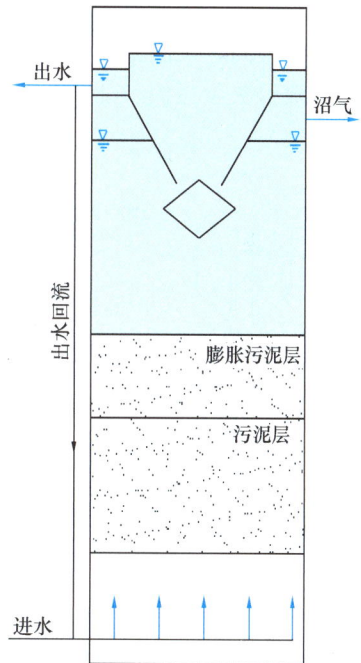
图 16-15　厌氧膨胀颗粒污泥床构造图

从上述内容可以看出，EGSB 反应器在结构上与 UASB 反应器具有许多相似之处，但 EGSB 在出水系统中加入了处理水回流系统。处理水回流的作用主要有：提高反应器内混合液上升流速，保证颗粒污泥床的膨胀，使废水与污泥充分接触，加强了传质作用；提高配水孔口的流速，使系统配水更加均匀；当容积负荷过高时起到稀释进水的作用，提高了反应器对有机负荷，特别是对有毒物质的承受能力。

三相分离器在 EGSB 中的作用仍是将出水、沼气、污泥三相进行分离，使污泥得到有效的保留。但由于 EGSB 反应器的液体上升流速比 UASB 反应器的液体上升流速大得多，因此必须对三相分离器进行改进。通常采用的方法有：增加一个可以旋转的叶片，在三相分离器底部形成一股向下水流，辅助污泥沉淀；采用筛鼓或细格栅截留细小颗粒污泥；设置搅拌器，使气泡与颗粒污泥分离；在出水堰处设置挡板，以截留颗粒污泥。

3）EGSB 的工艺特点

①采用了处理水回流技术。对于低温、低浓度废水的处理，处理水回流可以提高容积负荷，保证了去除效果。对于高浓度有机废水或有毒废水，处理水回流能够稀释进水，有效地降低高有机负荷或有毒物质对微生物降解的抑制作用。

②颗粒污泥床层处于膨胀状态。一般 UASB 反应器中混合液的上升流速为 1m/h，颗粒污泥床属于固定床。而 EGSB 的上升流速可达 5～10m/h，整个颗粒污泥床呈膨胀的状态，从而促进了进水与颗粒污泥的接触，提高了传质速率，保证了反应器在较高容积负荷下的处理能力。

③液体上升流速高。在 UASB 反应器中，液体最大上升速度一般为 1m/h；而在 EGSB 反应器中其速度可达 3～10m/h，最高可达 15m/h。

④在处理低温、低浓度废水时仍能保持较高的有机负荷和去除率。例如处理挥发性有机酸(VFA)废水的试验研究中达到同样的去除率，在 10℃时，UASB 负荷为 1～2kgCOD/(m³·d)，EGSB 为 4～8kgCOD/(m³·d)；在 15℃时，UASB 为 2～4kgCOD/(m³·d)，EGSB 为 6～10kgCOD/(m³·d)。

⑤反应器为细高型塔式结构，可采用较大的高径比，反应器的占地面积减少。

⑥对布水系统要求降低，但对三相分离器的要求更加严格。由于液体上升流速的提高，反应器内混合液的扰动搅拌程度提高，颗粒污泥层呈膨胀状态，有效解决了短流、死角、堵塞等问题。但在高负荷下，反应器易发生颗粒污泥流失的现象。因此三相分离器的合理设计成为保障 EGSB 高效稳定运行的关键。

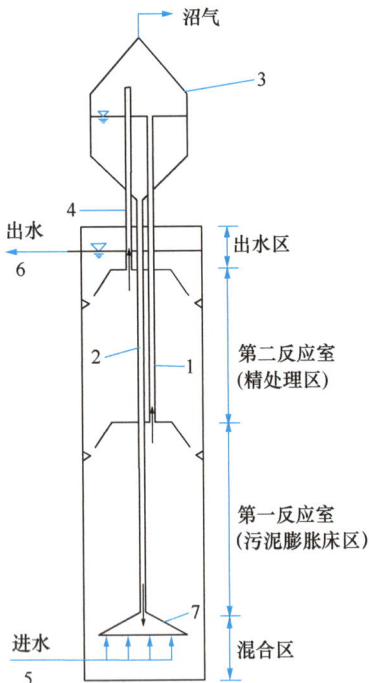

（3）内循环厌氧反应器

内循环厌氧反应器（Internal Circulation，简称 IC），是荷兰 PAQUES 公司于 20 世纪 80 年代中期在 UASB 基础上成功开发的第三代高效厌氧反应器。为了防止由于产气负荷率过高而增加紊流导致的悬浮固体流失，传统的 UASB 反应器对进水的容积负荷率有一定的限制。当进水浓度为 1.5～2.0gCOD/L 时，容积负荷率一般限制在 5～8kgCOD/(m³·d)；当进水为 5～10gCOD/L 的高浓度有机废水时，容积负荷率一般限制在 12～20kgCOD/(m³·d)。IC 反应器较好地克服了这个限制，在处理中低浓度废水时，反应器的进水容积负荷率可达 20～24kgCOD/(m³·d)；而高浓度有机废水的进水容积负荷率可达 35～50kgCOD/(m³·d)。

1）IC 反应器的基本构造及工作原理

IC 反应器在构造上的特点是细高型，高径比一般为（4～8）:1，其基本构造和工艺流程见图 16-16。IC 反应器可以看作两个 UASB 系统的叠加串联。前一个 UASB 反应器产生的沼气作为提升内动力，使升流管与回流管之间产生密度差，促进下部混合液内循环，强化处理效

图 16-16　内循环厌氧反应器构造图

1—升流管；2—回流管；3—气液分离器；4—集气管；5—进水管；6—出水管；7—锥形斗

果；后一个 UASB 反应器对废水进行后处理，使出水达到预期的处理要求。整个反应器共分为 5 个部分：混合区、污泥膨胀床区（第一反应室）、精处理区（第二反应室）、内循环系统（由升流管和回流管形成）和出水区。

废水由配水管进入混合区，混合区内设有锥形斗以降低配水管的水流冲击，使进水的上升流速均匀化，避免短流、紊流的出现。经稳定均匀后的污水进入第一反应室，与该室内的厌氧颗粒污泥混合，废水中的大部分有机物在此被分解并产生沼气。产生的沼气被第一反应室的集气罩收集，沿沼气提升管上升，同时上升的沼气会推动混合液提升至反应器顶部的气液分离器，被分离出的沼气通过沼气排出管排走，泥水混合液经过回流管回流至第一反应室底部，与底部的进水混合，实现了内循环。经过第一反应室处理后的废水进入第二反应室继续进行处理，废水中的剩余有机物会被第二反应室内的厌氧颗粒污泥进一步降解，提高出水水质。

2）IC 反应器的工艺特征

作为第三代高效厌氧生物处理反应器，IC 反应器克服了 UASB 反应器等二代反应器的不足。其主要特征如下：

①负荷率高。IC 反应器内污泥浓度高，微生物量大，传质效果好，进水容积负荷率约为 UASB 的 4 倍。

②自发进行污泥回流内循环。由于较高的 COD 容积负荷，厌氧处理产生的大量沼气形成气提，在无须外加能源的条件下实现污泥回流内循环。

③引入分级系统。第一反应室的 COD 容积负荷远高于第二反应室的 COD 容积负荷，这样使得两个反应室内的颗粒污泥分别在高、低两种负荷下培养驯化，起到了微生物筛分选择的作用。第一反应室可去除进水中的大部分 COD，第二反应室可去除一些难降解的有机物。此外，混合液进入第二反应室后上升流速下降且第二反应室的产沼气量少，混合液的扰动降低，有利于颗粒污泥的沉淀，解决了高 COD 负荷下污泥流出的问题，提高了系统稳定性。

④抗冲击负荷的能力强。当反应器进水 COD 浓度提高时，产沼气量增加，带动内循环流量上升，进而提高了反应室内污泥浓度与微生物量；反之，内循环流量下降，以适应较低的 COD 负荷。内循环混合液与进水混合还可以稀释进水中的有毒物质，大大降低了有毒物质对厌氧反应的影响。

3）IC 反应器的启动与颗粒污泥的培养

由于 UASB 反应器的广泛使用，IC 反应器启动时通常使用 UASB 反应器的颗粒污泥作为接种污泥。当采用 UASB 的颗粒污泥作为接种污泥时，即是将 UASB 的颗粒污泥转化为 IC 的厌氧颗粒污泥，一般需要 1~2 个月的启动时间。如果没有颗粒污泥接种而采用絮体污泥接种，则启动初期只能采用低负荷运行，待自行培养出颗粒污泥后，再逐步提高负荷，这样启动时间会大大延长。目前荷兰 Paques BV 公司的 IC 反应器均采用 UASB 反应器的颗粒污泥接种。

3. 其他类型厌氧工艺

（1）厌氧折流板式反应器

1）厌氧折流板式反应器的构造和工艺流程

厌氧折流板式反应器（ABR）是美国 McCarty 于 1982 年开发的一种新型

26. IC 反应器的工程应用

765

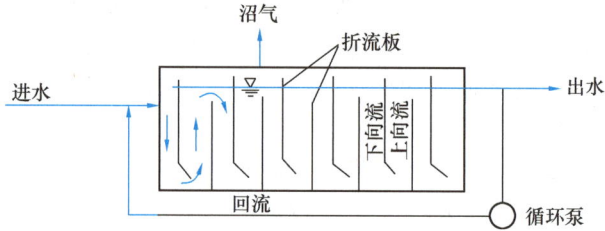

图 16-17　厌氧折流板反应器工艺流程图

厌氧活性污泥法。厌氧折流式反应器及废水处理工艺流程见图16-17。在反应器内垂直于水流方向设多块挡板以保持反应器内较高的污泥浓度，减少水力停留时间。挡板把反应器分为若干个上向流室和下向流室。上向流室比较宽，便于污泥聚集；下向流室比较窄，通往上向流室的导板下部边缘处加60°的导流板，便于将水送至上向流室的中心，使泥水充分混合保持较高的污泥浓度。当废水COD浓度高时，为避免出现挥发性有机酸浓度过高，减少缓冲剂的投加量和减少反应器前端形成的细菌胶质的生长，采用处理后的水回流，使进水COD稀释至大约$5\sim10g/L$；当废水COD浓度较低时，不需进行回流。

厌氧折流板反应器是从研究厌氧生物转盘发展而来的，使生物转盘的转动盘不动，并全为固定盘，就产生了厌氧折流板反应器。厌氧折流板反应器与厌氧转盘相比，可减少盘的片数和省去转动装置。厌氧折流板反应器实质上是一系列的升流式厌氧污泥床，由于挡板的截留，流失的污泥比升流式污泥床少，反应器内不设三相分离器。

2）厌氧折流板式反应器的特点

厌氧折流板式反应器的特点：①反应器启动期短。试验表明，接种一个月后，就有颗粒污泥形成，两个月就可投入稳定运行；②截留生物固体能力强。折流板的阻挡减弱了隔室间的返混作用，液体的上流和下流减少了微生物固体的洗出量，使反应器能在高负荷条件下有效地截留活性微生物固体，泥龄增长，污泥产率低；③避免了厌氧滤池和厌氧膨胀床的堵塞问题。ABR上向流室中的产气和较高的上升水流速度，使整个隔室呈完全混合流态，有效地避免了堵塞、短流、死角等问题；④避免了升流式厌氧污泥床因膨胀而发生污泥流失问题。ABR反应器中的折流板阻挡作用，污泥被有效地截留在反应器中，污泥流失减少；⑤不需混合搅拌装置；⑥不需载体。

3）厌氧折流板反应器的应用

作为新型高效厌氧处理工艺，ABR不仅拥有其他厌氧反应器的诸多优点，而且避免了厌氧滤池所需成本较高的滤料和上流式厌氧污泥床反应器所需结构复杂的三相分离器。凭借其工艺简单、造价低廉、生物丰富、管理方便、运行稳定等优点，在国内外的众多行业，如养殖、屠宰、造纸、制革、酿造和制药等废水治理中有着广泛的应用。

ABR与其他厌氧反应器一样，虽然能够高效地去除废水中的有机污染物，但是出水COD较高、无硝化和除磷效果，无法满足排放标准。于是人们在ABR的后续处理中增加了好氧工艺，进一步去除水中的污染物，强化出水水质。好氧工艺的选择多种多样，例如，厌氧折流板反应器—好氧活性污泥反应器，厌氧折流板反应器—好氧生物膜反应器，厌氧折流板反应器—序批式活性污泥反应器和厌氧/好氧折流板反应器等，虽然取得了良好的处理效果，但是普遍存在工艺较长和造价较高的不足。

（2）两相厌氧法

1）两相厌氧法的工艺原理及特点

有机底物的厌氧降解，在宏观上和工程上可以简化地分解为产酸和产甲烷两个阶段。在一个反应器内保持这两大类微生物的活性，两者协调发展，此类反应器的维护管理比较困难。

1971年戈什（Ghosh）和波兰特（Pohland）首次提出两相发酵的概念，即把这两个阶段的反应分别在两个独立的反应器内进行，分别创造各自最佳的环境条件，培养两类不同的微生物，并将这两个反应器串联起来，形成两相厌氧发酵系统。

由于两相厌氧发酵系统能够承受较高的负荷率，反应器容积较小，运行稳定，日益受到人们的重视。

由于酸化和甲烷发酵是在两个独立的反应器内分别进行，从而使本工艺具有一系列特点，包括：

① 能够向产酸菌、乙酸菌、产甲烷菌分别提供各自最佳的生长繁殖条件，在各自反应器内能够得到最高的反应速度，使各个反应器达到最佳的运行效果。

② 当进水负荷有大幅度变动时，酸化反应器存在着一定的缓冲作用，对后续的产甲烷反应器的影响能够缓解。因此，两相厌氧法具有一定的耐冲击负荷的能力。

③ 负荷率高，反应器容积小。酸化反应器反应进程快，水力停留时间短，COD浓度可去除20%～25%，极大地减轻产甲烷反应器的负荷。

④ 由于反应器容积小，相应地基建费用也较低。

2）两相厌氧法的设计

两相厌氧法反应器的容积一般按有机容积负荷率或水力停留时间确定。水力停留时间和有机负荷率随废水水质不同及反应器的类型不同而异，一般通过试验或参照同类废水已有的经验确定。以下数据供确定水力停留时间或有机负荷率时参考。

在中温发酵的条件下，对酸化反应器，pH为5～6，脂肪酸（以乙酸计）可达5000mg/L左右，COD降低20%～25%；对产甲烷反应器，pH为7～7.5，脂肪酸（以乙酸计）降低到500mg/L，COD可降低80%～90%，产气率为0.5m³/kgCOD左右。

3）两相厌氧法在工业废水处理中的应用

两相厌氧法不仅适用于处理含有大量悬浮物，特别是含有纤维素的废水，也适用于处理含COD浓度高、悬浮物浓度低的工业废水，如甜菜糖厂、柠檬酸厂、亚麻厂、淀粉厂和葡萄糖厂等工业废水。对含有毒化合物的复杂可溶性废水，如含有较高浓度的硝酸盐、硫酸盐、亚硫酸盐等时，采用两相厌氧法是一种去除毒物、提高厌氧发酵效率的方法。

27. 含硫酸盐有机废水的处理

16.5　工业有机废水的复合生物处理技术

16.5.1　水解（酸化）—好氧生物处理法

20世纪80年代出现的水解（酸化）—好氧生物处理工艺，将厌氧和好氧有机地结合起来，从而使废水的厌氧—好氧生物处理进入了新阶段，该工艺在厌氧段摒弃了厌氧消化过程中对环境条件要求严格、降解速度较慢的甲烷发酵阶段，使厌氧段控制在水解（酸化）阶段，可减少反应器的容积，同时省去了沼气回收利用系统，基建费用大幅度降低。另外，由于厌氧段控制在水解（酸化）阶段，经水解（酸化）后，原废水中易降解物质减少较少，而一些难以生物降解的大分子物质可转化为易于生物降解的小分子物质（如有机酸等），从而使废水的可生化性和降解速度大幅度提高。因此，后续好氧生物处理可在较短的水力停留时间内达到较高的 COD 去除率。该工艺已在城市污水，特别是在工业废水处理得到推广应用。

（1）水解（酸化）—好氧生物处理工艺原理

水解（酸化）—好氧生物处理工艺中的好氧生物处理与此前介绍的好氧生物处理原理相同，因此，以下主要介绍水解（酸化）过程。

水解（酸化）过程是完全厌氧生物处理的一部分。水解（酸化）过程的结束点通常控制在厌氧过程第一阶段末或第二阶段的起始阶段。因此，水解（酸化）发酵是一种不彻底的有机物厌氧转化过程，其作用在于使结构复杂的不溶性或溶解性的高分子有机物经过水解和产酸，转化为简单的低分子有机物。根据水解（酸化）过程的特点，经常将水解（酸化）作为污水好氧生物处理的预处理。

在水解（酸化）—好氧生物处理工艺中，后续的好氧生物处理可采用好氧活性污泥法（如普通活性污泥法、SBR、氧化沟等）、生物膜法（如生物接触氧化、生物滤池、生物转盘等）、稳定塘、土地处理等。水解（酸化）—好氧生物处理工艺的典型流程见图 16-18。

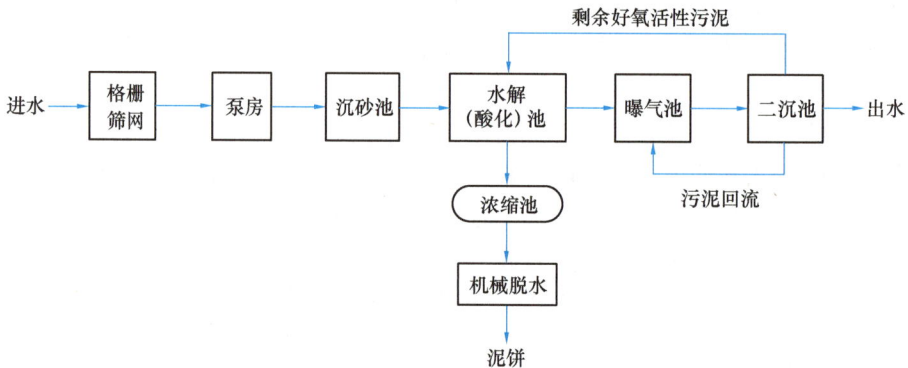

图 16-18　水解（酸化）—好氧活性污泥处理工艺流程

污水经粗、细格栅去除大的漂浮物后进入沉砂池，再进入水解（酸化）池。污水经水解反应后，出水进入曝气池，最后经二沉池进行沉淀后，出水排至接触池消毒后排放。二沉污泥部分回流至曝气池，剩余污泥回流至水解（酸化）池。整个工艺的剩余污泥从水解（酸化）池排出，进行浓缩和脱水处理后再进行处置。采用水解（酸化）—好氧生物处理工艺，在污水处理过程中，污泥同时得到厌氧稳定处理。一般来说水解污泥的浓缩脱水性能比厌氧污泥好，这可能是因为水解污泥的 pH 较低，污泥黏度小，水解污泥气体含量低。

（2）水解（酸化）—好氧生物处理工艺技术特征

较之完全厌氧工艺，水解（酸化）在氧化还原电位、pH、温度等环境要求方面有着诸多不同（表 16-4），其技术特征如下：

1）污水经水解（酸化）过程处理后，BOD_5/COD 的比值通常会有所升高，尤其是污水中含有大量难降解有机物时。由于污水可生化性提高，使得后续好氧生物处理的难度减小，好氧的水力停留时间可以缩短。

2）由于水解（酸化）池中的污泥浓度高，耐冲击负荷能力强，对进水负荷变化的缓冲作用为后续的好氧生物处理创造较为稳定的进水条件。

3）对于城市污水，水解（酸化）过程可大幅度地去除废水中悬浮物或有机物，减轻后续好氧处理工艺负担。在曝气区前设置水解（酸化）池，可降低曝气区的耗氧量。其耗氧量降低幅度与 F/M（BOD_5/MLVSS）有关，当 F/M 为 0.2 时，降低 36%；当 F/M 为 0.8 时，降低 20%。

4）水解（酸化）—好氧生物处理工艺的好氧处理所产生的剩余污泥，必要时可回流至水解（酸化）段，一方面可以增加水解（酸化）段的污泥浓度，另一方面降低整个工艺的产泥量和提高剩余污泥的稳定性。

5）水解（酸化）设施在处理城市污水时，常用作初沉池，起到一池多用的功效。

6）水解（酸化）阶段的微生物多为兼性菌，种类多、生长快及对环境条件适应性强、要求的环境条件宽松、易于管理和控制。

水解（酸化）与完全厌氧工艺的比较表　　　　表 16-4

比较项目	氧化还原电位（mV）	pH	温度	优势菌种	最终产物
水解（酸化）	<50	5.5~6.5	范围宽	兼性菌及部分厌氧菌	溶解性易降解的有机物
完全厌氧	<-300	6.8~7.2	严格控制	厌氧菌	CO_2、CH_4

（3）水解（酸化）池的结构

由于水解（酸化）—好氧生物处理工艺所具有的特点，使得它不仅适用于易生物降解的城市污水处理，同时也适合于含有难生物降解有机物的工业废水的处理，特别是一些有机工业废水的处理。

1）水解（酸化）池的池体

水解（酸化）池可设计为厌氧活性污泥法、厌氧（缺氧）生物膜法或采用 UASB 工艺或厌氧折流板反应器。如果设计为一种升流式生物反应器，在整体结构上类似于不安装三相分离器的升流式污泥床反应器，有时在反应器内也设置载体起到固定生物膜、提高生物量的作用。水解（酸化）池一般为矩形或圆形。当设有两个或两个以上的水解（酸化）池时，为便于与矩形好氧池共用池壁，宜采用矩形结构。

2）水解（酸化）池的几何尺寸

升流式水解（酸化）池的经济高度一般为 4~6m。从布水的均匀性和经济性考虑，单个矩形池的长宽比为 2：1 以下较合适，长宽比 4：1 时造价费用增加十分明显。工程实践表明，水解（酸化）池宽度小于 10m 时应用效果较好。当采用渠道或管道布水时，水解（酸化）池长度没有太严格的要求。实际应用中，宜对水解（酸化）池进行分格，由于分格后，每一单元尺寸减小，可提高配水的均匀性，同时有利于维护和检修。

3）水解（酸化）池的配水系统

水解（酸化）池底部的配水系统应尽可能做到配水均匀，每个配水口的服务面积要结合水力停留时间等确定，对于城市污水，可采用 1～2m²/孔。配水系统兼有配水和水力搅拌作用。常用的配水方式有：一管一孔配水方式，即每个进水管仅仅服务于一个配水点；一管多孔配水方式，即几个配水点相对应的配水孔由一根进水管负担；分支式配水方式，即类似滤池中采用的小阻力配水系统。

4）水解（酸化）池的出水收集装置

水解（酸化）池采用与沉淀池相同的出水三角堰进行出水收集，出水堰设于池水表面，布置方式与沉淀池类似。

5）水解（酸化）池的排泥系统

当水解（酸化）池内污泥达到某一预定高度后需排泥，排泥高度的设定应考虑排出低活性的污泥，保留高活性的污泥。通常污泥的排放点设在污泥区中上部，可采用定时排泥方式，日排泥 1～2 次。为了确定排泥时间，可设置污泥液面检测仪。对于矩形池，可在池的纵向设多点排泥口。由于水解（酸化）池底部可能积累无机颗粒物，如砂砾等，应设置池底部排泥口。

（4）水解（酸化）池的启动和运行

水解（酸化）池启动时，可以采用消化池污泥接种，投加污泥量为水解（酸化）池体积的 1/10，经 10～15d 运行，污泥基本培养成熟。当无接种污泥时，也可以利用原污水直接启动。培养成熟的水解酸化污泥外观呈黑色，结构密实。

实践表明，只要适当控制水力停留时间，不论接种或不接种消化污泥，水解（酸化）池的启动都可以在短时间内完成。

稳定运行的水解（酸化）池内，污泥层高度为 2.5～3.5m，其中污泥的平均浓度可达 15g/L。

水解（酸化）池水力停留时间视污水水质而定，对城市污水，水力停留时间可取 2.5～5.0h；对某些难生物降解的有机工业废水，水力停留时间可达 8～14h。

28. 城市污水处理中水解（酸化）池与好氧池的典型设计参数

29. 部分工业废水处理中水解（酸化）池的设计参数

30. 水解（酸化）一好氧工艺处理采油废水的应用实例

16.5.2　厌氧一好氧生物处理法

（1）厌氧一好氧生物处理工艺原理

虽然厌氧生物处理的有机物去除率高，但是厌氧系统的负荷以及进水浓度要远远高于好氧系统，因此厌氧系统出水中的 COD 浓度依然较高，可达几百甚至上千 mg/L。另一方面，厌氧系统对磷酸盐和氨的去除作用也很有限，不能去除硫化物。厌氧系统的出水水质往往不能达到较严格的废水排放标准，所以在厌氧处理之后需要有后处理，进一步去除残余的有机物、悬浮物、病原微生物、氮和磷以及硫酸盐废水中的硫。后处理可以采用多种方法，如生物法、物化法、物理法、化学法或采用若干种方法的组合，其中以好氧工艺作为后处理的主要处理系统较为常见。但需要说明的是，尽管理论上，水解（酸化）属于厌氧反应的一部分，但在水解（酸化）一好氧生物处理法中其更主要的是作为好氧处理段的前处理部分，属辅助性构筑设施，且一般仅有水解（酸化）池一种形式；而在厌氧—好氧生物处理法中，则以厌氧处理段为主体，好氧处理段为前者的辅助性后处理设施，且此工艺条件下，有多种厌氧段的处理方法可选择。

（2）厌氧—好氧生物处理工艺特点

一般来说，厌氧—好氧生物处理法比单独厌氧工艺的出水水质好。现以一个 UASB 反应器加一个活性污泥工艺（UCT 或 Bardenpho）（图 16-19）来分析厌氧—好氧生物处理法的优点。

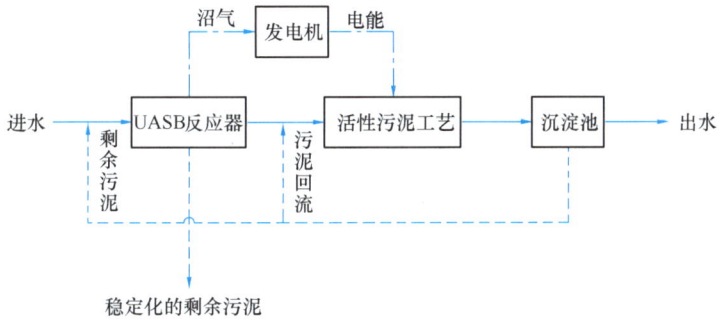

图 16-19　厌氧—好氧生物处理法工艺流程示意图

1）经过厌氧处理的废水水质稳定，为好氧处理创造了良好的条件。

2）由于 UASB 反应器去除了大量有机物和悬浮物，其后的好氧工艺的剩余污泥量会大幅减少，其容积也会减小。

3）可以省掉污泥稳定所需的操作单元。好氧部分的剩余污泥可循环至 UASB 反应器并在那里消化和增浓。

4）剩余污泥量比单独好氧工艺减少，因为厌氧环境下污泥产率远小于好氧。另外 UASB 反应器的污泥浓度高，因此更易处理。

5）由于厌氧反应器已去除大部分有机物，所以在好氧部分的需氧量大为减少，由此可节约能源，而且所需的能量可以从产生的沼气得到补偿。同时由于 UASB 反应器实际起到一种均衡作用，减少了好氧部分负荷的波动，因此好氧部分需氧量稳定，也使能耗下降，在设计上需氧的峰值更接近于平均值。

31. 厌氧—好氧生物处理工艺在制药工业废水处理中的应用

复 习 思 考 题

1. 有哪些方法可以用来评价工业废水的可生化性？

2. 厌氧生物处理的基本原理是什么？

3. 与好氧生物处理工艺相比，污水的厌氧生物处理工艺有什么优势和不足？

4. 试述 UASB 反应器的构造和高效运行的特点。

5. 图示内循环厌氧反应器（IC）的基本构造，说明其工作原理。IC 反应器的工艺特征有哪些？

6. 什么是两相厌氧法？如何实现相分离？两相厌氧法具有哪些工艺特点？含硫酸盐有机废水采用两相厌氧法处理具有哪些优点？

主 要 参 考 文 献

[1] AHMED T, SEMMENS M J. Use of transverse flow hollow fibers for bubbleless membrane aeration [J]. Water Research, 1996, 30(2): 440-446.

[2] ANDREOTTOLA G, FOLADORI P, RAGAZZI M, et al. Experimental comparison between MBBR and activated sludge system for the treatment of municipal wastewater [J]. Water Science & Technology, 2000, 41(4): 375-382.

[3] ENGBERG D J, SCHROEDER E D. Kinetics and Stoichiometry of bacterial denitrification as a function of cell residence time [J]. Water Research, 1975, 9(12): 1051-1054.

[4] KÖNNEKE M, BERNHARD A E, de la TORRE J R, et al. Isolation of an autotrophic ammonia-oxidizing marine archaeon [J]. Nature, 2005, 437(7058): 543-546.

[5] LIMPIYAKORN T, FÜRHACKER M, HABERL R, et al. amoA - encoding archaea in wastewater treatment plants: a review [J]. Applied Microbiology and Biotechnology, 2013, 97(4): 1425-1439.

[6] LIU Y, TAY J H. The essential role of hydrodynamic shear force in the formation of biofilm and granular sludge[J]. Water Research, 2002, 36(7): 1653-1665.

[7] MCCARTY P L. Stoichiometry of biological reactions [J]. Progress in Water Technology, 1972, 7 (1): 157-172.

[8] METCALF & EDDY | AECOM. Wastewater Engineering: Treatment and Resource Recovery[M]. 5th ed. Boston: McCraw-Hill, 2014.

[9] MORGENROTH E, SHERDEN T, van LOOSDRECHT M C M, et al. Aerobic granular sludge in a sequencing batch reactor[J]. Water Research, 1997, 31(12): 3191-3194.

[10] MORPER M, WILDMOSER A. Improvement of existing wastewater treatment plants' efficiencies without enlargement of tankage by application of the LINPOR-process - case studies [J]. Water Science and Technology, 1990, 22(7-8): 207-215.

[11] MORPER M. Upgrading of activated sludge systems for nitrogen removal by application of the LINPOR - CN process [J]. Water Science and Technology, 1994, 29(12): 167-176.

[12] PARK H D, WELLS G F, BAE H, et al. Occurrence of ammonia - oxidizing archaea in wastewater treatment plant bioreactors [J]. Applied and Environmental Microbiology, 2006, 72 (8): 5643-5647.

[13] RITTMANN B E, MCCARTY P L. Environmental Biotechnology: Principles and Applications [M]. Boston: McGraw-Hill, 2001.

[14] WATER ENVIRONMENTA FEDERATION. Industrial Wastewater Management, Treatment, and Disposal [M]. 3rd Ed. New York: McGraw Hill, 2008.

[15] WEF, ASCE, EWRI. Design of Municipal Wastewater Treatment Plants [Z]. 5th Ed. Vol. 1, 2, 3, 2009.

[16] WEISS P T, OAKLEY B T, GULLIVER J S, et al. Bubbleless fiber aerator for surface waters [J]. Journal of Environmental Engineering, 1996, 122(7): 631-639.

[17] W 韦斯利·艾肯费尔德. 工业水污染控制[M]. 第 3 版. 陈忠明, 李赛君等译. 北京: 化学工业出版社, 2005.

[18] 安申法, 栾智勇, 王阳, 等. 电磁分离技术用于油田油水分离的分析研究[J]. 工业水处理,

2023，43(6)：91-98.

[19] 曹向东，穆瑞林，胡国光，等. 德国百乐卡(BIOLAK)工艺的设计和运行[J]. 给水排水，2000，26(9)：6-8.

[20] 常玉梅，杨琦，郝春博，等. 城市污水处理厂活性污泥强化自养反硝化菌研究[J]. 环境科学，2011，32(04)：1210-1216.

[21] 车伍，李俊奇. 城市雨水利用技术与管理[M]. 北京：中国建筑工业出版社，2006.

[22] 陈光浩，马克·凡·洛斯德莱特，乔治·埃卡马，达米尔·布尔贾诺维奇. 污水生物处理：原理、设计与模拟[M]. 第2版. 吕慧，孙连鹏，陈光浩译. 北京：中国建筑工业出版社，2022.

[23] 陈涛，门晓欣，李军，等. Garmerwolde污水处理厂提标改造——新增好氧颗粒污泥系统、旁侧流SHARON[J]. 净水技术，2016，35(5)：11-16.

[24] 陈贻龙. 地下式MBR在广州京溪污水处理厂的应用[J]. 给水排水，2010，36(7)：51-54.

[25] 邓荣森. 氧化沟污水处理理论与技术[M]. 第2版. 北京：化学工业出版社，2011.

[26] 范懋功. MBBR法在工业废水处理中的应用[J]. 工业用水与废水，2003，24(3)：6-8.

[27] 甘一萍，白宇. 污水处理厂深度处理与再生利用技术[M]. 北京：中国建筑工业出版社，2010.

[28] 高廷耀，顾国维，周琪. 水污控制工程(上册)[M]. 第5版. 北京：高等教育出版社，2023.

[29] 高艳玲，马达. 污水生物处理新技术[M]. 北京：中国建材工业出版社，2006.

[30] 谷普川，蒋文举，雍毅. 城市污水处理厂污泥处理与资源化[M]. 北京：化学工业出版社，2008.

[31] 国家环境保护总局科技标准司. 污废水处理设施运行管理(试用)[M]. 北京：北京出版社，2006.

[32] 韩国勇. 横向流聚结除油器的改造与应用[J]. 工业用水与废水，2015，46(6)，42-45.

[33] 郝晓地，王崇臣，金文标. 磷危机概观与磷回收技术[M]. 北京：高等教育出版社，2011.

[34] 郝晓地. 可持续污水-废物处理技术[M]. 北京：中国建筑工业出版社，2006.

[35] 何国富，周增炎，高廷耀. 投加悬浮填料强化传统活性污泥法的脱氮功能试验研究[J]，环境工程，2003，21(4)：15-17.

[36] 何国富，周增炎，高廷耀. 悬浮填料活性污泥法的脱氮效果及影响因素[J]. 中国给水排水，2003，19(6)：6-8.

[37] 何圣兵，崔洪升，郭婉茜. 污水处理项目建设程序与工程设计[M]. 北京：中国建筑工业出版社，2008.

[38] 何文杰，周成金，张甜甜. 生物倍增工艺在华静污水处理厂升级改造工程中的应用[J]. 中国给水排水，2012，28(12)：87-92.

[39] 洪安安，刘德华，刘灿明. 活性污泥的主要微生物菌群及研究方法[J]. 工业水处理，2009，29(2)：10-14.

[40] 胡纪萃. 废水厌氧生物处理理论与技术[M]. 北京：中国建筑工业出版社，2003.

[41] 金冬霞，田刚，施汉昌. 悬浮填料的选取及其性能试验研究[J]. 环境科学学报，2002，22(3)：333-337.

[42] 金儒霖，王宗平，任拥政，等. 污泥处置[M]. 北京：中国建筑工业出版社，2017.

[43] 李建政. 环境工程微生物学[M]. 北京：化学工业出版社，2004.

[44] 李亚峰，夏怡，曹文平. 小城镇污水处理设计及工程实例[M]. 北京：化学工业出版社，2011.

[45] 李燕城，王茂才，杨会成，等. 双环伞形曝气器：CN89216595.2[P]. 1990-04-18.

[46] 李振东. 城镇排水工程[M]. 北京：中国建筑工业出版社，2009.

[47] 刘雨，赵庆良，郑兴灿. 生物膜法污水处理技术[M]. 北京：中国建筑工业出版社，2000.

[48] 龙焙，程媛媛. 好氧颗粒污泥的培养及处理实际废水稳定性[M]. 北京：冶金工业出版社，2021.

[49] 陆煜康，唐锂. 水处理节能和新能源的应用[M]. 北京：化学工业出版社，2010.

[50] 马华辉，袁林江. 水质特性与Dephanox工艺脱氮除磷[J]. 山西建筑，2007，33(28)：20-21.

[51] 马鲁铭. 废水的催化还原处理技术——原理与应用[M]. 北京：科学出版社，2017.

[52] 马溪平，徐成斌，付保荣. 厌氧微生物学与污水处理[M]. 第2版. 北京：化学工业出版社，2017.

[53] 梅特卡夫和埃迪公司，AECOM集团. 水回用：问题、技术与实践[M]. 文湘华，王建龙等译. 北京：清华大学出版社，2011.

[54] 梅特卡夫和埃迪公司. 废水工程：处理及回用[M]. 第4版. 北京：清华大学出版社，2003.

[55] 彭永臻. SBR法污水生物脱氮除磷及过程控制[M]. 北京：科学出版社，2011.

[56] 钱易，米祥友. 现代废水处理新技术[M]. 北京：中国科学技术出版社，1993.

[57] 秦麟源. 新编废水生物处理[M]. 上海：同济大学出版社，2011.

[58] 任南琪，王爱杰，等. 厌氧生物技术原理与应用[M]，北京：化学工业出版社，2004.

[59] 任南琪，赵庆良. 水污染控制原理与技术[M]. 北京：清华大学出版社，2007.

[60] 沈耀良，王宝贞. 废水生物处理新技术：理论与应用[M]. 北京：中国环境科学出版社，2006.

[61] 施汉昌，温沁雪，白雪. 污水处理好氧生物流化床的原理与应用[M]. 北京：科学出版社，2012.

[62] 孙镐庆，等. 正渗透基本原理及其应用[M]. 北京：科学出版社，2017.

[63] 孙立平，等. 污水处理新工艺与设计计算实例[M]. 北京：科学出版社，2001.

[64] 汤姆·斯蒂芬森，西蒙·朱德，布鲁斯·杰弗森，等. 膜生物反应器污水处理技术[M]. 张树国，李咏梅译北京：化学工业出版社，2003.

[65] 唐受印，戴友芝. 废水处理工程[M]. 北京：化学工业出版社，2009.

[66] 田禹，王树涛. 水污染控制工程[M]. 北京：化学工业出版社，2011.

[67] 汪大翚，雷乐成. 水处理新技术及工程设计[M]. 北京：化学工业出版社，2001.

[68] 王宝贞，王琳. 水污染治理新技术：新工艺、新概念、新理论[M]. 北京：科学出版社，2004.

[69] 王宝宗，罗宗强，张倩，等. BioDopp(生物倍增)工艺应用于污水处理厂的提标改造[J]. 水处理技术，2023，49(11)：142-146.

[70] 王国华，任鹤云. 工业废水处理工程设计与实例[M]，北京：化学工业出版社，2004.

[71] 王凯军，贾立敏. 城市污水生物处理新技术开发与应用[M]. 北京：化学工业出版社，2001.

[72] 王凯军，厌氧生物技术——(I)理论与应用[M]. 北京：化学工业出版社，2015.

[73] 王涛，楼上游，李希文. 悬挂链脉动波式曝气系统及相关工艺的研究[J]. 环境工程，2002，12(6)：22-24.

[74] 吴广泽. 污水处理企业管理实务[M]. 北京：中国建材工业出版社，2011.

[75] 吴志高，石亚军，邹惠君，等. STCC工艺污水处理厂的设计经验[J]. 中国给水排水，2022，28(20)：66-68.

[76] 吴志明，陈学春，赵欣，等. Nereda@好氧颗粒污泥工艺的脱氮除磷性能及工程实例[J]. 中国给水排水，2022，38(22)：16-21.

[77] 吴志明，陈学春，赵欣，等. Nereda@好氧颗粒污泥工艺配置及运行效能[J]. 中国给水排水，2022，39(14)：10-18.

[78] 徐斌，夏四清，高廷耀，等. 悬浮生物填料床处理微污染原水硝化试验研究[J]. 环境科学学报，2003，23(6)：742-747.

[79] 许吉现，李思敏，韩小清. 浅层气浮技术[J]. 中国给水排水，1999，15(7)：47-48.

[80] 杨建，章非娟，余志荣. 有机工业废水处理理论与技术[M]. 北京：化学工业出版社，2004.

[81] 杨敏，张昱，高迎新，等. 工业废水处理与资源化技术原理与应用[M]. 北京：化学工业出版，2019.

[82] 杨庆，彭永臻. 序批式活性污泥法原理与应用[M]. 北京：科学出版社，2010.

[83] 杨硕，曹国凭，于彬. 浅谈几种曝气技术[J]，市政技术，2007，25(7)：363-366.

[84] 游建军，唐传祥，贺前锋，等. 新型旋混曝气器性能研究[J]. 环境科学与技术，2013，36(S1)：34-35.

[85] 游映玖. 新型城市污水处理构筑物图集[M]. 北京：中国建筑工业出版社，2007.

[86] 元化亮，杨圣华，陈学民. BIOLAK 工艺处理造纸/柠檬酸混合废水[J]. 中国给水排水，2004，20(8)：82-84.

[87] 张辰，李春光. 污水处理改扩建设计[M]. 北京：中国建筑工业出版社，2008.

[88] 张林生，卢永，陶昱明. 水的深度处理与回用技术[M]. 第3版. 北京：化学工业出版社，2016.

[89] 张统. 间歇式活性污泥法污水处理技术及工程实例[M]. 北京：化学工业出版社，2002.

[90] 张统. 污水处理工程方案设计[M]. 北京：中国建筑工业出版社，2017.

[91] 张晓健，黄霞. 水与废水物化处理的原理与工艺[M]. 北京：清华大学出版社，2011.

[92] 张信武. Carrousel 2000 氧化沟在生活污水中的应用[J]. 工业用水与废水，2012，43(6)：85-87.

[93] 张学洪，赵文玉，曾鸿鹄，等. 工业废水处理工程实例[M]. 北京：冶金工业出版社，2009.

[94] 张艳萍. 污水深度处理与回用[M]. 化学工业出版社，2009.

[95] 张宇峰，常高峰，等. 膜法水处理技术集成与示范[M]. 北京：化学工业出版社，2022.

[96] 张忠祥，钱易. 废水生物处理新技术[M]. 北京：清华大学出版社，2004.

[97] 张自杰，林荣忱，金儒霖. 排水工程(下册)[M]. 第4版. 北京：中国建筑工业出版社，2000.

[98] 张自杰，林荣忱，金儒霖，等. 排水工程(下册)[M]. 第5版. 北京：中国建筑工业出版社，2015.

[99] 张自杰，张忠祥，龙腾锐，等. 废水处理理论与设计[M]. 北京：中国建筑工业出版社，2003.

[100] 张自杰，周帆. 活性污泥生物学与反应动力学[M]. 北京：中国环境科学出版社，1989.

[101] 章诗璐，陈悦，崔朋，等. 城镇污水处理厂新兴强化生化处理工艺综述[J]. 净水技术，2023，42(7)：40-48，175.

[102] 赵庆良，刘雨，等. 废水处理与资源化新工艺[M]. 北京：中国建筑工业出版社，2006.

[103] 赵庆良，吕佳琦，李洋，等. 生物转盘最小转速和电机功率计算公式合理性探究[J]. 中国给水排水，2022，38(16)：47-51.

[104] 赵庆良，任南琪. 水污染控制工程[M]. 北京：化学工业出版社，2005.

[105] 郑俊，吴浩汀. 曝气生物滤池工艺的理论与工程应用[M]. 北京：化学工业出版社，2005.

[106] 郑兴灿，李亚新. 污水除磷脱氮技术[M]. 北京：中国建筑工业出版社，1998.

[107] 郑兴灿，等. 城市污水处理技术决策与典型案例[M]. 北京：中国建筑工业出版社，2007.

[108] 周成金. 生物倍增工艺处理低碳氮比城市污水脱氮效能的研究[D]. 哈尔滨：哈尔滨工业大学，2016.

[109] 周群英，高廷耀. 环境工程微生物学[M]. 第2版. 北京：高等教育出版社，2009.

[110] 周少奇，周吉林. 生物脱氮新技术研究进展[J]. 环境污染治理技术与设备，2000，1(6)：11-18.

[111] 周少奇. 环境生物技术[M]. 北京：科学出版社，2005.

[112] 邹家庆. 工业废水处理技术[M]. 北京：化学工业出版社，2003.

数字资源索引